高等学校规划教材

钢铁冶金原燃料及辅助材料

储满生　主编

北　京
冶 金 工 业 出 版 社
2023

内 容 提 要

本书系统、全面地介绍了高炉炼铁、非高炉炼铁、转炉及电炉炼钢、炉外精炼等钢铁生产主要工序中所使用的原料、燃料、辅助原料以及耐火材料的概况、生产工艺、基本理论、技术进步和发展方向、性能检测方法等方面的内容。

本书可供大专院校钢铁冶金专业师生以及相关研究机构的科研人员使用，也可供钢铁冶金、煤炭、化工等工业部门的工程技术人员参考。

图书在版编目(CIP)数据

钢铁冶金原燃料及辅助材料／储满生主编.—北京：冶金工业出版社，2010.1(2023.2 重印)

高等学校规划教材

ISBN 978-7-5024-4988-9

Ⅰ.钢… Ⅱ.储… Ⅲ.①炼钢—原料—高等学校—教材 ②炼钢—原料—高等学校—教材 Ⅳ.TF4

中国版本图书馆 CIP 数据核字(2009)第 207943 号

钢铁冶金原燃料及辅助材料

出版发行	冶金工业出版社	**电　　话**	(010)64027926
地　　址	北京市东城区嵩祝院北巷 39 号	**邮　　编**	100009
网　　址	www.mip1953.com	**电子信箱**	service@mip1953.com

责任编辑　宋　良　任咏玉　美术编辑　李　新　版式设计　张　青

责任校对　刘　倩　责任印制　禹　蕊

北京富资园科技发展有限公司印刷

2010 年 1 月第 1 版，2023 年 2 月第 2 次印刷

787mm×1092mm　1/16；28.75 印张；770 千字；445 页

定价 59.00 元

投稿电话　(010)64027932　投稿信箱　tougao@cnmip.com.cn

营销中心电话　(010)64044283

冶金工业出版社天猫旗舰店　yjgycbs.tmall.com

(本书如有印装质量问题，本社营销中心负责退换)

前 言

钢铁冶金是我国国民经济的支柱产业，而原燃料及辅助材料是钢铁产业实现可持续发展的物质基础和前提。因此，以“优化学科和课程设置，突出冶金工程专业特色，实现创新性专业教学”为指导精神，在整合“钢铁冶金”专业平台课的基础上，冶金工程学科还设置了“钢铁冶金原料”、“钢铁冶金辅助材料”等专业基础课。但多年来，相关的针对性强、综合全面、反映钢铁冶金原燃料和辅助材料领域新技术应用和学术科研最新成果的教材一直相对缺乏，因此，为了满足冶金工程专业教学改革和教材建设的需要，我们几位工作在钢铁冶金教学、科研和生产第一线的同志共同编写了本教材。

本书共16章。第1章主要介绍钢铁冶金发展史和现代钢铁生产工艺；第2~8章主要介绍铁矿资源、铁矿石准备处理、炼铁用熔剂和辅助材料、烧结原理及工艺、球团理论及工艺、烧结矿和球团矿的质量指标及其性能检测方法；第9~11章重点介绍煤资源、煤的组成和理化性质、焦炭生产工艺及新技术、煤和焦炭的性能指标及检测方法、喷吹用燃料；第12章主要介绍非高炉炼铁所使用的含铁原料以及气、固、液等燃料和还原剂，并结合MIDREX直接还原和COREX熔融还原生产实际，重点论述了直接还原和熔融还原工艺对原燃料条件的要求；第13~15章主要介绍转炉炼钢、电炉炼钢、铁水预处理和二次精炼所使用的各种原料和辅助材料的种类和特性；第16章主要介绍耐火材料的生产、分类和性能以及其在钢铁冶金中的应用，概述了焦炉、高炉、热风炉、铁水预处理设备、转炉和电炉、二次精炼设备、连铸和热处理设备所使用的耐火材料的特点，并展望了耐火材料生产技术的未来发展。

本书由东北大学储满生教授担任主编，并负责全书的统稿和整体修改工作。各章的具体编写分工为：东北大学储满生教授负责第1章1.5节、第2~12章的编写；东北大学朱苗勇教授负责第1章1.1~1.4、1.6和1.7节以及第15章的编写；鞍钢孙群高级工程师负责第13章和第14章的编写；东北大学于景坤教授负责第16章的编写。编写过程中，得到了东北大学教务处、材料与冶金学院、钢铁冶金研究所等有关部门领导和同事们的鼎力支持；东北大学钢铁冶金研究所博士研究生王兆才，硕士研究生柳政根、李壮年、陈世强以及郭同来在本书数据搜集、资料整理等方面做了大量工作；另外，书中还参考和引用了我国钢铁冶金界同行的科研成果，编者在此一并表示诚挚的谢意。

本书于2023年进行少数勘误与修订，对文中的部分数据进行更新。

由于编者水平所限，书中不足之处，恳请读者批评指正。

编　者

目　　录

1 钢铁冶金概论

1.1 钢铁的分类

钢铁是一种以铁元素为主,与碳等其他元素共同组成的合金材料。根据含碳量的不同,可将钢铁划分如下:

- 铁
  - 化学纯铁 $w[C]\approx 0\%$
  - 工业用铁
    - 工业纯铁 $w[C]=0\%\sim 0.007\%$
    - 钢 $w[C]=0.007\%\sim 1.2\%$
    - 铸铁或生铁 $w[C]=2.0\%\sim 4.5\%$

一般将含碳 2.0%以上的铁称为生铁;含碳 2.0%以下的铁称为钢;含碳量处于 1.2%~2.0%之间的由于缺乏实用性,工业上很少使用。由于含碳量不同,生铁和钢在性能方面存在明显差异。生铁坚硬耐磨,性脆,缺乏延展性,不能锻打或进行塑性加工,但可以浇注成型;含碳在 6.67%以上的生铁由于过脆而无法使用。与生铁相比,钢不但具有良好的韧性,还具有较高的机械强度,用途十分广泛。

根据是否有目的地加入合金元素,可将钢分为碳素钢和合金钢两大类。

根据含碳量的高低,可把钢分为高碳钢($w[C]>0.6\%$)、中碳钢($w[C]=0.25\%\sim 0.6\%$)和低碳钢($w[C]<0.25\%$)。一般情况下,钢中碳含量增加时,其强度增强,但韧性和塑性减弱。

为了改善钢的性能或使之获得新性能,在炼钢过程中加入适量的一种或多种合金元素(常见的有锰、铬、镍、钼、钨、钒、钛、锆、钴、铌、稀土等金属元素以及硅、硼等非金属元素),这样炼出的钢称为合金钢。按钢中合金元素总含量的高低,可将合金钢分为低合金钢、中合金钢和高合金钢。一般的划分方法是:合金元素总含量小于 3%的,称为普通低合金钢;合金元素总含量为 3%~5%的,称为低合金钢;合金元素总含量位于 5%~10%之间的,称为中合金钢;而合金元素总含量大于 10%的,称为高合金钢。此外,按钢中所含主要合金元素的不同,可将合金钢分为锰钢、硅钢、硼钢、铬镍钢、铬镍钨钢、铬锰硅钢等。

1.2 钢铁的重要性

现代社会使用的工业材料可大致分为 5 大类:(1)金属材料,包括钢铁、铝、铜、锌、铅等;(2)硅酸盐类,包括水泥、玻璃、砖、陶器等;(3)塑料类,包括聚乙烯、聚氯乙烯、聚酯等;(4)木材类;(5)纤维类。在这些工业材料中,最重要、生产量最大的是金属材料。据产量统计,在全世界生产的所有金属材料中,钢铁占 94.9%,铝占 2.5%,铜占 1%~3%,锌占 0.7%,铅占 0.5%,其他合计为 0.1%,其中,居第 2 位的铝产量不过是钢铁产量的 3%左右。因此,从金属材料的角度讲,可以说现代社会仍处于“钢铁时代”。

在现代社会中,钢铁材料保持着重要地位和突出优势,其理由分析如下:

(1)从资源上看,铁元素约占地壳组成的 5%,是储量居第 4 位的丰富元素,有高品位矿石的大型矿床,铁矿资源量相当可观。

(2)从生产工艺上看,钢铁冶炼技术成熟且相对简单,早已确立了工业化大生产方式。特别是近年来,随着大型化、高速化、连续化以及自动化的进展,钢铁生产成本逐步降低,经济性显著提高。

(3)从强度、硬度、韧性等性能上看,钢铁作为使用量最大的一般性结构材料,具有其他材料不可与之相比的优越性。

(4)从后处理工艺上看,钢铁的合金化、热处理、加工技术已日臻成熟,由此极大地改善了钢铁的性能,并拓展了其适用空间;再加上各种新技术(如高强度钢、不锈钢、表面处理和电化学防腐等技术)的成功开发,使钢铁成为近乎万能的工业材料。

随着科学技术的不断进步和发展,新型结构材料(如铝合金、钛合金、镁合金、结构用塑料、合成材料、非晶材料、微晶材料、经特殊处理的木材等)不断出现,在发达工业国家中,这些新型结构材料的消费量在所有结构材料中所占的比例已达14%~18%。因此,在21世纪,钢铁材料正面临着不同新功能材料的挑战。但是由于钢铁材料性能优越,生产和消费都比较经济,在钢铁应用的大多数领域中尚无材料可与之匹敌;再加上随着发展中国家国民经济的快速发展,人类社会和产业对钢铁材料的需求将保持稳定增加,故在可预见的将来,钢铁仍将是最重要的结构材料。

1.3　钢铁冶炼的发展史

据推测,人类最早冶炼铁矿石用于制作和使用铁器约在公元前14世纪至公元前13世纪,西亚两河(底格里斯河和幼发拉底河)流域和埃及最先掌握了冶铁技术。随后,于公元前500年左右传入欧洲。这个时期的炼铁方法属于铁矿石固相还原法,如图1-1所示。把铁矿石和木炭放在简单的火坑里一起加热,在较低温度下用碳还原脱除与铁结合的绝大部分氧,得到少量的铁块。这种产物未经熔化,需用锻打的方式把铁中的渣和杂质挤出,使铁的单体颗粒得以焊接,再按要求锻打成型,经渗碳处理后生产出称为“锻铁”的铁制品。这种生产方法效率极低,质量难以保证。德国的克虏伯粒铁生产法、英国的熟铁吹炼炉法、日本古代的脚踏风箱炼铁法大都与之类似。在欧洲地区,直到14世纪炼出生铁之前,主要采取这种低温固态还原的炼铁方法。

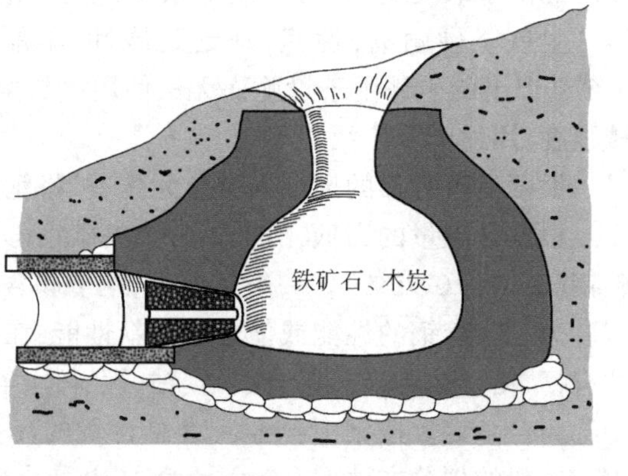

图1-1　早期的锻铁冶炼方法

我国的铁器生产始于公元前7世纪以前的西周。虽然较晚,但几乎在掌握了“铁矿石固相还原”技术的同时,就用竖炉炼出了铁水,步入生铁冶铸阶段,比欧洲早两千年生产和应用生铁,并且很快开发出铸铁柔化、炒铁成钢、钢材淬火等一系列先进技术。从先秦到明代,我国的钢铁产量和技术水平在世界上一直遥遥领先,在此之后,由于长期受封建社会制度等多方面因素的束缚,逐步衰落下来。

但是,钢铁生产在世界范围内从手工业普遍转向大规模的近代技术和机器生产,并使钢铁工业本身成为各国工业化的基础与支柱,则是在英国产业革命以后、近百年以来的事。

15世纪文艺复兴时期,增加了熟铁吹炼炉炉高、提高了炉底部热量集中度、进行强制送风的高炉(熔矿炉)在莱茵河上游出现。用这种方法得到了熔融状态的铁水,再将铁水置于火坑中,可生产锻铁或锻钢等铁制品。这种炼铁法进行两段式冶炼,带来了划时代的技术革新;但由于这种方法使用大量木炭作为还原剂和燃料,导致了当地森林的枯竭。为此,1709年前后,英国人A.

Darby开发出焦炭高炉，使用煤生成焦炭来代替木炭，这种将钢铁冶炼和煤焦化工相结合的方法为钢铁生产的发展开拓了伟大的道路。18世纪80年代，蒸汽机的发明和采用又大大改善了高炉鼓风设备的性能。1828年，英国煤气工程师J. B. Nilson发明了用热空气代替冷空气鼓风，使高炉炼铁的燃料消耗大为降低。这一连串的技术进步，使欧洲的近代炼铁工业在19世纪上半叶获得了惊人的发展。图1-2给出了17~18世纪欧洲高炉的构造实例。

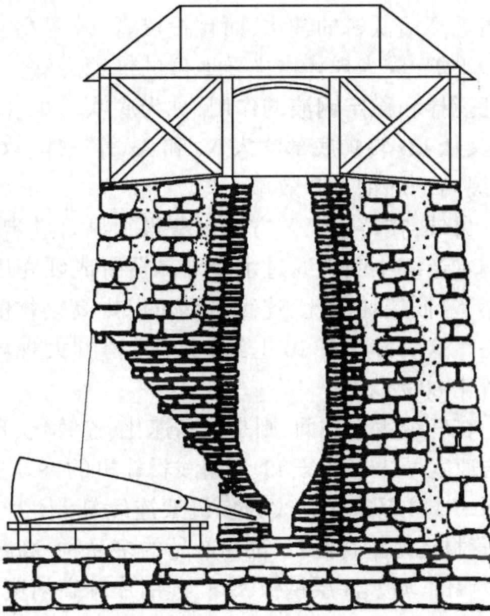

图1-2 17~18世纪欧洲的高炉（容积约20m^3）

进入工业革命时期后，钢熔融精炼法的发明奠定了现代钢铁冶炼工艺的基础。1856年，英国人H. Bessemer发明了酸性底吹转炉法（贝塞麦法），向转炉的铁水中吹入空气炼钢，使铁中的硅、锰、碳等元素的含量迅速降低并产生大量热能，将液态的生铁吹炼成液态的钢。该工艺使钢铁冶炼进入了一个新时期，但由于不能吹炼高磷铁水，未能得到推广。1879年，S. G. Thomas又发明了碱性底吹转炉法（托马斯法），用碱性炉（代替酸性炉）和碱性造渣法炼钢，可以大量除磷，提高了转炉的生产水平，有利于西欧高磷铁矿的利用。随着这些方法的发明，钢铁工业迎来了以铁水作为原料高效精炼钢水的大生产时代。这些方法是在熔融状态下分为两个阶段精炼钢：（1）以铁矿石、焦炭和石灰石熔剂等为原料，经高炉冶炼得到铁水；（2）将高温铁水经炼钢炉精炼得到钢液。

1856年，英国工程师K. W. Siemens取得了蓄热式炉的专利，随后利用气体燃料将蓄热室用于反射炉炼钢并获得成功，其所使用的原料是生铁和矿石。1864年，法国工程师P. E. Martin利用这一原理发明了西门子-马丁炉，也称为平炉。与空气转炉相比，平炉的炉温显著提高，并可使用废钢作为原料。1899年，法国人P. L. T. Heroult创造了工业性直接加热电弧炉，利用电极端部和炉料之间产生的电弧高温进行炼钢，这种方法适用于冶炼优质钢和合金钢。

在上述炼钢工艺获得快速发展的同时，使用带有孔型的轧辊来轧制热钢锭的轧钢机也相继问世。1728年，英国设计了生产圆棒材的轧机。1766年，英国有了串列式小型轧机。19世纪中叶，第一台可逆式板材轧机在英国投产，并轧出了船用钢板。1848年，德国发明了万能式轧机。1853年，美国开始用三辊式型材轧机，接着出现了劳特式轧机。20世纪初，美国制成半连续式轧板机。这样，世界特别是欧洲和美国的钢铁工业进入了近代化大生产阶段，推动了欧美各国的工业化。

20世纪下半叶，钢铁生产技术又出现了革命性发展。首先是炼铁高炉使用了还原性好、强度高和含铁品位高的烧结矿或球团矿作原料，并将热风温度从300~500℃提高到1000~1200℃；同时，采用了0.2~0.25MPa的高顶压操作、富氧鼓风、喷吹煤粉、无料钟炉顶等新技术。在二十世纪七八十年代还采用了计算机控制生产过程，使炼铁生产效率大大提高。

其次为氧气转炉炼钢方法的应用和发展。随着氧气制造的工业化，氧气的价格大幅度降低。1952年，奥地利的Linz钢厂和Donawitz钢厂运用氧气代替空气，建成了氧气顶吹转炉，改变了过去从转炉底部向炉内吹入空气炼钢的老方法，而是从转炉顶部将高压氧（O_2纯度为99.5%）通过水冷喷枪,以超声速直接喷入铁水炼钢,该法又称LD氧气顶吹转炉炼钢法。这种方法充分利用了当地高锰低磷的铁水,而且投资省、效率高、耗能少,炼出的钢质量也较好,很快取代了空气转炉和平炉,成为现代占主导地位的炼钢方法。后来,也有将氧气从底部吹入炉内炼钢的转炉,可起到搅拌和稳定钢液的作用,称为底吹转炉。20世纪70年代以后,吸取上述两种吹氧方式的优点,又从LD转炉底部吹入N_2和Ar等气体,这种转炉称为顶底复合吹炼转炉,它进一步改善了钢质,提高了炼钢生产效率。

另外,在铸钢工艺方面也获得了显著进步。20世纪50年代,开始将锭模铸钢改为连续铸钢,使钢水连续不断地通过水冷结晶器凝成硬壳后,从下方出口直接拉成所需的坯形(方坯、圆坯或板坯)。同模铸相比,连续铸钢可以提高钢材的综合收得率,提高钢坯质量,改善劳动条件,降低能耗。这一方法在20世纪60年代得到大规模推广,到80年代,一些发达产钢国已基本上实现连铸比80%以上。

在轧钢生产方面,则是向高速化、连续化、自动化和产品高精度化方向发展,如连续热轧带钢轧机的速度可达30m/s,45°无扭线材轧机的终轧速度可达70~90m/s。无论是粗轧还是精轧,都已由横列式或往复式轧制改为多机架连续轧制,大大提高了轧钢机的效率。更为重要的是,无论是板材、管材还是型材轧机,都在产品的多品种、高精度和高档次等方面获得了很大的进步。电镀锌和电镀锡的薄板、涂层钢板、冷轧硅钢片等高精度产品的大量上市,推动了高档机械和电气工业的发展。近年来,薄板坯连铸机的成功投产使钢坯只经过连铸而无须进一步开坯,明显减少了随后的轧制工作量,取得了节省投资、简化设备、提高生产率的良好效果。20世纪70年代以来,从冶炼到轧制工序还逐步采用了计算机控制生产过程,使钢铁工业进入了高度自动化的新阶段。

与此同时,一方面,随着钢铁冶金技术的进步和人类社会的发展,一些钢铁冶炼工艺的重要性被削弱甚至被淘汰,如平炉炼钢法,由于其能耗高、生产效率低以及产品质量差等诸多问题,已基本完成了自己的历史使命,退出炼钢生产的大舞台;但另一方面,一些富有生命力、更适应于人类社会发展的非高炉炼铁、电炉炼钢、炉外精炼技术等短流程钢铁生产方法被提出并不断得到发展,产量份额逐年增长,凸现出其重要性。非高炉炼铁新技术主要包括直接还原工艺(生产海绵铁或金属化球团)和熔融还原工艺(生产类似高炉铁水的熔融铁水);在电炉炼钢方面,超高功率电弧炉和直流电弧炉的出现,明显改善了电炉炼钢的生产效率和技术经济指标;铁水预处理和炉外二次精炼等先进工艺被大多数炼钢厂采用,为优化炼钢工序和生产纯净钢创造了有利条件。

如今,钢铁工业从采矿、选矿、烧结、球团、炼焦、炼铁、炼钢、铸钢直到轧钢,还包括铁合金、炭素制品、耐火材料等辅助材料的制备,都已基本上形成了一套系统的、相当现代化的生产技术体系。可以说,钢铁冶炼迈入了一个崭新的阶段。

1.4　现代钢铁生产流程

从现代钢铁冶炼工艺的基本确立到20世纪末这100多年间,钢铁产业获得了迅猛的发展。20世纪初期,全世界粗钢年产量仅为35Mt左右,但到20世纪末,年总产量已超过700Mt。图1-3给出了二战后主要产钢国粗钢产量的变化,可以看出,二战后氧气转炉炼钢法大量普及,以钢铁冶炼各工序的大型化、高速化、连续化为中心的技术改造急速发展,世界各国的粗钢产量均有明显增加;随后,两次能源危机严重影响了钢铁产业的发展,大多数国家的粗钢产量呈减少趋势或近乎停止增加,但同时也促使各国竭力开发新技术,以提高钢铁生产的效率;20世纪90年代后期,随着世界各国经济状况的改善,特别是受我国经济快速增长和迅速崛起的带动,世界粗钢产量又保持平稳的发展趋势,中国、韩国和巴西等经济发展较快国家的钢铁产业获得了持续高速的发展。2020年,我国钢铁产量达10.53亿吨,连续多年保持世界第一。目前,各国在强化钢铁生产的同时，都积极致力于有效降低钢铁生产的能耗和环境负荷。未来钢铁产业发展的主题是高效化、绿色生态化、循环经济、可持续发展。

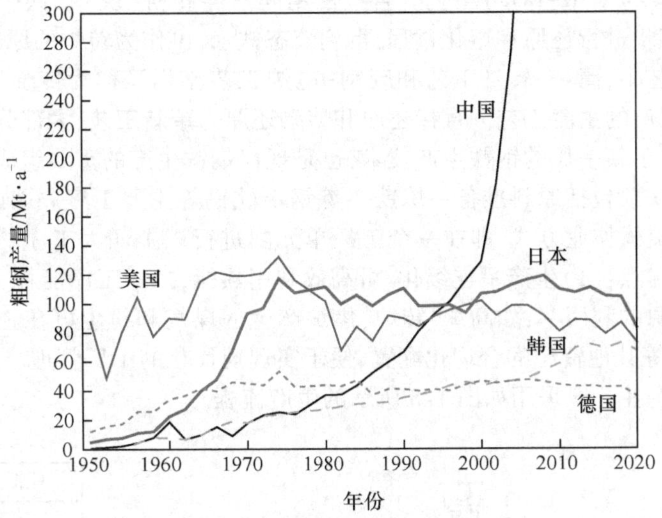

图 1-3 世界主要产钢国粗钢产量的变化

总体而言，现代钢铁生产主要有如图 1-4 所示的四种工艺流程。

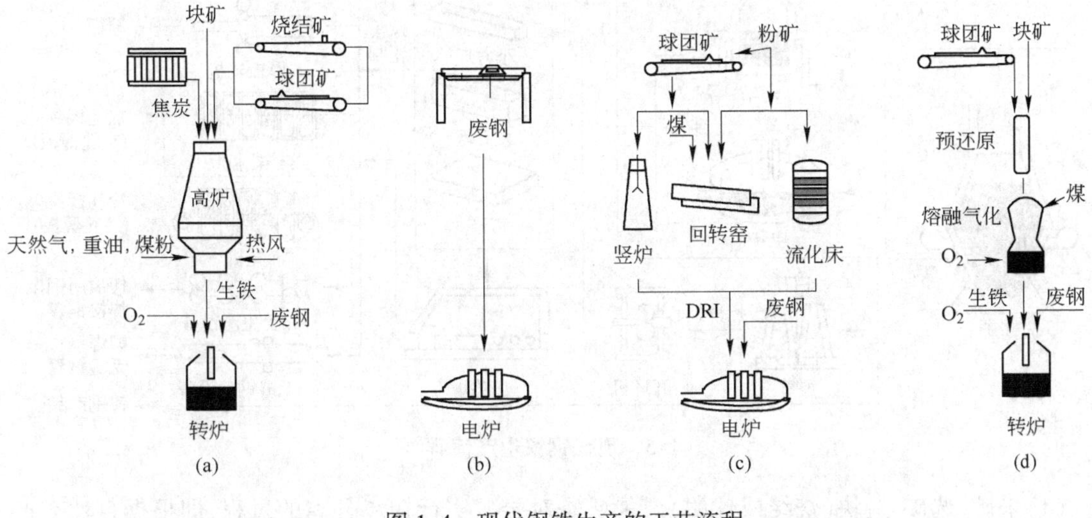

图 1-4 现代钢铁生产的工艺流程

(a)高炉-转炉工艺；(b)废钢-电炉工艺；(c)直接还原-电炉工艺；(d)熔融还原-转炉工艺

(1)高炉-转炉(BF-BOF)工艺。高炉使用块矿、烧结矿和球团矿作为主原料，以焦炭或喷吹煤粉作为还原剂和热源生产铁水，再经过转炉吹炼和炉外精炼得到合格钢水，然后进行铸锭和热处理加工，最终得到适于多种用途的普碳钢产品。

(2)废钢-电炉(Scrap-EAF)工艺。使用废钢作为原料，以电能为能源，在电炉内熔化和合金化得到钢液，再经二次精炼以及后期处理加工，生产出特殊钢和优质合金钢。

(3)直接还原-电炉(DR-EAF)工艺。直接使用非焦煤和铁矿资源在直接还原反应器(如回转窑、流化床、竖炉)内进行固态还原,得到直接还原铁(DRI),再将其作为废钢替代品送进电炉进行冶炼,可生产优质钢。

(4)熔融还原-转炉(SR-BOF)工艺。直接使用非焦煤和粉(块)状铁矿资源在熔融还原反应器内,分一步或多步进行还原和熔化过程,得到液态铁水,再作为转炉的原料进行炼钢。

在上述四种工艺中,高炉-转炉工艺和废钢-电炉工艺流程又称为传统流程,已获得较大的发展,是现代钢铁生产的主流工艺。直接还原和熔融还原为革新工艺,大部分仍处于开发研究或工业化试验阶段,属于新一代的钢铁生产技术,也是现代钢铁生产的重要组成部分。

现代钢铁生产一般包括原料准备→炼铁→炼钢→轧钢等主要工序。因此,大中型钢铁联合企业均采取铁钢一贯式作业方式,即在一个工厂单元内进行以上四大工序的生产。采取这样的作业方式具有如下优点:(1)生产呈连续化,可高效利用热能,减少工序能耗,降低经济成本;(2)可提高各种副产资源的利用率,如高炉、转炉、焦炉产生的煤气和粉尘可在企业内部得到充分利用;(3)有利于人力等其他资源的合理化配置,便于实现现代化的工厂管理。

现代钢铁联合企业一般采用如图 1-5 所示的生产流程。

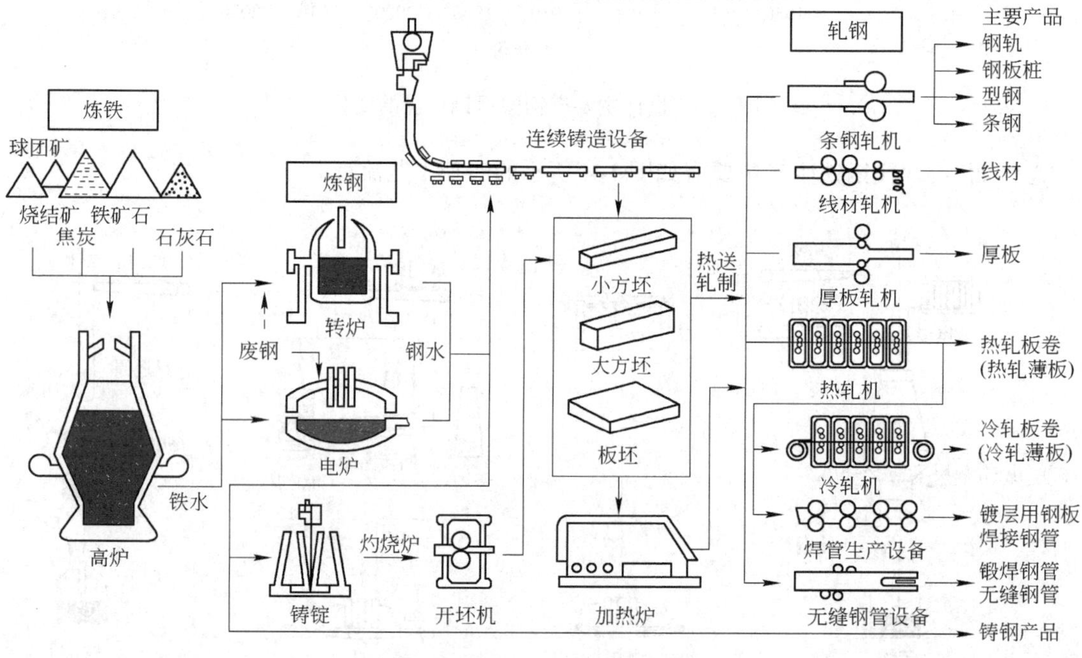

图 1-5 现代钢铁生产流程

(1)采矿、选矿、造块(烧结或球团)。采矿是对岩矿实行初步分离的过程,即根据自然矿产资源在地壳里的埋藏状况,分别选择露天或地下开采方式,通过凿岩、爆破、装运和破碎等工序,将所需矿物采出。

选矿是对贫矿实行富集,对含有脉石或有害成分的矿石进行选别的过程。将矿石粉碎、磨细后,再通过重力选矿、磁力选矿、浮游选矿或电力选矿等多种工艺,除去脉石以及其他杂质,富集出高品位的精矿粉。

造块则是将不可直接入炉的粉状含铁物料(铁精矿粉、富铁矿粉、高炉瓦斯泥等二次资源)与所需的适量熔剂混合,高温烧结成块或焙烧制成球团,使矿粉固结为高品位、具有良好冶金性能、适于高炉冶炼的块状或球状人造富矿的过程,也是为高炉炼铁准备"精料"的过程。

(2)高炉炼铁生产。高炉生产实际上是对铁矿石中的铁氧化物进行还原的过程。高炉使用的含铁炉料主要是烧结矿、球团矿以及天然富块矿;燃料为焦炭、煤粉、重油、天然气等。高炉的主产品是生铁,作为下游炼钢工序的主要原料;副产品主要是高炉炉顶煤气和高炉渣。

(3)炼钢和铸钢生产。炼钢实际上是将熔融铁水、废钢、熔剂(石灰、石灰石、萤石等)放入炼钢炉(主要是转炉和电炉)内,使铁水中的杂质元素氧化,并加入合金元素的过程。通过炼钢,铁水中的部分碳氧化成 CO 或 CO_2 逸出,其余杂质元素以氧化物或其他形态进入炉渣,使钢液达到预定的化学成分。炼钢除了已经广泛采用氧气顶吹或顶底复吹转炉外,电炉生产也实现了高效化。

为了提高钢的质量和减少炼钢炉负担,已普遍在炉前增加铁水预处理(脱 Si、脱 P、脱 S)装置,在炉后添加各种二次精炼设备,以降低钢中气体夹杂(H、O、N 等)含量,消除有害杂质,提高钢的纯净度和质量。

铸钢生产的连续化,即以连铸代替模铸,是铸钢生产技术的重大革命。

(4)轧制生产。将钢锭或钢坯经过轧机轧制成所需的钢材,实际上是塑性加工变形和改善钢内部结构的过程。通过轧机轧制,不仅使原来粗大、不均匀的铸造结构变成均匀的细晶组织,而且力学性能得以提高,从而可生产各种形状和不同规格的钢材(型钢、线材、钢轨、钢板、钢管、车轮、轮箍等),以供应有不同用途和性能要求的用户。除热轧外,在常温下经冷轧机轧制的钢材具有更好的精度、力学性能、表面光洁度和内部组织。连轧技术、冷轧技术、高速轧制、控制轧制、控制冷却、高刚度轧机、高精度轧制等新技术的发展和应用,为扩大钢材品种和提高钢材质量开辟了广阔的前景。

此外,根据原料供应状况和经济条件,有些地方还并存着许多只生产生铁或铸铁的高炉厂家、以废钢等作原料只进行炼钢和轧钢的电炉厂家或只进行轧钢的单一轧钢厂家等。

1.5 现代炼铁工艺

炼铁是将铁从自然形态的含铁矿石中还原出来的过程。现代炼铁方法包括高炉炼铁和非高炉炼铁。任何炼铁方法的产生、存在和发展皆取决于一定的能源条件。

高炉炼铁工艺,即以焦炭为基础能源的传统炼铁法与转炉炼钢相配合,是目前钢铁生产的主要流程。高炉在生铁生产中处于统治性地位,且在相当长的时期内都不会有太大的改变。目前,全世界 95%左右的铁水由高炉生产。

为使高炉炼铁摆脱对焦炭的依赖性,经过长期研究和实践,逐步形成了多种不同形式的非高炉炼铁工艺。非高炉炼铁工艺泛指有别于基于焦炭的传统高炉炼铁方法,而是以煤、燃油、天然气和电能为基础能源的其他炼铁方法。按工艺特征、产品类型以及产品用途,非高炉炼铁又分为直接还原法和熔融还原法两大类。发展非高炉炼铁的主要原因是:(1)钢铁工业发展摆脱焦煤资源羁绊的需要;(2)环境保护的需要;(3)降低钢铁生产总能耗的需要;(4)提高钢铁产品质量和改善产品结构的需要;(5)解决废钢资源短缺及其质量不断劣化的需要;(6)冶金资源综合利用的需要。

发展非高炉炼铁有利于简化传统钢铁生产流程,节能降耗,实现无焦或少焦钢铁生产,降低环境负荷。不过,非高炉炼铁目前还仅是高炉-转炉流程的有力补充,但其环境友好,灵活性大,适应性强,是现代钢铁生产的重要前沿技术和发展方向。

1.5.1 高炉炼铁

自然界中很少有纯铁存在,多为与氧结合而形成的铁的氧化物。常见的含铁矿物包括赤铁矿(Fe_2O_3)、磁铁矿(Fe_3O_4)、褐铁矿($Fe_2O_3 \cdot 3H_2O$)、菱铁矿($FeCO_3$)以及黄铁矿(FeS_2)等。高炉炼铁是目前获得生铁的主要手段,其冶炼过程是在高温下,将铁矿石或含铁原料中的铁从氧化物或矿物状态还原成含有碳、硅、锰、硫、磷等杂质的液态生铁。因此,高炉炼铁的本质是还原过程。

高炉是生铁的主要生产单元。在所有的炼铁反应器中,高炉具有如下优点:

(1)炉内存在气、固两相的向流运动,可保证进行充分的热交换,热利用率高;

(2)易于处理大量原料,生产效率高;

(3)可使用的原料成分范围广;

(4)铁的收得率高;

(5)作业率高,可达95%以上;

(6)使用寿命长,现在有些高炉一代炉龄可达15~20a。

高炉炼铁的工艺流程如图1-6所示,主要包括原料准备、上料、高炉冶炼、产品处理等一系列工序环节。

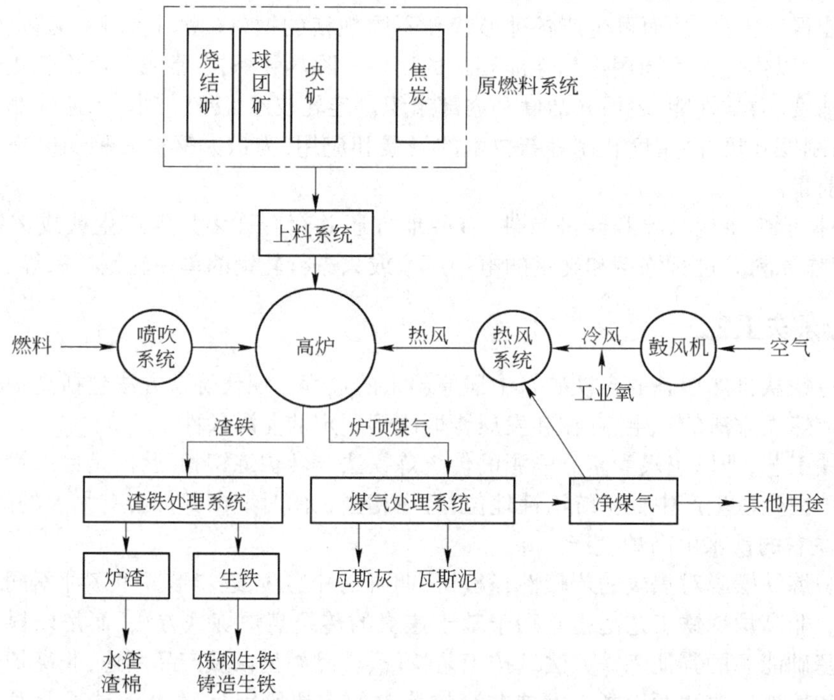

图1-6　现代高炉炼铁的工艺流程

1.5.1.1　高炉炼铁原料

高炉炼铁的含铁原料是烧结矿、球团矿和块矿;燃料主要是焦炭,其次是煤粉、重油、天然气等;熔剂包括石灰石、白云石、蛇纹石等,主要用来助熔和造渣。

高炉冶炼用的铁矿石有天然富矿和人造富矿两大类。若天然铁矿石的含铁量(也称品位)超过其理论含铁量的70%,可称为天然富矿。对于一般铁矿石,其品位在50%以上即可作为富矿,经适当破碎和筛分处理后,可直接入炉冶炼。品位较低的贫铁矿一般不可直接入炉,必须经富选后重新造块,变成烧结矿或球团矿等人造富矿,再入高炉。由于事先经过烧结或焙烧高温处理,因此,又常称烧结矿和球团矿为熟料,相应的,称天然块矿为生料。由于冶金性能优越,现代高炉多使用熟料。

作为高炉炼铁能源基础的焦炭,是主焦煤和配合煤在焦炉内高温干馏的产物。在高炉冶炼过程中,焦炭主要起到以下作用:(1)为高炉冶炼提供热源的发热剂;(2)提供高炉冶炼所需的还原剂;(3)高炉内起支撑料柱、维持透气性的骨架;(4)高炉内生铁渗碳的碳源。

1.5.1.2 高炉炼铁原理

冶炼过程中,铁矿石和焦炭等固体炉料按照一定的比例,通过装料设备分批地从炉顶装入炉内,向下运动;高温热风从炉下部的风口处鼓入,与下降的焦炭以及从风口喷入的煤粉发生反应,生成高温还原煤气,向上运动;炉料在下降过程中被加热、还原、熔化、造渣,发生一系列复杂的物理和化学变化,最后生成液态熔渣和铁水,聚集于炉缸,周期性地从炉内排出;煤气流在上升过程中,温度不断降低,成分逐渐变化,最后形成高炉炉顶煤气,从炉顶逸出。因此,高炉可看作是一个气固向流的竖炉反应器。

高炉内最重要的反应是铁氧化物的还原反应。高炉内的还原剂主要是CO、H_2和C。高炉内铁氧化物的还原过程是逐级进行的,即$Fe_2O_3 \to Fe_3O_4 \to FeO \to Fe$,一般采用三界面未反应核模型进行描述,如图1-7所示。

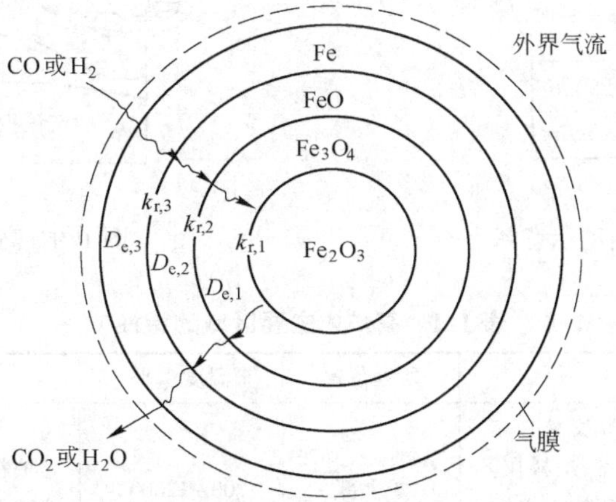

图1-7 铁氧化物还原的三界面未反应核模型

$k_{r,1} \sim k_{r,3}$—三个还原阶段$Fe_2O_3 \to Fe_3O_4$、$Fe_3O_4 \to FeO$、$FeO \to Fe$的反应速率常数;
$D_{e,1} \sim D_{e,3}$—三个还原阶段的界面扩散系数

一般把上述中低温区进行的还原反应称为间接还原反应,而把高温区进行的还原反应称为直接还原反应(实际上可看作是间接还原和气化溶损反应的综合)。

另外,炉内还存在熔渣中氧化铁的直接还原、回旋区焦炭和煤粉等燃料的不完全燃烧和完全燃烧、焦炭在高温区的气化溶损反应、水煤气反应、水煤气转变反应、硅还原及迁移反应、渗碳反应、固体料中水分蒸发、碳酸盐分解、还原铁以及脉石的熔化、脱磷和脱硫等渣金反应、微量元素(Zn、K、Na等)还原析出及循环富集等诸多复杂反应。

1.5.1.3 高炉及附属系统

高炉的炉体由耐火材料砌筑而成,外部有钢板炉壳加固密封,内嵌冷却器保护。高炉内部工作空间的形状称为高炉内型,由炉缸、炉腹、炉腰、炉身和炉喉等几段组成,如图1-8所示。

对于正在运行的高炉,根据物料存在形态的不同,可将其内部划分为五个区域:块状带、软熔带、滴落带、燃烧带和炉缸渣铁积聚区，如图1-9所示，各区域的特征概括于表1-1中。

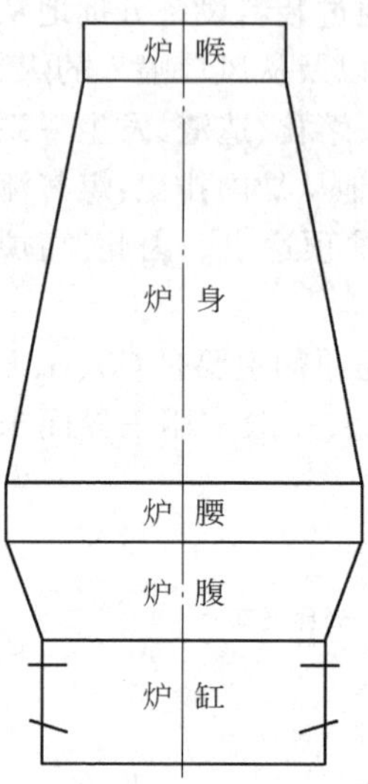

图1-8　高炉内型示意图

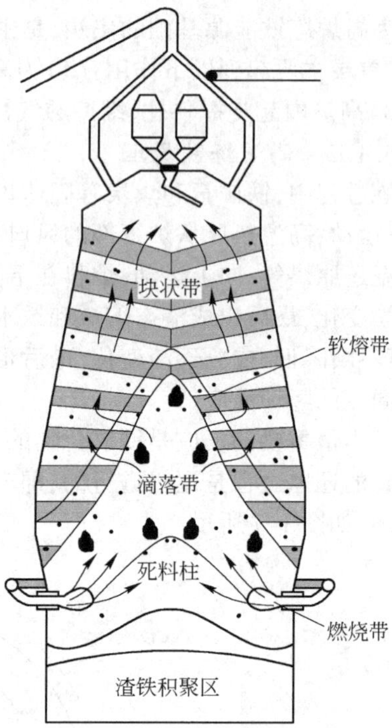

图1-9　高炉内区域划分

表1-1　高炉内主要区域的特性

分　区	主要特征	所处位置	温度水平	主要反应
块状带	矿石与焦炭呈层状交替分布，仍保持着明显的固态；炉料在下降过程中，层状逐渐趋于水平，厚度也逐渐变薄	炉上部	200~1200℃	炉料水分蒸发，碳酸盐受热分解，铁矿石还原等，以气固反应为主
软熔带	由固态焦炭层和半熔融状矿石层组成，焦炭与矿石相间，层次分明，透气性极差	炉内中、下部	1200~1400℃	炉料软化、熔融及滴落，初渣形成，发生直接还原反应
滴落带	熔化后的渣铁像雨滴一样穿过固态焦炭层而滴落	软熔带下方	1400~1600℃	滴落的渣铁与煤气及固定碳之间发生多种复杂化学反应
燃烧带	由于鼓风动能的作用，焦炭和喷吹物在风口前发生剧烈地回旋运动和燃烧，形成半空状态的回旋区，该区域是高炉内唯一存在的氧化性区域	风口前	炉内区域的最高温度可高达2200℃	完全燃烧和不完全燃烧反应
渣铁积聚区	铁滴穿过渣层，最终实现渣铁分离，积聚在炉缸内	炉缸下部	1500~1600℃	渗碳反应，脱磷、脱硫等渣铁反应

除本体外,高炉还有许多附属设备,主要包括:

(1)供料系统。料钟式高炉的供料系统包括炉顶受料斗、旋转布料器、大小料钟或三套料钟、大小料斗、料钟平衡杆与液压传动装置或卷扬机、活动炉喉挡板、探料尺等。

无料钟式高炉的装料设备包括受料罐、上下密封阀、截流阀、喉管、布料溜槽、旋转装置及液压传动设备等。高顶压操作的高炉还装有均压阀和均压放散阀等设备。

供料系统的主要任务是保证及时、准确、稳定地将合格原料从贮矿槽送到高炉炉顶。

(2)送风系统。送风系统主要包括过滤器、鼓风机、冷风管道、放风阀、混风阀、热风炉、热风总管、环管、支管、风口。富氧送风时,在送风管道上安装环形送氧管,在富氧管道上安装截断阀、逆止阀、流量调节阀及流量与压力仪表。加湿鼓风时,在冷风管道上安装环形蒸汽喷入管,在蒸汽管道上安装截断阀、蒸汽流量调节阀、湿度计与蒸汽压力表等。在脱湿鼓风时,在鼓风机前还设有脱湿装置。

送风系统的主要任务是,保证连续、可靠地供给高炉冶炼所需数量和足够温度的热风。

(3)除尘系统。除尘系统一般包括炉顶煤气上升管及下降管、煤气截断阀或水封、重力除尘器、洗涤塔与文氏管(或双文氏管)、电除尘装置、脱水器。干式除尘的高炉设有布袋除尘箱,有的设有旋风除尘器。高压操作的高炉还装有高压阀组等。

除尘系统的主要任务是保证回收高炉煤气,使其含尘量降至 $15mg/m^3$ 左右。

(4)渣铁处理系统。渣铁处理系统包括出铁场、泥炮、开口机、堵渣机、炉前吊车、渣铁沟、渣铁分离器、铁水罐、铸铁机、修罐库、渣罐、水渣池以及炉前水力冲渣系统等。

渣铁处理系统的主要任务是及时处理排放的渣铁,保证高炉生产正常进行,获得合乎规格的生铁和炉渣产品。

(5)喷吹系统。对于喷吹煤粉的高炉,喷吹系统有磨煤机、煤粉仓、煤粉输送设备及管道、高炉贮粉罐、混合器、分配调节器、喷枪、压缩空气及安全保护系统等。

喷吹系统的主要任务是保证喷入高炉所需燃料,降低焦炭消耗。

(6)冷却系统。冷却系统包括各种冷却壁、冷却板、冷却水箱、冷却介质及其处理设备和一系列管道等。其主要任务是保护高炉炉衬和炉壳,维持炉型,延长炉体寿命。

1.5.1.4 高炉冶炼产品

高炉冶炼的主产品是生铁,副产品为炉渣和高炉煤气。

生铁可分为炼钢生铁、铸造生铁和特殊生铁等几种。炼钢生铁约占生铁总产量的80%~90%,主要供转炉和电炉炼钢使用;铸造生铁含硅较高($w[Si]=1.25\%\sim4.25\%$),主要用于生产铸件,占生铁总产量的10%左右;特殊生铁如锰铁、硅铁、镜铁等,是高炉冶炼的铁合金,主要用作炼钢脱氧剂和合金化剂,仅占生铁总产量的1%~3%。

高炉渣是由 CaO、MgO、SiO_2、Al_2O_3 等构成的硅酸盐系物质,主要来自铁矿石中的脉石、焦炭灰分、熔剂、被侵蚀的炉衬等。由于矿石品位、焦比和焦炭灰分的不同,不同高炉产生的渣量及渣的成分差异较大。我国大中型高炉的吨铁渣量在0.3~0.6t之间。一般高炉渣的组成(质量分数)为:CaO 35%~44%,MgO 4%~13%,SiO_2 32%~42%,Al_2O_3 6%~16%。高炉渣的用途比较广泛,主要有:(1)液态炉渣用水激冷成水渣,可用作水泥原料;(2)液态炉渣用高压蒸汽或高压空气吹成渣棉,可作为绝热保温材料;(3)液态炉渣用少量高压水冲到一个旋转的滚筒上急冷而成膨胀渣,是良好的保温材料,也用作轻质混凝土骨料;(4)用炉渣制成的矿渣砖和干渣块可作为铺路材料。

高炉煤气的产生量为每吨生铁 $1600\sim3000m^3$。按体积分数,高炉煤气一般含20%以上的 CO、1%~4%的 H_2、20%~25%的 CO_2 和少量的 CH_4,其余为 N_2。经除尘净化处理后,高炉煤气的发热值为 2900~3800kJ/m³,是一种很好的低发热值气体燃料,可供热风炉、炼焦炉、均热炉和锅炉使用。

1.5.1.5　高炉炼铁新技术

在钢铁生产的整个体系中,炼铁系统(包括烧结、炼焦、高炉、热风炉和煤粉喷吹)是耗能最多的,而且产生的环境负荷(主要是 CO_2 排放)最大。2002 年,炼铁系统的能量消耗占整个钢铁产业的 69.4%,CO_2 排放量占整个体系的 73.4%。单就高炉生产这一环节而言,其能量消耗和 CO_2 排放量分别占整个钢铁产业的 49.0%和 53.0%。因此,高炉是联合钢铁企业的核心,而高炉效率的提高对钢铁产业乃至整个社会都具有重要意义。在新世纪,为了实现钢铁产业节能降耗和生态化的目标,必须在强化高炉生产的同时,进一步降低高炉能量消耗,有效减轻环境负荷。

当前,高炉炼铁生产面临的主要问题是:(1)精料、富氧鼓风、高风温、煤粉喷吹以及低硅操作等常规技术的广泛应用已使高炉生产获得了高效率(图 1-10 给出了近几十年来日本高炉炼铁技术的发展),各项指标均处于相当高的水平,而单凭常规技术很难进一步明显改善高炉性能。(2)高炉的原燃料条件日趋恶化。高炉可利用铁矿石的品位逐渐下降,各大钢铁企业进口矿的使用量在逐年递增;高炉使用低品位、高 Al_2O_3 含量和高结晶水含量铁矿石的量增加。另外,煤炭储量也在逐年下降,优质煤资源量减少,高炉的燃料及还原剂条件呈劣化趋势。(3)由于焦煤资源全球性匮乏以及有些国家焦炉由于已近炉役晚期面临停产等问题,全球范围内焦炭的供应将难以满足高炉炼铁的需要。(4)炼铁生产主要使用含碳能源(即煤及其衍生物),产生了大量 CO_2。常规技术对 CO_2 的减排问题无能为力,如煤粉喷吹虽然可有效降低高炉炼铁工序的焦炭消耗,但不能明显缓解整个钢铁生产体系的环境负荷。

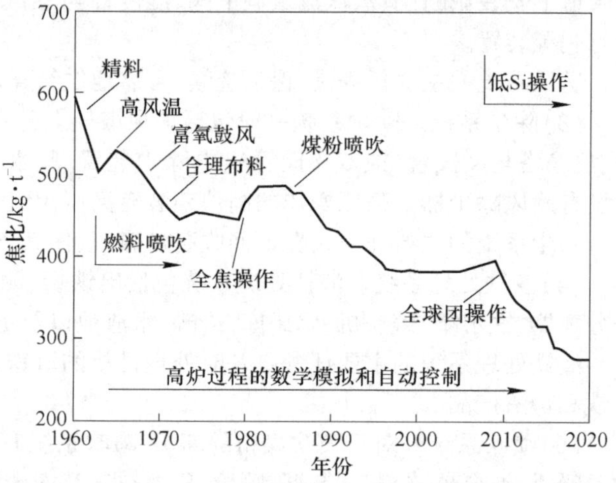

图 1-10　日本高炉炼铁技术的发展

在此背景下,一些炼铁新技术已经被提出或者实际应用,其中包括两个方向:其一是应用革新技术,在常规操作高效率的基础上实现高炉的超高效率操作,通过高炉工序的高产、低耗、低污染,来实现整个体系的高效和低环境负荷;其二是将高炉炼铁与大规模发电相结合,优化整个钢铁流程的能量利用,实现系统节能。

A　超高效率高炉

超高效率高炉炼铁技术如图 1-11 所示,主要包括:(1)高炉使用热压含碳球团,实现低温炼铁;(2)提高含铁炉料的还原性能,加速炉内还原;(3)高炉喷吹含氢物质(废弃塑料和含氢还原气等),实现富氢还原;(4)高炉炉顶煤气循环利用,加强 C 和 H 的利用,同时实现 CO_2 减排。

a　高炉使用热压含碳球团

提高高炉效率的重要手段之一是加速炉内的反应,包括渗碳反应和铁氧化物的还原反应。含碳球团是煤粉和铁矿粉的混合物,从工艺流程优化、节能、资源综合利用和环保的角度出发,含碳球团作为新型炼铁原料,一直是关注的焦点和热点。但传统的冷固结含碳球团的高温强度较差,限制了其在高炉内的大量使用,而且加入的黏结剂将增加高炉渣量,对高炉冶炼不利。

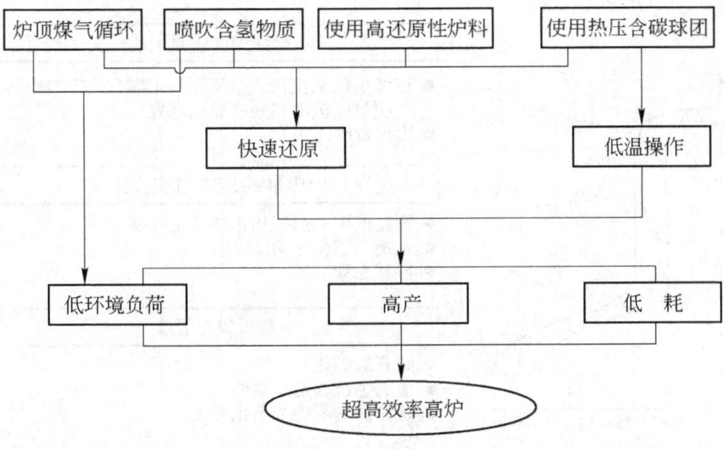

图 1-11　超高效率高炉炼铁技术

在冷固结基础上,热压含碳球团技术得到了成功开发。热压含碳球团生产的主要过程是:将煤粉和铁矿粉经预热处理后按一定比例配料混合,煤在半软化熔融状态下与含铁原料黏结后热压成块,再进一步进行热处理得到最终产品。整个过程不需外加黏结剂,充分利用煤的热塑性来保证热压产品的强度适合于高炉生产的需要。与其他含碳球团相比,热压含碳球团具有入炉品位高、成渣率低、强度高、传热性好以及还原性强等优点。根据相关试验研究结果,热压含碳球团的抗压强度可达 1200N/个,其高温还原强度甚至高于普通烧结矿和氧化球团矿。

高炉使用热压含碳球团具有如下优点:

(1)热压含碳球团生产的最高工艺温度仅在 700℃左右,与烧结过程相比,工序能耗将大幅降低。

(2)含碳球团内存在耦合效应,碳的气化和铁氧化物的还原反应同时进行并相互促进,最终加速高炉内含铁炉料的还原。另外,热压产物内的铁氧化物和碳的细小颗粒紧密接触,与普通烧结矿相比,还原反应在较低的温度下就可开始发生,此时,热空区温度将不再取决于 FeO 开始还原的温度,有望大幅度降低。因此,高炉炉身的反应效率将得到明显强化。

(3)热压含碳球团内,新还原出来的铁颗粒与细小碳颗粒充分接触,渗碳反应加速进行,故与普通烧结矿相比,软熔滴落温度将明显降低(实验证明,降低的幅度为 150℃左右),相应的,出铁的温度也可降低。高炉冶炼过程可在较低的温度水平进行,称为"低温炼铁"(高炉低温炼铁技术的内涵以及必要的技术条件如图 1-12 所示)。相关研究表明,高炉使用热压含碳球团后,热空区温度降低 200℃、软熔带温度降低 150℃、出铁温度下降 50℃是可行的。使用高还原性热压含碳球团作为炼铁原料是低温炼铁的前提条件之一,成为目前炼铁研究的热点。

(4)通过热压可增加普通煤和低品位铁矿资源的使用量,增强了高炉对原料的适应性。

b　高炉喷吹含氢物质

高炉喷吹含氢物质来强化氢还原已成为当今研究的热点。高炉喷吹含氢物质主要基于以下考虑:首先,无论从热力学还是动力学条件来看,高温下 H_2 作铁氧化物的还原剂比 CO 更具优势;其次,氢还原的气态产物是水蒸气而不是 CO_2,故喷吹含氢物质可减少高炉 CO_2 的产生量,有效解决温室气体的排放问题。

考虑到经济成本和安全性等方面,高炉不宜直接喷吹氢气,而是喷吹富氢介质,包括天然气、废弃塑料、焦炉煤气以及 COREX 尾气等。

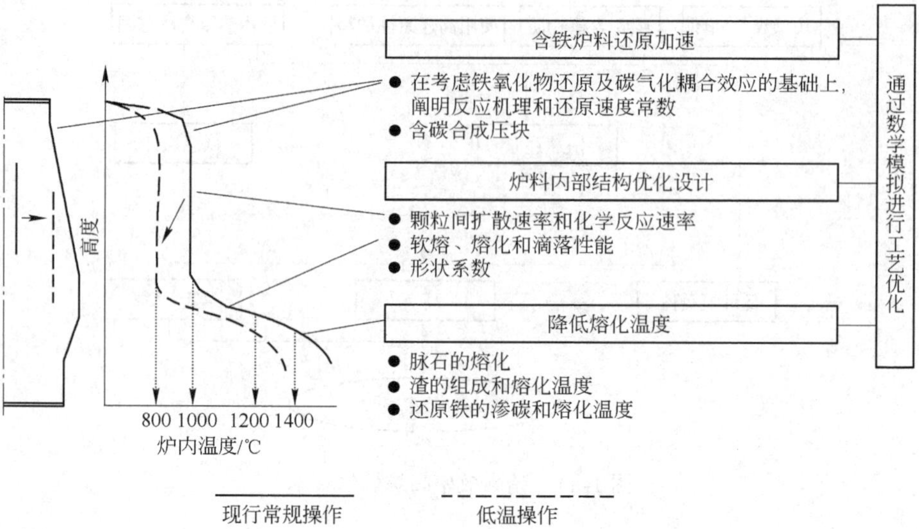

图 1-12　高炉低温炼铁及其技术要求

天然气的主要成分是 CH_4，在俄罗斯和北美等富产天然气的地区，大部分高炉都采取了天然气喷吹，冶炼每吨生铁喷吹量最高达 155kg。

塑料是石油化工产品，对焦炭的置换比为 1∶1。随着工业化程度的加剧，产业和社会产生的废弃塑料量将逐年增加。高炉喷吹废塑料不仅达到治理"白色污染"的目的，而且可综合利用资源，减少高炉燃料消耗，创造更大的经济效益。

废弃塑料应用于高炉炼铁的工艺流程如图 1-13 所示，废弃塑料经过分选、粉碎并进行球团化，造成粒度适宜的颗粒，可取代部分煤粉从风口喷入高炉，以减少焦炭的消耗。德国不来梅钢铁公司和日本 NKK（现称 JFE）公司已经将高炉喷吹废塑料技术成功应用于实际生产中，最高喷吹量达 60kg/t。理论分析表明，废塑料的最大喷吹量应在 200kg/t 左右。从废塑料的燃烧特性以及实际应用来看，用废塑料代替煤粉喷吹入高炉在技术层面上是可行的，应用前景较为广阔；但是，还有待进一步完善废塑料的加工造粒、含 PVC 废塑料的脱氯处理等环节，以降低经济成本，促进该技术的推广。

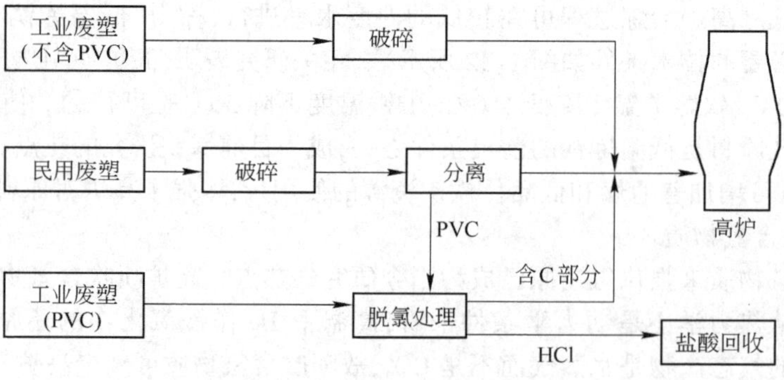

图 1-13　废弃塑料应用于高炉炼铁的工艺流程

生产实践和研究结果表明，喷吹含氢物质使炉内氢氛围得到了强化，铁氧化物的氢还原在整个间接还原中所占的比例明显增加(见表1-2),炉身间接还原反应加速,从而有效改善高炉的冶炼性能,实现增产和降耗的目标。

表1-2　喷吹含氢物质后氢参与间接还原的变化

高炉操作	氢间接还原比例/%		
	$Fe_2O_3 \rightarrow Fe_3O_4$	$Fe_3O_4 \rightarrow FeO$	$FeO \rightarrow Fe$
全焦操作	0.4	11.2	28.6
喷吹天然气(140kg/t)	10.9	79.8	74.4
喷吹废弃塑料(40kg/t)	1.2	27.0	49.3

c　高炉炉顶煤气循环利用

图1-14示意给出了高炉炉顶煤气循环利用的工艺流程,核心环节是将高炉炉顶煤气适当处理(除尘净化、脱除CO_2)后,将其中的还原成分(CO和H_2)喷吹入风口或者炉身适当位置,从而使其重新回到炉内参与铁氧化物的还原,加强C和H元素的利用。该工艺被认为是改善高炉性能、降低能耗以及减少CO_2排放量的有效措施之一。从各国的能源结构和生产实际出发,HRG、JFE、OHNO、FINK、LU等多种不同的高炉煤气循环利用工艺已被提出或应用。

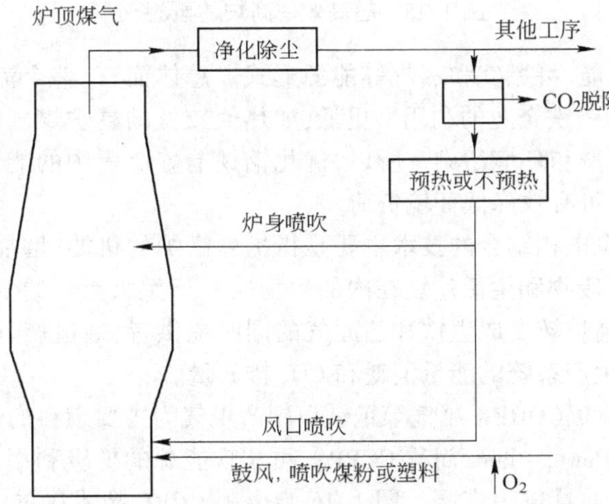

图1-14　高炉炉顶煤气循环利用的工艺流程

相关研究表明,通过同时或分别采用喷吹含氢物质、使用热压含碳球团和炉顶煤气循环利用等革新技术后,可实现高炉的超高效率操作。图1-15给出了未来超高效率高炉的概貌,主要优点有:(1)高炉结构将紧凑化。采用高还原性炉料后,高炉炉身高度可适当缩短。(2)高炉对原燃料的选择更具灵活性和适应性。劣质的原料可以通过压块等工艺形成含碳炉料后,再投入高炉实现高效利用。另外,由于低温化和紧凑化,高炉冶炼对焦炭质量(如强度和反应性等)的要求将显著降低。(3)高炉体系将进一步优化和简化。热风炉和焦炉等附属设施可适当减少,采用炉顶煤气循环喷吹时甚至不需要热风炉。(4)风口喷吹物将多样化。喷吹物可由炉顶煤气、废塑料、煤粉和其他还原气体组成。

B　高炉煤气发电

从本质上来讲,高炉→转炉→连铸→轧制生产流程属于铁-煤化工过程,主要是将煤炭通过

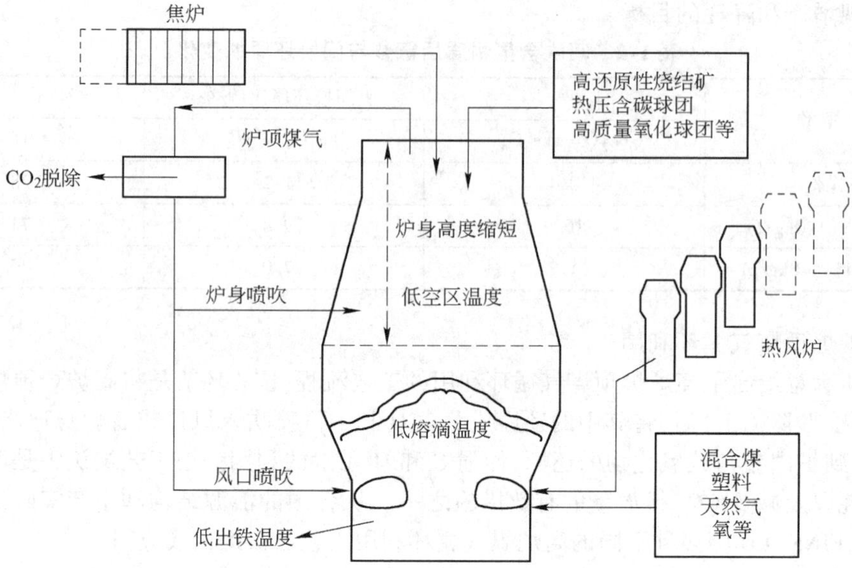

图 1-15　超高效率高炉的概貌

钢铁生产转换为热能、电能、可燃气和蒸汽等能源形式。总体而言，整个流程的能源利用率仅达到 62%左右，某些中小型钢铁企业的利用率更低，如热值较低的高炉煤气利用状况不佳，排空率偏高，造成严重的能源浪费和环境污染。所以，优化钢铁冶炼流程中的能源转换系统，不仅有利于提高能源利用率，而且可有效降低环境负荷。

高炉炼铁与大规模发电相结合的技术主要是指扩展高炉的机能，增加高炉喷吹物的数量和种类（甚至包括某些产业废物和生活垃圾在内的生物质），产生大量还原气以用作燃气发电机的燃料，从而产生电能，将高炉转变成生铁和还原气的同时提供者，通过燃气发电机更高的能量利用效率来减少整个钢铁生产系统的能量消耗和 CO_2 排放量。

以高炉煤气、焦炉煤气、COREX 尾气等钢铁厂副产煤气为主要燃料的燃气-蒸汽联合循环发电系统（Combined Cycle Power Plant，简称 CCPP），可实现能源的梯级利用，具有显著的环保和节能效果，在钢铁厂的应用前景较为广阔。图 1-16 给出了 CCPP 技术中的一种流程，其基本原理是：煤气经过除尘、脱水、加压后，与经过净化的空气在燃气轮机燃烧室内燃烧，产生高温高压燃气，通过燃气轮发电机组产生电能；同时，燃气轮机排出的余热烟气直接进入余热锅炉，产生高温高压蒸汽，蒸汽进入蒸汽轮发电机进一步产生电能，从而实现联合循环发电。

CCPP 技术的主要优点包括发电效率高、水耗少、自用电量低、建设工期短、占地面积小、启动及变载快、运行方式灵活等。目前，CCPP 技术已经被包括我国宝钢、鞍钢、济钢在内的多家钢铁公司所采用，取得了较好的技术经济指标。

综上所述，高效利用能源和实现绿色生态化生产是钢铁产业发展的主题。高炉炼铁是钢铁生产的核心环节，炼铁体系的能量利用和高炉的操作效率将对整个钢铁生产流程产生直接的影响。我国虽为世界第一钢铁大国，但高炉的平均能耗指标仍处于相对较低的水平，整个钢铁生产对能源和资源的利用尚待加强，因此，节能降耗以及减轻环境负荷的任务相当艰巨。为了从整体上进一步提升我国炼铁生产技术水平，消化、吸收和开发革新的高炉炼铁技术和实现高炉的超高效率操作，将是今后炼铁技术发展的主要方向之一。

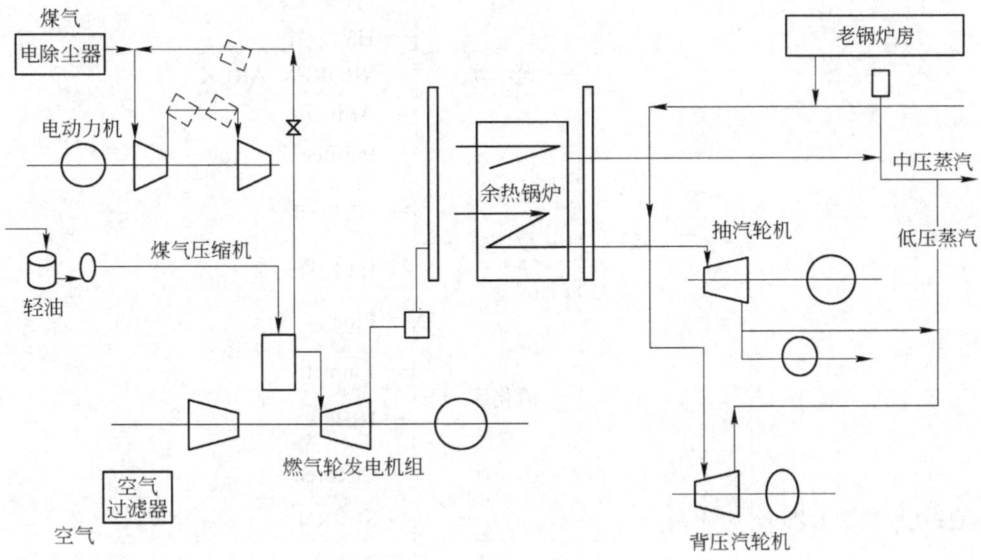

图 1-16 CCPP 技术的流程之一

1.5.2 直接还原炼铁

1.5.2.1 直接还原概述

直接还原炼铁是在软化温度以下,在铁矿石或含铁团块仍呈固态的条件下,进行还原而获得金属铁的方法。由于还原温度低,产品呈多孔、低密度海绵状结构,含碳低,未排除脉石杂质,故称为直接还原铁(Direct Reduction Iron,缩写为 DRI)或海绵铁。当以氧化球团为原料生产时,产品仍呈球团状,但主要成分是金属铁,为了区分将之称为“金属化球团”。为了提高产品的抗氧化能力和便于运输,在生产过程中,将直接还原铁在热态下进行挤压成型,其产品称为热压块(HBI)。直接还原铁的用途包括:(1)用作废钢替代品,是电炉炼钢的优质原料;(2)用作转炉炼钢的冷却剂;(3)质地纯净的直接还原铁用于铸铁和铸钢;(4)用作高炉炼铁原料,改善高炉操作指标。

直接还原技术发展至今已有近百年的历史,提出的工艺和方法已达数百种,目前已实现工业化生产的也有数十种。直接还原炼铁工艺的分类概况见图 1-17。按使用还原剂的类型,可分为气体还原剂法(简称气基法)、固体还原剂法(简称煤基法)和电热法(以电为热源,以煤为还原剂的方法);按反应器的类型,可分为竖炉法、流化床法、回转窑法、转底炉法以及罐式法等。

1.5.2.2 直接还原技术现状

近几十年来,随着世界范围内优质废钢资源的匮乏,直接还原铁的生产受到钢铁界的重视。各国都在积极完善或开发直接还原技术,直接还原铁的生产能力得到了较大发展。如图 1-18 所示,1975 年全世界 DRI 产量仅为 2.81Mt,1985 年为 11.17Mt,2000 年达 43.78Mt,2010 年为 70.28Mt,而 2021 年增至 119.16Mt。

由统计数据可知,直接还原铁生产仍然集中于中东、北非、亚太及拉丁美洲等天然气资源丰富的地区。值得注意的是,印度已成为世界直接还原铁产能和产量最大的国家,该国 2021 年 DRI/HBI 产量为 39.11Mt。自 2007 年开始,印度新建的直接还原铁生产装置正迅速增加,2007 年底,世界上第一座以煤制合成气为还原气的竖炉直接还原厂已在印度 Raigad 投产,设计产量为 1.7Mt/a。

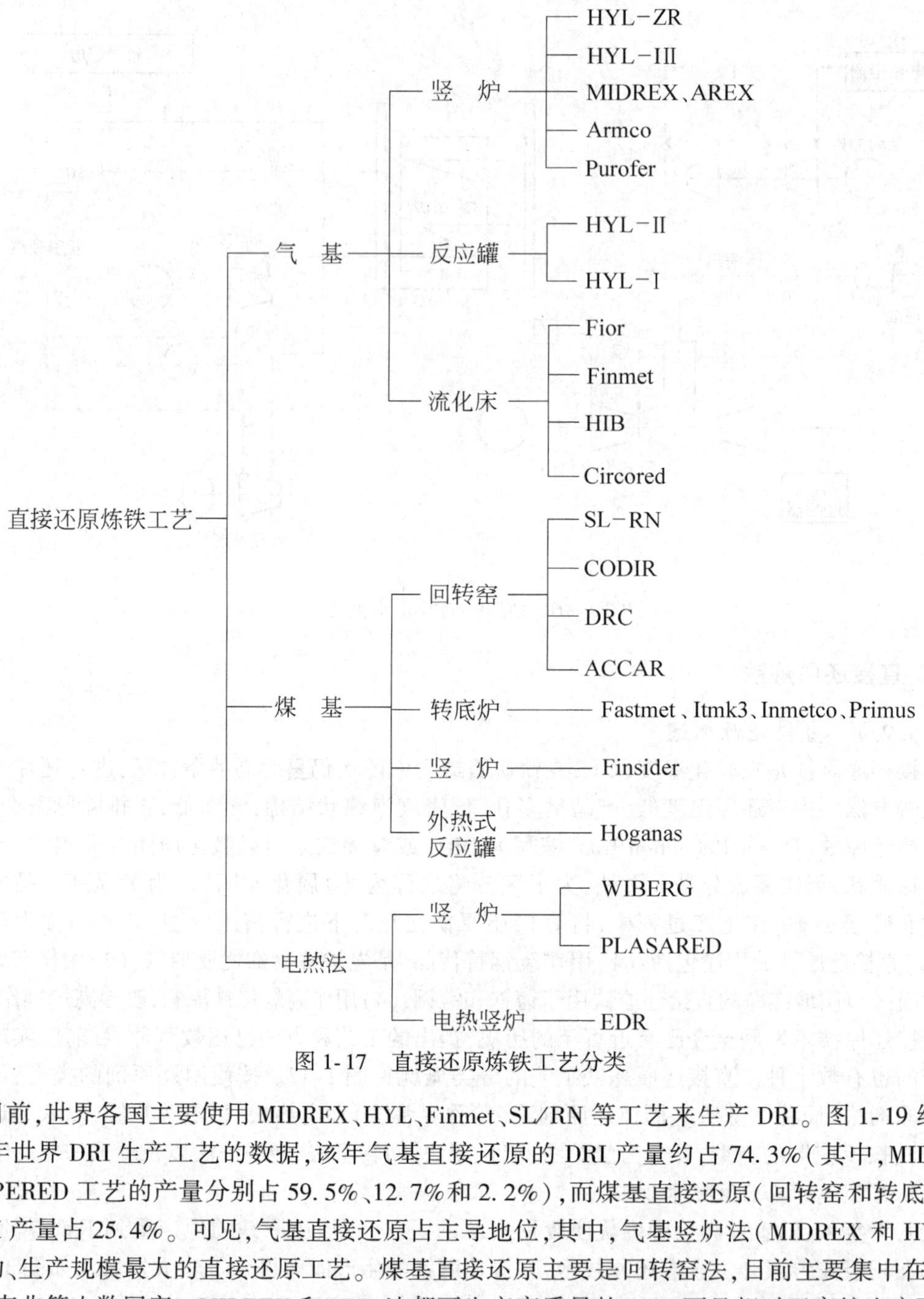

图 1-17　直接还原炼铁工艺分类

目前，世界各国主要使用 MIDREX、HYL、Finmet、SL/RN 等工艺来生产 DRI。图 1-19 给出了 2008 年世界 DRI 生产工艺的数据，该年气基直接还原的 DRI 产量约占 74.3%（其中，MIDREX、HYL、PERED 工艺的产量分别占 59.5%、12.7%和 2.2%），而煤基直接还原（回转窑和转底炉等）的 DRI 产量占 25.4%。可见，气基直接还原占主导地位，其中，气基竖炉法（MIDREX 和 HYL）是最成功、生产规模最大的直接还原工艺。煤基直接还原主要是回转窑法，目前主要集中在我国、印度、南非等少数国家。MIDREX 和 HYL 法都可生产高质量的 DRI，而且相对于高炉生产更能满足环保的要求，但均需采用天然气作为还原剂。由于天然气资源有限，分布比较集中，价格昂贵，故近年来 MIDREX 和 HYL 法的发展速度趋缓，而煤基法产量则相对有所增加。2021 年，煤基直接还原的 DRI 产量在总产量中所占的比例明显上升，增加到 25.4%（2004 年占 12.1%）。

A　气基直接还原

气基直接还原工艺可进一步细分为使用球团矿或者块矿的工艺和使用铁矿粉的工艺。

使用球团矿或者块矿的气基直接还原工艺有竖炉法（MIDREX、AREX、HYL-Ⅲ、HYL-ZR）和

世界直接还原铁产量(Mt)

年份	总产量	年份	总产量	年份	CDRI	HBI	HDRI	总产量
1970	0.79	1989	15.63	2008	55.52	8.19	4.24	67.95
1971	0.95	1990	17.68	2009	52.54	6.93	4.86	64.33
1972	1.39	1991	19.32	2010	56.60	7.21	6.47	70.28
1973	1.90	1992	20.51	2011	59.41	7.60	6.20	73.21
1974	2.72	1993	23.65	2012	59.51	7.90	5.73	73.14
1975	2.81	1994	27.37	2013	62.50	6.17	6.25	74.92
1976	3.02	1995	30.67	2014	62.41	5.17	7.01	74.59
1977	3.52	1996	33.30	2015	58.43	5.66	8.55	72.64
1978	5.00	1997	36.19	2016	57.74	5.29	9.73	72.76
1979	6.64	1998	36.96	2017	67.88	8.16	11.06	87.10
1980	7.14	1999	38.60	2018	80.55	9.03	11.16	100.73
1981	7.92	2000	43.78	2019	87.16	9.67	11.27	108.10
1982	7.28	2001	40.32	2020	83.95	9.51(修)	11.38	104.84(修)
1983	7.90	2002	45.08	2021	94.97	10.39	13.79	119.16
1984	9.34	2003	49.45					
1985	11.17	2004	54.60					
1986	12.53	2005	56.87					
1987	13.52	2006	59.70					
1988	14.09	2007	67.12					

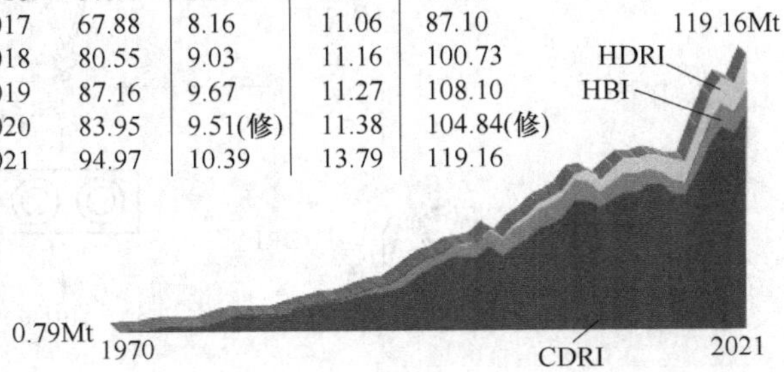

图 1-18 世界直接还原铁产量的变化

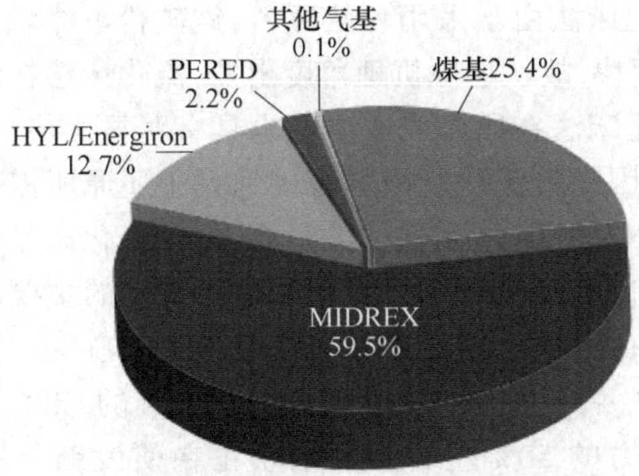

全世界总产量：119.2Mt

年份	2019	2020	2021
MIDREX	60.5%	60.2%(修)	59.5%
HYL/Energiron	13.2%	12.4%	12.7%
PERED	2.1%	2.90%(估)	2.2%(估)
其他气基	0.2%	0.2%	0.1%
煤基	24.0%	24.3%(修)	25.4%

图 1-19 2021 年各直接还原工艺的 DRI 产量

罐式法(HYL-Ⅰ)。

MIDREX 和 HYL-Ⅲ均是成熟的工艺,在委内瑞拉、印度、加拿大、美国、伊朗、沙特阿拉伯等国已获得了工业化应用。MIDREX 生产厂有 33 家,1994 年以来投产的生产厂逐步大型化,每套设备产能大都在 1Mt/a 左右,但也已出现了产能超过 2Mt/a 的生产线。AREX 法属于 MIDREX 工艺的改进型,由委内瑞拉 Sidor 公司开发,该法不需要分离气体的重整炉,可使用天然气或燃油。另一个值得注意的气基直接还原技术进展是,MIDREX 公司将 MIDREX 直接还原与 COREX 熔融还原工艺有机结合,把 COREX 工艺产生的过剩煤气作为 MIDREX 工艺的还原气进行 DRI 生产,该工艺已在南非实现了工业化应用。

HYL-Ⅲ是墨西哥 Hylsa 公司基于 HYL-Ⅰ开发的高压逆流式移动床工艺,20 世纪 80 年代开始工业应用,全世界生产厂共 12 家,近年新投产的设备产能也约为 1Mt/a。另外,HYL 公司在 HYL-Ⅲ工艺的基础上新开发了 HYL-ZR 工艺,其工艺流程如图 1-20 所示。这是一项可直接以焦炉煤气、合成气、煤制气为还原气的竖炉直接还原技术,为天然气资源不足的地区使用天然气以外的能源发展气基直接还原炼铁开辟了新途径。

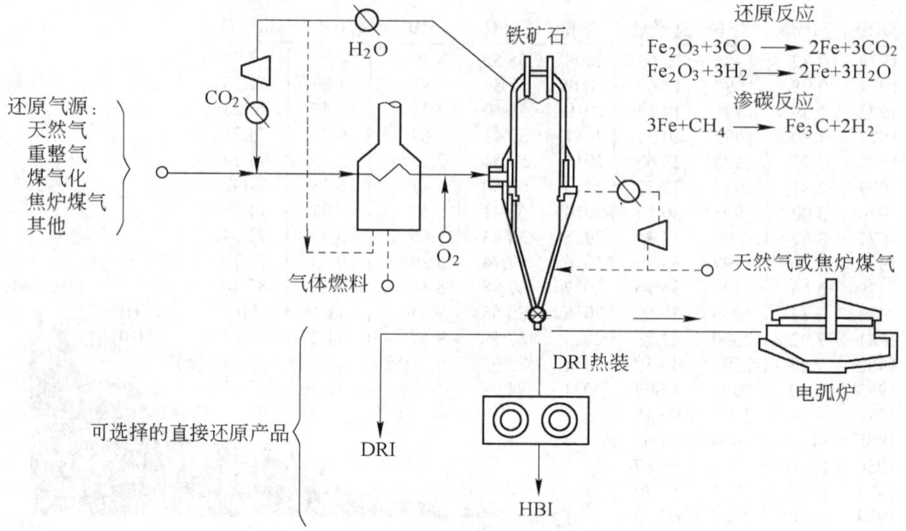

图 1-20　HYL-ZR 工艺流程

气基粉矿直接还原一般都采用流化床工艺。流化床法由于采用粉状原料，铁矿粉单体颗粒在高温还原气流中进行还原，粉矿不必造块，还原速度快，故从还原机理角度出发，流化床法在气基法中是最为合理的；与使用块矿和球团矿相比，流化床法在原料成本方面也具有明显优势，因而该工艺一直备受关注。但生产实践表明，流化床法因物料流化所需气流量远大于还原所需气流量，造成还原气一次通过的利用率极低（约10%），气体循环所消耗的能量高；由于流化床是全混床，物料的还原程度极不均匀；此外，"失流"及黏结问题一直是困扰流化床生产稳定的主要原因，至今未得到有效解决。因此，目前基于流化床法在世界上建成的生产厂中，只有 Finmet 法（委内瑞拉 Matazas 的 Orinoco Iron 公司）和 Circored 法（特里尼达与多巴哥 Point Lisas 的 Cliffs & Associates 公司）在生产，实际产量仅为设计生产能力的50%左右。奥钢联正在研发新一代 Finmet 工艺，产能达 1.1Mt/a。

综上所述，气基直接还原法中已获得广泛应用或影响较大的主要工艺有 MIDREX、HYL-Ⅲ和 Finmet。目前，这三种工艺逐步向扩大生产规模和降低成本方向发展。

B　煤基直接还原

煤基直接还原工艺中，只有回转窑法拥有可观的生产能力，其中最具代表性的是 SL/RN 法。但煤基回转窑法存在以下缺点：原料要求高，易结圈，单机生产能力小（小于 0.15Mt/a），占地面积大，运行成本和能耗高。故回转窑法仅是适合于中小型直接还原铁生产的方法，依靠回转窑法发展直接还原铁生产，产能和产量均难以迅速扩大。

转底炉煤基直接还原（Fastmet、Inmetco、Itmk3 等）的工艺原理如图 1-21 所示。该工艺采用含碳球团（含铁原料与还原剂混合造球，然后压块）作为原料，具有还原速度快、原燃料来源广泛、对原料的要求低等特点，一直被人们所重视。代表性的转底炉煤基直接还原工艺或装置有：(1)由日本神户制钢和 MIDREX 公司合作开发的 Fastmet 工艺（将铁矿粉和煤粉混合后造球，在1250~1300℃下进行还原，炉料停留时间约 8~30min）；(2)新日铁光厂建设的 DRyIron 设备；(3)在美国 EllwoodCity 建成的 Inmetco 和 RedSmelt 工艺；(4)在卢森堡 Differdange 建设的 Primus 装置等。目前，已投产的转底炉煤基直接还原厂的生产规模都不大，而且大部分用于处理含铁废料。迄今为止,还没有一个生产炼钢用 DRI 的工业化转底炉装置投入正常生产。

总体上讲,转底炉工艺存在以下缺点:(1)产品含铁品位低(全铁含量小于 85%),含硫高(约 0.1%~0.2%),难以直接用于炼钢生产;另外,若用于高炉炼铁,其给生铁成本带来的影响及经济合理性还有待生产的验证。(2)铁精矿粉在加入大量疏水性的煤粉(煤粉体积约为40%~50%)后,铁精矿与还原剂混合造球困难,含碳球团的强度难以满足工艺的需要。(3)转底炉的加热完全依靠辐射传热,燃烧火焰及燃烧废气完全不能接触到含碳团块的料层,传热效率低。(4)尾气显热及化学热的回收设备复杂,总的热效率难以提高。(5)装备类似于环形加热炉,结构复杂,设备运转部件庞大,运行维护难度大,投资和运行成本高。(6)生产的控制要求较高,目前生产的稳定性(包括产品质量以及设备运行情况)未达到预期水平。

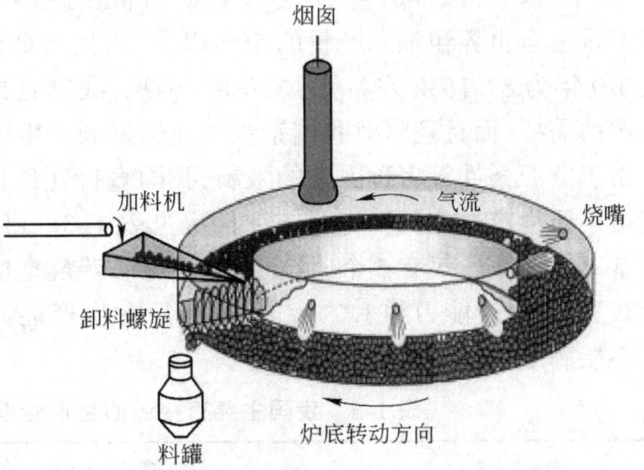

图 1-21 转底炉煤基直接还原的工艺原理

除上述气基和煤基两类方法外,直接还原铁工艺还包括电热直接还原,由于该法需消耗大量的电力,目前都已停产。

1.5.2.3 我国发展直接还原的意义和现状

发展直接还原对我国钢铁产业乃至国民经济的发展具有重要意义,主要体现在:

(1)废钢资源是影响我国钢铁工业发展、降低吨钢能耗、调整钢铁产品结构的重要因素。我国自产废钢在短时期内无法满足钢铁生产的需要,进口废钢不仅价格昂贵,其数量和质量均难以满足生产的需要。发展直接还原炼铁工艺,以直接还原铁替代废钢,是解决我国废钢供应不足的最佳途径。

(2)我国钢铁生产主要采用传统的高炉-转炉流程,电炉钢产量仅占粗钢总产量的 15%。为了改善钢铁生产的能源结构,摆脱焦煤资源对钢铁生产发展的羁绊,发展直接还原炼铁工艺是重要途径之一。

(3)钢铁产品的升级换代和产品结构的调整需要纯净的铁源材料,直接还原铁是生产优质钢、纯净钢的重要原料。

(4)装备制造业急需优质纯净钢的铸锻件坯料,优质纯净钢的铸锻件坯料生产和供应不足是影响我国装备制造业快速发展的重要因素。发展直接还原炼铁工艺,以直接还原铁为原料生产优质纯净钢铸锻件坯料,将有效促进我国装备制造业的发展。

(5)发展直接还原铁是实现钢铁工业节能减排的重要途径。

长期以来,我国在直接还原炼铁领域进行了大量的研发工作和生产实践。但我国的直接还原在很长时间内仅以利用当地资源、建设地方小型钢铁生产线为目的,未能实现大规模和全局性的发展;同时,由于我国电炉钢产量和吨钢生产消耗的废钢量均远低于世界平均水平,故过去废钢的短缺对我国钢铁生产和钢铁工业发展的压力及影响尚未明显显现。但随着我国钢铁工业的快速发展,废钢的短缺逐渐成为影响我国钢铁产业良性发展的重要因素之一。据预测,到2020~2025 年,我国废钢自产量仍不能满足钢铁生产的需求,仍需进口废钢。作为优质废钢的替代品,直接还原铁的生产日益凸现其重要性。

2002 年,我国直接还原铁的产量为 0.35Mt,2003 年约为 0.42Mt,2004 年约 0.55Mt,2005 年和 2006 年约 0.6Mt,2007 年,由于受铁矿石价格的影响,产量下降到 0.5Mt 以下。近年来,我国粗钢产量占全世界粗钢总产量的 55%以上,而我国直接还原铁产量还不足世界直接还原铁总产量(2019 年为 87.16Mt 左右)的 3.0%。可见,我国直接还原铁的自产量不仅远不能满足国内钢铁生产的需要,而且还将对我国钢铁工业的发展产生深远的不良影响。

由于资源条件等多种因素的限制,我国直接还原的发展主要集中在煤基直接还原方面。我国直接还原生产企业的不完全统计情况见表 1-3。目前,我国已建成的生产能力大于 0.05Mt/a 的煤基直接还原厂仅有 5 个,且全部为煤基回转窑直接还原铁厂,其余的 100 多个厂均采用隧道窑罐式法,总生产能力约 1.2Mt/a。这些厂在生产能力、装备水平、能耗水平及环境保护等方面都远不能满足钢铁工业发展的需要。

表 1-3　我国主要直接还原生产企业的情况(截至 2021 年)

企　业	生产工艺	生产能力/$Mt \cdot a^{-1}$	生产情况
新疆富蕴金山矿冶公司	链算机-回转窑	0.15	停产
天津钢管公司还原铁厂	DRC 回转窑	0.15	停产
密云冶金矿山公司威克还原铁厂	链算机-回转窑	0.062	停产
鲁中冶金矿山公司	由冷固结球团-回转窑 改为链算机-回转窑	0.05	停产
辽宁喀左海绵铁冶炼厂	链算机-回转窑	0.025	停产
吉林复森海绵铁公司	钢反应罐-斜坡炉	0.025	2002 年生产
福建大田海绵铁公司	SiC 反应罐-隧道窑	0.05	连续生产
河北东瀛海绵铁厂	黏土反应罐-隧道窑	0.01	生产
吉林桦甸海绵铁厂	氧化球团-回转窑二步法	0.025	已停建
山西翼城明亮钢铁厂	转底炉	0.10	停产整顿中
山东莱芜粉末冶金厂	黏土反应罐-隧道窑	0.007	以生产粉末冶金为主

国内的煤基回转窑直接还原企业主要有新疆富蕴金山矿冶公司(0.15Mt/a,1 座链算机-回转窑,计划再建 1 座)、天津钢管公司还原铁厂(0.15Mt/a,2 座 DRC 回转窑)、鲁中冶金矿山公司(0.05Mt/a,1 座,先为冷固结球团回转窑,后改为链算机-回转窑)、密云冶金矿山公司威克还原铁厂(0.062Mt/a,1 座链算机-回转窑)、辽宁喀左海绵铁冶炼厂(0.025Mt/a,1 座链算机-回转窑)。我国对回转窑直接还原技术进行了多年的基础研究和工业实践,为回转窑直接还原技术的发展做出了积极贡献。天津钢管公司还原铁厂通过对进口设备和工艺进行大规模改造、优化原料、加强生产管理等措施,回转窑生产达到了同类设备的世界先进水平,设备作业率已超过 95%,连续作业超过 180d,煤耗约 900kg/t,金属化率月平均值为 93.1%,月产 DRI 量超过 0.015Mt,产量超过设计能力的 20%,废气用于发电,使生产能耗大幅下降,满足了参与国内外直接还原产品市场竞争的基本条件。鲁中冶金矿山公司球团厂利用回转窑废气发电,平均每吨直接还原铁可发电 220kW · h,单位产品能耗及成本明显下降。北京密云直接还原厂的链算机-回转窑曾实现连续稳定生产,设备作业率超过 95%,连续作业时间超过 150d,煤耗约 850kg/t,产量已超过设计

产能的30%,2004年DRI产量达到0.092Mt。然而,目前我国煤基回转窑直接还原处于一个比较困难的发展阶段,生产过程中面临的最大问题是,如何保证优质原料的长期稳定供应以及提高设备的作业率。由于诸多方面的原因,密云冶金矿山公司、鲁中冶金矿山公司、辽宁喀左海绵铁冶炼厂的回转窑被迫拆除或停产,甚至新疆富蕴金山矿冶公司和天津钢管公司还原铁厂在2008年也未能实现连续生产。因此,许多人认为回转窑不应该成为我国发展直接还原铁生产的主流方向。

我国的隧道窑罐式法获得了一定的进步,通过改变还原罐的材质(碳化硅、耐热钢)、以煤气替代手烧煤等技术措施,使燃料消耗大幅下降,单机产量显著提高,污染情况得以明显改善。目前,单窑产能达到0.025Mt/a,总煤耗降至950~1200kg/t,有些产品质量达到了国际市场DRI的水平(全铁含量大于92%,金属化率大于92%,含硫量小于0.03%)。但大多数隧道窑直接还原厂没有自己的矿山,原料来源不稳定,产品质量得不到保证,生产规模过小,产品销售渠道不畅,因此,维持常年连续生产比较困难。

我国较早就对含碳球团快速还原工艺(转底炉及相似的连续炉)进行了开发研究,先后在河南舞阳钢铁公司、鞍山汤岗子、河北遵化石人沟铁矿、山西翼城钢铁厂、河南巩义、四川等地建成了数座0.03~0.10Mt/a的试验装置,但试验结果均未达到预期效果,试验装置未能投入和维持正常生产。2006年,四川龙蟒集团在盐边建成年产0.15Mt含碳团块的预还原转底炉,采用蓄热式燃烧技术,以发生炉煤气为燃料,处理钒钛磁铁矿,进行铁、钒以及钛的综合回收。通过试生产,转底炉运转良好,为转底炉的发展带来了新的曙光。含碳团块由于快速还原的优势,给人们留下了诸多期盼,宝钢、沙钢、韶钢及永钢等企业均建有转底炉,运行效果较好,截至2020年底中国宝武已投建上海2座、湛江2座、马鞍山1座、韶关1座、武汉2座(在建),共计8座转底炉,拥有强大的钢铁企业固废资源处置能力,年处置的钢铁企业固废资源近175万吨。

在气基直接还原方面,我国早在20世纪70年代,先后在成都钢铁厂建成用天然气镍基催化剂催化裂解气为还原气的试验竖炉和在广东韶关钢铁厂建成以发生炉煤气为还原气的试验竖炉,并成功进行了试生产。随后,在广东佛山建成日产100tDRI的生产工厂,但因四川天然气资源供应不足和发生炉煤气制气的成本高等问题,均未投入正式生产,设备先后被拆除。

我国多个单位对流化床直接还原生产DRI进行了研究。原中科院化工冶金研究所在山东枣庄进行了日产1t级的工业试验;东北大学进行了流化床直接还原的试验研究,并在此基础上进行了利用钢铁生产的回收煤气生产碳化铁的开发研究,提出了使用流化床生产碳化铁的新工艺;原马鞍山钢铁学院等单位也进行过大量的实验室试验研究。

20世纪末前后,我国广泛开展了气基直接还原技术的开发研究,如陕西恒迪公司进行了煤制气-竖炉还原生产海绵铁的半工业化试验,并进行了0.10Mt/a海绵铁生产厂的筹建;宝钢进行了煤制气-竖炉直接还原的BL法工业性试验;山西开展了含碳球团-不裂解焦炉煤气竖炉生产海绵铁的试验研究,并将以焦炉煤气为原料生产直接还原铁列入该省的工业发展规划。我国焦炭的产量约占世界焦炭总产量的50%,出口量约占世界焦炭总贸易量的60%,经过焦炭工业的改造和整合,实现了焦炭生产的机械化和大型化。2020年山西中晋太行采用具有自主知识产权的CSDRI(气基竖炉直接还原)技术,将焦炉煤气中CH_4与CO_2进行重整反应,制取$CO+H_2$还原气,不需要消耗蒸汽/氧气,制成合格的还原气($CO+H_2$)≥90%,H_2与CO比值不小于1.8,利用该技术建成了一座30万吨DRI/年的PERED竖炉,预期吨铁碳排放可减少28%,该项目已开始热试。2019年河钢集团与意大利特诺恩集团并联手中冶京诚共同研发、建设全球首例120万吨规模的氢冶金示范工程。该工程采用意大利特诺恩集团的Energiron-ZR(零重整)技术。一期60万吨采用焦炉煤气做还原气,并于2021年底投产;二期60万吨将采用风能、太阳能等可再生能源进行电解水制氢做还原气。未来,河钢规划在宣化、唐山、邯郸等地建设总计年产 300 万吨的氢冶金项目。

煤制气技术的发展和成熟,为煤制气-竖炉直接还原生产 DRI 工艺的发展和工业化提供了新的机遇。墨西哥 HYL 公司认为,用煤制气(以氧气和水蒸气为氧化剂)完全可以满足 HYL 竖炉生产 DRI 的需要。辽宁海城东四型钢有限公司已计划采用 HYL-ZR 工艺(煤制气-竖炉直接还原)生产 DRI,建设一个 0.50Mt/a 的直接还原厂,与正在建设的电炉配套,生产优质精品特钢铸件和锻件。2021 年中国宝武在湛江钢铁启动建设 1 座百万吨级、具备全氢工艺试验条件的氢基竖炉直接还原示范工程,可按不同比例灵活使用焦炉煤气、天然气和氢气。该直接还原技术采用 HLY 希尔工艺,建设周期 2 年,预计 2023 年投产。

1.5.2.4　我国发展直接还原的问题和对策

当前,我国发展直接还原的主要问题和相应对策是:

(1)生产规模过小。到 2007 年底,我国直接还原铁企业(含建设中)的数量已累计超过 60 家(主要企业情况见表 1-3),基本上都是煤基直接还原厂,总产能仅约 0.8Mt/a。除天津钢管还原铁厂外,我国大多数直接还原铁厂的生产能力小于 0.05Mt/a,大于 0.05Mt/a 的仅有 4 家。由于生产规模过小,使得工厂的原燃料组织、产品销售以及环境保护等环节出现诸多问题,这些因素成为我国直接还原铁生产发展的重大障碍。

对于煤基直接还原法而言,单机生产能力通常都比较小。回转窑单机生产能力小于 0.15Mt/a;隧道窑反应罐法单机生产能力难以超过 0.03Mt/a;转底炉法单机生产能力预计可达 0.5Mt/a,但至今尚未实现正常工业化生产。因此,单纯依靠现有的煤基直接还原工艺来发展 DRI 生产和扩大生产规模,具有较大难度。

由于资源条件的局限,在今后一段时期内,煤仍将是中国直接还原铁生产的主要能源,但必须积极开发新的直接还原技术。因此,近年提出的煤制气-竖炉直接还原工艺,可以借鉴化工生产的煤制气技术以及气基直接还原竖炉的成熟技术,实现 DRI 生产的大型化,故备受关注,有望成为中国发展直接还原铁生产的主攻方向。

(2)缺乏稳定的原料供应渠道。直接还原铁生产必须使用高品质的原料,通常直接还原铁生产所用的含铁原料要求 $w(TFe)>68\%$,$w(SiO_2)<3.5\%$。然而,我国缺乏适合生产直接还原铁所用的高品位铁矿石资源,以进口块矿或球团为原料的企业需直接面对国际市场矿石价格不断上涨的挑战,这使得原料问题显得更加突出和严峻。原料供应渠道不畅、来源不稳是严重影响我国直接还原企业生产的又一重要原因。

因此,利用国内资源和铁矿精选技术,建立依靠国内资源、稳定畅通的原料供应渠道是我国发展直接还原铁工业的当务之急。

(3)气基直接还原受资源条件限制而发展缓慢。国外(印度、南非)的发展经验表明,利用气基竖炉法是迅速扩大 DRI 生产的有效途径。竖炉还原具有还原速度快、产品质量稳定、自动化程度高、单机产能大等优势。由于受到天然气资源的限制,我国气基直接还原的发展偏于缓慢,至今尚无生产性工厂。

随着我国天然气资源的开发、焦炭工业的改造整合、焦炉煤气的集中回收和再利用,我国一些地区具备了发展气基直接还原的适宜条件。同时,煤制气技术(包括以工业氧和水蒸气为氧化剂的煤制合成气、地下煤气化等)在国内化工行业的应用和发展日益成熟。因此,气基竖炉直接还原将成为中国今后发展直接还原铁生产的重要方向之一。

(4)缺乏统一规划,资金投入不足。我国钢铁工业的发展受到废钢和直接还原铁供应不足的困扰,但全国对直接还原的发展缺乏统一规划,而且资金投入不足,造成低水平、小规模的重复建设多,难以形成大型骨干型生产企业,这是我国直接还原发展的另一重要缺陷。

科学确立我国发展直接还原的整体规划、合理制订我国直接还原铁的质量标准和直接还原铁生产企业的准入标准、大力扶持大型骨干型 DRI 生产企业的建设是我国发展直接还原生产的重要途径。

1.5.2.5　MIDREX 直接还原工艺

MIDREX 工艺的标准流程见图 1-22。该工艺以天然气为原料气,天然气用炉顶煤气作转化剂。炉顶煤气经冷却净化后,取其 60%~70%用压缩机送入混合室与天然气按反应化学当量混合,再送入装有镍催化剂反应管的重整转化炉中。剩余的炉顶煤气用于重整转化炉的加热。重整转化炉的转化温度控制在 900~950℃。重整转化时,不另外加氧、空气或水蒸气,转化后的还原气温度为 850~900℃,H_2 和 CO 的含量约为 95%,直接进入竖炉。

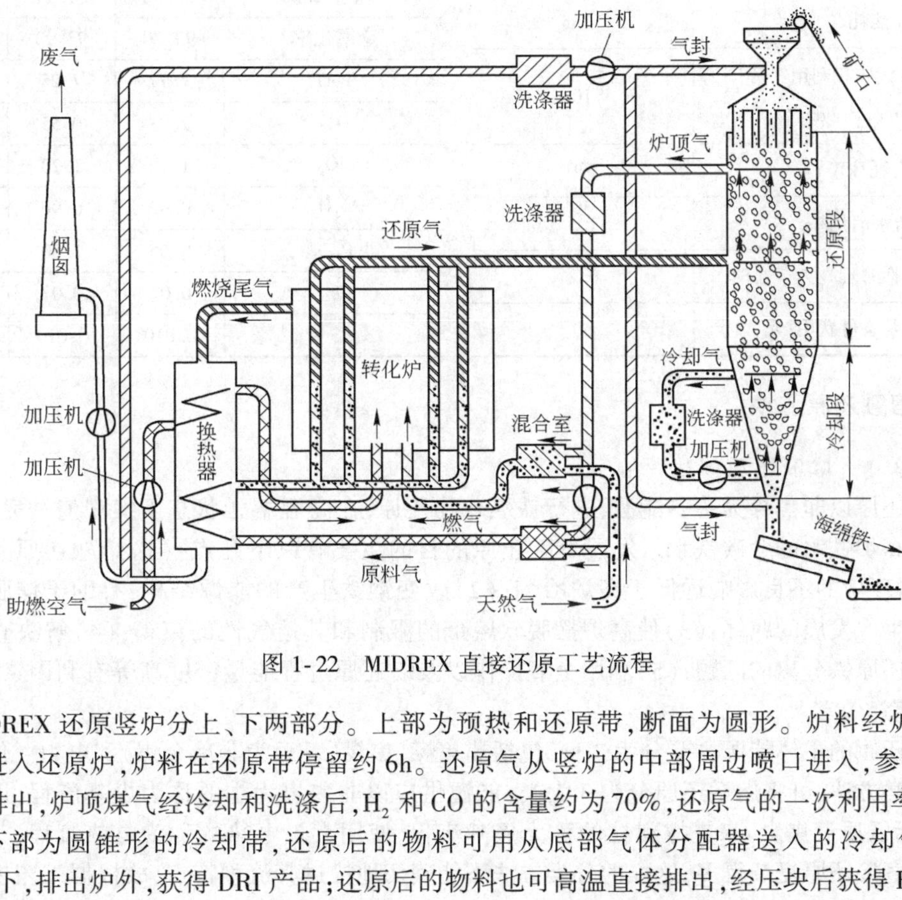

图 1-22　MIDREX 直接还原工艺流程

MIDREX 还原竖炉分上、下两部分。上部为预热和还原带,断面为圆形。炉料经炉顶料仓、下料管进入还原炉,炉料在还原带停留约 6h。还原气从竖炉的中部周边喷口进入,参加反应后从炉顶排出,炉顶煤气经冷却和洗涤后,H_2 和 CO 的含量约为 70%,还原气的一次利用率约 26%。竖炉的下部为圆锥形的冷却带,还原后的物料可用从底部气体分配器送入的冷却气冷却到 100℃以下,排出炉外,获得 DRI 产品;还原后的物料也可高温直接排出,经压块后获得 HBI 产品。冷却带下部装有控制排料速度的装置。冷却气由冷却带上部的集气管抽出炉外,经冷却和净化后重复利用。

MIDREX 工艺多使用球团和块矿混合炉料。一般要求为:球团中 9~16mm 粒级的占 95%,冷态抗压强度高于 2450N/个;块矿中 10~35mm 粒级的占 85%,具有较高的软化温度和中等还原性;混合料含铁品位要高,酸性脉石含量要低(不高于 3%~5%),CaO、MgO、TiO_2 以及 S 含量分别低于 2.5%、1.0%、0.15%和 0.008%。为放宽对矿石含硫的要求,MIDREX 法改用净化炉顶煤气作冷却气,在冷却海绵铁的同时又被热海绵铁脱硫,从冷却段排出后再作为裂化剂,这样,可容许使用含硫为 0.02%的铁矿石。

经过多年发展,MIDREX 开发者依据原燃料条件以及产品质量的要求,对工艺做出了适当调整,形成了冷却气大循环、附加热能回收系统、不同热压块系统等一系列革新技术,但 MIDREX 还原竖炉的形式基本不变。目前,MIDREX 直接还原工艺已形成单机产能分别为 0.3Mt/a、0.5Mt/a、0.75Mt/a、1Mt/a 和 1.5Mt/a 的系列,相应的竖炉还原带直径分别为 4.25m、5.0m、5.5m、6.5m 和 7.5m。

MIDREX 竖炉的生产指标见表 1-4,其产品的典型成分示于表 1-5 中。

表 1-4　MIDREX 工艺的生产指标(生产 1tDRI)

生产指标	数值
铁矿石与球团矿用量之比	1.5
能耗/GJ	10.5
竖炉有效容积利用系数/t·$(m^3·d)^{-1}$	10
电耗/kW·h	130
新水消耗/m^3	1.5
人力(包括管理)/人·小时	0.2
维修及备件费用/元	50

表 1-5　MIDREX 直接还原产品的典型成分

化学成分/%	工厂 1	工厂 2	工厂 3
TFe(全铁)	94.32	92.78	90.90
MFe(金属铁)	88.36	87.14	85.48
金属化率	93.70	93.90	94.00
FeO	7.77	7.25	7.08
C	1.01	0.55	1.87
SiO_2	1.10	1.20	4.32
Al_2O_3	0.62	0.90	0.47
CaO	0.65	1.60	0.38
P	0.03	0.07	0.01
S	0.010	0.010	0.003

1.5.3　熔融还原炼铁

1.5.3.1　熔融还原概述

熔融还原以非焦煤为主要能源,进行铁氧化物还原,在高温熔融状态下实现渣铁完全分离,得到类似高炉铁水的含碳铁水。发展熔融还原的目的主要有以下几点:(1)熔融还原生产时环境友好,对环境的不良影响远低于高炉冶炼;(2)改变钢铁生产的能源结构,有助于摆脱焦煤资源对钢铁生产发展的羁绊;(3)使高炉摆脱软熔带的限制和其透气性的束缚;(4)解决直接还原时脉石与还原铁分离的问题;(5)利用全氧操作以及终还原过程能量密度高等有利因素,进一步提高生产率。

熔融还原的主体能源主要分为 3 种,包括非焦煤、焦炭(一般为非冶金焦)和电力。仿照直接还原的分类方法,可将熔融还原分为 3 大类:能源供应以非焦煤为主的称为煤基流程,仍然需要焦炭(包括低质量焦炭)来支撑料柱的称为焦基流程,使用大量电热的称为电热流程。但是,熔融还原比直接还原复杂得多,这样的分类方法不能确切地描述其流程特点,故根据工艺模式将熔融还原划分为四大类:三段式、二段式、一段式和电热法,如图 1-23 所示。

三段式熔融还原流程可分为还原和熔炼造气两大部分。还原部分就是还原段;熔炼造气部分在同一个设备中则包含熔炼造气段和煤气转化段。其构造特点是熔池上方存在一个含碳料层,如竖炉中的焦炭柱和煤炭流化床中的煤炭固定床。在含碳料层中,可利用煤气过剩物理热完成 CO_2 和 H_2O 向 CO 和 H_2 的转化过程。

二段式也由还原和熔炼造气两部分组成,因此又与三段式统称为二步法。二段式与三段式的主要区别是熔炼造气炉中,熔池上方不存在含碳料层。

一段式流程只有熔炼段,没有还原段。现代化的一段式流程和二段式流程均采用铁浴炉熔

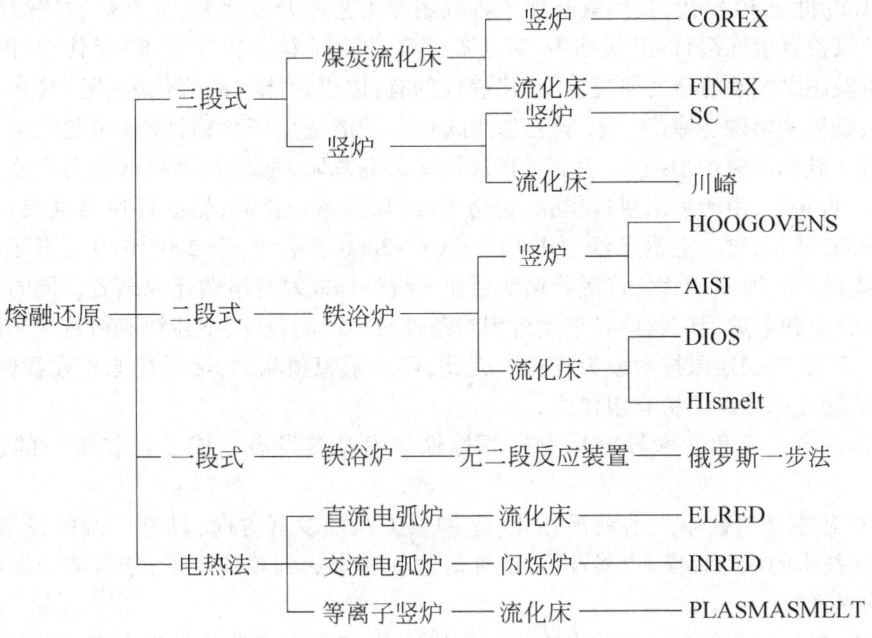

图 1-23　熔融还原工艺分类

炼设备,因此二者又统称为铁浴法。

三段式由煤基流程和焦基流程组成,二段式和一段式则由煤基流程组成,以上 3 种类型有时又被称为氧煤流程,而电热法则被称为电煤流程。

1.5.3.2　熔融还原现状

从 20 世纪 80 年代初以来,数十种熔融还原工艺,如以煤为主要能源,以工业氧或富氧空气为原始反应介质进行还原和熔化的氧煤工艺(COREX、DIOS、HIsmelt、ROMELT、川崎法等);以煤为还原剂,以电为主要热源的电煤工艺(INRED、ELRED、PLASMASMELT 等)通过了工业或半工业性试验。国内外众多钢铁企业和研究机构纷纷投入大量人力和物力,进行熔融还原的研究开发,在学术论坛上形成强大的"熔融还原风暴",许多专业人士甚至兴奋地预言"熔融还原将给钢铁工业带来革命性的改变","钢铁工业技术的革命"开始了。人们对熔融还原改变钢铁生产面貌、促进钢铁工业的良性发展报以极大的期待。

然而,经过多年的实践和发展,在数十种通过工业试验验证的熔融还原工艺中,只有奥钢联开发的 COREX 工艺实现了工业化生产。而且,自 1989 年 11 月第一台 COREX 装置投入生产到现在,仅仅有 5 台 COREX 装置在运行中,年产铁水 400 余万吨,不足全世界生铁总产量的 1.0%。其他的熔融还原工艺均未进入工业化生产阶段,许多研究进入"休眠状态"。在日本政府相关部门的组织和资助下,日本铁钢联盟执行的 DIOS 熔融还原工艺的研发工作已陷于停顿。美国、北欧一些国家开发的熔融还原工艺也终止了研究。FINEX 是 COREX 的改进工艺,采用流化床预还原,直接使用粉矿,目前,FINEX 试验正在进行中,与商业化还有一段距离。另外,HIsmelt 是具有预还原的类似转炉的熔融还原装置,试验正在进行中,尚未取得明确结果。Ausmelt 等一步法直接使用矿石、氧气和煤,存在以下致命问题:熔融还原的高 FeO 含量渣对炉衬侵蚀严重,耐火材料成本高;熔融还原产生的大量高温还原煤气不能高效再使用于还原本身,热能利用率低,能耗高;成本居高不下,故目前一步法已基本上不被采用。

减轻钢铁生产对环境的压力,改善钢铁生产的能源结构,节约能源是我国发展熔融还原的主要动力。自20世纪50年代,我国就开展了熔融还原工艺的开发研究,如转炉铁浴熔融还原(当时称为转炉煤粉直接炼钢)的开发研究,并进行了工业性试验。20世纪80年代,我国与世界同步进行了熔融还原技术的开发研究,具有代表性的有:以煤为能源的流化床-竖炉(东北大学,实验室研究);铁浴法熔融还原(首钢,半工业性试验);铁浴法生产含铬铁水(东北大学和唐钢,工业性试验);含碳球团竖炉预还原-竖炉(北京钢铁研究总院、东北大学和承德钢铁公司等,半工业性试验)。近年来,由于焦炭供应紧张,价格上涨,环保意识提高,熔融还原再次成为新世纪钢铁工业发展的热门话题。宝钢已经引进 COREX C-3000 型装置,于2005年9月开工建设,2007年11月正式投产。沙钢、莱钢、首钢等钢铁企业纷纷计划或筹建熔融还原装置。同时,国内其他中小型钢铁企业和电炉钢厂亟待寻求摆脱焦炭条件对生产的羁绊、不建精矿粉造块车间、投资省的钢铁生产工艺,熔融还原技术成为首选。因此,可以乐观预测到,熔融还原将在我国获得快速发展,一批熔融还原炼铁厂将有望建成。

目前,国内产业界和学术界对熔融还原炼铁技术及其发展达成了比较统一的认识,具体包括:

(1)熔融还原是钢铁生产的前沿技术,是钢铁工业的发展方向,具有广阔的发展前景。当前,熔融还原技术的成熟程度、可靠性、经济性等方面还未达到预期水平,还有待开发和研究,应在实践中积累经验。

(2)COREX 是当前熔融还原技术中最成熟的技术,已实现工业化生产多年,但该工艺对原燃料的要求苛刻、投资高等问题限制了其快速发展。开发低成本的型煤、冷固结球团等技术将大大地提高其竞争力。

(3)FINEX 是 COREX 技术的进一步发展方向,目前仍处于研发时期,还没有生产经验可以借鉴,采用该技术建设生产性装置还有一定的技术风险。如果 FINEX 技术进一步成熟,将来可能取代 COREX 工艺。因此,在选择熔融还原工艺时,应为采用该技术留有改造发展的空间。

(4)与传统的高炉炼铁相比,熔融还原的最大优势是环境友好。若要使高炉达到与熔融还原相同的环保水平,巨大的投入和消耗将使高炉的优势丧失殆尽。因此,发展熔融还原的主要动力仍是可以大幅减轻钢铁生产的环保压力。

(5)目前,熔融还原的能耗、投资、运行的稳定性、作业率等方面还不能与传统高炉冶炼相比。当前,选择熔融还原的着眼点应当是保护环境和改善钢铁生产结构。

1.5.3.3 COREX 熔融还原工艺

COREX 熔融还原工艺是由奥钢联(VAI)开发的,是以非焦煤为能源,以块矿或球团为原料,采用竖炉作为预还原反应器,采用半焦填充床或半焦浮动床作为终还原和熔融造气装置的一种铁水生产工艺方法,所得铁水的成分与高炉铁水相似。

COREX 熔融还原工艺流程如图1-24所示。COREX 熔融还原炼铁过程在两个反应器中完成,即在上部的预还原竖炉内,将铁矿石还原成金属化率为92%~93%的海绵铁;而在下部的熔融气化炉内,将海绵铁熔炼成铁水,同时产生还原煤气。

COREX 预还原竖炉采用高架式结构,使用天然块矿和球团矿等块状含铁料,燃料为非焦煤。矿石按预定料批装入预还原竖炉,在下降运动中被逆向流动的还原气体预热和还原,降至竖炉底部时,成为金属化率大于90%的海绵铁,温度为800~900℃。

海绵铁和熔剂(石灰石、白云石)通过海绵铁螺旋加料器加入位于预还原竖炉下部的熔融气化炉中。COREX 工艺的熔融气化炉有两个作用,即熔化预还原矿石和产生预还原竖炉所需的还原气。块煤借助螺旋加料器加到熔融气化炉上部,挥发分在1100~1150℃高温下干馏脱气,然后成为半焦或者焦炭,在熔融气化炉底部形成风口带固定床。氧气自炉缸上部鼓入,使焦炭燃烧产

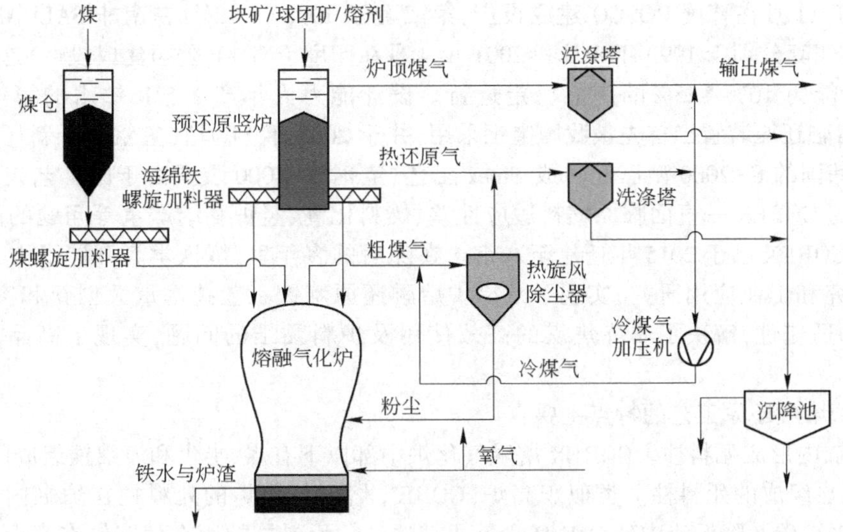

图 1-24 COREX 熔融还原工艺流程

生高温煤气，再与煤干馏裂解气体汇合，形成 CO 与 H_2 总含量为 95%左右的高温优质还原气。海绵铁在熔融气化炉内经历进一步还原、熔化、渗碳等反应过程。随铁矿石一起加入的熔剂在熔融气化炉中进一步分解，实现造渣、脱硫等功能，形成的熔渣及铁水性质类似于高炉，积存于炉缸内，定期从铁口和渣口放出。

还原气自熔融气化炉排出后，冷却至 850℃ 左右后进行除尘。大部分粉尘在热风旋风除尘器内与气流分离，然后被返吹入熔融气化炉，加以循环使用。从热风旋风除尘器出来的净煤气通过环形围管被送入预还原竖炉，逆流穿过下降的矿石层，自预还原竖炉炉顶排出，经清洗后再与未进入还原竖炉的富余煤气汇成具有中等热值的净煤气，利用于其他工序。

为使 COREX 铁水成分满足炼钢要求，需按造渣成分和碱度要求，在预还原竖炉中加入适量石灰石、白云石和硅石等熔剂，以使碳酸盐的预热和部分分解过程在预还原竖炉内完成，然后再随海绵铁一起加入熔融气化炉。

从本质上讲，COREX 熔融还原工艺仍遵循了古老的炼铁法则，即先还原后熔化，借鉴了气基竖炉海绵铁生产、氧煤加压气化和高炉炉缸等已有技术，并自行开发了高温煤气处理、固定床、粉尘返吹和海绵铁热态输送等新技术，在应用过程中将这些技术有机融合在一起。

从另一方面也可以说，COREX 工艺综合采用了成熟的气基竖炉法海绵铁生产技术和高炉炼铁技术，COREX 预还原竖炉相当于高炉的炉身中部和上部，熔融气化炉则相当于高炉的炉缸与炉腹部分并向上延伸，截去了高炉的炉身下部和炉腰部分，避免产生高炉内影响料柱透液性、透气性和气流分布的软熔带，为 COREX 工艺直接使用非炼焦煤进行炼铁生产创造了条件。

在 20 世纪 70 年代，由于天然气价格上涨，引发了以煤为能源基础的 COREX 熔融还原工艺的开发研究。1981 年，在德国克尔莱因进行了该工艺的中间试验，规模为 0.06Mt/a。1985 年，南非 ISCOR 公司与奥钢联签订合同，正式引进 COREX 工艺；1989 年 12 月，第 1 座 COREX 生产设备（C-1000 型，设计日产铁水 1000t，年产铁水 0.3Mt）在 ISCOR 公司比勒陀利亚厂运行投产，实际日产生铁 1050~1100t，渣量 400kg/t，消耗非焦煤 1050~1100kg/t（固定碳 630kg/t），平均氧耗

(标态)580m^3/t,该装置已于1997年因非工艺问题终止了生产运行。随后,第一套C-2000型装置于1995年11月在韩国POSCO建成投产,第二套于1998年12月在南非SALDANHA建成投产,第三、第四套分别于1999年8月和2001年4月在印度JINDAL公司建成投产,这些装置一直以高于设计能力10%~25%的产能稳定运行。设计能力为年产1.5Mt铁水的第一套COREX C-3000型熔融还原装置已首先被我国宝钢采用,并于2007年11月在宝钢罗泾新厂顺利投产运行。目前,韩国的C-2000型已经转成Finex工艺,宝钢C-3000装置由于原工艺技术的诸多限制,建成后的COREX一直面临原燃料适应性差、燃料比高、竖炉黏结严重等问题的困扰,1座停产,另1座COREX已于2015年迁建至八钢。在随后的多年里,炼铁学者开展了大量的基础研究、设计研究和工业应用研究,实现了欧冶炉熔融还原炼铁工艺技术重大创新和突破,拓展了含铁炉料的适应性,解决了非炼焦煤的高效使用及炉料黏结的问题,实现了高品质煤气增值利用。

COREX熔融还原工艺的特点主要有:

(1)炉缸内形成死料柱。COREX熔融气化炉中部以下有煤、半焦和海绵铁组成的料柱,下部有半焦和焦炭组成的死料柱。类似于高炉,COREX熔融气化炉的死料柱在炉缸内也起碳源作用,提供铁水渗碳及降低渣中残余FeO含量所需的碳。死料柱的存在使渣铁在高温区与焦炭的接触时间增加,铁水温度升高,从而为铁和硅的还原、渗碳、脱硫等反应的充分进行创造了有利条件。

(2)炉尘回收,返吹入熔融气化炉。煤在熔融气化炉内受热脱除挥发分的气化过程中,产生含碳粉尘,并被煤气带离气化炉。煤气经除尘,将还原气含尘量控制在一定范围内。回收的炉尘在熔融气化炉炉体的适当位置返吹入炉内,既可防止炉尘堆积,又可通过调节吹氧量,利用炉尘燃烧产生的热量将炉顶温度控制在1100℃左右,使该处气流中的焦油、苯等高分子碳氢化合物分解。所以,炉尘回收处理也是COREX工艺无污染操作技术之一。

(3)环境污染小。由于COREX工艺使用非焦煤炼铁,降低了焦炭的使用量,可减少或避免高污染的炼焦工序,工艺过程紧凑,环境友好。表1-6给出了COREX工艺与炼焦-高炉炼铁流程烟尘及污水排放物指标的对比。与传统炼铁工艺相比,COREX工艺在生产时,SO_2等硫化物的排放量减少80%~90%,NO_x减少95%~98%,这是COREX工艺最重要和最受关注的技术特征。

表1-6　COREX法与焦炉-高炉流程的排放物比较

排放物	欧洲焦炉-高炉流程 /kg·t^{-1}	ISCOR COREX实测 /kg·t^{-1}	COREX占传统流程的比例 /%
烟　尘	2.10	0.018	0.90
SO_2	3.30	0.250	0.80
NO_2	1.20	0.023	1.90
苯、酚类	0.08	0.0006	0.75
H_2S	0.06	未检出	未检出
氰化物	0.02	0.0005	2.50
NH_4	0.59	0.060	10.20

(4)粒度分布与煤气流控制。在预还原竖炉内,固体炉料与煤气向流运动,故保持料柱的一定孔隙率,可有效降低煤气流的压力损失,从而防止悬料,增加煤气流通量,使矿石得到充分还

原。为此,除严格控制矿石粒度和还原气含尘量外,还应尽量避免矿石在加热还原过程中产生碎裂和粉化。

(5)生产技术指标好。COREX 熔融气化炉和预还原竖炉都采用高压操作,压力为 400kPa 左右,铁水成分比较稳定且易控制。目前,COREX C-2000 型的作业率大于 94%,铁水含硫量低于 0.03%,含硅量在 0.4%~0.6%范围内。

(6)流程短、投资省、生产成本低。与焦炉-烧结-高炉工艺流程相比,COREX 熔融还原炼铁工序少,流程短,从矿石到炼出铁水仅需 10h,而高炉工艺则需要 25h。

以年产 1.5Mt 铁水为例,高炉流程和 COREX 流程的投资及定员情况见表 1-7。可见,高炉工艺的投资为 3307 元,而 COREX 工艺为 2699 元,投资降低 18.4%;另外,所需人员减少 56.5%。在印度 JINDAL 公司,COREX 工艺生产成本比常规高炉低 15%~25%,而铁水质量几乎相同。

表 1-7 高炉流程和 COREX 流程的投资及定员比较

炼铁流程	比较项目	焦炉	烧结	高炉	COREX	氧气站	合 计
高 炉	投资/元 · t^{-1}	1270	370	1667	—	—	3307
	定员/人	200	50	60	—	—	310
COREX	投资/元 · t^{-1}	—	—	—	2170	529	2699
	定员/人	—	—	—	120	15	135

(7)煤气的多级利用。COREX 装置在生产铁水的同时,还产生大量副产煤气,约 1750m^3/t。COREX 煤气的特性见表 1-8,其主要含有 CO、CO_2 和 H_2,杂质含量很低,纯净,发热值高。COREX 煤气可供发电、竖炉直接还原或企业煤气平衡使用,实现多级利用,主要用途包括:1)韩国 POSCO 公司和印度 JINDAL 公司均把 COREX 输出煤气用于发电,操作灵活,效果良好;2)COREX 工艺可与直接还原配合生产直接还原铁,形成 COREX-MIDREX 联合流程,生产质量较好的直接还原铁产品;3)COREX 煤气非常纯净,在钢铁厂可以用来加热多种设备,效果良好;4)高炉喷吹 COREX 煤气,可以替代焦炭、重油或天然气,降低高炉的燃料消耗,优化整个钢铁联合企业的煤气和能源状况,降低高炉炼铁的生产成本;5)将 COREX 煤气与现代化工催化技术有机结合,可生产清洁能源,促进钢铁工业的可持续发展。

表 1-8 COREX 装置输出煤气特性

项 目	煤气成分(摩尔分数)/%				发热值/kJ · m^{-3}
	CO	CO_2	H_2	CH_4	
数 值	35~40	35	15~20	1	7000

综上所述,COREX 工艺的优点可概括为:使用非焦煤;生产的铁水可用于氧气转炉炼钢;基建投资、生产成本、能耗等都低于传统高炉炼铁工艺;环境污染小;可生产优质高热值煤气,解决钢铁企业的煤气平衡问题。但是 COREX 工艺也存在许多不足或应改进之处,主要有:(1)对矿石的质量要求较为严格,必须使用球团矿、天然块矿和烧结矿等中等均匀粒度的块状原料,仍离不开造块过程,而且不能使用磷含量高的矿石。(2)COREX 工艺煤耗高,约为 950kg/t,且对煤质有较高要求,只适用挥发分在一定范围内的煤(干燥无灰基挥发分含量 $w(V)_{daf}<35\%$);另外,要求使用块煤也是一个潜在问题,需解决块煤在储运过程中所产生的粉煤的有效利用问题。(3)COREX煤气的综合利用决定着整个工艺的能耗及操作成本。只有实现煤气的高效利用,

COREX 工艺才会有较好的经济效益。(4)耗氧量大,约为 $580m^3/t$,故 COREX 设备要配套大型制氧机。一座 C-2000 型设备需要配置能力为 $7.6\times10^4 m^3/h$ 的制氧站,投资高。

在扩大生产能力的同时,为增强工艺的生命力和适应性,COREX 工艺进行了大量技术革新,主要有:

(1)直接使用粉矿。在 COREX 工艺基础上,韩国 POSCO 公司和奥钢联共同开发了粉矿熔融还原工艺(FINEX),直接使用粒度小于 8.0mm 的粉矿,入多级流化床进行预还原,还原后的粉矿经压块,再入熔融气化炉进行熔融还原。对于 FINEX 工艺,熔融气化炉的焦炭使用量大幅降低,甚至不用焦炭,而铁水质量等同于高炉或 COREX 工艺。POSCO 公司的 FINEX 工艺示范性工厂已经在 2003 年建成,目前仍在试运行中。

(2)综合利用工业废弃物。为了进一步降低操作成本,奥钢联对钢铁厂废弃物及回收材料、塑料和破碎轮胎(如含油铁鳞、容器结壳、钻屑、镗屑、碎轮胎、生物材料以及烟尘和泥渣)制成粒后,通过供煤系统直接加入 COREX 熔融气化炉的可能性进行了大量研究。

南非 SALDANHA 公司应用由奥钢联开发的烟尘和尘泥的粒化技术,将 COREX 烟尘、电炉烟尘、BF/BOF 尘泥、轧钢屑、矿粉与煤粉进行粒化,或用无机黏结剂将回收废弃物压块后直接加入还原竖炉。一座 COREX C-2000 型装置可处理一个生产能力为 3~4Mt/a 的钢铁厂所产生的废弃物。

1.6　现代炼钢工艺

高炉生产的生铁除含铁 93%~94%之外,还含有 6%~7%的杂质(其中以碳为主,其他为硅、锰、磷、硫等)。因此,高炉生铁性脆,不能进行锻造和轧制等机械加工。为此,通过氧化反应等途径去除杂质,同时提高温度,在熔融状态下高效精炼成达到目标成分和目标温度的钢液的过程,就是炼钢过程。如图 1-25 所示,现代炼钢过程采取的主要技术手段有供氧、造渣、升温、加脱氧剂和合金化操作。另外,在炼钢工序之前一般进行铁水的预处理操作,而在其后进行钢水的二次精炼,然后将成分和温度达到预定目标的合格钢水送往连铸工序。

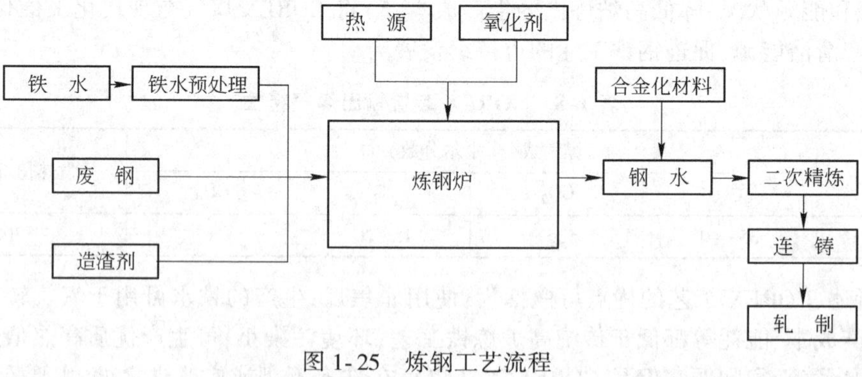

图 1-25　炼钢工艺流程

主流的现代炼钢方法主要包括电炉法和转炉法,其他曾使用过的炼钢工艺还有平炉法。表 1-9 给出了现代炼钢工艺的种类和基本技术特征。为了在熔融状态下对铁水进行吹炼,炼钢炉内需要保持一定的温度,而热源取决于炼钢方法。一般而言,电炉主要依靠电能,而转炉则利用氧化反应的化学热来提高钢水温度。

表 1-9　现代炼钢工艺的种类和技术特征

炼钢工艺	转　炉	电　炉
原　料	主要是铁水,少量废钢	主要是废钢,少量生铁
热　源	铁水物理热和氧化热	电能等
氧化剂	纯氧、空气	铁矿石、氧气
造渣剂	$CaCO_3$、CaO 等	$CaCO_3$、CaO、硅砂等
特　征	炼钢时间短,废钢使用量少	热效率高,钢中 P、S 含量低,成分调整容易
用　途	普通钢、低合金钢	合金钢、普通钢

炼钢的主原料是铁水、废钢以及生铁块等。造渣剂主要使用 $CaCO_3$、CaO 及 CaF_2 等,在冶炼过程中,对钢水进行脱 S 和脱 P。氧化剂主要有纯氧或空气以及块状优质铁矿石。电炉法主要使用铁矿石作为氧化剂,辅助性地使用纯氧;而转炉法主要使用纯氧或空气,辅助性地使用铁矿石。

图 1-26 给出了 1960 年以来世界范围内主要炼钢方法粗钢产量及其所占份额的变化。在世界范围内,高炉-转炉钢的产量总体呈持续增加趋势,电炉钢的增长也很明显,而平炉钢的份额逐渐萎缩。到 20 世纪末,转炉钢约占粗钢总产量的 70%,电炉钢占 30%,而平炉钢的比例可基本忽略不计。截至 2020 年,平炉法已被逐渐淘汰。

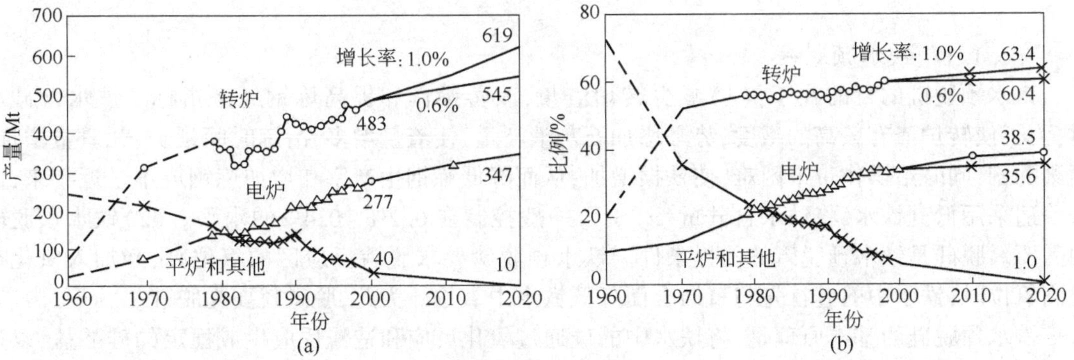

图 1-26　世界范围内主要炼钢法粗钢产量及其所占份额的变化

(a)产量;(b)产量所占份额

从 20 世纪 80 年代开始,各国都在积极研究开发炼钢新工艺和新设备,把炼钢工艺与热轧工艺有机结合起来,如连铸连轧、近终形连铸等技术。进入 21 世纪,平炉作为技术落后的炼钢装备将逐渐被淘汰,转炉成为炼钢的主要手段,电炉钢生产将继续发展,电炉与转炉在炼钢中的角色相互渗透、相互同化。现代炼钢技术将朝着强化冶炼、缩短出钢时间、提高转炉废钢比、节能降耗、提高钢水质量、降低成本等方向发展。

1.6.1　铁水预处理

铁水预处理是指在将铁水兑进炼钢炉之前,对其进行脱硅、脱硫以及脱磷,又称为铁水“三脱”。铁水“三脱”技术是 20 世纪 80 年代初由日本开发并加以工业应用的冶炼新工艺,是实现少渣炼钢、稳定和简化转炉操作、提高钢质量、扩大钢品种和优化炼钢工艺的重要手段。图 1-27 给出了某钢铁厂铁水预处理的工艺流程。

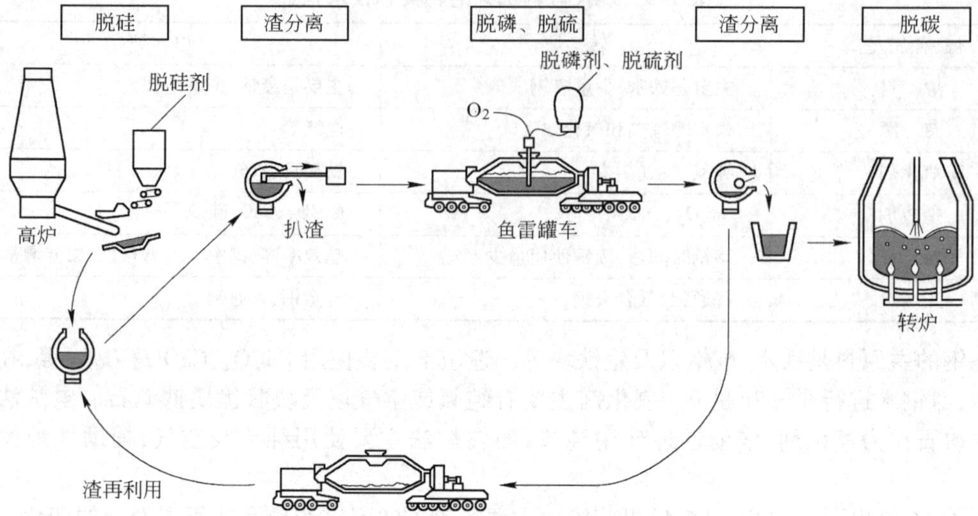

图 1-27　某钢铁厂铁水预处理的工艺流程

1.6.1.1　铁水预脱硅

铁水预脱硅的目的在于：(1)减少转炉渣量，改善操作和提高炼钢经济指标。铁水含硅高时，为了使转炉渣有较高的碱度，势必增加石灰消耗量，使渣量增多，冶炼时间延长，耗氧量增加，喷溅加剧，同时给操作带来困难，使铁损增加，从而降低炼钢生产率和增加炼钢成本。近年来，国外普遍采用低硅铁水，将铁水含硅量(w[Si])一般控制在 0.2%~0.4%的水平。(2)铁水预脱磷的需要。脱硅是铁水预脱磷的前提条件。铁水预脱磷要求脱磷反应区的氧位高，当加入氧化剂提高氧位时，铁水中的硅首先与氧结合而降低铁水中氧位。为此，脱磷就要先脱硅。

铁水预脱硅的基本原理是，将铁水中的硅通过氧化反应和造渣反应生成稳定的硅酸盐，以达到从铁水中去除的目的。铁水预脱硅材料的组成主要包括氧化剂(用于氧化铁水中的硅)、熔剂(与氧化物结合成稳定复杂的化合物)以及活化剂(促进氧化反应和造渣反应进行)。

铁水预脱硅的方法按处理地点，可分为高炉铁水沟脱硅法、混铁车或铁水罐脱硅法；按脱硅剂加入方式，又分为投放法、顶喷法和深喷法(喷枪深插到铁水中)。

高炉铁水沟脱硅法的脱硅效率一般为 70%左右，其优点是脱硅不占用生产流程时间，处理能力大，温度下降幅度较小，渣铁分离较方便；而缺点是脱硅剂利用率低，工作条件较差。

混铁车或铁水罐喷粉脱硅法的脱硅率可达 80%以上，优点是脱硅剂利用率高，处理能力大，工作条件较好；其缺点是需要占用一定时间和铁水温降较大。

影响脱硅的因素主要有脱硅剂单耗、铁水处理前含硅量、反应界面面积(即铁水与脱硅剂混合状态)、脱硅剂的种类和粒度等。根据炉前脱硅和铁水罐脱硅的生产数据，当温度在 1250~1450℃范围内时，温度变化对脱硅没有明显影响。

1.6.1.2　铁水预脱磷

铁水预脱磷的目的包括：(1)生产低磷钢(w[P]≤0.01%)和超低磷钢(w[P]≤0.005%)的需要。磷在钢中降低钢的冲击韧性，尤其是低温冲击韧性。另外，磷的枝晶偏析使板材产生带状组织，造成钢板各向异性。采用转炉多次造渣操作来脱磷，虽然有较好的脱磷效果，但存在渣料消耗大、冶炼时间长、热损失大、金属收得率低等问题。因此，铁水预脱磷是转炉生产低磷钢或超低磷钢的有效技术措施。(2)实现转炉少渣炼钢的需要。利用铁水温度比钢水低的有利条件，在铁水中预先完成脱硅、脱磷和脱硫,这样转炉就只承担脱碳和升温的任务。因此,铁水预脱磷是实现转炉少渣炼钢必不可少的关键技术之一。

铁水预脱磷的基本原理是,将铁水中的磷通过氧化反应和造渣反应生成稳定的磷酸盐,以达到从铁水中去除磷的目的。预脱磷材料的组成同样包括氧化剂、熔剂以及助熔剂和活化剂等。

根据所用容器的不同,预脱磷处理方法可分为两种:一种是在盛铁水的铁水包或鱼雷车中进行脱磷;另一种是在专用转炉内进行铁水脱磷预处理,这两种方法在工业上均得到了实际应用。

混铁车或铁水罐喷粉脱磷的优点主要有:价格便宜,原料来源广而且易得,对环境污染较小等。但由于脱磷过程温降大,故常用氧枪吹氧代替部分固体氧化剂,这样可使热量得到很大程度的补偿,同时也提高脱磷效果。

与在混铁车内或铁水包中进行的铁水预处理相比,在专用转炉内进行脱磷预处理的优点是:专用转炉的容积大,反应速度快,效率高,可节省造渣剂的用量,吹氧量较大时也不易发生严重的喷溅现象,有利于生产超低磷钢,尤其是中、高碳的超低磷钢。

在各工艺中,脱磷的操作条件因铁水的处理目标和初始条件而异,但应控制的操作条件主要有铁水初始硅含量、温度、氧化剂、渣碱度和脱磷剂用量等因素。

1.6.1.3 铁水预脱硫

由于转炉炼钢的整个冶炼过程均处于氧化性气氛,脱硫能力有限,因而铁水预脱硫被提出和应用,并获得了迅速发展。铁水预脱硫具有如下优点:(1)铁水中碳、硅含量高,提高了硫的反应能力,从而有利于脱硫;(2)铁水中氧含量低,提高了渣、铁之间的硫分配比,脱硫效率高;(3)铁水脱硫动力学条件好,脱硫剂利用率高,而且脱硫速度快;(4)铁水脱硫费用低,如高炉、转炉和炉外精炼每脱除 1kg 硫,其费用分别约为铁水预脱硫的 2.6 倍、16.9 倍和 6.1 倍;(5)铁水脱硫有利于提高炼铁和炼钢的生产能力、节约工序能耗和降低成本。

铁水预脱硫的方法主要有投入法、铁水容器转动搅拌法、采用搅拌器的机械搅拌法、喷吹法等,各自的工艺介绍及其利弊点为:(1)投入法。具有较好的脱硫效果,不需要特殊设备,操作简单。但该法脱硫效果不稳定,易产生烟气,污染环境。(2)铁水容器转动搅拌法。铁水搅拌可以扩大脱硫反应界面,加速反应物质的传输过程,从而提高脱硫反应速度。铁水容器转动搅拌法可分为转鼓法和摇包法,虽然脱硫效果好,但由于容器笨重使转动困难,动力消耗高,炉衬寿命低,因此未能广为应用。(3)采用搅拌器的机械搅拌法。典型的是带有十字形叶轮搅拌器的 KR 搅拌法,由于其搅拌能力强和脱硫前后充分扒渣,所以脱硫效率高,可将铁水硫含量脱至小于 0.002%。其缺点是设备比较复杂,铁水温度损失较大。(4)喷吹法。喷吹法是指使用喷枪,以气体为载体将脱硫粉剂喷吹到铁水深部以搅动铁水,使之与脱硫剂充分混合的脱硫方法。混铁车喷吹法分为斜插喷吹和顶喷的 TDS 脱硫法。另外,铁水罐顶喷脱硫法也广泛采用。喷吹脱硫法具有脱硫反应速度快、脱硫效率高、操作灵活方便、处理铁水量大、设备简单、投资少等优点,已成为铁水预脱硫的主要方法。

脱硫剂是决定脱硫效率和脱硫成本的主要因素之一。铁水脱硫常用的脱硫剂有电石粉、石灰粉、石灰石粉、苏打粉、金属镁等或以它们为主要成分的复合脱硫剂。

为了提高脱硫效果,必须控制好以下因素:(1)增大铁水中硫的活度系数。(2)降低铁水和渣中的氧活度。(3)适当增加脱硫剂用量可降低铁水中的硫含量,但必须根据钢种对含硫量的要求来确定,否则会因脱硫剂用量过多而增加生产费用。(4)控制好温度。升高温度对使用 CaO 脱硫有利;温度对 CaC_2 脱硫的影响比较复杂,从脱硫反应热力学来看,升高温度对使用 CaC_2 脱硫不利,但从动力学观点来看,升高温度能加速传质过程而有利于脱硫。因此在实际生产中,控制较高的铁水温度对 CaO 和 CaC_2 的脱硫效果都是有利的;控制适当低的铁水温度对 Na_2O 和 Mg

的脱硫效果有利，同时还可减少钠和镁的气化损失，有利于脱硫。(5)创造良好的脱硫反应动力学条件，即采用表面积大的粉剂、加强搅拌及提高温度等方法来增大脱硫剂与铁水的接触面积，加速反应界面的更新及加速传质。(6)保持界面的还原性气氛、避免高炉渣进入脱硫装置和及时扒除脱硫渣等措施都能有效提高铁水预脱硫效果。

随着连铸技术的发展和对低硫钢、超低硫钢需求的增加，铁水预脱硫技术将进一步发展。铁水预脱硫的发展趋势为：(1)采用全量铁水脱硫工艺；(2)铁水脱硫容器趋向于采用铁水包；(3)脱硫方法以喷粉脱硫为主；(4)脱硫剂多采用金属镁系；(5)改善预脱硫工艺的经济性和脱硫效率，扩展脱硫剂的适用范围；(6)提高工艺过程的自动化程度。

1.6.2　氧气转炉炼钢

1.6.2.1　转炉炼钢概述

转炉炼钢法就是指使用鸭梨形的转炉，以铁水和废钢为原料，以空气或者纯氧为氧化剂，依靠炉内氧化反应热来提高钢水温度，进行快速炼钢的方法。

图 1-28 给出了转炉炼钢法的发展历史。其中，1952 年奥地利的 Linz 钢厂和 Donawitz 钢厂成功开发和应用 LD 氧气顶吹转炉炼钢法，改变了过去从转炉底部向炉中吹入空气炼钢的老方法，取而代之的是从转炉顶部将高压氧通过水冷喷枪，以超声速直接喷入熔池进行炼钢。LD 炼钢法具有生产效率高、建设投资少、钢水质量好、生产成本低等优点，一经出现就迅速在世界范围内推广，对炼钢生产的飞跃性发展起到了决定性作用。

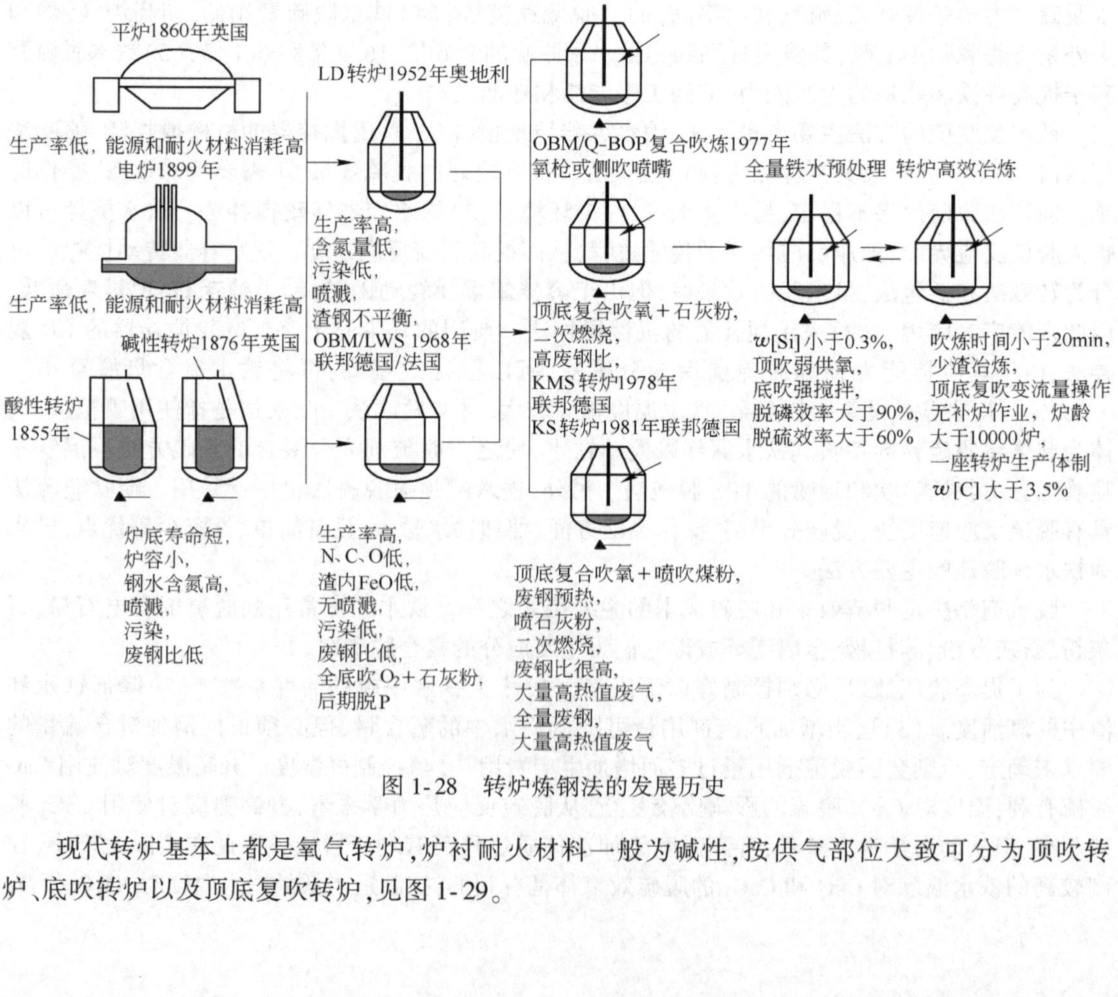

图 1-28　转炉炼钢法的发展历史

现代转炉基本上都是氧气转炉，炉衬耐火材料一般为碱性，按供气部位大致可分为顶吹转炉、底吹转炉以及顶底复吹转炉，见图 1-29。

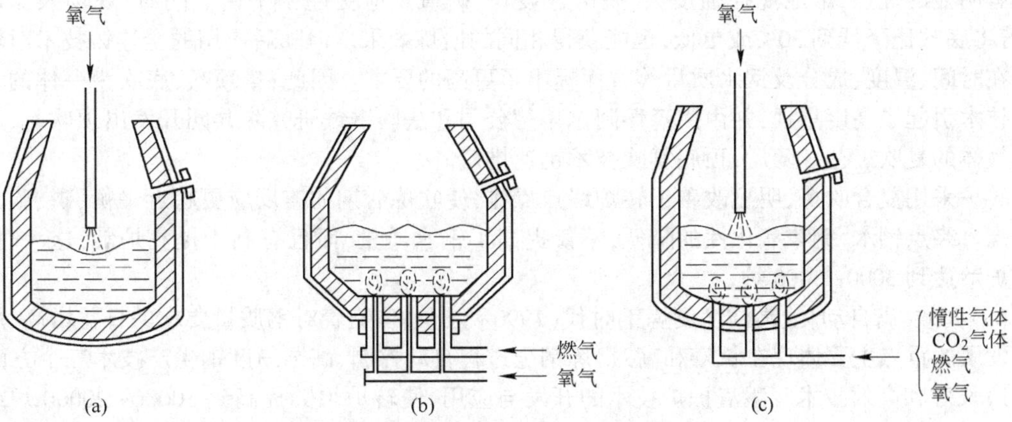

图 1-29 现代氧气转炉的主要吹炼方式
(a)顶吹法;(b)底吹法;(c)顶底复吹法

表 1-10 给出了现代顶吹转炉、底吹转炉和顶底复吹转炉冶炼特点的技术比较。顶底复吹转炉结合了顶吹和底吹转炉的优点,同时避免了二者的缺点,因而成为非常有效的炼钢工艺。

表 1-10 氧气转炉吹炼方式的技术比较

项 目	顶吹转炉	底吹转炉	顶底复吹转炉
反应速度	脱碳速度快,氧效率较高	脱碳速度更快,氧效率很高	脱碳速度快,氧效率高
热效率	可二次燃烧,热效率高	无二次燃烧,热效率低	可二次燃烧,热效率高
化渣速度	化渣速度快	化渣困难	更易于成渣
脱磷能力	较强	弱	强,脱磷反应接近于平衡
吹炼平稳性	差,易发生喷溅	好,基本不喷溅	较好,可控制喷溅
终点控制	较困难	易于吹炼低碳钢	较容易
脱碳能力	差,后期钢渣易过氧化	好,钢渣不会过氧化	较好,有利于避免钢渣过氧化

转炉炼钢技术的发展大体上可划分为以下几个阶段:

(1)LD 转炉基本技术的完善和转炉大型化时代(1953~1978 年)。这一时期处于转炉炼钢技术的发展初期,以转炉大型化技术为核心,逐步完善转炉炼钢工艺与设备。技术完善的首要任务是安全、连续、稳定地进行炼钢生产,并考虑生产能力的提高和品种的适应性。这一时期转炉炼钢技术的进步主要有:1)改进氧枪,由单孔喷头发展为多孔喷头;2)采用 OG 法转炉煤气净化和回收处理工艺,进行转炉煤气的除尘和回收;3)扩大对原料的适应性,如高磷铁水;4)扩大冶炼品种,从低碳钢冶炼到中、高碳钢的冶炼;5)提高炉龄,从开始的几十炉提高到上千炉;6)同时采用静态控制与副枪动态检测,使转炉基本实现由静态模型和副枪动态模型相结合的全过程控制炼钢;7)发明了底吹转炉。

随着基本炼钢技术的不断完善,提出了转炉的大型化,以期望获得更高的生产能力和经济效益。因此,20 世纪 60 年代就出现了 200~300t 的大型转炉,70 年代以后,250~300t 的转炉一直是主力炉型。

(2)转炉复合吹炼技术时代(1978~1990 年)。与先前的顶吹工艺相比,底吹转炉的底吹工艺具有明显的优点，熔池搅拌强度大，脱碳速度快，碳氧反应更趋于平衡。同时，现场操作还发现，若将底吹比降低到30%或更低，也能获得相同的冶炼效果。但随后应用的全连铸技术对转炉炼钢在时间、温度、成分及钢水质量等方面提出了更高的要求。因此，集顶吹、底吹为一体的复合吹炼技术引起了高度重视，并由卢森堡阿尔卑德公司和法国钢铁研究院共同开发出顶吹氧、底吹惰性气体的复吹工艺。随后，顶底复吹技术迅速推广。

转炉采用复合吹炼，明显改善了转炉终点操作，使吹炼后期的渣反应更趋近平衡，磷、硫分配比更高。终点钢水、钢渣氧化性的降低，不仅提高了钢水质量，而且有利于提高炉龄，这一时期，转炉炉龄达到3000~5000炉。

(3)高效、高自动化、高洁净度炼钢时代(1990~至今)。随着对钢质量要求的日益增高，炼钢技术发展的重点主要体现在长寿和高效、炼钢全过程自动控制、高洁净度钢生产技术三个方面。

1)长寿和高效技术。溅渣护炉技术的开发与应用，使转炉炉龄提高到10000~20000炉或以上，不仅大幅降低了耐火材料消耗量，更重要的是改变了传统的“三吹二”、“二吹一”模式，大大提高了转炉利用率，实现了转炉的高效化。

2)炼钢全过程自动控制技术。成功应用静态模型、副枪及动态模型、终点磷硫预报等技术，使转炉炼钢实现全过程自动控制，终点碳、温度双命中率可保持在90%或以上，同时降低了终点钢水氧活度，为洁净钢的生产奠定基础。

3)高洁净钢生产技术。提高钢的洁净度可明显改善钢的力学性能，如控制轴承钢的$w[O]<1\times10^{-3}\%$，轴承的寿命将大幅提高；控制石油管用钢的$w[S]\leqslant1\times10^{-3}\%$，可提高钢材抗$H_2S$腐蚀的能力；控制钢中$w[C]+w[N]\leqslant5\times10^{-3}\%$，可以大幅提高钢的深冲性能。目前，洁净钢的社会需求量日趋增大，但大量试验研究和实际生产表明，单纯依靠某一工序的技术改造和进步无法完成洁净钢的生产。因此，“分阶段精炼”的系统技术得到了迅速发展，形成了新的、能大规模廉价生产洁净钢的生产体系。典型的分阶段精炼流程包括：铁水三脱—转炉少渣冶炼—多功能二次精炼—连铸保护浇注和中间包冶金。

纵观转炉炼钢技术的发展历史，可以看出，转炉炼钢技术的进步始终围绕着提高转炉生产效率；提高钢水质量，满足日益苛刻的社会要求；降低转炉炼钢的生产成本等中心环节而展开，转炉的基本功能和炉型已发生了根本性变化。传统转炉的基本任务包括脱磷、脱硫、脱碳、脱氧、去除有害气体和非金属夹杂等，而随着铁水预处理和二次精炼技术的进步，现代转炉的功能逐步演变为快速高效脱碳器、快速升温器、能量转换器和优化脱磷器，其中，以前两项为主。

1.6.2.2　氧气顶吹转炉炼钢法

碱性氧气顶吹转炉，也称LD转炉，具有如下优点：(1)设备简单，设备投资和冶炼费用低；(2)快速冶炼，生产率高；(3)对原料铁成分的限制少；(4)废钢使用量高；(5)生产的钢中，S、P、N等杂质含量低，可以生产多钢种等。因此，碱性氧气顶吹转炉炼钢法迅速发展为世界上主要的炼钢方法，并在此基础上发展了底吹和顶底复吹转炉。

LD氧气转炉冶炼一炉钢的基本过程，由装料、吹炼、测温、取样、出钢和排渣等若干步骤组成。装料时，把炉体向前方倾斜，装入称量好的废钢，接着装入铁水。然后使炉体直立，在喷吹氧气的同时往炉内投入轧钢铁皮、石灰等辅助原料，当氧气喷枪降至设定位置(离铁水面1~3m)并用所定压力喷吹氧气时，即有着火现象，从着火开始计算吹炼时间。吹炼中期，高亮度的火焰从炉门排出，吹炼是脱碳最激烈的时期。对于动态控制的场合，在排气量逐渐减少、预定吹炼停止的几分钟之前，降下副枪测定铁水中的碳浓度和温度，预测到达目标碳浓度和目标温度的时间，然后吹炼到终点出钢。在静态控制的场合，当到达了预定的目标碳浓度及钢水温度时，上升氧枪并中止吹氧，待氧枪完全上升后，把炉体倒向装料侧，从炉口进行测温及取样，确认碳含量及温度后，再把炉体倒向出钢侧出钢。出钢时，向炉内及钢水包中添加脱氧剂（Fe-Mn、Fe-Si、Al 等）和合金化材料。出钢后，再把炉体倒向装料侧排出渣，一炉钢的冶炼操作即告结束。冶炼一炉钢所需的时间与转炉大小无关，约 30~40min，其间的吹炼时间是 16~20min。

从炉内反应的变化来看，LD 转炉吹炼过程可以分为 3 个阶段：(1) 在第一阶段，即吹炼初期，硅、锰优先被氧化，铁也被氧化，渣中 FeO 含量高，产生溶解了石灰的铁硅酸渣，脱磷也在初期发生，钢水温度逐渐上升。(2) 在第二阶段，从硅、锰大部分被氧化开始，进入吹炼中期，这是脱碳最激烈的阶段，这个时期氧的脱碳利用率为 100%。随着渣中 FeO 含量的降低和温度的上升，渣中的磷及锰向钢水中转移，表现为钢水中锰、磷含量升高。(3) 在第三阶段，当钢水中的碳浓度降到 1%以下时，脱碳速度开始降低，进入吹炼末期。渣中 FeO 含量急速升高，石灰的溶解也得到促进，锰及磷再次转移到渣相，达到目标碳及温度后，终止吹炼。

根据上述分析可知，LD 顶吹转炉的炉内反应特征是：(1) 氧的反应效率高，脱碳反应极快，冶炼时间短；(2) 渣-钢水的搅拌激烈，从吹炼初期开始，脱硫反应和脱碳反应同时进行；(3) 由于没有氮气，冶炼反应的热效率高，废钢使用量大；(4) 由于强有力的沸腾现象，钢水中 N_2、H_2 等气体成分被去除，含量降低；(5) 炉内最高温度的部分位于转炉中心的火点，耐火材料的损失少。

1.6.2.3 氧气底吹转炉炼钢法

底吹转炉在炉底部设置若干数量的喷嘴，其为同心套管结构。冶炼时，一般通过喷嘴向炉内吹入氧气和造渣剂，而从内管和外管的缝隙之间吹入丙烷等碳氢化合物气体，依靠碳氢化合物的分解吸热冷却喷嘴出口，以保护炉底耐火砖。

与 LD 顶吹法相比，底吹法的搅拌更加激烈，具有如下优点：(1) 铁水中 $w[O]$、渣中 $w(FeO)$ 低；(2) 吹炼终点锰的收得率高；(3) 没有含金属粒的渣喷溅和金属喷溅现象，钢铁料收得率高，也容易回收气体；(4) 吹炼时间短；(5) 脱硫率高。

底吹转炉的主要缺点是炉底耐火材料损伤严重，吹入碳氢化合物会导致钢中含氢量偏高等。

1.6.2.4 顶底复吹转炉炼钢法

生产实践发现，氧气顶吹转炉存在吹炼前期化渣较慢，后期熔池钢水成分、温度和氧化性不均匀等问题；而底吹转炉虽然熔池搅拌较好，但炉渣氧化性弱，脱磷较难，而且废钢比低于顶吹转炉。

为了克服氧气顶吹转炉和氧气底吹转炉工艺上的缺点，提出在氧气顶吹转炉的炉底通入气体，以加强熔池的搅拌；在底吹氧气转炉中增设顶吹氧枪，以改善炉渣的氧化性。于是，顶底复吹转炉炼钢法在 20 世纪 70 年代末被开发，并得到了迅速应用和普及。

顶底复合吹炼技术主要分为三大类：(1) 顶吹氧气、底吹惰性气体法。该技术为加强搅拌型复吹方法。由于具有供气元件维护容易、寿命长、工艺操作简单及适应钢种范围广等优点，该技术被广泛采用，我国现有的复吹转炉绝大多数采用该技术。(2) 顶底复合吹氧法。该技术属于强化冶炼型复吹方法，日本与欧洲较多采用。(3) 顶底吹氧气、喷加燃料法。该技术是指顶吹、底吹或侧吹氧气，同时底喷燃料或从上部加入燃料，属于增加废钢型复吹方法。该技术主要应用于欧洲。

顶底复合吹炼转炉工艺的冶炼特性包括：(1) 由于从转炉底部吹入部分气体，增加了熔池的搅拌能量，有利于加速熔池内钢液成分和温度的均匀混合；(2) 转炉吹炼操作条件有所改善，吹炼平稳，钢中残留氧含量有所下降，渣中 FeO 含量降低，喷溅物减少，终点可控性好；(3) 转炉吹炼终点锰的收得率有所提高；(4) 钢液中氢含量有所降低；(5) 脱碳氧效率有所提高；(6) 吹氧时间缩短为 9min 左右，而一炉钢的冶炼时间约 20min，生产率明显提高。

1.6.3　电炉炼钢

1.6.3.1　电炉炼钢概述

电炉炼钢法以废钢为主要原料,采用电能作为热源,生产特殊钢和高合金钢,是继转炉和平炉之后出现的又一种炼钢方法,现在成为仅次于氧气转炉的重要炼钢方法。与高炉-转炉法相比,以废钢为主要原料的电炉炼钢法有下述特征:(1)设备投资费用少;(2)根据需要的变动可以灵活地对应;(3)易于控制熔化气氛和温度,适于精炼高级钢;(4)生产的钢种范围广。

根据电加热原理的不同,炼钢用电炉主要有电弧炉、感应炉、等离子炉、电阻加热炉(如电渣重熔炉)、电子束熔炼炉等几种。各种电炉在炼钢工艺中的实际应用情况见表 1-11。炼钢用电弧炉和高频感应炉的结构如图 1-30 所示。

表 1-11　各种电炉在炼钢工艺中的实际应用

电炉种类	炼钢		重熔	铸造钢包	真空装入	备注
	熔化	二次精炼				
电弧炉	√	√	×	√	无/有	熔化加热
	×	×	√	×	有	重熔化
感应炉	√	√	有条件	√	无/有	
等离子炉	有条件	有条件	有条件	√	无	
电子束炉	√	×	√	×	有	
电渣重熔炉	×	×	√	×	无	氮化处理等
电阻加热炉	×	√	×	×	有	RH 精炼

注:表中"√"表示配置有相应工序或装置;"×"表示无相应工序或装置。

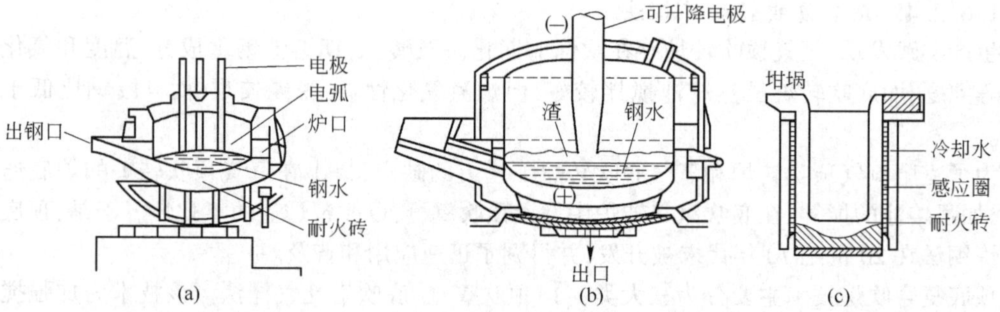

图 1-30　常见炼钢用电炉的结构

(a)交流电弧炉;(b)直流电弧炉;(c)高频感应炉

电弧炉分为 1899 年由美国人埃鲁发明的埃鲁式三相交流电弧炉和 1970 年开发的直流电弧炉,两种电弧炉都是在电极和废钢原料之间直接产生电弧,进行加热熔化。直流炼钢电弧炉结构的特点是只有 1 根炉顶石墨电极和相应的炉底电极。由于直流电没有集肤效应和邻近效应,在石墨电极和导电体截面中电流的分布是均匀的,从而可以减少这些部件的尺寸和重量。但全部电流都要通过炉顶中心的单电极,为此应采用电流密度大的超高功率石墨电极。大型可控直流电源和炉底电极是直流炼钢电弧炉最关键的技术。与交流电弧炉相比,直流电弧炉有如下特点:(1)石墨电极消耗量大幅降低;(2)电压波动和闪变小,对前级电网的冲击小;(3)只需 1 套电极系统,可使用与三相交流电弧炉相同直径的石墨电极;(4)缩短冶炼时间,可降低熔炼单位电耗5%~10%;(5)噪声水平可降低10~15dB;(6)耐火材料消耗量可降低30%;(7)金属熔池始终存在强烈的循环搅拌。

感应炉是利用感应加热原理的电炉,有坩埚形感应炉、槽形感应炉等。感应炉主要用于特殊铸钢和高合金钢的冶炼,最近也应用于加热连铸中间包钢液。

等离子炉是用等离子枪代替普通电弧炉石墨电极的废钢熔炼炉。等离子炉与通常的电弧炉相比,由于炉内容易得到惰性气氛,所以活泼元素的回收率高,增碳剂或电极消耗少。由于等离子是高温、洁净的热源,所以适于含钛、锆、钼、钽等高熔点活泼合金元素钢的熔炼。

电子束熔炼炉和等离子炉相同,也是在高温条件下于惰性气氛(真空)炉中熔炼,所以多用于含钛、锆、钼、钽等高熔点活泼合金元素钢的熔炼。

电渣重熔炉是在大气中,在水冷坩埚内,利用主要成分为 $CaF_2-CaO-Al_2O_3$ 的熔渣的电阻热来熔炼金属电极的一种电炉。

废钢-电炉炼钢法的出现,开发了煤的替代能源,使废钢开始了经济回收,最终使钢铁成为世界上最易于回收的材料。随着冶炼技术的进步,电炉钢产量及其比例始终在稳定增长。特别是20世纪70年代以来,电炉设备和工艺、大型超高功率电炉以及炉外精炼技术的发展,使电炉炼钢技术有了很大进步。但由于发展受到电力资源及废钢供应等方面因素的限制,电炉炼钢在各地区的发展不是很均衡。总体上来讲,废钢-电炉炼钢流程具有较好的经济效益和环境优势,有利于钢铁工业的可持续发展。随着社会工业化程度的加深以及废钢替代品的有效开发,电炉炼钢将具有良好的发展前景。

1.6.3.2 电弧炉炼钢法

电弧炉炼钢法主要应用于特殊钢和合金钢的生产,主原料为废钢、海绵铁和铁水。现代电弧炉冶炼的热源除了电能之外,还增加了碳氧反应和废钢预热过程烟气中CO二次燃烧等带来的化学热以及由预热废钢和铁水带入的物理热,其中,电耗仅占总能耗的1/3左右。

电弧炉冶炼过程一般可分为熔化期(原料装入和熔化)、氧化期和还原期。近年来,随着炉外精炼的发展和普及,还原期被缩短甚至完全省略。

(1)熔化期。在电弧炉里装入废钢、生铁、铁皮和石灰石,在通电加热的同时吹入氧气并喷吹碳粉,使用助热烧嘴,以求迅速熔化。

(2)氧化期。氧化期的目的是用吹氧精炼氧化除去碳、硅、锰、磷等杂质,调整到目标碳含量,依靠脱碳沸腾作用脱去钢水中的氢和氮等。即进行吹氧、碳粉喷吹,适度地造碱度为2.5~3.5、$w(FeO)=10\%\sim20\%$的氧化性渣,进行氧化精炼。特别是在高磷情况下,造高碱度、高氧化性渣可以促进脱磷,排渣1~2次后,可充分进行脱磷。另外,利用脱碳产生的沸腾作用可促进反应进行,均匀成分和温度,同时进行脱氢和脱氮,因此,在原料中碳含量低的时候,应添加增碳剂进行充分的沸腾和搅拌。最近,采用这种方法,电弧炉已炼出了 $w[N]<7\times10^{-3}\%$的低氮钢。

(3)还原期。还原期的目的是脱氧、脱硫、调整合金成分及出钢温度,即在氧化精炼终了后,完全除去氧化性渣,接着添加石灰、铝灰、焦炭粉、铁合金,造碱度为2.5~3.0、$w(FeO)<1\%$的还原性渣,对钢水充分脱氧。在高碱度和强还原性条件下,脱硫反应急速进行。不过,这个时期会显示出回磷和钢中H含量增加的倾向。

熔炼合金钢的时候,镍和钼等难氧化元素和废钢等原料一起在初期添加,铬、钨、钒、硼、钛等易氧化元素在还原期的末期添加,或者在炉外精炼时加入钢包精炼炉(LF)内。根据有无炉外精炼和钢种质量要求,电弧炉通常采用如下几种吹炼形式,包括:

(1)单渣法。单渣法是在熔化期-氧化期中只造一次高FeO含量的氧化性渣,随即结束吹炼的方法。在出钢时，往钢包里投入石灰、铝灰、铁合金，依靠吹 Ar 和 N_2 对钢包进行气体搅拌来调整成分和温度。虽然这是效率最高的电弧炉操作法，但由于正确调整钢水成分及温度比较困难，故多设置钢包炉进行炉外精炼，以求进一步提高质量。

(2) 半双渣法。半双渣法是氧化期终了后除去氧化性渣，接着往电弧炉内添加石灰、铝灰、铁合金，只在短时间内造低 FeO 含量的还原性渣，调整成分及温度后出钢的方法。此方法也多设置 LF 进行炉外精炼，以确保操作的稳定性。

(3) 双渣法。双渣法是在熔化期-氧化期中造氧化性渣，脱磷和调整碳含量后完全除去氧化性渣，接着往炉内加石灰、铝灰、焦炭粉、铁合金，造低 FeO 含量的还原性渣，在炉内进行脱氧、脱硫及成分调整，然后出钢的方法。

比较以上 3 种吹炼方法，单渣法的生产率最高，从出钢到出钢的时间已可控制在 1h 以内。而使用双渣法时，还原期回磷是个问题，一般设置 LF 进行炉外精炼，以提高生产率和质量。在 1992 年前后，70%以上的电弧炉后均设有 LF 同时运转。

国内外电弧炉炼钢技术的发展主要体现在以下几个方面：

(1) 超高功率电弧炉技术及合理供电技术。超高功率电弧炉具备如下特征：1) 单位功率（吨钢配置的变压器容量）水平高；2) 电弧炉变压器最大功率利用率和时间利用率高；3) 电效率和热效率高；4) 电弧炉短网电阻和电抗低，且短网电抗平衡。另外，在超高功率电弧炉炼钢过程中，合理的电气运行制度是最基本的工艺制度之一。合理的电气运行制度是顺利操作的基础，有助于缩短冶炼周期，降低电耗、电极损耗和耐火材料侵蚀程度，可取得良好的节能降耗效果。

(2) 电极自动控制技术。电弧炉是以电能为主要热源的冶炼装备，电极调节系统是电弧炉炼钢过程中不可缺少的基本装备，电极控制系统先后有以下几代形式：机械控制、液压控制、液压-气动联合控制、电极自动调节器、微机控制以及神经元网络。

(3) 电炉炼钢余热利用技术。电炉炼钢余热利用技术主要有废钢预热和二次燃烧。

1) 废钢预热属于物理余热利用。从废钢预热技术的预热种类来看，有料篮式、双炉式、竖炉式、多级竖炉式、中心装入移动竖炉式等。其中，多级废钢预热技术代表着当代废钢预热技术的发展方向，具有较高的技术水平。

2) 二次燃烧属于化学余热利用。随着氧煤喷吹技术的逐渐应用，原料高配碳技术和泡沫渣操作工艺的采用，大量的炉气燃烧不完全。根据电弧炉炼钢的能量平衡分析，炉气能量损失占输出能量的 21%。在吹氧条件下，由反应 $2C+O_2 \longrightarrow 2CO$ 可提供 1215MJ/kg 的热量，若气相中发生反应 $2CO+O_2 \longrightarrow 2CO_2$，则可提供 2017MJ/kg 的热量，即二次燃烧可产生的热量潜力非常大。

(4) 强化供氧技术。现代电弧炉炼钢大量使用氧气，有的吨钢用氧量甚至达到 $45m^3$，冶炼周期可缩短至 40～60min。而且，水冷超声速氧枪已广泛用于助熔、脱碳和炉内供氧操作中。近几年，电炉炼钢出现了一种新型氧枪，即聚流氧枪，与超声速氧枪相比，聚流氧枪具有氧气射流长度长、吸入空气少、射流发散少、衰减慢和射流冲击力大等优点。

(5) 泡沫渣技术。泡沫渣技术适用于大容量、超高功率电炉，在电弧较长的直流电炉上的使用效果更为突出。泡沫渣可使电弧对熔池的传热效率从 30%提高到 60%，电炉冶炼时间缩短 10%～14%，冶炼电耗降低约 22%，并能提高炉龄，减少炉衬材料消耗。由于电极消耗减少 2kg/t 以上，因而使得生产成本降低，同时也提高生产率，减少噪声污染。

(6) 电弧炉氧燃烧嘴技术。在交流电弧炉三个冷区的炉壁上安装可伸缩氧燃烧嘴，熔化期向熔池喷入氧气和煤粉或重油、柴油、天然气等燃料，可使冷区的温度尽快提高，促进了炉料的同步熔化和熔池温度的均匀化。由于电弧炉熔化期占全部冶炼时间的 65%以上，其电能消耗占全部冶炼电耗的 70%左右，因此使用氧燃烧嘴后，可以缩短熔化期，改善电弧炉的冶炼指标。

(7)电弧炉偏心炉底出钢技术。为实现无渣出钢,1974 年,德国蒂森公司首先采用了电弧炉炉底中心出钢技术,后来发展为偏心炉底出钢技术(EBT)。偏心炉底出钢与传统电弧炉出钢槽出钢相比,具有如下优点:1)炉内能保留98%以上的钢渣,有利于下一步炉料的熔化和脱磷,生产率可提高15%左右;2)出钢时,电炉倾动角度小于15°(传统电炉为40°~45°),允许炉体水冷炉壁面积加大,吨钢耐火材料消耗量可降低25%,短网长度较短,阻抗可降低8%左右;3)出钢时钢液垂直下降,呈圆柱形流入钢包,缩短与空气接触的路径,钢液的温降减小,出钢温度可降低25~30℃,相应节电20~25kW·h/t,并使钢液的二次氧化减少;4)偏心炉底出钢有利于提高钢液的纯净度,减少夹杂物含量,改善钢液脱硫效率,并能防止钢液回磷。

(8)底吹搅拌技术。在电弧炉安装喷嘴或透气砖,将气体(主要是惰性气体、氧气或天然气等)吹入炼钢熔池,加强钢液的搅拌,可提高电弧炉冷区热量的传递速率,促进熔池温度和成分的均匀化,加快炉内反应进行的速度。

(9)连续化生产技术。连续化生产是所有炼钢生产发展的必然趋势,电炉炼钢已开始准连续化生产。如 Consteel 电炉是向电弧炉内连续添加废钢,使废钢不断熔化,其优点是:可提高金属收得率,电耗及电极消耗低,有利于环境保护,使用普通功率变压器即可达到高生产率的效果,减少(或不使用)炉壁烧嘴等。

综上所述,现代电弧炉炼钢在炉容大型化、超高功率、供氧、高连铸比、炉外精炼等技术方面获得了显著进步,从而改变了电炉的功能,使电炉已经具备如下功能:

(1)废钢快速熔化器。现代电弧炉冶炼的一个重要特征是冶炼周期显著缩短,已达到35~45min,与同容量转炉冶炼周期相当,可满足高效连铸、多炉连浇的节奏要求,成为废钢快速熔化器。

(2)快速升温器。电弧炉原料中的废钢、生铁和 DRI 熔化后,为满足出钢温度要求,快速升温,现代电弧炉已成为一个快速升温器。

(3)能量转换器。现代电弧炉的能源结构包括电能、化学热和物理热,在一定的冶炼周期条件下,3 种能量可互相转换。为缩短冶炼周期,必须充分利用变压器功率来增加电能输入以及增加化学热和物理热。目前,中国部分地区电力紧缺、价格高,因此可适当增加化学热和物理热的比例。采用废气预热技术可增加物理热,原料中高配碳和加装铁水也可增加化学热和物理热。现代电弧炉已成为很好的能量转换器。

(4)高效脱碳、脱磷器。为了缩短冶炼周期,以满足高效连铸节奏的要求,强化供氧,脱碳速度快,在废钢熔化和升温过程中,电弧炉冶炼已具有良好的脱磷条件,现代电弧炉已成为高效脱碳、脱磷反应器。

1.6.3.3 感应炉炼钢法

感应炉炼钢法是在坩埚里装入原料废钢,在其外侧水冷感应圈中通入电流,在废钢中感应产生涡电流,依靠其焦耳热加热熔化废钢的方法。由于再熔化是主要目的,不特意进行精炼作业,所以可使用 P 和 S 含量低的高级废钢作为原料,熔化后排渣和脱氧,适当调整成分后出钢。

按使用电流频率的高低,感应炉可分为工频感应炉、中频感应炉以及高频感应炉,其容量可为几千克~几十吨。高频感应炉由艾杰克司·诺思拉普于1916年发明,在坩埚的周围装有感应线圈并通过高频电流,依靠其感应电流所产生的电阻热来熔化原料。高频感应炉可以应对钢种的变化,合金收得率高,已经广泛用于高级不锈钢、高合金钢和合金工具钢、磁性材料等少量品种钢的熔炼。

1.6.4　炉外精炼

1.6.4.1　炉外精炼技术的发展

随着现代尖端技术的问世以及现代工业技术的发展，对钢铁产品的冶金性能和使用性能的要求越来越严格。生产超纯铁素体不锈钢、无间隙原子深冲钢（IF 钢）、超低碳贝氏体钢等的需要，促进了炉外精炼技术的发展。钢铁工业自身也快速发展，为提高效率和降低消耗，炼钢炉容量不断扩大，超高功率电炉普遍应用，出现了直流电弧炉，连铸、连轧技术迅速发展，炼钢工艺发生了根本变化，由一步炼钢发展为两步炼钢，即炉内初炼和炉外精炼。炉外精炼是指将经转炉和电炉初炼过的钢液转移到另一容器中（一般是钢包）进行精炼的炼钢过程。初炼时，炉料在炉内完成熔化、脱磷、脱碳和主合金化；精炼则是将初炼钢液在真空、惰性或还原性气氛的容器内进行脱气、脱氧、脱硫、深脱碳、去除夹杂、调整温度及微调成分等。

实施炉外精炼可以提高钢质量，缩短冶炼时间，降低生产成本，优化工艺过程，主要体现在：（1）炉外精炼工艺有利于连铸生产的顺利进行，确保多炉连浇，使钢包中钢液的化学成分和温度均匀；（2）降低钢液中硫、氧含量，改善钢的冲击韧性、抗层状拉裂性能、热脆性和冷脆性；（3）减少中心偏析，防止连铸表面缺陷；（4）降低钢中氧、氢、氮的含量，以减少超声探伤缺陷和条状裂纹，从而改善钢坯的穿管性能。

1933 年，法国人 R. Perrin 应用高碱度合成渣对钢液进行渣洗脱硫，这是现代炉外精炼技术的萌芽。联邦德国 Bochumer Verein 公司于 1954 年试验成功钢包真空脱气法，对大钢锭及合金钢锭去氢，消除了大锻件及合金钢轧制坯的白点缺陷。1956～1959 年，联邦德国又将提升真空脱气法（DH）和真空循环脱气法（RH）用于钢的生产。1960 年以来，钢包精炼法（ASEA-SKF）、真空电弧加热脱气法（VAD）、真空吹氧脱碳法（VOD）、氩氧混吹脱碳法（AOD）、蒸汽-氧混吹脱碳法、真空吹氩法（Gazal）以及喂线法（WF）、钢包炉（LF）及喷粉法（IP）等相继问世。根据不完全统计，到 2002 年，炉外精炼工艺有 30 余种，全世界有炉外精炼设备达 1100 余台。其中，具有精炼和调温功能的 LF 约 230 座；用于不锈钢生产的 AOD 炉及 VOD 炉约 220 座；DH 炉、RH（含 RH-OB，RH-PB）炉为 160 余座；ASEA-SKF 炉和 VAD 炉为 110 余座；其他精炼设备为 230 余座。生产能力最大的还是 RH 炉、RH-OB 炉和 RH-PB 炉，年生产能力约 150Mt，其中，日本 70Mt，美国 20Mt，德国 10Mt，其他国家和地区 50Mt。我国拥有炉外精炼设备 150 余座，1985 年，宝山钢铁公司引进 RH、CAS 和 KIP 等设备并正常投产，对国内炉外精炼的发展起到了良好示范作用。

二次精炼的主要操作是吹氩搅拌钢水、喷吹脱硫剂和脱氧剂、真空处理、加热钢水控制温度等。具有代表性的主要二次精炼法有 30 多种。按照精炼方法，可将炉外精炼工艺划分为真空精炼法、惰性气体稀释法、渣洗精炼法。从有无补偿加热装置方面，炉外精炼工艺又可分为：（1）钢包处理型。其特点是精炼时间短（10～30min），精炼任务单一，不设补偿加热装置，工艺操作简单，设备投资少。这类方法可进行钢液脱气、脱硫、成分微调、夹杂物变性等，真空循环脱气法（RH）、钢包真空吹氮精炼法（Gazal）、钢包喷粉处理（TN、SL 等）、喂线法（WF）等均属此类。（2）钢包精炼型。其特点是精炼时间长（60～180min），具有多种精炼功能，有补偿加热装置，适合于优质合金钢、超级合金以及超纯净钢种的生产。真空吹氧脱碳法（VOD）、真空电弧加热脱气法（VAD）、钢包精炼炉（ASEA-SKF）、氩氧混吹脱碳法（AOD）等均属此类。

当前，炉外精炼技术发展的趋势主要表现在以下几个方面：

（1）钢水 100%进行处理。在实际生产中，炉外精炼设备 100%在线运行。

（2）炉外精炼促使钢铁工业由粗放型走向集约型。增添炉外精炼可提高生产率，降低消耗，提高钢材质量，提高成材率，降低废品率，经济受益足以抵偿设备投资及工序费用。

(3)炉外精炼技术向组合型、多功能化炉外精炼方向发展。多项精炼任务不是在一个精炼炉中完成,而是在不同精炼器中分别完成,以便最经济、最有效地发挥不同精炼工艺的功能。

(4)对不同规模和不同种类的产品,应合理配备不同的精炼技术。

1.6.4.2 典型的炉外精炼工艺

A RH 精炼技术

RH 精炼技术由联邦德国 Rubrstahl 公司(现 ATH 公司)和真空泵厂家 Heraens 公司于 1956 年前后共同开发,其工艺原理见图 1-31。RH 精炼装置由具有两根浸渍管(分别用于吸进钢水和排出钢水)的真空槽以及排气装置构成。进行精炼处理时,将真空槽的两根浸渍管插入钢包的钢水中,从真空槽中排气,钢水可在真空槽中上升 1.48m。这时若往上升管中导入 Ar,上升管内的钢水表观密度就比下降管内的钢水密度小,因此,钢水就产生循环运动,在真空槽内循环脱气(H、O 和 N)。为了提高脱气效果,需要增加钢水的循环量,为此应增加上升管径和 Ar 流量。

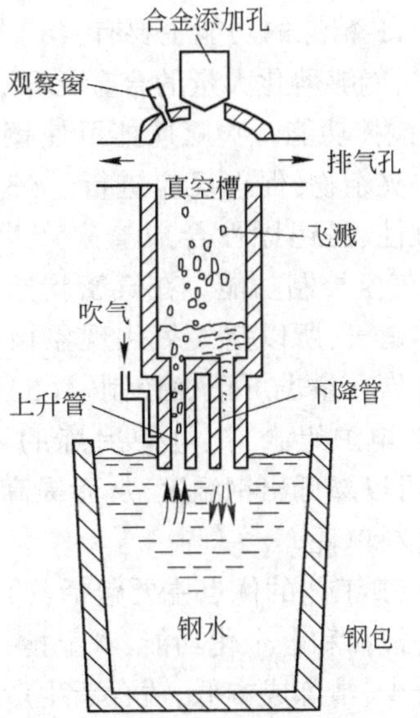

图 1-31 RH 精炼工艺的基本原理

RH 精炼处理将真空精炼与钢水循环流动结合起来,具有如下优点:(1)处理周期短,一般 10min 可以完成脱气操作,5min 能完成合金化及温度均匀化;(2)生产能力大;(3)精炼效果好,可生产 $w[H] \leqslant 1\times10^{-4}\%$、$w[N] \leqslant 2.5\times10^{-3}\%$、$w[C] \leqslant 1\times10^{-3}\%$的超纯净钢;(4)可通过吹氧脱碳和二次燃烧热补偿来减小精炼过程的温降;(5)易与连铸工艺相匹配;(6)RH 装置与大型电炉相配合,可以形成有较大生产能力的特殊钢生产系统。

RH 精炼工艺经过近 40 年的发展,精炼功能不断扩大,已经从单纯的脱气设备变成多功能的精炼处理装置。可以说,RH 工艺的发展远远超出了发明之初人们对它的期望,它已经成为具有脱气、脱氧、脱碳、脱硫、升温、成分控制、超低碳钢精炼以及不锈钢冶炼等多功能的精炼设备。改进的工艺有 RH 真空吹氧精炼技术(RH-O、RH-OB、RH-KTB、RH-MFB 等)、RH 钢水真空喷粉技术(RH-IJ、RH-KDB)。由于具有诸多优点,各种 RH 精炼工艺获得了迅速发展。自 20 世纪 50 年代末期开始,在近 40 年的时间里,RH 的功能和精炼的钢种不断扩大,在钢水炉外精炼法中占有主导地位。据 2003 年的不完全数据统计,全世界已有 160 多台(套)RH 精炼装置,在西欧、日本、美国得到普遍推广,仅日本就有 40 余台。1989 年,日本转炉钢真空精炼率达 56.5%,新日铁大分厂、JFE 水岛厂已全部进行 RH 真空精炼。生产实践证明,RH 精炼技术是提高产品质量、降低成本、扩大品种、提高炼钢生产能力、保证连铸顺利进行、实现全连铸、优化炼钢生产工艺的重要手段。

随着我国钢铁工业的快速发展以及对钢质量和品种的要求越来越高,钢水炉外精炼,特别是 RH 真空处理技术得到了广泛应用。RH(真空循环脱气)法作为一种炉外精炼手段,在炼钢流程中的使用趋势是与 LF 配合使用,充分发挥 LF 精炼脱氧和脱硫的优势以及 RH 法的脱气优势。我国在 1992 年只有 7 台 RH 真空精炼炉,在近几年发展很快,相继建成了多台 RH 多功能真空精炼装置,武钢已有 3 台 RH 装置,其中 1 台为 RH-KTB,预计我国今后还将建设多台 RH 多功能真空精炼炉。

B LF 精炼技术

LF(Ladle Furnace)法于 1971 年由日本大同制钢株式会社大森工厂开发,其工艺原理如图 1-

32 所示。LF 法具有电弧加热和吹氩搅拌功能，但没有真空处理功能。电弧加热采用在钢包内熔融渣中发生电弧的埋弧法，添加 CaO、CaO 和 CaF_2 混合物、铝粉等作为造渣剂，造强碱性、强还原性的合成渣，吹 Ar 进行搅拌。

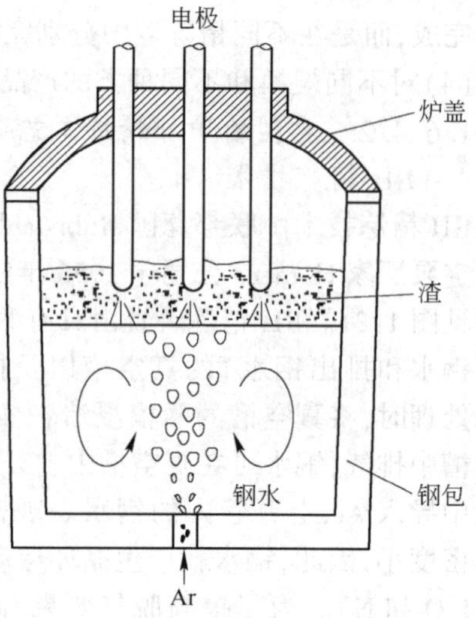

图 1-32　LF 精炼工艺的原理

LF 精炼的功能主要有：(1) 加热功能。由于电弧加热，能够熔化大量的合金元素，易于控制钢水温度。(2) 搅拌功能。吹氩搅拌可使钢液温度和成分均匀，除去夹杂物，促进反应进行。(3) 精炼功能。通过造强碱性、强还原性合成渣来产生强脱氧、脱硫反应。(4) 气氛控制功能。在气密构造下，钢包内充满惰性气体氩气，所以空气氧化现象极少，铝等极易被氧化的元素含量也可正确控制。(5) 提高电炉的生产率。LF 与电炉组合，把电炉冶炼的还原期放在 LF 内进行，可以降低出钢温度，从而提高电炉生产率，减少耐火材料单耗。

LF 工艺的优点主要包括：(1) 电弧加热的热效率高，升温幅度大，控温准确度可达±5℃；(2) 具备搅拌和合金化功能，吹氩搅拌易于实现合金成分的窄范围控制，提高产品稳定性；(3) 设备投资少，精炼成本低，适合于生产超低硫钢和超低氧钢。

综上所述，LF 精炼工艺具有投资少，设备简单，精炼技术组合合理，工艺操作灵活，精炼钢水中气体含量低、有害杂质少、夹杂物大幅下降、成分稳定、温度均匀等一系列优越之处。LF 与超高功率电炉、连铸工艺相配合，是一种优化的冶金工艺流程。

C　CAS 精炼技术

CAS（Composition Adjustment by Sealed argon bubbling）法是一种进行钢包密封吹氩和成分微调的钢包精炼技术，由日本新日铁公司八幡厂于 20 世纪 70 年代末开发。CAS 精炼工艺的原理如图 1-33 所示。进行 CAS 处理时，首先喷吹 Ar，在钢水表面形成一个无渣的区域；然后将隔离罩插入钢水，罩住该无渣区，使加入的合金与炉渣隔离，也使钢液与大气隔离，从而减少合金损失，稳定合金收得率。CAS 法的基本功能包括：均匀钢水成分和温度，调整钢水成分和温度（废钢降温），提高合金收得率（特别是铝），净化钢水，去除钢中大型夹杂物，以较低成本净化钢水。

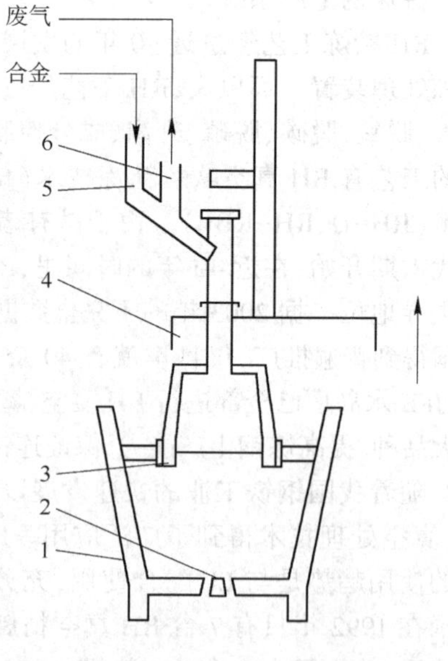

图 1-33　CAS 精炼工艺的原理

1—钢包；2—透气砖；3—隔离罩；
4—升降装置；5—加料口；6—排烟口

CAS 法的工艺特点包括：(1) 钢水露出面处于氩气保护下，所以被空气氧化几率少；(2) 排除了浸入槽内的渣，而且槽外钢水和渣的接触部分动荡小，所以渣对钢水氧化少；(3) 钢水露出面小，因辐射造成的温降小，另外，因为浸入在钢水中的耐火材料量少，所以因耐火材料造成的温降也小；(4) 由于氩气搅拌，促进了夹杂物的上浮分离,所以可得到洁净钢。

CAS 精炼技术作为一种把不需要脱碳的钢水进行改质处理,使其适于连铸生产的简便钢包精炼方法,如今已在日本新日铁各厂广泛采用,法国、加拿大和我国也有厂家使用,均取得了较好的效果,钢水成分微调和温度控制的命中率均达 98%以上。

CAS-OB 法是在 CAS 法的基础上发展起来的,在隔离罩内增设了氧枪吹氧,利用加入的铝或硅铁与氧反应所放出的热量直接对钢水加热,其目的为对转炉钢水进行快速升温,补偿 CAS 法工序的温降,为中间包内的钢水提供准确的目标温度,使转炉和连铸配合协调。

1.6.5 连铸

1.6.5.1 连铸工艺概述

在钢铁生产历史上,采用连续铸钢技术之前,一般是先将钢水浇注到钢锭模内,凝固铸成钢锭,然后再将其加工成要求的钢坯尺寸。在这个过程中,钢坯要经过几次加热和加工,而且每次加工都要损失一定量的金属,故能耗高,金属收得率低。于是 100 多年来,人们一直努力探索能将钢水直接铸成接近最终产品尺寸钢坯的方法,终于成功开发连续铸钢技术,逐步形成了现代连续铸钢技术。连续铸钢(简称为连铸)技术自 20 世纪 50 年代开始发展,于 60、70 年代开始大规模应用于实际生产,近十几年来发展更为迅速。

连铸是通过连铸机直接把钢水凝固成钢坯的方法。与传统模铸工艺相比,连铸工艺具有如下优点:(1)节省初轧、整模和脱模设备,大幅精简从钢水到钢坯的工艺流程,并有效提高生产率,节省基建投资约 40%;(2)钢坯切头率明显降低,金属收得率大幅提高,比模铸高 10%~14%;(3)节省浇注系统原材料并节约能源,采用连铸工艺可比模铸节能 1/4~1/2;(4)节省劳动力并减轻劳动强度;(5)为实现钢铁生产的自动化、连续化创造了有利条件;(6)提高铸坯质量,扩大品种,采用连铸方法可合理调节铸坯冷却条件,实现合理的冷却速度,从而使铸坯结晶过程稳定,内部组织致密,非金属夹杂总量比同钢种的钢锭低 20%左右,化学成分偏析及内部组织缺陷等都明显减少。

凡共用一个钢包且能同时浇注一流或多流铸坯的一套连续铸钢设备,称为一台连铸机。一台连铸机可以是单机组或是多机组。机组就是在一台连铸机中具有独立传动系统和工作系统,且当其他机组出现事故时仍可照常工作的一套连续铸钢设备。对于每台连铸机来说,同时能浇注铸坯的总根数为连铸机的流数。凡是一台连铸机只有一个机组又只能浇注一根铸坯的,称为一机一流;同时能浇注两根以上的铸坯,称为一机多流;一台连铸机具有多个机组又分别浇注多根铸坯的,称为多机多流。

连铸生产所用设备可分为主体设备和辅助设备两大部分。

(1)连铸的主体设备主要包括:1)浇注设备,包括钢包运输设备、中间包及中间包小车和旋转台;2)结晶器及其振动装置;3)二次冷却支导装置;4)拉坯矫直机设备,包括拉坯机、矫直机、引锭链、脱锭与引锭链存放装置;5)切割设备,主要有火焰切割机与机械剪切机等。

(2)连铸的辅助设备主要有:1)出坯及精整设备,包括辊道、拉(推)钢机、翻钢机、火焰清理机等;2)工艺设备,主要有中间包烘烤装置、吹氩装置、脱气装置、保护渣供给与结晶器润滑装置等;3)自动控制与测量仪表,包括结晶器液面测量与显示系统,过程控制计算机,测温、测重、测长、测速、测压等仪表系统。

连铸技术和连铸机有多种方式,按结晶器是否移动可分为:(1)固定式连铸,是现在采用最多的常规连铸方式,其以水冷的、底部敞口的铜结晶器为特征;(2)随动式连铸,是指轮式、轮带式、履带式等结晶器随铸坯同步运动的连铸方式。固定式连铸机又分为立式、立弯式、弧形、椭圆形、水平式等多种类型,这些机型是目前现代化连铸机的基本机型,在实际生产中大量采用。

常见的弧形连铸机如图 1-34 所示。该类型连铸系统主要由钢包、中间包、结晶器(一次冷却)、结晶器振动装置、二次冷却、铸坯导向装置、拉坯矫直装置、切割装置、出坯装置等组成。

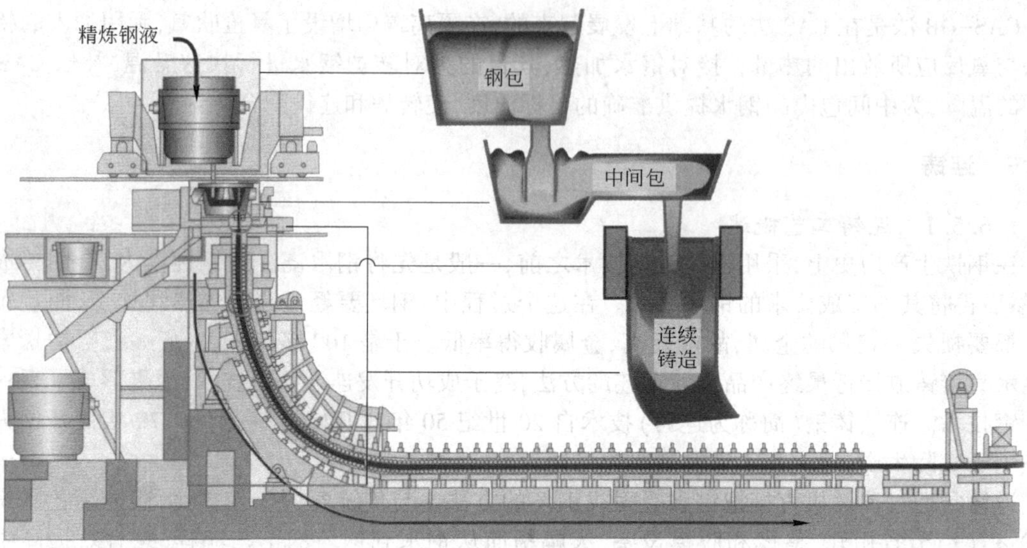

图 1-34　弧形连铸机生产系统

按钢水的静压头,连铸机又可分为高头型、低头型和超低头型。

另外,按铸坯断面形状,可分为方坯、矩形坯、圆坯、板坯、异型坯、方坯和板坯兼用型连铸机。到 2007 年,我国各类连铸机的统计数据为:小方坯 305 台、1027 流,矩形坯(含方坯)机 437 台、1323 流,板坯连铸机 175 台、237 流,圆坯连铸机 48 台、173 流,异型坯连铸机 5 台、15 流,薄板坯连铸机 13 台、28 流。

发展连铸生产、提高连铸比曾经是我国钢铁业界发展钢铁生产的导向性政策和任务,并在 20 世纪 90 年代的快速发展中基本完成,其后获得了快速发展。图 1-35 给出了我国粗钢产量及连铸比增长的情况。

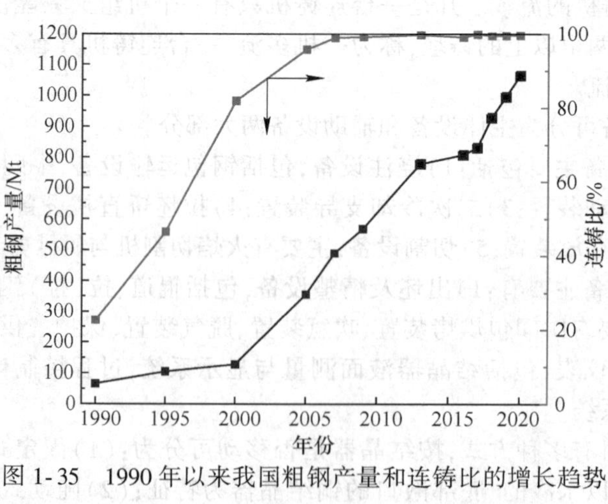

图 1-35　1990 年以来我国粗钢产量和连铸比的增长趋势

1990 年,我国连铸坯产量仅为 14.8Mt,连铸比为 22.37%。到 2020 年,连铸坯产量已突破

1Gt,连铸比提升到99.61%,连铸坯产量的提升速度比高速发展的钢产量还要快得多。在这期间,我国的连铸生产和技术都获得了空前的发展,基本完成了钢铁生产的普遍连铸化。

进入21世纪以来,我国的连铸生产和技术发展呈现了新的特点。连铸产量和连铸比继续保持快速增长的态势,连铸坯产量从2000年的105.22Mt快速增长到2020年的1049.40Mt;连铸比从84.81%继续提升到99.61%,钢铁生产基本实现了全连铸化,我国的连铸比已超过世界主要产钢国的平均连铸比(90%左右)。

1.6.5.2 连铸生产技术

连铸技术自20世纪50年代工业化应用以来,以提高连铸生产率、改善连铸坯质量、降低连铸坯能耗、扩大连铸坯品种为宗旨的新技术不断涌现和发展。在连铸发展过程中,有若干个里程碑式的技术进步,包括:(1)结晶器振动。结晶器振动完成了连续浇注过程中的脱模,使连续铸钢真正得以工业化。(2)铸机辊列(铸坯支撑)技术的发展完善。现在的辊列设计方法大约成熟于20世纪70年代,是现代化大型板坯连铸机的基础。(3)连铸-连轧生产。连铸连轧综合铸机轧机控制、无缺陷铸坯生产等相关技术,实现了钢材成形全过程的连续化。显然,连铸技术经历了一个从简单到复杂、从单一到综合的发展过程。

目前,已在连铸生产上应用的成熟技术有:

(1)结晶器液面控制和自动浇注。应用放射线、电磁涡流等传感器监测液面、带有控流塞棒或滑板的结晶器液面控制与自动浇注系统已经成为连铸机的基本配置,也是稳定工艺、保证铸坯表面质量、提高生产率的重要措施。

(2)铸坯矫直。过去的弧形连铸机普遍采用单点矫直方式,全部的矫直变形都集中在矫直点处。由于刚刚凝固的坯壳塑性很差,容易形成矫直裂纹,所以“全凝矫直”或“矫直前全凝”几乎成为定律。但是浇注速度的大幅提高使铸坯液芯变得很长,故必须突破这一定律,寻求其他避免矫直裂纹的方法。多点矫直和连续矫直方式将矫直变形分配在几个矫直点上或整个矫直区域内,使矫直过程中发生了回复和松弛,从而可保证不产生矫直裂纹,该技术在连铸机的设计和实际生产中都取得了良好的效果。

(3)二次冷却控制。连铸坯壳从结晶器中拉出时,其内部还有很多液芯,需要进行喷水冷却,称为二次冷却。二次冷却具有保证生产顺行、提高生产率、控制铸坯质量、保护设备等重要作用。冷却介质可用水或汽水。现代连铸机按不同断面的钢种设有多套冷却制度,在浇注过程中分回路自动在线调控水量。在线调控水量的方法可采用静态水表法和二冷动态控制法。

(4)在线调宽。板坯连铸机在线调宽技术是提高生产率的重要措施之一,也可用于结晶器锥度控制。我国进口的大型板坯连铸机都装备有这种系统,但由于我国板材规格的批量普遍较大,故在线调宽装置的使用频率很低。

(5)电磁搅拌。电磁搅拌(EMS)是利用感应电动机原理,使导电熔体流动的方法。这种流动发生在铸坯液芯里,可起到如下作用:1)可均匀液芯内钢水温度;2)将凝固枝晶带入铸坯中心部,使其成为等轴晶的凝固核心;3)冲洗凝固前沿的富集溶质,最终在这一区域内形成白亮带。所以,电磁搅拌的冶金效果是扩大等轴晶区,减少中心偏析和皮下缺陷。

早期的连铸电磁搅拌主要用于特殊钢连铸机的二冷区(S-EMS),这种方法生成的白亮带很明显。近几年使用的电磁搅拌器大多安装在结晶器段(M-EMS),也可在S-EMS或凝固末端(F-EMS)与M-EMS配合使用,从而形成复合电磁搅拌。设备结构较复杂的板坯连铸M-EMS及S-EMS,普遍用于不锈钢和硅钢的浇注。

(6)黏结漏钢预报。凝固坯壳黏结(悬挂)在结晶器壁上时,结晶器铜板的温度场会反映出特定的变化模式。因此,用布置在铜板上的热电偶测量这种变化模式,就可以预报黏结漏钢的发生。但实际生产中的情况非常复杂,连铸机的产量和压力都较大。黏结漏钢预报系统的设置需要与特定的铸机及操作状况相适应,目前,我国进口的大型板坯连铸机都装备有这种系统。

(7)凝固末端轻压下及液芯压下。凝固末端轻压下是指,在铸坯即将完全凝固时用外压力使之变形的工艺,它可以改善中心疏松或缩孔、减轻中心偏析。板坯连铸机的轻压下操作可由原有的辊列实现,方坯连铸机的轻压下操作则由拉矫机或专用机架完成。目前,液芯压下技术主要用于薄板坯连铸机,其基本作用类似于漏斗式结晶器,可扩大结晶器熔池,以便容纳浸入式水口,同时浇注出较薄的铸坯。

今后,连铸技术的发展方向主要有:近终形连铸(尤其是薄板坯和薄带坯连铸)、高速连铸、高质量产品的连铸,以及与上述三者相关的低过热度浇注、半凝固加工、过程与质量控制等技术。

20 世纪 90 年代,虽有几种薄板坯连铸工艺相继应用于工业化生产,但这些技术基本上都是源于传统的连铸技术,在实践中都遇到各种各样的问题,尚在不断改进和完善之中。对于真正意义上的近终形连铸技术来说,这些应用的薄板坯连铸工艺只是中间过渡技术。由于近终形连铸技术具有节能、高效、低投资等巨大优势,将推动薄板坯连铸工艺的进一步发展,薄板坯连铸技术可望逐步完善,并取代大部分传统的连铸-热轧(或冷轧)工艺;另外,近终形异型坯连铸和薄带坯连铸技术也将进一步发展,并进而完善。

高速连铸技术已是连铸发展的主流。提高浇注速度的低过热度浇注、高效结晶器传热、结晶器电磁制动、高速浇注用保护渣、非正弦振动、结晶器液面控制等技术将进一步发展;同时,高速连铸技术的重点将由提高拉速,转向不断扩展高速连铸的钢种、提高铸坯质量。

今后,对钢的清洁度、表面和内部质量要求特别严格的高质量钢种的需求将越来越大。进行这些钢种的连铸时,必须采取相应的技术措施才能满足严格的质量要求。二次精炼是连铸高质量钢种的首要前提;同时,与高质量钢连铸相关的技术,如提高钢水清洁度、热轻压下、氧化物冶金、无弯液面浇注、在线强制冷却等技术将进一步发展。

1.7　现代轧钢工艺

炼钢系统生产出钢锭或连铸坯,但尚未完成钢铁生产的全部流程,也不是钢铁生产的最终目的。钢锭和连铸坯不能直接用于社会消费,因此,需对其做进一步的塑性加工,生产各种形状并能满足各种用途的钢制品。

塑性加工是指用不同的工具和设备对金属施加压力,使之产生塑性变形,制成具有一定尺寸和形状产品的加工方法。塑性加工的方法主要有:(1)热轧法,是指将钢料加热到 1000～1250℃时,用轧钢机制成钢材的方法;(2)冷加工法,是指将热轧后的钢材在再结晶温度以下继续进行加工,使之成为冷加工钢材,冷加工法包括冷轧、冷拔和冷弯、冷拉、冷挤压等方法;(3)锻压法,该法用锻锤、精锻机、快锻机或液压机,将钢锭锻压成钢材、钢坯或锻件;(4)挤压法,是指将坯料装入挤压机的挤压筒中加压,使之从挤压筒的孔中挤出,形成比坯料断面小并有一定断面形状的型材、管材或空心材等。

上述四种方法中,热轧法是最主要的生产方法,约有 90%的钢是采用热轧法直接成材或先经热轧,然后再采用其他加工方法成材的。

1.7.1　现代轧钢生产系统

轧钢生产是将模铸钢锭或连铸坯轧制成钢材的过程。以模铸钢锭为原料,用初轧机或开坯机将钢锭轧成各种规格的钢坯,然后再通过成品轧机轧成各种钢材,这种传统的生产方法直到现在仍然在一些国家的钢材生产中占有较重要的地位。

近30年来,连铸技术得到迅猛发展。与模铸相比,连铸将钢水直接铸成具有一定断面形状和规格的钢坯,省去了铸锭、均热和初轧等多道工序,大大简化了钢材生产的工艺流程,而且便于自动化、连续化大生产,显著降低生产成本。一般在组织生产时,根据原料来源、产品种类以及生产规模的不同,将连铸机与各种成品轧机配套设置,组成各种轧钢生产系统,而每一个生产系统的车间组成、轧机配置及生产工艺过程又千差万别。下面简述几种典型轧钢生产系统的基本特点。

(1)板带钢生产系统。现代板带钢生产系统由于采用了先进的连续轧制技术,生产规模很大。一套现代化的宽带钢热连轧机的年产量可达3~6Mt。采用连铸坯作为轧制板带钢的原料是现代化发展的必然结果,很多厂的连铸比已达100%,但特厚板的生产往往还是采用由重型钢坯压成的坯料作为原料。近十多年来,得到迅速发展的薄板坯连铸连轧的生产规模多在0.5~3Mt之间,以年产0.8~2Mt者居多,可称为板带钢生产的中、小型系统。

(2)型钢生产系统。型钢生产系统的规模往往并不是很大。就其本身而言,又可分为大型(年产1Mt以上)、中型(年产0.3~1Mt)和小型(年产0.3Mt以下)三种生产系统。

(3)混合生产系统。在一个轧钢企业中,可同时生产板带钢、型钢或钢管的生产系统,称为混合生产系统。无论在大型、中型或小型企业中,混合生产系统都比较多,其优点是可以满足多品种的需要。不过,采用单一的生产系统有利于提高轧制产品的产量和质量。

(4)合金钢生产系统。由于合金钢的用途、钢种特性及生产工艺都比较特殊,有些原料也较为稀贵,产量不大而且品种繁多,因此,其生产系统常属于中型或小型的型钢生产系统或混合生产系统。由于有些合金钢塑性较低,故开坯设备除轧机以外,有时还需使用锻锤。

现代化的轧钢生产系统向着大型化、连续化、自动化的方向发展,生产规模日益增大。但近年来,大型化的趋向已日渐消退,投资省、收效快、生产灵活、经济效益较好的中小型轧钢厂,在美国、日本以及很多发展中国家获得了快速的发展。

1.7.2 现代轧钢生产流程

1.7.2.1 碳素钢轧制工艺流程

碳素钢轧制的典型工艺流程如图1-36所示。

碳素钢轧制工艺流程可分为以下几种类型:(1)采用连铸坯的工艺流程。其特点是不需大型的开坯机,无论是钢板或型钢,一般多是一次加热轧出成品或不经加热直接轧出成品。这是当今比较先进的、最主流的生产工艺,现已得到广泛应用。(2)采用铸锭的大型生产系统的工艺流程。其特点是必须有强大的初轧机或板坯轧机,一般采用热锭装炉及二次甚至三次加热轧制方式。(3)采用铸锭的中型生产系统的工艺流程。其特点是一般有ϕ650~900mm的二辊或三辊开坯机,通常采用冷装作业(现在也有采用热装的)及二次(或一次)加热轧制方式。这种工艺流程不仅用来生产碳素钢材,也常生产合金钢材。(4)采用铸锭的小型生产系统的工艺流程。其特点是,通常在中、小型轧机上用冷的小钢锭经一次加热轧制成材。需要说明一点,所有采用铸锭的生产工艺都是落后的,有些已经或将要遭到淘汰。

不管是哪一种类型的碳素钢轧制工艺流程,其基本工序都是原料准备(清理)→加热→轧制→冷却、精整处理。

1.7.2.2 合金钢轧制工艺流程

合金钢轧制的典型工艺流程如图1-37所示。

合金钢轧制工艺流程可分为冷锭、热锭以及正在发展的连铸坯三种作业方式。由于对合金钢材的表面质量和物理、力学性能等技术的要求比普通碳素钢高,并且钢种特性也比较复杂,故

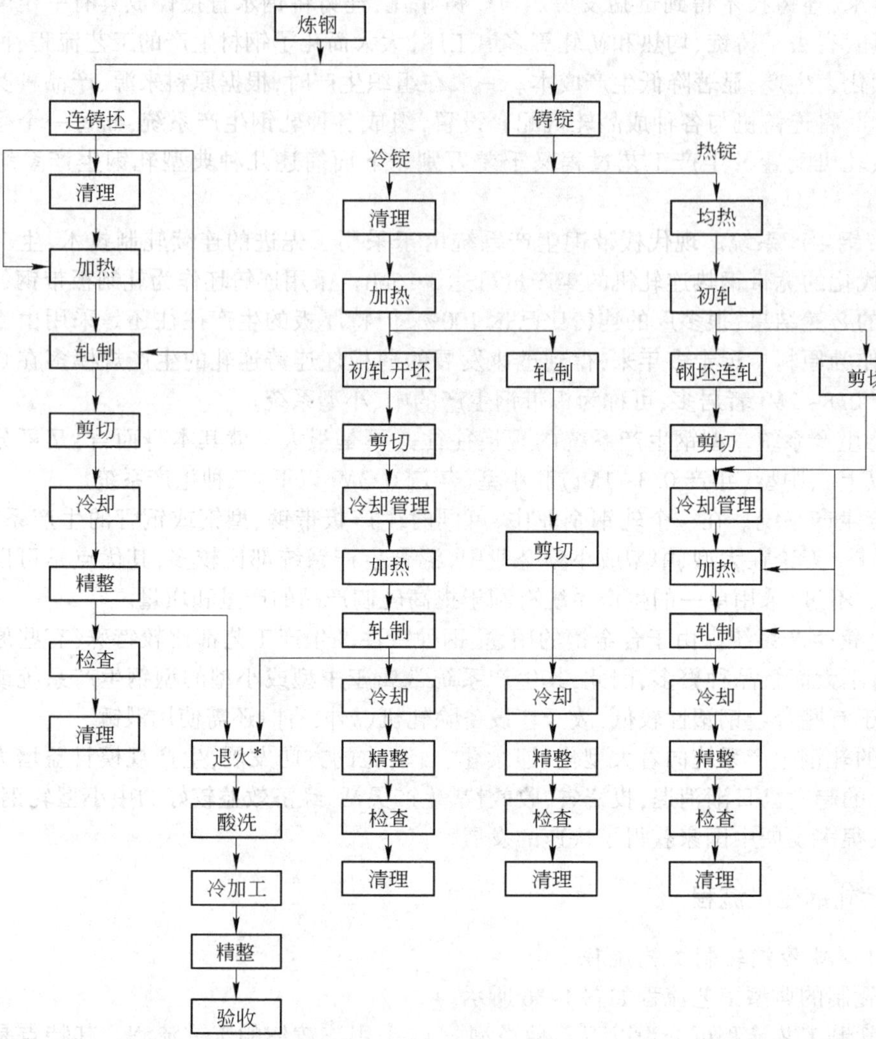

图 1-36　碳素钢轧制的典型工艺流程(带“＊”号的工序有时可略去)

其生产工艺过程一般也比较复杂。除各工序的具体工艺规程会因钢种不同而不同之外，均在工序上比碳素钢多出原料准备中的退火、轧制后的热处理、酸洗等工序，在开坯中有时还要采用锻造来代替轧钢等。

1.7.2.3　连铸连轧技术

近年来，连铸连轧技术取得了巨大成功。图 1-38 给出了鞍钢三钢轧厂实际采用的连铸连轧工艺流程。

炼铁厂高炉生产的铁水由鱼雷罐车装运至铁水倒罐作业区，铁水倒入铁水罐后，在铁水预处理工位进行脱硫、除渣的净化铁水作业，然后加入转炉冶炼。转炉冶炼完成后，利用 LF 或 RH 装置进行钢水精炼处理，精炼过的钢水送往连铸机浇注成板坯，并装入加热炉加热。达到预定温度的板坯出炉后，经过炉后除鳞箱除去炉生氧化铁皮，由粗轧机轧制成厚为 30~60mm 的中间坯，然后经过飞剪切除头尾、除鳞箱去除氧化铁皮后，由精轧机组轧制成成品，再经过层流冷却装置冷却到指定温度后，由卷取机卷成钢卷，经过检查后包装出厂。

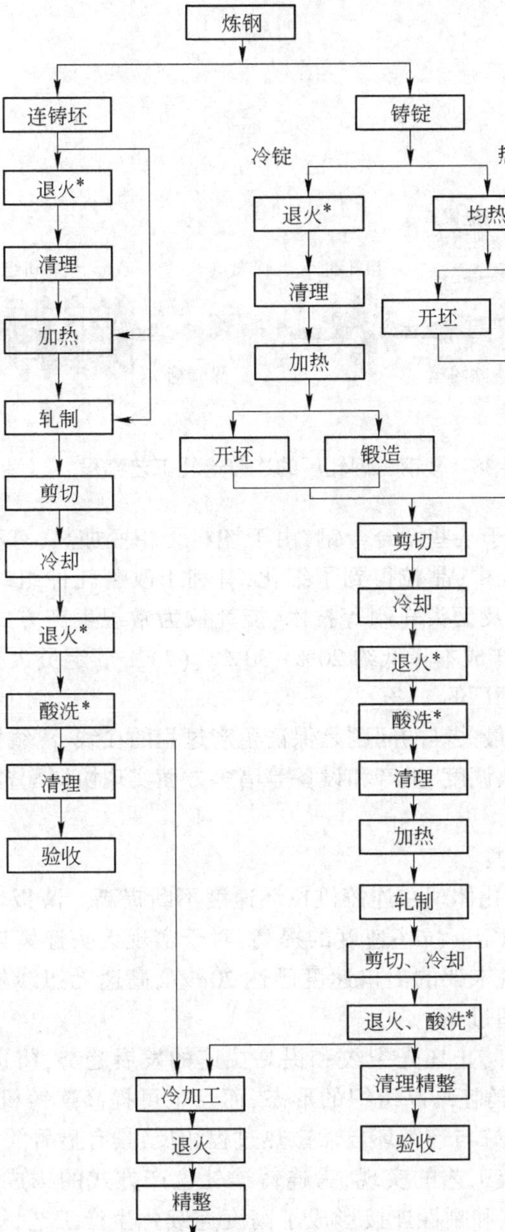

图 1-37 合金钢轧制的典型工艺流程(带“ * ”号的工序有时可略去)

连铸连轧工艺具有如下优点:(1)生产周期短。从钢水到产品的生产流程从数天或者 5~6h 缩短到不足 0.5h。(2)占地面积小。对于薄板坯连铸连轧厂,占地面积约为常规流程的 1/4。(3)固定资产投资少。尤其是薄板坯连铸连轧厂的优势更为明显,固定资产投资约为常规流程的 1/5。(4)金属收得率高。金属收得率比常规流程显著增高,尤其是无头轧制的长材率超过了 99%。(5)轧制产品性能好。由于铸坯过程的快速冷却,板坯铸态组织致密,钢水的冷却强度很

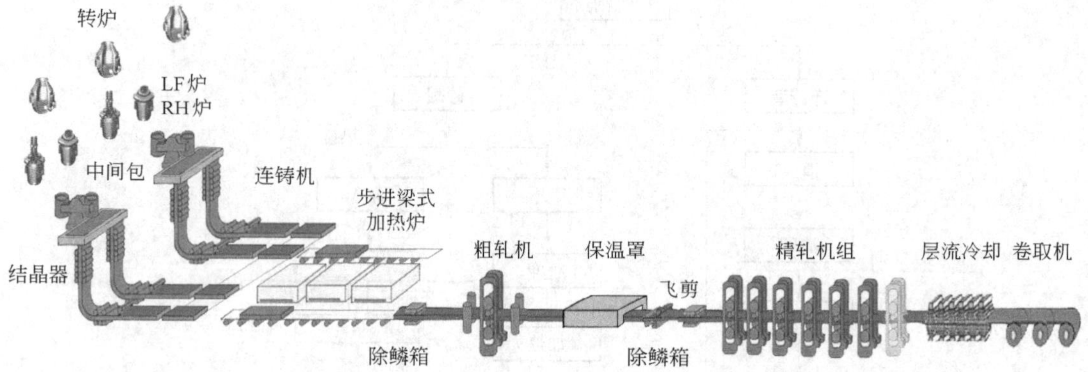

图 1-38　鞍钢三钢轧厂的连铸连轧工艺流程

大,改善了轧制产品的质量。对于某些低合金钢,由于坯料无相变加热,有利于微合金元素的完全溶解,在 $\gamma \to \alpha \to \gamma$ 的相变过程中,晶粒得到了细化,有利于改善轧件组织。(6)工序能耗低。由于采用热送热装、感应加热以及无头轧制等技术,能耗仅为常规生产方式的 35%~45%,电耗仅为常规流程的 80%~90%,生产成本降低约 20%~30%。(7)工厂定员大幅降低。薄板坯连铸连轧厂的定员仅为常规热轧带钢厂的 13%。

采取连铸连轧生产方式时,最关键的问题是保证生产过程的在线、离线协调一致。这是一个复杂的系统管理工程,需要计划、调度、生产和设备等诸多方面实现协调配合的一致性,以保证生产过程的稳定进行。

连铸连轧技术的发展趋势为:

(1)高速化和大型化。高速化体现在连铸机拉坯速度不断提高。薄板坯连铸拉坯速度高达 8m/s 的连铸机,浇注过程非常稳定。拉坯速度的提高,对于实现无头连铸连轧和减少轧制道次起到至关重要的作用。棒材轧机末架的出口速度已达 20m/s,高速无扭线材轧机末架的出口速度已达 120~140m/s,坯料单重超过 3t。

(2)新技术相互渗透。围绕防止坯壳裂纹和提高拉速的发展趋势,将进一步优化结晶器形状;液芯压下技术不但可以改善铸坯结晶组织的形态,而且也可提高连铸机的生产效率;利用集肤效应的感应加(补)热过程,正好与连铸坯自然散热过程相反,具有显著的节能降耗作用。

(3)高度连续化。100%热装工艺的实现,为连铸连轧生产方式的构成创造了必要的条件。连铸和连轧工序之间的柔性连接和刚性连接形成了高度连续化生产工艺,焊接无头轧制技术和无头连铸连轧技术就是这两种工艺的典型代表。

(4)高精度轧制。高精度轧制的目的是实现尺寸的高精度和轧件优异的形状。高精度轧制的物质保证主要由两个方面构成:一是设备和检测装置,二是控制手段。薄带钢的高精度是指厚度控制精度和板形控制精度;长材的高精度轧制是指轧件纵向尺寸公差和断面形状公差,尺寸公差由在线辊缝调节等手段来解决,形状公差分别靠板形仪和在线测径仪检测,通过调整具有特殊功能的设备来保证。

(5)开发新钢种。连铸连轧成品的种类和规格范围不断扩大。薄板坯连铸连轧技术围绕着开发生产包晶钢、铁素体钢和不锈钢,已经取得了显著成果,钢种在不断增多,产品规格也在不断扩大。

(6)高度自动化。无论是刚性连接还是柔性连接的连铸连轧生产过程,围绕提高作业率、降低尺寸公差和外形公差的课题,都在不断进行研究并不断提高。所有这些都需要采用自动控制手段来保证,自动控制系统的硬件和软件都已经达到了非常完善的程度。

(7)高性能辅助设备。棒材轧机末架轧制速度的提高,受到了精轧机后飞剪剪切速度的限制;而连轧机组第一架的最低轧制速度又受到了轧辊与轧件接触时间的限制。前者将需要和促成高速定尺飞剪的问世,而后者则需要进一步提高无头连铸连轧生产线上连铸机的拉坯速度。除此之外,还需要诸如在线温控设备、高速线材轧制时在线切头尾的高速飞剪机等设备。

(8)采用控轧控冷技术。控轧控冷是近代轧钢生产过程中永恒的主题。新建连铸连轧生产线考虑了适应控轧控冷的需要,通过对轧制过程变形温度、变形程度、变形速度及其轧后冷却过程的控制,以求最大限度地发挥材料的潜能,满足不同用户对钢材性能的特殊要求。采用的控轧控冷技术包括低温轧制、形变热处理、轧后余热处理等。

(9)生产计划调度系统。连铸连轧生产过程的物流状态、物流参数的定量分析和以温度为约束条件的在线、离线协调一致性,是保证刚性和柔性连接的连铸连轧过程顺利实施的基本条件。应该以温度为约束条件,以物流状态、物流流量为研究对象,以优化理论为研究手段来制订生产计划,建立合理描述连铸连轧过程的数学模型,从而进行连铸连轧工艺的优化。

2 铁矿资源

2.1 铁矿资源分类和特征

矿物是受地壳中天然的物理化学作用和生物作用而产生的自然元素或自然化合物。绝大多数矿物都是以自然化合物为主,其化学组成一般用化学式表示。矿物的物理和化学性质主要取决于矿物的结晶构造及其化学成分。

由一种或几种矿物按不同比例和一定结构在地壳中聚集起来的集合体,称为岩石。矿石是指在现有的技术经济条件下,可从中提取金属、金属化合物或其他有用矿物的岩石,或根据国民经济需要而被利用的岩石。但应注意,并不是所有的岩石都是矿石,而且矿石的概念是相对的。譬如,按过去某一时期的技术水平,从某些岩石中提取有用矿物在经济上不合理,未能当作矿石加以冶炼,但随着冶炼技术的进步及采运条件的改善,现在或将来完全可以将其当作矿石加以有效利用。我国钒钛磁铁矿的冶炼就是一个较好的例证。

矿石分为金属矿石和非金属矿石,而金属矿石通常按其中具有工业价值的金属分类,如黑色金属矿产(铁矿、锰矿、铬矿、钒矿、钛矿)、有色金属矿产(铜矿、铅矿、锌矿、铝土矿、镍矿、钨矿、镁矿、钴矿、锡矿、铋矿、钼矿、汞矿和锑矿)、贵重金属矿产(金矿、银矿和铂族金属矿)、稀有金属矿产(铌矿、钽矿、铍矿、锂矿、锆矿、锶矿、铷矿和铯矿)、稀土金属矿产(钪矿、轻稀土矿、重稀土矿)、分散元素金属矿产(锗矿、镓矿、铟矿、铊矿、铪矿、铼矿、镉矿、硒矿和碲矿)等。凡同时含有几种有用矿物,并可从其中分别提炼出金属或其他物质的矿石,称为复合矿。典型的复合矿有:我国四川攀西地区的钒钛磁铁矿、辽宁丹东地区的硼镁铁矿、广西贵港地区的高铁铝土矿、甘肃金昌地区的金川镍铜复合矿等。

不含或含有极少量有用矿物的岩石称为脉石,金属矿石中的非金属部分也称为脉石。脉石在工业上没有提炼价值,通常在矿石加工处理过程中被废弃。脉石主要是石英、各种硅酸盐和铝硅酸盐矿物、少量的硫酸盐和碳酸盐等矿物。绝大多数矿石的脉石呈酸性。铁矿石中的主要矿物是各种铁氧化物,构成脉石的主要成分是:SiO_2、Al_2O_3、MgO、CaO、数量不等的 S 和 P 杂质以及碳酸盐和结晶水等在高温下易分解的物质,个别情况下还含有 TiO_2、CaF_2、BaO、Na_2O 及 K_2O 等物质。

在地壳中,矿石集聚的地带称为矿床,矿床内矿石的聚集体称为矿体。

自然界中已发现的含铁矿物约有 300 多种,但分布最广、最重要的铁矿物为赤铁矿、磁铁矿、褐铁矿和菱铁矿。铁矿石中铁矿物主要是赤铁矿的矿石,称为赤铁矿石;主要是磁铁矿的矿石,称为磁铁矿石;褐铁矿是含有结晶水的氧化铁矿石,为其他含铁矿物的风化物,通常指针铁矿、水针铁矿的统称;菱铁矿为碳酸盐铁矿石。其他矿石则由于含铁过低,或者很少形成可供开采的矿体,从而不能被炼铁使用。

常见含铁矿物的分类和主要特征列于表 2-1。

磁铁矿在瓷断面上的划痕为黑色,组织致密坚硬,孔隙率小,还原比较困难。磁铁矿可以看作是 Fe_2O_3 和 FeO 的结合物,其中含 Fe_2O_3 69%、FeO 31%,理论含铁量为 72.4%。自然界中纯粹的磁铁矿很少见到,按其氧化程度的不同分类如下:$w(TFe)/w(FeO)<3.5$,为磁铁矿;$w(TFe)/w(FeO)=3.5\sim7.0$,为半假像赤铁矿;$w(TFe)/w(FeO)>7.0$,为假像赤铁矿。磁铁矿具有磁性,这是其最突出的特点。

表 2-1 常见含铁矿物的分类及特征

名称	化学式	理论含铁量/%	密度/$t \cdot m^{-3}$	颜色	冶金性能		
					实际含铁量/%	有害杂质	强度及还原性
磁铁矿石	磁铁矿 Fe_3O_4	72.4	5.2	黑色	45~70	S、P 均高	坚硬、致密、难还原
赤铁矿石	赤铁矿 Fe_2O_3	70.0	4.9~5.3	红色	55~60	S、P 均低	质软、易破碎、易还原
褐铁矿石	水赤铁矿 $2Fe_2O_3 \cdot H_2O$	66.1	4.0~5.0	浅褐色到深褐色或黑色	37~55	S 低，P 高低不等	疏松，易还原
	针赤铁矿 $Fe_2O_3 \cdot H_2O$	62.9	4.0~4.5				
	水针铁矿 $3Fe_2O_3 \cdot 4H_2O$	60.9	3.0~4.4				
	褐铁矿 $2Fe_2O_3 \cdot 3H_2O$	60.0	3.0~4.2				
	黄针铁矿 $2Fe_2O_3 \cdot H_2O$	57.2	3.0~4.0				
	黄赭石 $Fe_2O_3 \cdot 3H_2O$	55.2	2.4~4.0				
菱铁矿石	碳酸铁 $FeCO_3$	48.2	3.8	灰白或黄白，风化后变成褐色或褐黑色等	30~40	S 低，P 较高	易破碎、焙烧后易还原

赤铁矿的特征是，其在瓷断面上的划痕呈赤褐色，无磁性，质软，易破碎，易还原，含铁量最高可达70%。其中，有一种以 γ-Fe_2O_3 形态存在的赤铁矿，结晶组织致密，划痕呈黑褐色，而且具有强磁性，类似于磁铁矿。

褐铁矿一般呈浅褐色到深褐色或黑色，组织疏松，还原性较好。褐铁矿的理论含铁量不高，一般为37%~55%，但受热去除结晶水后，含铁量相对提高，孔隙率增加，还原性得到改善。

菱铁矿的颜色一般为灰白或黄白，风化后可变成褐色或褐黑色等。菱铁矿的理论含铁量不高，只有48.2%，但受热分解释放出 CO_2 后，不仅提高了含铁量，而且变成多孔状结构，还原性很好。因此，尽管菱铁矿含铁量较低，但仍具有较高的冶炼价值。

2.2 我国铁矿资源概况

2.2.1 我国铁矿资源特点

我国铁矿资源具有分布广泛、矿床类型齐全、贫矿多、富矿少、矿石类型复杂、多元素伴(共)生的复合矿多等特点。

(1)铁矿分布广泛，但又相对集中。目前，已查明的铁矿产地遍及全国29个省、市、自治区的660多个县(旗)，但又成群、成带产出，显示出相对集中分布的特点。

按矿区储量规模，大型矿区(储量大于100Mt)有100余处，合计储量占全国总储量的68.1%；中型矿区(储量为10~100Mt)有470余处，合计储量占全国总储量的27.3%；小型矿区(储量小于10Mt)有1260余处，合计储量仅占4.6%。

(2)矿床类型齐全。地质勘察和矿床研究结果表明，我国铁矿床类型齐全，世界上已发现的铁矿成因类型在我国均有发现，除前寒武纪硅铁建造风化壳型铁矿外，均探明了一定的储量。其中，以沉积变质型为主，储量占总量的57.8%，居各类型铁矿床之首；其次是接触交代-热液型(占12.7%)、岩浆晚期型(占11.6%)、沉积型(占8.7%)、与火山侵入活动有关型(占4.7%)、风化淋滤型(占1.1%)；其他类型占3.4%。与其他国家不同之处在于，我国接触交代-热液型铁矿和岩浆型铁矿储量所占的比例较高。

(3)贫矿多,富矿少,矿石类型复杂。总体上来看,我国的铁矿资源属于贫铁矿,平均含铁量为32.1%,与一些国家的富铁矿相比,品位相差较大。根据资料分析,全国铁矿石保有储量中,贫铁矿石储量约45.2Gt,占全国储量的97.3%;含铁平均品位在55%左右、能直接入炉的富铁矿储量只有1.174Gt,占全国储量的2.7%;而形成一定开采规模、能单独开采的富铁矿资源则更少。因此,必须大力发展选矿和造块技术。

我国铁矿石的自然类型比较复杂,有磁铁矿石、钒钛磁铁矿石、赤铁矿石、菱铁矿石、褐铁矿石、镜铁矿石及混合矿石(两种或两种以上类型的矿石混杂在一起)。在铁矿石保有储量中,磁铁矿石储量最多(占55.5%),是目前开采的主要矿石类型;钒钛磁铁矿石(占14.4%)成分复杂,但选冶技术已基本解决该问题,也是目前开采的主要矿石类型;赤铁矿石(占18%)、菱铁矿石(占3.4%)、褐铁矿石(占2.3%)、镜铁矿石(占1.1%)、混合矿石(占5.3%)这5种类型矿石,因选别性能差,多数贫矿尚未得到有效利用。

(4)多元素伴(共)生的复合矿较多。我国具有伴(共)生有益组分的铁矿石储量约占全国铁矿石总储量的1/3,涉及一批大中型铁矿区,如攀枝花、红格、白马、大冶、金岭、马鞍山、贵港和海南石碌等铁矿区。典型的复合矿有:攀西地区的钒钛磁铁矿(除含铁、钒、钛之外,还伴生有钴、镍、铬、镓、钪等元素)、包头白云鄂博复合铁矿(除含铁、铌、稀土金属之外,尚有一些分散的稀有元素和放射性元素)、广西贵港高铁铝土矿(主要组成为:Fe_2O_3 35%~50%、Al_2O_3 25%~32%、SiO_2 8%~15%、灼减16%~20%;此外,还含有钒和镓等元素)、辽东硼镁铁矿(主要有用矿物为磁铁矿和硼镁石,其次为硼镁铁矿;脉石矿物主要是蛇纹石,其中还共生有微量铀)等。

鉴于我国含铁复合矿较多的资源特点,加强复合矿的综合利用是实现钢铁产业可持续发展的关键。目前,综合开发利用较好的矿山有湖北大冶铁矿、山东金岭铁矿、马鞍山南山铁矿、内蒙古白云鄂博铁矿和四川攀枝花铁矿等,这些矿山的开采不但提供了高品位铁精矿,同时获得了大量其他矿产品,企业的经济效益得到了有效提高。

大冶铁矿于1958年恢复生产,次年即产出铁精矿和铜精矿两项产品。1965年,又增建了钴车间,生产钴硫精矿。在原有回收铁和铜的基础上,增加回收钴、硫、金、银等元素,提高了经济效益。

攀枝花高钛型钒钛磁铁矿床于20世纪60年代动工兴建,70年代初,有两座高炉和两座转炉建成投产。70年代以来,经过科研、设计和生产部门的多年试验研究,在选铁尾矿中采用重选—浮选—电选流程,成功获得钛精矿。在冶炼方面,成功解决了铁、钒、钛的分离技术。目前,除年产5Mt左右铁精矿之外,还年产0.2Mt左右钛精矿,多于0.1Mt钒渣,企业效益明显改观。

白云鄂博铁、稀土、铌综合矿床是我国稀土和铌蕴藏量最大的矿床,TR_2O_3 和 Nb_2O_5 的储量分别占全国总储量的94.3%和72%。经过多年研究和开发,已基本解决稀土元素的综合回收问题。目前,在包头市已建成冶金系统最大的稀土生产厂,于1994年生产稀土合金7800t;硅铁0.11Mt;稀土矿产品0.027Mt,其中,稀土金属420t,氯化稀土(含碳酸稀土)579t,稀土精矿0.023Mt,获得了较好的经济效益。若能进一步扩大应用产品的开发,并解决铌、萤石的回收利用问题,经济效益将可更进一步提高。

我国铁矿资源的综合利用具有很大的潜力和发展空间。随着选矿和冶炼技术水平的提高,伴(共)生有益组分的综合利用必将显示出良好的经济前景。

2.2.2 我国铁矿资源分布

按资源特点和地理条件,可将我国铁矿资源的分布区域划分为如下几个主要矿区:

(1)东北铁矿区。东北地区的铁矿主要分布于鞍本地区,是我国目前储量最多(约10.6Gt)、开采量最大的矿区。大型矿体主要分布在辽宁省鞍山(包括大孤山、樱桃园、东鞍山、弓长岭等)和本溪(南芬、歪头山、通远堡等),部分矿床分布在吉林省通化附近。鞍本矿区是鞍钢、本钢的主要原料基地。

鞍本矿区铁矿石的主要特点有:1)除极少数富矿外,贫铁矿石占总储量的98%,含铁量在20%~40%之间,平均为30%左右,必须经过选矿处理。经精选后,含铁量可达60%,近几年已达66%~68%。2)含铁矿物以磁铁矿和赤铁矿为主,部分为假像赤铁矿和半假像赤铁矿。其结构致密、坚硬,脉石分布均匀而致密,大部分矿石可选性好,但还原性较差。3)脉石矿物绝大部分是石英岩,SiO_2 含量为40%~50%。但本溪通远堡铁矿为自熔性矿石,其三元碱度 $\frac{w(CaO)+w(MgO)}{w(SiO_2)}$ 在1.0以上,且含锰1.3%~7.5%,可代替锰矿使用。4)铁矿石含杂质S、P较少。本溪南芬铁矿含磷很低,是冶炼优质生铁("人参铁")的好原料。

(2)华北铁矿区。华北地区铁矿主要分布在河北省迁安、宣化、邯郸、邢台等地区以及内蒙古和山西等地。本地区矿床的形成条件比较复杂,但储量丰富,是首钢、包钢、太钢、邯钢、宣(化)钢及阳泉钢铁厂的原料基地。

迁安矿区铁矿石为鞍山型贫磁铁矿,含酸性脉石,S、P杂质少,矿石的可选性好。

邯郸矿区主要是赤铁矿和磁铁矿,矿石含铁量在40%~50%之间,脉石中含有一定的碱性氧化物,部分铁矿石含硫较高,矿石强度较差,有大量粉矿,多用作烧结原料。

(3)西北铁矿区。西北地区的内蒙古包头白云鄂博及甘肃镜铁山矿区为两大复合矿储藏地。

包头铁矿为包钢的原料基地,位于包头市北约150km,主要矿山为白云鄂博,矿床是特种高温热液矿床。铁矿石有赤铁矿及磁铁矿两种,组织致密,呈块状,还原性较好,含铁量在10%~65%之间。SiO_2 含量很低,只有2%左右,属于世界上含 SiO_2 较低的铁矿石之一。该矿区铁矿石的另一特点是含氟4%左右,这也是在世界上铁矿石中很少见的。另外,白云鄂博矿虽然只有数亿吨的储量,但含有极丰富的稀土元素、Nb、CaF_2 以及其他有用资源。

酒泉的镜铁山矿则含有 $BaSO_4$。

(4)中南铁矿区。中南地区铁矿以湖北大冶铁矿为主,其他如湖南的湘潭、河南的汝阳和舞阳、江西和广东等地都有相当规模的储量,这些矿区分别成为武钢、湘钢及各地区各大中型高炉的原料供应基地。

大冶矿区是我国开采最早的矿区之一,主要包括铁山、金山店、程潮、灵乡等矿山,储量比较丰富。矿石主要是铁铜共生矿,铁矿物主要为磁铁矿,其次是赤铁矿,其他还有黄铜矿和黄铁矿等。矿石含铁量为40%~50%,最高达54%~60%。脉石有方解石、石英等。脉石中含 SiO_2 达8%左右,有一定的熔剂性(碱度为0.3左右)。矿石含P低(一般为0.027%),含S高且波动很大(0.01%~1.20%),并含有Cu(0.2%~1.0%)、Co(0.013%~0.025%)等有色金属。矿石的还原性较差,通过选矿后得到铜钴精矿和铁精矿。铁精矿经烧结、球团造块后,再入高炉冶炼。

(5)华东铁矿区。华东地区铁矿区主要是自安徽芜湖至江苏南京一带的凹山、南山、姑山、桃冲、梅山、凤凰山等矿山。此外,还有山东金岭镇、苏北利国等地都有相当丰富的铁矿资源储藏,是马钢及其他一些钢铁企业的原料供应基地。

宁芜矿区的铁矿石主要是磁铁矿和赤铁矿,也有部分黄铜矿和黄铁矿。铁矿石品位较高,部分富矿($w(TFe)=50\%\sim60\%$)可直接入炉冶炼,部分贫矿要经选矿、精选、烧结造块后供高炉使用。矿石的还原性较好。脉石矿物为石英、方解石、磷灰石和金红石等。矿石中含S、P杂质较高

(含 P 一般为 0.5%,最高可达 1.6%,梅山铁矿含 S 平均达 2%~3%),矿石有一定的熔剂性(如凹山、大山及梅山的富矿的平均碱度达 0.7~0.9),部分矿山含 V、Ti 及 Cu 等有色金属。

(6)西南铁矿区。西南地区的铁矿主要分布在攀枝花-西昌矿区,其次在云南、贵州等地,分别为攀钢、重钢、昆钢等大中型钢铁企业提供原料。

攀西矿区是 1957 年勘探出来的,总储量在 5Gt 以上。攀西钒钛磁铁矿为多种元素伴生的岩浆性铁矿,大部分可以露天开采。矿石平均含铁量为 40%左右,含 TiO_2 8%~10%,含 V_2O_5 0.4%左右。其中,钒、钛储量分别占全国的 87%和 94%。此外,还含有钪、镍、钴、镓、铬、钼、铂等 20 多种共生金属。攀西矿区是我国重要的钢铁原料基地和钛工业基地,开采的矿石全部入选,生产含钒钛铁精矿。主要矿山有兰尖、朱家包包、白马、红格及安宁铁矿。

(7)海南岛铁矿区。海南岛铁矿区是在抗日战争时期发现的,矿石和大冶矿大致相同,主要分赤铁矿和磁铁矿两种。目前,开采的矿石含 Fe 55%~58%,SiO_2 15%~17%,P 0.02%~0.09%,Cu 0.2%~0.4%,S 含量低。

我国主要矿区铁矿石的化学成分列于表 2-2 中。

表 2-2　我国主要矿区铁矿石的化学成分

产　地	矿种	铁矿石化学成分/%									烧损/%
		TFe	FeO	SiO_2	Al_2O_3	CaO	MgO	MnO	S	P	
樱桃园	磁	48.30	21.40	25.00	0.79	1.07	0.43	0.23	0.075	0.014	
弓长岭	赤	44.00	6.90	34.38	1.31	0.28	1.16	0.15	0.007	0.02	
东鞍山	贫	32.73	0.70	49.78	0.19	0.34	0.80		0.031	0.035	
本　溪	磁	60.90	27.0	14.53	0.39	0.60	0.55	0.11	0.162	0.22	
南　芬	贫	33.63	11.90	46.36	1.425	0.576	1.593	0.07(Mn)	0.073	0.056	
武　安	磁	60.90	16.20	6.44	0.53	2.13	0.75	0.21	1.11	0.018	
武　安	赤	55.20	8.25	12.96	1.06	2.02	1.48	0.24	0.047	0.035	
庞家堡	赤	50.12	2.00	19.52	2.01	1.50	0.36	0.32	0.067	0.156	
邯　郸		42.59	16.30	19.03	0.47	9.50	5.55	0.11	0.208	0.048	
矿山村	赤	54.50	10.8	11.82	1.60	3.09	0.86	0.313	0.98	0.034	
山东黑旺	褐	40.08		11.17	3.953	10.53	1.096	0.985	0.033		
芥　川	菱	46.45	0.10	17.06	3.14	1.46	0.62	1.41	0.016	0.121	9.09
利　国	赤	53.10	4.50	11.90	2.47	3.44	0.95	1.11	0.0204	0.024	
利　国	磁	50.40	15.10	7.71	3.92	6.30	5.75	0.35	0.28	0.009	
武钢铁山		54.38	13.90	10.30	2.43	3.66	1.51	0.170	0.325	0.096	
武钢灵乡		49.50	8.30	12.90	3.40	4.02	1.56	0.155(Mn)	0.420	0.060	6.0
大　冶	磁	52.78	7.90	12.78	2.34	2.32	1.55	0.21	0.228	0.080	
海南岛		55.90	1.32	16.20	0.96	0.26	0.03	0.14(Mn)	0.098	0.020	6.31
梅　山		59.35	19.88	2.50	0.71	1.99	0.93	0.21	4.452	0.399	
迁　安		32.73	10.27	47.54	0.19	0.36	2.07		0.027	0.040	
攀枝花	磁	51.72		5.2		2.1		0.14(Mn)	0.46		

2.3　世界铁矿资源

2.3.1　世界铁矿资源储量及特点

世界铁矿资源非常丰富,但由于各国计算储量的标准和方法相差悬殊,无法准确统计和比较各国的铁矿石储量。根据美国地质调查局2023年公布的数据(见表2-3),世界铁矿原矿储量基础(指储量基础中可以被立即经济开采利用的资源量)为180Gt;按金属铁计算,储量为85Gt。

表2-3 世界铁矿石储量

国 家	铁矿原矿储量/Gt	含铁储量/Gt	储量平均品位/%
俄罗斯	29	14	48.28
澳大利亚	51	27	52.94
乌克兰	6.5	2.3	35.38
中 国	20	6.9	34.50
巴 西	34	15	44.12
印 度	5.5	3.4	61.82
哈萨克斯坦	2.5	0.9	36.00
瑞 典	1.3	0.6	46.15
美 国	3	1	33.33
加拿大	6	2.3	38.33
南 非	1	0.67	67.00
毛里塔尼亚	—	—	—
其 他	18	9.5	52.78
世界总计	180	85	47.22

注:数据源自美国地质调查局。

世界铁矿资源分布相当集中,主要分布在俄罗斯、乌克兰、哈萨克斯坦、澳大利亚、巴西、美国、加拿大等国家和地区。按原矿储量排序,澳大利亚第一,巴西第二,俄罗斯第三,中国第四,加拿大第六。由于各国铁矿石品位差异较大,原矿储量不能完全表示各国铁矿资源的丰富程度,而应以铁矿石资源折算的金属铁量来进行评价。按金属铁储量排序,澳大利亚居世界第一,巴西、俄罗斯和中国分别居第二、三、四位,印度居第五位,乌克兰、加拿大排第六位。再加上美国、南非、瑞典、智利和伊朗等国,这些国家的铁矿石储量合计占世界总储量的90%。另外,从表2-3还可知,世界上的富铁矿石资源主要集中在印度和南非,其次为澳大利亚、俄罗斯和瑞典。

目前,世界铁矿石资源的特点主要有:

(1)全球铁矿石资源丰富,但矿石品种结构矛盾日益突出。从长期看,全球铁矿石资源丰富,可满足钢铁工业发展对铁矿石的需求。但优质铁矿石资源日益减少,如西澳的优质低磷赤铁矿资源日益减少,而低质量铁矿石资源多。今后,将主要生产品质相对较差的高磷赤铁矿和马拉曼巴矿等矿种。

(2)世界铁矿资源集中在少数国家和地区,集中度高。乌克兰、俄罗斯、澳大利亚、巴西、哈萨克斯坦和我国等国家的铁矿石储量占世界总储量的90%。铁矿资源集中的地区也正是当今世界铁矿石的集中生产区。

(3)在成因类型上,沉积变质型铁矿床居多,其他类型的铁矿床较少。世界铁矿资源的地质成因和矿床类型概括于表2-4中。

表 2-4 世界主要铁矿石资源的地质成因和矿床类型

地质成因	矿床类型		矿石类型	矿床实例		品位/%	储量/Gt	占本国储量/%	占世界总储量/%
				国名	地名				
沉积变质型	含铁石英岩		磁铁矿	加拿大	拉布拉多	36~38	20.6	51	60
			赤、磁铁矿	美国	苏必利尔	31	16.3	94	
			磁、赤铁矿	俄罗斯	库尔斯克	46	43.5		
			磁、赤铁矿	乌克兰	克里沃罗格	36	19.4		
			镜赤铁矿	巴西	米纳斯吉拉斯	35~69	30	65	
			磁、赤铁矿	巴西	卡拉加斯	67	16	34	
			赤、水赤铁矿	澳大利亚	哈默斯利	57	32	91	
			赤铁矿	印度	比哈尔-奥里萨	>60	16.3	29	
内生矿床	岩浆型		钒钛磁铁矿	俄罗斯	卡奇卡纳尔	14~34	14		7.6
			多金属钛磁铁矿	芬兰	奥坦麦基	40			
			钛磁铁矿	加拿大	格林威尔	43	1.5	3.8	
	接触交代(矽卡岩)型		磁、赤铁矿	俄罗斯	马格尼托	37.2	11.4		2.4
			磁、赤铁矿	美国	鹰山	34~35	0.4	2.3	
	热液型		磁、赤铁矿	俄罗斯	科尔舒诺沃	34.5			0.5
			磁、赤铁矿	西班牙	毕尔巴鄂				
外生矿床	沉积型	陆相	鲕状褐、菱铁矿	哈萨克斯坦	图尔盖	35~49	14.8	13	19.0
		海相	鲕状褐铁矿	法国	洛林		7.7	95	
		火山喷气	高磷磁铁矿	瑞典	基鲁纳	33	3.4	66	
			针、赤磁铁矿	加拿大	阿尔果马	58~68	>2		
			赤铁矿	玻利维亚、巴西	乌鲁空-木通	50~53	58		
	风化淋滤型		针铁矿	几内亚	科纳克里	53~57			3.0
	红土矿床			缅甸	通古(吉墨)	30~33			
未划分									7.5

按成因特点,铁矿床主要分为沉积变质型矿床、内生矿床(又分为岩浆型、接触交代型、热液型等)、外生矿床(又分为沉积型和风化淋滤型等)等几大类。其中,沉积变质型矿床是最主要的类型,与其有关的铁矿资源约占世界铁矿总储量的60%以上,该种成因类型的铁矿石主要分布在澳大利亚、巴西、俄罗斯、乌克兰、加拿大、印度和美国等,在南非、几内亚、委内瑞拉以及我国等国也有相当多的分布。这类矿床的特点是规模大,分布集中,常构成几十亿吨储量的巨型矿床。

(4)南半球富铁矿多,北半球富铁矿少。巴西、澳大利亚和南非都位于南半球,其铁矿石原矿品位高、质量好,而北半球的富铁矿资源主要集中在印度和瑞典。

2.3.2 世界主要铁矿区

目前,世界上已发现的特大铁矿区有10余个,其中主要包括:铁矿石产量最多的克里沃罗格铁矿区、采矿历史悠久的苏必利尔湖铁矿区、富铁矿储量居首位的巴西“铁四边形”铁矿区、含铁面积最大的库尔斯克铁矿区、卡拉加斯矿区、卡奇卡纳尔铁矿区、库斯坦奈铁矿区、哈默斯利铁矿区、拉布拉多铁矿区和乌鲁空-木通铁矿区等。这些矿区的铁矿石储量均在10Gt以上,总探明储量超过200Gt,约占世界铁矿总探明储量的4/5。这些铁矿区大多数已成为闻名世界的铁矿石基地。

(1)克里沃罗格矿区。克里沃罗格矿区位于乌克兰的第聂伯罗彼得罗夫斯克州,面积约为300km^2,大约包括300个矿床。目前,仅含铁量为34%~35%的磁铁石英岩的探明储量就达13Gt以上,且埋藏不深,适宜于大规模露天开采。近十几年来,该矿区商品铁矿石的年产量一直稳定在0.1Gt以上,在世界各大铁矿石基地中名列前茅。

该矿区现有北部、中央、新克里沃罗格、南方和英古利茨五大采选公司进行露天开采和洗选含磁铁石英矿。区内11个地下矿山可开采富矿,其中三个矿山的开采深度均超过1km。所产铁矿石除内销外,还部分出口到东欧各国。

(2)"铁四边形"矿区。"铁四边形"矿区是世界上富铁矿储量最多的铁矿石基地。它位于巴西的米纳斯吉拉斯州,在前寒武纪的地层里形成了一系列不连续、成群分布的铁矿床,其外围连线近似于一个四边形,故以"铁四边形"闻名于世。该矿区面积约为7000km^2,富铁矿的工业储量超过24Gt,平均含铁66%~68%。不论富矿储量还是含铁品位,"铁四边形"矿区均居世界第一位。此外,该区还拥有大量的贫铁矿,储量不少于35Gt。矿体埋藏较浅,适于露天开采,而且靠近工业区,地理位置比较优越。上述诸多有利条件,使该矿区在巴西铁矿石生产和出口方面占据绝对优势。

(3)库尔斯克矿区。库尔斯克矿区是世界上含铁面积最大的铁矿石基地,分布在俄罗斯西南部的库尔斯克州、别尔哥罗德州及奥廖尔州,包括东北和西南两个主要的磁力异常带,全区总面积达1×10^5km^2,在世界各大铁矿石基地中居首位。东北矿带长400多千米,宽1~25km;西南矿带长700km,宽2~40km。全区铁矿石探明储量超过38Gt,是俄罗斯铁矿石探明储量最大的铁矿区。富矿探明储量达26Gt,平均含铁51%~62%。矿区接近消费中心,地理位置相当优越。这些是加速开发库尔斯克铁矿区的原因。该区自20世纪60年代进入大规模开发以来,先后建成投产了列别金斯克、米哈伊洛夫斯克和斯托伊连斯克三大采选公司,铁矿生产能力迅速增加。1981年,全区原矿开采量达82Mt,商品铁矿石产量为42Mt,球团矿为15Mt,仅次于克里沃罗格矿区,居全国第二位。进一步扩大现有采选公司的生产能力,继续建设耶可夫列夫地下矿山,新建切尔尼扬斯克和滨奥斯科两大采选公司,不断扩大铁矿生产能力,是库尔斯克铁矿区今后发展的主要方向。

(4)哈默斯利矿区。哈默斯利矿区地处南回归线附近,位于澳大利亚的西北部。这里山岭重叠,气候干旱。20世纪60年代以前,此地人烟稀少,经济落后。1961年,澳大利亚根据牧场主报告的信息进行初探,陆续发现100多个不同规模的铁矿。目前,皮尔巴拉地区铁矿含铁品位高于55%的探明储量达27Gt,且矿体规模大,含铁品位高。如1962年发现、1966年开采的汤姆·普赖斯矿及芒特·纽曼矿,1973年开始勘探的罗布-利韦尔铁矿,平均含铁55%的矿石储量多达3Gt。近年勘探的扬迪库吉纳铁矿的工业储量也在1.2Gt以上,平均含铁量达59%,且矿石埋藏浅,适宜大规模露天开采。随着日本、美国和英国等国的合资开发,哈默斯利矿区铁矿石产量迅速增加,成为澳大利亚最大的铁矿生产和出口基地。

(5)苏必利尔矿区。苏必利尔矿区是具有悠久采矿历史(至少已有130余年)的大型铁矿石基地,位于美国的苏必利尔湖地区。目前,富铁矿(平均含铁50%~58%)资源接近枯竭,预计苏必利尔矿区的剩余富矿储量为2.6~6Gt。此外,还有大量贫矿(即含铁石英岩或铁燧岩),其远景储量达40~65Gt,平均含铁量为27%。尽管如此,由于交通运输十分方便,接近钢铁工业中心,所以至今仍保持着美国最大铁矿石基地的地位。1981年,全区商品铁矿石产量约69Mt,占美国铁矿石总产量的90%以上,而目前由于高品位矿藏枯竭,供应量仅占40%~50%。

(6)拉布拉多矿区。拉布拉多矿区是纬度最高的大型铁矿区之一,位于加拿大的东部。全区铁矿地质储量为32.5Gt,其中探明储量为20.6Gt,约占加拿大铁矿探明储量的44%。矿区北部的矿石品位较高,平均含铁量为50%~62%;中部矿石较贫,平均含铁量为30%~35%;南部已勘探了许多大型铁矿,其中,朱利安-列伊克铁矿的探明储量为1Gt,平均含铁量为36%,计划建设年产9Mt精矿和球团矿的大型采选公司,并通过管道把商品矿输送到港口,然后向美国、日本和西欧各国出口。

(7)洛林矿区。洛林矿区曾是世界上著名的大型铁矿区之一。该区地处法国的东北部,全区面积为1100km²。区内铁矿探明储量为7Gt,以褐铁矿为主,并夹有部分菱铁矿和赤铁矿。该区矿石含铁品位低、含磷高,加之久经开采,产量下降。1980年,商品铁矿石产量只有29Mt,相当于1960年最高产量的46%。

从发展的观点来看,上述著名铁矿区大体可分三种类型:(1)生产潜力大,正处上升时期的铁矿区,如哈默斯利、巴西"铁四边形"、卡拉加斯、俄罗斯库尔斯克等矿区;(2)生产潜力有限,扩大生产有困难,尽力维持稳产水平的铁矿区,如克里沃罗格矿区;(3)铁矿石产量不断下降,已进入开发后期的铁矿区,如苏必利尔、洛林等矿区。

除此之外,哈萨克斯坦的库斯坦奈和卡奇卡纳尔、瑞典的基鲁纳、委内瑞拉的玻利瓦尔、印度的比哈尔-奥里萨和果阿、南非的锡兴和萨巴津比等也都是比较大的铁矿区。

2.3.3 国际铁矿石企业

进入21世纪,随着钢铁企业的大规模重组,国际铁矿石企业也加快了结构重组及合并的进程。

2000年,巴西淡水河谷公司(CVRD)年产成品矿109Mt,联合矿业公司(MBR)年产24.9Mt,弗尔特科(FERTECO)矿业公司年产24.1Mt,萨马尔库(SAMARCO)矿业公司年产14Mt,萨米特里(SAMITRI)矿业公司年产15Mt。目前,淡水河谷公司收购了萨马尔库和萨米特里矿业公司50%的股权,兼并了弗尔特科矿业公司,进而又收购了联合矿业公司,至此,巴西铁矿业完成了重组。如今,淡水河谷公司已拥有年产铁矿石308Mt的规模,居世界第一,成为巴西铁矿业的霸主。

力拓(Rio Tinto)矿业集团公司是世界上仅次于巴西淡水河谷公司的第二大铁矿石供应商,最早成立于1873年,在全球拥有60多家子公司。力拓矿业公司的总部设在英国,澳大利亚的总部在墨尔本。该公司控股的哈默斯利铁矿有限公司是澳大利亚第二大铁矿石生产公司,在西澳皮尔巴拉地区有5座生产矿山,即汤姆普赖斯铁矿、帕拉布杜铁矿、恰那铁矿、马兰杜铁矿和布诺克曼第二矿区,探明储量约为2.1Gt。该公司铁矿石的生产规模为283Mt/a。该公司所有矿山生产的铁矿石均通过铁路运输到丹皮尔港口混匀后,装船外运国际铁矿石市场销售。

澳大利亚BHP Billiton(必和必拓)集团公司是全球第三大铁矿供应商。BHP Billiton公司是实力很强的跨国公司,不但有铁矿石企业,还拥有大型钢铁企业和有色金属企业等。BHP Billiton公司现在不仅为世界第三大铝、铜矿生产企业,同时也是世界上最大的冶金煤出口商,还是世界上最大的锰矿、铬矿及铁合金生产商。BHP Billiton公司拥有的铁矿山位于澳大利亚西部皮尔巴拉地区,旗下的铁矿业务分为西澳铁矿(WAIO)和位于巴西的萨马科(Samarco)铁矿。西澳铁矿是一个由四座加工中心和五座矿山组成的一体化系统,分别包括纽曼、扬迪、金布巴、戈德沃斯四个主要的合资企业。纽曼山铁矿年产成品矿87Mt,扬迪矿80Mt,金布巴矿8Mt,戈德沃斯矿已于2014年停产,BHP Billiton公司合计拥有铁矿生产规模253Mt/a。另外,BHP Billiton在亚里南部还有Mining Area C矿区(MAC),拥有820Mt的铁矿储量。

上述三大铁矿石公司三足鼎立,生产规模合计为844Mt/a。

2.3.4 我国常用的进口铁矿

表2-5和表2-6分别给出了国外典型铁矿石的化学成分和我国钢铁企业常用进口铁矿石的特点。按铁矿石的各项性能进行综合评价,基本上可将进口铁矿石分为三类:(1)A类,指各项性能均较好的铁矿石,主要有:巴西的里奥多西矿、卡拉加斯矿、MBR矿等;(2)B类,指各项性能尚好的铁矿石,主要有:澳大利亚的纽曼山矿和扬迪矿,南非、委内瑞拉、加拿大的铁矿石;(3)C类,指各项性能略差的铁矿石,主要有:澳大利亚的哈默斯利矿和罗布河矿,印度的果阿矿等。

表2-5 国外典型铁矿石的化学成分

铁矿石成分/%	TFe	SiO_2	CaO	Al_2O_3	MgO	P	S	FeO	烧损
巴西(里奥多西)	67.45	1.42	0.07	0.69	0.02	0.031	0.006	0.009	1.03
巴西(MBR)	67.50	1.37	0.10	0.94	0.10	0.043	0.008	0.37	0.92
巴西(卡拉加斯)	67.26	0.41		0.86	0.10	0.110	0.008	0.22	2.22
南非(伊斯科)	65.61	3.47	0.09	1.58	0.03	0.058	0.011	0.30	0.39
南非(阿苏曼)	64.60	4.26	0.04	1.91	0.04	0.035	0.011	0.11	3.64
加拿大(卡罗尔湖)	66.35	4.40	0.30	0.20	0.26	0.007	0.005	6.92	0.26
委内瑞拉	64.17	1.33	0.02	1.09	0.03	0.084	0.028	0.52	3.64
瑞典	66.52	2.09	0.27	0.26	1.54	0.025	0.004	0.35	0.86
澳大利亚(哈默斯利)	62.60	3.78	0.05	2.15	0.08	0.066	0.013	0.14	2.10
澳大利亚(纽曼山)	63.45	4.18	0.02	2.24	0.05	0.068	0.008	0.22	2.34
澳大利亚(扬迪)	58.57	4.61	0.04	1.26	0.07	0.036	0.010	0.20	8.66
澳大利亚(罗布河)	57.39	5.08	0.37	2.58	0.20	0.042	0.009	0.07	8.66
印度(卡洛德加)	64.54	2.92	0.06	2.26	0.06	0.022	0.007	0.14	0.65
印度(果阿)	62.40	2.96	0.05	2.02	0.10	0.035	0.004	2.51	1.27

表2-6 我国钢铁企业常用进口铁矿石的特点

矿种名称		矿石特点	运输费用
澳大利亚	纽曼山矿 哈默斯利矿	矿石中含有少量的烧损,含铁品位高,含P低,含Al_2O_3高	距离我国较近(7000km),运输费用较低
	罗布河矿 扬迪矿	由于含有部分褐铁矿,矿石含铁较低,SiO_2和Al_2O_3含量高,往往用于烧结,烧结后品位较高,但烧结较困难	距离我国较近(7000km),运输费用较低
	卡里亚诺宾矿	属于高结晶水褐铁矿,只能用于烧结,烧结后品位较高,但烧结困难	距离我国较近(7000km),运输费用较低
南非	锡兴矿	出口矿石是经过重液选矿的优质矿石,含铁品位高,含P和Al_2O_3低,还原粉化率低	距我国较远(16000km),运输费用较高
巴西	依塔贝拉矿	品位高,含SiO_2和Al_2O_3低,还原性差	距离遥远(21000km),运输费高
	卡拉加斯矿	品位高,含SiO_2和Al_2O_3低,还原性好	距离遥远(22000km),运输费高
印度	果阿矿	品位高,含Al_2O_3高,还原性较差	距离较近(8000km),运输费用较低,但需通过马六甲海峡
智利	罗梅拉尔矿	以磁铁矿为主,含硫高,往往还含有其他有害元素	距离我国较远(9500km),运输费用较高
秘鲁	马尔科纳矿	以磁铁矿为主,含硫很高,还含有Cu等多种杂质	距离我国较远(9000km),运输费用较高

随着我国钢铁产业的快速发展，近年来，我国钢铁企业国外铁矿石的进口量逐年增加（如图 2-1 所示），钢铁生产对进口资源的依赖程度日益加剧。2021 年，我国的进口矿量达 1.124Gt，占全年全国铁矿总消耗的 79%，进口矿成为我国钢铁企业铁矿供应的主要来源。因此，我国铁矿石需求量的大幅增加必然导致国际铁矿石供应格局的改变，进而对我国钢铁产业、国民经济乃至国家安全带来战略层面上的安全隐患。在此背景下，立足于国内资源，加强国内低品位铁矿与复杂、难处理铁矿的高效利用，已成为国家钢铁工业发展的中长期发展规划之一。

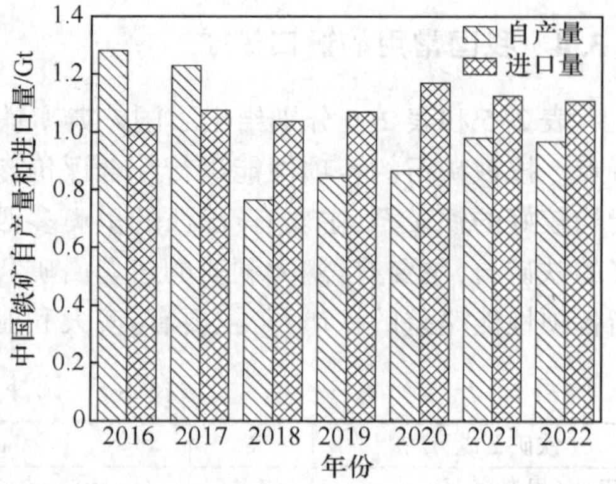

图 2-1　我国钢铁企业铁矿石自产量和进口量的变化

2.4　铁矿石质量的评价

铁矿石是高炉生产的重要原料，其质量直接影响着高炉冶炼的技术经济指标。因此，各企业十分重视铁矿石的质量。通常，从理化特性、冶金性能以及经济价值等多方面来综合评价铁矿石。

2.4.1　铁矿石的理化特性

铁矿石的理化特性一般用矿石品位、脉石成分、有害杂质和有益元素含量、矿石成分的稳定性、粒度和孔隙率等指标来表征。

2.4.1.1　*矿石品位*

铁矿石品位指的是矿石的含铁量。铁矿石品位高，有利于降低高炉焦比和提高产量。这是因为，若矿石的含铁量降低，则脉石的数量增加，石灰石用量和渣量也随之升高。所以，过贫的铁矿石直接入炉冶炼在经济上不合算，同时在操作上也有较多困难。贫矿应当经过选矿提高品位后再入炉冶炼，才是比较经济合理的。

不过，并没有绝对固定的标准来描述铁矿石的贫富或限定铁矿石直接入炉冶炼的最低合格品位，因为还必须考虑铁矿石的脉石成分、有害杂质和有益元素的含量以及铁矿石类型等因素。对于褐铁矿、菱铁矿和碱性脉石（如 CaO）较多的铁矿石，含铁量的要求可以适当降低，因为褐铁矿和菱铁矿在分解释放出其中的结晶水和 CO_2 后，含铁品位可以提高。对于含有益元素的矿石，从综合利用的角度来看，常常需要经过选矿处理。也有资料认为，扣除 CaO 后含铁量大于 70% 理论含铁量的铁矿石，即可认为是富矿。应当根据国家的资源条件和技术经济条件，确定矿石的最低工业品位，当前我国钢铁生产对铁矿石的最低工业品位要求列于表 2-7 中。

表 2-7　铁矿石的最低工业品位要求

矿石类型	最低工业品位/%	矿石类型	最低工业品位/%
磁铁矿	20~25	褐铁矿	30
赤铁矿	30	菱铁矿	25

2.4.1.2　*脉石成分*

脉石的化学成分对矿石的冶炼价值影响很大。

大多数铁矿石的脉石和焦炭的灰分为酸性，故若矿石中 CaO 含量高，就具有较高的冶炼价值，同时，矿石的含铁量可允许适当降低。

铁矿石中 SiO_2 含量越低越好。若 SiO_2 含量高，石灰石消耗量和生成的渣量就大，将引起焦比升高和产量下降。一般将矿石中 CaO 与 SiO_2 质量分数的比值称为碱度。铁矿石碱度越高，冶炼时加入的石灰石熔剂量越少。

矿石中 MgO 含量高时，就会增加炉渣中的 MgO 含量，而适量的 MgO 能改善炉渣的流动性和增加其稳定性。一般说来，高炉渣中保持 6%～8%的 MgO 有利于高炉冶炼操作，但炉渣中 MgO 过高又会降低其脱硫能力和流动性。我国高炉冶炼曾有过炉渣含 MgO 18%～20%的实践经验，通常认为，当渣中 MgO 量大于 20%时，将会给冶炼带来一定困难。目前，我国有不少高镁铁矿的矿床正在建设中或已投入生产。从选矿角度看，MgO 含量在 3%～23%范围内的矿石都是易选的，铁的回收率均可达到预期效果，但是选矿不能使 MgO 含量大幅降低。

Al_2O_3 在高炉渣中为中性氧化物，Al_2O_3 含量过高（超过 18%）的炉渣难溶，流动性差。因此，要对铁矿石中 Al_2O_3 含量加以控制，矿石中 $w(SiO_2)/w(Al_2O_3)$ 的值一般不宜小于 2.0。我国武钢高炉所用的铁矿石 Al_2O_3 含量较高，但未超过正常冶炼所允许的范围。

我国一些矿区拥有储量丰富的钛磁铁矿，其脉石中含有 TiO_2。由于主要含钛矿物的钛铁晶石（$Fe(TiFe)O_4$）的晶粒很细（小于 1μm），同磁铁矿形成连晶体，很难用一般机械方法选分，故精矿中仍含有相当数量的 TiO_2。含 TiO_2 的炉渣在冶炼中有变稠的特点，容易导致渣铁不能畅流、炉缸堆积和生铁含硫升高等问题。因此，过去很长一段时期内认为，炉渣中 TiO_2 含量不能超过 8%，致使大量钛磁铁矿不能被利用。我国冶金工作者经过多年努力，终于攻克了钛磁铁矿冶炼难关，获得渣铁畅流和生铁合格的冶炼效果，使我国钛磁铁矿高炉冶炼技术居于世界领先地位。

2.4.1.3 有害杂质和有益元素含量

有害杂质通常是 S 和 P，在个别情况下，还有 Pb、Zn、As 及碱金属。Cu 有时为有害杂质，有时为有益元素。应当特别指出，所谓有害和有益的概念是相对的，随着冶炼技术的进步可以变害为益。各种有害元素的界限含量和主要危害总结于表 2-8 中。

表 2-8 铁矿石中各种有害元素的界限含量和主要危害

元素	允许含量/%	危害及说明	
S	≤0.3	使钢产生热脆，易轧裂	
P	≤0.3	对酸性转炉	磷使钢产生冷脆，烧结及炼铁过程不易除磷
	0.2～1.2	对碱性转炉	
	0.05～0.15	对普通铸造生铁	
	0.15～0.60	对高磷铸造生铁	
Zn	≤0.1～0.2	Zn 于 900℃时挥发，上升后冷凝沉积于炉墙，使炉墙膨胀，破坏炉壳；烧结时可除去 50%～60%的 Zn	
Pb	≤0.1	Pb 易还原，密度大，可与铁分离，沉于炉底，破坏砖衬；Pb 蒸气在上部循环累积，形成炉瘤，破坏炉衬	
Cu	≤0.2	少量 Cu 可改善钢的耐腐蚀性，但 Cu 过多使钢热脆，不易焊接和轧制；Cu 易还原并进入生铁	
As	≤0.07	As 使钢冷脆，不易焊接，生铁含 As 量应不大于 0.01%；炼优质钢时，铁中不应含 As	
Ti	15～16（TiO_2）	Ti 降低钢的耐磨性和耐腐蚀性；使炉渣变黏，易起泡沫；含 TiO_2 过高的矿应作为宝贵的 Ti 资源	
K、Na		易挥发，在炉内循环累积，造成结瘤，降低焦炭及矿石的强度	
F		F 在高温下气化，腐蚀金属，危害环境；CaF_2 会侵蚀破坏炉衬	

硫(S)是对钢最为有害的成分,使其具有热脆性。国家标准规定,生铁中S含量不能大于0.07%,因此要求矿中含S越少越好。根据鞍钢经验,矿石中含S每升高0.1%,则焦比升高5%,这是由于脱硫要求提高炉渣碱度,需要增加石灰石的用量,同时渣量也随之增大。一般规定,矿石中$w(S) \leqslant 0.06\%$为一级矿,$w(S) \leqslant 0.2\%$为二级矿,$w(S) > 0.3\%$高硫矿。铁矿石中的S常以黄铁矿(FeS_2)、磁铁矿(FeS)和黄铜矿($FeCuS_2$)等硫化物以及硫酸盐(如重晶石)的形态存在。对于高硫矿石,可以通过选矿和烧结的方法处理,降低含S量。

磷(P)也是有害元素,使钢具有冷脆性。除少数高磷铸铁允许有较高磷量外,一般生铁含P量越低越好。由于磷在选矿和烧结过程中不易除去,而在炼铁时又全部还原进入生铁(而S在高炉内可以去除90%以上),因此要求矿石中P含量越低越好。控制生铁含P的唯一途径就是控制含铁原料的含P量。对于高磷矿石,可以冶炼供碱性底吹转炉用的高磷生铁,所得高磷钢渣是很好的化肥。

铜(Cu)在钢中的含量不超过0.3%时,可以增加其抗腐蚀性能,含铜钢板可以用于造船工业。但当铜含量超过0.3%时,则钢制品焊接性能降低,并产生热脆现象。我国某地区的铁矿石中,铜以黄铜矿($FeCuS_2$)和孔雀石($CaCO_3 \cdot Cu(OH)_2$)形态存在,其中,以硫化物形态存在的黄铜矿可以通过浮选而回收,做到铜铁分离,但以氧化物形态存在的铜却进入铁精矿。铜在一般烧结过程中不能去除,而炼铁过程中铜全部还原进入生铁。一般铁矿石允许含铜量不超过0.2%。对于一些难选的高铜氧化矿,除了可以氧化焙烧回收铜外,还可以冶炼高铜铸造生铁($w[Cu] > 1.0\%$),这种合金铸铁具有很好的机械强度和耐腐蚀性。

我国一些铁矿石中含有少量的铅(Pb)、锌(Zn)和砷(As),它们一般以硫化物状态存在,如方铅矿(PbS)、闪锌矿(ZnS)、毒砂(FeAsS)和辉砷钴矿(CoAsS)等。在普通烧结过程中,Pb、Zn不能去除,而在高炉内都是易还原元素。Pb在生铁中几乎不溶解,密度较铁水大,沉积于炉底铁水层以下(有的高炉在正常铁口下再开一个出铅口,定期将沉积的金属铅放出),会渗入砖缝,破坏砌砖。Pb在1550℃时沸腾,铅蒸气在炉内挥发上升,在上部再度氧化成PbO,其中一部分随气流逸出,另一部分又随炉料下降再被还原,如此循环,使炉内铅不断积聚。冶炼含铅矿石时,高炉时常结瘤。Zn在高炉内还原后,在高温区以锌蒸气形式大量挥发上升,有类似铅蒸气的情况。部分ZnO沉积于炉身部分的砌砖缝隙中,还会引起炉衬膨胀和炉壳破坏。因此,要求矿石中Pb和Zn的含量越低越好。国外冶炼含锌矿的实践表明,Zn含量低于0.1%时均可顺利冶炼。目前,对于含Pb和Zn的矿石,可以通过氯化焙烧的方法使Pb、Zn同时分离并加以回收。As在烧结过程中只能去除一部分,在高炉内,As全部还原进入生铁。钢中含As将降低其焊接性能和增加其脆性。一般矿石Zn含量不应超过0.1%~0.2%,含Pb不超过0.1%,含As不超过0.7%。

碱金属(K、Na等)在我国一些地区的铁矿石中含量比较高,一般以硅酸盐形式存在。含碱金属的铁矿石入高炉炼铁时,在高炉内造成碱金属循环积累,引起高炉结瘤。因此,要求铁矿石中含碱金属量越少越好,碱金属含量高的铁矿石应与低碱金属矿石搭配使用。

铁矿石中经常共生一些对钢质量有改善作用或可有效提取的有益元素,如Mn、Cr、Co、Ni、V、Ti、Nb、Ta、Ce及La等。当这些元素达到一定数量时,如$w(Mn) \geqslant 5.0\%$、$w(Ni) \geqslant 0.2\%$、$w(Cr) \geqslant 0.06\%$、$w(V) \geqslant 0.10\% \sim 0.15\%$、$w(Co) \geqslant 0.03\%$、$w(Cu) \geqslant 0.3\%$、$w(Pb) \geqslant 0.5\%$、$w(Zn) \geqslant 0.7\%$、$w(Sn) \geqslant 0.2\%$、$w(Mo) \geqslant 0.3\%$的矿石,可视为复合矿,具有较高的经济价值。我国的复合矿储量大、种类多,是非常宝贵的财富,有许多元素为国防尖端工业所急需。因此,对于这类矿石,应大

力开展综合利用。

2.4.1.4 *矿石成分的稳定性*

保持入炉矿石成分的稳定性对高炉的稳定顺行非常重要。铁矿石化学成分的变化会引起炉温、炉渣碱度和生铁成分的波动，从而破坏高炉顺行。为此，应对成品矿石进行混匀处理，使入炉矿石品位的波动在±0.1%以下。

2.4.1.5 *矿石的粒度和孔隙率*

铁矿石的粒度对高炉冶炼的影响也很大。粒度过小时，高炉料柱的透气性差，使煤气流上升阻力增大；但粒度过大，又会减少煤气和矿石的接触面积，使矿石中心部分不易还原，从而使还原速度降低，焦比升高。一般规定，粒度小于5mm的铁矿石不许入炉，必须筛除。铁矿石粒度的上限与铁矿石的还原性有关，对于难还原的磁铁矿，粒度不能超过40mm；而对于易还原的赤铁矿和褐铁矿，允许粒度不大于50mm。目前，中、小型高炉的铁矿石粒度一般小于35mm，最大不宜超过35mm。

应该指出，缩小入炉铁矿石粒度的同时，必须使其粒度组成尽可能均匀，筛除粉末，粒度差别较大的矿石应分级入炉。这样既提高了料柱的透气性，又改善了炉料的还原和传热条件，从而有利于炉况顺行、降低焦比和提高产量。所以，铁矿石从矿山开采出来之后应当经过整粒处理，大块要破碎，不能直接入炉的矿粉应进行筛分后造块。

铁矿石的孔隙率对高炉冶炼也有影响。铁矿石的孔隙率又分为体积孔隙率和面积孔隙率。前者是指铁矿石中孔隙所占的体积相对于矿石总体积的百分比，后者为单位铁矿石体积内气孔表面积的绝对值。气孔有开口和闭口两种，而有利于还原的是开口气孔。铁矿石的孔隙率越大，透气性就越好，铁矿石就越易被还原。

2.4.2 铁矿石的冶金性能

铁矿石的冶金性能主要包括：铁矿石的强度、还原性、热爆裂性能、软熔特性等方面。

2.4.2.1 *铁矿石的强度*

铁矿石的强度是指铁矿石耐冲击、摩擦和挤压的强弱程度。随着高炉容积不断扩大，要求矿石具有较高的强度，尤其是高温下的强度。这主要是因为，如果矿石强度低，入炉后在上部料柱的压力下会产生大量粉末，一方面增加炉尘损失量；另一方面，粉末多易堵塞煤气通路，严重影响料柱透气性，导致高炉操作困难。

2.4.2.2 *铁矿石的还原性*

铁矿石的还原性是指在高炉冶炼的温度条件下，用还原气体（CO和H_2）夺取铁矿石中与铁元素结合的氧的难易程度，是评价铁矿石质量的最重要指标。易还原的铁矿石，在冶炼过程中能提高煤气利用率，有利于降低焦比；而难还原的铁矿石，在冶炼过程中需消耗更多的热量，从而增加焦比。铁矿石还原的难易程度会影响高炉冶炼的效率，但不能决定铁矿石能否被利用。

铁矿石的还原性取决于铁矿石的矿物组成、结构致密程度、粒度和孔隙率等因素，孔隙率大和结构疏松的铁矿石还原性好。高炉常用的几种天然铁矿石中，磁铁矿还原性最差；赤铁矿居中；褐铁矿和菱铁矿由于受热过程中失去结晶水和放出CO_2，产生大量的气孔，结构疏松，所以还原性最好。另外，人造富矿（烧结矿和球团矿）的还原性又优于天然矿石。

直到现在，在实验室内还很难完全模拟出高炉冶炼的实际条件以测定铁矿石的还原性，也很难用现有测定法获得的数据来准确推算高炉的生产指标。但通过实验室测定，还是可以为评价铁矿石质量提供一个相对比较值，即为选用铁矿石提供统一标准和科学依据。

铁矿石的还原性按国家标准GB/T 13241—91进行测定，主要要求见表2-9。试验过程大致与烧结矿还原性检测相同，详见本书 6.6.1 节。测得的结果一般用还原度指数(RI)表示，由式(2-1)计算。RI 小于 60%的为还原性差的矿石，而大于 80%的为还原性好的矿石。

表 2-9 我国铁矿石还原性的测定方法(GB/T 13241—91)

项 目	指 标	项 目	指 标
还原管直径/mm	75	还原气体流量(标准)/$L \cdot min^{-1}$	15
试样粒度/mm	10~12.5	还原温度/℃	900±10
试样质量/g	500(±1 粒)	还原时间/min	180
还原气体的摩尔分数/%	CO:30±0.5	记录还原减重的间隔时间/min	10
	N_2:70±0.5	还原度指数表示/%	*RI*

$$RI=\left(\frac{0.111w_1}{0.430w_2}+\frac{m_0-m_t}{m_0 \cdot 0.430w_2}\right)\times 100\% \tag{2-1}$$

式中，RI 为矿石的还原度指数，%；w_1 为试验前试样中 FeO 的质量分数，%；w_2 为试验前试样中的全铁质量分数，%；m_0 为 900℃还原开始前试样的质量，g；m_t 为 900℃还原 180min 后试样的质量，g。

2.4.2.3 铁矿石的热爆裂性能

天然铁矿石中若含有带结晶水或碳酸盐的矿物，入炉后受热分解，将逸出气体而使铁矿石爆裂，因产生粉末而影响高炉透气性。这类铁矿石就不可直接入炉冶炼，需要破碎成粉矿后用作烧结原料。澳大利亚的扬迪块矿和巴西的里奥多西块矿就属于此类。

目前，尚无统一的热爆裂性检验方法，通常是把具有一定粒度的冷块矿加入预热到一定温度的容器中，按照爆裂成碎片(如小于 5mm)的比例来计算热爆裂性；或者按一定升温速度下的爆裂程度来衡量。

2.4.2.4 铁矿石的软熔特性

软熔特性指铁矿石开始软化的温度和软熔温度区间(即从软化开始到熔化终了的温度区间)。高炉冶炼要求铁矿石具有较高的软化温度和较窄的软熔温度区间。因为若铁矿石软化温度高，在高炉冶炼过程中就不会过早形成初渣，成渣带位置低，有利于铁矿石在高炉上部区域充分预热和预还原，初渣中含 FeO 少；软熔区间窄，软熔带薄，从而有助于改善料柱透气性和提高高炉生产指标。各种铁矿石的软熔特性可通过试验测定，详见本书与烧结矿冶金性能测定相关的章节。

表 2-10 给出了国内海南矿和部分进口块矿的冶金性能。

表 2-10 海南矿和部分进口块矿的冶金性能

冶金性能指标	海南矿	南非矿	哈默斯利矿	纽曼山矿	果阿矿	卡拉加斯矿	依塔贝拉矿
特 点	品位低，含 SiO_2 高，含 S 量为 0.4%，还原性好，熔融性差	熔融性差，还原粉化率低	熔融性差，含 Al_2O_3 高，含 SiO_2 低，还原性好	Al_2O_3 和 SiO_2 的含量均高	品位较低，SiO_2 含量较低，含 Al_2O_3 高	品位高，含 SiO_2 低，还原性好	品位高，含 SiO_2 低，还原性差
RI/%	65.74	62.11	69.48		58.5	66.94	51.50
$RDI_{-3.15}$/%	12.68	11.58	24.95			21.31	26.50($RDI_{-2.83}$)
爆裂指数(小于 5mm)/%	0.2		3.84	5.8	1.0		1.0
t_{10}/℃	1167	1082	1012	1110	970	1103	970

续表 2-10

冶金性能指标	海南矿	南非矿	哈默斯利矿	纽曼山矿	果阿矿	卡拉加斯矿	依塔贝拉矿
Δt_1/℃	69	127	109	160	220	255	220
t_s/℃	1183	1182	1084	1395	1540	1211	1540
Δt_2/℃	319	228	340	105	20	267	20
Δp_m/Pa	8820	7644	7448	6223	2646	2009	2558
S/kPa·℃	2813.6	1742.8	2435.5	653.4	52.92	536.4	51.2

注：1. 纽曼山矿和果阿矿的相关数据源自宝钢，依塔贝拉矿的数据由 CVRD 公司提供。

2. 其中，RI 为还原度指数；t_s 为开始熔化温度；$RDI_{-3.15}$ 为还原粉化指数；Δt_2 为开始滴落温度与开始熔化温度的差值；t_{10} 为软化过程中位移收缩 10%时的温度；Δt_1 为软化过程中位移收缩 40%与 10%之间的温差；Δp_m 是熔滴过程中的最大压差；S 为熔滴特性值，即 $\Delta p_m \cdot \Delta t_2$。

2.4.3　铁矿石价值的评价方法

钢铁厂在采购铁矿石时，首先考虑的是该铁矿石的到厂价格。由于各种铁矿石的含铁量不同，其价格也有很大差别。含铁量是铁矿石最重要的标志，应用吨矿价格与矿石含铁量的比值（即每 1%铁含量的价值）来比较矿石的经济价值，这是目前采用的主要方法。但铁矿石除了含铁之外，还含有很多其他非铁元素，不同含量的不同元素对高炉冶炼过程产生的影响也不同，有些是有益的，有些是有害的，这些非铁元素的含量也直接影响到铁矿石的价值。由此可见，应当合理而全面地对铁矿石进行价值评价。国内外应用的铁矿石价值评价方法主要有如下几种：

（1）铁矿石品位法。该法是通过铁矿石中铁元素质量占铁矿石总质量的百分比来评价铁矿石的。

$$w(\text{TFe}) = (m_{\text{Fe}}/m_o)\times 100\% \tag{2-2}$$

式中　$w(\text{TFe})$——铁矿石全铁含量，%；

m_{Fe}——铁矿石中铁元素的质量，kg；

m_o——铁矿石的总质量，kg。

（2）扣 CaO、MgO 后铁品位法。该法采用扣除脉石中 CaO、MgO 质量后，铁矿石中铁元素所占的质量分数来评价铁矿石。

$$w(\text{TFe})_{扣} = \{w(\text{TFe})/[1-(w(\text{CaO})+w(\text{MgO}))]\}\times 100\% \tag{2-3}$$

式中　$w(\text{TFe})_{扣}$——铁矿石扣除碱性氧化物（CaO、MgO）后的含铁量，%；

$w(\text{CaO})$——铁矿石中 CaO 含量，%；

$w(\text{MgO})$——铁矿石中 MgO 含量，%。

以上两种方法是目前最常使用的，特别是第二种方法使用更为普遍。但这两种方法都存在一定的局限性，难以完全反映铁矿石的入炉冶炼效果。铁矿石品位法由于没有反映脉石含量的影响，存在着较大的缺陷性。扣 CaO、MgO 后铁品位法考虑了碱性脉石的影响，由于碱性脉石是高炉冶炼造渣的必需原料，碱性脉石含量的增加相当于铁品位的提高，所以扣 CaO、MgO 后铁品位法比铁矿石品位法更能反映铁矿石的价值。

虽然扣 CaO、MgO 后铁品位法考虑了碱性脉石的影响，但没有考虑酸性脉石的影响。对于两种铁品位相同的矿石，完全有可能出现某一种铁矿石的酸性脉石含量高于或低于另一种铁矿石的情况，因此，只考虑碱性脉石的含量而不考虑酸性脉石含量的影响存在着片面性。

（3）铁矿石综合评价法Ⅰ。铁矿石综合评价法Ⅰ的两个表达式分别是：

$$w(\text{TFe})_{评\text{I}} = w(\text{TFe})/[1+2R_4(w(\text{SiO}_2)+w(\text{Al}_2\text{O}_3))-2(w(\text{CaO})+w(\text{MgO}))]\times 100\% \tag{2-4}$$

$$w(\mathrm{TFe})_{评\mathrm{I}}=w(\mathrm{TFe})/[1+2R_2w(\mathrm{SiO_2})-2w(\mathrm{CaO})]\times100\% \tag{2-5}$$

式中 $w(\mathrm{TFe})_{评\mathrm{I}}$——按上述方法得出的铁矿石全铁含量,%;

R_4,R_2——高炉渣的四元和二元碱度;

$w(\mathrm{SiO_2})$——铁矿石中 SiO_2 含量,%;

$w(\mathrm{Al_2O_3})$——铁矿石中 Al_2O_3 含量,%。

式(2-4)和式(2-5)的含义是,铁矿石的含铁品位占铁矿石量与按炉渣碱度计算应加入熔剂量之和的百分比。炉渣采用四元碱度时应用式(2-4),炉渣采用二元碱度时应用式(2-5),熔剂的有效熔剂性按 $w(\mathrm{CaO})+w(\mathrm{MgO})=50\%$ 来计算。

(4)铁矿石综合评价法Ⅱ。铁矿石综合评价法Ⅱ是在铁矿石综合评价法Ⅰ的基础上,进一步考虑 FeO 的影响,将 FeO 的影响折算为铁品位的影响,以 1%FeO 相当于 0.3%~0.5%Fe 计算,表达式分别为:

$$w(\mathrm{TFe})_{评\mathrm{II}}=[w(\mathrm{TFe})-(0.3\sim0.5)w(\mathrm{FeO})]/[1+2R_4(w(\mathrm{SiO_2})+w(\mathrm{Al_2O_3}))-2(w(\mathrm{CaO})+w(\mathrm{MgO}))]\times100\% \tag{2-6}$$

$$w(\mathrm{TFe})_{评\mathrm{II}}=[w(\mathrm{TFe})-(0.3\sim0.5)w(\mathrm{FeO})]/[1+2R_2w(\mathrm{SiO_2})-2w(\mathrm{CaO})]\times100\% \tag{2-7}$$

式中,$w(\mathrm{FeO})$为铁矿石中的 FeO 含量,%;其他同铁矿石综合评价法Ⅰ。

铁矿石综合评价法Ⅱ不仅考虑了铁矿石中碱性和酸性脉石含量对冶炼的影响,同时还考虑了 FeO 含量对冶炼的影响,比常规方法进步了很多。但在对烧结矿的原料结构及高炉入炉矿石进行评价时,应用此方法还有不足之处,主要是各种矿石的熔剂量估算不准,矿石的烧损、高炉冶炼时的焦比和实际渣量的影响也不能在该方法中体现。

(5)经济价值评价法。在综合考虑以上评价方法的基础上,经济价值评价法对前苏联 M. A. 巴甫洛夫关于铁矿石冶金价值的计算公式进行修正,将原公式中的焦比分为焦比和喷煤比两项,同时考虑品位升高对产量、加工费和焦比的影响,按品位提高1%,则增产2%,节焦1.5%来计算。用某一时期的实际指标作为基数,把熔剂的需要量也引入公式中加以计算,得出矿石的冶金价值计算公式,见式(2-8)。

$$p_1=(F/f)\{p-C_1(1-0.015\delta)p_2-C_2p_3-(0.945/F)[(1.35w(\mathrm{SiO_2})_{矿}-w(\mathrm{CaO})_{矿})/w(\mathrm{CaO})_{熔剂}]p_4-g(1-0.02\delta)\} \tag{2-8}$$

式中 p_1——矿石的冶金价值,元/t;

F——矿石的含铁量,%;

f——生铁含铁量,%;

p——车间允许的最高生铁成本,元/t;

C_1——计算基准期焦比,t/t;

δ——矿石品位与入炉品位之差,%;

p_2——焦炭价格,元/t;

C_2——喷煤比,t/t;

p_3——煤粉价格,元/t;

$w(\mathrm{SiO_2})_{矿}$——矿石中的 SiO_2 含量,%;

$w(\mathrm{CaO})_{矿}$——矿石中的 CaO 含量,%;

$w(\mathrm{CaO})_{熔剂}$——熔剂中的 CaO 含量,%;

p_4——熔剂的价格,元/t;

g——计算基准期生铁的车间制造费,元/t。

矿石的经济价值为:

$$P=p_1-p_0 \tag{2-9}$$

式中 P——矿石的经济价值,元/t;

p_0——矿石的到厂价格,元/t。

采用此方法对直接入炉矿石进行评价是比较合理的,但对非直接入炉矿石不能直接评价,需要将其换算成烧结矿才可评价。换算方法是:把铁矿石配成自熔性单烧烧结矿,计算出它的含铁品位、化学成分、烧结矿总成本和消耗量,再用式(2-8)进行单烧烧结矿的冶金价值计算;将单烧烧结矿的冶金价值除以单烧烧结矿消耗量,算出单位矿石的冶金价值;将单烧烧结矿的冶金价值减去单烧烧结矿成本,算出单烧烧结矿的经济价值;将单烧烧结矿的经济价值除以单烧烧结矿矿石消耗量,算出单位矿石的经济价值。

2.5 铁矿石替代品

钢铁工业和其他工业部门经常产生大量含铁二次资源,在高炉冶炼过程中,将这类物料当作铁矿石替代品加以充分利用,不仅有利于扩大炼铁资源,而且还可减少公害和降低炼铁成本。

常用的二次含铁资源包括:烧结返矿、高炉炉尘、转炉炉尘、轧钢皮、硫酸渣、铁屑以及一些有色金属选矿的高铁尾矿和炉渣等。总体上讲,要求这些废弃物品位高、有害杂质少、脉石含量适宜。

2.5.1 高炉炉尘

在对高炉炉顶煤气进行净化处理时,用重力除尘器除去的干式粗粒粉尘称为瓦斯灰;经文氏管中水喷淋吸附的细粒称为瓦斯泥,两者统称为高炉炉尘。高炉炉尘的主要组分是铁粉、焦粉和煤粉,并含有少量脉石,也有部分高炉炉尘中含有铅、锌、砷等有害元素。

表2-11给出了梅钢高炉瓦斯泥的典型化学成分。

表2-11 梅钢高炉瓦斯泥的典型化学成分

组分	TFe	MFe	FeO	SiO_2	CaO	MgO	Al_2O_3	C	Zn	P	S
含量/%	46.86	0.36	2.87	3.88	1.85	0.27	2.24	15.41	2.53	0.095	0.44

高炉炉尘的性质、组成以及产生量,与高炉原料条件、操作技术、工艺流程、装备及管理水平有直接关系。我国高炉炉尘的产生量为15~50kg/t,而英国钢铁公司的高炉炉尘产生量为20~40kg/t。我国每年约产高炉炉尘超过1.5Mt,其中,瓦斯灰和瓦斯泥各占50%左右。

瓦斯灰因含锌量低、含碳量高,一般直接配入烧结原料中使用。

瓦斯泥颗粒微细,难以脱水,故瓦斯泥水分多,所以瓦斯泥一直未得到很好的利用,这不仅导致环境污染,同时也造成瓦斯泥中的铁、碳资源闲置和浪费。国外处理含铁瓦斯泥的主要方法有:对于Pb、Zn含量低的含铁瓦斯泥,基本上采用烧结法和球团法生产烧结矿和球团矿,用于炼铁或炼钢;对于Pb、Zn含量较高的含铁瓦斯泥,首先回收瓦斯泥中的Pb、Zn等有色金属,然后采用金属化球团法或直接还原法生产金属化球团或直接还原铁,用于炼铁或炼钢,由此可解决环境污染和废料堆置等问题。

2.5.1.1 国外瓦斯泥的处理技术

国外钢铁厂瓦斯泥的处理技术包括:烧结法(直接烧结法、小球烧结法)、冷固结球团法、热压团块法、氧化球团法、氯化球团法、金属化球团法等。各方法处理粉尘量所占的比例列于表2-12中。

表 2-12　新日铁粉尘处理方法统计　　(%)

粉尘名称	直接烧结法	小球烧结法	氧化球团法	金属化球团法	冷固结球团法	其他	小计
瓦斯泥	8.6	4.7	2.8	1.0	1.9	1.2	20.9
烧结尘	20.8	4.0	1.9	1.0	4.9	1.0	33.6
原料集尘	2.1	—	0.2	—	0.4	1.6	4.3
转炉尘	4.0	8.1	7.0	2.1	7.0	1.8	30.0
轧钢泥	0.2	0.1	0.5	0.2	3.8	6.4	11.2
总　计	35.7	16.9	12.4	4.3	18.0	12.7	100.0

A　烧结法

烧结法是把瓦斯泥作为烧结配料的一部分,使其团块化,入高炉再利用。烧结法又分为直接烧结法和小球烧结法。

(1)直接烧结法。直接烧结法是将高炉瓦斯泥直接与烧结原料混合进行烧结。新日铁采用直接烧结法处理的高炉瓦斯泥占其瓦斯泥产生总量的35.7%(见表2-12)。

(2)小球烧结法。虽然直接烧结法可回收利用部分高炉瓦斯泥,但由于瓦斯泥存在粒度过细、含水量较高等问题,使得配加困难,而且使烧结料的烧结性能变差,故国外一些厂家研究了小球烧结法。

新日铁君津小球厂,将16%高炉瓦斯泥、21%烧结尘、63%转炉湿尘,另加入2%皂土,制成2~10mm的小球,加入烧结混合料中进行烧结。

前NKK福山厂于1982年10月开始将含Zn粉尘实施分类。1983年5月,由安装在粉尘预造球厂的一台容量为60t/h的盘式造球机,将低Zn浓度粉尘(主要是高炉和转炉尘)制成直径为1~8mm的球团,作为烧结厂底层粉料加以利用。目前,此方法可回收湿、干粉尘0.034Mt/m。

值得注意的是,随着高炉的大型化,对入炉原料中有害物质含量的控制要求也越来越苛刻,由于高炉瓦斯泥含有Zn,高炉瓦斯泥中的Zn主要以ZnO方式存在,易造成Zn聚集。所以,以往采用水力旋流器分级去Zn,然后再采用直接烧结法或小球烧结法回收利用瓦斯泥,但水力选流器分级存在脱Zn率较低的弱点。

B　冷固结球团法

冷固结球团法的基本处理工艺为,将含铁瓦斯泥(粗粒物料需经球磨机细磨)与黏结剂混合,造成一定粒径的生球,再经养生而固结。传统冷固结方法有两种:一种为以水泥作为黏结剂的由瑞典发展起来的冷固结球团法;另一种为由美国密芝根工业大学开发的以 SiO_2 和CaO作黏结剂的MTU冷固结球团法。

在20世纪70年代后期,日本一些工厂利用钢铁厂瓦斯泥,并以水泥作为黏结剂生产冷固结球团。在混合料中一般加入8%~10%的波特兰水泥,造成直径为10~20mm的生球后,进行养生固结。新日铁名古屋厂冷固结球团的固结时间为:室内养生2~3d,露天7~8d;成品球的冷态抗压强度与养生(硬化)时间有关(见图2-2),最高可达1000N/个左右。

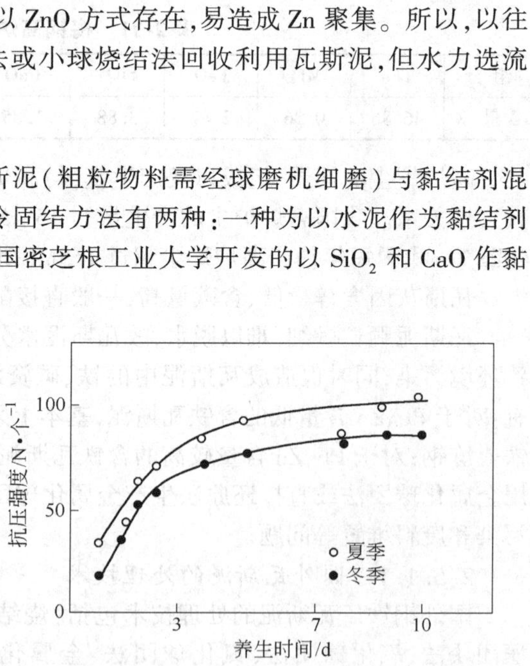

图2-2　冷固结球团抗压强度与养生时间的关系

MTU冷固结球团法,是在混合料中加入1%~2%的 SiO_2 和4%~6%的CaO作为黏结剂,造成生球后，使其在高压釜中受到高压蒸汽的养生而获得一定的强度。球团矿的抗压强度为3060N/个，还原情况下强度为1070N/个，大气情况下为2670N/个。

这两种冷固结球团法所需加入的黏结剂都含一定数量的脉石，特别是用水泥作黏结剂时，用量比较大，无疑将会增加冶炼的渣量和能量消耗。但这两种方法简单，适用于以含铁量较高的粉尘为原料，对球团抗压强度要求不高的场合。

日本新日铁于1978年在名古屋，于1989年在君津分别建厂，采用冷固结球团工艺处理各种含铁尘泥，其中处理的高炉瓦斯泥占总处理量的9.1%。冷固结球团的抗压强度视用途而定，若供给转炉，则抗压强度可稍低，可不需要进行二次硬化固结，占地面积较少；若供给高炉，则要求抗压强度高，必须经过两次养生。君津和大分厂的冷固结球团供给转炉使用，而名古屋厂的供给高炉使用。名古屋厂高炉瓦斯泥的化学成分及冷固结球团的使用原料配比分别列于表2-13和表2-14中。

表2-13 名古屋厂高炉瓦斯泥的化学成分

组 成	TFe	SiO_2	Al_2O_3	CaO	MgO	C	S	Zn	P
含量/%	38.6	6.5	3.1	2.1	0.5	28.5	0.25	0.43	—

表2-14 名古屋厂冷固结球团料的原料配比

配 料	烧结粉尘	高炉炉尘	焦泥	污泥	铁矿	铁砂	黏结剂	合计
混合比/%	30.0	12.5	4.3	3.8	12.0	30.9	6.5	100

新日铁公司研究认为，冷固结球团在高炉中使用时，通过控制炉料分布可有效改善加入冷固结球团后，由高炉炉身上部还原的延缓而引起的中心气流被抑制现象。通常，冷固结球团在炉料中所占比例低于5%时，不会对高炉的正常操作产生影响。但应注意，冷固结球团由于强度相对较低，会在炉内裂解而影响透气性的问题。

C 加黏结剂压团法

加黏结剂的压团法对粉尘粒度的要求没有冷固结球团法严格，而且可以加入较多的含碳物（焦粉和煤粉）以便减少冶金焦的消耗。一般在常温或低温下对团块进行固结。所用黏结剂，除上面提到的水泥外，还有水玻璃、玉米淀粉、碘化木质素、沥青和腐殖酸钠（钾、铵）盐等及它们的混合物。

美国芝加哥再生资源公司为了处理粉尘，开发了用煤焦油或沥青作为黏结剂的压团方法。所用粉尘有干的高炉灰、轧钢铁鳞和焦粉、高炉泥和转炉泥等，外加约8%的黏结剂。混合料中，粒度大于1.7mm的占19.85%，小于0.075mm的只有10.60%。干、湿混合料混匀后，一起加到回转窑中预热至93℃，此时，将事先加热的沥青喷到搅拌机中与混合料进行混匀，然后在辊式压团机中成型，团块尺寸为38.1mm×38.1mm×25.4mm。从生团块中筛除粉末后，剩余满足条件的团块再进入链箅式固结炉中，在通入空气和温度在232℃的情况下，恒温1h即可。团块的基本特性为：抗压强度2090N/个，转鼓指标大于6.4mm的占39.8%，含铁品位为46.37%，含C量为24.04%，含Zn为0.5%。

D 热压团块法

美国共和钢铁公司采用由阿格罗密特公司开发的阿格罗密特热压团块法，在芝加哥建成了一个年处理粉尘0.12Mt、生产成品球团矿0.2Mt的生产厂。其工艺流程的特点是：湿料经低温热交换器干燥，再和干料一起经中温热交换器，在炉中利用部分原料中的碳进行燃烧加热，然后压团；热团矿再经热交换器冷却后筛分，得到成品球团矿。该工艺存在球团强度低等缺点。

该公司热压团块法所回收利用的各种钢铁废弃料的情况见表2-15。

表2-15 芝加哥热压球团厂所使用的原料构成 (%)

物料名称	配比	物料名称	配比
轧钢铁鳞	34	水处理泥浆滤饼	7
废边角料渣	24	电炉炉尘	6
平炉炉尘	12	磁性渣粉	5
高炉泥浆滤饼	8	高炉烟道灰	4

加拿大Dominion铸造与钢铁公司采用热压团块法对含铁废弃物进行了热压块试验，其工艺流程的特点是，采用流化床代替通常使用的回转窑作为加热设备。在开始启用时，向流化床中直接喷油进行点火，着火后依靠粉尘中所含可燃物（碳、油脂）的燃烧供给所需的热量。点火温度为760℃，所需温度由通入流化床的空气速度控制。热料从流化床直接送入辊式团压机，所用团压机的直径为520mm，辊面上有两排41.3mm×31.8mm的凹槽，每转生产团块96个，正常工作压力为100~125t。生产过程中，可以调整辊式团压机的螺旋给料器，使其能够生产出质量高的团块。所用原料有各种烟尘、铁鳞、瓦斯泥、吹氧炉渣、焦粉和精矿等。实际生产出：热压团块的抗压强度高于2720N/个。转鼓指标为：当辊压大于100t，温度在954~982℃时，粒度小于1.19mm的比例低于15%。低温还原粉化指标为：粒度小于1.19mm的比例低于10%；团块中含铁51%~56%，含碳为2.8%（混合料为7.9%）。

E 氧化球团法

氧化球团法是将含铁瓦斯泥同其他粉矿和难以烧结的铁矿粉等混合，制成生球，经链箅机-回转窑焙烧后，再经冷却而生产氧化球团，产品送往高炉。日本新日铁的户畑厂和广畑厂均采用此工艺处理含铁瓦斯泥，其中，户畑厂的生产规模为0.04~0.045Mt/m，所用原料配比为：高炉尘15%，赤铁矿40%，铁砂40%，其他粉尘5%，另加皂土作黏结剂。成品球团的粒度为8~16mm，含粉（小于5mm）率为1%，抗压强度达2200N/个，全铁含量为64%，还原率为70%，完全可以满足高炉冶炼的要求。但氧化球团法无法解决脱Zn问题，在尘泥含碳高时会影响球团生产的稳定性和产品的质量。

墨西哥的西卡萨球团厂以钢铁厂各种粉尘（16.1%）、磁铁矿精矿（65.9%）和赤铁矿精矿（16.5%）作为原料，用带式焙烧机生产自熔性球团矿。

英国钢铁公司的米德兰厂使用瓦斯泥、轧钢皮和转炉渣作原料，利用回转窑生产自熔性球团矿。

F 氯化球团法

氯化球团法为新日铁公司与光和精矿公司共同研制开发的，其工艺流程为：瓦斯泥送入泥浆池后进入沸腾焙烧炉，然后和黄铁矿一同经球磨后与氯化钙溶液均匀混合，再经造球机造球后，送入链箅机-回转窑烧成成品球，Cu、Pb、Zn等有色金属的氯化物蒸气通过冷却、洗涤后送入回收装置。氯化球团法自1977年在日本八幡厂投产以来，作业率稳定在90%以上，Cu、Pb、Zn、K的脱除率在90%以上，Na脱除率约50%，S脱除率为95%。脱除有害杂质的氯化机理是，反应生成的氯化物在高温条件下可气化排除。

八幡厂氯化球团法所得球团矿产品的质量见表2-16。可知，球团质量较好，能够满足高炉冶炼的要求，同时可以较彻底地去除有害金属。但是，由于氯化球团法工艺复杂、投资大，尤其是生产对环境的影响较大，氯气对生产设备造成的损坏严重，所以难以推广。我国南京某厂曾引进该工艺处理硫酸渣，但因生产造成的环境污染过大，尤其是生产设备蚀损严重，最终被迫停产拆除。

表 2-16 日本八幡厂氯化球团法产品质量

化学成分/%									抗压强度/N·个$^{-1}$	膨胀率/%	RI/%
TFe	Cu	Pb	Zn	S	K_2O	Na_2O	SiO_2	CaO			
60	0.04	0.01	0.03	0.03	0.02	0.1	6.8	4.5	4500	12.3	70.2

G 金属化球团(直接还原)法

国外普遍用金属化球团法来处理含铁瓦斯泥。采用这种方法,瓦斯泥中90%左右的Zn可以在金属化球团生产过程中被脱除,还可充分利用粉尘中的碳。另外,用回转窑还原焙烧球团矿时,被还原出来的锌随废气逸出窑外,很容易在除尘系统中氧化沉积下来,可得到富集利用。

金属化球团法的优点是可以获得高品质的球团矿,但是投资较大、消耗能源多、生产成本高。采用金属化球团法的钢铁企业以日本钢铁企业为主,也有部分德国、美国等钢铁企业,一般以生产高炉用预还原球团为主,也有部分厂生产高金属化率的球团用于炼钢。常见的金属化球团处理方法有SL/RN法、SDR法、SPM法、川崎法、Koho法、华尔兹(Walz)法、INMETCO(转底炉)法等。

a SL/RN法

新日铁公司于1974年采用SL/RN法,在福山建成了一个年产0.35Mt的金属化球团厂。其工艺流程为:含铁粉尘经过浓缩、过滤、粉碎、润磨并经造球后,送入链箅机-回转窑,以煤作还原剂进行还原,生产金属化球团。结果表明,产品的金属化率达90%~95%,脱锌率达86%。

b SDR法

日本住友金属公司从20世纪70年代初开始研究采用SDR法处理钢铁厂的粉尘,于1975年在次山建立一个年产金属化球团0.156Mt的工厂。SDR法的工艺流程为:干的烟尘和湿的瓦斯泥预先进行干、湿料混合,湿的烟尘经过浓缩、过滤后,送进圆筒干燥机干燥;粉尘经干燥后,加入一定量的膨润土在棒磨机和搅拌机内碾碎混匀,再经圆盘造球机造球;然后,送入链箅机-回转窑中进行还原焙烧。生产数据表明,金属化球团含铁量为73%~77%,金属化率为92%~95%。生球的粒度在(14±2)mm范围内,抗压强度为50N/个;预热干燥后,单球的抗压强度达250N/个;金属化球团的抗压强度平均为1700~2100N/个。SDR法的特点是,全部还原剂与粉尘混合均匀后造球,还原剂包括粉尘中的碳和外加的焦粉,最后金属化球团中仍有残碳2%~4%。高炉炉料中配加适量的这种金属化球团,可起到降低焦比的效果。

c SPM法

住友金属公司采用SPM法,于20世纪70年代初在久保畑钢铁厂的回转窑装置上进行了试验。随后于70年代中期,在该公司鹿儿岛厂建立了一座年生产能力为0.018Mt的金属化球团厂。SPM法的工艺流程特点为:所有烟尘、含铁瓦斯泥(泥浆、铁鳞、酸洗铁皮渣)都进入浓缩池,混匀并浓缩到含水率为35%;而后,脱水干燥,使粉尘含水量控制在10%~13%;干燥后的粉尘不经过造球、干燥和预热阶段,和无烟煤一起直接加入回转窑内,粉尘在回转窑内起还原与制粒作用,还原温度为1250~1280℃。球团需经冷却和筛分,粒度大于50mm的破碎,粒度为7~50mm的是成品球,粒度小于7mm的再返回回转窑。结果表明,球团的金属化率为80%,脱锌率达90%。

d 川崎法

川崎制钢公司采用川崎法,于1973年和1977年分别在水岛厂和千叶厂建成年处理0.018Mt含铁粉尘的金属化球团厂。川崎法的工艺特点有:原粉尘分为干粉尘和湿泥尘,湿泥尘经过压缩和压滤机过滤后,直接与干粉尘混合,使混合后的粉尘达到造球所需要的含水率,在造球前不另加黏结剂;在链箅机上抽风,对生球团进行干燥和预热,控制预热温度为1050℃,预热后球的强度达150N/个;然后进入回转窑,用焦粉作为还原剂。还原后,所得金属化球团的TFe含量为74%~

76%,金属化率为达90%~92%,脱锌率为90%以上。高炉炉料中每配加10%的该金属化球团,可使生铁增产8.2%,焦比降低51kg/t。

e　Koho法

Koho法由新日铁和Koho公司共同研究而成。1971年,新日铁公司采用该法在室兰厂建成年处理粉尘0.084Mt的金属化球团厂。其工艺流程为:湿瓦斯泥在圆筒干燥机干燥后,与干粉尘一起再配入皂土,在润磨机中粉碎、混匀,使混合料中小于44μm粒级的比例达70%以上;在圆盘造球机内造球后,进入链箅机-回转窑;生产的金属化球团再经冷却筛分,5mm以上的成品供高炉用,小于5mm的用作烧结原料进行再利用。所得金属化球团的技术指标为:含TFe 68%~74%,金属化率达65%~75%,脱锌率为60%~70%,抗压强度为1000N/个。高炉炉料中,每多加1%这种金属化球团,焦比可降低2.5~3.1kg/t。

f　Walz法

联邦德国的蒂森公司和鲁奇化学冶金公司联合采用Walz法处理冶金粉尘,于1975年在联邦德国贝塞勒工厂进行了工业试验。Walz法的工艺流程是:干粉尘与湿粉尘经过混合,在圆盘造球机内造球后,生球直接送入回转窑,依次进行干燥、预热和还原。由于所得金属化球团强度低,产品中大约80%的球团粒度小于6.3mm。故经磁选后,需将粒度小于6.3mm的海绵铁压成块。试验的技术指标主要有:回转窑所用还原剂由40%的焦粉和60%的褐煤所组成,球团金属化率为90%,脱Zn率为92%,脱Pb率为86%。该法适合于处理含Pb、Zn高的粉尘,并可对这些元素的氧化物进行回收。

g　INMETCO法

早在1970年,国际回收金属公司开发了INMETCO(转底炉)法,并在加拿大安大略和美国埃尔伍德城进行了半工业性和工业性试验。1978年,该公司应用该工艺开始处理含铁废料和不锈钢粉尘。INMETCO法的工艺流程为:细粒含铁物料和细粒还原剂(煤、炭、焦)一起混合,在造球机中制成生球后,把生球加到一个水平旋转炉的炉床中进行直接还原,燃料可采用煤、煤气和油等;将从旋转炉中排出的产品冷却或进行热压块后,送往炼钢厂用作炼钢原料。采用这种方法处理含铁瓦斯泥,在炉内最高温度达1200℃时停留17min,即可获得高于90%的金属化率。而脱Zn率和金属化率有关,当金属化率超过85%时,脱锌率在90%以上。

烧结法(直接烧结法、小球烧结法)、冷固结球团法、氧化球团法、氯化球团法和金属化球团法等瓦斯泥处理方法的比较,见表2-17。从投资的角度分析,投资最低的是直接烧结法,其次为氧化球团法、冷固结球团法、热压团块法,投资较高的为金属化球团法,氯化球团法最高。从脱Zn效率的角度比较,直接烧结法及氧化球团法、冷固结球团法无法脱锌,直接还原法(金属化球团法及转底炉法)的脱锌效果较好,氯化球团法的脱锌效果最高。

表2-17　各种瓦斯泥处理方法的比较

顺序	方法	脱Zn率	投资
1	直接烧结法	低	低
2	氧化球团法	↓	↓
3	小球烧结法	↓	↓
4	冷固结球团法	↓	↓
5	热压团块法	↓	↓
6	金属化球团法	↓	↓
7	氯化球团法	高	高

从技术应用和发展趋势来看,氯化球团法由于投资大以及环境问题,目前已不再兴建新的工艺设备。自20世纪90年代起,国内外钢铁企业大量开展了以转底炉为主体设备进行含铁尘泥综合利用的研究,并先后建设和启用了一批工业化装置,使转底炉法成为处理钢铁厂二次资源的有效方式。

2.5.1.2 我国瓦斯泥的利用状况

我国高炉瓦斯泥的回收处理状况和对回收处理技术的研究结果都不甚理想。据统计,1986~1991年间,我国重点和地方骨干企业的粉尘利用率不足80%,详见表2-18。

表2-18 国内瓦斯泥的处理利用概况

年 份	1986	1987	1988	1989	1990	1991
产生量/万吨	59.43	60.82	70.52	75.75	88.60	97.78
回收量/万吨	50.32	54.61	63.90	67.60	78.85	83.00
回收率/%	84.67	89.79	90.61	89.35	89.00	84.88
利用量/万吨	29.36	30.39	44.91	40.52	46.04	66.45
利用率/%	58.35	55.65	70.28	59.87	58.52	80.06

目前,我国钢铁企业处理高炉瓦斯泥主要有三种形式。

A 直接排放

国内部分企业采用直接排放或掩埋的方法处理高炉瓦斯泥。瓦斯泥的存放占地面积大,甚至占用耕地;而且风干后的瓦斯泥遇风而起,微细粒尘飘散在大气中,有害元素会随雨水渗入地下,致使环境受到污染。

B 厂内直接循环使用

国内曾有个别厂家利用小球烧结法集中处理厂内产生的各种瓦斯泥,但实际生产中,由于瓦斯泥脱水困难,不易控制水分,会堵斗糊筛;脱Zn后的高Zn瓦斯泥堆存,无法利用;收尘设备存在结露问题;小球工段环境差等问题,瓦斯泥用于小球烧结生产的工艺被迫停止。

武钢、包钢、宝钢、重钢、济钢等企业基本采用瓦斯泥厂内循环使用方式,用于烧结是其中最主要的处理方法。这些厂约50%的瓦斯泥经脱水至含水率为12%时,由卡车送到料场堆积,通过取料机→匀矿配给槽→配到匀矿大堆中的流程,最终控制烧结矿中含Zn不大于0.012%,高炉入炉矿Zn负荷不大于0.15kg/t。重钢利用综合混匀料场将瓦斯灰和瓦斯泥混匀,然后将其按1.0%~1.5%的比例加入混匀料内再次混匀。济钢将一部分转炉污泥和高炉瓦斯泥在满足烧结工艺安全生产的前提下,连续、均匀地以泥浆方式输送到烧结混料室,通过喷嘴均匀地喷洒,与铁矿粉混合,用于烧结料的配水。总体而言,由于瓦斯泥成分、粒度及水分含量不稳定,易造成烧结混合料的粒度组成变坏、烧结透气性下降等现象,最终导致烧结利用系数降低、能耗升高、烧结矿质量下降等问题。再加上对环境的恶劣影响,用烧结来处理瓦斯泥的做法将会受到越来越多的限制。

另外,由于瓦斯泥仍含部分Zn,长此以往循环聚集后,仍将造成烧结矿中Zn含量越来越高,影响高炉顺行。如攀钢曾在烧结料中直接配加过瓦斯泥,但在2号、3号高炉大修时发现,分别在铁口上方1号风口附近和炉身上部发现锌瘤,Zn含量分别达到58.71%和67.81%,此后则停止使用瓦斯泥。

C 综合回收利用

常见的综合回收利用方法是:瓦斯泥经选别或其他方式处理后,得到较高品位的铁精矿,作为烧结原料;选别后的尾矿可用作建材原料,若尾矿中含Zn较高,则可作为提Zn原料。

台湾中钢公司于1993年前,将高炉污泥以泥浆状直接送烧结厂配料。1993年,开始将高炉污泥通过湿式旋流器的方法进行脱Zn,其中约70%的低Zn高炉污泥送往原料场混匀,进行烧结。

昆明钢铁公司采用该公司王家滩铁矿现有的选矿设备,采用螺旋溜槽离心机分选工艺选出精矿,而将尾矿打入报废的矿坑,既解决了高炉污泥的污染问题,又取得了较好的经济效益。

梅钢瓦斯泥一般含有2%~3%的锌,故曾采用物理法(磁选法或水力旋流法)降Zn。该公司于2000~2001年进行过瓦斯泥弱磁、强磁选矿和水力旋流法选矿的初步试验,所得技术指标列于表2-19中。可知,磁选法和水力旋流法等物理分级方法具有一定的脱Zn效果,可以部分脱除瓦斯泥中的Zn,但都无法解决细粒尾矿处理难、精矿产率较低、精矿锌含量仍较高、锌回收率低等问题。

表2-19 梅钢不同选矿方式脱Zn处理的技术指标 (%)

选矿方式	项 目	精矿产率	精矿TFe含量	精矿Zn含量
水力旋流法	成 品	32.66	50.62	0.64
	尾 矿	67.34	39.10	3.11
磁选法	成 品	53.32	56.38	1.21
	尾 矿	46.69	23.94	3.38

2.5.2 转炉炉尘

来自转炉炼钢的含铁资源主要有转炉炉尘。氧气转炉炉尘,是从转炉炉气中经过除尘器回收而得到的含铁粉料,产生量约为每吨钢20~25kg左右。转炉炼钢尘泥的化学成分见表2-20,主要是铁氧化物,含铁量高达60%以上。转炉炉尘粒度很细,10~20μm的占70%以上。若不加处理而任其放散,将严重污染大气,增加环境负荷。

表2-20 转炉炼钢尘泥的化学成分

组 成	SiO_2	Al_2O_3	CaO	MgO	TFe	Fe_2O_3	P	S
含量/%	2.00	0.56	9.60	1.63	56.83	28.37	0.071	0.088

目前,转炉炉尘基本上作为炼铁的原料加以利用。若将转炉炉尘用于生产烧结矿时,由于其粒度小,烧结过程中会严重影响烧结料层的透气性。因此,一般将转炉炉尘用作球团矿生产的原料。另外,还有一些企业利用转炉炉尘生产转炉复合造渣剂和高炉洗炉料。

2.5.3 其他含铁资源

烧结返矿是烧结矿破碎、筛分后的筛下物,其中有小粒度烧结矿、未烧透和没有烧结的烧结矿。烧结返矿的成分与成品烧结矿基本相同,只不过Fe和FeO含量稍低,并含有一定量的固定碳。未烧透的产品中,固定碳的含量通常大于2.5%。返矿可作为烧结混合料或铺底料,再利用于烧结生产过程。

轧钢皮是轧钢过程中钢锭和钢材表面剥裂脱落的氧化铁鳞,多以Fe_2O_3形式存在。轧钢皮的产生量较大,约占总粗钢产量的2%~3%。轧钢皮的含铁量很高,达70%左右,有害杂质含量低,是烧结和直接还原的优质原料。轧钢皮用于烧结矿生产,有利于提高烧结矿品位,降低燃料消耗,提高烧结矿强度。

硫酸渣是焙烧硫铁矿制硫酸时,在沸腾炉高温焙烧后残存的矿渣,又称为烧渣。硫酸渣一般含 Fe_2O_3 20%~50%,含 SiO_2 15%~65%,含 Al_2O_3 10%左右,含 CaO 5%左右,含 MgO 5%以下,含 S 较高(1%~2%)。我国硫酸工业每年约产生 100Mt 废渣,除少量供水泥厂作添加剂外,大部分堆存。数量很大的硫酸渣不仅带来严重的环境污染,同时也造成资源的巨大浪费。硫酸渣粒度细,可代替部分精矿粉用作烧结和球团的原料。另外,硫酸渣中还含有其他有色金属和贵金属(Cu、Zn、Co、Au、Ag 等),应考虑综合利用。

3 铁矿石的准备处理

3.1 铁矿石处理流程

为了满足高炉冶炼对原料质量的要求,铁矿石自矿山开采出来以后,入炉前需进行必要的加工处理。矿石处理的主要目的是满足高炉精料要求,强化高炉冶炼,改善高炉操作指标。在某些情况下,也是为了综合利用矿产资源。由于矿石的性质不同,其加工处理的方法也不尽相同。

铁矿石用作高炉炼铁原料时,一般按照如图 3-1 所示的流程进行准备处理。

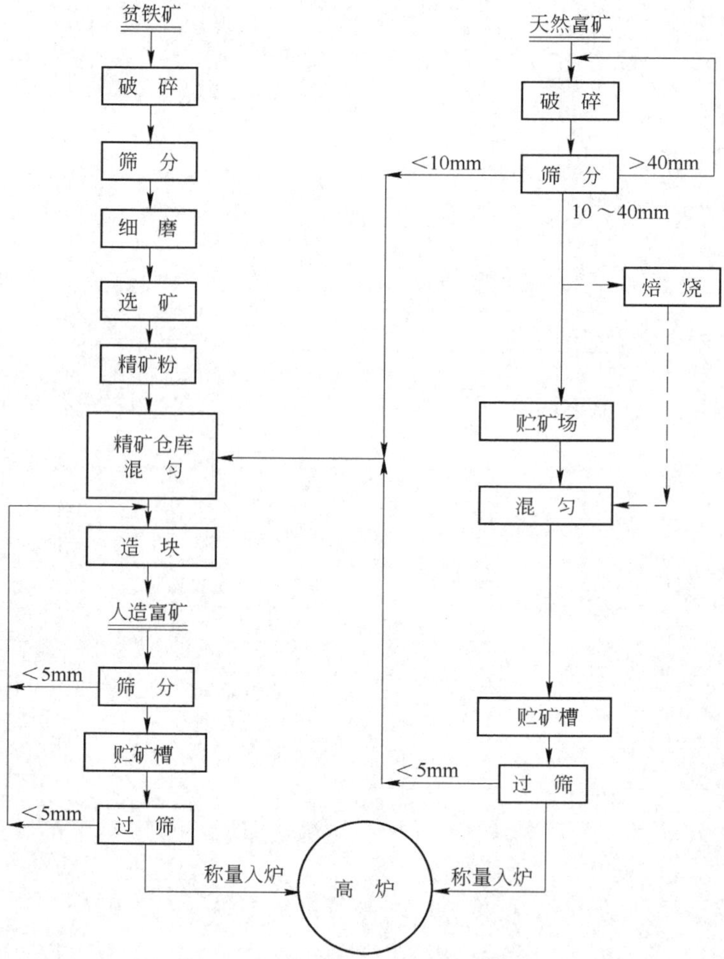

图 3-1 铁矿石处理的一般流程

对于天然富矿,首先要经过破碎和筛分,粒度符合要求的块矿直接入炉冶炼,而在准备处理过程中获得的天然富矿粉,需进行烧结或球团造块后再入炉。对于褐铁矿、菱铁矿和致密难还原的磁铁矿，还需进行适当的焙烧处理，以驱逐内部的结晶水和 CO_2，提高品位，改善还原性能。

对于贫铁矿，一般都要经过破碎、筛分、细磨和精选，得到含铁 60%以上的精矿粉，然后经过造块（烧结或球团）得到人造富矿，按高炉冶炼要求进行适当整粒后再入炉。

由于天然富矿资源有限，而且冶金性能不如人造富矿优越，所以绝大多数高炉都使用人造富矿，或以人造富矿配加部分天然富块矿进行冶炼。在这种情况下，钢铁厂便兼有人造富矿和天然富矿两种矿石处理流程。一般而言，很难用一种固定的流程来处理各种矿石，必须根据矿石的品位、类型、性质、技术条件和综合经济效益等因素进行具体分析和精心设计，使所选流程因地制宜，切合实际。

3.2 采矿

作为钢铁工业原料的铁矿石以及白云岩、石灰石、蛇纹石等辅助材料，均需通过矿山开采获得。矿山开采是指用人工或机械方式得到有利用价值的天然矿物资源。根据矿床埋藏深度的不同和技术经济合理性的要求，矿山开采分为露天开采和地下开采两种方式。图 3-2 为矿山开采示意图。

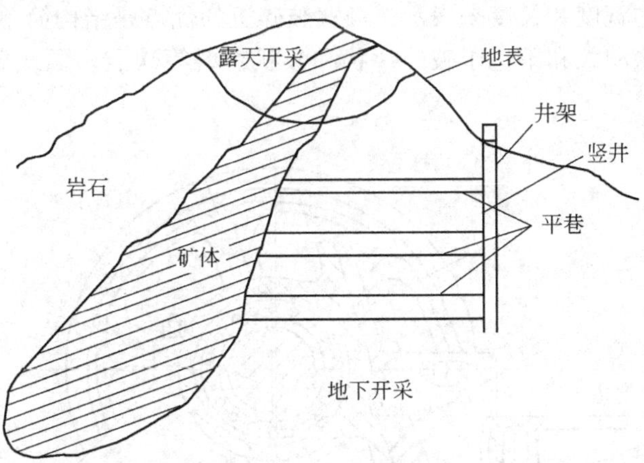

图 3-2 矿山开采示意图

(1)露天开采。露天开采是利用采掘设备在敞露的条件下，以山坡露天或凹陷露天的方式，一个阶段接一个阶段地向下剥离岩石和采出有用矿物的一种采矿方法。掘沟、剥离和采矿是露天矿生产的三个重要环节。工艺流程一般都要经过穿孔、爆破、装载和运输。

(2)地下开采。当矿床埋藏于地表以下很深时，采用露天开采会使剥离系数过高，经比较认为采用地下开采在技术经济方面更为合理时，则采用地下开采。由于矿藏较深，必须开凿由地表通往矿体的巷道，如竖井、斜井、斜坡道、平巷等。地下开采主要包括开拓、采切（采准和切割工作）和回采三个步骤。工艺流程一般分为凿岩、爆破、通风、装载、支护和运输提升等工序。

3.3 破碎和筛分

破碎和筛分是矿石准备处理的一个基本环节，其目的在于控制矿石的粒度，使其满足高炉冶炼的要求。通过破碎和筛分，可使矿石粒度达到“小、净、匀”的要求。对于贫铁矿，通过破碎还可使铁矿物和脉石达到单体分离，以利于选分而提高品位。若铁矿物嵌布越细密，则要求破碎的粒度越细。

破碎是指利用破碎设备将大块矿石处理到一定粒度的工艺过程。

筛分就是使用筛分设备对破碎机破碎出来的矿石进行筛选分别,筛出大块矿石后再返回破碎机破碎,筛下的小块送入磨矿系统和分级系统。磨矿是将经过破碎的矿石再进一步磨细的工艺过程,磨矿粒度的粗细主要取决于矿物在矿石中的嵌布粒度和选矿工艺的要求。分级就是根据矿石粒度和密度将矿石分为不同的级别,合格细粒的矿石可直接进入下一道工序,粗粒的矿石再返回磨机。

富铁矿石经破碎筛分成25~30mm的合格粒度后,才可供高炉直接入炉冶炼使用。冶金辅助原料矿山的石灰石、白云石、硅石等也均需经过破碎筛分,达到各自合格粒度后再供冶炼使用。

3.3.1　破碎方法和设备

根据破碎产物的粒度范围,破碎分为以下几类:粗碎(由1000mm破碎到100mm)、中碎(由100mm破碎到30mm)、细碎(由30mm破碎到5mm)和粉碎(由5mm破碎到1mm以下)。破碎比标志物料的破碎程度,用物料在破碎前后的最大直径比来表示。破碎机的生产能力用破碎机的台时产量表示。

常用破碎设备有以下几种类型:

(1)颚式破碎机。颚式破碎机(如图3-3所示)以压碎方式进行破碎,适用于矿石的粗碎和中碎,其规格以给矿的宽度和长度来表示。颚式破碎机的优点是结构简单、调节方便、高度不大,但存在间歇式作业、振动大和不适于破碎片状和板状物料等缺点。颚式破碎机是破碎高炉炼铁原料的常用设备。

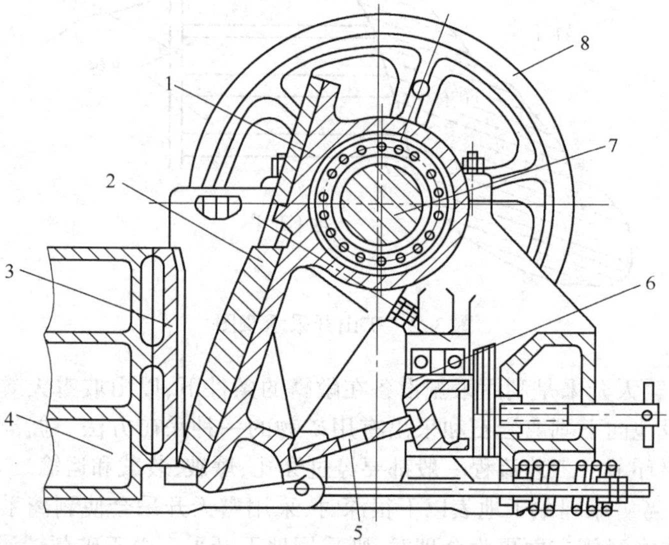

图3-3　颚式破碎机

1—动颚;2—活动颚板;3—固定颚板;4—机架;5—肘板;6—调整座;7—偏心轴;8—飞轴

(2)圆锥破碎机。圆锥破碎机(如图3-4所示)借助偏心锥体的回转连续压碎,一般用于矿石的粗碎和中碎。同颚式破碎机比较,圆锥破碎机具有能量消耗少、产量大、成品外形整齐、粉尘少等优点,但存在结构复杂、维修不便、高度和重量大、调节不易等缺点。

(3)短锥式破碎机。短锥式破碎机借助偏心回转的短锥体的压碎和剥磨作用,用于矿石的中碎和细碎。

(4)辊式破碎机。辊式破碎机借助相向旋转的金属辊的压碎和部分剥磨作用而破碎物料。

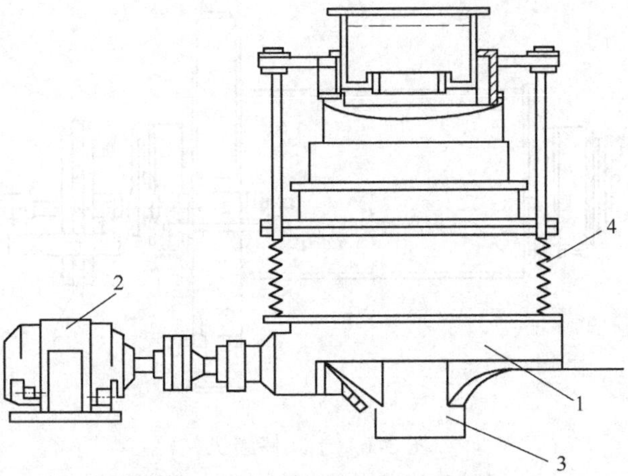

图 3-4 圆锥破碎机(弹簧式)

1—机架;2—传动装置;3—偏心轴套;4—过载保护弹簧

常用的有对辊和四辊破碎机(如图 3-5 所示),一般用于焦炭和无烟煤的破碎。小高炉常用对辊狼牙破碎机破碎焦炭。

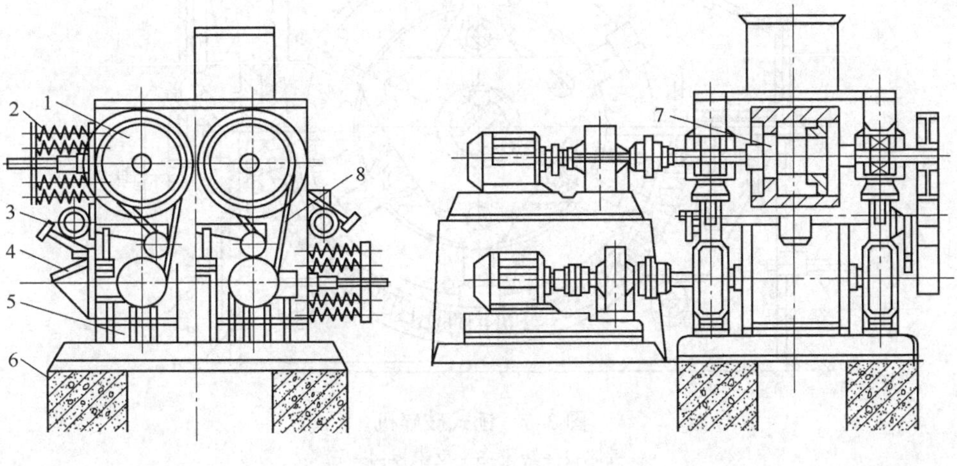

图 3-5 四辊破碎机

1—传动轮;2—弹簧;3—车辊刀架;4—观察孔;5—机架;6—基础;7—破碎辊;8—传动带

(5)球磨机和棒磨机。球磨机和棒磨机(如图 3-6 所示)主要以钢球和钢棒为磨矿介质,借助介质和矿石间的冲击和剥磨作用而破碎矿石。一般用于物料的粉碎,选矿和造块生产中的原料细磨作业也常用此设备。选矿生产中,还采用一种无介质自磨机,不用钢球而是借助矿块本身间的冲击和剥磨作用来进行破碎。采用这种磨矿工艺可以大幅提高破碎比,简化磨矿流程。

(6)冲击式破碎机。冲击式破碎机借助冲击作用而破碎物料,如常用的鼠笼式破碎机和锤式破碎机(如图 3-7 所示),可用于石灰石和煤粉的细碎和粉碎。

3.3.2 筛分方法和设备

筛分设备的工作效率常用筛分效率来表示。筛分效率即指实际筛出的产品(筛下物)质量占未筛分物料中所含筛下物总质量的百分比。筛子的生产能力常用筛分生产率($t/(m^2 \cdot h)$)来

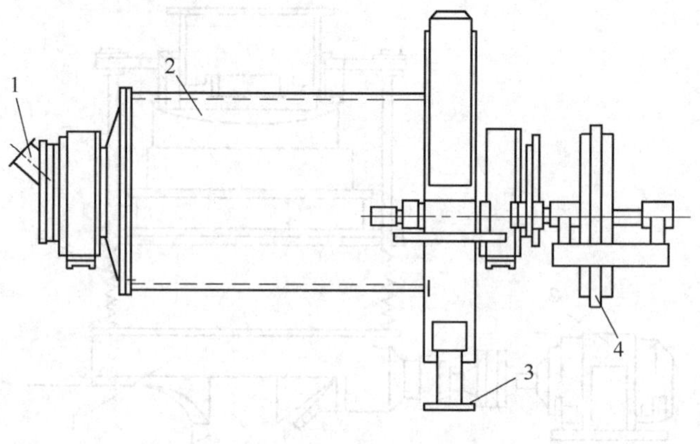

图 3-6　干式棒磨机

1—进料口;2—筒体;3—排料口;4—传动装置

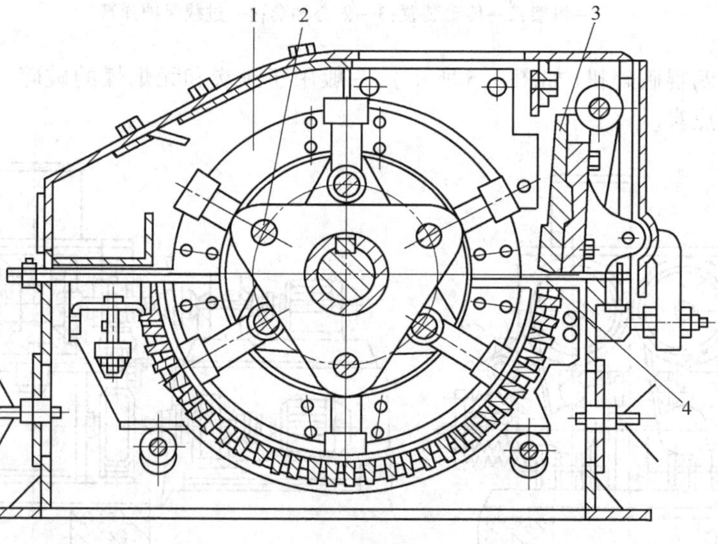

图 3-7　锤式破碎机

1—机体;2—转子;3—反击板;4—筛棚

表示。筛子的大小常用筛网的长度和宽度来表示。筛孔尺寸大小通常用单位“mm”表示。

粗物料的筛分常采用非标准筛。非标准筛并非随意制作的筛子,一般对非标准筛的某些主要特征都做出了相应的规定。如煤炭工业规定,筛孔尺寸依次为 100mm、50mm、25mm、13mm、6mm、3mm、0. 5mm,必要时可以增减筛孔尺寸。

细物料的筛分常采用标准筛。物料的粒度常用网目数(简称“目”,即在 1 英寸长度的筛面上所具有的大小相同的筛孔数)表示。表 3-1 给出了常见的六种标准筛制,其中,根据泰勒标准筛制,325 目为 0. 043mm,200 目为 0. 074mm,100 目为 0. 147mm,16 目为 0. 991mm。

在矿石的准备处理中,常用的筛分设备有以下几种:

(1)固定条筛。固定条筛的结构如图 3-8 所示,用于大块矿石的筛分。固定条筛的优点为坚固、简单、投资少,而且不用传动设备和动力;其缺点是易堵塞、筛分效率低(60%~70%)、倾角大(不小于 40°)、占据的净空高度较大。

表 3-1 常见标准筛制

泰勒筛		国际筛	上海筛		英国筛		德国筛	
网目（孔/英寸）	孔径/mm	孔径/mm	网目（孔/英寸）	孔径/mm	网目（孔/英寸）	孔径/mm	网目（孔/英寸）	孔径/mm
2.5	7.925	8						
3	6.68	6.3						
3.5	5.691							
4	4.699	5	4	5				
5	3.962	4	5	4	5	3.34		
6	3.327	3.35	6	3.52	6	2.81		
7	2.794	2.8			7	2.41		
8	2.262	2.36	8	2.616	8	2.05		
9	1.981	2						
10	1.651	1.6	10	1.98	10	1.67	4	1.5
12	1.397	1.4	12	1.66	12	1.40	5	1.2
14	1.168	1.18	14	1.43	14	1.20	6	1.02
16	0.991	1	16	1.27	16	1.00		
20	0.833	0.8	20	0.995	18	0.85		
24	0.701	0.71	24	0.823	22	0.70	8	0.75
28	0.589	0.6	28	0.674	25	0.60	10	0.6
32	0.495	0.5	32	0.56	30	0.50	11	0.54
35	0.417	0.4	34	0.533	36	0.42	12	0.49
42	0.351	0.355	42	0.452	44	0.35	14	0.43
48	0.295	0.30	48	0.376	52	0.30	16	0.385
60	0.246	0.25	60	0.295	60	0.252	20	0.30
65	0.208	0.20	70	0.251	72	0.211	24	0.25
80	0.175	0.18	80	0.20	85	0.177	30	0.20
100	0.147	0.15	110	0.139	100	0.152	40	0.15
115	0.124	0.125	120	0.13	120	0.125	50	0.12
150	0.104	0.1	160	0.097	150	0.105	60	0.10
170	0.083	0.09	180	0.09	170	0.088	70	0.088
200	0.074	0.075	200	0.077	200	0.075	80	0.075
230	0.062	0.063	230	0.065	240	0.065	100	0.06
270	0.053	0.05	280	0.056				
325	0.043	0.04	320	0.05	300	0.053		
400	0.038							

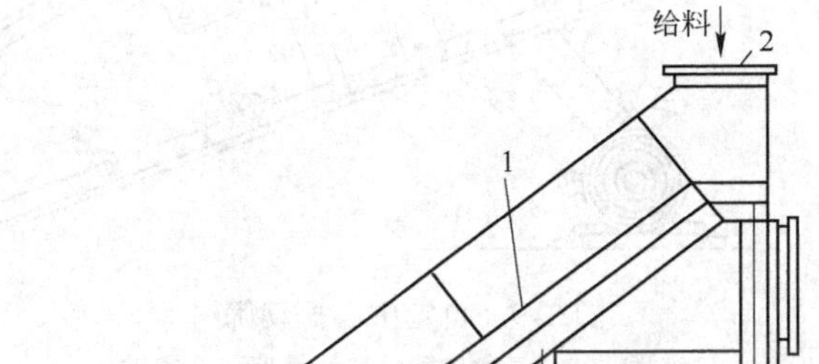

图 3-8 固定条筛

1—筛板；2—进料口；3—排料口

(2)振动筛。振动筛一般用于筛分细碎物料。其优点是筛分效率高(可达95%~96%)、单位面积的产量大、易于调整、筛孔较少堵塞;缺点是需要专门的传动设备和消耗动力。

常用的振动筛分为偏心振动筛、惯性振动筛和自定中心振动筛三种。

1)偏心振动筛。筛箱两端支撑在弹簧上,中部则支撑在偏心轴上,而偏心轴安装在固定框架上。筛体的振动是利用偏心轴转动时产生的偏心距而产生的。偏心振动筛的缺点是设备传给支撑的振动很大。

2)惯性振动筛。筛体和轴及转动皮带轮全部吊挂在弹簧上。筛体的振动是由固定在轴上的两个装有配重的飞轮旋转时产生的惯性力所引起的。和偏心振动筛比较,其优点是设备传给支撑的振动小;缺点是振动的振幅取决于载荷大小。

3)自定中心振动筛(如图3-9所示)。自定中心振动筛和惯性振动筛一样,不同的是在轴上有个偏心槽。当轴旋转时,筛体做圆周运动所产生的惯性离心力,由固定在飞轮上的配重(可以调节)产生的惯性力来平衡,从而使轴的中心保持固定。其优点是对支撑的振动很小,轴的中心位置可以固定不动。

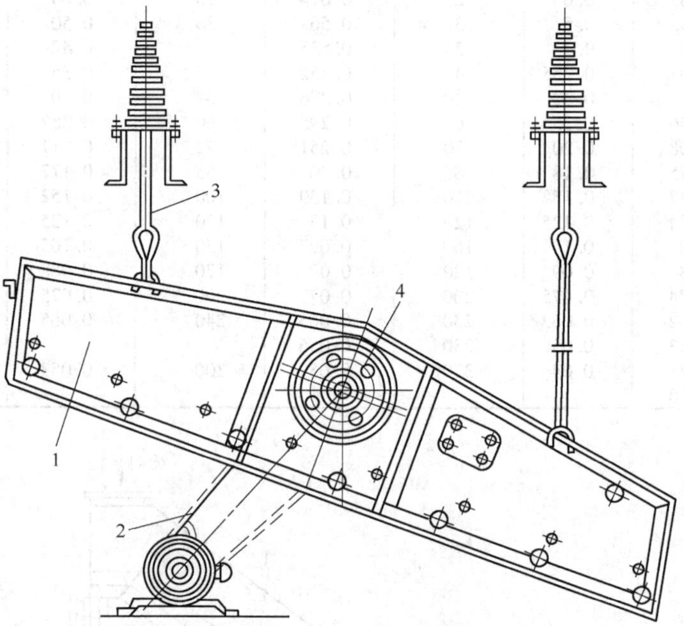

图3-9　自定中心振动筛

1—筛框;2—三角皮筛轮;3—吊架;4—主轴

此外,振动筛分设备还有共振筛和电磁振动筛。

3.3.3　破碎和筛分流程

选择破碎筛分流程时,应充分考虑破碎物料的总破碎比(即给矿粒度和最终产品粒度的比)、原料的物理性质、含水率等因素。

常见的破碎和筛分流程如图3-10所示。

具有较大破碎比的物料应经过两次或两次以上的多段破碎。破碎后不经筛分的流程,称为开路破碎流程,此流程简单,但产品粒度不稳定。与开路破碎相对应的有闭路破碎流程。闭路破碎流程按筛分在破碎前或在破碎后,分为预选筛分和检查筛分。预选筛分是在原料破碎前先经

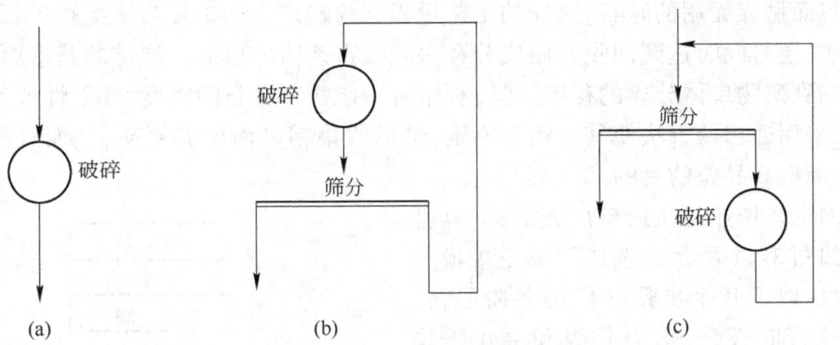

图 3-10 矿石的破碎筛分流程
(a)破碎后不经筛分的开路流程;(b)设检查筛分的闭路流程;(c)设预先筛分的闭路流程

过筛分,以筛去细粒,防止过破碎和提高破碎机的生产能力。当矿石含水率大而泥多时,预选筛分还可以防止和减轻破碎机的堵塞现象。检查筛分是在破碎后进行筛分,目的是保证破碎产品的粒度和充分发挥破碎机的能力。

3.4 焙烧

焙烧是指在适当的气氛中,使矿石加热到低于其熔点的温度,在固态下发生物理和化学变化的过程。焙烧也是对矿石进行准备处理的一种重要方法,通过焙烧,可以达到改变矿石性质、去除杂质和回收有用元素的目的。目前,含铁原料的焙烧方法主要有还原磁化焙烧、氧化焙烧和氯化焙烧。

(1)还原磁化焙烧。还原磁化焙烧的目的是将贫赤铁矿在还原气氛下焙烧成磁铁矿,便于磁选。

还原磁化焙烧在竖式还原焙烧炉内进行。赤铁矿石在下降过程中受到由两侧燃烧室中燃烧煤气产生的高温气流的加热,然后再被从下部送入的焦炉煤气等还原性气体还原,从而生成 Fe_3O_4,矿石最后从下部排矿口排出。

此法只能处理块状矿石,生产能力低,而且消耗较多的还原煤气。

(2)氧化焙烧。氧化焙烧是指铁矿石在氧化气氛中,在温度低于矿石软化温度 200~300℃的条件下进行焙烧。

菱铁矿经氧化焙烧处理后放出 CO_2,品位可提高 10%,同时可去除 30%~40%的 S,并使矿石结构疏松,提高还原性能。

对于褐铁矿,也可通过氧化焙烧去除结晶水和改善冶金性能。

(3)氯化焙烧。对于含有一定量 Cu、Pb、Zn 等有色金属的铁矿粉(如硫酸渣),采用氯化焙烧方法进行处理,可以回收上述有用金属;同时,还可获得供高炉用的含铁原料。氯化焙烧的基本原理是,利用许多金属氯化物具有沸点低、易挥发的特点,达到使这些金属与铁氧化物实现分离的目的。常见的高温氯化焙烧设备有竖炉和回转窑。

氯化焙烧虽可回收多种有用金属,但费用高、操作条件严格、收尘处理困难、设备材料腐蚀严重以及环境污染等问题,还有待进一步解决。

3.5 选矿

3.5.1 选矿目的和指标

有用的矿物和无用的脉石通常共生在一起,把矿石加以破碎,使两者彼此分离,然后将有用矿物加以富集而抛弃无用的脉石,这样的工艺过程称为选矿。选矿是为了提高矿石品位,对部分矿石进行选矿,还可同时达到回收有用成分和去除有害杂质的目的。选矿的基本原理就是,将矿石破碎和磨细到矿物单体分离的程度,然后利用有用矿物和脉石的密度、导磁性或亲水性等理化性质的差异,采用适当的方法使其分离和集聚,最后收集精矿而废弃尾矿,从而获得高品位的精矿粉,达到大幅提高品位的目的。

铁矿石的选矿作业是在选矿厂完成的,其基本工艺流程如图 3-11 所示。选矿厂不论规模大小,一般都包括以下几个步骤:(1)准备阶段,包括矿石破碎、磨细、筛分、水力分级和磁化焙烧等。(2)基本阶段,即选矿过程,借助于重选、磁选、电选、浮选和其他选矿方法,将铁氧化物同脉石分离,获得最终铁精矿。(3)产品处理阶段,包括矿浆浓缩和精矿脱水等。铁矿石经过分选后,可得到精矿、中矿和尾矿三种产品,分选所得的含铁品位含量较高、适合作为高炉炼铁原料的最终产品,称为铁精矿;分选过程中得到的尚需进一步处理的中间产品,称为中矿;分选后得到的铁含量很低、不需进一步选分处理或技术经济上不适于进一步处理的产品,称为尾矿。

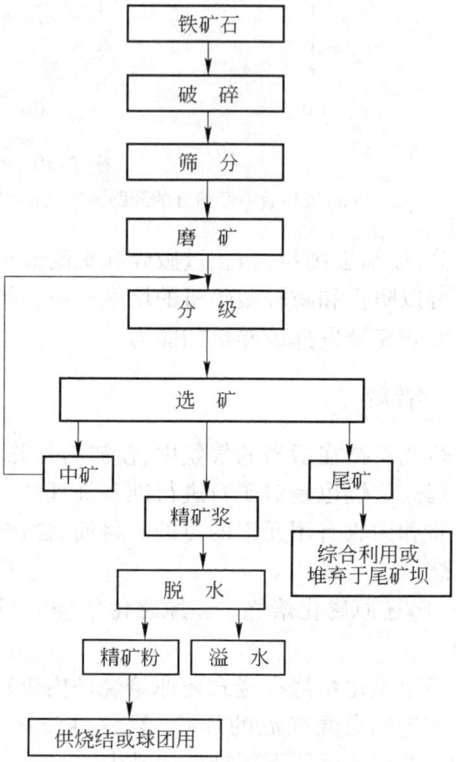

图 3-11　选矿的基本流程

我国铁矿石储量比较丰富,但多为贫矿。在仅有的少量富矿石中,约有 5%的部分因含杂质过高而导致不能直接入炉冶炼。除了品位低之外,我国大部分铁矿石的矿物颗粒嵌布细,组分复杂,这也给矿石的开发利用带来很大困难。因此,虽然我国矿石储量大,但“贫、细、杂”等特点决定了我国绝大多数铁矿石必须经过选矿处理。生产实践表明,高炉炼铁实行“精料”方针,可降低焦炭和石灰的用量,提高利用系数。为此,在获取最佳冶炼经济效益的前提下,必须使铁矿石经过选矿,并根据实际条件合理优化选矿工艺,尽可能提高铁精矿品位,最终有利于改善整个炼铁工序的技术经济指标。

图 3-12 给出了首钢迁安铁矿选矿工艺的改造实例。首钢迁安矿山属于含铁石英岩,原矿含铁品位在 30%左右。以前采用两段磨矿加两次磁选,其精矿含铁品位只能达到 63%~64%。如果加以细磨,可提高含铁品位,但球磨机的台时产量和铁回收率则会降低,经济性很差。后来,首钢对迁安铁矿的选矿工艺进行了技术改造,采用较为先进的细筛、再磨流程(使用筛孔为 0.3mm 的塑料筛),仅将筛上物返回球磨,而筛下物(约 35%)送往磁选。改造后的结果是:精矿粒度小于 0.074mm 粒级所占的比例由 60%提高到 75%,品位由 64%上升到 68.5%,铁回收率得到了有效提高。改造完毕后,细铁精矿每吨耗电量、原料费以及设备折旧费等虽有所增加,但由于精矿含铁品位提高,高炉入炉矿比减少,生铁成本反而实现了降低。

常用的选矿工艺指标有品位、精矿产出率、金属回收率等。

(1)品位。品位是指所获得的铁精矿的含铁量,%。

(2)精矿产出率。精矿产出率即单位原矿所产出的精矿量,用式(3-1)计算。

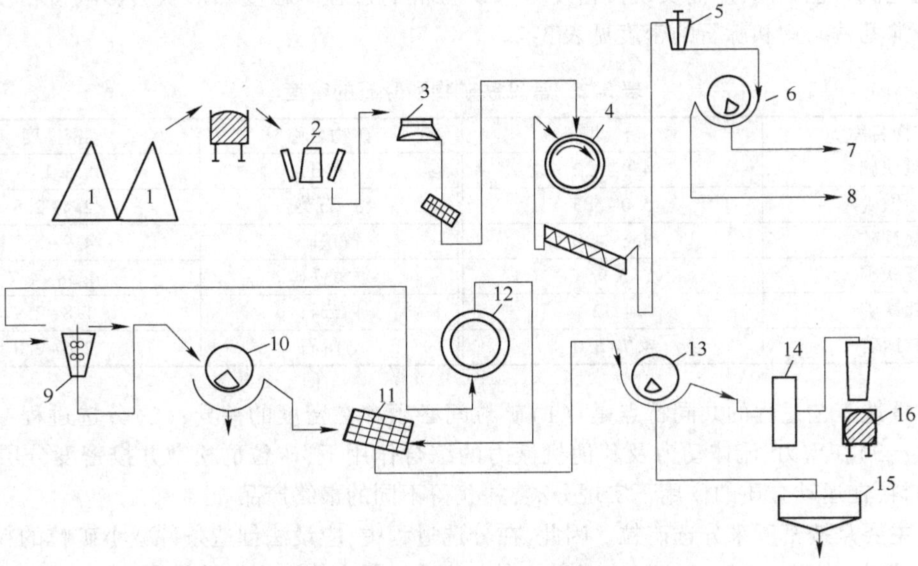

图 3-12　改造后的首钢迁安铁矿选矿工艺流程(细筛、再磨、精选)

1—矿山;2—初碎;3—中碎;4—球磨;5—脱水;6—磁选;7—尾矿;8—初精矿(TFe 60%~62%);
9—水力旋流器;10—磁选机;11—尼龙网筛;12—再磨;13—磁选机;
14—过滤机;15—尾矿浓缩池;16—精矿(TFe 67%~68%)

$$\gamma=\frac{\alpha-\theta}{\beta-\theta}\times 100\% \tag{3-1}$$

式中　γ——精矿产出率,%;
　　β——原矿品位,%;
　　α——精矿品位,%;
　　θ——尾矿品位,%。

(3)金属回收率。对铁矿选矿,金属回收率指铁精矿含铁量与原矿含铁量之比,用式(3-2)计算。

$$\varepsilon=\frac{\gamma\cdot\beta}{\alpha}\times 100\% \tag{3-2}$$

式中　ε——金属回收率,%。

3.5.2　选矿方法

矿石的选分,主要是利用矿石中被选分组分具有不同的物理和化学性质而进行的。根据矿石的不同类型和对选矿产品的要求,在生产中可采用不同的选矿方法。最简单的是根据矿石颜色、光泽和形状而进行选分的手选法;其次是根据矿石密度和硬度的不同,采用水力冲洗的洗选法。这两种方法只能做简单的选分。目前,常用的选矿方法有重选法、磁选法、电选法和浮选法,其中,浮选法应用最广。有些矿石性质复杂,用单一的选矿方法有时难以处理,这时需要联合应用多种选矿方法来形成联合选矿流程,以最大限度地获取其中的有用矿物。

3.5.2.1　*重力选矿法*

重力选矿,又称重选,就是根据矿粒间由于密度的差异,在运动介质中所受到的重力、流体动力和其他机械力也不同,从而实现按密度分选矿粒群的过程。粒度和形状会影响按密度分选的精确性。常见铁矿物和脉石的密度见表3-2。

表3-2　常见铁矿物和脉石的密度　　(t/m^3)

矿物名称	密　度	矿物名称	密　度
磁铁矿	4.9~5.2	萤石	3.18
赤铁矿	5.0~5.3	α-石英	2.5~2.8
褐铁矿	3.6~4.0	黄铁矿	4.9~5.2
菱铁矿	3.9	磁黄铁矿	4.58~4.7
钛铁矿	4.72	白云石	1.8~2.9
软锰矿	4.7~5.0	方解石	2.6~2.8

各种重选工艺过程的共同特点是:(1)矿粒间必须存在密度的差异;(2)分选过程在运动介质中进行;(3)在重力、流体动力及其他机械力的综合作用下,矿粒群松散并按密度分层;(4)分层好的物料,在运动介质的作用下实现分离,并获得不同的最终产品。

重选主要是按密度来分选矿粒。因此,在分选过程中,应设法创造条件减小矿粒的粒度和形状对分选结果的影响,而使矿粒间的密度差别在分选过程中能起到主导作用。

根据介质运动形式和作业目的的不同,重选可分为如下几种方法:水力分级、重介质选矿、跳汰选矿、摇床选矿、溜槽选矿、洗矿。其中,水力分级和洗矿是按密度进行分离的作业,其他则均属于按密度进行分选的作业。目前,我国铁矿石选矿用的重选设备主要有跳汰机、重介质溜槽、平面和离心式摇床以及离心选矿机等。

(1)跳汰机是一种在垂直运动的介质(水)中,将金属矿物和脉石分层选分的设备。由于活塞的运动,水通过栅算在矿石的床层中上下运动。对于重而小的矿物,因具有较大的沉降速度而沉积于下层;对于轻而大的脉石,因具有较小的沉降速度而聚集于上层;对于大而重和小而轻的矿石,则居于中层。

(2)重介质溜槽是一种利用重悬浮液为介质的流膜选矿法。矿石随介质在倾斜并安置有横向挡板的溜槽中流动时,密度大的矿石沉积于底部并受挡板的阻积,密度小的脉石在上层被介质流带走。使用重悬浮液代替水作介质,可以改善选分效率,因为重悬浮液的密度可以人工调节,并使之大于脉石的密度或小于金属矿物的密度。矿石在重介质中,脉石浮于表面,而金属矿物沉积于底。常用的重悬浮液是由磨细的硅铁、方铅矿和赤铁矿等同水按一定比例混合所组成的。

(3)平面和离心式摇床,也是一种流膜选矿的方法。平面摇床是以一定角度放置而又做非连续往复不平衡运动的选矿机械,利用水力和机械力的联合作用而使密度不同的颗粒分开。此法可用于贫赤铁矿的选分,但因占地面积大,生产效率低,已被其他方法所代替。

(4)离心选矿机是在离心力场实现流膜选矿的设备。离心选矿机比一般的溜槽选矿设备有更高的生产率、更好的选分效果和更低的选分粒度下限(可选分到13μm的颗粒),是处理细粒嵌布、弱磁性贫赤铁矿的一种很好的选分设备。

3.5.2.2　*磁力选矿法*

按导磁性的不同,常见的金属矿物和脉石矿物分为3类,即强磁性矿物(磁铁矿、钛铁矿、磁黄铁矿)、弱磁性矿物(碳酸铁、赤铁矿、褐铁矿、软铁矿、水锰矿)和非磁性矿物(石英和白云石)。

磁力选矿,简称磁选,是利用矿石和脉石导磁性(Fe_3O_4导磁性好,而脉石无导磁性)不同的特点,用永磁铁或电磁铁吸引细磨矿粉中的磁铁矿矿物(多数采用湿法磁选),磁性矿物被吸引,而非磁性脉石被排斥,从而达到选分及富选的目的。

对于强磁性的磁铁矿,可以使用磁场强度为900~1600kA/m的弱磁铁选机进行选分;对于弱磁性的磁铁矿和褐铁矿等,则需使用磁场强度为6000~18000kA/m的强磁铁选机进行选分。

3.5.2.3　*浮游选矿法*

浮游选矿法,又称浮选,是细粒和极细粒物料分选时应用最广、效果最好的一种选矿方法。由于物料粒度细,粒度和密度作用极小,采用重选方法难以实现分离;另外,对一些磁性或电性差别不大的矿物,也难以用磁选或电选分离。但根据矿物表面性质(主要是亲水性)的不同,即矿物在水中对水、气泡、药剂的作用不同,通过药剂和机械调节,可用浮选法高效分离出有用矿物和无用的脉石。

矿物的亲水性有强弱之分,当在铁矿石的细磨浆中进行充气搅拌时,亲水性强者,其颗粒表面容易被水润湿而下沉;亲水性弱者,其颗粒表面难于被水润湿且易附着气泡而浮起,从而实现有用矿物和脉石的分离。

为了提高浮选效果,常使用各种浮选药剂来调节和控制浮选过程。加入捕集剂,可在矿粒表面形成薄膜,抑制润滑,促进浮起;而使用起泡剂,则可形成气泡,稳定泡沫,保证浮起者不下沉。由于浮选剂的多种作用,可以根据需要来选别矿物。因此,浮选特别适合于处理复合矿和有色金属矿石。

3.6　贮存和混匀

造块(烧结或球团)用含铁原料的贮存和混匀工艺流程,如图3-13所示。

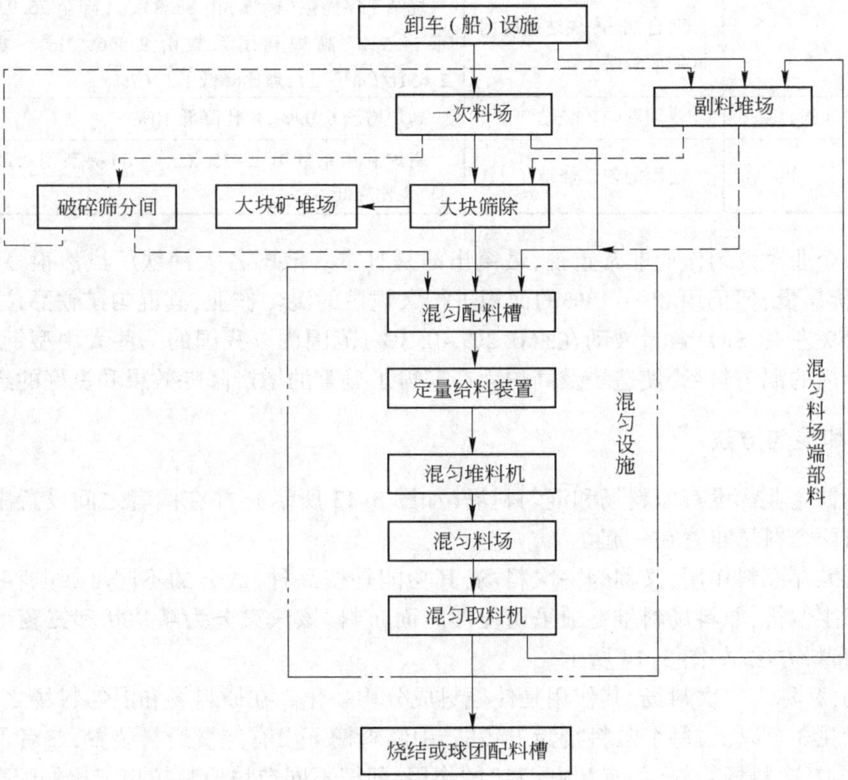

图3-13　造块用含铁原料的贮存和混匀工艺流程

3.6.1　贮存和混匀的作用

贮存是将进场原料按种类或成分分别在料场或仓库中堆放，以备使用。通常情况下，烧结或球团造块用的含铁原料数量大、来源分散，又是定期或非定期地送入造块场内，因此，原料供应具有间断性和不稳定性，而造块生产又要求连续稳定进行。所以，无论大厂还是小厂，都必须设有一定规模的原料贮存设施，才能保证造块生产正常进行。

混匀，也称中和，是指根据高炉和造块生产的要求，充分考虑料场贮存的原料品种和数量差异，将各种含铁原料按照配料计算所设定的配比和数量，利用混匀设施，将这些原料均匀地铺成一个由多个又薄又长的料层所组成的混匀料堆。使用时，取料机沿料堆横断面均匀切取，从而得到粒度、化学成分以及其他物理化学性质均匀、稳定的含铁原料，直送造块工序。目前，现代化的烧结或球团厂均采用由配料和“平铺切取”组成的混匀工艺。混匀的意义主要体现在：充分利用低品位原料和钢铁厂含铁废弃物，稳定矿石的化学成分，简化烧结工艺流程，提高烧结矿质量，增加烧结机产量，降低烧结燃料消耗，从而稳定和强化高炉操作，改善高炉冶炼指标。国内外钢铁企业混匀生产的效果实例见表 3-3。

表 3-3　国内外钢铁企业混匀生产的效果实例

国　家	企业名称	条　件	效　果
德　国	曼内斯曼	使用混匀矿烧结	烧结机增产 15%
澳大利亚	肯布拉港	使用混匀矿烧结	高炉增产 10%~25%
荷　兰	艾莫依登	使用混匀矿烧结	烧结机增产 7.0%，固体燃料消耗量降低 15%
中　国	济　钢	两台 $90m^2$ 烧结机使用混匀矿烧结	烧结工序能耗（标煤）由 88.83kg/t 降至 75.93kg/t，降低了 14.52%；高炉利用系数由 2.566t/(m^3·d) 提高到 2.651t/(m^3·d)；焦比降低了 5.07%
	广（州）钢	使用混匀矿烧结	高炉增产 6.09%，焦比降低 10%
	首　钢	使用混匀矿烧结	高炉利用系数由 1.876t/(m^3·d) 提高到 2.087t/(m^3·d)，焦比降低 10%

国外钢铁企业对混匀作业非常重视，最突出的是日本。该国各大钢铁厂虽然很多是填海造地建设的，地价昂贵，但仍用 8%~18% 的面积进行大规模的混匀作业，其混匀矿铁品位的波动一般维持在±0.5%左右，SiO_2 含量波动在±(0.2%~0.3%)范围内。我国的一些大中型钢铁企业也已经建设了专门的混匀料场，使造块及高炉生产获得了显著的增产降耗效果和良好的经济效益。

3.6.2　贮存和混匀方法

先进的钢铁企业都设有原料场和混匀料场（如图 3-13 所示），并在两者之间设置中继料槽，也有些企业将两个料场布置在一起。

原料场起贮存原料作用，又称为一次料场，其功能是按品种、成分的不同堆放贮存原料。为了防止原料产生偏析，原料场料堆一般采用菱形断面布料，该法又分为鳞片状和三菱形布料，另外，还有条形布料方法，如图 3-14 所示。

混匀料场，又称为二次料场，其作用是使原料成分均一化。在原料场和混匀料场之间设置的中继料槽一般在 3 个以上，每个贮料量为 1~2h。中继料槽下设有定量给料装置，二者保证连续、定量、均匀地向二次料场给料，并有“预配料”的作用，即把不同造块原料按规定比例配合。

原料通过取料机由一次料场取起，经皮带机送到中继料槽，再由定量给料装置给到皮带机

(a) (b) (c)

图 3-14 一次料场的布料方法

(a)鳞片状;(b)三菱形布料;(c)条形布料方法

上,送往二次料场堆料机,按规定铺料方法造堆。造好堆后,沿料堆横断面切取,便得到成分均一化的混匀矿。

混匀料堆多数堆成等腰三角形的横断面,很少采用一次料场的那种梯形断面。一般采用人字形布料或三菱形布料,也有采用人字–三菱形混合式布料的,如图 3-15 所示。人字形布料虽然堆料设备简化一些,但粒度偏析较大,适用于铁精矿等细粒物料的混匀。三菱形布料克服了粒度偏析的缺点,但对堆料设备要求严格,要求堆料设备能够纵向行走和横向移动,同时还能上下升降,因此,布料设备复杂,投资也高。人字–三菱形混合式布料方式的效果介于人字形布料和三菱形布料之间,可将粒度偏析限制在一个很小的范围之内。混匀料堆一般成对布置,一个混匀,一个取料,交替进行。

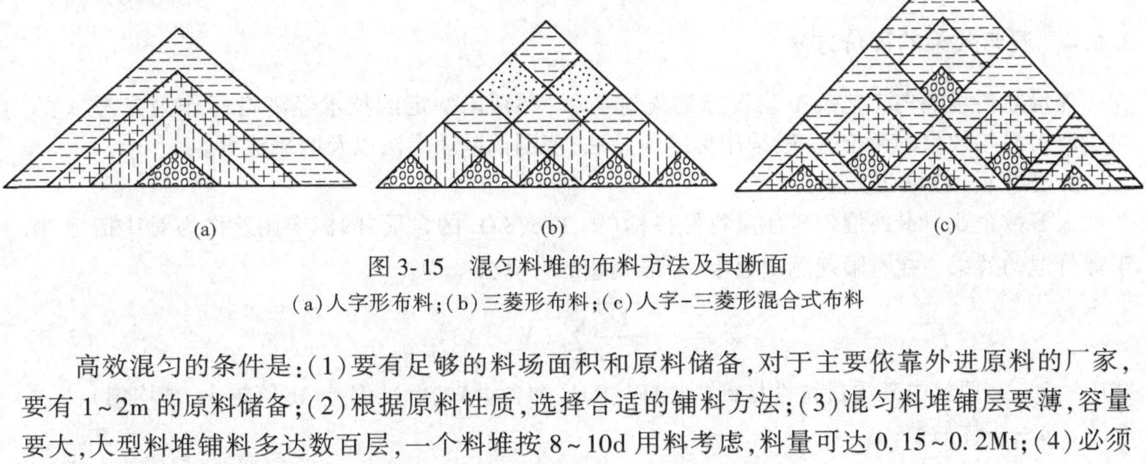

(a) (b) (c)

图 3-15 混匀料堆的布料方法及其断面

(a)人字形布料;(b)三菱形布料;(c)人字–三菱形混合式布料

高效混匀的条件是:(1)要有足够的料场面积和原料储备,对于主要依靠外进原料的厂家,要有 1~2m 的原料储备;(2)根据原料性质,选择合适的铺料方法;(3)混匀料堆铺层要薄,容量要大,大型料堆铺料多达数百层,一个料堆按 8~10d 用料考虑,料量可达 0.15~0.2Mt;(4)必须有大型堆取设备,合理制定混匀数学模型,实现计算机控制混匀作业。

3.6.3 室内混匀料场

许多建设较早的造块厂的原料场和混匀料场为露天作业。因此,一些工厂会受到冬季结冻、旱季多风和多雨季节等自然环境的影响,给作业带来困难,并造成混匀效果变坏、原料损失和环境污染等问题。为此,开始出现室内混匀料场。

图 3-16 给出了俄罗斯索柯洛夫斯克–塞尔巴依斯克矿山公司球团厂室内混匀料场的工艺流程。该厂造堆是依靠屋顶皮带移动小车按规定制度的往复运动,室内每端有两堆,每堆存放精矿 0.02~0.025Mt,用带斗轮的电铲沿料堆截面取料,可做半径运动,混匀后含铁量的波动达到±1%。

鞍钢拥有大型的带式球团焙烧机(焙烧机面积为 $322m^2$,产能为 2Mt/a),该厂为克服冬季寒

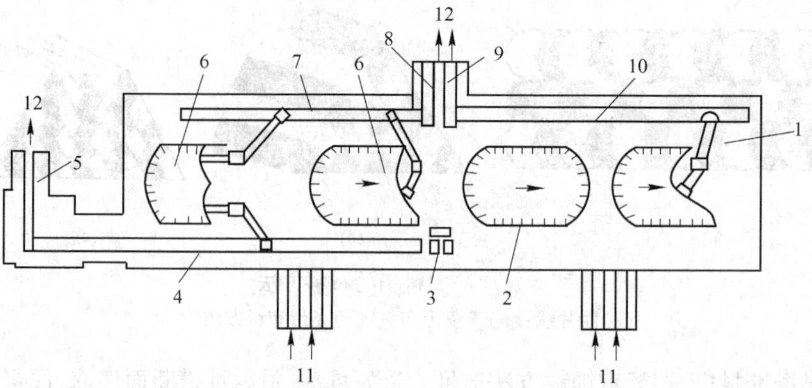

图 3-16　索柯洛夫斯克-塞尔巴依斯克矿山公司球团厂室内混匀料场

1—斗轮式取料机；2，6—精矿料堆；3—推土机；4，5，7~10—皮带运输机；11—从选矿厂来；12—去球团厂

冷结冻，在球团车间内设立精矿中和仓库，其长度为 192.8m，宽 24m。精矿经移动卸矿车沿仓库长度方向往复布料造堆，用两台 $4m^3$ 桥式抓斗起重机沿堆料横向断面取料，而后送往球团生产线。此外，地处我国南方的鄂城钢铁厂为克服雨季对混匀作业的影响，采用室内原料混匀流程，混匀仓长 294m，宽 44m。

由于我国南北季节的条件限制，为克服露天料场带来的诸多不利影响，对于新建的造块工厂，尤其是以细磨铁精矿粉为含铁原料的球团厂，应考虑采用室内混匀料场。

3.6.4　混匀效果的评价方法

评价原料场混匀工艺及工艺设施的先进与否，必须以一定的技术经济指标作为参考依据。对于原料混匀效果的评价，一般采用标准偏差法、范围偏差表示法以及图表法等。

3.6.4.1　*标准偏差法*

大多数企业以最终混匀矿质量特性指标（如 TFe、SiO_2 的含量）的标准偏差作为对比指标，用于评价混匀效果。在有限观测次数中，标准偏差的计算公式为：

$$\sigma = \sqrt{\frac{1}{n-1}\sum_{i=1}^{n}(X_i - \overline{X})^2} \tag{3-3}$$

式中　σ——原料中某质量特性指标（如 TFe、SiO_2 的含量）的标准偏差（σ 值越小，越均匀）；

n——样品数；

i——样品号；

X_i——对应 i 样品号的 X 特性测定值；

$\overline{X}$——各次样品 X 特性测定值的平均值，$\overline{X} = \frac{1}{n}\sum_{i=1}^{n} X_i$。

由于混匀矿质量特性指标的标准偏差只能反映最终成品矿的质量状况，未考虑原料情况，所以很难用于比较混匀工艺或混匀设备的混匀效果。而混匀效率指数则可反映单机设备或系统对多种原料混匀或对单品种原料混匀的效果，最适宜用来评价和比较不同混匀工艺和混匀设备的混匀效果。混匀效率指数的计算式为：

$$\eta = \frac{\sigma_E}{\sigma_A} \tag{3-4}$$

式中 η——混匀效率指数(η 值越大,混匀效果越好);

σ_E,σ_A——混匀前、后料流某质量特性指标的标准偏差。

参加混匀的往往是若干种原料,因此,需要计算混匀前各种原料总的标准偏差,通常采用下式:

$$\sigma_{ER} = \frac{1}{Z}\sqrt{\sum_{j=1}^{m}(Z_j\sigma_j)^2} \tag{3-5}$$

式中 σ_{ER}——混匀前各种物料某质量特性指标的总标准偏差;

Z——料堆布料总层数;

Z_j——j 物料的布料层数;

j——原料的种类号;

m——原料的总种类数;

σ_j——对应 Z_j 层的 j 原料混匀前的标准偏差。

标准偏差法对一组测量中较大偏差和较小偏差的反映比较灵敏,精确度高,然而不能得出最大值和最小值的波动幅度。

3.6.4.2 范围偏差表示法

成分波动幅度的范围偏差表示法,是通过一系列取样并分析某种或数种特性后,根据分析所得结果的最高值和最低值来加以评定和表示混匀料中某一特性的均匀度。例如,对于某混匀作业,混匀矿含铁量的一系列取样分析值中,最高为60%,最低为52%,则该次混匀作业所对应的混匀矿含铁量的波动值为±4%。此值越小,则混合越均匀。

这一方法的缺点是不精确,主要是因为该方法除了指明最高值和最低值外,却未反映出 n 次测量中其余部分的变化情况,例如,对于两组混匀料,含铁量最高值和最低值的波动均为±4%,但第一组有80%试样的含铁量波动在±3%以内,而第二组只有60%。显然,第一组混匀矿的均匀度要比第二组高,而成分波动幅度的范围偏差表示法却不能反映出来。

3.6.4.3 图表法

图表法很简单,如图3-17所示,用每次混匀矿某成分波动的实测值来表示混匀的均匀度。通过图表,可以一目了然地了解到该成分在取样过程中的波动变化,但图表法不能用简单的文字进行表达。

为了提高混匀效率,应注意如下几个方面:(1)有足够大的混匀场地和足够的矿石储备;(2)铺成矿堆和取矿应分堆进行;(3)从矿山开采的工作面开始,就应按成分开采和堆放;(4)利用转运过程中一切可能的机会进行混匀;(5)先破碎筛分,后混匀,减少因粒度偏析而造成的不良影响。

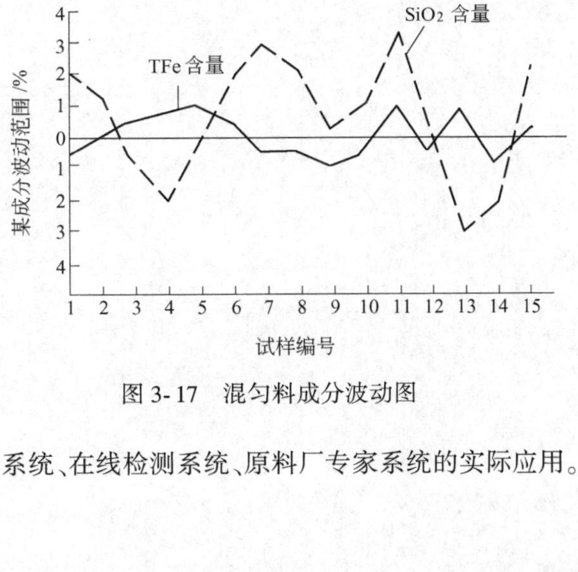

图3-17 混匀料成分波动图

经过近些年的快速发展,我国钢铁企业原料场的混匀工艺已经日趋成熟。为了进一步促进混匀工艺技术的发展,今后应加强原料混匀化的基础理论研究,提高混匀系统的控制水平,强化自动取样系统、在线检测系统、原料厂专家系统的实际应用。

3.7　造块

经富选而得到的精矿粉、天然富矿粉、烧结返矿、高炉炉尘、转炉炉尘等含铁粉状物料，不可直接加入高炉冶炼，必须利用烧结或球团等方法将其重新造块，生产烧结矿、球团矿或预还原炉料等人造富矿后，再入炉使用。

造块处理不仅可以改善入炉料的粒度组成及其冶金性能，还可以去除有害元素。因此，使用人造富矿有利于保证高炉稳定顺行，降低焦比和能耗，强化冶炼，提高利用系数和生产效率。

4 炼铁用熔剂

4.1 熔剂概述

4.1.1 熔剂的功能

由于造渣的需要,高炉炼铁常使用一定数量的熔剂。熔剂在高炉冶炼过程中所起到的主要作用有:

(1)降低矿石中脉石和焦炭灰分的熔点。铁矿石中,除了含铁矿物外,还含有一定数量的脉石。焦炭中,除了固定碳以外,还含有一定数量的灰分。这些脉石和灰分的大部分组成是酸性氧化物(如 SiO_2、Al_2O_3 等)以及少量碱性氧化物(CaO、MgO 等)。由于这些物质各自的熔点都很高(SiO_2 1713℃,Al_2O_3 2050℃,CaO 2570℃,MgO 2800℃),故若其单独存在时,在高炉冶炼条件下不可能完全熔化。但若加入一定数量的熔剂后,熔剂可与上述高熔点物质反应,生成低熔点的化合物或固溶体,形成流动性良好的炉渣,从而实现渣铁分离,并保证出渣操作时,炉渣顺利从炉缸流出。

(2)获得具有一定化学成分和物理性能的炉渣,以增加其脱硫能力,并控制硅、锰等元素的还原程度,有利于改善生铁质量。

4.1.2 熔剂的分类

根据矿石中脉石和燃料灰分的组成、冶炼生铁的品种、生铁的质量要求等因素的不同,可将高炉炼铁常使用的熔剂分为碱性、酸性和中性三种。

当矿石中脉石主要是酸性氧化物时,则加入碱性熔剂。常用的碱性熔剂有石灰石($CaCO_3$)、白云石($CaCO_3 \cdot MgCO_3$)、菱镁石($MgCO_3$)等。近年来,也有企业使用转炉钢渣代替石灰石和白云石作为熔剂。

酸性熔剂主要有石英(SiO_2)。一般只在渣中 Al_2O_3 含量过高(大于 18%)致使冶炼过程失常时,才加入部分含 SiO_2 高的酸性熔剂,以改善炉渣性能和调节炉况。另外,在使用高碱度烧结矿冶炼时,常配用酸性熔剂来调节炉渣碱度。

中性熔剂主要有铁矾土($Al(OH)_3$ 或含水的 Al_2O_3)和黏土页岩。主要用于由于高炉渣中 Al_2O_3 含量过低导致炉渣流动性很差,而需要提高渣中 Al_2O_3 含量的场合。但此时常加入适量 Al_2O_3 含量高的铁矿石,而不单独加入中性熔剂。

另外,还包括同时含有碱性熔剂(MgO)和酸性熔剂(SiO_2)的镁橄榄石和蛇纹石($3MgO \cdot 2SiO_2 \cdot 2H_2O$)。

4.1.3 高炉冶炼对熔剂的要求

随着高炉精料技术的进步,高碱度烧结矿配加酸性炉料(天然块矿、酸性球团矿等)这种炉料结构被广泛采用。因此,熔剂一般都是配入烧结料或球团料中,而直接入炉的可能性越来越小。即使有时采取少量熔剂入炉,也仅是作为稳定炉况和调节炉渣碱度的手段。高炉冶炼对直接入炉的熔剂的要求是:

(1)有效熔剂性高。碱性熔剂的有效熔剂性是指,按炉渣碱度的要求,去除熔剂中酸性氧化物所消耗的碱性氧化物之外,剩余部分的碱性氧化物的含量。

有效熔剂性是评价碱性熔剂质量的主要指标。要求碱性熔剂中碱性氧化物(CaO 和 MgO)含量要高,而酸性氧化物(SiO_2 和 Al_2O_3)含量要低。因为,若熔剂中酸性氧化物含量高,不仅降低碱性氧化物含量,而且其本身造渣还需消耗一部分碱性氧化物,致使熔剂的有效碱性氧化物含量降低,造成高炉渣量大,使焦比升高。一般要求石灰石中酸性氧化物的含量不超过 3.5%。

白云石的有效熔剂性用下式表示:

$$w(\mathrm{RO})_{有效}=(w(\mathrm{CaO})_{熔剂}+w(\mathrm{MgO})_{熔剂})-(w(\mathrm{SiO_2})_{熔剂}+w(\mathrm{Al_2O_3})_{熔剂})\cdot\frac{w(\mathrm{CaO})_{渣}+w(\mathrm{MgO})_{渣}}{w(\mathrm{SiO_2})_{渣}+w(\mathrm{Al_2O_3})_{渣}} \tag{4-1}$$

当用 $w(\mathrm{CaO})/w(\mathrm{SiO_2})$ 表示炉渣碱度时,石灰石的有效熔剂性可简写为:

$$w(\mathrm{CaO})_{有效}=w(\mathrm{CaO})_{熔剂}-w(\mathrm{SiO_2})_{熔剂}\cdot\frac{w(\mathrm{CaO})_{渣}}{w(\mathrm{SiO_2})_{渣}} \tag{4-2}$$

对酸性熔剂来说,就是要求其 SiO_2 含量高。一般要求硅石中 SiO_2 的含量不低于 90%。

(2)有害杂质 S、P 含量低。石灰石一般含 S 为 0.01%~0.08%,含 P 为 0.001%~0.03%。

(3)粒度均匀,强度高,粉末少。石灰石的强度一般是足够的,但若石灰石粒度过大,在高炉内分解缓慢,将增加高温区的热量消耗,致使炉缸温度降低,焦比升高。因此,要求石灰石粒度小而均匀。大高炉要求石灰石粒度为 25~50mm,小高炉要求为 10~30mm。

另外,要求将直接入炉的硅石粒度控制在 10~30mm 范围内。

4.2　石灰石

石灰石是沉积源形成的一种岩石,由大小不同的方解石颗粒组成,主要成分是碳酸钙、钙镁碳酸盐或者碳酸钙和碳酸镁的混合物,有白色、淡灰、淡黄、淡红、黑色等不同颜色。石灰石具有许多特点鲜明的自然特征,如方解石的纹路或斑点、化石或者贝壳结构、坑洞、细长的组织、开放纹理、蜂巢结构、铁斑、类似石灰华的结构以及结晶差异。上述一种或多种特征的组合,将对石灰石的质地产生影响。

我国石灰岩资源的富集区主要有:长江中下游资源富集区,储量占全国总储量的 25.7%;晋冀鲁豫资源富集区,储量占全国总储量的 19%;陕西资源富集区,储量占全国总储量的 11.4%;闽粤桂资源富集区,储量占全国总储量的 12.7%;川黔滇资源富集区,储量占全国总储量的 12.9%。

石灰石按矿床类型分为两大类,即普通石灰石(纯质石灰石岩)和镁质石灰石(白云石化石灰岩),各类又细分为 5 个品级。各等级石灰石的化学成分标准参见表 4-1。

表 4-1　各等级石灰石的化学成分　　(%)

类别	等级	化学成分					
		CaO	CaO+MgO	MgO	SiO_2	P	S
普通石灰岩	特级品	≥54.0	—	≤3.0	≤1.0	≤0.005	≤0.025
	一级品	≥53.0			≤1.5	≤0.010	≤0.080
	二级品	≥52.0			≤2.2	≤0.020	≤0.100
	三级品	≥51.0			≤3.0	≤0.030	≤0.120
	四级品	≥50.0			≤4.0	≤0.040	≤0.150

续表 4-1

类别	等级	化学成分					
		CaO	CaO+MgO	MgO	SiO_2	P	S
高镁石灰岩	特级品		≥54.5		≤1.0	≤0.005	≤0.025
	一级品		≥54.0		≤1.5	≤0.010	≤0.080
	二级品	—	≥53.5	≤8.0	≤2.2	≤0.020	≤0.100
	三级品		≥52.5		≤2.5	≤0.030	≤0.120
	四级品		≥51.5		≤3.0	≤0.040	≤0.150

石灰石及其再加工产品是钢铁冶炼(特别是铁矿烧结和高炉炼铁)最常用的熔剂,不同工序对石灰石粒度的要求见表 4-2。直接入炉的石灰石应具有一定的强度和均匀的块度。块度不可过大,有些工厂曾把石灰石粒度降低到和矿石粒度相同。不管怎样,石灰石直接加入高炉后,一方面因其分解而增加热消耗;另一方面,其分解释放的 CO_2 与焦炭发生气化熔损反应,也吸收大量热量,两者都导致高炉焦比升高。一般认为,高炉炉料中每增加 100kg 石灰石,焦比要升高 35kg/t 左右。为此,目前大多数企业将高炉造渣所需要的块状石灰石全部破碎成小于 3mm 的石灰石粉,再加入烧结混合料中生产自熔性或高碱度烧结矿,很少或基本不直接加石灰石入炉。

表 4-2 冶金用石灰石的粒度要求

用途	粒度范围/mm	最大粒度/mm	最大允许波动范围/%	
			上限	下限
烧结用	0~3	8		—
	0~60	80		—
炼铁用	15~60	80	≤10	
	20~60	80		≤10
焙烧石灰用	50~90	110		
	80~120	140		

4.3 冶金石灰

冶金石灰是石灰石的高温煅烧产物,可分为两大类,即普通冶金石灰(由普通石灰石煅烧而成)和高镁冶金石灰(由高镁石灰石煅烧而成)。在 920~1200℃ 范围内焙烧成的活性石灰,也称为冶金工业用新烧石灰或软烧石灰,其特点是孔隙率高,40%呈海绵状,密度达 0.8~1.19t/m^3,石灰晶粒小,溶解能力高。

铁矿粉造块使用石灰作为熔剂,而炼钢也常用石灰作添加剂。石灰中的 CaO 是炉渣的主要成分,参与脱 P 和脱 S 反应。但石灰普遍存在有效 CaO 含量低、SiO_2 含量高、有时 S 含量高、生烧率和过烧率高、块度不均匀等问题。石灰若生烧率高,就会延长化渣时间;若过烧率高,则石灰孔隙率降低,也不利于化渣。

各等级冶金石灰的化学成分和物理指标列于表 4-3 中,钢铁生产各工序对冶金石灰粒度的要求见表 4-4。

表 4-3　各等级冶金石灰的质量要求（YB/T 042—2014）

类别	等级	化学成分/%						物理指标
		CaO	CaO+MgO	MgO	SiO_2	S	灼减	活性度①（(40±1) ℃，10min，4mol · L^{-1}）/mL
普通冶金石灰	特级品	≥92.0	—	<5.0	≤1.5	≤0.020	≤2.0	≥360
	一级品	≥90.0			≤2.5	≤0.030	≤4.0	≥320
	二级品	≥85.0			≤3.5	≤0.050	≤7.0	≥260
	三级品	≥80.0			≤5.0	≤0.100	≤9.0	≥200
镁质冶金石灰	特级品	—	≥93.0	≥5.0	≤1.5	≤0.025	≤2.0	≥360
	一级品		≥91.0		≤2.5	≤0.050	≤4.0	≥280
	二级品		≥86.0		≤3.5	≤0.100	≤6.0	≥230
	三级品		≥81.0		≤5.0	≤0.200	≤8.0	≥200

①活性度是表征生石灰水化反应速度的一个指标。一般采用酸碱滴定法测定石灰的活性度，即在标准大气压下10min内，以用于中和50g生石灰在(40±1)℃恒温水中消化时产生的$Ca(OH)_2$所消耗的4mol/L HCl溶液的毫升数表示。石灰的活性度取决于其组织结构，而石灰的组织结构又与煅烧温度和煅烧时间密切相关。影响石灰活性度的组织结构包括体积密度、孔隙率、比表面积和CaO矿物的晶粒尺寸。晶粒越小，比表面积越大，孔隙率越高，石灰活性就越高，化学反应能力就越强。

表 4-4　钢铁冶炼工序对冶金石灰粒度的要求

用　途	粒度范围/mm	最大粒度/mm	允许波动范围/%	
			上　限	下　限
电　炉	20~100	≤120	≤10	≤10
转　炉	5~80	≤90		≤10
烧　结	≤3	≤5		—

4.4　菱镁石

菱镁石是晶质菱镁矿，块状，多为白色和灰色，主要由$MgCO_3$组成，体积密度为3.00~3.12t/m^3，莫氏硬度6~8，其伴生矿物主要有白云石和滑石等。

我国是世界上菱镁矿资源最为丰富的国家，总保有储量为3Gt，居世界第1位。矿床集中分布于9个省(区)，其中，辽宁省的储量最大，占全国的85.6%，该省营口大石桥矿区以规模大、质量好闻名于世；山东、西藏、新疆、甘肃等省(区)次之。另外，俄罗斯、奥地利、希腊、朝鲜等国也是菱镁矿的主要产地，特点是储量相对集中，大型矿床多。

菱镁矿在冶金工业上，主要用作生产耐火材料的原料以及铁矿烧结或球团的熔剂；在建材工业上，用于制造含镁水泥和其他防热、保温、隔音的建材制品；化学工业上，可用来制造硫酸镁和其他含镁化合物；在橡胶工业上，则用其作为填料，菱镁矿也是提炼金属镁的原料。

表4-5给出了各级菱镁石的质量标准。

表 4-5 各级菱镁石的质量标准（YB/T 5208—2016）

牌号	化学成分/%			块度/mm	说明
	MgO	CaO	SiO_2		
M47A	≥47.30	—	≤0.15	25~100	制高纯镁砂，用于生产特殊耐火材料
M47B	≥47.20	—	≤0.25		
M47C	≥47.00	≤0.60	≤0.60		
M46A	≥46.50	≤0.80	≤1.00	25~100	制各种镁砖
M46B	≥46.00	≤0.80	≤1.20		
M46C	≥46.00	≤0.80	≤2.50		
M45	≥45.00	≤1.50	≤1.50	25~100	制各种镁砖
M44	≥44.00	≤2.00	≤3.00	25~100	供制镁硅砂用时，SiO_2 含量不能高于 4%；供热选生产时，SiO_2 含量不能高于 5%
M41	≥41.00	≤6.00	≤2.00	25~100	制冶金镁砂
M33	≥33.00	—	≤4.00	0~40	供烧结用时，块度大于 40mm 的不能超过 10%，最大者不能大于 60mm

4.5 橄榄石和蛇纹石

橄榄石是一种岛状结构、含镁硅酸盐的矿物，因常呈橄榄绿色而得名，是由铁橄榄石（$FeO \cdot SiO_2$）和镁橄榄石（$2MgO \cdot SiO_2$）组成的固溶体，化学分子式为$(Mg,Fe)_2(SiO_4)$。晶体形态常呈短柱状，集合体多为不规则粒状。随 Fe 含量增多，可呈浅黄绿色至深绿色，有玻璃光泽，透明至半透明。解理中等或不完全，常具贝壳状断口，性脆。莫氏硬度为 6~7，密度为 3.3~4.4t/m^3。典型的化学组成为：MgO48%~50%、$SiO_2$41%~43%、FeO6.1%~6.6%及少量的 Al_2O_3 和 Mn。橄榄石主要产生于含硅量较低的基性火山岩中。世界上橄榄石的主要产地有红海的扎巴贾德岛、缅甸的抹谷、美国、巴西等地区。我国河北省和吉林省是优质橄榄石的产地。

在烧结、球团或直接入炉时添加适量的（2%左右）橄榄石，其主要作用是在炉料中形成铁酸镁相，对碱金属蒸气的凝聚和碱金属铁酸盐的形成有很强的抑制作用，并能改善炉料的低温粉化性能和高温软化性能。

冶炼用橄榄石具有固定的碱度（约 1.1），与普通高炉渣相比基本属于中性。因此，添加橄榄石时，无需调整炉料的熔剂成分。添加橄榄石后，炉料的总脉石量增加，SiO_2 和 MgO 含量增加，CaO 和 Fe 含量降低，使炉料的含铁品位降低，高炉生产成本增加，而且会有一定的铁量损失（1.0%~1.3%）。

冶炼对橄榄石粒度的要求是：用于高炉时，粒度为 6~30mm；用于烧结时，粒度为0~4.76mm。

蛇纹石属于低品位橄榄石，是一种层状硅酸盐矿物，具有由一层硅氧四面体与一层氢氧镁石八面体结合而成的双层结构。蛇纹石呈各种程度不同的绿色，如浅绿、黄绿、暗绿及黑绿色，也有的呈灰白色。其颜色随所含杂质成分的不同而发生变化，含绿泥石者呈黄绿色，含磷铁矿、铬铁矿者颜色较黑，含褐铁矿者为褐红色。块状蛇纹石具有贝壳状或参差状断口。莫氏硬度为2.0~3.5，密度为 2.50~2.62t/m^3。

蛇纹石为高镁、高硅、低钙熔剂。当含铁原料为低硅精矿时，以蛇纹石为熔剂添加到烧结混合料中，可改善烧结矿的低温粉化性能，提高烧结矿质量；或直接装入高炉，可提高高炉炉渣的流动性，改善脱硫能力。一般要求蛇纹岩中：$w(MgO) \geqslant 38\%$，$w(Al_2O_3) \leqslant 1.6\%$，$w(S) \leqslant 0.26\%$，$w(Ni) \leqslant 0.5\%$，$w(P) \leqslant 0.05\%$。

我国蛇纹石矿资源丰富，质地良好，主要产地有江苏省东海县行沟、江西省弋阳樟树墩、河南省信阳卧虎、陕西省宁强县黑木林、略阳县煎茶岭及勉县安子山等。表 4-6 列出了我国主要产地的蛇纹石矿的化学组成。

表 4-6　我国主要产地的蛇纹石矿的化学成分　（%）

矿山名称	蛇纹石矿的化学成分						
	MgO	SiO_2	CaO	Fe_2O_3	Al_2O_3	NiO	烧损量
江苏东海	39.60	38.20	0.56	7.21	1.20	0.28	14.78
四川彭县	37.21	36.41	1.24	8.85	0.36	0.23	14.60
江西弋阳	39.12	36.76	0.26	8.12	1.14	0.31	12.87
福建建西	37.45	41.35	1.25	6.61	0.81	0.24	11.34
河南信阳	33.95	39.86	2.75	8.35	2.35	0.24	11.75
山东蓬莱	39.61	40.90	3.45	4.15	1.66		
湖北蕲春	37.38	36.64	1.94	12.24	2.70		
辽宁丹东	36.62	28.90	11.45	1.47	0.21		

4.6　白云石

白云石是碳酸盐矿物，主要成分为 $CaMg(CO_3)_2$，理论上 CaO 含量为 30.4%、MgO 为 21.8%、CO_2 为 47.8%。常有铁、锰等类质同象代替镁。当铁或锰原子数超过镁时，称为铁白云石或锰白云石。白云石为立方晶系，晶体呈菱面体，晶面常弯曲成马鞍状，聚片双晶常见，集合体通常呈粒状。纯者为白色，含铁时呈灰色，风化后呈褐色，有玻璃光泽。性脆，菱面体解理完全。莫氏硬度为 3.5~4.0，密度为 2.85~3.20t/m^3。矿物粉末在冷稀盐酸中反应缓慢。白云石是组成白云岩的主要矿物，海相沉积成因的白云岩常与菱铁矿层、石灰岩层成互层产出；在湖相沉积物中，白云石与石膏、硬石膏、石盐、钾石盐等共生，在热液中可直接结晶形成白云石，也可由含镁的热水溶液交代石灰岩或白云石质石灰岩形成。我国白云石资源丰富，许多地区都有白云石出产。

白云石主要用作冶金熔剂、碱性耐火材料和化工原料。一般要求使用的白云石 MgO 含量高，SiO_2 含量低，P 和 S 含量低。

钢铁冶金及耐火材料生产所用白云石的化学成分要求见表 4-7~表 4-9，粒度规格要求见表 4-10。

表 4-7　炼铁烧结用白云石化学成分（YB/T 5278—2020）

牌号	级别	化学成分（质量分数）/%				
		MgO	SiO_2	CaO	P	S
TBYS20	—	≥20	≤3.0	≥28.0	—	—
TBYS19	A	≥19	≤3.0	≥30.0	—	—
	B	≥19	≤3.0	≥30.0	≤0.07	≤0.035
TBYS18	—	≥18	≤5.0	≥28.0	—	—

表 4-8 炼钢用白云石化学成分

牌号	化学成分(质量分数)/%						
	MgO	SiO_2	CaO	P	S	Al_2O_3	Fe_2O_3
GBYS20	≥20	≤2.0	≥30.0	≤0.07	≤0.025	≤0.85	≤1.2
GBYS19	≥19	≤3.0	≥30.0	≤0.07	≤0.025	≤0.85	≤1.2
GBYS18	≥18	≤3.0	≥28.0	≤0.07	≤0.025	≤0.85	≤1.2

表 4-9 耐火材料用白云石化学成分

牌号	级别	化学成分/%			
		MgO	$Al_2O_3+Fe_2O_3+SiO_2+Mn_3O_4$	SiO_2	CaO
NBYS22	A	≥22	—	≤2	≥10
	B	≥22	—	≤2	≥6
NBYS20	A	≥20	≤1.0	—	≥25
	B	≥20	≤1.5	≤1.0	≥25
	C	≥20	≤3	≤1.5	≥25
NBYS19	A	≥19	—	≤2.0	≥25
	B	≥19	—	≤3.5	≥25
NBYS18	—	≥18	—	≤4	≥25
NBYS16	—	≥16	—	≤5	≥25

表 4-10 白云石粒度规格

粒度规格/mm	上限/mm	上限粒级含量/%	下限/mm	下限粒级含量/%
0~3	3	≤10	—	—
0~5	5~6	≤5	—	—
3~10	10	≤5	3	≤5
5~20	20~25	≤5	3~5	≤10
5~30	30	≤5	5	≤5
5~50	50	≤10	5	≤5
8~35	35	≤10	8	≤17
10~40	40~45	≤5	8~10	≤10
12.5~35	35	≤5	12.5	≤17
15~40	40	≤5	15	≤10
20~80	80	≤5	20	≤10
25~50	50~60	≤10	20~25	≤10
40~80	80~100	≤10	30~40	≤10
80~120	120~140	≤10	70~80	≤10

4.7　转炉钢渣

转炉钢渣是碱性熔剂，为炼钢生产过程中的副产物，产生量约为粗钢产量的15%～20%。由于冶炼钢种的不同、铁水成分的差异、冷装炉料的变化以及操作方法的改变等，均会引起炉渣化学成分的波动。钢渣通常含Fe10%～25%，MnO2%左右，CaO40%～60%，MgO5%～10%，P0.1%～0.3%，S约0.1%。表4-11给出了国内某钢厂转炉渣的成分。

表4-11　国内某钢厂转炉渣的成分

组　成	SiO_2	Al_2O_3	CaO	MgO	Fe	MnO	S	碱　度
含量/%	15.39	1.51	52.49	8.29	12.56	2.07	0.23	3.41

钢渣的利用途径主要有高炉冶炼熔剂、烧结原料和熔剂、路基材料、回填材料和水泥原料。表4-12给出了2002年主要产钢国转炉钢渣的利用情况。目前，我国钢渣的利用率较先进产钢国要低得多。

表4-12　主要产钢国转炉钢渣的利用情况

国　名	利用情况	利用率/%
美　国	冶金领域中的应用57%，筑路37%，其他利用4%	>98
德　国	冶金领域中的应用24%，筑路41%，建材14%，农肥8%	97
日　本	冶金领域中的应用25%，筑路21%，土木工程43%，水泥工程5%，农肥1%，其他利用3%	99
俄罗斯	冶金领域中的应用4%，筑路36%	40
中　国	冶金领域中的应用9%，水泥混凝土掺和料7%，筑路、建材13%	29

若将加工分选出的10～40mm粒径的高碱度钢渣返回高炉，用作高炉炼铁熔剂，这样不但可回收钢渣中的Fe、Mn等元素，还可减少高炉炼铁熔剂（石灰石、白云石、萤石）消耗量，而且钢渣中的MnO和MgO也有利于改善高炉渣的流动性，对改善高炉操作有一定益处。另外，由于钢渣强度高、颗粒均匀，故高炉透气性好，煤气利用率得以改善，焦比下降，炉况顺行。因此，高炉使用钢渣可达到节能降耗的效果。

铁矿石生产烧结矿时，一般需加石灰石等作为熔剂。而转炉钢渣中含有40%～50%的CaO，1000kg转炉钢渣相当于700～750kg的石灰石，故可将钢渣作为烧结料代替部分石灰石，可降低烧结矿的生产成本，同时显著提高烧结矿的质量和产量。

5 炼铁辅助原料

5.1 膨润土

膨润土又称为皂土，是以蒙脱石为主的层状黏土矿物。由于膨润土中含有的蒙脱石矿物具有特殊的性质，如膨润性、黏结性、吸附性、催化性、触变性、悬浮性以及阳离子交换性等，所以，膨润土广泛用于钢铁冶金、铸造、钻井泥浆、食品、医药和污水处理等行业和领域。其中，膨润土最主要的用途是用作铁矿球团黏结剂、铸造型砂黏结剂以及配制钻井泥浆，全世界这三个方面的膨润土消费量占世界膨润土总产量的75%以上。根据蒙脱石层间可交换阳离子的种类、含量和结晶化学性质等，可将膨润土划分为酸性土（天然漂白土）和碱性土（钠基膨润土和钙基膨润土）。

酸性的天然漂白土则是以交换阳离子 H^+ 和 Al^{3+} 来确定的。

碱性膨润土的主要交换离子为 Na^+ 和 K^+，根据矿石碱性系数（$\sum w(Na^+) + \sum w(K^+))/(\sum w(Ca^{2+}) + \sum w(Mg^{2+}))$ 的高低，又将碱性膨润土细分为钠基膨润土和钙基膨润土两种工业类型，碱性系数大于或等于1的，为钠基膨润土；小于1的，为钙基膨润土。表5-1对比给出了钠基膨润土和钙基膨润土的性能。

表5-1 钠基膨润土和钙基膨润土的性能比较

项 目	钠基膨润土	钙基膨润土
碱性系数	≥1	<1
pH值	8.5~10.6	6.4~8.5
胶质价①/mL·(15g)$^{-1}$	≥99	≥45
膨胀倍数/倍	20~30	几到十几倍
吸水性能	吸水速度慢，吸水量大，2h吸水率可达250%~350%	吸水速度慢，吸水量大，2h后达饱和
失重分析	室温至100℃烘干，失重约6%	室温至110℃烘干，失重约9%

①膨润土在水介质中能分散成胶体悬浮液，这种悬浮液具有一定的黏滞性、触变性和润滑性，以胶质价来表征这些性能。一般将膨润土与水按比例混合后，加适量氧化镁并静置24h后形成的凝胶层体积，称为胶质价，以15g样品形成的凝胶体体积的毫升数表示。胶质价是评价膨润土形成胶体体系及其稳定性的一种指标，是分散性、亲水性和膨润性的综合表现。胶质价的大小与膨润土矿的属性和蒙脱石含量密切相关，故是鉴定膨润土矿石属型和估价膨润土质量的主要技术指标之一。钠基膨润土比钙基膨润土、酸性膨润土的胶质价高；同一属型的膨润土中，含蒙脱石越多，胶质价越高。

膨润土一般呈白色、灰色、粉红色、黄色、褐黑色等多种颜色，具有油脂光泽、蜡状光泽或土状光泽，断口为贝壳状或锯齿状。钠基膨润土一般为致密块状，而钙基膨润土一般为疏松土状，表面具有滑感，相对密度为2~3。膨润土吸湿性很强，最大吸水量为其体积的8~15倍，吸水后膨胀，膨胀倍数可达几倍至30倍。可塑性强，有较好的黏结性。矿石在阳光下晒干后，干裂成碎块。

膨润土的主要成分为 SiO_2、Al_2O_3 和 H_2O，有时 FeO 和 MgO 的含量也较高。此外，CaO、Na_2O、K_2O 常以不同含量存在，其中，Na_2O 和 CaO 的含量直接影响着膨润土的理化性质和工艺性能。

膨润土的性能主要取决于自身所含蒙脱石的种类和含量。与钙基膨润土相比，钠基膨润土的理化性质和工艺性能更优越，主要表现在：吸水速度更慢，但吸水率和膨胀倍数更大；阳离子交换量更高；在水介质中分散好，胶质价更高；胶体的悬浮液触变性、黏度、润滑性更好；pH 值更高；热稳定性更好；可塑性更好，黏结性更强；热湿拉强度和干压强度更高。因此，钠基膨润土的使用价值和经济价值更高。为满足应用需要，可对钙基膨润土进行改性处理，改善其工艺性能。

世界膨润土资源丰富，主要分布于美国、中国、意大利、希腊、澳大利亚和德国等国家。全世界膨润土总储量约为 25 亿吨，其中，钙基膨润土约占总储量的 70%～80%，而钠基膨润土的储量不足 5 亿吨。因此，世界范围内膨润土资源虽较丰富，但用量最大的优质钠基膨润土却十分短缺。

我国膨润土矿资源也比较丰富，总保有储量约 2. 46Gt，居世界第 1 位。膨润土矿分布广泛，全国 23 个省（区）皆有产出，大型矿床有 20 多个。就地区分布而言，以广西、新疆、内蒙古的储量为最大，分别占全国总储量的 26. 1%、13. 9%和 8. 5%。国内的膨润土矿区主要有辽宁黑山、吉林双阳和九台、浙江临安和平山、四川三台、甘肃酒泉、福建连城、山东潍县和涌泉、河南信阳、河北张家口和宣化、新疆托克逊等。就成分而言，钙基膨润土约占我国膨润土总储量的 90%。

在钢铁冶金行业，膨润土主要用作铁矿烧结和球团的黏结剂和添加剂。钙基膨润土用于烧结处理含铁粉尘时，必须先经活化，即加入苏打粉的水溶液，其添加量为膨润土量的 2%～4%。用膨润土作黏结剂和添加剂，可充分利用细磨铁精矿粉来生产氧化球团矿。

冶金球团用膨润土的质量指标见表 5-2。

表 5-2　冶金球团用膨润土的质量指标（GB/T 20973—2020）

项　目	指　标	
	钠基膨润土	钙基膨润土
吸水率/%	≥300	≥160
吸蓝量/g · (100g)$^{-1}$	≥22	
膨胀容/mL · g^{-1}	≥15. 0	≥5. 0
过筛率（75μm，干筛）/%	≥95	
水分含量/%	≥9～13	

国内外部分产地的膨润土的化学成分和物理性质概括于表 5-3 中。

表 5-3　国内外部分产地的膨润土质量指标

产地名称	化学成分/%								物理指标				
	Fe_2O_3	SiO_2	Al_2O_3	CaO	MgO	Na_2O	K_2O	烧损	胶质价/mL · (15g)$^{-1}$	膨胀倍数/倍	堆密度/t · m^{-3}	含水率/%	小于 0. 074mm 粒级所占比例/%
辽宁黑山（钙基）	2. 07	66. 1	13. 0	2. 28	2. 5	0. 48	0. 55	6. 59	75		0. 72	10. 8	88. 6
四川三台（钙基）	2. 4	59. 4	13. 68	1. 73	9. 78	0. 12	0. 73				0. 75	12	97. 2
浙江平山（钠基）	1. 75	71. 29	14. 17	1. 62	2. 22	1. 92	1. 78	4. 24	100	29			88. 49
长春石碑岭（钠基）		72. 65	12. 78	1. 63	0. 02	1. 76	0. 68	6. 3	100				
内蒙古包头（钠基）		52. 43	27. 16	1. 15		0. 13	2. 2						
美国怀俄明（钠基）	3. 5	56. 5	19. 3	1. 01	2. 4	2. 3							

5.2 萤石

萤石又称氟石，化学成分为 CaF_2，理论上 Ca 含量为 51.33%、F 为 48.67%，晶体属于等轴晶系的卤化物矿物。在紫外线、阴极射线照射下或加热时，会发出蓝色或紫色荧光，并因此而得名。晶体常呈立方体、八面体或立方体的穿插双晶，集合体呈粒状或块状。呈浅绿、浅紫色或无色透明，有时为玫瑰红色，条痕为白色，有玻璃光泽，透明至不透明。八面体解理完全。莫氏硬度为4，密度为 3~3.2t/m^3。

萤石主要产于热液矿脉中，无色透明的萤石晶体产于花岗石晶岩或萤石脉的晶洞中。我国是世界上萤石矿产最多的国家之一，CaF_2 总保有储量约为 108Mt，居世界第 3 位。矿产主要分布于全国 25 个省(区)，以湖南省储量最大，占全国的 38.9%；内蒙古、浙江次之，分别占 16.7%和16.6%。世界上其他萤石产地主要有南非、墨西哥、蒙古、俄罗斯、美国、泰国、西班牙等。

萤石主要用作钢铁冶炼的助熔剂和排渣剂，消耗量约占其总产量的 52%，用以降低熔炼温度，使金属与炉渣分离，促进炉渣流动，以促进脱硫和脱磷，增强金属产品的可锻性和抗张强度。有时，萤石还用作高炉的洗炉剂，但因其对炉衬侵蚀严重，已不常用。

冶金用萤石块矿的质量要求见表 5-4，其中，二级品以上的产品用于冶炼特殊钢、特殊合金钢等；三级品用于冶炼优质钢；四级品用于冶炼普通钢，五级品用于冶炼普通钢、化铁、炼铁等；六、七级品则用于化铁和炼铁。

表 5-4 冶金用萤石块矿的质量要求(YB/T 5217—2019)

等 级	化学成分/%				粒 度
	CaF_2	SiO_2	S	P	
一级品	≥95	≤4.5	≤0.10	≤0.06	5~70mm 的不小于 90%
二级品	≥90	≤9.3	≤0.10	≤0.06	
三级品	≥85	≤14.0	≤0.15	≤0.06	
四级品	≥80	≤18.5	≤0.20	≤0.08	
五级品	≥75	≤23.0	≤0.20	≤0.08	
六级品	≥70	≤28.0	≤0.25	≤0.08	
七级品	≥65	≤32.0	≤0.30	≤0.08	

5.3 硼矿

硼是一种典型的非金属亲石元素。硼在自然界中只以化合物形式存在，广泛分布于各种成因、不同类型的岩石中。硼矿物几乎在地质旋回的所有阶段都可以形成，从岩浆作用到表生作用，在内生和外生条件下均可以形成工业富集。

含硼矿物种类很多，根据含硼矿物的化学组成，可将其分为三类：硼硅酸盐矿物、硼铝硅酸盐矿物和硼酸盐矿物。其中，硼硅酸盐矿物主要是硅钙硼石和赛黄晶，硼铝硅酸盐矿物主要有电气石和斧石。这两类硼矿物中，除了硅钙硼石尚具有工业价值外，其他或是难以加工，或因未大量聚集成工业矿床而开采意义不大。目前，作为硼工业原料的主要是第三类，即硼酸盐矿物，这类矿物有 100 多种，但作为工业硼资源开发利用的仅有 10 余种，如天然硼砂、遂安石、硼镁石、硬硼钙石、天然硼酸、钠硼解石、柱硼镁石等。在中国，硼镁石、遂安石、硼镁铁矿、硼砂、钠硼解石、柱硼镁石等均可形成大中型矿床。主要硼酸盐矿物的理化性能简介如下：

(1)硼镁石($Mg_2[B_2O_4(OH)](OH)$):B_2O_3 的理论含量为 41.38%;呈纤维状、板状、柱状晶形;具有丝绢光泽;颜色有白、灰、浅黄色;密度为 2.62~2.75t/m³,莫氏硬度 3~4,不溶于水。

(2)硼镁铁矿($(Mg\cdot Fe)_3Fe(BO_3)O_2$):$B_2O_3$ 的理论含量 17.83%;形态有针状、柱状、纤维状、短柱状、粒状集合体等多种晶形;具有珍珠、金刚光泽;颜色有黑色和黑绿色;密度为 3.6~4.7t/m³;莫氏硬度 5.5~6;不溶于水。

(3)天然硼砂($Na_2B_4O_5(OH)_4\cdot 8H_2O$):$B_2O_3$ 的理论含量是 36.51%;形态为晶体或致密块状、土状集合体;颜色有白色、浅灰色和浅黄色;密度 1.69~1.72t/m³;莫氏硬度 2.0~2.5;可溶于水。

(4)遂安石($Mg_2(B_2O_5)$):B_2O_3 的理论含量为 46.34%;有板柱状、楔状、竹叶状、针状、纤维状等多种晶形;呈玻璃、油脂光泽;呈白色或淡褐色;密度 2.91~2.93t/m³,莫氏硬度 5.9;不溶于水。

(5)钠硼解石($NaCa(H_2O)_6[B_3B_2O_7(OH)_4]$):$B_2O_3$ 的理论含量为 42.95%;晶形有纤维状、针状集合体两种;呈玻璃、丝绢光泽;无色或白色;密度 1.65~1.95t/m³,莫氏硬度 2.5;难溶于水。

(6)硬硼钙石($Ca(H_2O)[B_2BO_4(OH)_3]$):B_2O_3 的理论含量为 50.81%;形态为等粒状、放射状、致密状集合体;有玻璃、金刚光泽;白色或无色;密度 2.41~2.44t/m³;莫氏硬度 4.5~5;不溶于水。

(7)柱硼镁石($Mg[B_2O(OH)_3]$):B_2O_3 的理论含量为 42.46%;有柱状、短柱状和纤维状 3 种晶形;有玻璃光泽;颜色有白色、灰白色或无色;密度 2.3t/m³,莫氏硬度 3.5。

我国硼矿资源比较丰富,B_2O_3 总保有储量为 46.7Mt,居世界第 5 位。产地广泛分布于 14 个省(区),90%以上集中在辽宁、青海、湖北和西藏等地。辽宁省的硼矿资源储量最为丰富,勘查程度高,占全国总储量的 57.3%;青海省储量位居第二,占总量的 26%。我国辽东半岛产的硼矿成分见表 5-5。

表 5-5 我国辽东半岛产的硼矿成分 (%)

产 地	化 学 成 分						
	B_2O_3	MgO	CaO	Fe_2O_3	SiO_2	游离水	烧 损
海 城	15.03	35.04	2.82	12.57	22.40	0.42	11.04
宽 甸	12.75	44.83	1.46	1.0	21.84	0.50	17.64
营 口	20.07	40.60	2.00	3.90	22.62	—	12.30

硼矿是一种用途广泛的化工原料,主要用作提取硼和生产硼酸。在冶金工业中,硼矿主要用作生产硼铁的原料。另外,在炼铁造块原料中配入适量的硼矿,有利于提高炉料的强度和改善其冶金性能。

鞍钢、凌钢、新抚钢、本钢、通钢等企业成功将含硼铁精矿作为硼添加剂,用于粉矿烧结和球团生产。生产实践表明,在烧结料或球团料中添加 2.5%~7.5%的含硼铁精矿,可以明显提高烧结矿或球团矿的机械强度(转鼓强度、抗压强度),降低低温还原粉化率,提高烧成率,改善烧结矿的粒度组成,降低烧结的能耗或降低球团的焙烧温度。高炉使用添加含硼铁精矿的烧结矿和球团矿后,炉渣的流动性以及冶炼顺行情况均得到有效改善,有利于高炉增产降耗,降低成本。

5.4 含钛原料

在高炉内加入适量的含钛矿物,可起到保护炉底和炉缸的作用。高炉护炉时使用的含钛原料主要有钛渣、钒钛矿、钛精矿以及钒钛球团等。各种含钛原料的成分见表5-6。

表5-6 各种含钛原料的化学成分 (%)

项 目	化学成分						
	TFe	TiO_2	SiO_2	CaO	Al_2O_3	MgO	FeO
承德钒钛矿	46.33	12.06	6.96				
承德钛精矿	30.21	49.51	5.45				
钒钛精矿	51.56	12.73	4.64	1.57	4.69	3.91	30.51
承德钛渣		18.16	24.46	33.46	15.45	5.02	
攀钢钛渣		25.19	23.21	23.52	10.20	8.46	
承德钒钛球团	57.87	6.71	5.78	1.12	3.96	0.91	5.50

生产实践表明,在含钛炉料中起护炉作用的主要是炉料中 TiO_2 的还原生成物。TiO_2 在炉内高温还原气氛条件下,可生成TiC、TiN及其连接固溶体Ti(C,N)。这些钛的氮化物和碳化物在炉缸和炉底生成发育和集结,与铁水及铁水中析出的石墨等凝结在被侵蚀严重的炉缸、炉底的砖缝里和内衬表面上。由于Ti的碳、氮化物的熔化温度很高(纯TiC为3150℃,TiN为2950℃,Ti(C,N)固溶体的熔点也很高),从而对炉缸、炉底的内衬起到了保护作用。

护炉时,含钛原料的加入方法主要有:

(1)用配加钒钛铁精矿粉的烧结矿入炉。在烧结料中加入3%左右的钒钛精矿粉生产烧结矿,入高炉进行冶炼。

(2)钒钛块矿直接入炉。这种方法方便灵活,不会像钒钛精矿粉加入烧结矿时影响烧结矿质量。

(3)向风口喷吹钒钛矿粉。国内鞍钢和梅钢都曾成功实行了该项护炉操作。

(4)往炮泥中加入钒钛精矿粉。这种方法是将含钛精矿粉烘干,以10%的配比加入炮泥泥料中,碾制工艺不变,炮泥使用量与正常时相同。

在使用含钛原料进行护炉时,应根据高炉的侵蚀情况,因地制宜地加入适量 TiO_2,过少则起不到护炉作用,过多则炉渣将会变稠而给高炉操作带来困难。国内外许多高炉的经验证明,正常 TiO_2 加入量宜维持在5kg/t左右。

5.5 天然锰矿石

锰是重要的合金元素,可增加钢的机械强度,使钢质硬而耐磨。天然锰矿石可满足高炉冶炼铸造生铁或其他铁种含锰量的要求,也可用作洗炉剂。另外,利用锰矿石在高炉或电炉中冶炼的锰铁合金,是炼钢必需的脱氧剂和合金化材料。

锰矿石资源较少,品位较贫,一般含锰仅20%~48%。因此,锰矿比铁矿显得更为稀缺和贵重。常见的锰矿物有软锰矿和硬锰矿。

对锰矿石的评价基本与铁矿石类似,也有含锰量、含铁量、脉石成分、有害杂质含量以及强度等几个方面的质量标准。

(1)含锰量。锰矿石的含锰量比铁矿石的含铁量显得更加重要。因为锰在高炉冶炼中,只有一部分(最高达80%)进入生铁,其余损失在炉渣和煤气中,而铁几乎99%进入生铁中。所以锰矿越贫,渣量越大,锰的回收率越小,使冶炼价值降低。

(2)脉石成分。脉石中 SiO_2 含量越少,则冶炼价值越高。因为含 SiO_2 少,则加入熔剂和生成渣量少，锰的回收率高。

(3)有害杂质含量。硫在锰矿中含量较少，而且冶炼锰铁合金时易于去除。但磷的存在却大大降低了锰矿的使用价值。因为锰铁合金作为脱氧剂或合金元素在精炼后期加入钢液，磷高将直接影响钢的质量。因此，要求锰矿含磷量越低越好。

(4)含铁量。冶炼含铁量高的锰矿不易获得高锰铁合金，因为铁几乎全部进入生铁。因此，冶炼高锰铁合金时，要求锰矿含铁越少越好，或锰铁(w(Mn)/w(Fe))比越高越好。锰矿中w(Mn)/w(Fe)的比值低时，不易炼出高锰铁合金。

我国一些小高炉使用“二步法”从低品位锰矿中冶炼出高锰铁合金，即先用酸性渣操作而获得高锰渣，然后用富锰渣冶炼获得高锰铁，这为利用低品位锰矿生产高锰生铁创造了一条道路。

(5)锰矿强度。锰矿强度差，炉尘吹损大，降低了锰的回收率。所以，对锰矿粉应进行烧结，制得高碱度烧结矿后再入炉冶炼，以改善锰的回收率和其他指标。

表5-7列出了我国规定的锰矿石技术条件。

表5-7　我国规定的锰矿石技术条件(YB/T 319—2005)

<table>
<tr><th rowspan="3">类　别</th><th rowspan="3">品　级</th><th colspan="9">化学成分(质量分数)</th></tr>
<tr><th rowspan="2">Mn/%</th><th colspan="3">A类为Mn/Fe;
B类为Mn+Fe/%</th><th colspan="3">P/Mn</th><th colspan="2">S/Mn</th></tr>
<tr><th>Ⅰ</th><th>Ⅱ</th><th>Ⅲ</th><th>Ⅰ</th><th>Ⅱ</th><th>Ⅲ</th><th>Ⅰ</th><th>Ⅱ</th></tr>
<tr><td rowspan="7">A类</td><td>AMn45</td><td>≥44.0</td><td rowspan="4">≥15</td><td rowspan="4">≥10</td><td rowspan="4">≥3</td><td rowspan="7">≤0.0015</td><td rowspan="7">≤0.0025</td><td rowspan="7">≤0.0060</td><td rowspan="7">≤0.01</td><td rowspan="7">≤0.03</td></tr>
<tr><td>AMn42</td><td>40.0~<44.0</td></tr>
<tr><td>AMn38</td><td>36.0~<40.0</td></tr>
<tr><td>AMn34</td><td>32.0~<36.0</td></tr>
<tr><td>AMn30</td><td>28.0~<32.0</td><td rowspan="3">≥10</td><td rowspan="3">≥5</td><td rowspan="3">≥2</td></tr>
<tr><td>AMn26</td><td>24.0~<28.0</td></tr>
<tr><td>AMn22</td><td>22.0~<24.0</td></tr>
<tr><td rowspan="4">B类</td><td>BMn22</td><td>≥21.0</td><td rowspan="4">≥55</td><td rowspan="4">≥45</td><td rowspan="4">≥35</td><td rowspan="4">≤0.0025</td><td rowspan="4">≤0.010</td><td rowspan="4">不限</td><td rowspan="4">≤0.01</td><td rowspan="4">不限</td></tr>
<tr><td>BMn20</td><td>19.0~<21.0</td></tr>
<tr><td>BMn18</td><td>17.0~<19.0</td></tr>
<tr><td>BMn16</td><td>15.0~<17.0</td></tr>
</table>

6 烧　结　矿

6.1　铁矿烧结概述

烧结是利用粉状和细粒含铁物料生产具有良好冶金性能的人造块矿的过程,是含铁粉料造块的主要方法之一。烧结料通常由铁精矿粉、富矿粉、烧结返矿以及其他含铁二次资源(如高炉炉尘、转炉炉尘、轧钢皮、硫酸渣等)组成,并需根据烧结过程热量和碱度的要求而配加适量燃料(焦粉或无烟煤粉)和熔剂(石灰石、生石灰或消石灰)。将所有烧结料混匀后,铺在烧结设备上或置于其内,然后点火和烧结。在燃料燃烧产生的高温作用下,料层内产生一定数量的液相(但不是全部烧结料都熔化),将那些尚未熔化的粉料黏结成块,冷却后最终得到成品烧结矿。就本质而言,烧结主要是依靠产生液相而将烧结料固结成块。

铁矿烧结的意义主要体现在以下几个方面:

(1)烧结是利用贫铁矿资源生产人造富矿的有效途径,自然界大量存在的贫矿可通过选矿和烧结成为满足高炉冶炼要求的优质人造富矿。烧结也可以使用高品位块矿在破碎及转运过程中产生的富矿粉。因此,烧结生产使铁矿资源得到充分利用,有力地推动了钢铁工业的发展。

(2)烧结过程可适当使用高炉炉尘、转炉炉尘、轧钢皮、铁屑、硫酸渣等二次资源,从而提高资源的有效利用率。

(3)与天然矿相比,烧结产品(即烧结矿)成分稳定、粒度合适、还原和熔滴性能好、造渣性能良好,使用后可保证高炉的稳定顺行。尤其是在烧结料中配入一定量熔剂后所生产的自熔性或熔剂性烧结矿,可使高炉冶炼少加或不加石灰石,降低炉内热消耗,从而改善高炉生产指标。

(4)烧结过程可以不同程度地去除S、F和As等有害杂质,明显减轻高炉冶炼的脱S任务,提高生铁质量。

根据烧结过程的工艺特点和所用设备的不同,可将烧结方法划分为以下几种:鼓风烧结(堆烧或平地吹、烧结锅、带式鼓风烧结)、间歇式抽风烧结(固定式烧结盘、移动式烧结盘)、连续式抽风烧结(环式抽风烧结机、带式抽风烧结机)、在烟气内烧结(回转窑烧结、悬浮烧结)。目前,国内外广泛使用的是带式抽风烧结技术,90%的烧结矿由带式抽风烧结机生产。

按照碱度的不同,可将烧结矿分为以下几大类:

(1)酸性烧结矿。酸性烧结矿指碱度为自然碱度,即低于高炉炉渣碱度($R=1.0\sim1.2$)的烧结矿。高炉使用这类烧结矿时,需加入一定量的石灰石熔剂才可以使炉渣达到预定碱度。

(2)自熔性烧结矿。自熔性烧结矿指碱度等于或接近于炉渣碱度的烧结矿($R=1.0\sim1.4$)。高炉使用自熔性烧结矿冶炼时,一般可不加或少加石灰石。

(3)熔剂性烧结矿。熔剂性烧结矿指碱度明显高于炉渣碱度的烧结矿($R>1.4$),其中,$R=2.0\sim3.0$的为高碱度烧结矿,$R=3.0\sim4.0$的为超高碱度烧结矿。由于CaO含量高,高炉使用这类烧结矿作为炉料时,无需另加石灰石,而往往与酸性炉料配合冶炼,以获得碱度合适的炉渣。

烧结生产起源于资本主义发展较早的英国、瑞典和德国,至今已有一个多世纪的历史。大约在1870年前后,这些国家就开始使用烧结锅。美国在1892年也出现了烧结锅,1905年,美国曾用大型烧结锅处理高炉炉尘。世界钢铁工业第一台带式烧结机于1910年在美国投入生产,烧结面积为8.325m^2,当时主要是处理高炉炉尘,每天生产烧结矿约140t。带式烧结机的出现带来了烧结生产的重大革命,从此,带式烧结机得到了广泛应用。但在20世纪50年代以前,世界钢铁工业发展较为缓慢，天然富矿入炉率仍占很大比例，故烧结生产的发展不是很快。在随后的几十年间，随着钢铁工业的发展，烧结生产也获得了突飞猛进的进步。目前，日本烧结工艺完善，设备先进，技术可靠，自动化水平高，是世界上烧结技术发展最快的国家，单机平均烧结面积达 $218m^2$，$400m^2$ 以上的烧结机有 11 台；法国单机平均烧结面积为 $154m^2$，$400m^2$ 以上的烧结机有 4 台；英国单机平均烧结面积为 $165m^2$；德国和意大利分别有 3 台和 2 台 $400m^2$ 以上的烧结机。目前，最大的带式烧结机的烧结面积为 $600m^2$（前苏联），最大的机上冷却带式烧结机的烧结面积为 $700m^2$（巴西）。

在新中国成立前，鞍钢虽建有 10 台烧结机，但总面积仅为 $330m^2$，且工艺设备水平落后，生产能力很低，最高年产量仅 10 万余吨。建国 70 多年以来，我国铁矿石烧结生产发生了翻天覆地的变化，烧结生产设备和产量都获得了历史性的进步。截止到 2015 年，国内共有各种不同规格的带式烧结机 500 多台，烧结机平均面积已提高到 2015 年的 $240m^2$ 以上，烧结机总面积近 10 万平方米，烧结矿的总产量在 9 亿吨左右，这标志着我国已成为烧结矿生产大国。近年来，太钢、马钢、武钢、鞍钢、本钢、首钢等企业先后建设了一批 $450m^2$、$360m^2$、$320m^2$、$265m^2$ 的大型烧结机。2006 年，我国烧结矿的总产量在 430Mt 左右，这标志着我国已成为烧结矿生产大国。

我国在铁矿烧结领域取得的成就和技术进步主要包括：

（1）烧结工艺革新。几乎所有钢铁企业由热烧矿工艺改成冷烧矿工艺，部分企业建成原料混匀料场并投入使用，绝大多数钢铁企业实现了自动化配料、混合机强化制粒、偏析布料、冷却筛分、整粒及铺底料等技术。

（2）烧结新技术的开发和应用。20 世纪 80 年代以来，各钢铁企业在传统烧结技术的基础上，研究开发了一批新技术。目前，高碱度烧结矿、小球烧结、低温烧结、低硅烧结等先进烧结技术已在国内大部分钢铁企业推广应用，并取得了显著效果。

（3）烧结设备的大型化和自动化。随着高炉大型化，从强化产量、提高生产率和降低能耗等角度出发，各企业的烧结机均呈大型化发展趋势。20 世纪 50 年代，我国最大烧结机为 $75m^2$，60 年代为 $130m^2$，80 年代为 $265m^2$，90 年代，宝钢和武钢等企业的 $450m^2$ 烧结机相继投产，这些烧结机都是我国自行设计和制造并实现自动化生产的。

（4）烧结生产指标和产品质量显著改善。近年来，我国烧结矿质量显著提高。目前，多数企业的烧结矿含铁品位达到 55%以上，有的达到 58%；SiO_2 含量呈降低趋势，较多企业实现了低硅烧结；FeO 含量在 8%～10%之间，转鼓强度明显改善，还原性提高。此外，烧结生产的固体燃料消耗总体上大幅降低。

（5）高炉炉料结构趋于合理。我国烧结矿的生产主要经历了酸性或低碱度烧结矿→自熔性烧结矿→高碱度烧结矿等发展阶段。20 世纪 50 年代，生产的是不加熔剂的自然碱度的酸性烧结矿，高炉使用这种烧结矿冶炼时，需向炉内直接加入石灰石以满足造渣的要求，但因石灰石分解吸热等问题，导致高炉焦比较高。为此，在 20 世纪 60 年代，将满足高炉造渣要求的石灰石全部破碎成小于 3mm 的石灰石粉后加入烧结混合料中，生产自熔性烧结矿，杜绝了石灰石直接入炉，高炉生产指标得到了一定改善。20 世纪 70 年代前，我国绝大多数企业的高炉炉料结构是以单一自熔性烧结矿为主。随着精料技术的进步，为克服自熔性烧结矿强度差、冶金性能不佳等缺点，20 世纪 70～80 年代，又发展为生产高碱度烧结矿，与酸性炉料搭配形成合理的炉料结构，满足高炉强化冶炼的要求。近年来，我国酸性炉料产量以及天然富块矿进口量逐年增加，更多高炉采取了高碱度烧结矿配加酸性炉料的合理化炉料结构，为高炉增产节焦创造了有利条件。

（6）复合矿造块工艺过关。攀钢、包钢和酒钢所使用的铁矿石是我国三大特殊类型的多元素复合伴生矿，造块难度大于普通矿。经多年技术攻关，先后解决了这三大类型复合矿的烧结生产难题。

(7)烧结自动控制水平提高和工厂环境改善。宝钢等多家企业烧结生产的自动化控制水平得到了明显提高。另外,许多烧结厂在环境治理以及余热回收等方面也取得了很大进步。

近几十年来,我国烧结生产取得了可喜的成就。但与国外先进水平相比,目前还存在不小差距,主要表现在:烧结机的平均面积偏小,装备和工艺技术不够先进,烧结产品品位低、质量差,不少厂烧结矿的成分波动大,工序能耗高,生产环境差,自动控制技术落后等。因此,我国烧结生产和工艺技术还有很大的发展空间。

6.2 烧结用原燃料

烧结生产用料主要有含铁料、熔剂和燃料等。

6.2.1 烧结用含铁料

烧结用含铁料主要为精矿粉和富矿粉。烧结生产有时还添加烧结返矿以及高炉炉尘、转炉钢渣、转炉炉尘、轧钢皮、硫酸渣、铁屑等含铁二次资源。对这类含铁废弃物料加以充分利用,不仅有利于扩大炼铁资源,增加生铁产量,而且还可以减少公害和降低成本。由于烧结矿是高炉冶炼的主要炉料,故要求添加的这些废弃物品位高、有害杂质少、脉石含量适宜。

6.2.1.1 铁精矿粉

铁矿石主要有磁铁矿、赤铁矿、褐铁矿和菱铁矿等类型。由于堆密度、颗粒大小、形状、结构、黏结性、湿容量、烧损以及软熔温度等因素的影响,这些矿石的烧结特性存在很大差异。

磁铁矿由于结构致密和结晶形状较规则、堆密度大、颗粒间有较大的接触面积,烧结时不需要很多的液相即可成型。同时,磁铁矿的软化和熔化温度较低,能在较低温度下与脉石成分作用并形成低熔点化合物。因此,烧结过程中可以在温度不高和燃料用量较少的情况下,得到FeO含量低、还原性和强度都比较好的烧结产品。但磁铁矿黏结性较差、湿容量小,不利于造球,而且在烧结过程对过湿层的影响较大。

赤铁矿具有较高的软化开始温度,故在较高温度下才能与脉石成分作用形成低熔点化合物,但烧结过程难以使料层内部均匀地达到这样高的温度水平。因此,赤铁矿烧结的燃料用量比磁铁矿烧结高,而且,若单纯依靠增加燃料用量来增加液相数量,容易产生过熔现象,形成还原性差、大孔、薄壁、性脆、强度差的烧结矿,使成品率降低。因此,赤铁矿比磁铁矿烧结困难。

褐铁矿具有结构疏松、堆密度小、孔隙率大、表面粗糙等特点,而且含有大量结晶水(达10%~12%),烧损量多。烧结这种矿石需要较多的燃料,液相有较大的发展,易于产生严重的过熔现象,烧结矿的FeO含量高、还原性差。同时,由于烧结料收缩较大,烧结矿的孔隙率也大(70%),强度差。因此,烧结褐铁矿原料时,一般采用以下措施:(1)适当增加燃料用量。这是因为褐铁矿中的结晶水分解要消耗热量,而且褐铁矿中的Fe_2O_3变成液相以及与脉石作用形成固溶体化合物,都需要较高的温度。(2)添加部分熔剂。熔剂与Fe_2O_3和酸性脉石作用形成低熔点化合物,对增加液相数量、改善烧结矿质量有一定好处。(3)适当增加返矿量。利用返矿的骨架作用,减少烧结过程中的大量收缩,一般返矿量要达到40%左右。(4)为了增加堆密度,布料后在料面上施加一定压力来压紧料面。(5)预热烧结料以及适当提高料层厚度等。

菱铁矿的烧结特征基本上与磁铁矿相同。由于菱铁矿在烧结时放出CO_2气体,大块菱铁矿的分解需要大量的热量和必要的时间。因此,一般对菱铁矿的粒度要求比较严格,要求小于6mm。

用于烧结的铁精矿粉必须有合适的粒度,一般要求小于0.104mm粒级的占20%以下。对于富矿粉烧结,粒度上限根据高炉需要而定。高炉冶炼要求全部筛除小于5mm的粉末,考虑到筛分效率问题，粒度上限宜选用8～10mm。但对于含硫较高的矿石，要求粒度要小一些，一般取上限为6mm。

6.2.1.2 *烧结返矿*

烧结料中使用合适粒度的烧结返矿有利于造球，进而提高混合料的透气性。一般将烧结料中返矿粒度的上限控制在5～10mm。因此，应在筛分转运过程中将返矿按粒度组成加以合理使用，其中，粒度小于10mm的返矿直接加入烧结料，而粒度在10～20mm范围内的返矿用作铺底料。

6.2.1.3 *含铁废弃物料*

高炉炉尘中含有40%左右的铁和大约10%的碳，用于烧结时可取代部分矿粉和燃料，降低烧结成本。高炉炉尘一般亲水性差，直接用来造球时成球性不好，但配入到黏性大、含水率高的烧结料中，能降低烧结料含水率，提高料层透气性。烧结配料中，炉尘使用量一般不超过10%。

转炉钢渣可用作烧结原料，以代替部分石灰石。

转炉炉尘主要是氧化铁的粉末，还夹杂有炉渣和石灰粉末，可加入烧结混合料中进行综合利用。

轧钢的氧化铁皮含铁品位高、有害杂质少，是烧结的优质原料，用它可以提高烧结矿的品位。

硫酸渣含铁为45%～55%，粒度细，能与铁精矿粉掺烧。在烧结配料中，硫酸渣可占3%～5%。但由于其含S高，烧结时应注意脱硫。

6.2.2 烧结用熔剂

高炉冶炼需要一定量的熔剂，但熔剂若直接加入炉内，将会增加热量消耗，使焦比升高。若把熔剂加入烧结料中生产自熔性或熔剂性烧结矿，高炉冶炼时可不加或少加熔剂，这对提高冶炼效果和降低焦比都非常有利。另外，烧结料中加入适量石灰石、生石灰或消石灰等碱性熔剂，有利于提高烧结料的成球性，改善料层透气性以及提高烧结矿的质量和产量。因此，烧结过程中，一般都按高炉冶炼对烧结矿碱度的要求，加入一定数量的熔剂，达到提高烧结矿质量和强化烧结生产的目的。

烧结生产使用的熔剂主要有石灰石粉、生石灰、消石灰、白云石粉、蛇纹石粉等，一般要求这些熔剂的有效熔剂性高、含有害杂质少、粒度合适。此外，还要求粒度细，小于3mm的大于70%。

石灰石粉是生产自熔性和高碱度烧结矿最常用的熔剂。用石灰石作熔剂时，为使其在烧结过程中分解和完全矿化，避免残存游离CaO，最好将其破碎到1～3mm的粒级。另外，应尽量选用SiO_2和Al_2O_3总含量低的石灰石粉。

烧结生产有时也使用一定量的消石灰和生石灰，目的是便于混合料造球，提高温度，强化烧结过程。使用生石灰时，要注意其活性度和加强环境保护措施。使用消石灰时，含水率应控制在6%左右，用5mm筛孔过筛控制其粒度。实践证明，生石灰、消石灰和石灰石搭配使用效果最好，生石灰和石灰石搭配次之，消石灰和石灰石搭配再次之，全部使用石灰石的效果最差。

白云石加入烧结混合料中，主要是用来调节烧结矿的MgO含量，以保证高炉炉渣达到所要求的MgO含量。但是白云石很难破碎，所以生产中有时用轻烧白云石代替白云石。

蛇纹石($3MgO \cdot 2SiO_2 \cdot H_2O$)是一种高镁、高硅、低钙熔剂。在高品位、低$SiO_2$含量富矿粉烧结时，用来调节烧结矿的MgO含量。我国宝钢和日本钢铁企业在烧结混合料中就配加3%左右的蛇纹石。宝钢使用的蛇纹石含MgO为37.94%，含SiO_2为37.81%，粒度控制在1.5mm左右。我国不少采用磁精矿粉烧结的企业，因混合料中SiO_2含量本来就高，不宜采用蛇纹石，而改用白云石或轻烧白云石。

欧洲钢铁企业烧结生产时，广泛使用镁橄榄石($2MgO \cdot SiO_2$)。

6.2.3 烧结用燃料

烧结用燃料除点火用燃料之外，主要是指配入混合料的燃料。

烧结点火一般使用焦炉煤气和高炉煤气的混合煤气，控制点火温度在1100~1250℃范围内。对于缺少煤气的企业，也有用重油或煤粉点火的，并取得了较好的效果。对于有天然气资源的地方，用天然气点火也是很理想的。

配入混合料的燃料一般为焦粉或无烟煤粉。燃料性质对烧结过程有很大影响。因为烧结过程是依靠燃料燃烧产生的高温作用而进行的，燃料的质量、数量和粒度等因素直接决定着烧结温度、燃料燃烧速度、燃烧层宽度和料层内的气氛性质，最终影响烧结机产量和产品质量。因此，烧结用燃料必须合乎一定的规格，主要包括：

(1)燃料的灰分要尽可能低，因为烧结料灰分高将降低烧结矿品位和增加酸性脉石含量，相应的，会导致熔剂消耗量的增加。对煤粉，还要求挥发分低，主要因为其挥发分在着火前挥发，一部分在料层温度较低处凝结，恶化料层透气性；被废气带走的另一部分则黏结在抽风机叶片上，影响烧结过程的正常进行。一般要求燃料的挥发分低于5%。

(2)要求燃料颗粒不宜过大。若燃料颗粒过大，将带来一系列不利之处，主要有：1)燃烧层变宽，影响透气性；2)燃料分布不均，大颗粒周围过熔，而其远处则不能很好烧结；3)粗粒周围还原气氛强，而无燃料处的空气得不到利用；4)布料易产生自然偏析，大颗粒集中在下部，使烧结料层上下部温差较大，造成上部烧结矿强度差，下部过熔，FeO含量多。但燃料粒度也不能过小，因为燃烧速度过快，难以达到所需的烧结温度，同时降低料层透气性，而且过小粒度的燃料有可能被气流带走。最适宜的燃料粒度为0.5~3.0mm，但生产中难以消除小于0.5mm的部分，故通常要求燃料粒度为0~3mm。

(3)烧结燃料用量对烧结生产影响很大。烧结过程中，铁氧化物的再结晶、高价氧化物的分解和还原、液相生成量、烧结矿的矿物组成以及宏观和微观结构均与烧结燃料用量直接相关。适宜的燃料用量应保证烧结矿具有足够的强度和良好的还原性。若燃料用量过少，则达不到必要的结晶温度，使烧结矿强度下降；若燃料用量过多，则烧结温度过高，还原气氛强，烧结矿过熔，FeO升高，还原性下降。烧结料含碳量与烧结矿强度和还原性之间的关系如图6-1所示。

1)燃料用量影响烧结矿含硫量。燃料用量多，则燃料带入的硫量增加，并且使得料层内的还原气氛增强，导致脱硫条件恶化以及烧结矿含硫量升高。

2)燃料用量还影响垂直烧结速度，从而影响产量。若燃料用量过高，则烧结温度高，燃烧层变宽，气流阻力增加，垂直烧结速度变慢，烧结机产量降低。

3)烧结不同种类的铁矿石，适宜的燃料用量也有所不同。对于磁铁矿，燃料用量一般为5%~6%；对于赤铁矿，燃料用量为7%~9%；对于褐铁矿，燃料用量要更高一些。

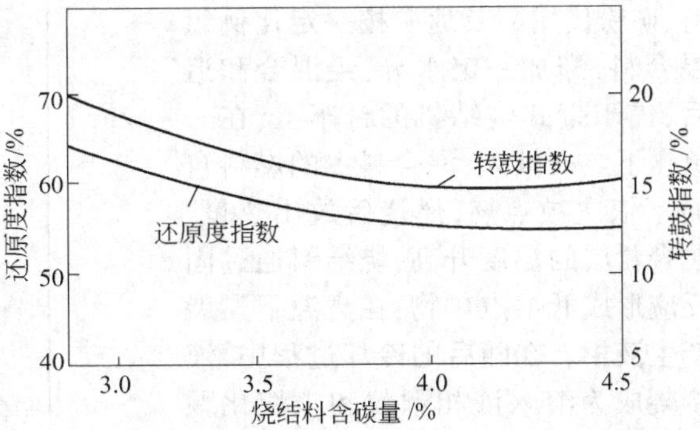

图6-1 燃料用量与烧结矿强度及还原性之间的关系

6.3 带式抽风烧结生产

带式抽风烧结对原料的适应性较好，因此被各国广泛采用。随着技术的发展和进步，带式抽风烧结生产工艺及设备日趋完善，技术经济指标不断提高，产品质量也得到了有效改善，使烧结矿成为高炉炼铁的主要含铁炉料。

带式抽风烧结生产系统如图6-2所

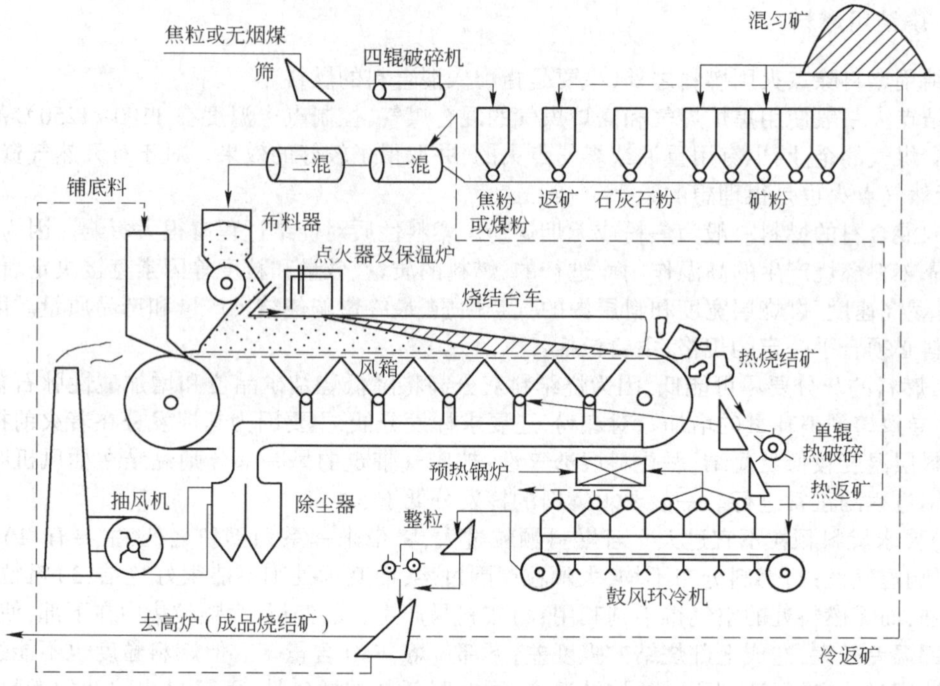

图 6-2　带式抽风烧结生产系统和工艺流程

示，主要由烧结机本体以及附属设备组成。烧结机本体主要包括传动装置、台车、真空箱和密封装置；附属设备有布料设备、点火器和抽风除尘设备。烧结机纵截面的基本构造如图6-3 所示。

带式抽风烧结生产的工艺流程示于图 6-2 中，烧结生产作业的框图见图 6-4。除了烧结料的准备处理工序之外，烧结生产主要由配料、烧结料混匀和制粒、铺底料、布料、点火、烧结、烧结矿破碎和筛分、烧结矿冷却和整粒等环节组成。烧结生产时，将铁矿粉、熔剂、燃料、矿粉代用品及返矿按一定比例组成混合料，配加一定水分，经混合和造球后，铺于带式烧结机的台车上，在一定负压下点火抽风，混合料中的燃料自上而下依次被点燃，燃烧后放出热量，使混合料层的温度升高，烧结料通过固相反应形成低熔点矿物，在高温下发展而产生液相。在随后的冷却过程中，液相冷凝成为溶入液相颗粒和未熔化颗粒的坚固连接桥，最终成为多孔的烧结矿。

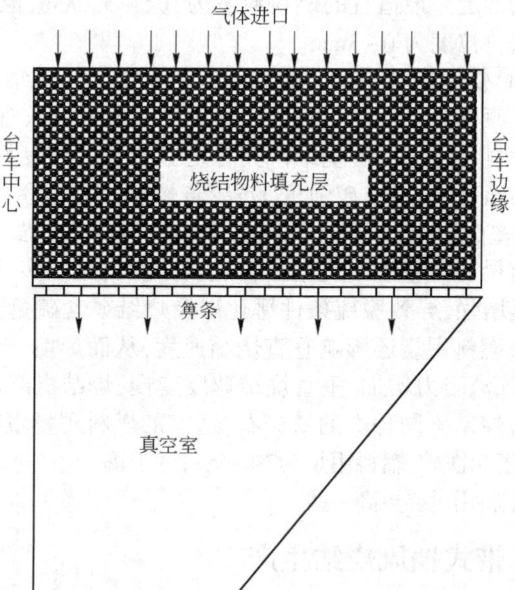

图 6-3　烧结机纵截面的基本结构

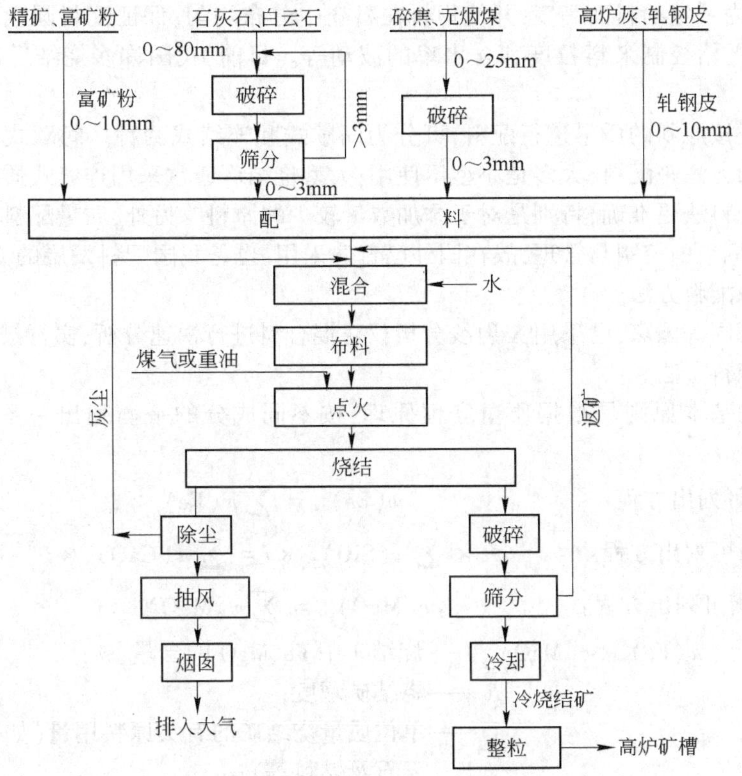

图 6-4 烧结生产作业框图

6.3.1 烧结配料

烧结生产所使用的原料种类繁多,含铁原料主要有富矿粉和精矿粉,燃料有无烟煤粉或焦粉,熔剂有石灰石、白云石、生石灰或消石灰,有时还使用高炉炉尘、轧钢皮、铁屑、硫酸渣等附加原料。为了获得化学成分和冶金性能稳定、合乎高炉冶炼要求的烧结矿,同时也为了使混合料在烧结过程中具有良好的透气性和提高烧结生产率,必须根据烧结生产和产品质量的要求,将这些原料严格按一定比例进行配料和混合。

配料的目的就是以合适的配比保证混合料具有最佳透气性,并且使烧结矿产品的成分和性能满足高炉生产的要求。实践证明,烧结配料过程中,任何一种原料配入量的波动都将引起烧结矿质量的变化,如燃料配入量的波动会影响烧结矿的还原性和强度,含铁原料配入量的波动将影响烧结矿的品位,熔剂配入量的波动将影响烧结矿的碱度和熔滴性能等。

配料时,应根据原料成分和高炉冶炼对烧结矿成分的要求进行配料计算,以保证烧结矿的含铁量、碱度、含硫量和 FeO 含量等主要指标控制在规定的范围内。配料计算的结果也为设备选择、矿槽和运输系统的设计提供依据。

目前,常用的配料方法有容积配料法、质量配料法和按成分配料法。

容积配料法是在物料堆密度不变,原料的质量与体积成比例这一前提条件下进行配料的,借助给料设备控制其容积数量,达到配合料所要求的添加比例。这种配料法所使用的设备比较简单,操作单一,由人工直接参与。然而在实际情况下,原料的堆密度随物料的粒度、含水率、压力等因素的变化而变化。所以,容积配料法的准确性较差。为了弥补这一缺点,往往定期进行质量检查,以便根据实测质量调整给料量。现场采取的措施有:安装给料机,使圆盘中心与料仓中心吻合;保持料仓内一定的料面高度,并使物料在料仓中分布均匀;保证配料圆盘面沿各方向具有相同的粗糙度;严格控制来料粒度和含水率的波动等。目前,我国许多烧结厂都采用这种配料方法。

质量配料法按原料的质量进行配料,可分为间歇式和连续式两种。间歇式是采用人工分别称量各种原料的方法来配料,大多是小型厂使用;大型烧结厂通常采用连续式质量配料法。质量配料法比容积配料法更准确,特别是对于添加数量较少的原料。另外,质量配料法可实现配料自动化,便于计算机集中控制与管理,故在国外已普遍采用,也是我国配料发展的方向。目前,首钢和宝钢均采用该配料方法。

在日本和德国等国家,已采用 X 射线分析仪对混合料进行快速分析,实行按原料化学成分进行配料的先进配料方法。

配料计算的基本原则是根据质量守恒原理,按不同成分的平衡列出一系列方程式,然后求解。

按 Fe 平衡可列出方程:
$$w(\mathrm{Fe})_{烧} = \sum w(\mathrm{Fe})_i \times i \tag{6-1}$$

按碱度平衡可列出方程:
$$R \times \sum w(\mathrm{SiO})_{2i} \times i = \sum w(\mathrm{CaO})_i \times i \tag{6-2}$$

按 MgO 平衡可列出方程:
$$w(\mathrm{MgO})_{烧} = \sum w(\mathrm{MgO})_i \times i \tag{6-3}$$

式中 $w(\mathrm{Fe})_{烧}$,$w(\mathrm{MgO})_{烧}$——烧结矿中 Fe、MgO 的含量,%;

R——烧结矿碱度;

i——单位质量烧结矿的有关原料用量(如矿粉、石灰石、白云石及燃料等);

$w(\mathrm{Fe})_i$,$w(\mathrm{SiO_2})_i$,$w(\mathrm{CaO})_i$,$w(\mathrm{MgO})_{烧}$——各原料中相应成分的含量,%。

列出的方程数应与需求解的未知数相等。为了简化计算,有些原料,如燃料、白云石等的用量可预先确定。

6.3.2 烧结料的混匀和制粒

各种烧结原料的混合和制粒(造球)是烧结生产过程中非常重要的一个环节,对烧结生产操作和烧结矿质量都有很大影响。

烧结过程中使用的原料品种较多,各种原料的成分也不相同,进行混合的目的是获得成分均匀的烧结料。烧结过程就是各种原料在高温下相互作用的过程,故能否获得质量均匀而稳定的烧结矿在很大程度上取决于烧结料的混匀效果。

对烧结料不仅要进行混合,还要进行造球。造球的目的是提高料层的透气性。烧结料的熔融和固结成块是在透过料层的气流作用下完成的,因此,烧结料必须具有良好的透气性。只有将烧结料打水润湿,使其具有一定的成球性能,在混合机内进行混合的同时进行滚动造球,使粉状散料成为球状散料,才能保证料层具有良好的透气性。研究表明,为了保证烧结料较好的粒度组成,应尽量减少 0~3mm 粒级和大于 10mm 粒级的颗粒,而增加 3~10mm 粒级的比例。

混合作业多使用圆筒混合机(如图 6-5 所示),混合和造球在同一个圆筒内进行。用铁精矿烧结时,一般采用两次混合的方法。一次混合主要是加水润湿和混匀,加热返矿时还可使烧结料预热;二次混合除了继续混匀外,主要是为了造球,并进行补充润湿和通蒸汽预热,使烧结矿具有使透气性最好的水分含量。全部使用富矿粉烧结时,因为矿粉本身粒度已接近造球粒度,故进行一次混合即可满足要求。

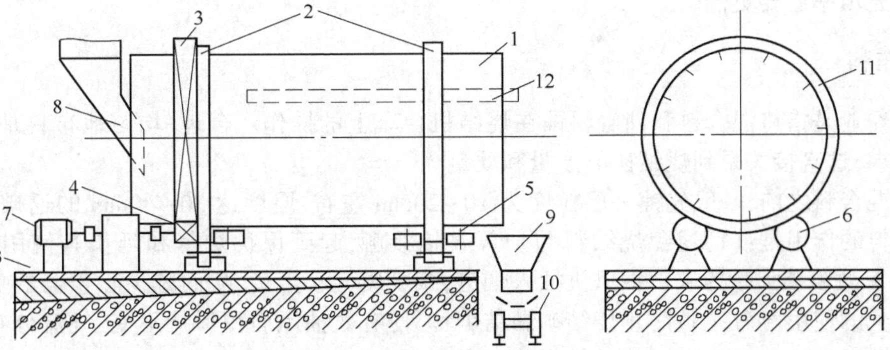

图6-5 圆筒混合机简图

1—筒体;2—滚圈;3—传动齿圈;4-传动小齿轮;5—挡轮;6—托轮;7—传动机构;8—给料漏斗;9—出料漏斗;10—梭式给料器;11—角钢;12—给料管;13—钢板垫

烧结原料本身的黏结性和粒度、加水润湿方法、混合机结构和操作方法等因素都对混合和造球效果有很大影响。一般的规律有:

(1)黏结性大的烧结料(如褐铁矿)易于成球,但对混匀效果的影响恰好相反。赤铁矿和褐铁矿的成球性一般比磁铁矿好。

(2)烧结料粒度差别大,对混匀与造球都不利,因此应尽量减少混合料中的大颗粒。

(3)混合料含有一定量的水分,有利于造球制粒;但含水率不宜过高,否则影响混匀和造球效果,故需严格控制混合料的含水率。对于褐铁矿,适宜含水率为14%~28%;赤铁矿为8%~12%;磁铁矿为6%~10%。

(4)加水方法对混匀与造球效果也有很大影响。采用在返矿皮带上和一、二次混合机内分段加水的方法效果最好,并且均匀喷洒效果优于集中浇水。在混合机内加水时,还必须注意加水的位置和进、出口端的水量。返矿皮带上加水的目的是适当降低返矿温度,有利于物料的润湿与造球。混合机内加水是为了保证更好的造球,在一次混合机内,应当把水量加到接近烧结料适宜的水分含量,在二次混合机内添加1%~2%的水作为补充水,可达到最佳水分含量。

(5)混合机的倾角决定物料在混合机内的停留时间。倾角越大,停留时间越短,混匀与造球效果越差;倾角小,则产量低。一次混合机的倾角一般在2.5°~4°之间,二次混合机的倾角则不大于2.5°。

(6)混合机的转速决定物料在圆筒内的运动状况。若转速过小,筒体产生的离心力太小,物料不能被带动到一定高度,形成堆积状态,混匀与制粒效果都不好;若转速太快,则离心力太大,物料紧贴在圆筒壁上,随圆筒一起滚动,失去混合与造球的作用。因此,存在着一个临界转动速度。一次混合机的转速应为临界速度的20%~30%,二次混合机的转速应为临界速度的25%~35%。

(7)混合机的长度决定物料在混合机内的混合时间。增加混合机长度有利于混匀与造球。实践证明,烧结料在混合机内的混合造球时间不应小于2.5~3min,在一次混合机内为1min,在二次混合机内为1.5~2min。如能加长到4~5min,混匀与造球效果会更好。我国的一些烧结厂将二次混合机圆筒的长度从6m增加到9~12m,取得了良好效果。

(8)混合机内物料的充填率影响产量和混合造球效果。若充填率太高,虽然产量高,但由于圆筒内的料层太厚,物料的运动受到限制,对混匀和造球都不利;若充填率太低,不仅产量低,而且由于物料间的作用力小,对造球也不利。一次混合机内的充填率一般不应大于15%,而二次混合机内的充填率还要更低。

6.3.3 布料

布料作业是指将混合料和铺底料铺在烧结机台车上的操作。合理、均匀地布料是烧结生产的基本要求,这直接关系到烧结矿的产量和质量。

在铺混合料之前,一般先铺一层粒度为10~20mm左右、厚度达30~40mm的返矿作为铺底料。铺底料的作用是:(1)避免烧结料与炉箅直接接触,起到保护炉箅和延长其使用寿命的作用;(2)可有效阻挡大量粉末被抽风机抽入烟道,减少废气含尘量,从而减少除尘器的负担,延长抽风机转子的使用寿命;(3)防止烧结矿黏结炉箅,使有效抽风面积保持不变,气流分布均匀,从而改善烧结过程的真空度;(4)改善烧结机操作条件,便于烧结机自动控制,并因消除了炉箅黏料现象,散料减少,无需专门清理,明显改善劳动条件;(5)有利于改善烧结料层的透气性。目前,我国只有部分烧结厂采取铺底料的方法并收到良好的效果,但还有许多厂未采用铺底料工艺。

在铺底料之后,紧接着进行混合料的布料。布料时,应使混合料的粒度、化学成分及含水率在台车上均匀分布,以保证透气性一致。料面也应平整且具有一定的透气性和松散性,不允许有堆料和压料现象。另外,布料应该连续且有一定厚度。从生产工艺观点认为,最理想的布料是,要求混合料沿料层高度自上而下的粒度分布逐渐变粗,含碳量逐渐减少。

我国烧结生产通常采用的布料方式基本有三种:(1)圆辊给料机加反射板布料;(2)梭式布料器、圆辊给料机加反射板联合布料;(3)梭式布料器、圆辊给料机加辊式布料器联合布料。

圆辊给料机加反射板布料的最大优点是工艺简单,设备事故少,运转可靠。缺点是混合料从二次混合机出口直接落到圆辊小矿槽里,料峰呈尖峰状,自然偏析导致大颗粒的物料落到矿槽的边缘,较细的颗粒落到矿槽的中间。布料偏析会使沿台车宽度方向透气不均,靠台车两侧粒度较粗,透气性较好;而台车中间粒度较细,尤其是反射板经常挂料,下料忽多忽少,堆料现象严重,料面凹凸不平。因此,有些烧结厂增设自动清料装置。

第二种布料方式克服了第一种布料方式的一些缺点,但仍不够理想。

第三种布料方式使小矿槽料面平、偏析小,使混合料沿烧结机台车宽度方向均匀分布、料面平整。目前,新设计了多辊辊式布料器,如鞍钢烧结厂等企业使用的九辊辊式布料器,实际应用后取得了较好的效果。

6.3.4 点火

烧结台车上的物料经点火器进行料面点火,使料面烧结和配入的燃料燃烧。点火的目的包括:补充混合料表面热量的不足,使表面混合料烧结成块;使表层混合料中的燃料经点火后开始燃烧,并借助抽风作用,使烧结过程自上而下进行。实际生产时,烧结料点火过程必须满足如下要求:(1)足够高的点火温度;(2)一定的点火时间;(3)适宜的点火真空度;(4)沿台车宽度方向均匀点火。

烧结点火参数主要包括点火温度和点火时间。点火温度的高低主要取决于烧结生成物的熔融温度。虽然烧结混合料的化学组成不同,烧结生成物的种类和数量也各异,但烧结生产中点火温度一般都差别不大。在厚料层操作条件下,点火温度在1050~1200℃之间。若点火装置设置保温段时,可减少因表层烧结矿温度急剧下降而对其质量产生的不利影响。

点火时间与点火温度有关,即与点火供给的总热量有关。点火时间一般以1min为宜,保温时间可按1~2min选取。但随着烧结料层厚度的提高,烧结机的移动速度(机速)减慢,有些烧结厂为减少燃料消耗已取消了保温段。

烧结点火多使用气体燃料,常用的有焦炉煤气、高炉煤气和焦炉煤气的混合煤气等。高炉煤气热值低,一般不单独使用。天然气也可用作点火燃料。极个别厂无气体燃料时,多采用重油或煤作为点火燃料。为适应烧结点火燃料自动化控制技术的要求,供烧结点火用的煤气热值和压力应尽可能稳定。烧结点火所需消耗的燃料与烧结混合料的性质、烧结机的设备状况以及点火热效率有关。

点火装置一般可分为点火炉、点火保温炉以及预热炉三种。目前,与新型点火炉配合使用的烧嘴有线式、面燃式和多缝式三种。

6.3.5 混合料烧结

在点火后,就依靠由抽风机从上而下抽过的空气来燃烧料层内的燃料,烧结过程自上而下进行。自点火开始直至烧结终了的整个过程中,烧结料层不断发生变化。为了使烧结过程正常进行,获得最佳生产指标,准确控制烧结风量、负压、料层厚度、机速和烧结终点是非常重要的。

6.3.5.1 烧结风量和负压

根据理论分析,在其他条件一定时,烧结机产量与料层的垂直烧结速度成正比。在一定范围内,通过料层的风量越大,则烧结速度越快,故产量随风量增加而提高,见表6-1。但若风量过大,垂直烧结速度过快,混合料各组分没有足够时间互相黏结在一起,使烧结矿强度降低、细粒级增多,从而降低烧结矿的成品率。另外,由于风量增加导致冷却速度加快,也会引起烧结矿强度降低。目前,平均每吨烧结矿需要的风量约为3200m^3,按烧结面积计算为70~90m^3/(m^2·min)。

表6-1 风量大小对烧结产量的影响

项 目	烧结风量 /m^3·(m^2·min)$^{-1}$	抽风机前压力 /kPa	垂直烧结速度 /mm·min^{-1}	烧结机利用系数 /t·(m^2·h)$^{-1}$
工况1	80	8.0~9.8	23.2	1.42
工况2	100	9.8~11.2	30.4	1.90

由于烧结机产量基本上与风量成正比,因此,任何增加通过料层风量的办法都能够提高产量。生产中常用的加大通过料层风量的方法有三种:(1)提高抽风机能力;(2)改善烧结料的透气性;(3)改善烧结机及其抽风系统的密封性,降低漏风率。

提高抽风机能力的方法有两种,即增大抽风负压和抽风机降格使用。增大抽风负压可以提高通过料层的风量,从而增加烧结矿的产量;但是提高抽风负压后,生产单位烧结矿的耗电量增大,故电力资源缺乏的地区不宜采用提高抽风负压的办法来增加产量。因此,要视具体条件和考虑综合经济效果来选择最合适的负压。目前,我国烧结机的抽风负压一般为9.8~15.7kPa。另一种加大风量的方法是使抽风机降格使用。采用该方法,一方面将导致基建投资和电耗增加,另一方面也往往使抽风机未能充分发挥作用。

改善烧结料层透气性,减少料层阻力损失,在不提高风机能力的情况下,也可达到增产和降低电耗的目的。这种措施使通过料层的风量相对增加,有害风量相对减少,提高了风的利用率,所以这种方法是比较合理的。

在烧结生产过程中,只有通过烧结料层的风量才是有效的。凡未通过料层的风量,统称为有害风量。总的有害风量占抽风机抽风量的百分比,称为烧结机的漏风率。目前,烧结机漏风率约为40%~60%,即抽风机消费的电能仅有一半左右用于烧结,而另一半则被浪费。同时,漏风裹带着灰尘对设备造成严重磨损。因此,堵漏风是挖掘风机潜力、提高通过料层风量的重要措施。减少漏风的方法是改善现有烧结机及其抽风系统的密封性。

抽风负压或真空度的大小取决于风机能力、抽风系统阻力、料层透气性及漏风损失等因素。当风机能力确定后,真空度的变化是判断烧结机烧结过程的一种依据。正常情况下,各风箱均有一个相适应的真空度,如真空度出现反常情况,则表明烧结抽风系统出了问题。当真空度反常下降时,可能是由于发生了跑料、漏料、漏风现象,或者风机转子被严重磨损,管道被堵塞等;当真空度反常上升时,可能是因为返矿质量变差,混合料粒度变小,烧结料压得过紧,含碳、含水量波动,点火温度过高导致表层过熔等。据此可进一步检查证实,采取相应措施进行调整,以保证烧结过程的正常进行。随着烧结过程往下推移,料层的透气性和物料状态不断变化,因此,生产过程中对各风箱风量的控制是不一致的,以保证混合料烧好和烧透。

6.3.5.2　料层厚度与机速

烧结料层厚度直接影响烧结产量和质量。一般来说,料层薄,机速快,生产率高。但在薄料层烧结时,表层强度差的烧结矿数量相对增加,使烧结矿的平均强度降低,返矿和粉末增多,同时还会削弱料层的"自动蓄热作用",增加固体燃料用量,使烧结矿 FeO 含量增高,还原性变坏。采用厚料层操作时,虽然烧结速度有所降低,但可以更好地利用热量,减少燃料用量,降低烧结矿 FeO 含量,改善还原性,同时提高烧结矿的平均强度及成品率;但料层厚度增加,料层阻力增大,产量有所下降。即在料层较薄时,生产率最高,而成品率较低;随料层增厚,成品率增加,但生产率又降低,而且低真空度操作时,影响更明显。因此,适合的料层厚度应将高产和优质结合起来考虑,根据烧结料层透气性和风机能力加以选定。在不断改善烧结料层透气性的基础上,增加料层厚度应是努力的方向。

过去,国内烧结厂的料层厚度一般为250~300mm。近年来,新建的烧结机抽风能力强,料层厚度呈增加趋势,有的烧结机可达650~700mm,甚至更厚。国外烧结生产趋向于厚料层,通常高于我国选用的料层厚度。在正常生产时,一般保持料层厚度大体稳定,当料层透气性发生变化时,通过调整机速来控制烧结生产。

在烧结过程中,机速对烧结的产量和质量影响很大。若机速过快,烧结时间缩短,导致烧结料不能完全烧结,返矿增多,烧结矿强度变差,成品率降低;若机速过慢,则不能充分发挥烧结机的生产能力,并使料层表面过熔,烧结矿 FeO 含量增高,还原性变差。为此,应选取适当的机速。合适的机速应保证烧结料在烧结机的预定地区烧好、烧透。影响机速的因素很多,若在混合料粒度变细、含水率过高、返矿数量减少及质量变坏、混合料成球性差、点火煤气不足、漏风损失增大等情况下,就需要降低机速。在实际生产过程中,机速一般控制在1.5~5.0m/min为宜。为了稳定烧结操作,要求调整间隔时间不能低于10min,每次机速调整的范围不能高于±0.5m/min。

6.3.5.3　烧结终点判断与控制

控制烧结终点,就是控制烧结过程全部完成时台车所处的位置。中小型烧结机的烧结终点一般控制在倒数第二个风箱,大型烧结机的烧结终点控制在倒数第三个风箱。准确控制终点风箱位置,是充分利用烧结机面积、确保优质高产和冷却效率的重要条件。如果烧结终点提前了,这时烧结面积未得到充分利用,同时使风量从烧结机后部通过,破坏了抽风制度,降低了烧结矿产量；但若烧结终点滞后，必然造成生料增加，返矿量增加，成品率降低，此外，没烧完的燃料卸入冷却机会继续燃烧，损坏设备，降低冷却率。

烧结终点判断的主要依据有：仪表所反映的各风箱废气的温度，观察机尾烧结断面的颜色和厚度。烧结终了的标志是风箱废气温度下降的瞬间，或者说是废气温度最高的风箱位置，往往此风箱废气温度较前后风箱高20~40℃。此外，从机尾观察烧结断面均已烧透，赤红部分小于1/3料层高度，炉箅上无未烧好的混合料，表明终点控制准确。

调节烧结终点的措施是变动机速、变动料层厚度和调节真空度，在实际生产中常用的是调节机速。如果机速和垂直烧结速度相适应，烧结终点可控制在预定的位置上。但是混合料的含水率、粒度、含碳量、抽风负压、点火条件、料层厚度、返矿的特性，都会导致垂直烧结速度的变化。因此，烧结终点的控制必须根据实际情况而随机应变。若发现终点滞后，应减慢机速；若提前，则加快机速。只有当料层透气性发生较大变化，改变机速不能满足要求的情况下，才采取改变料层厚度的方法。

6.3.5.4 烧结料中碳和水的判断

混合料含碳量和含水量可根据以下方面进行判断：

(1)判断含碳量。含碳量过多时，台车移出点火器后，表面保持红色的台车数比正常时增多，最后风箱温度和主管温度高出正常水平；因垂直烧结速度降低，燃烧层往往达不到炉箅，机尾卸矿时，矿层断面冒火苗，高碱度烧结矿会出现强劲的蓝色火苗，断面赤红部分占全矿层的1/2以上，熔化厉害，烧结矿有大孔。含碳量过少时，台车移出点火器后，表面层不出现红色，料层表面层有层浮灰，卸料断面呈暗红色，赤红色部分厚度变薄，高碱度烧结矿不冒火苗。

(2)判断含水量。在烧结过程中，混合料含水率突然增加或减少时，真空度突增，透气性变差，造成点火器下火焰不往下抽而向四周喷射，料层表面发现未烧结的粉末，机尾烧结矿层有夹生料，废气温度降低。混合料含水率不均时，机尾烧结断面发现“花脸”。

6.3.6 烧结矿的破碎、筛分和冷却

从机尾落下的烧结矿靠自重摔碎，粒度很不均匀，部分大块甚至超过200mm。这不符合高炉冶炼要求，而且给烧结矿的贮存、运输带来不少问题。因此，卸下的红热(平均温度达750~800℃)大块烧结矿首先必须通过破碎机将其破碎，然后再经过筛分和冷却，以保证供给高炉粒度均匀的烧结矿。筛下物则作为返矿，再回到烧结生产流程中。

烧结生产时，按照是热烧结矿系统还是冷烧结矿系统，对烧结矿采取不同的加工处理流程。

热烧结矿生产系统，在烧结机机尾将红热烧结矿卸入单辊破碎机，经固定筛(筛孔为18~25mm)筛分，筛下物为返矿，筛上的烧结矿经中间槽贮存(一般存放30min左右)，然后由烧结矿车运送往高炉。因固定筛筛分效率低，在高炉矿槽下还要进行一次筛分。

冷烧结矿生产系统，是指烧结矿经机尾单辊破碎机破碎后，经热振动筛筛分，筛下物作为返矿，筛上烧结矿进入冷却机冷却后，再送往高炉。我国大多数烧结厂均采用冷烧流程。热振动筛长期处于900~1000℃的高温多尘环境下工作，磨损严重，事故较多，严重影响烧结机的作业率。为此，一些国家提出了取消热矿筛的方案。日本、法国和德国先后进行了这方面的试验研究工作并证实，烧结机生产率和烧结矿质量均能达到设计要求，技术可靠，经济合算。

目前，国内外绝大多数厂都生产冷烧结矿，而生产热烧结矿的厂家已进行改造，采用冷烧结矿系统。出现这种趋势的原因主要有：(1)烧结矿冷却便于整粒，使成品烧结矿粒度均匀，高炉使用后必然会提高料柱透气性，有利于强化冶炼；(2)使用冷烧结矿还可以降低炉顶温度，有利于维护炉顶设备和延长炉顶设备的寿命，改善配料和上料系统的劳动条件；(3)冷烧结矿可使用

皮带运输机直接给高炉上料，从而简化高炉的供料系统。

烧结矿的冷却分为机上冷却和机外冷却。

机上冷却是将烧结机尾部延长而冷却烧结矿。烧结终了以后，在烧结机上通过抽风或鼓风进行冷却，冷却效率较高，冷却速度快，同时可改善烧结矿的破碎和筛分条件。我国某厂的一台 $115m^2$ 烧结机，将前 $65m^2$ 用于烧结，而后 $50m^2$ 用于冷却，冷却时间只需 11~13min。机上冷却的缺点是功率消耗大，烧结段受冷却段的干扰，冷却不均匀，不能利用热返矿预热烧结料。近年来，西欧国家机上冷却工艺有所发展，我国宣钢、水钢、首钢等厂也采用机上冷却。

机外冷却则是在烧结机以外设置冷却设备，如带式冷却机、环式冷却机等。带式冷却机是一种专用的冷却设备，烧结矿在带有密封罩的链板机上缓慢移动，通过密封罩内的抽风机进行强制冷却，兼有冷却、输送和提升的功能，是比较成功的冷却设备。缺点是链板有空行，设备重量大，需要的特殊材料较多。环式冷却机由沿着环形轨道水平运动的若干个冷却台车组成，冷却台车在带有抽风机的密封罩内被抽入的冷空气冷却，这种设备的冷却效果比较好，由750~800℃冷却到100~150℃的时间为25~30min，设备运转平衡可靠，机械事故少，是比较理想的冷却设备。缺点是占地较大，设备重，基建投资大。日本的钢铁企业都采用机外冷却，拥有世界上最大的环式、带式冷却机，生产率高，能耗低，质量好。我国大多数烧结厂都采用机外冷却。

对冷却后的烧结矿进行破碎、筛分和按粒度分级，称为烧结矿整粒。整粒的目的是解决烧结矿粒度的均匀性问题，为高炉提供透气性良好的炉料。通常，烧结矿从冷却机卸出后首先要经过破碎，然后进行一、二次筛分，有的还要进行三、四次筛分，筛除小于10mm的粉末的部分作为返矿，抽出10~20mm粒级的部分作为铺底料，其余为成品烧结矿，这样使入炉粉末比例低于5%。高炉使用经整粒的烧结矿后，冶炼指标明显改善。如德国某厂使用整粒后的烧结矿，使高炉利用系数提高18%，焦比降低20kg/t。目前，我国多数烧结厂都设立了整粒流程，取得了较好的效果。所以，烧结矿冷却和整粒是烧结生产的发展方向之一。

6.3.7　烧结生产技术经济指标

较常用的烧结生产技术经济指标有：

（1）烧结机台时产量。每台烧结机每小时生产的烧结矿量，称为烧结机台时产量，单位为t/h。

$$\text{烧结机台时产量}=\frac{\text{烧结机生产总量}}{\text{烧结机实际运行时间}} \tag{6-4}$$

（2）烧结机利用系数。烧结机每平方米烧结面积上每小时内生产的成品烧结矿量，计为烧结机利用系数。

$$\eta=\frac{q}{F} \tag{6-5}$$

式中　η——烧结机利用系数或生产率，$t/(m^2\cdot h)$；

q——烧结机台时产量，t/(台·h)；

F——烧结机有效烧结面积，m^2。

（3）烧结矿成品率。烧结矿经机尾筛分后，筛上物为成品烧结矿，筛下物为返矿。一般将成品烧结矿与混合料总量之比，计为烧结矿成品率，单位为%。

$$\text{成品率}=\frac{\text{成品矿量}}{\text{混合料总量}}\times100\% \tag{6-6}$$

(4)烧成率。烧成量(即成品矿与返矿的总量)与混合料总量之比,称为烧成率,单位为%。

$$烧成率=\frac{成品矿量+返矿量}{混合料总量}\times 100\% \tag{6-7}$$

(5)烧结机日历作业率。烧结机日历作业率(%)由下式计算:

$$烧结机日历作业率=\frac{烧结机年开动总小时数}{年日历天数\times 24}\times 100\% \tag{6-8}$$

(6)单位烧结矿电能消耗。单位烧结矿电能消耗有两种表示方法:1)用烧结厂总电耗与成品烧结矿总量之比表示;2)用抽风机所耗电能与成品烧结矿总量之比表示。

$$U=\frac{W}{Q} \tag{6-9}$$

式中　U——单位烧结矿生产的电能消耗,kW·h/t;

W——烧结厂的总电耗或抽风机电耗,kW·h;

Q——成品烧结矿总量,t。

6.4　烧结过程主要理论

烧结过程是诸多复杂的物理反应和化学反应的综合,主要有:烧结混合料中水分的蒸发和凝结,碳酸盐和硫化物的分解和挥发,燃料燃烧和热交换,氧化物的分解、还原和再氧化,烧结过程的固相反应、液相形成及冷凝等。这个过程不仅错综复杂,而且瞬息万变。另外,在烧结料的某一层内可能进行一种或几种反应,某一反应还有可能在几层中发生。

6.4.1　烧结过程

烧结混合料点火以后,抽风烧结过程自上而下进行,具有明显的分层现象。根据料层温度的变化,可将烧结过程沿料层高度从上到下依次分为:烧结矿层、燃烧层、预热层、干燥层和过湿层。点火后,这五层依次出现,然后又相继消失,最后只剩下烧结矿层,如图6-6所示。

抽风烧结过程的分层性是由烧结过程自上而下进行的特点所决定的。烧结料中的燃料被点燃之后,被抽入的空气燃烧,在料层的表面形成燃烧层;当这一层的燃料燃烧完毕后,其下部料层的燃料继续燃烧,于是燃料层向下移动,而其上部则形成烧结矿层。燃烧层产生的高温废气进入燃烧层以下的料层之后,很快将热量传递给烧结料,使料温急剧上升。随着温度升高至露点温度(50~60℃)以上时,混合料中的水分开始蒸发;达到120~150℃时,水分蒸发完毕;继续升高到800℃时,混合料中的燃料着火。这样,燃烧层下部形成了温度为露点至150℃之间、以水分蒸发为主的干燥层和150~800℃之间的预热层。实际上,干燥层和预热层之间没有明显的界限,因此,也有人将其统称为干燥-预热层。高温废气将热量传递给混合料使之干燥和预热之后,进入干燥层以下的料层,当温度下降到水蒸气的露点以下时,在干燥层中蒸发进入废气的水分在这里重新凝结,形成过湿层。随着烧结过程的进行,燃烧层、预热层和干燥层逐渐下移,烧结矿层逐渐扩大,过湿层逐渐缩小,最后全部烧结料变为烧结矿层。

(1)烧结矿层。烧结矿层在料层的最上部,抽入的空气首先要穿入烧结矿层,而烧结矿层已无燃料燃烧,所以被抽入的空气所冷却,发生熔融矿物的结晶(1000~1100℃)和新相的形成过程,并将自身热量传递给空气,使空气温度升高(称为自动蓄热作用)。由于气流作用、来不及逸出的气泡及冷却时的体积收缩,熔融矿物冷却后成为多孔状块矿,使料层透气性增加,负压降低。在与空气接触的烧结矿表面层,还可能发生氧化物的再氧化反应。

(2)燃烧层。燃烧层内主要是发生固体燃料的燃烧,引起料层温度的升高和液相的生成。

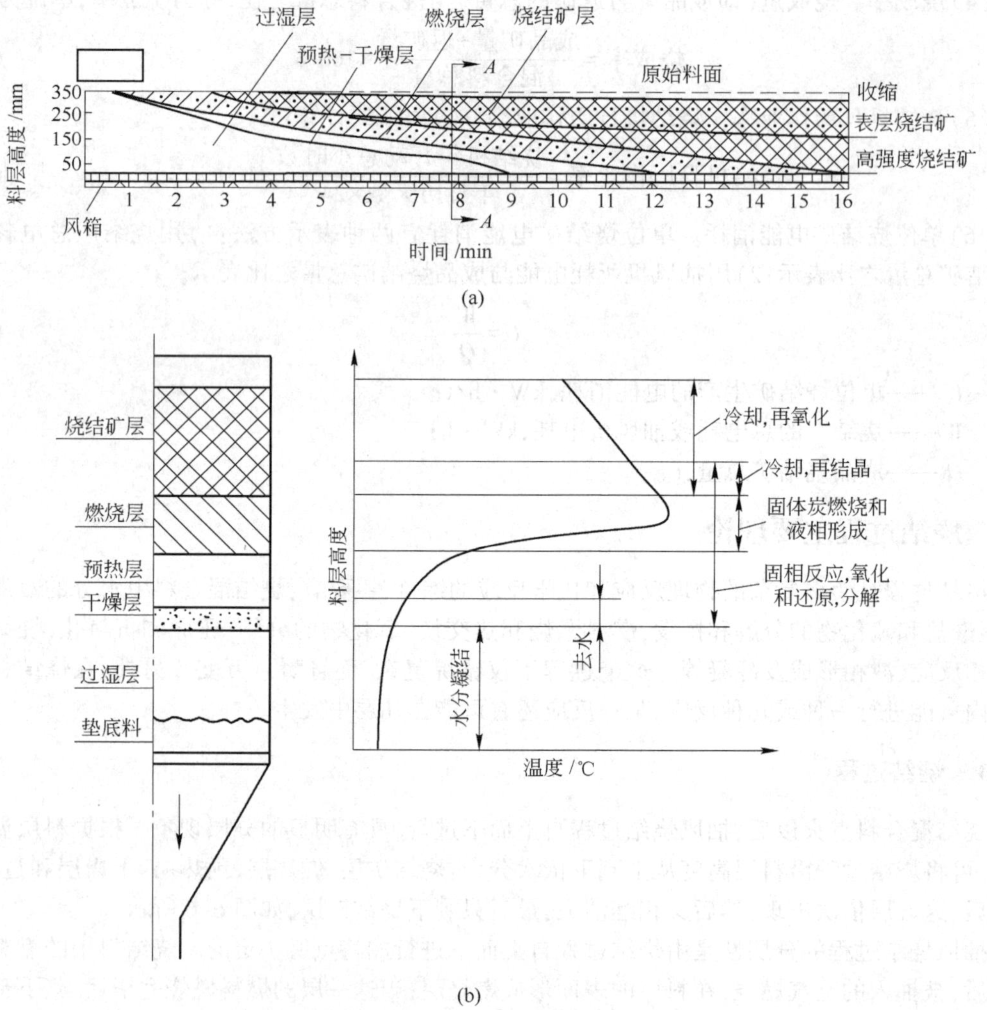

图 6-6　带式抽风烧结过程的分层性

(a)烧结过程沿料层高度的分层现象;(b)A—A 放大

燃烧层的温度最高达 1300~1500℃,超过了烧结料的软化和熔化温度,为产生一定数量的液相以使烧结料黏结成块创造了条件。此外,燃烧层内还发生碳酸盐和硫酸盐的分解、磁铁矿的氧化、赤铁矿的热分解以及在固体燃料颗粒周围的高级氧化物的还原等反应。由于燃烧层内存在大量液相黏结物,气体通过料层的阻力增加,透气性变差,不利于提高产量,因此,烧结生产要求燃烧层的厚度不要太大,一般在 15~50mm 之间。

(3)预热层。紧邻燃烧层的已经干燥的烧结料,受到来自燃烧层产生的高温废气的加热作用,温度很快升高到接近固体燃料着火点,从而形成预热层。由于热交换很剧烈,废气温度很快降低,故预热层很薄,这一层所处的温度一般在 150℃ 至着火温度(约 800℃)范围内。由于温度的不断升高,混合料中的化合水、部分碳酸盐、硫化物、高价锰氧化物等逐渐分解,部分铁氧化物发生还原。在废气中氧的作用下,部分磁铁矿可发生氧化。在预热层中,只有气-固、固-固相间反应,没有液相生成。

(4)干燥层。干燥层位于预热层的下一层。从预热层下来的废气将烧结料加热,料层中的游离水迅速蒸发。故该层的温度范围为露点温度至150℃左右。干燥层内主要发生水分蒸发。烧结过程的气流速度很快，烧结料又是细粒散料，所以借助于来自上层燃烧产物带进的热量，烧结料的温度迅速提高，在一个很窄的区域（13～30mm）内完成整个干燥过程。由于水分蒸发过快，混合料中强度差的小球易破坏，从而恶化料层透气性。

（5）过湿层。从干燥层下来的废气含有大量的水蒸气，当废气遇到底层的冷料时，温度突然下降。当这些含水蒸气的废气温度降低到相应的露点温度以下时，水蒸气凝结成水，使该层混合料含水率不断增加，超过混合料的原始含水率而形成过湿层，严重时使物料呈泥泞状。由于重新凝结的水充塞于烧结料颗粒之间，使气体通过的阻力增加，严重降低料层透气性，显著降低烧结速度，粒度细和吸水性差的物料更易出现这种现象。为克服过湿对烧结生产的影响，可采取措施将混合料温度提高至露点以上。

6.4.2 水分的蒸发和凝结

烧结料中一般含有6%～8%的水分，其中一部分来自铁精矿所含水分和其他烧结料的吸附水，另一部分则是为使烧结料成球而在混料时加入的。在烧结过程中，这些水分随烧结料温度的升高逐渐蒸发进入气流中。

烧结料水分蒸发的条件是，气流中水分的实际分压 p_{H_2O} 低于该条件下的饱和蒸汽压力 p'_{H_2O}，两者差距越大，蒸发速度越快。饱和蒸汽压力 p_{H_2O} 随温度升高而升高，因此，高温下蒸发速度快。当温度升高到100℃时，$p'_{H_2O}=0.101MPa$，产生沸腾现象，此时水分大量蒸发。

烧结料层中的废气压力约为0.09MPa，因此，应在低于100℃时蒸发完毕。但实际上，在高于100℃的料层中仍有相当数量的水分存在，这一方面是因为烧结过程的传热速度非常快，当料温达到水分蒸发温度时未来得及蒸发完毕；另一方面，少量水分以分子结合水的形态被牢牢地吸附在烧结料颗粒表面上，不易逸去。因此，实际上干燥层结束的温度高于100℃。在干燥层中，由于水分的蒸发，废气中的水汽不断增加，水汽分压 p_{H_2O} 不断升高；而由于热交换的结果，废气温度不断降低，饱和蒸汽压力 p'_{H_2O} 不断下降，当达到 $p_{H_2O}=p'_{H_2O}$ 时，水分便停止蒸发，干燥过程结束。

废气离开干燥层以后，温度继续下降，当温度降至水的露点温度以下时，$p_{H_2O}<p'_{H_2O}$，废气中的水分便开始在料层内凝结，使干燥层以下的原始料层中水分增加，形成过湿层，这就是水分的再分布。水分凝结的结果，一方面使废气流中的水分减少，p_{H_2O} 降低；另一方面，由于水分凝结放出热量（凝结热），废气温度有所升高，p'_{H_2O} 上升，直至 $p_{H_2O}=p'_{H_2O}$ 时，凝结过程便停止。

水分在过湿层中凝结的数量与 p_{H_2O} 和 p'_{H_2O} 的差值有关。此值越大，凝结的水分量越多；反之，则越少。因此，烧结料原始水分越多（即 p_{H_2O} 越大）和原始温度越低（即 p'_{H_2O} 越小），则凝结的水分越多。另外，凝结的水量同原料的性质也有关系。对于粒度细（比表面积大）、亲水性好和湿容量大的原料，凝结的水分量较多。因此，用细粒精矿烧结易产生过湿现象。

水分凝结会导致料层透气性降低。为了解决这个问题，实际生产中，主要采取预热混合料以及低水分烧结等措施。若将烧结料预热到相应的露点温度以上，则可减少或避免过湿现象。提高烧结料温度的方法包括使用热返矿、通蒸汽以及烧结料加入生石灰（消化放热）。另外，也可采用控制混合料水分含量，使其比原始透气性最好时的水分含量低1.0%～1.5%的方法，因为烧结过程中冷凝的水分含量一般为1%～2%，这样，即使一部分水汽凝结成水，仍能保持良好的透气性。

6.4.3 碳酸盐分解及矿化作用

烧结料中的碳酸盐有 $CaCO_3$、$MgCO_3$、$FeCO_3$ 等，其中，以 $CaCO_3$ 用量最多。碳酸盐开始分解的条件是，当碳酸盐的分解压力等于气相中 CO_2 的分压时开始分解，当分解压力等于气相总压时开始化学沸腾，即剧烈分解。烧结过程中，气相总压一般为 9×10^4Pa，CO_2 分压为 1×10^4Pa。而720℃时，$CaCO_3$ 的分解压为 1×10^4Pa，880℃时为 9×10^4Pa。因此，烧结温度达到720℃时，$CaCO_3$ 开始分解；达到880℃时，开始大量分解。其他碳酸盐的分解压都大于 $CaCO_3$，可在较低的温度下分解。可见，石灰石的分解主要在燃烧层中进行，其他碳酸盐的分解可能在预热层就已开始。

石灰石的分解速度与温度和粒度有关，温度越高和粒度越小，分解速度越快，分解的程度越高。因为烧结料中石灰石的粒度一般都在3mm以下，反应比表面积大，传热快，CO_2 也容易扩散，所以，分解速度不受内扩散限制；同时，由于气流速度快，也不受外扩散限制。分解速度主要取决于化学反应速度，而温度是影响化学反应速度的主要因素，因此，石灰石分解主要受温度的影响。

一般情况下，烧结过程中，碳酸盐是能够完全分解的。但是，在实际料层中，由于碳酸盐分解吸热量大，石灰石颗粒周围温度降低，以致不足以使 $CaCO_3$ 完全分解。为了保证碳酸盐完全分解，除了保证其粒度小于3mm外，适当增加燃料用量是必要的，这样可以防止燃烧温度大幅降低。

在烧结过程中，石灰石分解产生的CaO不是以游离CaO的形态存在，而是与烧结料中的其他矿物（如 SiO_2、Fe_2O_3 和 Al_2O_3 等）作用生成新的化合物，如 $CaO\cdot SiO_2$、$CaO\cdot Fe_2O_3$、$CaO\cdot Al_2O_3$ 等。这种CaO与烧结料中的其他矿物作用而生成新的化合物的反应，称为CaO的矿化反应。

根据烧结矿的 $CaCO_3$ 含量、自由CaO含量及CaO总量，按下式计算石灰石的分解度（%）和CaO的矿化度（%）。

$$\text{石灰石分解度}=\frac{w(\text{CaO})_{\text{总}}-w(\text{CaO})_{\text{CaCO}_3}}{w(\text{CaO})_{\text{总}}}\times100\% \tag{6-10}$$

$$\text{CaO 矿化度}=\frac{w(\text{CaO})_{\text{总}}-w(\text{CaO})_{\text{自由}}-w(\text{CaO})_{\text{CaCO}_3}}{w(\text{CaO})_{\text{总}}}\times100\% \tag{6-11}$$

石灰石分解产生的CaO如果不发生矿化反应，而以游离CaO的形态存在于烧结料中（现场称为"白点"），易与空气中的水分发生消化反应 $CaO+H_2O = Ca(OH)_2$，从而导致烧结矿体积膨胀，引起烧结矿粉化，影响高炉冶炼效果。因此，必须采取有效措施，尽量提高CaO的矿化度。

CaO的矿化度与烧结温度、石灰石和矿石的粒度有关。为了提高CaO的矿化度，应尽量提高烧结温度、降低石灰石和铁矿粉的粒度。试验表明，铁矿粉及石灰石粒度小于3mm时，在1200℃下焙烧1min，CaO的矿化度可达95%以上。如果把铁矿粉粒度提高到6mm、石灰石粒度提高到3～5mm，则CaO的矿化度分别下降到87%和60%。生产熔剂性烧结矿时，石灰石粒度不大于3mm，可保证CaO的矿化度达90%以上。另外，提高烧结温度也可提高CaO的矿化度，但过高的温度会使液相增加，产生过熔，降低烧结矿的还原性。

6.4.4 固体炭燃烧

在烧结过程中，固体炭的燃烧为形成液相和其他反应的进行提供了必需的热量和气氛条件。根据热平衡计算，固体炭燃烧所放出的热量占全部热收入的90%左右。而燃烧层又是温度最高和许多反应进行最活跃的区域。因此，固体炭的燃烧对其他反应的进行，对烧结矿的质量和产量都有很大的影响。

在料层温度达到700℃以上时，混合料中的碳发生如下四种燃烧反应，其中，前两者为初级

反应,后两者为次级反应:

$$C+O_2 \longrightarrow CO_2 \qquad \Delta H=-33500\text{kJ/kg}$$
$$2C+O_2 \longrightarrow 2CO \qquad \Delta H=-9800\text{kJ/kg}$$
$$2CO+O_2 \longrightarrow 2CO_2 \qquad \Delta H=-23700\text{kJ/kg}$$
$$CO_2+C \longrightarrow 2CO \qquad \Delta H=13800\text{kJ/kg}$$

烧结过程中,完全燃烧反应 $C+O_2 \longrightarrow CO_2$ 易发生;在高温区,有利于不完全燃烧反应 $2C+O_2 \longrightarrow 2CO$ 和 $CO_2+C \longrightarrow 2CO$ 的进行,但由于燃烧层薄,废气经过预热层后温度很快下降,所以这两个反应的发展受到限制。不过,在混合料中燃料粒度过细、配碳过多而且偏析较大时,此类反应仍有一定程度的发展;反应 $2CO+O_2 \longrightarrow 2CO_2$ 在烧结过程的低温区中易于进行。

在抽风烧结过程中,料层内固定碳的燃烧反应主要有如下特点:

(1)混合料的含碳量按质量计算只有4%~6%,按体积计算则不到10%,小颗粒固体炭稀疏地分布在矿粉中间,炭和空气接触比较困难。因此,为了使炭的燃烧充分,需要较大的空气过剩系数,通常达到1.4~1.5。

(2)由于燃料颗粒小和空气流速快,燃烧非常迅速,故燃烧过程集中于一个厚度不大(15~50mm)的高温区内进行。烧结过程的传热条件特别有利,废气温度降低很快。这种情况下,固体炭燃烧过程中的所有二次反应($CO_2+C \longrightarrow 2CO$ 和 $2CO+O_2 \longrightarrow 2CO_2$)都不会有明显发展,废气成分中不仅有 CO_2 和 CO,还会有残余 O_2。图6-7给出了烧结过程废气成分变化的一般规律。

(3)料层内的气氛既存在于还原性区域,又存在于氧化性区域。固体炭颗粒表面附近为还原区,此处CO浓度高,O_2 和 CO_2 浓度低,又因为炭粒与矿粒接触紧密,所以使铁的高级氧化物还原为低级氧化物;而离炭粒较远的地方则为氧化区。由于碳量少和分布稀疏,总的烧结过程仍属于氧化气氛。

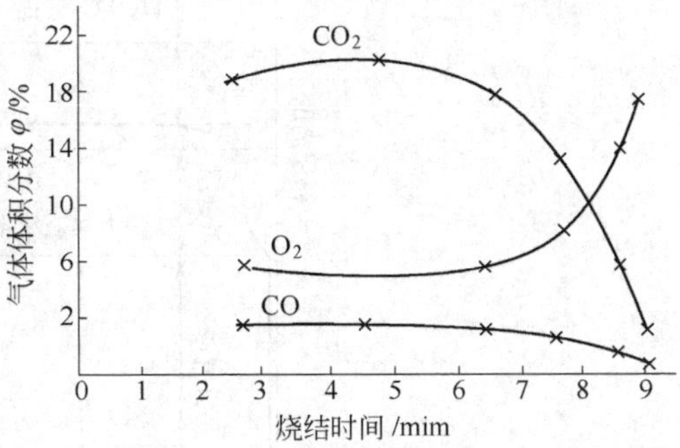

图6-7 烧结过程废气成分变化的一般规律

(4)燃烧层温度高,燃烧反应的速度非常快,再加上固体炭的燃烧由扩散速度控制,故一切影响扩散速度的因素都将影响燃烧速度。缩小燃料粒度、增加气流速度和增加空气含氧量(富氧烧结)等措施,都可加快燃烧速度。

影响固体炭燃烧的主要因素如下:

(1)燃料粒度。粒度过大,将使燃烧时间延长,降低燃烧速度,减慢烧结速度,最终影响烧结机产量;此外,还会造成残炭损失,使燃耗增加。粒度过细,则燃烧速度过快,不能形成适宜的高温区温度和厚度;过细的燃料还会被气流带走,造成燃料损失。通常,烧结机机头粉尘含碳量高于或等于混合料配碳量。适宜的固体燃料粒度是0.5~3mm,最好是1~2mm。

(2)料层透气性。燃料燃烧与通过的空气量有关,气量越大,燃烧速度越快。

(3)料层厚度。料层透气性不变时,厚度越高,阻力越大,则抽风负压不变时,通过的气体量减少,燃烧速度减慢,垂直烧结速度降低。

(4)抽风负压。抽风负压大,通过的气流量大,有利于燃烧。

(5)燃料反应性。燃料反应性好,则燃烧速度快。

(6)固体炭的分布。为加快固体炭的燃烧速度,烧结生产时,将混合料中所需要的碳分两次配入,50%左右的碳配入一混前的混合料中,余下部分则在二混造球后加入,使炭粉裹在球的表面。这样一来,可有效改善固体炭的燃烧动力学条件,加快燃烧速度。

6.4.5 烧结料层中的热交换

烧结过程不是等温过程,沿烧结料层高度方向的温度分布存在很大变化。对某一确定的点来说,温度又随时间而改变。烧结过程的这种温度变化,是固体炭燃烧产生的高温废气与烧结料之间进行热交换和抽风操作的结果。

图6-8表示了烧结料层沿高度方向的温度变化规律。在燃烧层以上,冷空气通过烧结矿层被预热,温度很快升高,而被预热的空气使固体炭燃烧,使燃烧层具有很高的温度。在燃烧层以下,高温废气将热量传给混合料,废气温度急剧降低。由于混合料粒度小、传热快,加上水的导热系数很大(比矿粉大20~60倍),可以提高料层的传热速度。所以,预热层的升温速度很快,高者达1700~2000℃/min,低者也有450~650℃/min;干燥层的升温速度为100~500℃/min;过湿层热交换不明显,混合料和废气的温度变化都不大。

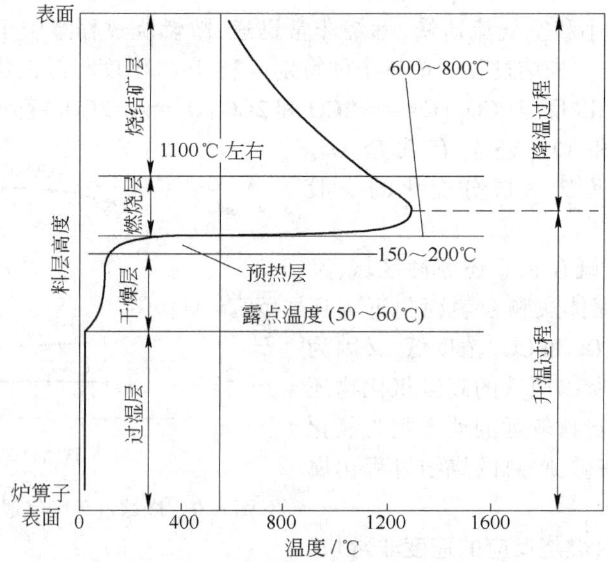

图6-8　烧结料层沿高度方向的温度变化规律

燃烧层是烧结料层中温度最高的区域,因此也称为高温区。高温区的温度水平和厚度对烧结过程有很大影响,具体体现在:

(1)高温区移动速度,即垂直烧结速度是决定烧结矿产量的主要因素。产量和垂直烧结速度呈正比关系,而垂直烧结速度和风速呈0.77~1.05次方关系。因此,增加风速,即可提高垂直烧结速度,从而增加产量。但垂直烧结速度也不能过快,过快会引起烧结矿强度下降,成品率降低。混合料的热容量大、导热性好、粒度小以及吸热反应发展,都能增加混合料从废气中吸热的能力,从而使烧结速度减小,降低烧结矿产量。而适当增加混合料的含水率和石灰石用量,可改善烧结料层的透气性,从而有利于提高烧结速度。

(2)高温区温度高,生成的液相多,可以提高烧结矿强度。但若温度过高,会造成过熔现象,降低烧结矿的还原性;而且液相过多时,将增加气流阻力,降低烧结速度,影响产量。

(3)高温区厚度过大也会增加气流阻力,降低烧结速度。但若厚度过小,又不能保证各种高温反应所必需的时间,会影响烧结矿质量。

因此,必须有一个合适的高温区温度和厚度,才能使烧结生产过程得到改善。高温区的温度水平和厚度既取决于高温区热平衡,也取决于固体炭的燃烧速度和传热速度。

高温区存在有如下的热平衡关系:

$$Q+Q_t=Q_1+Q_2+Q_3+Q_4 \tag{6-12}$$

由于 $Q_2=m\cdot c\cdot t_{高}$,故可得:

$$t_{高}=\frac{Q_2}{m\cdot c}=\frac{(Q+Q_t)-(Q_1+Q_3+Q_4)}{m\cdot c} \tag{6-13}$$

式中 $t_{高}$——高温区最高温度,℃;

Q——外部热源的总热量,kJ;

Q_t——高温区料层内部热源的总热量,kJ;

Q_1——用于加热高温区上层烧结矿的热量,kJ;

Q_2——用于加热高温区混合料的热量,kJ;

Q_3——用于加热高温区下层料的热量,kJ;

Q_4——废气带走的热量,kJ;

m——高温区料重,kg;

c——混合料比热容,kJ/(kg·℃)。

由上述分析可知,凡增加料层中放热反应和减少吸热反应的措施,均能提高高温区的温度水平。

(1)燃料量。增加燃料用量,既提高高温区温度,又增加高温区厚度。在烧结过程中,Q、Q_3 和 Q_4 变化不大,主要是 Q_t 和 Q_1 发生变化。当燃料用量较低时,$Q_t<Q_1$,高温区温度随着烧结过程的向下进行而不断降低;如适量增加燃料用量,使 $Q_t=Q_1$,此时,不同料层高度上的高温区温度能保持稳定;若进一步增加燃料用量,则 $Q_t>Q_1$,由于烧结过程中的自动蓄热作用,到达高温区的空气温度升高,所以,随着烧结过程的向下进行,高温区的温度水平不断上升。此外,由于燃料用量增加后,高温区气流中的相对含氧量降低,燃烧速度减慢,燃烧时间延长,使高温区厚度增加。燃料用量较多时,越向下,高温区越厚,温度越高,上下不均匀的现象越严重,上层强度差,下层还原性不好。

高温区温度随燃料用量的变化关系如图 6-9 所示。可以看出,随着燃料用量的增加,下层高温区的最高温度是不断上升的。

(2)返矿量。增加返矿用量,可减少料层内的吸热反应,有助于提高高温区温度。

(3)石灰石量。增加石灰石用量时,石灰石分解吸热将使 Q_t 下降,故使得高温区温度降低。

(4)燃料粒度。提高燃料粒度,将降低燃烧速度和延长燃烧时间,使得高温区温度降低而其厚度增加。用精矿粉烧结时,适宜的燃料粒度为 0.5~3.0mm。若燃料粒度小于 0.5mm,一方面将降低料层透气性;另一方面,布料时燃料易被气流吹动而产生偏析,导致难以达到所需的高温和足够的高温保持时间。但若燃料粒

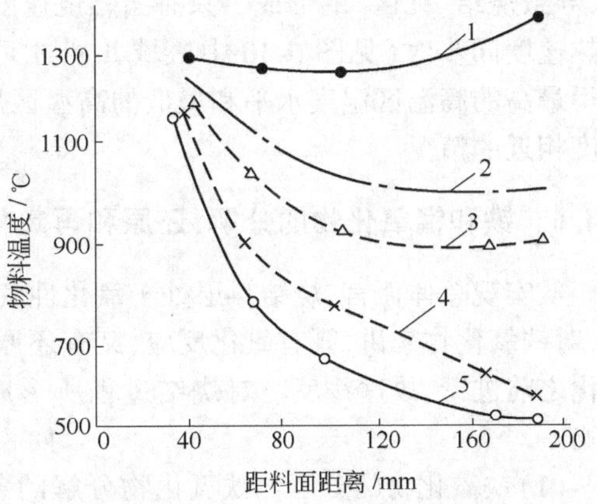

图 6-9 燃料消耗对烧结料层最高温度的影响
(粒度为 3~5mm;空气量为 79.5m³/(m²·min))
1—2.5%C;2—1.5%C;3—1.1%C;
4—0.5%C;5—0%C

度大于 3mm，则高温区变厚，烧结速度减慢，而且也易产生布料偏析，造成烧结矿质量上、下不均匀。

(5)气流速度。气流速度对高温区温度和厚度也有影响。烧结料层内的气流速度对料层的传热速度和燃烧速度都有影响，但影响的程度不同。一般而言，料层内的传热速度与气流速度呈正比关系，而燃烧速度与气流速度呈 0.5 次方关系，即：

$$u_{传热} = C_{传} u_{风} \tag{6-14}$$

式中 $u_{传热}$——料层内的传热速度；

$C_{传}$——料层传热速度系数；

$u_{风}$——料层内的气流速度。

$$u_{燃烧} = C_{燃} u_{风}^{0.5} \tag{6-15}$$

式中 $u_{燃烧}$——料层内的燃烧速度；

$C_{燃}$——料层燃烧速度系数。

因此，当气流速度发生明显变化时，传热速度与燃烧速度分别以不同的速度发展，两者的差距逐渐拉大，造成传热与燃烧脱节。即当燃烧速度与传热速度相差较大时，高温区的厚度与温度水平皆受二者的影响。

图 6-10 示意给出了燃烧速度与传热速度不同配合对高温区温度和厚度的影响。在传热速度低于燃烧速度的情况下（见图 6-10 中区域Ⅲ），上部的热量不能有效用于提高下部燃料的燃烧温度；而在传热速度大于燃烧速度的情况下（见图 6-10 中区域Ⅰ），上部带入大量热量，而碳尚未燃烧。这两种情况属于传热过程与燃烧过程不能“同步”的情况，均将使高温区的厚度增加，使温度水平下降，易产生烧不熟或烧不透现象，导致烧结“死区”的形成。只有当燃烧速度和传热速度同步时（见图 6-10 中区域Ⅱ），才可以获得最高的高温区温度水平和最低的高温区厚度。实际正常烧结生产中，多是燃烧速度与传热速度相近的情况。

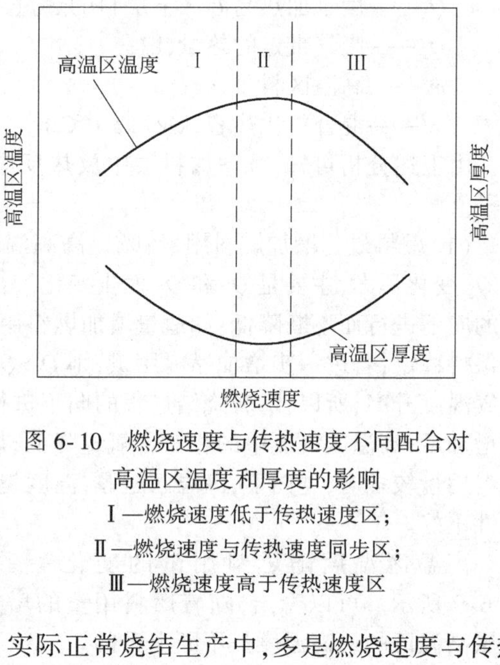

图 6-10 燃烧速度与传热速度不同配合对高温区温度和厚度的影响

Ⅰ—燃烧速度低于传热速度区；

Ⅱ—燃烧速度与传热速度同步区；

Ⅲ—燃烧速度高于传热速度区

6.4.6 铁和锰氧化物的分解、还原和再氧化

从宏观总体而言，烧结料层处于氧化性气氛，但在燃料颗粒表面附近也存在还原性气氛。因此，对铁氧化物来讲，既有氧化反应，又有还原反应。由于全部还原和部分氧化反应多在烧结料熔化之前进行，故这些反应对烧结过程所形成的熔体组成、烧结产品的强度和还原性有着重要影响。

(1)铁氧化物的分解。铁氧化物分解的条件是，其分解压大于气相中的氧分压。烧结料中的铁氧化物有 Fe_2O_3、Fe_3O_4 和 FeO。

烧结矿层和燃烧层内气相中氧的分压为 1.8～1.9kPa，而 1300℃ 时，Fe_2O_3 的分解压为 1.97kPa。因此，在烧结过程中，Fe_2O_3 的分解是完全可能的。不过在实际条件下，由于物料在 1300℃ 以上的高温区停留时间很短，同时 Fe_2O_3 在低于 1300℃ 时已大量被还原，所以 Fe_2O_3 的分解率很小。

Fe_3O_4 的分解压很低,烧结温度下不会自行分解。但在有 SiO_2 存在时,在高于1300℃的高温区可能发生的 Fe_3O_4 分解反应为:$2Fe_3O_4+3SiO_2 = 3(2FeO \cdot SiO_2)+O_2$。

FeO 在烧结条件下不能分解。

(2)铁氧化物的还原。烧结料层内,固体炭颗粒周围具有还原性气氛。因此,铁的各级氧化物有可能被还原。

Fe_2O_3 在550~600℃时可被 CO 还原,反应为:$3Fe_2O_3+CO = 2Fe_3O_4+CO_2$。

Fe_3O_4 在900℃以上时可被 CO 还原,反应为:$Fe_3O_4+CO = 3FeO+CO_2$。

SiO_2 的存在对 Fe_2O_3 和 Fe_3O_4 的还原都有利,这主要是因为 SiO_2 与 FeO 可形成稳定的铁橄榄石 $2FeO \cdot SiO_2$,反应为:$2Fe_3O_4+3SiO_2+2CO = 3(2FeO \cdot SiO_2)+2CO_2$。

CaO 的存在对 Fe_2O_3 和 Fe_3O_4 的还原都不利,因为 CaO 将与 Fe_2O_3 作用形成 $CaO \cdot Fe_2O_3$,阻止了 Fe_2O_3 的还原和 $2FeO \cdot SiO_2$ 的形成。

在烧结条件下,FeO 被还原的可能性很小,主要是由于还原 FeO 比还原 Fe_2O_3 和 Fe_3O_4 要困难得多,需要很高的 CO 浓度,烧结条件下很难达到。但当烧结料中燃料配比很高(如达到10%~20%)时,还原气氛增加,部分 FeO 也可能被还原,从而获得一定数量的金属铁。

(3)铁氧化物的氧化。料层内离固体炭较远的区域为氧化性气氛,特别是处于冷却过程的烧结矿层内,已被还原的 Fe_3O_4 和 FeO 有可能被再氧化,其反应分别为:$4Fe_3O_4+O_2 = 6Fe_2O_3$ 及 $6FeO+O_2 = 2Fe_3O_4$。

烧结矿中 Fe_3O_4 和 FeO 的再氧化,可提高烧结矿的还原性。因此,在保证烧结矿强度的前提下,适当发展氧化过程是有利的。

(4)锰氧化物的分解与还原。烧结料中的锰氧化物主要有 MnO_2、Mn_2O_3、Mn_3O_4 和 MnO 等,其分解、还原与氧化的条件与铁氧化物基本相似。

MnO_2 和 Mn_2O_3 在烧结条件下,完全可能自行分解;Mn_3O_4 难以分解,能被 CO 还原成 MnO;MnO 在烧结条件下是很难还原的,全部与 SiO_2 等作用形成难还原的硅酸锰。

(5)烧结矿的氧化度。烧结矿的氧化度,表示烧结料中铁氧化物在烧结过程中被还原的程度。根据烧结矿的 FeO 含量和全铁量,用式(6-16)计算烧结矿的氧化度。

$$\Omega=\left(1-\frac{w(\mathrm{Fe})_{\mathrm{FeO}}}{3w(\mathrm{Fe})_{全}}\right)\times 100\% \tag{6-16}$$

或

$$\Omega=\left(1-\frac{w(\mathrm{FeO})}{3.86w(\mathrm{Fe})_{全}}\right)\times 100\% \tag{6-17}$$

式中 Ω——烧结矿的氧化度,%;

$w(\mathrm{Fe})_{\mathrm{FeO}}$——烧结矿中以 FeO 形态存在的铁含量,%;

$w(\mathrm{Fe})_{全}$——烧结矿的全铁量,%。

被还原的铁氧化物数量越少,烧结矿的氧化度越高,还原性越好,故一般希望获得高氧化度烧结矿。获得高氧化度烧结矿的基本条件是:在保证产生使烧结料固结所必需的液相量,即保证烧结矿强度的前提下,尽量降低燃料用量,以减弱料层内的还原气氛,减少烧结矿中的 FeO 含量。

烧结矿中 FeO 的含量与烧结料的配碳量有密切关系。莱钢不同配碳量的烧结试验结果总结于表6-2中。可见,在配碳量较少的条件下,烧结矿中 FeO 含量降低,还原性得到有效改善。但确定最佳配碳量时,必须兼顾烧结矿强度和还原性两方面。一般规律是,随着配碳量的增加,烧结矿中的 FeO 增加,即烧结矿的氧化度下降,还原性降低,而烧结矿的强度上升。对于磁铁矿烧结,适宜的燃料用量为5%~6%;而对于赤铁矿烧结,适宜的燃料用量则为7%~9%,这是因为磁铁矿烧结时,有 Fe_3O_4 的氧化放热,故可少用燃料。

表 6-2　莱钢烧结矿燃料配比试验结果

燃料配比 /%	烧结速度 /mm · min^{-1}	成品率 /%	利用系数 /t · (m^2 · h)$^{-1}$	FeO 含量 /%	转鼓强度 /%	总管负压 /kPa
4.5	17.182	69.12	1.098	9.1	75.77	16.54
4.8	19.886	69.24	1.112	9.5	76.01	15.98
5.0	20.682	69.63	1.118	9.8	76.67	15.25
5.5	21.477	70.68	1.245	10.5	76.83	14.83

6.4.7　硫及其他杂质的去除

烧结过程可以脱除铁矿石中的硫、砷、氟、钾、钠、铅、锌等有害物质。因此,通过烧结不仅可以改善入炉料的质量,同时也有利于高炉冶炼。这是铁矿烧结的突出优点之一。

6.4.7.1　*烧结脱硫*

硫是钢铁中的主要有害杂质。高炉冶炼过程虽能脱硫,但脱除 1kg 硫需要 26.5kg 焦炭;炼钢过程脱硫比高炉还要困难得多;烧结过程能脱除大部分硫,既不需要额外的燃料消耗,又可明显减轻炼铁和炼钢过程的脱硫任务,非常经济合理,这也是烧结生产的优势。烧结过程之所以能够有效脱硫,主要是依靠硫化物的高温分解和氧的燃烧作用。

烧结料中的硫主要来自铁矿粉,少量来自燃料。铁矿粉中的硫大部分以硫化物形态存在,如黄铁矿(FeS_2)、黄铜矿($CuFeS_2$)、蓝铜矿(CuS)、闪锌矿(ZnS),此外还有部分硫酸盐,如 $CaSO_4$、$BaSO_4$。燃料中的硫主要以有机硫的形态存在。

烧结料中的 FeS_2,在烧结过程中温度升高到 280~650℃时,被气流中的氧所氧化,发生下列反应:$4FeS_2+11O_2 = 2Fe_2O_3+8SO_2$ 和 $3FeS_2+8O_2 = Fe_3O_4+6SO_2$。650℃以上时,$FeS_2$ 分解,并且伴随着硫的燃烧,这时可能发生的一系列反应有:(1)$FeS_2 = FeS+S$;(2)$4FeS+7O_2 = 2Fe_2O_3+4SO_2$;(3)$3FeS+5O_2 = Fe_3O_4+3SO_2$;(4)$S+O_2 = SO_2$。各反应在温度高于 1350℃时,以生成 Fe_3O_4 为主;而低于 1350℃时,以生成 Fe_2O_3 为主。

以硫酸盐形态存在的硫,在900℃左右时开始分解;处于1300~1400℃时,剧烈分解,发生的反应为:$2CaSO_4 = 2CaO+2SO_2+O_2$ 和 $2BaSO_4 = 2BaO+2SO_2+O_2$。烧结料中含有一定量的 Fe_2O_3 和 SiO_2,这对硫酸盐的分解十分有利,主要是因为硫酸盐与 Fe_2O_3 和 SiO_2 之间可能发生下述反应:$2CaSO_4+2Fe_2O_3 = 2CaO \cdot Fe_2O_3+2SO_2+O_2$ 和 $2BaSO_4+2SiO_2 = 2BaO \cdot SiO_2+2SO_2+O_2$。

硫化物和硫酸盐分解和燃烧产生的 SO_2 随气流逸去,可达到脱硫的目的。

烧结料中的有机硫在氧化气氛中直接燃烧,以 SO_2 形态逸去。当还原气氛强、温度低、扩散条件差时,有一部分有机硫不能脱除。

根据上述分析可知,烧结过程的脱硫主要是硫化物、硫酸盐的分解和硫的燃烧过程,而烧结气流中存在的过剩氧,恰好为烧结过程的脱硫反应创造了气氛条件。通常,烧结过程硫化物的脱硫率可达90%以上,有机硫的脱除率达94%,而硫酸盐的脱硫率只有70%左右。

烧结过程的脱硫反应基本上属于氧化反应,是气流中的氧向硫化物扩散吸附和反应产物 SO_2 的脱附扩散过程。因此,影响烧结脱硫效果的主要因素为:

(1)燃料用量。燃料用量多,料层温度高,有助于硫化物的分解和氧化,这是有利的一面。但是温度不能过高,因为温度过高,液相增多,恶化了扩散条件;同时,燃料用量多,还增加了还原气氛,燃料带入的硫量也增加,这对脱硫都是不利的。而若燃料用量不足,则料层温度低,对硫化物的分解和氧化都不利,使脱硫条件变坏。因此,燃料用量的控制必须适宜。烧结过程脱硫是放热反应,所以,用高硫矿烧结时,应适宜减少配碳量。一般烧结料中每增加1%的硫,可相应减少0.5%的焦粉。

(2)矿石粒度。若矿石粒度小,则其比表面积大,有利于脱硫反应;但矿石粒度过小,料层透气性则变坏,抽入的风量减少,不利于硫的氧化和生成物的扩散,或使烧结不均匀,产生烧不透的生料。相反地,若矿石粒度大,透气性变好,外扩散条件可得到改善,但内扩散困难,不利于脱硫。因此,生产中必须在不降低料层透气性的限度内,尽量缩小矿石粒度。适宜的矿石粒度应小于8mm,且小于1mm粒级的部分所占比例应尽量小。

(3)烧结碱度和熔剂的性质。若在烧结料中增加碱性熔剂,则脱硫效果降低,这是因为加入碱性熔剂后,混合料的熔化温度降低,产生的液相数量增加,致使料层内扩散条件恶化;同时,增加碱性熔剂,将使烧结温度降低,对脱硫反应也不利。此外,熔剂的性质对脱硫也有影响。高温条件下,消石灰和生石灰对气流中 SO_2 和 SO_3 的吸收能力强,不利于脱硫。但若加入白云石和石灰石粉,因能分解放出 CO_2,增加氧化气氛,脱硫效果较加消石灰和生石灰强,而且MgO可提高烧结料的软化温度,对脱硫有利。

(4)矿粉中硫的存在形态对脱硫效果也有影响。硫化物中的硫较硫酸盐中的硫易脱除。

因此,适宜的烧结温度、较大的反应表面、良好的扩散条件和充分的氧化气氛,是提高烧结过程脱硫效率的主要条件。

6.4.7.2 其他杂质的脱除

除了脱硫以外,烧结过程中还能去除部分砷、氟等有害元素,但去除率不高。

烧结去氟率一般为10%~15%,多时可达40%,去氟反应为 $2CaF_2+SiO_2 = 2CaO+SiF_4\uparrow$。易挥发的 SiF_4 在料层下部又可能被吸收,因此去除率不高。烧结过程中加入一定量的蒸汽,可以明显提高去氟率,因为蒸汽和萤石存在反应:$CaF_2+H_2O = CaO+2HF\uparrow$。

烧结过程的去砷率为30%~40%,去砷反应为:$2FeAsS+5O_2 = Fe_2O_3+As_2O_3\uparrow+2SO_2\uparrow$。

另外,对于烧结一些含钾、钠、铅、锌的矿石,可在烧结料中加入或喷洒适量 $CaCl_2$,使这些有害元素在烧结过程中生成相应的易挥发的氯化物,加以去除和回收。相关数据表明,若加入2%~3% $CaCl_2$,可去铅90%,去锌65%;加入0.7% $CaCl_2$,钾、钠的去除率可达70%。但由于氯化物在高温条件下产生二恶英,故采用添加或喷洒适量 $CaCl_2$ 的方法将增加烧结工序的环境负荷。

6.4.8 烧结过程的气体动力学

烧结料层由矿石、熔剂和燃料等的颗粒组成,属于散料料层。烧结时,气体自料层通过,经过类似平行但又互相连通的、形状曲折复杂的气体管道。因此,需采用修正形式的雷诺数来描述散料层内气流运动的性质。

$$Re_c=\rho_g v/[\mu(1-\varepsilon)S_0] \tag{6-18}$$

式中 Re_c——修正的雷诺数;

ρ_g——气体的密度,kg/m³;

v——气体的空塔流速,m/s;

μ——动力学黏度系数,Pa·s;

ε——料层的孔隙率;

S_0——颗粒的比表面积,m²/m³。

料层的阻力损失可由欧根公式计算:

$$\frac{\Delta p}{H}=\frac{150\mu v(1-\varepsilon)^2}{\phi d_0^2\varepsilon^3}+\frac{1.75\rho v^2(1-\varepsilon)}{\phi d_0\varepsilon^3} \tag{6-19}$$

式中　Δp——抽风负压,Pa;

H——烧结料层厚度,m;

d_0——颗粒的平均直径,m;

ϕ——形状系数。

E. W. Voice 在试验的基础上提出经验式(6-20),来描述烧结过程主要流体力学工艺参数之间的相互关系。

$$K=\frac{Q}{A}\left(\frac{H}{\Delta p\times 9.8}\right)^n \tag{6-20}$$

式中　K——料层的透气性指数(单位压力梯度下,单位面积通过的气体流量);

Q——通过料层的风量,m^3/min;

A——炉箅面积,m^2;

9.8——mmH_2O 与 Pa 的单位换算系数;

n——系数(通过试验确定,与烧结料粒度及烧结过程有关,一般取值为 0.6)。

应用 Voice 公式可以分析烧结生产过程。提高料层透气性后,能够提高抽风量和负压,有利于提高烧结矿产量。若不改变料层透气性和负压,采取厚料层操作时,料层高度的增加将降低产量。

Voice 公式的优点是计算方便,易于分析各工艺参数之间的相互关系,但没有明确透气性指数 K 的内容,看不出其影响因素。为说明透气性指数的内容和影响透气性的因素,需要结合欧根公式进行分析。

将 $\frac{Q}{A}=v$ 和 $\frac{\Delta p}{H}$ 的欧根表达式代入式(6-20),得到:

$$K=v/(\Delta p/H)^{0.6} \tag{6-21}$$

层流时
$$K=\phi^{0.6}d_0^{1.2}\varepsilon^{1.8}v^{0.4}/[20.2\mu^{0.6}(1-\varepsilon)^{1.2}] \tag{6-22}$$

湍流时
$$K=\phi^{0.6}d_0^{0.6}\varepsilon^{1.8}/[1.4\rho^{0.6}v^{1.2}(1-\varepsilon)^{0.6}] \tag{6-23}$$

从式(6-22)和式(6-23)可以看出,料层的透气性指数主要取决于料层孔隙率 ε 和混合料的颗粒大小 d_0。众所周知,料层孔隙率和混合料粒度的均匀性有很大关系,为使烧结作用充分发挥和提高料层的透气性,原料粒度应满足:燃料,1~3mm;熔剂,1~3mm;生矿,小于 8mm;返矿,小于 5mm。

实际烧结生产时,过细粒度的原料很多,如精矿粉、破碎燃料和熔剂时产生的相当数量的小于 1mm 细粉。为此,采用加水造球的办法,使其成为 3~5mm 的小球。另外,控制好返矿平衡,增加铺底料或在精矿粉中配入部分天然矿,都将改善料层的透气性指数,从而提高烧结矿的产量和质量。

6.5　烧结矿固结机理

烧结料的固结经历了固相反应及低熔点化合物(如 $CaO-Fe_2O_3$、$FeO-SiO_2$、$CaO-FeO-SiO_2$ 体系等)的产生、液相生成、固体(Fe_2O_3、SiO_2、CaO、FeO、Al_2O_3 等)向液相内的熔入以及液相中固体(Fe_2O_3、Fe_3O_4、C_2S 等)的再析出、冷却过程中液相的结晶和烧结矿的形成等过程。

对于分别以赤铁矿以及磁铁矿为原料生产的非熔剂性和熔剂性烧结矿,烧结料内固相反应、矿物形成、液相生成、冷凝固结等过程,如图 6-11 和图 6-12 所示。

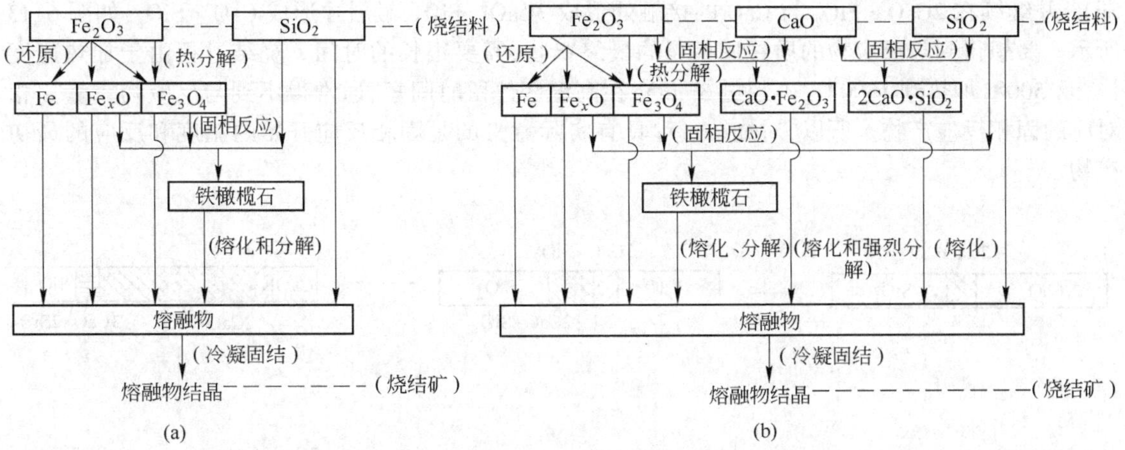

图 6-11 以赤铁矿为原料形成非熔剂性和熔剂性烧结矿的过程
(a)非熔剂性;(b)熔剂性

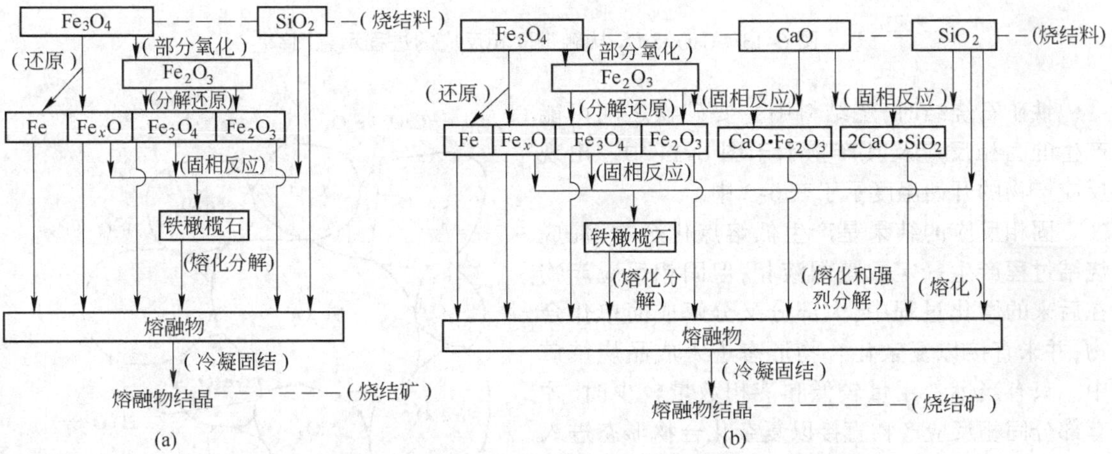

图 6-12 以磁铁矿为原料形成非熔剂性和熔剂性烧结矿的过程
(a)非熔剂性;(b)熔剂性

6.5.1 烧结过程的固相反应

烧结过程中,组成烧结料的各种矿物在固体状态下发生反应,产生原始烧结料中所没有的且在烧结温度下能熔化的低熔点化合物,为生成一定数量的液相创造了条件。因此,固相反应在烧结过程中具有特别重要的意义,固相反应的进行情况直接影响着烧结矿的质量。

固相反应是在烧结料温度达到某一临界值后开始的,这一临界温度随矿物种类的不同而变化。各种盐类的固相反应临界温度为 $0.57T_{熔}$($T_{熔}$ 为熔点的绝对温度),金属的为 $(0.3\sim0.4)T_{熔}$,硅酸盐的为 $(0.8\sim0.9)T_{熔}$。烧结过程中,当料温升高到该临界值时,固体晶格节点上的离子便扩散到相邻固体颗粒的表面或内部进行反应,形成比单独存在时能位更低的稳定化合物。由于固相反应是自由能降低的过程,因此,所有的固相反应都是放热反应。

固相反应的最初产物与反应物的混合比无关。两种反应物无论以何种比例混合,反应的最初产物总是一种。如以 1 : 1 的比例混合 CaO 和 SiO_2,最初产物不是 $CaO·SiO_2$,而是 2CaO ·

SiO_2，并继续在 $2CaO \cdot SiO_2$ 与 CaO 的接触处形成 $3CaO \cdot SiO_2$，最后才形成 $CaO \cdot SiO_2$，如图 6-13 所示。要想得到与反应物的质量比相当的最终产物，需要很长的时间。烧结过程由于加热速度快（从 500℃ 加热到 1500℃，不超过 3min），在高温区停留时间短，通常得不到与反应物重量比相对应的固相反应产物。所以，对烧结过程具有实际意义的是固相反应开始的温度和反应的最初产物。

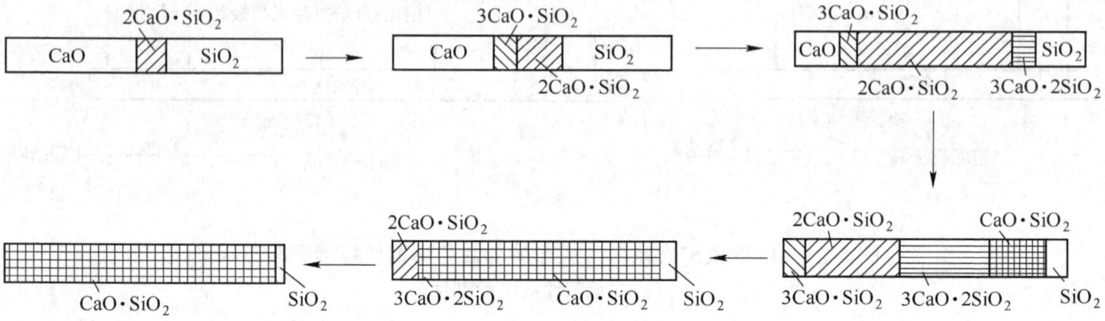

图 6-13　$CaO-SiO_2$ 接触带固相反应的进程示意图

铁矿石烧结时，烧结料中主要矿物之间可能产生的固相反应及其产物示于图 6-14 中。出现反应产物的开始温度示于表 6-3 中。

固相反应的结果是产生低熔点化合物，促成烧结过程产生一定数量的液相；但固相反应产物在后来的熔化过程中，大部分又分解成简单化合物，并未直接以复杂化合物形态进入成品烧结矿中。只有当燃料用量较低和液相数量较少时，才有部分固相反应产物直接以复杂化合物形态进入成品烧结矿。因此，固相反应产物的组成不等于烧结矿的最终矿物组成，烧结矿的矿物组成受熔融物冷却再结晶规律的支配，并且主要取决于烧结矿的碱度。

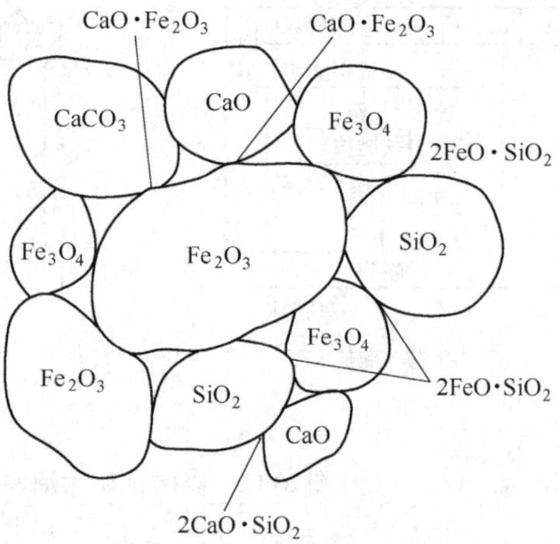

图 6-14　烧结时各矿物间固相反应示意图

表 6-3　烧结过程固相反应出现产物的开始温度

反 应 物	固相反应产物	出现反应产物的开始温度/℃
$SiO_2+Fe_2O_3$	Fe_2O_3 在 SiO_2 中的固溶体	575
$SiO_2+Fe_3O_4$	$2FeO \cdot SiO_2$	990~1100
$CaO+Fe_2O_3$	$CaO \cdot Fe_2O_3$	500~610
$2CaO+Fe_2O_3$	$2CaO \cdot Fe_2O_3$	400
$CaCO_3+Fe_2O_3$	$CaO \cdot Fe_2O_3$	590
$MgO+Fe_2O_3$	$MgO \cdot Fe_2O_3$	590
$2MgO+SiO_2$	$2MgO \cdot SiO_2$	685

续表 6-3

反应物	固相反应产物	出现反应产物的开始温度/℃
$2CaO+SiO_2$	$2CaO\cdot SiO_2$	600
$MgO+Al_2O_3$	$MgO+Al_2O_3$	920~1000
MgO+FeO	镁浮氏体	700
$FeO+Al_2O_3$	$FeO\cdot Al_2O_3$	1100
$CaO+MgCO_3$	$CaCO_3+MgO$	525

生产非熔剂性烧结矿时的主要固相反应产物是 $2FeO\cdot SiO_2$，条件是燃料用量较多和料层内还原气氛占主导地位。因为 Fe_2O_3 和 SiO_2 之间不发生固相反应。只有 Fe_2O_3 还原成 Fe_3O_4 之后，才与 SiO_2 反应生成 $2FeO\cdot SiO_2$，反应为：$2Fe_3O_4+3SiO_2+2CO = 3(2FeO\cdot SiO_2)+2CO_2$。

生产熔剂性烧结矿时，主要固相反应产物则是 $CaO\cdot Fe_2O_3$，条件是低燃料用量和强氧化气氛。因为 CaO 与 Fe_3O_4 不发生固相反应，只有在 Fe_3O_4 氧化成 Fe_2O_3 后，才与 CaO 作用形成 $CaO\cdot Fe_2O_3$。另外，尽管 CaO 与 SiO_2 的亲和力比 CaO 与 Fe_2O_3 的亲和力大，但烧结过程中 CaO 与 Fe_2O_3 接触的机会多，并且相同温度下形成 $CaO\cdot Fe_2O_3$ 的速度远比形成 $CaO\cdot SiO_2$ 的速度快，因此，熔剂性烧结矿固相反应产物中，以 $CaO\cdot Fe_2O_3$ 居多。

6.5.2 液相的生成

烧结过程中产生一定数量的液相，是烧结料固结成块的基础。在燃料燃烧产生的高温作用下，固相反应中产生的低熔点化合物首先开始熔化，产生液相，将其他未熔化的部分黏结起来，冷却后成为多孔质的块矿。可以说，烧结过程中产生的液相数量是决定烧结矿强度和成品率的主要因素。同时，由于烧结矿的矿物相是液相在冷却过程中的结晶产物，所以，液相的化学成分还直接影响烧结矿的矿物组成。因此，烧结生产时，正确掌握和准确控制液相的数量和矿物组成，是保证烧结矿质量和提高成品率的关键。

除了受烧结料的物理和化学性质（矿石种类、脉石成分、碱度、粒度等）的影响外，烧结过程产生的液相数量主要取决于燃料用量。烧结过程中，控制燃料用量和液相数量的主要依据是产生适量的液相，恰好把全部烧结料黏结起来，使烧结矿具有足够的强度，又不会因液相数量过多而致使烧结矿成为薄壁大孔结构。若燃料用量过多，会产生过熔现象，使烧结矿的氧化度降低，微气孔减少，结构致密而发脆，还原性明显变差；相反，若燃料用量过少，则烧结温度不够高，热量不足，致使液相产生量减少，烧结矿成品率下降。

6.5.2.1 烧结过程产生的主要液相

烧结过程中产生的液相可分为铁-氧（$FeO-Fe_3O_4$）、铁橄榄石（$FeO-SiO_2$）、硅酸钙（$CaO-SiO_2$）、铁酸钙（$CaO-Fe_2O_3$）、钙铁橄榄石（$CaO-FeO-SiO_2$）、钙镁橄榄石（$CaO-MgO-SiO_2$）、铁钙铝的硅酸盐（$FeO-CaO-Al_2O_3-SiO_2$）等体系。

A 铁-氧（$FeO-Fe_3O_4$）体系

纯赤铁矿或磁铁矿的熔化温度都在1500℃以上，在烧结过程中难以直接熔化成液相。但在还原气氛下，部分还原成 FeO 后，由 45% 的 FeO 和 55% 的 Fe_3O_4 组成的固溶体，熔化温度为1150~1200℃，在烧结过程中完全可以熔化为液相。这种以 FeO 和 Fe_3O_4 的固溶体为主的铁-氧体系液相，是烧结纯磁铁矿非熔剂性烧结矿时的主要黏结相。

B 铁橄榄石（$FeO-SiO_2$）体系

烧结非熔剂性烧结矿时，脉石成分主要是 SiO_2，另外，还有还原气氛下由 Fe_2O_3 和 Fe_3O_4 还原产生的 FeO。从 FeO-SiO_2 体系平衡相图(见图 6-15)中可以看到,FeO 和 SiO_2 形成低熔点化合物铁橄榄石(2FeO · SiO_2,熔点为 1205℃)。铁橄榄石又与 SiO_2 和 FeO 分别形成熔点更低的两个共晶体,一个是 2FeO · SiO_2-SiO_2(62% FeO,38% SiO_2,熔点为 1178℃),另一个是 2FeO · SiO_2-FeO(76% FeO,24% SiO_2,熔点为 1177℃)。另外,铁橄榄石还可与 Fe_3O_4 组成低熔点共晶体(17% FeO,83% 2FeO · SiO_2,熔点为 1142℃)。

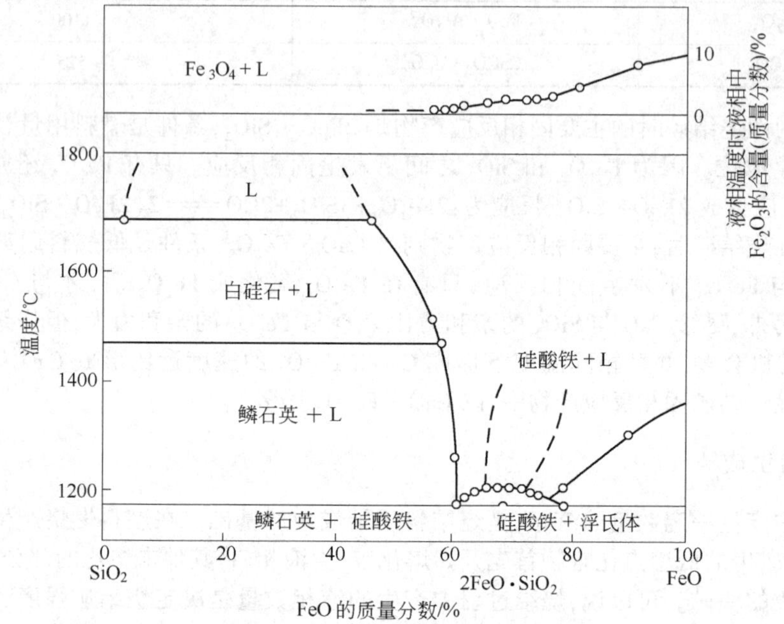

图 6-15　FeO-SiO_2 体系平衡相图

铁橄榄石液相体系是生产低碱度酸性烧结矿的主要黏结相,其生成的条件是必须有足够数量的 FeO 和 SiO_2。FeO 的形成需要较高的温度和还原性气氛,这就要有较高的配碳量。SiO_2 的含量则主要取决于铁精矿的品位和矿石类型。生成的 2FeO · SiO_2 是难还原物质,以其为主要黏结相的烧结矿强度好,但 FeO 含量高,还原性差。

C　硅酸钙(CaO-SiO_2)体系

生产熔剂性烧结矿时,可产生硅酸钙(CaO-SiO_2)体系的液相。从 CaO-SiO_2 体系平衡相图(见图 6-16)中可以看到,这个体系的化合物有:硅灰石(CaO · SiO_2,熔点 1544℃)、钙石(3CaO · 2SiO_2,熔点 1478℃)、正硅酸钙(2CaO · SiO_2,熔点 2130℃)、硅酸三钙(3CaO · SiO_2,熔点 1900℃)。共晶体有 SiO_2+CaO · SiO_2(熔点 1438℃)、CaO · SiO_2+3CaO · 2SiO_2(熔点 1457℃)、2CaO · SiO_2+CaO(熔点 2065℃)。

可见,这个体系的熔化温度都比较高,烧结条件下产生的液相数量不会很多。但其中的正硅酸钙(2CaO · SiO_2,简写为 C_2S)是一般碱度的熔剂性烧结矿中常含有的矿物,它是固相反应的最初产物,由于熔点很高(2130℃),烧结温度下不发生熔化和分解,直接转入成品烧结矿中。由于正硅酸钙在冷却过程中发生一系列的晶型转变,体积膨胀,产生内应力,导致烧结矿粉碎,严重影响烧结矿强度。

表 6-4 列出了正硅酸钙晶型转变温度和各晶系的密度。在 850℃时,发生 $\alpha' \rightarrow \gamma$ 的变异过程,体积膨胀约 12%;当温度降至 20~525℃时,$\beta \rightarrow \gamma$,体积膨胀 10%。因此,熔剂性烧结矿容易

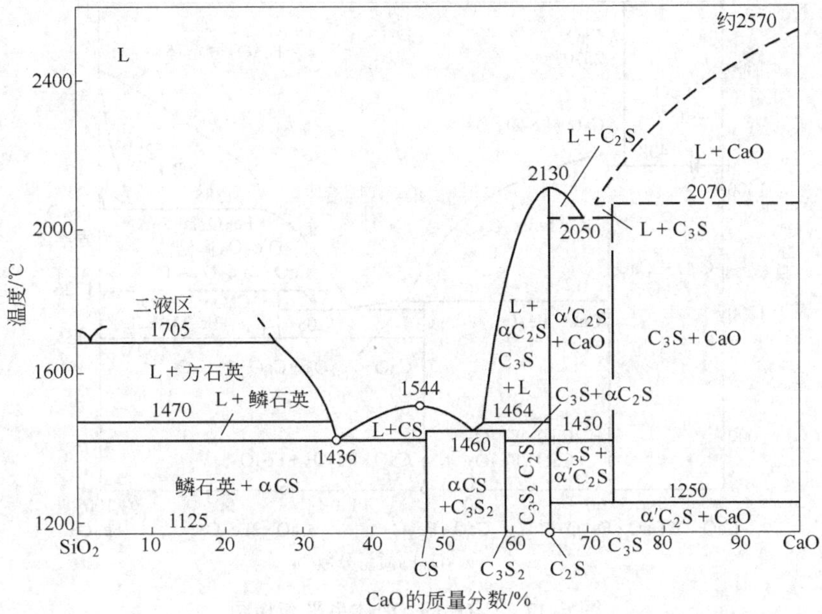

图 6-16 CaO-SiO_2 体系平衡相图

产生粉化现象。生产高碱度或超高碱度烧结矿(碱度为 2.5~5.0)时,促使产生 3CaO · SiO_2 及 CaO · Fe_2O_3,可防止 C_2S 的生成。加入 MgO、Al_2O_3、B_2O_3、Cr_2O_3 等添加剂,会稳定 β-C_2S,防止其晶型转变,可减轻粉化现象。另外,操作过程中严格控制温度,减少固相反应中产生 C_2S 的机会,对防止烧结矿粉化现象也是有效的。

表 6-4 正硅酸钙(C_2S)的晶型特征

晶 型	稳定范围/℃	晶 系	密度/t · m^{-3}
α-C_2S 高温型	1438~2130	六 方	3.07(1500℃)
α′-C_2S 中温型	850~1438	斜 方	3.31(700℃)
γ-C_2S 低温型	273~850	斜 方	2.97
β-C_2S 介稳型	<675	单 斜	3.28

D 铁酸钙(CaO-Fe_2O_3)体系

生产高碱度,特别是超高碱度烧结矿时,铁酸钙是主要黏结相。由 CaO-Fe_2O_3 体系的平衡相图(见图 6-17)可知,CaO-Fe_2O_3 体系的化合物主要有:铁酸二钙(2CaO · Fe_2O_3,熔点为 1449℃)、铁酸一钙(CaO · Fe_2O_3,熔点为 1216℃)、二铁酸钙(CaO · 2Fe_2O_3,熔点为 1226℃)。共晶体有 CaO · Fe_2O_3+CaO · 2Fe_2O_3(熔点为 1205℃)。

CaO-Fe_2O_3 体系的化合物熔点都比较低,容易生成液相。特别是其中的铁酸钙CaO · Fe_2O_3,对生产熔剂性烧结矿有重要意义。铁酸钙相不仅熔点低,生成速度也快,而且是固相反应的最初产物,在 500~600℃时就开始在固相中生成。当碱度不是很高时,主要是生成CaO · Fe_2O_3;当碱度超过 2.0 时,才发现有 CaO · 2Fe_2O_3 的存在。当温度达到 1300℃左右时,烧结料中出现熔体。熔体中 CaO 与 SiO_2 的亲和力较 CaO 与 Fe_2O_3 的亲和力大得多,所以最初以 CaO · Fe_2O_3 形态进入熔体的 Fe_2O_3 被 SiO_2 分解出来,只有在 CaO 含量大且与 SiO_2 结合后还有剩余 CaO 时,才会出现较多的铁

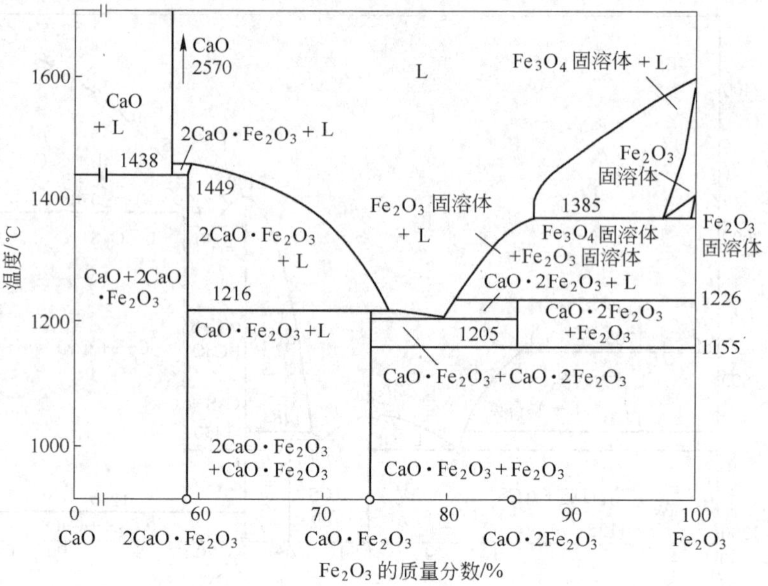

图 6-17　$CaO-Fe_2O_3$ 体系平衡相图

酸钙晶体。因此，只有烧结料碱度较高时，铁酸钙的液相才会起主要黏结作用。

生产高碱度烧结矿，使铁酸钙成为主要黏结相，可同时提高烧结矿的强度和还原性。这是因为：(1)铁酸钙自身的强度和还原性都很好；(2)铁酸钙是固相反应的最初产物，熔点低，生成速度快且超过正硅酸钙的生成速度，能使烧结矿中的游离 CaO 和正硅酸钙含量减少，提高烧结矿的强度；(3)由于铁酸钙能在较低温度下通过固相反应生成，减少 Fe_2O_3 和 Fe_3O_4 的分解和还原反应，从而抑制铁橄榄石的形成，改善烧结矿的还原性。所以，发展铁酸钙液相，不需要高温和多用燃料就能获得足够数量的液相，以还原性良好的铁酸钙黏结相代替还原性不好的铁橄榄石和钙铁橄榄石，可明显改善烧结矿的强度和还原性。这就是"铁酸钙理论"。

发展铁酸钙黏结相的主要条件包括：(1)高碱度。虽然固相反应中铁酸钙生成早，生成速度也快，但一旦形成熔体后，熔体中 CaO 与 SiO_2 的亲和力、SiO_2 与 FeO 的亲和力都比 CaO 与 Fe_2O_3 的亲和力大得多，因此，最初形成的铁酸钙容易分解成 $CaO \cdot SiO_2$ 熔体，只有当 CaO 过剩(即高碱度条件)时，才能与 Fe_2O_3 作用形成铁酸钙。(2)强氧化性气氛。可阻止 Fe_2O_3 的还原，减少 FeO 含量，从而防止生成铁橄榄石体系液相，使铁酸钙液相起主要黏结相作用。(3)低烧结温度。高温下，铁酸钙会发生剧烈分解，因此，低温烧结对发展铁酸钙液相有利。

E　钙铁橄榄石($CaO-FeO-SiO_2$)体系

钙铁橄榄石体系是在高温、还原性气氛下，生产熔剂性烧结矿时出现的主要黏结相之一。$CaO-FeO-SiO_2$ 体系的平衡相图如图 6-18 所示 。可知，该体系共有四个稳定化合物，即硅灰石($CaO \cdot SiO_2$，简写为 CS，熔点 1544℃)、正硅酸钙($2CaO \cdot SiO_2$，简写为 C_2S，熔点 2130℃)、铁橄榄石($2FeO \cdot SiO_2$，简写为 F_2S，熔点 1208℃)以及钙铁橄榄石($CaO \cdot FeO \cdot SiO_2$，简写为 CSF，熔点 1230℃)。这些化合物的特点是能够形成一系列的固溶体。

钙铁橄榄石的熔化温度较低。当 CaO 含量为 10%、$w(FeO)/w(SiO_2) = 1$ 时，熔化温度在 1030℃左右；CaO 含量在 10%～20%范围内时，熔化温度大都在 1150℃以下。但生成这个体系的液相需要足够数量的 FeO，即燃料用量要高，还原气氛要强。

钙铁橄榄石的液相黏度小，比铁橄榄石的透气性好，有利于强化烧结过程，但易产生粗孔结

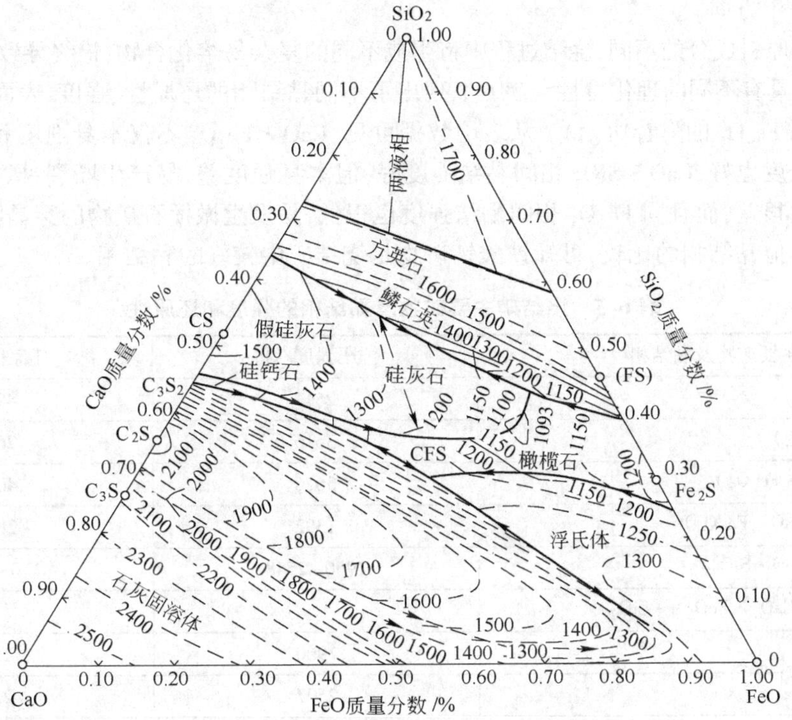

图 6-18 $CaO-FeO-SiO_2$ 体系平衡相图

构的烧结矿,影响其强度。

F 钙镁橄榄石($CaO-MgO-SiO_2$)体系

加入部分白云石生产熔剂性烧结矿时,会产生钙镁橄榄石体系的液相。这个体系的化合物主要有:镁橄榄石($2MgO \cdot SiO_2$,熔点 1323℃)、偏硅酸镁($MgO \cdot SiO_2$,熔点 1291℃)、透辉石($CaO \cdot MgO \cdot 2SiO_2$,熔点 1391℃)、钙镁橄榄石($CaO \cdot MgO \cdot SiO_2$,熔点 1490℃)、镁蔷薇辉石($3CaO \cdot MgO \cdot 2SiO_2$,熔点 1570℃)以及镁黄长石($2CaO \cdot MgO \cdot 2SiO_2$,熔点 1454℃)。

碱度为 1.0 左右时,在烧结料中加入一定量的 MgO(10%~15%),可降低硅酸盐的熔化温度,增加液相数量,对烧结过程有利;同时,MgO 具有阻止 $2CaO \cdot SiO_2$ 生成的功能,对提高烧结矿的强度和还原性都有好处,对高炉造渣也有良好的影响。

G 铁钙铝的硅酸盐($FeO-CaO-Al_2O_3-SiO_2$)体系

当烧结料中含有一定数量的 Al_2O_3 时,有利于生成低熔点(1030~1050℃)的 $FeO-CaO-Al_2O_3-SiO_2$ 四元系化合物,增加烧结矿液相数量,并能阻止 $2CaO \cdot SiO_2$ 的生成,提高烧结矿的强度。

总之,烧结矿成型以液相固结为主,不同类型的烧结矿产生不同体系的黏结相。非熔剂性烧结矿一般以 $FeO-SiO_2$ 体系为主,熔剂性烧结矿以 $CaO-Fe_2O_3$ 体系和 $CaO-FeO-SiO_2$ 体系为主。另外,加入一定量的 MgO,可提高烧结矿的强度和还原性。

6.5.2.2 烧结黏结相的性质

烧结料组分多种多样,其数量也各不相同。因此,形成的化合物和液相组成也较复杂。本章介绍的是一般烧结矿中常见的液相体系,是在特定条件下研究出来的,但可为研究烧结液相的形成条件指出一个方向。

由于烧结原料成分的不同，烧结过程中将生成不同的复杂易熔化合物，最终导致由易熔化合物形成的黏结相具有不同的理化特性。表 6-5 列出了不同黏结相的还原性、强度、表面张力（σ_B）、润湿角（α_B）和对 Fe_3O_4 的附着功（A）。从表中数据可见，$CaO \cdot Fe_2O_3$ 不仅本身强度和还原性好，而且相间黏结强度也好；$CaO \cdot SiO_2$ 相间黏结强度好，但本身强度差，易产生断裂；橄榄石系列含铁矿物本身强度很差，而且同 Fe_3O_4 相间黏结强度也很低，易发生橄榄石矿物的穿晶断裂。

通过与其他黏结相的比较，可知铁酸钙矿物是烧结矿中较好的黏结相。

表 6-5　烧结矿主要矿物及黏结相的强度和还原性

主要矿物及黏结相	抗压强度/kPa	还原性①/%
赤铁矿（Fe_2O_3）	2617	49.9
磁铁矿（Fe_3O_4）	3616	26.7
铁酸钙（$CaO \cdot Fe_2O_3$）	3626	40.1
铁酸二钙（$2CaO \cdot Fe_2O_3$）	1392	28.5
铁橄榄石（$2FeO \cdot SiO_2$）	1960~2548	1.0~13.2
钙铁橄榄石（$CaO_x \cdot FeO_{2-x} \cdot SiO_2$）		
当 $x=0$	1960	1.0
$x=0.25$	2597	2.5
$x=0.5$	5547	2.7
$x=1.0$	2283	6.6
$x=1.0$（玻璃体）	451	3.1
$x=1.5$	1000	4.2

①1g 试样在 700℃时，用 1.8L 发生炉煤气还原 15min 后所得的数据。

6.5.3　冷凝固结

燃烧层移动后，被熔化的物质温度下降，液相放出能量而结晶或变成玻璃体。如果在冷凝过程中放出了几乎所有多余能量，则液相全部转变为结晶体析出。而在实际烧结过程中，冷却很快，有相当的潜能来不及释放而蕴藏在里面，从而使不少硅酸盐以玻璃体形态存在于烧结矿中，其数量的多少取决于冷却速度的快慢程度。

在烧结过程中，并非全部烧结料都熔化成液相，有些原料，特别是粒度大的原料往往来不及熔化，它们被周围的液相黏结起来，后来发展成多孔的烧结矿。

6.5.3.1　非熔剂性烧结矿的冷凝固结

从冷凝固结后烧结矿中的矿物及其结构特点，可以了解其冷凝过程。非熔剂性烧结矿中的主要矿物是磁铁矿及铁橄榄石，有时也含有为数不多的浮氏体和残留的原生矿物（如 Fe_2O_3、SiO_2 等）。一般情况下，是 Fe_3O_4 首先从液相中结晶出来，然后是铁橄榄石结晶（在个别情况下，由于原料的不均匀性和液相浓度的变化，铁橄榄石非常多时，它也可能先于 Fe_3O_4 结晶出来），最后是剩余的液相以树枝状或针状的共晶体形式凝固。当冷却速度很快时，共晶体液相可能凝固成玻璃体，分布于铁橄榄石晶体之间。当液相中 Fe_xO 含量很多时，冷凝中也可能首先析出 Fe_xO。Fe_xO 在 570℃以下，会分解为 Fe_3O_4 和 Fe，但在冷却速度很快时，Fe_xO 会来不及完全分解而保留下来，因而在烧结矿矿物结构中，在正常或配碳较高的条件下，存在 Fe_xO。

6.5.3.2 熔剂性烧结矿的冷凝固结

熔剂性烧结矿的主要特点是，烧结料中加入了熔剂 CaO。碱度对烧结矿的液相生成和冷凝固结起着重要作用。在碱度不高时，主要含铁矿物磁铁矿被铁橄榄石、钙铁辉石、硅酸盐玻璃体所胶结，一般是 Fe_3O_4 晶粒与黏结相矿物形成粒状结构。随着碱度的提高，铁硅酸钙黏结相增多，硅酸钙由 $CaO \cdot SiO_2$ 和 $2CaO \cdot SiO_2$ 转为 $\beta-2CaO \cdot SiO_2$ 和 $3CaO \cdot SiO_2$，显微结构由粒状变为网状熔蚀结构或柱状交织结构。

烧结矿中的 Fe_3O_4 有的是从液相中结晶析出，有的是由原始矿在烧结过程中再结晶产生的，也有的是由 Fe_xO 氧化形成。在高碱度烧结矿的液相中可析出 Fe_2O_3，而在烧结矿的孔洞表面及缝隙中，可观察到由磁铁矿颗粒再氧化形成的再生赤铁矿。硅酸盐液相一般是先结晶析出 $2CaO \cdot SiO_2$，由于 $CaO \cdot SiO_2$ 能与 $FeO \cdot SiO_2$ 组成低熔点固溶体，因而常在 1200℃ 以下析出。$3CaO \cdot SiO_2$ 在 1250℃ 以下分解为 CaO 及 $2CaO \cdot SiO_2$，故 $3CaO \cdot SiO_2$ 只能在碱度超过 2.0 的烧结矿快速冷却时结晶。

当烧结料的脉石中 Al_2O_3 含量高时，固结过程中会出现铝黄长石（$2CaO \cdot Al_2O_3 \cdot SiO_2$）、铁铝酸四钙（$4CaO \cdot Al_2O_3 \cdot SiO_2 \cdot Fe_2O_3$）、铁黄长石（$2CaO \cdot Al_2O_3 \cdot Fe_2O_3$）等。当 MgO 含量较多时，则可能出现钙镁橄榄石（$CaO \cdot MgO \cdot SiO_2$）、镁黄长石（$2CaO \cdot MgO \cdot 2SiO_2$）以及镁蔷薇辉石（$3CaO \cdot MgO \cdot 2SiO_2$）。

用包头磁精矿生产熔剂性烧结矿时，液相中含有 CaF_2。因此，这时烧结矿的黏结相主要为枪晶石（$3CaO \cdot 2SiO_2 \cdot CaF_2$）、玻璃质及少量的萤石、铁酸一钙、铁酸半钙和稀土矿物。

在用钒钛磁铁矿生产熔剂性烧结矿时，主要由硅酸盐玻璃相和少量铁酸钙及部分钛赤铁矿连晶固结形成。

6.5.4 矿物组成、结构及其对烧结矿质量的影响

成品烧结矿是烧结过程的最终产物，是多种矿物的复合体。因此，烧结矿的矿物组成非常复杂。影响烧结矿矿物组成的因素主要包括燃料用量、烧结矿碱度、脉石成分、添加物种类、操作工艺条件等。烧结矿中，各矿物通过自身的强度和还原性影响着烧结矿产品的强度和还原性。

6.5.4.1 烧结矿的矿物组成

由于原料和烧结工艺条件不同，烧结矿的矿物组成不尽相同，但总是由含铁矿物及脉石矿物两大类组成的液相黏结在一起形成的。

酸性烧结矿的组成矿物主要为磁铁矿、赤铁矿、浮氏体、金属铁、铁橄榄石、钙铁橄榄石、玻璃体、铁酸钙、硅钙石、石英等；主要黏结相为铁橄榄石和少量的钙铁橄榄石、玻璃体等。

自熔性烧结矿的组成矿物主要为磁铁矿、赤铁矿、浮氏体、金属铁、钙铁橄榄石、橄榄石类、铁酸钙、硅酸钙、钙铁辉石、钙铁辉石-钙镁辉石固溶体、石英、石灰等；主要黏结相为钙铁橄榄石、玻璃体等。

高碱度烧结矿的组成矿物主要是磁铁矿、赤铁矿、钙质浮氏体、铁酸钙和硅酸二钙等；主要黏结相为铁酸二钙。

当烧结矿脉石中含有较多的 Al_2O_3 或烧结料中含有 Fe_2O_3 较多时，黏结相还有铝黄长石、铁铝酸四钙、铁黄长石、钙铁榴石（$3CaO \cdot Fe_2O_3 \cdot 3SiO_2$）。MgO 含量较多时，会出现钙镁橄榄石、镁黄长石、镁蔷薇辉石等。脉石中含有萤石时，烧结矿中则含有枪晶石。烧结含钛铁矿时，会出现钙钛石（$CaO \cdot TiO_2$，$3CaO \cdot 2TiO_2$）、榍石（$CaO \cdot TiO_2 \cdot SiO_2$）。

对于某一烧结矿，不一定全部含有上述矿物，而且数量也不相等。但是，磁铁矿和浮氏体是各种烧结矿的主要含铁矿物，非铁矿物以硅酸盐类矿物为主。

表6-6给出了武钢不同碱度烧结矿的矿物组成。

表6-6　武钢不同碱度烧结矿的矿物组成　(%)

碱度	烧结矿的矿物组成(体积分数)									
	磁铁矿	赤铁矿	铁酸一钙	铁酸二钙	铁黄长石	硅酸钙	铁橄榄石	浮氏体	金属铁	玻璃质
0.8	57.5	6.2	2.7	—	13.1	—	2.73	0.18	—	17.4
1.3	48.3	2.9	14.4	—	15.3	0.92	—	—	0.1	18.0
2.4	34.6	0.2	29.1	4.4	10.9	4.44	—	—	—	16.2
3.5	27.6	0.2	39.3	9.3	10.7	7.51	—	—	0.3	7.3

6.5.4.2　烧结矿的结构

烧结矿的结构包括宏观结构和显微结构。

烧结矿的宏观结构有微孔海绵状、粗孔蜂窝状和石头状。一般来说,微孔海绵状结构是理想的宏观结构,具有这种结构的烧结矿,强度和还原性都比较好,当燃料用量适中和各种操作条件都合适时,可以得到这种条件的烧结矿;当燃料用量偏高和液相数量偏多时,出现粗孔蜂窝状结构,有熔融而光滑的表面,其还原性和强度都有所降低;如果燃料用量过多,造成过熔,则出现气孔很少的石头状烧结矿,强度好,但还原性很差。在相同燃料用量的条件下,液相黏度低时,形成微孔结构;黏度高时,形成粗孔结构。

显微结构一般是指在显微镜下矿物组成的形状、大小及其相互结合排列的关系。从微观上看,烧结矿是由各种不同的结晶形态和单体矿物所组成。烧结矿中的矿物按其结晶程度,分为自形晶、半自形晶和他形晶三种。具有极完好结晶外形的,称为自形晶;部分结晶完好的,称为半自形晶;形状不规整且没有任何完好结晶面的,称为他形晶。矿物的结晶程度取决于本身的结晶能力和结晶环境。烧结矿中最多的含铁矿物磁铁矿,往往以自形晶或半自形晶的形态存在,这是因为磁铁矿在升温过程中较早地再结晶长大,有良好的结晶环境,并且具有较强的结晶能力。其他黏结相在冷却过程中开始结晶,并按其结晶能力的强弱以不同的自形程度充填于磁铁矿中间,来不及结晶的以玻璃体存在。矿物呈完好的结晶状态时,强度好;而呈玻璃态时,强度差。

随着生产工艺条件的变化,不同烧结矿在显微结构上也有明显的差异。由铁矿物和黏结相组成的常见显微结构列于表6-7中。

表6-7　烧结矿的常见显微结构

显微结构类型	特　征
斑状结构	首先结晶出自形晶、半自形晶的磁铁矿,呈斑晶状,与较细粒黏结相或玻璃质结合而成
粒状结构	首先结晶出的磁铁矿晶粒,因冷却较快,多呈半自形晶或他形晶,与黏结相结合而成
骸晶结构	首先结晶出的磁铁矿晶粒,呈骨架状的自形晶,内部常被硅酸盐黏结相填充
共晶结构	(1)磁铁矿呈圆点状或树枝状分布于橄榄石中,赤铁矿呈细点状分布于硅酸盐晶体中,构成圆点或树枝状共晶结构; (2)磁铁硅酸二钙共晶结构; (3)磁铁矿与铁酸钙共晶结构,多存在于高碱度烧结矿中
熔蚀结构	在高碱度烧结矿中,磁铁矿多被熔蚀成他形晶,呈浑圆状,晶粒细小
针状交织结构	磁铁矿颗粒被针状铁酸钙胶结

6.5.4.3 烧结矿矿物组成和显微结构的影响因素

影响烧结矿矿物组成和显微结构的因素包括：燃料和熔剂用量、烧结原料的矿物组成以及烧结操作工艺条件等。

A 燃料用量

烧结料中的配碳量决定烧结温度、烧结速度和气氛条件，对烧结矿物组成影响很大。

烧结非熔剂性赤铁矿时，当配碳量过少（3%~4%）时，则不能保证赤铁矿充分还原和分解，磁铁矿结晶程度差，燃烧层液相数量少，只有少量铁橄榄石和钙铁橄榄石不均匀地分布在磁铁矿和石英接触处，不起黏结作用，黏结相主要是玻璃质，孔洞多、强度差，但还原性好。在正常燃料用料下，烧结矿矿物主要是磁铁矿和铁橄榄石，还有少量浮氏体，磁铁矿结晶程度提高，黏结相主要是铁橄榄石，孔洞少，烧结矿强度提高。当燃料消耗量过多时（7%），烧结温度升高，还原气氛增加，生成大量的浮氏体和铁橄榄石，磁铁矿减少，可能出现金属铁，烧结矿因过熔造成大孔薄壁或孔隙率少的烧结矿，使强度和还原性都变坏。

生产熔剂性烧结矿时，随着含碳量增加，磁铁矿结晶程度提高，生成大粒结晶，黏结相主要是以钙铁橄榄石代替玻璃质，孔洞少，烧结矿强度提高，还原性有所下降。但用碳量过多时，浮氏体和钙铁橄榄石增加，磁铁矿减少，易生成过熔烧结矿；同时，高温下易生成正硅酸钙，在冷却时发生晶型转变，使烧结矿粉化，强度和还原性都变坏。图6-19给出了国内某钢厂熔剂性烧结矿矿物组成与烧结料含碳量之间的关系。

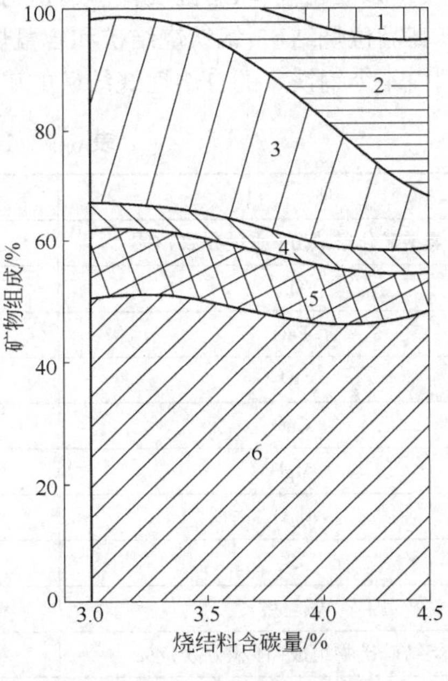

图6-19 熔剂性烧结矿矿物组成与含碳量的关系

1—正硅酸钙；2—钙铁橄榄石；3—玻璃质；4—铁酸钙；5—赤铁矿；6—磁铁矿

燃料用量对烧结矿结构的影响是：含碳量低时，烧结矿的微孔结构发达；随着含碳量的增加，烧结矿逐渐发展成为薄壁结构，而且沿料层高度也有变化，上部微孔多，下部则大孔薄壁多。

B 烧结矿碱度

在燃料用量一定的条件下，烧结矿的最终矿物组成主要取决于碱度。

a 低碱度烧结矿

与高碱度烧结矿搭配使用的低碱度烧结矿，其碱度值一般选择在0.8~1.0之间。该碱度的烧结矿中，铁矿物主要为磁铁矿、少量赤铁矿；黏结相为钙铁橄榄石、铁黄长石、钙铁辉石、硅灰石和玻璃质等硅酸盐，一般不含铁酸钙，总黏结相含量为25%~30%；强度好于自熔性烧结矿，但还原性能较差。在高、低碱度烧结矿搭配冶炼时，由于其配比高而影响冶炼效果。

酸性球团烧结矿的碱度值一般在0.3~0.5之间，克服了普通酸性烧结矿还原性能差、垂直烧结速度慢、燃料消耗高等问题。两种酸性烧结矿的矿物组成见表6-8。

普通酸性烧结矿为典型的熔融型结构。磁铁矿多为自形晶、半自形晶，颗粒粗大，还有部分骸晶状赤铁矿。铁矿物被玻璃质、橄榄石胶结，形成斑状结构。浮氏体与硅酸盐矿物形成共晶结构。

表 6-8　两种酸性烧结矿的矿物组成

类　型	碱度	烧结矿矿物组成(体积分数)/%							RI/%
		磁铁矿	赤铁矿	浮氏体	铁橄榄石	黄长石	玻璃质	硅酸盐黏结相	
球团烧结矿	0.3	65	17	—	2	4	12	18	77.2
普通烧结矿	0.3	66	2	8	9	5	10	24	42.7

酸性球团烧结矿的外观呈葡萄状球、单体球和熔结块。固结方式为铁矿物再结晶长大固结和渣相固结。单体球与葡萄状球具有明显的带状构造(即外部带、过渡带和中心带)。磁铁矿、赤铁矿多为再结晶长大固结,颗粒为细粒扩散型结构。部分铁矿物与硅酸盐渣相胶结,呈粒状结构,介于球团矿与烧结矿两种微观结构之间。

b　自熔性烧结矿

自熔性烧结矿黏结相含量不足,且黏结相主要是质脆且难还原的硅酸盐和玻璃质,故烧结矿强度差、还原性能差、软熔温度低。当进行冷却和整粒处理时,返矿率高、粉末多、粒度小。特别是生产高品位烧结矿、钒钛烧结矿和含氟烧结矿时,烧结与炼铁的技术经济指标更差。

国内 4 个钢铁厂的自熔性烧结矿的矿物组成见表 6-9。

表 6-9　自熔性烧结矿的矿物组成

项　　目	首　钢	武　钢	本　钢	鞍　钢
烧结矿化学成分(质量分数)/%				
TFe	53.62	52.64	49.57	49.99
FeO	12.60	14.30	16.50	11.70
SiO_2	8.10	9.02	12.16	12.14
CaO	10.04	12.51	14.92	13.28
MgO	4.58	1.89	2.82	3.02
Al_2O_3	1.46	2.94	1.15	0.96
S	0.097	0.072	—	0.046
碱　度	1.24	1.30	1.23	1.10
烧结矿矿物组成(体积分数)/%				
磁铁矿	50.0	55.6	53.5	51.2
赤铁矿	11.0	7.2	3.9	9.15
铁酸钙	9.59	14.7	2.44	4.02
铁钙橄榄石	14.8	4.5	16.6	14.5
α-石英	0.53	0.45	0.42	0.41
石　英	0.33	(少)	0.58	1.67
浮氏体	0.23	0.31	0.21	0.26
正硅酸钙	0.53	0.72	0.32	0.52
玻璃质	9.60	15.99	11.72	17.68
其　他	3.39	0.53	10.32	0.59

生产自熔性烧结矿需要在较高的温度条件下才能生成足够的液相,故液相的黏度小,冷却后

的烧结矿呈大孔薄壁结构。当采取厚料层低碳操作时,结构有所改善。

铁矿物以磁铁矿为主,有少量的次生赤铁矿,多呈半自形晶,部分呈自形晶和他形晶,晶粒较小,小于0.01mm粒级的晶粒占20%~40%。黏结相以硅酸盐为主,只有少量的铁酸钙。柱状集合体的钙铁橄榄石中,有针状和柱状的正硅酸钙,并与铁矿物形成粒状结构。铁酸一钙多为板状晶体,与铁矿石形成熔蚀结构。

c 高碱度烧结矿

我国和日本几种高碱度烧结矿的矿物组成见表6-10。

表6-10 高碱度烧结矿的矿物组成

厂别	矿物组成(体积分数)/%						
	磁铁矿	赤铁矿	铁酸钙	正硅酸钙	玻璃质	黄长石	其他
鞍钢新烧	35	15	35	3	10	少	2
宝钢	25	25	30~35	3	10	3	2
首钢	35	15	35	3	10	少	2
梅钢	45	15	25	3	12	—	—
马钢	35	20~25	25~30	3	12	少	—
武钢二烧	35	15	30	3	10	—	—
柳钢	40.7	17.7	30.3	5.0	4.5	1.8①	—
包钢	50	10	25	3	10	2	少量枪晶石
本钢	33	16	44	2	5	—	—
日本(平均)	13.3	30.4	42.4		14(硅酸盐)		
日本神户②	43.2	6.8	44.4		5.8(硅酸盐)		

①其中黄长石含量为0.2%,钙铁橄榄石含量为1.6%。

②该烧结矿FeO含量为10.29%。

碱度在2.5以上的高碱度烧结矿,几乎不含钙铁橄榄石和玻璃体,只含有铁酸钙、磁铁矿和硅酸钙三种矿物。随着碱度升高,铁酸钙和硅酸钙明显增加,磁铁矿减少,矿物组成基本不变。由于作为主要矿物的磁铁矿和铁酸钙强度和还原性较好,并且随着硅酸三钙的增加,正硅酸钙明显减少,同时,过量的CaO起了稳定$\beta-2CaO \cdot SiO_2$的作用,所以,此类烧结矿不发生粉化现象,强度和还原性较好。高碱度烧结矿具有上述特点,是由于燃料用量一定时,随着碱度的提高,熔剂量逐渐增多,放出CO_2,降低了烧结料层的温度和还原气氛,有利于提高烧结矿的氧化度,所以,磁铁矿减少,铁橄榄石减少以至消失,而过量的CaO有利于生成$CaO \cdot Fe_2O_3$和$CaO-SiO_2$体系矿物。

高碱度烧结矿外观一般呈致密块状,大气孔少,气孔壁厚,熔结较好,断面呈青灰色金属光泽。

高碱度烧结矿的微观结构为:赤铁矿、磁铁矿多呈他形晶和半自形晶,被铁酸钙固结形成板状熔蚀结构、柱状熔蚀结构和针状交织结构,当进行低温烧结时,则以后种结构为主;局部区域磁铁矿被硅酸盐黏结相固结,形成粒状结构和斑状结构,也有周围被黏结相固结的原生赤铁矿颗粒。

高碱度烧结矿的显微粒度一般比自熔性和低碱度烧结矿粗,小于0.01mm的晶粒数量较少,大部分在0.01~0.03mm之间。

高碱度混合料中石灰石粉配比较高,如果石灰石粒度粗(大于3mm粒级所占比例大于

10%），将使烧结矿中游离氧化钙含量升高，而降低烧结矿的贮存强度。

C 脉石成分及添加物

脉石中的 SiO_2 是影响烧结矿矿物组成的重要因素。

只有在脉石中含有一定量 SiO_2 的条件下，才能形成足够数量的铁橄榄石或钙铁橄榄石等黏结相，将分散的磁铁矿晶粒黏结起来，保证烧结矿的强度。若烧结料中的 SiO_2 数量太少，则烧结矿矿物中只有磁铁矿、赤铁矿和少量玻璃体，烧结矿由大量磁铁矿集合而成，黏结相数量少，只有少量玻璃体充填于磁铁矿晶粒之间，起不到连接作用，烧结矿强度不好。

若脉石中含有一定量的 Al_2O_3，其在烧结过程中进入熔体内，使烧结矿矿物结构更加复杂化。Al_2O_3 含量大于 7%时，形成多种铝铁酸钙和铁酸钙的固溶体（$CaO \cdot Al_2O_3+CaO \cdot Fe_2O_3$），降低烧结料的熔化温度，促进液相生成。

若增加烧结料的 MgO 含量，则烧结矿粉化率明显下降，烧结矿强度提高。其原因是形成了一系列新的含 MgO 矿物，如钙镁橄榄石、镁蔷薇辉石、镁橄榄石、黄长石等，从而起到稳定 $\beta-2CaO \cdot SiO_2$ 的作用。此外，加入一定量 MgO 还可改善烧结矿还原性，这是因为镁橄榄石的形成阻止了难还原的铁橄榄石和钙铁橄榄石的形成。

若在烧结料中加入一定量的磷灰石，也可防止烧结矿粉化。某厂实践表明，烧结料中含 P 达 0.04%时，烧结矿不再粉化。这是因为 P 能与烧结料中的 $\beta-2CaO \cdot SiO_2$ 形成固溶体，从而稳定 $\beta-2CaO \cdot SiO_2$，使其不发生相变，防止烧结矿粉化。此外，B_2O_3、Cr_2O_3 和 V_2O_5 等也能起稳定 $\beta-2CaO \cdot SiO_2$ 的作用。

D 烧结操作制度

烧结过程的温度和气氛除了与燃料用量有关外，还与点火温度、冷却速度和料层厚度等操作条件有关。因此，烧结操作制度也直接影响烧结矿的矿物组成。

烧结料表层温度低，冷却快，化学反应不充分，矿物以赤铁矿为主，主要胶结物为玻璃质，强度差。在表层以下的料层中，温度升高，还原气氛增强，玻璃质逐渐减少，橄榄石、铁酸钙等胶结物增多，浮氏体广泛出现，磁铁矿逐渐增加，赤铁矿逐渐减少，强度提高。由此可见，不同深度的料层中，烧结矿的矿物组成存在很大差异，上层强度差，中、下层强度好。为了保证上层烧结矿质量均匀，可采用热风烧结。

6.5.4.4 矿物组成及结构对烧结矿质量的影响

冷凝形成的矿物的组成及结构是影响烧结矿质量的重要因素，主要表现在强度及还原性方面。

（1）矿物组成及结构对烧结矿强度的影响表现在：

1）烧结料的矿化和黏结相的发展程度。由于烧结过程的高温阶段短暂，具有一定粒度的烧结料不可能全部熔化而转变为液相，总有部分残留于原矿中。但对熔剂则要求全部矿化，主要是因为残存的 CaO 遇水将形成 $Ca(OH)_2$，从而造成烧结矿破裂或粉化。

2）烧结矿矿物组成中矿物或玻璃相的自身强度。研究表明，烧结矿强度具有加和性，即其强度由各矿物强度与该矿物所占份额的乘积的总和来表示。磁铁矿、赤铁矿、铁酸一钙、铁橄榄石有较高的强度；其次为钙铁橄榄石及铁酸二钙，但组成为 $CaO_{1.5}FeO_{0.5}SiO_2$ 的钙铁橄榄石因晶格接近于 $2CaO \cdot SiO_2$，故强度相当低而且易形成裂缝；玻璃体的强度最低，分布在钙铁橄榄石及铁橄榄石结晶体中间的整体及单一玻璃质的影响强度最为严重。

3）矿物组成和结构形成过程中伴随产生的内应力。烧结矿冷却过程中产生的内应力有：由于烧结矿表面与中心温差的存在而产生的热应力、不同热膨胀系数引起的矿相之间的应力和正硅酸钙多晶转变引起的相应力。其中,以正硅酸钙的多晶转变引起的相应力破坏烧结矿强度最严重。因为热应力可以用缓慢冷却或热处理方法消除,而 $2CaO \cdot SiO_2$ 在温度变化时的多晶转变,伴有巨大的体积变化(675℃时,β→γ 晶型转变使体积增大 10%),导致烧结矿粉化。生产中,可加入具有相应离子的物质(如 P_2O_5、B_2O_3 等)进入高温变形的晶格空间点阵,以形成固溶体而防止 β-$2CaO \cdot SiO_2$ 的相变;或加入一定数量结晶状的附加物使它包围 $2CaO \cdot SiO_2$ 晶体颗粒,以形成一种阻止颗粒的薄膜,机械阻止 β→γ 的相变,有人认为超高碱度烧结矿(碱度为 3~4)中,20%~25%的 $2CaO \cdot SiO_2$ 未粉化就是由于铁酸钙黏结相起这种机械阻止的缘故;还可以在 850~1430℃的温度范围内对烧结矿进行淬火,在高速冷却下,使正硅酸钙在常温下保持住 α-$2CaO \cdot SiO_2$ 稳定晶型。

(2)矿物组成及结构对烧结矿还原性的影响表现在:

1)矿物组成自身的还原性。研究表明,赤铁矿、磁铁矿、铁酸半钙和铁酸一钙容易还原;铁酸二钙还原性差;玻璃体、铁酸橄榄石、钙铁辉石,特别是铁橄榄石,难于还原。对于以酸性脉石为主的非熔剂性烧结矿来说,黏结相主要是铁橄榄石和玻璃体,所以其还原性差。随着碱度的增加,难还原的铁橄榄石被钙铁橄榄石代替,铁酸钙量增加,烧结矿的还原性变好。但有些烧结矿在碱度为 2.0~2.5 以上时,由于铁酸二钙的出现,还原性有变差的趋势。

2)矿物结构。由于烧结矿的还原是还原性气体扩散到反应界面进行的,所以烧结矿还原性的优劣与矿物晶体大小、分布情况、黏结相的多少以及孔隙率等因素有关。大块的或者被硅酸盐包裹着的烧结矿难还原;相反,晶粒细小密集而且黏结相少的易还原。孔隙率低而且大部分是由铁橄榄石或玻璃质组成气孔壁的烧结矿还原性差,而孔隙率高、晶体嵌布松弛以及裂纹多的易还原。

烧结矿的显微结构和矿物结晶形态也是影响烧结矿质量的重要因素。如烧结矿的低温还原粉化性能就与 Fe_2O_3 的结晶形态有密切关系,具体数据可参见表 6-11。

表 6-11 各种形态赤铁矿的低温还原粉化率

赤铁矿的种类	低温还原粉化率/%
斑状赤铁矿(烧结矿中大约占 70%)	2.7
纸状赤铁矿(烧结矿中大约占 5%)	17.8
树枝状赤铁矿(烧结矿中大约占 20%)	18.0
骸晶状赤铁矿(烧结矿中大约占 7.9%)	46.5
晶格状赤铁矿(矿石中约占 100%)	17.7
粒状赤铁矿(某些矿石中几乎占 70%)	10.3

6.6 烧结矿质量指标及检测

烧结矿质量对高炉冶炼效果具有重要影响,改善其质量是高炉精料的主要内容。现代高炉对烧结矿等人造富矿冶金性能的要求是:(1)含铁品位高;(2)碱度适宜;(3)有害杂质少;(4)机械强度好;(5)入炉粉末少;(6)化学成分稳定及粒度均匀;(7)有良好的还原性;(8)低温还原粉化率低;(9)有较好的软化及熔滴性能。冶金行业标准 YB/T 421—2014 规定了对烧结矿的技术要求,详见表 6-12、表 6-13。

表 6-12 优质铁烧结矿的技术指标(YB/T 421—2014)

项目名称	化学成分(质量分数)/%				物理性能/%			冶金性能/%	
	TFe	CaO/SiO_2	FeO	S	转鼓指数(+6.3mm)	筛分指数(-5mm)	抗磨指数(-0.5mm)	低温还原粉化指数(RDI)(+3.15mm)	还原度指数(RI)
允许波动范围	±0.4	±0.05	±0.5	—					
指标	≥56.00	—	≤9.00	≤0.030	≥78.00	≤6.00	≤6.50	≥68.00	≥70.00

注:TFe 和 CaO/SiO_2(碱度)基数由各生产企业自定。

表 6-13 普通铁烧结矿的技术指标(YB/T 421—2014)

项目名称	化学成分(质量分数)/%				物理性能/%			冶金性能/%	
	TFe	CaO/SiO_2	FeO	S	转鼓指数(+6.3mm)	筛分指数(-5mm)	抗磨指数(-0.5mm)	低温还原粉化指数(RDI)(+3.15mm)	还原度指数(RI)
品级	允许波动范围		不大于						
一级	±0.5	±0.08	10.00	0.060	≥74.00	≤6.50	≤6.50	≥65.00	≥68.00
二级	±1.0	±0.12	11.00	0.080	≥71.00	≤8.50	≤7.50	≥60.00	≥65.00

注:TFe 和 CaO/SiO_2(碱度)的基数由各生产企业自定;冶金性能指标暂不考核,但各生产厂家应进行检测,报出数据。

6.6.1 烧结矿冶金性能及其检测

评价烧结矿质量和冶金性能的指标主要有以下几项。

A 品位

烧结矿品位指烧结矿含铁量的高低。作为质量指标之一的烧结矿品位,一般指扣除烧结矿中碱性氧化物含量以后的含铁量。

$$w(\mathrm{TFe})_{扣}=\frac{w(\mathrm{TFe})}{1-(w(\mathrm{CaO})+w(\mathrm{MgO}))}\times 100\% \tag{6-24}$$

式中 $w(\mathrm{TFe})_{扣}$——扣除碱性氧化物后烧结矿的含铁量,%;

$w(\mathrm{TFe})$——化验得到的烧结矿全铁含量,%;

$w(\mathrm{CaO})+w(\mathrm{MgO})$——化验得到的烧结矿中 CaO 和 MgO 的总含量,%。

B 碱度

一般用 $w(\mathrm{CaO})/w(\mathrm{SiO_2})$ 表示烧结矿碱度。根据碱度高低,可将烧结矿分为熔剂性、自熔性以及酸性烧结矿三种。碱度高于高炉炉渣碱度的称为熔剂性烧结矿,接近于高炉炉渣碱度的称为自熔性烧结矿,低于高炉炉渣碱度的称为酸性烧结矿。

C 硫及其他有害杂质含量

烧结矿中硫及其他有害杂质的含量越低越好。

D 转鼓指数

转鼓有冷转鼓和热转鼓两种,常用的是冷转鼓。经转鼓实验所得到的转鼓指数是衡量烧结矿在常温下抗磨剥和抗冲击能力的指标,用标准转鼓测定。标准转鼓的直径为 1000mm,宽 600mm,用 10mm 钢板焊成,内有互成 120°角、高 100mm、厚 10mm 的隔板。将 20kg 试样装入鼓内,以 25r/min 的速度旋转 4min,然后将烧结矿倒入悬吊式方孔筛(5mm)上,往复筛动 10 次,筛下小于 5mm 粒级的部分所占的质量百分数,称为烧结矿的转鼓指数(%)。

$$转鼓指数=\frac{20-A}{20}\times100\% \tag{6-25}$$

式中　A——试样中大于5mm粒级的质量，kg。

E　落下强度

落下强度表示烧结矿抗冲击能力的指标。烧结矿落下试验装置见图6-20。取质量为25kg、粒度大于15mm的成品烧结矿试样，装入能上下移动的装料箱内，提到规定高度（一般取1.8m）以后打开箱底，使烧结矿全部落到钢板上；再将烧结矿全部收集起来，重复3~4次试验；然后筛出0~5mm的粉末，此质量与原始试样质量之比即为落下强度指标（%）。

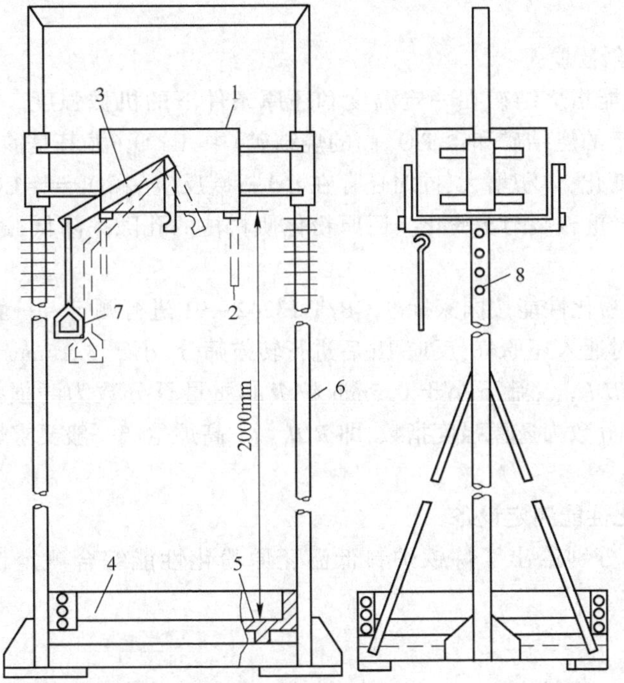

图6-20　烧结矿落下试验装置

1—可上下移动的装料箱；2—放出试样的底门；3—控制底门的杠杆；4—无底围箱；5—生铁板；6—支架；7—拉弓；8—调节装料箱高度的小孔

F　孔隙率

烧结矿的孔隙率影响其还原性和机械强度，一般希望烧结矿微孔多而封闭气孔少。孔隙率的测定通常用石蜡法进行，采用下式计算：

$$\gamma=\left(1-\frac{\rho_{块}}{\rho_{真}}\right)\times100\% \tag{6-26}$$

式中　γ——试样孔隙率，%；

$\rho_{块}$——料块平均视密度，t/m^3；

$\rho_{真}$——料块的真密度，t/m^3。

G　筛分指数

烧结矿筛分指数的测定方法为：筛子内长800mm，内宽500mm，高100mm，筛孔尺寸5mm×5mm。取100kg试样分成5份，每份20kg，放置于筛子上，手筛往复运动10次，称量大于5mm的筛上物量。以筛下 0~5mm 粒级的质量占原始试样质量的质量百分数,计为筛分指数(%)。

$$筛分指数=\frac{100-A}{100}\times 100\% \tag{6-27}$$

式中　A——筛分试验后大于 5mm 粒级的质量,kg。

H　烧结矿粒度组成

高炉冶炼要求烧结矿粒度较均匀和尽可能筛除小于 5mm 的粉末。烧结矿粒度的下限取决于高炉气体动力学条件的改善;粒度的上限取决于还原过程改善的要求,有逐渐缩小的趋势。目前,下限取 5mm,但有增大到 8~10mm 的趋势;上限约 50mm,但有缩小到 30~40mm 的动向。

I　低温还原粉化性能

低温还原粉化性能指烧结矿在一定温度和还原条件下的机械强度。在 400~600℃ 铁矿石(特别是用富矿粉生产的烧结矿和含 TiO_2 高的烧结矿)中,Fe_2O_3(尤其是骸晶状的)还原到 Fe_3O_4 或 FeO 时,发生晶格变化,体积增大,同时还存在 CO 析碳反应($2CO = CO_2+C$),铁矿石在这双重作用下产生裂缝,严重破裂乃至粉化。还原粉化使料柱的孔隙率降低,透气性恶化,影响高炉生产。

烧结矿低温还原粉化性能按国家标准 GB/T 13242—91 进行测定。一般取 10.0~12.5mm 的烧结矿 500kg,500℃时通入还原气,反应 1h 后进行转鼓筛分,小于 3.15mm 粒级的质量百分数为还原粉化指数,记为 $RDI_{-3.15}$;筛下小于 0.5mm 粒级的质量百分数为磨损指数,即 $RDI_{-0.5}$;小于 6.3mm 粒级的质量百分数为还原强度指数,即 $RDI_{+6.3}$。高炉生产一般要求烧结矿的 $RDI_{-3.15}$ 值要小于 35%。

a　低温还原粉化性能测定设备

图 6-21 和 6-22 分别给出了炼铁炉料低温还原粉化性能综合测定仪的主体装置及系统结构。

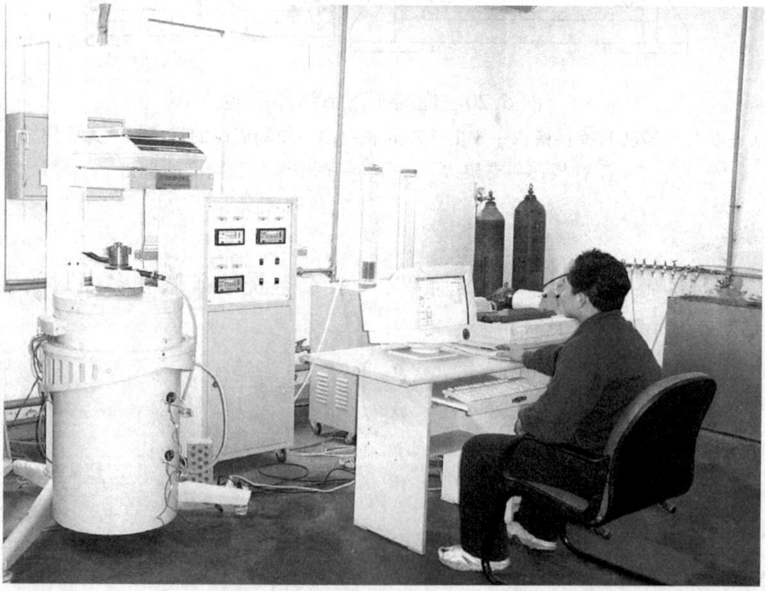

图 6-21　炼铁炉料还原粉化性能综合测定仪的主体装置

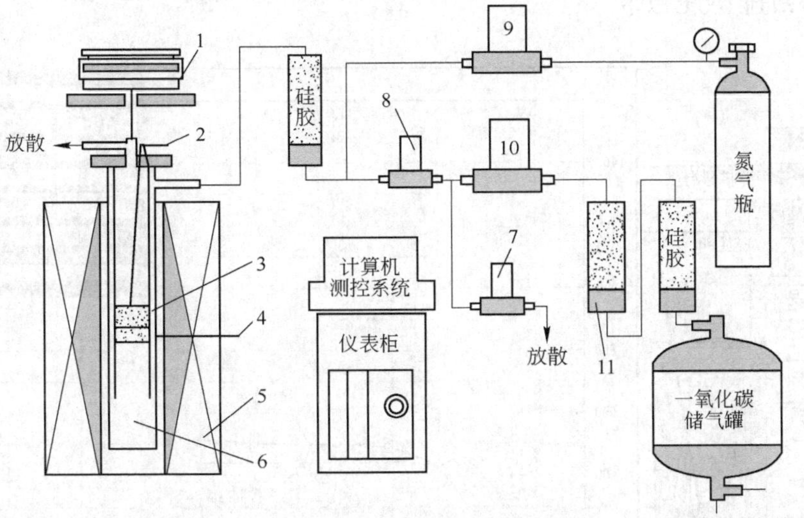

图 6-22 炼铁炉料低温还原粉化性能检测系统

1—电子天平;2—测温热电偶;3—试样;4—控温热电偶;5—电炉;6—还原管;
7—放散电磁阀;8—截止电磁阀;9,10—质量流量控制器;11—碱石灰

该设备的主要组成部分有:

(1)CO 还原气体的制备系统。采用制气系统(由 CO_2 通过 1350℃的高温焦炭床,发生气化溶损反应)来制取 CO 还原气体,然后进行 CO 还原气体的净化和分析,并使其达到检验所要求的成分和纯度。

(2)还原炉。还原炉能保证全部试样和进入试样床的还原气体在整个试验期间保持在(500±10)℃的温度范围。还原管由耐热不起皮的金属板制成,能耐 500℃以上的温度。还原管的内径为(75±1)mm。为了使还原气流更为均匀,在多孔板和试样之间放两层粒度为 10.0mm 和 12.5mm 的高氧化铝球,在高氧化铝球上放一块多孔板,试样则放在多孔板上。

(3)转鼓。转鼓为内径 130mm、内长 200mm 的钢质容器,器壁厚度为 5mm。转鼓内壁有两块沿轴向对称配制的钢质提料板,长 200mm,宽 20mm,厚 2mm。转鼓一端封闭;另一端用密封盖密封,可打开。

(4)其他。其他装置包括用于称量试样的天平(精确度至 0.1g)及试验筛。试验筛要求符合 GB6003 和 GB6005 的规定,并具有以下公称尺寸的方形筛孔:16.0mm、12.5mm、10.0mm、6.3mm、3.15mm 和 0.5mm。

b 低温还原粉化性能测定步骤

根据 GB/T 13241—91 进行烧结矿低温还原粉化性能的测定,试验步骤如下:

(1)制备试样。试样的粒度范围为 10.0~12.5mm。试验试样在(105±5)℃的温度下烘干,烘干时间为 2h,然后冷却至室温,并保存在干燥器中。试验时,称取 500g 试样参加试验。

(2)还原。把试样放到还原管中,将其表面铺平。封闭还原管的顶部,将 N_2 通入还原管,流量为 5L(标态)/min;然后把还原管放入还原炉中加热,升温速度为 10℃/min,实验过程的温度控制界面如图 6-23 所示。放入还原管时,炉内温度不高于 200℃;当试样温度接近 500℃时,增大 N_2 流量到 15L(标态)/min;在 500℃时恒温 30min,使温度恒定在(500±10)℃之间,通入流量为 15L(标态)/min 的还原气体(成分(摩尔分数)为 20%CO、20%CO_2、60% N_2)代替 N_2;连续还原 1h 后,停止通还原气体,改向还原管中通入 N_2,流量为 5L(标态)/min;然后将还原管提出炉外,将管内试样冷却到100℃以下。

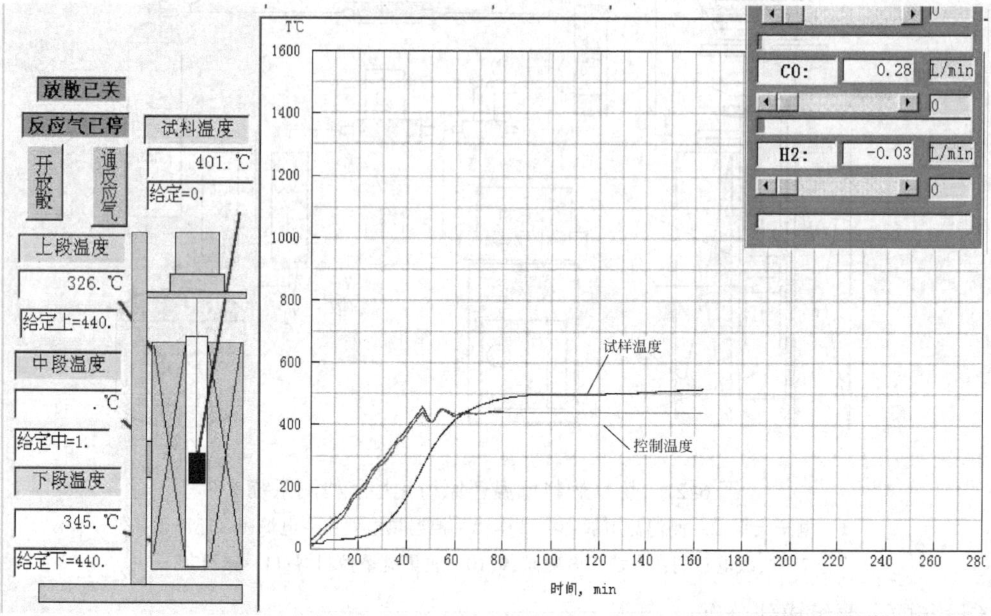

图6-23　炼铁炉料低温还原粉化性能测定的温度控制界面

(3)转鼓试验。从还原管取出试样，测定其质量(m_{D0})，然后放入转鼓内，固定密封盖，以(30±1)r/min的转速共转300r。从转鼓中取出所有试样，测定其质量后，用6.30mm、3.15mm和0.5mm的试样筛进行手工筛分，并记录留在6.30mm(m_{D1})、3.15mm(m_{D2})和0.5mm(m_{D3})各粒级筛上的试样质量。在转鼓试验和筛分中损失的粉末视为小于0.5mm的部分，并记入其质量中。

(4)试验结果计算。还原粉化指数*RDI*(%)表示还原后的铁矿石经过转鼓试验后的粉化程度。转鼓试验后，筛分得到的大于6.30mm、小于3.15mm和小于0.5mm的物料质量与还原后转鼓前试样总质量之比，分别用$RDI_{+6.3}$、$RDI_{-3.15}$和$RDI_{-0.5}$表示，由式(6-28)~式(6-30)分别计算。一般以$RDI_{-3.15}$为低温还原粉化率的考核指标，而以$RDI_{+6.3}$和$RDI_{-0.5}$作为参考指标。

$$RDI_{+6.3}=\frac{m_{D1}}{m_{D0}}\times 100\% \tag{6-28}$$

$$RDI_{-3.15}=\frac{m_{D1}+m_{D2}}{m_{D0}}\times 100\% \tag{6-29}$$

$$RDI_{-0.5}=\frac{m_{D0}-(m_{D1}+m_{D2}+m_{D3})}{m_{D0}}\times 100\% \tag{6-30}$$

式中　m_{D0}——还原后转鼓前试样的质量，g；

m_{D1}，m_{D2}，m_{D3}——分别表示留在6.30mm、3.15mm和0.5mm筛子上的筛上物质量，g；

$RDI_{-3.15}$——低温还原粉化率，%。

J　烧结矿还原性

矿石还原性能的优劣是通过还原度来度量的，还原度即指以Fe^{3+}状态为基准(即假定铁矿石中的铁全部以Fe_2O_3形式存在，并把这些Fe_2O_3中的氧算作100%)，还原一定时间后所达到的脱氧的程度，以质量百分数表示。其数值大小表明了从铁矿石中排除与铁相结合的氧的难易程度。

a 试验设备

烧结矿还原性能的测定设备类似于低温还原粉化性能测定装置,其基本组成如图6-24所示。此时,要求试样的称量天平精确至1g。

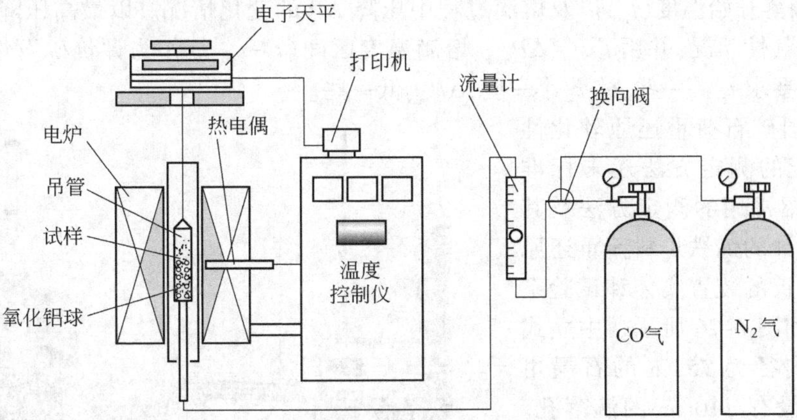

图6-24 炼铁炉料还原性能测定系统

b 实验方法和步骤

实验方法参照GB/T 13242—91,主要分为以下几步:

(1)试样准备。试样粒度及其干燥要求同低温还原粉化试验。每次试验的试样质量m_0为500g±1粒,精确至1g。

(2)还原。试样放置方法同低温还原粉化试验,升温速度为10℃/min。当试样达到900℃时,增大N_2流量到15L(标态)/min。在900℃恒温30min,使试样的质量达到恒定(记为m_0),试样温度为(900±10)℃。

接下来进行还原实验。通入流量为15L(标态)/min的还原气体(成分(摩尔分数)为30% CO、70%N_2)代替N_2,连续还原3h。在开始的15min内,每3min记录一次试样的质量,以后每10min记录一次。还原3h后,试验结束,切断还原气体,先向还原管内通入流量为5L(标态)/min的N_2,然后将还原管连同试样提出炉外进行冷却,冷却终点温度需低于100℃。

(3)试验结果计算。用式(6-31)计算还原时间为t时的还原度R_t,以Fe^{3+}状态为基准,用质量分数(%)表示。计算还原度指数RI时,t为3h。

$$R_t=\left(\frac{0.11w(\mathrm{FeO})}{0.43w(\mathrm{TFe})}+\frac{m_0-m_t}{m_0\cdot 0.43w(\mathrm{TFe})}\right)\times 100\% \tag{6-31}$$

式中 R_t——还原t min时试样的还原度,%;

m_0,m_t——分别为还原开始前、还原t min时试样的质量,g;

$w(\mathrm{FeO})$,$w(\mathrm{TFe})$——分别为还原试验前试样的FeO、全铁含量,%。

K 荷重还原软化和熔滴性能

在高炉冶炼过程中,随着温度的升高和还原反应的进行,铁矿石发生形态变化,由固体转变为液体,但是它不是纯物质晶体,不能在一个熔点上转变,而是在一定温度范围内完成由固态变软再熔化的过程。因此,矿石的软化性能需用软化开始温度和软化区间等指标来表达。一般规定,在荷重还原过程中,以试样收缩率达4%时的温度作为软化开始温度(t_4),而以收缩率达40%时的温度作为软化终了温度(t_{40}),两者温度差即定义为软化区间。高炉冶炼要求软化开始温度高,软化区间窄,以保持炉况稳定,有利于气-固相还原反应的进行。

烧结矿在高炉内软化后,继续往下运动,进一步被加热和还原后,熔融转变为熔渣和铁水,达到自由流动并积聚成液滴，从软熔带滴落进入滴落带的焦柱。在滴落开始前，软熔层被软熔物填充，透气性变得很差，煤气通过的压降增大，生产实践和实测结果表明，高炉软熔带的煤气压降占总压降的60%。一般在实验室内模拟高炉冶炼条件下的炉料软熔和滴落过程，测定矿石开始熔化温度（t_s）、滴落开始温度（t_d）以及熔滴过程中压降 ΔP 的变化情况。以最高压降（ΔP_{max}）来判断软熔带的透气性状况，并用 t_s、t_d、ΔP_{max}、熔滴温度区间（t_d-t_s）等作为评价矿石熔滴性能的指标。高炉操作要求 t_s 高一些，t_d-t_s 小一些，ΔP_{max} 低一些。

目前，我国矿石荷重还原软化性能和熔滴性能的测定方法还未标准化，本书仅介绍常用的测定方法及其过程。国内设计的炼铁炉料荷重还原软熔性能测定仪的装置实体和试验系统如图6-25和图6-26所示。中立式电炉内装有内径为75mm的石墨坩埚，坩埚底部设有 ϕ10mm 的滴落孔。实验用烧结矿的初始质量为500g，并在烧结矿试样上、下均铺有焦炭层，以模拟高炉的装料制度，防止试样收缩时阻塞滴落孔和排气孔，从而保证熔化物和煤气流顺利通过。试样和焦炭的粒度为10.0～12.5mm。

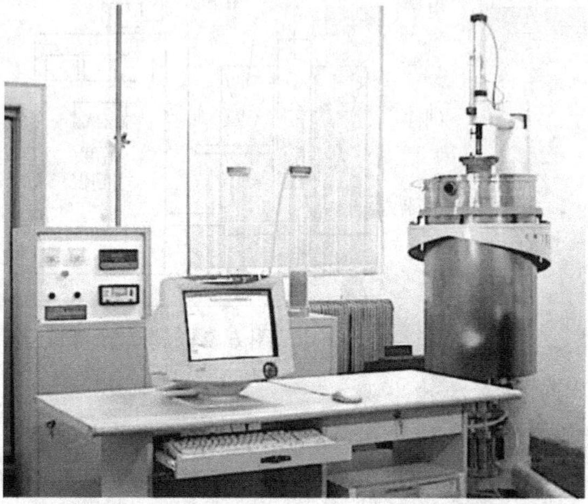

图6-25　炼铁炉料荷重还原软化熔滴性能检测装置的实体

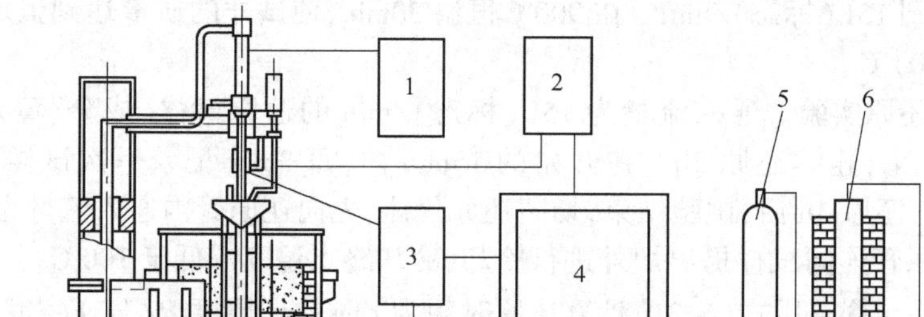

图6-26　炼铁炉料荷重还原软化熔滴性能检测系统

1—气动加压装置；2—位移检测装置；3—温度变化检测装置；4—计算机控制系统；
5—二氧化碳气瓶；6—煤气发生炉；7—滴落图像变化显示；8—滴落重量变化检测；
9—配气装置；10—压差检测装置；11—氮气瓶；12—一氧化碳储气罐

测试过程中，升温速度、煤气量以及荷重等试验条件均模拟高炉实际生产情况而制定，具体试验步骤如下。

a 试样准备

试样的粒度范围为10.0~12.5mm，按下列规定制备：筛出大于12.5mm的试样，并破碎大于12.5mm的部分，直至全部通过16.0mm的筛子；然后，合并各部分进行筛分，从试样中筛除大于12.5mm和小于10.0mm的部分；将得到的10.0~12.5mm试样混匀，并按随机的方法缩分，作为熔滴试验用试样。

试验试样在(105±5)℃的温度下烘干，烘干时间为2h，然后冷却至室温，并保存在干燥器中。试验时，称取500g试样进行试验，料层高度约为67mm。

b 装料

取一个内径为ϕ75mm的石墨坩埚，底部铺上30mm厚的焦炭粒，质量约为72.5g，压平后将制备好的烧结矿试样放入坩埚内；然后在烧结矿试样上面再放入15mm厚的焦炭，质量约为37.5g；装完料后，将坩埚连同压杆平稳地放入还原管内，接好热电偶，再将还原管下部密封好，即可开始还原熔化试验。

c 还原熔化

试验采取三段变温的升温制度，即0~900℃期间升温速度为10℃/min，900~1020℃期间升温速度为3℃/min，1020℃以后升温速度为5℃/min，其他试验条件参见表6-14。试验结束后，将滴落物取出，用于称重和成分分析。

表6-14 炼铁炉料荷重软化及熔滴性能检测的试验条件

项 目	熔滴试验参数			
升温时间/min	40	50	40	>120
负荷/kg·cm^{-2}	1.0			
气体组成和流量(标态)	N_2：100%，3L/min	N_2：60%，9L/min CO：26%，3.9L/min CO_2：14%，2.1L/min	N_2：70%，10.5L/min CO：30%，4.5L/min	
升温速度/℃·min^{-1}	10(至400℃)	10(至900℃)	3(至1020℃)	5(至熔滴)

d 试验结果计算

根据试验结果数据，可得出试验时间与试样温度、料层收缩率、料层气流阻力(即压力损失)以及滴落物质量等参数之间的关系，见图6-27。

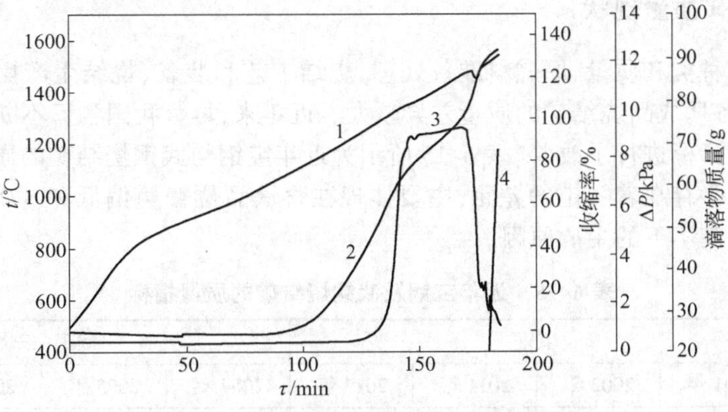

图6-27 炼铁炉料荷重软化及熔滴试验的结果

1—试样温度；2—收缩率；3—压降；4—滴落量

研究表明，在软化开始阶段，软化变形仅发生在试样接触点和接触面处，孔隙的有效通道并未严重受阻，不会使气流阻力明显增加。因此，为评价烧结矿的软熔性能，一般考察软化温度区间($t_{40}-t_4$)和熔化温度区间(t_d-t_s)。近来，有研究者认为，综合考察烧结矿的软熔温度区间更能合理反映其高温冶金性能，故又定义了烧结矿的软熔带温度区间(t_d-t_{10}，其中，t_{10}是收缩率为10%时的温度)。综上所述，软化温度区间、熔化温度区间及软熔带温度区间分别按式(6-32)~式(6-34)来计算。

$$软化温度区间=t_{40}-t_{10} \tag{6-32}$$

$$熔化温度区间=t_d-t_s \tag{6-33}$$

$$软熔带温度区间=t_d-t_{10} \tag{6-34}$$

6.6.2 烧结矿质量对高炉冶炼的影响

统计数据表明，烧结矿质量指标的变动对高炉生产有如下影响：

(1)烧结矿含铁品位下降1%，高炉焦比上升2%，产量下降3%。

(2)烧结矿的FeO含量变动1%，影响高炉焦比1%~1.5%，影响产量1%~1.5%。FeO含量的变动同时影响烧结矿的还原性和软熔性能。

(3)烧结矿的碱度在1.2以下时，每变动0.1，影响高炉焦比和产量3%~3.5%。

(4)烧结矿强度对高炉冶炼也有一定影响。强度不够时，容易破碎成粒度小于5mm的粉矿，而粉矿含量波动1%，会影响高炉焦比0.5%，影响产量0.5%~1.0%。

(5)烧结矿还原性对高炉焦比和产量有较大影响。烧结矿在高炉内的直接还原度增加10%，焦比上升8%~9%，产量下降8%~9%。烧结矿试样在60min、1000℃条件下的间接还原度每提高5%，高炉煤气CO利用率提高0.66%。

(6)烧结矿低温还原粉化率($RDI_{-3.15}$)每提高5%，炉顶煤气CO利用率降低0.5%，产量下降1.5%，焦比上升1.55%。

(7)烧结矿荷重软化性能对高炉操作产生显著影响。据国外高炉统计，含铁原料的荷重软化温度由1285℃提高到1335℃，压降ΔP由5.2kPa降低到4.75kPa，产量提高16%。

(8)烧结矿熔融滴落性能是烧结矿冶金性能中最重要的一项，也是影响高炉操作的关键因素。大量研究表明，软熔带的阻力损失占整个高炉阻力损失的2/3以上，熔滴性能直接影响高炉软熔带的位置和厚度，影响Si、Mn等元素的直接还原，从而影响生铁成分和高炉技术经济指标。

6.6.3 我国烧结矿质量现状

由于原燃料的种类和质量、原燃料准备处理、烧结工艺和装备、烧结生产操作等方面技术水平的不一致，国内各厂成品烧结矿的质量差异较大。近年来，尽管我国各厂不断采用多种措施对烧结矿的各项性能指标进行了改善(表6-15所示为近年宝钢与武钢烧结矿的质量指标)，但整体上仍与世界先进水平存在着一定的差距，主要体现在含铁品位普遍偏低和SiO_2含量偏高，这也是我国高炉渣量居高不下的主要原因。

表6-15　近年宝钢及武钢烧结矿的质量指标

项目	宝钢				武钢(三烧)			
	2001年	2002年	2011年	2013年	2004年	2005年	2011年	2013年
TFe/%	59.15	58.85	58.63	58.42	58.95	59.34	59.13	58.36
FeO/%	7.53	7.62	8.16	8.50	6.20	6.64	7.76	8.21

续表 6-15

项目	宝钢				武钢(三烧)			
	2001 年	2002 年	2011 年	2013 年	2004 年	2005 年	2011 年	2013 年
SiO_2/%	4.43	4.56	4.64	4.87	5.04	4.61	4.62	4.76
碱度	1.81	1.82	1.80	1.78	1.67	1.75	1.84	1.78
转鼓强度/%	76.11	75.28	77.45	78.04	73.40	73.50	79.53	79.89

因此,生产高品位、低 SiO_2 含量的烧结矿是我国烧结生产技术的发展趋势。同时,提高烧结矿品位和降低 SiO_2 含量又将进一步推动烧结矿碱度和质量的提高。

6.7 强化烧结过程的技术措施

6.7.1 烧结机生产能力

烧结机的生产率,即台时产量可按下式计算:

$$q = 60k\gamma BHv_{台车} \tag{6-35}$$

式中 q——烧结机台时产量,t/(台·h);

k——烧结矿成品率,%,一般为 50%~70%;

γ——烧结混合料堆密度,t/m³,一般取 1.5~1.9t/m³;

$v_{台车}$——烧结机台车移动速度,m/min;

B——烧结机台车宽度,m;

H——烧结料层厚度,m。

另外,料层厚度 H 可用燃烧层下移的速度(垂直烧结速度)$v_{垂烧}$来表示。

$$H = v_{垂烧} \cdot t \tag{6-36}$$

式中 $v_{垂烧}$——垂直烧结速度,m/min;

t——烧结时间,$t = L/v_{台车}$,min;

L——烧结机有效长度,m。

根据 $L/v_{台车} = H/v_{垂烧}$,有:$L \cdot v_{垂烧} = H \cdot v_{台车}$,则烧结机台时产量为:

$$q = 60k\gamma BLv_{垂烧} \tag{6-37}$$

最后,可得烧结机日历产量为:

$$q_{总} = qfD = 60k\gamma BLv_{垂烧}fD \tag{6-38}$$

式中 $q_{总}$——烧结机日历产量,t;

f——烧结机作业率,%;

D——烧结机日历作业时间,h。

由式(6-38)可以看出,提高成品率 k 值有利于增加产量。k 值大小与配料中含水率、加入熔剂和燃料量以及矿石种类等因素有关。烧结料中上述物料越少,烧损越少,则 k 值越大;此外,产生的返矿越少,则 k 值也越大,反之则小。但若烧结料中水分不足,不加石灰石和返矿等,又会使料层透气性降低,影响垂直烧结速度。同样,提高烧结料的堆密度也有利于增加产量,但对同一种烧结料来说,若提高堆密度会使其透气性降低,因而也会降低烧结速度。

当烧结机的抽风面积和使用原料一定后,B、L、k、γ 基本上都成了较为固定的因素,而垂直烧结速度 $v_{垂烧}$则为最主要的可变因素。这时,提高垂直烧结速度就能提高台时产量,而垂直烧结速度又与烧结料层透气性和抽风负压有关。影响烧结料层透气性的因素主要有矿石粒度、原料的物理性质、熔剂和燃料配加量、混合料中含水量、返矿性质、料层厚度以及混合料造球情况等。

当抽风机能力一定，即抽风负压一定时，通过改善料层透气性来增加风量和提高垂直烧结速度，可以大大提高烧结机产量和降低单位烧结矿抽风能耗。

在通过改善料层透气性来提高垂直烧结速度的同时，应该将其和提高烧结矿质量结合起来考虑。

6.7.2 改善料层透气性的措施

料层的透气性指数主要取决于料层孔隙率和混合料的粒度。改善料层透气性的措施主要有以下几项。

A 烧结料中适当配加富矿粉

烧结精矿粉时，适当配加富矿粉（粒度较铁精矿粉粗）可提高混合料的平均粒度和增加孔隙率。

B 烧结料中添加消石灰粉代替石灰石

烧结料中加入0~3mm粒级的石灰石粉，对强化烧结过程十分有利。首先，烧结料中增加CaO成分后，烧结料的软化区间缩小，燃烧层厚度减薄，从而改善料层透气性；其次，石灰石的细粉黏结性强于细精矿，有利于混合料成球，而较粗的石灰石粉本身就具有良好的透气性；另外，烧结过程中，石灰石分解后释放CO_2，可起到疏松料层的作用，明显改善料层的透气性。因此，在烧结料中加入一定量的石灰石粉，可增加垂直烧结速度和提高产量。鞍钢的实践证明，烧结料中加入石灰石粉，烧结碱度由0.7~0.8提高到1.1~1.3，利用系数由0.8~1.0t/(m²·h)提高到1.2~1.3t/(m²·h)。

但石灰石粉加入量也不能过多。因为石灰石量过多，烧结料堆密度则降低，烧损量过大，成型条件变坏；由于透气性好，机速也会加快，矿物结晶不完全；另外，CaO过多易形成正硅酸钙体系液相，导致冷却时风化碎裂。这些都会使烧结矿强度降低，返矿量增加，从而限制产量的提高。这种关系清楚地示于表6-16中。

表6-16 石灰石添加量对烧结过程的影响

石灰石加入量 /%	混合料堆密度 /t·m⁻³	垂直烧结速度 /mm·min⁻¹	混合料透气性 /m³·(m²·s)⁻¹	烧成率 /%	利用系数 /t·(m²·h)⁻¹
4.7	1.64	18.2	0.87	55.0	0.960
8.3	1.67	22.2	0.91	55.0	1.170
10.6	1.60	25.0	0.97	55.0	1.355
15.5	1.60	28.0	1.34	49.0	1.320
24.5	1.54	28.5	1.50	46.4	1.200
29.5	1.50	40.0	1.98	34.0	1.200

生产中用消石灰代替石灰石可以进一步强化烧结过程，主要因为：(1)消石灰颗粒很细，亲水性强，而且有黏性，可大幅改善烧结料的成球性能，提高小球强度；(2)消石灰的比表面积很大，可以吸附大量的水分子而不失去松散性和透气性，增大混合料的最大湿容量（如在细磨精矿中加入6%的消石灰，最大分子湿容量则增加4.8%，最大毛细湿容量增加13%），使过湿层中的冷凝水被含有消石灰的胶体颗粒所吸附，不致引起料球的破坏和堵塞料球之间的通气孔道，从而保持良好的透气性；(3)含有消石灰胶体颗粒的料球干燥时收缩，颗粒之间进一步靠近，产生分

子凝结力,强度有所提高;(4)由于消石灰胶体颗粒持有水分的能力强,受热时水分蒸发不十分强烈,因此料球的热稳定性好;(5)粒度细微的消石灰颗粒比粒度较粗的石灰石颗粒更容易生成低熔点化合物,液相的流动性好,凝结快,从而降低燃料用量和燃烧层阻力。

但是,消石灰用量也不能太多,过多的消石灰使烧结料过于松散,使烧结矿的脆性差、强度下降、返矿率升高,虽然垂直烧结速度加快,但成品率降低。适宜的用量为:当烧结矿碱度为1.2时,消石灰用量为7%,占总熔剂用量的30%左右。而且,消石灰的游离水分含量应低于25%。

烧结混合料中配入不同量消石灰的实际效果如表6-17所示。

表6-17 国内某厂全精矿粉烧结时混合料配加消石灰的实际效果

指标项目	消石灰用量/%					
	0	1.0	2.0	3.4	4.5	6.0
成球性指标/%	—	54.20	99.30	78.76	87.50	161.12
混合料含水率/%	10.00	7.55	7.35	9.15	11.50	9.95
生产率/$t\cdot(m^2\cdot h)^{-1}$	0.98	1.16	1.30	1.26	1.27	1.30
垂直烧结速度/$m\cdot min^{-1}$	1.40	1.44	1.56	1.57	1.60	1.63
透气性指数	9.0	9.3	9.4	10.9	9.9	11.9
造球后混合料中大于2mm球的比例/%	—	26.6	66.3	59.7	50.9	77.4

C 提高料温

提高混合料温度,使之达到或接近露点温度,可以减轻或消除过湿层的不利影响,改善料层透气性,增加产量。将不同粒度混合料预热到60~75℃后,增产效果如表6-18所示。可知,混合料粒度越细,预热后增产效果越明显。

表6-18 不同粒度混合粒预热到60~75℃后的烧结效果

混合料粒度/mm	0~10	0~6	0~3	0~1	0~0.5
增产效果/%	27.5	37.5	43.0	65.0	81.0

但对于混合料预热温度的界限,尚存在不同看法。鞍钢、本钢、武钢烧结试验和生产表明,料温预热到70~75℃,增产效果明显;高于此值,产量不再增加,甚至反而降低。而首钢的经验是,料温达到80℃时,仍能提高垂直烧结速度并增加产量。

烧结厂提高混合料温度的方法主要有:添加生石灰预热、加热返矿预热、蒸汽预热、热空气或热废气预热。

a 添加生石灰预热

在烧结料中配加生石灰代替石灰石,可以提高烧结矿的产量和质量,是强化烧结过程的有效措施之一。尤其在细磨精矿粉烧结时,加入4%左右的生石灰可提高产量30%~35%,这主要是因为:

(1)生石灰在混合料打水润湿过程中消化放热,可以提高料温,减少或消除过湿层冷凝现象,改善料层透气性。生石灰的消化反应为$CaO+H_2O=Ca(OH)_2$,每消化1kgCaO放热1160kJ。如果生石灰含CaO 85%,混合料中加入5%生石灰,混合料比热容为0.63~1.05kJ/(kg·℃)时,理论上可提高混合料温度50℃左右。但由于热损失,正常情况下只能提高10~15℃。

(2)生石灰在混料和制粒过程中发生消化反应,其吸水性和对胶体颗粒的凝聚作用比消石灰更强,球的强度和密度可进一步提高。

(3)生石灰消化为粒度极细的消石灰以后,比表面积比消化前增大100倍。因此,与混合料中的其他成分能更好地接触,更快地发生固液相反应,促使烧结料更快地熔化,不仅加速了烧结过程的进行,而且防止游离CaO的残存。

(4)混合料中部分未消化的CaO在料层内继续消化吸水,可减少冷凝带的含水率和阻力。但只有严格控制未完全消化的CaO数量和消化程度,才会有这种作用;如果控制不当,混合料中残存大量未消化的CaO,在继续消化时体积膨胀,会使料球胀裂。

使用生石灰应注意以下问题,包括:

(1)生石灰用量不宜过多。因为生石灰用量过多,烧结料会过分疏松,混合料堆密度降低,生球强度反而变坏。由于烧结速度过快,返矿率增加,产量降低。另外,生石灰过多,烧结料的含水率不宜控制,劳动条件恶劣。

(2)烧结前必须使生石灰充分消化。使用生石灰时,必须相应增加混合前的加水量,并保证必要的消化时间,做到生石灰颗粒一般能在一次混合机内松散开来,绝大部分得到消化。最好使用消化速度快的不过烧生石灰,且粒度不超过5mm,最好为3mm。

(3)在生石灰配料皮带上,应有足够的精矿作垫底料,料面上划沟。均匀加水2~3次,以达到生石灰颗粒均匀湿透、充分消化,以减少黏皮带的现象,并改善劳动条件。

(4)生石灰在配料前的运输和贮存过程中,应尽量避免受潮,以防止事先消化,失去CaO的消化作用。

(5)无论块状还是粉状的生石灰都不宜长途运输和皮带转运,因为其极易产生粉尘,恶化劳动条件。

b　加热返矿预热

在混合料中加入热返矿,可提高混合料温度。据测定,热返矿的温度常在500℃左右,能在50~60s内将混合料加热到55~75℃。使用返矿预热,既简单有效,又可综合利用热能,在我国已被广泛采用。但应注意控制数量稳定,否则容易使混合料温度、粒度、含水率和固定碳含量波动。此外,该方法劳动环境差,返矿皮带事故多。

表6-19为鞍钢烧结厂利用热返矿预热烧结混合料的实例。

表6-19　热返矿预热烧结混合料的实例

厂　名	返矿率/%	返矿加水地点	二次混合料含水率/%	二次混合料温度/℃
鞍钢三烧	25.00	返矿通廊	8.9	55
鞍钢东烧	19.49	返矿通廊	8.4	55

c　蒸汽预热

在二次混合机内通入蒸汽预热混合料,是提高混合料温度的有效方法之一。预热效果随蒸汽压力增加而提高,蒸汽压力为0.3~0.5MPa时,料温可提高10~15℃。生产实践表明,若每吨烧结矿消耗蒸汽量为20~40kg,烧结产量可提高10%~20%。

利用蒸汽预热的优点是可以保持混合料含水率稳定,工作环境较好。但是蒸汽热能的利用率低,一般仅为35%~50%,故单独使用不经济,与其他方法配合使用较为合理。

蒸汽预热的另一问题是蒸汽的供应。为了解决蒸汽的热源问题和降低烧结成本,许多烧结厂在点火器后架设“土锅炉”或水管,利用余热产生蒸汽预热混合料,既经济又简便,而且效果好。

d 热空气或热废气预热

鞍钢曾试验将温度为150~200℃的热空气自上而下吹入烧结混合料层，经过1min，下部料层温度提高到60℃，基本上消除了过湿层的影响，因此烧结速度加快。在使用细精矿的条件下，这种方法与常温混合料相比，垂直烧结速度加快20%。国外有的烧结厂利用热烧结矿的热废气预热，将250~300℃的废气从箅条下自下而上吹入料层，1min后下部料层温度可升到60℃，并因热风向上吹松了料层，改善了透气性，因此产量提高了25%~30%。

D 加松料器

加松料器可以减轻混合料布入台车时的压实程度，改善料层透气性。国内某烧结厂使用松料器的实际效果见表6-20。

表6-20 烧结过程使用松料器的效果

精矿配比 /%	点火温度 /℃	总管负压 /Pa	机速 /m·min⁻¹	料层厚度 /mm	返矿比 /%	松料器用否
73.0	924	9050	1.53	300	22	用
100.0	938	9310	1.38	300	25	用
53.4	960	10140	1.26	270	37	否
100.0	932	10260	1.29	270	61	否

E 采用新的布料装置进行偏析布料

由于传统布料器在烧结机台车上布的料层在烧结过程中，其下部透气性比上部透气性要差，又因为下部自动蓄热作用比上部要多，因此，这种粒度和配碳量相对均一的布料方式是不适宜的。国外一些厂做了大量研究，开发出多种偏析布料装置，投入实际生产后取得了良好的效果。这些偏析布料装置的共同特点是，烧结台车上产生上部小颗粒多、下部大颗粒多的粒度偏析和料层含碳量上多下少的燃料量偏析。

我国攀钢在1994年从日本引进了一套偏析布料装置（ISF布料器），使用后，烧结台车上混合料粒度和含碳量出现较使用前更为合理的偏析，混合料底层与顶层的平均粒径差由原来的0.4mm提高到0.83~2.59mm，含碳量由原来的上层比下层仅高0.089%提高到上层比下层高0.33%~0.47%，从而改善了料层的透气性和烧结热工状态，产量提高6.1%，工序能耗下降，每吨烧结矿节约标准煤用量6.22kg。

6.7.3 增加烧结过程的有效风量

实际生产中，通常所说的烧结风量是抽风机进口处在工作状态下的风量，工程上用抽风机额定风量与有效抽风面积的比值来表示。一般情况下，烧结风量为70~100$m^3/(m^2 \cdot min)$。进行实验室烧结杯实验（密封良好）时，测定烧结风量为48~56$m^3/(m^2 \cdot min)$。

烧结机漏风处主要有烧结机头、机尾风箱的外端隔板、台车滑道、台车与台车之间以及抽风系统不严密之处等。这些地方漏入的空气没有通过料层，对烧结来说是无用的或是有害的，因为它会多消耗电能。总的漏风量占抽风机额定风量的百分比，称为烧结机的漏风率（%），即：

$$漏风率=\frac{总的漏风量}{抽风机额定风量}\times 100\% \tag{6-39}$$

目前，我国烧结机的漏风率一般在40%~60%之间。可见，抽风机消耗的电量仅有一半左右用于烧结。所以，堵漏、减少漏风率、提高烧结风量也是提高烧结机生产能力的措施之一。

减少烧结机漏风的方法是经常检查，及时堵漏，定期检修。有条件的工厂可进行技术改造，对易漏处采取严密措施，如采用金属弹性滑道密封代替胶管水压密封、采用大烟道排灰口水封和拉链清灰等。这些措施都可有效减少漏风率，改善厂区环境和提高烧结机作业率。

6.7.4　热风烧结

热风烧结就是在烧结机点火器后装上保温炉或热风罩，往料层表面供给热废气或热空气，将热风抽入烧结料层以代替部分固体燃料进行烧结的一种新工艺。热废气温度可高达 600～800℃，也可使用 200～250℃的低温热风烧结。热风罩的长度可达烧结机长度的 1/3。

生产实践和研究表明，使用热风烧结后，可节省固体燃料 20%～30%，并改善了烧结矿的冶金性能，使烧结矿强度提高，高炉槽下粉末大量减少，烧结矿 FeO 含量降低。此外，在操作上遇到有混合料配碳量波动时，可以通过改变风温予以及时调整，保证烧结正常进行。

热风烧结使料层内的温度分布趋于均匀，克服了一般烧结时上层温度不足、下层温度过高而致使上层烧结强度低、粉末多，而下层烧结矿 FeO 含量高这一难以克服的缺点，使上、下层烧结矿质量差异减少。

热风烧结时，由于固体燃料用量减少、烧结气氛氧化性增强、下部过熔现象减少等，所以烧结矿 FeO 含量降低且上、下层分布趋于均匀。

热风烧结时，上层温度升高，处于高温作用的时间增长，烧结矿冷却速度减慢，内部热应力减小，使上层烧结矿强度明显提高，还原性得以改善。

合理的抽热风时间应是以保证上层有足够的热量，而下层温度又不高为原则。延长抽热风时间，因固体燃料和空气密度降低，料层温度过高，使料层阻力增加，抽入风量减少，烧结速度降低，产量减少。研究表明，抽热风时间约为 5～8min，即以占整个烧结过程时间的 1/3 为宜。

适宜的热风温度取决于矿石的性质以及气体和固体燃料的供应情况。提高风温可以节约较多的燃料，但风温过高会使料层表面熔化，影响烧结机产量。

烧结热风供应采用考贝氏热风炉或其他换热设备，通过这种方法风温可灵活控制，但基建投资高，管理费用大。另外，还可采用烧结机尾部风箱或冷却机的热废气进行热风烧结（300～500℃），这种方法较简单，并使烧结废热得到利用；但因热废气温度低并不易调节，所以效果不理想。

6.7.5　增加返矿和改善返矿质量

烧结混合料中配加一定量的烧结返矿（颗粒状）可以改善料层透气性，这一措施对全精粉烧结是必不可少的。返矿是烧结矿粉末，已生成较多的低熔点矿物，在烧结过程中易生成液相，有利于提高烧结矿强度和成品率。

试验表明，合适的返矿用量为 30%～40%。返矿配入量要稳定，特别是热返矿，一定要定量配入。返矿用量的波动会带来混合料水、碳含量的波动，影响生产，危害极大。

配入的返矿一般应是小于 10mm 的颗粒状烧结矿，而不应是未烧结的混合料。配质量好的返矿才会得到预期效果，否则适得其反，甚至会造成危害。一般烧结机应做到返矿平衡，即返矿生成量与配入量应相等。

6.7.6　厚料层烧结

20 世纪 70 年代以来，日本、俄罗斯和西欧等国不断向厚料层烧结方向发展，并取得了显著的成效。这是因为厚料烧结大大地改善了烧结矿的质量，包括提高烧结矿冷、热态强度，降低烧结矿 FeO 含量并提高烧结矿还原性，同时，还能降低烧结燃料消耗和改善烧结厂劳动条件。

目前，日本多数烧结厂的料层厚度已经达到 500~600mm，最高为 750mm。俄罗斯烧结厂的料层厚度已由原来的 269mm 上升到 450~520mm，并正向 600mm 以上的目标努力。目前，我国大型钢铁企业的烧结机料层厚度已经提高到 400mm 以上，宝钢已达 700mm 左右。

烧结料层厚度提高以后，烧结矿层厚度相应增加，其自动蓄热能力增强，烧结温度提高，烧结矿冷却速度减慢，液相生成量增多，结晶完善且发育良好；同时，表层强度较差的烧结矿相对减少，因此，烧结矿强度和成品率明显提高。另外，料层厚度提高，烧结温度提高，可相应减少配碳量，使烧结矿 FeO 含量减少，还原性改善。

包钢烧结机料层厚度由 360mm 提高到 410mm 时，下层烧结温度提高 40~60℃，烧结矿转鼓指数由 83.3%提高到 86.12%（上、中、下三层平均转鼓指数），返矿量也大为减少。

对于一定的烧结机（风机一定），推行厚料层烧结的关键是改善料层的透气性。

6.7.7 小球烧结

将混合料制成一定粒度的小球（2~5mm，一般要求混合料中粒度不小于 3mm 的小球占混合料总量的 75%以上）进行烧结，称为小球烧结，其工艺流程示于图 6-28 中。

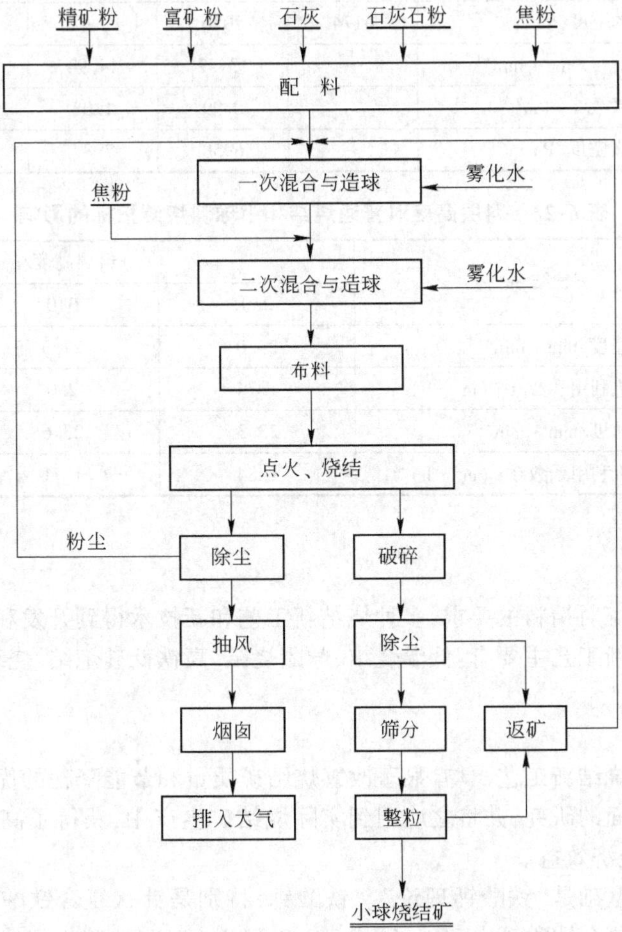

图 6-28 小球烧结工艺流程

小球烧结法具有如下优点:(1)由于混合料由小球组成,透气性大为改善,烧结速度明显提高。试验表明,烧结机产量可提高30%以上。(2)小球烧结时,因料层透气性好、阻力小,因此可在低真空度和厚料层条件下进行烧结,从而减少能耗,降低成本。(3)小球烧结有利于改善烧结矿质量,所生产烧结矿的黏结相主要以针状和柱状铁酸钙为主,烧结矿强度高、还原性好、粉末少、块度大。

早在20世纪60年代,我国就进行了小球烧结法的研究,鞍钢开发了适合赤铁矿烧结的双球烧结工艺,但因技术难度较大,一直未能实现工业化生产。80年代,日本成功开发了部分小球烧结法,并于1987年在福山4号烧结机上投产,主要烧结技术指标都明显优于普通烧结法。在多年研究的基础上,北京钢铁研究总院成功开发了小球烧结新工艺,然后和有关单位合作,于1994~1996年在泰(山)钢烧结厂和首钢矿山公司烧结厂进行了小球烧结法的工业化生产应用,并获得了成功。

某厂小球烧结与普通烧结的实际生产数据对比,见表6-21和表6-22。

表6-21 不同真空度下小球料和普通料烧结指标的比较

混合料种类	烧结指标	真空度/Pa				
		5880	6860	7840	8820	9800
小球料	烧结速度/mm·min^{-1}	18.00	21.75	22.40	30.00	24.90
	利用系数/t·(m^2·h)$^{-1}$	1.37	1.78	1.79	2.06	1.86
	最高真空度/Pa	6174	7056	—	9114	10388
普通料	烧结速度/mm·min^{-1}	—	13.32	14.94	16.47	16.89
	利用系数/t·(m^2·h)$^{-1}$	—	0.99	1.08	1.14	1.29
	最高真空度/Pa	—	6958	7987	9408	10388

表6-22 料层高度对普通烧结和小球料烧结指标的影响

混合料种类	烧结指标	料层高度/mm		
		260	310	350
小球料	烧结速度/mm·min^{-1}	24.0	27.3	28.0
	烧结机利用系数/t·(m^2·h)$^{-1}$	1.74	2.0	2.16
普通料	烧结速度/mm·min^{-1}	23.3	23.6	23.0
	烧结机利用系数/t·(m^2·h)$^{-1}$	1.84	1.71	1.48

6.8 烧结新工艺

为了满足高炉冶炼对精料的要求,多种烧结新工艺和新技术得到开发和应用。目前,已获得实际生产效果的烧结新工艺主要有:低温烧结、球团烧结、高铁低硅烧结、烧结机扩容等。

6.8.1 低温烧结

低温烧结是一项烧结新工艺,具有显著改善烧结矿质量和节能降耗的优点。日本、澳大利亚及我国都进行了这方面的研究,并将之应用到实际烧结矿生产中,获得了高还原性、低FeO的烧结矿,取得了较好的经济效益。

低温烧结的理论基础是"铁酸钙理论"。铁酸钙,特别是针状复合铁酸钙,是还原性和强度均较好的产物。针状复合铁酸钙由SiO_2、Fe_2O_3、CaO和Al_2O_3四种矿物组成,常用这四种矿物符号的第一个字母组合表示成"SFCA"。通过X射线衍射研究表明,这种铁酸钙的晶体结构是Ca_mSi_n

$(Fe,Al)_xO_y$,如用本溪南芬矿生产时的 SFCA 结构是 $Ca_3Si_{1.4}(Fe_{0.97},Al_{0.03})_9O_{19}$,用澳矿生产时的结构是 $Ca_3Si_{1.1}(Fe_{0.95},Al_{0.05})_{10}O_{20}$。在这种复合矿物中,$Al_2O_3$ 固溶于 Fe_2O_3 中,而 SiO_2 则与 CaO、固溶有 Al_2O_3 的 Fe_2O_3 形成 SFCA。研究还证明,烧结矿中 80%左右的 SiO_2 进入了 SFCA,这就把难还原的铁硅酸盐含量降低了很多,使导致烧结矿强度变差的 $2CaO \cdot SiO_2$ 的数量也大幅下降;而且,因大量的 Fe_2O_3 形成了针状结构的 SFCA,导致低温还原粉化的再生骸晶状 Fe_2O_3 数量也明显减少。

但是,SFCA 只能在较低的烧结温度下获得,对于磁精矿粉,为 1230~1250℃;对于富赤铁矿粉,则为 1250~1270℃。烧结温度高于 1270℃时,SFCA 开始分解,铁酸钙数量下降,而且由针状转变为还原性差的柱状。另外,为促进 SFCA 的生成,在以磁精矿为原料的烧结中,还要求 $w(Al_2O_3)/w(SiO_2)$ 的值在 0.1~0.35 范围内。

低温烧结新工艺可以在现有烧结生产设备不做大改造的情况下,通过加强烧结原料的准备、优化烧结工艺、控制烧结温度等技术措施来实现,如:(1)加强原料准备,特别要控制好粒度。富矿粉小于 8mm 的占 90%;焦粉小于 3mm 的占 85%~90%,其中,小于 0.125mm 的占 20%;石灰石小于 3mm 的占 90%;蛇纹石小于 1mm 的大于 80%。(2)烧结矿碱度控制在 1.8~2.0 范围内。(3)采取低燃料、低含水率、厚料层作业,同时改进布料。(4)严格控制烧结温度在 1250℃左右,不要超过 1300℃,以避免 SFCA 分解。另外,点火温度以 1050~1100℃为宜。(5)有条件的企业可考虑辅以外配碳工艺,以提高燃烧效率,降低燃料消耗。(6)以磁铁矿为原料时,要确保 Fe_3O_4 的充分氧化,这要求料层中有较宽的高温氧化带,1100℃以上的高温区保持 5min 以上。

6.8.2 球团烧结

球团烧结法,就是将烧结混合料用改进后的圆筒造球机或圆盘造球机制造出粒度为 3~8mm 或 5~10mm 的小球,然后在小球表面滚上部分固体燃料,布于烧结台车上点火烧结。这一新工艺的流程见图 6-29。

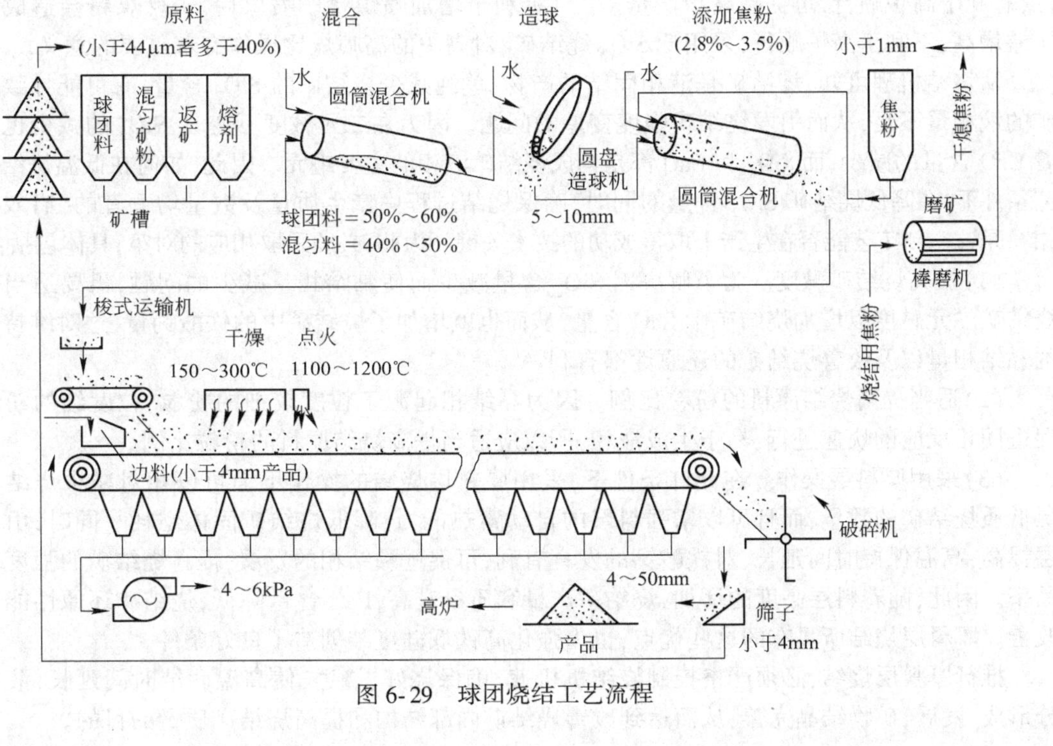

图 6-29 球团烧结工艺流程

由于料层透气性好，可大幅提高料层厚度，再加上燃料分布合理及燃烧条件的改善，可降低固体燃料消耗量。烧结矿呈轻度熔融黏结的葡萄状结构，还原和强度等冶金性能优良；烧结机利用系数高，能耗低，经济效果显著。应用该技术的关键是：选择合适的造球设备和参数，确保合适的造球时间；控制好混合料含水率，制造出粒度合格的小球；添加生石灰等强化剂，提高小球的强度；采用合理的运输与布料设备，保证小球不被破坏并形成粒度与碳含量的合理偏析。

球团烧结工艺由日本钢管公司（现 JFE 公司）开发，于 1988 年 12 月在福山 $550m^2$ 烧结机上实现工业化应用，其目的是在烧结料中增加价格便宜、品位高、SiO_2 含量低的细粒精矿的用量。该工艺通过采用强化混合料制粒、燃料外配、新型布料等技术措施，使烧结产量大幅提高，烧结机利用系数由 $1.35t/(m^2 \cdot h)$ 上升到 $2.55t/(m^2 \cdot h)$，燃耗和电耗均下降 20% 左右，所得烧结矿的还原性提高，$RDI_{-3.15}$ 下降。

我国以细精粉烧结为主，烧结料层透气性差，由此造成产量低、质量差、能耗高等问题，可采用球团烧结工艺来解决这些问题。到目前为止，安钢和酒钢等企业通过与相关科研院校的密切合作，已将球团烧结法成功应用于生产高碱度球团烧结矿和酸性球团烧结矿，并获得了良好的技术经济指标。生产实践表明，球团烧结新工艺对使用磁精粉比例较高的我国来说，具有较高的实用价值。

6.8.3 高铁低硅烧结

高铁低硅烧结是指降低烧结矿中 SiO_2 含量（一般降至 5% 以下），该工艺已成为烧结技术发展的一大进步。低硅烧结矿具有以下优点：(1) 使入炉品位提高，渣量减少。(2) 还原性好。由于降低了烧结矿的 SiO_2 含量，烧结矿含铁品位提高，所以烧结矿还原性得到改善。(3) 软熔性能好。软熔温度升高，软熔区间变窄，可使高炉的软熔带位置下降、厚度变薄，有利于高炉内间接还原发展和料柱透气性及透液性的改善。(4) 渣量少。低 SiO_2 烧结矿渣量低，可改善高炉的透气性，有利于高炉顺行，可提高高炉产量。(5) 有利于增加喷煤量。喷煤后，未燃煤粉会造成高炉压差增高，不利于高炉顺行，采用低 SiO_2 烧结矿，对高炉的高喷煤比操作有着重要的意义。

从烧结机理可知，烧结矿是液相固结的产物，单纯减少烧结矿的 SiO_2 含量，有可能导致烧结矿的液相量不足，从而引发烧结矿强度变差的问题。因为在二元碱度不变时，SiO_2 的减少也意味着 CaO 含量的减少，而 SiO_2 和 CaO 都是构成烧结矿液相的主要组元。因此，如何在低温烧结的工艺条件下，在降低烧结矿 SiO_2 含量的同时，确保烧结过程中产生质量及数量均适宜的"有效黏结相"，是这一新工艺能否在生产上取得成功的技术关键。为此，必须采取相应的对策，具体包括：

(1) 提高烧结矿碱度。为了解决因 SiO_2 含量减少而使黏结相量减少的问题，需要适当提高烧结矿二元碱度以增加烧结矿中 CaO 含量，从而也就增加了烧结矿中的铁酸钙量，这对维持必要的黏结相量以及改善烧结矿的还原性都有利。

(2) 适当提高烧结原料的粉粒比例。因为黏结相起源于粒度较细的粉粒，粒度细的粉粒能促进固相反应的快速进行，易于生成液相，所以应适当提高烧结原料的粉粒比例。

(3) 采用厚料层操作。在允许条件下，采用厚料层烧结的操作不但可以相对减少烧结机表层低质烧结矿的数量，而且可以增强料层的自动蓄热能力，降低烧结矿固体燃耗。同时，由于料层提高，高温保持时间延长，对铁酸钙的发育有利，可促进黏结相的发展，提高烧结矿的强度和成品率。因此，随着料层高度的增加，烧结矿产量和质量升高，FeO 含量降低，烧结矿还原性能得到改善。厚料层烧结所具有的这些优点，也为强化高铁低硅烧结创造了良好条件。

推行厚料层烧结，必须严格控制烧结机机速，确保烧好、烧透，使高温固结时间延长，液相充分形成、发展，矿物结晶完善，从而达到改善烧结矿内部结构和提高烧结矿质量的目的。

(4)优化配矿结构。铁矿粉的种类和自身特性,对烧结矿中铁酸钙相的生成和烧结体的固结状况有着重要影响。在把握铁矿粉烧结特性的基础上,通过配矿设计形成合适的烧结相,既满足了低 SiO_2 烧结矿对黏结相量的要求,也满足了高还原性的要求。

国内不少具备条件的钢铁企业都重视选择不同的矿粉进行搭配,从中挑选出最佳的配矿结构。国内某钢铁公司通过烧结杯试验,对巴西粉矿、澳大利亚粉矿、南非粉矿和印度粉矿进行了烧结性能的系统研究,结果表明:1)印度矿单烧性能最差,与其他矿粉搭配时,烧结性能也最差,一般不宜采用;2)澳矿单烧强度最好,与其他粉矿搭配时,产品强度指标也较好,可以使用;3)南非矿单烧的利用系数最高,与其他粉矿搭配时,烧结机利用系数较好,但由于含碱金属较高,一般不宜采用;4)巴西矿与澳矿搭配时,产品转鼓强度为63%,利用系数为2.01t/(m^2·h),该方案可以采用。根据高品位、低 SiO_2、低 Al_2O_3、低 MgO 和具有良好烧结性能的配矿原则,该钢铁公司最终选择了巴西 CVRD 公司的 ITABIRA 粉矿和澳大利亚 BHP 公司的纽曼山粉矿。但由于巴西粉矿与纽曼山粉矿小于1mm粒级的比例较高,混合料粒度组成较差,垂直烧结速度较低,利用系数在1.6~1.9t/(m^2·h)之间,因此,在综合考虑转鼓强度、利用系数、成品率和固体燃耗等因素的基础上,得出优化的烧结工艺参数为:焦粉配比4.5%~5.0%、含水率5.6%~5.9%、料层厚度650~700mm;其中,焦粉配比为4.5%、含水率为5.9%、料层厚度为700mm时的各项技术指标最佳。

6.8.3.1　国内外高铁低硅烧结技术概况

自1986年瑞典开始研究低 SiO_2 烧结矿以来,一些国家相继开展了降低烧结矿中 SiO_2 含量的实践,日本川崎、住友、钢管、神户等企业相继将烧结矿 SiO_2 含量降到4.68%~5.04%,FeO 含量维持在5.4%~7.4%之间。近年来,我国宝钢和北京科技大学开展了低 SiO_2、高还原性烧结矿生产新工艺的研究工作,烧结试验时所得烧结矿的 SiO_2 含量降到4.4%的水平。宝钢于1998年实际生产的烧结矿中,SiO_2 含量为4.6%,达到世界先进水平。下面将详细介绍国内外高铁低硅烧结生产的发展和现状。

A　国内高铁低硅烧结技术的研究和应用实践

湘钢从2016年3月份开始高铁低硅烧结技术生产实践后,烧结矿产、质量逐步改善,从表6-23可以看出:(1)在 SiO_2 下降到5.0%以内(在2016年3~6月和2017年5~7月两个时期),品位达到57%以上,2017年5月份烧结矿品位达到58.17%;(2)烧结矿 SiO_2 含量降低后,转鼓强度仍能达到78%以上,同时烧结矿小粒级由2016年23%~24.5%降低至21.5%~23.75%,平均粒级由21~22.8mm提高至22.96~23.5mm;(3)随着攻关逐步进行,烧结产量有较大幅度提升,利用系数从攻关初期的1.15t/(m^2·h)提高到目前的1.30t/(m^2·h),提升幅度达到13%。(4)烧结矿的加工费用明显降低,电耗从43.5kWh/t降低至40.5kWh/t,降低了3.0kWh/t;固体燃耗从60.84kg/t以上降低至55.63kg/t,降低了5.21kg/t。

表6-23　湘钢烧结矿产、质量指标

时间	SiO_2 含量/%	品位/%	利用系数/t·(m^2·h)$^{-1}$	转鼓强度/%	平均粒级/mm	小粒级(<10mm)/%	电耗/kW·h·t^{-1}	固体燃耗/kg·t^{-1}
2015年累计	5.3	56.21	1.3	77.23	22.78	23.16	43.37	60.84
2016年累计	5.06	56.9	1.21	78.25	22.37	22.45	42.36	58.02
2016年3月	4.94	57.55	1.29	77.81	21.25	24.57	43.6	64.85
2016年4月	4.92	57.16	1.15	77.88	22	23.55	43.51	60.34

续表 6-23

时间	SiO_2 含量/%	品位/%	利用系数/t·(m^2·h)$^{-1}$	转鼓强度/%	平均粒级/mm	小粒级(<10mm)/%	电耗/kW·h·t^{-1}	固体燃耗/kg·t^{-1}
2016年5月	4.82	57.53	1.19	78.14	22.81	23.08	43.88	58.82
2016年6月	4.95	57.05	1.24	78.92	22	23.45	42.42	59.11
2017年1~9月	5.1	56.76	1.19	78.64	22.99	22.58	40.57	55.63
2017年5月	4.75	58.17	1.2	78.21	23.08	21.48	41.35	55.51
2017年6月	4.96	57.12	1.3	78.89	22.96	22.07	41.15	54.18
2017年7月	4.81	57.50	1.3	78.95	23.54	23.75	40.57	55.72

安钢烧结厂通过多年的探索和实践,使烧结矿 SiO_2 含量由 9.8%降到 6.7%,TFe 含量由 50.5%提高到 54.7%;同时,烧结矿消耗降低,质量改善,为高炉生产创造了良好的物质条件,使高炉的技术经济指标显著改善。烧结矿中 SiO_2 含量每变化 0.1%,则品位变化 0.26%,以入炉烧结矿比为 75%左右来计算,则高炉渣量变化为 3.5kg/t。

宝钢很早就开始开发低 SiO_2 烧结技术,表 6-24 给出了宝钢烧结机技术指标的变化,表 6-25 所示为近年来宝钢烧结矿质量与高炉指标。到 2000 年,宝钢烧结矿中 SiO_2 含量由 1992 年的 5.47%下降到 4.49%,烧结矿品位由原来的 56.93%上升到 59.00%,高炉渣量从原来的 320kg/t 下降到 259kg/t。1999 年,宝钢烧结 SiO_2 含量比 1998 年下降约 0.4%,就此一项不仅使高炉燃料比降低 4.2kg/t,而且使高炉渣量降低 28kg/t,合算为 1999 年减少渣量 0.28Mt。

表 6-24 宝钢 2 号烧结机的技术指标

烧结指标	1992年	1994年	1996年	1997年	1998年	1999年	2000年
工序能耗/kg·t^{-1}	63.44	59.56	37.21	59.12	61.34	56.68	55.33
TFe/%	56.93	57.00	56.75	56.7	57.72	58.81	59.00
FeO/%	6.54	6.51	6.61	6.42	6.56	7.47	7.39
SiO_2/%	5.47	5.44	5.48	5.41	4.96	4.54	4.49
碱度 R	1.73	1.76	1.79	1.81	1.81	1.8	1.81
小于 5mm 所占比例/%	2.7	3.7	4.5	4.3	4.1	4.3	4.5
生产率/t·(m^2·d)$^{-1}$	29.55	31.42	32.77	33.00	29.39	29.04	28.15
料层厚度/mm	599	604	607	612	596	619	624
返矿单耗/kg·t^{-1}	408.4	337.3	286.2	302.3	333.2	316.5	293.3
成品率/%	70.99	74.78	77.74	76.79	75.01	75.96	77.38

西林钢铁公司配用低 SiO_2 印度矿(SiO_2 含量约为 3.62%)进行过烧结试验,高炉使用此烧结矿后,利用系数提高 0.09t/(m^3·d),焦比降低 41kg/t,生铁成本降低 96 元/t。

鞍钢配用委内瑞拉低 SiO_2(含量为 0.75%)矿粉进行烧结试验,当该矿配比由 7.5%增至 30%时,烧结矿的 SiO_2 含量从 7.94%降至 6.73%,含铁品位从 51.58%提高到 54.14%。

表 6-25 宝钢烧结矿质量与高炉指标

年 份		1985	1992	1996	1997	1998	1999
炉料结构	烧结矿/%	85.0	80.5	78.7	73.7	74.9	76.1
	球团矿/%	5.0	6.1	8.0	10.3	9.1	7.9
	块矿/%	10.0	13.4	13.3	16.0	16.0	16.0
烧结矿质量	TFe/%	56.54	56.92	56.74	56.72	57.78	58.85
	SiO_2/%	6.19	5.49	5.50	5.38	4.80	4.51
	碱 度	1.56	1.73	1.79	1.81	1.81	1.85
高炉冶炼指标	入炉矿品位/%	58.11	58.35	58.40	58.86	59.45	60.17
	利用系数/$t \cdot (m^3 \cdot d)^{-1}$	1.764	2.094	2.034	1.983	2.052	2.257
	入炉焦比/$kg \cdot t^{-1}$	544.0	413.3	410.0	380.0	320.0	293.0
	煤比/$kg \cdot t^{-1}$	8.1(油)	14.7+28.5(油)	94.0	109.0	172.0	207.0
	渣比/$kg \cdot t^{-1}$	320	299	293	307	265	259

柳钢1995年对其生产结果分析认为,当矿粉中的SiO_2含量由8%降低到7%,而其他条件都不变的情况下,可降低矿粉单价8.6元/t。1999年3月,柳钢烧结厂将SiO_2含量由6.3%~6.5%降至5.5%~5.8%,烧结矿品位则由53%提高到55%以上。

包钢1992年的试验认为,烧结矿中SiO_2含量降低0.65%,则TFe含量提高0.7%,若换成相同的碱度,则提高1.1%;另外,中温还原性(烧结矿还原度绝对值)提高3%左右。高炉使用后,理论渣量减少15~20kg/t,加之烧结矿冶金性能的改善,使高炉生铁产量明显提高,焦比降低,尽管烧结矿入炉粉末略有增加,但高炉顺行情况较好。按当时的市场情况计算,烧结矿降低SiO_2一项使生铁产量提高38600t/a,节焦15200t/a,由此获得的经济效益(扣除烧结矿生产成本的增加)为750万元/a。

武钢烧结厂的烧结试验结果认为:(1)生产高铁低硅烧结矿(品位在59%左右)时,精矿配比不宜过高,以30%左右为宜,适当添加消石灰或生石灰(约3%),对提高台时产量和烧结矿强度均有利;(2)混合料含水率增加有利于造球和提高垂直烧结速度,但成品率降低,较适宜的含水率应为6.8%左右;(3)随着烧结矿品位的提高,混合料的固定碳含量也要相应提高,在实验室条件下,对于生产品位为59%的烧结矿,适宜煤粉配比为6.5%左右;(4)从品位为58%、59%、60%的烧结矿所进行的中温还原度和低温还原粉化测定来看,随着品位的提高,烧结矿还原度变化不大,但低温还原粉化率有所提高。

各厂实际进行高铁低硅烧结生产时,也提出了一些具体的技术措施。鞍钢认为,低碳操作、厚料层烧结和高碱度烧结是关键。安钢认为相应的技术措施为:(1)必须有高质量的熔剂,如将石灰石改为生石灰(用量为8%)时,烧结机利用系数提高16.53%,烧结矿铁酸钙黏结相量达45%,玻璃质仅占5%;(2)改善固体燃料质量,选择固定碳高、灰分低且质量稳定的无烟煤作燃料;(3)推行低碳厚料层操作,可使烧结矿固体燃耗由99.15kg/t降至65kg/t左右,相当于固体燃料配加量降低2.63%,可使烧结矿中SiO_2含量降低0.63%,品位提高1.3%。梅钢认为,通过稳定总料流量、改进配料调节方式、采取厚料层操作,可取得较好的质量指标及其他各项指标。首钢的生产经验则认为,降低精矿粉的粒度,进一步促进磁铁矿和石英单体的分离,一方面可以提高精矿的品位,降低SiO_2含量;另一方面,石英颗粒也明显减少,从而减少了高碱度矿烧结过程中C_2S的产生,防止低硅烧结矿的粉化。柳钢认为,生产低SiO_2(5.5%~5.7%)烧结矿,相应的碱度应在 1.85 以上，如果 SiO_2 含量继续降低，碱度值还应升高。这是因为在 SiO_2 含量一定时，随碱度提高，烧结矿中铁酸钙含量增加，黏结相强度相应增加，从而提高烧结矿的转鼓强度；在降低 SiO_2 含量时，只有适当提高碱度，才能保证熔剂性烧结矿中主要黏结相铁酸钙不因 SiO_2 含量的降低而减少，从而使烧结矿具有足够的黏结相以保证强度（为降低 FeO 提供必要的条件），同时也保证了烧结矿具有适宜的还原性、良好的低温还原粉化性能。柳钢还要求烧结矿中 Al_2O_3 的含量不高于 0.8%，FeO 的含量应控制在 5.5%～6.5%之间；同时，还认为喷洒 $CaCl_2$ 能在一定程度上抑制烧结矿的低温还原粉化。

B　国外高铁低硅烧结技术的研究和应用实践

日本户畑烧结厂早在 1980 年就进行过低硅烧结试验，当时 SiO_2 含量降到了 5.55%，而高炉利用系数增加，燃耗降低，焦比降至 470kg/t。后来为改善烧结矿质量，在日本全国范围内，SiO_2 含量已由 1988 年的 5.6%降至 1996 年的 5.1%。住友公司也同样降低了 SiO_2 含量（由 5.33%降至 4.89%），其能耗降低了 3.3%。日本川崎制钢公司（现 JFE 集团公司）千叶第四烧结厂采用了厚料层和低 SiO_2（5.0%）操作，使烧结矿成品率提高，燃耗及电耗降低，烧结成本降低，实现了高产（烧结机利用系数为 1.8t/(m^2·h)）、低成本的目标。1988 年，神户制钢烧结厂将烧结矿的 SiO_2 含量由 5.6%降至 4.9%。尽管低温还原粉化率有所提高，但其还原性和高温性能有很大改善。神户 3 号高炉使用高铁低硅烧结后，尽管高炉上部透气性有所降低，但由于高炉下部透气性大大改善，使高炉料柱的总压损降低，从而为进一步增加焦炭负荷和喷煤量创造了条件。新日铁君津厂在 80 年代曾做过降低烧结矿 SiO_2 含量的生产试验，其结果是：SiO_2 含量由 5.84%降至 5.21%，还原性及还原粉化指数得到了改善，但生产率有所下降，从 39.0t/(m^2·h) 降至37.6t/(m^2·h)。

德国蒂森钢铁公司烧结厂采用配加卡腊贾斯低硅粉矿烧结，在碱度 $w(CaO)/w(SiO_2)=1.7$ 时，当 SiO_2 含量由 6%下降到 4.8%，则烧结矿中含 Fe 量由 56.2%增至 59%；并总结出了 SiO_2 含量每降低 1%，烧结矿低温还原粉化率减小 6%，ISO 转鼓强度降低 2%的结论。K. One 等人在小仓钢铁厂的生产试验结果认为：(1)使用改善了的整粒装置，采用高速搅拌混合机，可生产低硅烧结矿，烧结矿的性质不受影响；(2)降低 SiO_2 含量可以改善烧结矿的高温性能，但烧结生产率受到影响；(3)烧结过程透气性受烧结矿中 SiO_2 含量影响较大，如要改善烧结矿透气性，必须降低 SiO_2 含量而保持 MgO 含量不变。若使用一定量含结晶水的矿物，脱水后孔隙率增加，还原性得到改善，也有利于改善料层透气性。

80 年代中期，P. R. Dawson 曾提出一种新的低硅烧结工艺，其重点是采用较低的烧结温度，使加入的焦粉减少；其次，为了提高炉料的软融温度、改善炉渣的流动性和脱硫能力，提高了烧结矿中的 MgO 含量（加入少量的蛇纹石）。新日铁君津厂也采用了加入细粒蛇纹石的方法来进行低 SiO_2 烧结，效果较好。日本钢管公司福山第五烧结厂使用 HPS（混合球团烧结矿）工艺来实现低 SiO_2 操作，取得了较好的效果，SiO_2 含量由 4.9%降至 4.5%，且烧结矿性能得到改善。K. Fujii 等人在烧结杯上和吴厂 1 号烧结机上进行厚料层操作（料层超过 700mm），获得以下共识：在厚料层烧结的条件下，减少燃料比可以稳定生产低 FeO 含量的烧结矿，同时也可降低 SiO_2 含量，并且对 $RDI_{-3.15}$并无影响，在烧结机上可以生产出高产、稳质的烧结矿。日本神户制钢为降低烧结矿的 SiO_2 含量，采用了新的烧结造球工艺，即以低 SiO_2 褐铁矿作球核，以低 SiO_2、低 Al_2O_3 精矿粉作黏附粉；另外，适当提高烧结矿的碱度和 MgO 含量。户畑三烧的低 SiO_2 烧结技术措施主要有：(1)厚料层烧结（560mm），增加生石灰用量；(2)配加细粒蛇纹石（小于 1mm 的占 80%）；(3)将 Al_2O_3 含量控制在 1.95%～2.0%之间；(4)混合料中的 MgO 含量控制在 2.5%～3.0%之间,限制其中磁铁矿的含量及铁鳞含量。德国 Cappel 等人的研究表明,为了降低烧结矿中 SiO_2 含量,节省烧结能耗,应该采用低温烧结技术。

英国 BSC 公司在 Scant Horpe 厂进行的烧结杯试验认为:在 SiO_2 含量大于 5.5%的情况下,$w(CaO)/w(SiO_2)$ 成为影响烧结矿强度的主要因素;在 SiO_2 含量小于 4.8%的情况下,$w(CaO)/w(Fe_2O_3)$ 成为影响烧结矿强度的主要因素;增加料层厚度可以降低烧结矿强度对 $w(CaO)/w(SiO_2)$ 或 $w(CaO)/w(Fe_2O_3)$ 变化的敏感性;而生产 $w(CaO)/w(SiO_2)$ 大约为 2.2 的烧结矿时,在 SiO_2 含量约为 4.3%~4.6%的情况下,达到了低 $RDI_{-3.15}$ 值(31%~36%)。

芬兰科维哈厂的烧结矿中,TFe 含量已经达到 60%~61%。该厂曾进行过含 TFe 高达 67%的烧结杯试验,烧结矿除强度略有下降外,其他指标良好。该厂以磁铁精矿粉为主要原料,试生产了含 TFe 为 62%~65%的烧结矿,所得指标如表 6-26 所示。

表 6-26 芬兰科维哈厂试生产低硅烧结矿的指标

编 号	TFe/%	FeO/%	CaO/%	SiO_2/%	MgO/%	Al_2O_3/%	碱 度
1	61.2	10.3	6.50	4.62	1.61	0.48	1.41
2	63.8	12.8	5.04	3.79	1.32	0.38	1.58
3	64.2	13.4	4.85	2.94	1.12	0.40	1.65
4	64.8	13.5	4.29	2.63	1.05	0.42	1.63

瑞典的研究表明,高碱度和高 MgO 烧结矿的品位高达 65.4%和 64.9%,成品矿的 SiO_2 含量低至 1.0%~2.3%,转鼓指数仍可达到 62%的水平。

比利时国立冶金研究中心以粗粒矿为核心、细粒精矿为黏附粉,在实验室生产出了含 TFe 为 63%、SiO_2 含量为 2.7%的烧结矿。印度塔塔钢铁公司也进行过类似的实验。

综上所述,国外先进水平的烧结矿入炉品位高达 62%,焦比约为 350kg/t,利用系数达到了 2.5~3.0t/(m^3 · d),渣量为 150kg/t。而 2000 年我国重点企业平均入炉品位为 54.88%,地方骨干企业为 56.12%。重点企业中,宝钢技术最先进,高炉综合入炉品位为 60.35%;地方企业中,三明钢铁公司技术最先进,高炉综合入炉品位为 59.54%。总体上讲,我国高炉炼铁原料入炉品位要比国际先进水平低 5%左右,烧结矿平均品位比国际先进水平低 4%~5%(球团矿低 3%~4%)。入炉矿中,SiO_2 含量约为 5%~7%,相应的渣量为 300kg/t,入炉焦比约为 420kg/t,利用系数为 2.2t/(m^3 · d)。我国入炉矿中,烧结矿所占比例较大,约为 80%,因此,提高烧结矿品位是提高高炉入炉矿品位的关键。在国外,如德国蒂森钢铁公司(TFe59%,$SiO_2$4.8%)、日本(SiO_2 平均含量为 4.89%)、英国 BSC 公司 Scunt Horpe 厂(SiO_2 4.3%~4.6%)、芬兰科维哈厂(TFe 62%~65%,SiO_2 2.6%~3.7%)、瑞典(TFe 64%~65%,SiO_2 1.0%~2.3%)、比利时国立冶金研究中心自 20 世纪 80 年代初就进行了高铁低硅烧结(TFe 63%、SiO_2 2.7%)的生产与试验,取得了一定效果。国内自 20 世纪 90 年代以来,宝钢、梅钢、安钢、包钢、柳钢、武钢、鞍钢及西林钢铁厂均进行过高铁低硅烧结的生产或试验,除宝钢(SiO_2 含量为 4.5%)外,其他几个厂的指标与国外均有较大差距。

6.8.3.2 高铁低硅烧结发展方向

国外高铁低硅烧结所采取的措施包括:低温低碳操作,添加细粒蛇纹石,使用以低 SiO_2 褐铁矿作球核、以低 SiO_2 和低 Al_2O_3 精矿粉作黏附粉的球团烧结工艺,分级制粒强化烧结工艺等。国内进行低硅烧结的主要措施有:低温烧结、高碱度烧结、厚料层烧结、改进原料及熔剂的粒度组成。

A 烧结料中配加蛇纹石

蛇纹石属于层状构造硅酸盐矿物，其分子式为 $Mg_6[Si_4O_{10}](OH)_8$，络阴离子为 $[Si_4O_{10}]^{4-}$，附加阴离子为 $(OH)^-$，阳离子为 Mg^{2+}。配加蛇纹石生产的烧结矿具有较好的结构特征和机械强度。根据宝钢使用结果，其烧结矿强度好，碱度为 1.75±0.05，TFe 含量为 57%～58%，FeO 含量为 2%～8%，SiO_2 含量为(5.7±0.2)%，Al_2O_3 含量小于 2.1%，生产率高。同样条件下，若用白云石和硅砂，所获烧结矿液相中的硅酸盐成分明显增多，且分布不均匀，烧结矿强度不及配加蛇纹石者高。德国 Cappel 和 Magedanz 等人的研究表明，将蛇纹石磨细后加入混合料中制粒，使其黏附到矿石颗粒表面，不但可以使烧结矿 SiO_2 含量降低，燃耗和 FeO 含量也有所下降，而且机械强度保持不变。而澳大利亚 J. A. Whiteman 等人的研究认为，用蛇纹石取代白云石来调节烧结矿中的 MgO 含量，可以使铁酸钙的含量明显增加，孔隙率保持在较高水平，且再生赤铁矿含量明显减少，改善了烧结矿的低温还原粉化性。对于这种用途的蛇纹石，要求 MgO 含量不小于 38%，Al_2O_3 含量不大于 1.6%，S 含量不大于 0.26%，Ni 含量不大于 0.5%，P 含量不大于 0.05%。

B 烧结料中配加橄榄石

橄榄石属于岛状构造的硅酸岩矿物，其分子式为 $(Mg,Fe)_2[SiO_4]$。络阴离子为 $[SiO_4]^{4-}$，阳离子为 Mg^{2+} 和 Fe^{2+}。在烧结生产中，用石灰石加橄榄石代替白云石，可以提高烧结机的生产率。烧结杯试验表明，在烧结混合料中加入橄榄石，能使烧结机生产出含 Fe 更高、含 MgO 更低的烧结矿，并获得更高的生产率和更低的成本。荷兰霍戈文钢铁公司艾莫依登烧结厂自 1980 年以来，在烧结料中配加 17%～25% 白云石、6%～8% 石灰石，烧结矿碱度为 2.5～2.7，SiO_2 含量为 4.7%～5.3%，MgO 含量为 4.2%～4.7%，其强度、还原性及低温还原粉化性能都很好；但烧结生产率因白云石配比高的影响而受到限制，燃耗也上升。后来以橄榄石及石灰代替白云石，同时降低碱度，虽然 *RI* 和 *RDI* 的值略有下降，烧结生产率及燃耗都有所改善，但高炉反应不明显。至 1982 年 1 月，白云石的配比由 17.1% 减至 4.5%，橄榄石配比则由 1.5% 增至 2.0%，石灰石由 9.8% 增至 12.2%，燃耗由 49.1kg/t 降至 40.6kg/t，烧结矿的强度（大于 10mm）由 60.8% 变为 63.0%，*RDI* 由 15%～20% 上升至 33.2%，烧结指标达到最佳值。A. De 等人关于高铝烧结矿的研究表明，通过添加石英砂来降低碱度对烧结矿性能不利，而通过添加纯橄榄石取代白云石，在低碱度时，这些高铝烧结矿的高温性能得到了较大提高。F. Cappel 等人的研究认为，烧结生产中用橄榄石取代白云石，可将烧结矿 MgO 含量调整到 1.5%，高炉使用后焦比下降。

C 采用高速搅拌及分级制粒技术

以往烧结原料是用圆筒制粒机来进行转动制粒，这种制粒方式的特点是制粒时间越长，制粒效果越好，但其影响生产率，且随着原料中细粒矿（小于 1mm）比例的增加，制粒效果不太理想。

日本小仓厂烧结机使用细粒原料较多，由于添加的水分在原料粒子间扩散不充分，使制粒困难，故采取了相应措施。首先，采用新的内置高速搅拌叶片的搅拌机，对混合原料和添加的水分进行强力混合处理，然后用圆筒制粒机的转动制粒方式进行强化制粒；其次，不是把所有原料一起进行制粒加工，而是采用了分级制粒工艺，即根据原料特性，将其分成两组各自制粒。分级制粒有两个目的：一是改善烧结料的制粒性能，提高烧结生产能力；二是改善烧结矿还原粉化性。采用这些技术后，烧结矿 SiO_2 含量降低至 4.5%～5.2%，烧结矿的高温性能也得到了改善，该厂高炉也顺利实现了 180kg/t 的喷煤比目标。

鹿岛厂 2 号烧结机于 1986 年采用高速搅拌机和生石灰分级制粒工艺。该方法是将高 CaO 料粒和低 CaO 料粒分别制粒后混合烧结，可控制次生赤铁矿和铁酸钙共存组织的产生，防止低温还原分化性能变差。应用该技术,还可使烧结生产增加难烧结、高 Al_2O_3 铁矿的使用量。

1996 年,为通过强化制粒而达到增产的目的,日本和歌山 4 号烧结机设置了使用高速搅拌机的分级制粒系统。生产实践表明,在烧结生产中采用分级制粒技术,原料制粒得到了有效加强(2~10mm 粒级的含量由原来的 35.3%上升到 91.1%),烧结时火焰前沿速度加快了 10%~12%,生产率提高了 8%~10%。

D 双球(双碱度)非均质烧结技术的应用

高炉冶炼要求烧结矿具有较高的强度和适宜的粒度组成,同时还要有良好的高温冶金性能。赤铁矿的还原性好,但是还原初期产生异常还原粉化,研究表明,烧结过程中形成的骸晶状菱形赤铁矿是产生低温还原粉化的主要原因。因此,设法抑制烧结过程中骸晶状菱形赤铁矿的生成,是减少还原粉化的根本措施。铁酸钙不仅有较高的还原性和强度,基本上不产生还原粉化,而且二元系铁酸钙的熔点较低,有利于实现低温烧结。

为了大量利用超细粉矿生产以铁酸钙为黏结相的优质烧结矿,大森康男等曾以高品位赤铁粉为主要原料进行双层小球烧结试验,即将原料预制成碱度不同的两种小球,然后进行烧结。试验结果指出,烧结矿的黏结相以铁酸钙为主,还原粉化得到了有效抑制,烧结燃料消耗大大降低,烧结矿的还原性得到改善,为大量利用超细粉矿进行烧结指明了方向。

鞍钢以东鞍山赤铁精矿为原料进行了双球烧结试验,得出以下结果:(1)烧结固体燃料(标煤)消耗由原来的 82.3kg/t 降到 65.7~69.6kg/t,降低幅度为 15.4%~20.2%,东鞍山烧结厂若采用该工艺,每年可节约 3.8~4.9 万吨标煤。(2)双球烧结矿的冶金性能优于自熔性烧结矿。FeO 含量大幅降低,还原性明显提高,900℃时还原率达 67%~70%,比目前的烧结矿高 10%左右;低温还原粉化率平均降低 2%~3%;转鼓强度并无明显变化。后来的工业试验进一步证明,双球烧结矿具有酸性氧化镁球团和高碱度烧结矿的结构特点,为高炉提供了一种新型优质炉料。使用东鞍山精矿双球烧结矿后,高炉冶炼取得了良好的增产节焦效果,焦比降低 6.4%,产量提高 14.6%。

6.8.4 烧结机扩容

随着近年高炉大型化和炼铁技术的进步,高炉产能持续增长,许多企业出现了烧结矿产量无法满足高炉炼铁需求的问题。为了提高烧结矿产量,可采取的措施有:(1)建设新的大型烧结机。新建的烧结机可大幅增加烧结矿产量,但投资大、见效慢、建设工期长。(2)对原有烧结机进行扩容。从国内外的生产实践来看,若烧结生产能力略低于高炉需求,扩容改造是提高烧结机产能的有效措施。

烧结机扩容的方式主要有:横向扩宽、纵向伸长、横向纵向同时扩宽。

6.8.4.1 横向扩宽(台车加宽)

为了满足高炉炼铁对烧结矿产量的要求,国内某钢厂于 2003 年 10 月对 3 号烧结机进行了横向扩容改造,如图 6-30 所示。具体情况为:烧结机台车两侧各加宽 0.25m,加宽部分以盲板覆盖,烧

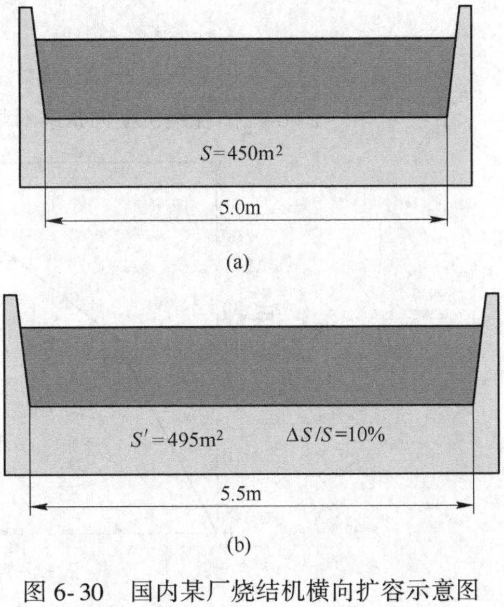

图 6-30 国内某厂烧结机横向扩容示意图
(a)扩容前台车纵截面;(b)扩容后台车纵截面

结机面积由 450m² 增至 495m²，面积增加了 10%。至 2005 年年底，该厂先后对原有的三台烧结机进行了扩容改造，均取得了较好的效果。烧结机改造前后设备及生产的主要参数列于表 6-27 中。

表 6-27 国内某厂烧结扩容前后参数对比

烧结工艺参数	改造前	改造后
烧结机有效宽度/m	5.0	5.5
烧结机有效长度/m	90	90
烧结面积/m^2	450	495
烧结料层厚度/mm	650	700~720
烧结产量/$t \cdot d^{-1}$	14000	16500
点火温度/℃	1150	1150
风量/$m^3 \cdot (m^2 \cdot min)^{-1}$	59.6	60.6
烧成率/%	68	68

烧结料层内的气流速度对料层的传热速度和燃烧速度都有影响，最终将直接影响烧结机的产能。因此，横向扩容时，应尽可能保证料层内气流流速大于某个临界值，否则，风速低于临界值的区域由于传热过程与燃烧过程不能“同步”而成为烧结“死区”。有研究者在实验室物理模拟试验的基础上，开发了一个合理的烧结数学模型，对台车横向扩容后烧结机有效烧结面积和烧结死区面积的变化进行了预测，主要结果示于图 6-31 和图 6-32 中。研究表明，适宜的横向扩容(台车加宽)比例可达 12.5%~15.0%。

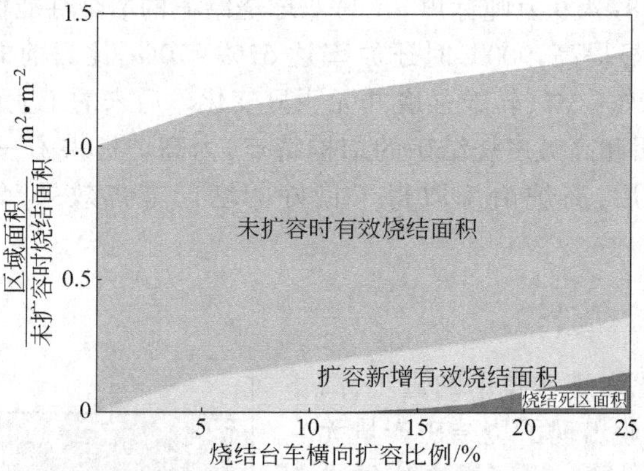

图 6-31 烧结机横向扩容对烧结死区面积和有效烧结面积的影响

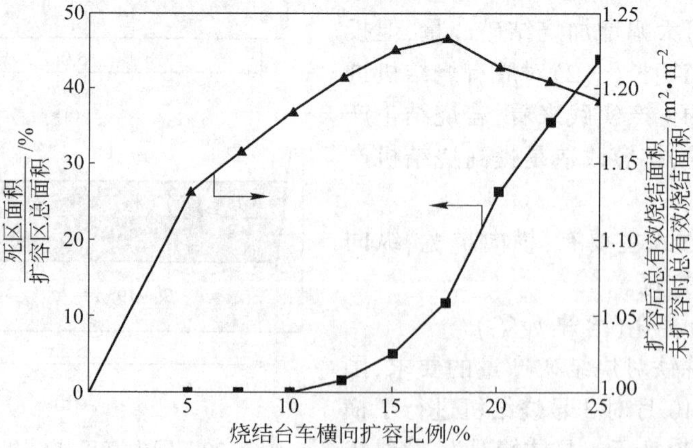

图 6-32 烧结机横向扩容时对烧结死区面积比和有效烧结面积比的影响

6.8.4.2 纵向伸长

1990 年,法国索拉克公司敦刻尔克厂 1 号烧结机(设计面积为 $140m^2$)停产。为了维持烧结矿生产能力,将 3 号烧结机烧结面积由 $400m^2$ 扩大到 $525m^2$。

此外,法国索拉克公司福斯厂、我国韶(关)钢和南(京)钢先后采用了类似的方式,对烧结机进行了扩容改造。

(1)改造方案。根据工厂平面布置的具体情况,将设备和点火炉往烧结机头部方向前移 25m,将烧结机的长度由 80m 增加到 105m,烧结面积由 $400m^2$ 扩大到 $525m^2$。改造方案的示意图见图 6-33。

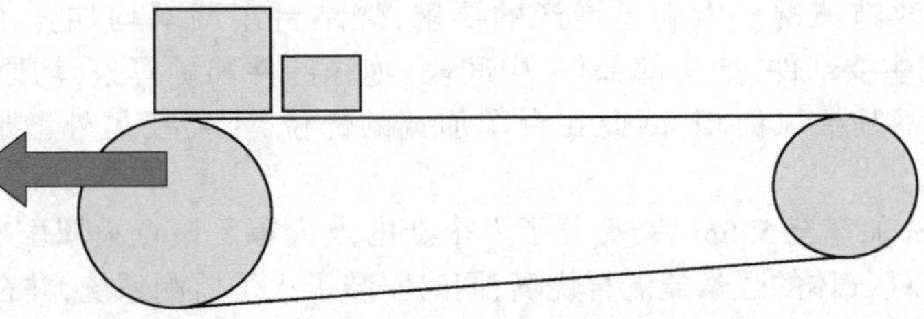

图 6-33 法国索拉克公司烧结机扩容示意图

(2)具体改造。布料系统中,铺底料时由辊式布料机进行布料;圆辊布料机按照与机头料斗中心线的关系重新调整;改造了反射板的形状及其与圆辊给料机的相对位置,以得到最佳的刮料板配置;改造了反射板清扫器的驱动系统。

点火炉重新设置,其长度由 3.5m 减至 2.8m。点火炉有 340 个烧嘴,配置于 3 个可调支架上,由电磁升降机构按平均料层厚度在±0.20m 的范围内进行调整;安装了第三台抽风机,性能参数与原来两台一样,最大功率为 6.2MW/h。此外,对烧结混合料系统、冷却及除尘等系统也进行了改造。

(3)设备改造效果。烧结机经改造后,烧结矿产量增加了 3000~4000t/d,生石灰消耗量不变,而且烧结矿质量达到了预定目标,具体指标见表 6-28。

表 6-28 法国敦刻尔克厂 3 号烧结机改造前后产品指标对比

烧结矿指标	改造前(1992 年)	改造后(1994 年)	目标值
小于 5mm 粒级/%	6.5	7.2	—
5~15mm 粒级/%	46.5	44	45±2
大于 40mm 粒级/%	12.5	7.7	10±1.2
ISO 转鼓强度(大于 6.3mm)/%	77.6	79.9	77±0.7
碱 度	1.74	1.84	—
FeO 含量/%	7.02	5.41	<7.0

6.8.4.3 横向纵向同时扩宽

巴西图巴朗黑色冶金公司(CST)原有的烧结设备是 80 年代初投产的。烧结机长 88m,宽 5m,烧结面积为 $440m^2$,平均日产烧结矿 15850t,利用系数相当于 $36t/(m^2 \cdot d)$。冷却机为深轨环冷式,冷却面积 $400m^2$,烧结料层厚度 0.65m,用 5 台离心式风机进行冷却。由于巴西国内钢铁需求扩大,CST 的粗钢年产能力由 3.3Mt 增加到 4.8Mt,急需提高烧结矿的产量。因此,CST 根据奥钢联的方案对烧结设备进行了改造。改造方案示意于图 6-34。

(1)总体改造方案。为缩短停产时间,降低投资费用,该公司分两阶段提高烧结设备的生产

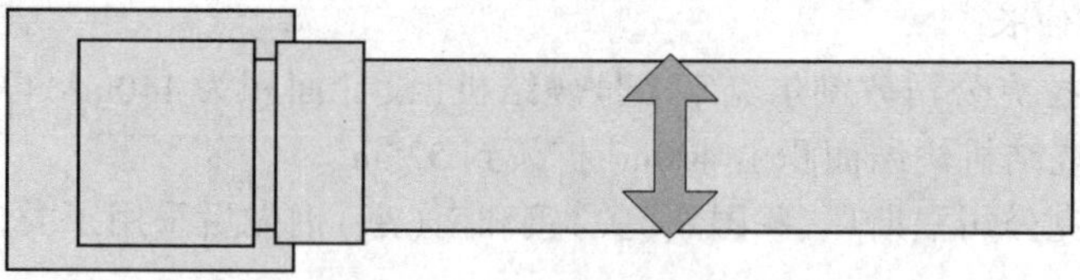

图 6-34　巴西 CST 公司烧结机扩容示意图

能力。第一阶段是扩大烧结台车宽度，同时改造主要设备，烧结面积增加 10%，初步提高产能 15%；第二阶段在台车宽度扩大的基础上，延长烧结机加料区的长度，将产能再提高 20%。

（2）台车加宽改造概况。为满足增产的要求，烧结台车两端均加宽了 250mm，总宽度达 5.5m。烧结台车的主要部件，如头部部件、中间段、绝缘部件和炉箅条，均原样使用。由于仅扩大了烧结面积，而不是抽风面积，因此在台车加宽的部位，不需要另外增加炉箅条，只需安装 250mm 宽的气密罩。

烧结台车由 5m 加宽至 5.5m 后，安装了一个新的点火罩。该点火罩配有两排顶吹烧嘴，每排设有 14 个使用 CO 气体的强紊流混合烧嘴，同时安装了火焰监测系统，并在点火炉的出口端安装了保温罩，使刚点燃的烧结混合料不受冷空气的影响。

此外，对于冷却机驱动部件和自动控制卸料设备、烧结原料混合设备、烧结机装料系统、烧结矿成品运输系统和工艺自动化及控制系统也都进行了改造。

（3）设备改造效果。改造后，烧结机产量大幅增加，质量得到明显改善，作业率提高，具体表现为：1）烧结面积由 440m^2 增至 484m^2，烧结机产量提高了 10%；2）增加的产量中，约有 5% 主要归功于烧结机边缘原料的烧结得到改善以及采用了先进的自动控制系统；3）采用了优化的工艺参数，使烧结产品的质量得到改善；4）提高了点火效率，改善了空气利用率（减少漏风量），强化了冷却机的冷却效率，从而使烧结的单位能耗得以降低；5）最大限度地利用了原有烧结设备（如台车），投资成本降低。

巴西 CST 公司烧结机扩容前后生产指标的变化列于表 6-29 中。

表 6-29　巴西 CST 公司烧结设备改造前后的生产指标

烧结生产指标	改造前	改造后
烧结面积/m^2	440	484
料层厚度/mm	650	650
利用系数/$t \cdot (m^2 \cdot d)^{-1}$	37	38.9
产量/$t \cdot d^{-1}$	16280	18800
落下强度指标/%	92	93.5
平均粒度/mm	22.5	24.5
RI/%	64	68
$RDI_{-3.15mm}$/%	32	32
FeO 含量/%	6	4.5
高炉烧结矿收得率/%	90.5	91.2
电力消耗降低/$kW \cdot h \cdot t^{-1}$	—	2
点火煤气消耗/$MJ \cdot t^{-1}$	48	40
焦粉消耗/$kg \cdot t^{-1}$	47	45
生石灰消耗/$kg \cdot t^{-1}$	14	11.9
单位烧结矿成本降低/%	0	1.5

7 球团矿

7.1 铁矿球团概述

球团是除烧结之外，细磨铁精矿粉或其他含铁物料造块的另一种工艺方法。在细精矿粉中加入少量添加剂并充分混合后，在造球机上加水，依靠毛细力和旋转运动的机械力，将混合料滚成具有一定粒径的生球，然后将生球经干燥焙烧，在高温及氧化性气氛下主要靠 Fe_2O_3 再结晶的晶桥键固结，得到品位高、粒度均匀、具有良好冶金性能的球状人造富矿，即球团矿。球团过程中，含铁物料不仅发生物理性质（如密度、孔隙率、形状、大小）和机械强度的变化，更重要的是化学性质（包括内部组成、还原性、还原膨胀性能、高温荷重软化和熔滴特性等）的变化，冶金性能得到明显改善。

目前，球团工艺的基本任务是利用铁精矿粉和富矿粉生产高炉炼铁用球团矿。此外，还可生产用于直接还原的金属化球团以及应用于综合回收有用金属。

按固结方法的不同，球团工艺可分为高温固结和低温固结两种类型，见图 7-1。其中，产量最大的氧化焙烧球团为高温固结产物，按碱度高低可将其分为酸性自然碱度球团矿（通常二元碱度 $R<0.1$）、低碱度球团矿（$R=0.3\sim0.8$）、自熔性球团矿（$R=1.0\sim1.35$）和含氧化镁球团矿。

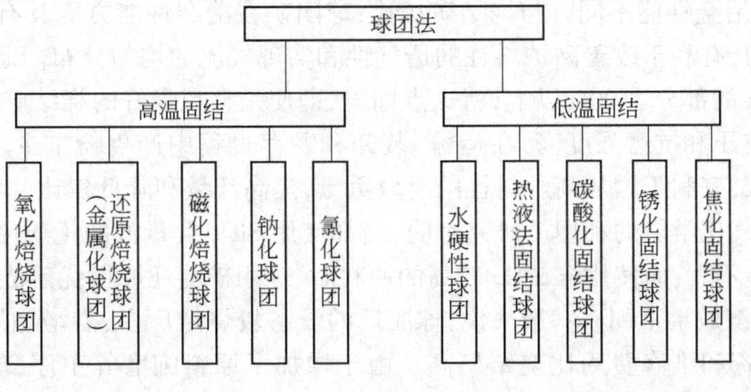

图 7-1 球团工艺分类

总体而言，球团矿具有如下特点：（1）球团矿是由使用品位很高的精矿粉生产的，酸性氧化球团矿的品位可达 68%，SiO_2 含量在 1%~2%之间；（2）球团矿中的所有气孔都以微气孔形式存在，无烧结矿所具有的大气孔，有利于气固还原；（3）球团矿中的矿物主要是 Fe_2O_3，而 FeO 含量低（一般在 1%左右），SiO_2 含量也低，因此，球团矿的还原性好，尤其是高温还原性能优于烧结矿和天然块矿；（4）球团矿的冷态强度好，抗压强度可高达 2800~3600 N/个，且粒度均匀，运输性能好；（5）球团矿的自然堆角小（一般为 24°~27°），布料时在高炉内易滚向中心；（6）球团矿含 S 较低，因为在强氧化性气氛下焙烧，可以去除原料中 95%~99%的 S；（7）球团矿具有还原膨胀的缺点，尤其是在 K_2O 和 Na_2O 等物质的催化作用下，将会发生异常膨胀现象；（8）酸性氧化球团矿的开始软化温度低，软熔温度区间窄，软熔过程中 ΔP_{max} 高，但优于天然富块矿，仍是合理炉料结构中高碱度烧结矿的最佳搭配炉料。

烧结与球团都是粉矿造块的方法，但两者在原料要求、生产工艺、固结成块机理、产品冶金性

能、高炉冶炼等方面都存在较大的差别,具体如下:

(1)对原料粒度的要求不同。就使用的原料粒度而言,烧结要求原料粒度相对较粗,而球团要求原料粒度细。

为了保证料层具有良好的透气性,烧结生产要求原料是0~10mm的富矿粉和返矿、粒度较粗的精矿粉(一般要求小于0.104mm粒级的占20%以下,小球烧结法可提高到40%~50%)、0~3mm的石灰石粉和燃料。

球团生产则相反,为了满足造球需要,所有原料都需磨细,要求粒度上限是0.2mm,小于0.043mm粒级者占70%以上。球团生产对原料粒度的要求正好为处理越来越多的细磨精矿开辟了道路。

(2)生产工艺不同。烧结料的混合和造球是在混合机内同时进行的,成球不完全,混合料中仍然有相当数量未成球的小颗粒。

生产球团矿必须有专门的造球工序和设备,将全部混合料造成8~16mm的球,大于16mm的和小于8mm的生球都要筛除,再重新造球。

(3)固结成块的机理不同。烧结矿主要靠液相固结。为了保证烧结产品的强度,要求产生一定数量的液相。因此,混合料中必须有燃料,通过点火燃烧为烧结过程提供热源。

球团矿主要依靠矿粉颗粒的高温再结晶固结,不需产生液相,故球团混合料中一般不加燃料,而热量主要由焙烧炉内的燃料燃烧提供。

(4)成品矿形状不同。烧结矿是形状不规则的多孔质块矿,而球团矿是形状更为规则的球矿。

(5)成品矿的冶金性能不同。与烧结矿相比,球团矿在冶金性能方面具有以下优势:1)球团矿的粒度小而均匀,有利于改善高炉料柱的透气性和实现气流的均匀分布。通常,高炉用球团的粒度处于8~16mm的部分占90%以上,就这点而言,即使是整粒最好的烧结矿,也难以与之相比。2)球团矿的冷态抗压和抗磨强度高,在运输、装卸和贮存过程中产生粉末少。3)球团矿的含铁品位高和堆密度大,有利于增加高炉料柱的有效重量,提高产量和降低焦比。4)球团矿的还原性好,有利于改善煤气化学能的利用。研究表明,当都使用SiO_2含量低的优质原料时,球团矿与烧结矿的还原性相差不大;而使用含SiO_2较高的原料时,球团矿的还原性优于烧结矿。

(6)生产的经济效果不同。一般来说,球团厂的设备较烧结厂多,需增加原料细磨及造球设备,故球团厂的投资和维修费用比烧结厂高。由于增加了原料细磨等工序,球团厂的动力消耗多;但是球团厂的余热利用率高,热损耗少。因此,总体上讲,球团厂的燃料总消耗量较烧结厂低。

表7-1给出了日本加古川厂球团矿与烧结矿生产费用的比较。该厂采用链箅机-回转窑工艺,球团矿的燃料费低于烧结矿,而动力费又高于烧结矿。就生产总费用标准值而言,球团矿稍高于烧结矿。但若基于单位含铁量进行修正比较,球团矿费用又稍低一些。

表7-1 日本加古川厂球团矿与烧结矿生产费用的比较

项 目	费用指数		
	烧结矿	球团矿[①]	球团矿[②]
燃料费	57	35	32
电 费	16	29	26
工 资	4	8	7

续表 7-1

项　目	费 用 指 数		
	烧结矿	球团矿①	球团矿②
维修费	7	10	9
折旧费	16	22	20
合　计	100	104	94

①标准值;②按单位含铁量的修正值。

(7)生产过程的环境负荷不同。球团生产的环境负荷明显低于烧结生产。首先,球团料层透气性好,强度高,粉末少,烟气含尘量少。因此,与烧结矿相比,球团生产可减少排入大气的灰尘量。此外,球团焙烧过程产生的烟气中,SO_2 和 NO_x 含量都较烧结过程低,这主要是因为烧结多使用煤基固体燃料,煤中的 S 和 N 是生成 SO_2 和 NO_x 的主要来源,而球团焙烧主要使用气体和液体燃料,SO_2 和 NO_x 的产生量相对较少。

铁精矿细磨和高炉冶炼技术的进步促进了球团工艺的发展。近 20 年来,世界范围内球团矿的产量快速增长。2015 年,世界球团矿总生产能力已超过 700Mt/a,球团矿约占高炉含铁炉料的 20%。球团矿生产获得迅速发展的主要原因分析如下:

(1)世界上天然富铁矿日渐短缺,要求生产大量高品位铁精矿粉。为提高选矿技术经济指标,需细磨铁矿石,铁精矿粉细磨精选技术的发展使精矿粉粒度从小于 0.074mm 进一步减小到小于 0.043mm。这种过细的精矿粉由于透气性差而不易烧结,而球团矿生产正是处理细磨精矿粉的有效途径。过细精矿粉易于成球,粒度越细,成球越好,球团强度越高。

(2)各企业在球团矿生产和高炉使用球团矿方面均积累了丰富的经验。普遍认为,球团矿具有良好的理化及冶金性能,有利于强化高炉冶炼,是现代高炉获得优质、高产的原料之一。

(3)随着球团技术的发展,适于球团法处理的原料已从磁铁精矿粉扩展到赤铁矿、褐铁矿、天然混合矿及各种含铁粉尘,原料的范围和来源更广。另外,球团产品的用途也呈多样化,除可应用于高炉外,还可用于直接还原。

(4)目前,球团生产技术日趋完善,生产已向大型化、机械化和自动化发展,技术经济指标显著改善,为球团工艺的发展创造了良好条件。

早在 20 世纪 50 年代初我国就开始了铁精矿球团的研究工作,50 年代末采用隧道窑成功生产球团矿,60 年代期间在济南钢厂等企业相继建立了十几座球团竖炉,70 年代以后开始建设带式焙烧机和链箅机-回转窑球团车间,从而使我国球团矿生产进入了稳定发展时期。近年来,随着高碱度烧结矿配加酸性球团矿这种炉料结构的推广,球团矿生产获得了更大发展。自进入 21 世纪以来,我国球团矿的生产获得了迅速发展,2021 年球团矿总产量达到220Mt/a,且新建的绝大部分球团厂均采用生产率更高的链箅机-回转窑以及带式焙烧机工艺。不过,与国外先进企业相比,我国球团生产仍存在着诸多问题,主要包括:(1)小型球团厂过多;(2)不少企业的装备水平低下,环保设施不完善;(3)球团产品品种单一,质量总体相对低下,如含铁品位低、SiO_2 含量高、抗压强度差、球团含粉率高、FeO 含量高;(4)技术经济指标不佳,如设备作业率低、能耗高、生产率低等。因此,为了适应和满足我国钢铁工业发展的需求,按比例、有计划、科学地发展球团矿生产具有重要意义。

7.2 球团生产过程及理论

7.2.1 球团生产概述

球团矿生产主要包括原料准备、配料、混合、造球、生球干燥和焙烧、成品和返矿处理等工序环节,见图 7-2。

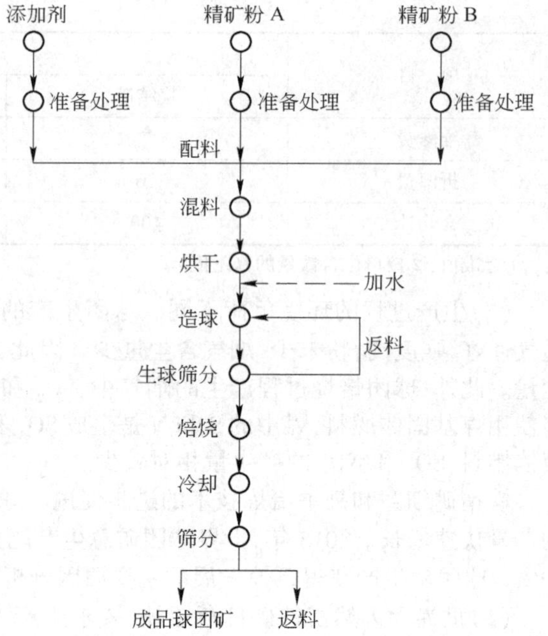

图 7-2　球团矿生产的工艺流程

生产球团矿的原料主要是铁精矿粉和若干添加剂,若用固体燃料焙烧,则还有煤粉或焦粉。用于生产球团矿的原料进厂后,首先要经过准备处理,包括:将精矿粉或富矿粉、固体燃料、添加剂磨碎到足够的粒度;精矿粉中的水分含量过多时,则需进行干燥处理。经过适当准备处理的原料,在配料皮带上进行配料。将配料后的混合料与经过磨碎的返矿一起装入圆筒混合机内加水混合,然后,将混合好的球团料再加到造球圆盘上进行造球,造球时还需加适量的水。生球焙烧前要进行筛分,筛出的粉末再返回造球圆盘上重新造球(用固体燃料焙烧的场合中,在生球加到焙烧机以前,还需在其表面滚附一层固体燃料)。接下来,将合格的生球通过给料机加到焙烧设备上进行焙烧。最后,将焙烧好的球团进行冷却和筛分,得到成品球团矿和球团返矿,前者送往高炉,而后者经过磨碎(小于 0.5mm)后再参加混合和造球。

7.2.2　球团原料及准备

与烧结生产相比,球团所用原料的品种较少,但对原料质量的要求却更高,能用于烧结的原料不一定适用于球团。在生产球团矿时,必须考虑原料的适应性。

7.2.2.1　球团用铁精矿

生产球团矿的原料主要为铁精矿粉。铁精矿粉一般占混合料的 90%以上,因此,铁精矿粉的品质对生球乃至成品球团矿的质量均起着决定性作用。

球团矿生产对铁精矿的要求如下:

(1)粒度。适合造球的铁精矿粉最好应满足小于 0.043mm 粒级的比例在 60%~85%之间,或小于 0.074mm 粒级的比例在 90%以上。但铁精矿粉并非越细越好,粒度过细则需增加磨矿能耗,且选矿后脱水困难。

(2)含水率。含水率的控制和调节直接影响造球过程、生球质量、干燥焙烧过程以及造球设备的工作效率。一般情况下,磁铁矿和赤铁矿精矿粉的适宜含水率为 7.5%~10.5%。当小于 0.043mm 粒级者占 65%时,适宜含水率为 8.5%;当小于 0.043mm 粒级者占 90%时,则适宜含水率可达 11%。为了稳定造球,矿粉含水率的波动越小越好,一般不应超过±0.2%。

(3)化学成分。铁精矿粉化学成分的稳定及其均匀程度也直接影响球团生产和产品质量,一般要求精矿粉含铁品位的波动不超过±0.5%,SiO_2 含量的波动不超过±0.3%。

若选矿厂提供的精矿粉不能满足上述要求,在原料进厂后还需进行加工处理,主要有再磨、干燥、中和等。再磨分干磨和湿磨。干燥流程分为两种:一种是将精矿粉或混合料全部经干燥机,干燥至造球适宜的含水率;另一种是将部分精矿干燥,与其余未经干燥的精矿粉配合使用。中和是为了减少和控制原料化学成分的波动,保持原料品位的稳定。中和的方法、效果、措施类似于烧结原料的准备处理。

7.2.2.2 球团用添加剂

在造球物料中加入添加剂，主要是为了强化造球和改善球团矿的质量。添加剂分为黏结剂和熔剂。

A 黏结剂

在造球原料中加入黏结剂等添加物，可改善物料的成球性。原因有两方面：一方面，添加物为亲水性好、比表面积大的物质，它们的加入可以改善物料的亲水性和比表面积；另一方面，添加物具有较强的黏结力，可以改善物料颗粒间的连接状况，起着颗粒间分子的传递作用。添加物的黏结能力越大，生球的机械强度越高。

造球常用的黏结剂有膨润土、消石灰、石灰石、佩利多(Peridur)、KLP 等。

a 膨润土

作为使用最为广泛的一种添加剂，膨润土是以蒙脱石为主要成分的黏土矿物。蒙脱石是一种具有膨胀性能、呈层状结构的含水硅酸盐，具有阳离子吸附和交换性能及很强的水化能力。由于蒙脱石的这些特性，使得膨润土具有高黏结性、吸附性、分散性和膨胀性。

膨润土在世界各地均有产出，但大多为钙基膨润土，而更优质的钠基膨润土产地则多集中于美国、希腊、意大利、印度及俄罗斯等少数几个国家。膨润土从 20 世纪 70 年代起开始作为球团黏结剂使用，总体消耗量随球团矿生产的发展而增加。

在细磨精矿造球中，膨润土主要起着如下作用：提高生球强度，特别是落下强度；在造球物料含水率过高时，起调节含水率的作用，稳定造球操作；提高物料的成核率，降低生球的长大速度，使生球粒度小而均匀，提高造球机的出球率；加入膨润土后可提高生球的热稳定性，既提高干燥时的破裂温度，又可提高干球和成品球团矿的强度。目前，国内外绝大多数球团厂采用膨润土作为黏结剂。

球团矿生产对膨润土的技术要求是：蒙脱石含量高于 80%，2h 吸水率大于 50%，膨胀倍数大于 15 倍，小于 0.074mm 粒级者占 98%以上，含水率低于 10%。

国外膨润土的添加量为混合料的 0.2%~0.5%；而国内由于铁精矿粉粒度较粗，致使膨润土配加量较多，一般占混合料的 1.2%~1.5%，个别球团厂高达 4%。膨润土经焙烧后，残留物的主要成分是 SiO_2 和 Al_2O_3。球团料中每增加 1%的膨润土，球团产品的含铁品位将降低 0.4%~0.6%，故应尽量少加。使用优质钠基膨润土代替劣质钙基膨润土，其用量可减少 50%~80%。

b 消石灰

消石灰是生石灰加水消化后的产物，粒度细，比表面积大，亲水性好。消石灰在水中呈微细胶粒，胶粒中心为消石灰颗粒，表面荷负电，这些负电荷吸附一层水分子，由于水的偶极子作用，使得消石灰四周带负电。通常几个消石灰颗粒聚合在一起，形成一个巨大的胶粒。当在造球物料中加入消石灰时，就能增加物料的黏结性，提高物料毛细黏结力和分子黏结力。毛细水和分子水均随消石灰加入量的增加而增加，从而改善物料的成球性。

但是，当消石灰加入过量时，由于物料堆密度减小，可导致毛细水迁移速度延缓，使成球速度下降。此外，因消石灰具有良好的黏结性，当造球物料中消石灰过多时，母球易长大且坚固，往往导致生球表面产生棱角。另外，消石灰还会引起生球破裂温度降低，球团固结温度提高，缩小焙烧区间。所以，从整个球团矿生产过程来看，消石灰并不是一种理想的添加剂。另外，石灰消化制备困难，劳动条件差。

我国采用消石灰作黏结剂的球团厂为数众多，同时也用其来提高球团矿碱度。

c 石灰石

石灰石属于亲水性物质，颗粒表面粗糙。在造球物料中添加石灰石粉，可增大粒子间摩擦力，提高生球强度。此外，石灰石不及消石灰那样具有降低物料堆密度的作用，黏结力也不如消石灰强。

d 佩利多

佩利多(Peridur)是一种高效无毒的高分子黏结剂，为荷兰恩卡公司的产品。生产 Peridur 是一个比较复杂的过程，其聚合主体为纤维素的衍生物，以多糖(葡萄糖)分子形式存在。在聚合过程中，Peridur 通过取代无水葡萄糖中三个羟基上的氢原子而制成。

Peridur 黏结剂不含 S、P 等杂质，黏结效果优于膨润土，用量小，仅占膨润土的 1/10~1/5。

B 熔剂

球团矿添加熔剂主要是为了调节生球的含水率和碱度，降低成品球团矿的还原粉化率和膨胀率，改善冶金性能。球团生产常用的熔剂有石灰石、白云石、菱镁石、橄榄石、蛇纹石、消石灰等，其性质、作用和要求与烧结相同，但粒度需更细，一般要求细磨后小于 0.074mm 粒级者应占 100%。

消石灰在造球过程中起到双重作用，既是黏结剂又是熔剂。

加入石灰石粉主要是为了提高球团的碱度。国外多使用石灰石粉来生产熔剂性球团，原因之一是石灰石粉的制备比消石灰简单可靠，仅需细磨处理。

7.2.2.3 球团用燃料

目前，球团生产时使用重油、煤气、煤粉(无烟煤或贫煤)甚至焦粉等燃料，主要用于生球的焙烧。

不同类型的燃料对焙烧过程具有不同的影响。使用液体或气体燃料时，易于调节加热速度、焙烧温度、废气速度和废气含氧量等，焙烧可控制在氧化气氛中进行。因此，与使用固体燃料相比，使用液体或气体燃料可获得更好的焙烧效果。

7.2.3 配料和混合

为了使混合料具有良好的成球性能和生球焙烧性能，并获得成分和理化性质稳定、冶金性能符合高炉冶炼要求的球团矿，必须进行合理配料和混合。

首先，根据原料成分和高炉冶炼对球团矿化学成分的要求进行配料计算，以保证球团矿的含铁量、碱度、含 S 量和 FeO 含量等主要指标控制在规定范围内。最常用的配料计算方法有两种：一种是根据原料品种和化学成分先确定配料比，然后进行配料计算；另一种是根据球团矿的技术条件，主要是确定球团矿的品位和碱度后再进行配料计算，先进行各种精矿粉单烧计算，再确定配加率，此法类似于烧结配料计算方法，生产酸性球团时常使用。

接下来，根据配料计算的结果进行配料，常用形式为集中配料。集中配料是把各种原料全部集中到配料室，分别贮存在各种配料槽内，然后根据配料比进行配料。常用的配料方法是质量配比法，其他还有容量法和较先进的按化学成分配料的方法。

配料的下一个工序是混合作业。在球团矿生产过程中，膨润土和石灰石粉等添加剂的加入量很少，为了使其能在矿粉颗粒间均匀分散，并使物料与水良好混合，混合作业非常重要。常用的混合机为圆筒混合机，其结构与烧结料圆筒混合机相似，影响混合效果的因素也相似。为了提高混匀效果，球团生产一般采用多段混合工艺，有二段(如轮式混合机-强力混合机)、三段(如轮式混合机-圆筒混合机-轮式混合机)和四段混合(如螺旋搅拌机-圆筒混合机-混碾-轮式混合机)。

7.2.4 造球

7.2.4.1 细磨物料造球机理

水分是使细磨物料成球的基本因素，只有加水润湿后，才能使矿粉滚动成球。水分在细磨物料中以吸附水、薄膜水（包括强结合水和弱结合水）、自由水（包括毛细水和重力水）等多种形态存在（见图7-3），各种形态的水在造球过程中所起的作用不同。

（1）吸附水。造球物料不仅粒度细、比表面积大，而且颗粒表面带有电荷。因此，在静电引力作用下，具有偶极结构的极性水分子被吸附在固体颗粒的表面，形成吸附水层（见图7-4）。吸附水层的厚度同矿物成分、亲水性、颗粒大小和形状、吸附离子的成分以及大气的湿度、压力、温度等因素有关，一般在0.002~0.008μm之间。这种被干燥细磨物料颗粒表面强大的电分子力吸引的分子水，称为吸附水。

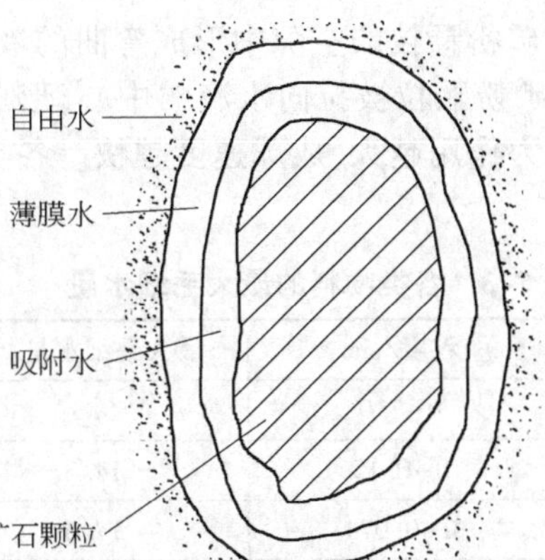

图7-3 矿粒表面结合水的简化模型

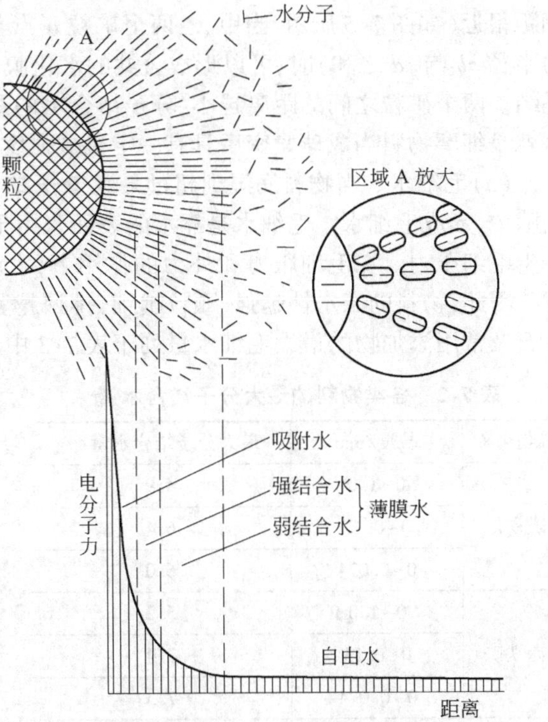

图7-4 矿粒表面极性水分子的排列及电分子力的分布

吸附水与颗粒表面之间的作用力是极大的，水分子被牢固地吸附在矿粒表面，使吸附水具有不可移动性。吸附水只有在烘干时才能变为蒸汽。如果只含有吸附水，物料尚不能成球。

（2）薄膜水。物料进一步被润湿，则在吸附水的外围形成薄膜水（见图7-3和图7-4）。它是由形成吸附水以后剩余的未平衡的分子力所吸引的分子水层。薄膜水的内层（靠近吸附水）受到的矿粒吸引力较外层强，故薄膜水又分为强结合水和弱结合水两部分。矿粒对强结合水的引力极大，甚至在超过重力加速度7万倍的离心力作用下也不能将其排除。而弱结合水处于薄膜水的外缘部分，其性质较强结合水更接近于自由水。

薄膜水距离颗粒表面较远，所受的吸引力较小，即薄膜水与矿粒表面的结合力比吸附水与矿粒表面的结合力要弱得多。因此，薄膜水具有一定的活动性。当两个矿粉颗粒靠近时，薄膜水可以从水层较厚的颗粒表面向水层较薄的颗粒表面迁移。如图7-5所示，具有不同厚度薄膜水的甲、乙两矿粒相接触时,接触点 l 处的水分子离矿粒乙近些,因此被拉向矿粒乙。

当造球物料表面润湿到形成薄膜水之后,在揉搓时将表现出塑性性质。此时在造球机中,成球过程才能开始。

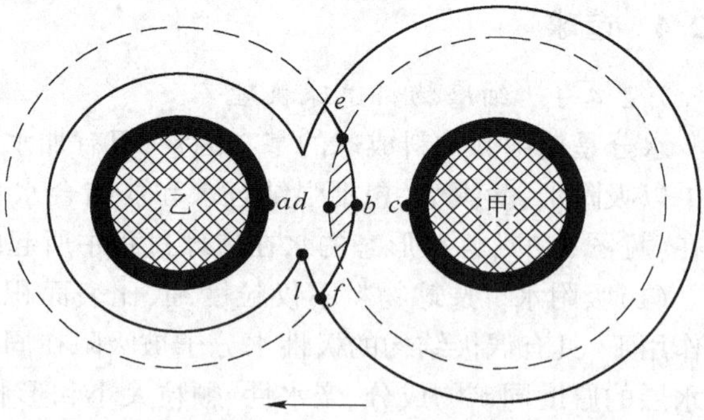

图 7-5 薄膜水从一个矿粒向另一个矿粒移动

吸附水和薄膜水合起来组成分子结合水(或称为水化膜),各类物料的最大分子结合水量列于表 7-2 中。分子结合水由于受矿粒静电力和分子力的作用,水分子排列紧密,具有很大黏滞性,使相邻的矿粉颗粒不容易发生相对位移;并且当矿粉颗粒相距很近(如图 7-5 所示,当甲、乙两个矿粒 a 点与 c 点之间的距离小于两个矿粒静电力和分子力半径 ab 与 cd 之和)时,可以形成公共的水化膜(如图 7-5 中阴影部分 $edfb$ 所示),使矿粒彼此黏结。两个矿粒之间的距离越小,分子结合水的黏滞性就越大,矿粒就越不容易发生相对移动。这就是细磨物料当成球紧密后具有一定机械强度的原因之一。

(3)毛细水。当物料润湿到超过最大分子结合水量时,水分子开始填充在物料颗粒之间的空隙中,形成毛细水。毛细水是靠水的表面张力形成的,在矿粉颗粒的空隙中形成弯曲的液面,产生毛细压力。在毛细压力和外力的作用下,水滴周围的矿粉颗粒被拉向水滴的中心,形成小球。因此,物料的亲水性越强,颗粒越细,排列越紧密,毛细力作用越大,成球速度越快。各类铁矿石及常用添加物的最大毛细水量列于表 7-3 中。

表 7-2 各类物料的最大分子结合水量

矿物名称	粒度/mm	最大分子结合水量/%
磁铁矿	0~1.0	4.9
	0~0.15	6.4
	0~0.074	6.0
赤铁矿	0~1.0	5.2
	0~0.15	7.4
	0~0.074	7.3
褐铁矿	0~1.0	21.2
	0~0.15	21.3
皂　土	0~0.20	45.11
消石灰	0~0.25	30.1
石灰石	0~0.25	15.3

表 7-3 各类物料的最大毛细水量

矿物名称	粒度/mm	最大毛细水量/%
磁铁矿	0~1.0	9.3
	0~0.15	14.3
	0~0.074	17.6
赤铁矿	0~1.0	11
	0~0.15	16.5
	0~0.074	17.5
褐铁矿	0~1.0	37.3
	0~0.15	36.8
皂　土	0~0.20	91.8
消石灰	0~0.25	66.7
石灰石	0~0.25	36.1

成球过程中,毛细水起主导作用,只有当物料润湿到形成毛细水时,成球过程才有较快的发展。

(4)重力水。当矿粉完全被水饱和时,再继续润湿则出现重力水。重力水是在重力和压力差的作用下能够移动的自由水,而且重力水总是向下运动。由于重力水对矿粒有浮力作用,故对成球不利。所以只有当水分含量处于毛细水含量范围以内时,对矿粉成球才有实际意义。

重力水和毛细水合称为自由水，而吸附水、薄膜水、毛细水和重力水的总和称为全水量。

综上所述，不同形态的水对造球过程有不同的作用。分子结合水能使矿粒结合在一起，而毛细水能将矿粒拉向水滴（即生球表面）。在矿粒紧密接触的地方，分子结合水起作用；在矿粒间孔隙较大的地方，毛细力起主要作用。在成球的最后阶段，通过滚动式生球压紧密实，排除了毛细水，这时，分子结合水对成品生球的强度起决定作用。这说明毛细水在形成生球过程中起主导作用，而分子结合水则决定着生球的机械强度。

物料在造球圆盘上的成球过程可分为母球形成、母球长大、生球压实等若干阶段。

(1)母球形成。装入造球圆盘中的物料通常水分含量为8%~10%，处于比较松弛的状态，各个矿粉颗粒被吸附水和薄膜水所覆盖，毛细水仅存在于各颗粒间的接触点上，其余空间被空气所充填，颗粒之间接触不紧密，薄膜水还不能起作用。另外，由于毛细水数量太少，毛细孔过大，毛细压力小，颗粒间结合力较弱，不能成球。为此，必须进行不均匀的点滴润湿，并通过机械力的作用使部分颗粒接触得更紧密，造成更细的毛细孔和更大的毛细压力，将周围矿粒拉向水滴中心，形成较紧密的颗粒集合体，从而形成母球。

(2)母球长大。母球在造球圆盘上继续滚动，母球进一步压紧，内部毛细管变细，过剩的毛细水被挤到母球表面，这样，过湿的母球靠毛细力作用将周围含水较少的矿粉黏结起来，使母球长大。当母球的含水率低于适宜的毛细水含量后，母球停止长大。此时，为了使母球达到所需的粒度，必须向母球表面补充喷水。

(3)生球压实。仅靠毛细力结合起来的生球，强度不大。为了提高生球强度，必须停止喷水，使生球在造球圆盘上滚动，将生球内部的毛细水全部挤出，被周围矿粉所吸收；同时，生球内的矿粉颗粒排列得更紧密，使薄膜水层有可能相互接触，形成众多颗粒共有的水化膜而加强结合力，从而使生球强度大大提高。能够把全部毛细水从球中挤出，就可能得到强度最好的生球。当生球达到一定粒度和密度之后，由于造球圆盘的离心力作用，生球自动被抛出盘外。

由此可见，母球的形成靠点滴润湿，母球的长大靠毛细结合力，生球的压实靠薄膜水的分子结合力。在实际造球时，成球过程的三个阶段很难截然分开。

7.2.4.2 影响造球过程的因素

影响造球过程的主要因素包括原料性质、原料粒度、添加剂、原料水分、造球机工艺参数以及造球操作条件等。

A 原料性质

细磨物料在造球设备机械力的作用下，受到滚动、转动、挤压等机械运动而形成生球。细磨物料的成球性能是指，物料在自然状态下滴水成球的性能以及在机械力作用下的密集能力，决定着生球形成和长大的速度以及生球的强度。因此，成球性能是一项综合指标。原料的亲水性、孔隙率和颗粒表面形状等特性是影响成球性的主要因素。

亲水性好的原料，毛细力和分子结合力都大，成球性也好。单从亲水性强弱角度比较，含铁矿物中，褐铁矿的成球性最好，赤铁矿次之，磁铁矿最差。脉石矿物的亲水性也有很大的影响，石英的亲水性好，硫化物和云母等则是疏水性的。

原料矿粒的孔隙率和表面形状对成球性也有很大影响。孔隙率大的矿粒，分子湿容量大，成球性好。矿粒表面粗糙的，颗粒接触面积和比表面积大，成球性好。从孔隙率和表面形状角度来说，也是褐铁矿的成球性最好，赤铁矿居中，磁铁矿最差。

B 原料粒度

原料粒度细和粒度组成合理（即大、中、小粒度各占一定比例），则颗粒间排列紧密，接触面积大，毛细管直径小，毛细作用力和分子结合力强，成球性好。

对造球物料粒度的要求是：精矿粒度上限为 0.2mm，小于 0.043mm 粒级的比例一般要求大于 70%（国外要求小于 0.043mm 粒级者占 75%～90%，其中，小于 0.028mm 的应占 60%～80%）。如果进厂原料的粒度粗，则需再进一步磨细，以提高造球质量。若原料粒度组成合理、细粒级别含量较多和成球性好，则原料中含一定数量的粗料也是可以的。

C　添加剂

造球物料中加入一定数量亲水性好和比表面积大的添加剂，如皂土、生石灰、消石灰、氯化钙溶液和纸浆废液等，可大大改善矿粉的成球性，提高生球强度，并在干燥时不易破裂。但添加剂的粒度一定要细，上限不能超过 1～3mm。造球过程中如果添加返矿，则有利于形成母球核心，但必须经过磨碎，使其粒度小于 2mm。

D　原料含水率

针对不同的原料，掌握合适的加水量是保证生球强度的重要条件。水分含量不足，达不到毛细湿容量，则成球慢，生球强度差；水分含量过大，会产生重力水，生球被瓦解，而且母球相互黏结，产生强度低而形状不规则的大球，另外，物料易黏结在造球盘上，操作发生困难。因此，造球含水率必须合适而稳定。每一种物料的合适含水率应通过试验确定，而且合适含水率的波动范围很小（±0.5%），需严格控制。由于造球过程中还要加水，故要求原料的含水率要低于造球需要的含水率。一般来说，磁铁矿和赤铁矿的适宜含水率为 8%～10%，褐铁矿为 14%～28%。如果原始精矿粉含水率超过适宜的造球含水率，则需进行干燥处理或兑入部分干燥矿粉或石灰石粉等，以便降低原始含水率。

E　造球机工艺参数的影响

我国普遍采用圆盘造球机，生球在圆盘造球机上的运动如图 7-6 所示。小球受到盘底及物料的摩擦力作用，在圆盘内转动时，被带到上部；当小球下落时，黏附矿粉而长大。小球逐渐长大后，它被带到的高度不断降低，并逐渐离开盘底，当粒度达到一定大小时，生球越过盘边而滚出圆盘。

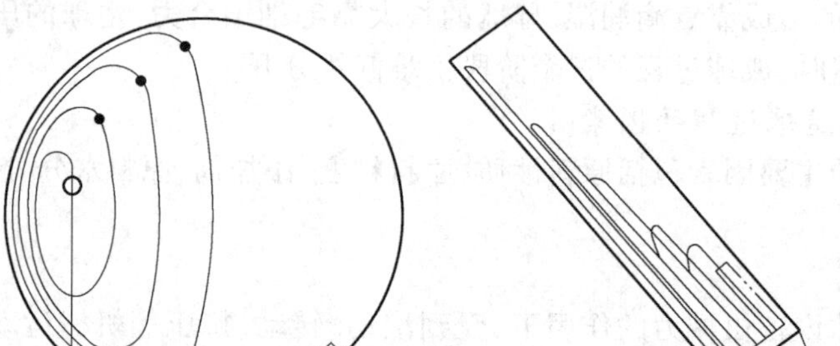

图 7-6　圆盘造球机中物料的运动轨迹

影响生球产量和质量的造球机工艺参数主要有：圆盘直径、转速、倾角、边高、充填率和刮板的安装位置等。

（1）圆盘直径。随着圆盘造球机直径的增大，加入盘中的造球物料增加，物料在盘内碰撞的几率增大，有利于母球的形成和长大。同时，造球物料在盘内碰撞和滚动的次数增加，使生球密实，强度提高。

（2）造球盘的转速。造球盘的旋转速度以造球料沿盘面滚动为准。转速过低，不能把物料带到圆盘顶部，母球形成区空料；转速过快，则物料全部甩到盘边，中心区空料，并使物料沿盘面滑动。圆盘造球机的转速与圆盘倾角和造球物料的性质有关，一般为 1.0～2.0m/s（周边线速度)。圆盘倾角为45°时,对于摩擦力大的物料,转速取1.2~1.6m/s;对于摩擦力小的物料,转速取1.6~2.0m/s。

(3)造球盘的倾角。造球盘的倾角影响周速(周边线速度)。倾角大时,为了把物料提到需要的高度,要求快速旋转,易形成中心空料。造球盘的倾角一般为45°~50°。

(4)充填率。充填率指造球物料的体积与造球盘的几何容积之比,取决于造球盘的边高和倾角。倾角越小,盘边越高,则充填率越大。给料量一定时,成球时间越长,生球的尺寸和强度越大。但过分增大充填率,会破坏物料的运动性质;充填率过低,则造球时间短,生球强度低。充填率一般在10%~20%(0.15~0.20t/m^2)之间。

(5)刮板的位置。造球机工作时,盘底会黏附一层物料,称为底料,它使盘面粗糙,有利于成球。但生球在底料上滚动,会使底料压紧和过湿,这将大大降低母球长大速度。为使底料保持松散状态,在造球盘上布置一定数量的刮板,用来疏松底料。此外,刮板还能适当组织料流,以利于加水和加料。但为了不破坏母球运动特性,成球区应尽量避免配置刮板。

F 造球操作条件的影响

造球作业的操作因素和工艺参数主要有加水和加料的方法、加水量、造球时间、生球粒度等。

(1)加水和加料方法。根据物料在圆盘造球机内的运动情况,可把圆盘大致分为母球形成区、母球长大区和压实区。对一个顺时针方向旋转的造球机来说,边缘向下运动的右半部是母球形成区,边缘向上运动的左半部是母球长大区,母球长大区的左下方是压实区。右半部生成的母球被带到左半部下方以后,由于盘底对它的摩擦而向上运动,一部分尚未成球的小颗粒被带到圆盘顶部后又返回右半部继续成球;而一部分已形成的母球,则由于自身重力大于底盘对它的摩擦力而上升不到顶部,在左半部继续滚动长大,生球越大,上升的高度越低,结果已长大的生球全部集中在下方压实区,达到一定的粒度和强度后,受离心力的作用而甩在盘外。

由以上分析可知,造球过程中加水、加料的位置都要有所选择。为了加快成球速度,应该把大部分料加在母球长大区,少量加在母球形成区,因为母球形成不需要很多料;在压实区完全不加料,因为在压实区从生球内排挤到表面的水分,被母球形成和长大区中未来得及成球的散料所吸收,无需另加新料。加水时应遵循"滴水成珠,雾水长大,停水压实"的分区加水原则。

(2)造球时间。造球所需的时间依据生球的粒度、物料成球性和颗粒的粗细而定。生球粒度大,则造球时间长。成球性差、较细颗粒的物料要达到生球内颗粒排列紧密的程度,则需延长造球时间。延长造球时间对提高生球强度有好处,但是使产量降低。生产中可以采取一些措施来缩短造球时间而不降低生球的质量,如改进加水和加料的方法、合理设置刮板、适当增加充填率和改善底料状态等,都可以达到加速造球的目的。

(3)生球粒度。生球的粒度在很大程度上决定了造球机的生产率和生球强度。生球的粒度小,则造球机的生产率高;反之,生产率降低。生球的粒度大,落下强度差,而抗压强度高,因为生球的抗压强度与直径的平方成正比。目前,高炉炼铁用球团矿的生球直径一般控制在8~16mm。

7.2.4.3 造球设备

配合料经混合后进入造球工序。常见的造球设备有圆筒造球机、圆盘造球机(见图7-7)和圆锥造球机(见图7-8)三种。国外企业广泛采用的主要是圆筒造球机和圆盘造球机,据不完全统计,使用圆筒造球机的约占66.7%,使用圆盘造球机的约占29.0%,使用圆锥造球机的则仅为4.3%。而我国球团厂主要采用圆盘造球机。

对于圆筒造球机和圆盘造球机,在生球质量上并无太大差别,但工艺配置有所不同。圆筒造球机必须与筛分组成闭路流程,将小于要求粒度的小球筛除并返回造球机内,循环负荷为100%~200%,最大时可达400%。另外,圆盘造球机由于本身的分级作用,使得生球粒度较均

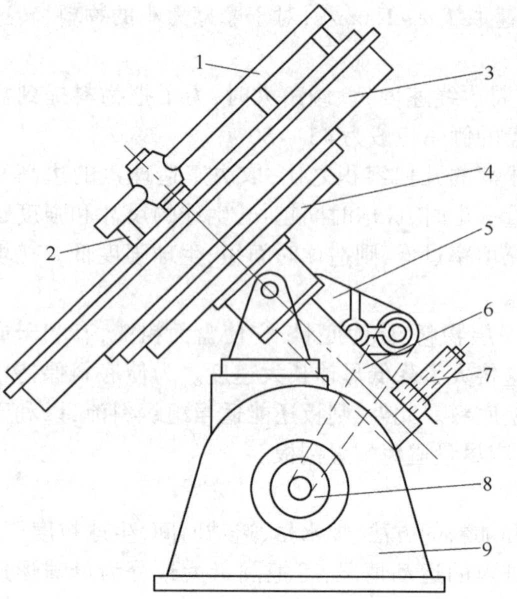

图 7-7　伞齿轮传动的圆盘造球机

1—刮刀架；2—刮刀；3—圆盘；4—伞齿轮；
5—减速机；6—中心轴；7—调倾角螺杆；
8—电动机；9—底座

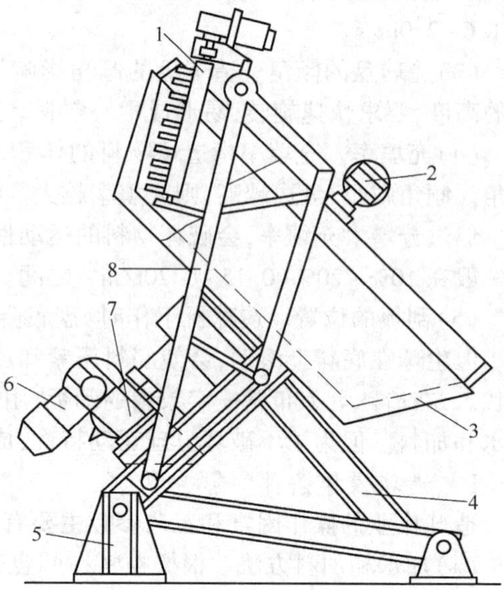

图 7-8　圆盘形圆锥造球机

1—圆锥刮刀；2—盘底刮刀；3—锥形盘体；
4—支架；5—支座；6—电动机；
7—减速机；8—刮刀支架

匀，一般无需筛分，但为了提高料层透气性和达到均匀焙烧的目的，也有球团厂采用生球筛分分级。

圆锥造球机是介于圆筒和圆盘造球机之间的一种造球设备，产品质量好，具有良好的分级作用，生球粒度均匀，不需进行分级；但结构比较复杂，设备较重。

选择何种类型的造球机并无明确的选择标准，主要取决于工厂的条件或使用习惯。表 7-4 和表 7-5 分别列出几种圆筒造球机和圆盘造球机的性能。

表 7-4　三种圆筒造球机的性能

圆筒造球机种类		1	2	3
圆　筒	直径/m	2.74	3.05	3.66
	长度/m	9.14	9.50	10.06
	转速/$r \cdot min^{-1}$	12~14	12~13	10
	电动机/kW	44.8	44.8	74.6
	斜度/$m \cdot m^{-1}$	0.125	0.135~0.194	0.111~0.125
刮　刀	形　式	往复式	往复式（旋转）	往复式
	转速/$r \cdot min^{-1}$	35~38	34~35	32~33
	电动机/kW	2.2	2.2	2.2
生球筛	长×宽/m×m	1.52×4.27	1.52×4.27	2.44×4.88
	斜度/$m \cdot m^{-1}$	0.26~0.3	0.30	0.30
	振幅/mm	9.52	9.52	9.52
	筛孔/mm	9.52	9.52	9.52

表 7-5 三种圆盘造球机的性能

种 类	1	2	3
圆盘直径/m	5.5	7.0	7.5
单台产量/$t \cdot h^{-1}$	30~40	80~90	130
圆盘边高/mm	800	800	650
圆盘转速/$r \cdot min^{-1}$	6~9	3.6~6.5	4~7
电动机功率/kW	95	120	75/100
圆盘倾角调节范围/(°)	45~55	45~60	45~55
总重(包括电机)/t	39.84	57.20	56.00

7.2.4.4 生球质量的检验指标

生球的高质量是获得高产、优质球团矿产品的先决条件。因此,球团生产对生球质量提出了严格要求,优质生球必须具有适宜而均匀的粒度、足够的抗压强度和落下强度、良好的抗热冲击性。

检验生球质量通常有以下指标:

(1)生球粒度组成。一般采用筛分法,将生球筛分成以下几个粒级:大于 16mm、16~8mm 以及小于 8mm,其中,8~16mm 粒级的比例越大越好。

近年来,球团矿粒度呈变小趋势。球团粒度变小则具有以下优势:(1)可降低干燥温度,从而延长炉箅的寿命;(2)提高产量,减少燃料用量;(3)在高炉内由于球团粒度均匀,孔隙率大,气流阻力小,还原速度快,为高炉高产低耗提供了有利条件。目前,大多数企业都以生产 6~16mm 的球团产品为目标。

(2)生球抗压强度。生球必须具有一定的抗压强度,以在热固结过程中承受各种应力、台车上料层的压力和抽风负压的作用等。抗压强度的检验装置大多数使用以杠杆原理制成的压力机。检测方法为:选取 10 个粒度均匀的生球(通常直径为 12.5mm)在压力机上加压,直到破裂为止;生球破裂时的压力被自动记录下来,然后求出 10 个球破裂时的平均压力值作为生球平均抗压强度。

德国 Luje 公司除了检验生球平均强度外,还检验生球的残余抗压强度,其方法是:选取 10 个粒度均匀的生球,在事先选择好的高度上(生球自此高度落下,既不破裂也不变形)自由落下 3 次;然后做抗压试验,将破裂时的压力作为残余抗压强度。

美国 Hanna 公司球团厂虽不做残余抗压强度检验,但做生球荷重变形试验,即选择直径为 12.5mm 的生球,施加 4.45N 的压力,测定其变形率。

对生球抗压强度的要求随焙烧方法的不同而异,目前尚未有统一的标准。带式焙烧机一般要求单球抗压强度为 9.8~29.4N/个,链箅机-回转窑要求为 9.8N/个。Luje 公司规定,生球落下 3 次后的残余抗压强度应大于原有强度的 60%,Hanna 公司规定,生球在 4.45N 负荷下的变形率应小于 5%~6%。

(3)生球落下强度。生球要经过筛分和数次转运后才能均匀地布于台车上。因此,必须有足够的落下强度,以保证生球在运输过程中既不破裂又很少变形。生球落下强度的检验方法是:选取 10 个直径为 12.5mm 的生球,自 457.2mm 的高处自由落在钢板上(有的则落在皮带上),反复数次,直至出现裂纹或破裂为止;记录每个生球的落下次数并求出其平均值,作为落下强度指标。此指标的要求与转运次数有关,当转运次数少于 3 次时,落下强度最少应定为 3 次;转运超过 3 次者,落下强度最少应定为 4 次。

(4)生球破裂温度。将生球放入预先升温的管式炉中,从100℃开始加热,每升高25℃以后恒温5min,将生球破裂时的温度作为破裂温度。一般要求生球的破裂温度不低于350℃。

在焙烧过程中,生球从冷湿状态被加热到焙烧温度的过程是非常迅速的。生球在干燥时,便会受到由于水分强烈蒸发和快速加热而产生的强烈应力作用,从而使生球产生破裂式剥落,最终影响球团的质量。依据干燥介质的状态,可将检验生球破裂温度的方法分为动态介质法和静态介质法。

动态介质法更符合于工业生产实际,因而应用较普遍。具体检验过程是:将生球(大约10个)装在如图7-9所示的容器里,然后以1.8m/s的速度(工业条件时的气流速度)向容器内球团层吹入热风;试验一般从450℃开始做起,根据试验中生球的情况,可以用增高或降低介质温度(±25℃)的方法进行试验;干燥气体温度可用向热气体中掺进冷空气的方法进行调节。以试验生球样有10%出现裂纹时的温度来表示破裂温度。此种方法要求对每个温度条件的检验都必须重复多次,然后再确定破裂温度值。一般认为,具有良好焙烧性能的生球试样的破裂温度应不低于375℃。

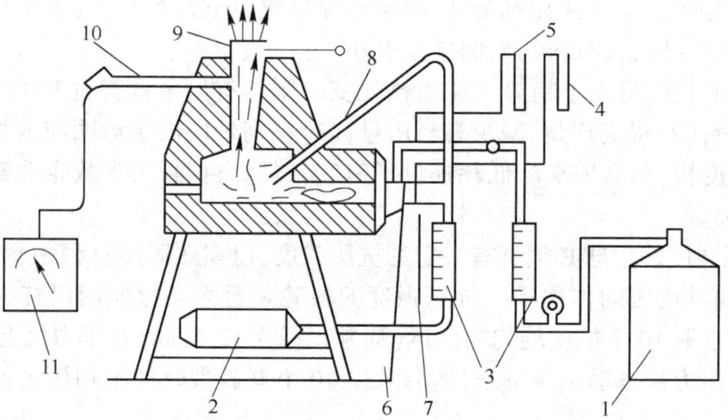

图7-9 生球破裂温度测定装置

1—丙烷;2—通风机;3—流量计;4—空气压力计;5—丙烷压力计;6—烧嘴;7—一次空气烧嘴;8—二次空气烧嘴;9—试样;10—高温计;11—温度测量仪

生球的破裂温度除了与干燥介质状态有关外,还与原料的组成及理化性质有关。为了提高生球的临界破裂温度,通常是增加膨润土等黏结剂的用量。

(5)干球的耐磨性。干球应具有良好的耐磨性能,这对链箅机-回转窑法和竖炉法焙烧最为重要。干球耐磨强度低,会在窑内或炉内产生粉末,引起结圈或结瘤。

7.2.5 生球干燥与焙烧

通常使用的生球焙烧设备有竖炉、带式焙烧机和链箅机-回转窑。球团矿焙烧过程的温度变化如图7-10所示。由此可见,整个焙烧过程可分为生球的干燥、焙烧固结和冷却三个阶段(其中,焙烧固结阶段又可分为加热、焙烧和均热三部分),其间发生着一系列物理化学变化,包括水分的蒸发和分解、碳酸盐的分解、燃料的燃烧、氧化和去硫、粉料的固结以及气固相间的传热等。上述三个阶段,在竖炉上是从上到下垂直分布的;在带式焙烧机上,依次沿台车前进的方向水平分布;在链箅机-回转窑上,则分别在三个不同的设备中进行。

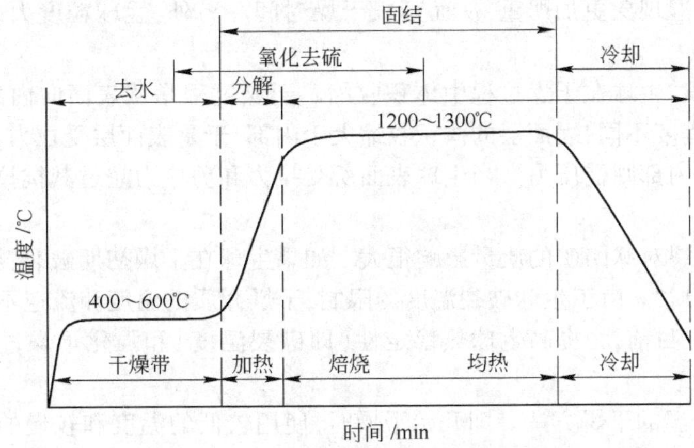

图 7-10 球团矿焙烧过程的温度变化

7.2.5.1 生球干燥

生球焙烧之前必须进行干燥处理,这对提高球团矿的产量和质量都有重要意义。未经干燥或充分干燥的生球直接进行焙烧,在预热和点火时,由于加热过急和水分蒸发过快,会发生生球爆裂现象,致使一部分球团粉化,恶化料层透气性,使焙烧时间延长,球团质量下降,废品率增加。所以,生球干燥是整个球团矿生产过程中非常重要的一环。

干燥是一个缓慢的汽化脱水过程,即在一定的升温条件下,水分自生球的内部向外扩散并从表面汽化脱去的过程。显然,生球的干燥由生球表面水分的汽化和生球内部水分向外扩散两个环节组成。当生球表面水分的蒸发压力大于周围干燥介质中的蒸汽分压时,生球表面水分开始汽化。一般而言,蒸发面积大,干燥介质的温度高,气流速度快,则表面汽化作用加快。由生球内部的水分迁移而引起的热导湿现象是导湿现象的逆过程,这是由于生球的导热性使内部和表面产生温度差,促使热端(表面)水分向冷端(内部)迁移而引起的。显然,热导湿现象的存在减缓了生球的干燥过程。经过一段时间的加热后,生球的内外温度趋于平衡,此时生球的干燥主要受导湿现象的支配,内部水分不断向表面迁移,表面水分不断汽化,直到表面蒸汽压力与介质中水汽分压相等为止,至此,干燥过程结束。

生球的干燥必须在不发生破裂的条件下进行。干燥速度和干燥所需的时间取决于下列因素:

(1)干燥介质的温度和流速。很明显,干燥介质的温度越高和流速越大,干燥速度越快,干燥时间越短。但是两者都受破裂温度的限制。一方面,干燥必须在破裂温度以下进行;另一方面,当干燥介质的流速大时,水分蒸发激烈,生球破裂温度下降,所以流速不能提得太高。

(2)球层高度。抽风干燥时,下层球团水汽的冷凝程度取决于球层高度。球层越高,下层水汽冷凝越严重,会降低下层球的破裂温度。试验表明,球层高为100mm时,介质流速为0.75m/s,温度达到350～400℃,生球没有开裂;而球层高为300mm时,在同一流速下,温度达到280℃时,生球即开始破裂。因此,为了得到满意的干燥效果,球层就不能太高。在0.75 m/s的流速下,球层最好不高于200mm。

(3)生球的初始含水率。生球的初始含水率越大,干燥所需的时间就越长。更重要的是,生球含水率较大时,由于高温下蒸发激烈,易引起生球破裂,明显降低破裂温度,从而限制了在较高的介质温度和流速下进行干燥的可能性,最终延缓了干燥速度。

(4)生球的粒度。生球粒度大对干燥不利,因为生球的导热性差,生球粒度大时,表层与中心的温度差大,热导湿现象更加严重,从而延长干燥时间。另外,生球粒度大,则比表面积小,对蒸发也不利。

随着水分的蒸发,生球在干燥过程中体积收缩。干燥过程是从表面向内部扩展的,所以,生球内外体积收缩的程度不同,表面层的体积收缩大于内部,于是表面层受拉力,与拉力成45°角的方向上又受剪应力,内部则受压力。当生球表面所受拉力和剪应力超过其抗拉强度极限时,生球就会产生破裂。

干燥时,生球破裂对球团矿的质量影响很大。如果生球在干燥初期破裂,焙烧后的球团矿强度至少要降低1/5~1/3。由于生球破裂温度的限制,干燥介质的温度和流速不能提得太高,限制了干燥过程的强化。目前,为提高生球热稳定性(即破裂温度)和强化干燥过程,采取的措施主要有:

(1)采用逐步升温的干燥方法。即开始干燥时,使用较低的温度和较慢的气流速度。另外,为提高下部球层的温度,采用先鼓风后抽风的干燥措施,也有利于提高生球的热稳定性。

(2)在生球料中加入亲水性好的添加物,可提高生球的破裂温度。加入0.5%的膨润土后,生球破裂温度由175℃提高到450~500℃;而加入1%膨润土和8%石灰石的混合添加剂后,生球破裂温度可提高到700℃。

(3)采用薄层干燥,减少水蒸气在球层下部的冷凝程度,从而提高生球的破裂温度。

7.2.5.2　生球焙烧固结机理

生球经干燥后,虽然强度有所提高,但远不能满足高炉冶炼的需要。为了使球团矿具有良好的冶炼性能,必须进行焙烧。在焙烧过程中,根据生球矿物组成和焙烧制度的不同,生球内部矿粒之间发生不同的固结反应。

对于不加熔剂的磁铁矿生球,在氧化气氛和中性气氛中焙烧时,磁铁矿颗粒之间发生如图7-11所示的四种固结形式。

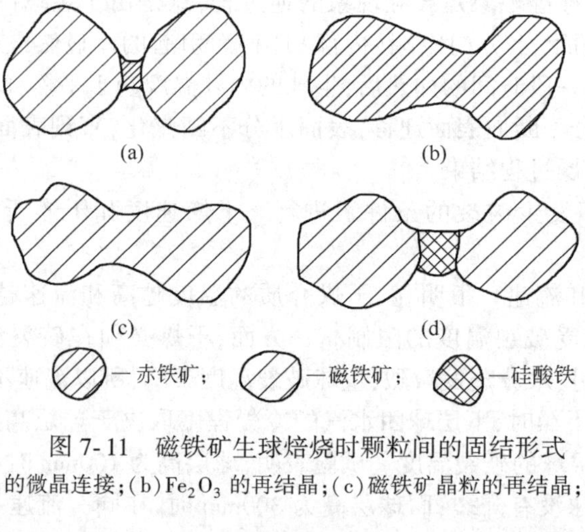

图7-11　磁铁矿生球焙烧时颗粒间的固结形式

(a) Fe_2O_3 的微晶连接;(b) Fe_2O_3 的再结晶;(c)磁铁矿晶粒的再结晶;(d)渣相固结

(1) Fe_2O_3 的微晶连接。磁铁矿生球在氧化性气氛中焙烧,当加热到200~300℃时,Fe_3O_4 就开始氧化,形成 Fe_2O_3 微晶。由于新生的 Fe_2O_3 微晶中原子迁移能力较强,在各个颗粒的接触面上长大形成“连接桥”(又称 Fe_2O_3 微晶键),使颗粒互相连接起来(见图7-11a)。在900℃以下焙烧时,这种连接形式使球团矿具有一定的强度,但由于温度低,Fe_2O_3 微晶长大有限。因此,仅靠这种形式连接起来的球团矿强度不高。一个直径为16mm的生球在900℃焙烧后,只能承受150~450N的压力。这是磁铁矿生球低温氧化焙烧的固结特性。

(2) Fe_2O_3 的再结晶。当磁铁矿生球在氧化性气氛下继续加热到1000~1300℃时,磁铁矿可以全部转化为赤铁矿,而由磁铁矿氧化形成的 Fe_2O_3 微晶开始再结晶,使一个个相互隔开的微晶键长大成连成一片的赤铁矿晶体(见图7-11b),使球团矿具有很高的氧化度和强度。一个直径为25mm的磁铁矿生球在1200~1300℃焙烧后,强度可达到4000N/个以上。

(3)磁铁矿晶粒的再结晶。磁铁矿生球在中性或还原性气氛下焙烧,当温度超过900℃时,生球中的磁铁矿颗粒被保留下来并发生再结晶和晶粒长大,使颗粒互相连接起来(见图7-11c)。试验研究表明,磁铁矿晶粒再结晶的速度比磁铁矿氧化形成的 Fe_2O_3 晶粒再结晶的速度慢,并且以磁铁矿再结晶形式固结的球团矿强度低于 Fe_2O_3 再结晶的球团矿强度。因此,生产中应尽量避免磁铁矿再结晶的固结形式。

(4)渣相固结。磁铁矿生球在还原性或中性气氛中焙烧时,Fe_3O_4 可与 SiO_2 作用生成低熔点的 $2FeO \cdot SiO_2$ 液相,以渣相固结的形式把生球颗粒黏结起来(见图7-11d)。由于 $2FeO \cdot SiO_2$ 在高炉内难还原,并且在冷凝时又很难结晶,常呈玻璃质,性脆,强度低,故 $2FeO \cdot SiO_2$ 渣相固结不是良好的固结形式。为了避免这种固结形式的出现,必须在不超过1300℃的氧化气氛中焙烧,使 Fe_3O_4 完全氧化,并防止 Fe_2O_3 在高温下分解形成 Fe_3O_4,而与 SiO_2 作用生成 $2FeO \cdot SiO_2$ 渣相。另外,当生球中含有CaO,在强氧化性气氛和1300℃以下焙烧时,CaO可与 Fe_2O_3 作用产生 $CaO \cdot Fe_2O_3$ 黏结相,这种矿物的还原性和强度都比较好。所以,$CaO \cdot Fe_2O_3$ 是渣相固结中一种比较好的固结形式。在生产自熔性球团矿时,应创造形成 $CaO \cdot Fe_2O_3$ 渣相的条件。为此,必须较好地控制焙烧温度和气氛。

在磁铁矿球团的以上几种固结形式中,以 Fe_2O_3 再结晶的固结形式最好。在焙烧过程中,这几种固结形式同时发生,但随焙烧条件和生球化学成分的不同,其中的某一种形式占优势。

关于赤铁矿球团的固结形式,目前尚有不同的看法,有待进一步研究。一般认为,较纯的赤铁矿球团矿在氧化性气氛中焙烧时,是一种简单的 Fe_2O_3 再结晶过程;在还原气氛中焙烧时,是还原形成的 Fe_3O_4 再结晶和晶粒长大过程。

7.2.5.3 影响生球焙烧的因素

影响球团焙烧的因素很多,主要有以下几个方面:

(1)焙烧温度。焙烧温度对球团矿焙烧过程有很大影响。焙烧温度对磁铁矿生球的氧化速度和氧化完全程度的影响如图7-12所示,焙烧温度对球团矿强度的影响如图7-13所示。由图7-12和图7-13可见,焙烧温度越高,生球的氧化程度越完全;而且,球团矿的强度也是在达到一定焙烧温度后才有明显提高的。因此,从提高产量和质量的角度出发,应尽可能选择较高的焙烧温度,以保证反应能够充分进行。但焙烧温度的提高受软化温度的限制,而且高温焙烧对降低能耗和延长设备寿命也不利。未加熔剂的磁铁矿生球,焙烧温度可达1300℃,而熔剂性球团矿适宜的焙烧温度一般介于1150~1250℃之间。对赤铁矿来说,焙烧温度的上限不超过 Fe_2O_3 的分解温度,即不超过1350℃;下限要满足 $CaO \cdot Fe_2O_3$ 生成和熔融的条件,即不低于1250℃。

(2)加热速度和冷却速度。在焙烧过程中,加热速度过快将造成下列不良后果:(1)生球加热过快会使氧化和再结晶进行得不完全,导致球团矿强度下降;(2)加热速度过快时,由于表层和内部的固结不均匀,内外层之间容易产生裂纹;(3)加热速度过快时,因球团内外巨大的温差而产生不同的膨胀,导致球团碎裂。总之,加热速度过快将使球团矿的强度下降。从室温加热到1150℃,当加热速度为26℃/min时,球团矿的抗压强度为1330N/个;当加热速度为115℃/min时,抗压强度下降至1050N/个。

为了便于运输和贮存,均热后的球团矿需进行冷却。但若冷却速度过快,球团内部会产生温度应力,使球团强度降低。另外,冷却时球团中的 Fe_3O_4 和 FeO 可被抽入的空气氧化,使球团矿的氧化度提高。

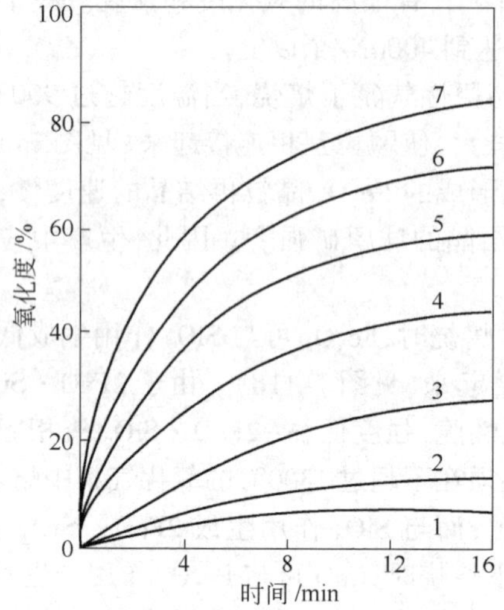

图 7-12 非熔剂性球团的氧化特性
(球团直径 15mm,气体含氧量 15%)
1—300℃;2—400℃;3—500℃;4—600℃;
5—700℃;6—800℃;7—900℃

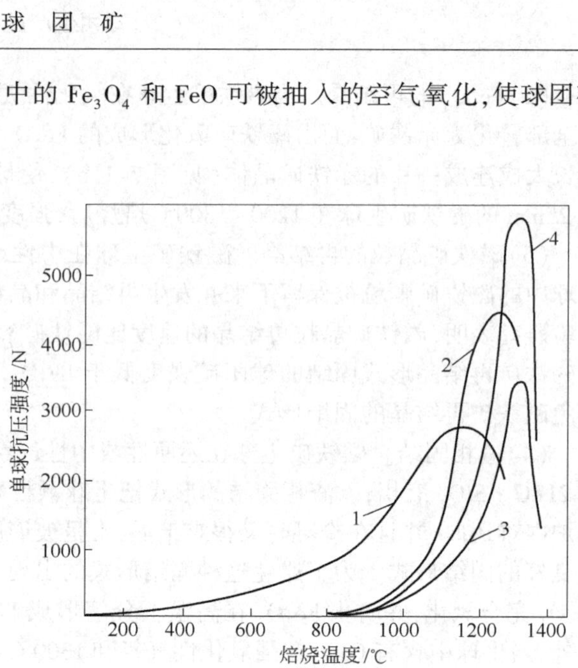

图 7-13 焙烧温度对球团矿强度的影响
1—磁铁矿;2—以磁铁矿为主;3—低品位赤铁矿;
4—高品位镜赤铁矿

(3)高温保持时间。生球焙烧时,必须在一定的焙烧温度下保持一定时间,以保证氧化和再结晶过程进行得较完全,内外温度均匀,获得较高的球团强度。但在高温下停留的时间过长,会引起球团的熔化和黏结,同时降低生产率。在较高的焙烧温度下,由于各种反应进行较快,高温保持时间可以缩短;在较低的焙烧温度下,高温保持时间应稍延长。国内某厂磁选精矿的生球,当焙烧温度为 1150℃时,高温保持时间为 10min 时最好;而 1200℃时,5min 最好。

(4)燃烧气氛。燃烧气氛是根据燃烧产物中的含氧量决定的。含氧量高于 8.0%为氧化气氛;含氧量在 4.0%~8.0%之间为正常氧化气氛;含氧量在 1.5%~4.0%之间为弱氧化气氛;含氧量在 1.0%~1.5%之间为中性气氛;含氧量小于 1%为还原气氛。燃烧气氛对生球的氧化焙烧固结有很大影响。在氧化气氛中焙烧时,可以获得强度和还原性都很好的 Fe_2O_3 再结晶固结球团矿;而在中性或还原性气氛中焙烧时,获得 Fe_3O_4 再结晶或渣相固结的球团矿。后者的强度和还原性均不如前者,因此,在焙烧过程中,应尽量避免中性或还原气氛。

(5)燃料种类。球团焙烧时,气体、液体和固体燃料都可以使用,但燃料种类对焙烧过程有不同的影响。用气体或液体燃料时,由于加热速度、燃烧气氛、废气速度都比较容易调节,使焙烧可以严格控制在氧化气氛中进行,获得较好的焙烧效果。用固体燃料(即煤粉或焦粉)时,上述各参数都难以调节,容易产生还原气氛,温度不均匀,有些地方过熔而一些地方固结不完全,对球团矿的产量和质量都有很大影响。因此,由于气体和液体燃料的供应困难而必须使用固体燃料时,应采取相应的补救措施,如提高燃料的磨细度和混匀度等。

(6)点火制度。采用固体燃料焙烧时,为了使表层生球表面的煤粉着火,必须进行点火作业,因而点火温度和点火时间对球团矿质量有一定影响。温度过高,引起表层球团黏结,降低透气性,焙烧不均匀;温度太低,则表层球团焙烧不好。点火时间取决于高温保持时间和点火温度。试验表明,点火温度为 1170℃时,点火时间需要 5min。

(7)熔剂添加物和脉石成分。在氧化性气氛中焙烧磁铁矿或赤铁矿加熔剂的球团矿时,CaO都可生成低熔点铁酸钙液相,使球团强度得到改善。但球团料中加入过多CaO时,具有以下不良影响:(1)液相生成量多,球团矿会产生过熔而黏结成大块,破坏了正常的焙烧;(2)大量的熔剂添加物使矿料颗粒相互隔离,阻碍了 Fe_2O_3 再结晶和长大;(3)使焙烧后的球团矿内游离CaO增多,在冷却过程中吸水消化膨胀,从而降低球团矿强度。因此,品位低、SiO_2 含量高的精矿粉不宜生产熔剂性球团矿。

另外,石灰石粒度大小对焙烧质量的影响也很大,为使石灰石在焙烧过程中能完全分解和发生矿化作用,不残留游离CaO,石灰石的粒度越小越好,一般控制在1mm以下。

(8)生球尺寸。生球尺寸影响传热和氧气向球内扩散的时间。带式焙烧机上,在气流速度快和焙烧时间短的条件下,若生球尺寸过大,不仅热量利用不好,而且造成内外巨大的温差和内部氧化和固结的不完全,产生焙烧不均匀现象。

7.2.6　成品球团矿的处理

焙烧固结后的球团矿粒度大都很均匀,只需筛分出返矿即可直接供给高炉冶炼。所以,球团矿的整粒处理比烧结矿要简单,但对于不同的球团焙烧法,成品球团矿的处理方法也不同。

(1)竖炉焙烧球团。竖炉内设有齿轮破碎装置,在焙烧过程中产生的一些球团黏结成大块,在排出时已被破碎,只需设筛分设备筛除粉末。

(2)带式焙烧机球团。一般不会出现“烧结”大块,可不设置破碎系统。由于带式焙烧机设有铺底、铺边料,因此,带式焙烧机除了筛分出返矿外,还必须筛分出铺底、铺边料。为了确保铺底、铺边料系统的正常工作,防止堵塞,铺底、铺边料的粒度应严格控制在20mm以下。可以在同一振动筛上进行,只需将筛面上分段布置不同的筛板,筛面下设置三个漏斗,把返矿、铺底和铺边料、成品球团矿分开。

(3)链箅机-回转窑球团。在焙烧过程中,多少会有一些结圈或粉末烧结而产生大块,需设置筛分和破碎系统。筛分方法有两种:一是在回转窑向冷却机卸料时用棒条筛或格筛筛除;另一种是由冷却机排出后,经振动筛筛分出返矿,同时也筛分出大块球团,送破碎系统处理。

球团矿生产过程中,返矿产生量较少,返矿率一般低于5%。因此,球团返矿的处理也较简单,经细磨后重新造球;也可送往烧结厂作为烧结原料使用,能改善烧结料的粒度组成,提高料层透气性。

7.3　球团矿生产工艺

球团矿现在已经成为高炉炼铁炉料的重要组成部分,并可作为炼钢原料,如用作氧气顶吹转炉的冷却剂等。另外,通过直接还原法还可生产金属化球团,代替废钢用于电炉炼钢。按焙烧方法,国内外球团矿生产工艺可分为如下三种形式:竖炉焙烧法、带式焙烧机法和链箅机-回转窑法。

7.3.1　竖炉焙烧法

竖炉是最早采用的球团矿焙烧设备,其主要结构如图7-14所示。生球在炉顶通过辊筛筛去小于5mm的粉末后,用梭式布料器均匀地布在炉口处。生球在下降过程中不断地受到上升热气的预热和干燥,到达火道附近时,受到由两侧燃烧室产生并从火道喷入的高温废气的焙烧;在火道以下经过一段时间均热后,受到由下部鼓入的冷风的冷却。被冷却下来的球团矿中会有一部分粘连的大块,通过下部辊式破碎机破碎后排出炉外。下料速度可以通过改变排矿速度来调节。

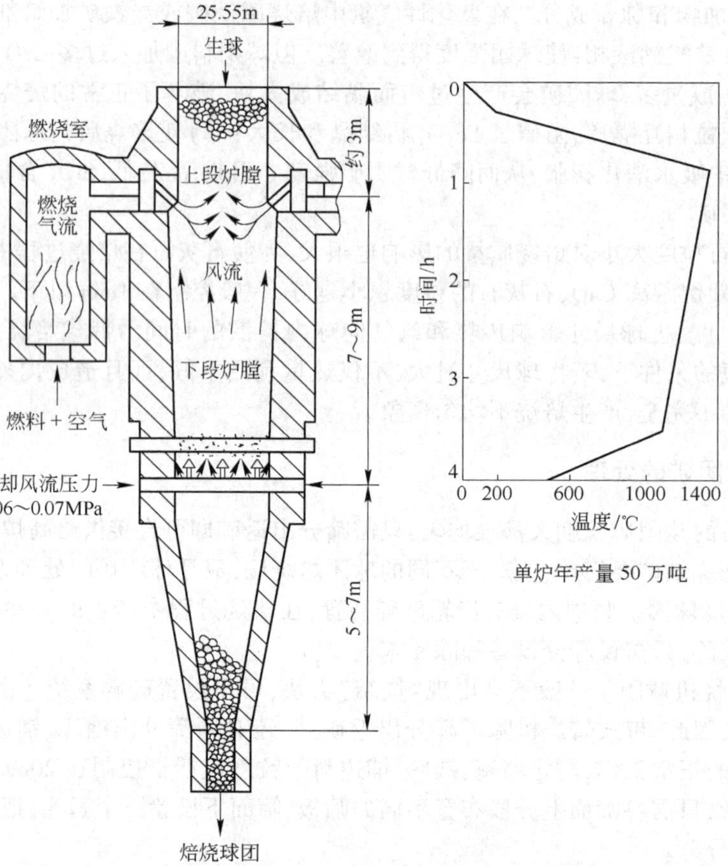

图 7-14　单炉产量为 50 万 t/a 的球团竖炉结构示意图

在燃烧室，气体或液体燃料燃烧产生 1150～1250℃的高温废气，通过火道喷入炉内进行焙烧。由于 Fe_3O_4 氧化放热，球团矿的实际温度高于废气温度，可达到 1200～1300℃。炉顶温度为 170～200℃，热利用率较高。

球团焙烧竖炉的规格一般用炉口的断面积来表示。竖炉断面大部分成矩形。我国多数竖炉的炉口断面积为 4～8m^2，炉口宽度不超过 1.8m，长度为宽度的 3～3.25 倍。一座 8m^2 竖炉的年产量为 12 万 t。竖炉由于设备比较简单、投资少和生产能力有限，适合于中小型企业。

竖炉内保持均匀而稳定的气流分布是关键性问题。为此，生球必须有足够的强度，因为竖炉料柱高，生球在炉内受到挤压和摩擦，如强度不够而破裂，将恶化炉内透气性和正常的气流分布，使炉况不顺，产量和质量都受影响。其次，由于结构上的局限性，竖炉的温度控制比较困难，当矿物软化温度比较低或要求较高的焙烧温度时，因温度波动球团易结块和悬料，破坏炉内气流的正常分布。因此，竖炉对原料的要求比较苛刻，目前只适合于焙烧磁铁矿生球。用竖炉焙烧要求较高焙烧温度的赤铁矿生球和含 SiO_2 脉石较多的磁铁矿熔剂性球团矿还比较困难。

为了解决竖炉气流分布不均匀、中心气流不足而形成中心死料柱，导致中心部分球团烧不透、强度差、排出的球团温度过高等问题，国内球团厂采取了中心增设导风墙和炉口安装烘干床等办法，取得了一定的效果，使竖炉生产指标得到提高。

竖炉焙烧法具有结构简单、材质无特殊要求、投资少、热效率高、操作维修方便等优点。但竖炉单炉产能小、原料适应性较差、不能满足现代高炉冶炼的要求，因此，在应用和发展上受到一定的限制。目前，国外的竖炉已经全部关闭，但在我国，竖炉法仍然占球团矿总产能的 48%。

7.3.2 带式焙烧机法

带式焙烧机是一种历史久、灵活性大、使用范围广的细粒料造块设备。带式焙烧机用于球团矿生产始于20世纪50年代,由于当时的急切需要,带式机焙烧球团的研发工作在全世界范围内得以迅速开展。至60年代初期,带式焙烧机球团矿的生产能力已占当时球团矿总生产能力的34.3%,70年代初则猛升至56.1%。带式焙烧机发展到现在,在国外球团矿生产中仍占据着举足轻重的地位。不过,截至2008年,我国仅鞍钢、包钢以及首钢(曹妃甸)建设有带式焙烧机,共3台。

带式焙烧机法获得迅速发展的原因主要有如下几点:(1)生球料层较薄(0.2~0.4m),可避免料层压力负荷过大,还可保持料层透气性均匀;(2)工艺气流以及料层透气性所产生的任何波动仅仅影响到部分料层,而且随着台车水平移动,这些波动能尽快消除;(3)根据原料不同,可设计成不同温度、不同气体流量、不同速度和流向的各个工艺段,故带式焙烧机可用来焙烧各种原料的生球;(4)可采用不同的燃料和不同类型的烧嘴,燃料的选择范围大;(5)采用热气流循环,充分利用焙烧球团矿的显热,球团生产能耗较低。

带式焙烧机的结构和带式烧结机基本相同,料球在台车上依次经过干燥、预热、焙烧、均热和冷却各工段,最后形成成品球团矿。各段的长度根据原料条件有所不同,大致比例为:干燥段占总长度的18%~33%,预热、焙烧和均热段共占30%~35%,冷却段占33%~43%。各段的温度是:干燥段不高于800℃,预热段不超过1100℃,焙烧段为1250℃左右。

带式焙烧机的布料方式和供热方式与带式烧结机不同。布料采用多辊布料器,为了防止台车被高温气流烧蚀,设有铺边料和铺底料供应系统。带式焙烧机可以用固体燃料、气体燃料和液体燃料作为热源。全部采用固体燃料时,将固体燃料粉末滚附在生球表面,经点火燃烧,供给焙烧所需的热量。采用气体或液体燃料时,燃料在台车上部的机罩内燃烧,产生的高温废气被抽风机抽过料层进行焙烧。也可以在采用气体或液体燃料的同时,在生球表面滚附少量固体燃料。全部使用气体或液体燃料的带式焙烧机,焙烧温度和气氛均容易控制。

带式焙烧机的气流循环系统非常复杂。采用不同燃料的带式焙烧机,气流循环系统也各不相同;即使是采用同一种燃料的带式焙烧机,也有不同的气流循环系统。图7-15给出了一种比较典型的采用气体或液体燃料的DL型带式焙烧机气流循环系统。冷却段采用鼓风冷却,冷风通过球层后,一方面使800~900℃的热球冷却到150℃,另一方面使冷空气被加热到750~800℃。被加热的空气经抽风,一部分作为预热段和焙烧段燃料燃烧的一次空气和二次空气,一部分直接供均热段使用。由于采用了这种热废气的回流系统,带式焙烧机的热量利用率很高;但抽风系统需要耐高温(500~600℃)风机,台车箅条也需由耐热合金钢材料制作,以承受高温废气的冲击,导致焙烧机成本增加。

7.3.3 链箅机-回转窑法

链箅机-回转窑最早用于水泥工业。20世纪60年代初,世界上建成第一套处理铁矿球团的链箅机-回转窑生产系统。这种新的球团工艺一经问世,就得到了各国钢铁企业的重视,并获得迅速发展。60年代初,链箅机-回转窑的生产能力仅占世界球团矿总生产能力的3.7%,60年代中期以后开始成倍增长,70年代初,该法占世界球团矿总产能的25.8%,目前已占33%以上。

链箅机-回转窑球团生产系统的结构如图7-16所示。该系统是一种联合机组,包括链箅机、回转窑、冷却机及其附属设备。这种球团工艺的特点是干燥预热、焙烧和冷却过程分别在三台不同的设备上进行。生球首先于链箅机上干燥、脱水、预热,而后进入回转窑内焙烧,最后在冷却机上完成冷却。

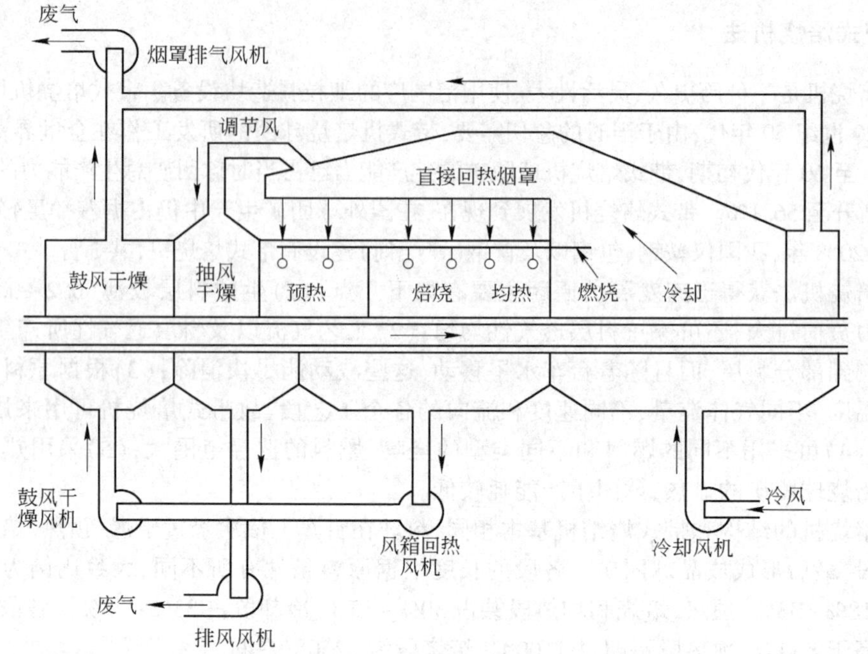

图 7-15　DL 型带式焙烧机气流循环系统流程之一

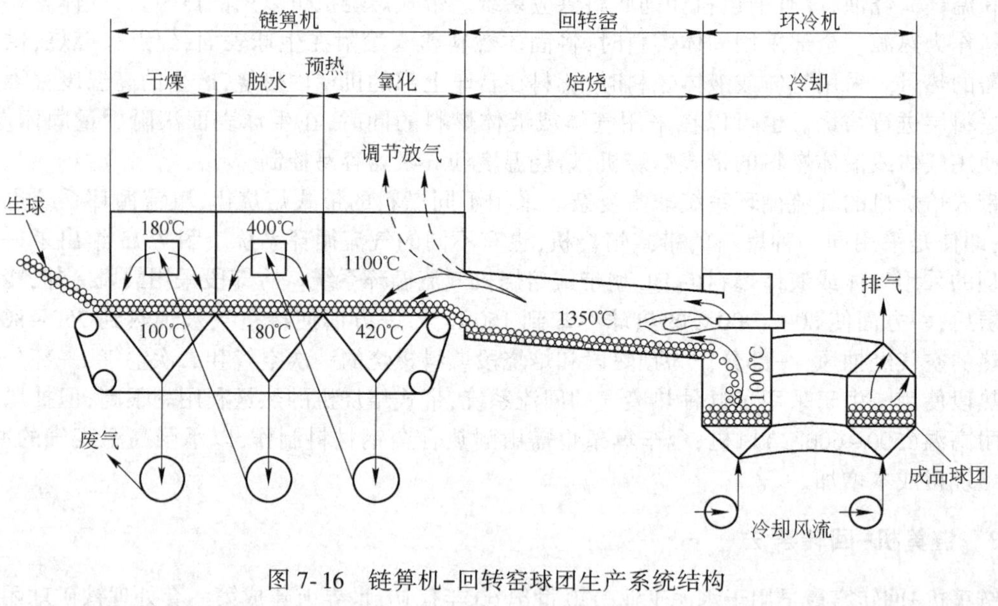

图 7-16　链箅机-回转窑球团生产系统结构

链箅机安装在衬有耐火砖的室内，分干燥室和预热室两部分，箅条下面有风箱，生球经过多辊布料器布在链箅机上，球层厚度大约为 130~200mm，随同箅条向前移动。在干燥室，生球被从预热室抽过来的 250~450℃的废气干燥，然后进入预热室，被从回转窑出来的 1000~1100℃氧化性废气加热，发生部分强化和再结晶，具有一定的强度，再进入回转窑焙烧。

回转窑为一长圆筒，用钢板焊成，内有 225~230mm 厚的耐火砖衬，倾角为 5°，生产时，球团充满率为 7%左右。随窑体的旋转，球团在窑内滚动，并向排料端移动。烧嘴在排料端，可使用气体或液体燃料，也可使用固体燃料。燃烧废气与球团呈逆向运动，由进料端排入预热室。窑内温度可达到1300~1350℃,由于回转窑内的球团是在滚动状态下焙烧的,所以受热均匀,焙烧效果良好。

从回转窑排出的热球团矿卸入冷却机进行冷却后,温度降到150℃以下。被加热的空气进入窑内作为燃料燃烧的二次空气;或送入链算机干燥段,用来干燥生球,可以回收70%~80%的热量。

链算机-回转窑焙烧球团的优点是:(1)产量高;(2)热利用率高,总能耗低;(3)干燥、预热和焙烧可分别进行控制,温度和气氛容易进行调节;(4)生球在窑内受热均匀,在高温区停留时间长,所以球团矿质量好、强度高;(5)不需要高级耐热合金钢;(6)生产能力大,耗电量低;(7)可以处理各种不同原料的生球。

链算机-回转窑法存在的问题是:(1)操作不当时,回转窑容易结圈,影响设备作业率;(2)基建费较高。

7.3.4 三种球团工艺的比较

三种球团工艺中,竖炉焙烧法采用最早,但由于本身固有的缺点,这种方法发展缓慢。目前,采用最多的是带式焙烧机法,60%以上的球团矿是用带式焙烧机法焙烧的。链算机-回转窑法出现较晚,但由于具有一系列优点,所以发展较快,今后很可能成为主要的球团矿焙烧方法。

表7-6给出了竖炉焙烧法、带式焙烧机法以及链算机-回转窑法三种球团生产工艺的比较。

表7-6 三种球团生产工艺的比较

工艺	优缺点	生产能力	球团质量	基建投资	管理费用	电耗
竖炉	优点:结构简单,维修方便,无需特殊材料,炉内热效率高 缺点:均匀加热困难,单炉生产能力小,仅限于处理磁铁矿精矿球团或赤铁矿、磁铁矿混合精矿球团	最大单机产量为2000t/d,适于中小型企业	一般	低	低	高
带式焙烧机	优点:操作简单,控制方便,处理事故及时,焙烧周期比竖炉短,可以处理各种矿石,生产能力大 缺点:球团矿上、下层质量不均,台车易烧损,需高温耐热合金材料,需铺边、底料,流程复杂	单机生产能力大,最大单机产量为6000~6500t/d,适于大型企业	良好	中	高	中
链算机-回转窑	优点:设备简单,可以处理各种铁矿石,生产各种球团矿,无需耐热合金 缺点:操作不当时,回转窑易结圈,且基建费较高	单机生产能力大,最大单机产量为6500~12000t/d,适于大型企业	好	高	中	低

采用竖炉、带式焙烧机以及链算机-回转窑三种焙烧方式所生产的球团产品,具有不同的冶金性能。一般来说,链算机-回转窑球团由于焙烧时间长,强度较好,但还原性相对较差。竖炉球团的性能总体上较差,主要是由于不均匀焙烧所致。

表7-7对比给出了瑞典LKAB公司三种球团的冶金性能指标。

表 7-7　三种焙烧方式的球团产品冶金性能比较（瑞典 LKAB 公司）

球团焙烧方式		竖　炉	带式焙烧机	链算机-回转窑
化学成分/%	TFe	66.2	66.3	65.9
	SiO_2	3.8	3.7	4.1
	Na_2O+K_2O	0.1	0.1	0.14
抗压强度/N · 个$^{-1}$		2548	2450	2744
转鼓强度（大于 6.3mm）/%		92	94	95
还原特性	压力降（1050℃）/Pa	39	39	59
	还原至还原度为 40%的速度（1000℃）/% · min^{-1}	0.5	0.7	0.6
	还原的最大膨胀度（1000℃）/%	15	15	15
	$RDI_{+6.3}$/%	90	95	95
	$RDI_{-0.5}$/%	6	3	1

7.4　球团矿的质量指标及检测

7.4.1　成品球团矿质量要求及标准

球团矿质量的检测项目主要有粒度、冷态机械强度、还原性、软化温度及熔滴温度、化学成分及其稳定性、高温还原条件下的强度以及热膨胀性能等。表 7-8～表 7-11 列出了具有代表性的几个国家的球团矿质量标准。

表 7-8　日本的球团矿质量标准

项　目	指　标	项　目	指　标
单球冷态抗压强度/N · 个$^{-1}$	平均 2450	JIS 膨胀指数/%	最大 14
单球抗压强度小于 481N/个的比例/%	最大 4.5	还原后抗压强度/N · 个$^{-1}$	单球平均 141
JIS 转鼓指数（小于 1mm）/ %	最大 4.5	*RI*/%	最小 60
9～15mm 粒级的比例/%	最小 85		

表 7-9　德国的球团矿质量标准

项　目	指　标	项　目	指　标
10～16mm 粒级的比例/%	最小 85	还原至还原度为 40% 的速度（950℃）/% · min^{-1}	最小 0.5
小于 5mm 粒级的比例/%	最大 1	ISO 膨胀指数（1000℃）/%	最大 20
单球冷态抗压强度/N · 个$^{-1}$	最小 1960	荷重还原压降（1000℃）/Pa	最大 196
ISO 转鼓指数（小于 0.5mm）/%	最大 5		

表 7-10　加拿大的球团矿质量标准

项　目	指　标	项　目	指　标
粒度组成（9.5～15.9mm）/%	>95	单球冷态抗压强度/N · 个$^{-1}$	>1999
小于 6.35mm 粒级所占比例/%	<1	碱金属（Na_2O+K_2O）/%	<0.13
转鼓指数 ASTM（大于 6.35mm）/%	>95		

表 7-11　我国酸性的球团矿质量标准（GB/T 27692—2011）

品　级		一级品	二级品	一级品	二级品
项 目 名 称		指　标		允许波动范围	
化学成分/%	TFe	—	—	±0.50	±0.10
	FeO	<1.00	<2.00	—	—
	CaO/SiO_2	—	—	±0.05	±0.1
	S	<0.05	<0.08	—	—
物理性能	抗压强度/N·个$^{-1}$	≥2000	≥1500	—	—
	转鼓指数(+6.3mm)/%	≥90.00	≥86.00	—	—
	抗磨指数(-0.5mm)/%	≤6.00	≤8.00	—	—
	筛分指数(-5mm)/%	<5.00	<5.00	—	—
	粒度(10~16mm)/%	>90.00	>80.00	—	—
冶金性能	膨胀率/%	<15.00	<20.00	—	—
	还原度指数 *RI*/%	≥65.00	≥65.00	—	—

注：抗磨指数、冶金性能指标应报出检验数据，暂不作考核指标，其检验周期由各厂自定。

7.4.2　成品球团矿质量检测

7.4.2.1　化学成分

按国家标准 GB 6703—1986 检测成品球团矿的化学成分，主要成分包括 TFe、FeO、CaO、SiO_2、MgO、Al_2O_3、MnO、TiO_2、S、P 等。一般要求球团矿的有用成分高，脉石含量低，有害杂质 S、P 含量少。同时，要求各成分含量的波动要小，TFe 的波动为±0.5%，碱度 R 的波动在±0.05 范围内。

7.4.2.2　物理性能

球团矿的物理性能是评价其质量的重要指标。球团矿物理性能的检验指标包括落下强度、转鼓强度、抗磨指数、抗压强度、筛分指数和孔隙率等。

A　落下强度

落下强度反映球团矿的抗冲击能力，即产品的耐转运能力。落下强度检验装置同烧结矿。取 1kg 球团矿试样，从 1.5m 处落到 5mm 厚的钢板上，反复落下 3 次，然后测出小于 5mm 部分所占的比例作为落下强度指标。落下强度指标不应大于 15%。

B　转鼓强度

转鼓强度包括转鼓指数和抗磨指数，表征球团抗冲击和抗摩擦的综合特性。高炉冶炼要求球团矿的转鼓指数不低于 90.0%，抗磨指数不大于 6.0%。

转鼓试验可同时测出转鼓指数和抗磨指数，是鉴定球团质量的主要手段之一。我国根据相应的国际标准制定了国家标准 GB 24531—2009。转鼓试验机的结构见图 7-17。采用的转鼓内径为 1000mm，宽 500mm，转鼓内侧有两个成 180°、相互对称的提升板（50mm×50mm×5mm），长 500mm 的等边角钢焊接在转鼓的内侧。在实验室条件下，可缩小转鼓宽度（如宽度缩小至标准的 1/2 或 1/5），同时按比例减少装料量（与宽度缩小比例相对应，装料量由标准的 15kg 减少至 7.5kg 或 3.0kg），测得的数据同样具有可比性。

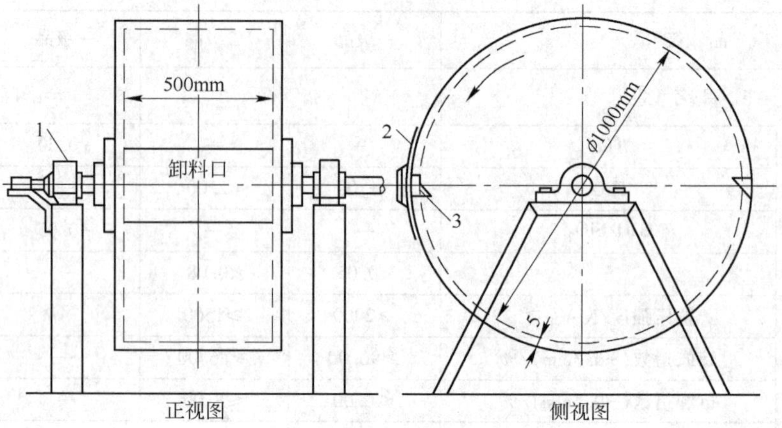

图 7-17　球团转鼓试验机

1—计数器；2—卸料口；3—提升板

按转鼓试验方法规定，取(15.00±0.15)kg 球团矿试样放入转鼓内，以 25r/min 的速度旋转 8min，共转 200r，然后将试样从转鼓内取出，用机械摇筛分级。测定结果按式(7-1)～式(7-3)计算。

转鼓指数：
$$T=\frac{m_1}{m_0}\times 100\% \tag{7-1}$$

抗磨指数：
$$A=\frac{m_0-m_1-m_2}{m_0}\times 100\% \tag{7-2}$$

误差：
$$\varepsilon=\frac{m_0-(m_1+m_2+m_3)}{m_0}\times 100\% \tag{7-3}$$

式中　T——转鼓指数，%；

A——抗磨指数，%；

m_0——入鼓试样质量，kg；

m_1——转鼓后大于 6.3mm 粒级的质量，kg；

m_2——转鼓后 0.5mm～6.3mm 粒级的质量，kg；

m_3——转鼓后小于 0.5mm 粒级的质量，kg；

ε——误差，要求不大于 1.0%，若误差大于 1.0%，则该次试样作废。

C　抗压强度

抗压强度是表示球团矿冷态强度的主要指标，通常用单位 N/个来表示。我国球团矿抗压强度的检测标准同 GB/T 14201—2018，具体方法为：把球团矿置于两块平行钢板之间，以 10～20mm/min 内的某一固定速度把压力负荷加到每个球团上，直至球团被压碎，测定球团受压破裂时所受的最大负荷。取所测一批球最大负荷的平均值，作为该球团矿的抗压强度指标。

对于氧化球团而言，合格球团的抗压强度不小于 2000N/个，小高炉球团的抗压强度不小于 1500N/个。

D　筛分指数

测定方法同烧结矿。我国要求球团矿的筛分指数不大于 5%。

E 孔隙率

实践证明,球团矿孔隙率高,有利于还原气体向内渗透,有利于还原反应的进行。孔隙率通常受熔化程度的影响。当熔化程度大时,则气孔生成量较少且小,并且 FeO 含量增加;在正常温度下,球团矿则生成微细气孔非常发达的结构,FeO 含量也较低;在部分过熔且熔化程度不大时,则易生成封闭性大气孔的产品,这种气孔对还原气体的渗透并无太大作用。因此,对于球团矿而言,应保证不发生过熔,并使其呈微孔结构。

孔隙率的测定方法同烧结矿,通常也采取石蜡法。

7.4.2.3 冶金性能

高炉不仅要求球团矿具有良好的冷态强度,而且还要求其具备较好的热态性能。因此,除对球团矿的物理性能和化学成分进行常规检验外,还需对其热态性能进行检测,主要检测内容包括还原性、低温还原粉化性能、还原膨胀性、高温软熔特性等。

A 还原性

球团矿还原性的检测方法同天然块矿和烧结矿,按国家标准 GB/T 13241—2017 进行。还原性检测结果也用还原度指数(*RI*)表示,详见本书第 6.6.1 节。

B 低温还原粉化性能

球团矿的低温还原粉化性能表示还原后的球团矿通过转鼓试验的粉化程度,测定方法同烧结矿,详见本书第 6.6.1 节。

C 还原膨胀指数

球团矿的还原膨胀是指在还原条件下,当球团内的 Fe_2O_3 还原成 Fe_3O_4 时由于晶格转变引起的体积膨胀,以及浮氏体还原成金属铁时由于出现“铁晶须”而引起的体积膨胀。还原膨胀可使球团矿破裂粉化,显著降低球团矿的高温强度,给高炉操作带来极为不利的影响。如某厂含 4%SiO_2 的球团矿,在 600℃还原时的强度由 2600N/个下降到 620N/个。

目前,解决还原膨胀问题的措施主要有:

(1)适当提高球团矿中的 SiO_2 含量。含 SiO_2 较多的球团矿有利于形成较多的渣相,一定程度上可以抑制球团矿的膨胀和铁晶须的成长。

(2)确定球团矿的适宜碱度。球团矿中 CaO 的存在和它的分布状态,对球团矿的还原膨胀有很大影响。试验表明,用含 SiO_2 0%~10%的铁矿粉生产碱度为 0~1.5 的球团矿时,碱度在 0.3~0.4 时膨胀最大,而当碱度提高到 0.7~0.8 时,球团的膨胀率明显降低。各种不同成分的球团矿都有一个膨胀最大的碱度范围,必须经试验确定热强度最好的适宜碱度。

(3)提高球团矿的焙烧温度。试验表明,在不发生表面过熔的情况下,适当提高焙烧温度,不仅可以提高球团矿的冷态强度,而且可以提高热强度。这是由于高温可以增强渣相固结,有利于 CaO 的扩散,达到均匀分布,从而改善赤铁矿的结晶条件,抑制还原膨胀。

球团矿的膨胀性能一般用还原膨胀指数 *RSI* 表示,即球团矿在等温还原过程中发生自由膨胀,还原前后体积增长的相对体积百分数,即相对自由膨胀率。高炉用球团矿的体积膨胀率一般应小于 20%,高质量的球团矿不大于 12%。球团矿相对自由膨胀率的测定方法有许多种,列于表 7-12 中。无论采用何种测定方法,都应满足如下要求:(1)试样在还原过程中应处于自由膨胀状态;(2)试样在 900~1000℃下还原成浮氏体,进而还原成金属铁;(3)在密封条件下,还原气体与球团矿试样充分反应;(4)能充分反映还原前后球团矿总体积的变化。

表 7-12　球团矿还原膨胀率的测定方法

项　目		国际标准 ISO4698	中国 GB13240	日本 JIS-M8715	瑞典 LKAB 法	德国 Lussion
测定装置		竖式加热炉； 反应管：内径 75mm，长 800mm，3 层容器	竖式加热炉； 反应管：内径 75mm，长 800mm，3 层容器	卧式加热炉； 反应管：内径 30mm，长 360mm； 石英舟：760mm×20mm×5mm	竖式加热炉； 反应管：内径 75mm，长 640mm，3 层容器	竖式加热炉； 反应管：内径 60mm，长 650mm
试样	球团粒度/mm	10.0～12.5	10.0～12.5	>5	10.0～12.0	10.0～12.0
	球团试样量	每层 6 个，共 3 层	每层 6 个，共 3 层	每层 2 个，共 3 层	每层 6 个，共 3 层或 60g	60g
还原气体	组成/$\varphi(CO)_{\%}$/$\varphi(N_2)_{\%}$	30/70	30/70	30/70	40/60	40/60
	流量/$L \cdot min^{-1}$	15	15	0	20	15
还原温度/℃		900±10	900±10	900±10	1000±5	900，950，1000
还原时间/min		60	60	60	15，40，70，120	15，30，45，60，90
球团体积测定法		OKG 法，排汞法	OKG 法，排水法	排汞法	排汞法	直径法
试验结果表示		还原膨胀率 *Sw*	还原膨胀率 *RSI*	*Sw*	*Sw*	*Sw*

我国对球团矿自由膨胀率的测定制定了国家标准 GB13240，将一定粒度的球团矿在 900℃条件下等温还原，还原气体由 CO 和 N_2 组成。球团矿自由膨胀，发生体积变化，测定其还原前后体积变化的相对值来表示自由膨胀率。测定过程分为球团矿还原和球团矿体积测定两部分。常用的体积测定法有 OKG 法和排水法等。具体的试验方法和步骤如下：

（1）试样准备。试验试样在（105±5）℃的温度下烘干，烘干时间为 2h，然后冷却至室温，并保存在干燥器中。通过筛分得到粒度为 10～12.5mm 的试验试样，质量约 1kg。从中随机取出 18 个无裂纹的球团矿作为本试验的试样。

（2）还原前总体积的测定。测定试样的总体积 V_0，然后将试样烘干，进行还原膨胀试验。

（3）还原。球团还原使用的试验设备与测定烧结矿低温还原粉化性能所用设备相同，详见本书 6.6.1 节。

在装球团矿的容器中的每一层放 6 个球团矿，将容器放入还原管内，关闭还原管的顶部。将 N_2 通入还原管，流量为 5L（标态）/min，随后把还原管放入电炉中，此时的炉内温度低于 200℃。接着开始加热，升温速度为 10℃/min。当试样温度接近 900℃时，增大 N_2 流量到 15L（标态）/min。在 900℃时恒温 30min，使温度恒定在（900±10）℃之间，同时通入流量为 15L（标态）/min 的还原气体（成分（摩尔分数）为 30%CO 和 70%N_2）代替 N_2。连续还原 1h 后，切断还原气体，向还原管内通入流量为 5L（标态）/min 的 N_2，然后将还原管连同试样一起提出炉外进行冷却，直至冷却终点温度低于 100℃。

（4）还原后体积的测定。测定经还原反应后冷却试样的总体积 V_1。

（5）还原膨胀指数计算。还原膨胀指数 *RSI* 用公式（7-3）计算，以相对体积百分数表示。

$$RSI=\frac{V_1-V_0}{V_0}\times 100\% \tag{7-4}$$

式中 RSI——球团矿的还原膨胀指数,%;

V_0, V_1——分别为还原前、后试样的总体积,mL。

D 荷重软化及熔滴特性

球团的荷重软化及熔滴性能的定义及其具体测定方法同烧结矿,详见 6.6.1 节。

7.4.3 球团矿与烧结矿质量比较

表 7-13 和表 7-14 给出了我国某钢厂及日本加古川厂球团矿与各自烧结矿的质量指标比较。

表 7-13 我国某厂球团矿与烧结矿的质量指标

质量指标		烧结矿	球团矿(酸性)
转鼓指数/%		78~79	83~84
粒度组成/%	10~15mm	—	80~90
	10~40mm	40~50	—
FeO 含量/%		18~19	6~7
孔隙率/%		约 50	约 30
碱度		1.1~1.2	0.5~0.8
堆密度/$t \cdot m^{-3}$		1.5~1.7	2.4~2.6

表 7-14 日本加古川厂球团矿与烧结矿的质量指标

项目	球团矿(自熔性)	烧结矿
单球抗压强度/N·个$^{-1}$	2726~3180	
转鼓指数(小于 1mm)/%	1~3	3~8
孔隙率/%	24~28	
小于 5mm 粒级的比例/%	<1	3~8
JIS 还原率/%	85~90	65~70
收缩率/%	30~35	
膨胀率/%	8~12	
$RDI_{-3.15}$/%	8~12	30~40
TFe/%	61	55~57
SiO_2/%	4.1	5.4~6.0
碱度 $w(CaO)/w(SiO_2)$	1.3	1.5~2.0

球团矿的常温强度好,但其热还原强度比烧结矿差,存在着高温还原膨胀粉化的问题,在炉内的破碎程度比烧结矿大。球团矿还原性能好,在高炉内还原速度比烧结矿快。球团矿在运输过程中粉碎率低,适于长途运输与贮存。在生产过程中,由于球团矿焙烧时料层透气性好、强度高,与生产烧结矿相比,可减少向大气中逸散的粉尘,有利于改善环境。

目前,球团矿和烧结矿生产都获得了较大发展,生产能力和产品质量均不断提高。究竟采用何种造块方法,应综合考虑具体原料条件、设备水平、经济性等因素而合理确定。近年来,国内外广泛采用碱度超过 1.7 的烧结矿配加相应数量的酸性球团,球团矿与烧结矿之间呈相辅相成的关系。

7.4.4 国内外球团矿质量比较

据不完全统计,2017 年我国球团企业年产能为 190.8Mt,其中竖炉 141 座,产能 80.8Mt;回转窑 80 座,产能 110Mt。

2000 年部分国产典型球团矿的质量指标列于表 7-15 中。济钢球团矿品位仅次于首钢,SiO_2 含量最低,抗压强度最高;新疆八一钢铁公司的球团矿碱度最高;杭钢的球团矿虽然品位最低,但却是添加 3.37%MgO 的球团矿,强度高、还原性好、软化开始温度高的优点比较明显;承钢球团矿尽管皂土配比最高,但抗压强度仍为全国最低;首钢矿业公司球团厂截窑改造后的球团矿,综合质量处于国内领先,但抗压强度仍有待提高。

表 7-15　国产典型球团矿的质量指标对比(2000 年数据)

球团生产工艺	竖炉焙烧			带式焙烧机焙烧		链箅机-回转窑焙烧		
生产企业	济钢	新疆八一	杭钢	鞍钢	包钢	承钢	首钢	首钢①
产量/Mt	0.884	0.372	0.435	2.320	1.105	0.370	0.614	0.548
TFe/%	64.18	62.35	58.26	63.19	62.59	56.05	64.84	65.56
FeO/%	0.61	1.29	0.79	0.58	2.11		3.76	0.86
SiO_2/%	4.98	6.52	7.02	8.13	7.86	7.26	5.50	4.80
碱度 $w(CaO)/w(SiO_2)$	0.19	0.37	0.26	0.05	0.10	0.11	0.05	0.05
抗压强度/N · 个$^{-1}$	3410	2170	3021	2412		1546	1809	2035
皂土消耗/kg · t^{-1}	24.8	44.8	25.9	14.0	15.2	85.7	26.7	23.3

①首钢矿业公司球团厂截窑改造后生产的球团矿。

另外,在品种方面,我国还是以酸性球团为主。随着生产技术的发展,对于那些使用酸性球团已不能适应合理炉料结构要求以及需要对球团品种有多种选择的企业,应在生产熔剂性球团、扩大品种方面有所突破,以适应炼铁技术发展的需要。

表 7-16 给出了 2000 年主要进口球团矿的质量指标。可见,与国外进口球团矿相比,我国球团矿的主要差距表现为品位低、SiO_2 含量高和品种单一,主要原因包括:(1)磁铁矿本身 SiO_2 含量高;(2)受选矿技术和装备水平所限,精矿粉粒度普遍达不到球团精粉的要求,品位低,SiO_2 含量高;(3)因精矿粉粒度粗,为保证强度就必须增加膨润土配比;(4)燃料和膨润土的质量不佳。

表 7-16　典型进口球团矿的质量指标(2000 年数据)

国　家	巴　西		秘　鲁	印　度		瑞　典
生产企业	CVRD		马尔康纳	KIOLC	MANDOV	LKAB
TFe/%	65.87	66.11	65.40	65.00	64.00	67.50
FeO/%	0.57	0.23	1.30	0.50	0.50	0.40
SiO_2/%	2.46	3.01	3.83	3.50	2.20	0.95
碱度 $w(CaO)/w(SiO_2)$	1.04	0.29	0.12	0.03	1.18	1.10
抗压强度/N · 个$^{-1}$	3339	2800	2275	2246	2387	2283
RSI/%	13.00	13.00	15.68			14.90
RI/%	70.00	68.00	61.78			66.70
$RDI_{-3.15}$/%	10.00	7.00	9.33			

为了实现我国球团技术的进步，提高国产球团的质量，应采取以下措施：(1)加强原矿的细磨深选，降低铁精矿 SiO_2 含量，提高小于 0.043mm 粒级所占比例；(2)增设润磨、辊磨，强化造球，降低膨润土用量；(3)采用先进过滤设备，严格控制铁精矿含水率；(4)使用进口高品位铁精矿，改善球团原料质量；(5)采用链箅机-回转窑等先进工艺，逐步淘汰竖炉球团生产，在原料供应允许的情况下坚持大型化的发展方向等。

7.5 球团矿生产新工艺

7.5.1 氧化镁球团矿

在高炉内，酸性球团矿内的 FeO 与 SiO_2 反应速度快，渣相熔化温度低，导致软熔性能差。酸性球团矿在高炉内过早熔化，致使软熔带的透气性下降，恶化还原条件，减少炉内的间接还原。为了改善酸性球团矿的高温冶金性能，可适当添加各种熔剂。添加 CaO 质熔剂而生产的自熔性球团矿，由于膨胀率较大，不适宜用作高炉炉料；而添加 MgO 质熔剂生产的含 MgO 碱性球团矿，不但可以改善酸性球团矿的高温冶金性能，而且可降低膨胀率。

添加 MgO 对球团矿冶金性能的影响主要包括如下几个方面：

(1) MgO 对球团矿软熔和滴落性能的影响。添加 MgO 有利于提高酸性球团矿的软熔和滴落性能，其原因在于，添加 MgO 促使生成高熔点渣相，抑制了低熔点硅酸铁的形成，使球团的熔化温度升高；另外，在加热还原过程中，MgO 与 FeO 无限固溶，形成高熔点含镁浮氏体，使熔滴温度进一步升高。

包钢研究结果表明，与不含 MgO 的球团矿相比，MgO 含量在 1%～2%范围内的球团矿的开始滴落温度升高 25℃，压差陡升温度升高 5℃，MgO 球团矿的熔融区间加宽 20℃。鞍钢的研究资料也显示，提高酸性球团矿中的 MgO 含量，可以改善其软熔和滴落性能。随着 MgO 含量的提高，球团的软化和熔化温度均上升，收缩率下降。将 MgO 量控制在 1%～2%范围内，可以得到软熔温度高、收缩率较低的球团矿。

(2) MgO 含量对球团矿抗压强度和抗磨指数的影响。提高球团矿的 MgO 含量，可使更多的 Mg^{2+} 扩散到 Fe_3O_4 晶格中，阻碍 Fe_3O_4 的氧化，从而使球团矿的抗磨指数下降。包钢的研究结果表明，将焙烧温度控制在 1250℃时，若球团矿 MgO 含量增加到 2%，则成品球团矿的抗压强度将由 3300N/个降低到 2880N/个，抗磨指数由 10.14%降至 9.36%。

(3) MgO 含量对球团矿还原粉化及膨胀性能的影响。鞍钢资料显示，若增加 MgO 含量，酸性球团矿的低温还原粉化率和膨胀率会急剧下降。而包钢研究结果表明，当 MgO 含量升高到 2%时，球团的低温还原粉化率则下降 6.3%，但膨胀率变化并不明显，仅略有降低。

因此，球团矿中添加 MgO，总体上有助于提高球团矿的冶金性能，改善高炉的操作指标。包钢根据自身资源状况，选择了轻烧白云石粉（白云石高温煅烧后破碎磨细的产物）作为添加 MgO 的原料，生产了含 MgO 1.82%的球团矿。虽然添加 MgO 导致入炉球团矿品位有所下降，但高炉使用该含 MgO 的球团矿仍有利于高炉生产。

另外，根据含 MgO 熔剂种类的不同，MgO 球团矿分为镁橄榄石球团矿和白云石球团矿等多种。

镁橄榄石球团矿，是在生产球团的料中配加镁橄榄石而制成的一种酸性氧化球团矿。镁橄榄石（$2MgO \cdot SiO_2$）具有较高的熔点，含有相当数量的 MgO，将其加入球团料可改善球团矿的高温冶金性能，也能起到一定的抑制球团矿异常膨胀的作用；但同时也增加了球团矿的 SiO_2 含量，降低了球团的品位。表 7-17 给出了镁橄榄石球团与酸性球团冶金性能的比较。

表 7-17 镁橄榄石球团与酸性球团冶金性能的比较

项 目	1000℃时还原至还原度为40%的速度/%·min^{-1}	软化温度/℃	熔化温度/℃	开始滴落温度/℃
镁橄榄石球团矿	0.36~0.45	1350~1365	1355~1380	1380~1395
酸性球团矿	0.23~0.45	1210~1230	1250~1290	1255~1305

项 目	熔化温度/℃		直接还原温度/℃		滴落物料量/%	初渣量/%
	渣	铁	开始	终了		
镁橄榄石球团矿	1350~1380	1420~1455	1220~1340	1485~1540	55~77	3~8
酸性球团矿	1250~1290	1305~1350	1240~1290	1360~1420	87~95	23~35

白云石球团矿,是在球团料中添加白云石粉而制成的一种熔剂性球团矿。由于白云石中同时含有 MgO 和 CaO,所以生产出的这种球团矿因 MgO 的作用可改善冶金性能,因 CaO 的作用而提高碱度,而且比镁橄榄石球团矿 SiO_2 含量低。因此,高炉使用白云石球团矿后,渣量低于使用橄榄石球团矿的场合。

表 7-18 给出了国外工业试验用的白云石球团冶金性能指标。

表 7-18 国外工业试验用的白云石球团冶金性能指标

球团矿碱度	0.31	0.53	0.59	0.73	0.83	0.96	1.10	1.49
SiO_2/%	4.71	4.27	4.44	4.58	3.60	3.54	3.49	3.36
MgO/%	0.96	1.36	1.60		1.95	2.11	2.38	3.26
林德试验结果								
TFe/%	73.4	71.4	70.4	70.8	71.7	71.8	73.6	
FeO/%	57.7	60.6	65.3	56.6	56.6	57.6	41.3	
MFe/%	27.4	24.0	18.2	26.8	27.0	26.4	38.1	
还原度/%	56.8	54.2	48.8	57.7	57.8	56.9	66.8	
完整球团数/%	26.5	1.7	3.5	0	5.1	3.9	5.8	5.1
粒度组成(小于 3mm)/%	5.7	7.8	11.1	14.5	9.0	17.0	21.3	22.5
还原后抗压强度/N·$个^{-1}$	425	147	252	—	424	359	337	357

7.5.2 多孔球团矿

新型多孔球团矿,是在球团料中加入 2.5%锯木屑等可燃物质而生产的球团矿。与普通酸性球团矿相比,多孔球团矿具有孔隙率高、还原性能好、软熔温度高等优点,其高温冶金性能指标见表 7-19。试验表明,高炉使用新型多孔球团矿代替 54%的由白云石球团矿、酸性球团矿及矿石组成的混合炉料,可增产 40%,使燃料比降低 13%。在球团料中添加 2%小于 0.5mm 的高沼泥炭,也可使球团矿的孔隙率提高 8%~10%。

表 7-19 日本加古川厂多孔球团矿的高温冶金性能

项 目	全孔隙率/%	JIS 还原度/%	1100℃荷重还原		软化温度/℃	熔滴温度/℃
			收缩率/%	还原度/%		
酸性球团矿	28.3	63.1	43.2	58.2	1150	1260
多孔球团矿	34.7	90.3	9.9	90.5	1230	1410

阻碍多孔球团矿技术推广和应用的问题是大量生产时如何保证锯木屑等可燃物质的供应。

7.5.3 破碎球团矿

球团矿的缺点之一是其呈球体形状。当球团矿作为高炉主要炉料时,会引起高炉料层分布不均匀,而使气流分布不均匀。另外,炉内所堆积的球团矿在料层中的定位能力很差,并且很不稳定,使冶炼操作产生困难。破碎球团就是改善球团矿形状的办法之一。

球团矿破碎后,其安息角与烧结矿的安息角相近。破碎球团矿的气流阻力系数介于球形球团矿与烧结矿之间。破碎球团矿的性能,特别是JIS还原度,随粒度的变化而变化;但在破碎球团矿粒度均匀且与球形球团矿粒度相似的情况下,其冶金性能是相同的,详见表7-20。高炉使用破碎球团矿能够提高焦炭负荷,实现高效率操作。

表7-20 破碎球团矿的冶金性能

项目	破碎球团矿			球形球团矿
	5~10mm	10~15mm	>15mm	10~13mm
孔隙率/%		24.4		25.1
JIS还原度/%	92.5	87.3	60.7	88.9
低温还原粉化率/%	12.2	11.6	16.7	10.0
还原膨胀率/%	12.9	12.9	12.7	12.4
高温还原度(1200℃)/%	65.8	70.3	67.7	67.7
高温还原度(1250℃)/%	38.0	24.6	16.8	25.0

7.5.4 内燃球团矿

内燃球团矿,就是在球团混合料中加入少量含碳添加剂而生产的球团矿。在干球预热和焙烧过程中,所含的碳或将赤铁矿先还原成磁铁矿,或直接氧化放热,以减少焙烧用燃料(重油、天然气)的消耗量,并均匀球团的质量。巴西、加拿大等很多球团厂均将该技术应用于工业生产中。

内配的燃料有木炭、焦粉、无烟煤、烟煤、高炉炉尘等多种,一般需细磨至0.1mm以下。赤铁精矿球团料中的配入量为含碳1.0%~1.2%,磁铁精矿球团料中的适宜配入量为含碳0.5%~0.8%,在调整焙烧制度的情况下,可以获得较好的效果。

使用内燃球团矿有以下优点:(1)降低燃油或天然气消耗(有的厂燃油或天然气消耗量可节省52.4%~54.5%),并降低总热消耗量及燃料成本费用。(2)提高球团矿产量9%~18%,工艺风机的电能消耗减少15%。(3)虽然球团矿平均抗压强度有所下降,但由于均匀了焙烧过程,故抗压强度的标准偏差减小;赤铁精矿球团矿在少量配入燃料(含碳0.5%)的情况下,还可提高球团矿的强度。(4)减少了球团矿的高温焙烧时间,提高了球团矿的孔隙率,球团矿的还原性能得到有效改善。

7.6 特殊球团工艺

在球团方法分类中,除高温氧化焙烧球团法(即竖炉焙烧、带式焙烧机焙烧、链箅机–回转窑焙烧和环式焙烧机焙烧)之外,还有金属化球团法、冷固球团矿法、用于综合回收铁矿原料中有用金属的球团氯化焙烧法、铁矿含碳球团法等几种特殊球团工艺。

7.6.1　金属化球团

金属化球团矿属于预还原球团矿,将生球或经氧化焙烧后的球团矿在还原装置中用固体或气体还原剂进行预还原处理后,可得到有一部分或绝大部分氧化铁转变为金属铁的球团矿。金属化程度用球团矿中还原出的金属铁量与全铁量之比来评价,称为金属化率。

一方面,金属化率低(60%~85%)的金属化球团通常用作高炉原料。冶炼效果表明,当炉料中的金属铁每增加10%时,焦比可降低5%~6%,生产率可提高5%~9%。但高炉能否大量使用金属化球团则取决于经济效益,因为使用金属化球团矿冶炼后,吨铁的能耗要比不使用时高,有人认为这样不经济,但也有人认为用便宜的煤代替昂贵的焦炭很合算。

另一方面,金属化率高(70%~90%以上)的金属化球团矿可代替废钢用于炼钢。与废钢相比,这种金属化球团含杂质较少,成分稳定,生产操作中易管理,可生产优质钢。

生产金属化球团矿的方法较多,可分为如下几类:(1)用气体还原剂在竖炉内还原氧化球团;(2)用固体还原剂(煤)在回转窑内还原氧化球团;(3)用粉矿或铁精矿粉作原料,在链算机-回转窑系统的加长回转窑内,完成球团矿的焙烧和预还原;(4)现在还有些厂利用转底炉工艺生产金属化球团,球团矿的焙烧和还原均在转底炉内完成。

图7-18所示为用粉矿或铁精矿粉生产金属化球团的链算机-回转窑工艺流程。用固体燃料作还原剂,以回转窑作为反应器,还原剂和生球同时进入回转窑还原焙烧,最终得到金属化球团矿。金属化球团的金属化率达90%以上,粒度为5~15mm,通常作为炼钢原料。

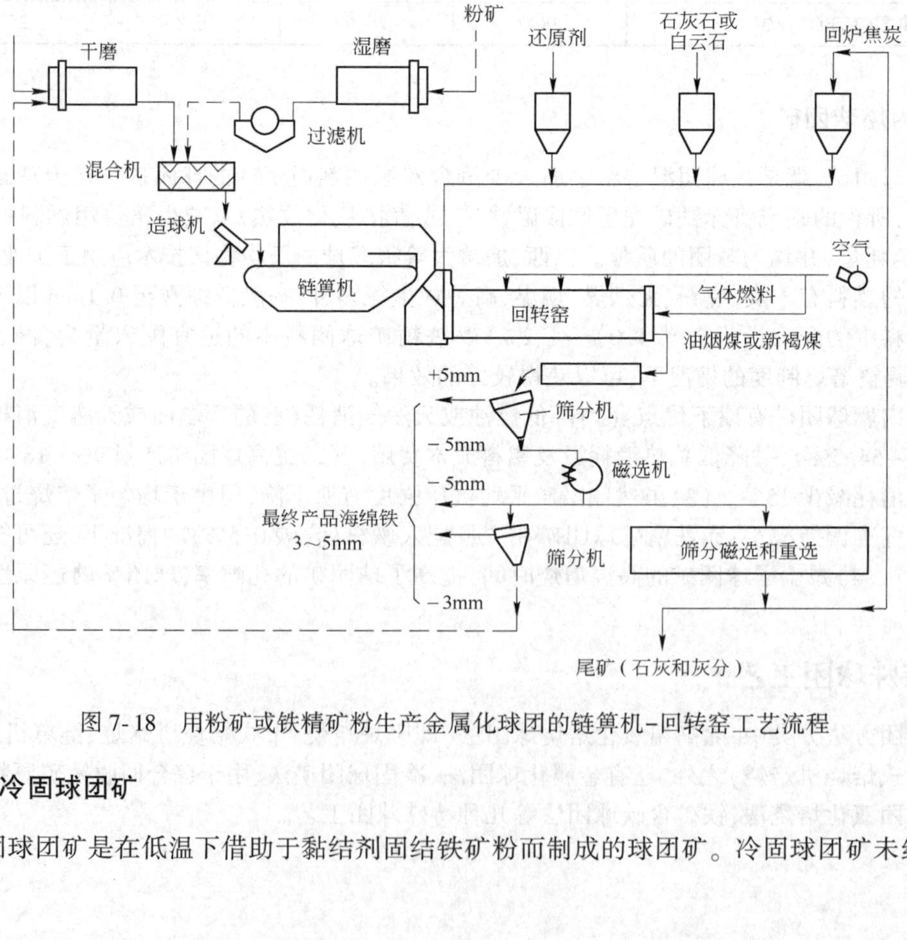

图7-18　用粉矿或铁精矿粉生产金属化球团的链算机-回转窑工艺流程

7.6.2　冷固球团矿

冷固球团矿是在低温下借助于黏结剂固结铁矿粉而制成的球团矿。冷固球团矿未经高温焙烧,铁矿粉颗粒未参与化学反应,仍保持原料的特性。国内外曾试用过多种黏结剂,如石灰、糖浆、废纸浆、水玻璃、水泥、氯化物等,但大部分未获得成功,制成的球团矿不能满足高炉冶炼的要求。

曾在高炉上试用过的冷固球团有:(1)水泥固结球团。用5%~12%的波特兰水泥熟料与矿粉制成球团矿,经养护和长时间贮存完成固结。(2)高压蒸汽养护球团。在含SiO_2(6%~8%)的矿粉中加入细磨石灰制成球团矿,经干燥后在高压釜中以0.6~0.8MPa的高压蒸汽养护而完成固结。(3)碳酸化冷固球团。精矿粉以消石灰(15%~20%)作黏结剂,用糖渣作催化剂制成球团矿,在低温(40~70℃)和含CO_2(20%~25%)的气体中养护,经过碳酸化反应生成碳酸钙微晶结构而使球团矿固结,碳酸化冷固球团的生产工艺流程见图7-19。此外,我国一些厂家将废纸浆和水玻璃作为黏结剂,与精矿粉一起用压球机制成球团矿,经养护后用于中小型高炉(约占炉料的5%~10%)。

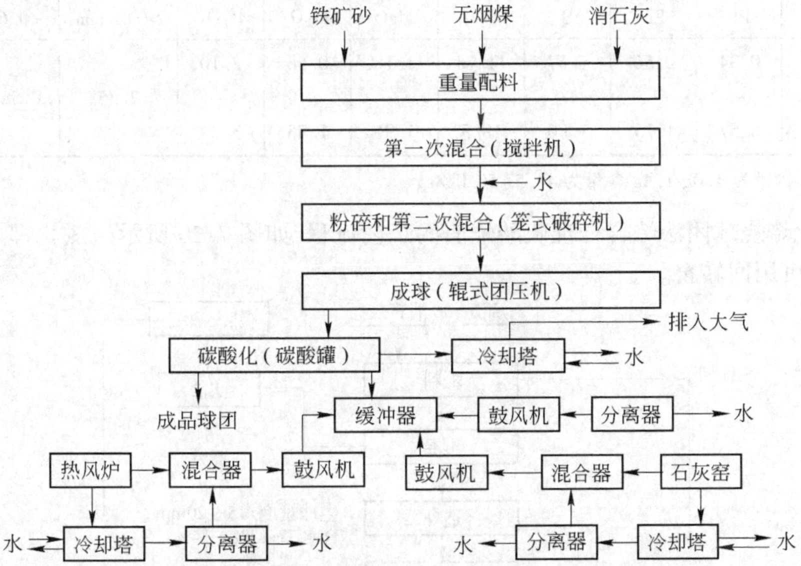

图7-19　我国某厂生产碳酸化冷固球团的工艺流程

这些冷固球团矿的共同缺点是:(1)必须养护,有的养护时间过长(约1m);(2)黏结剂用量都较多,使球团矿品位降低,而且使高炉渣量增加;(3)高温强度差,由于黏结剂在高温下失去强度,球团矿进入高炉后易碎而产生粉末,影响高炉生产。因此,所有冷固球团矿都没有得到有效发展。原来我国一些厂使用的冷固球团矿都被竖炉氧化球团矿所代替。

7.6.3　球团过程综合回收有用金属

我国铁矿资源的特点是大部分为多金属复合矿,有的还含有有害杂质。此外,每年还产生大量的硫铁矿烧渣等含铁废弃物,其内含有少量的各种有色金属、稀有金属和有害成分。如果在其球团过程中不能有效地进行综合回收,不仅造成资源浪费,而且在一定程度上影响高炉生产和生铁质量,某些有害杂质还会造成环境污染。

在球团过程中,提取铁矿中有用金属的方法有:(1)还原焙烧,分离铅、锌等易挥发的金属。如在生产金属化球团过程中,可以直接待其挥发分离出来,然后在烟气中加以回收。(2)在含钒铁矿粉中加适量的硫酸钠造球,经高温焙烧后,钒转化为易溶于水的钒酸钠。球团矿用水浸泡,钒酸钠被溶解出来,再从水中回收钒。(3)氯化挥发焙烧。利用大多数金属氯化物在不同温度下能够挥发的特点,在造球过程中添加氯化剂,或在高温固结时通入氯气,使多金属铁矿中的有色和稀有金属进行选择性氯化挥发,并在烟尘中加以收集。

硫酸烧渣是指以硫铁矿为原料,通过沸腾焙烧硫铁矿制取硫酸后所排出的一种工业废渣,俗称"烧渣"。据统计,我国近年来排出的烧渣量在 2000 万 t/a 左右,利用率仅为 30%,堆放的剩余大量烧渣不仅浪费资源,而且白白地占用土地,污染环境,而且这种趋势在逐年递增。硫酸烧渣成分复杂,含有铜、砷、锌、磷、硫等多种有害元素,含铁量较低,而且各厂烧渣的理化性质存在着较大差别,这些因素都是烧渣进行综合利用的难点。表 7-21 为我国某厂硫酸烧渣的理化性能。可以看出,硫酸烧渣是一种以铁为主的多金属矿物原料,类似于多金属铁矿。

表 7-21　我国某厂硫酸烧渣的理化性能

硫酸烧渣的化学组成/%									粒度组成/%		真密度 /t · m^{-3}
TFe	Cu	Pb	Zn	S	SiO_2	MgO	Al_2O_3	P_2O_5	>0.27mm	<0.67mm	
50.70 ~ 51.94	0.18 ~ 0.20	0.34 ~ 0.57	0.56 ~ 1.15	1.37 ~ 1.86	11.78 ~ 18.5	1.18 ~ 1.96	0.56 ~ 1.35	2.10 ~ 3.07	2.35	58.8	3.7

注:另外,Au 含量为 1.0g/t,Ag 含量为 44.5~50.0g/t。

通过氯化焙烧球团法综合处理硫酸烧渣的工艺流程,如图 7-20 所示。氯化挥发焙烧设备除用竖炉外,也可用回转窑。

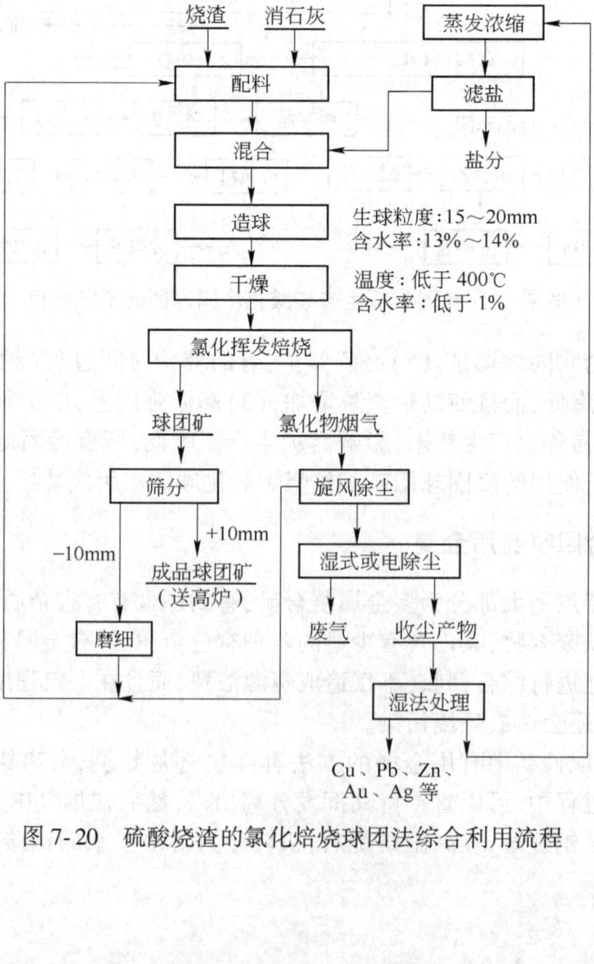

图 7-20　硫酸烧渣的氯化焙烧球团法综合利用流程

硫酸烧渣的氯化焙烧流程基本上类似于竖炉氧化球团流程,但也有其特殊性,表现在以下几方面:

(1)在混合料混合造球时,加入氯化剂(如氯化钙溶液)或者在球团竖炉中通入气态氯。固体氯化剂最好以水溶液的形式在造球过程中加入,为了增大溶液的浓度和降低其黏度,存放氯化剂的贮槽和输送管道应有蒸汽保温。

(2)生球必须预先干燥,这是与一般球团矿生产所不同的。其作用一方面是为了减少氯化物水解的影响,因为生球在氯化焙烧过程中存在水分时,会给某些容易水解的金属氯化物创造逆反应的条件,影响其回收率;另一方面是希望增加生球的机械强度,有利于生产指标的提高。

(3)球团矿经过氯化焙烧后,除球团矿送往高炉炼铁外,还要把含金属氯化物的烟尘进行捕集。将捕集的氯化物再进行湿法处理,分离提取各种有色和稀有金属。

7.6.4 铁矿含碳球团

铁矿含碳球团为含铁资源(主要是铁精矿粉、富矿粉、含铁粉尘等)和含碳资源(如煤粉、焦粉、木炭粉等)的混合物,为提高强度,一般需同时配入适量的黏结剂。使用含碳球团可免去传统的高温造块过程,有效缩短钢铁冶金流程,简化工程;并且含碳球团自身带有还原剂,铁矿粉与还原剂紧密接触,在加热的过程中能够快速还原铁氧化物,具有较好的还原性能(含碳球团能扩大铁氧化物与碳的反应界面,减少气体在固相中的扩散行程,为还原反应创造良好的动力学条件,使每个球团成为一个独立的自还原体系,不需要外界的强烈还原气氛,只要加热到适当温度,就能自行快速还原);生产含碳球团可以加强低品位含铁资源的综合利用。因此,含碳球团作为新型的优质炼铁原料一直备受青睐。

7.6.4.1 冷固结含碳球团

较早开发并获得较多研究成果的是一些含碳和含铁资源的冷固结球团,主要应用于转底炉直接还原(如Itmk3)工艺和熔融还原工艺(如Fastmelt、Tecnored)中。目前,冷固结含碳球团是钢铁厂处理含铁粉尘和进行造块的有效手段之一,在含铁粉料中配入固体还原剂(煤粉或焦粉)及适当的黏结剂,充分混合后,经造球机造球或压球机压制形成冷压块。常见的冷压块方法包括水玻璃固结法、高压蒸汽养护法、碳酸化固结法以及水泥固结法等。实质上,冷固结球团是含铁料、黏结剂与含碳原料的机械混合物。

尽管冷固结球团在常温下获得了良好的机械强度,但绝大多数方法均涉及外加黏结剂固结,所使用的黏结剂包括有机黏结剂和无机黏结剂。外加黏结剂不仅提高生产成本,而且在高温下,几乎所有的有机黏结剂在冷固结含碳球团矿还原过程中出现金属铁连晶黏结之前,就完全丧失黏结能力,只有少数几种以无机物为黏结剂的冷固结技术尚具生命力,但也存在着许多诸如制造成本高和冶金性能差等方面的问题。这些球团添加入高炉或竖炉后,一方面引起渣量增加,对冶炼产生不利影响;另一方面,由于这些球团中加入的黏结剂在600℃以上就失去黏性,使球团的高温强度急剧降低甚至丧失,从而限制了冷固结球团在高炉中的大量使用,也导致了多个基于冷固结含碳球团的熔融还原炼铁工艺失败。

7.6.4.2 热压含碳球团

近年来,在冷固结基础上成功开发了一种新型含碳球团——热压含碳球团(英语缩写为CCB)。热压含碳球团是普通铁矿粉和煤粉的混合物,由热压块制成,生产的主要过程如图7-21所示。

实验室规模的热压设备如图7-22所示。铁精矿粉可在电阻炉内加热,而煤粉预热炉主要由油加热器构成,其内设置搅拌器。经预热至650℃左右的铁精矿粉加入达到一定温度(150~

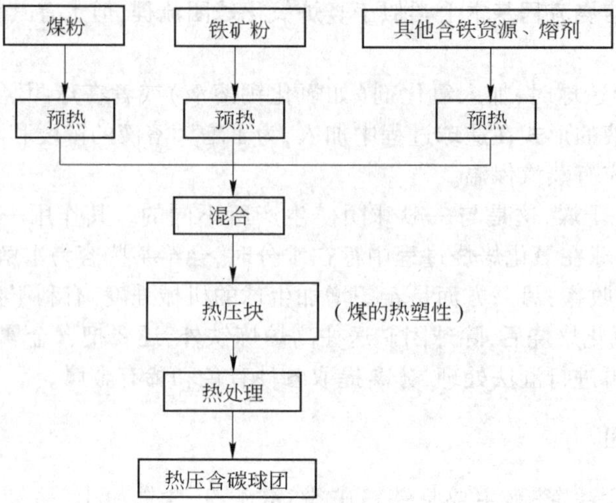

图 7-21　热压含碳球团生产的工艺流程

250℃）的煤粉内，搅拌器高速转动，充分混匀煤粉和矿粉；同时，煤粉经受热继续软化熔融，软融状态的煤侵入含铁原料颗粒的空隙中或覆盖在颗粒的表面上，因此，含铁原料与碳充分接触。在煤粉和矿粉黏结物达到设定温度（350～500℃）后，自煤粉预热炉通过螺旋给料器喂至对辊热压机内热压成型。将初步成型的热压块置于热压机下部的封闭容器内，保持在适当温度下进行热处理，其间挥发分充分挥发，煤形成半焦，从而保证了最终的热压块具有足够的强度。热压产物强度加强的机理如图 7-23 所示。

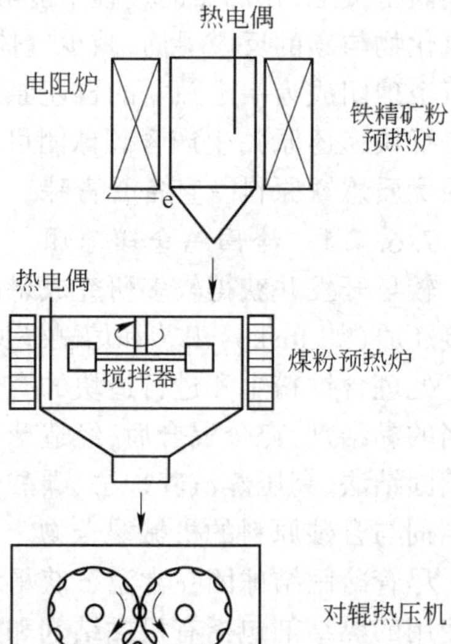

图 7-22　实验室规模的热压设备示意图

热压含碳球团的制备过程是，将煤粉、铁矿粉经预热处理后按一定的比例配料混合，煤在软化熔融状态下与含铁原料黏结后热压成块（视情况再做进一步热处理）。整个过程不需外加黏结剂，充分利用煤的热塑性来保证热压产品的强度。与其他含碳球团相比，热压含碳球团具有微观结构良好、入炉品位高、成渣率低、强度高、传热性好以及还原性强等优点。

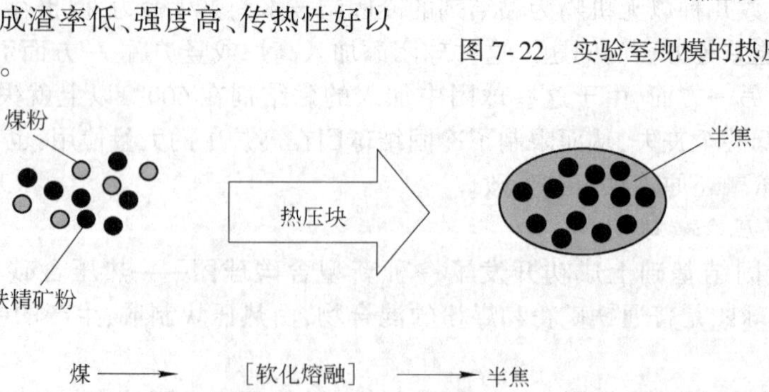

图 7-23　热压含碳球团强度加强的机理

A 热压含碳球团的冶金性能

热压含碳球团具有良好的冶金性能,主要体现在如下几个方面:

(1)高温强度高。热压含碳球团与冷固结含碳球团相比,高温强度明显改善。试验证明,由热塑性较好的煤在线压力为2.0~2.9t/cm的条件下所生产的热压含碳球团,还原冷却后的抗压强度可达1200N/个,示于图7-24中。可见,热压含碳球团的高温强度明显优于普通氧化球团和冷固结含碳球团。

热压含碳球团的抗压强度与其热压温度、煤的热塑性以及成型压力等因素有关。相关试验表明,煤的热塑性对热压产物的强度影响很大。在其他工艺参数不变的情况下,煤的热塑性越好,所具有的最大流动度越大,则热压含碳球团的抗压强度越大。在煤的软融温度与最大流动度范围内,温度越高,热压含碳球团的强度越大。当温度超过最大流动度温度,则煤的流动性降低,导致热压含碳球团强度降低。所以,热压成型温度应接近于最大流动度温度。

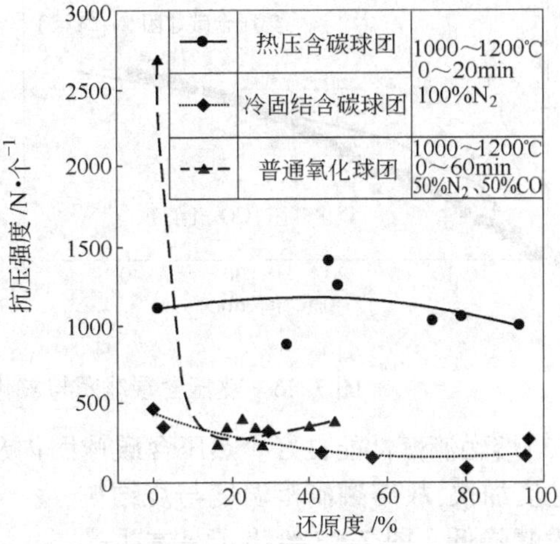

图7-24 热压含碳球团与其他球团的高温强度对比

在高温还原过程中,热压含碳球团的抗压强度明显高于烧结矿和普通球团,不易发生粉化现象,而且含碳球团在炉内下降进入高温区,其内含有的煤将经历还原、干馏和结焦等反应,孔隙率将明显增大。所以可推测,使用热压含碳球团后,将不会恶化竖炉或高炉的透气性。

在热压过程中,熔融态的煤粉侵入铁矿粉的空隙中,煤粉与矿粉紧密结合。而冷固结含碳球团内,碳与铁矿颗粒的结合为点结合,接触面积远小于热压含碳球团。因此,热压含碳球团的孔隙率(约13%)小于冷固结含碳球团(约21%),致密度的提高从而改善了热压含碳球团的抗压强度。另外,优越的微观结构使热压含碳球团具有良好的传热和传质特性,同时也为高速还原和渗碳提供了有利条件。

(2)还原性能好。由于热压产物内部铁氧化物与碳的细小颗粒紧密接触,与普通的烧结矿相比,还原反应可在较低的温度下就开始发生。另外,含碳球团内存在耦合效应,即碳的气化反应和铁氧化物的还原反应同时进行并相互促进,最终加速整个含碳球团的还原。

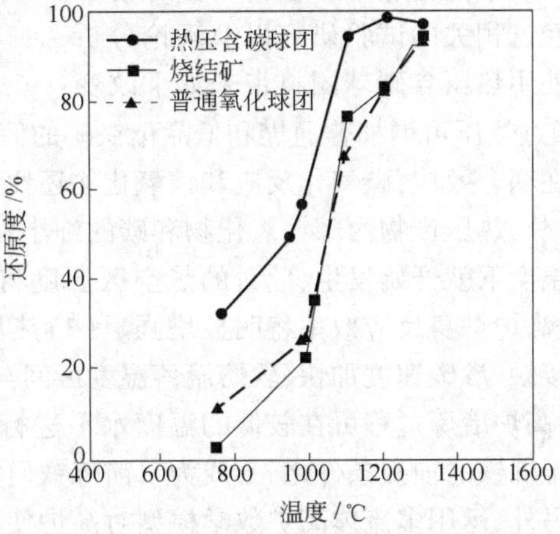

图7-25 热压含碳球团与其他炼铁炉料还原性试验结果的对比

图7-25给出了热压含碳球团与其他炼铁炉料还原性试验结果的对比。可知,热压含碳球团的还原性能要明显优于普通烧结矿和普通氧化球团。

另外,热压含碳球团在各种气氛下的还原失重试验结果示于图7-26中。可知,在1100℃时,整个热压含碳球团的还原反应仅需 15～20min 左右即可完成，而且反应气氛对整个还原过程的影响不大，甚至在 100% N_2 气氛中也可快速还原。故高炉使用热压含碳球团后，炉身反应效率将明显增强。

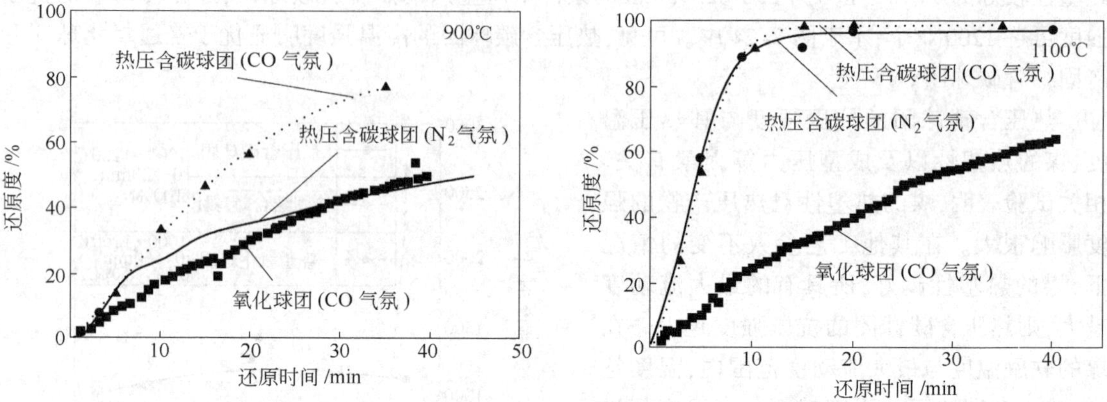

图 7-26　热压含碳球团与氧化球团的还原失重试验结果比较

(3) 熔融滴落性能良好。热压含碳球团内新还原出来的铁颗粒与细小碳颗粒充分接触，使渗碳速度加快，故熔融滴落温度与烧结矿相比大幅降低。图 7-27 给出了日本生产的烧结矿和热压含碳球团熔滴试验结果。试验表明，在含铁炉料中，随着热压含碳球团比例的增加，混合炉料的滴落温度呈下降趋势。与普通烧结矿相比，热压含碳球团的滴落温度 t_d 降低约 150℃。

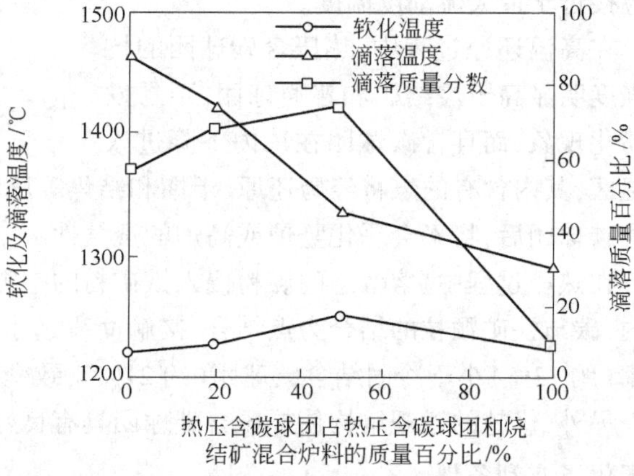

图 7-27　烧结矿和热压含碳球团的熔滴试验结果

(4) 生产能耗低。热压含碳球团生产的最高工艺温度约为 700℃，低于烧结过程，故热压生产的能耗将大幅降低。

B　高炉使用热压含碳球团的效果

经过相关的试验研究以及理论分析，高炉使用热压含碳球团将带来如下改变：(1) 通过热压可增加普通煤和低品位铁矿的使用量，增强了高炉对原料的适应性。(2) 含碳球团内存在耦合效应，碳气化反应和铁氧化物还原反应同时进行并相互促进，最终加速铁氧化物的还原；另外，热压产物内部铁氧化物和碳的细小颗粒紧密接触，与普通烧结矿相比，还原反应可在较低的温度下就开始发生，此时的热空区温度将不再取决于 FeO 还原开始的温度，并有望大幅降低，故高炉炉身反应效率将明显增强。(3) 热压含碳球团内新还原出来的铁颗粒与细小碳颗粒充分接触，渗碳速度加快，软熔滴落温度区间与烧结矿相比将明显降低；相应的，出铁的温度也可降低，高炉冶炼过程可在较低的温度水平进行，称为"低温炼铁"。使用高还原性热压含碳球团是低温炼铁的前提条件之一，成为目前炼铁研究的热点。

另外，运用多流体高炉数学模型对高炉使用热压含碳球团的操作进行了详细的数学模拟研究，结果表明：

(1) 高炉可接受的热压含碳球团的最大使用量，约占含铁炉料的 30%。超过此范围后，使用过多的热压含碳球团将使高炉的碳素利用恶化，气体利用率降低，最终将导致总体能量的消耗增加。

(2) 使用热压含碳球团后，炉身温度水平明显下降。如图 7-28 和图 7-29 所示，与现行高炉常规操作相比，模型预测使用 30% 热压含碳球团时，热空区温度下降约 200℃，这个预测值已被相关的试验所证实。

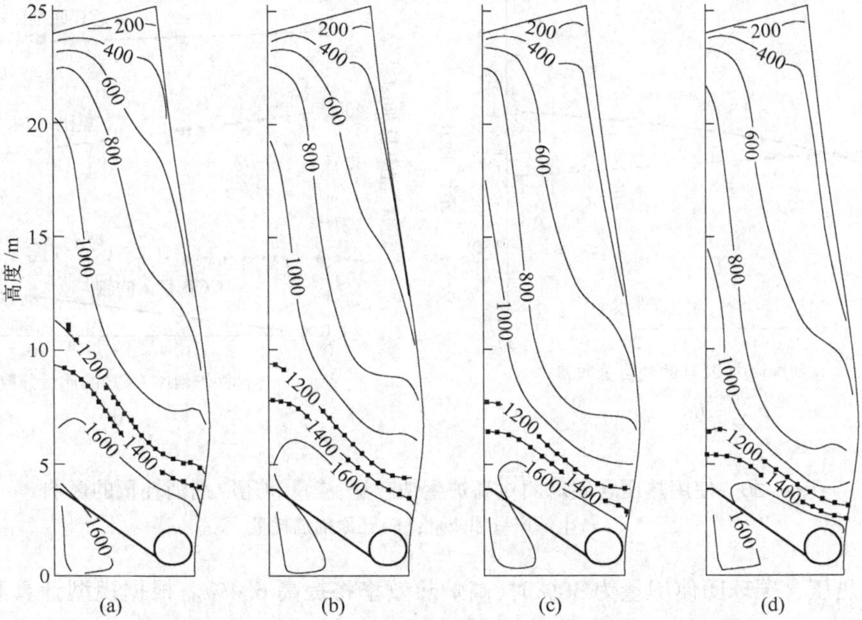

图 7-28 模型预测的热压含碳球团装入量改变时炉内二维温度分布(℃)
(a) 基准操作；(b) 10% CCB；(c) 20% CCB；(d) 30% CCB

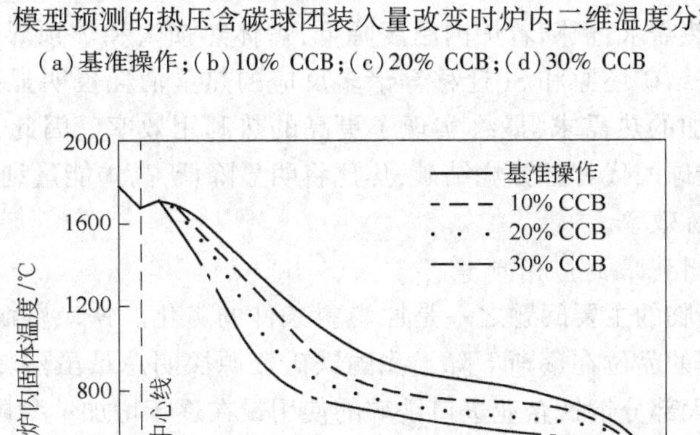

图 7-29 装入热压含碳球团对炉内高度方向上温度分布的影响

(3) 使用热压含碳球团对高炉生铁产量、渣量和还原剂消耗量的影响，见图 7-30。根据模型计算，含铁炉料中热压含碳球团的装入量由 0% 增加到 30% 时，高炉生铁产量将增加 6.7%，渣比减少 7.7%，焦比降低 106kg/t。高炉使用热压含碳球团实现增产降耗的机理为：一方面，随着矿焦比的增大,单位时间内更多的含铁原料可加入高炉中,因此获得更高的生铁产量;另一方面,在使用热压含碳球团的情况下,热压含碳球团中的脉石含量较低,而且焦比降低,故更少的脉石进入炉内,从而减少了吨铁的渣量。焦比的显著降低是由于高炉在使用热压含碳球团作为原料的情况下,热压含碳球团中的残碳取代部分焦炭充当了还原剂和燃料,而且高炉热利用效率的有效提高也有助于实现更低的焦炭消耗。

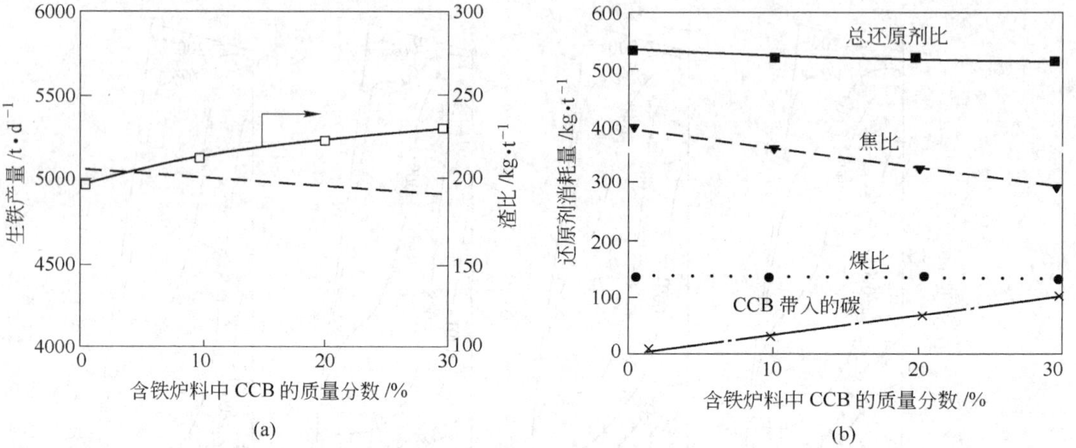

图 7-30　使用热压含碳球团对高炉生铁产量、渣量和还原剂消耗量的影响
(a)生铁产量和渣量;(b)还原剂消耗量

(4)当热压含碳球团使用量为 30% 时,高炉热效率将提高 6.4%。根据模型计算和高炉热平衡分析(见表 7-22)可知,在一定范围内,随着热压含碳球团使用量的增大,含碳球团还原反应的强吸热将增加炉内的热需求;但随着炉内温度降低,炉体热损失和炉顶煤气带走的热量减少,且用于焦炭气化溶损、烧结矿还原和 Si 迁移等诸多反应的热量消耗也明显减少,这些减少的热消耗补偿甚至超过了增加的热需求,最终实现了更高的热利用效率。因此,在一定的装入量范围内,高炉使用热压含碳球团代替部分烧结矿,焦比将明显降低,高炉能量利用效率增强,最终将明显改善操作指标和冶炼效率。

C　热压含碳球团技术的应用前景

当前,钢铁工业面临的主要问题之一是原燃料条件的劣化。铁矿资源经过长期的开发利用后,近年来可利用矿石的品位在逐渐下降。我国铁矿资源探明总量虽然较多,但分布不均,开采条件差,总体品位低,大部分钢铁企业进口铁矿的使用量在逐年增加。我国煤炭储量也在逐年下降,优质煤资源量逐年减少。可见,高炉的原燃料条件均呈劣化趋势。另外,我国焦炭产量虽然居世界前列,但炼焦煤的储量并非最大,而且焦煤资源分布不均,某些炼焦煤(如主焦煤、肥煤)资源有限。这些因素将阻碍我国钢铁工业的良性发展。

热压工艺可增加普通煤和低品位铁矿的使用量,增强炼铁产业对原燃料的适应性。考虑到我国钢铁产业的发展势头以及低品位铁矿及非焦煤储量偏大、钢铁厂二次资源利用率低等现实问题,热压含碳球团技术的应用前景较为广阔。到目前为止,我国对热压含碳球团的研究工作开展较少,故针对我国炼铁的原燃料条件,开发合理可行的热压含碳球团生产技术并进行深入的研究是一项具有极强实际意义的工作,最终必将积极促进热压含碳球团在高炉或熔融还原炼铁方面的应用。

表 7-22 高炉使用热压含碳球团后的热平衡分析 (GJ/t)

项目			基准操作	10%CCB	20%CCB	30%CCB
收入项	热风		1.74	1.69	1.65	1.63
	回旋区燃烧放热		3.23	3.13	3.06	3.02
	其他		0.21	0.21	0.20	0.20
	共计		5.18	5.03	4.91	4.85
支出项	炉顶煤气带走的显热		0.62	0.56	0.52	0.47
	铁水带走的显热		0.97	0.97	0.98	0.98
	熔渣带走的显热		0.42	0.41	0.39	0.38
	炉墙热损失		0.23	0.20	0.18	0.16
	热压含碳球团还原和熔化的耗热量		0.00	0.31	0.64	0.99
	烧结矿还原和熔化的耗热量		0.72	0.66	0.59	0.52
	熔渣中直接还原反应的耗热量		0.07	0.09	0.11	0.12
	气化熔损反应的耗热量	回旋区	0.14	0.14	0.14	0.13
		其他区域	0.88	0.78	0.66	0.56
	Si 迁移反应的耗热量		0.92	0.80	0.67	0.52
	其他		0.19	0.09	0.04	0.01
	共计		5.16	5.01	4.92	4.84

8 高炉精料和合理炉料结构

8.1 精料

8.1.1 精料要求

精料是指在原燃料入高炉前,采取措施使其质量优化,成为满足高炉强化冶炼要求的炉料。精料是高炉强化的基础,高炉使用精料可获得优良的技术经济指标。中国现行国家标准规定了高炉应达到的精料水平的参考指标,分别列于表 8-1~表 8-3。

表 8-1 焦炭精料水平指标(GB/T 1996—2017)

等级	灰分 A_d/%	抗碎强度 M_{40}/%	耐磨强度 M_{10}/%
一级	≤12.0	≥82.0	≤7.0
二级	≤13.5	≥78.0	≤8.5
三级	≤15.0	≥74.0	≤10.5

注:M_{40}和 M_{10}的含义和检测方法见本书 10.4.1 章节。

表 8-2 优质烧结矿精料水平指标(YB/T 421—2014)

项目	化学成分/%				物理性能/%			冶金性能/%	
	TFe	CaO/SiO$_2$	FeO	S	转鼓指数(+6.3mm)	筛分指数(-5mm)	抗磨指数(-0.5mm)	低温还原粉化指数(+3.15mm)	还原度指数(*RI*)
波动范围	±0.4	±0.05	±0.5	—					
指标	≥56.0	—	≤9.0	≤0.030	≥78.00	≤6.00	≤6.50	≥68.00	≥70.00

表 8-3 球团矿精料水平指标(GB/T 27692—2011)

项目	品级	化学成分/%				物理性能		冶金性能/%		
		TFe	SiO$_2$	S	P	抗压强度/N·个$^{-1}$	抗磨指数(-0.5mm)/%	还原膨胀指数(RSI)	低温还原粉化指数(+3.15mm)	还原度指数(*RI*)
指标	一级	≥65.00	≤3.50	≤0.02	≤0.03	≥2500	≤5.0	≤15.0	≥75.0	≥75.00
	二级	≥62.00	≤5.50	≤0.06	≤0.06	≥2300	≤6.0	≤20.0	≥70.0	≥70.0
	三级	≥60.00	≤7.00	≤0.10	≤0.10	≥2000	≤8.0	≤22.0	≥65.0	≥65.0

精料的具体内容一般用“高、稳、熟、小、匀、净、少”来概括,也可以更具体地将其理解为:(1)高炉炼铁渣量小于 300kg/t;(2)成分稳定,粒度均匀;(3)具有良好的冶金性能;(4)炉料结构合理。

(1)“高”对含铁炉料而言,就是要求入炉含铁炉料的品位高、还原性强、冷态和热态强度高;对焦炭来说,要求固定碳含量高,强度高。

高品位是使渣量降到 300kg/t 以下,保证高炉强化和大喷煤的必要条件,是获得良好技术经济指标和提高经济效益的要求。经验表明,入炉矿石品位每提高1%,焦比下降2%,产量提高3%,渣量减少30kg/t,允许多喷煤粉15kg/t。

近年来,我国高炉含铁炉料的入炉品位不断提高。2020年,重点企业高炉入炉品位平均达到57.73%,2021年入炉品位为56.60%,比上年下降1.13%。2021年入炉铁品位较高的企业有首钢、太钢、鞍钢等,入炉铁品位提高较多的企业有昆钢、青钢、新余等。提高入炉品位的措施是:1)使用进口高品位矿;2)提高精矿粉的品位;3)使用高品位烧结矿和球团矿;4)使用部分金属化料。

高温还原强度、还原性、软熔性等冶金性能的优劣,直接影响到高炉料层透气性和炉内煤气分布的均匀性,特别是现代大型高炉,对烧结矿和球团矿的要求更为严格。而这些对于高铁低硅烧结矿而言更为重要,其要求生产高碱度、低FeO含量的烧结矿,因为高碱度有利于铁酸钙系黏结相的形成,其强度好;而烧结矿FeO含量低,还原性较好,可降低高炉焦比。根据生产经验,烧结矿中FeO含量每提高1%,高炉焦比增加1.5%,生铁产量降低1.5%。

(2)"稳"就是要求入炉料的化学成分稳定,波动小。这是稳定炉况和操作、保证顺行、实现自动控制的先决条件。国外一般要求入炉矿石成分的波动范围为:TFe ±0.3%,SiO_2 ±0.2%,碱度±0.03。

(3)"熟"是要求高炉使用"熟料"(烧结矿和球团矿),尽量不加石灰石入炉,即增加入炉料的熟料比,使高炉多用或全部使用烧结矿和球团矿。高炉使用人造富矿后,由于还原性和造渣过程的改善,使热制度稳定,炉况顺行。由于使用熔剂性烧结矿,高炉冶炼时可不加或少加石灰石,不仅降低能量消耗,而且可改善煤气热能和化学能的利用,有利于降低焦比和提高产量。据统计,在含铁炉料中,熟料率每增加1%,焦比将降低1.2kg/t,高炉增产0.3%。2021年,我国重点钢铁企业年平均熟料率为89.67%。

在缺乏熟酸性炉料的条件下,配入适当比例的高品位块矿,对降低炼铁原料的成本有一定的好处。但块矿毕竟是生料,其还原性和软熔性等均比不上酸性球团矿,过量搭配块矿会影响冶炼效果。目前,我国不少钢铁企业所用的一些块矿品位低、SiO_2含量高,这种矿虽然价格便宜,但从炼铁的总体效益来看是不好的。所以,应尽可能提高熟料比,限制块矿配入比例。

"小、匀、净"都是对入炉原燃料粒度方面的要求,即整粒。2015年出版的《高炉炼铁工艺设计规范》对我国高炉入炉原料粒度的控制要求,如表8-4所示。表中的粒度范围并不是绝对的,应根据矿石特性、高炉炉型、设备条件来具体选择,但总的趋势是要求尽可能"小、匀、净"。

表8-4　我国高炉入炉原燃料的粒度控制

炉料	块矿	烧结矿	球团矿	焦炭
粒度范围/mm	5~30	5~50	6~18	25~60
大于50mm比例/%	≤10	≤8	≥85(9~18mm)	≤10(大于上限)
小于5mm比例/%	≤5	≤5	≤5(小于6mm)	≤8(小于下限)

"小"是指入炉烧结矿和球团矿的平均粒度应小一些。小粒度的入炉矿对提高矿石还原速度、改善炉身效率、降低焦比均具有明显的促进作用。一般情况下,烧结矿大于50mm的部分不宜超过8%,球团矿的粒度应控制在9~18mm范围内。自20世纪70年代以来,日本高炉已将烧结矿粒度范围由5~50mm缩小到10~25mm。

"匀"是要求各种炉料间的粒度差异不能太大,具有合适的粒度组成,且粒度均匀。炉料粒度的均匀性对炉料的孔隙率和在炉内的透气性起着决定性作用。在混合炉料中,大粒度级和小粒度级的比例增加都会使混合炉料的孔隙率降低，煤气通过料层的阻力增大，最终影响高炉的稳定、顺行。优化的粒级组成是粗细粒级的粒度差别越小越好。对不同粒度范围的炉料，最好做到分级入炉。

"净"是要求炉料中粉料含量少，严格控制粒度小于5mm粉末的入炉量。原燃料在入炉前应经过筛分整粒，筛分后的炉料中，小于5mm部分所占的比例不能超过5%。降低入炉粉末量，可以显著提高高炉料柱的孔隙率和透气性，为高炉顺行、低耗、强化冶炼和提高喷煤比创造良好条件。据统计，入炉料的粉末量每降低1%，可使高炉利用系数提高0.4%~1.0%，焦比下降0.5%。

"少"是要求入炉料中的非铁元素、燃料中的非可燃成分以及原燃料中的有害杂质（硫、磷、碱金属、锌、铅等）的含量尽可能少。原燃料中带入的杂质和有害元素不仅影响铁水成分，增加熔剂消耗量和渣量，而且影响高炉燃料比、煤比和产量；另外，有害元素严重影响高炉的顺行和长寿。因此，应严格控制入炉原燃料的有害杂质含量。有效措施主要包括：强化选矿，使用品位高、杂质少、有害元素少的铁精矿、球团粉矿和块矿；强化选煤，通过洗煤来降低炼焦煤和喷吹煤的灰分含量和有害杂质含量。

8.1.2 精料与高炉强化冶炼

精料是高炉强化冶炼的基础。高炉强化冶炼时，一方面，单位时间内产生的煤气量增加，煤气在炉内的流速增大，煤气穿过料柱上升的阻力增加；另一方面，炉料下降速度加快，炉料在炉内停留时间缩短，也就是冶炼周期缩短，这样，煤气与矿石接触的时间缩短，不利于间接还原的进行。为了保证强化冶炼时炉况顺行、煤气利用好、产量高、燃料比低，原燃料的高质量就成为决定性因素。

（1）铁矿石的入炉品位、焦炭的灰分及含硫量决定着渣量。普遍认为，若渣量不低于300kg/t，要实现煤比200kg/t以上、燃料比500kg/t左右是很困难的，甚至是不可能的。另外，渣量也是煤气顺利穿过滴落带的决定性因素。

（2）原料的粒度组成、高温强度和造渣特性也是影响料柱透气性和高炉顺行的决定性因素。均匀的粒度组成和较好的高温强度是保证块状带料柱透气性良好的基本条件，而良好的造渣性能是降低软熔带和滴落带煤气运动阻力的基本条件。

（3）原料的还原性是影响高炉内直接还原度的决定性因素。只有原料具有良好的还原性，才能保证炉料在进入高温区以前充分还原，从而降低焦比。

（4）焦炭的强度，特别是高温强度，是软熔带焦窗和滴落带焦床透气性和透液性的决定性因素。所以，降低焦炭的灰分和反应性十分重要。

由此可见，要使高炉强化冶炼并获得良好生产指标，必须把好原燃料一关，改善原燃料质量，使入炉含铁原料品位高、粒度均匀、强度高、还原性和造渣特性良好，使焦炭灰分低、硫含量低、强度高、反应性低。

8.1.3 我国高炉精料技术的进步

近年来，精料的重要性已获得广泛认识，并在实际高炉生产中得到高度重视。我国高炉精料技术取得了相当大的进步，具体表现在以下几个方面：

（1）入炉品位显著提高。由于入炉品位是决定渣量和冶炼过程热量消耗的决定性因素之一，在原来入炉品位较低（TFe含量为50%左右）时，提高矿石品位1%，可降低燃料比2%，提高产量3%，因此，各厂都把提高入炉品位作为提高冶炼强度和降低燃料消耗最积极、最有效的措施。前几年，我国宝钢、三明、杭钢等10余家企业的入炉品位在60%左右，绝大部分企业的入炉品位在58.5%以上,使入炉品位提高所采取的措施包括:增加进口富矿的使用量,适量使用国产劣质矿;改进选矿技术,使精矿粉的品位由原来的60%~63%提高到66%~68%等。

(2)入炉料成分稳定。生产实践表明,原料成分的不稳定是引起高炉炉况波动的重要原因。为了防止炉况失常,生产中常被迫维持较高的炉温,这就无形中增加了燃料消耗,这就是很多高炉(尤其是中小型高炉)炼钢生铁中硅含量难以降低的主要原因之一。例如,炼钢要求生铁中硅含量在0.4%即可,但生产者考虑到烧结矿中TFe含量和碱度的波动,被迫将生铁中硅含量维持在0.6%甚至0.8%,而生铁中硅含量每增加0.1%,焦比则上升4kg/t。为了使原料成分稳定,需加强原料的中和混匀工作。为此,很多企业建成了混匀料场,取得了很好的效果。

(3)优化入炉料的粒度组成。优化入炉料的粒度组成,是改善料柱透气性和强化冶炼过程的重要影响因素。现在广泛强化了筛分工作,不仅在烧结厂和球团厂内,而且还普遍地在高炉槽下进行筛分工序,筛除粒度小于5mm的粉末。与此同时,还限制烧结矿粒度的上限为40~50mm。

(4)采用烧结新技术,提高烧结矿性能。采用低温烧结工艺生产高碱度、低FeO含量、高还原性的烧结矿,并向低SiO_2含量发展,是提高烧结矿冶金性能的重要措施。宝钢烧结矿中SiO_2含量降到4.5%左右,达到世界先进水平,现已逐步推广。

(5)发展球团矿生产,为合理炉料结构提供优质酸性炉料。我国铁矿资源主要是贫矿,通过磁选得到的磁精粉原本应该用来生产球团矿,但球团矿生产在我国一直没有得到重视,走的却是生产烧结矿的道路。随着精料技术的发展,球团矿逐步被认识到是一种优质的高炉炉料,开始得到发展。近年来,一些厂新建了球团车间,以满足高炉合理炉料结构的要求。虽然这些球团生产设备绝大部分是竖炉(84%),球团矿的质量还不是太好,很难满足大型高炉对球团矿质量的要求,但还是为炉料结构的优化做出了积极贡献。现在,各公司新建的球团厂多采用链箅机-回转窑生产线,球团矿的生产能力和质量均获得了大幅提高。

(6)焦炭质量不断提高。我国已有两家焦化厂生产出灰分为10%左右的优质焦炭,达到国际上要求的一级焦炭水平。有10余家生产的焦炭的灰分已降到12%以下,达到11.2%~11.5%。很多厂生产的焦炭的含硫量在0.5%以下,M_{40}有了很大提高。宝钢焦炭的M_{40}达到了89.87%,M_{10}小于7%。

今后,我国高炉精料技术的发展方向为:(1)进一步提高入炉品位;(2)改进焦炭质量,将灰分普遍地降到12%以下,使M_{40}提高到85%~90%,M_{10}降到小于6%;(3)改进烧结矿质量,使含铁品位波动范围为±0.05%,碱度波动范围为±0.03,粒度大于50mm的不超过10%,小于10mm的少于30%,小于5mm的不超过3%;(4)大力发展球团矿,将其占人造富矿总量的比例由现在的10%提高到25%;(5)开发生产适用于高炉使用的金属化炉料等。

8.2 高炉炉料结构

高炉炉料结构是指高炉炼铁生产使用的含铁炉料构成中,烧结矿、球团矿和天然块矿的配比组合。随着精料技术的发展,烧结矿和球团矿逐步淘汰了品位低、SiO_2含量高、冶金性能差的天然块矿。但长期实践表明,即便高炉炼铁时使用单一的熟料(烧结矿或球团矿),也不能获得最佳的指标和效益。所以,应在对烧结矿、球团矿以及天然富块矿的冶金性能进行详细测试和研究后,清晰把握它们各自的优缺点,探索如何发挥和利用它们的优点,将三者合理组合,形成一定的炉料结构模式,从而使高炉生产获得好的技术指标和经济效益。

某一时期的炉料结构,应根据企业的资源条件、资源市场供应情况和价格、到厂的运输情况等进行技术经济评价后,再加以确定。如我国宝钢和日本钢铁企业均以进口矿为主要原料,最初的炉料结构是以进口富矿粉生产的高碱度烧结矿配加进口球团矿,后来因石油危机引起球团矿价格飞涨,为降低生产成本,配加的酸性料中用部分进口富块矿替代球团矿,富块矿的配比增至20%左右,球团矿的配比降到5%~10%范围内。

目前,国内外大多数高炉都采用2~3种炉料进行冶炼,并取得了较好的技术经济效果。炉料中大部分为烧结矿,占70%以上,主要是高碱度烧结矿,只有俄罗斯等国还生产较多的自熔性烧结矿;其次是球团矿,约占10%~15%,主要是酸性球团矿,日本、巴西、俄罗斯等还生产部分低碱度或自熔性球团矿;天然块矿约占10%~15%,天然块矿配比较高的是出产高品位天然块矿较多的澳大利亚等国家。

总体上讲,国内外高炉炉料结构大致分为以下几种类型:(1)以单一自熔性烧结矿为原料;(2)以自熔性烧结矿为主,配加少量球团矿或天然块矿;(3)以高碱度烧结矿为主,配加天然块矿;(4)以高碱度烧结矿为主,配加酸性球团矿;(5)以高碱度烧结矿为主,配加酸性炉料(包括硅石、天然块矿或球团矿);(6)以球团矿为主,配加高碱度烧结矿或超高碱度烧结矿;(7)以单一球团矿为原料。此外,还有自熔性烧结矿配加自熔性球团矿或低碱度球团矿等多种炉料结构。

8.2.1 国外高炉炉料结构

由于世界各国,甚至一个国家不同地区的资源、交通运输和社会经济条件等有所差异,各自的炉料结构也不完全相同。近年来,国外高炉炉料结构的总体发展趋势是:(1)单一的炉料结构逐渐减少,高碱度烧结矿加酸性球团矿或少量块矿的炉料结构正在强劲发展;(2)天然块矿配比正逐渐减少,烧结矿已成为最主要的炉料组成部分;(3)在以高碱度烧结矿为主体炉料的高炉中,酸性炉料以球团矿代替天然块矿,取得了较好的技术经济指标。

国外部分高炉的炉料结构及其冶炼指标见表8-5。

表8-5 国外部分高炉的炉料结构及冶炼指标

国别	高炉号	容积 /m³	炉料结构/%			利用系数 /t·(m³·d)⁻¹	焦比 /kg·t⁻¹	燃料比 /kg·t⁻¹	顶压 /MPa	风温 /℃
			烧结矿	球团矿	块矿					
美国	格里13号	2834	40.1	59.9	0	2.53	475	490	0.21	1046
加拿大	苏圣马丽7号	2438	42.1	57.9	0	1.55	390	434	0.10	1153
日本	加古川3号	4500	50.0	29.9	20.1	1.99	421	463	0.23	1202
俄罗斯	马钢	2014	53.5	37.5	9.0	2.35	413	497	0.15	1179
法国	索尔梅2号	2175	75.0	17.0	8.0	2.33	447	447	0.16	1205
英国	雷德卡1号	1573	65.0	35.0	0	1.71	492	492	0.21	1077
澳大利亚	纽卡斯特2号	890	73.5	17.1	9.4	1.92	483	514	0.02	760
荷兰	艾莫依登7号	4470	39.8	52.3	7.9	1.93	405	463	0.18	1280

(1)日本高炉炉料结构。日本高炉炉料结构有如下特点:

1)高碱度烧结矿配加块矿。近10年来,高炉炉料中高碱度烧结矿的配比基本维持在73.1%~76.9%范围内,波动不大。这是因为日本资源贫乏,需大量进口铁矿粉或混合矿,经破碎筛分后所得的矿粉在国内进行烧结,烧结矿为高炉主要含铁原料。

2)入炉球团矿比低。球团矿比在20世纪70年代曾达到高峰(为14%),此时期是因为由日本投资兴建的一些巴西和智利的球团厂投产，球团矿不得不使用。此后逐年下降，至 2003 年 3 月，为 5.6%。目前，日本 28 座高炉中，不使用球团矿的有 15 座，球团矿比微量（小于 0.4%）的有 4 座，其他高炉的球团矿加入量不一，有的加入 2.1%~9.2%，有的加入 28%~35%。但这些高炉的技术经济指标都不错，无明显的区别（见表 8-6）。

表 8-6 日本高炉不加、少量加以及加入 28%~35%球团矿的主要冶炼指标

厂 名	高炉容积 /m^3	利用系数 /$t\cdot(m^3\cdot d)^{-1}$	入炉块矿比 /%	入炉熟料比/%			入炉料品位 /%	焦比 /$kg\cdot t^{-1}$	燃料比 /$kg\cdot t^{-1}$	渣量 /$kg\cdot t^{-1}$
				烧结矿	球团矿	合计				
神户 3 号高炉	1845	2.19	13.3	86.7	0	86.7	59.31	385	491	275
室兰 2 号高炉	2296	1.93	12.8	87.2	0	87.2	58.72	507	507	306
大分 1 号高炉	4159	2.27	13.2	84.7	2.1	86.8	58.73	415	481	314
京滨 2 号高炉	4052	2.29	15.6	75.2	9.2	84.4	58.57	452	508	314
水岛 3 号高炉	3360	2.06	8.8	83.4	7.8	91.2	58.75	506	506	312
鹿岛 1 号高炉	3680	2.21	17.9	79.9	2.2	82.1	58.32	467	487	325
加古川 1 号高炉	4550	2.04	19.2	52.6	28.1	80.7	59.73	427	504	284
加古川 2 号高炉	3850	1.90	21.8	43.1	35.1	78.2	60.49	419	522	277

3）块矿比较高。入炉块矿比由 1979 年的 10.4%不断上升至 2003 年 3 月的 21.3%，目前，个别高炉入炉块矿比达到 42.7%。

4）熟料比低。入炉熟料比逐步下降，由 1979 年的 89.6%下降至 2003 年 3 月的 78.7%。

（2）北美高炉炉料结构。北美的铁矿石主要是嵌布粒度极细的铁燧岩，经精选后为小于 0.053mm 的细粒铁精矿，适用于制造球团矿，且酸性球团矿又利于长期贮存和远距离运输，故北美高炉长期以酸性球团矿为主要原料。最初采取 100%球团矿配加石灰石的炉料结构，需往炉内加入大量熔剂，所以操作指标落后。为了改进高炉生产，球团矿的使用量有所降低，1981~1988 年，高炉炉料中球团矿的比例达 75%左右，这不是片面追求低焦比操作，而是以最低成本为主要目标。近年来，由于高碱度烧结矿性能好，不少高炉采用高碱度或超高碱度烧结矿与酸性球团矿搭配使用，球团矿配比达 40%以上的高炉仅占 55%，只有少数高炉仍使用 100%酸性球团进行冶炼。

目前，北美高炉炉料结构的发展趋势为由酸性球团向碱性球团转变，生产氧化镁球团和超高碱度烧结矿。

（3）俄罗斯高炉炉料结构。过去，俄罗斯高炉的熟料比相对较高，炉料中 74%为烧结矿（其中大部分为自熔性烧结矿），与 22%左右的低碱度或自熔性球团矿配合冶炼，而天然块矿用量很少，仅为 4%左右。近年来，正在发展高碱度烧结矿与酸性球团或低碱度烧结矿配合冶炼。

（4）澳大利亚高炉炉料结构。澳大利亚具有得天独厚的资源优势，高炉炉料中主要是高碱度烧结矿和天然块矿，块矿比为 17.2%左右。

（5）欧盟高炉炉料结构。欧盟国家高炉炉料结构的发展趋势为：（1）提高入炉球团矿比。欧盟高炉的球团矿用量在 1996 年就普遍达到 20%以上，最高达 70%。瑞典 SSAB 公司为了实现精品战略，高炉采用几乎 100%的球团矿，综合燃料比为 457kg/t，渣量仅为 146kg/t。德国不来梅高炉的炉料结构为烧结矿 51%、球团矿 49%，相应的渣量为 194kg/t。（2）提高烧结矿碱度，并减少烧结矿用量。在球团矿用量增大的同时（一般使用酸性球团矿），势必要提高烧结矿的碱度（高达 2.2），这样才可使烧结矿质量进一步改善。（3）少配生矿。欧盟高炉生矿使用量很少，如瑞典 SSAB 和荷兰霍戈文高炉的生矿配比仅为 36kg/t，德国不来梅为 86kg/t，比利时西德玛为 30kg/t。

8.2.2　我国高炉炉料结构

概括起来，我国高炉炉料结构的变化可划分为以下几个阶段：

第一阶段（1955 年以前）：主要是低碱度烧结矿、国产低品位（TFe 含量在 55%左右）天然块矿及少量球团矿。

第二阶段（1956～1960 年）：大力发展自熔性烧结矿；并着手将球团矿炉改造成为隧道窑式的球团矿焙烧炉，以消石灰作黏结剂，生产碱度为 0.7 左右的球团矿；天然块矿的比率逐渐减少。

第三阶段（1961～1980 年）：高炉原料仍以自熔性烧结矿为主，开始研究和生产高碱度烧结矿，开始重视烧结矿的冷却整粒工艺；淘汰隧道窑式球团矿焙烧炉，发展竖炉球团和带式焙烧机球团；少量进口高品位（w(TFe)>60%）块矿。

第四阶段（1981～1999 年）：这是我国高炉炉料结构优化的重要阶段，全部淘汰了自熔性烧结矿，而生产高碱度或超高碱度烧结矿；大量进口高品位（TFe 含量高于 64%）块矿；少量进口酸性球团矿，大力发展竖炉、带式焙烧机和链箅机-回转窑球团，开发新型酸性炉料（酸性球团矿）；个别高炉加入少量硅石，使我国形成了以高碱度烧结矿为主（约 82%），以天然块矿（约 11%）和酸性球团矿（约 7%）为辅的新型炉料结构。

第五阶段（2000 年～现在）：随着我国钢铁产业的快速发展，大量生产高碱度或超高碱度烧结矿，烧结矿的质量明显提高；在大量进口高品位矿的同时，我国加强国产铁矿的细磨和精选，加速链箅机-回转窑球团生产线的建设，国产酸性球团矿的生产能力和实际产量大幅增加，同时，酸性球团矿的进口量也显著增加，合理炉料结构中球团矿的比例明显上升（但沿海地区的高炉不同于内陆）。目前，高碱度烧结矿配加酸性球团和块矿成为我国高炉的主要炉料结构。2021 年，我国生铁产量为 868Mt，入炉矿消耗量为 1420Mt，其中，烧结矿占 70%左右，酸性球团矿占 15%左右，进口富块矿占 15%左右。

我国各钢铁企业由于资源、地理位置和设备条件的不同，为了获得较好的技术经济指标和降低生铁成本，在烧结矿成分和碱度的选择上以及酸性炉料种类和配比的选择上也不尽相同。我国高炉比较典型的炉料结构形式如下：

（1）高碱度烧结矿搭配酸性球团的形式。这是我国高炉采用了多年的一种主要形式，鞍钢、济钢、杭钢等多个大中型企业高炉都采用这种形式，并取得了很大的经济效益。

鞍钢继 1990 年采用 70%高碱度烧结矿配加 30%酸性球团矿这种炉料结构的工业试验取得成功后，部分大型高炉采用了 75%烧结矿（碱度为 1.85 左右）配加 25%酸性球团矿的炉料结构，与采用 100%自熔性烧结矿的操作指标形成了鲜明的对比，详见表 8-7。可知，采用高碱度烧结矿加酸性球团矿的炉料结构，使得高炉利用系数提高了 17%～20%，综合焦比平均降低 40kg/t。鞍钢 7 号高炉的生产实践，充分说明了高碱度烧结矿配加部分酸性球团矿的炉料结构的作用。由于资源禀赋和受技术传承影响，20 世纪 80 年代至 2020 年，鞍钢 8 座高炉基本采用高碱度烧结矿（平均 70.0%）加普通酸性球团矿（平均 29.5%）为主，外配少量天然块矿（平均 0.5%）的基础炉料结构模式。从 2021 年开始，高炉炉料结构进行了小幅调整，采取高碱度烧结矿平均为 70.3%，普通性球团矿平均为 27.2%，天然块矿平均为 2.5%的炉料结构模式。球团矿在炉料结构中的占比较低是鞍钢高炉炉料结构不尽合理的突出表现。长期以来，鞍钢在基本不变的高炉炉料结构模式下，高炉利用系数较低、燃料消耗较高，与国内企业同类型高炉相比，主要技术经济指标存在一定差距。鞍钢高炉炉料结构存在烧结矿入炉占比高、球团矿入炉占比低的不合理性，是由于烧结矿生产规模大、球团矿生产规模小这一历史原因造成的。而烧结矿生产规模大不适应于当前国内外精料技术的发展趋势，且使得球团矿的冶金性能与环保优势未得到充分发挥。因此，应减小烧结矿生产规模，加大球团矿生产规模，从而大幅度提高球团矿入炉比例。

表 8-7 鞍钢高炉采用不同炉料结构冶炼的生产指标(1990 年)

高炉号	炉容 /m^3	炉料结构	入炉品位 /%	利用系数 /$t\cdot(m^3\cdot d)^{-1}$	综合焦比 /$kg\cdot t^{-1}$
4	1000	自熔性热烧结矿	53.65	1.486	591
7(1~6 月)	2557	自熔性热烧结矿	54.32	1.475	552
7(7~12 月)	2557	75%高碱度烧结矿+25%球团	55.30	1.780	545
10	2580	75%高碱度烧结矿+25%球团	55.53	1.910	507
11	2580	75%高碱度烧结矿+25%球团	55.44	1.845	534

济钢是我国较早采用球团矿的企业，自 1970 年开始生产球团矿以来，直到 1985 年全部生产自熔性球团矿为止，这一阶段的炉料结构也就成为自熔性烧结矿搭配自熔性球团矿。1985 年，该厂组织了酸性球团矿的生产试验，并立项进行了合理炉料结构的研究；1986 年，开始生产酸性球团矿；1987 年，高炉实现了高碱度烧结矿配加酸性球团矿的炉料结构。此后，济钢高炉的冶炼指标在全国同类企业中处于较领先的地位。表 8-8 给出了 1995~1999 年，济钢高炉的炉料结构与冶炼指标。从 2009 年 8 月开始，烧结矿产能出现过剩。根据市场形势和烧结产能情况，济钢利用 2 台 $60m^2$ 烧结机生产酸性烧结矿，一方面解决碱性烧结矿产能富余的问题，另一方面探索铁前原料结构降成本和优化高炉炉料结构降成本的新途径。实践表明酸性烧结矿质量和冶金性能满足高炉生产需要，高炉使用后，虽然入炉品位降低，渣量升高，但高炉主要经济技术指标明显改善，高炉平均利用系数提高 $0.095t/(m^3\cdot d)$，焦比降低 21kg/t，燃料比降低 19kg/t，取得了良好的经济效益。表 8-9 给出了济钢实验炉料结构及成本对比。

表 8-8 济钢高炉的炉料结构与冶炼指标

项目		1995 年	1996 年	1997 年	1998 年	1999 年
烧结矿	配比/%	54.99	69.60	72.13	74.00	75.21
	TFe/%	51.70	53.94	54.38	55.28	56.27
	碱度	2.15	1.94	1.84	1.77	1.81
球团矿	配比/%	26.57	25.40	27.50	24.54	21.91
	TFe/%	61.37	61.29	61.12	62.25	63.30
	碱度	0.20	0.17	0.14	0.17	0.15
高炉冶炼指标	入炉矿品位/%	55.35	55.80	56.26	57.07	57.79
	利用系数/$t\cdot(m^3\cdot d)^{-1}$	2.278	2.498	2.640	2.692	2.796
	焦比/$kg\cdot t^{-1}$	539	524	491	476	438
	煤比/$kg\cdot t^{-1}$	32	66	80	93	104
	渣比/$kg\cdot t^{-1}$	—	504	—	—	353

表 8-9　济钢实验炉料结构及成本对比

时间	烧结矿/%	球团矿/%	块矿/%	酸性烧结矿/%	入炉品位/%	炉料成本/元·t^{-1}
2009.06.08	70	13	18	—	57.01	1914.59
2009.10.12	70	—	—	30	55.39	1788.22
对比	—	—	—	—	-1.62	-126.37

(2)高碱度烧结矿搭配酸性球团矿和块矿的形式。这种形式的炉料结构在我国炼铁界的应用也较为普遍,如宝钢、包钢和安(阳)钢等企业就采用此类炉料结构。

宝钢高炉自1985年投产以来,经过三期建设并在吸取国内外先进经验的基础上,不断改进和完善炉料结构,使高炉冶炼指标达到了世界先进水平。宝钢高炉的炉料结构及冶炼指标列于表8-10中。

表 8-10　宝钢高炉的炉料结构及冶炼指标

项目		1999年	2000年	2002年	2004年	2006年	2008年
炉料结构	烧结矿/%	76.1	77	77.5	78.0	74.0	72.5
	球团矿/%	7.9	6.0	4.5	4.0	5.0	11.35
	块矿/%	16.0	17.0	18.0	18.0	21.0	16.15
高炉冶炼指标	入炉矿品位/%	60.17	60.34	60.04	60.053	59.802	59.93
	利用系数/t·$(m^3·d)^{-1}$	2.257	2.255	2.255	2.307	2.311	2.278
	焦比/kg·t^{-1}	293.0	293	284	288.2	295.5	302
	煤比/kg·t^{-1}	207.0	207	203	191.7	187.1	176.5
	渣比/kg·t^{-1}	259	243	245	238	260	269

包钢是进行高氟含量、高碱金属含量且含稀土元素的特殊矿的冶炼,烧结和球团生产乃至高炉冶炼都有很大的难度,以致炼铁生产走了多年的艰难道路。1977年,包钢率先生产并使用高碱度烧结矿。高碱度烧结矿用于生产后,不仅解决了烧结矿的强度问题,而且基本上解决了困扰包钢多年之久的烧结制约炼铁发展的"瓶颈"问题。从80年代初到90年代,包钢为解决原料问题进行了多次攻关,还开发了低氟、低硅、高碱度烧结矿技术,为实现包钢合理的炉料结构打下了基础。包钢烧结矿和球团矿由于碱金属和氟的含量高,在自熔性烧结矿阶段,高炉生产指标一直处于较低水平,直至1978年改为生产高碱度烧结矿且球团矿生产转入正常,使高炉炉料结构趋于合理后,高炉冶炼指标才走向正常发展的轨道。

安钢高炉的炉料结构先后经历了三个阶段。第一阶段(1982年以前)是采用天然块矿配加低碱度烧结矿;第二阶段是1983年投建了4台$24m^2$烧结机,生产自熔性烧结矿;第三阶段是1985年开始生产高碱度烧结矿后,采用85%左右的高碱度烧结矿搭配15%左右的高品位块矿。在采用本地块矿配加低碱度烧结矿的阶段中,高炉冶炼指标较差;直到以自熔性烧结矿为主的炉料结构阶段,高炉冶炼指标才有了一些进步;采用高碱度烧结矿搭配块矿的炉料结构后,高炉指标大幅提高。进入90年代以后,安钢坚持提高烧结矿品位和降低渣量,使安钢高炉冶炼指标明显改善,处于全国同类企业中的先进水平。

(3)高碱度小球团烧结矿配加酸性球团矿的形式。小球团烧结矿是国家"八五"攻关项目的成果,小球团烧结工艺集烧结和球团工艺的特点于一身,是一种烧结新工艺。高碱度小球团烧结矿与酸性球团矿搭配的炉料结构形式,是在安钢水冶公司率先实现的。

水冶4座100m³小高炉的炉料结构的发展也经历了三个阶段：第一阶段为自熔性土烧结矿搭配自熔性球团矿；第二阶段为高碱度烧结矿搭配酸性球团矿；第三阶段为高碱度小球团烧结矿搭配酸性球团矿。不同阶段的高炉冶炼指标列于表8-11中。

表8-11 水冶公司高炉的炉料结构及冶炼指标

项目		1989年	1991年	1996年	1997年	1998年	1999年
炉料结构	烧结矿/%	50.00	57.70	60.00	65.00	67.50	70.00
	球团矿/%	50.00	38.50	40.00	35.00	32.50	30.00
	块矿/%	—	4.80	—	—	—	—
小球团烧结矿	TFe/%	—	—	55.45	54.64	56.64	57.02
	SiO_2/%	—	—	5.84	6.62	5.34	5.64
	碱度	1.18	2.02	2.00	2.00	1.90	1.92
球团矿	TFe/%	—	58.04	59.66	59.66	59.20	59.31
	碱度	1.16	0.43	0.23	0.24	0.24	0.25
高炉冶炼指标	入炉矿品位/%	55.97	52.92	57.13	56.14	57.44	57.71
	利用系数/$t\cdot(m^3\cdot d)^{-1}$	1.928	2.335	2.940	3.160	3.420	3.710
	焦比/$kg\cdot t^{-1}$	625.00	597.00	613.29	616.37	605.55	585.00

安钢水冶公司自1996年以来的高炉冶炼指标足以说明，高碱度小球团烧结矿与酸性球团矿搭配的炉料结构，其冶炼效果更优于高碱度烧结矿配加酸性球团矿的炉料结构。近几年来，三明钢铁厂、新疆八钢、安徽合钢和邯钢一烧等企业也先后采用了小球团烧结法，并取得了明显的效果。

（4）高碱度烧结矿配加酸性球团烧结矿的形式。酒钢原料是低品位含钡的特殊矿石，高炉冶炼长期徘徊在较低水平。为摆脱困境，酒钢在“八五”期间与北京钢铁研究总院合作开发了酸性球团烧结矿。工业试验和生产实践证明，采用高碱度烧结矿搭配酸性球团烧结矿的炉料结构，大大推进了酒钢炼铁生产的发展。酒钢高炉采用这种炉料结构形式的冶炼指标见表8-12。

表8-12 酒钢高炉采用高碱度烧结矿搭配酸性球团烧结矿的冶炼指标

项目		1996年	1997年	1998年	1999年
炉料结构	烧结矿/%	68.23	60.24	57.89	62.30
	球团矿/%	27.43	33.00	35.00	30.00
	块矿/%	4.34	6.76	7.11	7.70
烧结矿	TFe/%	49.06	46.88	47.28	48.02
	SiO_2/%	11.29	9.38	9.36	9.32
	碱度	1.32	1.75	1.75	1.73
球团烧结矿	TFe/%	51.52	54.12	53.75	53.92
	SiO_2/%	11.17	10.98	11.53	11.53
	碱度	0.61	0.35	0.42	0.42
高炉生产指标	入炉矿品位/%	50.21	49.70	49.61	50.47
	利用系数/$t\cdot(m^3\cdot d)^{-1}$	1.398	1.628	1.728	1.936
	焦比/$kg\cdot t^{-1}$	606.5	598.0	572.0	552.0
	煤比/$kg\cdot t^{-1}$	40.4	43.3	42.9	49.8

进入2000年,随着高炉产量的提升,大量使用了外购球团矿,合理炉料结构的研究继续深入,得出酒钢烧结矿碱度在1.8~2.05之间冶金性能最优的结论,总结出酒钢高炉合理的炉料结构为“65%高碱度烧结矿+30%酸性球团矿+5%块矿”。同时,高炉综合入炉品位逐步提高,至2010年左右达到最高,其中1、2号高炉达到53.40%,450m^3 高炉最高达到53.20%,7号高炉2011年开炉最高达到55.28%。入炉品位的提高为高炉指标进步奠定了基础。

随着钢铁市场形势的跌宕起伏,高炉炉料结构开始向经济配料转变,逐步减少高价外购料配比,最大限度使用自产矿。在这种条件下,酒钢本部高炉综合炉料结构逐步演变为“(68±0.5)%烧结矿+(28±0.5)%球团+2.8%块矿+1%硅石”,原料成本逐步下降,但综合入炉品位也下降较多,高炉的生产组织及操作调剂难度加大。2014年3号高炉停炉后,为降低成本,逐步减少外购高价料,最大限度使用自产矿,综合炉料结构变为“68±0.5%烧结矿+28%左右球团矿+2.45%块矿+1.05%硅石”,综合入炉品位下降到52.5%左右。

(5)高碱度烧结矿搭配低碱度烧结矿的形式。众所周知,解放初期,低碱度烧结矿的生产指标和性能均很差,很难将其作为酸性炉料入炉。但低碳厚料层低温烧结的实现,特别是小球团烧结工艺的开发,给低碱度烧结矿的生产赋予了新的生命。通过试验研究开发的厚料层小球低碱度烧结矿,其质量和冶金性能已接近甚至超过了酸性球团矿。生产实践证明,它可作为酸性炉料与高碱度烧结矿搭配组成合理的炉料结构。

石家庄钢铁公司在缺乏酸性炉料的条件下,对低碱度烧结矿采取了强化制粒措施,优化了低碱度烧结矿的生产和质量,实现了高碱度烧结矿搭配低碱度烧结矿的炉料结构,明显改善了高炉冶炼指标,详见表8-13。这种形式的炉料结构由石钢的生产实践证明,对于缺乏酸性炉料的企业,也是一种值得借鉴的形式。除此之外,有的企业由于缺乏酸性炉料,采用了高碱度烧结矿配加少量硅石来调剂入炉矿碱度的方法,也取得了一定效果。

表8-13 石钢高、低碱度烧结矿搭配的冶炼效果

时间	炉料结构/%				入炉矿品位/%	渣比/kg·t^{-1}	利用系数/t·(m^3·d)$^{-1}$	焦比/kg·t^{-1}
	机烧矿	土烧矿	块矿	球团矿				
1997年	90.61	6.21	3.18	—	54.39	514	2.213	495
1998年	88.74	1.11	2.93	7.22	54.42	485	2.461	485
1999年	94.57	—	1.98	3.54	58.18	362	2.940	419

由于历史原因,石钢公司没有稳定的原燃料基地,料种杂、品位低且供应不足的局面长期困扰着炼铁厂的生产经营。经过长期实践及石钢原料条件,确立了以高碱度烧结矿为主、高镁球为辅的炉料结构,其中2004年高炉炉料结构在配加80%机烧矿+12%左右涞源球外,配加了一定比例的酸性球、海南矿、澳矿和钒钛球。为减少炉料质量波动对高炉带来的不利影响,在提高烧结矿产、质量的基础上,2005年炉料结构主要变为80%机烧矿+16%左右涞源球,另外配加一定比例的澳矿和戈德沃斯块矿。2006年炉料结构是78%机烧矿+6%涞源球+8%外块矿+8%其他酸球。入炉料质量基本处于受控范围,但入炉综合品位受烧结矿品位影响,持续走低。石钢炼铁厂2012~2014年部分技术经济指标见表8-14。

表 8-14 石钢炼铁厂 2012~2014 年部分技术经济指标

时间	利用系数 /t·(m³·d)⁻¹	入炉焦比 /kg·t⁻¹	煤比/kg·t⁻¹	燃料比/kg·t⁻¹	入炉品位/%	吨铁熔剂 /kg·t⁻¹
2012 年	2.624	354	167	542	57.00	12.5
2013 年	2.436	361	162	547	56.44	8.9
2014 年	2.696	344	156	529	56.60	1.7

总体来看,我国高炉炉料结构的基本形式是烧结矿配加酸性炉料;主体烧结矿以高碱度为主;酸性炉料中,球团矿和天然块矿的配比大约各占一半,但球团矿有超过天然块矿的趋势。与其他国家一样,我国各种炉料结构的高炉都可能取得良好的技术指标,但也都有指标差的情况存在。

8.2.3 我国高炉的合理炉料结构

随着钢铁行业竞争的日益加剧,各企业都在努力降低生产成本。作为钢铁生产的前端流程,高炉铁水生产成本的降低将直接带来钢铁产品成本的降低,极大提高企业的利润空间。通过分析我国典型企业的生铁制造成本可知,铁水成本的高低在很大程度上取决于含铁原料结构的优劣。也可以说,高炉炉料结构制约着高炉铁水的成本。由于矿源及地理位置等因素的差异,适合于各企业的高炉炉料结构是不尽相同的。各企业必须遵循技术和经济性相统一的原则,寻求适合自身的炉料结构,使实际采用的炉料结构不仅在技术上满足高炉冶炼的要求,而且可实现高炉生产的经济性,使高炉炼铁实现优质、高产、低耗、经济效益良好。

一般认为,企业应综合考虑生产实际情况、矿源及矿石特性,对包括烧结矿、球团矿和块矿在内的含铁炉料进行深入分析研究后,再确定高炉入炉含铁炉料的种类搭配及配比。其中,能使高炉在一定时期内获得良好技术指标和经济效益的炉料搭配组合,称为高炉合理炉料结构。

确定高炉合理炉料结构的原则主要有:

(1)以高碱度烧结矿为主的原则。高碱度烧结矿,不论是在产量还是质量方面,也不论是在物理性能还是冶金性能方面,都要比自熔性烧结矿优越得多,而且我国又是以烧结矿为主要原料进行高炉生产的国家。因此,我国高炉的炉料结构必须确立以高碱度烧结矿为主的原则。但同时必须清晰认识到以下两点:1)高碱度烧结矿应有一个最佳的碱度范围,大量试验研究和生产实践证明,这个范围在 1.8~2.3 之间。若碱度低于 1.8,烧结矿的产量和质量都会受到影响;2)高碱度烧结矿的生产工艺和产品质量也是在发展的,如高碱度小球团烧结矿由于强化制粒后,料层透气性得到明显改善。另外,若实现燃料和熔剂分别加入,也能使成品矿的质量得到明显改善,使燃耗和工序能耗降低,FeO 含量降低。

(2)突出高品位和低渣比的原则。合理炉料结构是建立在单一优质原料基础上的。没有最佳的炉料质量,就不会有合理的炉料结构。合理的炉料结构要突出高品位、低渣比的原则。宝钢近期开发的高铁低硅烧结技术,已将烧结矿的品位提高到 58.5%,SiO_2 含量降到 4.5%的水平,渣比已降到 260kg/t 以下,为高炉实现喷煤比超过 200kg/t 和大幅降低入炉焦比创造了条件。

(3)高碱度烧结矿和酸性炉料合理搭配的原则。理论研究和生产实践证明,高碱度烧结矿与酸性炉料搭配时,存在一个合适的配比。当酸性球团矿配入的比例为 25%~50%时,搭配效果最佳。同理,块矿和其他酸性炉料与高碱度烧结矿搭配时也有一个合适的比例。为此,可通过理论分析和工业试验来确定合适的比例。

(4)限制块矿配入比例的原则。在缺乏熟酸性炉料的情况下,配入适当比例的高品位块矿有利于提高产量和增加效益。但由于块矿毕竟是生矿,其还原性和软熔性能都比不上镁质酸性球团或小球团烧结矿,故过量搭配块矿必然会影响冶炼效果。因此,合理炉料结构还是应坚持熟料比占绝大多数的原则。

(5)结合本地区资源特点,追求高效益的原则。合理炉料结构的目的是改善高炉冶炼指标,提高企业的经济效益。这就要求既要充分利用好本地的资源,又要对本地区资源的弊端加以控制;既要发挥本地矿的作用,又要用好外来矿。不少企业的生产实践证明,低成本不等于高效益。低成本只是企业的手段,而追求高效益才是企业的目的。在炉料问题上,不能只考虑降低成本,还应该从炼铁工序的整体效益出发,考虑降低采购成本后可能会出现的问题。

实践证明,使高炉获得良好综合经济效益的合理炉料结构必须保证满足以下要求:(1)实现生产低成本;(2)炉料具有良好的高温冶金性能,能在炉内形成合理、稳定的软熔带,利于高炉强化冶炼;(3)炉料具有较高的综合入炉品位,能促进富氧大喷煤的实行;(4)能使高炉在无熔剂入炉或少熔剂入炉的情况下,造出适宜碱度和适宜成分的高炉渣。

换而言之,高炉合理炉料结构应符合以下标准:低生铁成本、高冶金性能、适合我国原料条件、充分考虑铁矿石资源供给现状、高炉高产低耗。

(1)生铁成本。高炉炼铁可用的矿源有富矿粉、铁精矿、块矿、球团(包括自产球团和进口球团)。进口矿的价格排序依次是:富矿粉 < 天然块矿 < 精矿粉 < 酸性球团 < 碱性球团;而国产铁矿主要是精矿粉,其价格目前与进口富矿粉持平。应根据各矿种的质量、价格、运费等具体情况选择矿源,然后根据矿源决定造块工艺,从而获得最低的生铁成本。

(2)冶金性能。由于高碱度有利于铁酸钙系黏结相的形成,因此,高碱度烧结矿强度好、还原性高,有利于高炉冶炼。使用高碱度烧结矿进行高炉冶炼时,可不加或少加石灰石等熔剂,这不仅可减少热量消耗,还可以改善煤气热能和化学能的利用,有利于降低焦比和提高产量。球团矿具有强度高、粒度整齐、还原性好的特点,故配用优质酸性球团矿后不仅能提高入炉品位,而且能改善炉料透气性,为高炉强化冶炼创造条件。所以,现在常用高碱度烧结矿配用酸性球团矿的炉料结构。

虽然球团矿在粒度均匀、冷态抗压和抗磨强度、含铁品位及堆密度方面都比烧结矿优越,但球团矿的高温还原粉化率要比烧结矿高得多。另外,由于球团矿生产需用细磨选别后的细精矿,使得球团矿的价格比烧结矿要高30%以上,而进口块矿的价格仅比烧结矿稍高一点。为了控制成本,可采用高碱度烧结矿配加酸性球团矿和天然富矿的炉料结构,用10%~15%的进口块矿代替进口球团矿,可使生铁成本降低约15~30元/t。在1979~2003年期间,日本高炉入炉炉料中的球团矿比例由14.0%减少到5.6%,块矿比则从10.4%增加到21.3%;而我国宝钢的炉料结构中,就有17%左右的高品位块矿。

(3)我国的原料条件。我国的铁矿特点是:贫矿和复合矿多;商品铁矿石主要是精矿粉,富块矿极少且品位低;精矿粉粒度粗,小于0.074mm者占70%左右,致使国产低碱度酸性球团矿品位低、冶金性能不理想。

我国高炉常用进口矿的主要情况为:主要是富矿粉,价格较低;富矿块品种复杂,只有部分可以直接入高炉;精矿粉价格较贵,球团矿更贵。

因此,针对我国高炉炼铁的原料条件,比较合理的做法是:进口富矿粉和适宜于高炉直接使用的天然块矿;利用进口富矿粉配入部分国产精矿来生产高碱度烧结矿;利用国产精矿粉生产氧化球团。

(4)我国铁矿资源的供给。我国铁矿资源从总量上看,目前国产铁矿石的使用量不足50%,主要靠进口来保证炼铁原料的供给。从地域上看,含铁资源的供给有如下特点:1)沿海和长江沿岸地区有利于使用进口矿石,运输费用较低;2)内地钢铁厂运输条件有限,运费高;3)某些钢铁厂拥有自己的矿山,能够满足或大部分满足对原料的要求;4)包头、攀枝花等地的复合矿含有特殊元素,综合利用是重要问题。

(5)高炉的高产低耗。高炉高产低耗的关键是进一步使用精料,提高入炉矿石的品位。这主要是因为提高炉料品位可大幅提高产量,增加煤粉喷吹量,降低焦比和能耗,降低渣量。国外渣量已经降低到200kg/t以下。

综合考虑以上因素,从总体上来看,在年产生铁300Mt、国产矿使用量占40%的条件下,我国高炉的合理炉料结构应该是:球团矿占30%~45%;在进口高品位、适于直接入炉的富矿有保证的条件下,富块矿占炉料的10%;高碱度烧结矿占45%~60%。

根据地域的差异,高炉的合理炉料结构可有所不同。对于沿海和长江沿岸地区,适合于采取高碱度烧结矿占70%左右、进口富块矿占15%左右、国产酸性球团矿占15%左右的炉料结构。对于其他地区,出于技术指标和经济效益等多方面的考虑,还是采取自熔性或酸性球团矿占40%~60%、高碱度烧结矿占60%~40%的炉料结构比较合理。

今后我国高炉炉料结构合理化的发展方向主要有:(1)改善选矿工艺,提高铁精矿品位;(2)降低球团矿的皂土配比,提高球团矿品位;(3)生产自熔性含氧化镁球团矿;(4)提高烧结矿品位和碱度;(5)提高含铁炉料中优质球团矿的配比。

8.3 精料与合理炉料结构之间的关系

炼铁生产原料品种的多样性和复杂性,直接影响着高炉炼铁技术的进步和技术经济指标的改善,所以,合理的炉料结构和精料有着非常密切的关系。

精料是高炉炉料结构的物质基础和理论基础,精料技术的发展推动了炉料结构的合理化,这是精料基础作用的又一表现。合理的炉料结构必须以精料为基础和目标。由于我国钢铁企业含铁原料的供应都十分复杂,既有以进口粉矿为主的,也有以国产细铁精矿为主的,还有采用各种地方矿粉的,所以对某个烧结厂和球团厂来说,原料种类多,成分多变。在市场经济下,为了降低生产成本,采用低价原料似乎是情理中的事,但问题并非如此简单。

对以供料条件为基本出发点,以炼铁经济效益最大化为目的的高炉合理炉料结构的研究已引起高度重视,然而,合理的炉料结构也必须建立在实现精料的基础之上。炼铁技术经济指标的好坏与原料的性质及加工方法有着极为密切的关系,作为直接影响炼铁成本的合理炉料结构,对其系统研究必须从原料供应开始,综合考虑炼铁原料的选别因素和造块工艺的相关因素,使之从总体上能获得最佳效益。随着入炉熟料比的提高、烧结矿质量的改善(高铁,低SiO_2,低FeO,粒度更加均匀等)以及优质球团矿用量的增加,高炉内料柱结构和炉料运动更趋于合理。在一定的供料条件下,必须寻求质量最好的烧结矿和球团矿以及两者的合理配比,才能真正实现合理的炉料结构,求得炼铁成本的降低。

因此,能否实现高炉炉料结构的合理化,在很大程度上取决于能否真正达到精料要求。即实现入炉料的高质量是关键,这样才能达到改善高炉冶炼指标、提高企业经济效益的目的。在追求炉料结构合理化的同时,应不断对原燃料品质提出更新、更高的要求,这也促进了精料技术的进步。

综上所述,高炉合理炉料结构与精料之间的关系有如下特点:

(1)两者的主要目标是一致性的。精料和合理炉料结构的最低目标均应保证实现高炉生产的稳定顺行、炼铁系统综合经济效益的提高、资源的合理配置和环保效应的改善等目标。

(2)两者的合理性均是相对的。精料和炉料结构的合理性只能是相对的、暂时的。即使在同一企业中，生产技术条件照旧，但随着资源市场和生产技术指导方针的改变，原有的综合平衡被打破，精料和炉料结构就要做相应调整。企业内部尚且如此，对于不同的企业、不同的生产技术条件、千变万化的市场环境，就更不存在理想的、一劳永逸的精料和合理炉料结构。

(3)两者之间具有相互依存性。精料和合理炉料结构不但互相促进，也是互相依存的。只抓精料，而不注意炉料结构是否合理，精料的冶炼效果就要受影响；反之，只重视炉料结构合理与否，而不相应改善精料，高炉的技术经济指标也难以持续提高。

9 煤

9.1 煤在能源中的地位

煤炭是世界上储量最多、分布最广的化石能源。表 9-1 列出了 2020 年全世界化石能源剩余可采储量和储采比。统计数据表明,煤炭占全世界化石能源剩余可采储量的 71.63%,石油占 15.83%,天然气占 12.54%。煤炭资源分布于 76 个国家和地区,表 9-2 给出了 2020 年世界煤炭储量排名前 7 位国家的煤炭探明储量和储采比。我国煤炭资源的探明储量居世界第 4 位,但储采比偏低。

表 9-1　2020 年全世界化石能源的剩余可采储量及储采比

化石能源	剩余可采储量			储采比/a
	可采储量	折标煤/Gt	所占比例/%	
煤　炭	1074.11Gt	766.91	57.0	53.7
石　油	237.33Gt	339.14	25.2	53.5
天然气	188.1Tm^3	239.53	17.8	48.9
合　计	—	1345.58	100	—

表 9-2　2020 年世界煤炭储量居前 7 位国家的煤炭探明储量和储采比

排　序	国　家	探明储量/Gt	占世界百分比/%
1	美　国	248.94	28.08
2	俄罗斯	162.17	18.30
3	澳大利亚	150.23	16.95
4	中　国	143.20	16.16
5	印　度	111.05	12.53
6	德　国	35.90	4.05
7	印度尼西亚	34.87	3.93
全世界合计		886.35	100

目前,全球有 60 多个国家进行煤炭资源的规模化开采。2020 年,全世界煤炭产量为 7.74Gt,占一次能源产量的 27.0%,占一次能源消费量的 20.6%。按目前化石能源的开采量计算,石油可以开采约 40 年,天然气约 67 年,煤炭则在 164 年以上。由于煤炭的资源量和储采比明显超过石油和天然气,在未来 50 年内,煤炭将仍然是地球上的主要能源之一,继续成为世界经济发展的重要动力支柱。

我国的煤炭资源十分丰富,而石油和天然气资源相对比较贫乏。按目前的储采比,我国煤炭可开采 100 年以上,而石油仅可开采 20 年。但同时,我国也是煤炭生产和消费大国。表 9-3 给出了我国与世界上主要产煤国煤炭产量的对比,表 9-4 比较了主要国家煤炭的消费量。可知,我国的煤炭产量和消耗量均居世界第一位。

表 9-3　2020 年世界前 7 位产煤国家

排　序	国　家	生产量/亿吨	占世界百分比/%
1	中　国	39. 02	50. 4
2	印　度	7. 565	9. 77
3	印度尼西亚	5. 625	7. 27
4	美　国	4. 847	6. 26
5	澳大利亚	4. 767	6. 16
6	俄罗斯	3. 998	5. 16
7	南　非	2. 483	3. 21
全世界合计		77. 42	100

表 9-4　2020 年世界消耗煤炭前 7 位国家

排　序	国　家	消费量/EJ	占世界百分比/%
1	中　国	82. 27	54. 33
2	印　度	17. 54	11. 58
3	美　国	9. 20	6. 08
4	日　本	4. 57	3. 02
5	南　非	3. 48	2. 30
6	俄罗斯	3. 27	2. 16
7	印度尼西亚	3. 24	2. 15
全世界合计		151. 42	100

表 9-5 所示为 2012~2020 年我国一次能源消费结构。由表 9-5 可知，尽管近年来我国在不断努力地调整能源政策和结构，但煤在由原煤、原油、天然气和水电等构成的一次能源消费结构中的比例仍居高不下。预计近几十年内，煤炭在一次能源消费结构中将继续保持其不可替代的主导地位，仍是中国经济快速发展的重要支柱。

表 9-5　我国 2012~2020 年的一次能源消费结构　　（%）

时间	原煤	原油	天然气	水电、风电、核能
2012 年	68. 5	17. 7	9. 1	4. 7
2013 年	67. 4	17. 1	5. 3	10. 2
2014 年	65. 8	17. 3	5. 6	11. 3
2015 年	63. 8	18. 4	5. 8	12. 0
2016 年	62. 2	18. 7	6. 1	13. 0
2017 年	60. 6	18. 9	6. 9	13. 6
2018 年	59. 0	18. 9	7. 6	114. 5
2019 年	57. 7	19. 0	8. 0	15. 3
2020 年	62. 0	13. 0	10. 0	15. 0

9.2 煤的形成

煤是植物遗体经过复杂的生物、地球化学、物理化学作用转变而成的。从植物死亡、堆积到转变,煤经过了一系列的演化过程,这个过程称为成煤过程,见表9-6。成煤过程大致可分为两个阶段。第一阶段是植物在泥炭沼泽中不断繁衍,其遗体在微生物参与下不断分解、化合、聚集的过程。在这个过程中起主导作用的是生物、地球化学作用,在该作用下,低等生物形成腐泥,高等植物形成泥炭。因此,第一阶段可称为腐泥化阶段或泥炭化阶段。当泥炭和腐泥由于地壳下沉等原因被上覆沉积物掩埋时,就转入第二阶段(煤化作用阶段),即泥炭、腐泥在温度和压力起主导作用的条件下转变为煤的过程。这个阶段包括成岩阶段和变质阶段,起主导作用的是物理化学作用。在煤化阶段,泥炭先变成褐煤(成岩阶段),再由褐煤变成烟煤和无烟煤(变质阶段)。

表9-6 成煤过程

项目 \ 成煤序列	植物——→腐泥或泥炭——→褐煤——→烟煤——→无烟煤		
转变条件	水中,细菌,数千年到数万年	地下(不太深),数百万年	地下(深处),数千万年以上
主要影响因素	生化作用,氧供应状况	压力(加压失水),以物化作用为主	温度、压力、时间,以化学作用为主
转变阶段	第一阶段(泥炭化阶段)	第二阶段的成岩阶段	第二阶段的变质阶段

9.2.1 成煤原始物质

成煤原始物质主要是植物,分为低等植物和高等植物两大类。属于低等植物的有菌类和藻类;属于高等植物的有苔藓植物、蕨类植物、裸子植物和被子植物。植物的有机组分主要由以下四种有机化合物组成:碳水化合物(包括纤维素、半纤维素和果胶等),木质素,蛋白质和脂类化合物(包括脂肪、蜡质、树脂、胶质、木栓质、孢粉质等)。各类植物的有机组成不同,同一种植物各部分的有机组成也不一样,见表9-7。

表9-7 植物的主要有机组成(质量分数) (%)

植物及其不同部分		碳水化合物	木质素	蛋白质	脂类化合物
细 菌		12~28	0	50~80	5~20
绿 藻		30~40	0	40~50	10~20
苔 藓		30~50	10	15~20	8~10
蕨 类		50~60	20~30	10~15	3~5
草 类		50~70	20~30	5~10	5~10
松柏及阔叶树		60~70	20~30	1~7	1~3
木本植物的不同部分	木质部	60~76	20~30	1	2~3
	叶	60	20	8	5~8
	木栓质	60	10	2	25~30
	孢粉质	5	0	5	90
	原生质	20	0	70	10

成煤原始物质是影响煤质的重要因素之一。若原始物质的组成不同,其所形成的煤性质也会不一样。例如,若成煤植物主要是植物的根、茎等木质纤维组织,则煤的氢含量就比较低;如果是由含脂类化合物多的角质膜、木栓层、树脂、孢粉所形成的煤,则其氢含量高;若由藻类形成的煤,则其氢含量就更高。

9.2.2 成煤过程

煤是由泥炭或腐泥转变而来的,表 9-8 列出了泥炭和腐泥的主要区别。

表 9-8　泥炭和腐泥的主要区别

项　目	泥　炭	腐　泥
原始质料	高等植物	低等植物和浮游生物
宏观特征	褐色、黑褐色的松软有机质堆积物	暗褐色和黑灰色的有机软泥
元素组成特征	氢含量较低,碳含量较高,H 与 C 质量比的比值较低	氢含量高,氧含量低,H 与 C 质量比的比值高
有机组成特点	富含腐殖酸	富含沥青质
工艺性质	焦油产率较低	焦油产率高
形成过程	先受到氧化分解作用,后在厌氧条件下由合成作用形成	在厌氧细菌作用下,经过分解、聚合与缩合作用形成

泥炭主要是由高等植物遗体在沼泽中经过生物化学作用而形成的一种松软有机质的堆积物。泥炭的形成是一个复杂的生物化学变化过程。通常在低洼积水的沼泽里,植物经历了繁殖期、死亡期后,堆积于沼泽的底部,在厌氧细菌的作用下,形成了各种较简单的有机化合物及其残余物,这一氧化分解过程称为腐殖化作用。此后,被分解的植物遗体被上部新的植物不断覆盖,转到沼泽较深部位,从而由氧化环境转入弱氧化甚至还原环境中。在缺氧条件下,原先形成的有机化合物发生复杂的化学合成作用,转变为腐殖酸及其他合成物,从而使植物遗体形成一种松软有机质的堆积物,聚积成泥炭层。

腐泥的形成过程与泥炭不同。低等植物的遗体堆积在缺氧的水盆地的底部,主要是在厌氧细菌的参与下进行分解,再经过聚合和缩合作用,便形成暗褐色和黑灰色的有机软泥,即腐泥层。

其后,泥炭或腐泥不断被上层沉积物覆盖,埋藏到一定深度,经受压力、温度等作用,发生了新的一系列物理化学变化。在这个过程的早期阶段进行的是成岩作用,使泥炭转变成褐煤,使腐泥转变成腐泥褐煤;后期则受变质作用的影响,使褐煤转变成烟煤和无烟煤,腐泥褐煤转变成腐泥烟煤和腐泥无烟煤。

根据成煤原始植物质料和聚积环境的不同,可将煤细分为三大类:(1) 腐殖煤类,其前身是高等植物遗体在沼泽中形成的泥炭;(2) 腐泥煤类,其前身是低等植物遗体在湖泊等水体中形成的腐泥;(3) 腐殖腐泥煤类,成煤原始质料兼有高等和低等植物,聚积环境介于前两类之间的过渡情况。腐殖煤和腐泥煤的主要特征见表 9-9。

表 9-9　腐殖煤和腐泥煤的主要特征

项　目	腐殖煤	腐泥煤
颜　色	褐色或黑色,多数为黑色	多数为褐色
光　泽	光亮者居多	暗
用火柴点燃	不燃烧	能燃烧,有沥青气味
氢含量/%	<6	>6
低温干馏焦油产率/%	<20	>25

在自然界中储量最大、分布最广的是腐殖煤。现代工业开采的绝大多数是腐殖煤,它又可分为陆殖煤和残殖煤。陆殖煤是由植物中的纤维素和木质素等主要组分形成的,通常讲的煤大都是指腐殖煤中的陆殖煤。残殖煤是由植物中含量较少,但在成煤初期最不易被微生物分解的组分形成的,所以单独的残殖煤很少,多以薄层或透镜体存在于陆殖煤中。我国江西乐平和浙江长广煤田有典型的树皮残殖煤,云南禄劝泥盆纪地层中有典型的角质残殖煤,大同煤田发现有少量袍子残殖煤夹层。

自然界中储量很少的是腐泥煤,其由包括菌、藻类植物在内的低等植物形成。这些低等植物无根、茎、叶器官的分化,是地球上最早出现的生物,种类达两万种以上,但数量少,这是造成腐泥煤储量低的原因。

9.2.3 成煤期

煤炭的演变史与生物的进化史一样,经历了由低级向高级逐步演化的漫长历史进程。表 9-10 列举了我国主要成煤期(表中以"△"标注)以所处的地质年代以及相应的煤田。

表 9-10 我国主要成煤期和成煤情况

代	纪	距今年代/百万年	我国主要成煤期	生物演化 植物	生物演化 动物	煤种	我国煤田举例
新生代	第四纪	1.6		被子植物	出现古人类	泥炭	四川若尔盖,青海河南县
	晚第三纪	23	△		哺乳动物	以褐煤为主,少量烟煤	辽宁新宾、清原,广东茂名、高要、新会、龙口、小龙潭等
	早第三纪	65					
中生代	白垩纪	135		裸子植物	爬行动物	褐煤,烟煤,少量无烟煤	云南、广西、大同、阜新、萍乡等
	侏罗纪	205	△				
	三叠纪	250					
古生代 晚古生代	二叠纪	290	△	蕨类植物	两栖动物	烟煤,无烟煤	内蒙古、新疆、山西、开滦、淮南、本溪、广东台山、秦岭西段等地
	石炭纪	355					
	泥盆纪	410		裸蕨植物			
古生代 早古生代	志留纪	438		菌藻植物	鱼类	石煤	南方几省,如浙江、湖南等
	奥陶纪	510			无脊椎动物		
	寒武纪	570					
新元古代		1000		海藻,无植物化石发现			
中元古代		1600					
古元古代		2500					
太古代		4000					

9.3 煤的组成和分析

煤由有机质和少量矿物质构成,其实体就是有机质加矿物质。

为了进行煤质的评价和分类以及洁净合理地利用煤炭资源,除了对煤的化学结构和岩相组成进行科学分析外,还需对煤的化学性质和工艺性质进行检测。通过煤的工业分析和元素分析,可基本了解煤的化学组成和使用性质。另外,煤的发热量是评价煤质的一项重要指标,反映了煤用作燃料时的使用价值,也是进行燃烧计算时不可缺少的基本数据。因此,最根本的煤质分析就是煤的工业分析、元素分析和发热量测定。

9.3.1　煤的化学结构

煤的组成和结构非常复杂。迄今为止,仍未能揭示煤的真实化学结构。近年来为多数人所接受的煤的化学结构模型假说认为,煤是高度交联的非晶质大分子网络。每个大分子由许多结构相似而又不完全相同的基本结构单元聚合而成,但它们的聚合程度不同(即相对分子质量不同)。基本结构单元的核心部分主要是由缩合程度不同的芳香环(核)构成的,也会有少量的氢化芳香环和杂环。缩合芳香环的周围连接有脂肪链、脂肪环和各种官能团,其中,主要是含氧官能团和少量含硫、氮的官能团。基本结构的缩合芳香环之间通过各种桥键交联,从而形成二维(空间)网络型的大分子结构。桥键的主要形式有次甲基($—CH_2—$)、次乙基($—CH_2—CH_2—$)和醚基(O—)等,也有氢键缔合的形式。年轻煤的芳香环缩合程度小,但桥键、侧链和官能团较多。随煤化度加深,芳香环缩合程度逐渐增大,缩合环之间的桥键和侧链逐渐减少、变短,官能团也减少。分子内部排列逐渐规则化,分子之间平行定向程度增加,呈现各向异性,到无烟煤阶段时,分子排列逐渐趋于类石墨结构。

煤的化学结构模型,是根据求得的煤结构参数加上必要的假设和想象而提出的。从上世纪初到现在,已经提出的煤的化学结构模型有数十个,它们反映了各个时期人们对煤结构的认识水平。随着科技的发展,煤的化学结构模型在不断更新。图 9-1 是由美国怀泽提出的目前公认为比较正确和合理的一个化学结构模型,基本上反映了煤的化学结构研究的新进展,可以用于解析煤的热解、加氢、氧化、解聚和水解等许多化学反应,在文献中被引用的频率较高。

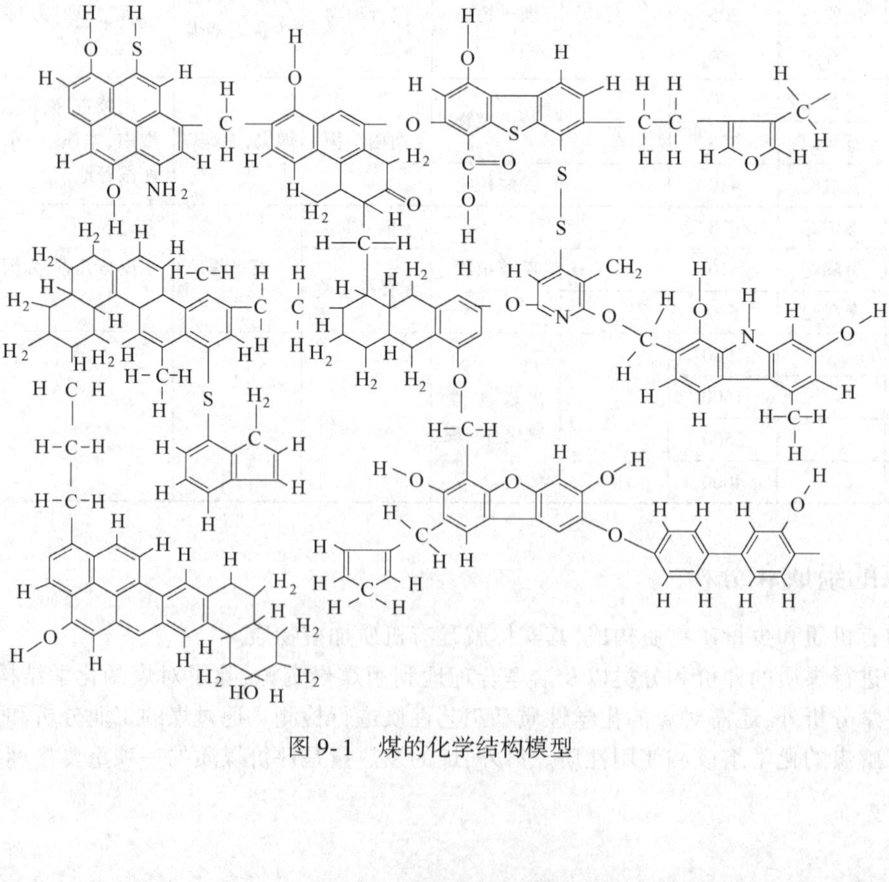

图 9-1　煤的化学结构模型

9.3.2 煤的岩相组成

煤的岩相组成是指煤中各种煤岩的成分和类型,是煤岩学的研究内容之一。煤的岩相组成可以分为宏观煤岩成分和煤岩显微组分,根据这些成分或组分的共生组合,又可分为宏观煤岩类别或显微煤岩类型。

宏观煤岩成分包含镜煤、亮煤、暗煤和丝炭。宏观煤岩成分在煤层中的自然共生组合,称为宏观煤岩类型,按共生组合的相对光泽强度,可分为光亮煤、半亮煤、半暗煤和暗淡煤。

煤的煤岩显微组分主要分为镜质组、半镜质组、稳定组(壳质组)、丝质组(惰质组)和矿物等。根据煤中各显微组分在加热时的变化,即按其加热特性,可将显微组分划分为两大类成分:一类是在加热过程中能熔融并能形成活性键的成分,称为活性成分,具有黏结性;另一类是加热时不能熔融也不能(或甚少)形成活性键的成分,称为惰性成分,没有黏结性。大量研究表明,镜质组和稳定组是活性成分,丝质组和矿物是惰性成分,半镜质组组介于二者之间。从煤岩学原理的角度出发,炼焦配煤的基本要求之一就是要使炼焦配煤中的活性组分与惰性组分的含量达到最优化。煤岩显微组分的典型共生组合,称为显微煤岩类型,可分为微镜煤、微壳煤、微惰煤、微亮煤、微暗煤、微镜惰煤和微三合煤。采用煤岩分析,可以鉴别煤中的煤岩显微组分或显微煤岩类型。

烟煤的有机显微组分主要指镜质组、壳质组和丝质组。

(1)镜质组。镜质组是古代植物在多水少氧、有厌氧细菌的条件下,植物的组织结构由于吸水膨胀和生物化学作用共同构成的凝胶化作用所形成的组分。它是煤中最主要的显微组分,我国多数煤田的镜质组含量约为60%~80%,其在烟煤阶段有黏结性。薄片在透射光下从褐煤到瘦煤依次呈浅橘红色到棕褐色,表面光亮或半亮,性脆,相对密度为1.28~1.30,硬度较小。

镜质组是煤中最重要的熔融组分,通常,镜质组在煤中所占的百分比最高,其黏结性随变质程度的改变而变化。由于其在煤中含量高,因此可经常制得纯度为95%以上的大量试样,这就有条件对其进行必要的化学、物理化学试验,对煤中镜质组或镜煤炼焦性能的认识也是比较深入的。

镜质组的黏结性能主要取决于其变质程度,而其变质程度可用反射率精确地测定。镜质组反射率和表征变质程度的其他参数(如挥发分、含碳量等)相关性很好。炼焦煤的镜质组反射率大致在0.65~2.00之间。

(2)壳质组。原始植物中的角质体、树脂、孢子等由于抗氧化性强,大都能以原来的状态保存于煤中。在透射显微镜下可观察到的这些保持自己形状和结构的植物残骸,即为壳质组。

壳质组有黏结性,受热易分解,其焦油和氢的含量高,炼焦时会使焦油和煤气产量大。对壳质组的研究目前还不是很充分,这是因为壳质组的浓缩分离一般比较困难,最重要的原因是壳质组和其他组分的配合状态使其对结焦性的影响也在变化。与此同时,壳质组往往在狭窄的温度区间内就几乎完全挥发,在焦炭中留下很少的残渣。

(3)丝质组。丝质组是植物的木质素、纤维素等组织经丝炭化作用得来,也是煤中常见的一种显微组分,但其含量比镜质组少,我国多数煤田的丝质组含量约为10%~20%,丝质组(包括丝炭、不透明基质等)无黏结性。丝质组在投射光下呈黑色,宏观表面光泽暗淡,纯丝炭性脆,相对密度为1.31~1.36,甚至超过1.36,质地坚硬。

丝质组在炼焦过程中属于完全惰性组分,其结构几乎不发生变化而转入焦炭气孔壁中。

9.3.3 煤的工业分析

煤的工业分析包括测定煤中水分、灰分、挥发分含量及计算固定碳含量。煤的工业分析是了解煤质特征的基础指标,也是评价煤质的基本依据。根据工业分析结果,可以初步判断煤的性质、种类及其工业利用途径。

工业分析的测定值是国际贸易中煤的重要计价因素,但各国的测定方法不尽相同,测定值也有所差异。各主要工业国(组织)的煤工业分析方法见表 9-11。中国国家标准 GB 212—91 规定了我国煤工业分析方法,其中包括煤中水分、灰分和挥发分的测定方法及固定碳的计算方法,该标准适用于褐煤、烟煤和无烟煤。

表 9-11 各主要工业国(组织)的煤工业分析方法

项目	测定条件	中国国家标准(GB 212)	国际标准(ISO)①	美国材料协会标准(ASTM 3172)	英国标准(BS 1016 · part3)	日本工业标准(JIS M8812)
水分测定	方法	干燥失重法	直接质量法 直接容量法	干燥失重法	直接质量法 真空或氮气 干燥法	干燥失重法
	加热温度/℃	105~110	105~110	104~110	105~110	107±2
	干燥时间/h	1.0~1.5	1.0	1.0	1.0	1.0
灰分测定	方法	灰化法	灰化法	灰化法	灰化法	灰化法
	加热温度/℃	815±10	815±10	750	815±10	815±10
	500℃保持时间/h	0.5	0.5~1.0 (由 500℃升至 815℃)	1.0 (由 500℃升至 750℃)	1.0~1.5 (由 500℃升至 815℃)	0.5~1.0 (由 500℃升至 815℃)
挥发分测定	加热温度/℃	900±10	900±10	950±20	900±5	900±20
	加热时间/min	7	7	7	7	7
	坩埚材质	瓷	石 英	铂	石 英	铂

①包括 ISO 348、ISO 1015、ISO 1171、ISO 562。

9.3.3.1 分析基及换算

在煤质分析中得到的煤质指标,根据不同需要,可采用不同的基准来表示。"基"表示化验结果是以什么状态下的煤样为基础而得出的。

煤质分析中常用的"基"有空气干燥基、干燥基、收到基、干燥无灰基、干燥无矿物质基,其含义如下:

(1)空气干燥基,以与空气湿度达到平衡状态的煤为基准,表示符号为 ad(air dry basis);

(2)干燥基,以假想无水状态的煤为基准,表示符号为 d(dry basis);

(3)收到基,以收到状态的煤为基准,表示符号为 ar(as received);

(4)干燥无灰基,以假想无水、无灰状态的煤为基准,表示符号为 daf(dry ash free);

(5)干燥无矿物质基,以假想无水、无矿物质状态的煤为基准,表示符号为 dmmf(dry mineral matter free)。

各种分析基同煤质指标间的关系示于图 9-2 中。

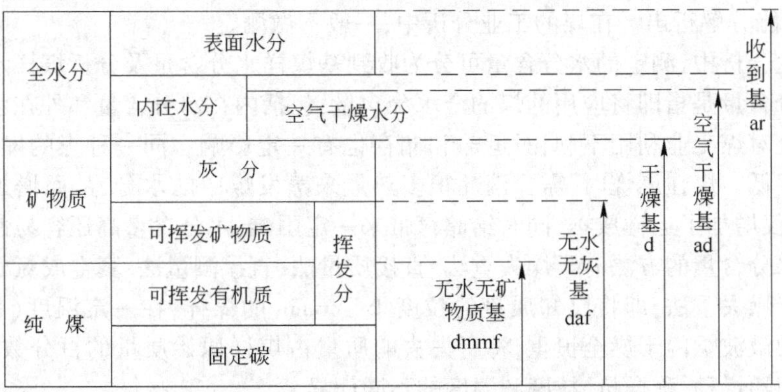

图 9-2 煤质指标与各种不同分析基之间的关系

表 9-12 列出了煤质分析中不同基准之间的换算公式。表中，M 表示水分，A 为灰分，MM 表示煤中矿物质，下标 ar、ad、d、daf 和 dmmf 表示各种分析基。

表 9-12 煤质分析中不同基准的换算

欲求基 / 已知基	空气干燥基 ad	收到基 ar	干燥基 d	干燥无灰基 daf	干燥无矿物基 dmmf
空气干燥基 ad		$\frac{100-w(M)_{ar}}{100-w(M)_{ad}}$	$\frac{100}{100-w(M)_{ad}}$	$\frac{100}{100-(w(M)_{ad}+w(A)_{ad})}$	$\frac{100}{100-(w(M)_{ad}+w(MM)_{ad})}$
收到基 ar	$\frac{100-w(M)_{ad}}{100-w(M)_{ar}}$		$\frac{100}{100-w(M)_{ar}}$	$\frac{100}{100-(w(M)_{ar}+w(A)_{ar})}$	$\frac{100}{100-(w(M)_{ar}+w(MM)_{ar})}$
干燥基 d	$\frac{100-w(M)_{ad}}{100}$	$\frac{100-w(M)_{ar}}{100}$		$\frac{100}{100-w(A)_{d}}$	$\frac{100}{100-w(MM)_{d}}$
干燥无灰基 daf	$\frac{100-(w(M)_{ad}+w(A)_{ad})}{100}$	$\frac{100-(w(M)_{ar}+w(A)_{ar})}{100}$	$\frac{100-w(A)_{d}}{100}$		$\frac{100-w(A)_{d}}{100-w(MM)_{d}}$
干燥无矿物基 dmmf	$\frac{100-(w(M)_{ad}+w(MM)_{ad})}{100}$	$\frac{100-(w(M)_{ar}+w(MM)_{ar})}{100}$	$\frac{100-w(MM)_{d}}{100}$	$\frac{100-w(MM)_{d}}{100-w(A)_{d}}$	

9.3.3.2 煤的水分

煤中都含有水，水分的含量高低和存在状态与外界条件和煤的内部结构有关。

根据在煤里的存在状态，将煤中的水分别称为外在水、内在水以及同煤中矿物质结合的结晶水、化合水。

外在水是附着在煤的表面和被煤表面的大毛细管吸附的水。当煤放在空气中存放时，煤中的外在水很容易蒸发，蒸发至煤表面的水蒸气压和空气的相对湿度达到平衡时为止。失去外在水后化验所得的结果，就是空气干燥基的化验结果。

内在水是指吸附和凝聚在煤颗粒内部的毛细管中的水，在常温下这部分水不能失去，只有加热到一定温度时才能失去。当煤颗粒中的毛细管吸附的水分达到饱和状态时，内在水分含量达到最高值，这种水分含量称为最高内在水分含量。由于煤的孔隙率与煤化程度间有一定规律关系，所以最高内在水分含量能在一定程度上表示煤化程度，能较好地区分出变质程度较浅的煤。

结晶水和化合水是指煤中矿物质里以分子形式和离子形式参加矿物晶格构造的水分，通常要在200℃以上能分解析出。在煤的工业分析中,一般不做测定。

在煤的工业分析中,测定的水分含量可分为收到基煤样水分含量及分析煤样水分含量两种。收到基煤样水分含量是指即将应用的煤的全水分含量,包括内在水分含量和外在水分含量。

煤中的水分对煤工业利用不利,对运输和储存也有一定影响。同一种煤的发热量将随水分含量的升高而降低。煤在燃烧时,需要消耗很多热量来蒸发煤中的水分,从而增加了煤耗;水分含量高的煤,不仅增加了运输成本,同时给储存带来一定困难;水分含量高还容易使煤碎裂。

测定煤中水分含量的方法有干燥失重法、直接质量法、直接测量法、真空或氮气干燥法四种。国内多数采用干燥失重法,即将已知质量的粒度小于6mm的煤样,在一定温度(105~110℃)的干燥箱或专用的微波炉内干燥至恒重,将所失去的质量占煤样原始质量的百分数定义为水分测定值。干燥时间随煤种、称样量、粒度和温度的不同而异。

9.3.3.3　煤的灰分

煤的灰分是指煤完全燃烧后剩下来的残渣,这些残渣几乎全部来自煤中的矿物质。煤中矿物质来源于:(1)原生矿物质,即成煤植物中所含的无机元素;(2)次生矿物质,为煤形成过程中混入或与煤伴生的矿物质;(3)外来矿物质,即煤炭开采和加工处理中混入的矿物质。

煤的灰分含量是在煤质特性和利用研究中起重要作用的另一项指标。一般来说,煤中矿物质不利于煤的加工利用,含量越低越好。由于煤灰是煤中矿物质热分解后的残留物,因此可以用它来推算煤中矿物质的含量。煤的灰分含量越高,有效碳的含量就越低。煤的灰分含量与煤的其他特性,如元素成分、发热量、结渣性、活性及可磨性等有程度不同的依赖关系。此外,由于煤中灰分含量测定简单,而矿物质在煤中分布又常常不均匀,因此在煤炭采样和制样方法研究中,一般都由灰分含量来评定方法的准确度和精密度。在煤炭洗选作业时,一般也以洗煤的灰分含量作为评价洗选效果的主要指标。

灰分含量的测定方法有两种:缓慢灰化法和快速灰化法。缓慢灰化法是仲裁法,而快速灰化法为例常分析方法。

(1)缓慢灰化法。称取粒度小于0.2mm煤样(1±0.1)g(称准至0.0002g),在温度低于100℃的马弗炉中缓慢(时长不小于30min)加热至500℃,保温30min;再继续加热至(815±10)℃,在此温度下继续灼烧1h。取出灰皿置于干燥器中冷至室温称量,然后进行检查性灼烧(每次20min),直至煤样的质量变化不超过0.0010g,取最后1次质量进行结果计算。灰分小于15%的样品,可不进行检查性灼烧。

(2)快速灰化法。快速灰化法又分为两种:(1)灰分快速测定仪法。将装有煤样的灰皿放在预先加热至(815±10)℃的灰分快速测定仪的传递带上,煤样自动送入仪器内完全灰化,然后送出,以残留物的质量占煤样原始质量的百分数计为灰分产率。(2)马弗炉法。将装有煤样的灰皿由炉外逐渐送入预先加热至(815±10)℃的马弗炉内灰化,并灼烧至质量恒定,以残留物的质量占煤样原始质量的百分数计为灰分产率。

9.3.3.4　煤的挥发分

工业分析测定的挥发分含量,不是煤中原来固有的挥发性物质含量,而是在严格的规定条件下加热煤炭时,产生的热分解产物所占的百分数。挥发分主要由热解水、氢及碳的氧化物和碳氢化合物组成,但煤中物理吸附水(包括外在水分和内在水分)、矿物质和CO_2不属于挥发分之列,必须从中扣除。因此,在测定挥发分含量时,都要同时测定煤的水分含量。碳酸盐含量大于2%的煤样,还要测定碳酸盐含量,以便对挥发分含量进行校正。

挥发分随煤化程度增高而降低的规律很明显,故可用挥发分来初步估计煤的种类。另外,挥发分的测定方法简单、快速、易于标准化。所以,我国和其他国家的煤炭工业分类都采用挥发分含量作为第一分类指标。

根据挥发分含量和测定挥发分含量后的焦渣特征,可以初步确定煤的加工利用途径。挥发分含量与其他煤质特性指标,如发热量、碳和氢的含量都有较好的相关关系。利用挥发分含量可以计算煤的发热量和碳、氢、氮含量及焦油产率。

煤的挥发分含量测定方法是:称取1g空气干燥煤样,放在带盖的瓷坩埚中,在(900±10)℃的温度下隔绝空气加热7min,以减少的质量占煤样原始质量的百分数再减去该煤样水分含量,作为挥发分含量。

9.3.3.5 煤的固定碳

固定碳就是煤在隔绝空气的高温加热条件下,煤中有机质分解的残余物。测定煤的挥发分含量时,剩下的不挥发物称为焦渣。焦渣产率减去灰分含量称为固定碳含量。

一般情况下,固定碳含量按下式计算:

$$w(FC)_{ad}=[1-(w(M)_{ad}+w(A)_{ad}+w(V)_{ad})]\times 100\% \tag{9-1}$$

式中 $w(FC)_{ad}$——空气干燥煤样的固定碳含量,%;

$w(M)_{ad}$——空气干燥煤样的水分含量,%;

$w(A)_{ad}$——空气干燥煤样的灰分含量,%;

$w(V)_{ad}$——空气干燥煤样的挥发分含量,%。

9.3.4 煤的元素分析

煤中除含有部分矿物杂质和水以外,其余主体都是有机物质。煤中有机质主要由碳、氢、氧、氮、硫5种元素组成。其中,又以碳、氢、氧为主,其总和占有机质的95%以上。氮含量的变化范围不大,硫的含量则随原始成煤物质和成煤时的沉积条件不同而有很大的差异。

煤的元素组成与煤的成因类型、煤岩组成及煤化程度等因素密切相关。表9-13给出了各类煤的元素组成(干燥无灰基)。

煤的元素组成可以用来计算煤的发热量,估算和预测煤的低温干馏产物。在以煤作燃料的动力工业中,在热工计算时必须以煤的元素组成作为基础,计算燃烧产物(如计算所需的理论烟气量)和热平衡。元素组成数据还可以作为煤炭科学分类的指标之一,如我国煤炭分类标准就把 $w(H)_{daf}$ 作为划分无烟煤小类的指标之一。

表9-13 各类煤的元素组成(干燥无灰基) (%)

煤种	C	H	O	N
泥炭	55~62	5.3~6.5	27~34	1~3.5
年轻褐煤	60~70	5.5~6.6	20~23	1.5~2.5
年老褐煤	70~76.5	4.5~6.0	15~20	1~2.5
长焰煤	77~81	4.5~6.0	10~15	0.7~2.2
气煤	79~85	5.4~6.8	8~12	1~1.2
肥煤	82~89	4.8~6.0	4~9	1~2
焦煤	86.5~91	4.5~5.5	3.5~6.5	1~2
瘦煤	88~92.5	4.3~5.0	3~5	0.9~2
贫煤	88~92.7	4.0~4.7	2~5	0.7~1.8
年轻无烟煤	89~93	3.3~4.0	2~4	0.8~1.5
典型无烟煤	93~95	2.0~3.2	2~3	0.6~1.0
年老无烟煤	95~98	0.8~2.0	1~2	0.3~1.0
腐泥煤	75~80	6.5~7.0	—	—

煤的元素分析就是确定煤中碳、氢、氧、氮和硫等元素的含量，是用来检验煤化学组成和煤的有机质特性的方法。由于在煤的无机质中也含有少量碳、氢、氧、硫等元素，因此，在分析煤中有机质的元素组成以及进行煤的分类时，应以经重液（相对密度为1.4）洗选后的精煤来测定，采用干燥无灰基指标。

9.3.4.1　碳

碳是煤中最重要的组成部分，是组成煤炭的大分子骨架，是煤在燃烧过程中产生热量的重要元素之一。煤的碳含量（质量分数）随煤化程度的加深而增加。泥炭的碳含量为50%～60%，褐煤为60%～77%，烟煤为74%～92%，而无烟煤为90%～98%。在煤化程度相同的煤中，镜质组的碳含量比惰质组低。

目前，世界各国通用的测定煤中碳含量（同时测氢含量）的方法是800℃燃烧法（利比西法），其中，又分为添加催化剂的快速测定法和不加催化剂的常规测定法。利比西法的要点是：将装有一定煤样的瓷舟放入燃烧管中，在800℃和有氧化铜存在的条件下，使煤样在氧气流中充分燃烧，生成的水和二氧化碳分别用吸水剂（如氯化钙、浓硫酸或过氯酸镁）和二氧化碳吸收剂（如碱石棉、钠石灰或40%氢氧化钾溶液）吸收。根据吸收剂的增重，按下式计算煤中碳和氢的百分含量：

$$w(\mathrm{C})_{\mathrm{ad}}=\frac{0.2729G_1}{G}\times100\% \tag{9-2}$$

$$w(\mathrm{H})_{\mathrm{ad}}=\frac{0.1119(G_2-G_3)}{G}\times100\%-0.1119w(\mathrm{M})_{\mathrm{ad}} \tag{9-3}$$

式中　$w(\mathrm{C})_{\mathrm{ad}}$，$w(\mathrm{H})_{\mathrm{ad}}$——分别为空气干燥煤样的碳、氢含量，%；

G——空气干燥煤样的质量，g；

G_1——二氧化碳吸收管的增重，g；

G_2——水分吸收管的增重，g；

G_3——水分含量测定中的空白值，g；

$w(\mathrm{M})_{\mathrm{ad}}$——空气干燥煤样的水分含量，%；

0.2729——由二氧化碳折算碳的系数；

0.1119——由水折算氢的系数。

9.3.4.2　氢

氢是煤中第二重要的组成元素，也是煤的可燃部分，氢燃烧时可放出大量的热量。煤的氢含量虽远低于碳含量，但氢元素的发热量约为碳元素的4倍，氢元素的变化对煤的发热量影响很大。因此，在判断煤燃料的质量时，应予以考虑其氢含量。

氢元素主要存在于煤分子的侧链和官能团上，在有机质中的含量约为2.0%～6.5%左右。氢含量随煤化程度的提高而呈下降趋势。从低煤化度到中等煤化度这一阶段，氢元素的含量变化不十分明显；但在高变质的无烟煤阶段，氢元素含量的降低较为明显而且均匀，从年轻无烟煤的4%下降到年老无烟煤的2%左右。因此，我国采用氢元素含量作为无烟煤分类指标之一。

一般采取800℃燃烧法，在测碳含量的同时测定氢含量。

9.3.4.3　氧

氧也是组成煤有机质的一个重要元素。煤中氧含量变化很大，并随着煤化程度加深而降低。变质程度越低的煤，氧元素所占的比例也就越大。当煤受到氧化时，氧含量迅速增高，而碳、氢含量则明显降低。氧元素在煤的燃烧过程中不产生热量，但能与产生热量的氢生成水，使燃烧热量降低，是动力用煤的不利因素。同时，氧是煤中反应能力最强的元素。因此，当煤用于热加工时，煤中氧含量的影响较大。

一般不进行煤中氧含量的直接测定，而用差额法计算得出。

9.3.4.4 氮

煤的有机质中氮含量比较低,氮元素主要来自成煤植物中的蛋白质。煤中氮含量多在0.8%~1.8%的范围内变化,通常也是随煤化程度的增高而稍有降低,随煤化程度而变化的规律性不很明显。煤中的氮在燃烧时一般不氧化,而是生成游离态的 N_2 进入废气中。当煤作为高温热加工原料进行加热时,煤中氮的一部分变成 N_2、NH_3、HCN 及其他一些含氮化合物逸出,这些化合物经回收可制成氮肥(硫酸铵、尿素、氨水等)、硝酸等化学产品;其余部分则留在焦炭中,以某些结构复杂的氮化合物形态出现。

世界各国都用开氏法或改进的开氏法来测煤中的氮含量。开氏法的要点是:煤在沸腾的浓硫酸中经催化剂(硫酸铜)的作用,其中的有机质被氧化为二氧化碳和水,煤中的氮绝大部分被转化成氨并与硫酸作用生成硫酸氢铵。当加入过量的氢氧化钠中和硫酸之后,氨能从氢氧化钠溶液中蒸发出来,由硼酸或硫酸溶液吸收,最后用酸碱滴定法可求出煤中氮含量。

9.3.4.5 硫

煤中的硫通常以有机硫和无机硫的形态存在。煤中各种形态的硫的总和称为全硫,记为 S_t。煤中的硫对炼焦、气化、燃烧等都是有害的杂质,使钢热脆、设备腐蚀并燃烧生成 SO_2 造成大气污染,所以硫含量是评价煤质的重要指标之一。

煤的有机质中所含的硫,称为有机硫。有机硫主要来自成煤植物中的蛋白质和微生物的蛋白质。煤中有机硫的含量一般较低,但组成复杂,主要由硫醚或硫化物、二硫化物、硫醇、噻吩类杂环硫化物及硫醌化合物等组分或官能团构成。有机硫与煤的有机质结为一体,分布均匀,很难清除,用一般物理洗选方法不能脱除。低硫煤中的硫一般以有机硫为主,经过洗选,精煤全硫含量因灰分减少而增高。

无机硫又分为硫化物形态的硫和硫酸盐形式的硫两种,有时也有微量的元素硫。硫化物形态的硫与有机硫合称为可燃硫,硫酸盐形态的硫则为不可燃硫。硫化物形态的硫中,绝大部分以黄铁矿硫的形态存在,有时也有少量的白铁矿硫,它们的分子式都是 FeS。但黄铁矿是正方晶系晶体,多呈结核状、透镜状、团块状和浸染状等形态存在于煤中;白铁矿则是斜方晶系晶体,多呈放射状存在,它在显微镜下的反射率比黄铁矿低。硫化物硫清除的难易程度与矿物颗粒大小及分布状态有关,颗粒大的可利用黄铁矿与有机质相对密度的不同洗选除去;但以极细颗粒均匀分布在煤中的黄铁矿,即使将煤细碎也难以将其除掉。

煤中全硫含量的测定方法有重量法、库仑滴定法和高温燃烧中和法三种。

(1)重量法(艾士卡法)。将1g煤样与2g艾氏剂混合,在850℃条件下灼烧生成硫酸盐,然后使硫酸根离子生成硫酸钡沉淀,根据硫酸钡的质量来计算煤中全硫的含量。

$$w(S_t)_{ad}=\frac{(G_1-G_2)\times 0.1373}{G}\times 100\% \qquad (9\text{-}4)$$

式中 $w(S_t)_{ad}$——分析煤样中全硫含量,%;

G_1——硫酸钡质量,g;

G_2——空白试验的硫酸钡质量,g;

0.1373——由硫酸钡换算为硫的系数;

G——煤样的质量,g。

(2)库仑滴定法。煤样在不低于1150℃高温和催化剂作用下,在净化的空气流中燃烧分解;生成的二氧化硫以电解碘化钾和溴化钾溶液所产生的碘和溴进行库仑滴定;电生碘和电生溴所消耗的电量由库仑积分仪积分,并显示煤样中所含硫的毫克数,由积分仪上的显示数和煤样的毫克数之比来计算煤的全硫含量。

$$w(S_t)_{ad}=\frac{\text{库仑积分仪上的显示数}}{\text{煤样的毫克数}}\times 100\% \qquad (9\text{-}5)$$

(3)高温燃烧中和法。将煤样在氧气流中进行高温燃烧,使煤中各种形态的硫都氧化分解成硫的氧化物,然后捕集在过氧化氢溶液中,使其形成硫酸溶液,用氢氧化钠溶液进行滴定,计算煤样中的全硫含量。

$$w(S_t)_{ad}=\frac{(V_1-V_0)D}{G}\times100\% \tag{9-6}$$

式中 $w(S_t)_{ad}$——分析煤样中的全硫含量,%;

V_1 ——煤样测定时氢氧化钠溶液的用量,mL;

V_0 ——空白测定时氢氧化钠溶液的用量,mL;

D ——氢氧化钠溶液的滴定度,g/mL;

G ——煤样质量,g。

9.3.5 煤的发热量

煤的发热量是单位质量的煤完全燃烧时所放出的热量,单位为 kJ/g 或 MJ/kg。煤的发热量是煤质分析的重要指标,是热工计算的基础。在煤的燃烧或转化过程中,常用发热量来进行热平衡、热效率和耗煤量的计算,并据此进行设备的选型或燃烧方式的选择。

9.3.5.1 发热量测定原理

目前,国内外均采用氧弹方法测定发热量。它是把一定量的分析煤样置于氧弹热量计中,在充入过量氧的氧弹内使煤完全燃烧。氧弹热量计的热容量通过在相似条件下,燃烧一定量的基准量热物苯甲酸来确定。氧弹预先放在一个盛满水的容器中,根据煤燃烧后水温的升高值,计算试样煤的发热量。由于实际情况并不是如此简单,所以需要考虑各种影响测定的因素,并对点火热等附加热进行各种校正,此后才能获得正确的结果。

目前,通用的热量计有绝热式和恒温式两种类型。

9.3.5.2 煤的发热量定义

煤的发热量有多种表示方式,其中,包括弹筒发热量、恒容高位发热量和恒容低位发热量。

(1)弹筒发热量。单位质量的煤试样在充有过量氧气的氧弹内燃烧,其燃烧产物组成为氧气、氮气、二氧化碳、硝酸和硫酸、液态水以及固态灰,此时放出的热量即为弹筒发热量。

(2)恒容高位发热量。单位质量的煤试样在充有过量氧气的氧弹内燃烧,其燃烧产物组成为氧气、氮气、二氧化碳、二氧化硫、液态水以及固态灰,此时放出的热量即为恒容高位发热量。恒容高位发热量即由弹筒发热量减去硝酸和硫酸校正热后所得到的发热量。

(3)恒容低位发热量。单位质量的煤试样在充有过量氧气的氧弹内燃烧,其燃烧产物组成为氧气、氮气、二氧化碳、二氧化硫、气态水以及固态灰,此时放出的热量即为恒容低位发热量。恒容低位发热量即由恒容高位发热量减去水(煤中原有的水和煤中氢元素燃烧生成的水)的气化热后所得到的发热量。

9.4 煤的性质

煤的性质与成煤植物、聚积环境和煤化程度等有关,通常指煤的物理性质、力学性质、化学性质和工艺性质等。煤的性质直接影响着煤的贮存、运输和加工利用。

煤的物理性质包括煤的光泽、颜色、密度、表面性质(润湿性、比表面积和孔隙率等)、光学性质(折射率、反射率)以及电学和磁学性质;煤的热性质包括比热容、热导率和热稳定性;煤的力学性质包括煤的硬度、强度和可磨性;煤的化学性质是指煤与各种化学试剂在一定条件下产生不同化学反应的性质,包括煤的氧化、加氢、卤化、水解、烷基化等反应,煤与 CO_2 的反应性,还有煤用不同溶剂萃取的可萃取性;煤的工艺性质是指煤在一定加工条件下或转化过程中所呈现的特性,如煤的塑性、可选性、黏结性、结焦性、结渣性和煤灰熔融性等。

9.4.1 煤的密度

煤的密度是指单位体积煤的质量,常用单位为 g/cm^3。煤的密度有三种表示方法:煤的真密度、煤的视密度和煤的散密度。

(1)煤的真密度是单个煤粒的质量与体积(不包括煤中孔隙的体积)之比。常采用密度瓶法测定煤的真密度,以水作置换介质,将称量的煤样浸泡在水中,使水充满煤的孔隙,然后根据阿基米德原理进行计算。褐煤的真密度为 1.30~1.40g/cm^3,烟煤为 1.27~1.33g/cm^3,无烟煤为 1.40~1.80g/cm^3。

(2)煤的视密度,又称煤的假密度,是单个煤粒的质量与外观体积(包括煤中的孔隙)之比。测定煤的视密度常用涂蜡法和水银法。涂蜡法是在煤粒的外表面上涂一层薄蜡,封住煤粒的孔隙,使介质不能进入,将涂蜡的煤粒浸入水中,用天平称量煤粒浸入水介质前后的质量,根据阿基米德原理来计算煤的视密度。水银法是将煤粒直接浸入水银介质中,根据煤粒排出的水银体积来计算煤的视密度。根据测定,褐煤的视密度一般为 1.05~1.30g/cm^3,烟煤为 1.15~1.50g/cm^3,无烟煤为 1.40~1.70g/cm^3。

(3)煤的散密度,又称煤的堆密度,是装满容器的煤粒质量与容器容积之比。煤的堆密度是用一定容器直接测定的。煤的散密度一般为 0.50~0.75g/cm^3。

9.4.2 煤的比热容

在一定温度范围内,使单位质量煤的温度升高 1K 所需要的热量,称为煤的比热容,也称煤的热容量。在室温下,煤的比热容一般为 1.00~1.26kJ/(kg·K)。煤的比热容与煤化程度、水分含量、灰分含量和温度的变化等因素有关。煤的比热容一般随煤化程度的加深而减少,随水分含量的升高而增大,随灰分含量的增加而减少,随温度的升高而呈抛物线形变化。当温度低于 350℃时,煤的比热容随着温度的升高而增大;如温度超过 350℃,煤的比热容反而随着温度的增高有所下降;当温度增加到 1000℃时,则煤的比热容降至与石墨的比热容相接近。

煤的比热容测定方法与焦炭的测定方法相同。

9.4.3 煤的热导率

煤的热导率(或称导热系数),是热量从煤的高温部位向低温部位传递时,单位距离上温差为 1K 的传热速率。室温下,煤的热导率为 0.21~0.27W/(m·K)。

煤的热导率与煤的变质程度、水分含量、灰分含量、粒度和湿度有关。试验指出,泥炭的热导率最低,烟煤的热导率明显比泥炭高,烟煤中焦煤和肥煤的热导率最小,而无烟煤有更高的热导率。同一种煤,其热导率随煤中水分含量的增高而增大。同样,煤的热导率随矿物质含量的升高而增大。另外,煤的热导率随着温度的升高而增大。

煤的热导率测定方法与焦炭的测定方法相同。

9.4.4 煤的热稳定性

煤的热稳定性是指块煤在燃烧和气化过程中受热后的稳定程度,即块煤在高温下保持原来粒度的性能。在燃烧、气化和低温干馏过程中,煤的热稳定性是一个非常重要的性质。热稳定性好的煤,在燃烧和气化过程中能保持原来的粒度进行燃烧和气化,或者只有少量的破碎。热稳定性差的煤常常在加热时破碎成小的、厚薄不等的大小碎片或粉末,阻碍气流畅通,降低煤的燃烧或气化效率。粉煤量积累到一定程度后,就会在炉壁上结渣,甚至导致停产。一般来说,褐煤和变质程度较深的无烟煤的热稳定性差。

煤的热稳定性和成煤过程中的地质条件有关,也和煤中矿物质的组成及其化学成分有关。

如含碳酸盐类矿物多的煤,受热后析出大量二氧化碳而使煤块破裂;孔隙率较大、水分含量较高的煤,由于骤然升温而使其水分突然析出,也会使块煤破裂而降低煤的热稳定性。

在炼焦过程中,由于黏结性烟煤加热时经历热解熔融过程,一般不考虑煤的热稳定性问题,故目前通常只测定褐煤、不黏结烟煤和无烟煤的热稳定性。国家标准 GB 1573—2018 规定了煤的热稳定性的测定方法。主要测定步骤是:制备质量为 1.5kg、粒度为 6~13mm 的空气干燥煤样,筛去小于 6mm 的粉煤,然后混合均匀,分成两份;用坩埚从两份煤样中各量取 500cm^3 煤样,进行称量(精确到 0.01g)并使两份质量一致;将煤样装入坩埚,盖好坩埚盖并将坩埚放在坩埚架上;迅速将装有坩埚的架子送入已升温到 900℃的马弗炉恒温区内;关好炉门,将炉温调到(850±15)℃,使煤样在此温度下受热 30min 后,从马弗炉中取出坩埚,冷却到室温,称量每份残焦的总质量(精确到 0.01g);将孔径为 6mm 和 3mm 的筛子和筛底盘叠放在振筛机上,然后把称量后的一份残焦倒入 6mm 筛子内,盖好筛盖并将其固定,开动振筛机筛分 10min,分别称量筛分后大于 6mm、3~6mm 及小于 3mm 的各级残焦的质量(精确到 0.01g);将各级残焦的质量相加并与筛分前的总残焦量相比,二者之差不应超过±1g;然后,按式(9-7)~式(9-9)计算煤的热稳性指标。TS_{+6} 指标越高,煤的热稳定性越好。

$$TS_{+6}=\frac{G_{+6}}{G}\times100\% \tag{9-7}$$

$$TS_{3-6}=\frac{G_{3-6}}{G}\times100\% \tag{9-8}$$

$$TS_{-3}=\frac{G_{-3}}{G}\times100\% \tag{9-9}$$

式中　TS_{+6}——煤的热稳定性指标,%;
TS_{3-6},TS_{-3}——煤的热稳定性辅助指标,%;
G——各粒级残焦质量之和,g;
G_{+6}——大于 6mm 残焦的质量,g;
G_{3-6}——粒度为 3~6mm 残焦的质量,g;
G_{-3}——小于 3mm 残焦的质量,g。

9.4.5　煤的可磨性

煤的可磨性是指煤磨碎成粉的难易程度。煤的可磨性与其煤化程度、水分含量、煤的岩相组成以及煤中矿物质的种类、数量和分布状态有关。煤的可磨性指标是确定煤粉碎工艺和选择粉碎设备的重要依据。

国家标准 GB 2656—87 规定了采用哈德格罗夫法(哈氏可磨性试验)来测定煤的可磨性指数。该法操作简单,再现性好,被许多国家采用,并已列入国际标准 ISO5074。该法以美国某矿区易磨碎烟煤作为标准煤,其可磨性指数定为 100,以此来比较被测定煤的可磨性,并求得相对可磨性指数。测定方法是:把约 50g 规定粒级的空气干燥煤样放入哈氏研磨机中,在一定荷重下研磨 3min(60r)后进行筛分,称量 0.074mm 筛上煤样的质量,按式(9-10)计算该煤的哈氏可磨性指数。哈氏可磨性指数越大,表明该煤越容易粉碎。

$$K_{HGI}=13+6.93(m-m_1) \tag{9-10}$$

式中　K_{HGI}——哈氏可磨性指数;
m——煤样的质量,g;
m_1——研磨后 0.074mm 筛上煤样的质量,g。

9.4.6　煤的反应性

煤的反应性是指在一定温度下,煤与各种气体介质(如二氧化碳、氧气、空气和水蒸气)发生化学反应的能力。煤的反应性影响着气化炉中的反应效率、耗煤量和产品气体中的有效组分含量,对气化炉(特别是流化床)的正常运转起决定性作用。高反应性的煤可以在生产能力基本稳定的情况下,使气化炉在较低的温度下操作,从而避免因灰分结渣而破坏煤的气化过程。煤的反应性常用下列指标进行测定:(1)反应速度;(2)活化能;(3)同温度下产物的最大百分浓度或浓度与时间的关系;(4)着火温度或平均燃烧温度;(5)反应物分解率或还原率;(6)临界空气鼓风量;(7)挥发物热值等。

我国多采用二氧化碳的还原率来表示煤的反应性。国家标准 GB 220—2018 规定了煤对二氧化碳化学反应性的测定方法。其要点是:先将煤样干馏除去挥发物,然后将其筛分并选取一定粒度的焦渣装入反应管中加热,加热到一定温度后,以一定的流量通入二氧化碳与试样反应。测定反应后气体中二氧化碳的含量,以被还原成一氧化碳的二氧化碳量占原通入的二氧化碳总量的百分数,即二氧化碳的还原率作为煤对二氧化碳反应性的指标。其计算式如下:

$$\alpha=\frac{1-a-V}{(1-a)\cdot(1+V)}\times 100\% \qquad (9\text{-}11)$$

式中 α——二氧化碳还原率,%;

a——钢瓶二氧化碳气体中杂质气体含量(摩尔分数),%;

V——反应后气体中二氧化碳含量(摩尔分数),%。

煤的反应性可用某一特定温度下(如1050℃)的 α 值表示,也可用某一温度区间(如850℃~1150℃)的 α 平均值表示。将二氧化碳还原率 α 对温度 t 作图,可得煤的反应性曲线。不同煤在不同温度下所测得的反应性曲线见图9-3。

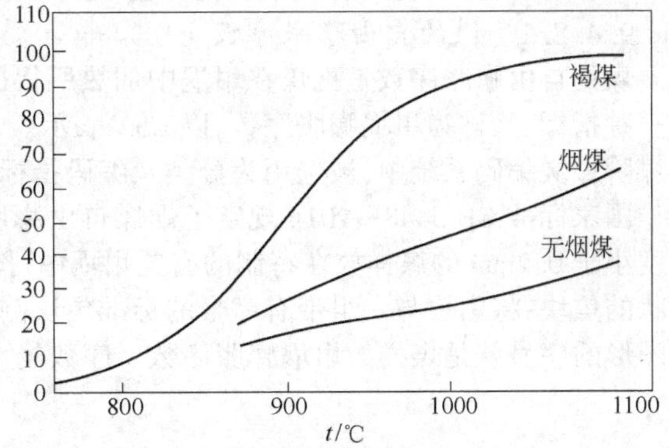

图 9-3 煤的反应性曲线

数据表明:(1)二氧化碳还原率越高,煤的反应性越好;(2)煤的反应性随温度升高而增加,随煤化程度的加深而减弱,这与煤的分子结构和反应表面积有关;(3)煤的加热速度、灰分含量等因素对煤的反应性也有明显的影响。

9.4.7 煤的可选性

煤的可选性是指,从原煤分选出符合质量要求的精煤或浮煤的难易程度。原煤是指煤矿生产出来的,经初选除去规定粒度矸石的煤。煤的可选性是确定选煤工艺和设计选煤厂的主要依据。通过煤的可选性研究,可估计各种产品的灰分含量和产率。由易选原煤可以得到产率高、灰分含量低的精煤,选煤厂可以采用较简单的工艺流程;由难选原煤所得的精煤灰分含量高、产率低,选煤厂要采用较复杂的工艺流程和高效率的精选设备。炼焦用煤对灰分含量和硫含量均有一定要求,都要使用经过洗选的精煤。煤料的可选性往往决定其在配合煤中的可用性及其配入量。

影响煤可选性的因素主要有:(1)煤的岩相组成;(2)煤中矿物质的数量、种类、性质和分布状态;(3)煤的粉碎方法和粉碎程度等。其中,矿物质分布状态的影响尤为突出。煤层形成时,生成的内在矿物质多数以浸染状、细条带状和团粒状等形态分散于煤粒中,用一般的洗选方法难以将之分离;外来的矿物质与煤的密度差别较大,选煤时容易分离;矸石与精煤的密度相差大,故因混入煤矸石多而造成灰分含量高的煤也容易分选;夹矸煤,也称中间煤,因其密度介于精煤和矸石之间,这类煤难以分选。测定煤的可选性的方法是先做原煤的筛分试验,然后进行各粒级煤样的浮沉试验。

9.4.8 煤的塑性

煤的塑性是煤在干馏过程中形成胶质体、呈现塑性状态时所具有的性质。煤的塑性指标一般包括煤的流动性、黏结性、膨胀性、透气性以及塑性温度范围等。煤的塑性对煤在炼焦过程中黏结成焦起着重要作用,是影响煤的结焦性和焦炭质量的重要因素。一些评价煤的塑性的指标,常被选作烟煤分类中表征煤的工艺性质的分类指标,也是指导配煤和焦炭强度预测的重要参数。影响煤的塑性的因素比较多,在炼焦生产中调整这些因素,使煤的塑性处于适宜的范围,可有效改善焦炭质量。

煤的塑性的测试方法可以分为两大类,具体如下:

(1)间接测定法,借助煤在一定条件下加热后所生成的半焦或焦炭的形状或性质来判断煤的塑性。属于这一类的有:1)根据焦炭形状来判别的方法,如坩埚膨胀序数法、葛金焦型法;2)根据焦块的耐压或耐磨强度来判别的方法,如罗加指数法、黏结指数法和黏结强度法、混砂法以及通过测定胶质层指数获得焦块抗碎强度的方法等。

(2)直接测定胶质体特性的方法,属于这一类的有:1)直接观察煤在加热过程中塑性变形的热显微镜法;2)测定胶质体膨胀度和透气度的方法,如奥亚膨胀计法、鲁尔膨胀计法、小型膨胀压力炉法、测定胶质层指数的体积曲线法、气体流动法等;3)测定胶质体黏度或流动度的方法,如基氏塑性计法、波拉本达塑谱仪法、胶质体黏度动态测定法;4)测定胶质体量的方法,如胶质层指数测定法;5)用胶质体特性温度来反映煤塑性的方法。

9.4.8.1　煤的自由膨胀序数

煤的自由膨胀序数是把煤在坩埚中加热所得的焦块的膨胀程度编成序号,以表征煤的塑性的一种指标,又称为坩埚膨胀序数,以 *CSN* 表示。煤的自由膨胀序数在国际硬煤分类方案和中、高煤阶煤炭编码系统中,被选用为分类及编码指标。

国家标准 GB 5448—2014 规定了烟煤自由膨胀序数的测定方法。该法为:称取 1g 新磨的、粒度小于 0.2mm 的煤样放在特制的有盖坩埚中,按规定方法快速加热至(820±5)℃,可得到不同形状的焦块;将焦块与一组带有序号的标准焦块侧面图形(见图 9-4)相比较,与焦块形状最接近的图形的序号就是煤样的坩埚膨胀序数。序数越大,表示煤的膨胀性和塑性越强。

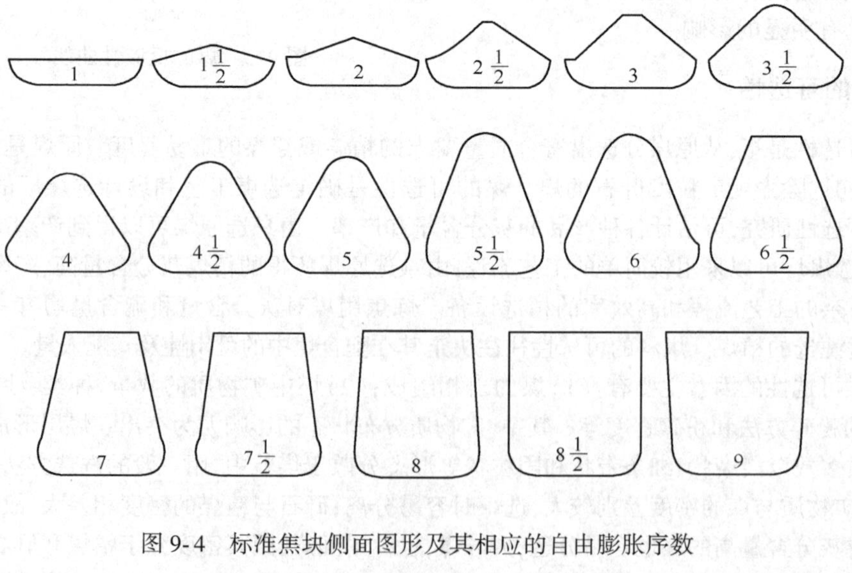

图 9-4　标准焦块侧面图形及其相应的自由膨胀序数

坩埚膨胀序数测定所用的实验仪器和测定方法都非常简单,几分钟即可完成一次试验,所以得到广泛应用。但此法带有较强的主观性,有可能将黏结性较差的煤判断为黏结性较强的煤。此外,利用此法确定坩埚膨胀,序数为5以上的煤时,分辨能力较差。

坩埚膨胀序数主要用于测定煤的塑性及膨胀性,所以其在配煤时没有可加性。

9.4.8.2 煤的罗加指数

煤的黏结性,是指烟煤干馏时黏结其本身的或外来的惰性物质的能力,是煤干馏时形成的胶质体所显示的一种塑性。在烟煤中,显示软化熔融性质的煤称为黏结煤,不显示软化熔融性质的煤为非黏结煤。黏结性是评价炼焦用煤的一项主要指标,也是评价低温干馏、气化或动力用煤的一个重要依据。煤的黏结性是煤结焦的必要条件,与煤的结焦性密切相关。炼焦煤中,以肥煤的黏结性为最好。

煤的罗加指数,是表征烟煤受热后黏结惰性添加物(如无烟煤)能力的煤的塑性指标之一。采用转鼓试验测定焦块强度,来表征烟煤受热后黏结无烟煤的黏结力。罗加指数 *R.I.* 对中等黏结性煤具有较好的区分能力,所用设备简单、方法简便、试验快速。罗加指数与工业上的焦炭强度指数有较好的相关性,因此,在煤炭分类和国际煤炭贸易中曾广为应用,对炼焦配煤也具有一定的指导意义。

国家标准 GB 5449—2015 规定了烟煤罗加指数的测定方法。其要点是:将1g粒度为0.1~0.2mm的烟煤样和5g粒度为0.3~0.4mm的无烟煤经充分混合后,在严格规定的条件下炭化,将得到的焦炭在特定的转鼓中进行三次转鼓试验,分次过0.1mm的圆孔筛后称重,然后根据试验数据按式(9-12)计算罗加指数。

$$R.I. = \frac{(m'_1+m_3)/2+m_1+m_2}{3m}\times 100\% \tag{9-12}$$

式中 $R.I.$——罗加指数,%;

m'_1——第一次转鼓试验前筛上部分的焦炭质量,g;

m_1——第一次转鼓试验后筛上部分的焦炭质量,g;

m_2——第二次转鼓试验后筛上部分的焦炭质量,g;

m_3——第三次转鼓试验后筛上部分的焦炭质量,g;

m——焦化后焦炭的总质量,g。

该法的主要问题是各国所用的专用无烟煤不同,试验结果难以比较,使其推广应用受到极大的限制。炼焦配煤时,罗加指数在一定程度上具有可加性。

9.4.8.3 煤的黏结指数

煤的黏结指数是中国煤炭分类和中国煤炭编码系统两个国家标准中,确定烟煤工艺类别与编码的主要指标之一,简记为 *G*。根据煤的黏结指数,可以大致确定该煤的主要用途。利用煤的挥发分和黏结指数图,可以了解各种煤在炼焦配煤中的作用,这对指导炼焦配煤、确定经济合理的配煤比具有一定指导意义。

国家标准 GB 5447—2014 规定了烟煤黏结指数的测定方法。黏结指数的测定原理与罗加指数的测定原理相似,即以一定质量的试验煤样和专用无烟煤混合均匀,在规定条件下加热成焦,所得焦炭在一定规格的转鼓内进行强度检验,以焦块的耐磨强度来表示试验煤样的黏结能力。与罗加指数相比,黏结指数的主要区别是:(1)将专用无烟煤粒度从0.3~0.4mm改为0.1~0.2mm,即与试验煤样粒度相同,以便于混合均匀。(2)转鼓试验由原来的三次减少为两次。(3)专用无烟煤的配入量改用两种比例,即当黏结指数 $G\geqslant 18$ 时,试验煤样与无烟煤之比为1∶5;而当 $G<18$ 时,该比例为3∶3。(4)已成功研制专用无烟煤的国家标样,可统一制备与提供销

售。通过这些改进措施,增强了对不同黏结性煤的区分能力,简化了操作,提高了测试的精确性。但黏结指数对强黏结煤的区分能力不足,还有待于改进。

煤的黏结指数的计算公式为:

当 $G\geqslant 18$ 时
$$G=10+\frac{30m_1+70m_2}{m} \tag{9-13}$$

当 $G<18$ 时
$$G=\frac{30m_1+70m_2}{5m} \tag{9-14}$$

式中 G——煤的黏结指数;

m——焦化处理后的焦渣总量,g;

m_1——第一次转鼓试验后筛上部分的焦炭质量,g;

m_2——第二次转鼓试验后筛上部分的焦炭质量,g。

在炼焦配煤计算时,黏结指数在一定程度上具有可加性。

9.4.8.4 煤的葛金焦型

葛金焦型是英国沿用的煤炭分类指标,是以标准焦型为参照物来表征煤的塑性行为,同时也是判断煤结焦性的一种指标。国家标准 GB 1341—2007 规定了煤的葛金焦型的测定方法,其要点是:将一定量的煤样装入特定的干馏管中,再置于干馏炉内,以一定升温速度加热到 600℃并保持一定时间,将残留在干馏管中的焦炭形状与一组标准焦型相比较,以确定其型号。

各种葛金焦型的主要特征见表 9-14。标准焦型分为 A~G 型,G 型以上又分为 G_1~G_x 型,其中,G_1~G_x 型为强膨胀煤生成的焦型。强膨胀煤必须加入一定量的电极炭,其焦型才能与标准焦型 G 一致。下标 1~x 即为得到 G 型焦时所配入电极炭的最少克数。一般用室式焦炉生产焦炭时,要求配合煤的葛金焦型为 F~G 型。

表 9-14 各种葛金焦型的主要特征表

焦 型	体积变化	主要特征(黏结、强度等)
A	试验前后体积大体相等	不黏结,呈粉状或粉中带有少量小块,接触就碎
B	试验前后体积大体相等	微黏结,多于一块或块中带有少量粉,一拿就碎
C	试验前后体积大体相等	黏结,整块或少于三块,很脆,易碎
D	试验后较试验前体积明显减小(收缩)	黏结或微熔融,较硬,能用指甲刻划,少于五条明显裂纹,手摸染指,无光泽
E	试验后较试验前体积明显减小(收缩)	熔融,有黑色的或稍带灰色的光泽,硬,手摸不染指,多于五条明显裂纹,敲时带金属声响
F	试验后较试验前体积明显减小(收缩)	横断面完全熔融并呈灰色,坚硬,手摸不染指,少于五条明显裂纹,敲时带金属声响
G	试验前后体积大体相等	完全熔融,坚硬,敲时发出清晰的金属声响
G_1	试验后较试验前体积明显增大(膨胀)	微膨胀
G_2	试验后较试验前体积明显增大(膨胀)	中度膨胀
G_x	试验后较试验前体积明显增大(膨胀)	强膨胀

一般认为,葛金焦型不具有可加性。为了得到配煤的焦型,只有通过实验确定,而不能通过配煤可加性计算来求得。葛金焦型的测定是一项十分费时的操作,故影响了其在国内的推广应用。

9.4.8.5　煤的膨胀度

煤的膨胀度，是以煤样干馏时体积发生膨胀或收缩的程度来表征的一种煤的塑性指标，主要取决于煤在生成胶质体期间的析气速度和胶质体的不透气性，与煤的岩相组成有密切关系。煤的膨胀度广泛用于研究煤的成焦机理、鉴定煤质、进行煤炭分类、指导炼焦配煤和预测焦炭强度等方面。

测定煤干馏时膨胀和收缩程度的膨胀计有两类。一类是测定煤在软化、熔融和形成半焦时的体积变化，通常测定温度为300~500℃，这类膨胀计有将煤压实后测定的奥亚膨胀计、鲁尔膨胀计、用粉煤进行测定的霍夫曼膨胀计；另一类膨胀计用以测定从形成半焦温度到1000℃的温度区间内煤的收缩行为，这类膨胀计有高温膨胀计和热震式膨胀计。其中，奥亚膨胀计是国际上最通用的一种膨胀计。我国煤炭分类国家标准中，奥亚膨胀度被确定为区分强黏结煤的一个辅助指标。

国家标准GB 5450—1985规定了烟煤奥亚膨胀度的测定方法，其要点是：将试验煤样按规定方法制成一定规格的煤笔，放入内径为8mm的膨胀管中，煤笔上面放置一根能在管内自由活动的膨胀杆，将上述装置放入专用的电加热炉内，以3℃/min的升温速度加热，记录膨胀杆的位移曲线。以位移曲线上升的最大距离占煤笔原始长度的百分数，表示煤的奥亚膨胀度b；以膨胀杆下降的最大距离占煤笔原始长度的百分数，表示最大收缩度a。试验中规定：膨胀杆下降0.5mm时的温度为软化温度t_1，膨胀杆下降到最低点后开始上升的温度为开始膨胀温度t_2，膨胀杆停止移动时的温度为固化温度t_3。图9-5所示是煤的一组典型奥亚膨胀度曲线。

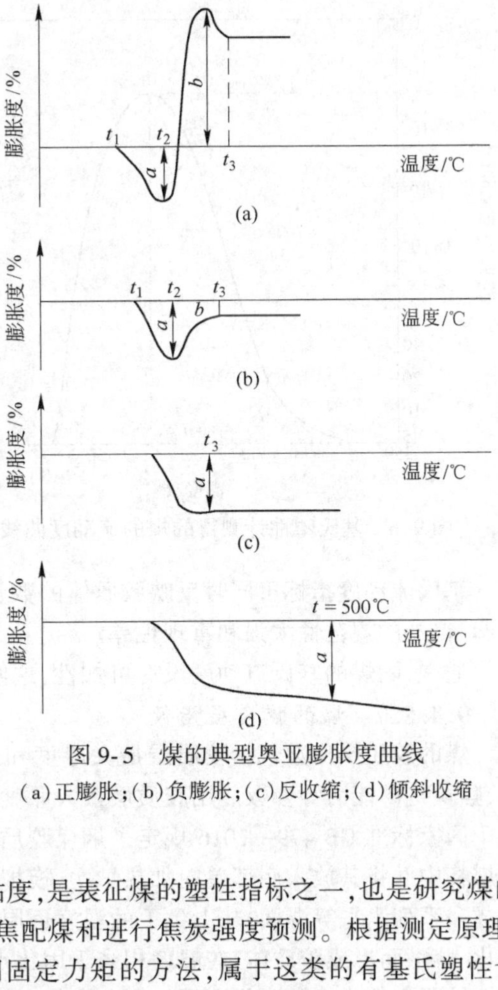

图9-5　煤的典型奥亚膨胀度曲线

(a)正膨胀；(b)负膨胀；(c)反收缩；(d)倾斜收缩

9.4.8.6　煤的流动度

煤的流动度是表征煤在干馏时形成胶质体的黏度，是表征煤的塑性指标之一，也是研究煤的流变性和热分解动力学的有效手段，可用于指导炼焦配煤和进行焦炭强度预测。根据测定原理，可以把煤的流动度测定方法分为两类：一类是采用固定力矩的方法，属于这类的有基氏塑性计法；另一类为改变力矩的方法，属于该类的有戴维斯塑性计法和波拉本达塑谱仪法。

基氏塑性计法测定流动度的原理为：用固定力矩转动一个插入煤样中的搅拌桨，当煤受热形成胶质体时，随着温度的升高，胶质体的流动性发生改变，搅拌桨因受到不同的阻力，转速发生相应的变化，从而测得煤的流动度曲线。具体方法为：将5g粒度小于0.425mm的煤粉装入煤甑中，煤甑中央垂直方向上装有搅拌器，向搅拌器轴施加恒定的扭矩（约为100g·cm）；将煤甑放入已加热至规定温度的盐浴内，以3℃/min的速度升温；当煤受热软化形成胶质体后，阻力降低，搅拌器开始旋转，胶质体相对数量越多，黏度越小，则搅拌器转动越快，转速以每分钟转动的分度（360°为100分度）表示，即分度/min；用自动记录仪记录随温度升高出现的有规律的转速变化曲线，即煤的流动度曲线。

基氏塑性计测得的煤的流动度曲线实例,如图 9-6 所示。根据流动度曲线,可以得出下列指标:(1)开始软化温度(t_s),即指针转动 1 分度时对应的温度;(2)最大流动度时的温度(t_{max}),即转速最大时对应的温度;(3)固化温度(t_r),即指针停止转动时对应的温度;(4)最大流动度(α_{max}),即转速最大时对应的流动度;(5)塑性温度区间($t_r - t_s$)。

图 9-7 给出了基氏塑性计测得的几种典型烟煤的流动度曲线。一般来说,气肥煤的流动度最大;肥煤的流动度曲线平坦而宽,肥煤的胶质体保持在较大流动性的时间较长;有些气肥煤的最大流动度虽然很大,但流动度曲线陡而尖,说明其胶质体处于较大流动性的时间很短。

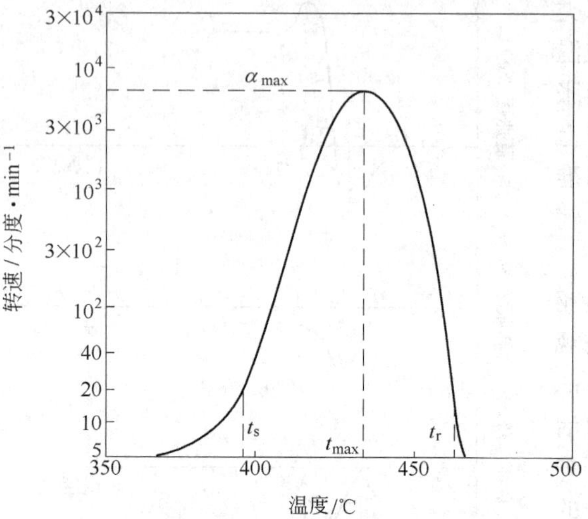

图 9-6　基氏塑性计测得的煤的流动度曲线

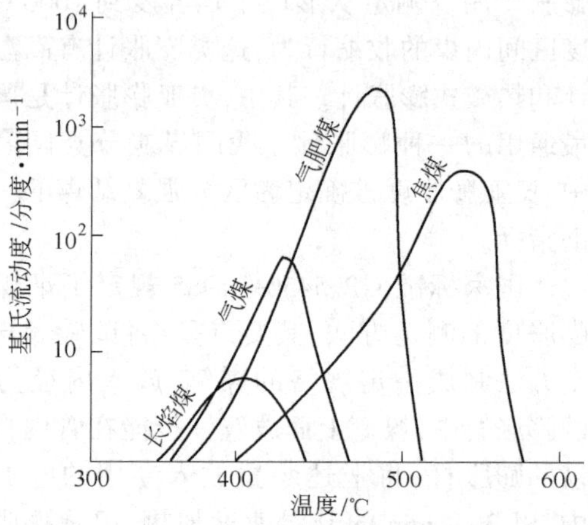

图 9-7　典型烟煤的流动度曲线

基氏流动度指标可同时反映胶质体的数量和性质,具有明显的优点。其缺点是适用范围比较窄、仪器的规范性太强和重现性差。

通常,配煤的基氏流动度没有可加性,这使其在炼焦配煤中的应用受到限制。

9.4.8.7　*煤的胶质层指数*

煤的胶质层指数包括胶质层最大厚度和最终收缩度,同时可以得到体积曲线形状、焦块特征、焦块抗碎能力等参数。用胶质层最大厚度等特性来表征煤的塑性指标。

国家标准 GB 479—2016 规定了烟煤胶质层指数的测定方法。测定时,将 100g 煤样装入钢制煤杯中并将其放入底部单向加热炉中,模拟工业条件,以 3℃/min 的升温速度加热。在煤样中形成一系列水平等温面,从上到下的温度逐层增高。软化点层面以上的煤保持原状,以下的煤则软化、熔融而形成胶质体;在温度相当于固化点的层面以下,煤则结成半焦。测定中,按温度区间用探针测定软化点与固化点两个层面之间的胶质层厚度,以最大厚度 y 作为胶质层指数的一个指标;测定过程中,同时记录煤样受热后的体积变化曲线,当全部煤样转变为半焦后,由于体积收缩,体积曲线下降到最低位置,即测得另一个指标——最终收缩度 x。

图 9-8 为煤的胶质层测定曲线示意图,图的上部为体积曲线,下部为胶质层上、下面间距离的变化曲线,可以从中读出 x 值和 y 值。这种方法还可以对所得的半焦块的特征进行定性描述,如半焦块的缝隙、海绵体、色泽和融合状况等;并进而把所得半焦块置于一定规格的打击器内,用重锤落下,以测定其抵抗破碎的能力。

干燥无灰基挥发分含量 $w(V)_{daf}$ 为 30%左右的煤,y 值最大;$w(V)_{daf}$ 低于 13%和高于 50%的煤,y 值接近于 0。肥煤的 y 值为 25 ~ 35mm;气煤和焦煤的 y 值为 10 ~ 24mm;瘦煤的 y 值为

5~12mm;长焰煤的 y 值小于 5mm。一般,最终收缩度 x 随着煤挥发分含量的增大而增大。

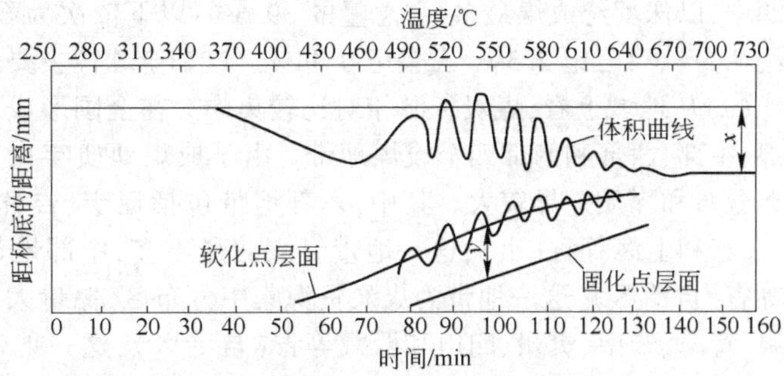

图 9-8 煤的胶质层测定曲线示意图

y 值主要表征塑性阶段胶质体的数量,与胶质体的流动性、热稳定性、不透气性和塑性温度区间有关,对中等黏结性和较强黏结性的烟煤有较好的区分能力。x 值与煤的挥发分含量和熔融、固化后的收缩等性质有关。体积曲线、半焦特征的定性描述以及半焦的抗破碎能力,可作为评价煤质的补充资料。所以,可以用胶质层指数来检验烟煤作为炼焦配煤时的质量。不过,胶质层最大厚度 y 值只能表示胶质体的数量,不能反映胶质体的质量;而且,y 值受煤的膨胀度影响很大,若膨胀度大,则 y 值显著偏高。由于 y 值不能反映胶质体的性质,所以不少 y 值相同的煤在相同的炼焦条件下,却得到质量不同的焦炭。当 y 值小于 10mm 和大于 25mm 时,y 值很难测准。

用胶质层指数表征煤塑性指标的最大缺陷是,y 值的测定易受主观因素的影响,对仪器的规范性要求很强;此外,另一缺点则是试用煤样量太大,不适宜煤小孔径勘探的发展需要。

一般认为,配煤的胶质层最大厚度 y 值具有可加性。但在配煤计算时需注意,y 值的可加性实际上是有一定条件的。

9.4.9 煤的结焦性

煤的结焦性是表征烟煤在焦炉或模拟焦炉的通常炼焦条件下,形成具有一定块度和强度焦炭的能力。结焦性是评价炼焦煤的主要指标,不仅应当包括焦炭的强度,还要包括焦炭的粒度分布、反应性和其他性质,即包括一整套决定冶金用焦质量的工艺性质。

炼焦煤必须兼有黏结性和结焦性,两者密切相关。煤的黏结性着重反映煤在干馏过程中软化熔融形成胶质体并黏结固化的能力,测定黏结性时的加热速度较快,一般只测到形成半焦为止;煤的结焦性全面反映煤在干馏过程中软化熔融直到固化形成焦炭的能力,测定结焦性时的加热速度一般较慢。

对煤的结焦性有两种不同的见解,一种认为在模拟工业炼焦条件(如加热速度为 3℃/min)下,测定的煤的塑性指标即为结焦性指标,如硬煤国际分类中,采用奥亚膨胀度和葛金焦型作为煤的结焦性指标;另一种意见则认为在模拟工业炼焦条件下把煤炼成焦炭,然后用焦炭的强度和粉焦率等指标作为评价煤结焦性的指标,如用模拟工业炼焦炉条件下 200kg 试验焦炉的焦炭的强度,来评定炼焦煤和配煤的结焦性。我国在制定煤炭分类国家标准中,采用以 200kg 试验焦炉所得的焦炭的强度和粉焦率作为结焦性指标。

炼焦煤中,以焦煤的结焦性最好。

9.5 煤炭资源和分类

9.5.1 我国煤炭资源概况

我国煤炭资源分布的自然特征有以下几点:

(1)按各主要聚煤期所形成的煤炭资源的数量差别较大。我国各主要聚煤期所形成的煤炭资源中,以侏罗纪成煤最多,占总量的 39.6%;以下依次为石炭二叠纪 38.0%、白垩纪 12.2%、二叠纪 7.5%、第三纪 2.3%、三叠纪 0.44%。这和全球性主要聚煤期的储量分布基本一致。

(2)从地域上看,煤炭资源相对比较集中。在全国形成了若干个重要的煤炭分布区,可分为东部、中部、西部和南部四个成煤地带。由于成煤地质年代和成煤条件不同,这四个地带的煤炭资源分布和煤质差异较大。其中,东部地带包括辽宁、吉林、黑龙江、北京、天津、河北、山东、安徽、江苏和上海等省(市),这一地带煤炭储量不多;中部地带包括山西、陕西、内蒙古、河南和宁夏等省(自治区),这一地带为煤炭资源集中分布区,储量大,煤种齐全,煤质优良;西部地带包括甘肃、青海、云南、贵州、四川和西藏等省(自治区),这一地带中云南、贵州和新疆的煤炭资源丰富;南部地带包括浙江、江西、福建、湖南、湖北、广东等省和广西壮族自治区,这一地带煤炭资源贫乏,且煤层地质构造复杂。

我国煤炭资源按成煤地带的保有储量(即已探明的矿产储量扣除到统计上报之日为止的出矿量和损失矿量后,矿床还拥有的实际储量)分布和比例见表 9-15。我国煤炭资源主要集中在中部成煤地带,所占比例约为 70%以上;南部成煤地带的煤炭资源十分贫乏,仅占约 1%;东部成煤地带的煤炭储量只占全国的 10%左右,但其中约 69%为炼焦煤。

表 9-15　我国煤炭资源按成煤地带的保有储量分布和比例

成煤地带	煤炭资源		炼焦煤资源	
	保有储量/Gt	所占比例/%	保有储量/Gt	所占比例/%
全　国	901.457	100.00	258.479	100.00
东部地带	89.979	9.98	61.882	23.86
中部地带	660.589	73.28	165.442	64.01
西部地带	141.664	15.71	29.324	11.34
南部地带	9.225	1.02	2.031	0.79

我国煤炭资源的分布按行政区划分也很不平衡,表 9-16 给出了我国煤炭资源按行政区的保有储量分布和比例。我国煤炭资源主要集中在华北地区,约占 52%;其次是西北地区,约占 28%;东北地区及中南地区煤炭资源很少,均不到 3%。由此可见,中国煤炭资源的分布特点是东部少,中、西部多,南部少,北部多,造成长期北煤南运和西煤东运,严重影响了我国经济的发展,并与我国工业布局、人口分布状况很不适应。

表 9-16　我国煤炭资源按行政区的保有储量分布和比例

地　区	煤炭资源		炼焦煤资源	
	保有储量/Gt	所占比例/%	保有储量/Gt	所占比例/%
全　国	901.457	100.00	258.479	100.00
东北地区	26.909	2.99	12.234	4.73
华北地区	470.599	52.20	160.887	62.24
华东地区	46.943	5.21	40.141	15.53
中南地区	26.799	2.97	7.421	2.87
西南地区	81.137	9.00	16.568	6.41
西北地区	249.066	27.63	21.228	8.21

我国各省区煤炭资源总量的排序见表 9-17。各省(区)的煤炭资源总量差别很大,超过 1000Gt 的有新疆和内蒙古两个自治区;超过 100Gt,但不足 1000Gt 的有山西、陕西、贵州、宁夏、甘肃、河南 6 个省(区);安徽、河北等 9 个省(区)超过 10Gt,但不足 100Gt;其他省(区)均不足 10Gt。

表 9-17 我国各省区煤炭资源量的排序 (Gt)

序次	省(区)	煤炭资源			序次	省(区)	煤炭资源		
		已发现	预测	总量			已发现	预测	总量
1	新疆	113.622	1803.730	1917.353	16	辽宁	7.062	5.927	12.989
2	内蒙古	222.613	1225.043	1447.656	17	北京	2.909	8.672	11.581
3	山西	250.091	389.918	640.009	18	江苏	3.705	5.049	8.754
4	陕西	155.457	203.110	358.567	19	湖南	3.306	4.535	7.841
5	贵州	50.803	189.690	240.493	20	江西	1.405	4.084	5.489
6	宁夏	30.931	172.111	203.042	21	天津	0.984	4.452	5.436
7	甘肃	9.310	142.887	152.197	22	吉林	2.309	3.003	5.312
8	河南	23.797	91.971	115.768	23	广西	2.184	1.764	3.948
9	安徽	27.360	61.159	88.519	24	福建	1.061	2.557	3.618
10	河北	18.567	60.139	78.706	25	广东	0.581	0.911	1.492
11	云南	24.093	43.787	67.880	26	西藏	0.093	0.809	0.902
12	山东	26.678	40.513	67.191	27	湖北	0.500	0.204	0.704
13	四川	13.822	30.379	44.201	28	海南	0.089	0.001	0.090
14	青海	4.230	38.042	42.272	29	浙江	0.006	0.044	0.050
15	黑龙江	20.076	17.613	37.689	30	台湾			

(3)从煤类上看,从褐煤、烟煤到无烟煤的各种煤类资源都有,但数量和分布却极不均衡。除褐煤占已发现煤资源的12.7%以外,在硬煤(指烟煤和无烟煤)中,低变质烟煤所占的比例为总量的42.4%;贫煤和无烟煤占17.3%;中变质烟煤(即炼焦用煤)的数量却较少,只占27.6%。

我国炼焦煤资源在各行政区的分布很不平衡(见表9-16)。炼焦煤主要集中在华北地区(约占62%),其次是华东地区(约占15.5%),西北、西南和东北地区均只占5%~8%,中南地区的炼焦煤资源最贫乏,不足3%。南方各省(区),如浙江、福建、广东、广西、湖北等,炼焦煤资源都相当贫乏。值得注意的是,山西省的焦煤资源丰富,约占全国炼焦煤储量的56%。

我国炼焦煤品种齐全,但分布很不平衡。表9-18给出了我国炼焦煤资源中各煤种的分布和比例。全国范围内,气煤储量占炼焦煤资源的51.49%,特别是华东和东北地区,气煤占炼焦煤资源的比例高达67.81%和59.0%。另外,肥煤、焦煤、瘦煤资源则较少,分别占炼焦煤资源的12.57%、18.79%和14.93%。肥煤、焦煤和瘦煤的储量有限,其比例与炼焦配煤的要求不相匹配。

表 9-18 我国炼焦煤资源中各煤种的分布和比例 (%)

地 区	气 煤	肥 煤	焦 煤	瘦 煤	未分牌号煤
全 国	51.49	12.57	18.79	14.93	2.22
东北地区	59.00	4.16	29.90	5.07	1.87
华北地区	53.20	13.37	16.35	16.95	0.13
华东地区	67.81	13.53	7.40	2.08	9.18
中南地区	6.87	21.08	40.13	31.92	—
西南地区	11.73	12.98	42.99	25.50	6.80
西北地区	50.03	6.21	25.98	15.40	2.38

(4)我国煤的可选性差。表9-19给出了我国炼焦煤的可选性情况。总体上讲,我国难洗和极难洗煤约占62%。目前,我国主要矿区生产的洗精煤灰分含量,以气煤最低,焦煤最高。我国入洗原煤的灰分含量一般为20%～30%,少数达30%～40%,而洗精煤的平均灰分含量约为10.5%(国外为6%～8%)。

表9-19　我国炼焦煤的可选性

煤　种	占入洗量/%	不同可选性煤占入洗量比例/%	
		难洗、极难洗煤	易洗、中等易洗煤
合　计	100	62	38
气　煤	43	40	60
肥　煤	18	61	39
焦　煤	30	84	16
瘦　煤	9	92	8

9.5.2　世界煤炭资源分布

在地质历史上,煤炭聚集作用存在着最强和最弱的时期,并且煤炭聚集呈带状分布,煤炭储量集中分布在石炭纪、二叠纪、侏罗纪、白垩纪、老第三纪和新第三纪等含煤地层。各含煤地层明显地分别局限在某些洲范围内,如石炭纪含煤地层分布在欧洲、亚洲和北美洲的东部;二叠纪含煤地层主要分布于亚洲,小部分分布于非洲和澳大利亚;三叠纪聚煤作用在非洲和澳大利亚广泛发育;白垩纪含煤地层主要分布在亚洲的东部和美洲的西部(环太平洋沿岸地带),老第三纪和新第三纪聚煤作用在各大洲都发育。因此,世界煤炭资源在地域上的分布是很不均衡的。

世界上的煤炭资源总量共有10753.9Gt,其中,硬煤(无烟煤和烟煤)8130Gt,褐煤262.9Gt。拥有煤炭资源的国家大约有70个,其中储量较多的国家有美国、俄罗斯、中国、印度、德国、南非、乌克兰、哈萨克斯坦、澳大利亚、波兰、巴西和加拿大,它们的储量总和占世界总储量的88%。世界各主要产煤国煤炭资源的分布概况如下:

美国的炼焦煤资源主要分布在4个石炭纪煤田:阿巴拉契亚煤田(东部区)、伊利诺斯煤田、密歇根煤田(西部煤田)以及白垩纪的尤因塔煤田(落基山脉地区);无烟煤分布在宾夕法尼亚煤田;褐煤分布在密西西比煤田和得克萨斯煤田。

俄罗斯有许多大的煤田分布于欧洲部分地区、东部和西部西伯利亚以及远东地区。

澳大利亚硬煤和无烟煤的产地主要分布在新南威尔士州和昆士兰州;炼焦煤集中分布在二叠纪的悉尼和博恩煤田、三叠纪的伊普斯维奇和尼古拉斯、侏罗纪的克拉伦斯和巴曾姆煤田。

印度炼焦煤主要分布于东部的多摩达尔煤田,它是该国最主要的煤田,其中,重要的煤产地有贾里亚、拉尼甘贾、博卡诺和卡兰布尔。

德国的硬煤和褐煤储量都很大。硬煤赋存于西欧最大的煤田下莱茵-威斯特法伦(鲁尔)和一系列不大的煤田,如亚琛、下萨克森和萨尔;主要的褐煤煤田是莱茵煤田,此外,图林根-萨克森、下劳齐茨、上劳齐茨和马格德堡等煤田产松散褐煤。

南非的主要煤田是维持班克煤田,位于比勒陀利亚以南,其煤炭产量在非洲居首位。炼焦煤主要分布在德兰士瓦和纳塔。

加拿大主要的工业型煤田有东部滨海省份石炭纪的皮克托、锡德尼和坎伯拉,西南部白垩纪和老第三纪的阿尔伯特,中部和大平原区内主要有萨斯喀彻温煤田,北极列岛的含煤区较小。

9.5.3 煤的分类

煤炭分类方法有三种,即成因分类、科学分类和工业分类。煤的成因分类是按煤的原始物质和堆积环境分类;煤的科学分类是按煤的元素组成等基本性质分类;煤的工业分类,又称实用分类,是按煤的不同工艺性质和利用途径分类。

目前,世界各国煤炭的分类大多采用适合本国(或某一地区)具体情况的工业分类方案,其比科学分类和成因分类更简单,较易制定。在进行煤的工业分类时,除了要考虑科学根据以外,还要考虑经济条件、资源情况及科学的发展等因素。

9.5.3.1 主要工业国的煤炭分类

世界上主要工业国的煤炭分类方案见表9-20。

表9-20 世界上主要工业国的煤炭分类方案

国 家	分类指标	主要类别名称	类 数
英 国	挥发分含量,葛金焦型	无烟煤,低挥发分煤,中挥发分煤,高挥发分煤	4大类,24小类
德 国	挥发分含量,坩埚焦特征	无烟煤,贫煤,瘦煤,肥煤,气煤,气焰煤,长焰煤	7类
法 国	挥发分含量,坩埚膨胀序数	无烟煤,贫煤,1/4肥煤,1/2肥煤,短焰肥煤,肥煤,肥焰煤,干焰煤	8类
波 兰	挥发分含量,罗加指数,胶质层指数,发热量	无烟煤,无烟质煤,贫煤,半焦煤,副焦煤,正焦煤,气焦煤,气煤,长焰气煤,长焰煤	10大类,13小类
俄罗斯	挥发分含量,胶质层指数	无烟煤,贫煤,黏结瘦煤,焦煤,肥煤,气肥煤,气煤,长焰煤	8大类,13小类
美 国	固定碳含量,挥发分含量,发热量	无烟煤,烟煤,次烟煤,褐煤	4大类,13小类
日 本	发热量,燃料比	无烟煤,沥青煤,亚沥青煤,褐煤	4大类,7小类

9.5.3.2 我国煤炭分类

我国国家标准GB 5751—2009规定了煤炭按煤化程度及工艺性能进行分类,采用煤的煤化程度参数来区分无烟煤、烟煤和褐煤。其中:(1)无烟煤煤化程度的参数采用干燥无灰基挥发分含量$w(V)_{daf}$和干燥无灰基氢含量$w(H)_{daf}$作为指标,以此来区分无烟煤的小类。(2)烟煤的类别采用两个参数来确定,一个是表征烟煤煤化程度的参数,另一个是表征烟煤黏结性的参数。烟煤煤化程度的参数采用干燥无灰基挥发分含量$w(V)_{daf}$作为指标。烟煤黏结性的参数,根据黏结性的不同选用黏结指数G、胶质层最大厚度y(或奥亚膨胀度b)作为指标,以此区分烟煤的类别。(3)褐煤煤化程度的参数采用透光率P_M作为指标,用于区分褐煤和烟煤以及划分褐煤的小类;并以恒湿无灰基高位发热量为辅,来区分烟煤和褐煤。

我国煤炭分类方案中,将煤分为无烟煤、贫煤、贫瘦煤、瘦煤、焦煤、肥煤、1/3焦煤、气肥煤、气煤、1/2中黏煤、弱黏煤、不黏煤、长焰煤和褐煤共14大类。其中,无烟煤又细分为3小类,褐煤细分为两小类。除无烟煤和褐煤外,其他均属于烟煤。

我国煤炭分类方案中,各类煤均用两位阿拉伯数码表示。十位数:按煤的挥发分含量分组,无烟煤为0,烟煤为1~4,褐煤为5。个位数:无烟煤类为1~3,表示煤化程度;烟煤类为1~6,表示黏结性;褐煤类为1~2,表示煤化程度。

我国煤炭分类总表见表9-21,无烟煤分类见表9-22,褐煤分类见表9-23,烟煤分类见表9-24;我国煤炭分类图如图9-9所示。

表 9-21　我国煤炭分类总表

类　别	符　号	数　码	分类指标	
			$w(V)_{daf}$/%	P_M/%
无烟煤	WY	01,02,03	≤10.0	
烟　煤	YM	11,12,13,14,15,16	>10.0	
		21,22,23,24,25,26	>10.0~20.0	
		31,32,33,34,35,36	>20.0~28.0	
		41,42,43,44,45,46	>28.0~37.0	
褐　煤	HM	51,52	>37.0①	≤50②

①凡 $w(V)_{daf}$>37.0%、G≤5 者，再用透光率 P_M 来区分烟煤和褐煤（地质勘探中，$w(V)_{daf}$>37.0%，且在不压饼的条件下测定的焦渣特征为 1~2 号的煤，再用 P_M 来区分烟煤和褐煤）。

②凡 $w(V)_{daf}$>37.0%、P_M>50%者为烟煤；P_M>30%~50%的煤，若恒湿无灰基高位发热量 $Q_{gr.m.af}$ 大于 24MJ/kg，则划为长焰煤。

表 9-22　我国无烟煤分类

类　别	符　号	数　码	分类指标	
			$w(V)_{daf}$/%	$w(H)_{daf}$①/%
无烟煤一号	WY1	01	0~3.5	0~2.0
无烟煤二号	WY2	02	>3.5~6.5	>2.0~3.0
无烟煤三号	WY3	03	>6.5~10.0	>3.0

①在已确定无烟煤小类的生产厂矿的日常工作中，可以只按 $w(V)_{daf}$ 分类；在地质勘探工作中，当为新区确定小类或生产厂矿和其他单位需要重新核定小类时，应同时测定 $w(V)_{daf}$ 和 $w(H)_{daf}$，按上表分小类，若两种结果有矛盾，以按 $w(H)_{daf}$ 划分小类的结果为准。

表 9-23　我国褐煤分类

类　别	符　号	数　码	分类指标	
			P_M/%	$Q_{gr,m,af}$①/MJ · kg^{-1}
褐煤一号	HM1	51	0~30	—
褐煤二号	HM2	52	>30~50	<24

①凡 $w(V)_{daf}$>37.0%、P_M>30%~50%的煤若恒湿无灰高位发热量 $Q_{gr,m,af}$>24 MJ/kg，则划为长焰煤。

表 9-24　我国烟煤分类

类别	符号	数码	分类指标			
			$w(V)_{daf}$/%	G	y/mm	b/%
贫　煤	PM	11	>10.0~20.0	≤5		
贫瘦煤	PS	12	>10.0~20.0	>5~20		
瘦　煤	SM	13	>10.0~20.0	>20~50		
		14	>10.0~20.0	>50~65		
焦　煤	JM	15	>10.0~20.0	>65	≤25.0	(≤150)
		24	>20.0~28.0	>50~65		
		25	>20.0~28.0	>65	≤25.0	(≤150)
肥　煤	FM	16	>10.0~20.0	(>85)	>25.0	(>150)
		26	>20.0~28.0	(>85)	>25.0	(>150)
		36	>28.0~37.0	(>85)	>25.0	(>220)

续表 9-24

类　别	符　号	数 码	分类指标			
			$w(\mathrm{V})_{daf}/\%$	G	y/mm	b/%
1/3 焦煤	1/3JM	35	>28.0~37.0	65	≤25.0	(≤220)
气肥煤	QF	46	>37.0	(>85)	>25.0	(>220)
气　煤	QM	34	>28.0~37.0	>50~65	≤25.0	(≤220)
		43	>37.0	>35~50		
		44	>37.0	>50~65		
		45	>37.0	>65		
1/2 中黏煤	1/2ZN	23	>20.0~28.0	>30~50		
		33	>28.0~37.0	>30~50		
弱黏煤	RN	22	>20.0~28.0	>5~30		
		32	>28.0~37.0	>5~30		
不黏煤	BN	21	>20.0~28.0	≤5		
		31	>28.0~37.0	≤5		
长焰煤	CY	41	>37.0	≤5		
		42	>37.0	>5~35		

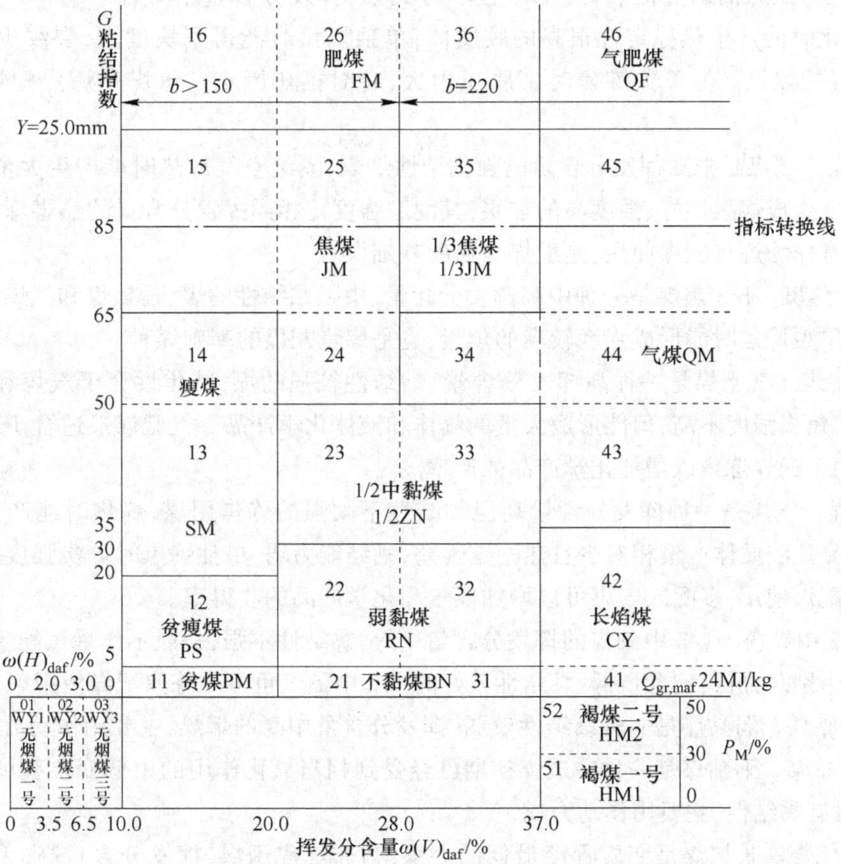

图 9-9　我国煤炭分类图(GB 5751—2009)

我国煤分类方案中，各类煤的基本特性如下：

(1)无烟煤。无烟煤是变质程度最高的煤种，固定碳含量高，挥发分含量低，氢含量低，纯煤密度高，无任何黏结性，燃点高，燃烧时无烟。无烟煤一般用作民用燃料，在中小型化肥厂可作为合成氨的原料。此外，低灰、低硫、质软、易磨的无烟煤，不仅是理想的高炉喷吹物和铁矿石烧结用的燃料，而且是制造炭素材料的原料，可制造电极、电极糊、碳质吸附剂以及多层滤池的滤料。

(2)贫煤。贫煤是烟煤中变质程度最高的一小类煤，不黏结或呈微弱的黏结性，挥发分含量低，在层状炼焦炉中不结焦。发热量比无烟煤高，燃烧时火焰短，耐烧，但燃点也较高，仅次于无烟煤。贫煤主要用作电厂燃料，也可作为民用及工业锅炉的燃料。

(3)贫瘦煤。贫瘦煤是炼焦煤中变质程度最高的一种，其特点是挥发分含量较低，但黏结性仅次于典型瘦煤，单独炼焦时，生成的粉焦多；配煤炼焦时，配入一定比例的贫瘦煤也能起到瘦煤的瘦化作用，对提高焦炭的块度起着良好的作用。这类煤也是发电、机车、民用及其他工业炉窑的较好燃料。

(4)瘦煤。瘦煤是具有中等黏结性的低挥发分含量的炼焦煤，炼焦过程中产生相当数量的胶质体，y 值一般是 6~10mm。单独炼焦时，能得到块度大、裂纹少、抗碎强度较好的焦炭，但其耐磨强度较差。瘦煤是炼焦配煤的基础煤种，也可用作发电和锅炉等的动力煤。

(5)焦煤。焦煤的结焦性较好，黏结性中等到强，挥发分含量中等，$w(\mathrm{V})_{\mathrm{daf}}$一般为 16%~28%。在碳化时能产生热稳定性很高的胶质体，单独炼焦时能得到块度大、裂纹少、抗碎强度高、耐磨性好的焦炭。但单独炼焦时膨胀压力大，有时推焦困难。焦煤是炼焦配煤的重要基础煤种。

(6)肥煤。肥煤是中高挥发分含量的强黏结性烟煤，隔绝空气加热时能产生大量的胶质体。单独炼焦时能生成熔融性好、强度高的焦炭，其耐磨强度比相同挥发分含量的焦煤炼出的焦炭还好。肥煤通常作为炼焦配煤使用，是配煤炼焦的基础煤。

(7)1/3 焦煤。1/3 焦煤是一种中高挥发分含量、中强黏结性的煤，是焦煤和气煤之间的过渡性煤类。在单独炼焦时能形成强度较高的焦炭，也是炼焦配煤的基础煤种。

(8)气肥煤。气肥煤是一种高挥发分含量、黏结性较强的煤，结焦性介于气煤和肥煤之间。单独炼焦时，焦炭强度不高，但能形成大量的气体和液体化学产品。气肥煤最适合于高温干馏制煤气，也可用于配煤炼焦以增加化学产品的产率。

(9)气煤。气煤是一种挥发分含量高但黏结性不太强的炼焦用煤，炼焦时能产生较多的气体和化学产品。胶质体产量相对少且热稳定性差、黏结能力弱，单独炼焦时焦炭强度差。气煤一般作为炼焦配煤使用，多配入气煤可以增加煤气和化学产品的收得率。

(10)1/2 中黏煤。1/2 中黏煤的挥发分含量中等，黏结性不强，一般不作炼焦配煤使用，多用作动力煤。个别灰分低、硫含量低、黏结性较好的 1/2 中黏煤也可作炼焦配煤使用。

(11)弱黏煤。弱黏煤是一种黏结性较弱、挥发分含量中高的烟煤，主要用作动力煤。

(12)不黏煤。不黏煤是一种在成煤初期已经受到相当氧化作用的中低变质程度的烟煤，富含丝质体，没有黏结性，主要用作动力煤。

(13)长焰煤。长焰煤是变质程度最低的烟煤，为非炼焦用煤，挥发分含量高，无黏结性，贮存时易风化破碎。长焰煤多作为电厂、机车的燃料以及工业炉窑的燃料，也可作为气化用煤。

(14)褐煤。褐煤是变质程度最低的煤类,特点是挥发分含量高,水分含量高,氧元素含量大,并富含腐殖酸。由于有较高的氧含量和水分含量,褐煤的发热量很低。存放在空气中时易风化变质,破裂成小块岩甚至粉末。褐煤一般用于发电,也可作为气化的燃料。

9.6 煤的开采和洗选加工

我国煤炭的开采方法分为露天开采和井下开采两种,开采出来的煤炭中含有不少矸石和少量杂物。为了合理利用煤炭资源,必须大力发展煤炭的洗选加工工艺。

煤炭洗选加工是提高煤炭质量的重要环节。开采出来的原煤经过洗选加工,利用煤炭与矸石等杂质的物理和化学性质的差异,除去部分杂质,降低原煤的灰分含量和硫含量,提供质量稳定、品种对路的商品煤。

煤的洗选加工工艺包括煤的筛选和选煤两种操作。煤的筛选是以筛分、手选的方式,满足用户对煤炭粒级和规格的需要。选煤工艺是将煤按需要分成不同质量和规格的产品的加工过程。目前,我国采用的选煤方法主要是跳汰法,约占选煤方法的60%;其次是重介质选煤法,占23%;然后是浮选法,占14%;其他方法,如摇床法等所占比例很少。

筛选和选煤的典型工艺流程如图9-10和图9-11所示。

经过洗选加工的煤炭,按照其用途、加工方法和技术要求划分为若干品种和等级,详见表9-25。

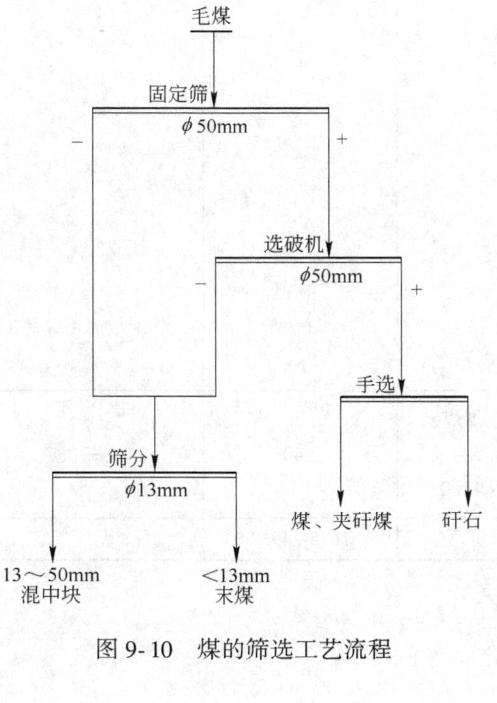

图9-10 煤的筛选工艺流程

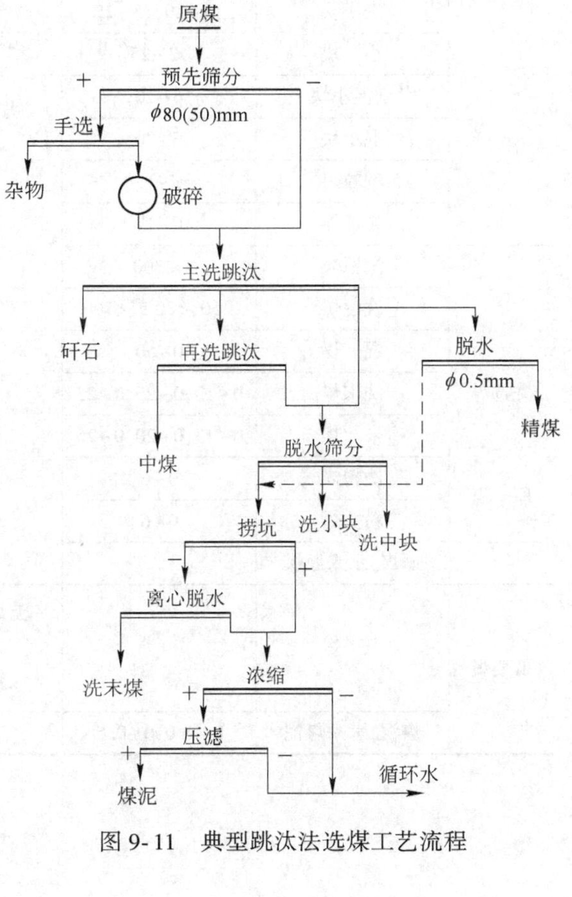

图9-11 典型跳汰法选煤工艺流程

表 9-25 煤炭产品的类别、品种名称和技术要求

产品	品种名称	技术要求			
		粒度/mm	收到基低位发热量 $Q_{net,ar}$ /MJ · kg^{-1}	灰分含量 $w(A)_d$ /%	最大粒度所占比例的上限/%
精煤	冶炼用炼焦精煤	<50,<100		≤12.5	≤5
	其他用炼焦精煤	<50,<100		12.51~16.00	
粒级煤	洗特大块	>100	无烟煤、烟煤:≥14.5;褐煤:≥11.0	—	
	特大块	>100			
	洗大块	50~100,>50			
	大块	50~100,>50			
	洗中块	25~50,20~60			
	中块	25~50			
	洗混中块	13~50,13~80			
	混中块	13~50,13~80			
	洗混块	>13,>25			
	混块	>13,>25			
	洗小块	13~20,13~25			
	小块	13~25			
	洗混小块	6~20			
	混小块	6~20			
	洗粒煤	6~13			
	粒煤	6~13			
洗选煤	洗原煤	≤300			
	洗混煤	<50,<80 或<100			
	混煤	0~50			
	洗末煤	0~13,0~20,0~25			
	末煤	0~13,0~20,0~25			
原煤	洗粉煤	0~6			
	粉煤	0~6			
	原煤,水采原煤				
低质煤	原煤		无烟煤、烟煤:<14.5;褐煤:<11.0	>40	—
	煤泥,水采煤泥	0~1.0,0~0.5		16.5~49.0	

10 焦　　炭

10.1 概述

焦炭是由黏结性煤在隔绝空气的条件下，经高温干馏而得到的多孔性固体块状物。焦炭按用途可分为冶金焦、气化焦和电石用焦等。冶金焦是高炉焦、铸造焦、铁合金焦和有色金属冶炼用焦的统称，但由于90%以上的冶金焦用于高炉炼铁，因此往往把高炉焦称为冶金焦。另外，由煤粉加压成型煤，再经炭化等后处理制成的新型焦炭，称为型焦。挥发分含量较高的烟煤或褐煤在干馏终温500~700℃下得到的固体产物，称为半焦或低温焦炭，主要用作民用或锅炉燃料，也可作为炼焦煤料的瘦化剂。以含铁物料与炼焦煤料配合炼制的焦炭，称为铁焦。焦炭虽然品种较多，但都属于脆性、多孔、碳质的块状材料。

焦炭是冶金、机械、化工等行业的重要原料和燃料，其中，以高炉炼铁消耗的焦炭量最大。在高炉冶炼过程中，焦炭主要起到以下作用：

(1)提供高炉冶炼所需的大部分热量。焦炭在风口前燃烧放热，是高炉冶炼的主要热源。

(2)提供高炉冶炼所需的还原剂。高炉冶炼过程中，焦炭中的固定碳及其燃烧产生的CO，都是对炉料中铁及其他元素的氧化物进行有效还原的还原剂。

(3)焦炭是高炉料柱的骨架。焦炭约占高炉料柱体积的1/3~1/2，而且在高炉冶炼条件下既不熔融也不软化，故焦炭在高炉内起支撑料柱和维持透气性的骨架作用。特别是在高炉下部，矿石和熔剂已全部软化造渣并最终熔化为液体，只有焦炭仍以固体状态存在，这就保证了高炉下部料柱的透气性，使从风口鼓入的热风向高炉中心渗透，并使炉缸煤气流具有良好的初始分布。

(4)作为生铁形成过程中渗碳的碳源。每吨炼钢生铁渗碳需消耗50kg左右的焦炭。

表10-1为2007~2018年世界和中国焦炭产量情况。表10-2列出了主要焦炭生产国的焦炭产量。表10-3为2007年主要产钢国焦炭的产量和消费情况。2007年全世界的焦炭生产量为559Mt，而2018年为645Mt左右，比2007年增加15.4%。中国是世界第一大焦炭生产国，占全世界焦炭总产量的60%~70%，而西方主要工业国的焦炭产量一直保持稳定，美国和乌克兰的焦炭产量逐年降低，印度和韩国的焦炭产量略有增加。

表10-1　2007—2018年世界和中国焦炭产量情况　　(Mt/a)

时间	中国焦炭产量	世界焦炭产量	占比/%	时间	中国焦炭产量	世界焦炭产量	占比/%
2007年	335.53	559.01	60.03	2013年	481.79	686.62	70.17
2008年	323.14	544.54	59.34	2014年	476.91	682.30	69.90
2009年	357.44	535.88	66.70	2015年	447.78	652.41	68.63
2010年	386.58	599.68	64.46	2016年	449.11	649.10	69.19
2011年	434.33	643.58	67.49	2017年	431.43	633.96	68.05
2012年	438.31	654.57	66.96	2018年	438.20	645.10	67.93

表 10-2　世界主要焦炭生产国的焦炭产量　(Mt/a)

国　家	2000 年	2001 年	2002 年	2003 年	2004 年	2007 年	2017 年	2018 年
日　本	33.68	37.94	38.13	37.90	38.94	38.71	32.74	32.57
俄　国	30.58	28.31	29.19	29.72	31.18	31.99	29.60	27.66
美　国	18.80	15.83	15.07	14.40	14.60	16.20	11.63	12.12
乌克兰	19.36	17.85	17.53	20.09	20.76	19.41	10.70	11.60
印　度	15.96	17.06	17.23	17.24	17.94	19.59	23.00	27.93
波　兰	9.02	8.97	8.75	10.11	10.13	10.27	9.10	9.30
韩　国	11.26	10.06	10.41	10.38	10.45	9.44	17.48	17.69
中　国	121.84	131.30	142.89	177.75	208.73	335.53	431.43	438.20
全世界合计	340.01	344.65	351.48	390.01	426.77	559.01	633.96	645.10

表 10-3　2007 年世界主要国家钢铁产量和焦炭消费量　(Mt)

国家	钢产量	铁产量	焦炭产量	焦炭消费量	国家	钢产量	铁产量	焦炭产量	焦炭消费量
中国	494.90	471.42	335.53	291.68	韩国	51.52	29.44	9.44	9.80
日本	120.20	86.77	38.71	39.20	乌克兰	42.83	35.65	19.41	—
美国	98.10	36.34	16.20	17.19	印度	53.08	28.83	19.59	—
俄国	72.39	51.04	31.99	—	波兰	10.63	5.80	10.27	4.0
德国	48.55	31.15	8.10	12.23	全世界合计	1351.29	948.66	559.01	—

近几十年来,世界炼焦工业获得长足的发展。大容积焦炉、捣固焦炉、干法熄焦等先进技术在实际工业化生产中日臻完善。日本的型焦工艺、德国的巨型炼焦反应器、美国的无回收焦炉、乌克兰的立式连续层状炼焦等新工艺和新技术进行了工业化试验,有的则正在加快工业化进程。

我国焦炭年产量居世界第一,占世界总产量的 2/3。近十余年,通过引进世界先进的炼焦技术和自主研发,我国炼焦工业获得了快速发展,焦化行业的整体技术水平有了进一步提高。其中最具代表性的成就有:自主研发的 7m 焦炉(炭化室高度为 7m)技术,达到国际先进水平;捣固炼焦技术、干熄焦技术、配型煤炼焦技术及装置正在加快推广;铸造型焦和热压型焦装置已建成。这些进步表明,我国炼焦技术水平与世界先进水平的差距正逐渐缩小。今后,中国应逐步淘汰落后的小型焦炉,采用先进炼焦技术,改建现代化大型焦炉,提高焦化产品质量,增加产品品种,提高生产效率,大力改善环境。

直接还原等炼铁新工艺、为降低生铁成本而采用更有效的工艺和更优质的原料、使用比较廉价的载能体(重油、天然气、煤粉、粒化树脂等)代替焦炭等技术措施,都将有效降低高炉炼铁的焦炭消耗量。近年来,高炉煤粉喷吹量总体上呈明显增加趋势,许多高炉喷煤比达到 180~190kg/t。随着喷吹技术的发展,高炉平均喷煤量还将增加,焦比有望进一步降低。据不完全统计,2005 年全世界高炉焦比的平均水平为 412kg/t,2018 年降至 372kg/t。

但是,在今后至少几十年内,非焦炼铁工艺不可能大范围替代目前的高炉炼铁,故焦炭仍然是未来钢铁生产的主要原料。随着我国、巴西、印度等国钢铁工业的快速发展,世界范围内焦炭的需求量仍将稳定增加。根据相关资料,2016 年中国高炉焦炭用量为 383Mt。其他用途的焦炭需求量也不会明显降低。由此可见,炼焦工业在 21 世纪仍有生存和发展的空间。

10.2 焦炭生产

现代焦炭生产过程主要分为洗煤、备煤、炼焦和产品处理等若干工序,如图 10-1 所示。

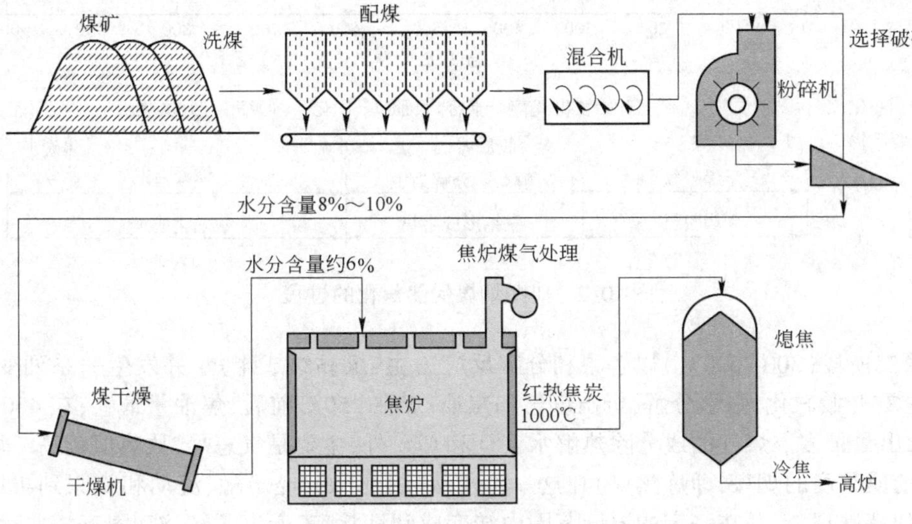

图 10-1 焦炭生产工艺流程

采出的原煤在炼焦之前要先进行洗煤,目的是降低煤中所含灰分含量和洗除其他杂质。

炼焦煤的准备简称备煤,是炼焦生产的重要组成部分。为了保证炼焦生产有足够数量和质量合格的煤料,焦化厂都设有备煤车间,担负着炼焦用煤的准备工作。备煤车间要完成煤的装卸、贮存及倒运,还有煤的配合、粉碎和输送等工作。其中,配煤是关键环节,将结焦性能不同的各种煤按一定比例配合进行炼焦,目的是在保证焦炭质量的前提下,扩大炼焦用煤的使用范围,合理利用煤资源,并提高化工产品的产率。

炼焦是将经配合和预处理的煤料装入焦炉的炭化室内,在隔绝空气的条件下,通过两侧的燃烧室加热干馏,经过一定时间后,最终形成焦炭。

焦炭产品的处理是将由焦炉内推出的赤热焦炭熄灭和冷却,并进行筛分分级,从而获得不同粒级的焦炭产品,分别送往高炉、烧结等不同用户。同时,对炼焦过程产生的荒煤气进行回收处理,获得净焦炉煤气以及包括煤焦油、粗苯和氨在内的多种化学产品。

10.2.1 炼焦理论

煤转变成焦炭,是一个受到化学、物理变化制约的复杂过程。从煤化学开创时期起,各国学者就对煤的成焦机理进行了深入研究,影响比较大的炼焦理论主要包括溶剂抽提理论、物理黏结理论、塑性成焦机理、中间相成焦机理和传氢机理。其中,最获公认的是塑性成焦机理。

10.2.1.1 煤的焦化过程

炼焦过程中,煤在隔绝空气的条件下加热,各种有机质随着温度的升高而发生一系列不可逆的物理和化学变化,形成气态(煤气)、液态(焦油)和固态(半焦或焦炭)产物。

典型烟煤受热焦化的过程见图 10-2。可知,煤的焦化过程大致分为三个阶段:

(1)第一阶段(室温~300℃)为炼焦初始阶段。煤在这一阶段基本没有太大变化,主要从煤中析出蓄存的气体和非化学结合水。脱水主要发生在 120℃以前,而脱气(CH_4、CO_2 和 N_2)大致在 200℃前后完成。

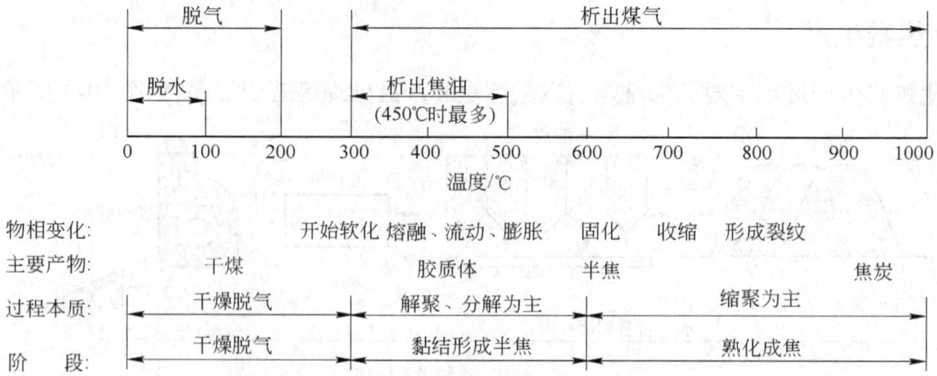

图 10-2　典型烟煤受热焦化的过程

(2)第二阶段(300~600℃)以解聚和分解反应为主,煤黏结成半焦,并发生一系列变化。煤在300℃左右开始软化,强烈分解,析出煤气和焦油;煤在450℃前后,焦油量最大;在450~600℃时,气体析出量最多。煤气的成分除热解水、CO和CO_2外,主要是气态烃,故热值较高。烟煤(特别是中等变质程度的烟煤,即炼焦煤)在这一阶段从软化开始,经熔融、流动和膨胀到再固化,发生了一系列特殊现象,并在一定的温度范围内转变成塑性状态,产生了气、液、固三相共存的胶质体。煤转变成塑性状态的能力是煤黏结性的基础条件,而煤的黏结性对焦炭产品的质量极为重要。

(3)第三阶段(600~1000℃)是半焦变成焦炭的阶段,以缩聚反应为主。在这一阶段,焦油产生量极少,而温度的升高促进了半焦脱除气体挥发分。700℃后,产生的煤气的主要成分是氢气。所得的焦炭的挥发分含量小于2%,芳香晶核增大,排列规则化,结构致密,坚硬并有银灰色金属光泽。半焦转变成焦炭的过程,一方面大量析出煤气,使其内挥发分含量降低;另一方面,焦炭本身质量损失,密度增加,裂纹及裂缝产生,形成碎块。焦炭的块度和强度与收缩情况有直接关系。

10.2.1.2　塑性成焦机理

A　黏结机理

将具有黏结性的烟煤加热到350~500℃时,煤中有机质分子激烈分解,侧链从缩合芳环上断裂,并进一步分解。热分解产物中,相对分子质量小的组分呈气态,相对分子质量中等的组分呈液态,而相对分子质量大的、侧链断裂后的缩合芳环(变形粒子)和热分解时的不熔组分则呈固态。气、液、固三相组成胶质体。随着温度升高(450~550℃),胶质体的分解速度大于生成速度,一部分产物呈气体析出;另一部分则与固态颗粒融为一体,发生热缩聚而固化生成半焦。热缩聚过程中,液态产物的二次分解产物、变形粒子和不熔组分(包括灰分)结合在一起,生成不同结构的焦炭。煤的黏结性取决于胶质体的数量和性质。若胶质体中液态产物较多且流动性适宜,就能填充固体颗粒间隙,并发生黏结作用。胶质体中的液态产物热稳定性好,从生成胶质体到胶质体固化之间的温度区间宽,则胶质体存在的时间长,产生的黏结作用就充分。因此,数量足够、流动性适宜和热稳定性好的胶质体是煤黏结成焦的必要条件。通过配煤可以调节配合煤的胶质体数量和性质,使之具备适宜的黏结性,以生产符合要求的焦炭产品。

B　收缩机理

当半焦从550℃加热到1000℃时,半焦内的有机质将进一步热分解和热缩聚。热分解主要发生在缩合芳环上热稳定性高的短侧链和连接芳环间的碳链桥上。分解产物以甲烷和氢气为主,无液态产物生成。越到结焦后期,所析出的气态产物的相对分子质量越小,在 750℃后,几乎全是氢气。缩合芳环周围的氢原子脱落后,产生的游离键使固态产物之间进一步热缩聚,从而使碳网不断增大,排列趋于致密。由于成焦过程中半焦和焦炭内各点的温度和升温速度不同,致使各点的收缩量不同,出此产生内应力。当内应力超过半焦和焦炭物质的强度时,就会形成裂纹。由热缩聚引起碳网缩合增大和由此而产生焦炭裂纹,是半焦收缩阶段的主要特征。煤的挥发分含量越高,其半焦收缩阶段的热分解和热缩聚越剧烈,所形成的收缩量和收缩速度也越大。各种煤的半焦在加热过程中的最大收缩值为:气煤约 3%,肥煤与气煤接近,焦煤约 2%。挥发分含量相同的煤料,黏结性越好,收缩量越大。可以通过配煤和加入添加剂,来调节和控制半焦收缩量、最大收缩速度和最大收缩温度,以获得所要求的焦炭强度和块度。

10.2.2 炼焦用煤

黏结性和结焦性是炼焦用煤最重要的工艺性质。用于炼焦的煤需具有良好的黏结性和结焦性,才能炼出高质量的焦炭。煤的黏结性与结焦性密切相关,一般来讲,煤的黏结性好,其结焦性也好。表征煤的黏结性和结焦性的指标很多,但目前国内外用得较多的主要有罗加指数、黏结指数、自由膨胀序数、葛金焦型以及胶质层指数等。

炼焦用煤主要有焦煤、气煤、肥煤、瘦煤、1/3 焦煤等,这些煤种性质各异,在成焦过程中所起的作用也不同。

(1)气煤。气煤属于煤化程度较低的烟煤。在煤炭分类国家标准中,气煤由两部分煤组成:第一类是干燥无灰基挥发分含量 $w(V)_{daf}>37\%$、黏结指数 $G>65$、胶质层最大厚度 $v\leqslant 25$mm 的煤,这类煤的特点是挥发分含量特别高,黏结性强弱不等;第二类是 $w(V)_{daf}$ 处于 28%~37%范围内、G 值处于 50~65 范围内的煤,其特点是挥发分含量高,黏结性中等。

气煤在干馏时,产生的胶质体热稳定性差,气体析出量大,单独炼焦时能形成焦炭,但焦饼收缩大,焦炭纵裂纹多,焦块细长而易碎,气孔大而不均匀,反应性高,但有较好的抵抗碱金属侵蚀的能力。在配合煤中配入气煤后,焦炭块度变小,机械强度变差,但可以降低炼焦过程中炭化室内的膨胀压力,增加焦饼收缩度,并能增加煤气和炼焦化学产品的产率。

(2)肥煤。肥煤是煤化程度中等、黏结性极强的烟煤。按煤炭分类国家标准规定,肥煤为 $w(V)_{daf}$ 处于 10%~37%范围内、胶质层最大厚度 $y>25$mm 的煤。

肥煤在加热过程中可产生大量胶质体,单独炼焦时所得的焦炭熔融良好,但焦炭横裂纹多,孔隙率高,在焦饼根部有蜂窝状焦。肥煤是炼焦配合煤中的重要组分,借助肥煤可使焦炭熔融良好,从而提高焦炭的耐磨强度,并为配加黏结性差的煤或瘦化剂创造条件。

(3)焦煤。焦煤属于煤化程度较高、结焦性好的烟煤。按煤炭分类国家标准规定,焦煤由两部分组成:第一类焦煤的 $w(V)_{daf}$ 处于 10%~28%范围内,黏结指数 $G>65$,胶质层最大厚度 $y\leqslant$ 25mm,这部分焦煤的结焦性特别好,可以单独炼出合格的高炉焦;另一类焦煤的 $w(V)_{daf}$ 处于 20%~28%范围内,黏结指数 G 为 50~65,结焦性比前者差。

焦煤具有中等含量挥发分和较好的黏结性,是典型的炼焦煤。在加热时,焦煤能形成热稳定性很好的胶质体,单独炼焦时所得的焦炭块大、裂纹少、机械强度高,但由于收缩度小、膨胀压力大,可能造成推焦困难,甚至引起炉体的损坏。在炼焦配合煤中,焦煤可以起到作为焦炭骨架和缓和收缩应力的作用,从而提高焦炭机械强度,是优质的炼焦原料。从世界范围来看,焦煤的资源比较匮乏,是必须加以保护使用的宝贵资源,所以已很少用焦煤单独炼焦。

(4)瘦煤。瘦煤属于煤化程度较高的烟煤。按煤炭分类国家标准规定,瘦煤的 $w(V)_{daf}$ 为 10%~20%,黏结指数 G 为 20~65。

瘦煤在加热时产生的胶质体少,能单独结焦,所得的焦炭块度大、裂纹少、耐磨强度不好。在炼焦配合煤中,瘦煤可以起到骨架和缓和收缩应力的作用,从而增大焦炭强度的作用,是配合煤的重要组分。

(5)1/3 焦煤。1/3 焦煤是介于焦煤和气煤之间的烟煤。按煤炭分类国家标准规定,1/3 焦煤的 $w(\mathrm{V})_{\mathrm{daf}}$为 28%~37%,黏结指数 $G>65$,胶质层最大厚度 $y\leqslant 25\mathrm{mm}$。

使用 1/3 焦煤单独炼焦时,可以生成一定块度和强度的焦炭。但 1/3 焦煤的性质并不完全一样,其中,黏结指数 $G>75$ 的 1/3 焦煤加热时能产生较多的胶质体,结焦性好,可单独炼出强度较高的焦炭,为配合煤中的主要组分;而 $G\leqslant 75$ 的 1/3 焦煤结焦性较差,单独炼焦时不能得到高强度的焦炭,在配合煤中的用量也不宜过多。我国的 1/3 焦煤资源比较丰富,广泛应用于炼焦生产中。

10.2.3　炼焦煤的准备

炼焦煤的准备通常包括原料煤接受、原料煤贮存、配煤和炼焦煤粉碎等工序。必要时,可采用装炉煤预处理(煤捣固、煤压实、煤干燥、煤预热、配型煤和配添加物等)特殊工艺,以改善焦炭质量和强化焦炉生产的技术经济指标。炼焦煤准备的工艺流程如图 10-3 所示。

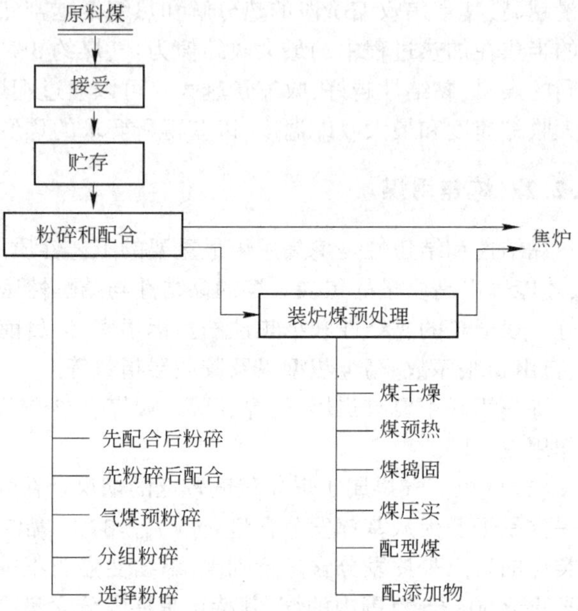

图 10-3　炼焦煤准备的工艺流程

10.2.3.1　配煤

高炉的大型化提高了对冶金焦的质量要求,再加上我国煤炭资源分布不均衡,用单种炼焦煤来生产焦炭已不合理、不现实,必须采用多种煤配合炼焦。配煤就是将两种或两种以上的煤按适当比例配合,使各种煤之间取长补短,生产优质冶金焦,并合理利用煤炭资源,增加炼焦化学产品的产量。

为了保证焦炭质量,又有利于炼焦生产操作,在配煤时应考虑以下几项原则:(1)保证焦炭产品符合相关质量要求;(2)在焦炉生产过程中,炭化中期不应产生过大的膨胀压力,而在炭化末期应有足够的收缩,以免损坏炉体和造成推焦困难;(3)充分利用本地区的煤炭资源,做到运输合理,降低生产成本;(4)在条件允许的情况下,多配一些高挥发分含量煤,以增加化学产品的产率;(5)在保证焦炭质量的前提下,应多配入气煤等弱黏结性的煤,尽量少用优质炼焦煤,实现煤炭资源的合理利用。

根据各国焦化厂的生产经验,配合煤的挥发分含量、黏结性、结焦性、煤岩组成、灰分含量以及硫、磷含量等都必须处于适当的范围内,才能得到质量较好的焦炭产品。对配煤性质和组分的要求主要有:

(1)配合煤的干燥无灰基挥发分含量 $w(\mathrm{V})_{\mathrm{daf}}$以 25%~35%为宜,高于 30%时,虽然也可获得强度好的焦炭,但焦炭反应性较高。配合煤的挥发分含量高于 35%时,就难以获得中等强度的焦炭。配合煤挥发分含量接近 25%的低限时,可获得强度高、结构致密、反应性好的焦炭。挥发分含量低于 25%的配合煤往往在炼焦时产生较大膨胀压力,对此应当采取降低膨胀压力的措施,以免对炉墙造成危害并引起焦饼难推。在保证焦炭质量的前提下，适当提高配合煤的挥发分含量，可以增加焦炉煤气和化学产品的产率。

(2)配合煤应有足够的黏结性和良好的结焦性。配合煤的适宜指标范围为：胶质层最大厚度y为14～18mm，坩埚膨胀序数$CSN>6$，基氏流动度为50～1000分度/min或奥亚膨胀度$b>20\%$。在保证焦炭质量的前提下，应尽可能节约强黏结性煤，合理利用炼焦煤资源。

(3)为了保证煤粒熔融结合良好，除了要求配合煤具有足够的黏结性外，还应使配入煤的软化和固化温度区间较宽。一种软化点很高的煤和另一种固化点很低的煤不宜同时配入，也不宜同时配入两种煤化度相差很大而奥亚膨胀度试验中却表现为只收缩不膨胀的煤。

(4)配合煤中煤岩组分的比例要恰当。配合煤的显微组分中，活性组分应占主要部分，但也应有恰当的惰性组分作为骨架，以利于形成致密的焦炭，同时也可缓解收缩应力，减少裂纹的形成。惰性组分的适宜比例因煤化度不同而异，当配煤的平均最大反射率不大于1.3时，惰性组分的比例以30%～32%较好；当平均最大反射率大于1.3时，惰性组分的比例以25%～30%为宜。采用高挥发分煤时，还需考虑稳定组分含量。

(5)配合煤的灰分含量、硫含量、磷含量均应符合使用要求，有时还应考虑灰分中Al_2O_3、Na_2O、K_2O等的含量。

为了使配合煤符合上述基本要求，从而保证焦炭质量，并有利于焦炉操作和合理利用炼焦煤资源，在配合煤中，挥发分含量为20%～30%的强黏结性煤的配比不能低于55%。这部分煤是生产优质高炉焦的必要条件，是配合煤的基础煤。

在一些特殊情况下，配煤应采取相应的应对措施，具体如下：

(1)当焦煤不足时，应增加挥发分含量为26%～30%的肥煤用量，这时不宜再多用高挥发分煤。若有黏结性较好的低挥发分煤，则使用肥煤与这种低挥发分煤为主的配合煤，也可得到强度和理化性能较好的焦炭。在焦煤和瘦煤都缺乏的情况下，以肥煤和高挥发分煤为主的配合煤，即使添加一些瘦化剂，但也只能获得中等强度和反应性较高的焦炭。

(2)有时为了降低配合煤的灰分含量和硫分含量，需配入低灰、低硫的弱黏煤；或因缺乏瘦煤资源，而不得不用贫瘦煤或贫煤代替时，必须增加肥煤(黏结性好，并能与黏结性差的煤相容)的用量，才能保证焦炭强度。

(3)铸造焦要求块度大、孔隙率低，应在配煤中配入一定量的瘦化剂(抗裂剂)，以减少裂纹生成。为了保证煤料的黏结性，必须有一定量的基础煤(焦煤和肥煤)，必要时还需加入少量沥青等黏结剂。

(4)气化焦、化工用焦、小高炉用焦炭对强度的要求相对降低，这时可适当减少基础煤用量，多配一些高挥发分或黏结性较差的煤，有时可以利用挥发分含量为28%～35%的煤单独炼焦，这样可合理利用有限的炼焦煤资源。电石用焦、铁合金用焦等焦炭产品要求活性大，生产这类焦炭时应多用高挥发分煤，甚至全部采用中等黏结性的高挥发分煤。

(5)当炼焦用煤资源受到限制，致使配合煤的固有质量不够理想时，可在炼焦煤准备过程中采用某些预处理技术，以改善装炉煤的性质和结焦条件，从而提高焦炭质量。常用的预处理技术有煤捣固、配型煤、煤干燥、煤预热和炼焦煤粒度调整等技术。

配煤方法有配煤槽配煤和露天配煤场配煤两种，常用的设备有配煤盘、电磁振动给料器和自动配煤装置等。

10.2.3.2 炼焦煤粉碎

炼焦煤粉碎是采用专门机具对炼焦煤进行有所控制的适度粉碎，达到装炉煤粒度分布最优化的过程。粒度分布最优化包括以下几个方面：

（1）装炉煤细粒化、均匀化，大部分煤的粒度小于 3mm，各组分之间混合均匀，使结焦过程中各种不同组分的煤颗粒及其软化熔融的变形粒子之间能够互相作用，相互充填颗粒间隙，相互结合而形成均匀的焦块和均匀的焦炭气孔结构。

（2）装炉煤中，黏结性好的煤和煤的活性组分受到粗粉碎，以减轻自身瘦化；黏结性差的煤和惰性组分受到细粉碎，以减少焦炭内部裂纹中心。

（3）装炉煤中各粒级的含量适宜，大、中、小煤粒之间能相互填满空隙，堆密度大。

选择合理的粉碎工艺与实现煤料最佳粒度分布、改善焦炭质量关系很大。煤料的最佳粒度分布因煤种、岩相组成的不同而异，故对于不同的煤料和配合煤应采取不同的粉碎工艺。按照粉碎加工方式的不同，煤粉碎有多种流程，常用的有：（1）先配合后粉碎工艺；（2）先粉碎后配合工艺；（3）气煤预粉碎工艺；（4）分组粉碎工艺；（5）选择粉碎工艺。

选择粉碎工艺是根据炼焦煤中煤种和岩相组成在硬度上的差异，按不同粉碎粒度的要求，将粉碎和筛分结合在一起的一种煤粉碎工艺，又称为岩相粉碎流程。选择粉碎法分为索瓦克法、风力分离法和立式圆筒筛法等若干种。

常用的是索瓦克法的单路选择粉碎流程，如图 10-4 所示。煤料中易粉碎的黏结组分和软丝炭大多粒度较小，为避免过细粉碎，先经电热筛将它们筛出，作为制备好的煤料；难粉碎而粒度较大的惰性组分和煤块，由筛上进入粉碎机粉碎，然后进行再筛分，筛上物再循环粉碎。这样，可将煤的各种岩相组分粉碎到大致相同的粒度，避免过细粉碎，控制合理的粉碎上限。当煤料中含有结焦性较差的煤种时，上述流程就不能满足要求，因为结焦性不同的煤应有不同的粒度，需采用多路选择粉碎流程，按结焦性、硬度和粒度要求，分别控制其粒度，以达到合理的粒度组成。

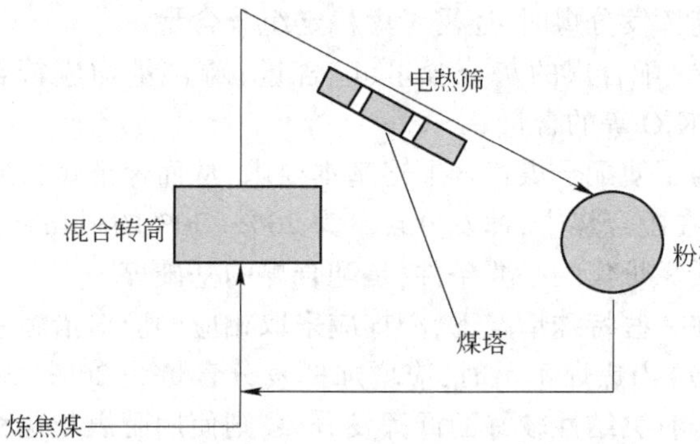

图 10-4　单路选择粉碎流程

焦化厂常用的煤粉碎机有反击式、锤式和笼式等几种类型。

10.2.3.3　装炉煤预处理

由于国内外优质炼焦煤资源日趋减少，节约使用优质炼焦煤、扩大弱黏结煤和不黏结煤在炼焦配煤中的比例是当前装炉煤预处理的主要目的。为此，国内外已经成功开发和应用了多种装炉煤预处理新工艺和新技术，主要有煤干燥、煤预热、煤捣固、配型煤以及配添加物等工艺。

A　煤干燥工艺

煤干燥工艺，也称为煤调湿工艺，是将装炉煤预先干燥，使其水分含量降低到 6%以下，然后再装炉的一种特殊技术措施，是炼焦煤准备工艺流程的一个组成部分。

煤干燥的效果主要体现在：（1）改善焦炭质量或增加高挥发分弱黏结性煤的配用量。干燥后的煤流动性提高，使装炉煤的堆密度增大，从而有利于黏结。同时，使炭化室内各部位煤的堆密度均匀化，从而使焦饼各部位的焦炭质量均匀化。与常规工艺相比，采用煤干燥技术，可多配高挥发分弱黏结性煤 15%左右，而所得焦炭的强度相同。（2）提高焦炉生产能力。装炉煤水分含量降低，一方面可以提高装炉煤密度；另一方面可以提高炼焦速度，即缩短结焦时间。（3）降低炼焦耗热量。一般认为，装炉煤水分含量每降低 1%，炼焦耗热量将减少 60~100kJ/kg。

煤干燥工艺有两种形式：一种是将煤干燥装置设置在炼焦煤配合与粉碎之后，即对配合煤进行干燥处理；另一种是设置在配合与粉碎之前，即对单种煤进行干燥处理。由于干燥煤在配合与粉碎过程中有大量粉尘逸散，故通常采用前一种形式。

煤干燥设备主要包括煤干燥器、除尘装置和输送装置。常见的煤干燥器有转筒式煤干燥器（见图 10-5）、直立管气流式煤干燥器（见图 10-6）和流化床式煤干燥器（见图 10-7）。

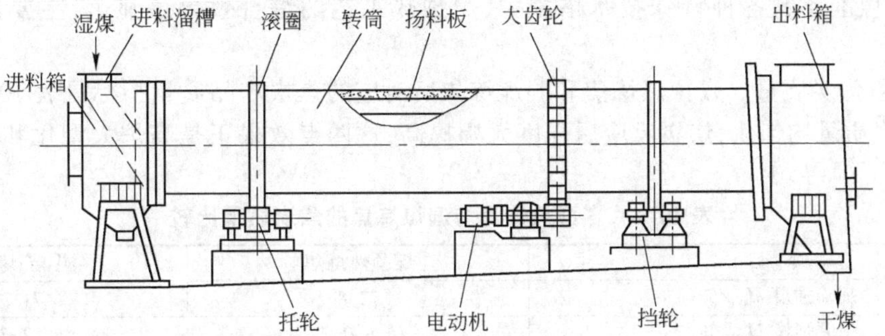

图 10-5 转筒式煤干燥器

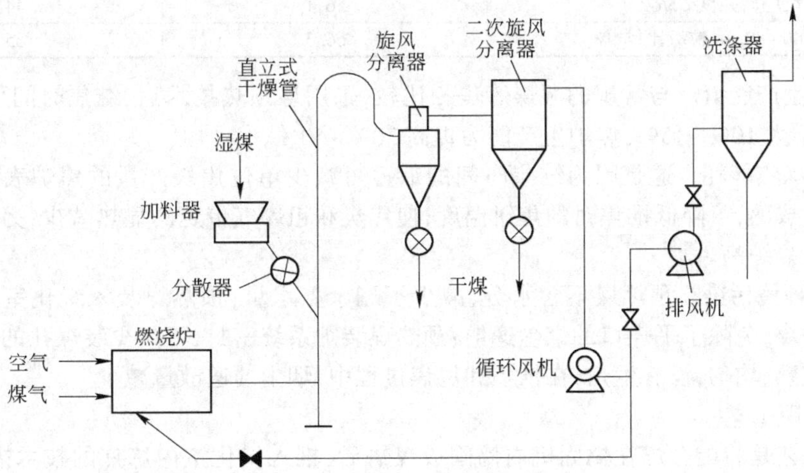

图 10-6 直立管气流式煤干燥器

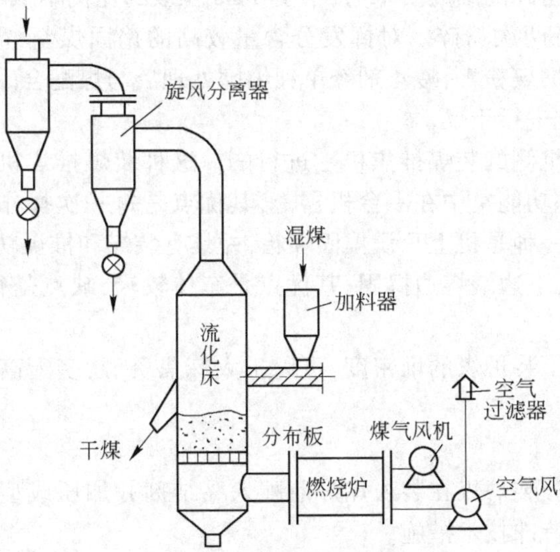

图 10-7 流化床式煤干燥器

B　煤预热工艺

煤预热工艺,是将装炉煤预先加热到150~250℃后再装炉的一种特殊技术措施。工业生产上已经应用的煤预热工艺有西姆卡法、普列卡邦法和考泰克法三种。

在炼焦煤准备的各种特殊技术措施中,煤预热工艺的综合效果最显著,主要体现在如下几点:

(1)改善焦炭质量。煤预热炼焦和湿煤炼焦所对应的焦炭产品质量指标见表10-4。采取煤预热后,焦炭质量均匀化,焦炭反应后强度大幅提高,这两点效果正是高炉大型化和强化冶炼所希望的。

表10-4　煤预热炼焦与湿煤炼焦的焦炭质量比较

项　目	煤预热炼焦	湿 煤 炼 焦
抗碎强度 M_{40}/%	72.8	71.3
耐磨强度 M_{10}/%	8.0	12.7
反应性 *CRI*/%	38.6	44.7
反应后强度 *CSR*/%	56.1	44.0
40~80mm粒级比例/%	66.3	55.3

(2)提高生产能力。与常规的湿煤炼焦相比较,采用煤预热技术后,结焦时间可缩短20%~30%,堆密度增大10%~15%,焦炉生产能力提高30%~50%。

(3)降低炼焦能耗。这是因为结焦时间的缩短可减少单位焦炭产量的焦炉表面散热量;同时,焦炭均匀、成熟,可降低推焦时的焦饼温度,使焦炭和粗煤气带走的显热减少;另外,煤预热装置的热效率比焦炉高。

(4)减轻环境污染。预热煤不含水分,减少了剩余氨水量;预热煤装入炭化室后有自平性,不需要机械平煤,免除了平煤口的烟尘逸散;预热煤装炉系统密封,可减少装煤孔的烟尘逸散;煤预热后焦饼成熟、均匀,没有生焦,在推焦和熄焦过程中,烟尘的逸散量减少。

C　煤捣固工艺

煤捣固工艺是将配合煤在捣固机内捣固成煤饼后,推入炭化室内炼焦的技术措施。为了使煤料能够捣固成型,煤料的水分含量要保持在9%~11%范围内。当水分含量偏低时,需在制备过程中适当喷水。对煤料粉碎的细度要求为,小于3mm粒级的比例不低于90%。为了提高煤料的粉碎细度,往往需要进行两次粉碎。对挥发分含量较高的捣固煤料,需配入一定比例的瘦化剂,如焦粉、石油焦粉和无烟煤粉等,瘦化剂经单独细磨处理后与煤配合。焦粉用作瘦化剂时,若其水分含量偏大,还需预先进行干燥。

煤料的捣固是在焦炉机侧的装煤推焦机上进行的。这种装煤推焦机有两种结构形式:一种是将捣固、装煤和推焦全部功能集中在一台机器上,其优点是每一次操作循环的作业时间短,缺点是车体庞大、自重大;另一种是机上只设捣固煤箱,并具有装煤和推煤功能,捣固机单设在贮煤塔下,装煤推焦机在贮煤塔下边装煤边捣固,其优点是车体较轻,缺点是每一次操作循环的作业时间长。

煤捣固工艺有效提高了装炉煤的堆密度,可以扩大炼焦资源,多配高挥发分、中等或弱黏结性的煤种,改善焦炭质量。

D　配型煤工艺

配型煤工艺是将一部分装炉煤在装入焦炉前配入黏结剂并加压成型块,然后与散状装炉煤按比例混合后装炉的一种特殊技术措施。

配型煤工艺能改善焦炭质量和减少强黏结性煤的配用量。这是因为:(1)型煤内部煤粒接触紧密,在炼焦过程中促进了黏结组分和非黏结组分的结合,从而改善了煤的结焦性;(2)型煤与粉煤混合炼焦时,在软化熔融阶段,型煤本身体积膨胀,产生大量气体,压缩周围粉煤,其膨胀压力较散状煤料显著提高,使煤粒间的接触更加紧密,形成结构坚实的焦炭;(3)配型煤的炼焦煤料堆密度高,炼焦过程中半焦收缩小,因而焦炭裂纹少;(4)装炉煤成型时添加一定量的黏结剂,可改善黏结性能,提高焦炭的强度指标。

配型煤工艺主要有新日铁配型煤工艺流程和住友配型煤工艺流程。

(1)新日铁配型煤工艺。新日铁配型煤工艺由日本新日铁公司开发,基本流程如图10-8所示。

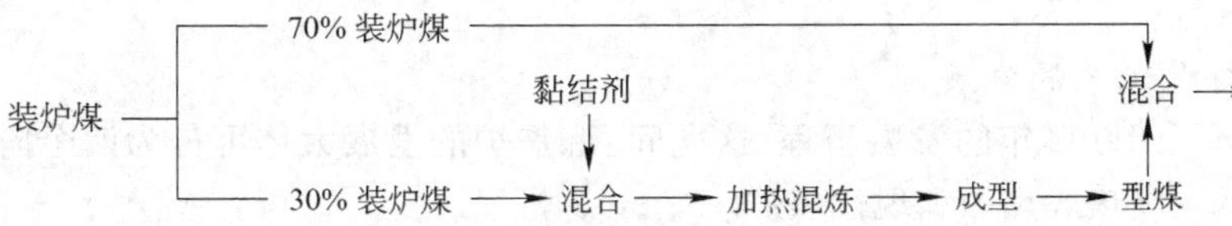

图10-8 新日铁配型煤工艺流程

宝钢已引进新日铁配型煤工艺,生产能力为日处理原料煤约2000t(成型量)。主要工艺设备有混煤机、混捏机、成型机和网式冷却输送机,宝钢选用的4台成型机,每台干基成型能力为40t/h。型煤用焦油、沥青作黏结剂,混捏温度约100℃,热压成型。为了提高型煤强度,防止在贮运过程中碎裂和黏结,成型后的热煤球需冷却,使其表面硬化。宝钢采用网式冷却输送机,由机械通风冷却,既可保证型煤质量,又可缩短冷却时间。

(2)住友配型煤工艺。如图10-9所示,住友配型煤工艺是将非焦煤或弱黏结性煤单独添加黏结剂进行成型处理,然后按比例将成型煤配合到另外单独处理的粉煤中,经混合后装炉。住友配型煤工艺可以更多地使用弱黏结性煤。在同样的原料煤配比条件下,由于弱黏结性煤的集中成型使用,住友法可比新日铁法更好地改善煤料的结焦性能。

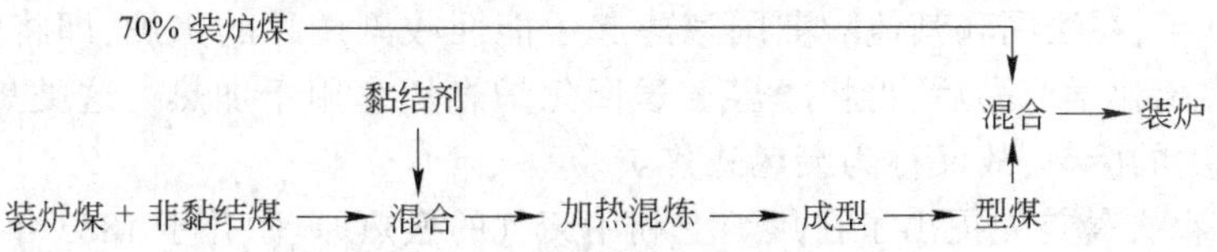

图10-9 住友配型煤工艺流程

配型煤工艺在工业生产上的效果(以配入比30%为例),主要表现在以下几个方面:(1)在配煤比相同的条件下,配型煤工艺所生产的焦炭与常规配煤生产的焦炭比较,耐磨强度M_{10}可改善2%~3%,抗碎强度M_{40}变化不大或稍有提高,JIS转鼓试验指标DI_{15}^{150}可提高3%~4%;(2)在保持焦炭质量不降低的情况下,配型煤工艺较常规炼焦煤准备工艺,强黏结性煤的用量可减少10%~15%;(3)焦炭的筛分组成有所改善,大于80mm粒级的产率有所降低,80~25mm粒级的比例显著增加(一般可增加5%~10%),小于25mm粒级的比例变化不大,因而提高了焦炭的粒度均匀系数。

由于原料煤性质、工艺流程、型煤质量和型煤配比的不同,配型煤工艺对焦炭质量和焦炉操作的影响也各不相同。

E 配添加物工艺

配添加物工艺是在装炉煤中配入适量的黏结剂和抗裂剂等非煤添加物,以改善其结焦性的一种特殊技术措施。配黏结剂工艺适用于低流动度的弱黏结性煤料,有改善焦炭机械强度和焦炭反应性的功效。配抗裂剂工艺适用于高流动度的高挥发分煤料,可增大焦炭块度,提高焦炭机械强度,改善焦炭气孔结构。配黏结剂工艺和配抗裂剂工艺也可同时使用,相辅相成,如在炼制优质铸造焦时,必须配入足够数量的低灰分、低硫石油焦等抗裂剂,同时配入数量匹配的黏结剂,才能使铸造焦达到块度大、强度高、灰分和硫分含量低、孔隙率低、反应性低等全面优质指标。

配黏结剂工艺的技术要点是选用适宜的黏结剂、确定最优化配用量和采用可靠的配匀方法。配抗裂剂工艺的技术要求是选用适宜的抗裂剂、确定最优化粒度及配用量和采用可靠的配合方法。

10.2.4 炼焦

10.2.4.1 炼焦工艺的发展

炼焦工艺经历了100多年的发展历程,这期间,炼焦炉的发展大体可分为四个阶段,即堆式干馏与砖窑、倒焰炉、废热式焦炉和现代焦炉。

最早的堆式干馏是用于干馏木材以生产木炭。1708年,英国人A. 达比成功采用烟煤焦炭和铁矿石生产铁水。在18世纪末,英国的炼焦和高炉炼铁技术传入欧洲大陆,自此,煤代替了木炭进行炼铁生产。早期的炼焦炉是一种半开式的砖窑,通过燃烧干馏煤气和部分煤,将煤直接加热而干馏成焦炭。用这种方式炼焦,焦炭产率低、灰分含量高、成熟度不均匀。后来经进一步发展,出现了封闭式的"蜂巢"焦炉。

为了提高成焦率,降低焦炭灰分含量,19世纪出现了将成焦的炭化室与加热的燃烧室分开的简易焦炉,即所谓的火焰炉,其中最著名的是埃文斯-考比炉。在这种焦炉中,煤干馏生成的荒煤气由炭化室顶部直接进入立火道,煤气在此处与空气混合燃烧,产生的高温废气由立火道下降,经烟道进入烟囱排放。因此,这种焦炉又称为倒焰炉,其特点是焦炭产率得到了有效提高,与现代焦炉相比,成焦率不相上下,且焦炭质量也大幅改善,但是这类焦炉没有回收荒煤气中的化学产品。目前,这种焦炉的各种改进形式在我国个别省区仍用于炼焦生产。

大约在1860年,在法国和其他欧洲国家建起了能回收副产品的焦炉,即将荒煤气从干馏炭化室中引出,分离出化学产品后,再将净煤气送回焦炉燃烧室用于加热。这类焦炉没有蓄热室,不能回收燃烧产生的废热,故又称为废热式焦炉。

1881年,G. 霍夫曼首先提出了在焦炉上利用废气的换热原理,并于1883年设计出第一座奥托-霍夫曼型蓄热式焦炉。该类焦炉下部设有纵蓄热室。在这种蓄热式焦炉上,耗热量的降低使煤气出现了剩余。1885年,G. 希尔根斯托克设计出了加热煤气由底部进入各个加热立火道的焦炉,由于煤气沿燃烧室合理分配,使耗热量进一步下降。

在20世纪初期,使用焦炉煤气照明,对进一步改善蓄热式焦炉的加热系统和降低煤气消耗起到了良好的推动作用。1904年,H. 考伯斯设计了一种对各个燃烧室设置单独蓄热室的新焦炉,蓄热室与焦炉中心线垂直(即横蓄热室),从而改善了焦炉加热系统煤气流量的调节和分配。这种蓄热室的布置方式成为所有现代焦炉的原型。1907年,考伯斯成功采用了外部气源(发生炉煤气)来加热焦炉。1910年,考伯斯与A. 维尔茨等开发了复热式焦炉。

现代焦炉几乎全部是水平式炼焦炉,并向大型化方向发展,呈现出高效、低耗、低污染、高度自动控制、机械化生产以及炉役寿命长的发展特点和要求。

10.2.4.2 现代炼焦炉

A 焦炉的结构

焦炉是以配合煤为原料来生产焦炭的窑炉,也是焦化厂的核心设备。现代焦炉是指以生产冶金焦为主要目的,可以回收炼焦化学产品的水平式焦炉,其主要由炉体、附属设备和焦炉机械组成。

现代焦炉的炉体结构如图10-10所示。炉体由炉顶、炭化室、燃烧室、斜道区、蓄热室、烟道和烟囱组成,并用混凝土作焦炉炉体的基础。最上部是炉顶,炉顶之下为相间配置的燃烧室和炭化室。斜道区位于燃烧室和蓄热室之间,是连接燃烧室和蓄热室的通道。每个蓄热室下部的小烟道通过废气开闭器与烟道相连。烟道设在焦炉基础内或基础两侧,烟道末端通向烟囱。

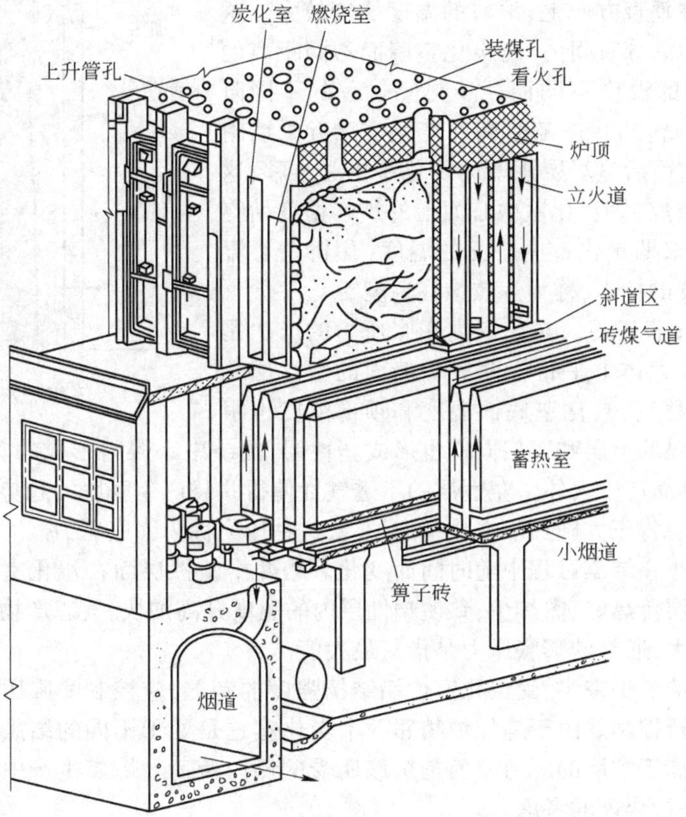

图10-10 现代焦炉的炉体结构示意图

炭化室是煤隔绝空气干馏的地方,燃烧室是煤气燃烧的地方,两者依次相间,其间的隔墙不仅要严格防止干馏煤气泄漏,还要尽快传递干馏所需的热能。焦炉生产时,燃烧室墙面平均温度约为1300℃,而炭化室平均温度约为1100℃。在焦炉炉体下部设置有蓄热室,主要是为了回收利用焦炉燃烧废气的热量来预热焦炉燃料气(一般是高炉煤气、焦炉煤气或二者的混合物)和助燃空气。

现代焦炉分类的方法很多,可以按装煤方式、加热用煤气种类、空气和加热用煤气的供入方式和气流调节方式、燃烧室火道结构形式以及拉长火焰方式等进行分类。按装煤方式分类,有顶装焦炉和侧装焦炉;按加热用煤气种类分类,有复热式焦炉和单热式焦炉;按空气和加热用煤气供入方式分类,有侧入式焦炉和下喷式焦炉;按气流调节方式分类,有上部调节式焦炉和下部调节式焦炉;按燃烧室火道结构形式划分,分为水平火道和立火道焦炉两大类,不过现代焦炉已基本不再采用水平火道。

B 炭化室内炉料的动态变化

焦炉的炭化室是带有一定锥度的窄长空间,煤料受两侧炉墙传递的热量加热,结焦过程从炭化室中心逐渐推移,形成一个动态过程,示于图10-11中。这种动态过程具有以下几个特点:(1)

侧向供热，成层结焦；(2)在结焦过程中，各层煤料的供热性能随温度的变化而改变；(3)炭化室内，物料产生膨胀压力。

(1)成层结焦与温度变化。因为焦炉炭化室为侧向供热，且炉料导热系数低，因此在整个结焦过程的大部分时间内，炭化室内与炉墙垂直方向上，炉料的温度梯度较大。这样，在结焦过程的大部分时间内，离炭化室墙面不同距离的各层炉料因所受到的温度不同而处于热解过程的不同阶段，整个炭化室内炉料的状态随时间而变化。靠近炉墙附近的煤先结成焦炭，而后焦炭层逐渐向炭化室中心推移，这就是所谓的"成层结焦"。炭化室中心面上的炉料温度始终最低，因此，以结焦末期炭化室中心面的温度(焦饼中心温度)作为焦饼成熟度的标志，称为炼焦最终温度。

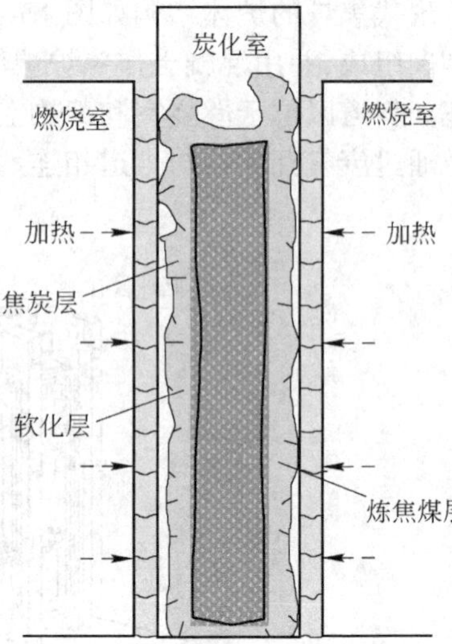

图 10-11　炼焦炉炭化室内炉料的状态

(2)炭化室内膨胀压力。炭化室内膨胀压力的产生是因为成层结焦，两个大体上平行于两侧炉墙面的塑性层从两侧向炭化室中心移动，炭化室底面温度和顶部温度也很高；在炭化室内，煤料的上层和下层同样也形成塑性层，围绕中心煤料形成的塑性层如同一个膜袋，膜袋内的煤热解而产生气体。塑性层的不透气性使得膜袋产生膨胀的趋势，塑性层又通过外侧的半焦层和焦炭层将压力施加于炭化室的炉墙，这种压力称为膨胀压力。

膨胀压力的大小在结焦过程中随时间而变化。当两个塑性层面在炭化室中心处会合时，由于外侧焦炭和半焦层传热好、需热少，致使塑性层内的温度升高加快，气态产物迅速增加，使得此时的膨胀压力值最大，通常的膨胀压力是指其最大值。

对于常规炼焦的焦炉来讲，受炭化室炉墙结构强度的制约，应控制膨胀压力的大小，这必须通过选择煤料来进行控制。由于炼焦炉相邻两个炭化室总是处于不同的结焦阶段，所以相邻两个炭化室的炉料施加于炉墙的压力差值是炉墙所受的侧向负荷。炼焦生产中，在制定推焦串序时，对膨胀压力要进行合理的考虑。

10.2.4.3　炼焦生产操作

炼焦生产流程一般包括以下几个步骤：(1)由炼焦准备车间来的装炉煤，用带式输送机送往煤塔贮存；(2)炼焦前将装炉煤从煤塔装入装煤车内并进行称量，称量后的装煤车驶往待装煤的炭化室顶，将煤装入炭化室内进行炼焦；(3)装炉煤在炭化室内经历结焦过程，转化为焦炭；(4)焦炭成熟后，由推焦机和拦焦机打开炭化室的机、焦两侧(推焦机所在的一侧为机侧，出焦的一侧为焦侧)炉门，拦焦机将导焦栅对准出焦的炭化室，推焦机将焦炭从炭化室内推出；(5)红焦落入熄焦车后，送往熄焦塔内用水熄焦，或送往干熄焦站用惰性气体熄焦；(6)焦炭经湿熄焦后送往焦台冷却，然后用带式输送机送往筛焦站筛分，筛分后的焦炭送往贮焦仓贮存或直接送至用户；(7)炼焦过程中产生的荒煤气经上升管导出炉外，进入集气管，在上升管和集气管中，荒煤气被喷洒的循环氨水冷却后送往焦炉煤气净化车间处理，并制取化工产品。

因此，炼焦生产操作通常包括装煤、推焦、熄焦、筛焦、焦炉加热管理等。

(1)焦炉装煤，包括从煤塔取煤和由装煤车往炉内装煤。

(2)推焦，是用推焦机按推焦串序把焦炭从炭化室中推出的操作过程。推焦时先摘下出焦炭化室机、焦两侧炉门，把推焦杆和导焦栅对准炭化室，推焦杆将焦饼推出，红焦经导焦槽落入熄焦车，送往熄焦塔。

(3)熄焦，是将赤热焦炭(950~1100℃)冷却到便于运输和贮存的温度(250℃以下)的操作过程。熄焦可分为湿法熄焦和干法熄焦两类。

1)湿法熄焦设备包括熄焦塔、喷洒装置、水泵、粉焦沉淀池及粉焦抓斗等。熄焦车开进熄焦塔时,开启水泵,水经分配管上的小孔喷出,熄灭熄焦车内的焦炭。湿法熄焦工艺简单、投资少,但不能回收焦炭显热,对环境污染较大。

2)干法熄焦是在密闭的循环系统中,采用惰性气体熄灭赤热焦炭的方法。干熄焦的工艺流程如图10-12所示。干熄焦的主要设备包括运焦设备、装焦设备、干熄槽、排焦设备、集尘设备、

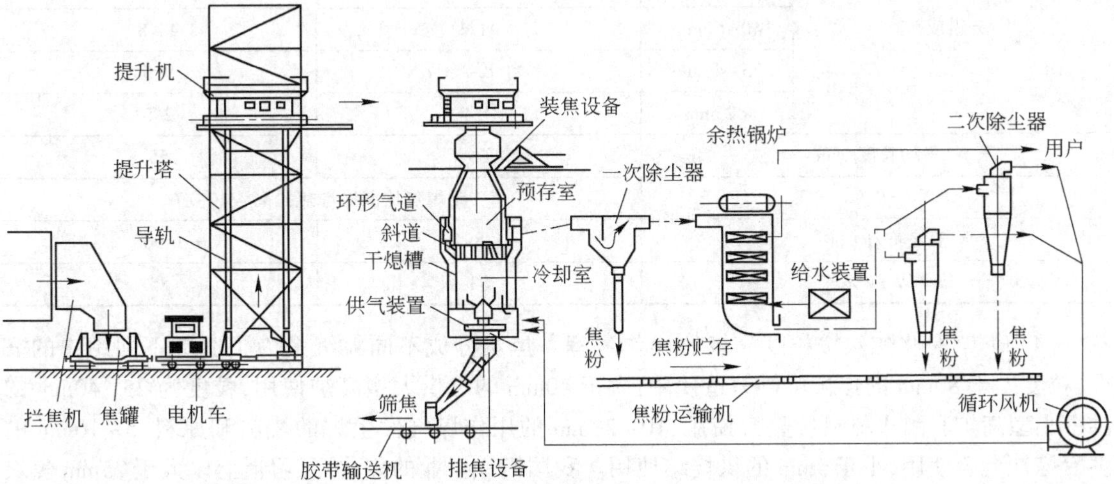

图10-12 干熄焦工艺流程

粉焦贮运设备、惰性气体循环设备和余热锅炉。干熄焦的主要过程为:成熟的红焦从炭化室中推入焦罐,装有红焦的焦罐用焦罐车运至提升塔,由提升机提升至干熄焦槽顶;红焦装入干熄槽,在冷却室内与冷惰性气体进行逆流热交换,冷却到250℃以下;冷却的焦炭由干熄槽底部排焦设备排至胶带输送机,送往用户;冷惰性气体由循环风机送入干熄槽,与红焦换热后,温度升至800℃左右;热惰性气体经过一次除尘器,除去气体中夹带的粗粒焦粉后进入余热锅炉,锅炉出口处的气体温度降到200℃以下,再经二次除尘器,除去气体中细粒焦粉,然后用循环风机送回干熄槽循环使用。

与湿法熄焦相比,干法熄焦具有以下优点:1)干熄焦过程中,惰性气体将灼热焦炭冷却,加热的惰性气体经废热锅炉产生蒸汽,供焦化厂使用;惰性气体温度下降后,可再循环使用,从而有效地利用焦炭的热量。每吨红焦约可产生蒸汽400kg以上;2)干熄焦是在密闭的循环系统中实现的,不需要熄焦水,因此减少了对大气和水的污染;3)干熄焦过程是在惰性气流通过的过程中缓慢而均匀进行的,没有湿法熄焦过程的剧冷作用;而且焦炭是干燥的,因此干熄焦所得的焦炭块度较均匀、强度提高、粉焦率少、热值高、反应性降低、真密度提高、从而可使高炉焦比降低0.5%~2.3%,高炉生产能力提高1%~1.5%。干法熄焦与湿法熄焦的焦炭质量比较见表10-5。

表10-5 湿法和干法熄焦方式的焦炭质量比较

焦炭质量指标	湿法熄焦	干法熄焦
$w(M)/\%$	2~5	0.1~0.3
$w(A)_{ad}/\%$	10.5	10.4
$w(V)_{ad}/\%$	0.5	0.41

续表 10-5

焦炭质量指标		湿法熄焦	干法熄焦
米库姆转鼓指数/%	M_{40}	73.6	79.3
	M_{10}	7.6	7.3
筛分组成/%	>80mm	11.8	8.5
	60~80mm	36	34.9
	40~60mm	41.1	44.8
	25~40mm	8.7	9.5
	<25mm	2.4	2.3
平均粒度/mm		65	55
CSR/%		干熄焦比湿法熄焦提高 4%左右	
真密度/$t \cdot m^{-3}$		1.897	1.908
DI_{15}^{150}/%		83	85

(4)筛焦，是将焦炭按粒度分级的操作过程。焦炭分成不同粒级是为了适应不同用户的需求，粒度大于 80mm 的焦炭可供铸造使用，大于 40mm 的可供大型高炉使用，粒度为 25~40mm 的供中小型高炉和耐火材料厂竖窑使用，10~25mm 的用作煤气发生炉的燃料和原料，5~10mm 的供冶炼铁合金使用，小于 5mm 的供烧结使用。我国钢铁企业的焦化厂，习惯上以大于 25mm 焦炭的产量来计算焦炉的冶金焦产率。

(5)焦炉加热管理的任务是，按规定的结焦时间、装煤量、装煤水分含量以及加热煤气性状等实际条件，及时测量和调整焦炉加热系统各控制点的温度和压力，实现全炉各炭化室在规定时间内各部位均匀成焦，使焦炉均衡生产，并达到稳产、优质、低耗、长寿、高产的目的。

10.2.5　炼焦化学产品

煤在焦炉的高温干馏作用下，因受热发生一系列复杂的物理化学变化。在温度 200℃ 以下，水分蒸发，同时析出吸附在煤中的 CO_2、CH_4 等气体；250~300℃ 时，煤的大分子端部含氧化合物开始分解，生成 CO_2、H_2O 和酚类；在 500℃ 左右，煤的大分子芳香族稠环化合物的侧链断裂和分解，生成脂肪烃类和氢气；约在 600℃ 以前，从煤胶质层析出的气体和部分从半焦中析出的气体，称为初次分解产物，其内主要含有 CH_4、CO_2、CO、化合水及初焦油，而 H_2 的含量很低。在从炭化室内析出的过程中，约有 75%的初次分解产物通过赤热的焦炭层，并沿着温度约为 1000℃ 的炉墙向炭化室顶部空间流动，而剩下的部分则通过温度低于 400℃ 的两侧胶质层之间的煤料而逸出。当初次分解产物通过赤热的焦炭和沿炭化室的炉墙向上流动时，受到高温作用，部分产物中的碳氢化合物在到达炭化室顶部空间之前，不可避免地受到二次热解，析出氢气和发生环烷烃芳构化反应，生成二次热裂解产物。在炭化过程中，焦炉炉顶空间的温度大部分时间处于 800℃ 左右，热解气体还可能进一步产生芳构化反应。

炼焦化学产品的组成和数量随干馏温度及原煤性质的变化而变化，由每个炭化室逸出的煤气组成随炭化时间的不同而异，但由于炼焦炉整个炉组生产是连续的，正常情况下，焦炉煤气的总体组成基本一致。

炼焦时产生的气体和液体产物全部转入荒煤气。荒煤气呈褐色或棕黄色，经回收后，除了得到净焦炉煤气之外，还可在煤气冷凝过程中分离出焦油、粗苯、硫铵(氨水)、粗轻吡啶、硫氰化物、黄血盐等化学产品,这些产品都是重要的化工原料。炼焦煤高温干馏的产品及其产率见表10-6。

表10-6 炼焦煤高温干馏的产品及其产率

炼焦产品	焦 炭	净焦炉煤气	焦 油	化合水	粗 苯	氨	其 他
产率(质量分数)/%	70~78	15~19	3~4.5	2~4	0.8~1.4	0.25~0.35	0.9~1.1

焦炉煤气中所含的氨,经回收后可用于生产硫铵、无水氨和浓氨水。将焦炉煤气中的硫化氢分离回收后,可用于生产硫黄和硫酸。经回收的氰化氢可用于制取黄血盐钠或黄血盐钾等化工原料。同时,硫化氢和氰化氢的回收对减轻大气和水质污染、加强环境保护以及减轻设备腐蚀具有重要意义。

焦炉煤气中的粗苯一般通过洗油吸收回收。粗苯主要是由芳烃、少量烯烃以及脂肪烃组成的混合物。粗苯精制后的产品主要有精苯、甲苯、二甲苯、二硫化碳、古马隆树脂、噻吩、溶剂油等。

煤焦油在焦炉煤气冷凝过程中直接获得。焦油内含有上万种有机化合物,其中,95%为芳香族化合物。煤焦油再经过蒸馏,可得到酚类、萘、各种油类和沥青等产品。据相关数据,煤焦油产品约占世界芳烃总需要量的25%,其中,95%的多环芳烃和杂环芳烃来源于煤焦油,而蒽、菲、芘、咔唑、喹啉等产品几乎100%来源于煤焦油。目前,全世界每年从煤焦油中提取500万t左右的化工产品,广泛应用于塑料、合成纤维、染料、合成橡胶、医药、农药等领域。

经过回收处理后的净焦炉煤气主要含有H_2、CH_4和CO等成分,见表10-7。净焦炉煤气是优质高热值燃气,可用作工业和民用燃料。在钢铁厂,焦炉煤气是烧结、炼焦、炼铁、炼钢和轧钢生产的主要燃料。

表10-7 净焦炉煤气的组成 (%)

成 分	H_2	CH_4	CO	N_2	CO_2	C_mH_n	O_2
含 量	54~59	24~28	5.5~7	3~5	1~3	2~3	0.3~0.7

10.3 焦炭的组成

焦炭的组成主要用焦炭工业分析和元素分析数据来加以体现。按水分、灰分、挥发分和固定碳测定焦炭的组成,称为工业分析;按焦炭所含碳、氢、氮、氧、硫等元素测定焦炭的组成,称为元素分析。

10.3.1 焦炭工业分析

焦炭工业分析包括测定焦炭的水分、灰分、挥发分的含量以及计算焦炭的固定碳含量。我国国家标准GB/T 2001—2013规定了焦炭工业分析的测定方法。

(1)水分。水分用符号M表示。影响焦炭水分含量的因素主要是熄焦方式。采用传统的湿法熄焦时,焦炭水分(M_t)含量约为2%~6%,高时可达10%以上;而采用干法熄焦时,焦炭水分含量一般为0.5%。在南方一些省份,由于运输和贮存过程中焦炭吸收大气中的水分,焦炭水分含量有时也可达1%~1.5%。

焦炭水分含量应保持稳定,水分含量波动会引起称量不准而造成炉温波动。焦炭水分含量过高还会使焦粉黏附在焦块上,影响焦炭筛分效果,从而恶化高炉料柱的透气性。在湿法熄焦时,焦炭水分含量因喷洒水条件、焦炭块度等条件的不同而发生一定的变化。当焦炭水分含量不稳定时,生产上应采用焦炭中子测水仪连续测定焦炭水分含量,通过微机自动计算干焦重量,自动补偿称量的盈亏,使入炉焦炭量保持准确,以消除因水分含量波动造成的炉况不稳。

(2)灰分。灰分用符号A表示。若焦炭灰分含量高,将造成高炉渣量增大,使焦比升高。我国高炉用焦炭的灰分含量一般在11%~15%之间,比其他国家偏高(美国约7.0%,德国和英国约8%,法国约9%,日本和俄罗斯约10%),这主要是由我国炼焦煤资源条件所决定的。

(3)挥发分。挥发分用符号V表示。常用挥发分含量来判断焦炭是否成熟。若挥发分含量过高,表示有生焦,强度差;挥发分含量过低,则表示焦炭过火,过火焦炭的裂纹多而易碎。成熟焦炭的挥发分含量($w(\mathrm{V})_{\mathrm{ad}}$)一般在0.5%~1%之间,在配煤中,气煤配入量较多时,挥发分含量($w(\mathrm{V})_{\mathrm{ad}}$)也可达1%~2%。

挥发分主要由碳的氧化物和氢组成,也含有少量的CH_4和N_2。焦炭挥发分的组成与配煤和炼焦工艺有关。在通常情况下,挥发分中一般含有:25%~50%CO、10%~40%CO_2、5%~30%H_2、1%~5%CH_4以及3%~15%N_2。

(4)固定碳。固定碳用符号$C_{固}$表示。固定碳是煤经高温干馏后所残留的固态可燃性物质。

10.3.2 焦炭元素分析

焦炭的元素分析是指对焦炭所含碳、氢、氧、氮和硫等元素的测定。按元素分析,焦炭成分一般为:碳92%~96%,氢1%~1.5%,氧0.4%~0.7%,氮0.5%~0.7%,硫0.7%~1.0%。国家标准GB/T 2286—2017规定了焦炭全硫含量的测定方法,其他元素分析沿用煤的元素分析方法。

(1)氢在焦炭中以有机氢和挥发分中H_2的形态存在。由于氢含量与焦炭的成熟程度有密切相关性,而且敏感度较大,所以有人认为,用氢含量来判断焦炭的成熟程度比用挥发分含量更科学可靠。

(2)氮在焦炭中以有机氮和挥发分中氮的形态存在,在焦炭燃烧时会生成NO_x而污染环境。

(3)硫在焦炭中以无机硫化物、硫酸盐和有机硫三种形态存在。测定的硫含量是这三者的总和,称为全硫含量。焦炭的含硫量主要取决于炼焦配煤的硫含量。在炼焦过程中,配煤中75%~95%的硫转入焦炭,其余的进入焦炉煤气。

(4)氧在焦炭中的含量很少,一般用式(10-1)来计算。

$$w_{\mathrm{O}}=(1-w_{\mathrm{C}_{固}}-w_{\mathrm{H}}-w_{\mathrm{N}}-w_{\mathrm{S}}-w_{\mathrm{M}}-w_{\mathrm{A}})\times100\% \tag{10-1}$$

式中,w_{O},$w_{\mathrm{C}_{固}}$,w_{H},w_{N},w_{S},w_{M},w_{A}分别为焦炭中氧、固定碳、氢、氮、硫、水分、灰分的含量,%。

10.4 焦炭的性质和质量指标

10.4.1 焦炭的主要性质

焦炭是炼焦煤高温干馏后的多孔碳质块状产物,用肉眼可以观察到焦炭表面的裂纹和气孔结构。沿大裂纹裂开的焦块内还含有微裂纹,沿微裂纹分开的部分即是焦炭的焦体,焦体由气孔和气孔壁构成。气孔壁是煤干馏所得到的固体产物,称为焦质,焦质为焦炭的实体部分。焦炭的裂纹和气孔结构对焦炭的性质有很大影响。

表征焦炭性质的指标有很多,如化学性质包括焦炭的反应性和抗碱性;物理性质包括焦炭的筛分组成、堆密度、真相对密度、视相对密度、导电性、孔隙率等;燃烧性质包括焦炭的发热量和着火点;强度性质包括焦炭的机械强度、落下强度、热强度等;力学性质包括抗压强度、显微强度等;结构性质包括气孔结构、光学组织、微晶参数等。

10.4.1.1 焦炭的反应性和反应后强度

焦炭的反应性是指焦炭与CO_2、O_2和水蒸气等进行化学反应的能力。焦炭反应后强度是指反应后的焦炭,在机械力和热应力作用下抵抗碎裂和磨损的能力。焦炭在高炉炼铁、铸造化铁和固定床气化过程中,都要与CO_2、O_2和水蒸气发生化学反应。焦炭与O_2或水蒸气之间发生的反应，与焦炭和 CO_2 之间发生的反应存在类似的规律，因此，大多数国家都用焦炭与 CO_2 间的反应特性来评价焦炭的反应性。

A 测定方法和步骤

测定焦炭反应性的方法很多，大致可分为粒焦法和块焦法两类。前者以反应后 CO 的浓度来判别反应性的高低，后者则以反应后焦炭的失重百分数来确定反应性的高低。块焦法更能反映高炉焦在高炉软熔带强烈发生的气化溶损反应，因而是国内外普遍采用的焦炭反应性测定方法。国家标准 GB/T 4000—2017 规定了焦炭反应性（*CRI*）和反应后强度（*CSR*）的检验方法。

（1）试样准备。将随机取样得到的焦炭试样在 170~180℃ 温度下烘干 2h，取出后冷却至室温，称取（200±2）g 待用。将焦炭试样装入反应器中铺平，确保反应器内的焦炭层处于电炉恒温区中部，将热电偶插入套管内并处于料层中心位置，固定好反应器。将反应器进气口与供气系统连接，检查气路，保证系统的气密性。

（2）升温。电炉升温，升温速度为 8~16℃/min。当料层中心温度达到 400℃ 时，通以流量为 0.8L（标准）/min 的 N_2，保护焦炭，防止其烧损。

当料层中心温度达到 1050℃ 时，预热 CO_2 气瓶开口处。当料层中心温度达到 1100℃ 时稳定 10min，切断 N_2，改通 CO_2 气体（流量为 5L（标准）/min）。反应 2h 后停止加热，切断 CO_2 气路，改通 N_2（流量为 2L（标准）/min），拔掉排气管，迅速将反应器取出并放在支架上继续通 N_2，使焦炭冷却到 100℃ 以下。随后，停止通 N_2，打开反应器上盖，倒出焦炭，进行试样筛分、称量和数据记录。

（3）转鼓试验。将反应后的焦炭全部装入 I 形转鼓内，以 20r/min 的转速共转 30min，总转数为 600r。然后，取出焦炭，筛分和称量，并记录各筛级质量。

（4）试验结果计算。焦炭反应性指标 *CRI*，以损失的焦炭质量占反应前焦样总质量的百分数来表示，按式（10-2）计算。

$$CRI=\frac{m_0-m_1}{m_0}\times100\% \tag{10-2}$$

式中 m_0——反应前焦炭试样的质量，g；

m_1——反应后残余焦炭的质量，g；

CRI——焦炭反应性指标，%。

反应后强度指标 *CSR*，以转鼓后大于 10mm 粒级的焦炭质量占反应后残余焦炭质量的百分数表示，按式（10-3）计算。

$$CSR=\frac{m_2}{m_1}\times100\% \tag{10-3}$$

式中 m_2——转鼓后大于 10mm 粒级的焦炭质量，g；

CSR——焦炭反应后强度指标，%。

B 试验设备

图 10-13 给出了焦炭反应性及反应后强度检测系统的结构。焦炭反应性及反应后强度测定装置的主要设备包括：

（1）发热体功率为 12kW（三段加热，三段控温）的竖式电炉。最高使用温度为 1100℃，恒温区温度控制在（1100±5）℃，高度不小于 150mm。

（2）由耐高温合金钢（GH3044）制成的内径为 ϕ（80±1）mm 的反应器。

（3）用于测定焦炭反应后强度的核心试验设备——I 型转鼓。其转速为 20r/min。鼓体用内径 ϕ130mm、厚度 5~6mm 的无缝钢管加工而成。

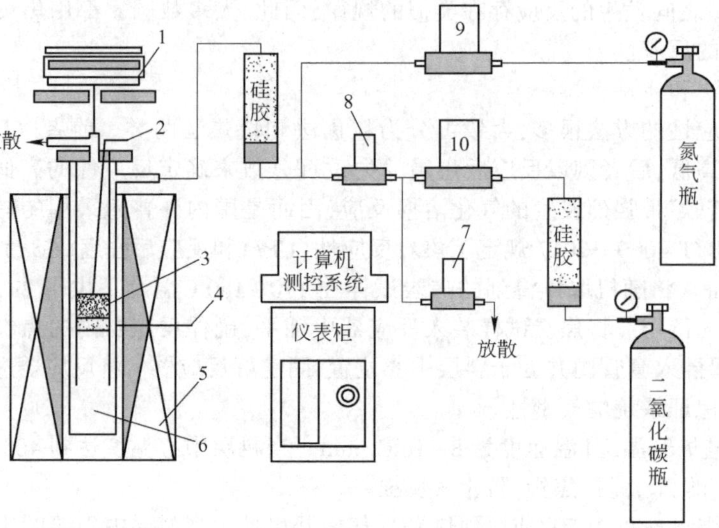

图 10-13　焦炭反应性及反应后强度测定装置

1—电子天平；2，4—热电偶；3—试样；5—电炉；6—反应管；7—放散电磁阀；8—截止电磁阀；9，10—质量流量控制器

(4)其他设备还有 N_2 和 CO_2 供给装置、质量流量控制器、气体干燥和净化器、20kg 级电子天平(精确至 0.1g)等。

10.4.1.2　焦炭的抗碱性

焦炭的抗碱性是指焦炭在高炉冶炼过程中抵抗碱金属及其盐类作用的能力。焦炭本身的钾、钠等碱金属含量很低(约 0.1%~0.3%)，但是在高炉冶炼条件下，由矿石带入的钾和钠在炉内形成液滴或蒸气，造成碱金属的循环并富集在焦炭中，致使炉内焦炭的钾、钠含量远高于入炉焦，有时可高达 3%以上，这就足以对焦炭产生有害影响。

钾、钠对焦炭反应性、焦炭机械强度和焦炭结构均会产生影响，以致危害高炉操作。目前，对于出口焦，焦炭的钾、钠含量也是重点检验指标。

10.4.1.3　焦炭的筛分组成

焦炭的筛分组成是确定焦炭机械强度和一系列物理性质的基础数据。国家标准 GB/T 2005—94 规定了冶金焦筛分组成的测定方法，将焦炭试样用机械筛进行筛分，计算出各粒级(25mm、40mm、60mm 和 80mm)的质量占试样总质量的百分数，即为焦炭的筛分组成。

10.4.1.4　焦炭的堆密度

焦炭的堆密度，也称散密度，是指单位体积内块焦堆积体的质量，其值在 400~520kg/m^3 范围内。随着焦炭平均块度的增加，焦炭堆密度呈减少趋势。

焦炭堆密度的测定方法是：将块度大于 25mm、形状不规则的焦炭，装入一定形状和体积的容器内，刮平后称量焦炭质量，然后进行堆密度计算。各国对所用容器和刮平方法均有相应的规定。容器越大，测量结果越准确。ISO 标准规定，应使用两个 0.2m^3 的容器或使用可存放 3t 左右焦炭的容器。

10.4.1.5　焦炭的真相对密度

焦炭的真相对密度是指小于 0.2mm 的干焦炭试样与同体积水的质量之比。国家标准 GB/T 4511.1—2008 规定了焦炭真相对密度的测定方法。

10.4.1.6　焦炭的视相对密度

焦炭的视相对密度,也称假相对密度,是指一定量任意块度的干焦炭与同体积水的质量之比。国家标准 GB/T 4511.3—2008 规定了焦炭视相对密度测定方法。

10.4.1.7　焦炭的孔隙率

焦炭的孔隙率是指块焦的气孔体积与块焦体积的比率,分为显孔隙率和总孔隙率两种。

(1)焦炭的显孔隙率。焦炭的显孔隙率是块焦的开气孔体积与总体积的比率。国家标准 GB/T 4511.1—2008 规定了焦炭显孔隙率的测定方法,其原理是:抽出焦炭孔隙内的气体,在大气压力作用下,使水填充到焦炭的孔隙内,测定焦炭孔隙中水的质量和同一试样沉没于水中试样损失的质量,然后计算显孔隙率。

(2)焦炭的总孔隙率。焦炭总孔隙率是块焦的开气孔与闭气孔体积之和与总体积的比率。焦炭总孔隙率按下式计算:

$$P_t = (TRD - ARD)/TRD \times 100\% \tag{10-3}$$

式中　P_t——焦炭的总孔隙率,%;

TRD——焦炭的真相对密度;

ARD——焦炭的视相对密度。

10.4.1.8　焦炭的机械强度

焦炭的机械强度是指成品焦炭的耐磨性、抗压强度和抗冲击能力。测定焦炭机械强度的方法是转鼓试验。目前使用的转鼓有两种,即大转鼓(松格林转鼓)和小转鼓(米库姆转鼓)。

大转鼓直径为 2000mm,宽 800mm,转鼓两端有直径为 2000mm 的两块钢板,其间以 127 根长 800mm、直径 25mm 的圆钢沿圆周焊接,圆钢间隙为 25mm,转鼓中心有轴,由电动机带动。试验时,取 410kg 粒度大于 25mm 的焦炭装入鼓内,以 10r/min 的速度旋转 15min。以鼓内残留的焦炭质量(kg)计为焦炭转鼓指标,以鼓外焦块中小于 10mm 的碎焦质量(kg)计为焦炭耐磨指数。中型高炉使用的焦炭的大转鼓指数一般应在 295~315kg 之间,大型高炉使用的大转鼓指数应在 315kg 以上,而鼓外小于 10mm 的碎焦质量应低于 45kg。

小转鼓(如图 10-14 所示)是由钢板制成的无穿心轴的密封圆筒,钢板厚 6~8mm,鼓内径和内宽均为 1000mm,内壁每隔 90°焊角钢(100mm×50mm×10mm)一块,共计 4 块。试验时,取 50kg 大于 60mm 的试样装入鼓内,以 25r/min 的速度旋转 4min。试验后,用直径为 40mm 和 10mm 的圆孔筛筛分,以大于 40mm 的焦炭质量占试样总质量的百分数计为抗碎强度指标,用 M_{40} 表示;以小于 10mm 焦炭的质量占试样总质量的百分数计为耐磨强度指标,用 M_{10} 表示。中型高炉使用的焦炭的 M_{40} 值在 60%~70%之间,大型高炉的 M_{40} 值在 80%以上,而 M_{10} 值都应在 8%以下。

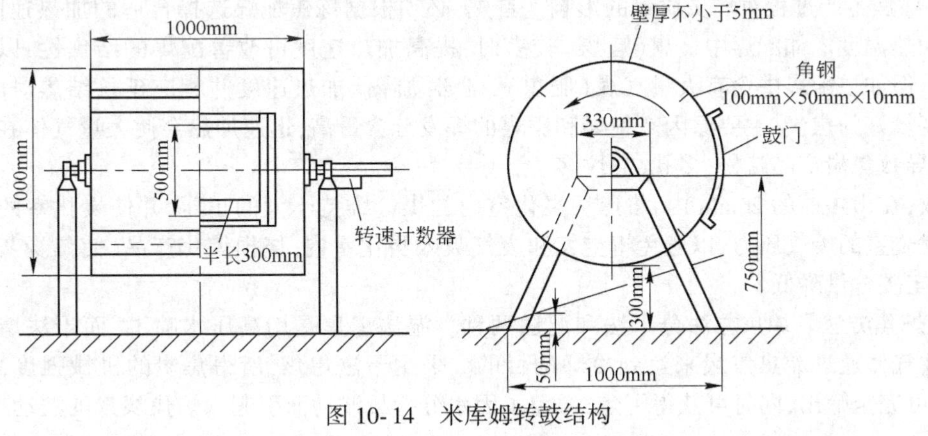

图 10-14　米库姆转鼓结构

用大、小转鼓测定焦炭强度时，以小转鼓测定的结果为好。应该指出，大、小转鼓强度指标均只代表焦炭的冷态强度，不能代表焦炭在高炉内的实际强度。

10.4.1.9 焦炭的热强度

焦炭的热强度是指焦炭入炉后在高温下的耐磨性。由高炉解剖发现，焦炭粒度一般在炉腰以下才变小，靠近风口循环区，粒度减小最快。高炉风口平面的料柱压力一般不大于0.1MPa，而焦炭的耐压强度一般为5~6MPa，应完全能满足高炉冶炼要求。由此推论，焦炭在炉内破损主要是由于在高温区发生气化溶损反应以及在风口循环区内由高速气流引起回旋运动。

因此，对焦炭除了进行冷强度检验外，还应进行反应后热转鼓强度的检验。检验方法是：取质量为0.2kg、粒度为(20±1)mm的干焦，先测定其反应性，再将测定反应性后的试样全部装入直径130mm、长70mm的小转鼓内，以20r/min的速度转30min，取出后过10mm的方孔筛，以大于10mm的质量占原始干焦质量的百分比计为热转鼓指数。

目前，高炉用焦炭的热转鼓指数已达到如下水平：宝钢70.4%，首钢64.6%，瑞典64.0%，德国蒂森厂66.3%，美国克莱尔顿厂63.5%，日本大高炉用焦多数在50%~55%之间，我国中小型高炉要求大于55%。

10.4.2 影响焦炭质量的因素

炼焦煤的准备处理及炼焦生产过程都直接影响焦炭产品的质量。影响焦炭质量的因素主要有：

(1)煤的洗选。煤的密度均在1.5g/cm³以下，而灰分的密度在2.5g/cm³以上，因此，可利用重力法或重液法洗选。煤经过洗选后，灰分含量大幅降低。煤中的灰分一般有两种存在形式，均匀分布于煤内的灰分较难洗去；而存在于废石夹层中或在采煤时由机械混入的灰分，则很容易洗去。

洗选也可适当降低炼焦煤的含硫量。煤中的硫以硫化物、硫酸盐及有机硫三种形式存在，其中，前两者可用洗选方法除去，而有机硫很难洗去。因煤中的硫主要以有机硫形式存在，故经湿法洗选只能去除部分硫。

为了稳定焦炭质量，经过湿法洗选后的煤必须脱水，以尽可能降低炼焦煤水分含量的波动。

(2)配煤。炼焦用煤通常都不是单一煤种，而是根据炼焦质量的要求进行不同煤种的混合搭配。通过配煤，可以改善炼焦煤的结焦性能，改善焦炭产品的强度指标。配煤还可以控制焦炭的灰分含量以及S、P含量，使之符合相关要求。一般来说，焦炭的灰分含量是配煤灰分含量的1.4~1.5倍，S含量则是配煤S含量的80%~85%。因此，合理配煤是保证焦炭质量的重要环节之一。

(3)炼焦生产过程对焦炭质量的影响。首先，必须根据炼焦配煤选择合适的加热速度、加热时间和加热温度。如配煤中贫煤(瘦煤)较多时，提高加热速度可改善配煤的结焦性，以提高焦炭强度。但如果配煤中含有大量气煤(肥煤)，则必须降低加热速度并相应延长结焦时间，才能获得强度较好的焦炭，主要原因是气煤和肥煤的挥发分含量高，迅速加热会使大量气体在短时间内放出，导致焦炭产品疏松、多孔、裂纹多。

其次，在出焦前的20min内，将焦炉炭化室内的煤气维持不大的正压，并使炭化室的煤气压力大于燃烧室的废气压力，以避免将空气和废气吸入炭化室内，烧损炼焦产品，使焦炭灰分含量增加，固定碳含量降低。

(4)熄焦方法。熄焦方法分干法和湿法两种。湿法熄焦是用高压水喷淋，而干法熄焦是用循环惰性气体通过赤热焦炭来达到冷却的目的。采用干法熄焦，所得焦炭的机械强度高、裂纹少、粉末可完全筛出，同时可获得干焦，避免了因水分含量波动而引起入炉焦炭量的波动。

10.4.3 高炉冶炼对焦炭质量的要求

为了保证高炉冶炼的稳定顺行和获得良好的生产指标，焦炭质量必须满足以下几方面的要求：

（1）固定碳含量要高，灰分含量要低。在进行工业分析时，焦炭的固定碳含量一般用已经测出的水分含量、挥发分含量和灰分含量来计算，见式（10-4）。

$$w(FC)_{ad}=(1-w(M_t)_{ad}-w(V)_{ad}-w(A)_{ad})\times 100\% \qquad (10\text{-}4)$$

式中 $w(FC)_{ad}$——焦炭分析试样的固定碳含量，%；

$w(M_t)_{ad}$——焦炭分析试样的水分含量，%；

$w(V)_{ad}$——焦炭分析试样的挥发分含量，%；

$w(A)_{ad}$——焦炭分析试样的灰分含量，%。

焦炭中所含有的挥发分和有机物数量不多，除固定碳以外，大部分是灰分。因此，要求焦炭固定碳含量尽可能高，灰分含量尽可能低，主要有以下几个原因：

1）固定碳含量高的焦炭，其发热值高，单位质量焦炭所提供的还原剂数量也多，有利于降低焦比。实践证明，焦炭的固定碳含量每提高1%，可降低焦比2%。而且高炉的焦比基数越高，固定碳含量对焦比的影响越显著。

2）焦炭灰分降低焦炭强度。因炭素和灰分的膨胀系数不同，在高温作用下产生内应力，使焦炭碎裂。尤其是灰分分布不均匀时，影响更为突出。

3）焦炭灰分的大部分组成是SiO_2（约50%）和Al_2O_3（约30%）等酸性氧化物。因此，使用高灰分焦炭时，必须增加碱性熔剂的用量，导致高炉渣量增加、焦比升高。一般生产经验是，焦炭灰分含量每增加1%，焦比升高2%，生铁产量降低3%。

焦炭灰分含量是区分焦炭产品质量等级的依据之一，国际上要求一级焦的灰分含量应低于10%。我国焦炭的固定碳含量一般为82%~84%，灰分含量为11%~15%。

（2）含S、P等杂质要少。降低焦炭含S量对降低生铁含S量具有重要意义。高炉铁水中，80%以上的S来自焦炭，因此，焦炭含S量升高，必须相应增加石灰石熔剂的用量来提高炉渣碱度和改善炉渣脱硫能力，从而使高炉渣量增加、焦比升高、产量降低。一般经验是，焦炭的含S量每升高0.1%，高炉焦比升高约1.5%，生铁产量降低约2%。

焦炭中的S主要来自炼焦煤，炼焦过程中只能去除少量S，而70%~90%的S残留于焦炭中。因此，控制炼焦煤的含S量和选择合适的配煤比，是控制焦炭S含量的基本途径。目前，正在研究生产缚S焦，即炼焦时加入8%的CaO作为缚S剂，使焦炭中的一部分有机S（大约占全部S量的30%~50%）与CaO作用形成CaS，入炉冶炼时直接进入炉渣，从而提高炉渣的脱S能力，这是利用高S煤炼焦的有效办法。我国焦炭含S量比较低，一般在0.5%~1.0%之间。

焦炭中含P较少，其对生铁质量无太大影响。我国焦炭含P量一般都低于0.05%。

（3）焦炭的机械强度要好。焦炭在高炉下部高温区作为支撑料柱的骨架，承受着上部料柱的巨大压力。若焦炭的机械强度差，则易形成大量碎焦，恶化炉缸的透气性和透液性，破坏高炉顺行，严重时无法进行正常生产。另外，机械强度不好的焦炭，在运输过程中也易产生大量粉末，造成损失。因此，要求焦炭必须具有足够的机械强度。

（4）粒度要均匀，粉末要少。研究表明，大小粒度不均匀的散料，孔隙率最小，透气性差；而粒度均匀的散料，孔隙率大，煤气阻力小。因此，为了改善高炉透气性、保证煤气流分布合理和高炉顺行，不仅要求焦炭粒度合适，而且要求粒度尽可能均匀，粉末少。大型高炉一般使用40~60mm的大块焦，而中小型高炉使用25~40mm的小块焦。目前，随着入炉矿石粒度的不断降低，焦炭粒度也有随之降低的趋势,不少高炉已把焦炭粒度的下限降至 15~20mm。这主要是为了缩小焦炭和铁矿石之间的粒度差别,从而改善整个料柱的透气性。

(5)水分含量要稳定。焦炭中的水分主要是湿法熄焦时渗入的。焦炭中的水分在高炉上部即可蒸发完毕,对高炉冶炼没有太大影响。但由于焦炭是按质量入炉的,水分含量波动必然要引起下焦量的变化,从而引起炉况波动。因此,要求焦炭水分含量稳定,以便配料准确,稳定炉况。

(6)焦炭的反应性要低,抗碱性要强。一般要求焦炭的反应性要低。使用反应性高的焦炭对高炉冶炼的影响主要体现在:

1)焦炭在与 CO_2 反应过程中,会使焦炭内部的气孔壁变薄,从而降低焦炭的强度,加快焦炭破损,产生的焦粉将恶化高炉料柱的透气性,影响高炉顺行;

2)导致铁氧化物的直接还原发展;

3)恶化煤气利用,使焦比升高。

在炼焦生产时,降低焦炭反应性的措施有:炼焦配煤中适当多用低、中等挥发性煤、提高炼焦的终了温度、焖炉操作、采用干熄焦等。

焦炭的抗碱性应尽可能高。焦炭本身所含碱金属钾、钠的数量较少(约 0.1%~0.3%),但由其他炉料带入的钾、钠会富集在焦炭中。而钾、钠是焦炭气化溶损反应的催化剂,还能与焦炭反应生成 C_8K、$C_{36}K$ 等。所以,碱侵蚀会降低焦炭强度,给高炉生产造成负面影响。提高焦炭抗碱性的措施有:配煤中适当配用低变质程度的弱黏结性气煤、降低焦炭的反应性等。

10.4.4　国内外焦炭质量比较

表 10-8 给出了 2018~2020 年全国大型焦炉生产的焦炭平均质量指标,表 10-5 给出了国内外有代表性的焦炭质量对比。可知,近些年来,随着我国焦炉大型化和先进炼焦技术的发展,我国焦炭的灰分、硫含量下降,强度等指标明显改善。我国大型焦炉生产的焦炭 M_{40} 达 85%~90%,M_{10} 达 5.3%~6.3%,*CRI* 达 20%~24%,*CSR* 达 67%~70%。我国焦炭整体质量指标接近世界水平。但焦炭灰分与国外差距仍较大,国外焦炭灰分一般不超过 12%,而且普遍在 10%以下,我国焦炭灰分的平均水平普遍高于 12%。另外,国内小型焦炉生产的焦炭质量与世界水平相比,仍然差距较大。因此,加强炼焦煤的洗选和合理利用炼焦煤资源、采用备煤新工艺、进一步提高炼焦装备水平、逐步淘汰落后的小型焦炉、加快炼焦新工艺的研发和应用仍然是改善我国焦炭质量的努力方向。

表 10-8　2018~2020 年全国大型焦炉生产的焦炭平均质量指标

质量指标	6~6.9m 焦炉	7m 以上焦炉		7.63m 焦炉		
	2020 年	2019 年	2020 年	2018 年	2019 年	2020 年
挥发分 V_{ad}/%	1.17	1.18	1.16			
灰分 A_{ad}/%	12.52	12.24	12.25			
硫含量 $S_{t,ad}$/%	0.80	0.80	0.77			
CRI/%	23.24	20.66	21.46	19.45	19.80	19.60
CSR/%	67.06	70.79	69.47	71.10	70.55	70.60
M_{40}/%	87.31	89.02	89.47	89.30	89.40	89.50
M_{10}/%	6.29	5.52	5.53	5.25	5.25	5.30

表 10-9 国内外代表性焦炭的质量指标对比

厂 名	水分含量/%	灰分含量/%	硫含量/%	M_{40}/%	M_{10}/%	CRI/%	CSR/%
瑞典乌克瑟勒松厂	4.5	8.5	0.65	84	6.7	26	64
德国迪林根厂	2.5~3.0	8	0.81	83~84	5.0~5.5		
德国蒂森厂	4.7	9.2	0.59			22.7	66.3
英国雷德卡厂		10.0	0.60	87.1	5.8	24	67
意大利塔兰托厂		9.4	0.60	86.2	6.2	28.2	65.6
荷兰霍戈文厂		9.4	0.60	87.8	5.8		
美国加里厂	1.8~3.7	7.0~8.1	0.61~0.72				
美国克莱尔顿厂	1.9~2.7	7.9~8.5	0.73~0.78			25.5	63.5
中国宝钢	0	11.04	0.48	89.66	5.43	24.1	70.4

10.5 炼焦新工艺

长期以来,世界范围内的炼焦技术虽有了一定的进步,但基本方法和工艺过程没有太大的改变,即将含有一定水分的原煤装入耐火材料砌筑而成的焦炉中,加热到1000℃左右的高温,原煤通过干馏形成焦炭。原煤在焦炉内经过:脱水、升温,热解、熔融、胶质体形成,半焦形成,焦炭形成和稳定等阶段。赤热焦炭从焦炉排出后,经湿法或干法熄焦而获得成品焦。

传统炼焦生产存在的问题主要有:(1)资源限制。焦煤资源日益减少且资源的分布也不均衡。(2)能力和质量限制。结焦时间长,焦炉的生产能力低,焦饼内部成焦质量差异较大。(3)能耗大,成本居高不下。(4)环境限制。长时间干馏造成的烟气泄漏、生成的 NO_x 污染以及湿法熄焦造成的空气和水污染等带来严重的环境负荷。为了解决这些问题,先后开发了原煤干燥预热、合理配煤、型煤炼焦、干法熄焦等技术,并取得了一定效果。但是,这些措施大都仅是对现有焦炉结构或者工艺环节进行的改进,仍未从根本上全面解决现有炼焦技术所存在的核心问题。因此,近几十年来,各国都在积极开发炼焦新工艺。

10.5.1 无回收焦炉

针对传统的焦炉煤气处理及回收装置的环保控制费用较高等问题,美国和澳大利亚在20世纪80年代后期相继推出了新设计的无回收焦炉,将废热用于生产蒸汽和发电。美国弗吉尼亚州的Jewell Thompson焦炉内,煤层高约0.6m,长不足14m,宽不到4m,有效容积约30m^3。在Jewell Thompson焦炉基础上,美国阳光煤业公司经改进而重新设计并投产了年产焦炭55万t的无回收焦炉,如图10-15所示。该焦炉的主要尺寸为宽3.7m、高4.6m、长13.7m。澳大利亚的堪培拉煤焦公司在东澳大利亚两个厂建成了年产焦炭24万t的无回收焦炉。1997年1月14日,在美国内陆钢铁公司的印第安纳哈博钢厂兴建了一座年产133万t焦炭的炼焦和发电联合工厂,炼焦部分由4座共268孔的无回收焦炉组成。

无回收焦炉的优点:(1)炼焦工艺流程简单,设计和基建投资费用降低;(2)取消煤气回收装置,不会产生焦油和酚水等污染物,环境污染有所改善;(3)负压操作,解决了炉门漏气的问题,使废物放散量降到较低水平;(4)废热用于发电,使系统能量得到更高效的利用。

从炼焦生产的普遍规律和无回收焦炉生产的特点出发,无回收焦炉主要存在如下问题:(1)煤耗高,炼焦煤煤源变少。由于炉顶空间很大,煤在塑性阶段能自由膨胀,造成焦炉上部焦炭结构疏松、质量差,需要用挥发分含量低、结焦性好的煤料消除这种影响;(2)部分煤和焦炭被

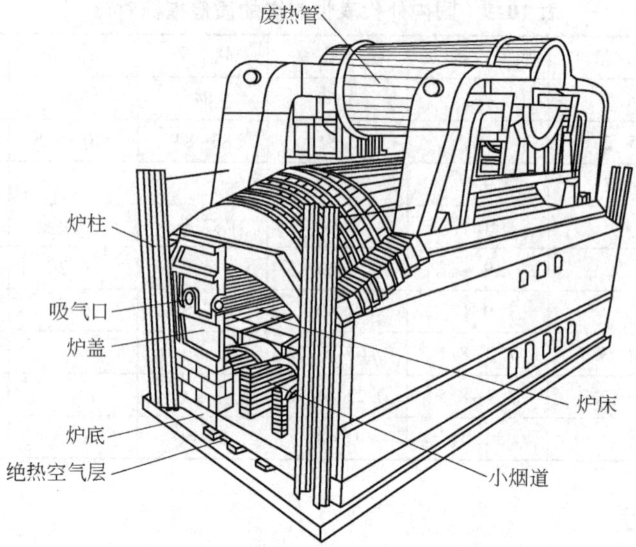

图 10-15　无回收焦炉结构示意图

烧损，成焦率下降；(3)无回收焦炉仍存在大气污染的问题；(4)加热控制手段简单，焦炭的均匀性差；(5)炉龄短，维修量大；(6)所产蒸汽和电能的出路需妥当考虑。

一般认为，在我国不可能大量兴建无回收焦炉，也不适合应用无回收焦炉代替改良焦炉，更不宜推广。但在有低挥发分黏结煤、焦炉煤气暂时没有用户、电能有出路的某些地区，少量建设带有热回收装置的无回收焦炉还是可行的。

10.5.2　巨型炼焦反应器

巨型炼焦反应器是为了解决传统的室式焦炉大型化受多种因素限制的问题(特别是炉墙变形等问题)而开发的。20 世纪 80 年代后期，以德国为主的欧洲炼焦专家提出了单室式巨型炼焦反应器和煤预热及干熄焦相结合的方案，该方案经两次工业试验后，于 1990 年由欧洲炼焦技术中心进行专门的设计和试验工作。1993 年 4 月，巨型炼焦反应器示范装置在埃森市的普罗斯佩尔焦化厂开始运行，生产 15 个月后，即 1994 年 7 月，完成了技术修改和完善工作，现在正朝着工业化方向推进。

巨型炼焦反应器是欧洲国家对未来的炼焦技术做出的开创性研究项目，该项技术在环境保护和煤资源利用两方面都具有独到之处。该系统以相互独立的单一炭化室的工作原理为基础。第一座巨型炼焦反应器的炭化室尺寸为宽 0.85m、高 10m、长 20m，炭化室有效容积为 150m^3，单孔生产能力为 100t/d，预热煤温度为 189℃，火道温度为 1350℃，结焦时间为 24h，炭化室锥度为零，炉墙用高密度硅砖砌筑，厚 60mm，每孔炭化室两侧是独立的燃烧室，有独立的加热系统，以便调节加热温度，燃烧室分三段加热。蓄热室有底置式和侧置式两种，炭化室炉墙用刚性墙(钢或混凝土)锚定。采用预热煤装炉技术。

这种炼焦方法具有以下显著优点：(1)炭化室容积明显增大，发挥了大容积焦炉及宽炭化室在炼焦过程中所具有的优势，环境效益好；(2)炭化室采用刚性墙锚定，故适于较高的膨胀压力；(3)由于炭化室增宽，取消了炭化室锥度，因此减少了炭化室锥度带来的诸多不利因素；(4)煤料预热装炉和炉墙厚度减薄，使炼焦用煤范围宽，热效率提高。

不同规模的炼焦炉尺寸及操作数据的对比见表 10-10(生产能力按 2Mt/a 计算)。可以看出，随炭化室有效容积的增加，焦炉的密封面长度、每天出炉数、每天打开各开孔的总次数及清扫的密封面长度等都显著降低，这将大大减少炼焦生产时污染物的排放和改善操作环境。

表 10-10　不同规模炼焦炉尺寸及其操作数据对比（产能均按 2Mt/a 计）

项　目		70 年代焦炉			80 年代焦炉			90 年代焦炉
		小型	中型	大型	胡金根	普罗斯佩尔	凯泽斯图尔Ⅲ①	巨型炼焦反应器
有效尺寸/m	长	4.50	6.00	7.65	7.85	7.10	7.63	10.00
	宽	11.70	14.20	16.40	17.20	15.90	18.00	20.00
	高	0.45	0.45	0.43	0.55	0.59	0.61	0.85
有效容积/m^3		22.1	36.4	52.2	70.0	62.3	78.84	150.0
每孔炭化室产焦量/t		12.7	21.3	32.0	43.0	39.8	48.7	100.0
炉孔数/个		322	187	123	120	142	120	55
焦炉总计开孔数/个		2898	1496	984	1080	1278	1080	110
密封面长度/km		10.5	6.9	5.1	6.0	6.2	5.5	2.4
每天出炉数/炉		430	257	171	128	138	115	55
每天打开各开孔的总次数/次		3870	2056	1368	1152	1242	1035	110
清扫的密封面长度/$km \cdot d^{-1}$		14.0	9.5	7.2	5.6	6.0	5.3	2.4

①该焦炉已停产，设备由兖矿集团购买，在国内建造。

欧洲炼焦技术中心的专家认为，日本正在开发的型焦技术还不能满足大高炉对焦炭质量的要求，而美国提倡的无回收焦炉存在生产规模小、资源浪费大、热效率低、经济效益差等问题，只有巨型炼焦反应器最有前途，但要将其正式用于工业生产，仍需做许多具体工作。为此，建议最好先建设 5~8 孔装置，炭化室宽度可在 450~850mm 范围内选择，开始时可先用湿法熄焦，但必须采用煤预热技术，否则就会失去巨型炼焦反应器的优越性。总体而言，巨型炼焦反应器的商业化进程受以下因素制约：(1)若使单个巨型炼焦反应器装置变为由多个巨型炼焦反应器单元组成的炉组，就必须将推焦和出焦操作的机械设计为移动式，这将会大幅增加该机械的重量；(2)随着煤预热装置能力的大幅提高，对系统的可靠性要求也随之提高；(3)干熄焦与煤预热联合的大型生产装置还有待于进一步开发。有关专家认为，解决上述问题不存在技术障碍，主要问题是需要大量资金，并需依托大规模的工程才能实施。

10.5.3　SCOPE21 炼焦技术

日本煤炭利用综合中心与日本钢铁联盟从 1994 年到 2003 年，历时 10 年共同开发了“面向 21 世纪的高效环保型超级炼焦技术(SCOPE21)”。目前，已完成了最终阶段的半工业性工厂(日产焦炭 50t)的试验操作。

SCOPE21 工艺是面向 21 世纪，以有效利用煤炭资源、提高生产率以及实现环境保护和节能为目标的革新炼焦技术。SCOPE21 的工艺流程如图 10-16 所示，整个流程包括：(1)原煤干燥和快速加热处理。将原煤通过流动床加热至 200~300℃干燥脱水并分级，分级后，粗粒煤和粉煤分别在不同的气流加热塔内快速加热至 330~380℃，并由塔内气流输送出塔。细煤料热成型后和粗煤料混合，密闭输送加入焦炉。(2)中低温出焦。快速加热后的粗粒煤和粉煤混合后装入焦炉，以通常的升温速度干馏，在温度达 750~850℃左右时出焦。(3)改质。中低温出炉的焦饼，用高温气体再加热以提高焦炭质量，然后采用干法熄焦。(4)低 NO_x 排放燃烧。通过调整燃烧室结构和燃烧条件，燃烧时实现低 NO_x 排放。

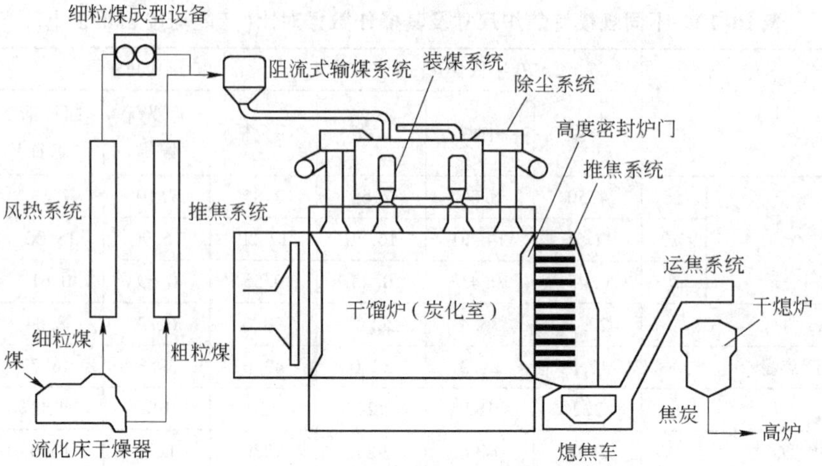

图 10-16 SCOPE21 工艺流程

目前，SCOPE21 工艺取得的主要成果包括：(1)原煤快速加热处理，提高了煤的黏结性，扩大了弱黏结煤和不黏结煤的配煤量，所得焦炭的质量仍能保证高于现有炼焦工艺所得的焦炭。另外，在试验期间，配煤量可高达 50%。(2)由于预热处理、低温出焦、改进焦炉构造和调整燃烧条件，干馏时间由现有焦炉的 17.5h 缩短为约 7.5h。再加上快速加热后，煤料堆密度增加，产能可比现有工艺提高 2.4 倍。(3)高温煤密闭输送、燃烧室结构改造、燃气控制和炉压调整等措施，减少了气体泄露和 NO_x 生成，可以显著降低环境负荷。(4)尽管快速加热处理需要电力消耗，但由于缩短了干馏时间，大大降低了炉内干馏所需的气体燃烧能耗，整体能耗比现有炼焦工艺减少 20%左右。(5)与现行炼焦工艺相比，SCOPE21 虽然增加了煤预处理设备费和环保设施费等，但由于减少了炭化室，设备费可降低 16%左右。(6)与现行炼焦工艺相比，SCOPE21 增加了煤预处理时的电耗和燃烧气体等辅助费用，但由于原料成本比传统工艺低和扣除的副产品多，故焦炭生产的总成本可降低 18%。

10.5.4 大容积焦炉

近年来，国外焦化企业主要技改途径是，用现代化的大容积焦炉取代老损焦炉。焦炉炭化室高度由 4m 增加到 6m、7m、7.63m，甚至达到 8m 或 8.65m，炭化室长度由 13m 增加到 17m、18m，个别达到 20.8m，容积由 $25m^3$ 增加到 $40m^3$、$50m^3$、$80m^3$，最大可达 $100m^3$。德国考伯斯公司为曼内斯曼焦化厂建造了有效容积为 $70m^3$ 的大容积焦炉，炭化室高 7.85m、宽 0.55m、长 18m。鲁尔煤业公司的凯泽斯图尔焦化厂投资 12 亿马克，历经 5 年设计建成了煤处理量为 7700t/d，有效容积为 $78.9m^3$ 的 200 万 t/a 大容积焦炉，炉宽 0.61m、高 7.63m、长 18.8m，并配备一套世界上最大的干熄焦装置，焦炭处理能力达 250t/h。该座焦炉由于炭化室加宽，适应煤种较多，且推焦次数减少，污染程度降低。德国 Schwelgern 焦化厂建设投产的焦炉是大容积焦炉发展的典型代表，炭化室高 8.43m、长 20.8m、宽 0.59m，有效容积 $94m^3$，2×70 孔，总产能为 264 万 t/a。从环保重点出发，德国甚至提出了建设有效容积达 $225m^3$ 的超大炭化室设想，其尺寸为长 25m、高 12.5m、宽 0.85m。

据有关资料估算，当炭化室高度由 4.3m 提高到 6m、6.5m 和 7m 后，焦炉的生产能力可分别提高60%、80%和100%。在我国,炭化室高为5.0m、5.5m、6m的焦炉已运行多年并成功商业化。自山东兖矿国际焦化公司引进了德国炭化室高7.63m焦炉投产,拉开了中国焦炉向超大型化发展的序幕。之后在太钢、马钢、武钢、首钢京唐和沙钢等一批7.63m大型焦炉建成投产。同时,我国自行研发设计的炭化室高7m(6980mm)的大型焦炉,先后在邯钢新区、鞍钢鲅鱼圈、本钢新区和梅钢建成投产。中冶焦耐正在努力开发炭化室高8m、年产干全焦400万t(4×67孔)的新型超大容积焦炉。目前处于研发阶段,如果开发建成将成为国内首座8m以上焦炉。而炭化室高8m的焦炉已经建立了3孔试验炉。乌克兰等国正在设计大容积焦炉,炭化室容积达62.4m^3(高7.4m、宽0.5m、长18.74m)。

国外资料认为,大容积焦炉的最大优点是基建投资省;然而,国内有些专家认为,焦炉并非越大越好。与4.3m(炭化室高度)捣固焦炉相比,6m焦炉在基建投资、焦炭质量、煤种适用范围等方面并无优势而言。

大容积焦炉存在的问题主要有:(1)美国的大容积焦炉都出现了砌体过早损坏的现象(美国黑色冶金设计院确定,炭化室高6m及6m以上焦炉的平均使用寿命仅为15a);(2)炭化室高7m的焦炉必须供应配煤组成较好的煤料,以保护砌体和保证正常生产操作;(3)大容积焦炉不适用于煤预热工艺,英国雷德卡尔冶金厂也证实了这一点。

显然,大容积焦炉在各方面的要求都比常规炭化室焦炉要高。因此,焦炉大型化虽是发展方向,但必须根据具体国情、资源条件、炼焦技术和设备制造水平等方面,来合理确定焦炉的规模和尺寸。

10.5.5 连续层状炼焦

连续层状炼焦方法由乌克兰煤化所研究开发,利用直立式的炭化室进行连续层状炼焦,煤料由炭化室的上部分批给料,并由专门的推料装置推入炭化室,炭化成熟的焦炭由炭化室的下部排出。由于煤料受热膨胀,炭化室在高度方向上具有锥度。

在实验室研究的基础上,在乌克兰的哈尔科夫炼焦厂建设了一套双室连续层状炼焦的工业试验装置。该试验装置的基本尺寸为:炭化室宽0.35m,总长4.2m,有效长4m,高3.9m,有效容积5.5m^3。每批加煤量为400~420kg,压至950~1000kg/m^{3}之后,推入垂直炭化室,每次以0.3m的距离下落,推料间隔为20~30min,推力为0.15~0.2MPa,生产能力不大于30t/d。

连续层状炼焦工艺具有以下优点:(1)改变煤料推移速度和时间间隔,从而适应不同的煤料及不同炼焦阶段的加热情况;(2)炭化室不同高度处的温度不同,从而使煤料经历了若干阶段的热处理;(3)炉内煤料的堆密度可提高达1000kg/m^3;(4)扩大了炼焦煤资源,与传统炼焦工艺相比,可节约70%的优质炼焦煤;(5)通过工艺和生产过程的机械化和自动化,从根本上改善了操作人员的劳动条件,提高了劳动生产率,大大减轻了对大气的污染。

10.5.6 型焦工艺

型焦工艺就是利用非黏结性煤,通过不同的工艺成型后,再进一步炭化制成型焦,用以代替普通冶金焦。已经开发的型焦方法有多种,其中较为知名的有德国的BFL法和Ancit法、美国的FMC法以及日本的DKS法等。国内型焦技术从20世纪60年代开始研究开发,先后在蕲州、龙岩、赤峰等地建设了型焦厂。由于诸多原因,对于高炉炼铁用型焦的生产和开发,近些年来基本处于停顿状态。

按成型时煤料的状态,型焦成型工艺可分为冷压成型和热压成型。前者所用煤料在远低于塑性状态温度下成型,后者所用煤料在塑性状态温度下成型。冷压成型又分为黏结剂成型和无黏结剂成型两种。热压成型因加热方式不同,又分为气体热载体和固体热载体两种类型;按配料不同，又有单一煤种和配煤型焦之别。通常情况下，热压型焦的煤料必须具有一定的黏结性，而不依赖于外加黏结剂。

10.5.6.1　冷压型焦

按是否使用黏结剂，冷压型焦又分为无黏结剂冷压型焦和黏结剂冷压型焦。

A　无黏结剂冷压成型

无黏结剂冷压成型方法，主要用于以泥炭、褐煤等低煤化程度的煤制取成型燃料的场合。德国采用此法将褐煤压制成型煤，用作民用或工业燃料。褐煤的无黏结剂成型压力为100～200MPa，年轻褐煤结构疏松、可塑性好、弹性小，其成型压力可适当降低。此种型焦的强度低于冶金焦，一般适用于小高炉、气化和化工等工业部门。

无黏结剂成型方法节约原料，工艺简单；缺点是成型压力高，动力消耗大，对成型机的材质要求高，成型部件磨损快。

B　黏结剂冷压成型

粉煤或半焦粉和黏结剂的混合料，在常温或黏结剂热熔温度下，以较低的外压（15～50MPa）成型的方法，称为黏结剂冷压成型。将使用黏结剂冷压成型的型煤进一步炭化处理，使黏结剂和煤粒间发生热缩聚反应，形成化学键，可得到高强度的型焦。

黏结剂冷压成型可降低成型压力，易于工业化；但黏结剂本身需经过处理，煤料混捏和固结工艺较复杂，且黏结剂用量多。国内冷压型焦一般以当地单种煤为原料，配以沥青和焦油为黏结剂冷压成型，再经氧化、炭化处理得到冷压型焦。国外冷压型焦除配沥青类黏结剂外，还配加了一定量的黏结性烟煤，故型焦强度得到了提高。

黏结剂冷压型焦的代表工艺是日本的DKS法，其工艺流程示于图10-17中。该方法用80%的非黏结性煤、10%炭素物料（焦粉、石油焦）和10%的黏结煤组成配合煤料，粉碎至3mm以下，与煤焦油或硬沥青混合，在100～300℃温度下成型，型煤送至斜底炭化炉于1300℃下炭化10h，所得型焦靠重力排出。

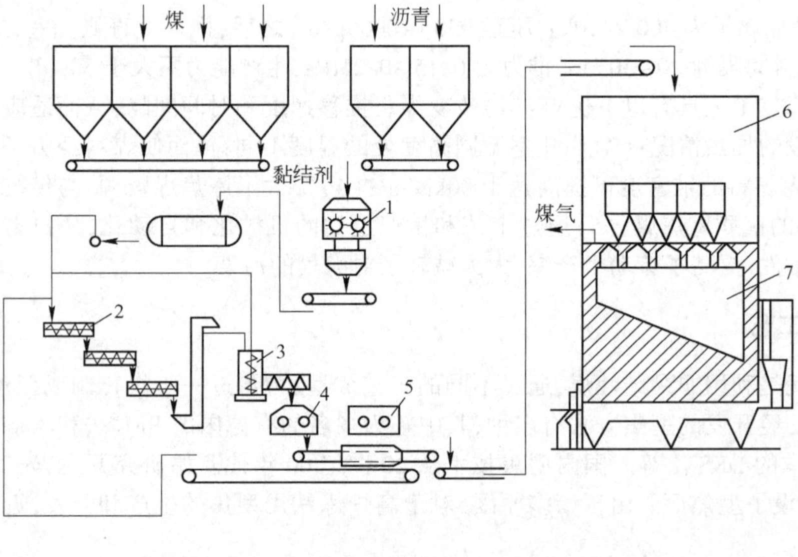

图10-17　日本DKS型焦生产工艺流程

1—粉碎机；2—螺旋混合机；3—混捏机；4—对辊机；5—金属网运输、冷却机；6—贮煤槽；7—斜底炭化炉日本对DKS型焦曾先后进行了6次高炉试验。结果表明，对于1300~2800m^3的大型高炉，DKS型焦可取代50%的冶金焦，应用效果为：高炉焦比低于450kg/t，利用系数大于2.0t/(m^3·d)。

10.5.6.2 热压型焦

热压型焦是将具有一定黏结性的煤料（单种煤或配煤）快速加热到塑性温度后，趁热压制成型煤，并进一步炭化生产型焦的方法。

由于煤料加热速度快，所生成的胶质体来不及分解和缩聚，从而加宽了胶质体停留的温度区间，改善了胶质体的热稳定性和流动性，提高了煤的黏结性。在成型压力作用下，进一步提高了煤粒间的黏结程度。因此，可在增加弱黏结性煤用量的条件下，制得高炉焦及其他工业型焦。

热压型焦根据快速加热方式，可分为气体热载体工艺和固体热载体工艺。

A 气体热载体热压型焦工艺

气体热载体热压型焦工艺是以热废气作为快速加热的载体，以单种弱黏结性煤或无烟煤粉为主体，配入黏结性煤组成配合煤料，经过干燥、预热，用热废气作加热载体，使煤料快速加热至塑性温度。热废气通过循环废气调节器将温度调整至550~600℃，以控制煤料的加热温度在塑性区间内。经快速加热的煤料用旋风分离器分离出来，进行维温分解并使其充分软化熔融，最后在加压热态下成型，制得热压型煤。由旋风分离器分出的废气（温度较低），可作为煤料干燥和预热的热载体。干燥、预热和快速加热，均在流化状态下完成。

此工艺可用单一弱黏结煤，在快速加热条件下改善其黏结性，制成型煤并进一步炭化成型焦。本工艺的缺点是气体热载体加热时要求的风料比大，约为1.7~2.0m^3/kg，因而增加了烟气循环风机、冷却系统以及洗涤系统的负荷。

B 固体热载体热压型焦工艺

固体热载体热压型焦工艺是以高温无烟煤粉、矿粉或焦粉作为热载体，对已预热至200~250℃的烟煤进行快速加热。此方法在国内始于马鞍山钢铁公司，湖北蕲州钢铁厂对此工艺也进行了长期试验，制得了热压型焦。国外热压型焦工艺有德国的Ancit法和BFL法、美国的C.C.C.法以及日本的公害资源研究所法等，均采用固体热载体实现快速加热。

BFL法热压型焦生产工艺流程如图10-18所示，主要由干燥、炭化、成型及型煤后处理等几部分组成。高挥发分非黏结性煤和黏结煤按2∶1分别经载流管干燥，非黏结煤送入LR炭化器，以750℃的干馏炭作热载体，使高挥发分非黏结煤快速脱除挥发分而成为干馏炭。干馏炭大部分经LR直立管口加热到750℃，并返回LR炭化器作载热体，以生产新干馏炭，余者和干燥的黏结煤在450~500℃下混合并成型。型煤过筛后在高于850℃温度下焙烧，冷却后制得BFL型焦。

在LR炭化室内，由循环的温度为750℃的干馏炭，将干燥的高挥发分非黏结煤的挥发分快速脱除，再制取热干馏炭。此处加热速度快，产生的干馏煤气热值高。用来加热干馏炭的直立管出口处的热废气仍含有可燃物，经二次燃烧提高温度后，用作预热供直立管燃烧的空气以及干燥煤料的热载体。

BFL法采用自产重质焦油作黏结剂，对黏结煤的数量和质量要求较低，使用的煤种广。本流程在混合机后设有立式搅拌器，因此，维温时间充分。搅拌器内混合料位可自动调节，混合料由立式螺旋喂料机供给对辊机成型，故型煤质量好。但BFL法流程复杂，能耗较高。

用BFL法生产的热压型焦曾取代冶金焦，分别在568m^3和764m^3的高炉上进行了冶炼试验。结果表明，高炉的利用系数与使用冶金焦时相似，高炉运行未发生困难，但吹损和风压偏高。

10.5.6.3 影响型焦质量的因素

影响型焦质量的因素主要有煤料性质、操作条件、型焦形状和尺寸。

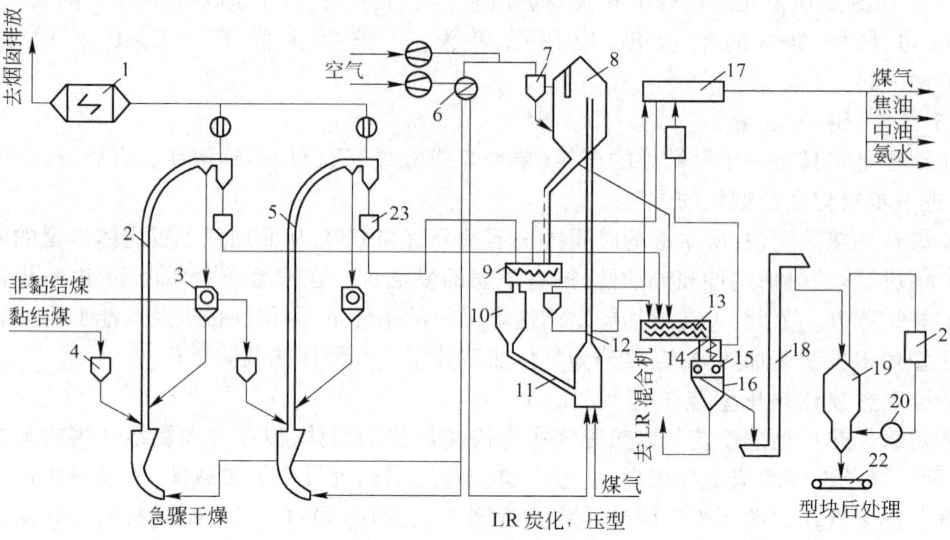

图 10-18　德国 BFL 法热压型焦生产工艺流程

1—电除尘器；2，5—直立管；3—粉碎机；4—煤仓；6—热交换器；7—旋风分离器；8—分离仓；9—LR 混合器；10—LR 炭化器；11—下降管；12—LR 直立管；13—热压料混合器；14—搅拌器；15—对辊成型机；16—条筛；17—煤气冷却器；18—斗式提升机；19—后处理炉；20—循环风机；21—冷却器；22—带运机；23—中间仓

(1)煤料性质。实践表明，用于气体热载体热压流程的煤料，以胶质层厚度为 8~11mm、挥发分含量为 10%~14%者为宜；用于固体热载体热压流程的无烟煤与烟煤的配比约为 7∶3，烟煤胶质层厚度应大于 10mm。

用于冷压型焦的配合料，其黏结性和挥发分含量要适当。挥发分含量过高，型煤炭化时煤气析出快，破坏型焦内部结构，且收缩过急会导致内应力加大，使型焦易开裂。黏结剂用量以充满不黏结煤粒空间为限，黏结剂过量既不经济也不利于成型，炭化时易粘连。国外冷压型焦因配用一定量的黏结煤，黏结剂用量一般均小于 10%。

(2)操作条件。影响型焦质量的操作条件主要包括：1)干馏炭制备。高挥发分煤用于型焦生产时，均需脱除挥发分、制成干馏炭后，再作配料。2)干燥与混捏。煤料干燥后再混捏成型，有助于改善型焦质量。3)成型温度与维温。冷压型煤的成型温度过高或过低均对黏结不利，一般应略高于沥青软化点；而热压型焦成型温度应选择与胶质体最大流动度相应的塑性温度区间。对于弱黏结性煤，成型温度可以低些；对于强黏结性煤，成型温度可以高些。另外，维温可防止成型时型煤胀开而影响强度。强黏结性煤的维温时间为 3~5min，弱黏结性的维温时间以 0.5~1min为宜。4)成型过程。国内外主要采用结构简单、生产能力较大的对辊成型机。成型要求是成型压力不超过 30MPa，供料稳定，易于脱模。5)后处理。后处理方式有热焖、中温炭化、低温氧化-高温炭化、快速内热高温炭化、慢速外热高温炭化等若干种，应根据煤料性质、型煤和型焦的用途及质量要求等进行合理选择。

(3)型焦形状与尺寸。为增加高炉炉料的孔隙率，应降低型焦表面的圆滑性。而且，其形状以圆柱形或枕形为宜，粒度应在 50~80mm 范围内。

11 高炉喷吹燃料

11.1 煤粉喷吹

11.1.1 煤粉喷吹工艺

对现代高炉炼铁而言,煤粉喷吹是一项重要的技术革命。高炉喷煤的意义在于:

(1)以低价煤代替日趋匮乏且价格昂贵的冶金焦,降低焦比,使高炉炼铁成本大幅下降;

(2)高炉喷煤可以作为一种调剂炉况的手段;

(3)高炉喷煤可以改善炉缸工作状态,使高炉顺行;

(4)为高炉接受高风温和富氧鼓风创造条件;

(5)喷吹煤粉中含氢量比焦炭高,喷吹后使炉内氢浓度增加,从而提高煤气的还原能力和扩散能力,有利于矿石的还原和高炉操作指标的改善;

(6)喷吹煤粉代替部分焦炭,不仅可缓解焦煤供需紧张的状况,还可减少对炼焦设施的投资和建设,也有利于降低炼焦生产的环境负荷。

完整的高炉喷煤系统一般包括原煤储运系统、煤粉制备系统、煤粉输送系统、煤粉喷吹系统、供气系统、干燥气体制备系统、煤粉计量设施,最新设计的高炉喷煤系统还包括整个喷煤系统的计算机控制中心。图 11-1 给出了高炉喷煤系统的构成。

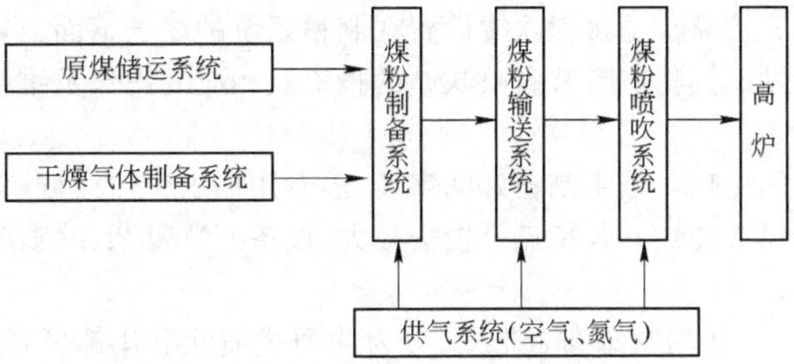

图 11-1 高炉喷煤系统的构成

(1)原煤储运系统。为保证高炉喷煤作业的连续性和有效性,在喷煤系统中首先要考虑的是建立合适的原煤储运系统,包括综合煤场、煤棚、储运方式。为控制原煤粒度和去除原煤中的杂物,在原煤储运过程中还需设置筛分破碎装置和除铁器。筛分破碎装置既可以控制磨煤机入口的原煤粒度,又可以去除某些纤维状物质,而除铁器则主要用于清除煤中的磁性金属杂物。

(2)煤粉制备系统。煤粉制备是指在许可的经济条件下,通过磨煤机将原煤加工成粒度和含水量均符合高炉喷吹要求的煤粉。制粉系统主要由给料、干燥、研磨、收粉以及除尘等几部分组成。在烟煤制粉中,还必须设置相应的惰化、防爆、抑爆及监测控制装置。

(3)煤粉输送系统。煤粉输送有两种方式可供选择,即采用煤粉罐装专用卡车或采用管道气力输送。其中,管道气力输送连续性好,能力大,密封性好,是高炉喷煤中最普遍采用的煤粉输送方式。

(4)煤粉喷吹系统。煤粉喷吹系统由不同形式的喷吹罐组和相应的钟阀、流化装置等组成。煤粉喷吹通常是在喷吹罐组内充以压缩空气,再自混合器引入二次压缩空气,将煤粉经管道和喷枪喷入高炉风口。其中,喷吹罐组可以采用并列式布置,装煤与喷煤交替进行;也可以采用重叠式布置,底罐只作喷吹罐,装煤则通过上罐及其均压、排压装置来完成。

(5)供气系统。供气系统是高炉喷煤工艺系统中不可缺少的组成部分,主要涉及压缩空气、氮气、氧气和少量蒸汽。压缩空气主要用于煤的输送和喷吹,同时也为一些气动设备提供动力;氮气和蒸汽主要用于维持系统的安全正常运行,如烟煤制粉和喷吹时采用氮气和蒸汽惰化、灭火,系统防潮采用蒸汽保温等;氧气主要用于富氧鼓风或氧煤喷吹。

(6)煤粉计量。煤粉计量结果既决定喷煤操作及设备配置的形式,同时又受喷吹工艺条件的影响,它是高炉操作人员掌握和了解喷煤效果,并根据炉况变化实施调节的重要依据。煤粉计量水平的高低,直接反映了高炉喷煤技术的发展水平。目前,煤粉计量主要有两类,即喷吹罐计量和单支管计量。喷吹罐计量,尤其是重叠罐的计量,是高炉实现喷煤自动化的前提;而单支管计量技术则是实现风口均匀喷吹或根据炉况变化实施自动调节的主要保证。实现煤粉计量的连续化和提高煤粉计量的准确性,是煤粉计量技术的发展方向。

(7)控制系统。随着喷煤量的增加,喷煤系统的设备启动频率增高,操作间隙时间减少,喷吹操作周期缩短,手动操作已不能适应生产要求。如今,高炉喷吹烟煤或采用多煤种配煤混合喷吹,高炉喷煤系统广泛采用了计算机控制和自动化操作。根据实际生产条件,控制系统可以将制粉与喷吹分开,形成两个相对独立的控制站,再经高炉中央控制中心用计算机加以分类控制;也可以将制粉和喷吹设计为一个操作控制站,集中在高炉中央控制中心,与高炉采用同一方式控制。

喷煤工艺流程种类繁多,特点各异,通常根据下述方法加以分类:

(1)按喷吹方式,分为直接喷吹和间接喷吹。

直接喷吹是将喷吹罐设置在制粉系统的煤仓下面,直接将煤粉喷入高炉风口,高炉附近无需喷吹站。其特点是节省喷吹站的投资及相应的操作及维护费用。这种方式在中小型高炉中采用较多。

间接喷吹是将制备好的煤粉,经专用输煤管道或罐车送入高炉附近的喷吹站,再由喷吹站将煤粉喷入高炉。其特点是投资较大,设备配置复杂,除喷吹罐组外,还必须配制相应的收粉、除尘装置。

(2)按喷吹罐布置形式,分为并列式喷吹和串罐式喷吹。并列式喷吹和串罐式喷吹都是通过罐的顺序倒换或交叉倒换来保证高炉不间断喷煤。

为便于处理喷吹事故,通常并列罐数最好为3个。并列式喷吹若采用顺序倒罐,则对喷吹的稳定性会产生一定的影响;而采用交叉倒罐则可改善喷吹的稳定性,但必须配备精确的测量和控制系统。另外,并列式喷吹占地面积大,但喷吹称量简单,投资较串罐式喷吹要小。因此,常用于小高炉直接喷吹流程系统。

串罐式喷吹是将两个主体罐重叠设置而形成的喷吹系统。其中,下罐也称为喷吹罐,它总是处于向高炉喷煤的高压工作状态;而上罐也称为加料罐,它仅当向下罐装粉时才处于与下罐相连通的高压状态,而其本身在装粉称量时则处于常压状态。装卸煤粉的倒罐操作,必须通过连接上下罐的均压、排压装置来实现。根据实际需要,串罐可以采用单系列,也可以采用多系列,以满足大型高炉多风口喷煤的需要。串罐式喷吹装置占地小、喷吹距离短、喷吹稳定性好,但称量复杂,投资也较并列式喷吹大。这种喷吹装置是目前国内外大型高炉采用较多的一种喷吹装置。

(3)按喷吹管路形式,分为多管式喷吹和单管加分配器方式喷吹。

所谓多管式喷吹,是指喷吹罐直接与同风口数目相等的支管相连接而形成的喷吹系统。一般,一根支管连接一个风口,其主要特点有:1)每根支管均可装煤粉流量计,用以自动测量和调节每个风口的喷煤量。其调节手段灵活,误差小,有利于实现高炉均匀喷吹和大喷煤量的操作调节。2)喷吹距离受到限制,一般要求不超过200~300m。这是因为在喷吹距离相同的情况下,多管式喷吹的管道管径小,阻力损失大,过长的喷吹距离将导致系统压力的增加,从而使压力超过喷吹罐的允许罐压极限。3)单支管流量计数目多,仪表和控制系统复杂,因此,投资也较大。4)由于支管数目多,需要转向的阀门太多,因此,多管式喷吹仅适用于串罐式喷吹,而不适用于并列式喷吹。

所谓单管加分配器方式,是指每个喷吹罐内接出一根总管,总管经设在高炉附近的煤粉分配器分成若干根支管,每根支管分别接到每个风口上。主要特点有:1)一般在分配器后的支管上不装流量计,通过各风口的煤粉分配关系在安装试车时一次调整完毕,因此,不能进行生产过程中的自动调节。此外,通过分配器对各支管煤粉量的控制精度不仅取决于分配器的结构设计,而且还受运行过程中分配器的各个喷嘴不等量磨损的影响。因此,需要经常加以检查和调整。2)因系统的阻力损失较小,喷吹距离可达600m。3)因支管不必安装流量计,故控制系统相对简化,投资较少。4)对喷吹罐的安装形式无特殊要求,既适用于并列式喷吹,又可用于串罐式喷吹。

11.1.2 煤粉喷吹技术的发展和现状

高炉喷吹煤粉技术从出现、应用到发展,经历了相当长的一段时间。早在1831年,英国人奥恩·戴维斯就发明了高炉风口喷煤。1840年,S. M. Banks提出了高炉风口喷吹焦炭和无烟煤的设想并申请了专利,且于1840~1845年,在法国的Haut-Marne进行了工业性试验。由于煤粉易堵塞,当时没能实现稳定操作。后来,法国和比利时的高炉也进行了喷煤生产实践,喷吹燃料曾达到总燃料的10%。19世纪中期,又有人试用风力给煤方式喷吹,但未能成功。此后的一百多年间,喷煤技术在高炉炼铁上的应用几乎没有获得实质性的进展。

20世纪60年代初,美国、苏联及我国的一些机构开始研发高炉风口喷吹煤粉的新工艺。我国鞍钢、首钢先后在高炉上进行了工业性试验。最终,在采用了粉体气力输送技术的基础上,喷煤才真正成为在高炉炼铁生产中得到实际应用的技术。

绝大多数高炉喷煤技术都是在最近几十年间发展起来的,其中,日本、韩国等亚洲国家以及欧洲国家更是典型。目前,煤粉喷吹已经成为一项非常普及的技术,几乎被国内外所有大中型高炉采用,而且喷煤量也呈上升趋势。国内外少数钢铁企业(如宝钢)的大高炉喷煤水平,长期维持在200kg/t左右。

11.1.2.1 国外高炉喷煤技术的发展和现状

近年来,世界各国大力开发、采用和普及喷煤技术,西欧、日本等国家和地区的喷煤技术发展迅速(日本高炉煤粉喷吹技术的发展见图11-2),喷煤高炉座数和喷煤量增加很快,喷煤高炉比例达到60%~80%,喷煤量普遍达到80~100kg/t。1990~1994年间,西欧、日本高炉喷煤量不断提高,月均100~150kg/t,少数高炉达到150~180kg/t,个别高炉突破200kg/t大关,处于世界领先地位。1991年5~7月,英国钢铁公司克里夫兰厂的4号高炉曾实现过喷煤200kg/t,创造了当时世界上高富氧大喷煤高炉冶炼的最新水平。1998年,日本福山3号高炉创造了喷煤量266kg/t的世界纪录。

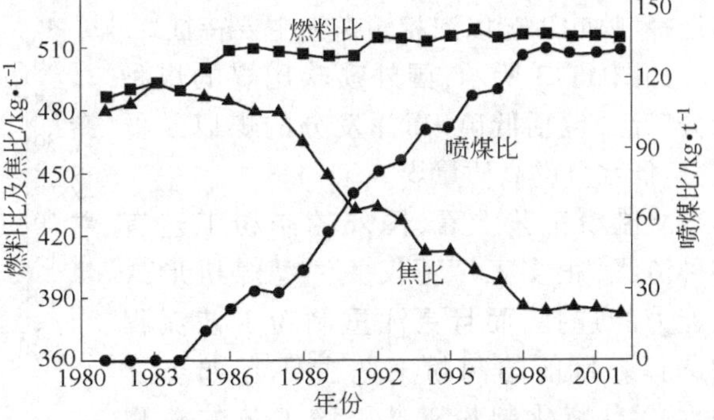

图11-2 日本高炉喷煤技术的发展

国外部分高喷煤量高炉的操作指标见表11-1。可以看出,国外先进高炉的年平均喷煤量已达到 180~200kg/t,燃料比约 500kg/t,喷煤率为 35%~40%,高炉实现了低焦比和低燃料比操作。目前,西欧、日本等国家和地区的月平均喷煤量为 200kg/t、喷煤率在 40%以下的高炉都在制定下一步继续提高喷煤率到 50%(即焦、煤各半)的计划。概括来说,年平均喷煤率 35%,月平均喷煤率 40%,下一步的目标是喷煤率 50%,这就是当前国外高炉喷煤率的先进水平。

表 11-1　国外部分高炉高喷煤量操作的技术经济指标

操作指标	英国 斯肯索普	德国 斯韦尔根	法国 敦刻尔克	意大利 塔兰托	日本 福山	日本 加古川	荷兰霍戈文	
高炉炉号	女王 4 号	1 号	4 号	1 号	3 号	1 号	6 号	7 号
工作容积/m^3	1534	4337	4343	1971	3223	4550	2159	3615
时期	1992. 1	1997. 7	1992. 6	1992. 12	1998. 6	1997. 11	1998. 5	1998. 5
利用系数/$t \cdot (m^3 \cdot d)^{-1}$	1. 96	2. 4	1. 96	2. 89	1. 86	1. 93	3. 09	2. 54
焦比/$kg \cdot t^{-1}$	283	307. 3	287	310. 4	289	315. 4	314	305
煤比/$kg \cdot t^{-1}$	212	200. 6	194	185. 1	266	221. 9	214	220
燃料比/$kg \cdot t^{-1}$	499	507. 9	481	495. 5	555	537. 3	528	525
热风温度/℃	1139	1230	1189	1215		1236	1138	1261
富氧率/%	8. 1	3. 24	2. 22	4. 45	5. 0	2. 9	11. 0	7. 4
渣量/$kg \cdot t^{-1}$	262	248	316	293				
最高喷煤量/$kg \cdot t^{-1}$	212				266	254		
喷吹方式	分配器	多管路		分配器	分配器		分配器	分配器

国外高炉喷煤取得较好的业绩,原因主要有以下几点:(1)与焦炭相比,煤粉价格低廉,用煤粉代替焦炭可以获得很好的经济效益,企业喷煤积极性高。(2)原燃料条件好。目前,欧洲、日本的先进高炉使用的烧结矿品位高(59%~62%),并配用部分高品位的氧化球团或块矿(63%~65%),焦炭强度高,喷吹用煤灰分含量低(低于 10%),高炉渣量小(210~300kg/t)。(3)风温及富氧率高。风温水平多数在 1200℃以上,富氧率为 2%~5%(霍戈文 6 号、7 号高炉,斯肯索普女王 4 号高炉相对更高)。(4)喷煤工艺先进合理,喷煤设施装备及自动控制水平高。

近年来,国外高炉喷煤技术又有了很大进展,主要表现在:喷吹煤种的多样化、重视制粉工艺的选择、喷吹工艺以浓相输送为主要特征。

如图 11-3 所示,国外喷吹用煤的煤种十分广泛,包括低硫、高挥发分的煤以及低灰分、低水分的高质量煤。

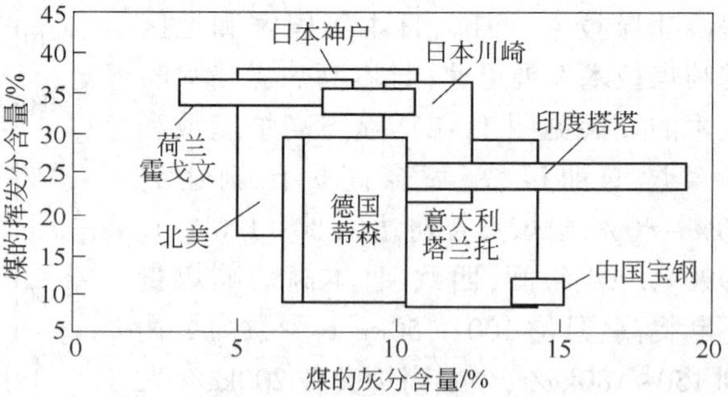

图 11-3　世界高炉喷吹用煤情况

从制粉工艺上看,国外的制粉工艺有多种流程,很多工厂不仅关注磨煤机形式及能力的选择,而且更注重制粉工艺流程的选择。目前的制粉工艺主要有如下三种:(1)自惰化制粉工艺。该工艺的流程为:原煤经过分选机选分后送入磨煤机研磨和干燥,磨制好的粉煤输送到布袋箱收集,然后再送入粉煤仓。(2)外惰化制粉工艺。该工艺流程基本上同自惰化制粉工艺相同,所不同的是,烘干风采用热风炉废气。(3)无惰化制粉工艺。该系统采用正压操作,烘干风为经燃烧炉加热的外界空气。

国外煤粉喷吹工艺一般分为两类。一类是多管直吹方式,特点是:(1)喷吹罐为串罐方式(一个或两个系列);(2)喷吹罐直接与同风口数(或1/2风口数)相等的支管连接,一根喷吹管接一个风口或两个风口;(3)每根支管上装有煤粉流量计和调节装置,用以自动测量和调节每个风口的喷煤量;(4)由于要装的流量计数目多,仪表和控制系统的投资比较高;(5)管道阻损较大,因此喷吹距离相对要短一些,一般不超过200~300m。另一类是总管加分配器方式,特点是:(1)喷吹罐一般为并罐方式(两个或三个罐),也可以用串罐方式;(2)从喷吹罐接出一根总管,经设在高炉附近的分配器分成若干根支管,每根支管分别连接至每个风口;(3)在总管上和分配器后的支管上一般不装流量计,由于支管上不设流量计,无法在生产过程中实行自动调节,这种系统虽不如多管直接自动调节每个风口喷煤量那样精确,但通过一次或几次检查和调整也能获得较好的分配均匀度,由于不装流量计,投资比较低;(4)由于总管加分配器方式的管道阻损相对比较小,喷吹距离可达到800多米。

11.1.2.2 国内高炉喷煤技术的发展和现状

可以说,我国的高炉喷煤技术起步较早,起点也较高。我国高炉继喷吹重油之后,于1963年初开始了喷吹煤粉的试验研究,起步最早的企业是首钢和鞍钢。在首钢、鞍钢喷煤成功之后,武钢、太钢、本钢等企业的高炉都开始喷煤。20世纪80年代以前,我国高炉在喷煤高炉的座数和喷煤比上都处于世界领先位置。

80年代,由于受喷煤设备落后、自动化计量手段落后以及煤炭质量较差等问题的影响,我国高炉平均喷煤比徘徊在50~60kg/t。

"九五"期间,我国高炉喷煤技术的开发和应用取得了突破性的进展,有了一批拥有自主知识产权的科技成果,实现了高炉喷吹煤粉工艺技术装备的国产化,成功开发了一整套喷吹烟煤技术和富氧超高量喷煤技术,带动了高炉炼铁工序的结构优化,促进了高炉喷吹煤粉制备和喷吹工艺技术装备的进步。高炉用耐火材料、冷却技术、遥控喷补技术、喷吹计算机控制技术、煤粉配煤和氧枪强化燃烧技术、高炉原料和焦炭质量改进以及与此相关的安全技术等和这些技术的集成,有力地促进了我国喷煤技术的进步。在这5年间,我国高炉喷煤技术的开发和应用取得了突破性进展。宝钢1号高炉实现月平均喷煤260.6kg/t,焦比249kg/t,高炉利用系数达2.2t/(m^3·d),达到世界先进水平。全国重点企业中98%的高炉均有喷煤设施。2000年,我国喷煤总量已超过10Mt,创出历史最高水平。一批炼铁企业依靠科技进步,喷煤量大幅度增长,创造了本企业历史最高水平,为企业节能降耗、降低生产成本做出了突出贡献。

我国喷煤制粉工艺过去均移植发电行业的制粉工艺,故多数为间接喷吹,只有新建的宝钢、酒钢和部分中小企业采用直接喷吹工艺。在喷吹形式上,大多数采用重叠式串联罐多管式喷吹,中小企业采用并联罐单管路加分配器的喷吹形式。自1990年鞍钢开始采用了串罐单管路加分配器的喷吹方式后,宝钢3号高炉、酒钢和包钢等企业的高炉也先后采用了单管路加分配器的喷吹方式。

在喷吹煤种上,20世纪90年代前几乎都是喷吹无烟煤。1981年,马钢和苏钢的小高炉曾试验过喷吹烟煤,但没有获得广泛推广。1990年,鞍钢高炉试验喷吹烟煤成功,从此结束了我国喷吹单一无烟煤的历史。

概括起来,自20世纪90年代以来,我国高炉煤粉喷吹获得了巨大的技术进步和迅速的发展,主要表现在:(1)新型制粉、喷吹工艺形成和完善,装备水平不断提高;(2)储量丰富的烟煤得到有效利用;(3)喷煤自动化水平得到提高;(4)高炉喷煤比不断提高,富氧高煤比操作成功实现,少数高炉进入世界先进水平;(5)全国喷煤总量提高(见表11-2);(6)氧煤燃烧技术等一批新技术得到实现;(7)高炉喷煤已成为炼铁系统工艺结构和能源结构优化的核心。

表 11-2　2015~2019 年我国喷煤量增长情况

年　份	2015	2016	2017	2018	2019
全国重点企业喷煤总量/Mt	10062.78	9962.42	10073	10949	11259
全国重点企业生铁产量/Mt	69141	70074	71076	77105	80937
全国重点企业平均煤比/kg·t^{-1}	145.54	142.17	141.73	142.01	139.12

目前,我国在高炉喷煤普及面上有所发展,我国重点企业基本都有喷煤设施,38 家地方骨干企业炼铁厂中,23 家有喷煤设施。表 11-3 列举了 2018 年全国部分喷煤高炉的有关技术指标。从总体上看,由于工艺落后、设备简单、监控水平低等多方面原因,致使目前我国的高炉喷煤技术相对于欧洲和日本等发达国家已完全失去了优势,与国际先进水平相比,仍有不小差距,甚至在许多方面都已落后。目前,全国平均高炉喷煤比仍普遍偏低,喷吹煤种单一的状况仍较突出,大部分厂家仍仅喷吹灰分含量较高的无烟煤。

表 11-3　2018 年全国部分喷煤高炉的技术指标

	宝钢 4 号	湛江 1 号	京唐 2 号	沙钢	元立 2	营口中板	安钢	武钢
容积/m^3	4747	5050	5050	5800	450	1080	4747	3200
煤比/kg·t^{-1}	176.65	175	179.83	158	182.41	171.93	162	168.08
渣比/kg·t^{-1}	282	282	288	293			300	306
入炉品味/%	—	59.21	59.64	58.80	56.56	55.80	58.00	59.11
风温/℃	1226	1258	1202	1148	1208	1157	1186	1174

11.1.3　喷吹用煤

原则上讲,所有煤种都可用于高炉喷吹。但由于焦煤、肥煤等强黏结性煤是宝贵的炼焦煤资源,储量有限,而且高炉喷吹强黏结性煤容易导致风口结焦,故高炉喷吹用煤多为无烟煤、贫煤、瘦煤、贫瘦煤、气煤等弱黏结性或不黏结煤。

国内外实践经验表明,喷吹单一煤种比较难以满足高炉冶炼的要求,提倡混合喷吹两种或两种以上的煤,特别是烟煤和无烟煤的混合喷吹。

无烟煤的发热值高、理论置换比高,但无烟煤燃烧性较差,尤其是在煤比较高时,过多的未燃煤粉不仅影响高炉顺行,还会降低置换比。与烟煤相比,无烟煤的适宜最高喷吹量要低。

烟煤的燃烧性好,可磨性指数一般高于无烟煤,有利于提高喷煤比。但高炉冶炼条件下,烟煤的发热值比无烟煤低,理论置换比也偏低,而且单独喷吹高挥发分烟煤存在如下不利因素:(1)回旋区不稳定,容易导致“鸟巢区”出现,不利于高炉顺行;(2)粉状烟煤的爆炸性高于无烟煤,给安全生产带来隐患,需增加相应的防爆措施;(3)风温和富氧率低的高炉若大量喷吹烟煤,容易导致理论燃烧温度大幅下降,高炉下部热量不足而上部热量过剩。

与喷吹无烟煤相比,高炉喷吹烟煤与无烟煤的混合煤具有如下优势:(1)烟煤和无烟煤按一定比例混合后,混合煤的理论置换比等于各单一煤种理论置换比的加权平均数,但燃烧率高于各单一煤种燃烧率的加权平均值。利用不同煤粉间的相互催化燃烧效应,可以改善煤粉在风口前的燃烧过程,提高燃烧效率,减少炉内的未燃煤粉量,改善料柱透气性,从而提高喷吹量。(2)烟煤含 H 量高于无烟煤。随着烟煤混喷比例的增加,煤气中 H_2 浓度增加,煤气黏度减少,扩散速度和反应速度加快,促进间接还原反应,有利于降低燃料比和提高高炉利用系数。(3)从资源储藏量角度来看,烟煤储量大于无烟煤,且分布较广。因此,将烟煤、无烟煤等不同煤种按一定比例混合后用于喷吹,有利于合理利用自然资源。(4)烟煤易于自燃、着火和爆炸,但配加无烟煤后,爆炸危险性显著降低,将减轻或消除喷枪和风口由于结焦而造成的堵塞或烧损。

因此,在牺牲少量置换比的条件下,烟煤与无烟煤混合喷吹将易于获得高喷煤比,降低生产成本。诸多高炉的生产经验表明,高喷煤比操作时,喷吹用煤的最佳选择煤种应是高挥发分烟煤和低挥发分无烟煤组成的混合煤。对目前以喷吹无烟煤为主的高炉,配以合适比例的烟煤,充分发挥烟煤和无烟煤的优点,在保证安全的前提下,应可获得较好的喷吹效果和良好的经济效益。目前,国内外高炉采用混合喷吹的数量在逐渐增多。

综上所述,当烟煤的比例增加时,混合煤的可磨性指数提高,灰分含量降低,挥发分含量增加,着火温度也随之降低,这些都有利于制粉和高炉喷吹。但由于烟煤的爆炸性强,随着烟煤比例的增加,混煤的爆炸性增加,需采取必要的安全措施,常见的有:采用热风炉废气作为干燥煤粉的介质;采用惰性气体进行流化和充压;全系统消除有可能积粉的死角;监测制粉系统和煤粉仓内的温度以及烟气中氧气和一氧化碳气体的浓度等。

11.1.4 高炉喷吹用煤的评价因素

通常,根据以下因素选定高炉喷吹用煤,具体包括:

(1)煤的元素分析及工业分析。煤的元素分析及工业分析是反映煤性能的重要指标。煤的发热值、燃烧性、理论置换比等,都与元素分析及工业分析有关。

(2)煤的可磨性。可磨性是反映煤耐磨性的一项煤质指标,可磨性影响粉煤的加工成本和高炉的生产效益。无烟煤的可磨性越高越好,而对于可磨性指数在90以上的烟煤,在磨机内会有黏结现象。

(3)煤的燃烧性能。现阶段主要用着火点及一定时间内的燃烧率来评价煤种的燃烧性能。喷吹用煤燃烧性能的优劣,对高炉的顺行及经济效益产生直接影响。

(4)未燃煤粉的反应性。未燃煤粉的反应性也是评价高炉喷吹用煤的指标。未燃煤粉反应性的高低不仅影响到炉内还原区间的分区,而且在很大程度上决定了高炉喷煤量的上限。

(5)煤的灰熔点。煤灰熔点的高低不仅影响着煤的燃烧,而且对高炉下部,尤其是对风口也有较大影响。高炉喷吹灰熔点低的煤,容易导致风口结渣;而且,在残焦燃烧阶段,熔融的灰壳会阻碍氧与煤的接触,导致煤粉的燃烧条件进一步恶化,不利于煤粉的燃烧。

(6)喷吹用煤的经济性。工业生产中,常以煤价、煤的工业分析及元素分析结果作为选煤的重要依据。但是煤价一般随灰分含量和S含量的降低而升高,同时,仅用工业分析及元素分析结果很难预测煤的制备成本、适宜的喷煤量。因此,仅以煤的工业分析和元素分析结果以及价格来评价喷吹用煤的经济性,有可能得出错误结论,误导生产。

直接使用煤的工业分析和元素分析结果,并结合煤的燃烧性、反应性、可磨性及灰熔点等指标,可对高炉喷吹用煤进行定性比较,但进行定量分析时仍存在困难。因此,可将上述指标分别纳入煤的喷吹成本、置换比、适宜最大喷煤量,最终转化为1个指标B(由式(11-1)计算),以此指标来比较煤粉的经济性。可见,高炉喷吹用煤的经济性不仅与理论置换比有关,还与煤粉的喷吹成本、适宜的最大喷煤量有关。

$$B=(\eta \cdot P_{焦炭}-P_{煤}) \cdot R \tag{11-1}$$

式中 B——吨铁以煤代焦的效益,元/t;

$P_{焦炭}$——焦炭价格,元/t;

η——煤的理论置换比;

$P_{煤}$——煤的喷吹成本,元/t;

R——喷煤量,kg/t。

(7)配煤混合方案的评价标准。配煤混合喷吹并不是一种简单的机械混合喷吹。若要实现配煤混合喷吹并获得较理想的喷吹效果,其前提是要寻求合理的配煤,确定合理的配比。为此,首先要在经济性的前提下,针对特定高炉,对所能获取的喷吹煤种的基本性能进行全面的测试分析,以确定合适的配煤方案;其次,应着重对配煤混合煤粉的着火、爆炸特性及烧结行为进行试验研究。

配煤方案的合理与否,一般应符合以下基本要求:1)配煤要促进煤质的改善。在现阶段,国内多数高炉喷吹无烟煤,煤质较差,灰分含量高达20%~25%。若适当选择煤种,采用烟煤、无烟煤混合喷吹,则可明显改善混合煤粉的综合理化性能。2)配煤方案应适应煤炭市场的变化,有利于生产组织,故应对高炉喷吹用煤进行优化选择。3)用于配煤的煤种间可磨性相差不宜过大。4)配煤方案应同时兼顾抑爆(安全性)和改善燃烧(高效性),前者是进行安全混合喷吹的保证,特别是运用无烟煤喷吹系统实施混合喷吹时,更要对安全性予以高度重视;而燃烧的高效性则是配煤混合喷吹的最终目的。

配煤方案包括煤种选择和适宜配比两项主要内容。煤种的选择需依据资源及市场而定,对特定的高炉,可选煤种通常应是相对稳定的。适宜的配比,则随所选煤种的不同以及喷吹系统防爆水平的高低而有所变化。因此,需依据具体的煤种和喷吹工艺条件来确定和调整配比。

11.1.5　高炉冶炼对喷吹用煤的要求

高炉喷吹用煤应满足高炉冶炼的要求并有利于提高喷吹量和置换比,以替代更多的焦炭。

对喷吹用煤性能的具体要求为:

(1)煤的灰分含量越低越好,煤的灰分应与使用的焦炭灰分相近,一般要求灰分低于15%。

(2)硫含量越低越好,应与使用的焦炭硫含量相近,一般要求硫含量低于0.8%。

(3)表征煤结焦性能的胶质层越薄越好,以免煤粉在喷吹过程中结焦,堵塞煤枪和风口,影响喷吹和高炉正常生产。生产中常用无烟煤、贫煤和长焰烟煤作为喷吹用煤。

(4)可磨性好。高炉喷吹的煤需磨细到一定粒度,如有些企业要求无烟煤小于0.074mm的比例高于80%,烟煤小于0.074mm的比例要高于50%。可磨性好,则磨煤消耗的电能就少,可降低喷吹费用。

(5)燃耗性能好,反应性好,这样可使喷入的煤粉在有限的空间和时间内尽可能多地气化,少量未气化的煤粉也因反应性好而与高炉煤气中的CO_2和H_2O反应而消耗,不会给高炉冶炼带来麻烦。另外,燃烧性能好的煤可相对磨粗,减少小于0.074mm煤粒的所占比例,以降低磨煤能耗和费用。

(6)煤的发热值高。喷入高炉的煤粉是以其放出的热量和形成的还原剂(CO和H_2),来代替焦炭在高炉内提供的热源和还原剂。因此,煤的发热值越高,在高炉内放出热量越多,置换的焦炭量也越多。

(7)煤的灰熔点要求高一些。煤的灰熔点主要取决于Al_2O_3含量,当其含量大于40%时,煤灰的软化温度都会超过1500℃。

(8)为了获得最佳经济效果,高炉应喷吹混合煤。国内外通常采取含碳量较高、发热值高的无烟煤配合挥发分高、燃烧性能好的烟煤,使混合煤的平均挥发分含量控制在20%左右、灰分含量低于15%。

对磨好的喷吹用煤粉的要求主要有:

(1)粒度。对于无烟煤,小于0.074mm粒级的比例应达到80%~85%;对于烟煤,小于

0.074mm 的比例一般应为 50%~65%；而含结晶水的烟煤、褐煤在高富氧的条件下，粒度还可以更粗些。

(2)温度。应控制在 70~80℃之间，以避免输送煤粉载体中的饱和水蒸气结露而影响收粉。

(3)水分含量。煤粉的水分含量应控制在 1.0%左右，最高不超过 2.0%。因为水分一方面影响煤粉的输送；另一方面，水分喷入炉内后，在风口前分解吸热，加剧理论燃烧温度的下降。为了保证必要的理论燃烧温度，需增加热补偿；无补偿手段时，必须降低喷吹量。

11.1.6 提高喷煤量的措施

提高喷煤比是高炉节能降耗和改善操作指标的最直接有效的措施之一，大多数大中型高炉都在追求高煤比操作。为了实现大喷煤量操作，必须采用相应的技术和措施。

(1)装料制度和下部调剂。相关高炉操作表明，加大喷煤量后，为了不使软熔带焦炭层的透气性变差，可采用维持焦炭层厚度不变，相应加大矿层厚度的装料制度。另外，随着喷煤量的加大，可以采用中心加焦的装料制度，增大中心的装焦量，适当发展中心气流。

当实行大喷煤量操作时，由于煤粉气化增加了风速，可相应调整风口直径，从而保持风速在最佳范围内。

(2)维持合理的风口理论燃烧温度，维持炉缸活跃。高炉要操作顺利，必须维持合理的风口理论燃烧温度。加大喷煤量时，必须维持风口理论燃烧温度的最低值在 2050~2100℃之间。低于此值，则必须用提高风温或增加富氧率的手段来维持。

(3)提高原燃料质量。

1)焦炭。喷煤后，风口焦炭消耗量减少，焦炭在软熔带以下的高温区间停留时间延长，焦炭将承受较长时间的化学侵蚀和热侵蚀。另外，煤与鼓风中的氧燃烧而生成 CO 和 CO_2，结果使焦炭在高炉风口前燃烧的数量比例减少，而参与碳素溶损反应的量增加。加大喷煤量时，由于较高的煤气温度和速度以及煤粉在风口前的碰撞，增加了焦炭的热机械应力。这些均说明，采取高喷煤比操作时，必须要求焦炭具有较高的质量，以确保高炉下部有良好的透气、透液性。

2)喷吹用煤。对喷吹用煤，不仅要求灰分含量和硫含量低，而且对其理化性能、粒度和经济性应有一个综合要求，这需要针对特定高炉原燃料和操作条件，经过细致的实验室和工业化试验后才可选定。研究表明，为了缩短煤粉的燃烧时间，需要煤粉具有较高的挥发分含量。另外，为了维持煤粉有较高的发热值以得到高置换比，又要求煤种应具有较高的固定碳含量。一般认为，最佳的混合煤粉为：挥发分含量 18%~22%，灰分含量低于 8%，S 含量低于 0.5%。

3)含铁原料。大喷煤量操作要求烧结矿有足够的冷、热强度和尽量减少粉末数量；同时，为确保高炉内焦炭层减少时软熔带的透气性良好，需提高块矿和烧结矿的还原性能，使其在较高温度下开始软化，从而使软熔带温度区间变窄。

(4)提高煤粉燃烧率。煤粉燃烧是一个极其复杂的过程，煤分子和氧气之间发生激烈的氧化反应。近些年来，通过对煤粉燃烧机理和规律方面的深入研究和探讨，一般认为，从物理过程上可把煤粉燃烧过程分为以下几个阶段（如图 11-4 所示）：1)在加热过程中，首先析出水分和挥发分（脱气过程）；2)当煤粉被加热到着火温度（也就是着火点）时，挥发分着火和燃烧；3)最后阶段是固定碳或残焦着火和燃烧，燃烧后残留下来的是煤灰。

1)煤粉热分解及挥发分析出（见图 11-5）。煤是一种组织很不均匀的物质，煤的物理和化学结构都很复杂。而煤粉的热分解也是一个极其复杂的过程，它包括最初一些化学键的破裂、中间产物的形成以及最终稳定的热分解产物的生成。煤粉的热分解过程与煤的种类、粒度、加热速率、最终温度、加热时间以及环境气氛等因素有关。在煤粉的热分解过程中，煤粉

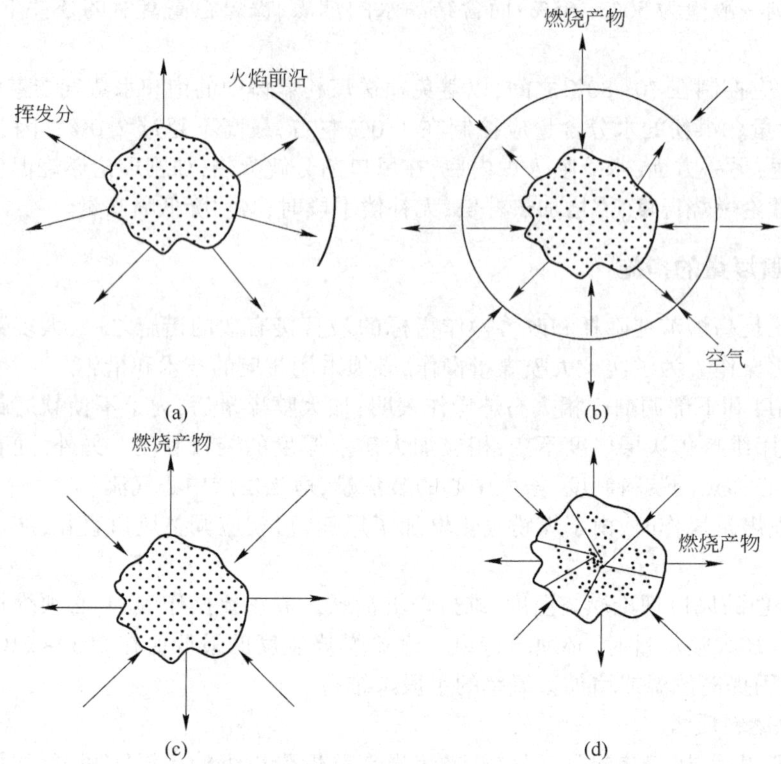

图 11-4　煤粉燃烧过程示意图

(a)水分和挥发分析出;(b)挥发分燃烧;(c),(d)固定碳和残焦燃烧

会出现失重现象,并挥发出一些气体物质以及伴随有一些极其复杂的化学反应。煤粉挥发出的气体物质随煤种的不同而不同,通常主要有 H_2O、CO_2、CO、CH_4、H_2、C_2H_4、C_mH_n 以及极少量的 H_2S、N_2 等。

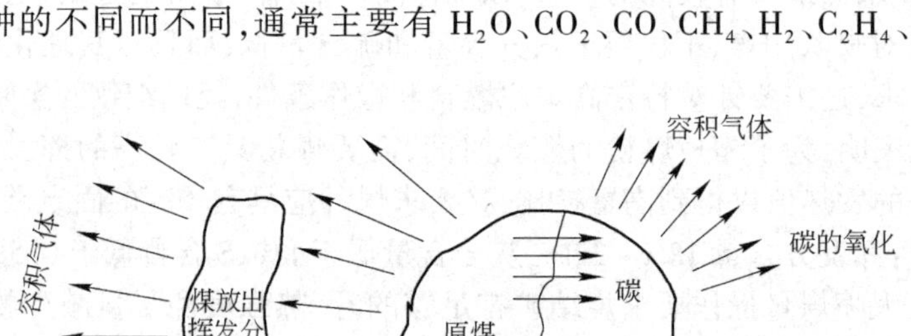

图 11-5　煤粒构成和反应过程示意图

2)挥发分的着火(如图 11-6 所示)和燃烧。一般情况下,挥发分的着火是在离开表面一段距离后才发生的。挥发分从悬浮的颗粒表面向外扩散,颗粒表面的浓度最高,随着距离的增加,其浓度不断降低。而煤的颗粒则由于气流的传热而被加热,因此气相温度高于煤的温度,也就是说,温度梯度和挥发分浓度梯度的方向是相反的。当温度和浓度都超过某最低极限后,才能发生燃烧。由于温度太低,着火地点不会在颗粒的表面;而在远离颗粒表面的地点由于浓度太低,也

不会燃烧。

在特定条件下，挥发分也可能不是在气相中被点燃，而是在离表面极近的界膜处着火并立即传递到颗粒表面；或者在颗粒表面直接着火，这种情况要求颗粒的升温速度极快，在挥发分还没来得及离开表面时，表面温度已达到着火温度，挥发分和固定碳同时燃烧。这种条件下，颗粒着火的空间位置主要取决于煤种、反应活性、颗粒大小。尤其是颗粒大小的影响更为重要，颗粒越小，比表面积越大，因而颗粒的升温速度也就越快，更容易形成表面着火。

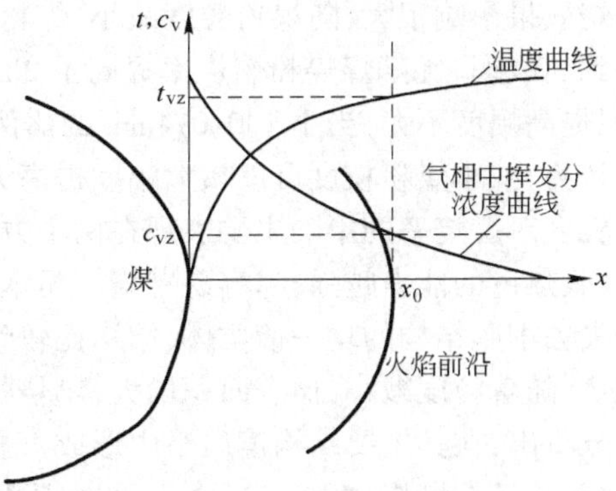

图 11-6 煤粉颗粒挥发分着火示意图

c_v—气相中挥发分浓度；t—温度；

x—离开煤粉颗粒表面的距离；

x_0—火焰前沿与煤粉颗粒表面间的距离；

t_{vz}—气相中挥发分着火的临界温度；

c_{vz}—气相中挥发分着火的临界浓度

挥发分着火后，火焰向颗粒和环境两个方向蔓延，直至氧气或挥发分浓度低到不足以维持燃烧为止。以后，火焰就稳定在挥发分析出量和氧气扩散量符合一定化学关系的范围内。挥发分析出速度越高或氧气的扩散速度越低，火焰稳定区离煤粉也就越远。随着燃烧的进行，挥发分的析出速度不断降低，火焰离颗粒表面越来越近，直到仅在颗粒表面进行燃烧为止。

3）固定碳的燃烧。如果脱去挥发分后的固定碳表面温度足够高，而氧气又达到一定的浓度，固定碳就会着火燃烧。含氧气体从颗粒表面向内部扩散，而颗粒内部生成的燃烧产物通过孔隙向外扩散。随着燃烧的进行，部分未燃烧的碳被灰分包裹，与氧气很难接触，燃烧速度越来越慢，直至燃尽留下煤灰。

影响煤粉燃烧性能的因素和提高煤粉燃烧率的措施有：

1）煤种及配煤。随着喷煤量的提高，应重视煤种对喷煤的影响。因此，优化喷吹煤种对高炉大喷煤量操作来说非常关键。大喷煤量操作时喷吹用煤的最佳选择煤种，应是高挥发分烟煤和低挥发分无烟煤组成的混合煤。配煤混合喷吹的重要目的在于最大限度地提高煤粉的燃烧率。如图 11-7 所示，随着烟煤配比的增加，即混煤的挥发分含量增加，混合煤的燃烧率大幅度提高。

2）煤粉粒度。粒度是影响煤粉燃烧率的重要原因之一。由图 11-8 可见，粒度对无烟煤煤粉

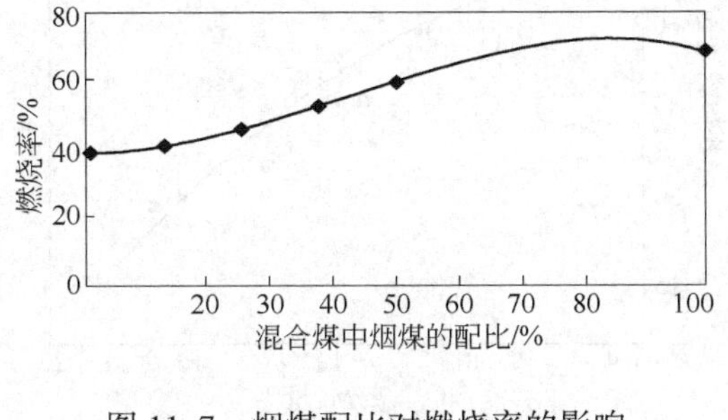

图 11-7 烟煤配比对燃烧率的影响

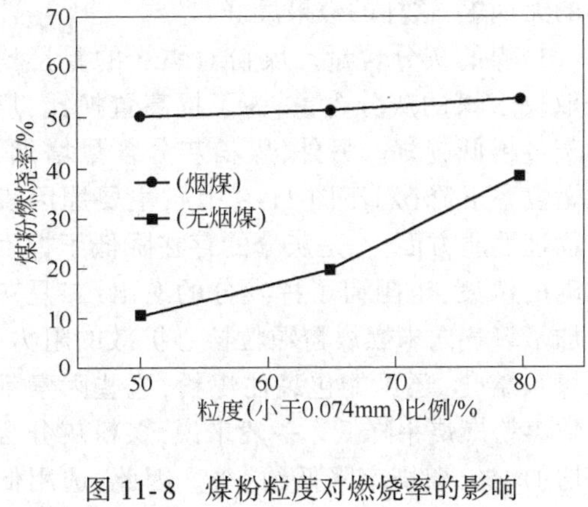

图 11-8 煤粉粒度对燃烧率的影响

的燃烧效果影响很大,随煤粉粒度减小,煤粉燃烧效果明显提高,当小于 0.074mm 的比例从 50%增加到 80%时,无烟煤煤粉燃烧率提高了 28.76%。对于烟煤来说,减小粒度也有利于煤粉的燃烧,但提高幅度不大,当小于 0.074mm 的比例从 50%增加到 80%时,烟煤煤粉燃烧率提高约 4%。据此认为,减小煤粉粒度可以较大幅度提高无烟煤煤粉的燃烧率,但对烟煤效果不大。

粒度对燃烧率的影响主要表现在两个方面:第一是比表面积,第二是燃烧机理。比表面积越大,吸收热量的能力越强,越容易燃烧。无烟煤变质程度较深,其主要显微成分镜质组基本上是完全失去细胞结构的均一镜质体,结构比较致密。无烟煤的燃烧方式是由外向内、层层推进的层状燃烧,随着粒度减小,比表面积增大,燃烧性能变好。烟煤变质程度浅,挥发分含量高,热解时挥发分析出,在其主要结构镜质组中形成气孔。因此,烟煤以内孔燃烧为主,内孔与表面燃烧同时进行,并且在燃烧过程中,1~2μm 的大孔洞对内部有机质的燃烧反应起重要作用,是反应气体扩散进入颗粒内部的主要通道。同时,挥发分的大量析出可使烟煤的着火时间提前,实际燃烧时间延长。由于烟煤的这种燃烧方式,内孔燃烧对燃烧率的贡献较大,使得烟煤比表面积变化对燃烧率的影响相对较小。

对烟煤来说,粒度较大的烟煤煤粉喷入高炉后,会分散得更加均匀,这样就有利于中小粒度、高挥发分的煤粉质点的点燃;小颗粒煤粉的燃烧又有利于大粒度煤粉中挥发分的析出,从而形成更多的气孔,发生剧烈的燃烧。有的烟煤发生爆裂,所产生的小粒度煤粉向各个方向扩散,提高了均匀度,防止了相互间的黏结,从而提高了整体的燃烧率。如果烟煤磨得太细,虽然喷入高炉后有很大的比表面积,其吸收热量的能力也较强,但因为烟煤的黏性较强,总会有一部分小粒度的煤粉互相黏结在一起;加上其内孔的破坏,透气性变差,反而不易燃烧,这样就会导致总体燃烧率的降低。

无烟煤黏结性很小,喷入高炉后不容易聚集成团。其燃烧是从表面开始的层状燃烧,所以粒度越细,比表面积大的优势才能越充分地发挥出来。无烟煤基本不会出现爆裂现象,结构致密,挥发分含量小,很难形成气孔。所以,粒度过大只会降低其比表面积以及吸收热量的能力,从而降低总体燃烧率。

因此,对于高挥发分煤,即使磨煤时控制粒度较粗,其燃烧率也能维持在比较高的水平。烟煤粒度稍大一些,可以增加出煤率,降低爆炸性,减少制粉的成本。对无烟煤来说,虽然粒度越细时其燃烧率越高,但从磨煤成本计算可知应有最佳的粒度值,例如,小于 0.074mm 者占 70%的煤粉和小于 0.074mm 者占 100%的煤粉相比,燃烧率相差不远,但其磨煤成本的降低幅度可能会很大。如果是烟煤和无烟煤混合喷吹,则要根据资源情况选用粒度较大的高挥发分烟煤和粒度较小的无烟煤,这样的效果最好。

3)煤的灰分含量。煤粉对焦炭的置换比首先取决于煤的灰分含量,为了提高置换比,煤的含灰量越低越好。另外,煤粉灰分含量增加,煤粉燃烧率下降(示于图 11-9 中),主要原因表现在物理性质方面:一是灰分的存在降低了挥发分和碳的浓度,也阻碍了挥发分的逸出;二是灰分增加了氧气向未燃煤粉颗粒核心扩散的阻力,如果煤灰熔化,还可能包裹住煤粉,这些因素都会导致煤粉燃烧率降低。一般来说,煤粉灰分含量每增加 1%,燃烧率降低约 3%。因此,选用低灰分含量的煤粉喷吹,对强化燃烧和提高燃烧率都

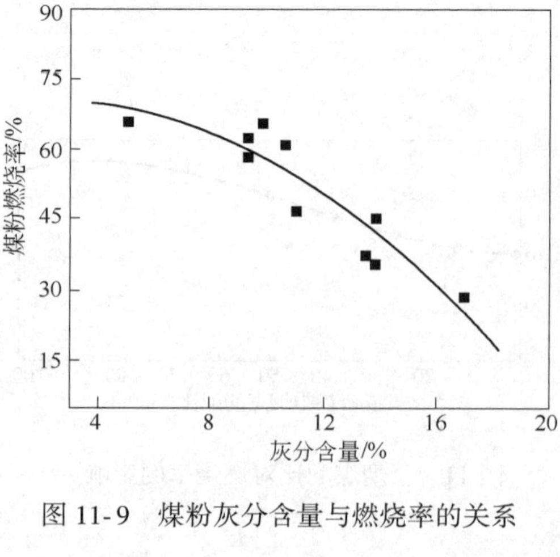

图 11-9　煤粉灰分含量与燃烧率的关系

非常重要。

4)热风温度。无烟煤、烟煤和褐煤的实验表明,当风温处于900~1300℃时,各种煤的燃烧率均随风温的提高而显著增加,无烟煤表现得更为明显。

5)碳氧化学计量比及富氧。要确保煤的燃烧,必须有一定的空气过剩。随着喷煤量的提高,风口燃烧煤量急剧增加,过剩空气量大幅下降。因此,有必要补充氧量(鼓风含氧、热风含氧和煤中携带氧之和),以确保煤有较高的燃烧率和置换比。研究和生产实践均表明,鼓风富氧是强化煤粉燃烧的有效办法。

6)添加助燃剂。添加煤粉助燃剂也是强化煤粉燃烧的措施之一,有利于提高喷煤量。综合以往的研究结果表明,添加剂促进煤粉燃烧的机理主要分为三种:①添加剂着火点比煤粉低,燃烧过程中先于煤粉燃烧;②添加剂本身参与燃烧过程中的化学反应;③添加剂影响煤粉的破碎特性。不同的添加剂在煤粉燃烧的不同阶段发挥作用,其效果可通过分析试验中燃烧炉内固定位置的温度变化来进行比较。高炉生产的特点决定了煤粉助燃剂必须满足以下基本条件:活性高、来源广、用量少、成本低、对炉渣制度影响小。

7)喷枪结构和位置。提高煤粉燃烧率的重要方法之一是调整和优化喷枪的结构和位置,以促进煤粉与氧气的结合。喷枪的插入位置对煤粉燃烧率有较大的影响,随枪口至风口距离的增大,煤粉燃烧率增加。但距离过大,煤粉将在直吹管或风口内结焦,阻塞热风管路。根据各高炉的不同特点寻找最佳喷枪位置,将有利于煤粉的燃烧。

11.1.7 喷煤新技术

为了实现高喷煤比操作,一些新工艺和新技术被开发和采用。目前主要有:浓相输送、两段式煤粉喷吹工艺、“一喷三”技术、煤粉喷吹系统的自动控制等。

11.1.7.1 浓相输送

喷煤按粉气混合比例可分为浓相和稀相。煤粉输送时,煤粉输送粉气比在30kg/kg以下,一般认为是稀相输送;大于40kg/kg,则为浓相输送。

对于传统的稀相输送,煤粉空气耗量大,喷吹浓度低,喷吹管路气粉流速快,管路磨损严重;在喷吹计量方面,由于均压气体的浮力干扰,倒罐期间易出现计量偏差,而且压力波动大,易出现堵枪和堵管现象,对高炉影响大;另外,采用稀相输送时喷吹能力低。

浓相输送完全避免了稀相输送的弊端,是现代高炉提高喷吹能力和喷煤量的主要措施之一。与稀相输送方式相比,浓相输送的特点是:(1)粉气比高,设计值一般为40~60kg/kg,实际生产中常在50~80kg/kg;(2)载气量小,煤粉输送速度低(2~3m/s),对管道及设备的磨损小,还可节省能源;(3)输送管道的截面积显著减小,节省了材料和相关设备的投资;(4)输送气量少,对回旋区燃烧温度及还原气氛影响小;(5)管道内煤粉脉动、堵塞现象减少,煤粉在各支管中的分配更均匀;(6)采用浓相输送时,由于输送浓度高,已远远超过了煤粉在气相中的爆炸范围,加上产生的静电小,有利于烟煤喷吹操作的安全进行。

浓相输送不仅可以降低喷煤设备费用和能量消耗,而且有利于改善管道内气粉相的均匀分布,有利于提高煤粉的计量精确度,是煤粉输送技术的发展方向。应该指出,计算实际喷吹粉气比时,应该考虑喷吹罐出口煤粉的含气量。若忽略了这部分气体流量,而仅考虑补气流量,可能导致粉气比的计算值偏高。较高的喷吹压力、良好的流化条件、良好的煤粉质量、适宜的补气方法、口径和长度均适宜的喷吹管道,是实现浓相喷吹的前提条件。只要能够满足以上条件,上出料型和下出料型喷吹罐都能够实现浓相或高浓度喷吹。

梅钢5号高炉喷煤系统采用了浓相传输技术,其喷吹系统采用了双系列、双罐并列,2根喷吹主管和 2 个分配器工艺，实现了浓相输送。根据高炉需要的不同喷煤量，喷吹自动程序设计选择合适的喷吹罐罐压和对应的二次补氮气量，同时喷吹系统相关控制模型建立，确保高炉煤气量在 55t/h 以上时，实现了浓相喷煤输送，当高炉煤量达到 64t/h，固气比为 56.13kg/m^3，煤粉输送稳定。浓相传输技术减少了 5 号高炉的高炉喷煤量，降低了氮气消耗量与喷煤设备磨损程度，也降低了 5 号高炉的生铁成本，为梅钢降本增效做出了贡献。

11.1.7.2　两段式煤粉喷吹工艺

从风口喷吹煤粉是目前高炉普遍采用的工艺，但随着喷吹量的增加，部分煤粉在回旋区内不能充分燃烧，形成未燃煤粉，使炉缸堆积、料柱透气性变差、煤气分布失常，甚至发生悬料等事故，限制了大量喷吹煤粉的实施。因此，为了突破传统喷煤工艺难于增加喷煤量的现状，东北大学提出了两段式煤粉喷吹的工艺。

所谓两段式煤粉喷吹，就是除风口以外再寻求新的位置进行煤粉的喷吹，使煤粉分两段入炉，在保证高炉顺行的前提下，达到提高喷煤率的效果。喷煤粉新位置的设置如果离风口太近，并不能降低回旋区内生成的煤气量；如果离风口过远，即靠近散料区，又会严重影响散料区的透气性，还会提高高炉煤气中携带的煤粉量，造成煤粉的损失。所以，将喷煤粉新位置设在炉身下端最合适。两段式煤粉喷吹工艺及机理如图 11-10 所示。

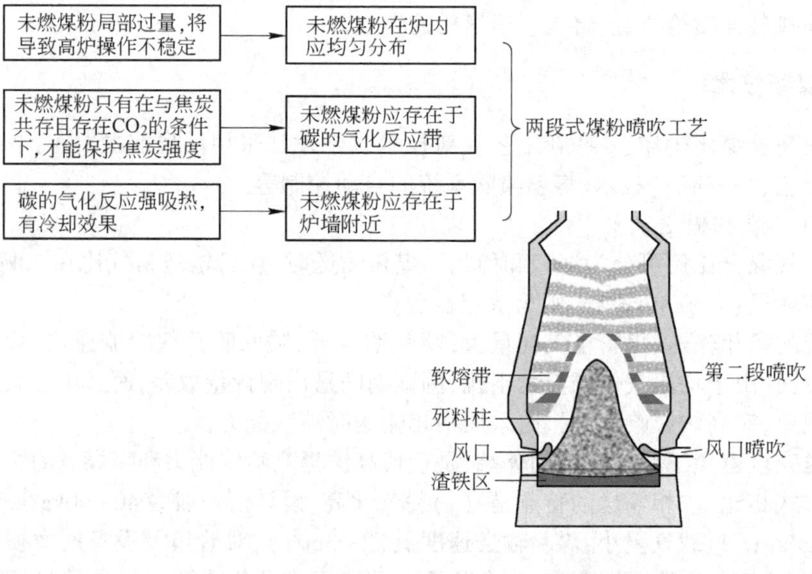

图 11-10　两段式煤粉喷吹工艺及机理

开发和应用两段式喷煤技术的主要目的有：1）促进高炉内未燃煤粉的均匀分布，缓解了高炉下部的煤粉积蓄量，有效地保证了下部的透气性，降低全高炉的压降；2）利用煤粉在炉身部位靠近炉墙区域的气化溶损，减少高炉的热损失，从而降低能耗；3）以煤代替部分焦炭参与气化溶损反应，保护焦炭。

到目前为止，两段式煤粉喷吹技术已在梅钢和瑞典 SSAB 的多座高炉上得到了工业化的实际应用。梅钢 2 号高炉在浓相输煤和高顶压条件下，实现了两段式喷煤的工业化，并取得了阶段性成果。梅钢高炉两段式喷吹的效果主要有以下几方面：

（1）产量上升。工业化试验表明，与不实行两段式喷吹的基准期相比，在实行两段式喷吹期间，鼓风量增加，高炉平均增产 4.5%。因此，实施两段式喷吹工艺可显著提高高炉生铁产量。

(2)燃料比下降。基准期与喷吹期的煤比和燃料比呈现出相同的变化趋势,但变化量不一致(详见表11-4)。2005年11月,利用系数从基准期的2.49 t/(m³·d)提高到2.61 t/(m³·d),煤比增加了12.7kg/t,燃料比却没有同比大幅增加;其余三期的燃料比均呈降低趋势。因此结果表明,两段式喷吹煤粉工艺有利于降低燃料比。

表11-4 采用两段式喷吹技术后煤比和燃料比的变化

时期		时间	煤比/kg·t⁻¹		燃料比/kg·t⁻¹	
			实际值	增减	实际值	增减
第一期	基准期	2005.07.01~2005.07.06	163.9	-13.9	508.9	-18.0
	喷吹期	2005.07.08~2005.07.25	150.0		490.9	
第二期	基准期	2005.11.01~2005.11.21	136.6	+12.7	473.0	+8.6
	喷吹期	2005.11.23~2005.12.03	149.3		481.6	
第三期	基准期	2005.12.04~2005.12.13	157.6	-9.5	491.6	-7.3
	喷吹期	2005.12.15~2005.12.23	148.1		484.3	
第四期	基准期	2006.03.01~2006.03.31	157.6	-6.9	496.7	-4.9
	喷吹期	2006.04.01~2006.04.30	150.7		491.8	

(3)料柱透气性改善。虽然喷吹期(2005年12月)的风量比该月的基准期净增2.1%以上,但并未使对应的料柱压差升高,仅比基准期的134kPa上升了2kPa;尤其是高炉炼铁工作者最关注的料柱透气性指数K,不但没有恶化,反而由基准期月平均的9.9下降至9.7,下降幅度达2.1%(见图11-11)。透气性指数的下降是由于实施两段式喷煤后,改善了料柱孔隙率分布的缘故。而对于其余3个喷吹期,尽管压差上升了3kPa,透气性指数上升了0.27,但都是因为加风、富氧所引起的,风量上升了1.2%,为进一步增加产量创造了有利的条件。换言之,若维持风量,则可降低压差和透气性指数,这为提高煤比创造了有利条件。

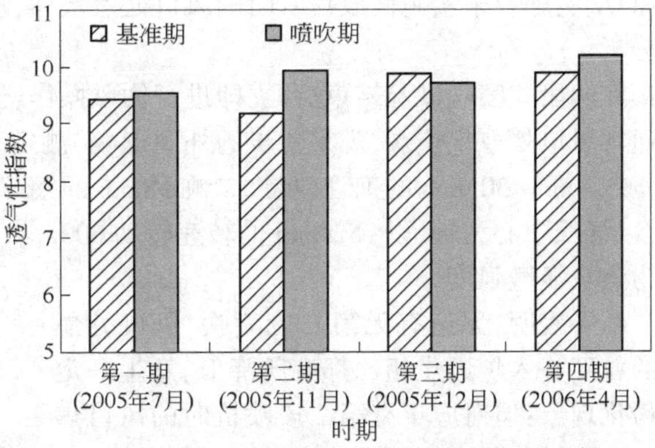

图11-11 喷吹期透气性指数和基准期的比较

(4)煤粉有效利用。两段式喷吹煤粉工艺能否使得喷入的煤粉在高炉内被有效利用,是评价该工艺是否具有应用价值的重要指标之一。

为了考察两段式喷吹煤粉的有效利用情况,在喷吹期间,比较两段式喷吹时重力除尘器灰中未燃煤粉含量与未实施两段式喷吹时重力除尘器灰中未燃煤粉含量,分析结果见图11-12。可知,未实施两段式喷吹时,重力除尘器灰中未燃煤粉含量在1.2%~5.7%之间变化。实施两段式喷吹煤粉后,虽然除尘器灰中未燃煤粉含量的最高值较未实施两段式喷吹时略大,但其最低值和未实施两段式喷吹时的数据不相上下,基本处于正常波动范围,故可以认为,除尘器灰中未燃煤粉含量的变化与是否采用两段式喷吹无必然联系。因此可认为,两段式喷吹煤粉新工艺过程中,煤粉得到了较为充分的利用。

(5)炉况稳定。以铁水含硅量为参数,考察了在实施两段式喷吹煤粉工艺的过程中,两段式喷吹是否对铁水成分产生影响。图 11-13 给出了铁水含硅量的变化，从图中可以看出，两段式喷吹对铁水成分无明显影响，炉况相对稳定。

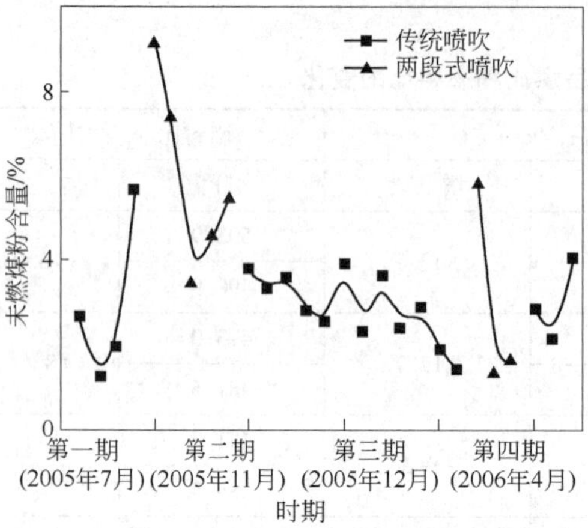

图 11-12　重力除尘器灰中含煤粉量的变化

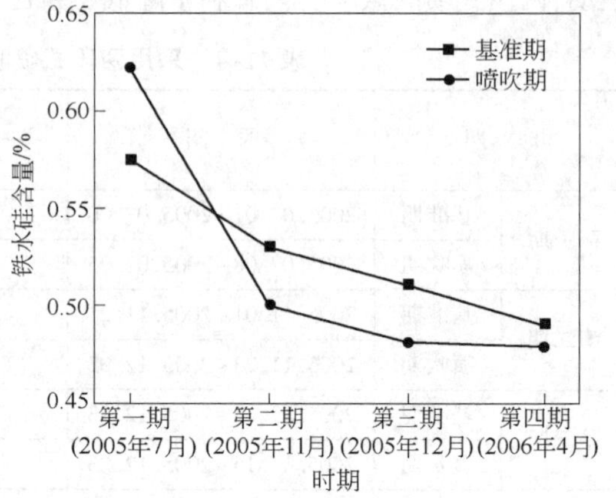

图 11-13　喷吹期硅含量和基准期的比较

（6）两段式喷煤对焦炭强度的保护作用。为了便于比较说明两段式喷吹煤粉工艺的效果，对原焦、实施及未实施两段喷吹时的风口处焦炭样，从外观形貌和显微强度两方面进行取样检测和分析。

在两段式喷吹试验结束后，立即进行休风操作，然后分别在与设有第二段喷枪对应的风口处和通常风口处取出焦炭，观察焦炭的外观形貌，测定其显微强度。焦炭显微强度的测定方法是：在 ϕ25.4mm×305mm 的钢管内装 12 颗 ϕ8mm 的钢球，装入约 2g、粒度为 0.6～1.18mm 的焦炭试样，以管长中心为轴，以 25r/min 的转速转动 600r，然后筛分，以大于 0.6mm 颗粒的质量百分比定义为焦炭显微强度。

结果表明，无论有无第二段喷吹，风口处焦炭的粒度与入炉原焦相比都有所降低，发生一定的粉化现象；但对应于有第二段喷枪时的风口焦炭而言，其粉化程度要小于一般风口焦炭，而且焦炭显微强度明显高于一般情况下的风口焦炭，甚至优于原焦显微强度（见图 11-14）。这是由于该风口焦炭除了在炉内下降过程中经历了 2000℃高温的加热，石墨化程度增高，使焦炭强度提高外，还受到了第二段喷吹煤粉对焦炭强度的保护作用。由此可见，两段式喷吹煤粉工艺具有减缓焦炭在高炉内强度劣化的功效，有助于降低在实施大喷煤量操作时对焦炭质量的苛刻要求。换言之，采用两段式喷吹煤粉工艺，无需使用高强度的焦炭也可满足大喷煤量操作的需要。

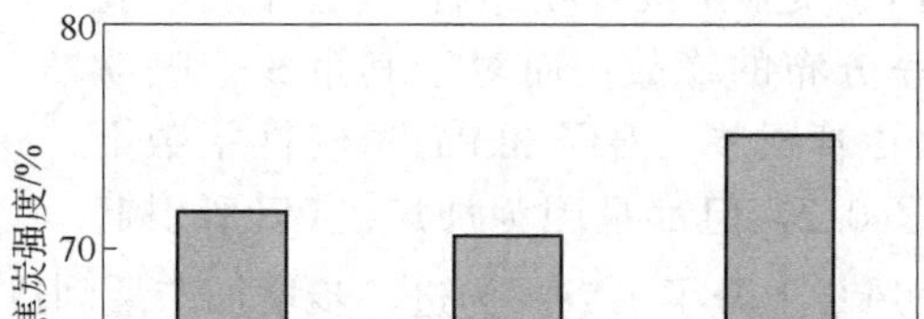

图 11-14　不同条件下焦炭的显微强度比较

a—入炉前焦炭；b—未应用两段式喷吹时的风口焦炭；c—应用两段式喷吹后的风口焦炭

11.1.7.3　“一喷三”技术

“一喷三”喷吹技术由德国 KÜTTNER 公司开发，即采用一个喷吹系统同时向三座高炉喷煤。该喷吹系统由煤粉仓、旋转给料器、振动筛、喷吹罐、分配器、装煤风机、保温风机及仪控系统等主要设备组成。其输送、保安、冷却、吹扫、动力气源均为氮气。“一喷三”系统中,一个未装满煤粉的喷吹罐满足解锁条件并被解锁后,可实现自动装煤操作;为实现浓相输送,采用了上出料的输送工艺;在喷吹过程中,流化器流化阀的开度根据罐压自动进行调整。该系统在煤粉仓的仓顶部,设有用于卸压的除尘布袋,将煤粉仓中的剩余气体过滤后排入大气。煤粉仓顶部还设有保温风机,可手动启动,将制粉系统的高温烟气引入煤粉仓内,不仅对煤粉起到保温作用,还在一定程度上惰化了煤粉仓内的气氛。该技术的难点在于,要保证每一座高炉的喷吹量调节灵活、喷吹稳定、相互不影响。

近年来,包钢与东北大学合作,在包钢4150m^{3}高炉上进行了三期工业实验,有效改善了高炉的技术经济指标,抑制了焦炭在高炉内的劣化。三期实验的具体实验内容如下

(1)试验期1,周期7天。主要考察两段式喷煤对高炉顺行的影响。炉身喷吹煤比控制在约4kg/t,对试验期的风量、透气性、炉顶煤气温度和成分以及主要技术经济指标进行对比。

(2)试验期2,周期15天。适当提高炉身喷煤比,考察增加喷煤量后对高炉指标的影响。此阶段炉身喷煤比控制在6kg/t以上,稳定达到10天以上。

(3)试验期3,周期18天。探索包钢最适宜的炉身喷煤比及其对应的技术经济指标。通过对试验期1和试验期2的比较确定试验期3的喷煤量。对试验期间的风量、透气量、炉顶煤气温度及主要技术经济指标进行对比。同时,利用试验期间的休风时间,取不同风口的风口焦,对比风口焦的显微结构和转鼓强度。

包钢的工业性实验取得了如下成果:

(1)两段式喷煤对高炉主要技术经济指标的影响。表11-5为采用两段式煤粉喷吹技术后主要技术经济指标的变化。可以看出,第二段炉身喷煤使用量在1.5t/h时,高炉风压、风量关系变化并不明显,总喷吹量呈现下降趋势,产量较基准提高147t/d,燃料比下降11kg/t。在试验期2炉身小时喷煤量由1.5t/h提高到了2.5t/h,技术经济指标总体呈现下降趋势。产量降低149t/d,燃料比与基准持平,主要指标不及试验期1。试验期3高炉稳定顺行,风压、风量关系宽松,技术经济指标进步显著,产量较基准提高234t/d,焦比降低17kg/t,燃料比下降15kg/t,煤气利用率升高0.6%,喷煤量稳定在50t/h以上。

表11-5 采用两段式喷吹技术后主要技术经济指标的变化

参数	基准期1	试验期1	差值	基准期2	试验期2	差值	试验期3	差值
炉身小时喷煤量/t·h^{-1}	0	1.5	1.5	0	2.5	2.5	1.5	1.5
炉身喷煤比/kg·t^{-1}	0	4	4	0	6.6	6.6	4	4
喷煤量/t·h^{-1}	56	50.1	-5.9	48.6	50.5	1.9	50.3	1.7
炉身下部热负荷/MJ·h^{-1}	34210	35480	1270	40670	38600	-2070	39590	-1080
风量/m^3·min^{-1}	6530	6531	1	6404	6292	-112	6455	51
热风压力/MPa	0.439	0.443	0.004	0.442	0.437	-0.005	0.438	-0.004
压差/MPa	0.205	0.209	0.004	0.207	0.209	-0.002	0.208	-0.001
*K*值	2.79	2.93	0.14	3.12	3.22	1	3.13	0.01
炉顶温度/℃	245	232	-13	243	240	-3	238	-5
煤气利用率/%	—	—	—	40.8	41.1	0.3	41.4	0.6
焦比/kg·t^{-1}	375	379	4	389	384	-5	372	-17
燃料比/kg·t^{-1}	558	547	-11	564	564	0	549	-15
煤比/kg·t^{-1}	146	129	-17	135	142	7	137	2
平均日产量/t	9036	9183	147	8574	8425	-149	8808	234

(2)试验过程风口焦炭指标变化。

1)焦炭显微结构。通过对进入高炉前的焦炭和和风口前焦炭的显微结构分析,由于第二段喷枪喷入的未燃煤粉可以有效代替炉身下部至软熔带上部之间的焦炭参与气化反应,使焦炭反应量减少,从而保护了焦炭的组织结构和显微强度,说明两段式喷吹煤粉工艺具有抑制焦炭强度劣化的作用;

2)焦炭转鼓强度。为了进一步验证两段式喷煤工艺对焦炭的保护作用。分别对进入高炉前焦炭、正常风口焦炭、两段式喷煤下风口焦炭的转鼓强度 *DI* 进行了测定。结果表明,进入高炉前的焦炭,由于没有经历高炉内的溶损反应,转鼓强度最高。有两端喷煤时,煤粉替代焦炭参与了部分的溶损反应,较好地保护了焦炭强度,*DI* 高于正常风口前的焦炭 2.11%。

国内梅钢于 2004 年引进了“一喷三”技术,并根据该厂的实际情况对“一喷三”系统进行了适当改造。改造后的“一喷三”系统控制界面如图 11-15 所示。目前,“一喷三”技术已成功应用于梅钢的高炉,并取得了显著的效果。在使用该系统之前,梅钢高炉的喷煤比一直维持在 80~110kg/t 的水平;而新设备投用后,2006 年 1~5 月的高炉平均喷煤比达 157kg/t。

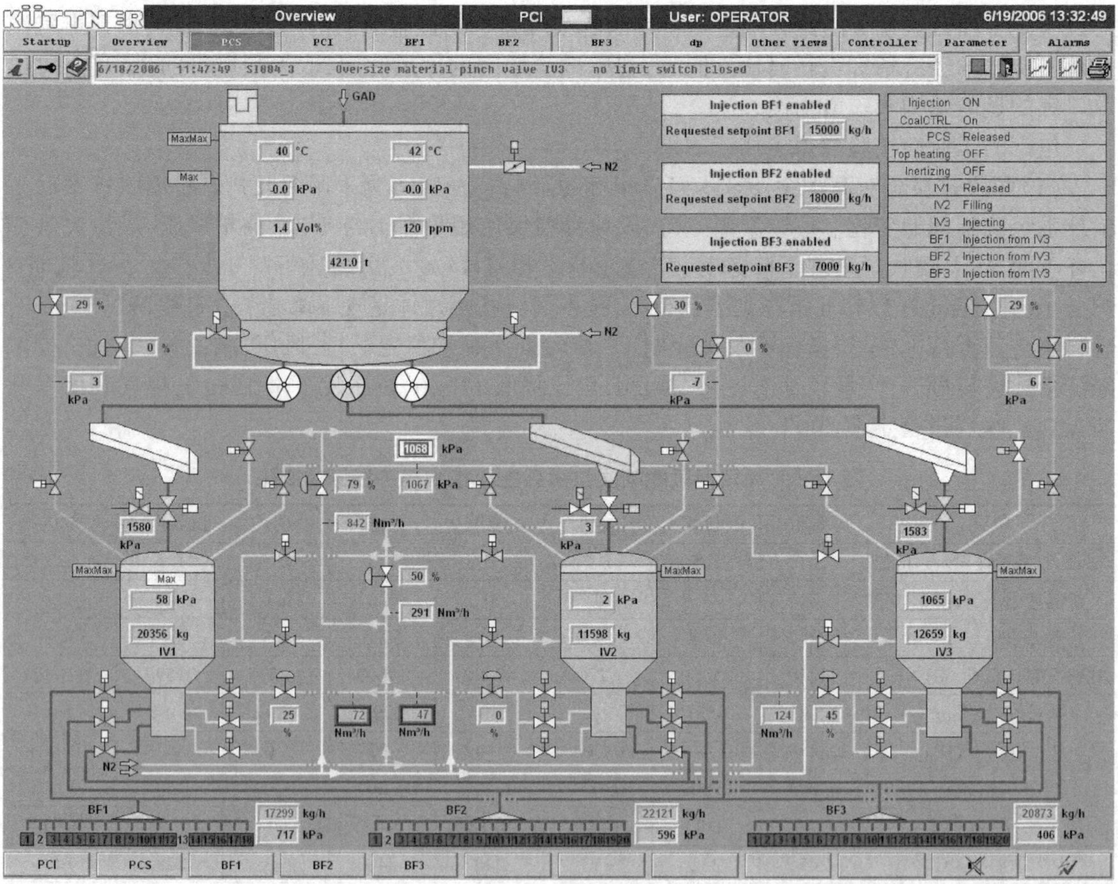

图 11-15　梅钢引进并改造后的“一喷三”喷吹系统控制界面

“一喷三”新喷煤系统的应用实践表明,该系统可以满足高炉大喷吹的需要,有利于进一步降低生产成本。但煤粉流量计的检测计量、比对调整还有待进一步摸索,以确保其检测计量的精确性。另外,单体设备出现故障时,没有充足的检修时间,这对喷煤生产是一个制约,应该进行改进。

11.1.7.4 煤粉喷吹系统的自动控制

近年来,经过技术改造后,许多高炉喷煤系统取消了全部或大部分二次仪表(如温度、压力、流量显示仪和长图记录仪等),实现了计算机自动控制。喷煤系统采用计算机控制,不仅可以减轻工人劳动强度,也有利于系统平稳、高效地运行。喷煤系统计算机自动控制的主要内容有:在喷吹系统中,实现自动倒罐、自动稳压、自动计量、自动调节喷煤量以及自动统计喷煤数据等。一些喷煤站还实现了制粉系统自动控制,包括自动控制烟气升温炉温度,自动调节干燥气温度和流量等。

煤粉总量的控制,是根据工艺要求对单位时间内喷进高炉的总煤粉量进行控制,使之达到稳定且符合要求。这一控制过程包括流量检测单元、控制伺服单元和控制单元。

喷吹煤粉流量的控制工艺流程,由喷煤罐、电子秤、计算机系统、手操器、可调量混合器、过滤器、分配器等组成。喷吹煤粉流量由电子秤提供的煤粉重量信号计算得到,控制信号由计算机发出,经手操器送给执行器,调节混合器内活动喷枪控制开口和流化风量的大小,从而对煤粉流量进行调节控制。

喷吹煤粉制备系统的计算机过程控制,其目标是消除人为误操作,确保喷吹煤粉系统长期安全、可靠地运行,以适应高富氧、大喷煤量喷吹的需要。

11.2 喷吹用液体燃料

曾用作高炉喷吹的液体燃料主要是重油,有时还有柴油和焦油。出于经济性方面的考虑,目前大多数高炉不用重油和柴油喷吹。表11-6列出了重油和柴油的理化性能指标,而表11-7给出了焦油的参考质量指标。

表11-6 重油和柴油的理化性能指标

名称	成分/%						低发热值 /$kJ \cdot kg^{-1}$	黏度 /Pa·s	密度 /$t \cdot m^{-3}$
	C	H	N	S	O	H_2O			
重油	86.00	11.50	0.56	0.19	1.00	0.25	40893	0.658	0.918
柴油	81.59	12.76	0.06	0.03	—	0.15	43000	—	0.832

表11-7 焦油的参考质量指标

项目	密度/$t \cdot m^{-3}$	黏度/Pa·s	水分含量/%	游离碳含量/%	灰分含量/%	萘含量/%
数值	1.20	2.95	3.25	9.58	0.068	9.58

重油是石油分馏提取汽油、柴油、煤油后剩下的产品,其中可燃物含量多,含碳86%~89%,含氢10%~12%,硫、灰分、水分含量少。重油的发热值高达40~42MJ/kg,燃烧温度高,火焰辐射能力强,喷吹效果好,贮存方便,喷吹设备简单且易于操作控制,是适宜高炉风口喷吹的优质燃料,可以降低焦比。但受资源限制,目前只有国外少数高炉采取重油喷吹。另外,重油还是竖炉焙烧球团的燃料,可以提高竖炉内焙烧温度,改善球团质量和强度。对于建在缺少煤气地区的烧结厂,仍需采用重油点火。

焦油是炼焦的副产品,是呈黑色黏稠状的液体,黏性极大。煤焦油中所含有的化合物极其复杂,从中已鉴别出的在500种以上。其中,仅约10种成分有较高含量,包括:萘(8.0%~12.0%)、芘(1.2%~1.8%)、芴(1.0%~1.2%)、蒽(1.2%~1.8%)、菲(4.5%~5.0%)、咔唑(1.5%~2.1%)、苯酚(0.2%~0.5%)、二甲酚(0.3%~0.5%)等;而其他绝大多数含量很低。焦油是碳氢化合物,具有很高的发热值。我国有些小高炉曾利用本厂出产的焦油进行风口喷吹,以利于降低焦比。

11.3　喷吹用气体燃料

11.3.1　常见气体燃料

气体燃料在高炉冶炼中起着重要作用,高炉、热风炉、烧结、球团、轧钢生产均使用气体燃料。气体燃料具有输送方便、控制和计量准确、燃烧装置简单和热效率高等优点。用作高炉喷吹的气体燃料主要包括天然气、高炉煤气、焦炉煤气、转炉煤气、熔融还原竖炉产生的还原尾气等。

11.3.1.1　天然气

天然气是一种发热值很高的气体燃料,主要可燃物质是 CH_4,含量达90%以上,发热值为33494~37681kJ/m^3。从气井喷出的天然气含有大量的矿物杂质,必须经过净化后才能送往使用单位。我国典型天然气的组成见表11-8。

表11-8　我国天然气的典型成分　　(%)

组　成	CH_4	C_2H_6	C_3H_6	C_mH_n	H_2	CO	CO_2	N_2
含量(体积分数)	93.87	1.41	0.41	—	3.25	—	0.40	0.66

天然气常用作冶金工业的燃料。由于天然气具有组成均匀、纯度高、火焰清洁、在化学上无活性、温度便于控制、无灰、无硫或易脱硫、易转换、燃烧完全且稳定等诸多优点,因而广泛用于金属冶炼和热处理加工等过程。

从1967年开始,有些国家开始研究和应用高炉风口喷吹天然气技术,以降低高炉焦炭消耗。意大利的意大塞德公司在其高炉上进行了天然气喷吹和富氧鼓风的试验,天然气和富氧热风一起由高炉风口喷入,使得高炉焦比逐渐下降。1967年,该公司高炉的焦比为500kg/t,天然气喷吹量为10m^3/t。到1971年,意大塞德公司综合考虑当时意大利焦炭和天然气价格的差异,并通过现场试验认为,焦比为470kg/t、天然气喷吹量为35m^3/t时,高炉冶炼的经济效果最好。

前苏联地区因天然气资源丰富,高炉冶炼一般都是喷吹天然气。1985年,苏联顿涅茨克钢铁厂1号高炉和马格尼托哥尔斯克钢铁厂的高炉进行了在喷粉200~240kg/t的同时,喷吹天然气50~60m^3/t的试验,取得了焦比降至360~420kg/t的良好效果。

20世纪80年代,由于世界天然气的大量开采、有效输送以及价格的相对平稳,美国、苏联、英国、法国等国家曾有相当数量的高炉都采取了喷吹天然气的方法。80年代末至90年代初,苏联的133座高炉中,有112座喷吹天然气。90年代以来,北美高炉的天然气喷吹量大幅增加,一般喷吹量在40~110kg/t之间,最高为155kg/t。

由于天然气资源有限、价格昂贵,且产地分布相对比较集中,故目前只有北美和俄罗斯的部分高炉喷吹天然气,在其他地区很少有高炉喷吹天然气。

11.3.1.2　高炉煤气

高炉煤气为炼铁副产品,是一种易燃、易爆、有剧毒的气体燃料。高炉煤气的成分与高炉所采用的燃料种类、焦比、生铁品种以及操作制度有关。表11-9给出了鞍钢高炉煤气的成分。高炉煤气中,N_2 和 CO_2 等占大部分,可燃成分主要为CO。

表 11-9 鞍钢高炉煤气的成分 (%)

组　成	H_2	CO	CH_4	N_2	CO_2
含量(体积分数)	1.5~3.0	22~24	0.3~0.5	54~56	18~20

高炉煤气的低位发热值不高,一般为3559~4605kJ/m³,不易着火和燃尽。高炉煤气的特性决定了其理论燃烧温度低(1250~1300℃),这个温度仅为燃煤理论燃烧温度的60%左右,其运行的物理特性是火焰的中心温度较低、化学反应速度也低。高炉煤气的供应量受外界生产的影响很大,经常出现煤气压力不稳定、供应量频繁波动的情况。高炉煤气燃烧不但易回火,而且易脱火,燃烧的稳定性、安全性难以保证;同时,在使用过程中易发生泄漏中毒的危险。

高炉煤气因发热值低、含尘、含水量大、压力波动大等因素的影响,在钢铁企业中难以适应生产的需要。除了部分由热风炉自用、部分与焦炉煤气混合使用外,剩余的未得到高效利用,甚至被放散。据统计,2001年我国钢铁企业的高炉煤气放散率为8.87%,2002年为6.87%,2003年为9.51%,2004年为4.4%,既浪费能源,又污染环境。纯烧高炉煤气锅炉发电技术、CCPP燃气-蒸汽联合循环发电和高温蓄热燃烧等技术的成功开发及在钢铁企业中的广泛应用,为高炉煤气的有效利用提供了很好的途径。另外,高炉煤气也可作为喷吹物应用于高炉炼铁。在国外,已有高炉成功喷吹了高炉煤气,并取得了较好效果。不过,采用化学吸附或变压吸附等方法脱除其中的CO_2,需增加额外的费用。

11.3.1.3 焦炉煤气

从焦炉上升管中逸出的煤气,称为荒煤气。荒煤气经过回收化学产品和净化(脱煤焦油、脱硫、洗氨、脱苯、脱萘等)后,成为净焦炉煤气。随着炼焦煤配比和炼焦工艺参数的不同,焦炉煤气的组分略有变化。按体积分数,焦炉煤气一般含有:54.0%~59.0% H_2,5.5%~7.0% CO,24.0%~28.0% CH_4。

焦炉煤气的低位发热值约为17580~18420kJ/m³,约为天然气的一半。焦炉煤气的密度为0.45~0.48kg/m³,着火温度为600~650℃。由于氢气含量占50 %以上,所以燃烧速度快、火焰短、着火快,理论燃烧温度为1800~2000℃。

焦炉煤气的再利用情况见图11-16。钢铁联合企业对焦炉煤气的再利用途径主要包括:作为加热燃料、用于高炉喷吹、用于燃气机发电、生产直接还原铁、变压吸附制备氢气、生产甲醇和二

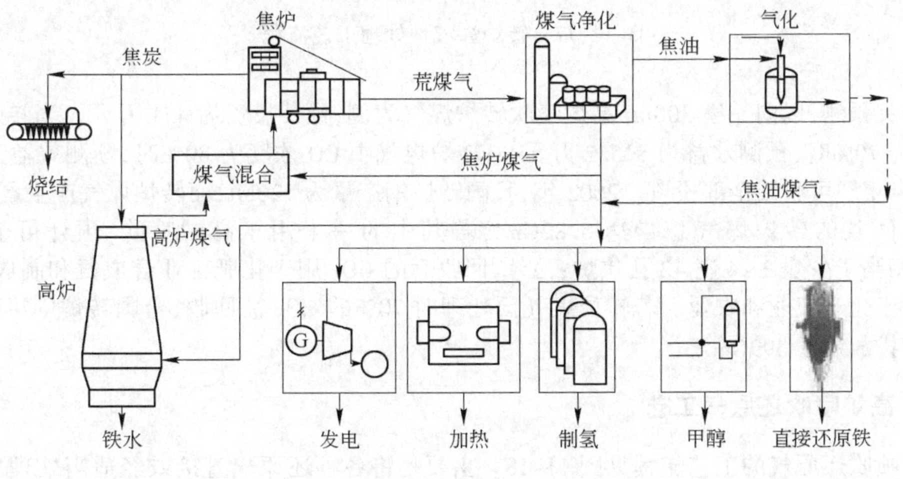

图 11-16 焦炉煤气的再利用

甲醚等。将焦炉煤气喷入高炉后，可使高炉焦比降低至200kg/t以下。在德国和乌克兰的某些钢铁厂，内部过剩的焦炉煤气成为免费资源，因此，其有些高炉曾喷吹焦炉煤气，喷吹量由$100m^3/t$变化到$250\sim300m^3/t$。

11.3.1.4　转炉煤气

转炉煤气是转炉炼钢的副产物，主要组成为CO、CO_2和N_2。鞍钢的转炉煤气成分在表11-10中所列的范围内波动。

表11-10　鞍钢转炉煤气成分　（%）

组　成	H_2	CO	N_2	CO_2
含量（体积分数）	1.0~2.0	50~60	25~35	15~18

转炉煤气的发热值一般为$6262\sim6300kJ/m^3$，是非常宝贵的燃料，其用途也越来越广泛，一般以钢铁厂自备电厂、锅炉为主要用户。另外，在石灰窑、热轧加热炉、冷轧加热炉、高炉热风炉中也有使用。

资料表明，国内绝大部分钢厂转炉煤气的回收利用效果均不理想。截至2003年下半年，吨钢煤气回收量多数停留在$40\sim60m^3/t$的水平上，与国外先进水平相差甚远。因此，尽快消化并掌握转炉煤气回收技术、实现转炉煤气的充分高效利用、减少因转炉煤气排放所造成的能源浪费和环境负担，已成为国内绝大部分炼钢厂所面临的共同课题。

高炉喷吹转炉煤气，可算作钢铁产业加强转炉煤气利用的有效措施之一。为了使回收的转炉煤气充分利用，结合高炉上部的间接还原未达到热力学平衡气相成分要求的问题，国内某企业提出：将转炉煤气利用如图11-17所示的流程进行适当预处理，使其CO含量升高后，再喷入高炉中、上部。该工艺在改善高炉操作、提高高炉冶炼效果、优化流程等方面有一定的创新性，使高炉工艺更趋于完善合理，是钢铁产业节能降耗的新途径。该工艺应用后，具有可观的技术经济效益和环境效益，应用前景也较为广阔。

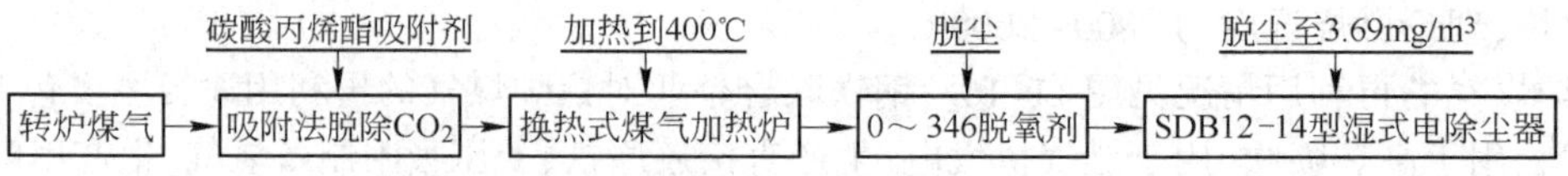

图11-17　转炉煤气预处理工艺流程

据相关预测，以向一座$300m^3$高炉喷吹转炉煤气为例，预计投资为451万元。当转炉煤气中CO浓度为70%时，预测效益为815.2万元/a；转炉煤气中CO浓度为80%时，预测效益为1112.7万元/a，半年即可收回全部投资。2002年，我国转炉钢产量为126Mt，而转炉煤气产生量以$70m^3/t$计算，可回收的转炉煤气总量达$8.82Gm^3$，若其中的一半用于高炉喷吹，预计可节约焦炭0.99Mt，相当于少建3~4座42孔焦炉；另外，回收后的CO_2用于化肥工业合成氨和制成干冰后，可再应用于化学工业和农业。若转炉煤气预处理时70%的CO_2被回收，全国转炉则可减少CO_2向大气的排放量$0.499Gm^3$。

11.3.2　高炉喷吹还原气工艺

高炉喷吹还原气的工艺流程见图11-18。主要是将各种还原气直接或经适当处理后喷入炉内（主要是通过风口喷吹，有时也通过炉身喷吹），参与和加速炉内还原反应，减少焦炭等燃料和还原剂的消耗。另外,该工艺还可以通过改善高炉能量利用效率,达到系统节能的目的。

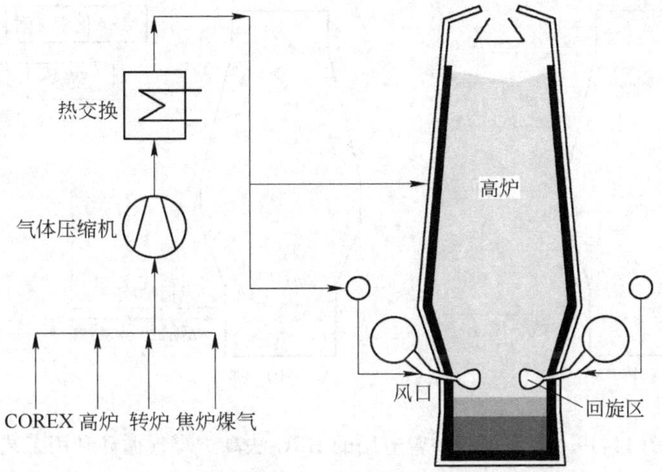

图 11-18 高炉喷吹还原气的工艺流程

不同厂家提出高炉还原气喷吹技术的出发点和动机主要有:(1)单纯为提高高炉效率而喷吹。喷吹还原气的同时,可以提高高炉接受高氧鼓风的能力,借此强化生产和节约焦炭的消耗,从而达到增产和节能的双重目的。(2)高炉热和化学能的利用效率在各种冶金反应器中属于较高的,通过高炉喷吹来实现各种煤气的高效、高附加值利用。(3)有些企业内部煤气富余,未得到充分利用,高炉喷吹可以减少这些气体的无序排放,缓解环境压力。(4)加强高炉的氢还原,减少温室气体 CO_2 的排放。(5)与其他技术配套使用,如在实施全氧高炉技术时,风口或炉身分别或同时喷吹还原气,可有效解决炉缸煤气量不足、炉身还原能力受限等问题。

结合各自的能源结构和生产实际,许多国家提出了多种不同的高炉喷吹还原气工艺,包括:HRG(俄罗斯,高炉煤气)、HRG(德国,COREX 尾气)、JFE(日本)、OHNO(日本)、FINK(德国)、LU(加拿大)、QIN(中国)等。这些工艺的主要不同点体现在以下几方面:(1)还原气的种类和性质;(2)还原气中的 CO_2 脱除与否;(3)还原煤气喷入高炉前预热与否;(4)喷吹的位置。

11.3.2.1 HRG 法

俄罗斯采用的 HRG(Hot Reducing Gas,热还原气)法高炉煤气循环利用工艺,如图 11-19 所示,主要工艺路线为:(1)高炉煤气除尘脱水后,成为洁净煤气;(2)一部分洁净煤气用 MEA 化学吸附法脱除 CO_2;(3)将脱除 CO_2 的煤气加热至鼓风温度,成为热还原气;(4)热还原气适量喷吹入风口。值得注意的是,该厂实行热还原气喷吹时,鼓风量大幅减少,且富氧率提高到 85%以上。

该工艺曾长时间实际应用于俄罗斯 RPA Toulachermet 的 2 号高炉(炉容为 $1033m^3$)。生产数据表明,采用该工艺后,与常规操作相比,高炉的焦比降低了 28.5%,同时,增产 27.3%,高炉碳素利用率由常规操作的 37%提高到 67%,而高炉炼铁工序的 CO_2 产生量大幅降低。

总体来说,该技术明显改善了高炉的性能,并未对传统的高炉体系做出大的变革,热风炉依然保留。但生产实践表明,喷吹热还原气时,高炉上、下部的调剂异常重要,而且新型风口的设计也很关键。

11.3.2.2 HRG 法

德国的高炉喷吹热还原气工艺示于图 11-20 中。该工艺使用的还原气为 COREX 熔融还原

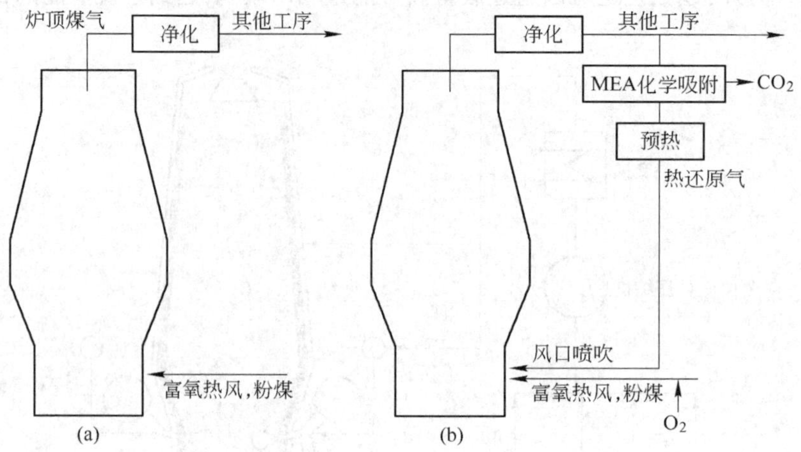

图 11-19　俄罗斯高炉曾应用的 HRG 法高炉煤气循环利用工艺

(a)常规操作;(b)HRG 法

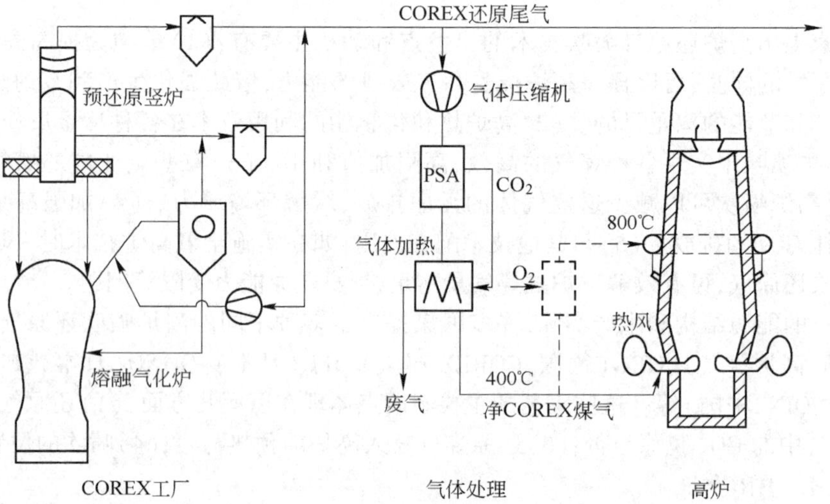

图 11-20　德国提出的 HRG 热还原气喷吹技术工艺流程

尾气。洁净的 COREX 尾气经加压压缩、脱除部分 CO_2 后,喷吹入高炉风口和炉身中。

该工艺已经进行了大量可行性研究和初步工业化试验,结果表明:(1)热还原气的温度最好加热到 1000℃,CO_2 和 H_2O 的含量应保持在 3%~5%以下;(2)当热还原气和煤粉同时喷吹且鼓风富氧率提高到 80%~100%时,试验期间能确保煤粉喷吹率增加到 300~400kg/t,高炉生铁产量可增加 40%~50%;(3)试验过程中喷吹 $100m^3/t$ 热还原气,高炉的总能耗能够降低 55~80MJ/t。

在初步工业化试验过程中,研究者发现风口破坏很严重,故开发了一种新型风口,以确保热还原气和煤粉的大量喷吹。另外,对 CO_2 的处理也有了一套切实可行的措施。

目前,该技术仍在进行进一步的工业化试验,经济可行性的论证工作也在进行。今后,拟在 $1000m^3$ 和 $3800m^3$ 的两座高炉中应用。

11.3.2.3　JFE 法

日本 JFE 公司提出了一个全新的高炉煤气喷吹技术，命名为 JFE 法。该工艺整合应用了还原气喷吹、全氧高炉、塑料喷吹、热压含碳球团的使用、低温炼铁等一系列革新的高炉炼铁技术，其主要工艺流程及其物料平衡示于图 11-21 中。

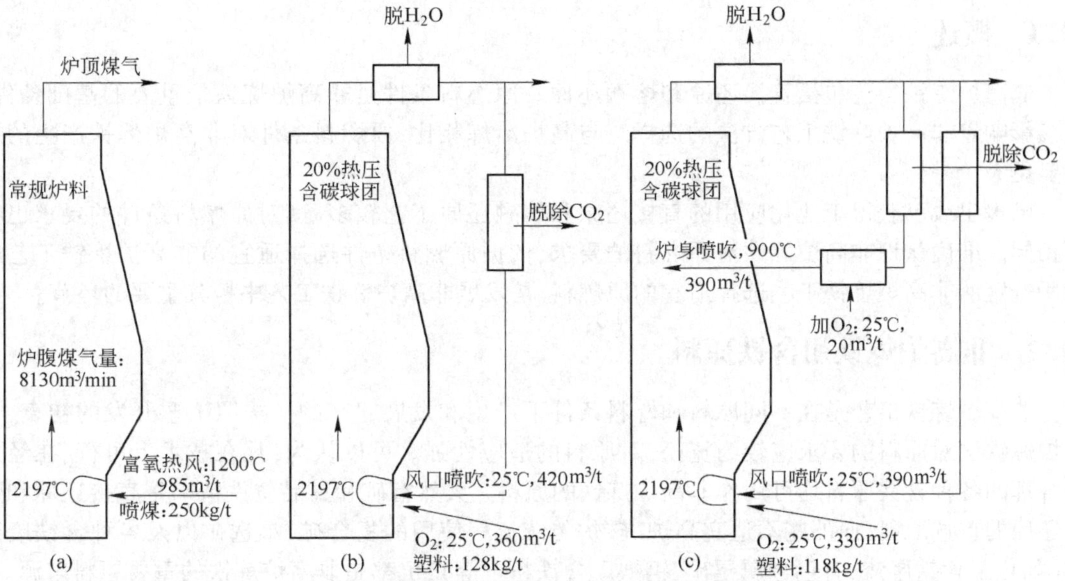

图 11-21　日本提出的 JFE 法高炉煤气喷吹工艺

(a)现行常规操作；(b)风口喷吹(TI)；(c)风口和炉身同时喷吹(SI-TI)

JFE 工艺的第一步，研究者主要考虑还原气喷吹、全氧高炉和塑料喷吹三项技术的结合。主要技术环节和特点包括：(1)高炉煤气除尘脱水后，成为洁净煤气；(2)一部分洁净煤气经化学吸附脱除 CO_2；(3)脱除 CO_2 后的还原气在常温下喷吹入风口；(4)加氧燃烧一部分冷态还原气，将自身加热到 900℃左右后喷吹入炉身，以期解决上部区域热量不足和还原受阻的缺点；(5)与常规操作相比，风口喷吹物由煤粉改成废塑料或塑料和煤粉的混合物；(6)常规操作的热送风被停止，改为 100%常温工业纯氧。

该技术彻底改变了常规高炉的操作，是对高炉体系的一个革新，定义为"紧凑型高炉"，热风炉被全部抛弃。到目前为止，研究者发表的数据表明：(1)通过此技术喷吹还原气，高炉燃料的消耗将大幅下降，固体还原剂总消耗可降到 350kg/t 左右；(2) CO_2 排放量可减少 25%，如果加上被固定的 CO_2 量，减排量可达到 86%；(3)高炉生铁产量由炉内物料失流现象发生的临界速度决定，预测的出铁比可增加到 3.5t/(d · m³)。

该技术实际应用的主要障碍是：(1)开发有效而低廉的 CO_2 脱除技术；(2)保证风口前冷态喷吹物的高效燃烧；(3)开发新型气氧风口等。

12 非高炉炼铁用原燃料

12.1 概述

非高炉炼铁工艺包括直接还原和熔融还原。原燃料条件是非高炉炼铁最重要的基础条件，直接影响着非高炉炼铁工艺方法的选择。与高炉冶炼相比，原燃料条件对非高炉炼铁产生的影响要更大。

已提出或已获得工业化应用的直接还原和熔融还原工艺较多，其对原燃料条件的要求也各不相同。准确认识非高炉炼铁对原燃料的要求，依据原燃料条件选择适宜的非高炉炼铁工艺或为所选定的非高炉炼铁工艺选择适宜的原燃料，是发展非高炉炼铁工艺中极其重要的环节。

12.2 非高炉炼铁用含铁原料

非高炉炼铁工艺是在不同原料和燃料条件下产生和发展起来的。按照工艺开发的初衷，非高炉炼铁法对原料的要求应较为宽松，对原料的适应性强。可以认为，凡在技术上可行、在经济上合理的各种含铁原料均可用作非高炉炼铁的原料。天然富矿和高品位铁精矿是直接还原和熔融还原的首选原料，而那些不适宜高炉-转炉传统流程使用的复合矿、难选矿以及各种含铁废弃物（如化工含铁尾渣、有色金属尾矿、钢铁厂含铁粉尘等），也都是非高炉炼铁的重要原料来源。

但目前实际应用时，为了满足工艺条件、提高产品质量以及获取更佳的技术经济指标的需要，非高炉炼铁法对原料也有相当严格的要求。总体而言，非高炉炼铁工艺对含铁原料质量的要求主要涉及化学成分以及冶金性能等方面。

12.2.1 含铁原料的化学成分

对含铁原料化学成分的要求，主要包括含铁品位、脉石含量、硫含量、磷含量以及其他有害杂质含量等指标。

12.2.1.1 含铁品位和脉石含量

直接还原工艺是不造渣，不熔化，在原燃料的熔化温度以下，将含铁矿物还原成金属铁的方法。直接还原产品中含有含铁原料带入的几乎全部的脉石和杂质。为了保证直接还原铁的品质，直接还原工艺对含铁原料的要求极为苛刻，不仅要求必须具有足够高的含铁品位、尽可能低的有害杂质含量，还必须具有良好的冶金性能，远甚于高炉炼铁对原料的要求。

为了保证DRI的品位、减少炼钢过程的渣量、控制炼钢的电能以及造渣材料的消耗，对于炼钢生产用DRI，含铁原料的品位要高。按我国炼钢用DRI标准，DRI应满足：一级品 $w(\mathrm{TFe}) \geqslant 94.0\%$，二级品 $w(\mathrm{TFe}) \geqslant 92.0\%$，三级品 $w(\mathrm{TFe}) \geqslant 90.0\%$，四级品 $w(\mathrm{TFe}) \geqslant 88.0\%$；四个级别产品对应的金属化率，也需分别达到 $w(\mathrm{MFe}) \geqslant 94.0\%$、$w(\mathrm{MFe}) \geqslant 92.0\%$、$w(\mathrm{MFe}) \geqslant 90.0\%$和 $w(\mathrm{MFe}) \geqslant 88.0\%$的要求。以此推算，为了生产出合格的炼钢用DRI（四级品以上），直接还原含铁原料的品位应满足：对磁铁矿，$w(\mathrm{TFe}) \geqslant 68.0\%$；对赤铁矿，$w(\mathrm{TFe}) \geqslant 67.0\%$。

电炉炼钢的渣量对生产过程和指标均有重要影响，因而要求DRI脉石含量，尤其是脉石中 SiO_2 的含量应尽可能低，以便减少造渣剂的用量和总渣量，降低电耗。我国炼钢用DRI标准要求，DRI脉石总含量应满足：一级品不高于3.0%，二级品不高于4.5%，三级品不高于6.0%，四级品不高于7.5%。以此推算,生产炼钢用合格DRI(四级品以上)时,直接还原用含铁原料的脉石总量分别应为:不高于3.0%、不高于3.79%、不高于4.48%和不高于5.17%。

对于处理低品位酸性脉石铁矿的粒铁法,在冶炼过程中必须采取大渣量作业,且要求炉渣酸性强(碱度为0.1~0.3)、黏度高(100~200Pa·s),以保证粒铁的形成和悬浮于炉渣中,故适用于粒铁法的矿石含铁量为30%~50%。

各种电炉法非高炉炼铁工艺也要求使用含铁高、含酸性脉石少的铁矿原料,以保证生产时低能耗、低成本和高产量。

各类熔融还原工艺允许入炉原料的含铁品位有较大的变化范围,但生产和研究均表明,随含铁品位的提高,能耗降低,生产率提高。

对于复合矿冶炼工艺,则应从资源综合利用的角度出发,原料的含铁品位不再是选择原料的决定性因素。如对于钒钛磁铁矿冶炼综合回收铁、钒、钛的工艺,应同时考虑矿石原料中铁、钒、钛三种元素的总含量;镍铁矿的直接还原-电炉处理工艺不单纯要求含铁品位,还要求矿石中$w(\mathrm{Ni})/w(\mathrm{Fe})$的比值尽可能高。

12.2.1.2 硫含量

大多数非高炉炼铁法都有一定的脱硫能力,但能力不尽相同。因此,各种非高炉炼铁工艺对原料含硫量的要求也存在一定差别。

在回转窑直接还原过程中,原燃料带入的硫,一部分挥发进入废气,一部分被脱硫剂吸收,故该工艺本身有一定的脱硫能力。直接还原铁产品含硫量可控制在0.03%以下,但综合考虑冶炼效果,铁矿石含硫量应尽可能低。

对于气基直接还原,由含铁原料带入的硫,一部分挥发进入废气,另一部分则残留在海绵铁中。特别是对于Midrex工艺,其利用炉顶煤气作为制备还原气的转换气,参与循环并进入重整转化器,若炉顶煤气含硫过高,将会导致触媒剂中毒。因此,Midrex气基直接还原要求将矿石含硫量严格控制在0.015%以下。即使对某些改进后的工艺,也只允许将矿石含硫量放宽到0.02%左右。

粒铁法虽然硫的挥发条件较好,但由于强酸性渣作业,脱硫能力甚差,会使较多的硫转入产品,所以原料含硫量也应尽量低。

各种熔融还原法都有造渣脱硫能力,但由于以原煤作为燃料和还原剂,入炉硫负荷通常都偏高。为保证产品质量,除了限制燃料硫含量外,也应尽量选用低硫含铁原料。

电炉熔融还原法的脱硫效果较好,可以根据入炉原料的硫含量调整炉渣碱度,保证获得优质铁水($w[\mathrm{S}]<0.03\%$),故电炉法对原料含硫量的限制不甚严格。

12.2.1.3 磷含量

含铁原料中的磷多以磷酸盐形式存在,但各种非高炉炼铁法不能脱磷。

对于直接还原工艺,由原料带入的P除小部分挥发外,大部分保留在直接还原铁产品中,若这种产品用于炼钢,将迫使炼钢增加渣量和提高炉渣碱度,必然影响电炉生产的能耗和生产率。故直接还原所用原料的含磷量最好低于0.015%。

对生产液态产品的熔融还原工艺和生产半熔态产品的粒铁法,原料中的磷容易被还原而进入产品。因此,其使用的含铁原料的磷含量也应以低于0.02%为宜。

12.2.1.4 其他元素含量

炼钢用DRI是电炉炼钢有害元素的稀释剂,是稀释废钢中日益增多的不可控元素和有害元素的原料。要求DRI产品中有害元素的含量要低,Pb、Zn、As、Sn、K以及Na等有害元素的含量必须满足冶炼钢种的需要。因此,生产炼钢用DRI的含铁原料中,有害元素的含量也必须要低,具体要求视冶炼钢种而定。

Pb 和 Zn 易被还原,并在不高的温度下形成金属蒸气而挥发,进入低温区再氧化凝结,易造成生产障碍。As 则多数残留在产品中,直接影响产品的使用价值。

K 和 Na 等碱金属的氧化物在冶炼过程中经再循环得以富集,给生产带来困难。另外,若含铁原料中含有碱金属氧化物,将会促使矿石或球团在还原过程中膨胀和粉化,致使床层透气性恶化,粉尘损失增加。因此,原料中碱金属氧化物的含量应尽量低,一般要低于 0.02%。

Cr、V 和 Mn 等难还原元素只有在熔融还原冶炼时,才能较多地被还原进入铁水。Ti 等元素则难于还原,大部分仍以氧化物形式转入炉渣,难以实现综合利用。对于直接还原工艺,这些难还原元素基本不被还原,因此可利用这一特性进行选择性还原,以达到与铁分离、实现综合利用的目的。

12.2.2　含铁原料的冶金性能

对含铁原料冶金性能的要求主要包括:具有适宜的粒度和冷态机械强度,还原性能好,还原粉化率低,还原膨胀小,具有适宜的高温强度等。

(1)粒度。含铁原料的粒度和粒度均匀性,对料柱透气性和矿石的还原速度具有重大影响。各种直接还原工艺对矿石粒度的要求如图 12-1 所示。

流化床法对原料粒度及粒度均匀性有严格的要求,主要因为不同粒度原料的流化速度不同。若选用粒度范围过宽,则粗颗粒料会沉于料床底部,而大量过细粉末又会被气流带走,导致粉尘损失增大;如果粒度范围过窄,则会使流化床产生较大的"冲撞颠簸"现象,破坏反应器内还原气体与还原料的接触效率。因此,最佳粒度组成取决于流化床的特点和操作条件,应通过实践加以确定。一般来说,上、下限之差不应超过 1mm,粒度上限以 1~2mm 为宜。

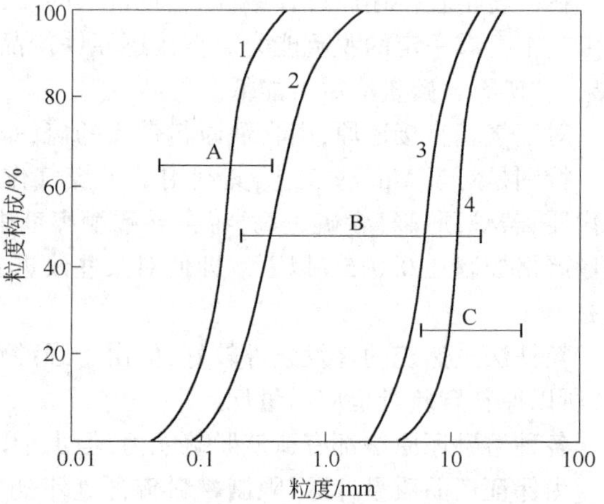

图 12-1　各种直接还原方法对矿石粒度的要求

A—流化床法;B—回转窑法;C—竖炉法

1—磁铁矿;2—细粒赤铁矿;3—分类矿;4—球团

反应罐法和竖炉法需要中等粒度的均匀炉料,以形成良好的料柱透气性,促进气固相的传热和传质效率。细颗粒和粉末将会严重影响料柱的透气性,破坏正常的作业。

回转窑直接还原对原料粒度的要求不像竖炉那样严格,允许有较大的粒度范围。粒度上限取决于原料的还原性,过粗则不利于还原,影响产品质量和生产率;过细则吹损量增多,一般认为适宜的粒度范围为 3~20mm。回转窑也可使用细颗粒料实现正常作业,并取得较好的技术经济指标。

对许多熔融还原法,希望原料粒度尽可能小些(小于 20μm),这样可以充分发挥比表面积大、反应快的优势。不过,COREX 熔融还原装置为了使竖炉内料柱获得良好的透气性,降低炉内压降,并利于气流分布,一般将入炉原料的粒度控制在 6~30mm 之间,推荐粒度范围为 8~20mm,并要求严格筛除小于 6mm 的粉料。

(2)冷态机械强度。冷态机械强度表示矿石料在冲击力下和摩擦过程中不被破坏的能力。若原料机械强度不高,在反应器内将易破碎,产生粉末。

对直接还原竖炉和 COREX 熔融还原竖炉来说,原料机械强度不高,会破坏料柱透气性,影响炉料顺行;对回转窑来说,则容易引起结圈。另外,若还原过程中产生粉末,将会增加后续处理工作,影响冶炼经济效果。回转窑和竖炉直接还原法对矿石强度的要求归纳于表 12-1 中。

表 12-1 直接还原法对炉料冷态机械强度的要求

炉料	强度	回转窑法		竖炉法	
		要求值	实测值	要求值	实测值
块矿	ASTM 转鼓指数/%				
	大于 6mm	≥80	95	≥92	79~85
	小于 0.6mm	≤10	5	≤5	10~11
球团矿	ASTM 转鼓指数/%				
	大于 6mm	≥92	78~93	≥80	92~96
	小于 0.6mm	≤5	3~5	≤10	4~6
	抗压强度/N·个$^{-1}$	≥1000	2180~3130	≥2000	1710~5660

(3)还原性。铁矿石还原是非高炉炼铁过程中最重要的化学反应,故矿石的还原性是决定直接还原和熔融还原工艺生产率的最重要因素,特别是对于在较低温度下进行的直接还原。

非高炉炼铁工艺应尽可能选用还原性好的块矿和球团矿作原料,并采取有效措施提高入炉料的还原性能,以提高技术经济指标。

(4)软化温度。矿石软化温度决定着直接还原工艺的作业温度。直接还原法的作业温度至少应低于矿石软化开始温度,只有这样才可避免发生原料之间、原料与反应器之间的黏结,这点在回转窑和流化床作业中十分突出。

(5)高温还原强度。矿石的高温强度和热稳定性反映矿石在加热状态下抵抗破裂的倾向,较好的高温强度和热稳定性是维持反应器生产稳定顺行的基本条件。

除高温强度和热稳定性之外,还应考察矿石的高温还原强度,即考察矿石在高温还原过程中体积膨胀变形、破碎粉化和强度变化等情况。许多矿石的高温强度和热稳定性都很好,但在还原条件下却发生体积变化、膨胀或异常膨胀等现象,以致粉化和完全失去强度,导致正常操作被破坏。

直接还原工艺中,除直接使用粉矿的流化床法和罐式法外,竖炉和回转窑等直接还原法要求含铁原料低温还原性好,还原粉化率低,还原膨胀小,具有适宜的冷态强度和高温还原强度。尤其是在直接还原竖炉中,炉内料柱完全由含铁原料组成,完全没有焦炭,料柱的透气性完全取决于原料的强度、还原粉化性能和还原膨胀特性。因此,直接还原竖炉对原料的强度、还原粉化性能和还原膨胀特性的要求特别严格。

为保持料柱具有良好的透气性,COREX 熔融还原竖炉也对矿石的冷态强度、碎裂性、还原粉化性能、膨胀特性和高温还原强度等指标提出了相应的要求。

12.3 非高炉炼铁用燃料与还原剂

燃料条件也是决定非高炉炼铁法的基本要素。非高炉炼铁使用的燃料主要有各类非焦煤、天然气和石油等,用于为冶金反应提供热量和还原剂。对于有些工艺,提供热量和还原剂可由一种燃料满足,有些则要求用多种燃料。

12.3.1　固体燃料

非高炉炼铁使用的固体燃料主要是各类非焦煤，或直接使用，或用其生产冶金还原气。褐煤、烟煤和无烟煤等煤种资源丰富、分布广、价格低，供应来源稳定可靠，均可用于非高炉炼铁。

煤基直接还原主要以回转窑工艺为主。回转窑用燃料煤应能满足长焰燃烧、沿回转窑长度方向均匀加热的要求，因此，燃料煤应选用挥发分含量较高、燃烧性好的烟煤。生产实践证明，用烟煤作燃料，其挥发分含量为25%时，燃煤粒度小于0.074mm的部分宜占40%；如果配入无烟煤，使混合煤挥发分含量降到20%时，则需将燃煤粒度磨至小于0.074mm的部分大于60%。一般来说，无烟煤不能单独用作燃料煤。另外，回转窑工艺对燃料的煤灰分软化温度也有严格要求，灰分软化温度低，易导致炉料之间以及炉料与窑衬之间的渣化黏结，以致造成生产故障。此外，煤灰分含量不宜太高，水分含量要低。

COREX工艺是最具代表性的熔融还原炼铁技术，其使用的燃料包括煤和10%~20%的焦炭。COREX对熔炼煤的要求主要有：(1)煤的有效热值是选择熔炼煤的重要参数，选取有效热值适当的熔炼煤是降低煤耗的有效措施之一；(2)煤的含氢量在热力学方面应使还原气利用率降低，在动力学方面应有利于提高气体利用率，因此，熔炼煤的含氢量应适中；(3)为了减少焦炭的使用量并保证在熔炼造气炉内形成稳定的固定床，熔炼煤应具有较好的热稳定性；(4)含硫量要低；(5)COREX工艺对煤的块度也有严格要求。因此，煤种的选择和合理利用是COREX工艺的关键技术，也是COREX工艺发展的主要限制因素之一。

12.3.2　固体还原剂

非高炉炼铁生产的固体还原剂主要是各种非焦煤。使用煤作还原剂的直接还原工艺的概况见表12-2。

表12-2　煤基直接还原工艺概况

项　目	SL/RN法	Inmetco法	Fastmet法	Circofer法
方法所有者	鲁齐冶金公司	Inmetco公司	MIDREX公司	鲁齐冶金公司
运行状况	商业运行	商业运行	试验厂	试验厂
工厂规模/$Mt \cdot a^{-1}$	0.15~0.25	0.30~0.50	0.25~0.45	0.50
反应器	回转窑	旋转炉床	旋转炉床	循环流化床+沸腾型流化床
原料形状	球团、块矿	粉矿	粉矿	粉矿
产　品	DRI	DRI	DRI/HBI	DRI
产品金属化率/%	90~93	85~92	92~95	93
还原剂	煤	煤	煤	煤

非高炉炼铁法对还原剂用煤的要求包括化学成分和冶金性能两方面。

12.3.2.1　化学成分

对还原剂用煤化学成分的要求，主要体现在如下指标：

(1)固定碳和灰分含量。固定碳是还原反应的还原剂。作为还原剂用煤，希望其固定碳含量越高越好。固定碳含量低，则需要配加的还原煤量增多，在反应容积一定的条件下，会直接影响到反应器的容积利用系数，降低设备效率；同时也会使消耗于煤灰加热的能量增加。大量实践表明，直接还原法最好选用固定碳含量大于50%、灰分含量少于20%的煤种。灰分含量过高的煤,用前最好进行洗选。在实际作业中,有时也允许使用低固定碳含量煤作还原剂。

(2)挥发分含量。挥发分是指煤在加热过程中释放出的挥发性物质。挥发分的放出有利于促进还原反应,可为还原反应提供燃烧热量和调节反应区域的温度分布。挥发分含量与煤的反应性有密切关系。一般说来,中、高挥发分含量的煤多属于地质年代轻的煤,反应性好。实际作业表明,挥发分含量在20%~30%之间为宜。但在实际作业中,应该注意使挥发分得到充分利用,如在回转窑直接还原中,当使用高挥发分含量煤时,可采用窑头喷入的方式,否则大量挥发分得不到充分利用而随废气损失掉,还会导致窑尾温度过高的不正常温度分布。

(3)硫含量。用固体还原剂和燃料进行直接还原和熔融还原时,入炉料硫负荷的80%~90%是由还原剂和燃料带入的。还原剂带入的硫要在较高温度下才能分解挥发,分解后的硫化物和单质硫大部分易被还原出的铁吸收。因此,要获得低硫产品,必须使用更多的脱硫剂,增加了成本和能耗。因此,各种非高炉炼铁工艺,特别是固体还原工艺应选用低硫煤。回转窑直接还原法还原剂用煤的硫含量,通常应低于1%。

12.3.2.2 冶金性能

对还原用煤的冶金性能指标的要求主要有:

(1)反应性。煤的反应性是指在某一温度下,煤中固定碳与 CO_2 气体反应生成 CO 的能力。反应性是评价固体还原法还原用煤的重要指标,反应性好的煤,可以使反应空间维持较高的 CO 浓度,促进铁氧化物还原,允许采用较低的还原作业温度。

实验测定和实际使用表明,褐煤的反应性最好,烟煤次之,无烟煤更次之,焦炭最差。在相同温度下,煤的反应性主要取决于炭料的孔隙率和石墨化程度。

(2)灰分软化温度。煤的灰分软化温度是其在还原条件下开始变形的温度。通常,煤基直接还原的作业温度要比还原用煤的灰分软化温度低100~150℃,以防止灰分与含铁物料形成低熔点固溶体化合物,致使含铁物料之间或与反应器壁发生黏结现象。应该指出,灰分软化温度只用来对还原用煤做初步评价,煤种初步选定之后,还应将这种煤与其他含铁物料混合进行详细的试验。

煤的灰分软化温度一般在1150~1500℃以上。应选用灰分软化温度高的煤作还原用煤,对于电炉法和熔融还原法,还原用煤的灰分软化温度高,有利于形成物理热高的炉渣,有益于冶炼过程。

(3)热稳定性。煤的热稳定性,是指煤在加热过程中维持其原始粒度的性质。热稳定性差的煤在使用中将过度粉碎,生成大量粉末,引起物料偏析,并影响正常作业;而热稳定性适当的煤,在升温过程中粉碎适当,可以减少使用之前的破碎处理。

不同煤种的热稳定性不同,一般认为,烟煤的热稳定性较好,褐煤和无烟煤的热稳定性次于烟煤。

(4)结焦性和膨胀指标。煤的结焦性,反映煤在升温过程中软化熔融乃至固化形成焦炭的能力。若还原用煤的结焦指数大,易使煤粒结块长大,导致物料偏析。

自由膨胀指数,是测定挥发物在挥发过程中煤产生自然膨胀的指标。若自然膨胀指标高,在反应器升温过程中,煤易形成低密度团块,可能引起膨胀破裂,生成大量细颗粒粉末。

回转窑直接还原和熔融还原工艺都希望还原煤的结焦性和膨胀指标尽可能低。理想情况下,还原煤的结焦指数应小于3,自由膨胀序数应不超过1。结焦指数大于5以及自由膨胀序数大于3的煤,均不能使用。

(5)粒度。回转窑直接还原时,料层薄,炉料在不断地运动,料层透气性对作业影响很大,煤的适宜粒度应以煤在炉料中形成均匀混合、不出现偏析为原则。炉料运动试验表明,煤的平均粒度应以与矿石料的平均粒度相近为宜。对于热稳定性差和有粉化趋向的煤,可适当扩大粒度范围。一般来说,适宜的粒度范围是6~20mm。

对于竖炉熔融还原工艺,料层透气性是一个重要作业参数,应该选用粒度较大且均匀的煤,严格限制小于3mm的粉末。熔融还原用煤的合适粒度通常是6~50mm。

12.3.3　气体还原剂

气基直接还原法使用的气体还原剂,也称冶金还原气,在还原过程中起到还原剂和作为载体向反应区输送热量的双重作用。在原则和理论上,天然气、由天然气和液体燃料重整转化的还原气、发生炉煤气、煤气化生产的合成气、焦炉煤气、煤层气以及熔融还原产生的富余煤气等多种还原性气体,都可以用作非高炉炼铁的还原剂。

从工业化生产的经济性、安全性及合理性出发,用于非高炉炼铁法,特别是用于气基直接还原的还原气应具备以下条件:(1)热值高;(2)氧化度低,即气体中氧化性成分CO_2、H_2O等的含量低;(3)N_2等惰性成分含量低;(4)高分子碳氢化合物含量适宜;(5)SO_2、SO_3、H_2S和NO_x等有害成分含量低;(6)成分和压力稳定。

目前,非高炉炼铁使用最多的气体还原剂是天然气和由天然气重整转化的还原气。使用天然气的直接还原工艺概况见表12-3。

表12-3　气基直接还原工艺概况

项　目	MIDREX法	HYL-Ⅲ法	Finmet(Fior)法	Circored法	碳化铁法
方法所有者	MIDREX公司	Hylsa公司	奥钢联和委内瑞拉	鲁齐冶金公司	碳化铁公司
运行状况	商业运行	商业运行	商业运行	商业运行	商业运行
工厂规模/$Mt \cdot a^{-1}$	0.25~1.36	0.40~0.75	0.50	0.50	0.30~0.36
反应器	竖　炉	竖　炉	沸腾型流化床	循环流化床+沸腾型流化床	沸腾型流化床
原料形状	球团、块矿	球团、块矿	粉　矿	粉　矿	粉　矿
产品形状	DRI/HBI	DRI/HBI	HBI	HBI	碳化铁
产品金属化率/%	92~95	90~95	90~95	93	90
还原剂	天然气	天然气	天然气	天然气	天然气

基于天然气的气基竖炉直接还原对天然气有严格要求,如含硫低、热值高、N_2含量低等。因此,“有天然气就可以发展气基竖炉直接还原铁生产”的认识与“有焦煤就能发展高炉炼铁”一样,是不准确和不完整的,在某些条件下是错误的。

12.4　冶金还原气的制备

12.4.1　利用气体燃料的还原气制备

用于制备还原气的气体燃料主要是天然气,还有石油气和焦炉煤气。

天然气的主要成分是甲烷(CH_4)。甲烷转化为合成还原气是整个天然气化工的基础。现有的或正在研发的甲烷转化方法,包括水蒸气转化法、部分氧化法和二氧化碳转化法等。

(1)水蒸气转化法。水蒸气转化法已经有几十年的工业生产史了,生产技术已趋于成熟。图12-2所示为Lurgi公司在20世纪80年代后期率先成功开发的两段水蒸气转化制合成气工艺。该工艺装置包括一段转化炉和二段转化炉。在二段转化炉中,一段转化气与氧气混合燃烧,以提高催化床的反应温度和降低出口气中甲烷含量。水蒸气转化法产物中，x_{H_2}/x_{CO}（简称氢碳比）的值约为3。由于合成氨对x_{H_2}/x_{CO}（简称氢碳比）的值没有要求，因此，该工艺已被广泛用于氨的工业生产。

水蒸气转化法的主要特点是，生产的合成气中H_2含量高，甲烷的转化率高，合成气中甲烷的摩尔分数可降低到0.5%以下。但由于氢碳比偏高而难以满足合成甲醇、液体燃料和二甲醚产品的要求，而且该工艺的能耗高，所以设备投资大（合成气制备装置投资占总投资的50%以上），天然气耗费量也较大。

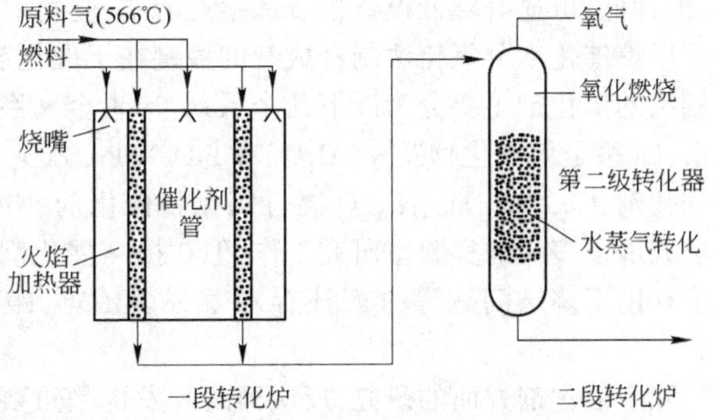

图12-2　Lurgi公司的水蒸气两段转化制合成气工艺

为了能更合理地利用能量并降低投资费用，出现了取消一段水蒸气转化用火管而以二段自热转化提供所需能量的新工艺，代表性的有ICI公司的GHR技术，其主要特点是，取消了常规水蒸气转化所必需的火管加热，而是以二段自热转化所产出的热量作为一段水蒸气转化的热源；另外，Kellog公司开发的KRES工艺与GHR技术的原理基本相同，差别在于其将原料气分为两股，一股进入GHR技术流程，另一股进入自热转化器。此外，新工艺还有俄罗斯的Tandem串级转化技术等。

(2)非催化部分氧化法。非催化部分氧化法的工艺见图12-3，以甲烷和氧气的混合气为原料，在1000~1500℃下反应，制得的合成气中，x_{H_2}/x_{CO}的值在1.6~1.8之间。原料中x_{O_2}/x_{CH_4}的值为0.75，耗氧量高于反应化学计量的50%，伴有强放热的燃烧反应，反应出口温度高达1400℃以上。该工艺对反应器材质的要求十分苛刻。反应原料气中不加入水蒸气，有烟尘生成，因而需要复杂的回收装置来回收反应热和除尘。

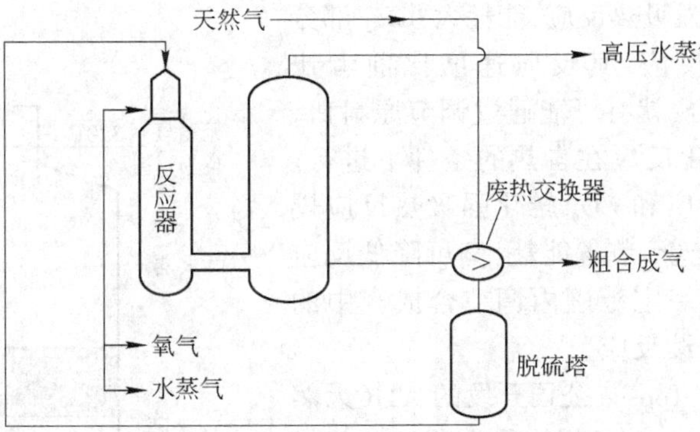

图12-3　非催化部分氧化法的工艺简图

非催化部分氧化法的典型代表有Texaco公司的TGSP工艺及Shell公司的SGP工艺。我国采用天然气非催化空气氧化法的厂家有，宁夏石化分公司和兰州石化总厂等少数几个厂家。反应温度高和积炭是非催化部分氧化法的主要问题，反应温度高对设备材质要求高，积炭则造成后续过程复杂。

（3）催化部分氧化法。甲烷催化部分氧化法制合成气是一个温和的放热反应，反应温度为400～600℃。该法制得的合成气中，x_{H_2}/x_{CO}接近于2∶1，基本满足甲醇、二甲醚和液态烃类燃料等含氧化合物生产的要求。与水蒸气转化法相比，甲烷催化部分氧化法的反应器体积小、效率高、能耗低，可显著降低设备投资和生产成本，受到了国内外的广泛重视。

甲烷催化部分氧化法制合成气的关键在于催化剂的开发，国内外为此已做了大量研究工作。研制出的催化剂主要分为以下几个系列：1）贵金属系列，如担载型 Pd 催化剂（载体为ⅢA 系、ⅣA 系、La 系金属氧化物及 γ-Al_2O_3 和 SiO_2）、Pd/ZrO_4 催化剂等；2）镍系列，如 $Ca_{1-x}Sr_xTi_{1-y}Ni_yO$ 系列催化剂、$Ca_{0.8}Sr_{0.2}Ti_{0.8}Ni_{0.2}O$ 混合氧化物催化剂、NiO/Al_2O_3 催化剂等。对于催化部分氧化法，虽然开展了多年的实验室研究工作，但在提高催化剂的活性、提高抗积炭能力、解决催化剂在高温度梯度下烧结问题等方面还存在着很多困难，距离工业化还有很大的差距，有待于进一步研究。

除了催化剂方面的研究，反应器的开发也是重要的一环。中国科学院大连化物所采用固定床反应器，以 $Ni_2Al_2O_3$ 为催化剂，取得了较好效果。在这种反应器中，反应释放的热量很容易积累形成高温热点，反应很难控制。中国石油大学采用两段法，以钙钛矿、贫氧为催化剂，其中，氧气被分成两部分加入反应器中，这样避免了由于氧气浓度过高而导致爆炸的情况。Exxon 公司开发完成了部分氧化制合成气的流化床新工艺，新工艺采用甲烷、水蒸气的混合气和氧气分开进料的方式，用水蒸气消除了积炭的生成，产物气必须以 400℃/s 的降温速度来冷却，否则合成气在降温过程中将发生 CO 的歧化和甲烷化反应。

影响甲烷催化部分氧化法生产成本的最大因素是从空气中分离制备纯氧，因此，结合空气膜分离器，形成反应与膜分离的耦合是将来研发的方向。

（4）二氧化碳转化法。二氧化碳转化法是由 CO_2 与 CH_4 反应生成有用的 CO 和 H_2，是废气利用、变废为宝、应用前景广阔的 CO_2 固定化和综合利用途径之一，成为近年来的研究热点。该工艺的特点有：1）发生强吸热反应，只有温度高于 645℃时，在热力学上才可行；2）过高的反应温度不仅会造成高能耗，而且对反应器材质也提出了更高的要求；3）降低反应温度、减少能耗的最有效办法就是选择适宜的催化剂。目前，该工艺还处于研究的初始阶段。

CH_4 的 CO_2 转化是强吸热反应，能耗大；CH_4 部分氧化却是温和的放热反应，其反应速度比前者快10～20倍。若将两者耦合，就有可能通过调节原料比，使 CH_4 的 CO_2 和 O_2 转化反应在自热的条件下进行。将 CH_4 部分氧化放热反应和 CO_2 转化强吸热反应耦合起来，既可合理利用能量、节省能耗，又可降低反应温度、减少积炭，还可在一定范围内调节合成气中的 x_{H_2}/x_{CO}之值，更可适应后续反应。

（5）自热式转化法。Topsoe 公司开发的 ATR 天然气自热式转化工艺见图 12-4，是将绝热水蒸气转化法和非催化部分氧化反应相结合而开发的自热式转化新工艺。

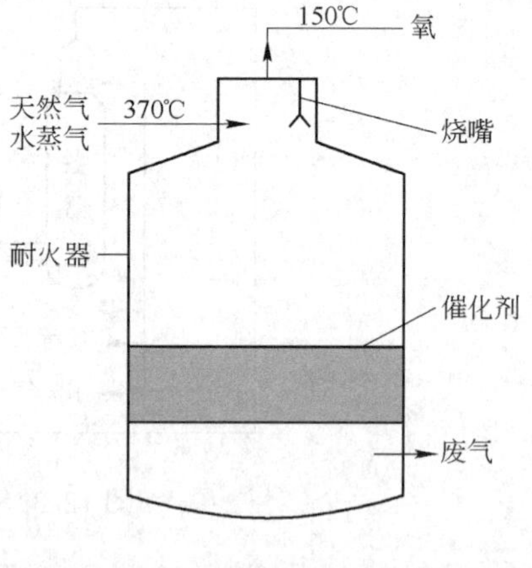

图 12-4　ATR 天然气自热式转化工艺

ATR 在部分氧化段使用特制的烧嘴且通入水蒸气，故可避免炭黑的形成；此外，还可借水蒸气量或 CO_2 量的变化而使合成气中 x_{H_2}/x_{CO}的比值在1.0～3.0 的宽范围内调节，以适应不同的后续过程。虽然此工艺的结构简单，但是控制较难，能耗、物耗较高。现已有两座工厂投产，一座建在卡塔尔的 Raslaffan，另一座建在尼日利亚的

Escravos,所采用的技术都比较成熟,其中,天然气转化生产合成气采用的就是 Topsoe 公司的自热式转化技术。

(6)甲烷的二氧化碳和氧气催化部分氧化耦合法。由于甲烷与二氧化碳的重整(MCR)和甲烷与氧的催化部分氧化(POM)分别作为两个独立的反应体系,都存在各自的优缺点。POM 反应制合成气具有效率高、反应器体积小、能耗低、总体投资和操作费用低等优点;但在催化剂和操作安全等方面还有一些难题有待解决,如工业化时,在高温高压下操作,该体系是一个非常危险的爆炸体系,因此很难实现工业化。而天然气和二氧化碳的 MCR 重整技术,虽然在原料、产品价值及环保方面具有较多的优点,但也存在工艺能耗太高、催化剂容易积炭等缺点;另外,受传热的限制,工业化时反应器直径放大有限,从而限制产量的提高。

因此,有人提出将两种反应体系进行耦合,使 CH_4-CO_2 重整反应与 CH_4 的催化部分氧化反应处于同一体系之内,这样不但有效地克服了两种体系存在的缺点,同时还使这一路线具有 CH_4-CO_2 重整和 CH_4 催化部分氧化制合成气所没有的优点,具体优点如下:1)能量耦合。利用甲烷催化部分氧化所放出的热量进行 MCR 反应,对控制催化剂床层的温度及节约能耗有重要的意义。2)可实现一氧化碳与氢气摩尔分数比的调变。改变反应进料比,可使 x_{H_2}/x_{CO}的值在0.5~1.0之间调变,对后续工艺有更强的适应性。3)部分氧气的加入,可在一定程度上降低催化剂的积炭量(氧气除积碳效果是二氧化碳的1000倍)。4)与二氧化碳和水蒸气重整相比,该工艺可以提高反应速度,从而缩小反应装置,降低设备投资。

目前,有关甲烷的二氧化碳重整和氧气催化部分氧化耦合制合成气的工业应用还未见报道,仍处于研究开发阶段,并已取得一些进展。

总之,甲烷的二氧化碳重整和氧气催化部分氧化耦合制合成气这一路线具有独特的优点,可克服传统水蒸气转化和二氧化碳转化过程中能耗高的缺点,同时也避免了天然气催化部分氧化在高温高压下爆炸的问题,并且所制备合成气中 CO 和 H_2 的比例可以在较大范围内调节,实现不经分离即可满足后续合成工序的需要。另外,由于该体系反应热量的耦合作用使反应器直径可以放大,从而可以大幅度提高产量。因此,甲烷的二氧化碳重整和氧气催化部分氧化耦合制合成气,也是一条理想的制合成气的工业化路线。

从目前情况看,甲烷制合成气技术的发展方向是将传统技术与现代技术相结合,如将蒸汽转化、二氧化碳重整和部分氧化等各种方法结合运用,既可发挥每种方法的各自优点,又可避免单独采用某一方法所带来的缺点。因此,不但有效地解决了催化剂的积炭问题,减少了工艺的热量损耗,避免了活性组分的烧结等难题,还可在尽可能低的生产成本条件下合成出理想的合成气。

12.4.2 利用液体燃料的还原气制备

用作制备还原气的液体燃料主要是重油,其主要成分是 CH_2。多采用部分氧化法,反应是:$CH_2+\frac{1}{2}O_2 = CO+H_2(\Delta H=-6054kJ/kg)$。由于反应放热多,可实现“自热过程”。如果用纯氧进行重整转化,反应释放出的热量除满足“自热过程”外尚有盈余,可以补加适量蒸汽,既能将反应控制在一个适宜的温度下,又可以提高还原煤气的氢含量。

重油部分氧化法制取的还原气中 CH_4 含量低,但氧化度高,其成分(体积分数)一般为:H_2 49%、CO 40%、CH_4 小于 0.5%、H_2O 小于 5%、N_2 不小于 2%。工业上使用时,需先冷却脱除 H_2O 和 CO_2。

使用重油制取还原气的成本比使用天然气制取约高 30%~50%,而且由于重油制取的还原气 x_{H_2}/x_{CO}的值低,也使得直接还原产品的含碳量较高,从而限制了这种方法的使用。

12.4.3　煤气化制备还原气

煤炭气化是最重要的、应用广泛的洁净煤技术，是发展现代煤化工最重要的单元技术，也是实现我国经济可持续发展的主要技术手段之一。煤炭气化可以生产工业燃料气、民用燃料煤气、化工合成原料气、合成燃料油原料气、联合循环发电用燃气、合成天然气以及火箭燃料等。如今，煤气化技术已广泛应用于化工、冶金、机械、建材等重要工业部门和民用生活。

气化过程是煤炭的热化学加工过程，是以煤或煤焦为原料，以氧气（空气、富氧或工业纯氧）、水蒸气或氢气等作气化剂（或称气化介质），在高温条件下通过化学反应，将煤或煤焦中的可燃部分转化为可燃性气体的工艺过程。煤气化时所得的可燃气体称为煤气，进行气化的设备称为煤气发生炉（也称气化炉）。气化所用的原料以煤为主，其次是煤焦（主要是化工焦、初级土焦、型焦等）。在煤炭中，从褐煤到无烟煤，所有的煤种都可充当气化原料，但是黏结性煤多作为炼焦工业的原料。受市场因素、资源条件以及气化技术和设备对煤种适应性等的限制，气化煤种多为褐煤、长焰煤、贫瘦煤和无烟煤，也包括部分弱黏结性煤。煤质的差异、煤炭作为社会能源物质的供应状况（包括价格因素）、煤的粒度等级等，是造成气化技术差别及阻碍其发展的主要原因。

12.4.3.1　煤气化方法分类

目前，世界正在应用和开发的煤气化技术有数十种之多，气化炉炉型也是多种多样，最有发展前途的有十余种。所有煤气化技术都有一个共同的特征，即气化炉内，煤炭在高温条件下与气化剂反应，使固体煤炭转化为气体燃料，剩下的含灰残渣排出炉外。气化剂为水蒸气、纯氧、空气、CO_2 和 H_2。粗煤气中主要含有 CO、H_2、CO_2、CH_4、N_2、H_2O，还有少量硫化物、烃类和其他微量成分。各种煤气的组成和热值取决于煤的种类、气化工艺、气化压力、气化温度和气化剂组成。

煤气化工艺的分类尚无统一标准，主要分类方法有：

（1）按气化剂分类。按使用气化剂的不同，气化方法可分为空气-蒸汽气化法、氧气-蒸汽气化法和氢气气化法三种。

空气-蒸汽气化法以空气（或富氧空气）-蒸汽作为气化剂，其中，又有空气-蒸汽内部蓄热的间歇制气方法和富氧空气-蒸汽自热式的连续制气方法的区别。一般以空气为气化剂制得的煤气，称为空气煤气，主要成分为大量 N_2、CO_2 和一定量的 CO 和 O_2；以水蒸气为气化剂制得的煤气，称为水煤气，主要成分为 H_2、CO、CO_2 及 CH_4；以空气和水蒸气的混合物为气化剂制得的煤气，称为发生炉煤气；此外，合成氨工业将 $(x_{CO}+x_{H_2})/x_{N_2} \approx 3:1$ 的煤气，称为半水煤气。

氧气-蒸汽气化法是以工业氧和水蒸气作为气化剂。现代煤气化技术几乎都是以工业氧和高压蒸汽作为气化剂。

氢气气化法是在煤的气化过程中，用氢气或富含氢气的气体作为气化剂，生成富含 CH_4 的煤气。该法也称为加氢气化法。

（2）按气化炉供热方式分类。煤的水蒸气气化过程总体上是吸热反应，因此，必须供给热量。不同气化过程所需要的热量各不相同，这主要取决于工艺过程和煤的性质。气化方法按气化炉供热方式的不同，可分为自热式气化法、间接供热气化法、煤的水蒸气气化和加氢气化相结合法、热载体供热法等几种。

自热式气化法采取直接供热方式，即气化过程中没有外界供热，也称为部分气化方法。煤与水蒸气气化反应所需要的热量，通过另一部分煤与气化剂中的氧气进行燃烧放热来提供。这是目前工业气化炉中最常用的供热方式。含氧气体可以是工业氧气或富氧空气，也可以是空气。气化过程可以是间歇蓄热气化或连续自热气化。

间接供热气化法使煤仅与水蒸气进行气化反应，从气化炉外部通过管壁供给热量，因而也称为外热式(或配热式)煤的水蒸气气化。此类技术多采用流化床和气流床气化手段。外热可采用电加热或核反应热，只在丰电地区的电力利用时或充分利用核反应堆的余热时，才有经济性。

煤的水蒸气气化和加氢气化相结合法，是使煤与氢气在800~1800℃温度范围内和加压下反应生成CH_4。该反应为放热反应，利用该放热反应直接供热，进行煤的水蒸气气化。该过程的原理在于煤首先加氢气化，加氢气化后的残焦再与水蒸气进行反应，产生的合成气为加氢阶段提供氢源。

热载体供热法是在一个单独的反应器内，用煤或焦炭和空气燃烧来加热热载体以供热，热载体可以是固体(如石灰石)、液态熔盐或熔渣。

(3)按煤气热值分类。按煤气热值，气化方法可分为低热值煤气、中热值煤气和高热值煤气三类。低热值煤气的发热值低于8340kJ/m^3；中热值煤气的发热值处于16000~33000kJ/m^3之间；高热值煤气的发热值高于33000kJ/m^3。

(4)按煤与气化剂在气化炉内运动状态分类。按煤与气化剂在气化炉内运动状态，气化方法可分为移动床(固定床)、流化床(沸腾床)、气流床和熔融床气化法四类，这是目前比较通用的分类方法。

固定床气化一般以块煤或煤焦为原料。煤由气化炉炉顶加入，而气化剂由炉底送入。流动气体的上升力不致使固体颗粒的相对位置发生变化，即固体颗粒处于相对固定状态，床层高度也基本上维持不变，因而称为固定床气化。另外，从宏观角度看，由于煤从炉顶加入，含有残炭的灰渣自炉底排出，气化过程中，煤粒在气化炉内逐渐并缓慢往下移动，因而又称为移动床气化。固定床气化的特性是简单可靠，同时，由于气化剂与煤逆流接触，气化过程进行得比较完全，且使热量能得到合理利用，因而具有较高的热效率。常见的固定床气化炉有：UGI炉、M型炉、WG型炉、鲁奇炉等。

流化床气化，又称为沸腾床气化，其以小颗粒煤为气化原料，这些细粒煤在自下而上的气化剂的作用下，保持以连续不断和无秩序的沸腾和悬浮状态运动，迅速进行混合和热交换，其结果使整个床层温度和组成均一。流化床气化能得以迅速发展的主要原因在于：(1)生产强度较固定床大；(2)直接使用小颗粒碎煤为原料，适应采煤技术发展，避开了块煤供求矛盾；(3)对煤种和煤质的适应性强，可利用褐煤等高灰劣质煤作为原料。常见的流化床气化工艺有：HTW、CFB、U-gas、灰熔聚流化床、恩德炉等。

气流床气化是一种并流式气化。气化剂(氧与蒸汽)将煤粉(70%以上的煤粉通过0.074mm筛孔)挟带入气化炉，在1500~1900℃高温下将煤一步转化成CO、H_2、CO_2等气体，而残渣以熔渣形式排出气化炉。也可将煤粉制成煤浆，用泵送入气化炉。在气化炉内，煤炭细粉粒与气化剂经特殊喷嘴进入反应室后，会在瞬间着火，直接发生火焰反应，同时，处于不充分的氧化条件下。因此，其热解、燃烧以及吸热的气化反应几乎是同时发生的。随气流的运动，未反应的气化剂、热解挥发物及燃烧产物包裹着煤焦粒子高速运动，运动过程中进行着煤焦颗粒的气化反应。这种运动形态相当于流化技术领域里对固体颗粒的“气流输送”，习惯上称为气流床气化。常见的气流床气化技术有：Texaco、Shell、K-T、Prenflo等。

熔融床气化，也称为熔浴床气化或熔融流态床气化，其特点是有一个温度较高(一般为1600~1700℃)且高度稳定的熔池，粉煤和气化剂以切线方向高速喷入熔池内，池内熔融物保持高速旋转。此时，气、液、固三相密切接触，在高温条件下完成气化反应，生成以H_2和CO为主要成分的煤气。熔融床有三类：熔渣床、熔盐床和熔铁床。目前，熔融床气化技术还处于开发阶段，仍未实现完全商业化。

此外,还有地下煤炭气化技术,虽研究开发历史较为久远,但还未见可靠的实际应用。

表12-4给出了固定床、流化床以及气流床三种不同气化工艺的技术性能比较。可以看出,流化床和气流床的技术性能指标均优于固定床。

表12-4　不同气化工艺的技术性能比较

工艺名称	Shell	Texaco	鲁奇加压气化	恩德粉煤气化
气化工艺	气流床	气流床	固定床	流化床
排渣方式	液态排渣	液态排渣	固态排渣	固态排渣
适用煤种	从褐煤到无烟煤的各种煤	各种可制浆的烟煤	从褐煤到无烟煤的各种弱黏结性煤块	从褐煤到无烟煤各种弱黏结性粉煤
气化压力/MPa	2.0~4.0	4.0~6.5	2.0~3.0	0.1~0.15
气化温度/℃	1400~1600	1300~1400	900~1000	900~950
气化剂	工业纯氧	工业纯氧	氧+水蒸气	氧+水蒸气
进料方式	小于150μm粒级占75%的干煤粉	60%水煤浆	5~50mm煤块	不大于10mm粉煤
单炉最大产能	2000t/d	2000t/d	50000m^3(标准)/h	40000m^3(标准)/h
1km^3 CO和H_2的耗氧量/m^3	330~360	380~430	160~270	约270
煤耗/$kg \cdot km^{-3}$	600	640	720	700
碳转化率/%	不小于99	95~98	约90	87~95
冷煤气效率/%	80~85	70~76	约80	72~76
煤气中CO与H_2总含量/%	约90	约80	65~70	70~75
是否需要备用炉	不需要	需　要	不需要	不需要

(5)按气化炉压力、排渣方式和进煤粒度分类。按气化炉操作压力的不同,可将气化技术分为常压气化和加压气化。一般将气化压力高于2.0MPa的煤气化技术,统称为加压气化技术。由于加压气化生产强度高,且在燃气输配和后续化学加工方面的经济性优势明显,所以加压气化技术的开发得到更多的重视。

气化技术按残渣的排出形式,可分为固态排渣和液态排渣。气化残渣以固体形态排出气化炉外的气化技术,称为固态排渣;气化残渣以液态方式排出,即气化残渣经急冷后变成熔渣排出气化炉外的气化技术,称为液态排渣。

此外,原料的粒度或状态也可成为表征气化技术特征的参数,如粉煤气化技术、水煤浆气化技术等。

12.4.3.2　Texaco和Shell煤气化技术

煤气化方法很多。目前已成功开发出的对煤种适应性广、气化压力高、生产能力大、气化效率高、污染少的新一代煤气化工艺,主要有水煤浆气化工艺和粉煤气化工艺。已经实现工业化的具有代表性的水煤浆气化工艺有美国Texaco(德士古)水煤浆加压气化工艺,而粉煤气化的典型代表工艺有荷兰Shell(壳牌)的SCGP粉煤气化工艺。

A　Texaco水煤浆加压气化工艺

Texaco水煤浆加压气化工艺,简称TCGP,是由美国德士古石油公司开发的。第一套处理

15t/d煤的中试装置于1948年在美国洛杉矶附近的Montebello建成。1958年,在美国圣弗吉里亚Mongantown建立了处理煤100t/d的原形炉,操作压力为2.8MPa,气化剂为空气,生产的合成气用于合成氨。Texaco提出了水煤浆的概念,水煤浆采用柱塞隔膜泵输送,克服了煤粉输送困难及不安全的缺点,经逐步完善,该气化工艺已于20世纪80年代投入工业化生产,成为具有代表性的第二代煤气化技术。我国从20世纪90年代初开始大量引进该技术,目前,山东鲁南化肥厂、上海焦化厂、陕西渭河化肥厂、淮化集团有限公司等均采用该流程。

水煤浆气化的工艺原理是:煤经破碎至粒度不大于6mm后,进入湿式球磨机,与水、添加剂磨制成固体物含量为(60±2)%的水煤浆,将其用隔膜泵送入气化炉烧嘴,与含量大于99.6%的氧气在烧嘴出口处混合雾化,然后进入气化炉内进行气化反应(炉内压力为3.84MPa,温度约1400℃),生成以CO和H_2为主要成分的粗合成气。

在气化炉内进行的反应相当复杂,一般分为三步进行:(1)煤的裂解和挥发分的燃烧。煤粉变成煤焦,放出大量反应热。(2)燃烧及气化反应。煤焦一方面和剩余的氧气发生燃烧反应,生成CO和CO_2气体;另一方面,煤焦又与水蒸气和CO_2等发生化学反应,生成CO和H_2。(3)气化反应。主要是煤焦、甲烷与水蒸气、CO_2之间发生化学反应,生成CO和H_2。产生的煤气经下降管进入激冷室,在除去灰、尘、渣后,含有饱和水蒸气的Texaco煤气经气水分离和换热器的热量回收后,进入脱硫、脱碳工序。净化后的合成气被送入后续工序。

Texaco气化工艺有激冷流程和废热锅炉流程。典型的激冷式Texaco水煤浆加压气化工艺流程如图12-5所示。该流程设备简单,投资少。在煤浆槽内,原料煤与水、添加剂、石灰石、氨水等经磨煤机研磨成具有适当粒度分布的水煤浆。然后,由煤浆泵输送且经加压的水煤浆与高压氧气经Texaco烧嘴混合后,呈雾状喷入气化炉燃烧室,在燃烧室内进行复杂的气化反应。生成的煤气(又称为合成气)和熔渣经激冷环及下降管进入气化炉激冷室冷却。激冷的合成气进入洗涤器中,进一步冷却和除尘,并控制水气比,然后进入后续工序。落入激冷室底部的固态熔渣进入锁斗系统,定期排出。黑水沉降槽主要用于水的回收处理。

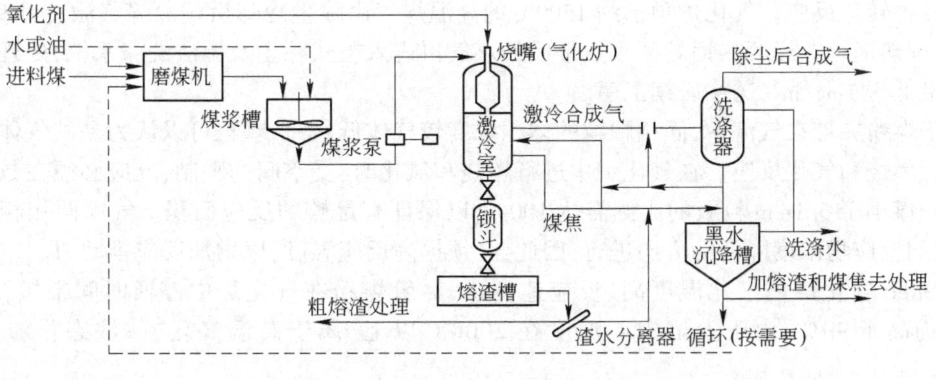

图12-5　激冷式Texaco水煤浆加压气化工艺流程

Texaco水煤浆加压气化的关键设备有磨煤机、煤浆泵、Texaco烧嘴、气化炉等,其中,Texaco喷嘴、气化炉为Texaco水煤浆加压气化的技术关键。Texaco烧嘴主要用于水煤浆和氧气的高度混合和雾化。烧嘴为3通道设计,工艺氧走1、3通道,水煤浆走2通道。烧嘴头部有冷却水夹套及冷却水盘管,以保护烧嘴不被烧坏。由于水煤浆以约30m/s的较高线速度流动,对金属材质的冲刷磨蚀较严重,所以烧嘴头部采用耐磨蚀材质,并用耐磨陶瓷喷涂。气化炉由气化室和激冷室组成,上部为气化室,是气化反应的场所,内衬三层作用不同的耐火砖及耐火材料;下部为激冷室,安装有激冷环和下降管等,煤粉燃烧后产生的熔渣在激冷室水浴中冷却固化。

Texaco 水煤浆加压气化工艺的主要特点为:(1)原料适应性广,各种烟煤、气煤等都可以用来制气,对煤的水分含量、灰分含量、可燃物含量、灰熔点等没有苛刻的要求,有利于厂家就近选煤,可大大节约成本。(2)对高压煤浆泵的质量要求较高。(3)仅有一个装在气化炉顶部的烧嘴,在生产合成气时,通常是 3 流道型,为非可调固定式,需用喷嘴本身的弹性范围来适应生产负荷变动的工况。(4)气体有效成分(CO 和 H_2)含量高约 80%~82%,排渣无污染,污水少,易处理。由于是高温气化,气体中甲烷含量小于 0.1%,不含焦油,废渣可以综合利用。(5)气化压力范围大,2.5~6.5MPa 的工业化装置皆有,尤以 4.0MPa 的装置较为普遍。因气化压力高,可节省合成压缩功。(6)碳的转化率约为 98%。(7)气化炉热量利用有激冷、废热锅炉或两者相结合三种流程,可以根据产品选择合适的流程。由激冷工艺制得的合成气用途广泛特别适合作生产合成氨和甲醇的原料气。(8)激冷型水煤浆气化工艺中,夹带在煤气中的所有灰分全部转入激冷室排出黑水,温度高,水量大,渣水系统流程较长,而且减压阀、部分管道磨损较为严重。

B Shell 粉煤气化工艺

Shell 粉煤气化(SCGP)技术是 Shell 公司于 20 世纪 70 年代开始,基于以油为原料的 Shell 气化技术开始进行研究的。1978 年,在德国汉堡壳牌炼油厂设计、建设和投产了第一套日投煤量 150t 的中试装置,该公司用这座装置进行了一系列成功的试验,验证了煤气化数据的合理性并进行了设备测试。1987 年在美国休斯敦,壳牌 Deer Park 总厂设计、建设了第二套日投煤量 250~400t 的示范装置,积累了 15000h 的操作经验,进一步规范了实际操作规程并充分验证了其煤气化技术的可靠性、原料适用性、负荷可调性;此外,在环保方面也达到了较高的水平。Shell 粉煤气化工艺现已成为较为先进的第二代煤气化工艺的典范之一。我国湖北双环集团、洞庭氮肥厂、中原大化集团等企业已引进该技术。

粉煤制气的工艺原理为:由载气携带的煤粉与氧气和蒸汽混合后进入气化炉,在高温高压的条件下,碳、挥发分及部分反应产物(H_2、CO 等)以发生燃烧反应为主。在 O_2 消耗殆尽之后,发生碳的各种转化反应。气化炉顶部约 1500℃的高温煤气由除尘冷却后的冷煤气激冷到 900℃左右,进入废热锅炉。经废热锅炉回收热量后的煤气再进入干式除尘及湿法洗涤系统,处理后的煤气含尘量低于 $1mg/m^3$,送往后续工序。

由于煤粉夹带在气流中,固相颗粒的体积浓度较气体低,各个颗粒可以认为是被气体隔开而独立进行燃烧和气化反应。在气化炉中进行燃烧和氧化时,受空间的限制,反应必须在数秒内完成。入炉煤小于 0.1mm 粒级的比例需达 100%,以保证有足够的反应面积。气固两相相对速度低,反应朝反应物浓度降低的方向进行,因此,必须提高反应温度,以增加反应推动力。

因 Shell 气化炉内气化温度高、反应速度快,尽管煤粉在气化炉中停留时间很短,但碳的转化率仍高于 99%,由于火焰中心温度在 2000℃以上,属于高温气化,故液态排渣是其必然结果。

Shell 粉煤气化工艺流程如图 12-6 所示。来自备煤工段的煤制粉系统、粉煤锁斗及粉煤给料仓,由高压气将粉煤送到气化炉喷嘴。来自空气分离装置制取的氧气经预热后导入喷嘴。粉煤、氧气及蒸汽在气化炉内高温加压条件下发生部分氧气反应,出气化炉顶部约 1500℃的高温煤气由除尘冷却后的冷煤气激冷到 900℃左右,经输气管进入合成气冷却器。回收热量后的合成气进入干法除尘、湿法洗涤系统,洗涤后含尘量小于 $1mg/m^3$ 的合成气送出供给后续工序。合成气冷却器产生的高压、中压蒸汽配入粗合成气,气化炉水冷壁副产的中压蒸汽可供压缩机透平发电使用。

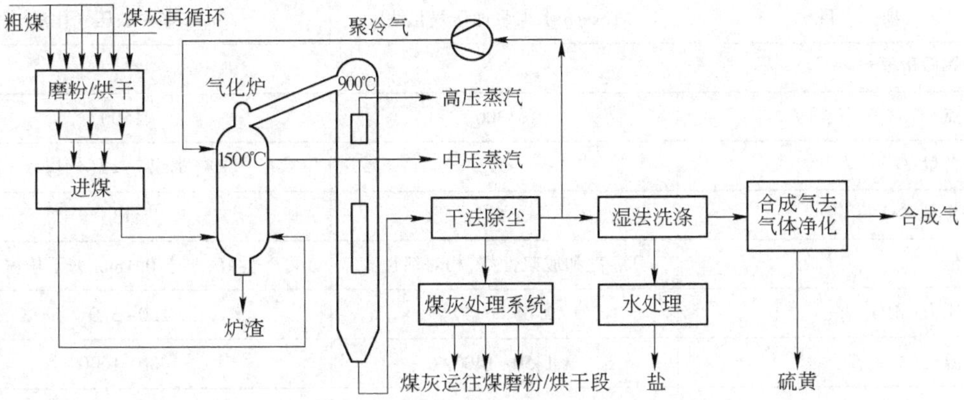

图 12-6　Shell(壳牌)粉煤气化工艺流程

Shell 煤气化技术的关键设备是气化炉、输气管和合成气冷却器。气化炉内件由气化段、渣池、激冷段三部分构成,该内件首先要形成气化空间(气化反应在此完成)、炉渣收集空间(反应完成后的炉渣经过淬冷排出炉外)以及激冷空间(高温合成气被快速激冷到 900℃左右)。输气管内件主要是把经激冷后的合成气输送到合成气冷却器。为了使煤粉气化和气体冷却过程得到有效控制,内件均采用膜式水冷壁结构,即管子-翅片-管子的结构形式,气化炉水冷壁的内壁形成渣保护层,以防止煤气的冲刷和磨蚀。

Shell 煤粉气化工艺具有以下技术特点:(1)煤种的适用性广泛,原料煤的选择范围更宽,对煤的反应性几乎没有要求,对高灰熔点、高灰分含量、高水分含量、高含硫量的煤种同样也适应。因此,合成气成本更低。(2)加煤方式用氮气密封和输送,并由程序控制进行,操作可靠,安全性有保证,但占地比水煤浆大、造价比水煤浆高。(3)采用呈双层对称的形式布置多个喷嘴,遇到负荷变动时,可以增减进入喷嘴的粉煤量,也可调整喷嘴运行个数来适应生产要求。而且喷嘴寿命长,使得气化炉坚固耐用。(4)碳转化率高,任何煤种的碳转化率均大于 99%。(5)氧耗和煤的消耗低。Shell 工艺与 Texaco 工艺相比,每吨煤可多产 10%的合成气,氧气消耗量可节省15%~25%,有效气体成分 CO 与 H_2 的总含量高达 93%。(6)Shell 气化炉内壁采用水冷壁技术和熔态排渣,利用熔渣在炉壁上冷却硬化结成的渣层保护炉壁不受磨损。(7)煤气中携带的细灰大部分在干法除尘中分离,从而湿法洗涤的排水含灰量低,温度也不高,大部分进行循环使用。

C　Texaco 和 Shell 煤气化工艺的比较

Texaco 和 Shell 这两种气化工艺的最主要区别是:(1)Texaco 气化是水煤浆给料,给料中含有 20%(质量分数)的水;而 Shell 气化过程是干煤粉给料方式,由于采用氮气作为输送介质,Shell 气化炉避免了水煤浆给料时水蒸发所带来的热损失,使得煤中更多的化学能传递给煤气,气化过程冷煤气效率上升。(2)对于 Texaco 流程,水煤浆中所含有的水分已完全可以满足气化反应的要求,而 Shell 流程则需要提供额外的水以满足气化过程的需要。

表 12-5 所示为 Texaco 水煤浆加压气化法与 Shell 煤粉加压气化法的技术指标比较。与 Texaco 煤气化技术相比,Shell 煤气化技术在煤种适应性、氧气消耗、碳转化率、热效率等方面占有一定优势。

表 12-5　水煤浆加压气化法与煤粉加压气化法的技术指标比较

项　目	Texaco 水煤浆加压气化法	Shell 煤粉加压气化法
原料煤质量要求:		
灰熔点/℃	<1300	<1500
水分含量/%	<8	<8(褐煤);<2(烟煤)
灰分含量/%	<13	<13
其　他	可磨性和成浆性好,相对活性高	可磨性好,小于 0.1mm 的干粉占 80%
操作压力/MPa	2.65~6.50	2.0~3.0
操作温度/℃	1350~1400	1400~1600
排灰方式	液　态	液　态
碳的转化率/%	98~99	>99
生产强度/$m^3 \cdot (m^2 \cdot h)^{-1}$	5000	> 8000
氧耗/$m^3 \cdot m^{-3}$	0.3	0.225~0.255
产品有效成分:		
CO 与 H_2 总含量(体积分数)/%	80~82	>90
CH_4 含量(体积分数)/%	0.05	<0.05
煤气水处理	较简单	简　单
原料准备	复杂,费用高	复杂,费用高
维护工作	较简单	简　单
工程经验	多	少
炉最大生产能力/$t \cdot a^{-1}$	1500	2000

12.4.3.3　煤气化技术的发展趋势

现代煤气化技术的特点及发展趋势是:

(1)气化压力向高压发展。气化压力由低压(低于 1.0MPa)向高压(2.0~8.5MPa)气化发展,从而提高气化效率、碳转化率和气化炉能力,实现气化装置的大型化和能量的高效回收利用,降低合成气的压缩能耗或实现等压合成,降低生产成本。

(2)气化炉能力向大型化发展。Texaco 气化炉和 Shell 气化炉单炉的气化煤量已达 2000t/d 以上,而 Prenflo 气化炉单炉气化煤量已达 2600t/d。气化炉能力的大型化便于实现自动控制和优化操作,降低能耗和操作费用。

(3)气化温度向高温发展。Texaco 气化温度约为 1400~1500℃,Shell 气化温度高达 1400~1700℃,流化床气化温度为 1000~1200℃。气化温度高有利于煤中有机物的充分分解气化,消除或减少环境污染,增强对煤种的适应性。

(4)开发新型气化技术和装置。致力于开发新的气化技术和新型气化炉,可提高碳转化率和煤气质量,降低建设投资。

(5)现代煤气化技术与其他先进技术联合应用。煤气化与燃气轮机发电组合的 IGCC 发电技术、高压气化(6.5MPa)与低压合成甲醇或二甲醚技术联合而实现等压合成,将省去合成气压缩机,简化生产过程,降低总能耗。另外,煤气化与直接还原铁生产相结合,实行多联产,有利于实现煤气的高附加值利用。

(6)结合新技术,降低环境负荷。煤气化技术与先进脱硫、除尘技术相结合,可实现环境友好,减少污染。如在气化炉内加入脱硫剂(石灰石)后,脱硫效率可达80%~90%;采用高效除尘器,可使煤气含尘量降至1~2mg/m^3,甚至1mg/m^{3}以下。

目前,国内采用的煤气化技术多以常压固定床煤气发生炉和水煤气发生炉为主,开发和引进了水煤气两段炉、鲁奇加压气化炉和Texaco水煤浆气化技术。同时,先进的流化床和气流床煤气化技术已实现工业化和大型化,并不断改进和完善,应用范围不断扩大。今后,干煤粉气化技术应将获得更多的重视和更好的发展。

12.5 典型非高炉炼铁工艺的原燃料

12.5.1 MIDREX 直接还原工艺的原燃料

12.5.1.1 MIDREX 工艺用燃料与还原剂

MIDREX直接还原属于气基直接还原流程,还原气由天然气经催化裂化制取,裂化剂采用炉顶煤气。炉顶煤气经冷却和洗涤净化后,H_2与CO的总含量约为70%。取60%~70%的净化后炉顶煤气经加压送入混合室,与当量天然气均匀混合。混合气被送入装有镍质催化反应管管组的重整转化炉(重整转化炉采用剩余的炉顶煤气进行加热)进行催化裂化反应,转化成还原气,再送入直接还原竖炉。还原气中H_2与CO的总含量在95%左右,温度为850~900℃。

MIDREX直接还原竖炉对天然气的要求有:

(1)含硫量要低。由于天然气的重整转化使用镍基催化剂,而天然气中的硫及硫化合物会使镍基催化剂产生"中毒"反应,使催化剂中毒而失效,而且不能再生。因此,要求天然气含硫量必须要低。

若天然气的含硫量超过4×10^{-4},则该气体必须进行预脱硫后,才能进入重整系统进行重整。

(2)热值要高。生产1t DRI或HBI所消耗的热量为10~14GJ,折合天然气约320~400m^3。天然气热值越高,则天然气用量越少。

(3)N_2含量要低。原料天然气的N_2含量不仅影响天然气的热值,而且影响裂解后煤气的组成。尤其是当炉顶煤气循环时,N_2含量将对炉顶煤气的利用产生影响。

12.5.1.2 MIDREX 工艺用含铁原料

选择的含铁原料要满足MIDREX直接还原本身以及下游炼钢工艺的要求。MIDREX工艺对所选含铁原料的质量评价指标主要包括化学成分、物理性能、还原性能和高温特性等方面。

表12-6给出了MIDREX工艺对直接还原用球团矿和块矿化学组成的要求。

表12-6 MIDREX工艺对球团矿和块矿化学组成的要求 (%)

成　分	含　量
Fe	>67.0
$SiO_2+Al_2O_3$	<3.0
TiO_2	<0.15
P	<0.03
Cu	<0.01

在直接还原时,含铁原料的主要化学变化是从铁氧化物中脱除氧,而所有杂质和渣仍留在直

接还原产品中。因此,原料的铁含量应尽可能高,渣含量应尽可能低,这样才能使直接还原产品被用户所接受。

铁矿石中的非铁元素除了S和Ti以外,其余元素对MIDREX工艺基本没有特殊影响。炉料中的S和Ti通过炉顶煤气进入转化炉,会导致反应管镍基催化剂"中毒"失效。因此,MIDREX工艺流程对铁矿石的S含量和Ti含量要求较严。对于传统流程,铁矿石含硫量不允许超过0.01%;对于采用炉顶煤气作冷却气的改进流程,铁矿石含硫量可放宽至0.02%。

铁矿石的含铁品位和SiO_2含量直接决定下游炼钢的渣量。使用高SiO_2含量的铁矿石生产时,直接还原产品中SiO_2含量必然高,而电炉冶炼的电能消耗和耐火材料的消耗将随直接还原铁SiO_2含量的增加而急剧升高,从而最终影响电炉炼钢工序的技术经济指标。因此,电炉生产要求直接还原铁的渣含量,特别是其中酸性成分含量必须尽可能低,一般要求SiO_2和Al_2O_3的总量不应超过3%,TiO_2不超过0.15%。因此,可相应推算出对铁矿石原料中SiO_2含量的限制。

球团矿和块矿的粒度分布、冷态转鼓强度和抗压强度,对MIDREX竖炉生产的影响很大。表12-7给出了MIDREX工艺对球团矿和块矿冷态物理特性的要求。

表12-7　MIDREX工艺对球团矿和块矿冷态物理特性的要求

项　　目	接受值		推荐值	
	球团矿	块　矿	球团矿	块　矿
正常粒度/mm	5~18	5~50	9~16	10~35
10~35mm粒级的比例/%		>70.0		>85.0
9~16mm粒级的比例/%	>85.0		>95.0	
小于5mm粒级的比例/%	<5.0	<8.0	<3.0	<5.0
转鼓强度:				
大于6.73mm/%	>88	>85	>90	>90
小于0.595mm/%	<6	<10	<4	<7
抗压强度:				
平均值/N·个$^{-1}$	>1500		>2500	
小于500N·个$^{-1}$的比例/%	<5.0		<2.0	

对于MIDREX直接还原工艺来说,含铁原料的高温特性,如还原速率、还原粉化性能、黏结趋势和高温还原强度等,对整个竖炉生产的顺行以及技术经济指标都非常关键。表12-8列出了MIDREX工艺对球团矿和块矿高温冶金性能的要求。

表12-8　MIDREX工艺对球团矿和块矿高温冶金性能的要求

项　　目	接受值		推荐值	
	球团矿	块　矿	球团矿	块　矿
林德试验(760℃)结果:				
金属化率/%	>92	>92	>93	>93
碎裂率(小于3.36mm)/%	<5	<10	<2	<5
热负荷还原试验(815℃)结果:				

续表 12-8

项目	接受值		推荐值	
	球团矿	块矿	球团矿	块矿
转鼓强度(大于 6.73mm)/%			>90	>85
抗压强度/N·个$^{-1}$	>500		>1000	
黏结趋势(10r 后,大于 25mm 的比例)/%	0	0	0	0

MIDREX 工艺对矿石还原性的适应性较强。在还原段内,6h 的还原时间对几乎所有的矿石都是足够的。

某些还原粉化现象较严重的矿种可能在 375~425℃的温度范围内,在还原过程中产生8%~10%的粉末。这一现象会影响料柱透气性,应当给予充分重视。

对 MIDREX 工艺适用的矿石,除了进行传统的还原性和低温还原粉化性能检验外,一般还应进行高温抗压检验和模拟 MIDREX 气氛条件的 6h 还原试验。

较早以前,MIDREX 工艺基本适应全球团矿冶炼。后来,为了降低入炉矿成本,开始将其他矿种与球团矿混合使用。结果证明,天然块矿与球团混用的方法是成功的。目前,天然块矿的使用比例一般在 20%~60%之间。天然矿还原性一般较球团矿差,粉化现象也较严重。混用比例以综合金属化率不低于 92%及不产生大量粉末为原则。

目前,在 MIDREX 工厂使用的球团矿和块矿的范围较广泛。生产实践表明,MIDREX 工厂可以在较宽的范围内灵活地选择矿石,即允许生产者按照自己的特殊要求选择氧化球团矿和块矿的最佳组合。一般来说,MIDREX 工厂对铁矿石进行常规试验,根据生产参数和实际条件确定最佳用料混合比。表 12-9 列出了已经在实际生产中使用的不同来源的多种氧化球团矿。表 12-10 列出了多种已在 MIDREX 工厂中使用的天然块矿石。表 12-11 所示是 MIDREX 工厂使用不同配矿时的技术参数对比。

表 12-9 MIDREX 工厂曾使用的氧化球团矿

国别	氧化球团厂
加拿大	IOC、Carol Lake、Fire Lake、Quebec Cartier、Wabush
墨西哥	IMEXSA、Pena Colorada
智利	CMP
巴西	CVRD、Samarco
尼日利亚	Delta Steel
巴林	GIIC
秘鲁	Hierro Peru
伊朗	ASCO、NISCO
印度	Kudremukh、ESSAR、Mandovi
挪威	Sydvaranger
美国	Portland
俄罗斯	Oskol
委内瑞拉	Sidor、FMO
瑞典	LKAB

表 12-10 MIDREX 工厂曾使用的天然块矿石

国别	生产块矿的矿山
巴西	Aguas Claras、Alegria、Brumadinho、Caue、Conceica、Corumba、CVRD、Esperanza、Ferteco、Feijao、Jangada、Mutuca、Pao Branco、Pico、Tamandua、Sarzedo
印度	Bailadila、Bellary Hospet、Paradeep(Banspani)
委内瑞拉	Cerro Bolivar、El Pao、San Isidro
澳大利亚	Hamersley、Mount Newman
南非	Norore、Postmasburg、Sishen

表 12-11 MIDREX 工厂使用不同配矿时的技术参数对比

项目	参数	巴西球团	瑞典球团	加拿大球团	配矿 A	配矿 B	配矿 C
主要生产参数	η_V/t·(d·m^3)$^{-1}$	7.79	67.79	6.69	7.57	7.07	7.02
	能耗/GJ·t^{-1}	12.55	12.84	12.13	12.01	12.47	12.34
	金属化率/%	93.14	93.22	93.06	93.00	92.55	93.50
海绵铁成分/%	TFe	92.46	93.83	88.24	88.91	88.59	91.69
	MFe	86.12	87.47	82.12	82.69	81.99	85.73
	SiO_2	1.71	1.16	7.63	4.83	4.88	3.89
	Al_2O_3	0.91	0.88	0.44	0.82	0.84	0.87
	CaO	0.65	0.40	0.38	0.51	0.50	0.53
	MgO	0.28	0.25	0.29	0.78	0.68	0.28
	P	0.017	0.010	0.008	0.008	0.012	0.019
	S	3.003	0.008	0.005	0.005	0.005	0.007

注:配矿 A 为 50%Carol 球团+50%Hilton 球团;配矿 B 为 60%Carol 球团+20%Hilton 球团+20%巴西块矿;配矿 C 为 40%Carol 球团+30%巴西球团+30%巴西块矿;η_V 为还原段容积利用系数;MFe 为全金属铁含量。

12.5.2 COREX 熔融还原工艺的原燃料

COREX C-1000 型和 C-2000 型装置的生产实践表明,为使炉况稳定、顺行、高产和低耗,对加入炉内的原燃料都应有一定的质量要求。

12.5.2.1 COREX 工艺用含铁原料

COREX 工艺可以使用块矿、球团矿或者两者的混合矿作为原料。

COREX 工艺对铁矿石的理化性能要求见表 12-12,而表 12-13 则给出了 ISCOR 公司和 POSCO 公司 COREX 炉实际使用的铁矿石种类与化学成分。可以看出,COREX 炉和高炉一样,应该采用精料,即选择高品位、低 S 含量、低 SiO_2 含量和低 Al_2O_3 含量的铁矿石。COREX 工艺要求矿石含铁量应满足:对块矿,$w(TFe) \geq 55\%$;对球团矿,$w(TFe) \geq 58\%$。对矿石中的 TiO_2 含量也应加以限制,以免炉渣黏度升高。由于不同的铁矿石和矿种在 COREX 炉内的行为和实际使用效果差距甚大,因此,要求供矿条件长期稳定。

表 12-12 COREX 工艺对铁矿石的理化性能要求

原料名称	TFe 含量/%		粒度/mm		
	允许	选优	允许	选优	小于 6.3mm 粒级的比例/%
球团矿	≥58	62~66	6~30	8~16	<5
块矿	≥55	62~66	6~30	10~25	<5

表 12-13 COREX 炉使用铁矿石的种类及化学成分

组成/%	ISCOR 公司			POSCO 公司			
	Thabazimbi 块矿	Sishen 块矿	CVRD 球团	Newman 块矿	Algarrobo 球团	CVRD 球团	Peru 球团
Fe	62.9	66.0	64.22	64.3	65.2	65.75	65.50
SiO_2	5.2	2.8	2.9	3.40	2.1	2.52	3.60
Al_2O_3	0.8	1.0	0.6	1.04	0.53	0.56	0.47
CaO	0.9	0.2	3.9	1.3	2.63	2.5	0.47
MgO	0.5	0.1	0.3	0.11	0.05	0.04	0.82
K_2O	0.09	0.13	0.01	0.02	0.02	0.02	0.1
P	0.05	0.04	0.03	0.06	0.02	0.03	0.008
S	0.01	0.03	0.01	0.007	0.006	0.01	0.007

由于 COREX 预还原竖炉不像高炉炉身那样存在焦炭,为此要求铁矿石不仅严格筛除小于 6mm 粒级的粉料,而且应具有良好的热稳定性,这一点和 MIDREX 竖炉相同。块矿因含有结晶水,或多或少都有受热爆裂粉化的问题;另外,还有因 $Fe_2O_3 \rightarrow Fe_3O_4$ 晶形转变发生低温还原粉化的问题,粉化严重时将堵塞竖炉料柱,使还原煤气通过量剧减,导致炉况恶化,产量和金属化率下降,甚至无法生产。据奥钢联测试结果可知,澳大利亚纽曼山块矿可应用于 COREX 炉中,南非 Sishen 块矿和 Thabazimbi 块矿的热稳定性也较好。

球团矿的低温热稳定性能比较好,在 950℃时才发生显著的由还原膨胀引起的高温还原粉化问题。COREX 预还原竖炉的操作温度一般在 850℃。因此,使用球团矿有利于提高竖炉的透气性。

为了使 COREX 还原竖炉的料柱有良好的透气性,降低炉内压力降,并利于气流分布,应控制入炉原料粒度在 6~30mm 范围内,最好为 8~20mm。另外,在还原过程中,矿石还产生碎裂磨损、热爆裂性、还原膨胀和粉化现象,故在矿石入炉前,应测试矿石的碎裂性、低温还原粉化性能、还原膨胀性和还原后强度,以便选择强度好的矿石入炉。

COREX 炉的生产率取决于还原竖炉的生产率。因此,铁矿的还原性能直接影响 COREX 炉的生产率。由于球团矿的孔隙率高,使用球团矿有利于 CO 和 H_2 的吸附扩散和 CO_2 和 H_2O 的扩散脱附。因此,COREX 炉的实践结果和 MIDREX 炉相似,使用球团矿比使用块矿可提高生产率 20%~30%。

12.5.2.2 COREX 工艺用煤

对于 COREX 工艺来说,煤的作用是具有决定性的。煤不仅要提供高质量的还原煤气,还要组织好固定床,是承上启下的角色。COREX 工艺煤的消耗量为 900~1200kg/t,取决于铁矿和煤的质量。COREX 工艺对用煤的质量要求列于表 12-14 中,主要包括挥发分含量、固定碳含量、灰分含量、粒度等指标。表 12-15 给出了目前南非和印度 COREX 装置使用的煤种(包括部分焦炭)及其成分。

表 12-14 COREX 工艺对用煤的质量要求

煤质量指标	容许值	推荐值
固定碳含量/%	≥50	60~75
挥发分含量/%	15~36	20~30
灰分含量/%	10~25	5~12
干燥前水分含量/%	10~15	5~10

续表 12-14

煤质量指标	容许值	推荐值
干燥后水分含量/%	3~6	3~5
硫含量/%	0.5~1.5	0.4~0.6
粒度/mm	0~60(大于10mm的占50%)	5~40

表 12-15　南非和印度 COREX 装置实际用煤(包括部分焦炭)的成分

煤种		灰分含量/%	挥发分含量/%	固定碳含量/%	全硫含量/%
南非	Grootegeluk 煤	15	25	60	0.8
	Van Dijksdrift 煤	16	25	59	0.6
	焦炭	13	2.0	85	0.3
	中国焦炭	12.5	1.5	86	0.65
印度	煤 1	10.4	20.4	69.2	0.38
	煤 2	9.7	27.3	63.0	0.45
	煤 3	14.2	27.5	58.3	0.77
	煤 4	12.0	32.7	55.3	0.48
	煤 5	12.2	34.4	53.4	0.71
	焦炭	11.2	1.3	87.5	0.7

煤中固定碳和挥发分的含量应合适,最好前者为60%~75%,后者为20%~30%。挥发分含量高可保证充分的煤气量,固定碳含量高则可保证足够的炉内热量。煤的灰分含量和含硫量应低,最好分别为5%~12%和0.4%~0.6%。高挥发分煤由于裂解吸热会影响炉内温度,同时为了保证足够的固定碳,必须掺和使用无烟煤或焦粉,否则将造成挥发分中重碳氢物质的裂解不完全,会黏堵煤气处理系统。

煤的气化温度越高,就越适用于 COREX 工艺。COREX 工艺是以煤中 H 与 C、O 与 C 的摩尔比来求出该煤的气化温度。

COREX 工艺对用煤的热稳定性有非常严格的要求。煤的原始粒度组成和入炉受热爆裂后的二次粒度组成是非常重要的参数,因为煤干馏后形成的半焦组成固定床,这是 COREX 专利技术之一,奥钢联为此设计了一套特殊的测试装置和方法。ISCOR 公司现采用两种入炉煤粒度:3~50mm和20~40mm。

煤的黏结性指标应加以控制,因为强黏结性煤将影响熔化炉内的流化床和固定床,所以一般弱黏结性煤可以使用于 COREX 炉。

煤的含水率应控制在3%~5%范围内,水分含量过高将影响炉内温度,因此需设置煤干燥设施。

奥钢联已经对世界上120多种煤进行过性能测定和成分分析。在测过的煤种中,约有15%不能适应 COREX 工艺生产使用。开发者宣称,COREX 工艺适用的煤种范围比炼焦用煤要宽得多,可以使用范围很广的非炼焦煤作为能源。但是,在 COREX 熔融还原装置的实际生产过程中,不仅要求熔融造气终还原炉内必须保证有足够高度的半焦流化床层,而且要求半焦床层有足够的稳定性,所以,COREX 工艺对还原煤的要求十分严格。

为了保证熔融气化炉内半焦流化床层的高度和稳定性,已投产的四座 COREX 炉都曾要求使用 10%~30%的焦炭,甚至在开炉时需在熔融气化炉内添加部分石墨电极块。随着生产经验的积累和冶炼技术的提高,COREX 工艺的焦炭用量逐渐减少。据报道,COREX 工艺已有完全不使用焦炭的生产记录。

宝钢与东北大学合作进行的 COREX 熔融还原炼铁热模拟试验中,采用了阳泉煤、大同煤和神府煤组成的混合煤。结果表明,这三种煤以适当的配比混合,可得到比较理想的 COREX 工艺用煤。

12.5.2.3 COREX 工艺用熔剂

COREX 工艺使用的熔剂通常有白云石、石灰石和硅石等。白云石和石灰石加入预还原竖炉,粒度要求为 8~16mm;硅石加入熔融气化炉,粒度要求为 4~10mm。

ISCOR 公司一般造高 MgO 渣,故熔剂全部采用白云石。

12.5.2.4 COREX 工艺用氧

COREX 装置用氧的纯度不小于 95%。

南非比勒陀利亚厂使用的氧气由邻近的 AFROX 公司外协供应。由于炼钢车间用氧的纯度要求不低于 99.5%,为了便于操作和管理,该厂的 COREX 装置也采用 99.5%纯度的 O_2。该厂一台 COREX 装置的需氧量为 27000~28000m^3(标态)/h,其中,3000m^3(标态)/h 用于两个粉尘返炉喷嘴。

12.6 非高炉炼铁原燃料条件总论

非高炉炼铁是钢铁生产的前沿技术。与高炉炼铁相比,非高炉炼铁可以使用非结焦煤是其最显著的特点,但对于每个非高炉炼铁工艺,其对原燃料条件有着不同的要求,为了获得最佳生产效果和技术经济指标,都应追求对原燃料的最佳选择。实践证明,对于各种非高炉炼铁工艺,原燃料的性质是决定其工艺成败的最重要因素。片面强调非高炉炼铁工艺对原燃料的适应性是不科学的,也是不准确的。

直接还原炼铁工艺用含铁原料的高品质是最基本的要求。竖炉直接还原除对铁的品位有要求外,其冶金性能也必须满足生产的需要,要求有足够的强度、较高的抗还原粉化性能以及较低的还原膨胀性能。

直接还原炼铁工艺对还原剂的要求取决于工艺。目前,我国发展 DRI 生产的主要方向是采用大型化的竖炉,还原气的来源除天然气以外,还可以使用由现代煤制气技术生产的合成气、焦炉煤气、煤层气以及熔融还原生产的过剩煤气。

不同熔融还原炼铁工艺对含铁原料的要求不同,必须依据资源条件来选择适宜的熔融还原工艺。与气基竖炉直接还原相比,COREX 工艺对含铁原料的要求中除含铁品位可适当放宽以外,对于其他性质的要求两者基本相同。

不同熔融还原炼铁工艺对还原剂的要求也存在着巨大差异,这是发展熔融还原工艺必须认真考虑的因素。COREX 工艺对还原煤的要求较为苛刻,利用煤粉造块技术解决还原煤高效利用的问题是 COREX 技术发展的重要方向之一。

13 转炉炼钢原料

13.1 转炉炼钢原料概述

炼钢用原料分为主原料、辅助原料、脱氧合金化材料以及耐火材料。氧气转炉炼钢的主原料为铁水和废钢(生铁块)。辅助原料通常有造渣剂(活性石灰、石灰石、萤石、白云石、铁矾土、合成造渣剂等)、冷却剂(海绵铁、铁矿石、锰铁矿、氧化铁皮以及烧结矿等)、化渣剂、增碳剂以及各种气体(氧气、氮气、氩气、二氧化碳)。脱氧合金主要有金属铝、铝铁、铝锰铁、硅钡钙等,合金化材料主要有锰铁、硅铁、硅锰合金、铌铁、钒铁、硅钙合金等。

原料是炼钢的物质基础,原料质量直接影响炼钢生产过程和钢液质量。大量生产实践证明,采用精料以及原料质量标准化,是实现炼钢过程自动化、改善技术经济指标、提高经济效益的重要途径。根据所炼钢种、操作工艺及装备水平合理选用和搭配原料,可达到低成本、高质量的目的。影响炼钢原料质量的因素主要有综合因素和工序因素,前者是指物料内在质量和计量的准确性,而后者是指物料准备工作的质量。

转炉炼钢物料准备程序示于图 13-1 中,主要包括分类、加工、保管和配料供应等若干个环节。在准备过程中,原料的成分、类别、数量和温度等是控制参数,而物料技术条件是控制依据。物料准备工作的质量可从冶炼终点时的技术经济指标反映出来。

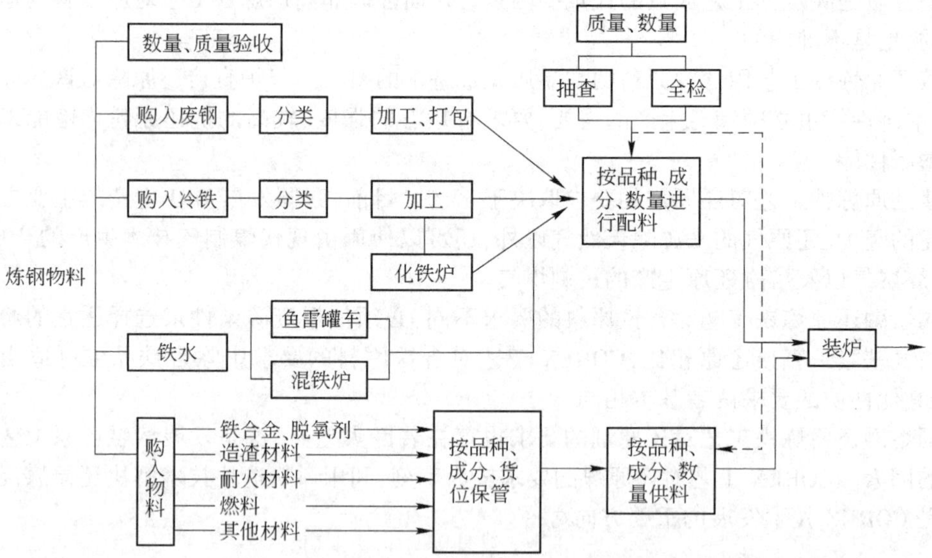

图 13-1 转炉炼钢原料准备程序

转炉入炉原料结构是炼钢工艺制度的基础,主要包括三个方面的内容:一是钢铁料结构,即铁水和废钢及废钢种类的合理配比;二是造渣料结构,即石灰、白云石、萤石、铁矿石等的配比制度;三是充分发挥各种炼钢原料的功能和使用效果,即钢铁料和造渣料的科学利用。炉料结构的优化代表着炼钢生产的发展方向,是最大限度稳定工序质量、降低物料消耗、增加生产能力的基本保证。

13.2 转炉炼钢主原料

13.2.1 铁水

铁水是炼钢的主要原料,一般占装入量的70%~100%。铁水的化学热与物理热是氧气顶吹转炉炼钢的主要热源。因此,为了保证冶炼过程顺利和获得良好的技术经济指标,对入炉铁水化学成分和温度有一定的要求。

13.2.1.1 铁水温度

铁水温度是铁水带入炉内物理热量的标志,这部分热量约占转炉热收入的50%,是转炉热量的重要来源之一。对于转炉,铁水温度高有利于稳定操作和转炉的自动控制;铁水温度过低将造成炉内热量不足,影响熔池升温速度和元素氧化进程,同时不利于化渣和去除杂质,还容易导致喷溅。因此,转炉通常要求铁水温度必须大于1250℃,并且要相对稳定。

通常,高炉的出铁温度在1350~1450℃之间,由于铁水在运输和待装过程中散失热量,所以,最好采用鱼雷罐车或铁水罐加盖的方式供应铁水,在运输过程应加覆盖剂保温或在铁水罐上加盖,以减小铁水温降。

13.2.1.2 铁水的化学成分

我国炼钢生铁标准见表13-1。合适的铁水成分,是根据冶炼过程需要、钢种、经济效果等多方面因素确定的。

表13-1 我国炼钢生铁标准(YB/T 5296—2011)

牌号			L03	L07	L10
化学成分(质量分数)/%	C		≥3.50		
	Si		≤0.35	>0.35~0.70	>0.70~1.25
	Mn	一组	≤0.40		
		二组	>0.40~1.00		
		三组	>1.00~2.00		
	P	特级	≤0.100		
		一级	>0.100~0.150		
		二级	>0.150~0.250		
		三级	>0.250~0.400		
	S	一类	≤0.030		
		二类	>0.030~0.050		
		三类	>0.050~0.070		

硅是铁水中主要发热元素之一,炼钢过程生成的SiO_2是转炉渣的主要酸性成分,是决定炉渣碱度和石灰消耗量的关键因素。铁水含硅量高,可增加转炉热源,提高废钢比。资料表明,铁水中每增加0.1%Si,废钢比可提高约1.3%,而且铁水含硅量高,渣量增加,有利于脱磷和脱硫。但是,铁水中硅含量过高,将会使渣料消耗增加,易引起喷溅,降低金属收得率;另外,还会致使渣

中 SiO_2 含量过高，将加剧对炉衬的侵蚀，并影响石灰的渣化速度，延长吹炼时间。通常，在铁水不经深度预处理时，转炉用铁水含硅量以 0.3%～0.6%为宜。对大中型转炉，铁水中硅含量可偏低。转炉吹炼高硅铁水可采用双渣操作。

锰是钢中弱发热元素，铁水锰含量高对炼钢有利，是有益元素。锰在炼钢中的有益作用主要体现在：在吹炼初期形成 MnO，能加速石灰熔化，促进初期渣及早形成，改善熔渣流动性，有利于脱硫和减少助溶剂的用量；同时，有利于减少顶枪黏枪现象和提高炉衬寿命和炉龄。另外，铁水含锰高，有利于提高终点钢水残锰量，可减少锰铁加入量，有利于提高钢水纯净度。转炉用铁水要求 $w[Mn]/w[Si]$ 的比值为 0.8～1.0。由于锰矿资源缺乏，我国铁水含锰量不高，通常在 0.5%左右。高炉在冶炼高锰生铁时，将导致高炉焦比升高，生产率下降。

磷是强发热元素，是大多数钢种中的有害元素，故铁水中磷含量越低越好。由于磷在高炉中是不能去除的，铁水含磷量主要取决于矿石条件。转炉一般要求铁水中 $w[P] \leqslant 0.20\%$，磷含量尽可能低和稳定，以简化转炉操作，提高技术经济指标。铁水含磷高时，可采用双渣或双渣-留渣操作。现代炼钢多采用炉外铁水脱磷处理或采用转炉双联工艺在转炉内预脱磷，以满足生产低磷纯净钢的需要。

硫对于大多数钢种是有害元素。在氧化性气氛下，虽然活跃的熔池沸腾条件、高温、高碱度炉渣、采用多渣法操作等可以脱除较多的硫，但这样会致使转炉原料消耗增加，生产率下降，转炉的脱硫率只有 30%～60%。因此，转炉炼钢希望铁水含硫量越低越好。我国炼钢技术规范要求入炉铁水 $w[S] \leqslant 0.05\%$，冶炼优质低硫钢的铁水硫含量则要求更低，纯净钢甚至要求铁水中 $w[S] \leqslant 0.002\%$。因此，必须进行铁水预处理，降低入炉铁水硫含量。

铁水渣也就是高炉渣，含有 S、SiO_2、Al_2O_3 的量较高，过多的高炉渣进入转炉内会导致转炉钢渣量大，石灰消耗增加，容易造成喷溅，降低炉衬寿命，故转炉要求铁水带渣量小于 0.5%。

碳是转炉炼钢的主要发热元素，铁水含碳量一般在 3.5%～4.5%之间。

铁水预处理是提高铁水质量、改善转炉操作的技术，此技术已在世界各国广泛应用。该技术可以对铁水进行脱硅、脱磷和脱硫处理。

13.2.2　废钢

废钢是转炉炼钢的主要金属料之一，也是冷却效果比较稳定的冷却剂。增加转炉废钢用量，可以降低转炉炼钢成本、能量消耗和辅助材料消耗。

废钢按来源可分类如下：

- 废钢
  - 本厂废钢
    - 返回料（废钢锭和废钢坯、铸锭头和铸锭尾，轧钢切头等）
    - 回收料（加工废料、报废设备、废轧辊等）
  - 外来废钢
    - 加工工业的废料（机械、造船、汽车等行业的废钢、车屑等）
    - 钢铁制品报废料（船舶、车辆、机械设备、土建和民用材料等）

废钢按外形尺寸和重量的分类，见表 13-2。

废钢来源复杂，质量差异大，其中，以本厂返回料或者某些专业性工厂的返回料质量最好，成分比较清楚，性质波动小，给冶炼过程带来的不稳定因素少。外购废钢成分复杂，质量波动大，需适当加工和严格管理。通常根据成分和重量将废钢分级，以区分优质废钢和劣质废钢。在转炉配料时，应按成分或冶炼需要将优质废钢集中使用或搭配使用，以提高废钢的使用价值。

废钢质量对转炉冶炼技术经济指标有明显影响。从合理使用和冶炼工艺出发，对废钢的要求是：

表 13-2 废钢按外形尺寸和重量的分类

类 别	供应状态	外形尺寸/mm	单件重量/kg
重型废钢	块、型	长度≤600 宽度≤400 高度≤400 厚度≥10	500~800
中型废钢	块、条、板、型	长度≤800 宽度≤400 高度≤300 厚度≥6	300~600
小型废钢	块、条、板、型	长度≤1000 宽度≤400 高度≤300 厚度≥4	100~400
统料型废钢	块、条、板、型	长度≤1000 宽度≤400 高度≤400 厚度≥2	≤300
轻料型废钢	块、条、板、型、打包块	长度≤1000 宽度≤400 高度≤400 厚度<2	≤300

(1)不同性质的废钢应分类存放,以避免贵重元素的损失和因残余元素超标熔炼出废品。外观相似而成分不同的废钢不能邻近堆放;在多数钢种中,两种元素不常同时存在的两类废钢也不可邻近堆放。

(2)废钢入炉前应仔细检查,严防混入封闭器皿和爆炸物,严防混入钢种成分限制的元素以及铅、锌、铜等有色金属。废钢中硫、磷含量均不得大于0.05%,残余元素含量应满足:$w(Ni)<0.3\%$、$w(Cr)<0.3\%$、$w(Cu)<0.3\%$以及$w(As)<0.8\%$。除Mn和Si外,其他合金元素的残余总量不应超过0.6%。

(3)废钢应清洁、干燥、少锈,尽量避免带入泥土、沙石、油污、耐火材料和炉渣等杂质。

(4)废钢应具有合适的外形尺寸和单重。废钢的外形尺寸和块度应保证能从炉口顺利加入转炉。废钢单重不能过重,以便减轻对炉衬的冲击。轻薄料应打包或压块使用;重型废钢应加工、切割;轻型废钢和重型废钢应合理搭配,以便顺利装料并保证在吹炼期全部熔化。对于铁水供应严重不足或废钢资源过剩的转炉钢厂,可采取废钢预热措施。废钢的长度应小于转炉炉口直径的1/2,国家标准要求废钢长度不超过1000mm,最大单件重量不大于800kg。

13.2.3 生铁块

生铁块也称为冷铁,是铁锭、废铸铁件、包底铁和出铁沟铁的总称。生铁块成分与铁水相近,但不含显热。一般情况下,很少用大量冷铁作炉料,因为这将延长转炉冶炼时间。但铁水不足时,也可以用冷铁作辅助热源。优质冷铁还可以在转炉冶炼终点前用于增碳。

入炉生铁块成分要稳定，S、P 等杂质的含量越低越好，最好达到 $w[S] \leqslant 0.05\%$，$w[P] \leqslant 0.10\%$。$w[Si]$不能太高，一般要求铁块中 $w[Si]<1.25\%$。

13.3 转炉炼钢辅助原料

13.3.1 造渣剂

造渣剂通常指石灰、萤石、白云石、菱镁矿和合成造渣剂。

13.3.1.1 *石灰*

石灰是炼钢主要造渣材料，具有脱 P 和脱 S 能力，用量也最多。石灰通常是由石灰石在竖窑或者回转窑内用煤、焦炭、油、煤气煅烧而成的。通常把 1050~1150℃温度下，在回转窑或新型竖窑（套筒窑）内熔烧的石灰（即反应能力高、体积密度小、孔隙率高、比表面积大、晶粒细小的优质石灰）称为活性石灰，也称为软烧石灰。活性石灰的活性度（定义见本书 4.3 节）大于 310mL，体积密度小，约为 1.7~2.0 kg/m^3，孔隙率高达 40%以上，比表面积为 0.05~0.13m^2/kg，晶粒细小，熔解速度快，反应能力强。使用活性石灰可减少石灰和萤石的消耗量及转炉渣量，有利于提高脱硫和脱磷效果，可减少转炉热损失和炉衬蚀损；另外，在其表面也很难形成致密的硅酸二钙硬壳，有利于加速石灰的渣化。

石灰的质量对转炉吹炼工艺、产品质量和炉衬寿命等有着重要影响。因此，要求石灰有效 CaO 含量要高，石灰有效 CaO 含量取决于石灰中 CaO 和 SiO_2 的含量。SiO_2 是石灰中的杂质，若石灰中含有一定量的 SiO_2，按照炉渣碱度 3.0 计算，则需要 3 倍数量的 CaO 来中和 SiO_2，这就大大降低了石灰有效 CaO 含量。因此，标准规定石灰中 SiO_2 含量不可高于 4%。

此外，石灰的生烧率、过烧率要低。若石灰的生烧率过高，即石灰没有烧透，加入熔池后必然要继续完成焙烧过程，这样势必吸收熔池热量，延长成渣时间；若过烧率高，即石灰死烧，则孔隙率低，成渣速度也很慢。

石灰的硫含量也要求低，生产低硫钢使用的石灰要求含硫量小于 0.015%，因为这时石灰是带入转炉内的硫的主要来源。

石灰要有适当的块度，还应保证清洁、干燥和新鲜。杂质越多，则石灰的使用效率就越低，会增加渣量，恶化转炉技术经济指标。

石灰的渣化速度是转炉炼钢过程成渣速度的关键，所以对炼钢用石灰的活性度也要提出要求。石灰的活性度（水活性）是石灰反应能力的标志，也是衡量石灰质量的重要参数。此外，石灰极易水化潮解，生成 $Ca(OH)_2$，要尽量使用新焙烧的石灰；同时，对石灰的贮存时间应加以限制，一般不得超过 2d。块度过大，熔解缓慢，影响成渣速度；而细小的石灰颗粒易被炉气带走，造成浪费。块度一般以 5~50mm 或 5~30mm 为宜，大于上限、小于下限的石灰比例均不大于 10%。贮存和运输时，必须防雨、防潮。

13.3.1.2 *萤石*

萤石又称为氟石，是转炉有效的助熔剂，主要成分是 CaF_2，杂质中含有 SiO_2、Al_2O_3 等。纯 CaF_2 的熔点为 1418℃，而萤石中因还含有 SiO_2 和 S 等成分，熔点在 930℃左右，密度为 3.2g/cm^3。萤石加入炉内后，与 CaO 和石灰外壳（$2CaO \cdot SiO_2$）生成低熔点化合物 $3CaO \cdot CaF_2 \cdot 2SiO_2$（熔点为 1362℃），使其熔点降低；也可与 MgO 生成低熔点化合物（1350℃），从而改善炉渣的流动性。萤石助熔作用快，时间短，但过多使用萤石会形成严重的泡沫渣，导致喷溅，同时也加剧对炉衬的侵蚀，并污染环境。因此，应严格控制吨钢萤石加入量。

转炉冶炼对萤石质量的要求为：$w(CaF_2) \geqslant 85\%$，$w(SiO_2) \leqslant 5.0\%$，$w(S) \leqslant 0.10\%$，$w(P) <$

0.06%,块度在5~50mm之间,并要干燥和清洁。

近年来,由于萤石供应不足,曾试用过其他萤石代用品,包括:铁矾土、硼酸钠、硼酸钙等;氧化钛类,如含不同量TiO_2的钛铁矿;其他氧化物类,如氧化锰、氧化铁等;还有锰矿、轧钢铁皮、转炉烟尘等。在替换比为1:1的条件下,试验表明,萤石仍然是性能最好的助熔剂。一些钢厂用氧化铁皮作代用剂,但它们比萤石耗热多,助熔速度慢;个别工厂采用锰矿作代用品,但来源受限制;有的钢厂从环保角度考虑,严格控制吨钢的萤石加入量。

13.3.1.3 *白云石和菱镁矿*

白云石是调渣剂,有生白云石与轻烧白云石之分。生白云石的主要成分为$CaCO_3 \cdot MgCO_3$,经焙烧后(900~1200℃)可成为轻烧白云石,其主要成分为CaO、MgO。根据溅渣护炉技术的需要,加入适量的生白云石或轻烧白云石,保持渣中MgO含量达到饱和或过饱和,可以减轻初期酸性渣对炉衬的侵蚀和减少炉衬的熔损,使终渣能够做黏,出钢后达到溅渣的要求。炼钢对生白云石的要求是:$w(MgO)>20\%$,$w(CaO)\geqslant 29\%$,$w(SiO_2)\leqslant 2.0\%$,烧损不大于47%,块度为5~30mm。由于生白云石在炉内分解吸热,所以用轻烧白云石的效果最为理想。对轻烧白云石质量的要求是:$w(MgO)\geqslant 35\%$,$w(CaO)\geqslant 50\%$,$w(SiO_2)\leqslant 3.0\%$,烧损不大于10%,块度为5~40mm。

菱镁矿也是调渣剂。作为一种天然矿物,菱镁矿的主要成分是$MgCO_3$,焙烧后还可用于生产耐火材料。炼钢对菱镁矿质量的要求是:$w(MgO)\geqslant 45\%$,$w(CaO)\leqslant 1.5\%$,$w(SiO_2)\leqslant 1.5\%$,烧损不大于50%,块度为5~30mm。

MgO-C压块可用作吹炼终点钢水碳含量低时或冶炼低碳钢溅渣时的调渣剂,由轻烧菱镁矿和碳粉制成,一般要求:压块的MgO含量在50%~60%之间,C含量处于15%~20%之间,块度为10~30mm。

13.3.1.4 *合成造渣剂*

合成造渣剂一般是在石灰中加入适量的氧化铁皮、萤石、氧化锰或其他氧化物等熔剂,然后在低温下预制成型。这种合成造渣剂的熔点低、碱度高、成分均匀、粒度小,而且在高温下易碎裂,成渣速度快,因而减轻了转炉造渣的负担。

高碱度氧化球团矿也可以作为合成造渣剂使用,其成分稳定,造渣效果良好。

13.3.2 冷却剂

氧气顶吹转炉炼钢过程的热量有富余,因而根据热平衡计算应加入适量的冷却剂,以准确地命中终点温度。顶吹转炉用冷却剂有废钢、生铁块、铁矿石、氧化铁皮、球团矿、烧结矿、石灰石和生白云石等,其中,主要为废钢和铁矿石。冷却剂的冷却效应从大到小排列,依次为:铁矿石→氧化铁皮→球团矿→烧结矿→石灰石→生白云石→废钢→生铁块。铁矿石的冷却效果为废钢的4.5倍。

铁矿石主要成分为Fe_2O_3或Fe_3O_4,铁矿石的熔化和铁氧化物的还原都吸收热量,因而能起到调节熔池温度的作用。但铁矿石带入脉石,会增加渣量和石灰消耗量;同时,一次加入量过多会引起喷溅和冒烟。此外,铁矿石还能起到氧化作用。氧气顶吹转炉用铁矿石的化学成分以$w(TFe)\geqslant 56\%$、$w(SiO_2)\leqslant 10\%$、$w(S)\leqslant 0.20\%$为宜,块度以10~50mm为宜,并要求干燥和清洁。

转炉炼钢用氧化铁皮是来自轧钢和连铸过程中产生的氧化壳层,主要成分是Fe_2O_3。因此,使用氧化铁皮可改善熔渣流动性,也有利于脱磷,并且可以降温。对氧化铁皮质量的要求是:TFe含量高于70%,SiO_2、S、P等其他杂质的总含量低于3.0%,粒度不大于10mm,使用前要烘焙干燥和去除油污。

13.3.3　增碳剂

转炉冶炼中、高碳钢种时，使用含杂质很少的石油焦作为增碳剂。对顶吹转炉炼钢用增碳剂的要求是：固定碳含量要高，灰分、挥发分和 S、P、N 等杂质的含量要低，并要干燥和干净，粒度要适中。一般要求其固定碳含量不小于 96%，挥发分含量不大于 1.0%，S 含量不大于 0.5%，水分含量不大于 0.5%，粒度在 1～5mm 之间。若粒度太细，容易烧损；但若太粗，加入后浮在钢液表面，不易被钢水吸收。

13.3.4　气体

氧气是顶吹转炉炼钢的主要氧化剂。炼钢用工业纯氧是由空气分离制取的。对炼钢用氧气的要求是：O_2 纯度要高于 99.6%，并要脱除水分和皂液。炼钢厂用氧一般由厂内附设的制氧厂供给，用氧气管道送到炉前，要求氧压稳定、能满足吹炼所要求的最低压力，并且安全可靠。

氮气是转炉溅渣护炉和复吹工艺的主要气源，是制取氧气过程中的副产物。对氮气的要求是：满足溅渣和复吹所需的供气流量，气压要稳定，N_2 纯度大于 99.95%，在常温下干燥和无油。

氩气是转炉炼钢复吹和钢包吹氩精炼工艺的主要气源。对氩气的要求是：满足吹氩和复吹所需的供气流量，气压稳定，Ar 纯度大于 99.95%，无油，无水。

二氧化碳是部分转炉底吹氩气的替代品，部分钢厂转炉底吹使用二氧化碳。二氧化碳的制取，既可以从石灰窑废气中回收，也可以从转炉煤气中制取。对二氧化碳的要求是：满足复吹所需的供气流量，气压稳定，CO_2 纯度大于 99.95%，无油，无水。

13.4　脱氧合金及其他合金化材料

为满足钢的化学成分和质量要求，在脱氧和合金化过程中，广泛使用多种脱氧合金和合金化材料。表 13-3 给出了转炉炼钢常用的脱氧合金化材料的化学成分及质量标准。

表 13-3　常见合金材料及其质量要求

铁合金名称		C/%		Mn/%	Si/%		P/%		S/%		其他/%	质量标准
		Ⅰ	Ⅱ		Ⅰ	Ⅱ	Ⅰ	Ⅱ	Ⅰ	Ⅱ		
高碳锰铁	FeMn78C8.0	≤8.0		75～82	≤1.5	≤2.5	≤0.20	≤0.33	≤0.03			1）电炉锰铁 2）GB/T 3795—2014
	FeMn68C7.0	≤7.0		65～72	≤2.5	≤4.5	≤0.25	≤0.40	≤0.03			
中碳锰铁	FeMn78C2.0	≤2.0		75～82	≤1.5	≤2.5	≤0.20	≤0.40	≤0.03			
	FeMn82C1.5	≤1.5		78～85	≤1.5	≤2.5	≤0.20	≤0.35	≤0.03			
	FeMn82C1.0	≤1.0		78～85	≤1.0	≤2.5	≤0.20	≤0.35	≤0.03			
低碳锰铁	FeMn84C0.7	≤0.7		80～87	≤1.0	≤2.0	≤0.20	≤0.30	≤0.02			
	FeMn84C0.4	≤0.4		80～87	≤1.0	≤2.0	≤0.15	≤0.30	≤0.02			
	FeMn88C0.2	≤0.2		85～92	≤1.0	≤2.0	≤0.10	≤0.30	≤0.02			
普通硅铁	FeSi75Al1.5	≤0.1		≤0.4	75～≤80		≤0.045		≤0.20			GB/T 2272—2020
	FeSi75Al2.0	≤0.1		≤0.4	75～≤80		≤0.04		≤0.20			
	FeSi75Al2.5	≤0.2		≤0.4	75～≤80		≤0.04		≤0.20			

续表 13-3

铁合金名称		C/%		Mn/%	Si/%		P/%			S/%		其他/%	质量标准
		I	II		I	II	I		II	I	II		
硅钙合金	Ca28Si60	≤0.5	≤0.8		58~65		≤0.04			≤0.05		Al≤1.4; Ca≥28	YB/T 5051—2016
硅锰合金	FeMn68Si22	≤1.2		65~72	20~23		≤0.10	≤0.15	≤0.25	≤0.04			GB/T 4008—2008
	FeMn64Si18	≤1.8		60~65	17~20		≤0.10	≤0.15	≤0.25	≤0.04			
铬铁	FeCr65C0.03	≤0.03			≤1.0		≤0.03			≤0.025		Cr=60.0~70.0	GB 5683—2008
	FeCr65C1.0	≤1.0			≤1.5		≤0.03			≤0.025		Cr=60.0~70.0	
	FeCr67C9.5	≤9.5			≤3.0		≤0.03			≤0.04	≤0.06	Cr=60.0~72.0	
钒铁	FeV50-A	≤0.40			≤2.0		≤0.06			≤0.04		48≤V≤55; Al≤1.5	GB 4139—2012
	FeV80-B	≤0.30		≤0.50	≤1.5		≤0.08			≤0.06		78≤V≤82; Al≤2.0	
钼铁	FeMo55-B	≤0.20			≤1.5		≤0.10			≤0.15		Cu≤0.5; 55≤Mo≤60; Sb≤0.08; Sn≤0.08	GB 3649—2008
	FeMo60-C	≤0.15			≤2.0		≤0.05			≤0.15		Cu≤1.0; 60≤Mo≤65; Sb,Sn≤0.08	
硼铁	FeB22C0.05	≤0.05			≤1.0		≤0.050			≤0.01		Al≤1.5; B=21~25	GB/T 5682—2015
	FeB16C1.0	≤1.0			≤2.5		≤0.10			≤0.01		Al≤0.5; B=15~17	
钛铁	FeTi40-A	≤0.10		≤2.5	≤3.5		≤0.05			≤0.03		Al≤9.0; Ti=35~45	GB 3282—2012
	FeTi40-B	≤0.20		≤3.0	≤4.0		≤0.08			≤0.04		Al≤9.5; Ti=35~45	
铌铁	FeNb70	≤0.03		≤0.8	≤1.0		≤0.04			≤0.03		Nb+Ta=70~80	GB 7737—2007
	FeNb50-B	≤0.04			≤2.5		≤0.04			≤0.03		Nb+Ta=50~60	

续表 13-3

铁合金名称		C/%		Mn/%	Si/%		P/%		S/%		其他/%	质量标准
		Ⅰ	Ⅱ		Ⅰ	Ⅱ	Ⅰ	Ⅱ	Ⅰ	Ⅱ		
磷铁	FeP24	≤0.2	≤1.0	≤2.0	≤3.0		23~25		≤0.05	≤0.5		YB/T 5036—2012
硅钙钡铝合金	FeAl16Ba9-Ca12Si30	≤0.40		≤0.40	≥30.0		≤0.04		≤0.02		Ca≥12；Ba≥9；Al≥16	YB/T 067—2008
硅钡铝合金	FeAl25Ba9Si30	≤0.20		≤0.30	≥30.0		≤0.03		≤0.02		Ba≥9；Al≥25	YB/T 066—2008
硅铝合金	FeAl25Si25	≤0.2	≤1.2	≤0.40	≥25.0		≤0.02	≤0.04	≤0.03		Al≥25.0	YB/T 065—2008
钨铁	FeW80-A	≤0.10		≤0.25	≤0.5		≤0.03		≤0.06		W=75~85	GB/T 3648—2013
硅钙钡合金	Ba-Ca-Si				52~56		0.05		≤0.15		Al≤2.0；Ca≥14；Ba≥14；Ca+Ba≥28	实际使用成分
铝锰铁	Fe-Mn-Al	1.30		30.8	1.58		0.070		0.006		Al=24.4	实际使用成分
氮钒铁	Fe-V-N	6.45			0.09		0.02		0.10		Al=0.14；V=79.06；N=12.6	实际使用成分

合金主要在转炉出钢过程中和精炼炉合金调整过程中使用(冶炼 IF 超深冲薄板钢及硅钢时,在 RH 真空脱气精炼过程中使用脱氧合金)。转炉炼钢使用的脱氧合金主要有金属铝、铝铁、铝锰铁、硅钡钙等复合脱氧剂。精炼炉使用的脱氧合金主要是金属铝、硅铁、锰铁。常用的合金化材料有锰铁、硅铁、硅锰合金、钼铁、镍铜合金、铌铁、钒铁、钛铁、硅钙合金等。合金化材料有些以铁合金形式使用,如锰铁、硅铁、铬铁、硼铁、钒铁、钼铁、铌铁、钛铁等;有些以合金形式使用,如硅锰、硅钙、硅铝钡等;有些以纯金属形式使用,如铝、锰、铬、镍等;此外,有的还以化合物形式使用,如稀土化合物。合金在转炉和精炼炉中使用的原则是,易氧化的合金在后续工序加入,以提高合金的收得率,例如,转炉一般加铝合金脱氧,加硅系合金和锰系合金进行合金化,而铌铁、钛铁等易氧化合金一般在脱氧后的精炼炉中加入。

各类钢对脱氧的要求不同,故所用脱氧合金的类别和数量也有区别。转炉炼钢对脱氧合金总的要求有:(1)脱氧元素与氧的亲和力必须比铁与氧、碳与氧的亲和力都大;(2)脱氧剂的熔点应低于钢水温度,以便能迅速熔化并均匀分布于钢水之中,通常,脱氧剂均以合金的形式使用;

(3)脱氧剂应有足够的密度,以便能沉入钢水内部,提高脱氧效率;(4)为了加速脱氧产物的排除,脱氧产物的熔点要低,密度要小,在钢水中的溶解度要小,与钢水的界面张力要大;(5)残留于钢中的脱氧元素对钢的性能应无害;(6)价格合理。

铁合金品种多,生产方法多样,多以其他金属作还原剂从矿物中高温还原后制得,故生产成本较高。铁合金的生产方法主要有电热法、金属热法、高炉法和电解加热法,列于表 13-4 中。多数铁合金是利用电能在矿热炉中生产的。

表 13-4 铁合金的生产方法

<table>
<tr><th>工 艺</th><th colspan="2">还 原 法</th><th>操 作 法</th><th>产 品</th></tr>
<tr><td rowspan="3">电弧炉法</td><td colspan="2" rowspan="2">碳还原法</td><td>矿热电弧炉法</td><td>高碳锰铁、硅锰合金、硅铁、金属硅、硅钙合金、高碳铬铁、硅铬合金、高碳镍铁、磷铁</td></tr>
<tr><td>电弧炉法</td><td>镍铁、钼铁、(高碳钒铁)</td></tr>
<tr><td>硅还原法</td><td rowspan="2">发热法</td><td>电弧炉法
钢包冶炼法</td><td>中低碳锰铁、中低碳铬铁</td></tr>
<tr><td>铝热法</td><td>铝还原法</td><td>铝热法(包括硅热法或硅铝热法及电弧炉并用法)</td><td>钒铁、铌铁、金属铬、低碳钼铁、硼铁、硅锆铁、(钨铁)</td></tr>
<tr><td>电解法</td><td colspan="2">电解还原法</td><td></td><td>金属锰、金属铬</td></tr>
<tr><td>转炉法</td><td colspan="2"></td><td>吹氧冶炼</td><td>低碳镍铁</td></tr>
<tr><td>感应炉法</td><td colspan="2"></td><td>熔 化</td><td>钛铁</td></tr>
<tr><td>真空炉法</td><td colspan="2">减压固体碳还原法</td><td></td><td>(低碳铬铁)、(高碳钒铁)</td></tr>
<tr><td>高炉法</td><td colspan="2">碳还原法</td><td></td><td>高碳镍铁、(高碳锰铁)</td></tr>
</table>

转炉炼钢对铁合金的要求主要包括:

(1)使用块状铁合金时,块度应合适,并要求数量准、成分明、干燥、纯净、不混料。

(2)在保证钢质量的前提下,选用适当牌号的铁合金,以降低炼钢成本。

(3)对没有炉外精炼设备的钢厂,在冶炼含氢量要求严格的钢种时,铁合金宜先经过烘烤,以减少带入钢中的气体。对熔点较低和易氧化的合金,可在低温(200℃)下烘烤;对于熔点高和不易氧化的合金,应在高温(大于 800℃)下烘烤,并要保证足够的烘烤时间。

(4)铁合金成分应符合技术标准规定,以避免炼钢操作失误。如硅铁中的含铝量、含钙量,沸腾钢脱氧用锰铁的含硅量,都直接影响着钢水的脱氧程度。

(5)不同铁合金的加入时间和顺序也有所不同。一般合金的加入时间是从转炉出钢 1/3 时开始,当出钢 2/3 时结束。关于铁合金的加入应注意以下几个方面:1)脱氧合金加入的顺序,一般为先加脱氧能力弱的,后加脱氧能力强的,这样生成的脱氧产物较易上浮;也可先加脱氧能力强的,后加脱氧能力弱的,这样硅、锰的收得率高且较稳定,给精炼带来方便,其脱氧产物经过钢包吹氩搅拌,上浮也很充分。2)以脱氧为目的的元素先加,合金化元素后加。3)易氧化的贵重元素应在脱氧良好的情况下加入,如钒铁、铌铁等合金应在硅铁、锰铁、铝等脱氧剂全部加完以后再加入,以提高其收得率。4)难熔的、不易氧化的合金,如铜、镍、钨铁、钼铁等,应加在炉内。

脱氧合金收得率,受钢水和炉渣氧化性,钢水温度,出钢的下渣状况,脱氧剂块度和密度、加入时间和地点、加入次序等多方面影响。镇静钢主要采用炉内预脱氧-钢包内补充脱氧或全部脱氧剂加入钢包内的脱氧方法。沸腾钢主要采用 Fe-Mn 脱氧方法，脱氧剂全部加入钢包内，出钢时加少量铝调整钢水氧化性。对于脱氧钢种和不脱氧钢种，转炉冶炼时合金材料的具体加入时间分别列于表 13-5 和表 13-6 中。

表 13-5　转炉冶炼时合金材料的加入时间（脱氧钢种）

合金种类	加入时间
碳	出钢后 5s
锰　铁	出钢后 5s
磷　铁	出钢后 5s
铝	出钢后 5s
铬　铁	出钢后 5s
特殊合金	出钢后 100s
镍　铁	出钢后 30s

表 13-6　转炉冶炼时合金材料的加入时间（不脱氧钢种）

合金种类	加入时间
碳	出钢后 30s
锰　铁	出钢后 30s
磷　铁	出钢后 50s
废　钢	出钢后 60s
精炼渣	出钢后 30s

下面介绍两种近年来使用的铁合金。

（1）硅铝铁合金。长期以来，转炉一直使用金属铝作为钢液的终脱氧剂。铝在脱氧能力、细化晶粒等方面存在很大优势，但其以块状方式加入钢中，利用率低，收得率不稳定。20 世纪 80 年代中期以来，国内一些钢厂开始使用硅铝铁合金脱氧，使铝的收得率明显提高，脱氧成本下降。硅铝铁合金的化学成分见表 13-7，其熔点为 1070℃，密度为 4.30～4.58t/m^3。

表 13-7　硅铝铁合金的化学成分　（%）

成　分	Al	Si	Fe	S	P	C	杂质总量
含　量	45～50	15～30	余量	<0.05	<0.10	<0.5	<1.0

（2）硅铝钡铁合金。硅铝钡铁合金是继硅铝铁合金之后开发的又一新型复合脱氧剂。由于硅铝钡铁合金内含有一定数量的钡，而钡具有脱 O、脱 S、改变夹杂物形态、提高钢的力学性能等作用，因此，一些转炉厂使用硅铝钡铁合金取代铝块及硅铝铁合金等脱氧剂。

我国首钢使用的硅铝钡铁合金的化学成分（质量分数）为：30%～35% Si，12%～14% Ba，24%～26% Al，实践证明，取得了较好的使用效果和经济效益。

本钢 120t 转炉使用的硅铝钡铁合金的化学成分见表 13-8，其熔点为 1050～1200℃，密度为 3.24～3.38t/m^3。

表 13-8　本钢转炉使用的硅铝钡铁合金的化学成分　（%）

成　分	Al	Si	Ba	Ca	C	P	S
含　量	39.51～39.85	21.98～22.65	7.6～7.9	<0.1	<0.5	<0.2	<0.05

14 电炉炼钢原料

14.1 电炉冶炼用金属料

传统的电炉主要采用废钢作为金属炉料,再配加10%左右的生铁块。现今电炉炼钢使用的铁源除废钢、冷生铁块外,还有直接还原铁(DRI和HBI)、铁水、脱碳粒铁、碳化铁、复合金属料等,这些金属炉料在电弧炉炼钢生产过程中起着举足轻重的作用。

14.1.1 废钢

废钢是电炉炼钢的主要炉料。目前,随着社会的发展和工业化程度的加深,民用废钢和产业废钢的产生量应呈增加趋势。

电炉所用的废钢不能锈蚀严重或含锈过多,否则不能准确地确定钢液重量。在冶炼过程中,因钢液重量不准而会影响化学成分的准确控制;浇注时,因钢液重量不足而容易造成短尺废品。此外,铁锈还能使钢中的氧含量增加。因此,应尽量使用无锈或少锈的废钢作为电炉炼钢的炉料。

废钢应尽量少沾有泥沙和炉渣,避免混有橡胶、骨质、珐琅、耐火材料以及混凝土块等物质,主要是因为这些物质的存在会降低炉料的导电能力。废钢的含渣量按体积计算不应大于15%。

废钢中不应混有Cu、Pb、Zn、Sn等有色金属。Zn熔点低,极易挥发,氧化产物氧化锌会侵蚀炉盖耐火材料,尤其是对硅砖炉盖的危害更大;Pb熔点更低且密度大,易挥发,很难溶于钢中,因此,如果炉料混有Pb时,不仅能毒化和污染空气,而且极易毁坏炉底;Cu和Sn使钢产生热脆。废钢在入炉前要确知化学成分,保证残余元素含量的相对稳定,否则可能会使冶炼无法进行,或使冶炼时间延长。这样既增加电耗,又降低炉衬的使用寿命。

废钢中严禁夹有爆炸物、易燃危险品或两端封闭和不透气的容器等,防止在熔化过程中发生爆炸。因此,废钢在使用前应进行严格的检查与挑选。

废钢越密实越好,炉料的最大块度和重量随炉子大小及装料方法而定。采用炉顶装料的炉料块度可比炉门装料的块度大一些,炉门装料允许的最大块度随炉门大小而定。另外,对于人工装料,炉料还要有合适的重量。为了保证冶炼操作顺利进行,轻、中、重型废钢的装料比例要合适,最大块度的钢铁料每炉不能装得过多。电炉炼钢炉料的合适尺寸见表14-1。

表14-1 电炉炼钢对炉料尺寸的一般要求

电炉公称容量/t	2	5	10	20~30	50	100
炉料最大截面积/mm×mm	200×200	250×250	400×400	600×600	800×800	2000×2000
炉料最大长度/mm	400	500	600	800	1000	2500

从技术上着手,根据现行生产条件摸索最佳的炉料成分和堆密度,确定合理的炉料配比,可有效改善电炉熔炼操作,降低能耗,提高生产率。同时,加强废钢的管理,通过减少废钢中非金属杂质的含量、将炉料进行严格分类管理、快速装料、减少装料次数等措施,有利于电炉的节能降

耗。根据电炉需要及废钢的不同来源，需使用剪切机和打包机等装置对废钢进行加工处理，为电炉提供理想的废钢条件，从而保证节能降耗的冶炼效果。

当前电炉使用废钢原料的最大问题是，残留 Ni、Cr、Mo 等合金元素和 Cu、Sn、Bi、Sb、Pb 等有害元素，这些元素在电炉炼钢过程中尚无有效的方法去除，并在废钢循环再利用的过程中不断积累。故冶炼特殊钢种时，迫切需要杂质元素含量较低的其他钢铁料来加以稀释。

14.1.2　冷生铁块

冷生铁块也是电炉炼钢的基本原料。配入冷生铁块的目的是，提高入炉金属料中的碳和其他易氧化元素的含量，减少铁的损失，并且冷生铁块具有沸腾和造渣等功能，保证了冶炼过程的合理顺行。但应注意，由冷生铁带入的各种易氧化元素也将使耗氧量增加，同时，Si、Mn 等的氧化产物使渣量增加，并使脱磷任务加重。

巴西 MJS 公司在 84t 超高功率电炉炉料中配加 35.5% 的冷生铁，取得了很好的效果。表 14-2为该公司的冶炼指标。由表 14-2 可知，MJS 公司在金属炉料中使用 35.5% 的冷生铁后，电能、电极和耐火材料的消耗量降低，金属收得率增加，冶炼时间缩短，生产率提高。由于加入冷生铁，吹氧脱碳沸腾程度加剧，熔毕钢水中氮含量由全废钢冶炼的 9×10^{-5} 降到 5×10^{-5}。但与此同时，耗氧量、吹氧管消耗量和石灰消耗量有所增加，氧耗增加幅度为 17.8m^3(标准)/t。

表 14-2　巴西 MJS 电弧炉添加 35.5%冷生铁的冶炼效果

项　　目	100%废钢	35.5%生铁+64.5%废钢
电耗/kW · h · t^{-1}	467	397
电极消耗/kg · t^{-1}	2.6	2.2
耐火材料消耗/kg · t^{-1}	6.0	5.1
耗氧量/m^3(标准) · t^{-1}	11.9	29.7
石灰及白云石消耗/kg · t^{-1}	27.6	30.0
吹氧管消耗/kg · t^{-1}	0.017	0.041
出钢—出钢时间/min	64.2	54.6
金属收得率/%	89.51	90.11

14.1.3　直接还原铁

如第 1 章所述，直接还原铁是以铁矿石或氧化球团等为原料，在回转窑和竖炉等设备内，在低于熔点的温度下，以还原气或煤等为还原剂还原铁氧化物得到的金属铁产品。由直接还原生产的海绵状金属铁产品，称为 DRI；由海绵铁热压成型的产品，称为 HBI。HBI 比 DRI 密度大，不易被氧化和破碎。

用直接还原铁代替废钢，有如下优点：

(1) 电炉炼钢直接采用直接还原铁代替废钢铁料，可以解决废钢供应不足的实际困难。

(2) 由于直接还原铁中金属铁含量较高，P、S 和残留元素的含量非常低，用直接还原铁代替废钢，能起到稀释有害元素、降低气体和夹杂物含量的作用；对钢材的屈服强度、延展性能、冷加工性能、热处理性能、焊接性能等都有所改善，应变时效也明显降低。

(3) 与废钢不同，DRI 中所含的碳与其中剩余氧化物反应产生的气体使炉渣泡沫化，这样可在高压长弧下熔炼，最终降低电能，如将 600℃ DRI 直接输送到电炉内，电耗可降低 16%～20%。

(4)小密度渣可使直接还原铁迅速穿透渣-金属界面,同时,熔渣的泡沫化可改善热传递条件,稳定电弧,从而缩短了熔炼时间,提高电炉的生产率。

(5)由于炉内含有大量 CO,减少了电极氧化,使得电极消耗量降低。

(6)冶炼期间产生的泡沫渣能够吸收电弧辐射,减小耐火材料的消耗,并且冶炼时允许采用较大功率进行工作。

(7)冶炼操作时,噪声较小。

表 14-3 和表 14-4 分别给出了加拿大德贝克-多斯科钢公司使用直接还原铁的工业试验结果。虽然使用直接还原铁可以降低钢液杂质含量,改善冶炼工艺和操作,但是对冶炼工艺和操作也有许多不利之处,主要有:由于脉石含量高,易造成炉渣量增多;渣中 FeO 含量高,易引起沸腾,使金属收得率下降,冶炼时间和电耗增加。

表 14-3 德贝克-多斯科钢公司采用不同炉料时钢中残余元素含量 (%)

炉料结构	Cu	Ni	Cr	N_2
100%废钢	0.2	0.07	0.08	0.007
40%废钢+60%直接还原铁	0.10	0.05	0.05	0.005
100%直接还原铁	0.02	0.02	0.02	0.002

表 14-4 采用废钢和直接还原铁冶炼的钢材的机械性能对比

炉料结构	屈服强度 σ_2/MPa		抗拉强度 σ_b/MPa		伸长率 δ/%		加工硬化系数	
	冷轧后	存放 7d 后	冷轧后	存放 7d 后	冷轧后	存放 7d 后	冷轧后	存放 7d 后
100%废钢	241	282	351	358	34	25	0.21	0.23
100%直接还原铁	203	217	323	325	39	36	0.17	0.21

14.1.4 热装铁水

电炉热装铁水工艺是现代电弧炉炼钢的一项新技术,热铁水的金属残余元素含量较低,是一种冶炼优质钢的电炉炉料。由于铁水成本仅为废钢和直接还原铁价格的一半左右,用其作金属炉料时,一方面可以缓解废钢供给紧张的局面;另一方面,热铁水携带大量物理热,能够缩短冶炼时间,降低电耗,稀释废钢中的有害元素,降低钢中气体含量,同时可以生产优质钢水,开发新钢种,提高产品的竞争能力。表 14-5 给出了国外已投产的部分铁水热装电弧炉的概况,而表 14-6 给出了国内部分电弧炉钢厂的铁水热装工艺状况。

表 14-5 国外已投产的部分铁水热装电弧炉的情况

厂 家	投产年份	出钢量/t	变压器容量/MW	炉子形式	热装铁水比/%	制造厂商
Unimetal(法国)	1994	150	150	双壳	25	Clcim
Cockerill(比利时)	1996	140	100	竖炉	35	Fuchs
Dofasco(美国)	1996	165	134	双壳	30	Fuchs
Nippon Demo(印度)	1996	180	99	双壳	0~70	MDH
Saldanha(南非)	1998	170	115	双壳	38	MDH
Severotal(俄罗斯)	1998	120	85	竖炉	40	Fuchs

表 14-6　国内部分电弧炉钢厂的铁水热装工艺状况

厂　家	电弧炉吨位/t	热装铁水比/%	降低电耗/kW · h · t⁻¹	缩短冶金时间/min	应用年份
南　钢	20	25~30	102	14	1996
安　钢	10	25~30	92.57	32	1995
苏　钢	100	20	80	8	1999
浦　钢	100	20~28	80~100	45	—
石　钢	30	30	60~90	30	1999
宝　钢	150	30	100	30	1997
太　钢	50	30~50	—	—	2000

电弧炉热装铁水时主要应考虑以下因素:(1)采用较高的铁水温度,使得炉料加快熔化,因此,铁水温度应不低于1200℃。(2)铁水中硅、锰的含量适中。硅、锰含量增加可以使铁水化学能增加,但同时导致渣量增加;较高的硅、锰含量将使氧化放热过程的升温速度加快,且使渣中FeO含量降低,不利于脱磷。(3)铁水应具有较低的磷、硫含量。磷、硫含量的增加将增加冶炼负担,所以入炉铁水应控制在 $w[P] \leq 0.17\%$、$w[S] \leq 0.060\%$ 的条件下。(4)铁水兑入量应适当。若铁水兑入量过高,炉料熔清后碳、磷的含量较高,导致冶炼时间延长,造渣材料消耗大,铁损和电耗高;若铁水兑入量过低,熔清时碳含量较低,不能保证沸腾去气和去夹杂的要求。铁水兑入量以20%~30%为宜。(5)铁水兑入时间应该安排在炉料熔化20%~30%左右时,或在两次废钢料加入的间隙内兑入铁水,这样可以防止铁水喷溅。如兑入铁水的时间过晚,不能充分利用其物理热,不利于缩短熔化期。

14.1.5　脱碳粒铁

脱碳粒铁全称为脱碳粒化生铁,是在高炉出铁时,经过高压水淬火制取不同粒度(3~10mm)的粒化生铁,然后将其装入回转窑加热至一定温度,在回转窑旋转过程中,通入一定量的混合气体进行生铁脱碳,从而得到可供电弧炉炼钢使用的原料。脱碳粒铁的工业生产设备主要是氧化回转窑和粒化水池,生产工艺流程如图14-1所示。

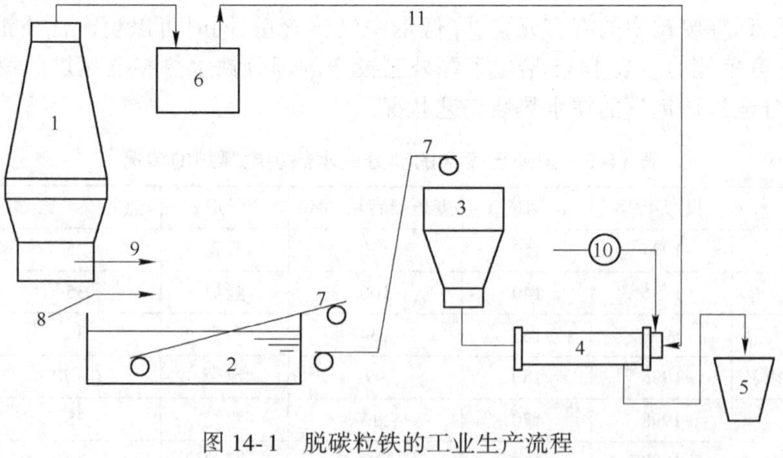

图 14-1　脱碳粒铁的工业生产流程

1—高炉;2—粒化水池;3—料仓;4—氧化回转窑;5—粒铁罐;6—除尘器;7—皮带;
8—高压水;9—高炉铁水;10—助燃风机;11—高炉煤气

电炉使用脱碳粒铁作为原料，具有下述优点：

(1)经高炉冶炼后，脱碳粒铁中的脉石含量比直接还原铁低1%~3%，仅此一项就比直接还原铁用于电炉炼钢时的电耗降低10%。

(2)铁水水淬时，粒铁中的磷含量降低约10%；在高炉和氧化回转窑中，可脱硫50%，因而粒铁的磷、硫含量均较低，其他杂质元素的含量也比直接还原铁低。

(3)粒铁的金属铁含量比直接还原铁高5%~10%，还原度比直接还原铁高3%~5%。粒铁表面少量的FeO有利于电弧炉造泡沫渣。

(4)粒铁碳含量可根据需求控制在0.2%~3.0%之间，可以用小粒度(小于0.2mm)粒铁得到碳含量低于0.02%的工业纯铁或其他特殊钢原料。

(5)粒铁是在高温氧化气氛下制成的，耐氧化能力强，便于电弧炉热装，可降低电弧炉电耗。按出料温度为800℃、保温后以500℃装料计算，全部用脱碳粒铁炼钢的电弧炉电耗可降低150kW·h/t。

(6)粒铁堆密度($3.5\sim4.0t/m^3$)比直接还原铁(小于$2t/m^3$)高，耐氧化性强，运输方便。而且粒铁成分单一，外形整齐(3~10mm)，可减少电弧炉装料次数，降低电耗，提高生产率。

(7)生产规模灵活，适于中、小型高炉配套使用。设备简单，投资少，操作简单。

14.1.6 碳化铁

20世纪70年代初，M. Stephens提出了用碳化铁作炼钢原料的设想。经几十年的研究和发展，目前，碳化铁的生产和应用经过小规模工业性试验，现已进入商业化使用阶段。

碳化铁是铁精矿粉经天然气改质后的还原气体还原，从而得到的混合物，其主要成分为Fe_3C，其余成分为脉石和铁氧化物。使用碳化铁的主要优点为：(1)具有化学稳定性高、不自燃、对二次氧化不敏感等特点，便于储藏和运输；(2)硫、磷等有害杂质含量低，用作金属炉料可以降低钢中有害杂质浓度；(3)含碳量高，冶炼时碳燃烧产生热量，比使用废钢和直接还原铁时能耗降低；(4)可直接使用精矿粉生产碳化铁，无需造块，因而可实现喷吹速熔；(5)可用作炼钢过程的增碳剂和冷却剂；(6)工艺设备投资少，成本低，对环境污染小。

碳化铁用于电炉生产时，即使不向熔池喷吹炭粉，因其碳含量高达6%，也能形成泡沫渣，避免了喷吹炭粉时可能造成的钢中硫等杂质含量升高等问题。形成的泡沫渣可以提高热效率和增加电弧的稳定性，降低熔炼过程噪声，提高电弧炉耐火材料的寿命，增大渣钢接触面积，加快精炼速度。另外，碳氧反应不仅提供了热量，生成的气泡还对熔池起到良好的搅拌作用，促使熔池温度和成分均匀，促进夹杂物的上浮和气体的排除。碳化铁化学潜热高，有害杂质及残留金属含量极低，因而被认为是电炉炼钢，特别是生产优质钢和纯净钢的理想原料。

14.1.7 复合金属料

复合金属料是俄罗斯研制成功的一种用于替代炼钢生铁、球团矿及废钢的新型炉料。它是通过铸铁机，利用熔融铁水和一定的配加工艺添加15%~25%的添加剂(烧结矿或球团矿)，经冷却固结后制成。使用复合金属料的优越性如下：(1)有利于冶炼高质量的钢；(2)成本低于废钢；(3)在炉温较低(1150~1200℃)时便可形成泡沫渣，减少耐火材料的消耗；(4)加快剩余炉料的熔化，缩短冶炼时间；(5)堆密度大于废钢。

复合金属料已经使用于俄罗斯图拉黑色冶金科学生产联合公司第四车间、俄罗斯北方钢铁股份公司及美国NSST厂。结果表明，复合金属料各个组成部分同时熔化，熔化时形成的泡沫渣具有很高的流动性，降低了钢水中P和S的含量，缩短了熔炼时间，减少了电能消耗。复合金属料是一种适合于电弧炉生产高质量钢的万能金属炉料，是废钢的理想代用品。

综上所述，电炉炼钢厂采用废钢与生铁的金属炉料结构方式已不适合现代化冶金的发展。开发新型金属炉料结构，合理配置冷生铁、直接还原铁、热装铁水、脱碳粒铁、碳化铁、复合金属料等废钢代用品，可有利于稀释金属残余元素，解决废钢供应不足的问题，提高电弧炉钢的质量，降低冶炼成本，对目前电弧炉短流程炼钢的发展具有重要意义。

14.2 造渣剂、氧化剂、配碳剂与增碳剂

14.2.1 造渣剂

在电炉炼钢过程中，碱性造渣材料主要有石灰石、石灰、萤石和火砖块；特殊情况下，有时还用少量的酸性造渣材料，如硅石或石英砂等。碱性电炉炼钢对造渣材料质量的要求十分严格。采用质量高的造渣材料，将会减少钢中气体和夹杂，提高脱磷和脱硫能力，缩短冶炼时间，减少电耗和耐火材料消耗。造渣材料的优劣直接影响到各项技术经济指标的好坏，所以，电炉炼钢对造渣材料的选用及科学管理也是一项重要的技术工作。

(1)石灰石。石灰石的主要成分为 $CaCO_3$，加入炉内后在高温下分解成 CaO 和 CO_2 气体；同时，吸收大量的热，从而能降低熔池的温度，也会增加电耗及推迟熔渣的形成。分解所产生的 CO_2 气体具有氧化性，因此，在还原期不宜使用石灰石，否则对钢液的脱氧不利。没烧透或半烧的石灰在还原期使用，也会具有石灰石的同等作用，所以其在一般电炉钢的冶炼过程中已不采用。如在熔清后且熔池温度足够高时加入石灰石，则放出的 CO_2 气体能引起熔渣沸腾，所以，石灰石有时被用于不氧化法熔炼或特殊熔炼。石灰石中最有害的杂质是 SiO_2 和 S。SiO_2 能降低熔渣中 CaO 的有效浓度，而 S 会进入钢液并对脱硫不利。

电炉炼钢对石灰石化学成分及块度的要求见表 14-7。冶炼时若需用石灰石，应在加入前将其灼烧至 400~500℃，以去除吸附水及减少电耗，也可选用没烧透或半烧的石灰代用。

表 14-7 电炉炼钢对石灰石的质量要求

名 称	化学成分/%					块度/mm
	CaO	SiO_2	MgO	S	P	
石灰石	≥50	≤3	≤3.5	≤0.10	≤0.10	10~30

(2)石灰。石灰是重要的炼钢辅助材料，电炉炼钢对石灰化学成分及块度的要求见表 14-8。

表 14-8 电炉炼钢对石灰的质量要求

名 称	化学成分/%							块度/mm	备 注
	CaO	SiO_2	MgO	$Fe_2O_3+Al_2O_3$	S	C	H_2O		
一级石灰	≥90	≤2	≤1.5	≤3	≤0.08	≤2	≤0.5	20~60	小于 20mm 的质量总和不可超过总量的 5%
二级石灰	≥85	≤4	≤2.0	≤4	≤0.10	≤3	≤1.0	20~80	

石灰的主要成分为 CaO。电炉炼钢要求石灰中 CaO 的含量越高越好，其他杂质（SiO_2、MgO、S）的含量应尽量低。另外，石灰的熔化速度也极为重要，如果加入炉内的石灰的成渣速度不能满足冶炼要求，势必会增加炉衬耐火材料的消耗。石灰是由石灰石经 800~1000℃焙烧后制得，所用燃料为无烟煤或焦炭。由于电炉炼钢要求石灰中的硫含量极低，故焙烧石灰时应采用低硫燃料。冶炼含硫很低的高级优质钢时，需将石灰中的焦炭挑出。石灰的熔化速度取决于石灰石的

焙烧情况，焙烧石灰石时的温度太高或时间太长，将使石灰的微晶格尺寸增加，在熔渣中较难熔化。质量好的石灰是在保持最低温度的条件下，于最短时间内将石灰石完全烧透而生产出来的。如果石灰的质量差，需多耗用价格昂贵的萤石，而萤石又将降低炉衬使用寿命。大量的生产实践已经证明，质量好的石灰可使炉衬寿命提高至少25%。

石灰在空气中长期存放易吸收水分成为粉末，而粉末状的石灰又极易吸水形成$Ca(OH)_2$；在507℃时，会吸热再分解成CaO和H_2O。粉末状的石灰加入炉中将造成炉气中氢的分压增高，使氢在钢液中的溶解度增加，从而影响钢的质量；此外还会降低砖砌炉盖的使用寿命，因此，粉末状的石灰不能用于电炉钢的冶炼。在冶炼过程中还必须使用新焙烧的石灰，运输时要用容器密封，使用前还要经过烘烤。水在石灰中以化合水状态存在，很难去除；另外，在低于530℃时，石灰还要同空气中的CO_2反应生成$CaCO_3$，故使用前最好在700℃高温下烘烤2h以上。

(3)萤石。萤石是由萤石矿直接开采而得，主要成分为CaF_2，它是改善熔渣流动性且又不降低熔渣碱度的稀释剂，所以又称为助熔造渣剂。萤石在造渣初期加入可协助化渣，但这种助熔化渣作用随着氟的挥发而逐渐消失。萤石还能增强渣钢间的界面反应能力，有利于脱磷和脱硫。

电炉炼钢对萤石的化学成分及块度的要求见GB 325—81。电炉炼钢要求使用的萤石中CaF_2含量越高越好，而SiO_2含量要适当，其他杂质(如S、Fe等)的含量要尽量低。如果萤石中的SiO_2含量大于12%，会形成玻璃状熔渣；但含量太少，则使萤石的熔点升高而熔化困难，延长了萤石的熔化时间，使很多氟挥发掉，达不到快速稀释与助熔的目的。含SiO_2少而含CaF_2高的萤石呈鲜绿色；而微微带白色的萤石中，SiO_2的含量适中。萤石中往往还混有硫化物夹杂，如FeS、ZnS、PbS等，最好将其挑出，这种萤石表面有光泽的条纹或黑斑，在冶炼高标准结构钢或特殊合金钢时应绝对禁用。

萤石中容易混入泥砂和粉末，运往车间前应经冲洗和筛选。加入炉中的萤石块度要合适，使用前要在60~100℃低温下干燥8h以上，以便去除吸附的水分，而高温烘烤将会使萤石崩裂。造渣时，萤石的配比和用量要合适。如果加入量过少，起不到稀释与助熔的作用；如果加入量过多，将使熔渣过稀，对渣线侵蚀严重。另外，过稀的熔渣渣面不起泡沫，弧光反射加剧，既浪费热量，又将降低炉衬的使用寿命。

(4)火砖块。火砖块是浇注系统汤道砖和中注管砖的废弃品，就地取料十分经济。其作用是改善熔渣的流动性，特别是对含MgO高的熔渣，其稀释作用优于萤石。另外，火砖块中含有30%左右的Al_2O_3，易使熔渣起泡沫并具有良好的透气性。但火砖块中还含有55%~70%的SiO_2，能大大降低熔渣的碱度及氧化能力，这对脱磷、脱硫极为不利。因此，火砖块在氧化期应绝对禁用，而在还原期要适量少用，只有在冶炼不锈钢或高硫钢时才稍稍多用。还原期加入的火砖块应尽可能不含或少含FeO与MnO，以便确保熔渣的还原性能。火砖块在使用前应干燥良好，无水分，且块度要均匀、合适。

电炉炼钢对火砖块的化学成分及块度要求见表14-9。

表14-9 电炉炼钢对火砖块的化学成分及块度要求

名 称	化学成分/%				块度/mm
	SiO_2	Al_2O_3	Fe_2O_3	H_2O	
火砖块	55~70	27~35	1.3~2.2	—	50~150

(5)硅石与石英砂。硅石和石英砂是酸性炉炼钢的主要造渣材料。在碱性电炉炼钢过程中，硅石和石英砂主要用于还原期内调整中性渣的成分。在碱性炉中，大量加入硅石和石英砂，

易造成炉衬、渣线侵蚀严重，所以，应控制硅石和石英砂的用量及其在炉内的滞留时间。

硅石的主要成分是 SiO_2，含量约在 90% 以上，FeO 的含量则低于 0.5%，硅石表面要求清洁，块度一般为 15~50mm，使用前必须在 100~200℃ 温度下干燥 4h，以便去除水分。

石英砂的主要成分也是 SiO_2，含量大于 95%，FeO 的含量低于 0.5%，水分含量小于 0.5%，粒度一般为 1~3mm，使用前应在 400℃ 左右的温度下进行长时间烘烤。

14.2.2　氧化剂

在电炉钢的冶炼过程中，为了搅动熔池和去除钢中的气体以及磷等有害杂质，目前通常利用氧化剂的氧化作用来完成。常用的氧化剂有铁矿石、氧化铁皮、氧气等。

(1)铁矿石。铁矿石是电炉炼钢的主要氧化剂，它能造高氧化性的熔渣，从而有利于脱磷。另外，铁矿石在熔化过程中要消耗一定量的物理热，进而引起熔池内温度的降低，但在氧化过程中却有利于各种放热反应的顺利进行。

对铁矿石的要求是铁含量要高，密度要大，杂质要少。铁矿石中的杂质主要是指 S、P、Cu 和 SiO_2，它们影响钢中杂质的去除及钢的热加工性能，如 SiO_2 会降低熔渣的碱度和改变熔渣的组成，对脱磷及提高炉衬的使用寿命不利。因此，对铁矿石成分应有严格的要求。电炉炼钢对用作氧化剂的天然富铁矿石的质量要求，见表 14-10。铁矿石应在 800℃ 以上的高温下烘烤 4h 后使用，以去除矿石表面吸附水和内部结晶水，进而提高铁矿石的含铁品位，同时也有助于防止钢液增氢和熔池温降过多。

表 14-10　电炉炼钢用天然富铁矿石的质量指标

名　称	化学成分/%						块度/mm
	Fe	SiO_2	P	S	Cu	H_2O	
天然富铁矿石	≥55	≤8	≤0.10	≤0.10	≤0.20	≤0.50	30~80

(2)氧化铁皮。氧化铁皮又称为铁鳞，特点是铁含量高、杂质少、密度小、不易下沉。利用氧化铁皮直接氧化钢液速度慢、效率低，但氧化铁皮却是一种理想的脱磷剂。轧钢和锻造车间的氧化铁皮，除合金钢氧化铁皮之外，均可回收，来源方便，价格便宜。氧化铁皮含水、含油垢较多，在高于 500℃ 的温度下烘烤 4h 后，方可使用。

电炉炼钢对氧化铁皮的化学成分要求见表 14-11。

表 14-11　电炉炼钢对氧化铁皮的质量要求　　(%)

名　称	化　学　成　分							
	Fe	SiO_2	P	S	Ni	Cr	Cu	H_2O
氧化铁皮	≥70	≤3	≤0.05	≤0.04	≤0.20	≤0.20	≤0.20	≤0.50

(3)氧气。随着制氧技术的发展，氧气在炼钢上得到了广泛的应用。熔化期使用氧气，能加速炉料的熔化；电炉钢返吹法冶炼利用氧气，能够回收返回废钢中的贵重合金元素；由于氧气泡在钢液中的流动，氧气代替铁矿石用作氧化剂，对去除钢中气体和非金属夹杂物特别有利；用氧气作氧化剂，能迅速提高熔池温度以及缩短各种杂质的氧化时间，这有利于减少电耗及改善电炉炼钢技术经济指标。

氧气可用站氧或瓶氧。站氧采用管道输送，与瓶氧相比，具有经济、方便和氧压稳定的特点。因此，瓶氧已逐渐被淘汰。使用时，氧气经吹管或喷嘴输入炉内，炉前应装备控制装置，以便选用氧压和保持氧压稳定。用于电炉炼钢的氧气应是越纯越好,含水量、含氮量越低越好,并要保证有足够的使用压力。

电炉炼钢对氧气的技术要求,见表14-12。

(4)其他氧化剂。在冶炼某些合金钢时,为了降低铁合金的消耗,有时利用含有铁合金元素的矿石或精矿代替部分相应的铁合金,如锰矿、铬矿、氧化镍、钨砂、钼砂等,这些矿石或精矿在使钢液合金化的同时,还具有氧化剂的作用。

表14-12 电炉炼钢用氧的技术要求

名 称	技术指标		
	纯度/%	含水率/%	使用压力/MPa
氧 气	>99	<0.2	0.8~1.2

14.2.3 配碳剂

为了弥补废钢中碳含量的不足,除用生铁配碳外,也常用天然石墨、电极块、焦炭等炭素材料配碳,这些材料统称为配碳剂。利用炭素材料配碳,在电炉炼钢的用氧阶段有利于泡沫渣的形成。

常用的配碳剂有:

(1)天然石墨。天然石墨的真密度约为1.9~2.1t/m³,碳含量因产地的不同而不同,一般为60%~80%,最高可达95%。电炉炼钢的配碳应选用碳含量高,S、P及其他杂质(如SiO_2等)含量低,灰分含量也低,且使用块度为40~70mm的石墨。利用石墨配碳,碳的收得率不稳定,且与所炼钢种及用氧强度有关,一般波动在50%~70%之间。

(2)电极块。电极块是由废电极破碎而成,碳含量约为93%~98%,灰分含量低于0.5%,硫含量也低,真密度为2.2t/m³,是较为理想的配碳材料,多用于返吹法冶炼高级优质钢。若使用电极块的块度为20~50mm,在冶炼低碳钢时碳的收得率一般为65%。

(3)焦炭。根据使用原料的不同,焦炭分为石油焦、冶金焦、沥青焦等多种,其中,冶金焦最常见,也最廉价。焦炭的真密度一般为1.8~2.0t/m³,质轻,多孔,易吸收水分,且S、P等杂质含量也高。因此,焦炭只能用于氧化法冶炼时的配碳,碳的收得率约为30%。

天然石墨、电极块、焦炭这三种配碳剂因密度小,多在装料前装入炉内,以利于钢液的吸收。也可将其制成粉剂,利用喷粉设备喷入钢液中。

14.2.4 增碳剂

在电炉钢的冶炼过程中,由于配料或装料不当以及脱碳过量等原因,有时造成钢中的碳含量没有达到预设的要求,这时要向钢液中增碳。常用的增碳剂包括:

(1)增碳生铁。增碳生铁要求表面清洁无锈,且硫、磷含量低,使用前应进行烘烤,避免将表面吸附水带入钢中,并防止加入时引起熔渣喷溅而伤人。与其他增碳剂比较,生铁含碳较低(约4%左右),因此利用生铁增碳时,增碳量不宜过大,以避免钢水量增加过多而引起其他元素成分发生波动。另外,生铁远不如钢液纯净,加入量过大会使钢中夹杂物含量增加而不利于提高钢的质量。因此,用生铁增碳时的增碳量一般不超过0.05%。利用生铁增碳时,碳在钢液中的收得率为100%。

(2)电极粉。电极粉的碳含量较高,硫含量和灰分含量较低,用于钢液的增碳时,碳的收得率比较稳定。因此,电极粉是一种比较理想的增碳剂。

(3)石油焦粉。石油焦粉中灰分含量极低,含硫也少,用于钢液的增碳效果比较理想,但价格较高。

(4)木炭粉。木炭粉中的灰分含量和硫含量虽然很低,但密度小,用于钢液的增碳时,碳的收得率低且价格较贵,目前已很少使用。

(5)焦炭粉。焦炭粉是由冶金焦磨制而成,价格低廉,制取容易,是最常见的增碳剂。但灰分和硫的含量较高,增碳效果不如电极粉好。由于粉末状的炭素材料吸水性很强,且含有较高的氮,因此,使用前需在60~100℃的温度下干燥8h以上,并要求残留水分含量不大于0.5%。

电炉炼钢用炭素增碳剂的化学组成、粒度要求及收得率,见表14-13。

表14-13　电炉炼钢用炭素增碳剂的化学组成、粒度要求及收得率

名　称	化学成分/%				块度/mm	收得率/%	
	C	S	灰分	H_2O		扒渣增碳	喷粉增碳
电极粉	93~98	≤0.10	≤2	≤0.5	1~3	60~65	95
石油焦粉	≥90	≤0.80	≤0.5	≤0.5	0.5~1	50~60	95
木炭粉	60~85	0.03~0.04	0.5~2.5	≤0.5	0.5~1	30~50	80
焦炭粉	≥85	≤4	≤15	≤0.5	0.5~1	40~60	90

14.3　脱氧剂与合金材料

脱氧剂的分类方法有:(1)按脱氧元素的个数,分为单元素脱氧剂和由两个或两个以上元素组成的复合脱氧剂。(2)按脱氧剂的外观形态,分为粉状脱氧剂和块状脱氧剂,其中,粉状脱氧剂又有炭素粉状、金属粉状、非金属化合物粉状脱氧剂等多种。粉状脱氧剂多用于喷粉脱氧或间接脱氧工艺,而块状脱氧剂主要用于沉淀脱氧工艺。

为了使钢具有不同的力学性能或特殊的使用性能,必须向钢液中加入各种元素,这些元素除少数是以纯金属的形式加入外,多数是以合金的形式加入。在炼钢过程中,某些材料在对钢液进行脱氧的同时,又能使钢液合金化,如在还原期加入的硅铁粉或硅铁块等。

对脱氧剂与合金材料的一般要求为:

(1)合金元素的含量要高。这样既可减少脱氧剂及合金材料的加入量,又不会使熔池降温太多,这一点对于高合金钢的冶炼显得格外重要。

(2)脱氧剂与合金材料要有合适的块度。用于间接脱氧的粉剂粒度若太大,将延缓扩散时间;若粒度太小,则合金元素的收得率低。若合金材料块大,则难熔,使冶炼时间延长;若块度太小,则合金材料往往浮于渣中,易使烧损量增加。

(3)脱氧剂与合金材料中不应混有炉渣,残余元素、硫和磷等有害杂质、灰分、气体以及水分的含量也应越低越好。

(4)脱氧剂与合金材料的成分要稳定,且清楚、可靠。对于混料或成分不清的脱氧剂与合金材料,应采用特殊方式使用,否则将会影响钢液化学成分的准确控制。

14.3.1　粉状脱氧剂与合金材料

炭素粉状脱氧剂,如电极粉、石油焦粉、木炭粉、焦炭粉,其化学组成与粒度要求见表14-13。

金属粉状脱氧剂多是铁合金及金属材料粉碎后的产物,极少数是用特殊的加工方法来制取,常用的有硅铁粉、硅钙粉、铝粉和中间合金粉；而其他非金属类的粉状脱氧剂有电石粉、碳化硅粉等。

(1)硅铁粉。硅铁粉是一种价格较为便宜的优质脱氧剂。常用的有含 Si 75%和含 Si 45%这两种，由相应的硅铁块粉碎而成。硅铁粉的密度稍大，渣况不良时，约有部分能与钢液直接接触而降低钢液的纯净度。此外，硅铁粉加入后易使熔池平静而吸气。硅铁粉的使用粒度一般小于 1mm，水分含量低于 0.5%，干燥温度为 100~150℃，干燥时间大于 8h。

(2)硅钙粉。硅钙粉也是一种优质脱氧剂，成分与硅钙合金略同，但密度较小。它在冶炼低碳高级结构钢或含钛、含硼等钢种以及喷粉上获得了应用。硅钙粉中的钙与钢液中的硫容易形成稳定的化合物 CaS 且不溶于钢中，因此，它还是一种很好的脱硫剂。在电炉钢冶炼的还原期，除喷粉脱硫工艺之外，一般是硅钙粉与硅铁粉搭配使用。硅钙粉与硅铁粉难于分辨，保管和使用时要防止混淆。硅钙粉的使用粒度小于 1mm，水分含量小于 0.5%，干燥温度为 100~150℃，干燥时间大于 8h。用于喷粉炉外精炼特制的硅钙粉，要求粒度小于 0.6mm，水分含量低于 0.1%。

(3)铝粉。铝粉是很强的脱氧剂，主要用于冶炼低碳不锈钢或某些低碳结构钢，以提高合金元素的收得率和缩短还原时间。加入铝粉时，应注意它对钢液中硅含量的影响。此外，铝粉燃烧火焰大、温度高，加入时应注意安全。铝粉的使用粒度一般小于 2mm，水分含量低于 0.5%，并应置于室温中密封保存。

(4)中间合金粉。中间合金粉中含有较高含量的 Al、Ti、Si、Ca、Mg、B 等易氧化元素，可用于钢液的喷粉或间接脱氧。从某种意义上讲，中间合金粉是强复合脱氧剂，但因其生产加工困难、成本较高，所以在冶炼一般合金钢时很少使用。中间合金粉的使用粒度一般小于 2mm，水分含量低于 0.5%，并应置于室温中密封保存。

(5)电石粉。电石粉主要用于喷粉精炼过程，是一种良好的脱氧、脱硫剂，在特定的条件下还可以脱磷。但它直接与钢液接触，能使钢液略有增碳现象。电石粉的使用粒度一般小于 0.6mm，水分含量低于 0.1%，贮存和运输要封闭，应注意隔绝空气以防止潮解，喷吹前需筛分。

(6)碳化硅粉。碳化硅粉主要用于钢液的间接脱氧、具有脱氧迅速、熔渣活跃、形成白渣块等较好的冶金效果。根据碳化硅含量的不同，碳化硅粉的种类较多，但电炉炼钢应使用高含量的碳化硅粉。碳化硅粉的使用粒度一般小于 3mm，水分含量低于 0.5%，干燥温度为 100~150℃，干燥时间大于 8h。用于喷粉炉外精炼特制的碳化硅粉，要求粒度小于 0.6mm，水分含量低于 0.1%。

14.3.2 块状脱氧剂与合金材料

常用的块状脱氧剂与合金材料有：

(1)电石块。电石的主要成分为 CaC_2，是由石灰和焦炭在高温条件下炼制的暗灰色、不规则的块状固体。纯 CaC_2 的熔点高达 2300℃，但 CaC_2 与 CaO 的共晶温度为 1640℃，工业上所用的电石块一般含 CaC_2 约 70%，CaO 含量约在 25%以上，其他成分为杂质，因此，电石的熔点约为 1620℃。

在电炉钢的冶炼过程中，电石块常用作脱氧剂并兼有脱硫作用。电石块在空气中极易潮解而变为灰白色粉末，因此，应将电石块放在密封的容器内保存，在使用前需经高温烘烤。

(2)硅铁。硅铁主要用作脱氧剂和用于合金化。

硅铁中的杂质为 P、Al 等，杂质的含量对硅铁的粉化程度有很大影响。在还原期大量加入硅铁时，要考虑钢液中磷含量的变化；此外，硅铁中的氢含量也较高，因此，硅铁必须烤红并经恒温脱氢处理后才能使用。

(3)锰铁。锰铁主要用于钢液的脱氧和合金化,由高炉或电炉生产。高炉只能炼制碳素锰铁,而电硅热法及电解法可生产金属锰。

锰铁中的有害杂质是磷,除金属锰外,一般锰铁中的磷含量均较高,特别是高炉锰铁中的磷含量更高。因此,冶炼高锰钢时,要采取一切措施尽量降低钢液中的磷含量。锰铁中碳含量越高,磷含量就越高,价格也就越便宜。因此,在钢种的 C、P 规格成分允许时,应尽量使用高碳锰铁。金属锰在铁合金领域内,属于 C、P 及其他杂质含量均很低的精炼产品。其中,电硅热法生产的金属锰含杂质相对略多;而电解法生产的金属锰中杂质较少,但氢的含量却很高,这对冶炼白点敏感性强的钢号很不利,因此,电解金属锰应净化去氢后再使用。

(4)锰硅合金。锰硅合金又称为硅锰合金,是电炉炼钢常用的复合脱氧剂,主要用于钢液的直接预脱氧,有时也用于调整钢水的锰含量,使之满足于成品钢的规格要求。在脱氧过程中,生成的脱氧产物互相接近,易于集结,且熔点低、颗粒大,容易上浮、有利于提高钢液洁净度。锰硅合金的硅含量通常小于 28%,且碳含量也较低。

(5)硅钙合金。硅钙合金是强脱氧剂和除气剂,在冶炼不锈钢、优质结构钢及特殊性能合金钢时使用。

硅与钙生成很多的硅化物,如硅化二钙(Ca_2Si)、硅化钙(CaSi)和二硅化钙($CaSi_2$),其中,以 CaSi 最为稳定,熔点为 1245℃。硅和钙与氧的亲和力都很大,且脱氧产物呈球状,颗粒也较大,容易上浮;而钙在炼钢的温度下易挥发,有利于除气和减少钢中发纹等缺陷,因此,用硅钙合金脱氧的钢液比较纯净。硅钙合金中的钙与硫能够形成稳定的化合物且不溶于钢中,因此,硅钙合金也是良好的脱硫剂。块状的硅钙合金密度小,在潮湿的空气中易吸收水分而粉化,所以应置于干燥的条件下保管。

(6)硅锆合金。硅锆合金为强复合脱氧剂,具有脱硫、脱氮和脱氢的作用;此外,锆可以细化钢的奥氏体晶粒以及减少夹杂物偏析的倾向。但由于锆在钢中溶解度很小,且硅锆合金生产困难、价格昂贵,目前硅锆合金在一般钢中很少应用,多用于冶炼特殊钢种。硅锆合金含有 20%~50%的铂和 30%~50%的硅。

(7)硅铬合金。硅铬合金是 Si、Cr 和 Fe 的合金。其中,硅含量大于 35%,铬含量大于 30%,硫、磷含量低且稳定,常用于电炉钢的脱氧和合金化。随着吹氧炼钢技术的发展,硅铬合金不仅能够还原熔渣中的铬,而且也能补加钢中部分的铬,使之满足钢种规格的要求。因此,硅铬合金现已获得日益广泛的应用。

(8)铬铁。根据铬铁中碳含量的不同,铬铁可分为高碳铬铁、中碳铬铁、低碳铬铁、微碳铬铁、金属铬及真空法微碳铬。通常,铬铁中的铬含量都不小于 50%,硫、磷的含量波动不大,但硅含量较高。因此,在冶炼过程中应根据实际情况控制铬铁粉的用量,以免硅含量超标。铬铁中的碳含量越低,其熔点越高,生产铬铁所消耗的电能越多,价格也就越贵,因此,在条件允许时,应尽量使用廉价的高碳铬铁或中碳铬铁。

铬铁中的氢含量较高,所以在使用前应烘烤并做恒温处理,以充分脱氢。真空铬不仅氢、氮含量较高,而且还含有 3%~5%铬与硅等的氧化物夹杂。此外,若真空铬用煤气烘烤或随炉料装入炉中,还会产生严重的吸氮现象。因此,真空铬一般在 150℃的温度下长期干燥后再使用。但当冶炼高铬钢或不含钛的奥氏体不锈钢时,在还原期加入真空铬之前,应将其在大于 800℃的温度下烘烤且保持恒温 3h,以便于吸氮,从而有助于形成和稳定钢的奥氏体组织。

(9)钨铁。钨铁主要用于工具钢及一些结构钢的合金化。

钨铁的密度大、熔点高,且钨含量越高,密度越大,熔点也越高。如含钨 80%的钨铁,密度约为 16.5t/m^3,熔点大于 2000℃。因此,在还原期加入钨铁的块度不应太大,一般为 10~130mm。

由于工具钢中锰和硅的含量较低,而钨铁中锰和硅的含量较高,因此在大量使用钨铁时,应控制钢液中锰和硅的成分。计算钢的化学成分时,也应考虑钨铁所带入的锰及硅,以避免这两种元素的含量超标。为了节约钨铁合金,电炉钢冶炼有时也用钨酸钙或钨砂矿直接加入炉内还原,以达到对钢液进行钨合金化的目的。

(10)钼铁。钼铁用于冶炼某些含钼结构钢、工具钢、不锈钢以及要求特殊物化性能的金属材料。钼铁也是难熔合金,所以使用钼铁时,应在早期加入。由于钼与氧的亲和力小于铁与氧的亲和力,因此,电炉炼钢用的钼铁往往在装料时或在熔化期加入。还原期补加钼铁的块度不宜过大,一般为10~150mm,且需较长的熔化时间。在熔池平静的熔化末期或氧化期加入钼铁,熔池中有激烈沸腾的现象,这可能是由于钼的熔点较高,熔化过程中需要很大的热量而使钢液的局部温度迅速降低,这样就破坏了原有的碳氧平衡,使碳与氧的反应发生并排除CO气泡;钼铁在熔化过程中还发生钼氧化物的升华与挥发,两者综合作用的结果就使熔池产生沸腾。钼铁极易生锈,保管时应保持干燥。钼在400℃以下时是稳定的,当温度高于400℃时氧化,氧化物在600℃以上时容易挥发,因此,钼铁不宜用高温加热烘烤。在冶炼过程中,有时利用钼酸钙或钼砂代替钼铁进行钼钢的合金化。

(11)钒铁。在冶炼模具钢、低合金工具钢和某些结构钢时,常使用钒铁。

钒铁中的磷含量较高,还原期加入时必须考虑其对钢中磷含量的影响。钒铁在使用前应在150℃左右的温度下烘烤。由于钒铁在500℃以上时发生激烈的氧化反应,生成V_2O_5;而且随着烘烤温度的升高和时间的加长,钒铁将吸收空气中的氮,氮进入钢中将出现氮化物夹杂,所以,钒铁严禁长时间加热和高温烘烤。

(12)钛铁。在电炉冶炼重要的结构钢或不锈钢时,往往使用钛铁。钛铁既可作为钢的合金化材料,又是一种良好的脱氧、除气剂。但在冶炼不锈钢时,钛铁中的Si、C、Al能促使钢生成两相组织。钛铁易破碎,红热钛铁锭冷却时,部分钛铁锭自行碎裂。此外,它同钒铁一样,随着烘烤温度升高和时间加长,将吸收空气中的氮,因此,钛铁一般需在低温条件下进行长时间干燥。

(13)铌铁。铌铁多用于冶炼不锈钢及高温合金,也常用作不锈钢电焊条的涂料。铌铁在使用前不能烘烤,这是因为虽然铌于常温下在空气中稳定,但当温度在200~400℃之间时即氧化生成NbO及NbO_2,高于400℃时生成白色粉末Nb_2O_5且呈酸性,危害较大。使用时,铌铁以块状加入,为了加速熔化,块度应以略小为宜。目前,世界上铌资源十分稀少,价格也相当昂贵,要注意节约使用。

(14)硼铁。硼在常温下是不活泼元素,然而当高温加热时,它的化学活动性迅速增加,因此,硼铁在使用前不能高温加热烘烤。硼与氧、氮的亲和力很强,为了确保钢中的硼含量,硼铁在加入前,钢液必须经过充分的脱氧和脱氮。

(15)磷铁。对大多数钢而言,磷是有害元素。但在某些情况下,磷有特殊作用,如冶炼轧辊钢时,若加入的磷达到0.4%~0.5%,可改善钢液的流动性,避免表面裂纹;货车的闸瓦和钢轨中加入一定量的磷,能提高其耐磨性能;此外,磷还可提高和改善钢的切削性能。因此,在炼钢及铸钢生产中,常使用磷铁作为磷的加入剂。

(16)镍。镍广泛应用于合金结构钢、不锈钢及高温与精密合金钢中。

镍根据制取方法的不同,分为板状电解镍和粒状火炼镍。电解镍中杂质少,表面结瘤,切面越疏松多孔,氢含量越高,因此,电解镍在使用前需在大于800℃的高温下退火,以达到充分去氢的目的。火炼镍因在水中粒化,所以含有较多的水分,氢含量大约为0.02%,这种镍杂质含量较高,不适于在还原期加入。冶炼含镍高的钢种时,产生有害作用的元素是硫,因为镍易与硫化合,在晶界上形成低熔点NiS的网状组织而使钢产生热脆,所以在冶炼过程中,不仅要尽量降低钢中的硫含量,还应注意金属镍中的硫含量。此外,对于其他杂质(如 Pb、As、Zn 等)的含量也要严格限制。为了减少镍中气体和有害杂质的含量,可将它在电炉中重熔或在炼制中间合金材料后使用。

(17)钴。钴是非常稀有的贵金属,资源缺乏,价格高,只在冶炼某些高速钢、永磁合金及高温强度钢时使用。钴有粒状和片状两种。粒状钴中氢含量较高,在还原期加入时,需预先经过长期高温烘烤;片状钴只经低温干燥即可。

(18)铝。铝与氧的亲和力很强,在电炉炼钢过程中,主要用于钢液的脱氧和合金化。钢液的脱氧用铝,多是将纯铝预制成铝饼、铝丸后使用,但也有以铝铁(含 Al 20%~55%)形式加入的。作为钢液合金化用铝,多是直接使用铝锭。

(19)稀土合金。近年来,在钢的生产中开始添加稀土合金。常用的有稀土硅铁与铈镧合金等。

14.4 电极

电炉炼钢使用较低的电压和较大的电流,把强大的电流输送到炉内需靠电极来完成。电极是电阻很低的电流导体,它影响着电炉钢的生产率与成本。

电极的工作条件极为恶劣,对它的基本要求是:(1)具有较高的耐高温氧化及抗熔渣侵蚀的能力,在电弧高温下不易氧化、不易升华或不易熔化烧损。(2)具有较小的电阻系数或较高的电导率,以减少电能的损耗。(3)导热性要差,以减少不必要的热损失。(4)具有足够的机械强度,以免碰坏折断。(5)孔隙率和热膨胀系数越小越好,这不仅有利于提高电极的强度和电导率,而且也会减少空气对它的氧化;另外,电极也要求弹性模量越低越好,以利于提高其耐热冲击性能。(6)具有正规的几何形状,表面光滑,弯曲度要小,使其与夹持钢瓦之间可保持紧密接触。

目前,电炉炼钢使用的电极主要有碳素电极、石墨电极、抗氧化电极、高功率/超高功率电极四种。此外,尚处在研制和试验阶段的电极有中空电极与水冷复合电极。

碳素电极是以低灰分的碳素材料(如低灰分的无烟煤、冶金焦、沥青焦、石油焦等)为原料,按一定的比例和粒度组成,并在一定的温度下加入沥青或煤焦油黏结剂,均匀搅拌混合后压制成型,然后置于焙烧炉中缓烧制成。用于电炉炼钢的电极,两端应加工成螺纹接头孔,以便吊运和接长。

碳素电极放入电阻炉中,在 2000~2500℃的高温下进行石墨化处理,即可得到石墨电极。在石墨化过程中,每吨电极耗电量很大,所以价格昂贵。石墨电极的电导率比碳素电极高 4 倍左右。碳素电极的热导率随着温度的升高而升高,而石墨电极的热导率却随着温度的升高而降低,即在高温下,石墨电极具有较低的热导率。此外,石墨电极的机械加工容易,螺纹车制精确且螺距较小,螺纹接头与电极口的接触比较严密。因此,电炉炼钢均采用石墨电极。普通石墨电极的理化指标见表 14-14。

在高温下,由于炉气或空气的作用,电极的表面必然被氧化,如石墨电极开始氧化温度为 600℃,碳素电极开始氧化温度约为 400~500℃,超过 750℃时,两者均氧化得更激烈,从而引起电极变细以致强度降低,这种表面氧化是电极损耗的主要原因之一。为了防止电极的表面氧化,在电极的表面喷涂一层抗高温氧化的保护层,这种电极称为抗氧化电极,又称为涂层电极。目前,有的抗氧化电极的涂层是在电极的表面上喷铝,然后在铝层上面涂釉,并经电弧反复处理而成;也有的是在电极表面上同时喷涂铁和铝或镍和铝两种金属;还有的是喷涂以铝和碳化硅或以硅和碳化硅为主的混合物。尽管抗氧化电极的制法有所不同,但对喷涂层总的要求是表面光滑及导电性能良好。另外,喷涂层与电极本体的黏附也要牢固稳定,使之在搬运或高温使用过程中不剥落。

表 14-14　普通石墨电极的理化指标

项　　目		公称直径/mm							
		φ75~130		φ150~200		φ250~350		φ400~500	
		优级	一级	优级	一级	优级	一级	优级	一级
电阻率 /Ω · mm^2 · m^{-1}	电极	≤8.5	≤10	≤9.0	≤11	≤9.0	≤11	≤9.0	≤11
	接头	≤8.5		≤8.5		≤8.5		≤8.5	
抗折强度/MPa	电极	≥7.85		≥7.85		≥6.37		≥6.37	
	接头	≥11.3		≥11.3		≥9.81		≥9.81	
灰分含量/%		≤0.5		≤0.5		≤0.5		≤0.5	
真密度/g · cm^{-3}		≥2.18		≥2.18		≥2.18		≥2.18	
假密度/g · cm^{-3}	电极	≥1.58		≥1.52		≥1.52		≥1.52	
	接头	≥1.63		≥1.63		≥1.68		≥1.68	
抗压强度/MPa	电极	≥19.6		≥17.7		≥17.7		≥17.7	
	接头	≥29.4		≥29.4		≥29.4		≥29.4	

由于高功率/超高功率石墨电极的使用条件更为苛刻,工作环境更为恶劣,所以要求它的载流密度和机械强度更大、电导率更高、热膨胀系数和弹性模量更低。因此,高功率/超高功率石墨电极均以石油针状焦为原料制成。高功率/超高功率电极的制造比较复杂,一般是先将生针状焦变成熟焦,再进行破碎、磨粉,加入黏结剂后混捏成型,然后经焙烧及沥青浸渍,最后再经焙烧及石墨化处理而得。表 14-15 给出了某厂制造的几种超高功率石墨电极的理化指标。

表 14-15　几种超高功率石墨电极的理化指标

项　　目	公称直径/mm			
	φ225~400		φ450~600	
	电　极	接　头	电　极	接　头
碳含量/%	≥99.3			
灰分含量/%	≤0.2			
孔隙率/%	20~24	20~24	20~23	20~24
体积密度/g · cm^{-3}	1.65~1.72	1.74~1.80	1.66~1.73	1.74~1.81
电阻率/Ω · mm^2 · m^{-1}	5.0~6.5	4.5~5.5	4.5~5.75	4.0~5.0
抗折强度/MPa	9.0~14.0	—	8.5~13.5	—
抗拉强度/MPa	6.0~10.0	14.0~20.0	6.0~9.5	13.0~19.0
弹性模量/GPa	6.5~11.0	12.5~18.0	6.0~11.0	12.0~17.0
真密度/g · cm^{-3}	2.20~2.23			
导热系数/W · (m · ℃)$^{-1}$	175~260	240~260	210~280	250~320
热膨胀系数/℃	$(5\sim10)\times10^{-7}$	$(4\sim9)\times10^{-7}$	$(3\sim6)\times10^{-7}$	$(7.5\sim9)\times10^{-7}$

14.5 其他用料

氩气是一种惰性气体，是制取氧气的副产品。氩在一般条件下非常稳定。氩气的密度为1.78kg/m^3，比空气重，并在-185℃时液化。氩气主要用于喷射冶金及钢液搅拌，以便去除夹杂物。为了防止钢液的二次氧化，在出钢及浇注过程中，有时也使用氩气作为保护剂。

氮气比较稳定，通过分离空气而制取，密度为1.25kg/m^3，主要用于冶炼高锰钢、奥氏体不锈钢等钢种。

15 炉外精炼及连铸用辅助材料

15.1 铁水预处理剂

铁水预处理是指将铁水兑入转炉之前,进行脱硅、脱磷和脱硫等操作。铁水预处理有利于改善炼钢冶炼指标、提高生产率、降低生产成本、改善钢质量,故国内外钢铁企业都非常重视铁水预处理技术的研发和应用。为了取得良好的处理效果,关键之一是要有高效的脱硅剂、脱磷剂和脱硫剂。

15.1.1 铁水脱硅剂

铁水预脱硅是指铁水进入炼钢炉前的降硅处理,该技术是分步精炼工艺发展的结果。对高炉铁水进行预脱硅,可改善炼钢炉的技术经济指标,降低炼钢费用;同时,也是预脱磷和预脱硫的前处理,可降低脱磷和脱硫处理剂的消耗,进一步生产纯净钢等各种优质钢。

铁水预脱硅技术是基于铁水预脱磷技术而发展起来的。由于氧与硅的亲和力比氧与磷的亲和力大,当加入氧化剂脱磷时,铁水中的 Si 比 P 优先氧化,生成的 SiO_2 将明显降低渣的碱度。为此,脱磷前必须将铁水中 Si 含量降至 0.15%以下,该值远低于高炉铁水的 Si 含量,也就是说,只有当铁水中的 Si 大部分氧化后,P 才能被迅速氧化去除,所以脱磷前必须先脱硅。

铁水预脱硅按处理场所的不同,分为在高炉出铁过程中连续脱硅和在鱼雷罐或铁水包中脱硅两种方法;按加入方法不同,有自然落下的上置法、喷枪在铁水面上的顶喷法和喷枪插入铁水中的喷吹法等;按搅拌方法不同,有吹气搅拌、铁水落下流搅拌、喷吹的气粉流搅拌和叶轮搅拌,从改善处理剂与铁水的反应动力学条件来看,后两种搅拌方法较好,但需有相应的设备,而铁水落下流搅拌最简单,吹气搅拌次之。各种脱硅方式的选择主要根据铁水含硅量、要求处理后的铁水含硅量和已有的设备及场地限制等条件来确定。若铁水含硅量大于 0.45%,应设置高炉炉前脱硅工序;若铁水需预处理脱磷、脱硫,需先在铁水包中脱硅,将含硅量降至 0.15%以下。

脱硅剂均为氧化剂,常用的有高碱度烧结矿、轧钢皮、转炉尘、铁精矿粉、氧气、烧结返矿、烧结尘等,这些物质的常见成分如表 15-1 所示。有时要加入一定量的熔剂(石灰、萤石),用于改进脱硅渣性能、提高流动性、减少泡沫渣,其配比如表 15-2 所示。

表 15-1 常见脱硅剂的成分

成分/%	TFe	CaO	SiO_2	Al_2O_3	MgO	O
轧钢皮	69.2	0.03	1.75	0.18		23.18
烧结返矿	52.3	12.0	7.60	1.88	1.71	20.98
转炉尘	53.6	12.80	2.20			22.83
铁精矿粉	66.4	0.54	9.58			25.71

表 15-2　脱硅剂的配比实例　(%)

脱硅剂配料	轧钢皮	烧结矿粉	石　灰	萤　石
太钢二钢	90(小于 0.542mm)		10(小于 0.542mm)	
日本钢管福山	70~100		0~20	0~10
日本川崎水岛		75	25	

影响脱硅的因素主要有脱硅剂单耗、原始含硅量、反应界面面积(即铁水与脱硅剂的混合状况)、脱硅剂的种类和粒度等。

用于铁水包脱硅时,脱硅剂的粒度较小,一般为 0.147~0.542mm;用于出铁场脱硅时,粒度则一般要求小于 5mm。

表 15-1 中所列的各种脱硅剂的脱硅能力不同。在相同单耗为 20~25kg/t 和铁水含硅 0.58%~0.90%,用于出铁场脱硅时,以轧钢皮的脱硅能力最强,其脱硅率比烧结返矿高 6.4%。当相同单耗为 5~25kg/t 和铁水含硅 0.2%~0.3%时,用轧钢皮处理后的铁水含硅量比烧结尘约低 0.05%。使用不同粒度的烧结矿粉(小于 1mm、小于 5mm),小粒度比大粒度的脱硅量约高 0.03%~0.05%(单耗为 5~20kg/t)。用顶喷法试验不同粒度的脱硅剂,当粒度小于 0.8mm 时,脱硅效率基本相同。

实验表明,在脱硅剂单耗为 21kg/t 以及同时吹氧 2.0m^3(标态)/t 或 3.0m^3(标态)/t 时,脱硅效果以转炉尘最好,轧钢皮次之,接下来是烧结矿粉,三者的脱硅量在 0.31%~0.48%之间,其中,转炉尘比其他两种高 0.05%~0.09%。吹氧能显著提高脱硅速度,10min 以内,脱硅十分明显;15min 左右,脱硅反应基本结束(即渣铁分离,表面平静);停止吹氧 5min 后,渣中铁含量迅速下降至 10%~14%。

脱硅剂中添加熔剂(石灰、石灰石、萤石等)有利于提高氧效率,可降低渣中氧化铁和氧化锰的含量。当渣碱度 $w(CaO)/w(SiO_2)$ 为 0.8~1.0 时,氧效率可提高到 60%~70%,渣中氧化铁含量小于 10%,氧化锰含量为 15%左右。其原因是碱度提高,渣中氧化铁、氧化锰的活度系数增大,SiO_2 的活度系数减小。因此,作为 CaO 来源的生石灰、转炉尘、预处理脱磷渣等,都可作为熔剂添加入脱硅剂中。

15.1.2　铁水脱磷剂

磷是绝大多数钢种中的有害元素。近年来,随着科学技术的迅速发展,用户对钢质量的要求不断提高,如对低温用钢、海洋用钢、抗氢致裂纹钢和部分厚板用钢,除了要求硫含量极低以外,还要求钢中磷含量低于 0.01%或低于 0.005%。此外,为了降低氧气转炉钢的生产成本和实行少渣炼钢,也要求铁水磷含量低于 0.015%。

因此,20 世纪 80 年代以来,各国致力于研究铁水预处理脱磷的问题,开发了各种处理方法。根据所用容器的不同,预脱磷处理方法可分为两种:一种是在盛铁水的铁水包或鱼雷罐车中进行脱磷;另一种是在专用转炉内进行铁水脱磷预处理。专用转炉由于具有脱磷效率高(可顶吹氧,再加上底吹氮搅拌)、可顶加粒状或块状脱磷剂、能控制脱磷渣起泡、可利用部分返回转炉渣作脱磷剂和加锰矿熔融还原等特点,对于处理我国的中、高磷铁水具有较好的应用前景。进入 90 年代以来,日本及韩国的一些钢厂进行了许多用转炉进行铁水脱磷预处理的研究,并纷纷采用了在转炉内进行铁水脱磷的方法。在转炉内进行铁水预处理时,脱磷剂有喷粉加入和直接加入两种方式。神户制钢的 H 炉和新日铁的 LD-ORP 炉是采用喷粉法加入,其优点是反应速度快、效率高，缺点是需增设喷粉设备，原有设备需要做较大的改动。原 NKK 福山厂和住友厂的 SRP 工艺是直接将脱磷剂加入炉内，利用较强的底吹搅拌，也达到了较好的脱磷效果；但为了化渣良好，需采取相应措施。

铁水脱磷剂主要由氧化剂、造渣剂和助熔剂组成。氧化剂的作用在于供氧，将铁水中的磷氧化成 P_2O_5，使之与造渣剂结合成磷酸盐而留在脱磷渣中。氧化剂一般为气体氧化剂（主要是 O_2）和固体氧化剂（轧钢皮、铁矿石、烧结返矿、锰矿石等）。目前应用的造渣剂主要有两类：苏打（Na_2CO_3）系和石灰（CaO）系，它们起着固化硅、磷氧化物的作用，形成稳定的硅酸盐或磷酸盐，同时降低渣熔点。添加的助熔剂一般为萤石和氯化钙等，用来改善脱磷渣的流动性能，同时激化脱磷反应，强化脱磷效果。

喷吹苏打系脱磷剂并顶吹气体 O_2，即可同时进行脱磷、脱硫处理；而喷吹石灰系脱磷剂时，必须配加固体氧化剂和助熔剂，还要配合顶吹气体 O_2，以减少铁水温降。

（1）苏打（Na_2CO_3）系脱磷剂。在不另加氧化剂时，苏打可直接供氧和脱磷造渣。反应为：$5Na_2CO_3+4[P]\longrightarrow 5(Na_2O)+2(P_2O_5)+5C$ 和 $(Na_2O)+(P_2O_5)\longrightarrow(Na_2O\cdot P_2O_5)$。

苏打脱磷有如下特点：

1）脱磷初期，硅、钛先于磷被氧化；不吹氧时，铁水磷含量降至 0.02%以下后，钒才被脱除；脱磷时，锰不氧化。因此，脱磷初期大约只有 10%的苏打用于脱磷和气化。

2）根据苏打在渣中的收得率计算，当铁水含磷量小于 0.04%时，收得率显著降低；铁水含磷量为 0.01%～0.02%时，喷吹的苏打大约有 1/3 气化逸出（可能是钠气化），喷入铁水中的苏打只有 20%～40%与磷反应，其余则与硅、钛、硫及钒相结合。

3）铁水温度低有利于脱磷，温度为 1250℃左右时，磷的反应率上升至 50%～60%。

4）吹氧使渣中氧化铁含量上升，与不吹氧相比，渣中的总碳量由 0.3%～1.1%下降至0.1%～0.7%，使脱磷反应率提高，减少了铁水温降，且不易回磷。

5）脱磷渣对反应器内衬侵蚀严重，即使采用 Al_2O_3-SiC-C 砖用于渣线也不甚理想，该问题尚未得到彻底解决。

虽然苏打具有较高的脱磷和脱硫能力，从脱磷渣和炉尘中能回收大约 70%的苏打；但铁水温降大，包衬侵蚀严重，苏打价格高，利用率低，处理成本高。所以，目前已很少用苏打脱磷，有些厂已改用专用转炉预脱磷的方法。

（2）石灰（CaO）系脱磷剂。研究表明，用单一的石灰不能对铁水进行脱磷，脱硫率也不高。若配以氧化剂（或吹氧气）和助熔剂，则可达到很高的脱磷率，同时也有一定的脱硫作用。

表 15-3 所示为已获得工业应用的脱磷剂及其处理效果。从表 15-3 可以看出，初期石灰系脱磷剂的开发是在铁水预处理脱硫设备的基础上进行的，主要由氧化铁、石灰、萤石等组成，磨成细粉用载气喷入。为了节约脱磷剂的磨制费用和成本，有部分原料以块状从顶部加入，同时使用了烧结粉尘等多种氧化铁粉料，与磨制轧钢皮相比可明显节省费用。后来采用了专用转炉做预处理炉，利用了原来的加料系统，脱磷剂可利用顶部料仓加入，由于反应空间大，搅拌力强，加入的块状料也能迅速熔化，使脱磷反应迅速完成，复吹转炉约 10min 左右，底吹转炉只需 2min。加萤石等助熔剂是为了保证脱磷渣的流动性和反应能力。

15.1.3 铁水脱硫剂

铁水脱硫法是指，在铁水包、鱼雷罐车、混铁车等盛铁水容器中进行脱硫。高炉铁水炉外脱硫技术于 20 世纪 30 年代开始应用，并于 60 年代氧气顶吹转炉炼钢工艺崛起后迅速得到发展，目前在国外已趋于成熟，在实际生产中大量应用。目前，预脱硫处理工艺种类繁多，约 6 类共 16

表 15-3　工业应用的脱磷剂及其处理效果

厂　名		各脱磷剂单耗 $/kg \cdot t^{-1}$	脱磷剂单耗 $/kg \cdot t^{-1}$	处理方法与设备	处理效果	
					脱 P 率/%	脱 S 率/%
新日铁君津“ORP”		石灰 18,轧钢皮 28,CaF_2 2.5,$CaCl_2$ 2.5	51.0	290t 鱼雷罐,喷吹氮气	87.5	80.0
川崎	千叶	石灰 10.3,轧钢皮 14.4,CaF_2 0.8,烧结尘 15.6	41.1	250t 鱼雷罐,顶吹氧,熔剂在线,混合喷吹	83.3	42.9
	水岛	石灰 10,轧钢皮 30,CaF_2 0.4,苏打 0.5~9	40.9~49.4			
神户	神户	石灰 13.8,轧钢皮 13.8,CaF_2 4.4(苏打 5.8)	32.0	240~300t 鱼雷罐,脱磷时吹氧 $4\sim6m^3$(标态)/t,而脱硫时吹氮气	81.7	75.0
	加古川	石灰 12.8,轧钢皮 16,CaF_2 3.2,分期脱硫时($CaO+CaC_2$)5.8	32.0			
住友和歌山		转炉渣 25~33,铁矿石 20~24,萤石 5~8,(O_2 $5\sim15m^3/t$)	50~65	160t 专用转炉,处理 10~15min,底吹氮气 $0.6\sim0.9m^3$(标态)/t	75~85	
中国太钢		石灰 14.4,轧钢皮 22.6,CaF_2 4.1,(O_2 $2.84m^3/t$)	41.0	55t 专用包,50t 铁水,用氮作载气	84.1	23.3
韩国浦项		石灰 10.8,轧钢皮 4.0,烧结尘 21.2,苏打 4.0	40.0	100t 专用包	90.0	60.0

注:表中括号内的脱磷剂表示有时使用。

种,实际应用的主要以搅拌法、喷吹法、镁系脱硫法和炉前铁水沟连续脱硫法为主。

我国在解放初期就开始用苏打铺撒法处理高硫铁水。由于我国从平炉炼钢改造到转炉炼钢的时间比较晚,因此,铁水炉外脱硫到 70 年代末期才逐渐发展起来。迄今为止,一些大中型钢铁厂均建立了铁水喷吹脱硫站。

国外应用的铁水炉外脱硫剂主要有苏打(Na_2CO_3)、电石(CaC_2)、石灰(CaO)、金属镁以及以其为基础的复合脱硫剂。研究表明,复合脱硫剂具有比单一脱硫剂脱硫效率高、成本低、环境污染小的优点,故实际生产多使用复合脱硫剂,如苏打系(日本、西欧)、电石系(西欧、日本、北美)、石灰系(日本、法国、美国)、金属镁系(北美、西欧、日本)等。我国采用的铁水脱硫剂则主要以石灰系和电石系为主,近年来开始使用镁系脱硫剂,如鞍钢、本钢等。目前,国内外大中型钢铁厂广泛采用铁水包及混铁车内喷吹石灰系、电石系和镁系脱硫剂的脱硫方法。

Na_2CO_3 系、CaO 系、CaC_2 系以及 Mg 系脱硫剂的比较列于表 15-4 中。

(1)苏打(Na_2CO_3)。苏打是最古老的炉外脱硫剂,有时将其加入铁水沟用来处理硫超标的号外铁。其主要缺点是脱硫能力有限,不能把硫降到冶炼纯净钢所要求的低水平。使用时,大量的 Na_2O 挥发,环境极差,对人体有害。此外,渣中 Na_2O 侵蚀铁水盛放容器的耐火材料,且因渣的流动性好,机械扒渣困难。

表 15-4 Na_2CO_3 系、CaO 系、CaC_2 系、Mg 系脱硫剂的比较

脱硫剂	Na_2CO_3 系	CaO 系	CaC_2 系	Mg 系
优点	(1)能够同时脱磷和脱硫,并且效率高,一般都在90%以上;(2)铁水中锰和碳的损失较少	(1)能同时脱磷和脱硫,并且不易回硫;(2)来源广泛,价格低廉;(3)加工、运输、贮存、使用安全方便,防护简单	(1)脱硫能力强,脱硫速度快,脱硫效率较稳定;(2)消耗量较少,产品渣量较少;(3)对耐火材料内衬侵蚀程度较小	(1)反应速度快,脱硫效率高,并且不易回硫;(2)消耗量小,产生渣量少;(3)脱硫处理时间短,铁水温降小;(4)对铁水的温度要求不严格
缺点	(1)苏打分解的 Na_2O 呈液态,影响耐火材料内衬寿命;(2)苏打沸点低,蒸发引起铁水温降,白色烟雾污染环境;(3)苏打来源短缺,价格贵,从渣中回收又要增加设备投资和生产费用	脱硫、脱磷的效率较低,因而耗量较大,渣量大,铁水温降和铁损较大	(1)生产 CaC_2 电耗高,因而价格贵;(2)加工、运输、贮存要求严格,要防爆;(3)容易污染环境;(4)有回硫现象	(1)价格昂贵;(2)加工、运输、贮存、使用都有安全问题,操作控制较困难

(2)石灰(CaO)。石灰是应用时间较长、价格便宜的一种脱硫剂。其脱硫原理是,固体 CaO 极快地吸收铁水中的硫,而铁水中的硅和碳是极好的还原剂,吸收反应生成的氧。石灰脱硫反应的产物是(CaS)和(SiO_2)或 CO。分析石灰脱硫机理可知,CaO 粒子和铁水中[S]接触生成(CaS)渣壳,该渣壳将阻碍[S]和[O]的扩散,致使脱硫过程趋于缓慢。故用石灰作脱硫剂时,需将石灰磨细,此时,经磨细的石灰粉易吸水,而且生成的炉渣带走大量铁粒。另外,铁水在进行预脱硫处理之前,必须严格地扒去含硫量较高的高炉渣,否则脱硫效果较差。石灰脱硫过程需在高温条件下进行。

表 15-5 给出了国内外用于铁水预脱硫处理的石灰系脱硫剂组成及其脱硫效果。使用石灰系脱硫剂的单耗为 6~10kg/t,脱硫率可达 60%~80%,铁水温降在 30℃左右。

表 15-5 工业规模的石灰系脱硫剂组成及其脱硫效果

厂 名	脱硫剂配方/%				铁水脱硫率/%	铁量/t	单耗/$kg \cdot t^{-1}$	喷吹时间/min	送粉速度/$kg \cdot min^{-1}$	温降/℃
	CaO	CaF_2	$CaCO_3$	其他						
太钢二钢	95	5	—	—	78.75	52.5	8.65	11	41.0	34
酒 钢	90	5	—	C,5	50.0	91.2	7.2	5~12	60~100	—
宣 钢	97	3	—	—	60.0	55.0	10.0	9~11	50~60	20~25
芬 兰 Koverhar	75	10	15	—	67.9	50.3	6.76	12	28.3	36.8
					72.0	50.8	7.56	12	32.0	39.6
					79.6	50.8	9.15	12	38.7	39.8
美 国 Aliquippa	100	—			75.0	155	8.2	30	42.4	27.8
	100	Al:0.68$kg \cdot t^{-1}$			75.0	155	5.4	20	41.9	18.9
	100	Mg:0.63$kg \cdot t^{-1}$			75.0	155	6.3	22	44.4	16.1

(3)电石(CaC_2)。实际应用于铁水脱硫处理的电石是含 CaC_2 约 80%的工业电石,还含有

16%的 CaO，其余是碳。CaC_2 和 CaO 一样，吸收铁水中的硫后生成（CaS）渣壳，脱硫过程被阻滞。所以，电石必须破碎到极细粒度（0.12mm）；但太细的 CaC_2 在铁水温度下又易烧结，脱硫效率也不高。为了解决上述问题，在电石中混入一定量的石灰石粉（$CaCO_3$），其商业名称叫 CaD。加入 $CaCO_3$ 的目的是让其分解产生 CO_2，从而防止 CaC_2 烧结。

提高 CaC_2 脱硫效率的方法有：1）电石要磨细（0.12mm）；2）喷射速率要与铁水中[S]含量相适应，如果喷入过快，铁水面上会出现未反应的 CaC_2 颗粒；3）防止铁水带渣，因 CaC_2 易与炉渣中的 MnO 和 FeO 作用，会降低用于脱硫的 CaC_2 的有效数量；4）要有较深的插枪深度；5）考虑到 CaD 分解吸热以及低温和高黏度渣对脱硫不利，因此要保持较高的铁水温度；6）铁水含硫量高时，脱硫效果好，未反应进入炉渣的 CaC_2 也相对少。

用电石脱硫的优点是电石便宜，喷吹设备简单，在高温下（高于 1400℃）脱硫效率相对较高。用电石脱硫的问题主要有：储运电石粉需用特殊的方法，要在惰性气体保护下运输；电石储藏容量大且需防爆的高压容器；对低温铁水（低于 1300℃），电石脱硫效率很低；脱硫过程受铁水包内衬和带入的高炉渣影响；此外，含有 CaC_2 的脱硫渣遇湿生成 C_2H_2，弃渣的处理成为环保难题。

（4）镁系脱硫剂。目前，市场上有多种镁系脱硫剂，主要有：1）镁焦（Mg-coke）；2）镁合金（Mg-Fe-Si）；3）覆膜镁粒，其惰性保护膜占重量的 3%～10%；4）覆膜混合镁粒，Mg 含量为 30%～80%，其余为惰性物质。前两类贵且易堵枪，后两类可使用，应用最广泛的是第 4）类，即在镁粒中混入多于 10%的惰性物质，使用方法是，用喷吹系统把外裹保护膜的镁粒或混合镁粒喷入铁水液面以下 2～3m 处。

金属镁的脱硫机理分两步进行：首先，金属镁遇高温气化后溶于铁水；然后，铁水中的[Mg]和气态的 Mg 都能与铁水中的[S]迅速反应，生成固态的（MgS）。反应生成的硫化镁在铁水温度下是固态，进入渣中。混合镁粒中的惰性物质可在喷吹过程中避免喷枪堵塞，同时降低镁在熔池中的反应速度，它本身并不参加脱硫反应，最终进入渣中。

镁系以外的各种脱硫剂都不溶于铁水。镁则不同，它先溶入铁水，再和铁水中的[S]反应，脱硫反应的热力学和动力学条件均较好。镁在较低的温度时也有较好的脱硫能力，而石灰和电石只有在高温时才有较好的脱硫能力。

镁脱硫反应的速度，取决于铁水中镁的消耗速度或镁蒸气在铁水中的溶解速度。为了获得高的脱硫效率，必须保证镁蒸气在铁水中完全溶解，避免未溶解完的镁蒸气逸入大气而造成损失。促进或保证镁蒸气完全溶于铁水中的措施是：1）铁水温度较低；2）用外包裹惰性物质的方法减缓镁的气化速度，来控制镁蒸气气泡的大小；3）喷枪插入铁水液面以下 2～3m 处，使镁蒸气气压高，镁蒸气气泡与铁水接触时间长。影响镁脱硫剂脱硫效率的最重要因素是插枪深度，在用小型铁水包处理时，喷枪插入深度浅，镁的脱硫效率会大大下降；如喷枪插入深度由 2.3m 降至 1.3m，镁的脱硫效率会下降 10%～15%。

目前，采用镁系脱硫剂，已经可以把铁水中的硫含量降低到极低的水平。当铁水含硫量降至 0.005%时，每吨铁水的用镁量为 300～500g。

镁系脱硫剂的优点是：镁和硫的亲和力极强，脱硫反应主要是在铁水中的均相反应，对低温铁水来说，镁是最强的脱硫剂之一，因此，镁脱硫剂可用于洁净钢冶炼的深脱硫处理；镁用量少，对铁水带有的高炉渣不敏感，因此，渣成分和金属镁的脱硫反应无关；生成的渣量少，所以铁损少，而且脱硫渣没有环境问题；脱硫处理用的设备投资低。镁系脱硫剂的缺点是：由于铁水中会有残留镁，造成部分镁损失；在高温下由于镁的蒸气压太高，难以控制，有时使镁的脱硫效率降低；用镁进行脱硫处理时，必须用深的铁水包，以利于保证插枪深度和深喷，铁水量少、铁水浅时，脱硫效果就差；另外，要避免镁遇湿产生的危险。

表 15-6 给出了使用不同铁水脱硫剂时脱硫剂消耗量的对比，而表 15-7 总结了使用不同铁水脱硫剂的技术指标。从表 15-6 中数据可知，达到相同脱硫效果时，CaO－Mg 复合脱硫剂的消耗量最小；从表 15-7 中数据可以看出，CaO－Mg 复合脱硫剂脱硫的技术指标最好，故综合比较后，推荐选用 CaO－Mg 复合脱硫剂。镁系脱硫剂在脱硫效率、脱硫剂耗量、渣量、处理时间、温降、铁损等方面，均优于其他种类的脱硫剂。我国近年来 Mg 系脱硫剂发展较快，现在已经在宝钢、本钢、鞍钢、武钢投入生产使用，这是当今铁水预处理脱硫剂的一种发展趋势。

表 15-6 脱硫剂耗量的对比

脱硫剂	脱硫剂相对耗量①
Mg	1
CaO－Mg	0.77（金属 Mg）
CaC_2	9.5
Na_2O	14.8
CaO	22

①脱硫剂相对耗量以达到同样脱硫效果时，其他脱硫剂消耗量与 Mg 脱硫剂消耗量的比值来表示。

表 15-7 不同脱硫剂的技术指标对比

脱硫剂	CaO	CaC_2	CaO－Mg	CaC_2－Mg
单耗/kg · t^{-1}	8.2	3.6	3.7（CaO）+0.3（Mg）	1.65（CaC_2）+0.3（Mg）
消耗量/kg · 包$^{-1}$	1635	727	740（CaO）+60（Mg）	330（CaC_2）+60（Mg）
脱硫剂价格/元 · 包$^{-1}$	1687	3751	2621	3560
渣量/t · 包$^{-1}$	5.9	3.4	3.56	2.45
铁损/t · 包$^{-1}$	3	1.7	1.8	1.2
温降/℃	35	16	18	12
处理时间/min	约 35	约 16	约 18	约 12

15.2 LF 精炼渣

15.2.1 LF 精炼渣概述

随着连铸技术的发展以及对钢质量要求的不断提高，LF 精炼日益受到重视。钢包精炼炉除了采用还原气氛埋弧加热、真空脱气、透气砖吹氩搅拌等二次精炼中较为成熟的技术外，还引用了合成渣精炼技术，使用合成精炼渣可以更好地完成精炼过程中脱硫、脱氧、去气、去夹杂的任务。

配制合成精炼渣通常使用的原料主要包括基础渣、脱硫剂、发泡剂和助熔剂，表 15-8 给出了这些渣料的成分及其作用。

合成精炼渣的冶金效果与其组成有直接关系。精炼渣的基础渣一般多选用 $CaO-SiO_2-Al_2O_3$ 系三元相图中低熔点位置的渣系。基础渣最重要的作用是控制渣的碱度，而渣的碱度对精炼过程的脱氧、脱硫均有较大影响。提高碱度可使钢中平衡氧含量降低，而且可提高硫在渣、钢之间的分配比，有利于脱氧和脱硫；但精炼渣的碱度也不能过高，若碱度过高（如高于 5.0），精炼渣熔化困难，渣的黏度过大、流动性不好，这将影响脱氧和脱硫效果。通常，精炼渣分为高碱度渣和低碱度渣。碱度（$w(CaO)/w(SiO_2)$）大于 2.0 的为高碱度渣，高碱度渣适用于一般铝镇静钢的二次精炼，在钢水脱硫等方面具有良好效果；对于具有特殊要求的钢种，如帘线钢、钢丝绳钢、轴承钢等，需采用低碱度渣，如碱度在 1.0 左右的中性渣。

表 15-8　精炼渣的成分及其作用

成　分	作　用
CaO	调节渣碱度,脱硫剂
SiO_2	调节渣碱度和黏度
Al_2O_3	调整 $CaO-SiO_2-Al_2O_3$ 三元系渣,使其处于低熔点位置
$CaCO_3$	脱硫剂,发泡剂
$MgCO_3$	发泡剂;分解后产生氧化镁,对包衬起保护作用
$BaCO_3$	发泡剂,脱硫剂,并可抑制钢液回磷
Na_2CO_3	发泡剂,脱硫剂,助熔剂
K_2CO_3	发泡剂,脱硫剂,助熔剂
Al 粒	强脱氧剂,并优先与 CaO 脱硫时产生的氧发生反应,从而提高了脱硫效果
Si-Fe	脱氧剂,净化钢液
RE	脱氧剂,脱硫剂,脱硫生成的高熔点稀土硫化物几乎不回硫,并可提高粉剂堆密度
CaC_2	脱氧剂,其脱氧产物使熔渣前期发泡
C	脱氧剂,其脱氧产物使熔渣前期发泡
硅钙合金	脱氧剂,其脱氧产物使熔渣前期发泡
CaF_2	助熔剂,调整渣的黏度

LF 精炼过程中向钢包内加入特殊配比的合成渣料,在电弧加热下熔化成液态渣,达到进一步精炼钢液和绝热保温的目的。LF 精炼渣的冶金功能主要有:(1)采用高碱度、高还原性渣料,可进一步脱除钢中的硫、氧;(2)保护包衬,提高热效率;(3)吸收钢中夹杂物,净化钢液;(4)隔绝空气,防止钢液吸收气体;(5)对夹杂物进行变性处理。

15.2.2　LF 精炼渣组分对发泡性能的影响

15.2.2.1　发泡剂

发泡剂是泡沫渣工艺中的重要因素。一般认为,发泡剂的作用机理是:发泡剂通过自身反应或者复合发泡剂各组成物质之间的反应,为熔渣的泡沫化提供气源。根据相关实验分析,发泡剂高温分解后所产生的微粒状反应产物,存在于熔渣中并附着于泡沫渣膜的表面,会增加渣膜处熔渣的表观黏度,相应增加渣膜的弹性和强度,有利于保持熔渣泡沫。发泡剂分解后的反应产物可以引起熔渣表观物理性质的改变,从而提高熔渣的泡沫化性能,这是发泡剂作用机理的另一个方面。

钢铁冶金过程中,渣料的泡沫化现象比较常见。根据冶金功能的差别,在不同的反应器中要求渣的泡沫化性质有很大差别,产生泡沫所需要的气源在不同的工艺过程中也不尽相同。LF 的泡沫精炼渣工艺不能照搬电炉炼钢的泡沫渣工艺,主要因为电弧炉泡沫渣中的主要气源为碳氧反应的产物 CO;而在 LF 精炼过程中,钢包中的钢水已经进行了深度不同的脱氧操作,钢中碳和氧的含量都较低,除非在特殊的条件下(如真空深脱碳),否则不会产生大量的气体产物。因此,如果要在精炼炉中获得理想的泡沫渣埋弧效果,必须在精炼渣料中外加发泡剂,为精炼渣的泡沫化提供足够的内生气源。

发泡剂的选用原则是:首先,在精炼温度下,发泡剂可以分解或与炉内其他物质进行反应产生气体产物，为精炼渣泡沫化提供气源；其次，发泡剂的加入不应对精炼渣的功能产生大的不利影响。基于以上考虑，比较适合作为发泡剂的物质主要是碳酸盐（如 $CaCO_3$、$BaCO_3$、Na_2CO_3 等）、碳化物（如 SiC、CaC_2、炭粉等）、氯化物和氟化物等。碳酸盐在炼钢温度下可以分解产生 CO_2 气体，提供泡沫渣所需要的内生气源。通过对 $CaCO_3$、Na_2CO_3 和 $BaCO_3$ 三种碳酸盐的实验结果对比分析，$CaCO_3$ 的发泡性能最好，其最大发泡高度（即发泡时精炼渣样高度增加量与发泡前熔融精炼渣样高度的比值）达到 75%。因此，当用于大批量生产时，$CaCO_3$ 是较为理想的发泡剂。碳化物主要是作为复合发泡剂的成分使用，碳化物与碳酸盐分解后的 CO_2 发生反应可以得到 CO，从而加大气体量，改善发泡剂的效果；但应注意，使用碳化物可能对钢水有增碳作用。在氯化物发泡剂的实验中发现，$CaCl_2$ 的发泡性能优于其他氯化物（如 NaCl 和 $BaCl_2$）。实验还表明，CaF_2 的发泡效果有限。

近年来开发的发泡剂，多是一些发泡性能良好、无毒无害、成本低廉的复合发泡剂配方。如某一例新开发的复合发泡剂的配方成分（质量分数）为：70%～80% $CaCO_3$，6%～10% $MgCO_3$，5%～10% Na_2CO_3，2%～6% NaCl 和 8%～12% SiC；另一例的配方为：15%～25% $CaCO_3$，10%～30% $CaCl_2$，15%～35% NaCl 和 20%～60% CaC_2。

15.2.2.2 精炼渣组分对发泡性能的影响

精炼渣的黏度、密度和表面张力等物性参数，对精炼渣泡沫化程度有重要影响。对 CaO-SiO_2-MgO-Al_2O_3-CaF_2 五元精炼渣系，炉渣起泡指数（Σ）与炉渣黏度（μ）、表面张力（σ）和密度（ρ）的关系式为：

$$\Sigma = 159.3721 \frac{\mu^{0.9535}}{\rho^{0.448838}\sigma^{0.4651}} \tag{15-1}$$

式中 Σ——炉渣起泡指数；

μ——炉渣黏度，Pa · s；

σ——表面张力，N/m；

ρ——密度，g/cm^3。

有人针对 CaO-SiO_2-MgO-Al_2O_3-CaF_2 五元渣系的发泡性能进行了相关实验研究，结果表明：

（1）当炉渣碱度小于 2.5 时，炉渣中 MgO 含量在 11%左右，对炉渣发泡有利；而在高碱度操作时，MgO 含量应低一些。这是由于炉渣碱度较低时，提高 MgO 含量可以增加炉渣黏度，改善炉渣发泡性能；但当 MgO 含量过高时，使炉渣的流动性变坏，气体在渣液内会变得不均匀和不稳定，从而影响了炉渣的发泡性能。

（2）对于低碱度渣，控制渣中 Al_2O_3 含量为 15%、Al_2O_3 与 MgO 总含量为 20%～26%较好。

（3）碱度对炉渣发泡性能的影响比较复杂，渣中 MgO、Al_2O_3 和 CaF_2 的含量在一定范围内，即 $w(MgO) = 8\% \sim 11\%$，$w(Al_2O_3) = 12\% \sim 15\%$，$w(CaF_2) = 5\% \sim 10\%$，$w(MgO) + w(Al_2O_3) = 20\% \sim 25\%$时，碱度为 1.9 左右最有利于炉渣发泡。主要原因可能是由于在这样的碱度附近，熔渣中形成了 2CaO · SiO_2，从而增大了炉渣碱度的缘故。碱度过高或过低，对炉渣发泡均不利。

（4）渣中 CaF_2 可降低炉渣密度和表面张力，这对炉渣发泡有利，但反过来又会显著降低炉渣黏度，对炉渣发泡不利。因此，渣中 CaF_2 含量对炉渣发泡的影响较为复杂，需根据实际生产中所使用的渣系进行综合考虑，但总的来说不应超过 10%。

15.2.2.3 精炼渣成分优化

优化精炼渣时，通常只考虑隔热、防止钢水氧化、吸附夹杂、脱硫和对炉衬侵蚀程度较小等性能。炉渣物理性质对发泡性能的影响比较复杂,并且二者相互制约。当物性值在一定范围内,对发泡有利;若超出该范围,则又产生不利影响。研究指出,炉渣黏度在 0.25~0.45Pa·s 范围内,炉渣具有良好的泡沫寿命,泡沫寿命较长的炉渣密度范围为 2.54~3.25g/cm^3,最佳表面张力范围为 0.35~0.5N/m。

有研究利用正交设计方法对用于钢包精炼的 $CaO-SiO_2-MgO-Al_2O_3-CaF_2$ 渣系成分进行优化,试验表明,影响炉渣泡沫稳定性能的因素依次为:碱度、CaF_2 含量、Al_2O_3 含量和 MgO 含量,最佳的精炼渣组成(质量分数)为:CaO 39.3%、SiO_2 19.7%、MgO 6%、Al_2O_3 25%、CaF_2 10%,渣的碱度为 2.0。另有研究利用二次正交回归方法和依据最优化原理,得到了具有最佳发泡性能的精炼渣成分为:CaO、Al_2O_3、CaF_2、SiO_2、MgO 的含量分别为 44.06%、30.0%、7.0%、8.94%、10.0%。

有人研究了碱度在 1.6~3.4 范围内的炉渣发泡性能,得到了具有较好发泡性能的精炼渣系成分为:53.25% CaO、17.75% SiO_2、9% MgO、15% Al_2O_3、5% CaF_2;并使用离差分析方法,得出炉渣组成对炉渣泡沫化程度影响的主次顺序为:CaF_2 含量、MgO 含量、Al_2O_3 含量、碱度。通过正交试验的离差分析法和计算工程平均值法,得出三种碱度时具有最佳发泡指数的精炼渣组成,表 15-9 中所列的精炼渣最佳配方,可作为开发 LF 埋弧精炼技术的基础渣成分的主要确定依据。

表 15-9　高、中、低碱度时发泡性能最佳的精炼渣配方　(%)

二元碱度	CaO	SiO_2	MgO	Al_2O_3	CaF_2
1.6(低碱度)	41.23	25.11	8	15	10
2.6(中碱度)	47.67	18.33	9	10	15
3.4(高碱度)	55.64	16.36	8	7	9

15.2.3　LF 精炼渣组分对脱硫性能的影响

15.2.3.1　*碱度对精炼渣脱硫性能的影响*

$CaO-SiO_2-MgO-Al_2O_3$ 渣系的脱硫实验表明,渣碱度 R 对硫分配比 L_S 具有较大的影响。当 $R<3.0$ 时,碱度增加,L_S 随之增加;而当 $R>3.0$ 时,继续增加 R,L_S 下降。随着 CaO 含量的提高,w[S]降低;但当 w(CaO)>60%后,提高 CaO 含量将降低脱硫效果。这主要是由于 CaO 含量过高后,渣中会有固相质点析出,使熔渣出现非均相,炉渣黏度上升,流动性变差,从而影响了脱硫的动力学条件,使脱硫效果变差。

国外 LF 精炼渣的特点是碱度高(有时渣中 CaO 含量高达 65%),并获得了较好的精炼效果。而国内 LF 精炼渣的碱度处于中碱度(R=2.2~3.0)、低碱度(R=1.6~2.2)的水平,在这种碱度范围内,同样显著提高了钢液的质量。试验中发现,将碱度控制在 2.5~3.5 之间时,硫分配比 L_S 较高,精炼结束时可达 80 以上;渣的碱度控制在 2.5~3.0 时,熔渣的脱硫能力最强;碱度过高,会因渣中 CaO 的增加而使渣流动性变坏,影响 CaS 在渣中的扩散,反而不利于脱硫。

渣指数 $\frac{w(CaO)}{w(SiO_2)\cdot w(Al_2O_3)}$ 可反映在保证精炼渣碱度一定的条件下,炉渣的流动性情况。研究表明,渣指数越小,硫分配比越高;当渣指数为 0.2~0.4 时,硫分配比超过 80。

由($SiO_2+Al_2O_3+P_2O_5$)-(CaO+MgO+MnO)-FeO 渣系的硫分配比可知,在 1600℃条件下,当熔渣成分为 CaO 60%、SiO_2 10%、Al_2O_3 30%时,其中,w(FeO)+w(MnO)<0.6%,计算得到理论上

的硫分配比 L_S 高达 200,终点硫含量可达 0.005%以下。USS/KOBE 钢厂在 LF 精炼过程中选用精炼渣的组分为:CaO 54.2%、SiO_2 12.3%、Al_2O_3 22.0%、MgO 8.7%、FeO 和 MnO 0.64%、CaF_2 2.16%,实际平均硫分配比可以达到 112。

15.2.3.2 CaF_2 对脱硫的作用

从理论上讲,加入 CaF_2 有利于脱硫反应,但这需要碱性组元一定,实验结果也证实了这一现象。CaF_2 含量小于 10%时,提高 CaF_2 用量,L_S 上升,从理论上分析,这是由于:(1)CaF_2 含量高,渣中自由 O^{2-} 离子就多,这样有利于脱硫;(2)CaF_2 对 CaO-SiO_2-MgO-Al_2O_3 渣系来说,能显著降低渣的熔点,提高其流动性,也有利于脱硫。加入 CaF_2 最不利的影响是其对炉衬的侵蚀,故不宜只追求高的 L_S 而加大 CaF_2 用量,而应综合考虑。

按照反应$[S]+(O^{2-})═══(S^{2-})+[O]$,若熔渣中有足够的 O^{2-},钢液中溶解的氧含量足够低,则反应将向右进行;如果熔渣碱度高,O^{2-} 就会较多。熔渣中 O^{2-} 含量取决于连网组元(SiO_2、Al_2O_3 等)与破网组元(CaO、MgO 等)的相对含量。F^- 与网状硅酸盐产生反应,可提供少量 O^{2-}。

15.2.3.3 渣中 MgO 对脱硫的作用

MgO 为碱性物质,与硫具有一定的结合能力,但这种结合能力不如 CaO 与 S 的结合能力强。其主要作用是降低渣中 SiO_2 活度,提高 CaO 活度,从而提高 L_S。加入 MgO 的另一不利影响是提高渣的熔点,特别在 MgO 含量大于 6.0%之后,使渣迅速稠化,不利于脱硫反应的进行。对于 CaO-SiO_2-MgO-Al_2O_3 四元系,当 Al_2O_3 含量为 15%~25%时,MgO 含量大于 10%左右,熔渣即进入两相区。

在精炼渣中适量加入 MgO,可以起到保护镁质炉衬的作用,减少炉衬向熔渣的熔解过程。在精炼脱硫渣中,MgO 的适用量为 4%~6%。

15.2.3.4 Al_2O_3 对脱硫的作用

Al_2O_3 的作用较为复杂,其本身呈酸性,无脱硫作用,而且能在一定程度上降低熔渣的碱度。根据四元碱度表达式 $R'=\dfrac{w(CaO)+w(MgO)}{w(SiO_2)+w(Al_2O_3)}$可知,随着 Al_2O_3 的增加,四元碱度 R'下降。

从另一角度分析,Al_2O_3 具有降低熔渣熔点的作用,在 $w(Al_2O_3)<15\%$时,增加 Al_2O_3 含量,可以提高渣的流动性,促进脱硫反应进行;但 Al_2O_3 含量过高时,会过多降低熔渣碱度,同时也不利于 Al_2O_3 夹杂的排除。Al_2O_3 用量一般宜控制在 10%~18%范围内。

15.2.3.5 精炼渣的还原性对脱硫反应的影响

硫的分配比与精炼渣中 FeO 与 MnO 的总含量成反比,即随着 FeO 与 MnO 总含量的提高,硫的分配比降低,对炉渣脱硫不利。因此,要求合成精炼渣还原性要强,FeO 与 MnO 的总含量应控制在 1.0%以下。

与碱度的影响相比较,渣的还原性对脱硫反应速率常数的影响不同。FeO 与 MnO 的总含量与正反应速率常数无关,而与逆反应速率常数显著相关,即随着 FeO 与 MnO 总含量的增加,逆反应速率常数增大,其结果使硫的分配比减小。

通过实验数据计算出硫在精炼渣和钢液间的分配比 L_S,并将 L_S 对精炼渣的四元碱度 R'和 CaO 含量进行二元回归处理,可得到下式:

$$\lg L_S=0.11+0.52\frac{w(CaO)+0.1w(MgO)}{w(SiO_2)+0.8w(Al_2O_3)}-0.2\lg w(FeO) \tag{15-2}$$

合成渣料中配加 SiC,可降低渣中 FeO 含量,因而有利于增大 L_S,但由于发生反应:$SiC+3(FeO)═══3[Fe]+(SiO_2)+CO$,反应生成物 SiO_2 进入渣中,降低了熔渣碱度,所以部分抵消了 SiC 增大 L_S 的作用。

15.2.3.6　BaO 对精炼渣脱硫反应的影响

有人在高温钼丝炉上进行了测量硫在钢液与 $BaO-CaO-SiO_2-MgO-Al_2O_3$ 渣系之间平衡分配比的试验，结果表明，在常用脱硫精炼渣系 $CaO-SiO_2-MgO-Al_2O_3$ 中加入 7%左右的 BaO，能显著提高渣的硫容量。同时，有人进一步在感应炉上进行了钢液深脱硫精炼工艺的实验，得出结论：含 BaO 的精炼渣比传统的 $CaO-CaF_2$ 精炼剂具有更强的脱硫能力。

15.2.4　LF 精炼渣的展望

随着连铸的发展和对高品质钢材需求的增加，二次精炼过程变得越来越重要。钢包炉（LF）作为一种重要的炉外精炼设备将会得到广泛的应用。由于 LF 耐火材料的消耗成本占总运行成本的 60%以上，特别是渣线处更容易过早损坏而影响炉衬寿命，故 LF 要达到高效、经济运行的目的，需进一步研究精炼渣、钢水和耐火材料三者之间的关系，尤其是精炼渣的成分对钢水质量和耐材消耗的影响。

目前，在生产上对埋弧精炼渣提出了新的要求，即精炼渣不仅要有良好的精炼能力，同时还必须具有合适的密度、黏度、表面张力等物理性质，以满足炉渣泡沫化的要求。以往 LF 埋弧渣所用渣系大多采用以 $CaO-CaF_2$ 为基的渣系，这种渣系中 CaF_2 的含量较高，会导致炉渣对炉衬的侵蚀严重；同时，这种渣系黏度小，不利于埋弧操作，导致电弧对包衬辐射侵蚀。此外，CaF_2 与渣中其他组元反应，生成含氟气体，对环境产生污染。因此，以 $CaO-Al_2O_3$ 为基的低氟和无氟精炼渣将得到推广和应用。

为了使精炼渣加入钢包后快速均匀熔化，以缩短精炼时间，也常常采用预熔型精炼渣，但成本有所提高。预熔型铝钙渣（也称为铝酸钙）因其具有成分均匀、熔点低、熔速快、可缩短精炼时间、不含氟等优点，越来越受到重视。

15.3　炉外精炼用粉剂

炉外精炼用粉剂是炉外精炼，特别是喷射冶金和钢包喷粉法所使用的主要材料之一。精炼用粉剂有金属型粉剂：CaSi、Mg、B、Al、CaC_2、CaCN、$CaCl_2$、CaSiBa、CaSiBaAl、CaSiMn、SiZr、稀土金属（RE）等；非金属型粉剂：CaO、$CaO-CaF_2$、$CaO-Al_2O_3$、$CaO-CaF_2-Al_2O_3$ 等；混合型粉剂（金属型与非金属型粉剂混合）：$CaO-CaF_2-CaSi$、Ca-Mg、CaO-Al、$CaO-CaC_2$、$CaO-CaF_2-CaC_2$、$CaO-CaF_2-CaSiBa$ 等。精炼粉剂可直接以喷粉形式加入钢水；也可用铁皮包覆做成芯线，以喂线形式加入。精炼粉剂直接加入钢水内部，具有防止氧化、反应面积大、反应速度快、反应路径长等优点，可以充分发挥作用，获得较高的收得率。若同时采用气体搅拌，更能为反应生成物的聚合和上浮创造有利条件。Ca-Si 粉剂、稀土芯线、石灰基粉剂、预熔型合成渣粉剂以及白渣基粉剂，是最常用的炉外精炼粉剂。

15.3.1　Ca-Si 粉剂

Ca-Si 粉剂的化学成分为：C 29%～35%、Si 57%～62%、Ca 和 Si 85%～90%、Al 1.5%～2.0%、C 0.35%～0.60%、S 0.02%～0.04%、P 0.025%～0.04%，使用粒度为 0.05～1.0mm（平均粒度为 0.3～0.4mm），体积密度为 1.3～1.4g/cm³，真密度为 1.5～2.5g/cm³，流动性为 4.5～7s/(50g)。

Ca-Si 粉通过喷粉或以喂线形式加入钢水中，在高温下发生分解反应：$CaSi \xlongequal{} \{Ca\}+[Si]$（839～1600℃，$\Delta G_m^{\ominus}=56410-37.65T$）。由于 Ca 与硫和氧均有很大的亲和力，产生的 Ca 与钢水中溶解的硫和氧进行反应，所以可达到脱氧和脱硫的效果，主要反应为：$\{Ca\}$ 或 $[Ca]+[S] \xlongequal{} (CaS)$、$\{Ca\}$ 或 $[Ca]+[O] \xlongequal{} (CaO)$、$(CaO)+[S] \xlongequal{} (CaS)+[O]$。

利用钙的还原能力,Ca-Si 粉还可用于还原脱磷,反应式为:$Ca(l)+\frac{2}{3}[P]═══\frac{1}{3}(Ca_3P_2)(s)$ (839~1320℃,$\Delta G_m^{\ominus}=-34240-22.14T$)。总的脱磷反应式为:$CaSi(s)+\frac{2}{3}[P]═══\frac{1}{3}(Ca_3P_2)(s)+[Si]$。磷的脱除率与工艺条件、钢水性质、顶渣情况及材料用量等因素有关,一般脱磷率可达50%~80%。

钢包喷吹 Ca-Si 粉后,由于载气的作用,钢水与粉剂激烈搅动混合,溶于钢中的钙与氧反应生成 CaO,并与钢中 Al_2O_3 反应生成低熔点铝酸盐夹杂。这种低熔点夹杂物容易聚合而上浮到渣中,从而提高钢的洁净度。当钢中 $w(Ca)/w(Al)>0.14$ 时,可形成铝酸盐夹杂物,并可改善钢水的流动性。当钢中 $w(Ca)/w(S)>0.3$ 时,可使钢中部分条状 MnS 夹杂转变为球形 CaS 或(CaMn)S 夹杂;当 $w(Ca)/w(S)>1.25$ 时,钢中 MnS 夹杂完全变为球形 CaS 夹杂。喷吹 Ca-Si 粉可显著减少硫化物夹杂和氧化物夹杂,特别是 MnS 和 Al_2O_3 夹杂,并使钢中夹杂由条带状和点串状变为弥散细球状颗粒,分布于钢的基体中;而且弥散细球状颗粒的主要类型是 Ca-S-Al-O 型夹杂,内部相为铝酸盐,外部相为 CaS,此类夹杂物加工时不易变形。经喷吹 Ca-Si 粉精炼后,钢的塑性、韧性和热脆性均得到改善,其中,低温冲击韧性的改善尤为突出,钢的横向和 Z 向性能也得以显著改善,减小了钢材各向异性。

不过,Ca-Si 粉价格偏高,且使用时会使钢液增硅。

15.3.2 稀土芯线

稀土合金用铁皮包覆做成芯线后,用喂线机加入钢水中。实际上,任何粉剂均可做成芯线。喂线设备简单、价格便宜、占地面积小、易于操作,且喂线较喷粉收得率高,无烟尘污染,不产生喷溅和二次氧化;但其脱硫效果不如喷粉。芯线断面为矩形,也可做成圆形,尺寸可以有较大的变化。喂线速度为0~150m/min,有单线和双线喂入方法。

稀土合金的理化性能指标与芯线参数见表15-10。稀土元素的优点有:沸点高,不易蒸发,便于利用;密度大,便于加入;稀土元素与铁可完全互溶,与钢中有害元素 Pb、Sn、Bi、As、P 等生成稳定的高熔点化合物,从而改善钢的热加工性能。同时,稀土元素与氧和硫有较大的亲和力,生成稳定的高熔点化合物 RE_2O_3、RE_2O_2S 和 RES 等,脱硫率达20%~25%,脱氧率达25%~30%,RE 回收率达50%~60%。加入稀土后,当钢中硫含量为0.015%~0.025%时,应控制钢中稀土合金与硫含量的比例($w(RE)/w(S)$),以 $w(RE)/w(S)=1.8\sim2.5$ 为宜。此时,条状 MnS 夹杂消失,夹杂物呈球状,弥散分布,颗粒尺寸很小,轧制时不易变形,钢材的冷弯和低温冲击性能得到显著提高。但加入过量 RE,则会产生夹杂物聚集现象,使钢的性能降低。

表 15-10 稀土合金的理化性能指标与芯线参数

化学成分/%					粒度 /mm	粉重 /g·m⁻¹	铁皮重 /g·m⁻¹	粉铁比	铁皮厚 /mm	芯线断面 长×宽/mm×mm
RE	Si	Ca	Mn	Ti						
20.45	36.91	<8	<6	<6	≤3	309.6	224.2	2.49	0.3	12×7

15.3.3 石灰基粉剂

喷吹石灰基粉剂价格便宜,不影响钢的化学成分,使用安全,并可获得与 Ca-Si 粉相近的效果。石灰基粉剂的化学成分为:CaO 90%~94%、SiO_2 1.5%~2.5%、MgO 0.5%~1.0%、Al_2O_3 0.5%~1.5%、FeO 0.14%~0.21%、P 小于0.02%、S 小于0.005%、H_2O 小于0.5%、烧损小于0.05%;石灰基粉剂的使用粒度为0.05~1.0mm(平均粒度为0.3~0.5mm);体积密度为0.80~

0.87g/cm^3;活性度为280~400mL(如第4.3节所述,以用于中和50g生石灰在(40±1)℃恒温水中消化时产生的$Ca(OH)_2$时,所消耗的浓度为4mol/L盐酸的毫升数来表示)流动性为4~10s/(50g)。采用低熔点物质钝化的石灰基粉剂,其流动性得到显著改善,同时可保证石灰的活性,还可防止吸潮。石灰基粉剂经常配加熔剂(如含量为3%~5%的CaF_2)和还原剂(如含量为1%~3%的Ca-Si粉或Al粉)使用。

喷吹石灰基粉剂的主要作用是脱硫和脱氧。向Si、Al脱氧的钢水中喷入石灰基粉剂,脱氧反应为:$CaO(s)+[Si]+2[Al]+5[O]=(CaO \cdot Al_2O_3 \cdot SiO_2)$和$CaO(s)+2[Al]+3[O]=(CaO \cdot Al_2O_3)$,脱硫反应为:$6CaO(s)+[Si]+2[Al]+5[S]=5(CaS)+(CaO \cdot Al_2O_3 \cdot SiO_2)$和$4CaO(s)+2[Al]+3[S]=3(CaS)+(CaO \cdot Al_2O_3)$。

脱除非金属夹杂物是石灰基粉剂的另一个重要作用。当石灰基粉剂喷入Al脱氧的钢水后,按下列反应与一次脱氧产物结合:mCaO(粉剂)$+nAl_2O_3 = mCaO \cdot nAl_2O_3(l)$。当$m=12$、$n=7$时,生成$12CaO \cdot 7Al_2O_3$,同样,还产生得到$3CaO \cdot Al_2O_3$和$CaO \cdot Al_2O_3$的反应,但以形成$12CaO \cdot 7Al_2O_3$的可能性最大,这主要是因为$12CaO \cdot 7Al_2O_3$的自由能负值最大、熔点最低(1450℃)。在钢水温度下,脱氧产物容易聚合而排除,且钢中簇群状脱氧产物Al_2O_3由于变性为液态$12CaO \cdot 7Al_2O_3$,使得钢液流经浸入式水口时的结瘤倾向显著减小。

石灰基粉剂中配加一定数量的溶剂CaF_2和还原剂Ca-Si或Al粉,会软化CaS表层,提高石灰脱硫和脱氧能力。

15.3.4　预熔型合成渣粉剂

预熔型合成渣粉剂是将精炼用材料按预定成分混合后,在碳衬电炉中熔化,然后制成的粉剂。合成渣主要有3种,其成分分别为:(1)CaO 70%,CaF_2 30%;(2)CaO 53%~55%,$Al_2O_3$43%~45%;(3)CaO 48%~56%,Al_2O_3 12%~18%,SiO_2 15%~20%。

预熔型合成渣粉剂具有良好的反应性,脱硫、脱氧和去夹杂效果较好,流动性好而不易吸潮;但制作工艺复杂,价格贵,使其推广受到限制。

15.3.5　白渣基粉剂

白渣基粉剂是以电炉废白渣为基本原料,经过混合(加卤水)、制粒、干燥、合成等工序制成,其使用粒度为0.1~1.0mm(平均粒度为0.381mm),流动性小于15s/(50g)。白渣中的硫经过干燥而脱除,其反应为:$CaS+MgCl_2+H_2O = H_2S\uparrow +CaCl_2+MgO$。

白渣的硫含量很低,碱度很高,再配入熔剂和还原剂,具有很强的脱硫(50%~80%)、脱氧(60%~80%)和脱夹杂(70%~80%)能力;白渣还可使钢液中的夹杂物变少、变小而分散,从而改善钢的性能。

白渣粉剂中配加的卤化物在钢水中分解,有脱氢作用,其反应为:$2[H]+\{Cl_2\}=2\{HCl\}$。

白渣粉剂中配加的还原剂具有脱氮功能,其脱氮反应为:$3[N]+3(TiO_2)+4(Al)=3(TiN)+2(Al_2O_3)$和$[N]+[Al]=(AlN)$。

15.4　连铸保护渣

15.4.1　连铸保护渣概述

在现代钢铁冶金中,炼钢过程的最后产品是铸坯。影响铸坯质量的因素,除原材料条件外,主要是浇注和凝固过程中钢液的质量。长期以来,许多精炼后的纯净钢液仍然在大气中进行敞开浇注,在浇注过程中又会产生新的化学和物理变化(主要是二次氧化和温降),影响了钢液的质量。为了获得成分均一、夹杂少而且分布均匀、组织致密、表面质量良好的铸坯，不仅要在浇注前采取措施，而且还应采用保护浇注。目前，在浇注过程中可控制的因素（如浇注温度、浇注速度、浇注方法等）并不多，而保护浇注是改善铸坯质量的有效方法之一。

在使用保护渣浇注之前，通常的保护浇注措施是采用植物油润滑铸坯，这种浇注方式具有许多明显的缺点，也不能起到吸收钢液表面非金属夹杂物的作用，因而不能从根本上改善铸坯的质量（特别是表面质量）。20 世纪 60 年代初，受渣洗法的启发，曾对某些钢种（如不锈钢、滚珠钢）采用液体渣保护浇注，获得了良好的效果，从此，用保护渣浇注就被广大研究工作者所关注。另外，因为保护渣所用的原料大都是成本较低或废弃的耐火材料，也使得这项技术具有较大的市场前景；同时，为了满足纯净钢生产的要求，对其进行了大量深入的研究，从而推动了这项技术的发展。目前，浸入式水口保护渣浇注技术，已成为大部分钢种在连铸过程中防止钢坯表面缺陷的最有效方法之一。

15.4.1.1 国外保护渣的发展概况

连铸采用粉末保护渣浇注的方法，于 1962 年始于欧洲。法国东方优质钢公司于 1963 年采用了浸入式水口保护渣浇注技术；1965 年，日本在连铸机上应用了粉末保护渣浇注技术。国外的实践证明，连铸采用浸入式水口保护渣浇注后，无论对于扩大连铸钢钢种，还是对于提高铸坯质量，都是一项极为有效的措施。

国外对保护渣的研究已有 60 余年的历史。自 20 世纪 60 年代连铸保护渣浇注问世以来，大多着重于保护渣配制的实用性研究，即选用各种酸、碱性原料和助熔剂，配制出性能适合当时浇注条件的保护渣。此时，虽然连铸坯的质量比敞开浇注有了进一步的提高，但远不能满足连铸技术发展的要求。

20 世纪 70 年代，是连铸保护渣研究和应用比较活跃的时期。佐藤良吉系统论述了如下内容：保护渣在结晶器中的行为；在连铸过程中，如何根据不同钢种确定相应保护渣的物理性质，并合理确定保护渣的化学组成；明确提出了控制保护渣熔化速度的重要性，且保护渣在结晶器内钢液面上的熔融模型，可以通过配入碳质材料的粒度和数量来控制。另外，江见俊彦等人在研究了板坯的纵裂和夹渣与保护渣物理性质的关系后认为，为了减少板坯表面的纵裂和夹渣，保护渣的黏度和熔化速度之间应保持一个恰当的关系。

连铸保护渣在结晶器内熔化后形成的熔渣层厚度，对熔渣向结晶器与坯壳之间的流入及板坯质量的影响，已引起人们的重视。有人从生产数据中统计了熔渣层厚度与板坯纵裂纹的关系，并从理论上推导出保护渣在结晶器内渣膜的最低临界厚度为 6~10mm，拉速越高，临界厚度越大。

20 世纪 70 年代后期，P. V. Riboud 等人论述了保护渣对钢液弯月面的保护作用，明确提出，高碱度、低黏度以及含 Na_2O、CaF_2 高的保护渣有利于吸收非金属夹杂。他们还对凝固壳的形成、弯月面上熔渣的流入行为、保护渣的化学成分与其理化性质间的相互关系提出了许多观点。

俄罗斯等国的研究者对发热渣的物理化学性质、粉渣的燃烧机理及其动力学进行了研究。此外，在合金钢连铸的保护渣方面，有人提出使用 BN（硼氮复合材料）取代碳质材料的无碳保护渣，也有人提出使用高 CaF_2 含量、低黏度的发热渣来浇注含 Ti 不锈钢。

20 世纪 80 年代以来，由于高速连铸的发展、高温连铸坯要实现热送或连轧的要求以及特殊钢连铸技术的发展，对保护渣浇注提出了更高的要求。在用于不需修整板坯表面的高速连铸的保护渣研究方面，T. Sakuraya 等人研究了保护渣的熔融特性，提出控制保护渣熔化特性的关键在于，控制半熔融温度区间的宽度。半熔融温度区间为 120~180℃ 时，板坯的表面缺陷最少。控制半熔融温度区间的大小，是通过调节碳质材料的特征来实现的。

由于结晶器与铸坯之间的渣膜直接影响铸坯的润滑和传热，因此，渣膜的形成和形状对防止铸坯表面缺陷和穿钢、保证高速连铸的顺利运行起着决定性作用。人们对有关坯壳和结晶器间渣膜的形成和流动、渣膜的厚度及均匀性、结晶器和坯壳间的传热、渣膜的最佳状态和保护渣性质及连铸工艺参数间的相互关系等一系列问题进行了广泛研究。为了获得厚度一定的均匀渣膜,在正常条件下,保护渣的黏度和拉速之间、黏度和振动频率之间,都应保持一个合适的定量关系。

保护渣的结晶性能也直接影响保护渣的润滑作用。为此,较多研究集中于考察保护渣的组成(如碱度,BaO、Li_2O 和 Na_2O 等组分的含量)对结晶率和结晶温度的影响。

浇注低碳铝镇静钢、高合金钢时,需减少和消除钢液面聚集的非金属夹杂物。若不能消除在弯月面处的非金属夹杂,铸坯的表面及皮下质量必然会受到影响。因此,近年来的研究都致力于提高保护渣吸收和溶解夹杂物的能力,特别是对铝系和钛系夹杂的吸收能力。

15.4.1.2　国内保护渣的发展概况

我国的连铸于 1972 年开始应用浸入式水口保护渣浇注技术,70 年代中期以后,该技术得到了迅速发展。目前,国内所有板坯连铸机和绝大多数方坯连铸机都采用了粉末保护渣浇注。对于保护渣的生产,在吉林梨树县、河南西峡及四川渠县等地已建立了连铸保护渣的专业生产基地;此外,不少从事连铸生产的钢铁公司也建立了相应的连铸渣生产线来生产本单位的专用连铸保护渣。对于保护渣的研究,不少单位已采用了连铸保护渣理化性质的测试手段,在保护渣的物理性质、熔融特性和溶解非金属夹杂物的能力等方面做了不少工作,为设计保护渣的化学成分和合理选择配渣原料提供了有参考价值的依据。据粗略统计,我国现有连铸保护渣生产厂近 30 家。国内许多钢厂都有自己的保护渣生产厂,如鞍钢、武钢、宝钢、攀钢、本钢、济钢、邯钢等,用于研制及生产连铸保护渣,以满足本企业生产的特殊性和灵活性,适应钢材市场的多样性要求。

连铸保护渣之所以受到如此重视,一是因为连铸生产对保护渣的使用性能要求很高,不同的钢种、不同的机型要使用不同性能的保护渣;二是因为连铸保护渣对促进连铸生产顺行和提高铸坯表面质量起着关键作用。目前,我国应用的保护渣主要是预熔型保护渣,外形以雾化空心颗粒为主,国内板坯铸机大部分采用这种渣型;此外,还有部分实心颗粒渣和粉状渣在使用,但大多用在方坯连铸机上。

总之,从 20 世纪 80 年代以来连铸保护渣的发展趋势和现状来看,高拉速大型板坯和特殊钢连铸保护渣的开发仍是研究的主要课题。保护渣的化学组成具有朝高碱性、高玻璃化发展的特征。保护渣的品种更加系列化,以适应不同钢种、不同结晶器断面以及不同连铸工艺参数的浇注。保护渣的有关物理性质可以采用各种经验公式进行计算,保护渣配方设计已逐步规范化。但也应该看到,国内保护渣的研究水平以及保护渣的品种和质量,与国外相比还存在一定差距。因此,必须把连铸保护渣的研制和生产建立在科学的基础上,开发出连铸保护渣系列,以满足我国连铸发展的需要。

15.4.2　连铸保护渣的行为和功能

连铸结晶器保护渣是连铸过程中使用的合成渣。保护渣对连铸操作的顺利进行和连铸坯质量都有重要作用。通过自动加渣机或人工将保护渣连续铺放在结晶器内的钢液面上,熔化后的液渣流入结晶器和凝固坯壳之间的间隙内,是一个不断消耗、不断补充的过程。图 15-1 描述了连铸保护渣在结晶器中的行为。良好的保护渣应该具有合适的熔化温度和熔化速率,且具有一定的流动能力和结晶能力。

结晶器内使用保护渣,主要是控制钢液环境、防止漏钢,以改善铸坯的表面质量。保护渣的冶金功能主要包括以下几个方面:

(1)隔绝空气,保护钢液面不受空气的二次氧化。保护渣接触钢液面后,由于钢水的单向加热作用,很快形成自上而下分别为粉渣层、烧结层及熔渣层的熔融结构,并均匀地覆盖在钢液面

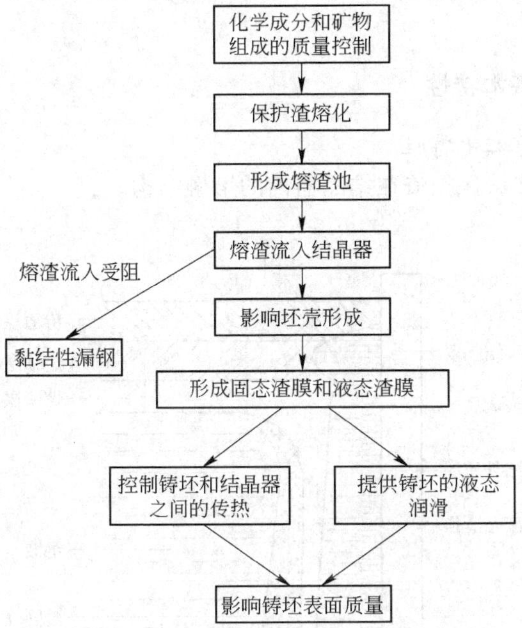

图 15-1 连铸保护渣在结晶器内的行为

上,防止钢水与空气接触氧化。由于熔渣不断流入结晶器和凝固坯壳间的缝隙而消耗,新的熔渣又不断补充,因此,所谓保护渣的三层结构是动态变化的,并没有一个严格的界限。有研究指出,要保证防止二次氧化的效果,要严格控制保护渣原料中 FeO 的含量不高于 4%,以降低渣金界面的氧势。

(2)使钢液面绝热保温,以防止过早凝固或结壳。保护渣要保持适当的烧结层和液渣厚度,以减少钢水的热损失,起到绝热保温的作用,这就要求保护渣有适宜的熔化温度和熔化速度。另外,保护渣的消耗速度也直接影响其绝热保温效果。文献指出,粉渣层的堆密度直接影响钢液面的散热。

(3)吸收上浮夹杂,防止铸坯表面和皮下夹渣。渣的黏度和渣中 Al_2O_3 的含量将直接影响渣吸收氧化物夹杂的能力,低黏度、低 Al_2O_3 含量的渣具有较强的吸收和溶解夹杂的能力。需要说明的是,结晶器内流场的控制对夹杂物的吸收能力至关重要,要避免在钢渣界面附近发生涡流卷渣的现象,否则即使保护渣吸收了部分夹杂物,也会因为卷渣而带来额外的大尺寸夹杂,钢材洁净度反而下降。

(4)充当铸坯与结晶器间的润滑剂。结晶器存在一定的锥度,且由于钢水的凝固收缩,熔融的保护渣随铸坯的凝固而流入铸坯与结晶器的间隙,形成 0.1~1.5mm 厚的渣膜。在结晶器的一侧,由于温度较低,保护渣呈固态;在坯壳的一侧,温度高于保护渣的结晶温度而使其呈液态,这些液态炉渣的存在使得拉坯阻力大大减小,降低了黏结漏钢的几率。一般来说,在结晶器上部区域存在液态润滑,到结晶器出口附近,保护渣基本全部为固态,此时,其润滑功能基本丧失。因此,增大保护渣的熔化区间对强化润滑功能具有重要意义。

(5)控制结晶器与坯壳之间热量传递的速度和均匀性,使钢液的热量均匀、平稳地传给结晶器,防止因传热不均产生的铸坯质量缺陷。研究表明,结晶器内钢水的热量以热传导的形式进行传递。由于渣膜层位于结晶器壁与坯壳之间,是热传导的必经之路,且渣膜凝固或结晶状态存在差异，使得渣膜层的导热性能对铸坯凝固、结晶器内的传热速度和传热均匀性都有重要影响。

15.4.3　连铸保护渣的基本特性

15.4.3.1　保护渣的熔化特性

图 15-2 示意给出了连铸保护渣在结晶器内的熔融结构。

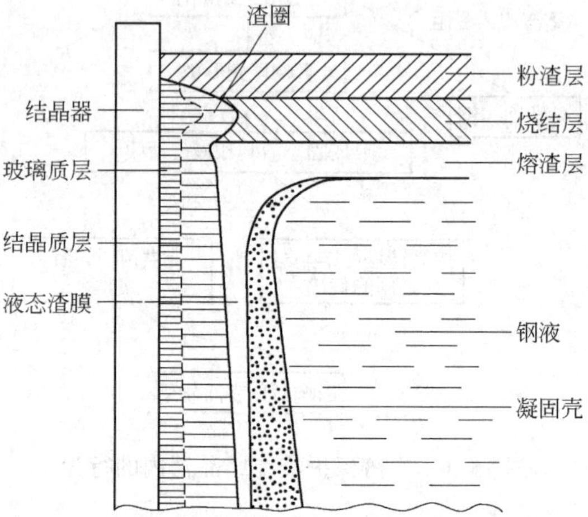

图 15-2　连铸保护渣在结晶器内的熔融结构

在一般情况下，保护渣在熔融状态时自上而下形成粉渣层、烧结层及熔渣层三层熔融结构，起到绝热保温、防止再氧化、吸收夹杂物的作用；保护渣在结晶器与坯壳之间形成固态渣膜（玻璃质层、结晶质层）和液态渣膜两层结构，起到润滑和控制传热的作用，靠结晶器一侧是固态层，靠坯壳一侧是液态层，固态层可进一步分为玻璃质层和结晶质层，且有结晶粒度的差异。渣膜在厚度方向上的不同结构层，有着不同的润滑和传热效应。根据不同浇注条件（钢种、断面、拉速等）对结晶器传热的不同要求，调整渣膜中玻璃质层和结晶质层的比例，可以达到改善坯壳向结晶器的传热以及控制铸坯表面缺陷的目的。

15.4.3.2　保护渣的冶金性能

（1）黏度。黏度是保护渣的一个重要参数，黏度太大或太小都会使渣膜厚薄不均，润滑、传热不良，甚至引起坯壳悬挂撕裂。

黏度与温度的关系式为：

$$\eta = AT\exp(B/T) \tag{15-3}$$

式中　η——黏度，Pa·s；

T——绝对温度，K；

A，B——常数。

对于一定成分的渣，随温度降低，其黏度呈突然性增大趋势。所以，一般希望从弯月面到出结晶器的坯壳表面温度应大于 1150℃，且要求渣的黏度不会发生突变，这对保持均匀的渣膜厚度以及确保良好的润滑效果极其重要。

（2）表面张力。熔渣的表面张力和钢-渣的界面张力决定着熔渣润湿钢的能力，影响着夹杂物分离、夹杂物吸收、渣膜的润滑和铸坯的表面质量,因此,熔渣的表面张力是保护渣的重要冶金特性之一。

结晶器液面有保护渣层覆盖时,结晶器中钢液弯月面半径与表面张力和界面张力的关系为:

$$r_s = 0.00543\left(\frac{\sigma_{m-s}}{\rho_m - \rho_s}\right)^{1/2} \tag{15-4}$$

$$\sigma_{m-s} = \sigma_m - \sigma_s \cdot \cos\theta \tag{15-5}$$

式中 r_s——钢液弯月面半径,m;

σ_{m-s}——钢水-渣界面张力,N/m;

σ_m,σ_s——分别为钢水、渣的表面张力,N/m;

θ——润湿角,(°);

ρ_m,ρ_s——分别为钢水、渣的密度,kg/m^3。

若弯月面半径 r_s 大,弯月面处的凝固壳受钢水静压力作用,易贴向结晶器壁,故润滑良好,难于产生坯壳裂纹;若 r_s 小,就会破坏弯月面薄膜的弹性,铸坯易于产生裂纹、夹渣等表面缺陷。

(3)熔点与熔化速度。对保护渣熔点的基本要求是,其低于结晶器内的钢水温度。只有这样,才能保证保护渣熔化。保护渣的熔点一般为950~1200℃,主要取决于保护渣的原料组成及其化学成分。

保护渣的熔化速度决定了钢液表面形成的熔渣层厚度及保护渣的消耗量。若熔化速度过慢,形成的熔渣层过薄,渣膜不均匀,润滑、传热不好;若熔化速度过快,粉渣层很快消失,熔渣层易结壳,渣膜厚度增加,使传热减慢,坯壳减薄且易产生裂纹。因此,必须合理控制连铸保护渣的熔化速度。

保护渣的熔化速度一般是由其组成中的碳粒子来控制完成的。控制能力的强弱取决于碳粒子的种类和数量,表现在其对造渣材料的分熔能力和对造渣材料生成熔体的流动阻滞能力。常见的碳粒子的原材料有炭黑和石墨。炭黑在温度较低的区域内有很强的分熔能力和控制效率;在高温区内,其作用却大为降低。石墨开始氧化的温度高且氧化速度慢,控制高温能力强,故有延缓保护渣烧结和熔化的功能。

(4)保护渣凝固性能。保护渣在凝固时的性能包括黏度 η_{1300}、凝固温度 t_s 和结晶温度 t_c,三者合理搭配将可保证铸坯的润滑并调节从铸坯传往结晶器的热流。结晶温度是指保护渣液渣冷却过程中开始析出晶体的温度。保护渣液渣的凝固温度范围,应该确保随着温度的降低而不过早地析出初晶,一般要求凝固温度的范围为100℃。

(5)吸收溶解夹杂物的能力。保护渣碱度提高,可改善保护渣吸收和溶解钢中夹杂物的动力学条件,从而有利于吸收夹杂物;但碱度过高,熔渣中易析出钙铝黄长石($2CaO \cdot Al_2O_3 \cdot SiO_2$)、枪晶石($3CaO \cdot 2SiO_2 \cdot CaF_2$)等高熔点物质,使熔渣的析晶温度和析晶能力增高,恶化保护渣的玻璃化特性,破坏了熔渣的均匀润滑和传热,引起铸坯缺陷甚至拉漏,故碱度的控制应合理。

15.4.3.3 保护渣组成与性能的关系

保护渣的熔化温度、黏度、凝固温度等物理性能,不仅与铸坯表面质量密切相关,而且还与连铸生产的顺行有着直接的联系。为了满足提高铸坯质量和拉速的要求,必须根据连铸工艺参数来设计保护渣的物理性能;而且,只有选择了适宜的组成,才能实现所设计的物理性能。因此,有必要掌握各成分对这些物理性能的影响。表15-11概述了保护渣化学成分对其性能的影响。

表 15-11　保护渣化学成分对性能的影响

提高含量	黏　度	凝固点 t_s	熔点 t_m	结晶温度 t_c
CaO	↓	↑或↓	↑	
SiO_2	↑	↓	↓	
CaO/SiO_2	↓	↑	↑	↑
Al_2O_3	↑	↓	↑	↓
Na_2O	↓	↓	↓	↑
F^-	↓	↑	↓	↑
Fe_2O_3	↓	↓	↓	
MnO	↓	↓	↓	↓
MgO	↓	↓	↓	↓
B_2O_3	↓	↓	↓	↓
BaO, SrO	↓		↓	↓
Li_2O	无变化或↓	↓	↓	
TiO_2	↓		↑	
K_2O	↓	↓	↓	
ZrO_2	↑	↑	↑	↑

A　保护渣成分与熔化温度的关系

保护渣作为一个多元体系，其熔化过程是在一定温度范围内进行的，目前，常用渣柱法中的半球点温度代表保护渣的熔化温度。研究表明，保护渣熔化温度与加入的助熔剂种类和数量有关，常用助熔剂降低保护渣熔化温度能力的次序为：$NaF>Na_5Al_3F_4>Na_2CO_3>NaCl>CaF_2$。

近年来，为满足高速连铸保护渣低熔点的要求，B_2O_3、Li_2O、BaO 等成分对保护渣熔化温度的影响受到了重视。有研究指出，当 B_2O_3 加入量在 10%以下时，每增加 1% B_2O_3，可降低熔化温度约 25℃；但加入量超过 10%后，对熔化温度的影响变小。Li_2O、MgO 和 MnO 对保护渣熔化温度的影响见图 15-3。由图可知，Li_2O 降低熔化温度的效果比较明显。这表明 Li_2O 是一种强的助熔剂，即使渣中 Li_2O 含量低，对熔化温度也有较大的影响，其降低熔化温度的能力强于 Na_2O、B_2O_3、CaF_2 等。正是由于此原因，高速连铸用保护渣中常配入 Li_2O。

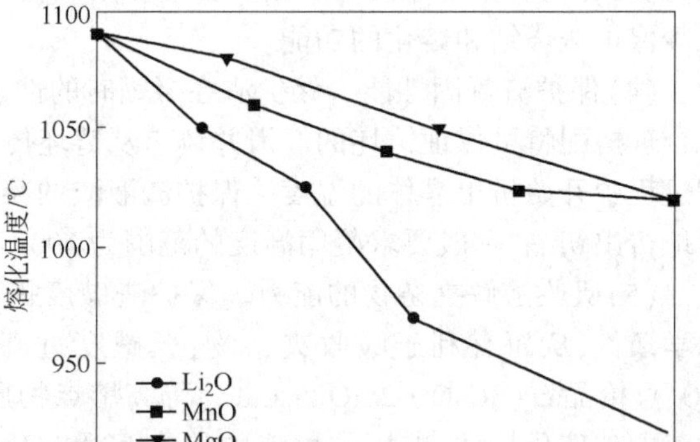

图 15-3　部分助熔剂对保护渣熔点的影响

B　保护渣成分与黏度的关系

保护渣的主要成分为 SiO_2 和 CaO，其熔渣结构可认为是一种硅酸盐结构，Si—O 四面体通过共用两个角连接形成长链。在此硅酸盐熔体中加入 MgO 和 CaO 等氧化物时，Si—O 四面体网络结构会受到破坏，链的变形阻力因断口增多而减小，从而降低了保护渣黏度。图 15-4 所示为保护渣中的主要成分对其黏度的影响，由图 15-4 可以看到，随渣中 SiO_2、Al_2O_3 含量的增加，保护渣黏度上升；随 MgO、CaO 含量的增加，黏度反而下降。

C 保护渣成分与熔速的关系

保护渣熔速是评价保护渣供给能力的重要参数。保护渣中的碳质材料对其熔速有很大的影响,图 15-5 所示为碳质材料类型和碳含量对保护渣熔速的影响。由图 15-5 可知,保护渣的碳含量越高,降低熔速的作用越强烈;不同的碳质材料对熔速的影响不同,常用的碳质材料降低熔速能力的顺序为:炭黑>高碳石墨>土状石墨,其原因被认为与炭的粒度有关,细粒炭对熔速的控制比粗粒炭更有效。

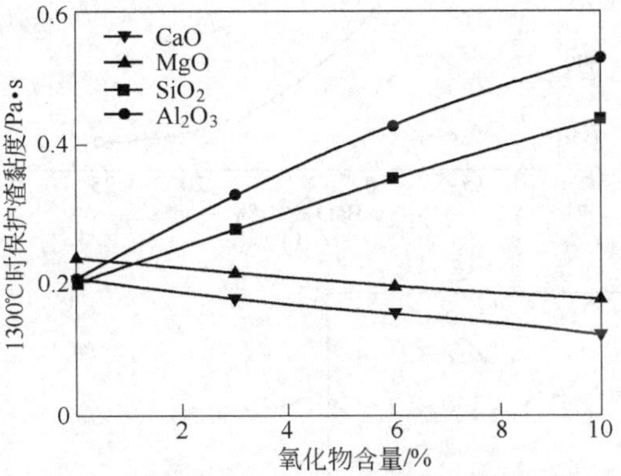

图 15-4 保护渣中主要成分对保护渣黏度的影响

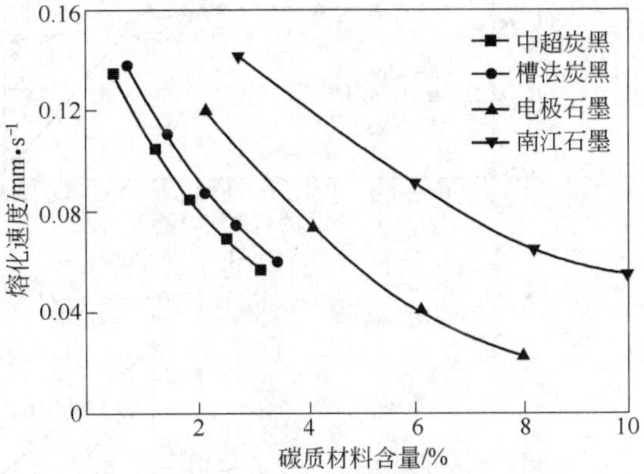

图 15-5 碳含量及碳质材料种类对保护渣熔化速度的影响

研究表明,保护渣的堆密度和碳酸盐含量也影响着保护渣的熔速。图 15-6 和图 15-7 分别给出了保护渣堆密度和碳酸盐含量对熔速的影响。可见,熔速随堆密度的增加而降低,随碳酸盐含量的增加而加快。其原因被认为与渣层的传热有关,碳酸盐的分解可起到搅拌渣层的作用,从而使渣层热传导率增加,熔速加快。与碳质材料一样,不同的碳酸盐对熔速的影响不同,碳酸盐分解反应速率常数越大,熔速越快。常用碳酸盐对熔速的作用次序为:$MgCO_3$>Li_2CO_3>$CaCO_3$>Na_2CO_3>$BaCO_3$。

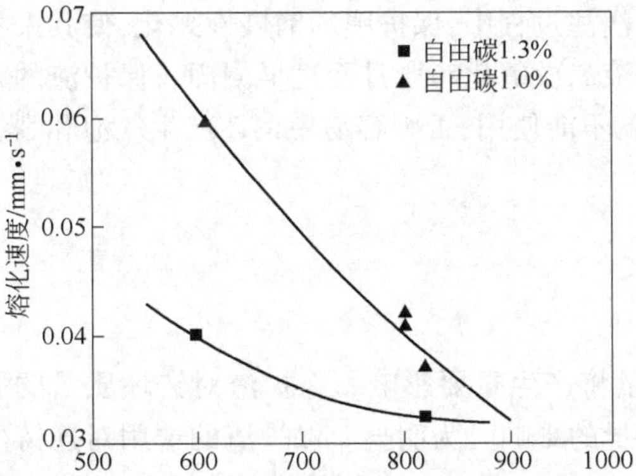

图 15-6 保护渣堆密度与熔速的关系

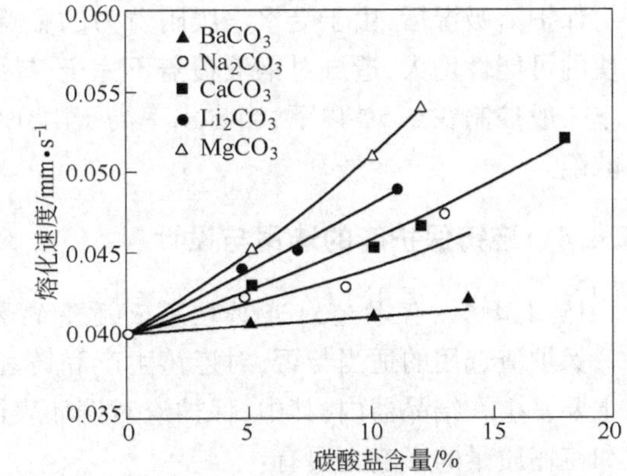

图 15-7 保护渣碳酸盐含量与熔速的关系

D　保护渣成分与凝固温度 t_s 的关系

保护渣的凝固温度 t_s 是影响结晶器润滑与传热的重要物理性能。国内外的研究表明，提高碱度，t_s 升高；Al_2O_3 对 t_s 的影响不大；在渣中加入 Na_2O、Li_2O、BaO 和 B_2O_3 均能有效降低 t_s，见图 15-8。

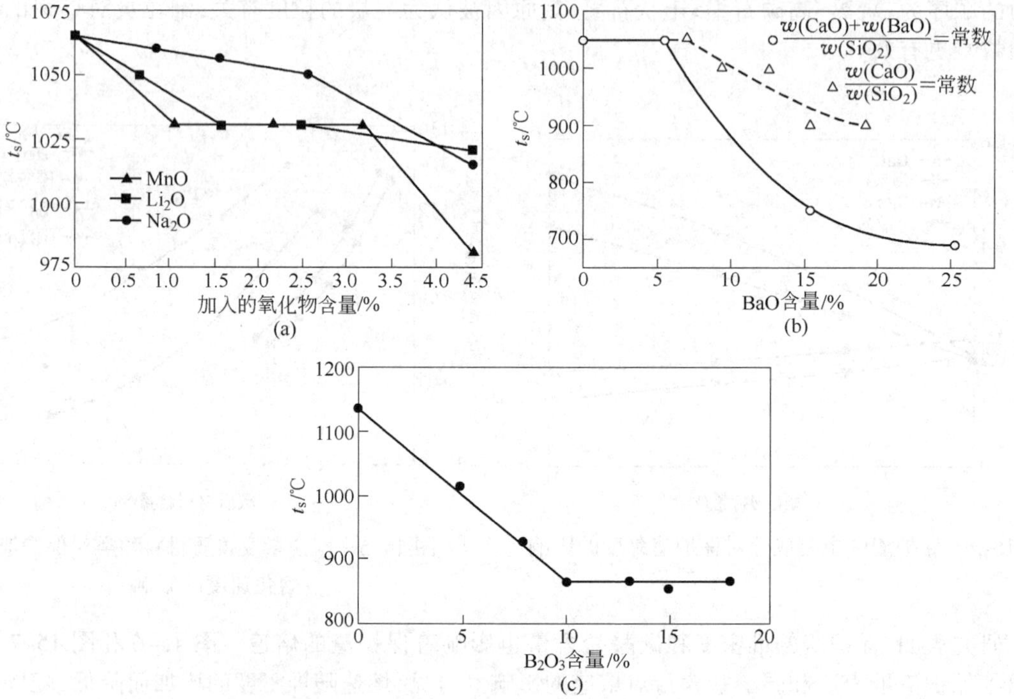

图 15-8　加入的各种氧化物对保护渣凝固温度 t_s 的影响

(a) Li_2O、MnO 和 Na_2O；(b) BaO；(c) B_2O_3

E　含水率对保护渣性能的影响

对于粉状保护渣，由于比表面积很大，吸水速度快，容易吸附空气中的水分；而对于颗粒保护渣，由于其比表面积明显小于粉渣，吸水速度较慢，吸水量较小。

保护渣吸湿后，由于受水汽膜附着力的影响，在浇注过程中，保护膜的铺展性恶化，使其聚集成块的可能性增大，造成对钢液覆盖不完全，导致钢液二次氧化和弯月面过早凝固。保护渣的含水率一般控制在 0.5%以下，当含水率高于 1.0%时就不能使用，否则容易使钢坯产生气泡和裂纹等缺陷。

15.4.4　连铸保护渣的选用与设计

15.4.4.1　保护渣对连铸坯表面质量的影响

保护渣选用的适当与否，对连铸生产和铸坯质量将产生重要影响。保护渣对铸坯质量的影响主要发生在结晶器内，其中，保护渣对铸坯表面质量的影响尤为明显。保护渣的选用对连铸生产和铸坯质量的影响主要有：

(1) 黏结性漏钢。生产实践表明，由于保护渣不良引起的黏结是板坯和大方坯连铸漏钢的主要原因。保护渣的熔化温度偏高或熔化速度偏低，会导致熔渣层过薄，从而造成漏钢。良好的结晶器润滑和保持熔渣流入通道的畅通,是减小黏结性漏钢发生频率的重要因素。减小保护渣的黏度和玻璃相转变温度,可增大保护渣的消耗量,增强液体润滑性,因此,结晶器壁和坯壳之间的摩擦力减小了,从而减小了黏结性漏钢发生的频率。

(2)表面纵向热裂纹。纵裂纹是影响铸坯质量的主要缺陷之一。轻者要进行精整处理,耗费人力、财力和物力,并增加生产成本;重者则造成废品,导致铸坯成品率下降,甚至有拉漏钢的可能。因此,连铸生产中力求避免出现纵裂纹问题。

若结晶器和连铸坯之间的传热速率特别快或者不均匀,则产生的热应力可能在铸坯中引起表面纵裂纹。表面纵裂纹的形成与凝固壳和结晶器间的传热有重要的关系。研究表明,纵裂纹一般多发生在含碳量为0.08%~0.14%的钢种中,此钢种在凝固过程中存在包晶反应,伴随着δ相向γ相转变,其收缩率达0.38%。如果结晶器内热流过高,两相热收缩差异则形成坯壳热应力,它使这些钢种特别容易产生表面纵裂纹。降低通过保护渣膜的热流量,可以显著减少连铸坯表面纵裂纹。

结晶器与坯壳间的热阻在很大程度上依赖于保护渣的结晶特性。保护渣的结晶温度越高,渣膜中结晶层所占的比例越大,就能越大限度地抑制辐射传热。另外,保护渣在结晶过程中伴生的孔洞也能显著增加界面热阻,使热流得到很好的控制。

因此,对于给定的钢种,正确选择保护渣以及改善结晶器传热对消除纵裂纹是至关重要的。

(3)振痕。振痕的形成主要是连铸保护渣和结晶器相对运动的结果。振痕深度主要由结晶器振动特性决定,即振痕深度随振动频率的增大和负冲程时间的减小而减小;振痕深度也随保护渣黏度的增大和保护渣消耗量的减小而减小。

(4)表面横向裂纹。横裂纹大多沿着振痕的波谷处发生。保护渣的物性影响振痕的深浅,浅而圆滑的振痕可获得光滑的铸坯表面。改善保护渣的性能可使振痕深度变浅,减轻横裂纹的发生。

(5)夹渣。夹渣分为表面夹渣和皮下夹渣。渣子卷入是夹渣的重要来源。凡渣子的剥离性不良,均会使铸坯表面嵌附成片夹渣,有的夹渣在加热炉内未能剥离,还会残留在成品钢材上形成表面缺陷。

(6)表面增碳。浇注过程中,若保护渣熔化性能不良,熔渣层过薄,将造成钢液与含碳保护渣或富碳层接触而渗碳。生产低碳钢和超低碳钢时,钢坯表面增碳的可能性更大,此时应注意选用低碳或无碳保护渣。

15.4.4.2 保护渣的评价方法

对保护渣性能的评价,除正常的理化和冶金性能检验外,最直观而简单的评价方法大致如下:

(1)保护渣的渣耗量。在不断均衡地向结晶器加入保护渣的情况下,渣耗应大于0.3kg/t,而且渣耗量应稳定在较小范围内,一般为0.3~0.5kg/t。

(2)保护渣熔渣层厚度。可定期用探测法测定熔渣层厚度,合适的熔渣层厚度大致在10~15mm范围内,而且厚度的波动范围应较小。粉渣层厚度一般不希望大于25mm,对有结晶器液面自动控制的操作,可稍厚一些。粉渣过薄或熔速过快,会使渣面发红,甚至使钢液面局部露出。

(3)渣圈。渣圈在结晶器壁四周的钢液面上形成。渣圈发达,说明保护渣的熔化性能不良,烧结层过分发展。

(4)结晶器的摩擦力。在结晶器上安装传感器,监视拉坯过程中摩擦力的变化。如摩擦力突然升高,说明渣膜润滑不良,此时存在黏结性漏钢的危险,必须及时调整。

(5)结晶器铜壁温度。在板坯连铸机或大方坯连铸机的结晶器铜壁内,安装若干对热电偶,再将热电偶信号引入计算机。若结晶器某部分热电偶所测温度突然明显升高，说明该处铸坯凝固壳断裂，这是由钢水与铜壁接触所致。就保护渣影响而言，是由于熔渣层过薄或渣膜厚度不均所造成。

综上所述，在生产上最直观评价保护渣的方法主要是保护渣的消耗量和熔渣层厚度。随着我国连铸技术的迅速发展、连铸品种的不断扩大以及新连铸机的投产，经常会遇到如何选择保护渣和评价保护渣的问题。因为连铸保护渣的通用性很差，又没有统一的评价标准，即使选择浇注钢种和断面相同的保护渣，但由于拉速、钢水质量和设备参数的不同，同样不能保证生产出表面质量好的铸坯。如果保护渣选择不当，不仅造成铸坯表面缺陷多、修磨量大，而且使连铸工艺难以顺行，事故频繁，严重时，使连铸无法进行。所以，对连铸保护渣的选择应给予充分重视。

15.4.4.3　不同钢种对保护渣性能设计的要求

不同成分的钢种，其钢水特性及其凝固特点有别，从而决定了其对保护渣性能的不同要求。

A　低碳钢

首先，低碳钢中 C 含量低于 0.08%或 0.06%。这类钢的高温机械性能好，凝固过程中不存在严重的相变体积变化，内应力及裂纹敏感性小，故通常以较高拉坯速度进行生产，以提高生产率。基于低碳钢本身的凝固特点和质量要求，设计时主要考虑渣的润滑及消耗。较高拉速要求尽量增大结晶器热流，加速钢水凝固，防止黏结性漏钢，这要求保护渣结晶温度低、凝固温度适中，以确保低碳钢结晶器保护渣在 950℃以上处于非晶体状态，使发生黏结性漏钢的可能性最小。在高速浇注时，为使足够的液态保护渣能流入铸坯和结晶器内表面之间的缝隙中，确保良好的润滑和足够的消耗量，通常保护渣黏度选择较低的范围。其次，此类钢种初生铁素体坯壳中 P 和 S 偏析小，初生坯壳强度高，铸坯振痕较深，故应使用保温性能较好的保护渣，提高弯月面初生坯壳温度，有利于减轻振痕过深带来的危害。因此，连铸低碳钢若要满足以上各要求，就要通过设计具有一定的传热性能、良好的保温性能、良好的非金属吸收性能、良好的润滑性能和性能稳定的保护渣来获得。

B　中碳钢

中碳钢钢水凝固过程中发生 $\delta \rightarrow \gamma$ 相变，体积强烈收缩，此钢种裂纹敏感性大，容易产生表面裂纹，特别是在高拉速时。避免纵、横向裂纹是首先要考虑的问题，为此，中碳钢用保护渣设计的重点应放在控制从铸坯传往结晶器的热流上，限制结晶器热通量，希望保护渣具有较大热阻。因此，应选用凝固温度高、结晶温度相对较高的保护渣，利用结晶质膜中的气隙，使保护渣传热速度减缓，有助于减小铸坯在冷却过程中产生的热应力。

C　高碳钢

此钢种的特点是热强度差，浇注温度和浇注速度较低，同时容易产生黏结性漏钢。高碳钢容易黏结，这与初始生成的坯壳凝固收缩小有关。故高碳钢保护渣设计的重点应放在保证润滑上。为此，设计该保护渣的黏度和凝固温度要低些，渣膜玻璃化倾向要大些，以保证良好的润滑性能；但也要考虑高硫钢热强度差的特点，适当调节保护渣的热阻。另外，由于高碳钢液相线温度低，浇注温度较其他钢种要低，保护渣性能设计也要考虑此温度的影响，为了防止钢水冻结，高碳钢要使用隔热性能好的保护渣，体积密度要小，碳的加入量可稍多些，甚至可达 20%左右。

D　特殊钢

特殊钢（如不锈钢、硅钢、含有 Nb、V、Ti 及稀土的钢种等）的钢水成分相差较大，这种类型的保护渣配方较为复杂，往往根据钢的用途及易出现缺陷的状况而特殊配制。

15.4.4.4　连铸工艺参数对保护渣性能设计的要求

（1）拉坯速度。连铸机的拉坯速度是连铸生产的重要工艺参数之一。

随着拉速提高,保护渣耗量减少。保护渣的消耗量是熔渣渗入铸坯与结晶器之间空隙的平均量的量度,因此成为一个重要的过程控制参数,其值一般要求在 0.3kg/m^2 以上。拉坯速度提高则使保护渣消耗降低,而保护渣的消耗量不足将导致铸坯的润滑和传热状况不良,为此,设计高速连铸用保护渣时,应提高其熔化速度、降低其黏度及凝固温度,以改善熔渣的流入特性,满足熔渣消耗的要求。同时,为了提高熔化速度,应当减少保护渣的堆密度,减少碳含量,增加碳酸盐含量,合理选择原料及其物性。

拉速提高,传往结晶器的热流增大。这是由于拉速提高,钢水在结晶器中的停留时间缩短,坯壳温度增高,凝固坯壳厚度减薄,同样的钢水静压力更容易使坯壳与结晶器壁接触,这样有利于传热,使热流密度随拉速的提高而增大。因此,对于高速连铸保护渣,应适当降低其凝固温度及结晶温度,减小渣膜厚度,保证结晶器传热良好,但也应考虑到各钢种的临界热流值。

(2)铸坯断面形状。方坯与板坯的不同,首先在于结晶器内腔的表面积与体积之比(即比表面积)不同。图 15-9 描绘了不同铸坯比表面积对保护渣消耗量的影响,图中,点 1 代表板坯 220mm×1500mm,点 2、3 分别代表薄板坯 100mm×1000mm、50mm×1300mm,点 4、5 分别代表小方坯 160mm×160mm、130mm×130mm,且板坯及小方坯的拉速均为 1.5m/min 左右。

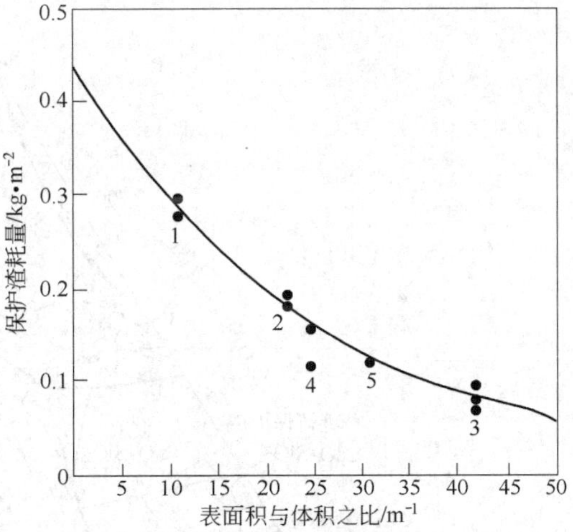

图 15-9 不同铸坯断面的表面积与体积之比对保护渣耗量的影响

由图 15-9 可知,铸坯的比表面积增加时,保护渣耗量急剧减少,且板坯(点 1)的比表面积小于方坯(点 4、5)。由于板坯比表面积小,保护渣消耗快,进而要求较快的熔化速度,因此,适于板坯的保护渣熔化速度快于方坯保护渣。另外,方坯对所用保护渣的黏度不是很敏感,故常使用高黏度渣以减少夹渣和浸入式水口的侵蚀,这是由于方坯的比表面积大,要求的渣消耗量较少,连铸过程中较容易满足要求。

其次,由于板坯连铸时在宽度方向上液面波动较大,因此,要求保护渣熔速较快,以形成足够的熔渣层厚度,覆盖整体的钢液表面。

另外,板坯连铸机多用来生产低、中碳钢,而方坯除浇注中碳钢外,还生产众多的高碳钢。

(3)铸坯断面尺寸。随着铸坯断面尺寸的增加,比表面积减小,冷却变慢,为防止出结晶器的坯壳过薄,需增加铸坯在结晶器内的停留时间,即降低拉坯速度;同时,随比表面积的减小,保护渣消耗量增加,坯壳与结晶器壁间的保护渣膜增厚。因此,要求保护渣具有较高的熔化温度、较低的熔化速度。另外,断面大小对铸坯用保护渣黏度的影响比较复杂,设计时要综合考虑。

(4)结晶器振动特性。为了补偿由于拉速提高等原因导致的渣耗下降,有些钢厂采用结晶器非正弦振动取代正弦振动。根据非正弦振动的位移和速度曲线分析,改用非正弦振动曲线后,负滑脱时间缩短,正滑脱时间延长,从而渣耗增大。同时,结晶器采用高频率(300 次/min 以上)、小振幅(±3mm)的非正弦振动,有利于减少初生凝固壳拉伸应力和减轻振痕,提高铸坯表面质量。因此,通过改进并优化结晶器振动特性,可在一定程度上减轻保护渣改善铸坯质量的负荷。

因此,连铸保护渣性能参数的设计应综合考虑多种因素,应以实际要求为出发点,按不同钢种、不同拉速、不同连铸坯断面来设计保护渣产品。

15.4.4.5　连铸保护渣的设计

连铸保护渣的成分设计应遵循如下原则:(1)使保护渣具有合理的熔化温度、熔化速度和熔融结构;(2)使保护渣具有稳定、适宜的黏度;(3)使保护渣具有合理的结晶温度和矿物组成;(4)使保护渣具有足够的吸收夹杂物容量;(5)使保护渣的加工和使用符合环保要求。

基于连铸保护渣在结晶器内的工作条件和设计原则的要求,国内外均采用硅酸盐为基础的玻璃渣体系作为保护渣的基料成分。资料表明,按其基料组成,已有的连铸保护渣可分为 $CaO-SiO_2-Al_2O_3$ 系、$FeO-SiO_2-Al_2O_3$ 系、$Na_2O-SiO_2-Al_2O_3$ 系三类渣系,其中,$CaO-SiO_2-Al_2O_3$ 系的应用最为普遍,一般以三元平衡相图中低熔点、低黏度区(如图 15-10 所示相图中圆圈标示的范围)为基础,确定保护渣基料的成分范围。

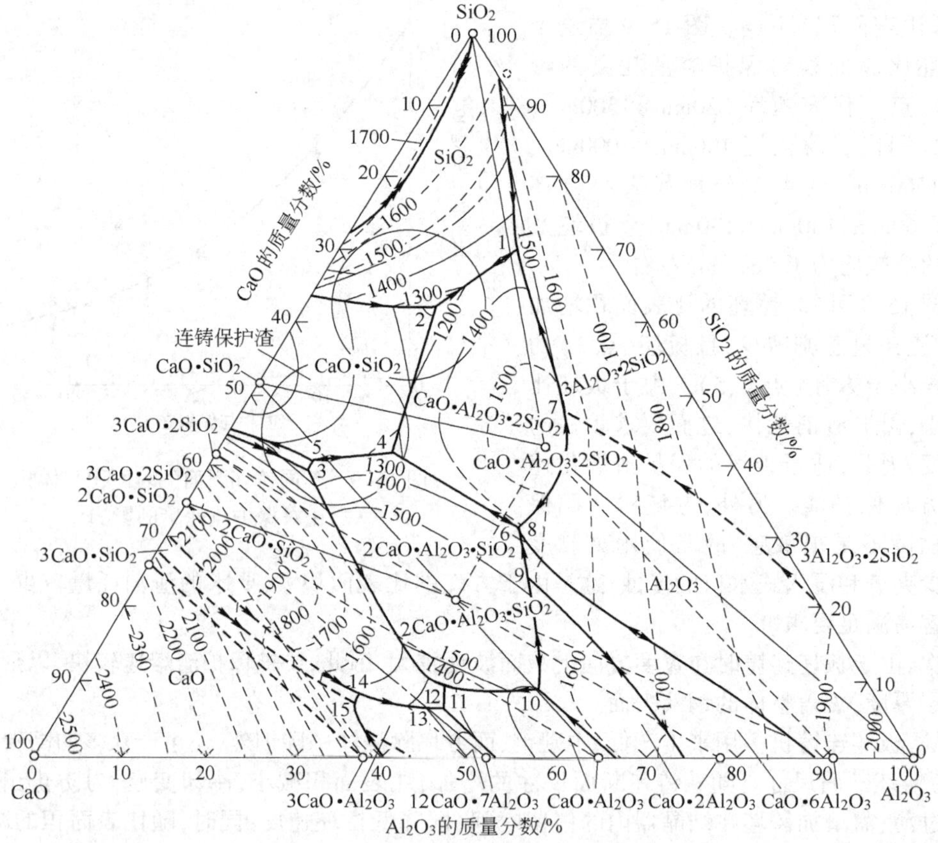

图 15-10　$CaO-SiO_2-Al_2O_3$ 系相图

实现保护渣良好作用的关键是,按照钢种、连铸坯断面和拉速等浇注参数来设计合适的保护渣。现用的保护渣一般由基料、助熔剂和熔速调节剂等组成。基料以 $CaO-SiO_2-Al_2O_3$ 系的物质为基础,另外加入适量的碱金属或碱土金属氧化物、氟化物(如 Na_2O、CaF_2、B_2O_3 等)等作助熔剂,来调节熔点和黏度。根据钢种及操作工艺的要求,加入一定量的炭素材料(如炭黑、石墨)作为熔速调节剂,并要求其加入时铺展性好。

保护渣原料的选择要做到组成合理、成分稳定;既要满足连铸质量的需要,又要经济节约,尽可能就地取材,充分利用当地的废弃资源。例如,国内某些保护渣厂常用的保护渣原料有玻璃粉(SiO_2 含量大于 70%,Na_2O 含量大于 13%)、水泥、高炉渣、烟道灰、固态水玻璃、苏打、萤石等,由这些原料按照不同的比例配制成需要的渣料。

表 15-12 和表 15-13 分别示出了保护渣常用助熔剂及基料的化学成分。

表 15-12 保护渣常用助熔剂的化学成分 (%)

助熔剂	化学组成					
	SiO_2	Al_2O_3	F	CaF_2	Na_2O	Ba_2O_3
固态水玻璃	60.79				26.71	
冰晶石	<0.45	13	53		31.00	
硼砂					34.00	66
苏打					约 58.00	
萤石	14.50			约 75		

表 15-13 保护渣常用基料的化学成分 (%)

基料	化学组成						
	SiO_2	CaO	Al_2O_3	MgO	MnO	Na_2O	Fe_2O_3
高炉渣	25~39	33~45	8~15	2~8	0.1~1.0		<1
电厂灰	45~60	2~5	10~20	1~4		2~6	3~8①
钾土	60~65	1~2	13~15	5~7		<13②	1~2
水泥熟料	19~22	60~65	5~7	1~4			<6
白渣		45~55	18~22	<9			<2
硅石灰	约 42	约 46	约 0.35	约 0.70			
石英砂	约 94	约 1	约 2.5	约 0.12			约 1.6

①TFe 含量;②K_2O 与 Na_2O 总含量。

保护渣的物性指标主要包括成分、熔点、熔速、黏度等,这些指标主要取决于以下因素:CaO、SiO_2 和 Al_2O_3 的含量;助熔剂和熔速调节剂的成分及加入量。不同的钢种、连铸坯断面及拉速对保护渣特性的要求差别较大。相应的,保护渣化学成分的变化也很大。表 15-14 列举了连铸用结晶器保护渣的典型化学成分范围。

表 15-14 连铸保护渣的典型化学成分 (%)

CaO	25~45	Na_2O	1~20	BaO	0~10
SiO_2	20~50	K_2O	0~5	Li_2O	0~4
Al_2O_3	0~10	FeO	0~6	B_2O_3	0~10
TiO_2	0~5	MnO	0~10	F	4~8
C(自由碳)	1~19	MgO	0~6		

15.4.5 连铸保护渣的应用

连铸保护渣的选用要结合所浇钢种、铸坯断面形状和大小、拉速和结晶器振动特性等参数而加以区别对待。生产实践中,主要是根据浇注的钢种、铸坯断面及操作条件的不同,选择与之相适应的保护渣。

15.4.5.1　高拉速板坯连铸用保护渣

A　高拉速连铸的特点

与常规拉速连铸工艺不同,高速连铸由于拉速提高,结晶器内钢水的凝固条件发生了较大变化,给改善铸坯质量和稳定连铸操作带来了一系列困难,高速连铸的技术特点见表15-15。可以看出,高速连铸所呈现的每一个技术特点及产生的困难,均与结晶器保护渣有直接关系。因此,各国都非常重视高速连铸结晶器用保护渣的研究和开发。

表15-15　高速连铸的技术特点

易表现出的特征	原因及危害
坯壳变薄	钢水在结晶器内停留时间短,结晶器出口坯壳较薄,容易造成鼓肚和漏钢
液面波动严重	水口供应钢水的流量增大,钢液面波动剧烈,易造成卷渣,恶化表面质量
润滑条件恶化	渣耗量降低,流入气隙的熔渣难于满足结晶器润滑的要求
传热状况不良	渣耗急剧下降,渣膜不均,致使润滑及传热不均,影响坯壳均匀生长
裂纹焊合不利	坯壳在结晶器内滞留时间短,先期出现的微小裂纹在结晶器内没有足够的时间愈合

B　高速连铸对保护渣的要求

为了消除高拉速时结晶器液面波动的不良影响,结晶器熔渣层厚度应满足下列关系式:

$$\delta_{min} = N_S + a \tag{15-6}$$

式中　δ_{min}——最小熔渣层厚度,m;
N_S——负滑脱量,m;
a——结晶器液面的波动幅度,m。

据研究认为,熔渣层厚度在10~30mm之间能满足板坯连铸高拉速的要求。熔渣层厚度主要受保护渣熔点和熔速影响,熔点越低,熔速越快,熔渣层就越厚。当保护渣的熔化厚度能满足保护渣的消耗速度时,润滑膜的厚度为:

$$d = (2V_c \cdot \eta / \rho_m \cdot g)^{1/2} \tag{15-7}$$

式中　d——润滑膜的厚度,m;
V_c——拉速,m/min;
η——保护渣黏度,Pa·s;
ρ_m——钢液密度,kg/m^3;
g——重力加速度,取9.8m/s^2。

由式(15-7)可知,为了保持一定的渣膜厚度,在高拉速条件下,保护渣应具有低黏度。通常情况下,板坯拉速高于1.5m/min时,黏度值约为0.1~1.5Pa·s;拉速小于1.5m/min时,黏度值约在1.0~10.0Pa·s范围内,为了稳定连铸操作,一般以经验式(15-8)作为判据,对于中碳钢,以取$\eta \cdot V_c$的上限为宜。

$$\eta \cdot V_c = 1 \sim 3.5\text{Pa} \cdot \text{s} \cdot \text{m/min} \tag{15-8}$$

此外,在高拉速连铸下,保护渣的熔渣应具有良好的玻璃态。因此,必须使保护渣具有低的析晶率和析晶温度。有研究表明,熔渣在冷却过程中析出晶体的倾向与碱度($w(CaO)/w(SiO_2)$)和黏度有关,黏度越高,则析出晶体的倾向越大。此外,随保护渣碱度的增大,晶体析出温度增高,结晶化倾向增大。因此,高拉速下的保护渣应具有低黏度和低碱度。

根据以上分析可知，为适应高速连铸对结晶器保护渣的要求，高速连铸用结晶器保护渣应具有下述特性：(1)低黏度，这主要是为满足渣耗的要求，但黏度过低易造成卷渣和结晶器与铸坯间的渣膜厚度不均；(2)低熔化温度，这能够提高渣耗和增加熔渣的比例，从而改善润滑；(3)较高的熔化速率，这可确保渣池中适当的熔渣深度；(4)良好的绝热特性，目的是防止凝钢、避免搭桥和减少弯月面凝壳的形成，使渣面保持活跃；(5)良好的夹杂吸收能力，并保持吸收夹杂后熔渣性能的稳定。

结晶器保护渣的物化特性与保护渣的矿物组成和化学组成有密切关系。一般认为，原始渣的矿物组成类型主要对保护渣的熔化特性起重要影响，而由保护渣矿物组成计算确定的化学组成则决定着保护渣的各种物化特性。

C 高速连铸保护渣的理化特性

与普通连铸保护渣相比，高速连铸保护渣要求具有较低的黏度和较低的熔融温度。

在普通连铸保护渣中，一般用 Na_2O 和 CaF_2 等助熔剂来降低保护渣的黏度和熔融温度。但若要满足高速连铸的要求，采用加大 Na_2O 和 CaF_2 剂量的方法是不可取的。主要因为大量的 CaF_2 会引起枪晶石等高熔点物质的析出，从而破坏熔渣的熔融特性，使润滑条件严重恶化；另外，F^- 含量过高也会对浸入式水口渣线处造成严重侵蚀；而若熔渣中 Na_2O 含量过高，在温度降低时容易析出霞石($Na_2O \cdot Al_2O_3 \cdot SiO_2$)，不利于结晶器的润滑。因此，一般将 CaF_2、Na_2O 的含量控制在10%以下。

高速连铸保护渣中加入 CaO 可明显降低熔渣的黏度，提高保护渣的碱度，从而增强了保护渣溶解、吸收氧化物夹杂的速度。但随着温度的变化，碱性保护渣的黏度波动极大。在钢水液相线附近，由于保护渣的结晶能力增强，不断有晶体析出，严重破坏了熔渣的熔融特性，恶化了润滑条件。经研究发现，随保护渣碱性的增强，晶体析出温度增高，结晶化倾向增大，使用这类保护渣，会使结晶器的摩擦阻力增大，使漏钢事故的发生概率增加。降低基料的熔融温度及保护渣的碱度，减少助熔剂加入量，对于抑制保护渣结晶化倾向、防止漏钢是非常有效的。一般可将保护渣的碱度控制在0.8左右。因此，高速连铸保护渣中 CaO 的加入量应控制在一个比较合适的范围内，这样才能既降低保护渣的黏度，又使保护渣具有合适的碱度。

高速连铸保护渣中加入一定量的 Li_2O 和 MgO，可降低保护渣的黏度及软化温度。用这种方法可降低析晶温度，扩大液态渣的润滑区，并降低渣的碱度，限制渣中 F^- 含量。而 BaO、B_2O_3 对于降低熔渣的黏度及软化温度、抑制晶体析出、增大保护渣的消耗量也具有一定的作用。

连铸机的浇注速度、保护渣黏度及结晶器的负滑脱时间等因素，对结晶器的摩擦阻力影响很大。在浇注速度、黏度及负滑脱时间增大时，结晶器摩擦阻力增大；同时，黏度较大的保护渣会使渣耗降低、熔渣流入量减小，从而使渣膜变薄且不均匀，结果也会使结晶器的摩擦阻力增大。凝固初期的坯壳受到附加的外力作用，会造成钢坯缺陷，严重时可能导致漏钢。

降低连铸保护渣的黏度、软化温度和结晶温度，对增大渣耗、降低结晶器摩擦阻力都非常有利。因此，为满足高速连铸的需要，保护渣应具有较低的黏度、较低的晶体析出温度、较低的软化及熔化温度、合适的碱度，同时还应限制 Na_2O、CaF_2 的加入量。而保护渣中加入适量的 BaO、B_2O_3、Li_2O、K_2O、MgO 等助熔剂，有利于降低渣的黏度和软化温度，抑制晶体的析出。

D 高速连铸保护渣的熔化速度及熔融结构

由于高速连铸的拉坯速度较高，且拉速的变化较大，使得保护渣的消耗量大幅度降低，从而带来一系列的不良后果。良好的保护渣应具有在高拉速及拉速变化较大的情况下，仍能维持足够大渣耗的特征。因此，要求用于高速连铸的保护渣应具有较快的熔化速度，以保证足够的熔渣层厚度，满足充填于结晶器与坯壳间渣膜消耗的需要。但保护渣的熔化速度并非越快越好，熔化速度太快势必影响其保温性能，容易形成冷皮及造成皮下夹渣多、振痕深等缺陷。一般认为，当熔渣层厚度在 10~30mm 之间时，保护渣的熔化速度比较合适。

一般情况下，保护渣的熔化速度是用碳来调节的。含碳材料的种类、加入量、粒度及配碳方法，对保护渣的熔化速度及熔融结构影响很大。加入含碳材料的碳含量越高、分散度越大，对熔化速度的影响作用也就越强，所以，炭黑的影响作用明显强于石墨。炭黑的分散度较大，着火点较低，在较低温度下可充分发挥隔离基料粒子的作用；而石墨着火点较高，在高温下作为骨架粒子较为适宜。因此，利用二者的优点，采用混合配碳方法能有效地控制保护渣的熔融特性，使其在相对宽的温度范围内保持较稳定的熔融特性，从而可满足高拉速及拉速变化较大时的连铸工艺需求。

普通连铸保护渣的渣层结构一般分为粉渣层、烧结层和熔渣层三层，而高拉速连铸保护渣具有四层熔融结构，即固态渣层、烧结层、半熔化层和熔渣层，见图 15-11。半熔化层应具有足够的厚度，一来可以提高保护渣的隔热保温性能，二来可以保证向熔渣层不断提供熔渣滴，这样当拉速高或拉速变化比较大时，熔渣层应仍可维持足够的厚度，以保证不断流并不让固态渣粒流入。

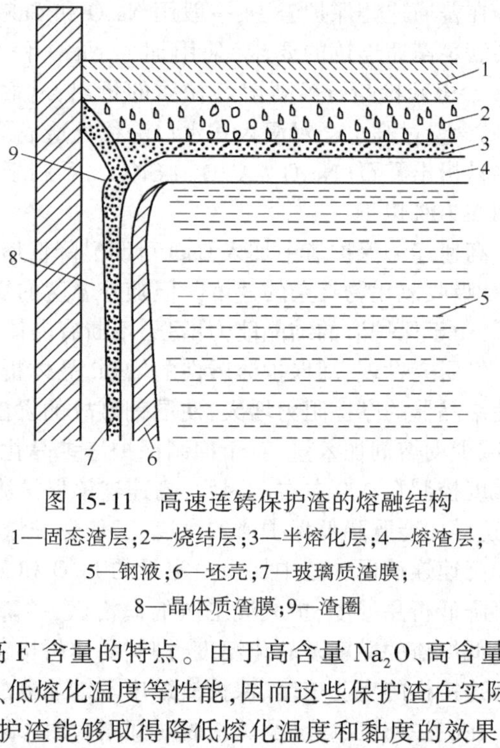

图 15-11 高速连铸保护渣的熔融结构
1—固态渣层；2—烧结层；3—半熔化层；4—熔渣层；5—钢液；6—坯壳；7—玻璃质渣膜；8—晶体质渣膜；9—渣圈

E 高速连铸用保护渣的研究和应用

针对高拉速对结晶器保护渣的要求，国内外对高速连铸用保护渣做了大量的研究和应用。研究和实践表明，低黏度、低熔化温度的高速连铸保护渣的成分设计，概括为如下两种基本模式。

(1)第一种模式为：按照常规拉速连铸保护渣的设计思想，加大渣中 Na_2O、CaF_2 等助熔剂含量，使其获得较低的黏度和熔化温度。具有代表性的保护渣成分设计实例见表15-16。由表 15-16 可见，这些保护渣具有高 Na_2O 含量、高 F^- 含量的特点。由于高含量 Na_2O、高含量 F^- 的加入能够使保护渣获得高速连铸需要的低黏度、低熔化温度等性能，因而这些保护渣在实际生产使用中曾一度占有较大的市场。这种类型的保护渣能够取得降低熔化温度和黏度的效果，但结晶器润滑和传热条件却变坏。研究表明，过多的 CaF_2 在熔渣进入结晶器的冷却过程中，常常引起枪晶石和钙铝黄长石等高熔点物质的析出，从而破坏了熔渣的玻璃化特性；过多的 Na_2O 会促进霞石（$Na_2O \cdot Al_2O_3 \cdot 2SiO_2$）的析出，这些都会对结晶器与钢坯间的润滑和传热造成不良影响。同时，过多的 F^- 还会使水口侵蚀严重，寿命降低。

表 15-16 国外高速连铸保护渣的设计实例及其化学成分 (%)

序号	SiO_2	Al_2O_3	CaO	MgO	MnO	TiO_2	TFe	Na_2O	F^-	C	K_2O
1	30.5	3.93	27.8	3.06	0.06	0.16	0.73	13.9	12.3	3.75	1.06
2	30.0	3.97	29.1	3.14	0.05	0.16	0.70	13.5	9.28	9.69	0.82
3	30.9	2.58	25.6	3.39	0.06	0.18	1.10	14.9	7.14	18.3	0.41

(2)在认识了第一种模式的弊端之后,各国开始尝试其他途径,出现了第二种成分设计模式,即不增加 CaF_2、Na_2O 的加入量,寻求新的添加剂以降低渣的熔化温度和黏度,同时改善渣的玻璃化特性,避免高熔点晶体的析出。研究和使用结果表明,Li_2O 是具有上述特性的理想添加剂。表 15-17 列出了含 Li_2O 的高速连铸保护渣成分及主要物理性能。以 3 号渣为例,浇注 220mm×1250mm 低碳铝镇静钢时,拉速为 2.0~2.5m/min,渣耗量为 0.3kg/m²,即使在 2.5m/min 的速度下,该渣仍有足够的润滑性而不发生黏结性漏钢,板坯表面缺陷非常少,可用来直接轧制。虽然含 Li_2O 的保护渣已经获得了成功的应用,但有关 Li_2O 对保护渣特性影响的研究报道还不多见。

表 15-17 含 Li_2O 的高速连铸保护渣成分及主要物理性能

序 号	CaO/%	SiO_2/%	Al_2O_3/%	F^-/%	R_2O/%	熔点/℃	1300℃时黏度/Pa·s	结晶温度/℃
1	31.3	34.1	5.8	7.9	11.9	1000	0.13	1045
2	29.4	33.3	6.0	8.0	12.6	965	<0.11	1020
3	29.1	31.7	5.7	8.2	13.9	930	<0.09	980

注:$R_2O=Na_2O+K_2O+Li_2O$。

目前,各报道中适用拉速最高的保护渣为 Hylsa 厂所使用的保护渣,其拉速为 3~6m/min,其高速连铸保护渣具有低 Al_2O_3 含量和高金属氧化物含量的特点;限制了 Na_2O 和 CaF_2 的用量,以改善渣的玻璃化特性;并加入一定量的 BaO、B_2O_3、Li_2O、K_2O、MgO 等助熔剂,有效降低黏度,抑制结晶化倾向。对于中碳钢和低碳钢用保护渣,日本研制出了适用于最高拉速达 3m/min 的试验用保护渣(该保护渣的物理性能见表 15-18),其显著特点是加入了能促进渣析出晶体的 ZrO_2,该保护渣的结晶温度较高,使热流减少,从而降低了铸坯的纵裂缺陷。国内研制的薄板坯连铸保护渣,适用的最高拉速达到 7.2m/min。

表 15-18 日本研制的高拉速连铸保护渣的物理性能

钢 种	保护渣种类	二元碱度	ZrO_2 含量/%	熔化温度/℃	1300℃时黏度/Pa·s
中碳钢	A	1.22	0	1201~1205	0.062~0.068
	B	1.56	0	1198	0.046
	C	1.22~1.27	3.2~3.4	1232~1239	0.057~0.072
低碳钢	D	0.95	0	915~979	0.033~0.038
	E	1.20	0	1027	0.020
	F	1.20	3.1~6.0	952~970	0.013~0.015

为了适应高速连铸对保护渣熔融特性的要求,高速连铸用保护渣普遍采用复合配碳。复合配碳使得熔化速率随渣中碳量的变化而改变得很平缓。

考虑到铸坯的质量、拉速的要求及环境的改善,高速连铸用保护渣几乎全部为预熔渣和喷干颗粒渣。由于具有成本低和使用方便等方面的优势,喷干颗粒渣迅速在欧美得到发展。我国也有厂家已经进行了该类渣的研制和生产。

15.4.5.2 方坯和圆坯连铸用保护渣

Geongsmarienhutte 和 Fa. stollbrg 公司的小方坯(165mm×165mm)和大方坯(200mm×240mm)

使用的保护渣，$w(CaO)/w(SiO_2)$ = 0.6（用于 $w[C]$>0.25%的硬钢）~1.0，$w(C)$ = 13%~14%，η_{1300}=0.3（用于软钢）~0.45Pa·s（用于硬钢），熔渣层厚度为3~5.5mm。颗粒渣不适用于小方坯，因其熔化均匀，宜用于MCAK钢板坯和大方坯。

德国K. Suiuki等人认为，保护渣中 $w(MnO)$ = 3.5%、$w(CaO)/w(SiO_2)$ = 0.9、η_{1300} = 0.25Pa·s、凝固温度 t_s = 1025℃时，能满足 $w[C]$≥0.35%、$w[Mn]$≥0.65%的大断面圆坯的表面质量要求。

马钢连铸圆坯主要用于生产车轮轮箍用钢，此类钢由于含碳量、含锰量均较高，因此要求钢水洁净度很高，尤其是钢中O、H、N的含量要求控制在很低的水平；这会导致冶炼时加Al量较多，在保护浇注效果不佳的情况下，Al_2O_3 和AlN夹杂将进一步增多，使圆坯表面易形成线状缺陷。实践表明，浇注这类钢时，保护渣既要有好的润滑特性，又要有低的传热强度，因此，保护渣黏度要适当高些（η_{1300}为0.3~0.5Pa·s）。为了防止出现点状凹陷和确保有良好的夹杂物吸收能力，保护渣的碱度要适中（$w(CaO)/w(SiO_2)$ = 0.9），渣中 Al_2O_3 含量要低些。此外，还要确保有一定渣耗量（0.45~0.70kg/t）。

15.4.5.3　异型坯连铸用保护渣

马钢引进3机3流异型坯及矩形坯连铸机，铸坯尺寸为：异型坯，750mm×450mm×120mm和50mm×300mm×120mm；矩形坯，250mm×380mm。因其独特的截面形状和复杂的连铸工艺，决定其对保护渣的要求更为严格。马钢根据异型坯生产特点，选择了3类保护渣进行了生产试验研究：(1)低碱度（R=0.8），较高熔点（1171℃）和黏度（1.39Pa·s）；(2)中碱度（R=1.02），较高熔点（1188℃）和黏度（1.10 Pa·s）；(3)中高碱度（R = 1.12），较低熔点（1145℃）和黏度（0.84 Pa·s）。把这几类保护渣的理化性能与从韩国进口的异型坯保护渣（其组成如表15-19所示）相比较，第3类保护渣的效果与其基本一致，有利于改善异型坯的表面质量。

表15-19　韩国异型坯连铸保护渣的组成　（%）

企业	化学成分												
	SiO_2	Al_2O_3	F	Fe_2O_3	C	CaO	MgO	K_2O	Na_2O	BaS	MnO_2	TiO_2	P_2O_5
光阳	31.36	12.26	1.84	1.53	7.80	35.82	2.47	1.00	0.25	1.12	1.67	0.50	0.10
Inchon	24.69	13.18	4.83	3.13	24.20	19.56	2.29	0.79	4.53	0.79	0.11	0.73	0.19

根据马钢的生产实践可知，在设备条件和操作因素不变的情况下，异型坯表面裂纹与保护渣黏度和拉速有关，对于小断面异型坯，应控制 $\eta \cdot V_c$ 在0.5~0.6Pa·s·m/min范围内；对于大断面异型坯，$\eta \cdot V_c$ 控制在0.5Pa·s·m/min时，能够防止异型坯腹板纵裂。

15.4.5.4　薄板坯连铸用保护渣

与常规板坯连铸相比，薄板坯连铸在设计和工艺方面最大的区别是结晶器形状及振动方式的设计、浸入式水口的设计、结晶器保护渣物理性能及化学成分的优化等关键技术。薄板坯连铸技术的发展和实践清晰表明，结晶器保护渣对稳定薄板坯连铸生产、扩大薄板坯连铸品种、提高铸坯表面质量和产量、减轻操作难度等起到十分重要的作用。可以说，薄板坯连铸水平的进步与结晶器保护渣的发展密不可分。

A　薄板坯连铸的技术特点及其对保护渣的要求

与常规板坯连铸相比，薄板坯连铸面临的浇注条件有明显的区别，给改善铸坯质量和稳定连铸操作带来一系列的困难，薄板坯连铸技术的特点详见表15-20。可以看出，薄板坯连铸所呈现的每一个技术特点及其造成的影响，均与结晶器保护渣有直接的关系。

表 15-20　薄板坯连铸技术的特点

薄板坯连铸特点	影　响
拉坯速度快（3~6m/min）	单位时间内注入结晶器内的钢液量大，结晶器内钢液搅拌比较强烈，液面稳定性差，容易引起铸坯表面、皮下夹渣和裂纹的产生，同时，结晶器内钢液面上的熔渣厚度难以保持均匀；在拉速很高时，出结晶器坯壳厚度薄，如拉坯阻力过大，铸坯易出现横裂
铸坯厚度薄（40~60mm 或 0~90mm）	在同等拉速条件下，结晶器热流量大，产生纵裂的倾向增大，而且浸入式水口的形状受到限制，易造成钢水液面搭桥、结晶器壁各处温度分布不均匀和流股强烈冲刷，使凝固坯壳不均匀，易产生裂纹；结晶器内钢水表面积小，熔渣吸附夹杂物机会小
结晶器冷却强度高	钢液凝固速度快，结晶器内液面温度低，保护渣更容易形成渣圈并聚集或从钢水中吸热而造成液面结壳，铸坯产生表面和皮下夹渣以及皱皮等缺陷；而且，冷却速度快，结晶器热流密度大，一旦导热不均匀，铸坯就会产生裂纹
表面积和体积大	浇注铸坯中的夹杂物更接近于表面；由于连铸薄板坯表面积大，弯月面区域相对增加，阻碍了夹杂物的上浮；需润滑的铸坯表面积也增加，因此，保护渣消耗量要相应多些；与结晶器壁接触面积大，钢液散热快，温度降低快，容易造成钢液面结壳
拉速变化范围宽，幅度大	拉速波动，容易使钢坯产生夹渣和漏钢；要求保证单位时间内的保护渣供应量，否则会使润滑或传热不均匀，造成铸坯表面缺陷

为了实现最佳操作性能和提高轧制产品质量，薄板坯连铸结晶器保护渣必须满足如下要求：

（1）成渣速度快，能够及时补充熔渣的快速消耗，在高速浇注或拉速变化较大的情况下，仍能维持足够的保护渣消耗量；

（2）结晶器壁与坯壳间的渣膜厚度应分布均匀，防止坯壳与结晶器壁直接接触，以降低摩擦力并使结晶器散热均匀化，防止裂纹的产生及黏结性漏钢，避免铸坯产生表面缺陷；

（3）有足够的熔渣层厚度，防止高速连铸或拉速较大波动时，熔渣供应不足以及固体渣颗粒流入；

（4）有稳定的操作性能，具有良好的溶解吸收夹杂物、改善钢液纯净度的能力，同时，不会由于熔渣在结晶器内成分或温度的变化而呈现大的物性波动；

（5）能控制传热，对于易裂钢种，具有一定的析晶能力，增大热阻，防止热流过大造成应力集中；

（6）有良好的绝热保温作用，防止钢液漂浮和结壳，减少弯月面渣圈的形成。

B　薄板坯连铸保护渣的性能

为了保证结晶器与铸坯之间得到充分润滑，必须使用能够与薄板坯连铸相适应的结晶器保护渣。结晶器保护渣的消耗量及结晶器与凝固铸坯之间的流体摩擦力，主要依赖于结晶器振动情况和结晶器保护渣的物理性能，特别是保护渣的黏度、熔化温度和结晶温度。

（1）黏度。黏度是决定保护渣消耗量和保证其均匀流入的重要性能之一，它直接关系到熔化的保护渣在弯月面区域内的行为。保护渣黏度高，很难流入到钢水弯月面与结晶器壁之间。

薄板坯连铸在高拉速条件下，为了增加传热、改善铸坯与结晶器之间的润滑、防止黏结性漏钢，必须采用较低黏度的保护渣。在常规板坯连铸的拉坯速度时，满足 $\eta \cdot V_c = 0.1 \sim 0.35\text{Pa} \cdot \text{s} \cdot \text{m/min}$（$\eta$ 为熔渣黏度，V_c 为拉坯速度）条件所得到的结晶器导热量及渣膜厚度的变化量达最低值。对于薄板坯连铸，$\eta \cdot V_c$ 的值应为 0.2～0.3Pa · s · m/min，以适应高速连铸对液体渣流入的苛刻要求。拉速在 3～6m/min 的薄板坯连铸，结晶器保护渣的黏度不应超过 0.1Pa · s。

(2)熔化温度。熔化温度直接影响结晶器弯月面上方的渣层传热和熔渣层的产生，与结晶器保护渣的绝热保温性能和润滑性能密切相关。在连铸过程中，结晶器保护渣的熔化温度影响钢液面上熔渣层的厚度，从而影响保护渣向结晶器和坯壳之间的流入量。试验证明，保护渣熔化温度越高，熔化速度越慢。为了满足薄板坯连铸提高熔化速度、快速成渣的要求，结晶器保护渣的熔化温度应控制比常规板坯连铸低一些；同时，为了减少渣圈的形成，应尽量提高熔化温度。根据不同的钢种，一般薄板坯连铸保护渣的熔化温度目标值在 950～1120℃ 范围内。这样，不仅可以使保护渣在结晶器内弯月面保持熔融状态，而且使结晶器长度方向上铸坯凝固坯壳表面的渣膜处于黏滞的流动状态，可以避免出现固相，起到充分润滑的作用。

结晶器保护渣作为复杂的多元系物质，熔化表现为区间，熔化区间的大小关系到结晶器保护渣的熔化结构、渣圈状态及熔化速度。在设计保护渣熔化温度时，熔化区间范围是必须考虑的因素。由于保护渣熔化的逆过程是，在冷却过程中熔渣开始析出固相直至完全凝固，故若熔化区间范围大，可以使结晶器与坯壳之间的渣膜在更大的温度区间内具有可流动性，而且热稳定性强。研究认为，将熔化区间的温度范围维持在 100℃ 左右是较为理想的。

应指出的是，当坯壳与结晶器间隙中存在的保护渣为固体渣膜时，会减弱坯壳向结晶器热量的传递，因此，渣膜厚度可达到控制结晶器热流的目的。研究表明，使用高熔化温度的保护渣时，结晶器热流小；反之，使用低熔化温度的保护渣，结晶器热流大。对于中碳钢（$w[\text{C}] = 0.08\% \sim 0.16\%$），由于浇注过程容易产生裂纹，所以需控制结晶器的热流，提高保护渣的熔化温度；而对于裂纹敏感性弱的低碳铝镇静钢，则可以进一步降低熔化温度至 990℃ 以下。

(3)结晶温度。结晶温度是控制结晶器和铸坯之间传热与润滑的重要参数。在薄板坯连铸过程中，结晶器和铸坯相对运动快，使用高结晶温度的保护渣，由于晶体析出而存在液-固共存区，不仅增大了固体渣膜与结晶器接触的摩擦力，而且使液体渣膜的剪切力增大，对渣膜的润滑性能有很大的破坏作用，造成漏钢的可能性增加。因此，薄板坯连铸保护渣采用降低结晶温度的方法来增加液渣膜的厚度，从而达到增加保护渣消耗量、改善润滑性能、减少摩擦力的目的。由于冷凝析晶还会使渣圈发展，因此，降低结晶温度也有利于减少渣圈。

薄板坯连铸低碳铝镇静钢时，由于保护渣的结晶特性对黏结性漏钢产生较大影响，所以要求采用低结晶温度的保护渣，在 950℃ 以上处于非晶体状态。浇注中碳钢时，应采用较高结晶温度的保护渣，以防止铸坯纵裂纹的产生。保护渣的结晶温度直接影响传热速率，它们之间呈反比关系，而低的传热速率使铸坯纵向裂纹指数降低。

此外，薄板坯连铸过程对结晶器保护渣溶解吸收夹杂物的能力、熔渣的界面性质以及保护渣熔化的均匀性也有一定的要求，以保证保护渣的润滑作用及改善薄板坯的质量。

从对不同成分保护渣的黏度、熔化温度和结晶温度的试验结果可知，Li_2O 在降低熔渣的黏度、软化及初晶析出温度，提高熔渣流动性等方面均有明显作用，加入少量 Li_2O 就会改善保护渣的性能。以 Na_2O 和 Li_2O 对黏度的影响为例，一般说来，Na_2O 含量在 0%～20%的范围内变化时，对保护渣黏度的影响不大；但对于 Li_2O，其含量在 0%～10%内变化时，对黏度的影响很大。因此，Li_2O 是薄板坯连铸保护渣最理想的助熔剂，可有效提高保护渣的润滑性能并避免高熔点晶体的析出。表 15-21 给出了含 Li_2O 和 Na_2O 的薄板坯连铸保护渣的化学成分和主要性能。

表 15-21　含 Li_2O 和 Na_2O 的薄板坯连铸保护渣的化学成分和主要性能

类　型	碱　度	化学成分/%			1300℃时黏度 /Pa·s	结晶温度 /℃	熔化温度 /℃
		Al_2O_3	R_2O	F^-			
A	0.93	5.3	14.5	7.8	0.08	980	980
B	0.82	3.3	11.6	7.3	0.10	1020	950
C	0.98	5.0	9.5	11.1	0.11	1060	1080
D	1.07	2.4	15.2	9.8	0.05	1000	1080

注：$R_2O=Na_2O+Li_2O$。

C　薄板坯连铸保护渣的应用

薄板坯连铸过程中，通常使用两种结晶器保护渣：(1)发热型开浇保护渣；(2)稳定状态浇注用球形颗粒保护渣。

墨西哥 Hylsa 公司的 CSP 薄板坯连铸机(铸坯厚 50mm，低碳钢拉速 3.0~5.5m/min)，开浇时使用发热型保护渣，稳态浇注时使用球形空心颗粒保护渣($w(CaO)/w(SiO_2)$的比值为 0.86，Al_2O_3 含量为 8.0%，Na_2O、K_2O 和 Li_2O 的总含量为 12%，F 含量为 6.5%，η_{1300} 为 0.18Pa·s，t_s 为 1070℃，渣耗为 0.095kg/t)。这种在开浇时和浇注时分别使用不同种类保护渣的方法，在薄板坯连铸实际生产中取得了良好的效果，具有推广价值。

15.4.6　连铸保护渣的发展方向

随着连铸技术的迅速发展，国外在保护渣的研究方面采用了很多先进手段，如热态模拟、计算机仿真、微型连铸等，使保护渣产品的质量获得了大幅提高。

连铸保护渣技术的发展方向主要有：

(1)普遍向适应大断面、高拉速的保护渣品种发展。提高连铸拉坯速度可在不增加大量投资的情况下，大幅提高生产效率。在国外，满足大板坯高于 2m/min 以上拉速和薄板坯 3~6m/min 拉速的新型保护渣品种已成功投入使用。

(2)向低氟、少钠等环保功能型的保护渣品种发展。氟化合物绝大多数有毒，保护渣在熔化过程中，一部分氟以气体形式挥发，另一部分以渣衣形式进入二冷水和轧钢系统，污染空气和水源，破坏臭氧层，腐蚀设备，并对人体造成伤害。

目前，关于无氟或低氟保护渣研制及应用的报道还不多见，只有韩国浦项等少数连铸厂进行了实验性研究，并取得了一定的成果。表 15-22 为韩国浦项低碳钢连铸用两种不同类型保护渣的成分及性能比较。与传统保护渣相比，该无氟保护渣用 B_2O_3 取代氟化物，由于 B_2O_3 不仅可降低保护渣的熔点，而且还能使物质结构松散，因此可降低保护渣黏度，抑制高熔点物的析出，促进保护渣的玻璃化；同时，还可提高 Al_2O_3 在渣中的饱和浓度。从应用结果看，无氟保护渣的消耗量接近于传统渣，气孔的产生量减少，二冷水中氟化物的含量明显降低。

表 15-22　无氟与传统连铸保护渣的比较

连铸保护渣	碱　度	化学成分/%			熔点/℃	1300℃时黏度 /Pa·s	结晶率/%
		氟化物	B_2O_3	MgO			
传　统	1.0	7.3	0	1.4	1038	1.3	4.3
无　氟	0.8	0	7.5	1.6	976	2.0	0

(3)细化保护渣品种，加强使用的针对性。在品种相同或近似条件下，尽可能采用通用型保

护渣以利于生产组织和质量的稳定；但在特定条件下，针对性需加强。国外对于同机型保护渣品种的使用更加细化，钢种的针对性更强，低、中、高碳钢，低碳含铝钢，低合金钢等都采用不同品种的保护渣。而国内区分不细，使用方法欠科学，不利于质量水平的长远提高，生产中经常出现保护渣性能恶化现象，还有可能造成生产事故。

15.5　钢水覆盖剂

15.5.1　钢水覆盖剂概述

近年来，钢水覆盖剂已在炼钢生产中广泛应用，如钢包、连铸中间包、模铸钢锭的帽口等。钢水覆盖剂的最初功能只是保温，用来防止浇注过程中温降过大；但随着对钢质量的要求越来越严格，覆盖剂的冶金功能趋于广泛，如保温、防止二次氧化、吸收钢水中上浮的夹杂物、避免污染钢水等，覆盖剂逐渐由单一型发展为复合型。随着连铸生产洁净钢的发展，充分利用钢包、中间包的冶金潜力成为非常关键的技术环节。

目前，钢水覆盖剂就其化学成分和性质，主要分为以下几种类型：(1)酸性覆盖剂。典型的酸性覆盖剂为碳化稻壳，其绝热性能好、成本低，但不利于吸收夹杂物。同时，由于堆密度小，易造成环境污染。(2)中性覆盖剂。典型的中性覆盖剂为 Al_2O_3-SiO_2，有一定的绝热保温性能，成本较低。(3)碱性覆盖剂。碱性覆盖剂以 MgO 或 CaO 为基体材料，辅之一定的保温材料而制成。其熔点较低，能够形成一定厚度的熔渣层，吸附钢中 Al_2O_3 的能力强，对包衬无侵蚀。(4)双层渣。与钢水接触的一层一般为碱性渣，使用时形成熔渣层，以吸附夹杂；其上一层一般为碳化稻壳，用以保温。

钢水覆盖剂一般多为碱性材质，主要出于两点：(1)碱性覆盖剂可促进钢中非金属夹杂物的上浮；(2)碱性覆盖剂还可减轻对中间包包衬的侵蚀。

钢水覆盖剂按配置方法，大体上可分为单一型和复合型两类。

(1)单一型覆盖剂。目前，国内外广泛使用的、保温效果优异的单一型钢水覆盖剂是碳化稻壳或稻壳灰。碳化稻壳是稻壳经过充分碳化处理后的产物，稻壳灰是稻壳燃烧后的残体，它们的含碳量大都在30%~60%之间，堆密度为0.06g/m^3 左右，导热系数为0.0267~0.045W/(m·K)。碳化稻壳和稻壳灰都具有相同的结构，外表是排列整齐、互不相通的蜂窝状组织结构。将蜂窝组织纵向切开，其上表面是空心的薄壳组织，下表面由纵向的以 SiO_2 为骨架的植物纤维组成。因此，碳化稻壳和稻壳灰都具有导热差的特性，覆盖在钢液表面上能有效减少钢液的热损失。但由于碳化稻壳和稻壳灰在钢液面上不能形成液态熔渣层，只能起到绝热保温的作用，而不具有防止钢液二次氧化和吸收上浮夹杂物的功能。另外，由于碳化稻壳和稻壳灰含碳量较高，不能作为覆盖剂应用于浇注超低碳钢和高磁性硅钢等碳含量要求严格的钢种，以防止钢液增碳。另外，也有将膨胀珍珠岩、蛭石等单一型覆盖剂直接加到钢液表面上使用的，同样也不能形成熔渣层，只能起到绝热保温的作用。

(2)复合型覆盖剂。复合型钢水覆盖剂是以天然矿物或工业副产品为基体（如硅灰石、电厂灰、高炉水渣等），再配以适当的助熔剂和碳质材料的机械混合物而制成。一般制成粉状或粒状后加入到钢液面上，会迅速形成熔渣层、过渡层（包括半熔化层和烧结层）和粉渣层的三层结构，其中，过渡层呈蜂窝状，疏松多孔，和熔渣层一同像“棉被”一样盖在钢液面上，显著提高保温性能。另外，熔渣层还可以防止二次氧化，吸收上浮夹杂物。因此，复合型覆盖剂具有较多的冶金功能。

钢水覆盖剂多以工业废料为基体，具有成本低廉、加工容易等优点，应用广泛。但这些工业废料(如电厂灰、高炉水渣等)化学成分波动较大,如果管理操作不严,易造成覆盖剂性能不稳定。因此,必须重视每批料的化学成分分析,根据覆盖剂成分控制范围不断调整配料比。

15.5.2 钢水覆盖剂的理化性能及影响因素

15.5.2.1 化学成分

同结晶器保护渣一样,确定钢水覆盖剂的化学成分也是以硅酸盐相图为理论基础,其成分大都落在以硅灰石($CaO \cdot SiO_2$)形态存在的低熔点区域内或其附近。确定 $CaO-Al_2O_3-SiO_2$ 三元系成分后,还应配以适当的 Na_2O 和 CaF_2 等助熔剂调整熔点和黏度,并加入一定量的碳质材料来调整熔化速度,增强隔热保温作用。

表15-23 列出了国内外一些炼钢厂使用的钢水覆盖剂。

表15-23 国内外实际使用的钢水覆盖剂

厂家	化学成分/%										熔点/℃
	C	CaO	Al_2O_3	MgO	SiO_2	Na_2O	K_2O	FeO	CaF_2	其他	
Dofasco	8	40	24	18	5	1.5		0.5			
Hogovens	52.8	29.1	1	6.9	0.2		0.8		0.1	17.0	
IMXSA		62.5	20.7		5.7						1300
宝钢	13	13	<1.0		37.92	13	0.5	1.5	<1.0		1500
武钢	4.8	36.5	2.8		35.5	4.9	0.45	1.5	2.2	11.0	1230
舞阳	15	30	<8.0	15	15						1300
天津钢管		12.1	1.8	79.3	3.55			12			

随着连铸生产洁净钢技术和中间包冶金功能的开发,中间包的内衬、塞棒或绝热板大多使用碱性材料,所以钢水覆盖剂的碱度一般大于1,其对中间包耐火材料基本不侵蚀。相反,如果中间包内衬、塞棒或绝热板为酸性或高铝质耐火材料,则覆盖剂的碱度应小于1,这样,覆盖剂就不会与包衬形成低熔点化合物,不对其造成侵蚀。

采用酸性覆盖剂时,因其内含有大量 SiO_2,再加上中间包内钢液温度较高,若用萤石作助熔剂,将发生 $2CaF_2+2H_2O \xlongequal{} 4HF+2CaO$、$4HF+SiO_2 \xlongequal{} SiF_4+2H_2O$ 和 $2CaF_2+SiO_2 \xlongequal{} SiF_4+2CaO$ 等反应,生成的 HF 和 SiF_4 是有害气体。所以,酸性覆盖剂应尽量减少萤石助熔剂的用量。

为了降低液渣的氧化势和传氧速率,需控制粉渣中 FeO 和 MnO 的含量,FeO 含量一般要低于5%,最好低于3%。

另外,为了提高熔渣吸收钢中上浮 Al_2O_3 的能力,粉渣中 Al_2O_3 的含量要尽量低。

15.5.2.2 熔化温度

钢包和中间包内钢液面温度比结晶器钢液面温度要高,所以,钢包和中间包覆盖剂的半球点温度比结晶器保护渣要高,从熔化开始到终了的整个温度区间也更宽。一般将覆盖剂熔化温度控制在1200~1450℃之间。若覆盖剂熔化温度过低,保温效果将不理想;若太高,则不能形成熔渣层或熔渣层太薄,将降低防止二次氧化、吸收夹杂物的能力,并加剧钢液增碳的危险性。

覆盖剂的熔化温度与基料、助熔剂的种类和用量、粉末原来的分散度等因素有关。目前,国内外使用的助熔剂主要有纯碱(Na_2CO_3)、长石(主要成分为 SiO_2 60%~70%、Al_2O_3 15%~20%、Na_2O 3%~5%、K_2O 4%~7%)以及含氟物质(NaF、CaF_2)等,其中,最常用的是 CaF_2。助熔剂降低覆盖剂熔化温度能力的次序为:NaF>Na_2CO_3>CaF_2>长石。为了使覆盖剂具有合适的熔化温度,必须正确使用助熔剂的种类和数量。

15.5.2.3 熔化速度

钢水覆盖剂应具有合适的熔化速度，以保证在钢液面上可较长时间保持3层结构。特别是对于多炉连浇，可以减少后续炉次追加覆盖剂的数量。

钢水覆盖剂的熔化速度主要取决于钢液温度、基料粒度和其内碳质材料的含量和类型。主要规律有：(1)当钢液温度升至1200℃以上时，覆盖剂的熔化速度都随着温度的升高而加快。(2)基料粒度越小，熔化速度越快。(3)碳质材料种类繁多，对熔化速度的影响有很大差异。共同之处是：碳量越多，碳的粒径越小和比表面积越大，其降低熔化速度的作用越强烈。常见碳质材料降低熔化速度能力的顺序依次是：炭黑类>高中碳石墨类>土状石墨类。对单一碳质材料而言，由于石墨类碳质材料粒径粗大、比表面积小，只有配入一定数量后才能起到明显的骨架效应。高碳石墨加入量一般应大于5%，土状石墨应大于6%。与石墨相比，炭黑由于粒径很小、比表面积大，对熔化速度的影响非常强烈，而且很灵敏。对于比表面积约为$100m^2/g$的炭黑，其加入量一般不超过3%。而加入石墨和炭黑等的混合碳质材料，可充分发挥碳质材料控制熔化速度的作用，在低温时炭黑发挥作用，在高温时石墨发挥作用；同时，可以使熔化速度在较宽的温度范围内变化缓慢并保持稳定。

15.5.2.4 黏度

钢水覆盖剂的黏度在1450℃时一般为1.0Pa·s左右。黏度较大的熔渣层覆盖在钢液面上，起到较好地防止钢液二次氧化的作用。

15.5.2.5 含水率

钢水覆盖剂的含水率一般控制在0.5%以下，以便提高粉剂的铺展性，避免由于渣中水分含量高造成钢液增氢和增氧。

15.5.3 钢水覆盖剂的使用性能及影响因素

15.5.3.1 覆盖剂的铺展性

钢水覆盖剂发挥绝热保温、防止钢水二次氧化等功能的前提是，其必须具有良好的铺展性。

碳含量高的覆盖剂具有比较良好的铺展性。一方面，碳颗粒之间的自摩擦系数很小，使覆盖剂的颗粒容易散开；另一方面，覆盖剂加到钢水表面上时，碳燃烧生成的气体扩散膨胀，推动颗粒快速铺展开来。

另外，覆盖剂中往往配加某些可膨胀材料，在高温作用下发生膨胀，推动覆盖剂快速、均匀地铺展在钢水表面上。

钢渣的流动性也是影响覆盖剂铺展性的重要因素。一般情况下，无论顶渣厚薄，只要钢渣流动性好、不结盖，钢水覆盖剂就能在钢渣上铺展开。

15.5.3.2 保温性和含碳量

改变钢水覆盖剂的含碳量，对其隔热性和熔融性有显著影响(某些工业用覆盖剂的含碳量可高达20%)。钢水覆盖剂的隔热性能以最终隔热性(FIV)表示，即在给定条件下、一定时间内，测定单位面积覆盖剂的表面热损耗。

表15-24给出了不同碳含量对覆盖剂隔热性的影响。可以看出，虽然覆盖剂的含碳量对其隔热性的影响效果不是很明显，但是同种基料的覆盖剂性能还是随着含碳量的增加而提高。钢水覆盖剂含碳量高的另一个好处是，碳发挥“吸收剂”的作用，可吸收渗入覆盖层中的氧，有助于防止钢水二次氧化。但是，增加覆盖剂含碳量可能引起钢水的增碳，特别是在浇注低碳钢和超低碳钢($w[C]<0.01\%$)时，钢水增碳的问题更应该引起高度重视。

表 15-24 覆盖剂的含碳量对其隔热性的影响

覆盖剂的含碳量/%	0	2	5	10
最终隔热性 FIV(60min 内)/$kW \cdot m^{-2}$	48	42	36	32

15.5.3.3 覆盖剂对钢水洁净度的影响

(1)对钢中夹杂物的吸收及对钢中总氧量的影响。对于生产低碳铝镇静钢,钢中非金属夹杂物主要是 Al_2O_3,对渣中 Al_2O_3 的吸收是钢水覆盖剂的主要功能之一。随着浇注的进行,渣中 Al_2O_3 的含量逐渐升高,这表明钢吸收了夹杂物。在覆盖剂碱度不同的情况下,可以检测分析出钢中 Al_2O_3 的变化量与碱度以及渣中 Al_2O_3 初始含量的关系。碱度越大、Al_2O_3 初始含量越低的覆盖剂,对 Al_2O_3 的吸附越有效;使用双层渣时,由于顶层碳化稻壳的存在,保温性能好,改善了底层碱性渣的流动性,使覆盖剂易于吸附夹杂物。在不同覆盖剂的条件下,随着碱度的提高,钢水总氧量逐渐减少,钢包与中间包钢水中总氧的差值逐渐增大。对于不同的覆盖剂,从钢中大型夹杂物、总氧量、微观夹杂率方面进行比较,以碳化稻壳的使用效果最差,双层渣的使用效果最好。

(2)对钢水的氧化。浇注过程中,钢水中的 Al 由于被氧化而减少。钢水覆盖剂中有 FeO 和 MnO 存在时,将可能发生下列两个反应:1)$3(FeO)+2[Al]══(Al_2O_3)+3[Fe]$;2)$3(MnO)+2[Al]══(Al_2O_3)+3[Mn]$。钢水覆盖剂一般为 $CaO-Al_2O_3-SiO_2$ 系混合物,随着碱度的升高,渣中 FeO 的活度系数增大,MnO 的活度系数降低,即提高碱度有利于促使反应 1)发生,而阻止反应 2)发生。考虑到渣中 MnO 的含量一般小于 1.5%,可以忽略反应 2)的发生。因此,在使用高碱度覆盖剂时,应尽量减少 FeO 含量,以防止对钢水酸溶铝的氧化。

覆盖剂中含有 SiO_2 也是致使钢水二次氧化的重要因素,会发生反应:$4[Al]+3(SiO_2)══2(Al_2O_3)+3[Si]$。因此,洁净钢生产中普遍采用高碱度覆盖剂,以降低覆盖剂对钢水的二次氧化。

(3)钢水的卷渣。中间包内流场与浇注条件和流动控制装备密切相关,尤其是在换包这种非稳态浇注时,容易发生钢水的卷渣现象,造成钢中大颗粒夹杂物显著增多。研究发现,铸坯内约 41%的大颗粒夹杂物来源于钢水覆盖剂。

(4)钢水的脱硫。若覆盖剂中存在一定量的 CaO,则发生脱硫反应:$(CaO)+2/3[Al]+[S]══(CaS)+1/3(Al_2O_3)$。随着覆盖剂碱度的升高以及渣中 CaO 含量的增加,钢水的脱硫效率提高。

15.5.3.4 环保对覆盖剂的要求

钢水覆盖剂不但要求具有良好的冶金功能,低环境污染也是其应用的前提。钢水覆盖剂的类型多为粉状机械混合物。为了减少运输过程中由于振动引起的偏析以及粉尘对环境的污染,粉状的钢水覆盖剂逐渐被颗粒或板形的钢水覆盖剂所代替。

碳化稻壳和稻壳灰非常轻,在使用过程中常引起粉尘飞扬,造成十分严重的环境污染。为此,可以采用植物性有机结合剂(如淀粉、米粉等)将其制成颗粒渣,也可以将稻壳灰制成保温板,这样,不仅减轻了粉尘飞扬,而且明显改善了保温性能。

16 钢铁冶金用耐火材料

16.1 耐火材料概述

耐火材料，简称耐材，一般是指耐火度不低于1580℃的无机非金属材料和制品，在高温下具有承受气体、粉尘、熔渣以及液态金属等物质的物理化学作用的能力。另外，通常也将使用温度在1000℃以上的工业炉窑用隔热材料称为耐火材料。耐火度是指耐火材料在加热过程中达到特定软化程度时的温度，表征耐火材料承受高温作用的能力。

耐火材料的发展历史久远，早在公元前1700年的青铜器时代中期，我国就已经开始使用耐火材料。当时采用天然耐火原料(如泡砂石和黏土)，经过简单加工夯打筑炉。1975年，我国考古学家在郑州西北郊古荥阳城外发现一处公元前200年的汉代冶铁遗址。对该炼铁炉的初步研究表明，炉身采用砂质黏土，而炉腹、炉缸和炉底则采用含碳耐火黏土。

近代的耐火材料产业大致起源于19世纪上半叶的欧洲。1810年，首次出现了用耐火黏土制造黏土砖的工厂。1822年，英国以石英岩为原料，以石灰为结合剂制成硅砖，并应用于炼钢炉。

到20世纪上半叶，黏土砖和硅砖的质量不断提高，品种日益增多。这个时期还陆续开发出了铬质、镁质、镁铬质和高铝质等高级耐火材料。20世纪50年代以来，研发的主要产品有：(1)优质高效新品种，如直接结合砖、电熔再结合砖、碳结合砖、熔铸砖等以碱性和高铝含量为中心的高效耐火制品，以适应冶金和其他高温技术发展的需要；(2)优质不定形耐火材料，这类材料已占先进工业国家耐火材料总产量的40%~50%；(3)氧化物和非氧化物结合的特殊耐火材料，以满足现代冶金新技术、原子能技术、宇航技术发展的需要；(4)以耐火纤维为主的一系列新型轻质耐火材料，适应节能和炉窑革新改造的需要。

16.2 耐火材料的分类

耐火材料的分类方法有多种。

(1)按耐火度分类。按耐火度，耐火材料可分为：1)低级耐火材料，耐火度为1580~1650℃，使用温度在1100℃以下；2)普通耐火材料，耐火度为1580~1770℃，使用温度在1100~1400℃之间；3)高级耐火材料，耐火度为1770~2000℃，使用温度在1400℃以上；4)特级耐火材料，耐火度大于2000℃，用于特殊用途。

(2)按形状分类。按形状，耐火材料可分为耐火砖、耐火泥浆、浇注耐火材料、喷补耐火材料、塑性耐火材料、耐火打结材料。耐火砖中最常用的是型砖，通常按标准规定其尺寸，将这种砖称为标准砖。此外，还有异型砖、特型砖、超特型砖之分，如耐火棒、耐火管及坩埚等。浇注耐火材料、喷补耐火材料和塑性耐火材料等被归成一类，统称为不定形耐火材料。

(3)按加工方式分类。按加工方式的不同，将耐火材料分为烧成砖、不烧砖以及熔铸砖。烧成砖是最普通的耐火砖，是把耐火原料经破碎、磨细、筛分、称量、混料、成型、干燥以及烧成等一系列过程而制成的；不烧砖的生产过程与烧成砖基本相同，只是干燥后不再经过烧成环节即可直接使用；熔铸砖是将耐火原料经过熔融、浇注而得到的晶型稳定的制品。

(4)按不同用途分类。按使用用途,还可将耐火材料划分为高炉用耐火材料、电炉用耐火材料、转炉用耐火材料、连铸用耐火材料、玻璃窑用耐火材料、水泥窑用耐火材料等。

(5)按化学性质分类。按化学特性,耐火材料可分为酸性、中性和碱性三大类。其中,酸性耐火材料是指以SiO_2为主要成分的耐火材料,具有较好的耐酸性熔渣侵蚀的性能,制品主要有硅砖和锆英石砖。中性耐火材料是指以Al_2O_3、Cr_2O_3以及C为主要成分的耐火材料,对酸性渣和碱性渣均具有一定的抗侵蚀能力,其制品主要有刚玉砖、高铝砖、炭砖等。碱性耐火材料是指以MgO和CaO为主要成分的耐火材料,对碱性渣具有较强的抗侵蚀能力,制品主要包括镁砖、镁铝砖、镁铬砖、白云石砖等。

(6)按化学矿物组成分类。按化学矿物组成,耐火材料可分为8类,即硅质耐火材料、硅酸铝质耐火材料、镁质耐火材料、白云石质耐火材料、铬质耐火材料、碳质耐火材料、锆质耐火材料和特殊耐火材料。各种耐火材料的类别及其主要成分见表16-1。

表16-1　耐火材料(制品)按化学矿物组成分类

分　类	类　　别	主要化学成分	主要矿物成分
硅质制品	硅　砖	SiO_2	鳞石英、方石英
	石英玻璃	SiO_2	石英玻璃
硅酸铝质制品	半硅砖	SiO_2、Al_2O_3	莫来石、方石英
	黏土砖	SiO_2、Al_2O_3	莫来石、方石英
	高铝砖	SiO_2、Al_2O_3	莫来石、刚玉
镁质制品	镁砖(方镁石砖)	MgO	方镁石
	镁铝砖	MgO、Al_2O_3	方镁石、镁铝尖晶石
	镁铬砖	MgO、Cr_2O_3	方镁石、铬尖晶石
	镁橄榄石砖	MgO、SiO_2	镁橄榄石、方镁石
	镁硅砖	MgO、SiO_2	方镁石、镁橄榄石
	镁钙砖	MgO、CaO	方镁石、硅酸二钙
	镁白云石砖	MgO、CaO	方镁石、氧化钙
	镁碳砖	MgO、C	方镁石、无定形碳(或石墨)
白云石质制品	白云石砖	CaO、MgO	氧化钙、方镁石
铬质制品	铬　砖	Cr_2O_3、FeO	铬铁矿
	铬镁砖	Cr_2O_3、MgO	铬尖晶石、方镁石
碳质制品	碳　砖	C	无定形碳(石墨)
	石墨制品	C	石　墨
	碳化硅制品	SiC	碳化硅
锆质制品	锆英石砖	ZrO_2、SiO_2	锆英石
特殊制品	纯氧化物制品	Al_2O_3、ZrO_2、CaO、MgO	刚玉、高温型ZrO_2、氧化钙、方镁石
	碳化物 氮化物 硅化物 硼化物 金属陶瓷等		

16.3　耐火材料的组成、结构和性能

耐火材料的性能主要由其化学组成、矿物组成和组织结构(包括显微结构)所决定。在耐火材料化学组成一定的条件下,生产工艺是控制其结构的主要手段。

耐火材料一般由氧化物和非氧化物组成,其组分含量通常由化学分析和荧光分析方法测定。矿物组成及显微结构常用偏光显微镜、电子显微镜、X 射线衍射分析仪以及差热分析仪等观察和确定。

表征耐火材料宏观结构的因素包括显孔隙率、体积密度、吸水率以及透气度等,是评价耐火材料产品质量和控制生产工艺过程的主要指标。

耐火材料的性质一般包括力学性能、热学性能以及高温使用性能等方面。耐火材料的常用力学性能有常温耐压强度、高温抗折强度、耐磨损性、弹性模量等,也是判断产品质量和控制生产过程的重要指标。耐火材料的热学性能参数主要有线膨胀系数、比热容以及热导率等,对炉窑修砌、设计及热平衡计算等有重要意义。耐火材料的高温使用性能指标主要有耐火度、高温荷重软化温度、高温体积稳定性、抗热震性以及抗渣性等。

16.4　耐火材料的生产

耐火材料的生产过程主要包括原料煅烧→原料加工→配料和混炼→成型→干燥→烧成→拣选等工序。耐火材料生产的常见工艺流程如图 16-1 所示。

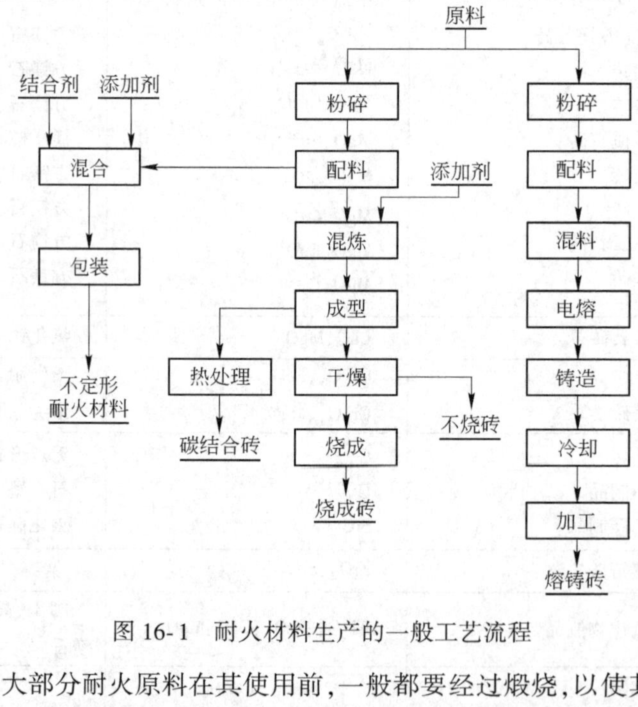

图 16-1　耐火材料生产的一般工艺流程

(1)原料煅烧。大部分耐火原料在其使用前,一般都要经过煅烧,以使其获得一定的强度和密度。黏土、高铝矾土的煅烧温度一般在 1450~1650℃之间,而菱镁矿、白云石矿的煅烧温度在 1650~1800℃之间。

高温煅烧设备主要有竖窑和回转窑。前者的主要优点是投资小、易施工、燃料消耗低、废气含尘量小;后者的优点是产量大、自动化程度高、产品质量均匀、能煅烧碎料。

(2)原料加工。原料加工主要包括原料拣选、破碎、细磨和筛分。拣选的主要目的是选出混入的杂物、生烧料、未烧尽的燃料块以及熔瘤。破碎、细磨和筛分是将块状原料制备成具有一定粒度组成的颗粒和细粉,以供配料使用。

原料破碎主要使用颚式破碎机、圆锥破碎机、对辊破碎机、反击式破碎机和笼形粉碎机;细磨主要使用筒磨机、球磨机、振动磨机;筛分主要使用振动筛、回转筛等。

(3)配料和混炼。配料是将各种不同品种、组分和性质的原料以及各级粒度的熟料,按一定比例进行配合的工艺。混炼是将合理配合的各种物料准确称量后,经充分搅拌后达到颗粒和组分均匀分布的过程。

耐火材料通常采用质量配料法,主要使用电子秤或机械秤称量配料。常用的混炼设备有湿碾机、桨叶式混炼机、行星式混炼机等。

(4)成型。成型是指借助于外加压力作用,使松散的泥料获得一定形状、尺寸及尽可能致密的坯体(轻质砖除外)。由于坯体的致密程度决定着制品的密度,所以,成型是一个十分重要的工序。

常用的成型方法有注浆法、可塑法、半干压法和干压法、熔铸法、等静压法等。通常多采用半干法机压成型,主要设备有摩擦压砖机、杠杆压砖机、液压机、等静压机等。对于大型及特、异型制品,则可用振动成型、气锤捣固或手工捣打成型。

(5)干燥。成型后的砖坯体一般都要经过干燥工序,然后烧成。经干燥后的砖坯,强度有所提高,可降低在运输和装窑过程中的破损,还可保证烧成初期预热阶段顺利进行。

常用的干燥设备有隧道干燥器、室式干燥器及干燥坑等。

(6)烧成。烧成过程可分为预热、烧成、保温和冷却等阶段。在烧成过程中,坯体内发生一系列物理化学变化,在高温作用下,密度和强度均会得到有效提高,形成稳定晶相,并产生体积收缩或膨胀。一般需根据制品的特性制定烧成制度,包括升温速度、最高烧成温度、保温时间、冷却速度以及烧成气氛等。

烧成设备主要有倒焰窑、隧道窑和梭式窑,其中,以隧道窑为主;但对生产量小而变化多的制品,需采用倒焰窑。

(7)真空浸渍及加工。对于一些特殊用途的耐火制品,一般还要进行真空浸渍处理。

真空浸渍是在真空条件下将浸渍液浸入耐火制品中,以有效降低制品的孔隙率,提高制品的热稳定性和耐侵蚀性。常用的真空浸渍设备有卧式和竖式两种,常用的浸渍液主要是沥青。

为满足制品的外形尺寸要求,有的制品在烧制后还要进行机械加工、组装和预砌,以满足使用和砌筑要求。如水口滑板要进行平面磨加工、钻孔加工、打箍、装金属套和组装成套等;长水口和浸入式水口要进行外圆加工、钻孔加工、涂防氧化层和干燥等。加工所使用的设备有各种磨床、车床、磨砖机、切砖机和铣磨砖机。

16.5 耐火材料在钢铁冶金中的应用

耐火材料广泛应用于砌筑高温冶炼、煅烧、熔制、加热等工业炉窑的内衬、部件和容器。各行业消耗耐火材料的比例大致为:冶金 60%,建材 8%,机械 7%,化工 4%,电力 4%,其他 17%。耐火材料在钢铁工业中的消耗量约占其总消耗量的 50%~55%。下面简要介绍钢铁生产过程中耐火材料的使用概况。

16.5.1 焦炉用耐火材料

焦炉主要由炭化室、燃烧室、蓄热室、斜道区、炉顶和烟道等组成。作为其核心部位的炭化室、燃烧室和蓄热室,一般选用高温体积稳定性好、耐磨损、高温强度大、荷重软化温度高的硅砖砌筑,炉头部分则采用高铝砖,其余部分使用黏土砖。

焦炉发展的趋势是扩大炭化室容积及减薄燃烧室和炭化室之间的隔墙,以缩短结焦时间并提高生产能力。砌筑现代化大型焦炉要求采用高强度、高密度、低膨胀的硅砖,以强化炉体结构并提高炉墙的导热效果。

16.5.2 高炉用耐火材料

高炉是利用鼓入的热风使焦炭和喷吹的粉煤燃烧,加热和还原熔炼含铁炉料的竖炉,是在高温和还原气氛下连续进行炼铁的热工设备。高炉炉体自上而下由炉喉、炉身、炉腰、炉腹、炉缸以及炉底等几大部分组成,炉体附设有风口、出渣口、出铁口、冷却系统及集气管与加料装置等设施。砌筑高炉炉体及有关部位需使用相应的耐火制品。

高炉用耐火材料损毁的主要原因是,炉料机械磨损、炭素沉积、渣铁侵蚀、碱金属侵蚀和铅锌渗透、热应力和高温荷载等综合因素,其中,温度是决定性因素。因此,高炉炉体易损部位均设有冷却系统,以提高炉衬的使用寿命。随着钢铁工业的发展,高炉日趋大型化,同时采用高顶压、高风温、富氧鼓风、燃料喷吹等强化冶炼新技术,使得耐火材料的使用条件变得更为苛刻。通过采用新品种耐火材料、提高耐火材料质量、改进炉体冷却系统以及强化管理等措施,新一代高炉炉衬寿命不断延长。

根据高炉炉衬的工作条件和破损机理,砌筑耐火材料的质量对炉衬寿命有重要影响,故对高炉用耐火材料有如下要求:(1)耐火度要高。由于高炉长期在高温、高压的条件下工作,因此,要求耐火材料具有较高的耐火度。(2)高温强度要高,具有良好的耐磨性和抗撞击能力。(3)荷重软化温度要高。由于高炉炉衬在高温作用的同时,还承受重负荷的作用,因此,要求其具有较高的荷重软化温度。(4)Fe_2O_3 含量要低。耐火材料中的 Fe_2O_3 和 SiO_2 在高温下相互反应生成低熔点化合物,降低耐火材料的耐火度;另外,耐火材料中的 Fe_2O_3 还可以被渗入其内部的 CO 还原成海绵铁,而海绵铁又会促使 CO 分解产生石墨碳沉积,对炉衬产生破坏作用。(5)重烧收缩率要小。重烧收缩率也称残余收缩率,是表征耐火材料升至高温后产生裂纹可能性大小的一项指标。重烧收缩率越小,在高温下耐火材料的稳定性越好。(6)孔隙率要低。孔隙率是耐火材料的重要指标之一,在高炉冶炼条件下,如果炉衬材料的孔隙率大,则为石墨和锌沉积创造了条件,从而引起炉衬损坏。

一般来说,高炉炉衬按其使用和损毁特点,可分为上、中、下三段。上段包括炉喉、炉身上部和中部;中段包括炉身下部、炉腰和炉腹;下段为炉缸和炉底。各段使用的耐火材料种类不同。

(1)炉喉、炉身上部和中部。炉喉承受炉料下降时的直接冲击和摩擦,极易磨损,多采用高强度的黏土砖和高密度的高铝砖砌筑,并采用铸钢板保护。

炉身上部和中部的温度不超过700℃,无炉渣形成和炉渣侵蚀,除承受炉料滑行与冲击以及热烟气粉尘的机械摩擦外,主要是由于铅、锌及碳素侵入沉积而引起耐火材料组织脆弱,甚至鼓胀,还会引起炉衬开裂和结构松散。整个炉体中,炉身上部和中部的损毁较轻。过去,这些部位主要采用低孔隙率的优质黏土砖,但随着大中型高炉操作条件的苛刻化和大幅度延长高炉寿命制度的确立,目前,该部位要求使用耐剥落性和耐磨性方面都很优异的耐火材料。在炉身上部可采用磷酸盐结合的黏土砖,也有高炉在炉身上部和中部采用硅线石质耐火砖和耐剥落性能优异的高铝质耐火砖。

(2)炉身下部、炉腰和炉腹。在炉身下部,温度较高,有大量炉渣形成,同时还要经受炉料下降时的摩擦、炉气上升时的粉尘冲刷和碱金属蒸气的侵蚀作用。因此，要求采用具有良好抗渣性、抗碱性、高温强度高以及耐磨性能好的优质黏土砖、高铝砖或刚玉砖；近年来，也在选用烧结的 $SiC-Si_3N_4$ 砖。

炉腰部位的温度较高（1400~1600℃），熔渣在这个部位大量形成，渣蚀严重；碱的侵蚀也较严重；含尘的炽热炉气上升，对炉衬产生较强的冲刷作用；焦炭等物料产生摩擦；热风通过时引起温度急剧变化，上述诸多因素的共同作用使这个部位的耐火材料损坏严重。过去选用黏土砖和高铝砖砌筑炉腰，但现在已不能适应高强度冶炼的要求。一般认为，$1000m^3$ 以上的高炉应选用氮化硅结合的碳化硅砖砌筑；而对于 $1000m^3$ 以下的高炉，则可根据高炉强化的需要考虑使用碳化硅砖。采用碳化硅砖时，必须同时改进冷却器结构和材质，采用软水（或纯水）闭路循环冷却，在操作上控制边缘气流。只有相关技术的良好配合，才能充分发挥碳化硅砖的作用。

炉腹部位的温度较炉腰高，其下部炉料温度约为1600~1650℃，气流的温度更高，低黏度的熔渣大量形成，不但渣蚀严重，同时还承受焦炭的摩擦和炽热气流的冲刷，因此，该部位炉衬的损毁最为严重。过去的大中型高炉在炉腹部位使用的耐火材料多以高铝砖和刚玉砖为主，现在多选用碳化硅砖。

国内外高炉的使用经验表明，碳化硅制品具有硬度高、高温强度好、热膨胀率低、导热性能优、抗碱侵蚀性以及抗热震性优良等特点，是高炉中段较为合适的炉衬材料。其中，以氮化硅结合的碳化硅制品性能最佳，这主要是因为以氮化硅纤维状结晶作为结合相，将碳化硅细粉包裹起来，从而形成了牢固地结合，使其具有较高的高温强度与较好的抗碱性，其用量已占全世界高炉用碳化硅材料的60%以上。与氮化硅结合的碳化硅制品相比，硅铝氧氮（Sialon）结合的碳化硅制品结晶较大、孔隙率低、抗氧化性能良好。经抗碱试验后，其高温抗折强度尤佳。各种碳化硅砖的理化性能指标见表16-2。

表16-2 国内外高炉用碳化硅砖的理化性能指标

国别		中国		日本			德国	
结合方式		Si_3N_4	Sialon	β-SiC	Si_3N_4	Sialon	Si_3N_4	Sialon
化学成分/%	SiC	71	>77	≥80	≥70	72	75	75
	Si_3N_4	21~23			≥18	9	25	
	Sialon		>20			9	>20	
	Al_2O_3					9		
	固定C			≤4				
体积密度/$g\cdot m^{-3}$		2.72	2.70	2.67	2.66	2.89	2.60	2.70

在炼铁生产过程中，炉身下部、炉腰和炉腹工作层损毁到一定程度时（炉壳发红），可采用压入料或喷涂料进行热修补。在高铝质的喷补料中加入一定比例的SiC材料，可以进一步提高喷补料的耐磨损性和耐侵蚀性。从20世纪60年代开始，对炉腰、炉腹、炉底进行压入修补，在衬砖和炉壳之间形成保护层，在高铝料的基础上，加入以树脂为结合剂的SiC及炭素，以提高其耐侵蚀性和热导率，可延长使用寿命3~6月，有的长达1a。

（3）炉缸及炉底。炉缸为盛装铁水和熔渣（渣铁的温度一般在1450~1500℃之间）的部位，其侧壁上设有出铁口和风口。炉缸上部风口区是高炉内温度最高的区域，其温度在2000~2300℃范围内。因此，除了对炉底、炉缸的冷却有很高的要求外，对炉底、炉缸的耐火材料也提出了非常严格的要求。

炉缸内衬除长期承受高温和热应力作用外,还受到渣和铁水的冲刷、化学侵蚀等作用。炉底主要受铁水的渗入侵蚀,同时,碱金属和锌的侵蚀也很严重。铁水的渗透引起耐火砖上浮,热应力和化学侵蚀引起碳砖形成脆化层,从而使炉底耐火材料发生严重破坏。另外,碳砖遇到水蒸气等物质时会发生氧化,从而导致其损毁。总体而言,铁水渗透侵蚀、铁水环流冲刷、炉衬温度分布不均造成的应力环裂、800℃左右温度区域内的碳砖脆化、炉缸下部“象脚”侵蚀等,是炉底、炉缸的主要破坏机制。

炉底、炉缸用耐火材料的性能应满足以下要求:1)耐高温;2)耐铁水、熔渣、碱金属、H_2O 以及 O_2 的化学侵蚀;3)抗铁水渗透;4)耐冲刷,耐磨;5)具有容积稳定性;6)有适宜的导热性。

炉缸和炉底部位使用的耐火材料主要有:炭砖、热压炭砖、微孔炭砖、超微孔炭砖、炭复合 SiC 砖、石墨化炭砖等。高炉用含碳耐火材料的性能列于表 16-3 中。

表 16-3　高炉用炭砖及石墨砖的性能

砖　种	传统炭砖	微孔炭砖	掺不同添加剂的炭砖	半石墨砖	石墨砖	掺不同添加剂的半石墨砖
耐压强度/MPa	40	50	60	25	15	48
热导率/W·(m·K)$^{-1}$	8	11	11	19	51	22
添加剂		Si	Si、Al_2O_3			Si、Al_2O_3
弹性模量(20℃)/MPa	3700	11400	12400	2900	2100	5900
铁渗透容积/%	33.9	0	1.4	9.2	3.5	0.3
抗碱性/%	5.1	1.6	1.6	5.2	3.5	0.3
铁中溶解度/%	3.0	4.2	0.5	4.2	4.6	1.0

国内外高炉炉缸、炉底结构主要有以下三种基本形式:1)大块炭砖砌筑,炉底设陶瓷垫;2)热压小块炭砖砌筑,炉底设陶瓷垫;3)大块或小块炭砖砌筑,炉底和炉缸设陶瓷杯。

大块炭砖结构是日本和我国的许多高炉采用的炉底、炉缸结构形式,如图 16-2 所示。这种结构的特点是可全面改善耐火材料的质量,炉缸和炉底上部区域的侧墙采用具有高热导率的大块炭砖砌筑,而炉底部位采用微孔或超微孔大块炭砖砌筑(砌筑方式有炭砖平砌或竖砌两种)。炉底上部砌筑优质陶瓷质耐火材料的衬垫,称为陶瓷垫。大块炭砖砌筑的炉底、炉缸结构得到了广泛的应用,并取得了良好的效果。我国长寿高炉中,宝钢 2 号高炉、武钢 5 号高炉的炉缸采用日本炭砖,炉底设陶瓷垫。

热压小块炭砖结构的特点在于:采用热压小块炭砖取代炉缸和炉底上部区域侧墙的大块炭砖,可避免这一部位的炭砖出现环裂,而其他部位的砌筑和冷却方式均相同。热压小块炭砖的结构见图 16-3,其中,小块炭砖采用专门的泥浆砌筑,小块炭砖与冷却壁之间不留膨胀缝,与冷却壁直接顶砌,而砌筑方法与一般耐火砖相同。本钢 4 号、5 号高炉,鞍钢 10 号高炉、新 1 号高炉,包钢 3 号高炉,宝钢 3 号高炉均采用了热压小块炭砖,炉底设陶瓷垫,其炉缸寿命均在 10a 以上。

陶瓷杯结构由法国人发明,欧洲高炉使用较多。陶瓷杯是在大块炭砖或小块热压炭砖的炉缸内,衬以导热性差的耐火材料并与炉底的陶瓷垫构成杯状的耐火衬,如图 16-4 所示。一般在炉缸炭砖热面附加一层抗铁水侵蚀能力强、低导热率的优质莫来石或 Sialon 刚玉等耐火材料陶瓷杯,它既可在几年内保护炭砖免遭渣铁的直接侵蚀,又降低了炭砖的工作温度,可将 1150℃ 铁水凝固线控制在陶瓷杯以内,防止铁水的侵蚀。过去还强调,将 800~870℃ 等温线控制在陶瓷杯

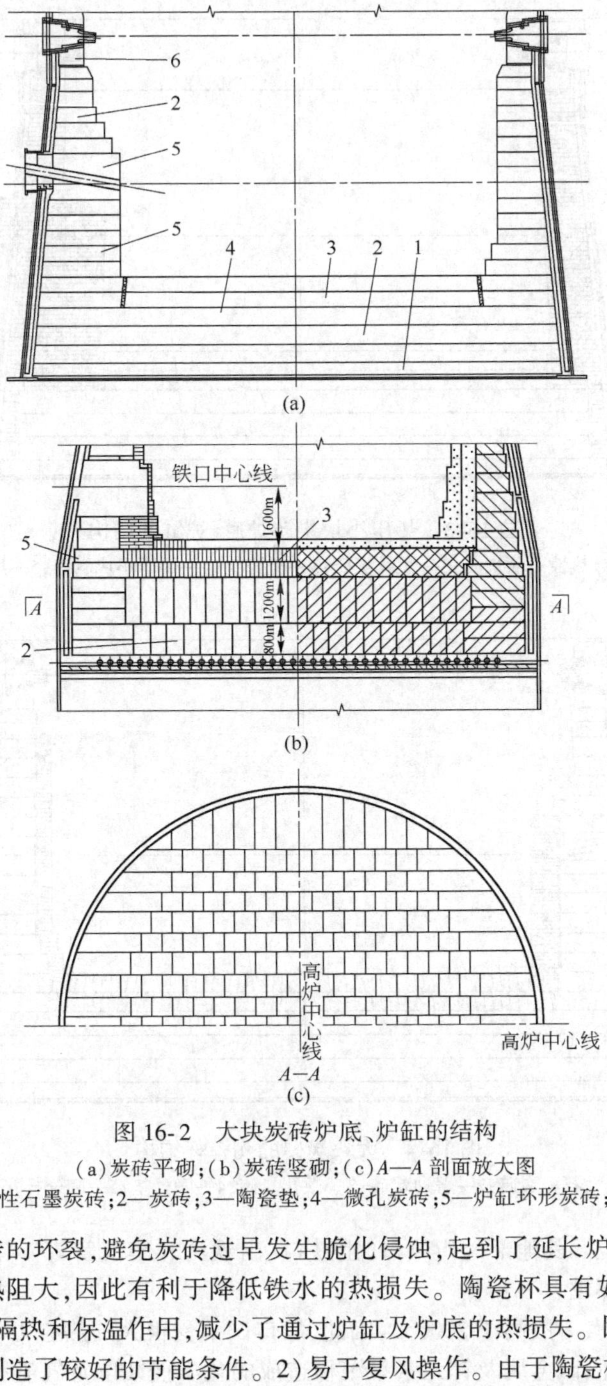

图 16-2　大块炭砖炉底、炉缸的结构

(a)炭砖平砌；(b)炭砖竖砌；(c)*A*—*A* 剖面放大图

1—高导热性石墨炭砖；2—炭砖；3—陶瓷垫；4—微孔炭砖；5—炉缸环形炭砖；6—风口砖

壁内，以防止大块炭砖的环裂，避免炭砖过早发生脆化侵蚀，起到了延长炉底、炉缸寿命的作用。此外，由于陶瓷材料热阻大，因此有利于降低铁水的热损失。陶瓷杯具有如下优点：1)提高铁水温度。由于陶瓷杯的隔热和保温作用，减少了通过炉缸及炉底的热损失。因此，铁水可保持较高的温度，给炼钢生产创造了较好的节能条件。2)易于复风操作。由于陶瓷杯的保温作用，在高炉休风期间，炉体冷却速度慢，热损失减少，这有利于复风时恢复正常操作。3)防止铁水渗漏。由于1150℃等温线紧靠炉衬的内表面，并且由于耐火材料的膨胀使砖缝缩小，故减少了铁水渗漏的可能性，从而降低炉缸及炉底烧穿的危险性。陶瓷杯的不足之处在于，其材料未在炉缸长期工作的温度下烧透，在开炉后使用过程中，其内部可能因发生晶形转变而产生膨胀或开裂，影响其使用寿命。近年来，国内外有30余座大型高炉都先后采用了陶瓷杯结构，其中包括首钢1号高炉、宝钢1号高炉(第二代炉役)。

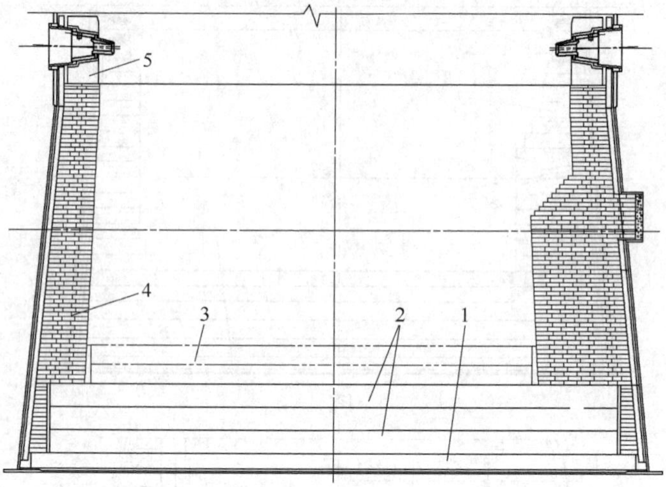

图 16-3　热压小块炭砖炉底、炉缸的结构

1—高导热性石墨炭砖;2—大块炭砖;3—陶瓷垫;4—热压小块炭砖;5—风口砖

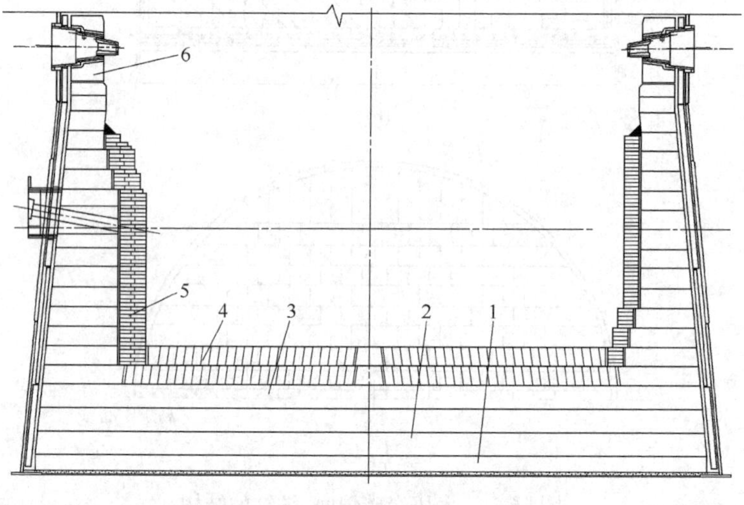

图 16-4　大块炭砖的陶瓷杯结构

1—高导热性石墨炭砖;2—普通炭砖;3—微孔炭砖;4—陶瓷垫;5—陶瓷杯;6—风口砖

(4)高炉其他部位。其他部位指风口、出铁口、出铁沟和集气管等。除集气管外,其余均为消耗耐火材料较多的部位。

风口区的温度较高,一般高于2000℃,因此,风口区承受很大的热应力。除此之外,风口还受到摩擦引起的物理损坏、碱金属及锌元素等沉积造成的化学侵蚀以及气流和熔体的冲击等,故风口耐火材料经常发生损坏和漏气。过去风口区使用的是黏土质或硅线石质耐火材料,而目前则多采用抗碱性能优异、强度较高的氮化硅结合或自结合的碳化硅质耐火材料。

出铁口主要受铁水和炉渣的侵蚀和冲刷以及频繁出铁所产生的热冲击。因此,出铁口处耐火材料的损毁较为严重。过去,出铁口使用的耐火材料主要是黏土质耐火砖和高铝质耐火砖。目前,除继续使用上述耐火砖外,正在积极研究和使用性能优异的 Al_2O_3-SiC-C 质材料或炭块。用于堵塞出铁口的泥料称为炮泥,一般要求其具有良好的可塑性、黏结性及烧结性,在使用过程中不产生裂纹与收缩，强度高，耐侵蚀。同时，烧结后的炮泥还应易于打开，以保证铁水或熔渣顺畅流出。炮泥一般使用黏土熟料、高铝熟料、莫来石、碳化硅、炭粒和黏土原料。大型高炉则使用电熔刚玉、碳化硅、绢云母、黏土等作为原料，用水或树脂进行混炼，制成有水炮泥或无水炮泥。

出铁沟分为主铁沟和副铁沟两部分，二者之间设有撇渣器和侧开渣沟。主铁沟一端与出铁口相接，结构可分为贮铁式、半贮铁式和非贮铁式三种。由于高炉大型化且实行强化冶炼，每个出铁沟的日通铁量可高达3000t左右，因此其工作条件相当苛刻。一般要求出铁沟耐火材料具有良好的耐铁水和熔渣侵蚀、冲刷的能力，同时，抗热震性要好，重烧体积变化率要小；此外，还要求其不黏结渣铁，易于施工与拆除，且不产生有害气体。一般以黏土、碳化硅、石墨或焦炭粉以及沥青等为原料，捣打制成出铁沟耐火材料。20世纪80年代以来，大型高炉的出铁沟已经多采用浇注方式成型，使用的原料主要为电熔刚玉、碳化硅、少量的金属硅和金属铝粉以及适量的促凝剂与解胶剂等，一个役期内总通铁量可高达(50~100)万吨。为了保护环境和保持铁水温度，在出铁沟上安装沟盖和吸尘装置，沟盖衬里一般使用低水泥高铝质耐火浇注料浇灌，除靠近出铁口的沟盖由于工作条件比较恶劣易损坏外，其他位置的沟盖在使用过程中较少损毁。设在铁沟上的撇渣器，一般用低水泥刚玉质耐火浇注料整体浇灌。铁水摆动流嘴内衬的材质与出铁沟基本相同。

集气管为排出高炉烟气的通道，其内衬用黏土砖砌筑，也可采用耐火浇注料或耐火喷涂料进行整体浇注或喷涂。一般可使用一个炉役。

16.5.3　热风炉用耐火材料

每座高炉一般需配置3~4座热风炉，交替为高炉供应热风。热风炉分为顶燃式、内燃式以及外燃式等多种，其炉体主要由蓄热室和燃烧室组成。图16-5示意给出了内燃式、外燃式及顶燃式热风炉的结构。

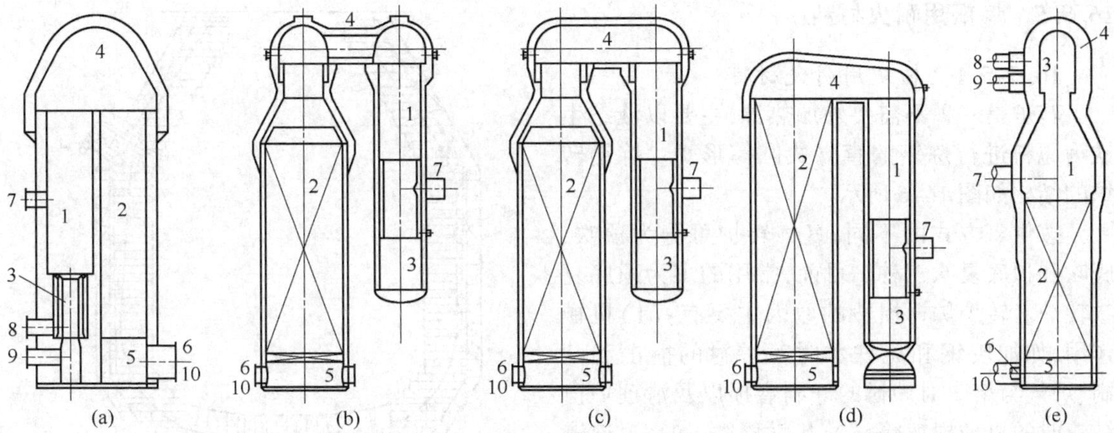

图16-5　内燃式、外燃式及顶燃式热风炉的结构示意图

(a)改进内燃式；(b)新日铁外燃式；(c)马琴外燃式；(d)地得外燃式；(e)顶燃式

1—燃烧室；2—蓄热室；3—燃烧器；4—拱顶；5—炉箅子及支柱；6—冷风入口；7—热风出口；8—煤气入口；9—助燃空气入口；10—烟气出口

热风炉一般使用高炉煤气或高炉与焦炉的混合煤气作为燃料，也有采用焦炉煤气或重油等作为燃料的。热风炉的操作温度为1300~1600℃。由于炉体结构和炉内温度的不同，各部位用

耐火材料及其损毁情况也有差异。损毁较严重的部位主要是燃烧室、蓄热室格子砖砌筑体的上部、内燃式炉的隔墙和外燃式炉的过桥等处。其损毁原因主要是高温、温度变化形成的热应力以及粉尘的化学侵蚀等。热风炉使用寿命一般为15~20a。

热风炉蓄热室用耐火材料的选择主要取决于热风温度。当风温低于900℃时,普遍采用黏土砖;当风温在900~1000℃时,高温部位的衬砖与格子砖则选用高铝砖、莫来石砖或硅线石砖;当风温高于1000℃时,则必须选用低蠕变的高铝砖、莫来石砖、硅砖或堇青石砖。

燃烧室用耐火材料与蓄热室基本相同,也有用莫来石砖或者莫来石砖配用硅砖砌筑的。燃烧器的空气、煤气通道一般用黏土砖和高铝砖砌筑,其上部带辐射孔(喷嘴)的部位可用莫来石砖或莫来石刚玉砖砌筑,也可由堇青石制成,使用寿命为2~4a。

16.5.4　铁水预处理用耐火材料

为了生产洁净钢和降低生产成本,目前,钢铁企业广泛采用了铁水炉外预处理(预脱硅、预脱磷及预脱硫)工艺。使用的预处理容器主要有铁水包、混铁车和鱼雷罐车等,砌筑这些冶炼容器的耐火材料起着非常重要的作用。

在铁水预处理过程中,耐火材料的损毁主要源于以下几个方面:(1)铁水和炉渣的冲刷和磨损;(2)预处理渣剂的化学侵蚀;(3)炉渣的渗透和侵蚀;(4)间歇式操作所引起的急冷、急热。

因此,一般要求铁水预处理用耐火材料应具有如下基本性能:(1)高温强度高,耐磨损;(2)耐预处理渣剂的侵蚀能力强;(3)抗炉渣侵蚀性能好;(4)耐热震性能好;(5)便于现场应用和施工,对环境污染小。

目前,广泛应用的铁水预处理用耐火材料为 Al_2O_3-SiC-C 质材料,包括定型和不定形两大类。一般在铁水预处理容器的渣线部位使用不烧 Al_2O_3-SiC-C 砖,渣线以下部位则采用不同档次的 Al_2O_3-SiC-C 砖。

16.5.5　炼钢用耐火材料

16.5.5.1　转炉用耐火材料

转炉是一种不需要外加热源,主要以液态生铁为原料进行炼钢的直立式圆筒形炉。炼钢转炉的结构如图16-6所示。

按供氧方式的不同,氧气转炉可分为顶吹、底吹和顶底复吹三种。目前,常用的多为顶底复吹转炉。转炉炉衬损毁的原因主要有:(1)机械作用,如加废钢和兑铁水时对炉衬的撞击和冲刷、炉气与熔渣对炉衬的冲刷磨损以及清理炉口结渣时的机械损坏等;(2)化学侵蚀,如高温熔渣与炉气对炉衬的化学侵蚀;(3)炉衬剥落,是指由于急冷、急热以及炉衬矿物组成变化所引起的炉衬耐火材料剥落。

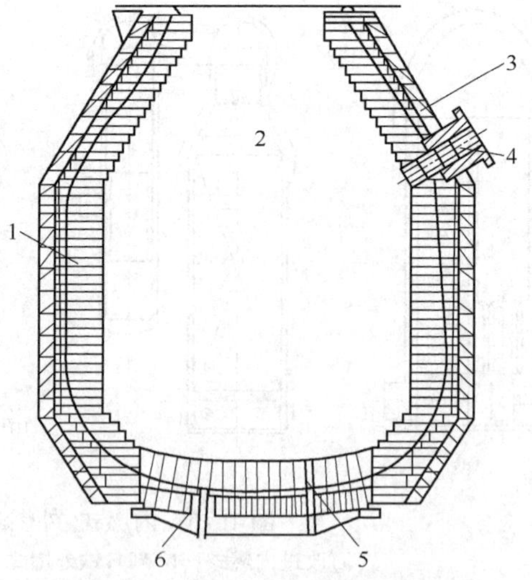

图16-6　炼钢转炉结构示意图

1—炉身;2—炉膛;3—炉帽;4—出钢口;5—炉底;6—供气砖

转炉的内衬是由绝热层(也称隔热层)、永久层和工作层组成的。绝热层一般采用多晶耐火纤维砌筑;永久层多用低档镁炭砖、焦油白云石砖和烧结镁砖砌筑;工作层一般全部使用镁炭砖,但不同部位采用的等级有所不同。

转炉的工作层与高温钢水和熔渣直接接触，除受高温熔渣的化学侵蚀外，还受钢水、熔渣和炉气的冲刷，工作环境十分恶劣。在吹炼过程中，由于各部位的工作条件不同，内衬的蚀损状况和蚀损量也不一致。因此，视衬砖损坏程度的差异，按部位砌筑不同材质或同一材质不同级别的耐火砖，即为所谓的综合砌炉。采用综合砌炉后，炉衬各部位的蚀损程度比较均衡，可延长炉衬的整体使用寿命。在采用溅渣护炉技术后，在选用衬砖时还应考虑衬砖与熔渣的润湿性。若碳含量太高，熔渣与衬砖润湿性差，溅渣时熔渣不易黏附，对护炉不利。

转炉各部位的工作条件及常用耐火材料见表16-4。

表16-4 转炉各部位的工作条件及常用耐火材料

部位		工作条件	常用耐火材料
炉口		装料、吹炼、出钢、倒渣时温度变化大；炉渣侵蚀，携尘废气冲刷；装料及清钢、渣时受机械撞击	烧成白云石砖、烧成镁白云石砖、镁炭砖、方镁石-尖晶石砖
炉帽		取样及出钢时受炉渣侵蚀，温度变化大；空炉时砖中炭素易被氧化；受废气和粉尘的侵蚀与磨损	烧成镁白云石砖、镁白云石炭砖、焦油结合镁砖、热处理焦油结合镁砖、镁炭砖
炉身	装料侧	受废钢及铁水的撞击与冲刷，温度变化大	油浸烧成镁白云石砖、热处理焦油结合镁砖、油浸沥青结合方镁石砖、镁炭砖
	出钢侧	受炉渣和钢水的侵蚀和磨损；出钢时受炉渣及钢水的热冲击与冲刷	焦油结合镁砖、油浸镁炭砖、镁炭砖、焦油结合镁白云石砖
	耳轴区	炉衬挂渣少，空炉时砖中碳易被氧化；炉子倾动时受异常力的作用	烧成镁白云石砖、优质镁炭砖
	渣线	炉渣侵蚀	烧成镁砖、优质镁炭砖
炉底		受钢水剧烈冲刷与磨损	焦油结合白云石砖、油浸镁白云石炭砖、焦油结合镁砖、镁炭砖
出钢口		受钢水冲刷、炉渣侵蚀，温度变化剧烈	焦油结合白云石砖、焦油结合电熔镁砂砖、电熔镁砖、镁炭砖

16.5.5.2 电炉用耐火材料

传统炼钢电炉的炉体一般由炉衬和出钢槽构成。炉衬又包括炉底、炉墙和炉顶三部分，见图16-7。电炉炼钢对耐火材料的要求与其他炉窑基本相同，主要包括：(1)高耐火度和高温强度；(2)高荷重软化温度；(3)良好的热稳定性和化学稳定性。

电炉的发展方向是高功率和超高功率电弧炉及直流电弧炉。前者的特点是单位时间内输入的热能大幅度增加，熔化时间显著缩短，因此，对耐火材料的要求更加苛刻；后者则具有节约电能与石墨电极消耗低等特点。

随着电炉冶炼技术的进步，电炉用耐火材料也发生了较大变化。炉顶由硅砖改用 Al_2O_3 含量为75%～85%的高铝砖、直接结合镁砖、镁铬砖及镁炭砖，炉墙渣线部位和热点部位主要选用镁炭砖、熔铸镁铬砖、直接结合或再结合镁铬砖，炉底则以烧结性能良好的镁砂或电熔镁砂捣打制成。对于直流电弧炉来说，由于增加了底电极，所用耐火材料除了具有一般耐火材料的性能之外，还应具有良好的导电性；另外，由于设置底电极使炉底结构变得复杂，因此，其使用寿命会受到影响。

近年来，由于推广采用超高功率电炉，为保证耐火材料的使用效果，对电炉炉顶耐火材料的高温性能特别进行了一些改进，如在基质中加入 Al_2O_3 细粉或 SiC 细粉等；在炉顶的三角区，使用低水泥或超低水泥高铝浇注料预制件。

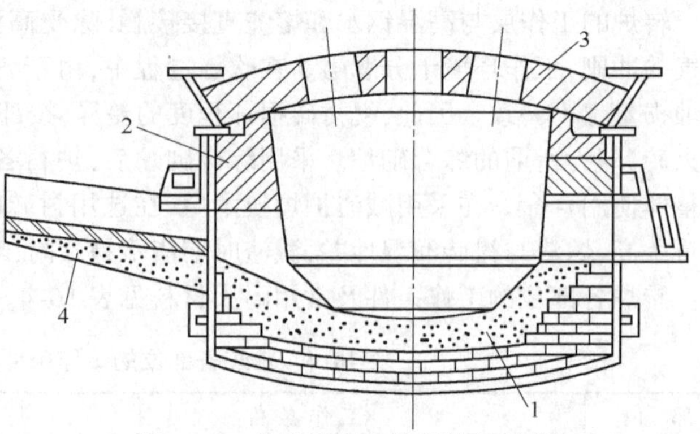

图 16-7　传统炼钢电炉的炉体结构
1—炉底；2—炉墙；3—炉顶；4—出钢槽

16.5.5.3　钢包内衬用耐火材料

钢包，也称盛钢桶或大包等，是用于盛接和转运钢水的容器。钢包内衬由保温层、永久层和工作层组成。保温层一般用耐火纤维板砌筑；永久层多使用黏土砖、高铝砖或铝质浇注料；工作层由于与钢水、熔渣长时间接触，受到钢水及熔渣的化学侵蚀、机械冲刷以及急冷、急热作用，是非常容易损毁的部位。对于钢包的不同部位，选用不同材质的耐火材料，这样可使钢包内衬砖蚀损均衡。

我国大多数钢包内衬使用 Al_2O_3-MgO 质耐火砖、Al_2O_3-MgO 质浇注料和 Al_2O_3-MgO-C 砖（其化学成分和物理性能如表 16-5 所示），渣线部位则多使用 MgO-C 砖，使用寿命基本上都超过 100 次。例如，宝山钢铁集团公司的 300t 钢包，其包衬用 Al_2O_3-MgO 砖，渣线用 MgO-C 砖，底部用高铝砖，使用寿命可达 120～160 次，耐火材料消耗为 1.6～2.0kg/t。

表 16-5　Al_2O_3-MgO-C 砖的化学成分和物理性能

化学成分/%			物理性能			
MgO	Al_2O_3	C	体积密度 /g·cm^{-3}	显孔隙率 /%	常温抗折强度 (110℃,16h)/MPa	高温抗折强度 (1400℃,6h)/MPa
55.96	30.18	7.02	2.96	2.92	52.0	6.4

为满足洁净钢生产的需要，具有良好高温性能的 MgO-CaO 系耐火材料被认为是“低碳或无碳”包衬的首选材料。试验结果表明，含游离 CaO 的碱性耐火材料对钢水脱 S、脱 P、降低钢中 O 含量和非金属夹杂等都具有明显的作用，对钢水具有一定的净化功能。

MgO-CaO 砖和 MgO-CaO-C 砖在钢包上使用取得了较好的效果，钢包的使用寿命可达约 100 次。首钢二炼钢厂 225t 钢包使用 MgO-CaO-C 砖作为包衬，使用寿命达到 117 次，比常用的 Al_2O_3-MgO 砖提高了 20～43 次。表 16-6 给出了使用 MgO-CaO-C 砖和 Al_2O_3-MgO 砖作为包衬时，吹氩前后钢水中氧含量的对比。结果表明，包衬采用 Al_2O_3-MgO 砖时，钢中氧含量增加；但采用 MgO-CaO-C 砖时，钢中氧含量降低，钢液质量提高。同时，使用 MgO-CaO-C 砖还可以降低钢水中非金属夹杂物的含量和减小夹杂物的颗粒半径，并改善非金属夹杂物的颗粒分布，使大颗粒的数量明显下降。

表 16-6　使用不同钢包衬时吹氩前后钢水中[O]含量的比较

耐火材料	钢水中[O]含量/%		
	吹氩前	吹氩后	变化
MgO-CaO-C 砖	0.0208	0.0152	-0.0056
Al_2O_3-MgO 砖	0.0203	0.0221	+0.0018

钢包是通过开启和关闭位于其底部的滑动水口,来调节和控制钢水注流的。滑动水口由上水口、上滑板和下滑板、下水口组成。通过下滑板带动下水口的移动,调节上、下滑板注孔重合程度,以控制钢水注流的大小。滑动水口除承受钢渣的冲刷和侵蚀外,还受钢水静压力和温度急剧变化的影响。因此,滑动水口耐火材料应具有耐高温、耐冲刷、耐急冷、急热和抗渣侵蚀性能,并具有良好的高温强度。另外,外形尺寸必须符合规格要求,表面平整和光滑。目前,钢包的滑动水口一般使用铝碳质和铝锆碳质耐火材料,一般可以连续使用3~5次。

16.5.6　炉外精炼用耐火材料

炉外精炼的目的,主要是通过精炼操作脱除钢中的气体和夹杂以及调整钢水的成分和温度等,其过程主要是在钢包内完成的。根据精炼的工艺特点,炉外精炼用钢包一般可以分为两种类型:一种是处理型钢包,主要用于钢水的脱气、脱硫、成型控制以及改变夹杂形状等,无温度补偿功能,精炼时间较短(10~30min);另外一种是精炼型钢包,主要用于高合金钢和特殊钢的精炼,具有加热、补偿温度等多种功能。

在钢水的精炼过程中,不但要求精炼温度高、处理时间长,而且还常常伴随着搅拌、真空以及电弧加热等工艺,一般来说,炉外精炼工艺的主要特点有:(1)温度高。精炼温度一般为1640~1750℃,最高可达1800℃。(2)炉渣组成变化大。炉渣碱度从酸性至碱性的变化范围大,一般为0.5~1.6,低时可达0.3。(3)搅拌强烈。由于吹氧脱碳产生大量气体,加之底吹氩气,故钢水搅拌剧烈。(4)真空操作。真空度有时高达133.32 Pa。

由于炉外精炼的上述工艺特点,一般要求精炼钢包用耐火材料必须满足下列要求:(1)高温、真空条件下稳定性好;(2)抗渣浸透和侵蚀性能好;(3)抗热震性能优良;(4)有较高的高温强度。

炉外精炼常用的耐火材料有:高铝砖、镁铬砖、高铝尖晶石浇注料、镁铝尖晶石浇注料、镁钙炭砖、铝镁炭砖、镁炭砖、直接结合镁铬砖、电熔再结合镁铬砖、熔铸镁铬砖以及白云石砖等。目前,一些企业也开始使用钢纤维增强高铝浇注料、Al_2O_3-MgO尖晶石浇注料、低水泥和无水泥浇注料等。以$MgO-Cr_2O_3-Al_2O_3$系材料为精炼包衬时,适用于低碱度渣的精炼工艺;而以含碳的MgO-CaO系材料为内衬时,更适合于高碱度渣的精炼工艺。

表16-7给出了RH、SL、VOD、VAD、ASEA-SKF、AOD等精炼工艺所使用钢包的容量、内衬材质及使用状况。

表16-7　炉外精炼钢包的容量、内衬材质及使用状况

项　目	真空循环脱气法(RH)	钢包喷粉法(SL)	真空氧气脱碳法(VOD)	真空氩氧脱气法(VAD)	电磁搅拌真空脱气法(ASEA-SKF)	氩氧脱碳法(AOD)
钢包容量/t	20~300	35~230	21~150	20~155	15~260	15~175
适用钢种	优质碳钢、低合金钢、轴承钢、硅钢	高洁净度钢	各类不锈钢	各类高合金钢	不锈钢、高速钢、高合金工具钢	各类不锈钢
内衬材质	高铝砖、直接结合镁铬砖	高铝砖、镁铬砖、白云石砖、镁炭砖、锆质砖	高铝砖、镁铬砖、镁白云石砖	直接结合镁铬砖、镁炭砖、高铝砖、白云石砖	高铝砖、直接结合镁铬砖、再结合镁铬砖、镁炭砖、白云石砖	镁炭砖、白云石砖

续表 16-7

项　目	真空循环脱气法（RH）	钢包喷粉法（SL）	真空氧气脱碳法（VOD）	真空氩氧脱气法（VAD）	电磁搅拌真空脱气法（ASEA-SKF）	氩氧脱碳法（AOD）
使用寿命/次	50 ~ 2000（真空室）；30 ~ 300（升降管）	20~140	20~50	10~150	20~90	40~300
吨钢耐材消耗/kg	0.1~1.0	1.5~7.5	5.0~20.0		6.0~11.0	5.0~20.0
损毁率/mm·次$^{-1}$		1.0~3.0	0.6~7.0	1.0~9.0	2.0~5.0	

炉外精炼用透气砖主要有如下两种类型：

（1）弥散型透气砖。其特点是通过调整透气砖用耐火原料的颗粒组成，使透气砖具有较高的贯通孔隙率，从而具有透气性。但弥散型透气砖的透气性大小无法人为控制，制品强度较低，使用寿命短。

（2）狭缝型透气砖。其特点是在浇注透气砖时，通过在砖内埋设塑料薄条并在其后的烧成过程中使其烧失的方法，在透气砖内形成狭缝。狭缝型透气砖的气量可调性比弥散型透气砖要好。

16.5.7　连铸用耐火材料

连铸用耐火材料包括中间包、整体塞棒、滑动水口、长水口以及浸入式水口等。连铸用耐火材料除具有一般耐火材料的性能外，还应具有去除钢水中杂质、改善钢水质量、控制和调节钢水流量等特殊功能，故也称为功能耐火材料。

连铸用耐火材料的使用情况如图 16-8 所示。

图 16-8　连铸用耐火材料的使用情况

1—中间包塞棒；2—浸入式水口；3—钢包；4—滑动水口；5—下水口；6—长水口；7—中间包；8—中间包滑动水口；9—结晶器保护渣；10—结晶器

16.5.7.1　中间包

在连铸系统中，中间包最初只是起着钢包和结晶器之间的缓冲器作用。随着连铸工艺的优化及对连铸坯质量要求的不断提高，中间包已经演变为钢水精炼的终端设备。其作用主要有两个：一是精炼钢水，二是去除非金属夹杂。随着一系列中间包冶金技术的开发和应用，使中间包成为炼钢过程中的最后一道精炼容器，并向大型化发展。与这些新技术发展同步，中间包用耐火材料也发生了很大变化，浇注料上升为主导产品。

中间包内衬由永久衬和工作衬组成。

20 世纪 80 年代初，中间包多采用耐火黏土或高铝砖作为永久衬。但使用上述耐火材料时，由于不同中间包所需的砖型各异，而且各砖之间存在砌缝，因此，按上述方法砌筑永久层时，不但要花费时间和增加成本,而且随着使用时间增加,永久衬砖的表面会变得凹凸不平且砌缝变大。不平的表面及较大的缝隙会使残钢黏结到永久衬上,当清除残钢时,就会损坏永久衬。

20世纪80年代末,开发了永久衬整体浇注技术。由于此永久衬用耐火材料水泥含量低、水量少,因此,在各温度下均具有较高的机械强度及良好的抗热冲击性。另外,由于采用整体浇注消除了使用耐火砖时的砌缝,使中间包永久衬的使用寿命大幅度提高。

由于中间包在冶金过程中的精炼功能,对中间包工作衬也提出了新的要求。除了要求其长寿外,还要求洁净。对中间包工作衬用耐火材料的基本要求是:施工简单、方便,同永久衬黏附性好,不滑落坍塌;常温干燥时无裂纹,烘烤不爆裂、不剥落;抗钢水和熔渣侵蚀、渗透能力强;解体性能好,翻包清渣容易;具有良好的保温性能;具有洁净钢水的作用。为满足上述要求,中间包工作衬大致经历了四个发展阶段,即相应出现了四代工作衬,即无工作衬(浇注料衬)、绝热板、涂料衬和干式料衬。

(1)第一代工作衬,即无工作衬阶段(20世纪70年代)。该阶段把永久衬直接作为工作衬使用,将钢水直接浇在永久衬上。采用此方法时,工作衬基本没有洁净钢水的功能,且工作衬的维修费用高,清除用后的残渣也很困难。一般采用高铝质低水泥浇注料,其氧化铝含量在70%左右。

(2)第二代工作衬,即绝热板阶段(20世纪70~80年代)。绝热板的材质大部分为镁质。绝热板以中间连锁板安装,与永久衬之间有填充砂支撑。其绝热性能良好,对钢水有洁净作用;但安装劳动强度大,而且在使用过程中易钻钢变形而导致寿命下降,影响连铸正常生产。

(3)第三代工作衬,即涂料衬阶段(20世纪80~90年代)。这种工作衬兴起于日本,而后在瑞典及俄罗斯等欧洲国家相继应用,我国于20世纪90年代开始使用涂料衬并迅速推广。涂料的材质有镁质和镁钙质,通常采用人工湿法涂抹、人工半干法机械喷涂、人工湿法机械喷涂以及机械全自动化半干法喷涂等方法进行涂抹施工。采用人工湿法涂抹或机械喷涂时,需加20%~30%的水分,因而中间包使用前需要干燥2~6h甚至更长的时间,以除去水分。与绝热板工作衬相比,虽然涂料衬具有更好的整体使用性能和解体性能,且便于清除残渣,寿命也能满足现阶段连铸生产的需要,但是涂料衬无法满足更长时间的连续铸钢的需要。

(4)第四代工作衬,即干式料衬阶段(20世纪90年代末)。为了适应高效连铸发展的需要,国内钢铁企业开发了连铸中间包定径水口快速更换与中间包长寿技术。因此,中间包对其工作衬的使用寿命也提出了更高的要求。第四代干式料于20世纪90年代末应运而生,现正逐步取代涂料。干式料结合了绝热板和涂料的各自优点,具有以下特点:由于干式料在施工过程中不使用水,采用机械振动成型,施工方便;经低温烘烤后即可使用,加快了中间包的周转速度;使用寿命长,是涂料的2~4倍,可以降低吨钢耐火材料成本;残衬解体性好,脱包容易;工作衬在浇钢过程中逐步烧结且烧结层薄,永久衬不会挂钢、挂渣,有利于提高永久衬的使用寿命。

在上述工作衬当中,干式料工作衬具有其他三代工作衬所无法比拟的优越性能。表16-8比较了各代工作衬的性能特点。

16.5.7.2 滑动水口

滑动水口是控制钢包和中间包钢水流动状态及其速度的机构,由上、中、下滑板和上、下水口组成。其中,滑板是控制钢流的最重要部件,要求其强度高、耐侵蚀性和耐剥落性好,同时尺寸精度要高。为改善钢水质量和防止水口结瘤堵塞,开发了滑板吹气方法,进一步提高了滑板的功能,也使滑板的构造呈多样化。

为了提高滑板的实用性能,根据连铸钢种的需要,近年来相继开发了Al_2O_3-C质、MgO-尖晶石质、ZrO_2-C质和Al_2O_3-ZrO_2-C质滑板,其结合形式分为陶瓷结合和碳结合两种。

表 16-8 中间包各代工作衬的性能特点比较

项 目	浇注料衬(无工作衬)	绝热板	涂料衬	干式料衬
材 质	高铝质	硅质或镁质	镁质或镁钙质	镁质或镁钙质
施工方法	振 动	机 压	涂抹或喷涂	振动、捣打
加热方式	慢	较 慢	较 快	快
抗侵渗性	抗渗性好、抗侵性差	均 好	抗渗性好、抗侵性差	抗侵性好
解体性	无法解体	好	较 好	良 好
保温性	差	好	较 好	一 般
洁净性	差	好	较 好	较 好
连浇时间	长	长	短	长
其 他	难维护	易钻钢	易维护	易维护

滑动水口用耐火材料的未来发展主要包括以下方面:(1)提高滑板的使用寿命,包括滑板的质量、结构和重复使用的修理技术;(2)浇注操作自动化,包括耐火材料的安装更换、吹气自动化、浇注过程中浸入式水口的自动更换和防止渣流出技术;(3)适应优质钢生产,包括不同钢种浇注的滑动水口耐火材料的开发、防止水口堵塞的良好密封和良好开关技术;(4)适应热中间包重复使用和钢包完全自然开浇技术。

16.5.7.3 整体塞棒

与滑板一样,整体塞棒也是用于钢包或中间包控流的。整体塞棒一般使用 Al_2O_3-石墨质材料制成,为了提高其使用性能,采取了诸多技术措施,例如,为提高其抗渣侵蚀性和耐热震性能,渣线部位多使用 ZrO_2-C 质等材料,塞头部位采用 ZrO_2-C 质、MgO-C 质以及 ZrO_2 质等材料;为提高塞棒的高温强度,在其本体内加入金属纤维等。另外,为防止塞头与上水口接触处和水口内腔黏附 Al_2O_3,开发了从塞棒尾部吹入、头部吹出气体的具有吹气通道结构的气洗塞棒。

16.5.7.4 长水口

长水口的作用是,把钢水从钢包输送到中间包以及从中间包输送到结晶器,保证钢水不发生二次氧化,防止熔渣卷入。

在使用过程中,长水口内腔承受钢水流过时所产生的冲刷作用,外侧则同时受到熔渣侵蚀和空气的氧化。另外,由于水口内、外侧存在较大的温差,因此,使用过程中水口还受到很大的热冲击。以往长水口多为 Al_2O_3-SiO_2-C 系材料,尽管 SiO_2 对改善水口的抗热震性能有益,但会影响水口的抗渣侵蚀性能。为了进一步提高长水口的使用寿命,适应高效连铸发展的需要,采取了一些技术措施,例如,确定鳞片石墨的最佳含量、加入氧化铝超细粉、改进结合剂并加入无定形碳等。另外,长水口的渣线部位常采用 ZrO_2 等耐侵蚀材料进行复合,为防止长水口与下水口连接处吸入空气,长水口上部常复合透气环,进行吹氩保护。

16.5.7.5 浸入式水口

浸入式水口位于中间包与结晶器之间,是钢水从中间包流向结晶器的导流管。其作用是:防止钢水二次氧化;控制钢水在结晶器的流动状态和注入速度;促进夹杂物上浮,防止保护渣等非金属夹杂物卷入钢水中。浸入式水口对连铸效率和钢坯质量有重要影响,其材质的选择必须考虑浇注的钢种、保护渣的种类和操作条件等因素。

随着连铸技术的进步,连浇时间逐渐延长,连铸工艺对浸入式水口的要求也逐步提高,浸入式水口也经历了不同的发展阶段,即熔融石英质浸入式水口→铝碳质浸入式水口→铝锆碳质浸入式水口→复合浸入式水口。连铸发展初期使用的是熔融石英质浸入式水口,由于其耐侵蚀性能很差,不能实现多炉连浇,因而开发出了铝碳质浸入式水口。虽然铝碳质浸入式水口在抗侵蚀性能方面有了很大的提高,但是随着连铸技术的发展,拉坯速度加快,保护渣黏度随之降低,使渣线部位蚀损加剧,铝碳质浸入式水口已经不能满足使用要求。于是,开发了 Al_2O_3-C 质及 ZrO_2-C 质复合浸入式水口,其主要特征是水口本体采用无硅 Al_2O_3-C 材质,渣线部位采用抗渣性能优良的 ZrO_2-C 材质。在使用铝碳质浸入式水口浇注铝镇静钢时,常因钢液中 Al_2O_3 夹杂物在水口内壁附着沉积而使其发生堵塞,因而开发出了防堵塞浸入式水口。主要有以下几种:

(1)采用具有吹气构造的气洗浸入式水口。通过从浸入式水口的内层表面(狭缝透气环)吹入氩气,可防止杂质在水口内表面附着沉积。目前,实际生产中采用这种气洗浸入式水口,但吹气易造成铸坯内存在针孔缺陷,因此,要求吹气量要控制在适量的范围内。

(2)采用复合 CaO 质内衬,防止化学附着。利用 CaO 与 Al_2O_3 反应生成低熔点化合物而易被钢水冲刷掉的特点,来防止堵塞。目前取得良好使用效果的材料主要是 ZrO_2-CaO-C 质,其中,ZrO_2-CaO 质材料为 CaO-ZrO_2 和 CaO 的混合物。

(3)采用复合锆莫来石-C 质内衬,防止物理附着。采用锆莫来石-C 质内衬后,由于锆莫来石和钢水接触后表面生成玻璃相而使其变得光滑,Al_2O_3 颗粒难以附着,因此起到了防堵塞作用。

(4)采用锆莫来石-CaF_2 材质或 Al_2O_3-锆莫来石-CaO-C 材质。锆莫来石在工作面上生成玻璃相,CaF_2 或 CaO 与 Al_2O_3 反应生成低熔点物质,这两者均有利于防止堵塞。

(5)采用双阶梯式浸入式水口。双阶梯式浸入式水口是在水口的中心和浸入部分设有两个厚度与长度都适宜的阶梯,利用钢水通过阶梯式水口时所产生的紊流及冲力,来减少水口内附着的 Al_2O_3 堵塞。

16.5.7.6 陶瓷过滤器

近年来,洁净钢,特别是超洁净钢的生产越来越受到重视,这对钢水中杂质总含量提出了严格的要求。为了更好地净化钢水,在连铸中间包内的隔墙上设置陶瓷过滤器是有效措施之一。当钢水通过陶瓷过滤器的微孔时,其中夹带的微小非金属杂物(Al_2O_3、SiO_2、S、P 等)由于化学作用被微孔壁吸收,其反应产物上浮进入钢水表面的保护渣内,使钢水实现净化。

陶瓷过滤器分为泡沫过滤器、网格过滤器和环形过滤器。泡沫过滤器的过滤效果达 90%,最低氧含量为 20~30μg/g,且与钢水中原始氧含量无关;网格过滤器的过滤效果达 80%,直径大于 20μm 的夹杂物可全部去除;环形过滤器的 Al_2O_3 夹杂物去除率在 72%~84%之间。实践证明,以上三种过滤器对去除钢水中 Al_2O_3 夹杂物均有效,夹杂物分离率都很高。但是当钢水量较多时,网格过滤器的过滤能力受到限制。目前,陶瓷过滤器所用材质主要有 CaO 质、ZrO_2 质、Al_2O_3 质、ZrO_2-Al_2O_3 质等,国外倾向于使用 ZrO_2 质陶瓷过滤器,而国内倾向于 CaO 材质。北京钢铁研究总院研制的 CaO 质直通式过滤器在柳钢中间包挡渣墙上使用,在减少钢中夹杂物、防止水口堵塞等方面均具有明显效果,使用寿命达 7~8 次,与中间包同步。

16.5.7.7 密封材料

密封材料对于防止钢水泄露和空气吸入具有重要作用。目前,有 Al_2O_3-C 质、MgO-C 质、ZrO_2-C 质和石墨密封环等密封材料。与通常耐火泥相比,密封材料具有如下特点:(1)荷重下高温体积稳定性好;(2)气密性好;(3)抗钢水和渣侵蚀性能好;(4)作业简便。随着密封措施和密封材料的不断完善,最终可实现“零空气吸入式”的真正保护浇注。

16.5.8　加热炉、均热炉与热处理炉用耐火材料

加热炉、均热炉与热处理炉的使用温度，除均热炉在排渣时可达1500℃外，一般均不超过1400℃。但炉底和炉墙根部常受熔融氧化铁皮渣的侵蚀，损毁较为严重。加热炉炉底工作层用砖从高铝砖或镁砖改用电熔莫来石砖或刚玉砖，其余部位采用的耐火材料除黏土砖、高铝砖外，还使用高铝水泥或磷酸盐耐火浇注料预制块、高铝碳化硅浇注料。炉内滑道低温区采用耐热铸钢与高铝-碳化硅座砖，高温区则采用棕刚玉-碳化硅座砖。此外，为了节约能源，还大量使用耐火纤维、漂珠砖等隔热材料。

16.5.9　熔融还原炼铁用耐火材料

发展熔融还原炼铁的目的在于优化冶炼工艺，降低传统流程的环境负荷，充分利用能源及提高生产效率。由于优质炼焦煤资源的短缺、焦炉和高炉生产的高污染等因素，熔融还原炼铁技术日益受到重视，并被视为具有发展前途的炼铁工艺。

COREX工艺是目前唯一实现工业化生产的熔融还原炼铁方法，具有生产率高、可生产高温（1480~1510℃）低硫铁水的特点。COREX装置包括预还原竖炉和熔融气化炉。影响熔融气化炉寿命及生产效率的关键因素在于，其内衬结构的设计、内衬不同部位用耐火材料的选择，特别是对于流化床区、风口带、炉缸壁用耐火材料。COREX熔融气化炉主要部位的损毁情况见表16-9。流化床区耐火材料受到的损毁主要源于机械冲刷、热冲击、碱金属和锌蒸气侵蚀；风口区主要是承受热冲击、氧化、熔渣以及碱锌侵蚀；炉缸壁则主要承受冲刷、热冲击、渣侵蚀及金属渗透等。因此，应根据COREX熔融气化炉中各部位耐火材料的损毁机理，选择耐火材料的材质，从而达到提高内衬使用寿命的目的。

表16-9　COREX熔融气化炉主要部位的损毁情况

部　位	冲　刷	热交换	热　震	热应力	渣侵蚀	碱侵蚀	铁水渗透	氧　化
旋分区	○	○	●	○	○	○	○	○
出　料	●	○	▲	○	○	○	○	○
DRI管	●	○	▲	○	○	○	○	○
流化床	▲	●	●	▲	◎	▲	○	◎
风口区	○	●	○	●	▲	▲	○	▲
炉　缸	▲	●	●	●	▲	▲	●	
炉　底	○	●	○	◎		▲	▲	

注：表中，●表示非常严重；▲表示严重；◎表示某些部位很严重；○表示较轻。

根据在高炉及煤化工中耐火材料的应用经验，目前适合于COREX熔融气化炉的耐火材料主要有Sialon和Si_3N_4结合的SiC砖、Sialon结合的Al_2O_3砖、碳含量为10%左右的MgO-C砖、微孔炭砖以及高铬耐火材料。这些耐火材料的主要性能指标见表16-10和表16-11。

鉴于COREX工艺等熔融还原工艺具有不同于高炉冶炼的特殊性，故熔融还原用耐火材料的选用和生产至关重要。今后的研究重点应包括如下方面：(1)根据材料的性能特点，并结合冶炼工艺开发具有良好抗冲刷、抗渣侵、抗热震的新型耐火材料；(2)研制气孔孔径小于1μm、显微结构均匀分布的耐火材料；(3)在充分进行热导率和热应力分析的前提下，进行内衬结构的合理化设计和制定相应的内衬施工技术。

表 16-10 COREX 工艺用耐火材料的性能指标

耐火材料性能		Si_3N_4 结合的 SiC 砖	Sialon 结合的 SiC 砖	Sialon 结合的 Al_2O_3 砖	微孔炭砖	MgO-C 砖
应用部位		流化床与稳定区	炉缸	炉缸		流化床与稳定区
体积密度/g · cm^{-3}		2.73	2.74	3.23	1.6	3.00
显孔隙率/%		13	13	12	>20	—
抗压强度/MPa		228.6	236	192	>60	40
抗折强度/MPa	室温	57.2	53.3	17.6	—	—
	1400℃	65.2	62.7	33.5	—	≥25
导热系数/W · (m · ℃)$^{-1}$	800℃	18.6	19.4	3.49	—	—
	1200℃	15.7(1300℃)	16	4.25(1250℃)	23	—
热膨胀系数/℃$^{-1}$		4.5×10^{-6}	5.1×10^{-6}	5.9×10^{-6}	3.5×10^{-6}(400℃)	—
化学组成/%	SiC	74.6	73.54	84.94(Al_2O_3)	—	MgO : 80
	Si_3N_4	22.80			—	C : 10
	N		6.52	6.07	—	—
	Si	0.42	0.39	0.73	—	—
	Fe_2O_3	0.25	0.31	0.09	—	—
平均气孔孔径/μm		—	—	—	0.05	—

表 16-11 COREX 工艺用高铬耐火材料的性能特征

耐火材料性能		Cr_2O_3 85	Cr_2O_3 90	Cr_2O_3 95
应用部位		流化床与稳定区用陶瓷垫板	炉缸用陶瓷板	炉缸用陶瓷板
体积密度/g · cm^{-3}		4.32	4.30	4.35
显孔隙率/%		12.8	14.8	13.4
耐压强度/MPa		165	174	167
抗折强度(1400℃)/MPa		—	35	32.5
导热系数/W · (m · ℃)$^{-1}$		—	3.8(1000℃)	—
抗热震性能(1100℃,空冷)/次		—	≥20	—
化学组成/%	Cr_2O_3	85.6	89.6	94.6
	Fe_2O_3	0.25	0.31	0.09
荷软温度(0.2MPa,0.6%)/℃		≥1700	≥1700	≥1700

16.6 耐火材料的发展

16.6.1 耐火材料的总体发展趋势

近年来,顺应钢铁产业的快速发展,耐火材料生产也实现了一系列重大的技术变革,正逐步由依赖于天然原料、大批量的原始生产模式,向多品种、小批量、使用人工合成原料制成精密、高

级制品的生产模式转变。概括起来,耐火材料的总体发展趋势及技术变革有如下特点:

(1)高纯度化。在耐火原料中,有一部分是纯度较低的天然原料,由于这些天然原料中含有杂质以及一些性能不能满足制品要求,其用量正日趋减少,如硅石以及黏土等。与此相反,那些杂质少、性能优异的高纯天然原料或经过提纯的天然原料,如锆英石、石墨等的用量正日趋增加。同时,电熔镁、碳化硅以及尖晶石等人工合成原料的开发和应用,也日益受到关注。

(2)致密化。由于使用过程对耐火制品强度和高温性能的要求越来越高,耐火制品正向致密化、大型化的方向发展。相应的,高压成型和高温烧成技术也在不断发展。

(3)精密化。随着钢铁冶炼技术的发展,耐火制品的形状日趋复杂,性能要求也日趋严格。因此,耐火材料的配比、产品性能和生产工艺设计,甚至施工技术都日趋精密化。

(4)含碳耐火材料不断普及。20 世纪 70 年代后期以来,耐火材料发展的一个突出成就是含碳耐火材料的兴起和迅速发展,如镁炭砖、镁钙炭砖、铝碳材料以及铝锆碳材料等。由于碳素材料可吸收因热膨胀或急剧温度变化等产生的应力,能防止熔融金属或炉渣浸润,所以具有优良的高温性能。因此,含碳耐火材料在各国都得到了相当程度的普及应用,而且正在不断发展,其典型代表是镁炭砖和镁钙炭砖等。然而,含碳耐火材料的弱点是抗氧化性和强度较低。

(5)氧化物与非氧化物复合材料的开发。可用于条件复杂、苛刻的特定高温部位的氧化物与非氧化物复合材料的开发,成为当前和今后耐火材料发展的又一方向。其中,氧化物包括氧化铝、锆刚玉、莫来石、氧化锆、锆英石、氧化镁等,非氧化物包括碳化硅、氮化硼、Sialon、硼化锆等。氧化物与非氧化物复合材料的制备,有直接结合、反应结合和碳结合等不同的工业途径。与碳结合材料相比,复合材料的常温和高温强度要高得多,抗氧化性也好得多;而与氧化物制品相比,复合材料具有更高的抗热震性能。

(6)不定型化。不定型耐火材料具有易于实现机械化和自动化施工、通过后期修补容易延长寿命以及节约工时和材料等优点,故不定型耐火材料在总体耐火材料中所占的比例正逐年上升。在国外,美国、日本和西欧等工业发达国家的不定型率,近年来已超过 50%。我国对不定型耐火材料的开发和应用,近几年来也取得了相当的成就,技术开发和实际应用都在增加。

16.6.2　定型耐火材料的发展趋势和新技术

定型耐火材料技术的发展趋势主要有:

(1)高耐用性和高级化。由于钢铁等工业的发展,高温和侵蚀条件等增加了操作的难度,加速了耐火材料的损毁。因而开发在日益苛刻的操作条件下和日益恶劣的使用环境中,可确保长寿命的高耐用性和高级化耐火材料并使其实用化,是今后定型耐火材料的主要发展趋势。

(2)功能化。定型耐火材料的另一趋势是,向优化工艺与质量的功能耐火材料方向发展。所谓功能耐火材料,即能起到类似机械部件作用的功能性耐火材料。目前,功能性耐火材料最主要的开发和应用领域是连铸工序,如注入控制用和吹气用滑动水口、长水口、浸入式水口、塞棒和滑板等。

(3)不定形耐火材料定型化。随着不定形耐火材料高新技术的研究与开发,可用不定形耐火材料来生产功能性定型制品。其优点是不需要复杂的定型机械和大吨位的成型机(如等静压机),同样可以生产出适合使用的功能性耐火材料,如钢包底吹氩透气砖、颗粒浇注熔融石英水口等。

近年来,国内外发展较快、影响较大、应用较多的定型耐火材料新技术主要包括:

(1)镁炭砖和镁钙炭砖。镁炭砖和镁钙炭砖是含碳耐火材料的典型代表,其特点是耐炉渣侵蚀和抗热震性好,将熔渣的反应层限制在工作面上,消除了镁铬质及白云石质制品的缺点(与炉渣成分反应生成变质层,产生结构剥落)。镁炭砖、镁钙炭砖是 20 世纪 70 年代开发的,近几年来日趋成熟,被广泛地应用在碱性吹氧转炉上,而且还在向其他应用领域扩展。

(2)凝固模耐火成型件。凝固模耐火成型件技术是20世纪70年代发展起来的。其陶瓷原料是莫来石、烧结铝、锆石和碳化硅,将其混合后加入各种不可逆无机溶胶,制成一种流变稠度适合于浇注的混合料;注入铸模后,连同模具冷却到凝胶温度以下,使溶胶固化;将凝固后的陶瓷部件从铸模中取出、烘干,经煅烧制成制品。制成的制品具有致密、光滑的表面。

使用凝模工艺制成的陶瓷耐火制品都具有一定的应用特性,使高铝耐火制品获得了非机械加工得到的精确公差、具有低孔隙率和良好的抗热震性、耐磨性和耐蚀性,为熔炼超高温不锈钢提供了技术保证。

(3)直接金属氧化。直接金属氧化工艺是20世纪80年代后期发展起来的工艺,用于生产陶瓷基质复合材料。生产的复合材料系列有碳化硅微粒与氧化铝基质料、碳化硅或氧化铝纤维与氧化铝基质料、硼化锆晶片与碳化锆基质料、碳化硅或氧化铝微粒与铝金属基质料等复合材料。

直接金属氧化工艺首先是通过单轴加压或浇注制作预成型件,预成型件在900~1000℃下与熔融金属接触时迅速反应,α-氧化铝或氮化铝等从预成型件与合金的有氧界面开始,直接进入到预成型件中,毛细作用把熔融金属通过孔道送至生长前沿,使氧化反应一直维持到反应前沿。反应生成的复合材料具有连续互连的陶瓷相和金属相,具有高韧性、高强度及优良的耐蚀性,并且具有足够的微裂纹以抵抗热冲击。

用直接金属氧化工艺生产的氧化镁-铝的氮化物复合材料,可用于钢包和中间包的滑动水口、高炉风口和浸入式水口。与树脂结合氧化铝材料相比,氧化镁-铝的氮化物复合材料具有与其类似的机械性能和抗热震性,但耐磨性增加了一倍,且抗侵蚀性更良好。

16.6.3 不定型耐火材料的发展趋势和新技术

与烧成耐火材料制品相比,不定型耐火材料具有生产周期短、节约能源、整体性好、适应性强、综合使用效果好等优点。因此,不定型耐火材料的发展十分迅速,已成为今后耐火材料总体发展方向之一。

不定型耐火材料技术的发展趋势主要包括以下方面:

(1)材质方面。不定型耐火材料的材质,近年来正由中性、酸性氧化物材料向碱性氧化物材料和氧化物与非氧化物复合材料发展,由低纯度向高纯度发展,所用的原料则由以天然耐火原料为主向人工合成耐火原料发展。

(2)结合方式。关于不定型耐火材料的结合方式,近年来发展方向为:水合结合→化学结合→水合结合和凝聚结合→聚合结合→凝聚结合。

(3)作业性能。不定型耐火材料的作业性能,近年来朝着由难触变到易触变再到无触变(易流动)的方向发展。从流变学观点来说,即从塑-弹性向黏-塑-弹性及黏-塑性的方向发展。

(4)调合用水量。不定型耐火材料的调合用水量,近年来由高水分含量向低水分含量及无水分方向发展。

近年来,不定型耐火材料新技术有以下三项最为瞩目:

(1)自结合不定型耐火材料。自结合不定型耐火材料是指胶结剂的化学成分(或结合相)与被结合物的化学成分(或被结合相)是相似的材料,其组成和配比一般根据多元平衡相图进行确定。

自结合不定型耐火材料的主要应用是自结合浇注料。自结合浇注料是基于胶体化学中分散体系的稳定性与凝聚理论而开发的,技术关键是采用超微粉、分散剂和迟效凝聚剂。由于自结合浇注料是用与主材料化学成分相同的微粉或超微粉作结合剂(如超低水泥和无水泥浇注料),烧结时不生成新的低熔点相，不降低耐火度，因此，可提高制品的使用温度和抗熔渣侵蚀性。同时，由于加入的超微粉具有较大的表面活性，可降低烧结温度，提高最终制品的低温结合强度以及高温机械强度。

(2)自烧结不定型耐火材料。自烧结不定型耐火材料是指不加入烧结剂，依靠材料自身含有的低熔点结合相在烘烤和使用时相互扩散形成结合。它也是根据多元氧化物的相平衡图来进行选择和确定组成的。主要品种有依靠材料中 CaO 与 Fe_2O_3 反应生成低熔点结合相的 MgO-CaO-Fe_2O_3 质干式捣打料、利用加热过程中沥青(或树脂)分解碳化形成碳结合的不定型耐火材料。自烧结不定型耐火材料依靠衬体的温度梯度，在使用中从工作面向衬体逐渐烧结，形成致密工作层。

(3)自流型不定型耐火材料。自流型不定型耐火材料主要是指自流浇注料，在施工时无需振动，依靠材料自重和位能差使浇注料产生自流，从而达到脱气、摊平和密实。这种耐火材料是依据流变学原理开发而成的一种屈服值较低、具有一定塑性黏度的黏塑性材料。配置自流浇注料的技术关键在于，骨料颗粒的大小与分布、骨料颗粒的形状、骨料与基质的比值、固液之间的体积比以及混合方式等。

与振动浇注料相比，自流浇注料脱气效果好、气孔少且孔径小，可用泵灌与高压泵送至施工。自流浇注料的性能与同材质的超低水泥振动浇注料相似，可用于修筑和修补复杂的衬体和锚、固件多的衬体。

16.6.4　我国耐火材料工业的发展方向

改革开放以来，我国钢铁工业持续快速发展，钢铁产量连续多年居世界第一位；与此同时，积极采用各种冶炼新技术。另外，有色冶金、水泥和玻璃工业等有相似的发展趋势。这些产业是耐火材料的主要消耗部门。在这种形势推动下，我国耐火材料工业在规模、产品质量和高档新品种开发等方面都获得了长足进步。目前，大中型钢铁厂和水泥炉窑所需的重要耐火制品，有 95%以上由国内供给。

但是与先进工业国家相比，与我国高温工业今后发展的要求相比，我国耐火材料工业存在的差距和问题主要有：(1)年产量超过 12Mt，产品供大于求。(2)普通档次制品生产过剩，优质高效制品发展过慢而且质量不够稳定可靠，更突出的是特种功能制品，在数量、质量、新品种开发上都不能满足要求。因此，今后必须进行产业结构调整，尽快实现高新技术改造，积极采用先进工艺和装备，在全面提高制品质量、稳定性和可靠性的基础上，优化和调整品种结构，大幅压缩普通档次产品的产量，致力于提高优质高效制品比例。当然，重点是要立足于我国资源优势，大力发展优质合成原料和相应的功能耐火制品系列。

我国有丰富的耐火原料资源，尤其是高铝矾土和菱镁矿具有得天独厚的丰富资源。高铝矾土和菱镁矿是生产高档耐火材料的重要原料，世界上只有少数国家有这些矿藏，而在我国这些矿藏不仅储量丰富而且质地优良。这一资源优势为我国发展优质高效耐火材料奠定了良好基础，也是决定我国耐火材料技术发展政策的依据。

(1)发展优质合成耐火原料。近年来，具有许多重要用途的优质耐火制品越来越多地使用合成原料，多数是由人工原料合成制备的，价格相当昂贵，如刚玉莫来石、锆莫来石和铝镁尖晶石等，都是以氧化铝为基料；又如一些非氧化物(Sialon、Alon、ZrB_2 等)，也是以化合料为基料。利用我国丰富的高铝矾土和菱镁矿为基料，制备优质合成原料(简称“天然”合成原料)，使其质量接近于人工合成原料而使用效果相当，价格却可大幅降低，这样可以得到显著的经济效益。

“天然”合成原料主要有以下三种类型：

1)均质类。均质类是指通过均化工艺和适当高温煅烧,达到结构均匀、性能和质量稳定。我国已有均化矾土熟料的初步成果(Al_2O_3 含量为88%~89%的品种),但尚未转化为生产力。应进一步研究开发矾土基均质料系列化产品,并促进其产业化。

2)改性类。改性类是指通过选矿或电熔减少杂质(减法),如精选高铝矾土、矾土基电熔刚玉;或通过加入适量有益氧化物,改善高温性能(加法),如矾土基尖晶石、锆刚玉莫来石。近几年来,研究开发的有镁砂基和矾土基改性合成料。镁砂基改性合成料有含 MgO 98%以上的高纯镁砂、合成镁铬砂和富铁镁钙砂等,都已形成了一定的生产规模,工艺基本成熟,取得了较好的应用效果,有望进一步推广。今后的另一研发重点是矾土基改性合成料,包括矾土基电熔刚玉、矾土基铝镁尖晶石、矾土基锆刚玉莫来石料。

3)转型类。转型类是指将铝矾土原料(包括煤矸石等)通过高温还原和氮化工艺处理,使其转化为 Sialon、Alon 等非氧化物-氧化物复合材料,这是今后耐火材料发展的重要方向之一。我国用天然原料合成制备这类材料,已做了较多的应用基础研究,并取得了阶段性成果。今后应改进和完善转型工艺,制备出质量稳定的转型产品以及相应的氧化物-非氧化物复合制品,在高温窑炉重要部位试用并且逐步扩大应用范围,尽快促进其产业化。

(2)发展特种功能耐火材料。钢铁冶金等高温技术产业的发展,需要使用更多的性能优越的优质高效耐火材料,其中,用于关键部位的高温功能材料制品尤为重要。特种功能耐火材料和耐火制品,是指用于高温技术关键部位、有特殊功能要求的制品,在高温应用领域中起着举足轻重的作用,由于使用条件苛刻,所以要求其安全可靠、万无一失。目前,各国制备特种功能材料的原料都是用纯氧化物(Al_2O_3 和 MgO 等)或化合物(Si_3N_4、BN、Sialon 等)人工合成的原料,价格昂贵。

钢铁冶炼用功能耐火材料制品主要包括:1)高炉陶瓷杯,风口砖等;2)复吹氧气转炉用定向供气元件,钢包和精炼包用透气塞;3)连铸用滑动水口、长水口、浸入式水口、定径水口以及分离环。此类特种功能材料制品的显著特点是高技术、高性能、高精度和高附加值。在性能上,要求其有突出的抗热震性、优良的高温强度和抗侵蚀性;在外形尺寸和平整度上的要求与金属部件相当,表面缺陷和裂纹的限制很严格,与传统耐火制品相比有数量级的差别;工艺技术的精细程度需大幅提高,需使用性能稳定的高纯原料,进行准确的配料,严格控制成型和烧成制度。关于其成型和烧成制度,有的用真空成型、等静压成型或热压成型;有的需在烧成后进行精密的机械加工;有的还要涂上表面涂层或进行真空油浸。

特种功能耐火材料发展的重点是氧化物-非氧化物复合材料。综合考虑高温强度、抗热震性、抗氧化性、抗侵蚀性等高温性能,氧化物-非氧化物复合材料具有较好的前途,可以发展成为具有优越高温性能的高技术、高效耐火制品系列,用于条件复杂、要求苛刻的特定高温部位。其中值得提出的是,Sialon 结合的刚玉制品已用于高炉炉衬。国外制备这类材料均采用人工合成原料,如氧化铝、Sialon 等。我国可利用矾土基合成原料(改性料和转型料)部分或全部取代昂贵的人工合成原料,若使用效果相当,成本将会明显降低,具有很好的经济效益。

总之,我国耐火材料产业应立足于我国耐火原料的资源优势,大力发展优质合成原料和高性能功能耐火材料制品。

参考文献

[1] 王筱留.钢铁冶金学(炼铁部分)[M].北京:冶金工业出版社,2004.
[2] 周传典.高炉炼铁技术手册[M].北京:冶金工业出版社,2002.
[3] 方觉.非高炉炼铁工艺与理论[M].北京:冶金工业出版社,2002.
[4] 朱苗勇,等.现代冶金学(钢铁冶金卷)[M].北京:冶金工业出版社,2005.
[5] 谢广元.选矿学[M].徐州:中国矿业大学出版社,2001.
[6] 张一敏.球团理论与工艺[M].北京:冶金工业出版社,1997.
[7] 赵跃民.煤炭资源综合利用手册[M].北京:科学出版社,2004.
[8] 王筱留.高炉生产知识问答(第2版)[M].北京:冶金工业出版社,2004.
[9] 赵沛.炉外精炼及铁水预处理实用技术手册[M].北京:冶金工业出版社,2004.
[10] 许晓梅,冯改山.耐火材料技术手册[M].北京:冶金工业出版社,2000.
[11] 贺永德.现代煤化工技术手册[M].北京:冶金工业出版社,2003.
[12] 陈鹏.中国煤炭性质、分类和利用[M].北京:化学工业出版社,2001.
[13] 史占彪,等.非高炉炼铁学[M].沈阳:东北工学院出版社,1991.
[14] [日]万谷志郎.钢铁冶炼[M].北京:冶金工业出版社,2001.
[15] 陈家祥.钢铁冶金学(炼钢部分)[M].北京:冶金工业出版社,2004.
[16] 任贵义.炼铁学[M].北京:冶金工业出版社,2004.
[17] 王雅贞.转炉炼钢问答[M].北京:冶金工业出版社,2003.
[18] 冯安祖,等.中国冶金百科全书(炼焦化工卷)[M].北京:冶金工业出版社,1992.
[19] 霍根.中国钢铁工业的现状与发展趋势[M].北京:冶金工业出版社,2000.
[20] 潘宝巨,张成吉. 中国铁矿石造块适用技术[M]. 北京:冶金工业出版社,2000.
[21] 由文泉.实用高炉炼铁技术[M].北京:冶金工业出版社,2002.
[22] 孙传尧,等.矿产资源综合利用手册[M].北京:科学出版社,2000.
[23] 王筱留.高炉生产知识问答(第2版)[M].北京:冶金工业出版社,2004.
[24] 汤清华,等.高炉喷吹煤粉知识问答[M].北京:冶金工业出版社,1997.
[25] 宋建成.高炉炼铁理论与操作[M].北京:冶金工业出版社,2005.
[26] 李正邦.钢铁冶金前沿技术[M].北京:冶金工业出版社,1997.
[27] 周建男.钢铁生产工艺装备新技术[M].北京:冶金工业出版社,2004.
[28] 赵沛.炉外精炼及铁水预处理实用技术手册[M].北京:冶金工业出版社,2004.
[29] 麻瑞田,张景智.高炉炼铁原料制备技术[M].沈阳:东北工学院出版社,1992.
[31] 张志礼.铁矿资源开发理论与实践[M].北京:冶金工业出版社,1997.
[32] 戴云阁,等.现代转炉炼钢[M].沈阳:东北大学出版社,1998.
[33] 刑守谓,等.中国冶金百科全书(耐火材料卷)[M].北京:冶金工业出版社,1997.
[34] 王国雄,等.现代高炉粉煤喷吹[M].北京:冶金工业出版社,1997.
[35] 史宸兴.实用连铸冶金技术[M].北京:冶金工业出版社,1998.
[36] 郝素菊,等.高炉炼铁设计原理[M].北京:冶金工业出版社,2003.
[37] 中国冶金建设协会.钢铁企业原料准备设计手册[M].北京:冶金工业出版社,1997.
[38] 邱绍歧,祝桂华.电炉炼钢原理及工艺[M].北京:冶金工业出版社,2001.
[39] Kasai A, Matsui Y, Miyagawa K. Development of carbon composite iron ore hot briquette and basic investigation on its strength enhancing mechanism and reducibility[A], Science and technology of innovative ironmaking for aiming at energy half consumption[C]. Tokyo: MEXT, 2003: 205-208.
[40] 杨文光. 两段式喷吹煤粉工艺工业实践与研究[D]. 沈阳:东北大学材料与冶金学院,2006.

[41] 张佩盈．梅钢高炉瓦斯泥资源化利用工艺开发[D]．沈阳:东北大学材料与冶金学院,2003.
[42] 谢兵．连铸结晶器保护渣相关基础理论的研究及其应用实践[D]．重庆:重庆大学材料科学与工程学院,2004.
[43] 许满兴．中国高炉炉料结构的进步与发展[J]．烧结球团,2001,26(2):6-9.
[44] 吴武华,等．连铸中间包工作衬的历史及其最新研究进展[J]．材料导报,2006,20(11):418-421.
[45] 钟香崇．新世纪我国耐火材料的发展[J]．钢铁研究,2001,(6):1-5.
[46] 王涛,谢春帅．烧结烟气循环技术研究进展与展望[J].冶金能源,2020,39(02):55-59.
[47] 李超群,徐文青,朱廷钰．烧结烟气循环技术研究现状与发展前景[J].河北冶金,2019(S1):1-6.
[48] 刘仕虎,周茂军．烟气循环烧结工艺综述及其在宝钢应用的探讨[J].宝钢技术,2018,202(06):37-44.
[49] 罗文平,赵改革．湘钢高铁低硅烧结技术的生产实践[J].烧结球团,2017,42(06):39-42,62.
[50] 刘欣,刘宇星．缓慢灰化法的称样量与测定时间改进探究[J].煤质技术,2018,221(06):43-45.

冶金工业出版社部分图书推荐

书　名	作　者		定价(元)
物理化学(第4版)(国规教材)	王淑兰	主编	45.00
传热学(本科教材)	任世铮	编著	20.00
热工测量仪表(第2版)(国规教材)	张　华	等编	46.00
热工实验原理和技术(本科教材)	邢桂菊	等编	25.00
相图分析及应用(本科教材)	陈树江	等编	20.00
冶金原理(本科教材)	韩明荣	主编	35.00
传输原理(第2版)(本科教材)	朱光俊	主编	55.00
冶金过程数值模拟基础(本科教材)	陈建斌	编著	28.00
钢铁冶金学教程(本科教材)	包燕平	等编	49.00
炼焦学(第3版)(本科教材)	姚昭章	主编	39.00
炼铁学(本科教材)	梁中渝	主编	45.00
炼钢工艺学(本科教材)	高泽平	编	39.00
连续铸钢(第2版)(本科教材)	贺道中	主编	38.00
炉外精炼教程(本科教材)	高泽平	主编	40.00
炼铁厂设计原理(本科教材)	万　新	主编	49.00
炼钢厂设计原理(本科教材)	王令福	主编	29.00
冶金设备(第2版)(本科教材)	朱　云	主编	68.80
有色冶金概论(第3版)(本科教材)	华一新	主编	49.00
冶金炉料处理工艺(本科教材)	杨双平	编	23.00
耐火材料(第2版)(本科教材)	薛群虎	主编	35.00
固体物料分选学(第3版)(本科教材)	魏德州	主编	60.00
冶金生产概论(第2版)(高职高专国规教材)	王明海	主编	59.00
冶金专业英语(第3版)(高职高专国规教材)	侯向东	主编	49.00
物理化学(第2版)(高职高专规划教材)	邓基芹	主编	36.00
物理化学实验(高职高专规划教材)	邓基芹	主编	19.00
无机化学(高职高专规划教材)	邓基芹	主编	36.00
无机化学实验(高职高专规划教材)	邓基芹	主编	18.00
矿山地质(高职高专规划教材)	刘兴科	等编	39.00
冶金技术概论(第2版)(高职高专规划教材)	郑金星	主编	38.00
高炉炼铁设备(高职高专规划教材)	王宏启	主编	36.00
炼铁原理与工艺(第2版)(职业技术学院教材)	王明海	主编	49.00
炼钢工艺及设备(职业技术学院教材)	郑金星	主编	49.00
铁合金生产工艺与设备(第2版)(高职高专规划教材)	刘　卫	主编	45.00
烧结矿与球团矿生产(高职高专规划教材)	王悦祥	主编	29.00
干熄焦生产操作与设备维护(职业技能培训教材)	罗时政	等编	90.00
金属材料热加工技术(高职高专规划教材)	甄丽萍	主编	37.00
炼铁计算	那树人	编著	40.00